2025

합격Easy
컴퓨터응용 가공 산업기사

필기

✓ 체계적인 단원 분류 및 핵심 이론 정리
✓ SI 단위 적용, 변경된 출제기준에 의한 개편 구성
✓ 단원별 출제 빈도가 높은 엄선된 예상문제 수록
✓ 최근 CBT 최종모의고사 수록

정연택 저

질의응답 사이트 운영
http://www.kkwbooks.com
도서출판 건기원

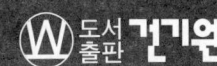
도서출판 건기원

머리말

컴퓨터응용가공산업기사

컴퓨터산업의 발달로 CAD(Computer Aided Design)/CAM(Computer Aided Manufacturing)의 응용범위가 더욱 확대되어 CAE(Computer Aided Engineering) 등으로 발전하고 있으며, 기계분야의 주요 부분을 차지하고 있다. 따라서 미래에는 최첨단 기계개발과 촉진이 끊임없이 요구될 것이다.

본 교재는 수년간의 실무경험과 강의경험을 통해 컴퓨터응용가공산업기사를 준비하는 수험생들에게 단기간에 가장 효율적인 학습이 되도록 변경된 출제기준에 맞게 새롭게 구성하였고, 수험자가 반드시 알아야 할 중요한 내용을 요약·정리하였으며, 출제 빈도가 높은 엄선된 예상문제를 선정·수록하여 컴퓨터응용가공산업기사 시험에 대비할 수 있도록 최선을 다하였다. 또한, 본서를 가지고 공부하던 중 궁금한 부분이나 문제점이 생기면 질의·응답할 수 있도록 질의·응답 카페를 개설·운용하여 수험생들의 문제점을 해결할 수 있도록 하였다.

본 교재의 특징

- 변경된 출제기준에 의한 새로운 구성을 제시하였다.
- 수험자가 단기간에 완성할 수 있도록 한국산업인력공단의 출제기준안에 의하여 과목별로 체계적인 단원 분류 및 요약·정리하였다.
- 단원별 출제 빈도가 높은 엄선된 출제 예상문제를 수록하고, 상세한 해설로 문제해결을 쉽게 할 수 있도록 하였다.
- 국제적으로 일반화된 SI 단위를 적용하였다.
- 예상문제를 자세한 해설과 함께 제시하여 수험생의 응용력을 배양할 수 있도록 하였다.

본 교재를 충분히 공부하여 컴퓨터응용가공산업기사 자격시험에 합격되시기를 기원하며 차후 변경되는 출제 경향 및 과년도 문제 등을 수록하여 계속 보완해 나갈 것을 약속드린다.
끝으로 본 교재를 출간함에 있어 도움을 주시고 지도하여 주신 모든 선·후배님들께 감사를 드리며 도서출판 건기원 직원 여러분에게 진심으로 감사를 드린다.

저자 씀

출제기준(필기)

직무 분야	기계	중직무 분야	기계제작	자격 종목	컴퓨터응용가공산업기사	적용 기간	2022.1.1. ~ 2026.12.31.

○ **직무내용**: CNC 선반, CNC 밀링(머시닝센터) 기계를 이용하여 제품을 가공하기 위해 CNC 프로그램을 작성 및 생성하고, 공정별 절삭가공에 맞는 공구 선정 및 절삭조건을 설정하여 가공, 측정, 유지·보수하는 직무 수행

필기검정방법	객관식	문제수	60	시험시간	1시간 30분

필기과목명	문제수	주요항목	세부항목	세세항목
도면 해독 및 측정	20	1. 도면 검토	1. 주요치수 및 공차 검토	1. 조립 관계 파악
			2. 도면 해독 검토	1. 요소부품의 특성
		2. 측정기 유지관리	1. 측정기 관리	1. 측정기 점검요령
			2. 측정기 취급 주의	1. 측정기 사용방법
			3. 측정기 교정	1. 측정기 교정 판단
		3. 정밀측정	1. 측정방법 결정	1. 측정 원리 2. 측정 작업 순서 3. 측정기 선정 4. 측정방법
			2. 정밀측정 준비	1. 측정기 점검 2. 측정 환경 조성
			3. 정밀측정	1. 측정기 사용법 2. 측정결과 분석 및 조치 3. KS, ISO 규격 통칙 4. 길이 및 각도 측정 5. 표면거칠기와 기하공차 측정 6. 윤곽 측정, 나사 및 기어 측정
		4. 기계제도	1. 기계제도 일반	1. 일반사항 2. 투상법 및 도형표시법 3. 치수기입법 4. 표면거칠기 5. 공차와 끼워맞춤 6. 기하공차 7. 가공기호 및 약호
			2. 기계요소 제도	1. 전달용 기계요소 2. 체결용 기계요소 3. 제어용 기계요소

필기과목명	문제수	주요항목	세부항목	세세항목
CAM 프로그래밍	20	1. CAD/CAM 시스템	1. CAD/CAM 시스템의 개요	1. CAD/CAM 시스템의 개요 2. CAD/CAM 시스템의 활용 3. 데이터 관련 용어 정의 4. 컴퓨터 이용제도 시스템
			2. CAD/CAM 시스템의 구성	1. 하드웨어 구성 요소 2. 소프트웨어 구성 요소
			3. CAD 데이터 표준	1. CAD/CAM 데이터 교환을 위한 표준 종류와 특징 2. 데이터 교환
		2. 컴퓨터 그래픽 기초	1. 기하학적 도형 정의와 처리	1. 그래픽 라이브러리 2. 좌표계 3. 윈도우 및 뷰포트 4. 그래픽 요소
			2. CAD 모델링을 위한 좌표변환	1. 2차원 좌표변환 2. 3차원 좌표변환
			3. CAD 모델링을 위한 기초수학 및 디스플레이	1. 기초 수학 2. 은선과 은면 처리 3. 렌더링 4. GUI 등
		3. 3D 형상모델링 작업	1. 3D 형상모델링 작업 준비	1. 3D CAD 프로그램 환경설정 2. 3D 투상능력 3. 3D 형상모델링 종류 4. 3D 형상모델링 특성(곡선표현, 곡면표현)
			2. 3D 형상모델링 작업	1. 3D 형상모델링 방법 2. 3D CAD 프로그램 활용
		4. CAM 가공	1. CAM 가공 일반	1. CAM 가공 및 CAM 시스템 특성 2. CNC 공작기계의 종류 및 역사 3. 데이터 전송 방법: DNC, 통신
			2. CAM 관련 절삭이론	1. 곡면가공을 위한 절삭이론 일반 2. 3축, 5축 곡면가공
			3. 가공경로 계산	1. 가공 공정 계획 2. 밀링 가공경로 계산 이론 3. 가공경로 계산 조건 4. 가공경로의 종류 및 특성
			4. 적층가공, 측정, 가상가공	1. 적층 제작 시스템 (RP, RT) 2. 측정, 가상가공 등의 CAM 전반 3. FMS
		5. CNC 가공	1. CNC의 개요	1. CNC의 정의와 경제성 2. CNC 공작기계의 구조 3. 자동화설비 및 발전 방향

필기과목명	문제수	주요항목	세부항목	세세항목
			2. CNC 공작기계의 제어방식	1. 제어방식 2. 서보 기구 3. 이송 기구 등
			3. CNC 공작기계에 의한 절삭가공	1. 기계조작반 사용법 2. 좌표계 설정 및 가공조건 설정 3. 절삭조건 및 가공방법
컴퓨터수치제어 (CNC) 절삭가공	20	1. 기계가공	1. 공작기계 및 절삭제	1. 공작기계의 종류 및 용도 2. 절삭제, 윤활제 및 절삭공구재료
			2. 선반가공	1. 선반의 개요 및 구조 2. 선반용 절삭공구, 부속품 및 부속장치 3. 선반가공
			3. 밀링가공	1. 밀링의 종류 및 부속품 2. 밀링 절삭공구 및 절삭이론 3. 밀링 절삭가공
			4. 연삭가공	1. 연삭기의 개요 및 구조 2. 연삭기의 종류(외경, 내경, 평면, 공구, 센터리스 연삭기 등) 3. 연삭숫돌의 구성 요소 4. 연삭숫돌의 모양과 표시 5. 연삭조건 및 연삭가공 6. 연삭숫돌의 수정과 검사
			5. 기타 기계가공	1. 드릴가공 및 보링가공 2. 브로칭, 슬로터가공 및 기어가공 3. 셰이퍼 및 플레이너 등
			6. 정밀입자 가공 및 특수가공	1. 래핑 2. 호닝 3. 슈퍼 피니싱 4. 방전가공 5. 레이저 가공 6. 초음파 가공 7. 화학적 가공 등
			7. 손 다듬질 가공법	1. 줄 작업 2. 리머 작업 3. 드릴, 탭, 다이스 작업 등
		2. 안전 규정 준수	1. 안전 수칙 확인	1. 안전 수칙 확인
			2. 안전 수칙 준수	1. 안전보호장구 착용 2. 안전 수칙 적용

※ 자세한 출제기준은 한국산업인력공단(http://www.q-net.or.kr/)에서 확인하실 수 있습니다.

차례

컴퓨터응용가공산업기사

PART 1 도면 해독 및 측정 10

CHAPTER 01 도면 검토 12
1. 주요치수 및 공차 검토 12
2. 도면 해독 검토 18
   - 예상문제 26

CHAPTER 02 측정기 유지관리 31
1. 측정기 관리 31
2. 측정기 취급 주의 40
3. 측정기 교정 60
   - 예상문제 76

CHAPTER 03 정밀측정 84
1. 측정 방법 결정 84
2. 정밀측정 준비 96
   - 예상문제 107
3. 정밀측정 113
   - 예상문제 149

CHAPTER 04 기계제도 168
1. 기계제도 일반 168
   - 예상문제 247
2. 기계요소 제도 299
   - 예상문제 319

PART 2 CAM 프로그래밍 342

CHAPTER 01 CAD/CAM 시스템 344
1. CAD/CAM 시스템의 개요 344
2. CAD/CAM 시스템의 구성 364

3. CAD 데이터 표준 ······375
　◯ 예상문제 ······381

CHAPTER 02　컴퓨터 그래픽 기초　410

1. 기하학적 도형 정의와 처리 ······410
2. CAD 모델링을 위한 좌표변환 ······419
3. CAD 모델링을 위한 기초수학 및 디스플레이 ······423
　◯ 예상문제 ······436

CHAPTER 03　3D 형상 모델링 작업　469

1. 3D 형상 모델링 작업 준비 ······469
2. 3D 형상 모델링 작업 ······494
　◯ 예상문제 ······507

CHAPTER 04　CAM 가공　560

1. CAM 가공 일반 ······560
2. CAM 관련 절삭이론 ······568
3. 가공경로 계산 ······572
4. 적층 가공 ······595
　◯ 예상문제 ······603

CHAPTER 05　CNC 가공　636

1. CNC의 개요 ······636
2. CNC 공작기계의 제어방식 ······643
3. CNC 공작기계에 의한 절삭가공 ······646
　◯ 예상문제 ······685

PART 3　컴퓨터수치제어(CNC) 절삭가공　732

CHAPTER 01　기계가공　734

1. 공작기계 및 절삭제 ······734
　◯ 예상문제 ······754
2. 선반가공 ······772
　◯ 예상문제 ······787
3. 밀링가공 ······800
　◯ 예상문제 ······818

4. 연삭가공 ··· 833
   ◎ 예상문제 ··· 849
5. 기타 기계가공 ·· 861
   ◎ 예상문제 ··· 881
6. 정밀입자가공 및 특수가공 ··· 898
   ◎ 예상문제 ··· 911
7. 손 다듬질 가공법 ··· 924
   ◎ 예상문제 ··· 929

CHAPTER 02　안전 규정 준수　　　　　　　　　　　　936

1. 안전 수칙 확인 ··· 936
2. 안전 수칙 준수 ··· 942
   ◎ 예상문제 ··· 951

부록　CBT 최종모의고사　　　　　　　　　　　　　　961

- CBT 최종모의고사 1회 ··· 962
- CBT 최종모의고사 2회 ··· 982
- CBT 최종모의고사 3회 ··· 1002

CBT 필기시험 미리 보기

http://www.q-net.or.kr

처음 방문하셨나요?
큐넷 서비스를 미리 체험해보고
사이트를 쉽고 빠르게 이용할 수 있는
이용 안내, 큐넷 길라잡이를 제공

- 큐넷 체험하기
- CBT 체험하기
- 이용안내 바로 가기
- 큐넷길라잡이 보기
- 동영상 실기시험 체험하기
- 전문자격시험체험학습관 바로 가기

이용 방법: 큐넷에 접속한 후, 메인 화면 하단의 〈CBT 체험하기〉 버튼을 클릭한다.

PART 1

도면 해독 및 측정

01_도면 검토
02_측정기 유지관리
03_정밀측정
04_기계제도

단원 미리 보기

핵심 키워드

- 주요 치수 및 공차 검토
- 측정기 관리
- 측정기 교정
- 정밀측정 준비
- 기계요소 제도
- 도면 해독 검토
- 측정기 취급주의
- 측정 방법 결정
- 기계제도 일반

학습 방향

1. 요소부품의 기능에 최적한 형상, 치수 및 주요 공차를 파악하고, 조립도와 부품도에서 설계방법, 재질, 작업설비 및 방법을 결정할 수 있다.
2. 사용할 측정기가 요구되는 측정에 적합하게 올바른 측정 방법으로 정확하게 충분한 신뢰성을 가지면서 항상 사용될 수 있도록 유지·관리할 수 있다.
3. 기계 가공된 부품은 설계 도면의 요구 조건에 결과를 정량적으로 나타내기 위하여 측정 부분 파악하기, 측정 방법 결정하기, 정밀측정 준비하기, 정밀측정 하기를 할 수 있다.
4. 조립도 및 부품도에서 작업계획을 수립하고 작업도구 사용을 결정하기 위한 도면을 해독할 수 있다.

PART 1. 도면 해독 및 측정

도면 검토

1 주요치수 및 공차 검토

1 조립 관계 파악

도면은 조립도와 이 조립도에 부속되는 부품도들과 부분 조립도들로 이루어진다. 조립도에는 조립이 완료되었을 경우의 기계 또는 제품의 최종모습이 도시며, 소요되는 부품들과 부분 조립체들의 목록이 기재되고, 각 부품과 부분 조립체가 기계 또는 제품의 어느 부분에 들어가는지가 표시된다. 부분 조립체는 독립된 하나의 개체로서 상위 조립체에 조립되어 하위 조립체를 의미한다.

(1) 조립체 검토

베어링은 호칭 번호를 기준으로 하여 베어링과 결합하는 요소 부품의 치수가 결정된다. 베어링의 안지름 치수 때문에 축의 저널 부분의 치수가 결정되며, 베어링의 폭과 바깥지름의 치수에 의해 본체의 안지름과 폭의 치수 및 커버의 접촉부 바깥지름의 치수가 각각 결정된다.

* 본체
① 조립도에서 본체는 축, 베어링, 베어링 커버, 본체고정구 등과 같은 동력전달장치의 요소들이 조립되어 있다.
② 본체의 재료는 주조성이 좋은 압축강도가 큰 회주철품(GC250), 탄소 주강품(SC450)을 많이 사용한다.
③ 외면은 부식방지를 위해 명청색 도장 처리를 하고 내면은 광명단 도장을 하여 산화되는 것을 방지한다.
④ 본체 투상은 치수 결정을 먼저 하는데 본체 치수보다 베어링 치수(내경과 외경)를 먼저 결정한다.

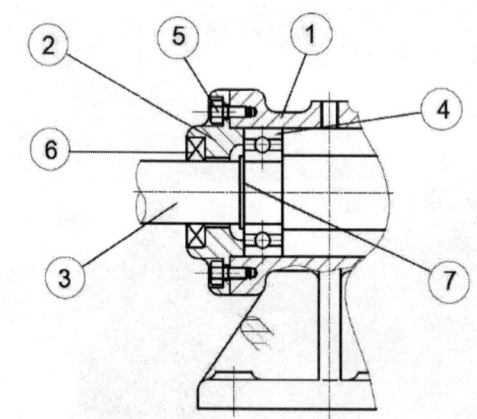

품번	품명
1	본체
2	커버
3	축
4	베어링
5	볼트
6	오일 실
7	멈춤 링

◐ 그림 1-1 표준부품 조립체 예시

(2) 베어링 파악

회전이나 왕복운동을 하는 축을 받쳐 하중을 받는 구실을 하는 기계요소로 축 중에서 베어링과 접촉하여 축이 받쳐지고 있는 축 부분을 저널이라 한다. 베어링은 두 면 사이의 마찰력을 줄여서 회전운동이나 직선운동을 부드럽게 하는 역할을 한다.

베어링은 면과 면 사이 볼(ball)이나 롤러(roller)가 들어가서 마찰력을 줄이는 원리를 이용한 구름 베어링(rolling bearing)과 면과 면이 서로 미끄러지는 운동을 하는 미끄럼 베어링(sliding bearing)으로 구분된다.

① 안지름 치수

00 = 10mm

01 = 12mm

02 = 15mm

03 = 17mm

04×5 = 20mm

안지름 번호 04부터 5를 곱한 값이 안지름 치수가 된다.

② 적용

깊은 홈 볼 베어링의 호칭 번호가 6202, 편람을 참고하여 치수를 확인한다. 베어링의 안지름 d=15, 바깥지름 D=35, 폭 B=11, 최소 허용 치수 r=0.6을 찾는다.

◎ 표 1-1 공차 기호

호칭번호	치수			
	d	D	B	r
6200	10	30	9	0.6
6201	12	32	10	06
6202	15	35	11	0.6
6203	17	40	12	0.6
6204	20	47	14	1
62/22	22	50	14	1
6205	25	52	15	1
62/28	28	58	16	1

✽ 베어링 치수

베어링의 안지름으로 축의 치수를 결정하고 베어링의 바깥지름으로 본체의 안지름을 결정한다. 베어링 힘의 방향에 따라 레이디얼형과 스러스트형으로 구분할 수 있다.

■ 깊은 홈 볼베어링(60, 62 계열)
※ 베어링 찾는 방법

```
6206
```

6(형식 : 첫 번째 숫자)
1,2,3 : 복렬 자동조심형
6,7 : 단열
N : 원통롤러

2(지름번호 : 두 번째 숫자)
0,1 : 특별경하중
2 : 경하중
3 : 보통하중
4 : 큰하중

06(안지름 번호 : 세 번째, 네 번째 숫자)
00 : 10mm
01 : 12mm
02 : 13mm
03 : 14mm
04×5 : 20mm

※ 실, 실드
 ① 양쪽 실붙이 : UU
 ② 한쪽 실붙이 : U
 ③ 양쪽 실드붙이 : ZZ
 ④ 한쪽 실드붙이 : Z

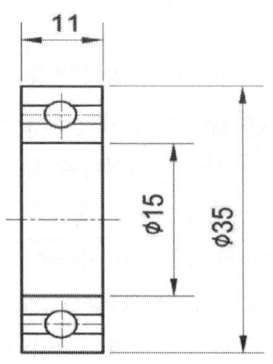

○ 그림 1-2 깊은 홈 볼 베어링 치수

(3) 축의 정의와 종류

축은 주로 회전운동에 의하여 동력을 전달하는 데 사용되며, 단면은 주로 원형이 많고 속에 구멍이 뚫려 있는 중공축과 속이 차 있는 중 실축으로 나누어진다. 축의 전체 모양은 일직선인 직선 축이 많으나 크랭크축과 같은 곡선 축도 있으며, 축은 베어링으로 지지가 되고 축 사이의 연결은 축이음이 사용된다.

① 축의 저널 치수

베어링 안지름에 축의 저널이 끼워 맞추어진다. 따라서 베어링 안지름 치수가 15mm이므로 축의 저널 치수도 15mm이다. 끼워맞춤을 고려하여 축의 저널에 공차 등급 h5를 부여한다.

(4) 본체 폭과 안지름 치수를 파악

베어링 바깥지름이 본체의 구멍에 끼워 맞추어진다. 따라서 베어링 바깥지름 치수가 35mm이므로 본체의 구멍 치수도 35mm이다. 끼워맞춤을 고려하여 본체의 구멍에 공차 등급 H8을 부여한다.

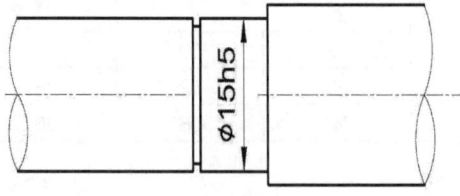

○ 그림 1-3 축의 저널 치수

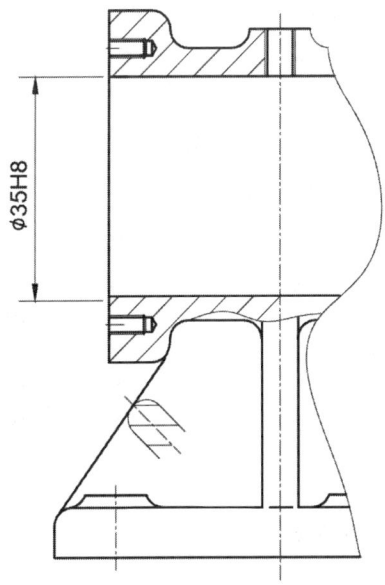

○ 그림 1-4 본체 안지름 치수

(5) 축의 멈춤 링 치수

멈춤 링은 축 위나 구멍의 내부 면에 부품들이 정확하게 고정할 때 자주 사용되는 부품이다. 멈춤 링을 찾을 때는 KS 기계제도 편람에서 축 지름을 기준으로 멈춤 링이 들어갈 폭과 멈춤 링이 체결되는 안지름을 정하고 각 부위의 허용차들을 찾아 적용할 수 있다.

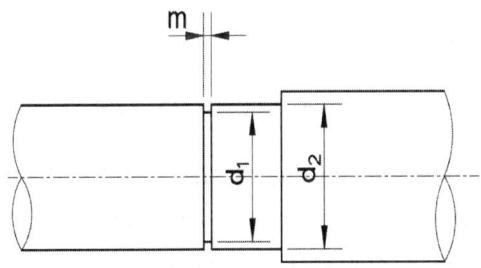

○ 그림 1-5 멈춤 링 적용 치수

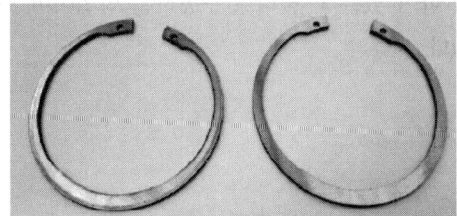

○ 그림 1-6 멈춤 링

✱ 멈춤(스냅) 링

① 멈춤(스냅) 링 용도 : 베어링과 같은 축계 기계요소들의 좌우 요동을 방지하기 위해 축 또는 구멍에 홈을 파고 체결하는 고리 모양의 스프링으로 축용과 구멍용이 있다.
② 멈춤 링의 치수는 멈춤 링이 들어갈 수 있는 홈의 치수를 찾는 것이 중요하다. 기준이 되는 치수는 멈춤 링이 들어가야 할 축과 구멍의 호칭치수라 할 수 있다.
③ 멈춤 링은 C형, E형, C형 동심형이 있다.
④ 축용 C형 표기법은 앞에 S를 붙여서 S-10 등의 형식으로 나타낸다.
⑤ 구멍용 C형 표기법은 앞에 R를 붙여서 R-10 등의 형식으로 나타낸다.

○ 표 1-2 C형 축용 멈춤 링 KS 데이터(KS B1336)

적용하는 축				적용하는 축			
d1 (호칭)	d2		m	d1 (축경)	d2		m
	기본 치수	치수 허용차	기본치수 +0.140		기본 치수	치수 허용차	기본치수 +0.140
10	9.6	0 −0.11	1.15	25	23.9	0 −0.21	1.75
12	11.5			28	26.6		
15	14.3			30	28.6		
17	16.2			35	33	0 −0.25	1.95
20	19		1.35	40	38		
25	21	−0.21		45	42.5		

(6) V 벨트 풀리 조립체 조립 관계

* V 벨트 풀리
① 축간거리가 짧고 속도비가 큰 경우에 동력 전달이 좋다.
② 2~5m까지 전동 가능하다.
③ V 벨트 단면의 형상(형별)은 M, A, B, C, D, E형의 6종류가 있으며 M에서 E쪽으로 가면 단면이 커진다.
④ 풀리의 재질은 보통 회주철(GC200)을 사용한다.
⑤ 풀리의 호칭지름은 Dp이다.

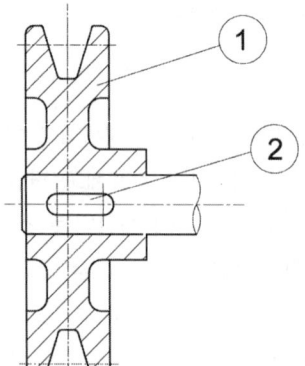

품번	품명
1	V 벨트
2	키

○ 그림 1-7 V 벨트 풀리 조립체

 V 벨트에 조립된 축은 키(Key)에 의해 고정되어 같은 방향으로 회전운동을 하고 있으며 축 다른 쪽 끝의 또 다른 동력전달장치에 회전에너지를 전달하여 일을 할 수 있게 되어 있는 조립체이다.
① V 벨트 풀리의 표준 치수
 V형 홈이 파여 있는 V 풀리로 구동하는 방법이며 사다리꼴의 단면을 가지고 있다.

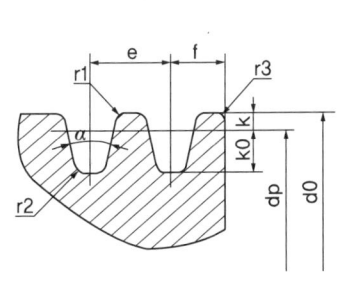

V 벨트 치수 허용차[mm]

형별	α허용치	k허용치	e허용치	f허용치
M	±0.5	+0.2 0	—	±1
A		+0.2 0	±0.4	±1
B		+0.2 0	±0.4	±1
C		+0.3 0	±0.4	±1
D		+0.4 0	±0.5	+2 −1
E		+0.5 0	±0.5	+3 −1

◎ 그림 1-8 V 벨트 풀리

◎ 표 1-3 KS B1401 V 벨트 풀리 치수

V 벨트 종류	호칭 지름 (dp)	각도 (α°)	l0	k	k0	e	f	r1	r2	r3	벨트의 두께
M	50 이상 71 이하 71 초과 90 이하 90 초과	34° 36° 38°	8.0	2.7	6.3	—	9.5	0.2~0.5	0.5~1.0	1~2	5.5
A	71 이상 100 이하 100 초과 125 이하 125 초과	34° 36° 38°	9.2	4.5	8.0	15.0	10.0	0.2~0.5	0.5~1.0	1~2	9
B	125 이상 160 이하 160 초과 200 이하 200 초과	34° 36° 38°	12.5	5.5	905	19.0	12.5	0.2~0.5	0.5~1.0	1~2	11
C	200 이상 250 이하 250 초과 315 이하 315 초과	34° 36° 38°	16.9	7.0	12.0	25.5	17.0	0.2~0.5	1.0~1.6	2~3	14
D	355 이상 450 이하 450 초과	36° 38°	24.6	9.51	5.5	37.0	24.0	0.2~0.5	1.6~2.0	3~4	19
E	500 이상 630 이하 630 초과	36° 38°	28.7	12.7	19.3	44.5	29.0	0.2~0.5	1.6~2.0	4~5	25.5

② 키의 치수

축과 보스(풀리, 기어 등)를 결합하는 기계요소이다. 키의 치수를 선정하는 방법으로는 우선 KS B1311-74에서 적용되는 축 지름(d)을 기준으로 축에 파여 있는 키 홈의 깊이(t1)와 폭(d1), 풀리 구멍에 파여 있는 키의 깊이(t2)와 폭(d2)을 찾을 수 있다.

* 키(Key)

① 용도 : 축에 기어, 풀리, 플라이휠, 커플링 등의 회전체를 고정시키고, 축과 회전체를 일체로 하여 회전을 전달시키는 기계요소로 키는 일반적으로 축 재료보다 약간 굳은 양질 재료로 만들어지는 것이 보통이다.

② 키의 동력 전달 크기의 순서 : 안장 키 < 평 키 < 묻힘 키 < 접선 키 < 스플라인

③ 토크(torque) 크기의 순서 : 세레이션 > 스플라인 > 접선 키 > 성크 키 > 평 키 > 새들 키

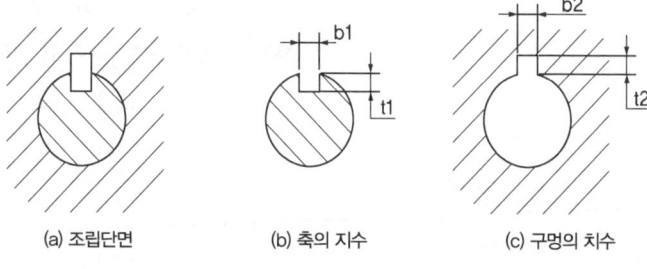

○ 그림 1-9 키의 치수

○ 표 1-4 KS B1311-74 묻힘 키(sunk key)

키의 호칭 치수 b×h	b1b2 기준 치수	키 자리의 치수			r1 및 r2	t1 기준 치수	t2 기준 치수	t1t2 허용차	참고 적용 하는 축 지름
		정밀급	보통급						
		b1b2 허용차 P9	b1 허용차 N9	b2 허용차 Js9					
2×2	2	-0.004 ~ -0.031	-0.004 ~ -0.029	±0.0125	0.08 ~ 0.16	1.2	1.0	+0.1 0	6~8
3×3	3					1.8	1.4		8~10
4×4	4					2.5	1.8		10~12
5×5	5	-0.012 ~ -0.042	0 ~ -0.030	±0.0125	0.16 ~ 0.25	3.0	2.3		12~17
6×6	6					3.5	2.8		17~22

② 도면 해독 검토

❶ 요소 부품의 특성

조립도에서 각 부품에 대하여 지시선을 끌어내어 번호를 부여하고, 각 부품번호를 이용하여 소요 부품의 명칭, 재질, 치수, 공차 등을 정의한다.

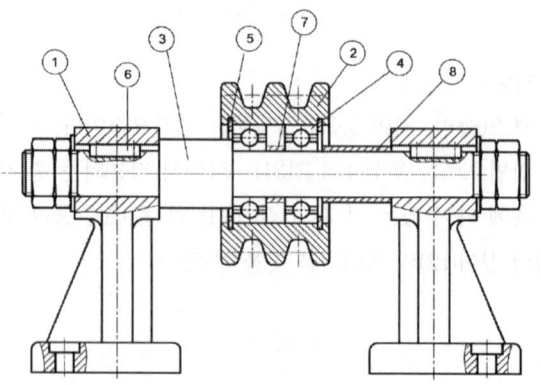

○ 그림 1-10 동력전달장치

동력원으로부터 일정한 거리(약 5m 미만)에 있는 기계요소에 정확한 회전비를 요구하지 않으면서도 큰 회전력을 전달하기 위해 동력전달장치가 필요하다.

(1) 동력전달장치 요소를 선택

① 동력원에서 발생한 동력이 작업 요소에 전달되기 위해서는 그사이에 동력을 전달해 주는 매개 요소가 필요하다. 기계를 구성하는 요소는 제한된 구속운동을 하게 되므로 반복적인 회전운동과 왕복운동만을 할 수 있다.
② 회전비를 정확하게 변화시키거나 축선이 일정한 거리에 위치해 있는 축의 동력을 전달하는 데에는 기어 또는 체인이 사용된다.
③ 정확한 회전비를 요구하지 않을 때는 벨트와 풀리가 사용되고 있다. 정확한 회전비를 요구하지 않고 일정한 거리에 있는 기계요소에 동력을 전달하므로 기어와 체인은 요구 조건에 맞지 않기에 제외하고, 단순하게 회전력을 전달하는 장치로 벨트 전동장치(평 벨트, V 벨트)와 로프 전동장치가 있다. 로프 전동장치는 보통 상당히 먼 거리(와이어 로프는 50~100m, 섬유질 로프는 10~30m)에 있는 원동과 종동 간의 동력을 전달할 때 사용되므로 결국 요구 조건에 약 5m 미만의 동력을 전달하기에 벨트 전동장치를 선택하면 된다.

1) 벨트 전동장치

가죽, 직물 등으로 만든 벨트(belt)는 2개의 회전체를 감아 이들 사이의 마찰로 인해 전동하는 장치로 이때 회전체를 풀리(belt pulley)라고 한다. 벨트 전동장치는 정확한 속도비를 얻지는 못하나 충격 하중을 흡수하여 진동을 감소시키고 갑자기 하중이 커질 때는 미끄러짐에 의하여 안전장치의 역할도 한다.

2) 요구 조건에 맞는 동력 전달용 벨트(belt) 선택

전동에 필요한 마찰력을 주기 위하여 벨트에 주는 장력을 초기장력(T_0)이라 하며, 인장 쪽의 장력(T_t)과 이완 쪽의 정력(T_s)과의 차이를 유효장력(P_e)이라고 한다. 유효 장력(P_e)은 풀리는 회전시키는 회전력이 된다. 큰 회전력 전달에 V 벨트를 선택하고 설계에 의한 산출된 속도, 전날 동력에 의해 V 벨트 종류를 선택한다.

○ 표 1-5 속도와 전달 동력에 따른 V 벨트의 선택 기준

전달 동력	V 벨트의 속도(m/s)		
	10 이하	10~17	17 이상
1.5 이하	A	A	A
1.5~3.5	B	B	A 또는 B
3.5~7	B 또는 C	B	B
7~17.5	C	B 또는 C	B 또는 C
17.5~35	C 또는 D	C 또는 D	C 또는 D
35~70	D	C 또는 D	C 또는 D
70~105	E	D	D
105 이상	E	E	E

3) V 벨트의 종류 : M, A, B, C, D, E / V 벨트의 크기

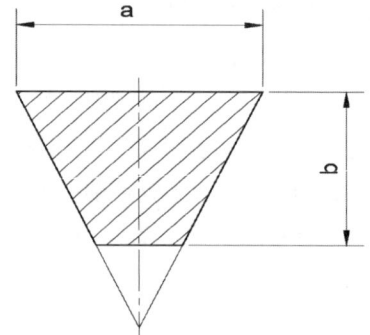

종류	a[mm]	b[mm]
M	10.0	5.5
A	12.5	9.0
B	16.5	11.0
C	22.0	14.0
D	34.5	19.0
E	38.5	15.5

○ 그림 1-11 V 벨트 크기

4) 벨트(belt)의 풀리(pulley) 설계

V 벨트 풀리의 홈 부의 설계는 벨트의 형별(M, A, B, C, D, E)과 호칭 지름이 정해짐에 따라 KS 규격에 따라 설계한다.

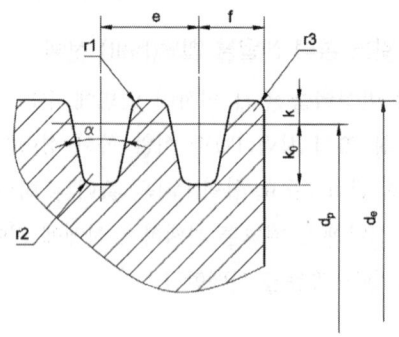

○ 그림 1-12 V 풀리 홈 치수

○ 표 1-6 V 벨트 치수 허용차[mm]

형별	α 허용치	k 허용치	e 허용치	f 허용치
M	±0.5	+0.2 / 0	–	±1
A	±0.5	+0.2 / 0	±0.4	±1
B	±0.5	+0.2 / 0	±0.4	±1
C	±0.5	+0.3 / 0	±0.4	±1
D	±0.5	+0.4 / 0	±0.5	+2 / -1
E	±0.5	+0.5 / 0	±0.5	+3 / -1

○ 표 1-7 V 벨트 치수표(KS B0201)

V 벨트 종류	호칭 지름 (dp)	각도 (α°)	l0	k	k0	e	f	r1	r2	r3	벨트의 두께
M	50 이상 71 이하 71 초과 90 이하 90 초과	34° 36° 38°	8.0	2.7	6.3	–	9.5	0.2~0.5	0.5~1.0	1~2	5.5
A	71 이상 100 이하 100 초과 125 이하 125 초과	34° 36° 38°	9.2	4.5	8.0	15.0	10.0	0.2~0.5	0.5~1.0	1~2	9
B	125 이상 160 이하 160 초과 200 이하 200 초과	34° 36° 38°	12.5	5.5	905	19.0	12.5	0.2~0.5	0.5~1.0	1~2	11
C	200 이상 250 이하 250 초과 315 이하 315 초과	34° 36° 38°	16.9	7.0	12.0	25.5	17.0	0.2~0.5	1.0~1.6	2~3	14
D	355 이상 450 이하 450 초과	36° 38°	24.6	9.51	5.5	37.0	24.0	0.2~0.5	1.6~2.0	3~4	19
E	500 이상 630 이하 630 초과	36° 38°	28.7	12.7	19.3	44.5	29.0	0.2~0.5	1.6~2.0	4~5	25.5

(2) 회전체 요소 선택

벨트 풀리가 정상적으로 회전하기 위해서는 축의 설계를 고려해야 한다. 축은 주로 회전운동에 의하여 동력을 전달하는 데 쓰이며, 주로 난면이 원형이 많고 속에 구멍이 뚫려 있는 중공축과 속이 차 있는 중실축으로 나누어진다. 풀리의 하중을 지지하면서 회전 중 발생하기 쉬운 진동에도 문제없이 회전할 수 있는 축의 직경과 재질을 선정하는 것이 중요하다.

1) 축의 설계 시 고려할 사항 검토

① 진동
축의 회전속도가 어느 임계값 부근에 이르게 되면 축의 처짐과 비틀림 등의 변형이 급격히 반복하게 되고, 축은 탄성체이기 때문에 그 변형을 회복하려는 에너지를 발생시키게 된다. 이런 현상을 축의 중심으로 번갈아 발생하여 주기 운동이 되고 이 주기가 축의 고유 진동수의 값과 일치하게 되면 파괴된다. 즉, 축 설계 시 회전속도를 항상 축의 고유 진동수의 값보다 작은 약 25% 이내 위치시켜야 한다.

② 하중
축에 작용하는 하중과 방향이 변동하는 경우 큰 응력이 발생하므로 설계 시 이 점을 충분히 반영해야 한다.

③ 응력집중
축에 키 홈을 만들 때 또는 단이 생길 때 이 부분에 응력집중이 생겨 평균응력보다 큰 응력이 생길 수 있다. 이 부분을 보완하기 위해 축의 지름의 변화를 완만하게 하고 되도록 지름이 변경되는 부분에는 라운딩 처리를 하여 응력집중을 피하도록 한다.

④ 부식
축 유체에 항상 노출되면 화학적, 전기적 반응으로 부식되기 쉬우므로 내식성 재료로 만들거나 계산한 값보다 직경을 크게 제작한다.

⑤ 고온
고온에서 사용되는 축은 크리프와 열팽창의 영향을 많이 받기 때문에 설계 시 이 점을 고려해야 한다.

2) 축의 직경 및 형상을 설계

벨트를 안정적으로 지지하는 동시에 회전력을 전달하기 위해서는 굽힘에 의한 처짐과 비틀림을 동시에 고려하여 축의 직경과 재질을 선정해야 한다.

① 굽힘 모멘트만 받는 축

$$d_0 = \sqrt[3]{\frac{32M}{\pi(1-x^4)\sigma_a}}$$

여기서, σ_a : 허용 굽힘 응력

M : 굽힘 모멘트, $x = \dfrac{d_i}{d_0}$

∗ 굽힘 모멘트만을 받는 중공축

$$M = \frac{\pi}{32}\left(\frac{d_2^4 - d^4}{d_2}\right)\sigma_b$$

$$= \frac{\sigma_b(d_2^4 - d^4)}{10.2 d_2}$$

$$= \frac{\sigma_b d_2^3(1-x^4)}{10.2}$$

• 바깥지름

$$d_2 = \sqrt[3]{\frac{10.2M}{\sigma_b(1-x^4)}}$$

• 안지름

$$d = \sqrt[3]{\frac{D(\pi\sigma_b D^3 - 32M)}{\pi\sigma_b}}$$

② 비틀림 모멘트만 받는 축

$$d_0 = \sqrt[3]{\frac{16\,T}{\pi(1-x^4)\tau_a}}$$

여기서, τ_a : 허용 전단 응력
T : 비틀림 모멘트

3) 축의 재료

축은 상시 회전을 하므로 재료선정이 비틀림과 휨에 대한 충분한 강도가 있어야 한다. 또한, 진동 발생에 의한 반복하중과 충격 등에 대비한 인성을 고려해야 한다. 강도를 필요로 하지 않거나 축과 보스를 용접하는 소형 축에 일반구조용 압연강재 SS재(KS D3505 사용)를 열처리하지 않고 사용하거나 기계구조용 탄소강 강재(KS D3517) 중 SM 10C~SM 25C을 불림한 채로 사용한다. 조금 강도를 요구하는 소형축류에는 기계구조용 탄소강 강재 중 SM 30C~SM 40C를 담금질 또는 뜨임해서 사용한다.

강력한 축의 재료에 사용되고 있는 기계구조용 탄소강 강재 중 SM45C~SM55C를 사용하고자 할 때는 열처리 효과가 크기 때문에 조질(뜨임)만 해서 요구에 맞게 사용한다.

(3) 베어링 선정

V 벨트 풀리를 정밀하게 회전할 수 있도록 축과 풀리 사이에 베어링을 선정해야 하는데 베어링은 두 면 사이의 볼(ball)이나 롤러(roller)가 들어가서 마찰력을 줄여서 회전운동이나 직선운동을 부드럽게 하는 역할을 한다.

1) 베어링의 종류

가) 구름 베어링

구름 베어링에는 볼 베어링과 롤러 베어링으로 구분되고, 볼 베어링에는 레이디얼 베어링과 스러스트 베어링으로 되어 있다. 레이디얼 베어링에는 깊은 홈 베어링((단열, 복열) KS B2023), 앵귤러 볼 베어링((단열, 복열) KS B2024)), 마그네트 볼 베어링(KS B2030), 자동조심 볼 베어링(KS B2025)으로 되어 있다. 스러스트 베어링에는 평면 자리 볼 베어링((단식, 복식) KS B2022), 구면 자리 볼 베어링(단식, 복식)으로 되어 있다.

나) 롤러 베어링

롤러 베어링은 레이디얼 롤러 베어링과 스러스트 롤러 베어링으로 구분되며, 레이디얼 롤러 베어링에는 원통 롤러 베어링(KS B2026), 테이퍼 롤러 베어링(KS B2027), 자동조심 롤러 베어링(KS B2028), 니들 롤러 베어링(KS B2029)으로 되어 있다. 스러스트 롤러 베어링은 자동조심 롤러 베어링(KS B2042)으로 되어 있다.

2) 베어링의 호칭 번호

| 형식 번호 | 치수 기호(나비와 지름 기호) | 안지름 번호 | 등급 기호 |

① 형식 번호
 1 : 복렬 자동 조심형 2, 3 : 복렬 자동조심 형(큰 나비)
 5 : 스러스트 베어링 6 : 단열 홈 형 7 : 단열 앵귤러 볼 형
 N : 원통형 롤러형

② 치수 번호(두 번째 숫자 / 나비와 지름 기호)
 0, 1 : 특별 경 하중형 2 : 경 하중형 3 : 중간 하중형 4 : 중 하중형

③ 안지름 번호(세 번째, 네 번째 숫자)
 00 : 안지름 10mm 01 : 안지름 12mm
 02 : 안지름 15mm 03 : 안지름 17mm

안지름 범위(mm)	안지름 치수	안지름 기호	예
10mm 미만	안지름이 정수	안지름	2mm이면 2
	안지름이 정수 아님	안지름	2.5mm이면 / 2.5
10mm 이상 20mm 미만	10mm	00	
	12mm	01	
	15mm	02	
	17mm	03	
20mm 이상 500mm 미만	5의 배수	안지름을 5로 나눈 수	40mm이면 08
	5의 배수 아님	안지름	28mm이면 28
500mm 이상		안지름	560mm이면 560

④ 보조 기호

유지기		실(시드)		궤도륜 모양		베어링 조합		내부 틈새		등급	
내용	기호	내용	기호	내용	기호	종류	기호	구분	기호	등급	기호
유지기 없음	V	양쪽 실붙이	UU	내륜 원통 구멍	없음	뒷면 조합	DB	보통의 레이디얼 내부 틈새 보다 작다	C2	0급	없음
										6×급	P6×
		한쪽 실붙이	U	내륜 테이퍼구멍 (기준 테이퍼 비 1/12)	K	정면 조합	DF	보통의 레이디얼 내부 틈새	없음	6급	P6
										5급	P5
		양쪽 실드 붙이	ZZ	링 홈붙이	N	병열 조합	DT	보통의 레이디얼 내부 틈새 보다 크다	C3	4급	P4
		한쪽 실드 붙이	Z	멈춤 링붙이	NR			C3보다 크다	C4	2급	P2
								C4보다 크다	C5		

⑤ 등급 기호(다섯 번째 이후의 기호)

무 기호 : 보통 급, H : 상급, P : 정밀급, SP : 초정밀급

* 호칭 번호 사용 보기

6012 ZNR
60 : 베어링 계열(단열 깊은 홈 형 볼 베어링)
12 : 안지름(12 × 5 = 60mm)
Z : 실드 기호(편측)
NR : 궤도륜 형상 기호

예상문제

01 조립도에서 표준부품 파악에 대한 설명으로 틀린 것은?

① 도면에서 사용되는 표준부품은 한국산업규격(KS)에 등록되어 일반적으로 사용하는 기계요소 등을 말한다.
② 기계요소는 대부분 최소 부품 단위로 구성되어 있어 조립도나 부품도에서는 치수로 표시되기보다는 한국산업규격(KS)의 분류 기호와 규격번호에 따른 호칭 번호를 이용하여 표기한다.
③ 모든 제품의 조립상태를 표현하는 조립도의 경우 각 부품의 조립을 위해 다양한 표준부품을 사용하나 단품 위주로 도면을 작성하는 부품도에서는 표준부품이 사용되지 않거나 상대적으로 사용이 제한적이다.
④ 기계요소가 주를 이루는 표준부품의 특성상 부품도에 비해 조립도에는 표준부품이 적게 사용된다.

해설
기계요소가 주를 이루는 표준부품의 특성상 부품도에 비해 조립도에는 많은 표준부품이 사용된다. 조립도에서 사용되는 대표적인 표준부품으로 나사, 볼트, 키, 핀, 베어링, 와셔, 부시, 축, 풀리, 기어, 로프, 휠 등이 있다.

02 조립도에서 축의 단으로부터 볼 베어링의 내륜과 본체 사이의 간격을 유지시켜 결국 스프로킷 휠의 위치를 결정해 주는 부품은?

① 간격 링(Space Ring)
② 오일 실 백업 링(Oil Seal Backup Ring)
③ 평행키(Parallel Key)
④ 오일 실(Oil Seal)

03 보스가 회전할 때 본체에 고정된 축으로 회전하려는 것을 막아 주면서 본체와 축의 이음 역할을 하는 것은?

① 간격 링(Space Ring)
② 오일 실 백업 링(Oil Seal Backup Ring)
③ 평행 키(Parallel Key)
④ 오일 실(Oil Seal)

04 보스의 안지름에 끼워져서 조립되고, 립이 축에 끼워진 볼 베어링의 오일이 새나가는 것을 예방하며 밖으로부터 이물질이 유입되어 베어링이 파손되는 것을 방지해 주는 부품은?

① 간격 링(Space Ring)
② 볼 베어링(Ball Bearing)
③ 평행 키(Parallel Key)
④ 오일 실(Oil Seal)

05 그림과 같이 암나사를 단면으로 표시할 때, 가는 실선으로 도시하는 부분은?

① A
② B
③ C
④ D

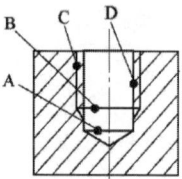

[정답] 01 ④ 02 ① 03 ③ 04 ④ 05 ③

해설

나사의 각부	선의 종류	나사부의 그림
암나사의 안지름	굵은 실선	굵은 실선 / 가는 실선
암나사의 골	가는 실선	
가려서 보이지 않는 나사부	파선	
측면도시에서 골지름	가는 실선 (3/4 원)	

06 다음 ( ) 안에 공통으로 들어갈 내용은?

> ① 나사의 불완전 나사부는 기능상 필요한 경우 또는 치수 지시를 하기 위하여 필요한 경우 경사된 ( )으로 도시한다.
> ② 단면도가 아닌 일반 투명도에서 기어의 이골원은 ( )으로 도시한다.

① 가는 실선
② 가는 파선
③ 가는 1점 쇄선
④ 가는 2점 쇄선

해설
① 수나사의 바깥지름과 암나사의 안지름을 표시하는 선은 굵은 실선으로 그린다.
② 수나사와 암나사의 골을 표시하는 선은 가는 실선으로 그린다.
③ 완전 나사부와 불완전 나사부의 경계선은 굵은 실선으로 그린다.
④ 단면도가 아닌 일반 투명도에서 기어의 이골원은 가는 실선으로 도시한다.

07 구름 베어링의 호칭 번호가 6001일 때 안지름은 몇 mm인가?

① 12 ② 11
③ 10 ④ 13

해설
호칭법에 쓰이는 숫자의 의미
① 첫 번째 숫자 : 형식번호
  1 : 복렬 자동 조심형
  2, 3 : 복렬 자동 조심형(큰나비)
  6 : 단열 홈형
  N : 원통 롤러형
  7 : 단열 앵귤러 콘택트형(경사 접촉형)
② 두 번째 숫자 : 치수기호(폭기호＋지름기호)
  0, 1 : 특별 경 하중형
  2 : 경 하중형
  3 : 중간형
③ 세 번째 숫자와 네 번째 숫자 : 안지름 기호
  00 : 안지름 10mm, 01 : 안지름 12mm
  02 : 안지름 15mm, 03 : 안지름 17mm
  안지름 치수 9mm 이하의 한 자리 숫자는 그대로 표시하고 10mm 이상 500mm까지는 그 1/5의 수 값(두 자리 숫자)으로 표시한다.
④ 다섯 번째 이후의 기호 : 베어링의 등급 기호
  무 기호 : 보통급
  H : 상급
  P : 정밀급
  SP : 초정밀급

08 작은 지름용으로 적용하는 축 지름 25~38mm 이하에서만 사용하는 것은?

① 혼용 C형 ② C형 동심

③ 축용 C형 ④ E형

[정답] 06 ① 07 ① 08 ①

09 캐스킷, 박판, 형강 등과 같이 절단면이 얇은 경우 이를 나타내는 방법으로 옳은 것은?

① 실제 치수와 관계없이 1개의 가는 1점 쇄선으로 나타낸다.
② 실제 치수와 관계없이 1개의 극히 굵은 실선으로 나타낸다.
③ 실제 치수와 관계없이 1개의 굵은 1점 쇄선으로 나타낸다.
④ 실제 치수와 관계없이 1개의 극히 굵은 2점 쇄선으로 나타낸다.

> **해설**
> 얇은 두께 부분의 단면도
> 개스킷, 박판, 형강 등에서 절단면이 얇은 경우 다음에 따라 표시할 수 있다.
> ① 절단면을 검게 칠한다.
> ② 실제 치수와 관계없이 한 개의 극히 굵은 실선으로 표시한다.

10 다음 V 벨트의 종류 중 단면의 크기가 가장 작은 것은?

① M형
② A형
③ B형
④ E형

> **해설**
> V 벨트의 종류에는 M형 및 A, B, C, D, E형 등의 6종류가 있으며, M형이 가장 작고 E형이 가장 크다. (벨트의 각(θ)은 40°이다.)

11 축의 설계 시 고려할 사항이 아닌 것은?

① 진동   ② 하중
③ 응력집중   ④ 가격

> **해설**
> 축의 설계 시 고려할 사항
> ① 진동
> ② 하중
> ③ 응력집중
> ④ 부식
> ⑤ 고온

12 축 지름이 변경되는 부분에 응력집중을 피하는 방법으로 옳은 것은?

① 라운딩으로 처리한다.
② 직각으로 처리한다.
③ 홈으로 처리한다.
④ 구멍으로 처리한다.

13 축의 설계 시 고려할 사항이 아닌 것은?

① 축 설계 시 회전속도를 항상 축의 고유 진동수의 값보다 작은 약 25% 이내 위치시켜야 한다.
② 축의 지름의 변화를 완만하게 하고 되도록 지름이 변경되는 부분에는 라운딩 처리를 하여 응력집중을 피하도록 한다.
③ 축 유체에 항상 노출되면 화학적, 전기적 반응으로 부식되기 쉬우므로 내식성 재료로 만들거나 계산한 값보다 직경을 작게 제작한다.
④ 고온에서 사용되는 축은 크리프와 열팽창의 영향을 많이 받기 때문에 설계 시 이 점을 고려해야 한다.

> **해설**
> 축 유체에 항상 노출되면 화학적, 전기적 반응으로 부식되기 쉬우므로 내식성 재료로 만들거나 계산한 값보다 직경을 크게 제작한다.

[정답] 09 ② 10 ① 11 ④ 12 ① 13 ③

14 철 금속 부식방지법이 아닌 것은?
① 도금
② 벤더라이징
③ 파커라이징
④ 알클래드

해설
철금속 부식방지법
① 도금 : 니켈크롬카드뮴 도금으로 내식성 금속도금을 표면에 입히는 방법
② 벤더라이징 : 철강재료 표면에 구리를 석출시켜서 부식을 방지하는 방법
③ 파커라이징 : 인산염 피막을 표면에 형성하여 부식을 방지하는 방법

15 축이 베어링과 접촉하여 받쳐지고 있는 축 부분을 무엇이라 하는가?
① 하우징   ② 저널
③ 리테이너   ④ 내륜

16 구름 베어링에서 전동체의 원둘레에 고르게 배치하여 전동체가 몰리지 않고 일정한 간격을 유지할 수 있게 하여 전동체의 접촉에 의한 마찰을 방지하는 역할을 하는 것은?
① 리테이너
② 내륜
③ 저널
④ 실드 플레이트

해설
리테이너 : 구름 베어링에서 전동체의 원둘레에 고르게 배치하여 전동체가 몰리지 않고 일정한 간격을 유지할 수 있게 하여 전동체의 접촉에 의한 마찰을 방지하는 역할을 한다.

17 축에 풀리, 기어, 플라이휠, 커플링 등의 회전체를 고정시켜서 원주 방향의 상대적인 운동을 방지하면서 회전력을 전달시키는 기계요소는?
① 볼트   ② 코터
③ 리벳   ④ 키

18 다음 성크(sunk) 키에 관한 설명으로 틀린 것은?
① 기울기가 없는 평행 성크 키도 있다.
② 머리 달린 경사 키도 성크 키의 일종이다.
③ 축과 보스의 양쪽에 모두 키 홈을 파서 토크를 전달시킨다.
④ 머리 윗면에 1/5 정도의 기울기를 가지고 있는 수가 많다.

해설
성크 키 중 경사 키는 일반적으로 1/100의 기울기를 가지고 있다.

19 연강제 볼트가 축 방향으로 8kN의 인장하중을 받고 있을 때, 이 볼트의 골지름은 약 몇 mm 이상이어야 하는가? (단, 볼트의 허용인장응력은 100MPa이다.)
① 7.4   ② 8.3
③ 9.2   ④ 10.1

해설
$$d = \sqrt{\frac{4W}{\pi\sigma}} = \sqrt{\frac{4\times 8,000}{\pi\times 100}} = 10.1$$

20 축을 설계할 때 고려해야 할 사항이 아닌 것은?
① 강도 및 변형   ② 진동
③ 회전 빙향   ④ 열응력

[정답] 14 ④ 15 ② 16 ① 17 ④ 18 ④ 19 ④ 20 ③

> **해설**
> 축 설계 시 고려사항
> 강도, 변형, 응력집중, 진동, 부식, 열응력 등

21 어떤 축이 굽힘 모멘트 M과 비틀림 모멘트 T를 동시에 받고 있을 때, 최대 주응력설에 의한 상당 굽힘 모멘트 M_e는?

① $M_e = \dfrac{1}{2}(M + \sqrt{M^2 + T^2})$

② $M_e = \dfrac{1}{2}(M^2 + \sqrt{M + T})$

③ $M_e = \dfrac{1}{2}(M^2 + \sqrt{M^2 + T^2})$

④ $M_e = \dfrac{1}{2}(M + \sqrt{M + T})$

> **해설**
> ① 상당 굽힘 모멘트
> $M_e = \dfrac{1}{2}(M + \sqrt{M^2 + T^2})$
> ② 상당 비틀림 모멘트
> $T_e = \sqrt{(M^2 + T^2)}$

22 지름 7cm의 중실축과 비틀림 강도(强度)가 같고, 내·외경비가 0.8인 중공축의 바깥지름은 몇 mm인가?

① 77.3
② 83.4
③ 89.5
④ 95.1

> **해설**
> $\dfrac{d_2}{d} = \sqrt[3]{\dfrac{1}{1-x^4}} = \sqrt[3]{\dfrac{1}{1-0.8^4}} = 1.192$
> $d_2 = 1.149 \times 70 = 83.4$

23 6,000N·m의 비틀림 모멘트만을 받는 연강제 중실축의 지름은 몇 mm 이상이어야 하는가? (단, 축의 허용 전단 응력은 30N/mm²로 한다.)

① 81
② 91
③ 101
④ 111

> **해설**
> $d = \sqrt[3]{\dfrac{5.1T}{\tau}} = \sqrt[3]{\dfrac{5.1 \times 6,000,000}{30}} = 100.66$

24 350rpm으로 15kW의 동력을 전달시키는 축의 지름은 약 몇 mm 이상이어야 하는가? (단, 축의 허용 전단 응력은 25MPa이다.)

① 35
② 40
③ 44
④ 52

> **해설**
> $T = 9,740,000 \times \dfrac{15}{350} = 417,429$
> $d = \sqrt[3]{\dfrac{5.1T}{\tau}} = \sqrt[3]{\dfrac{5.1 \times 417,429}{25}} = 44$

25 4kN·m의 비틀림 모멘트를 받는 전동축의 지름은 약 몇 mm인가? (단, 축에 작용하는 전단 응력은 60mPa이다.)

① 70
② 80
③ 90
④ 100

> **해설**
> $T = \tau_a \dfrac{\pi d^3}{16}$ 에서
> $d = \sqrt[3]{\dfrac{16T}{\pi \tau_a}} = \sqrt[3]{\dfrac{16 \times 4,000,000}{\pi \times 60}} = 70\text{mm}$

[정답] 21 ① 22 ② 23 ③ 24 ③ 25 ①

PART 1. 도면 해독 및 측정

측정기 유지관리

1 측정기 관리

1 측정기 점검요령

(1) 측정기 관리 체계

국제표준화기구는 측정 프로세스와 측정기에 대한 요구 사항(ISO 10012 : 2004)을 제정하여 공포하였으며, 우리나라에서도 이 규격을 KS Q ISO 10012로 도입하여 측정기의 체계적 관리를 통해 품질 목표를 달성하도록 요구하고 있다.

1) 국제규격(KS Q ISO 10012)의 요구 사항
① 규정된 측정학적 요구 사항을 충족시키는 데 필요한 모든 측정 장비는 측정 관리 시스템에서 사용 가능하고 식별되어야 한다.
② 측정 장비는 측정학적 확인 전에 유효한 교정 상태에 있어야 하며, 유효한 측정 결과를 보장하는 데 필요한 정도까지 관리되거나 알려진 환경 내에서 사용되어야 한다.
③ 현장에서 사용되는 모든 측정기는 등록 관리되어야 하며, 작업자는 국가측정표준으로부터 소급성이 입증된 측정기를 사용하여야 한다.

2) 측정학적 확인
측정 장비의 측정학적 특성이 측정 프로세스의 측정학적 요구 사항을 충족하고 있음을 보장하기 위하여 설계되고 실행되어야 한다. 측정학적 확인은 측정 장비의 교정과 측정 장비 검증으로 구성된다.

3) 측정기 관리 체계
측정기기는 주기적 교정을 통하여 소급성이 확보되어야 측정 결과의 신뢰성도 확보할 수 있으므로, [그림 1-13]과 같은 업무 절차에 따라 관리한다.

* **직접 측정**

(가) 장점
　① 측정 범위가 다른 방법에 비하여 넓다.
　② 직접 피측정물의 실제 치수를 읽을 수 있다.
　③ 수량이 적고 종류가 많은 측정에 유리하다.

(나) 단점
　① 눈금 읽음의 시차가 생기기 쉽고 측정시간이 많이 걸린다.
　② 정밀하게 측정하기 위해서는 숙련과 경험이 필요하다.

* **비교 측정**

(가) 장점
　① 높은 정밀도의 측정을 비교적 쉽게 할 수 있다.
　② 치수가 고르지 못한 것을 계산하지 않고 알 수 있다.
　③ 길이, 각종 모양, 공작기계의 정밀도 검사 등 사용범위가 넓다.
　④ 먼 곳에서 측정이 가능하고, 자동화에 도움을 줄 수 있다.
　⑤ 히스테리시스(백래시) 오차가 적다.
　⑥ 범위를 전기량으로 바꾸어서 측정이 가능하다.
　⑦ 나이프 에지를 이용 1,000배 정도 확대 측정이 가능하다.

(나) 단점
　① 측정범위가 좁고, 직접 제품의 치수를 읽을 수 없다.
　② 기준 치수인 표준 게이지가 필요하다.

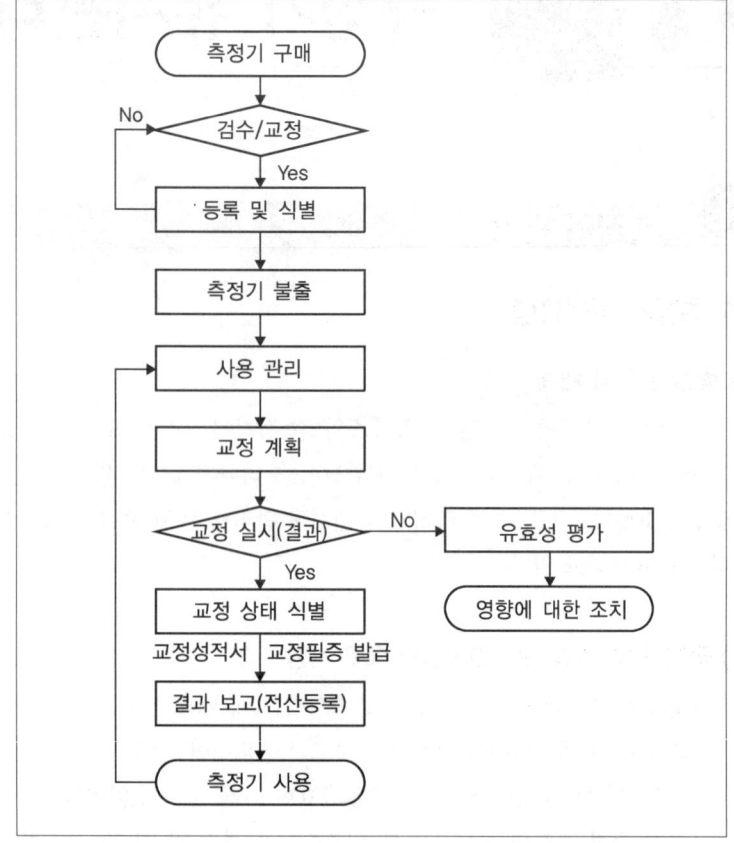

○ 그림 1-13 측정기 관리 업무 흐름도 예시

(2) 측정기의 분류

1) 측정 방식

① 직접 측정(direct measurement)
　버니어 캘리퍼스, 마이크로미터, 높이 게이지와 같이 측정기에 새겨진 눈금으로 직접 그 치수를 읽을 수 있는 것을 말한다.

② 비교 측정(comparative measurement)
　다이얼 게이지, 공기 마이크로미터, 인디케이터와 같이 표준 치수로 만들어진 기준 게이지와 비교하여 그 차이로 제품의 치수를 알아내는 측정기를 말한다.

③ 기준 게이지
　게이지 블록(gauge block), 링(ring) 게이지와 같이 치수의 기준이 되거나 제품 형상의 검사나 판정에 쓰이는 것을 말한다.

④ 한계 게이지

갭(gap) 게이지, 플러그(plug) 게이지와 같이 제품에 허용된 치수 차에서 최대, 최소의 양, 즉 한계 치수를 정해 그 범위 내로 치수가 만족하는지를 판정하는 게이지이다.

2) 측정기의 종류

① 지시 측정기

측정 시 표준 역할을 하는 눈금이나 지침이 측정 중에 이동하여 필요한 측정값을 읽을 수 있도록 제작된 측정기를 말한다. 버니어 캘리퍼스, 마이크로미터, 다이얼 게이지, 테스트 인디케이터, 높이 게이지 등이 있다.

② 시준기

피측정물에 대한 기계적인 접촉 없이 광학적으로 측정하기 위하여 조준선 또는 목적물을 점 또는 목적물에 맞춰 측정하는 기기이다. 주요 기기로는 투영기, 공구 현미경, 오토콜리메이터(autocollimator) 등이 있다.

③ 게이지

가동 부분이 없는 구조의 측정기로 피측정물을 고정한 상태에서 측정하는 측정기기이다. 반지름 게이지, 드릴 게이지, 피치 게이지, 와이어 게이지, 플러그 게이지, 위치 게이지(location gauge) 등이 있다.

④ 도기

길이 측정에서 사용하고 있는 게이지 블록과 같이 습동 기구가 없는 구조로 일정한 길이나 각도 등을 면이나 눈금으로 구체화한 측정기를 도기라고 한다. 도기는 단도기와 선도기로 분류한다. 게이지 블록, 직각자, 한계 게이지 등이 단도기이며, 표준자, 금속자 등과 같이 한 개의 도기에 여러 개의 눈금으로 나뉘어 있어 여러 가지 치수를 측정할 수 있도록 제작된 측정기를 선도기라고 한다.

㉠ 선도기(line standard)

눈금 간격의 길이를 구체화한 것으로, 줄자, 강철 자, 눈금자 등이 여기에 속한다.

㉡ 단도기(end standard)

양 단면의 간격으로 길이를 구체화한 것으로, 게이지 블록(gauge block), 갭 게이지(gap gauge 또는 snap gauge), 플러그 게이지(plug gauge), 직각자 등이 여기에 속한다.

(3) 교정의 정의

교정이란 정밀 정확도가 더 높은 교정용 표준기와 산업체가 사용하는 측정기를 비교하여 그 측정값을 비교하는 측정 기술이다.

① 측정기기는 사용 횟수, 사용 환경, 내구연한 등 여러 요인으로 최고 성능에서 벗어나 측정값이 일치하지 않으며, 이러한 불일치한 정도는 교정을 통해서 확인해야 한다.
② 사용하는 측정기의 정밀 정확도는 교정해야만 유지된다.

(4) 측정기 관리 대상 파악

1) 관리 대상 측정기의 종류를 파악

절삭가공에는 공작물에 따라 다양한 종류의 측정기가 사용되므로, 특성에 맞는 적절한 관리를 위해서 측정기기 관리 시스템 또는 측정기기 등록 대장 등을 확인하여 보유 측정기의 종류를 파악한다.

(5) 측정기의 등록관리

1) 측정기 검수와 교정 여부를 확인

측정기를 신규로 구매하여 입고되면 측정기 관리자는 입고된 측정기가 구매 발주 사양에 적합한지를 확인하기 위하여 검수(실물과 입고 관련 서류 확인 등)하고, 등록관리를 위해 다음 사항을 수행한다.

① 교정이 필요한 측정기는 교정 작업을 시행하여 성능을 확인한다.
  만약 내부 설비가 교정 능력을 구비하지 못하였다면 KOLAS 공인교정기관에 의뢰하여 교정을 시행하고, 그 결과를 통해 성능을 확인하여야 한다.
② 외부 교정이 시행되는 경우 측정기 담당자는 교정 범위, 구간 등 교정 요구 사항을 제시하여야 한다.
  교정 후 입고 시에는 교정성적서와 교정 필증 요구 사항 등을 포함해야 한다.
③ 교정이 불필요한 측정기는 실제 조작하여 기능과 성능을 확인한다.
④ 측정기는 검수 및 교정 결과에 따라 처리한다. 불합격된 측정기는 반품 처리하며, 합격된 측정기는 측정기 관리 시스템에 등록하여 관리한다.

2) 측정기를 등록하고 식별표 부착

① 신규로 구입하여 검수 및 교정 결과, 적합 판정을 받은 측정기는 효율적인 관리를 위하여 측정기별로 관리 번호나 바코드 등을 부여하여 등록한 후 사용한다.
② 품질에 영향을 미치는 측정기는 등록하여 관리한다.
  등록되지 않고 임의로 사용할 때 사용 중 파손에 따른 수리나 교정에 대한 이력을 관리하기가 어렵고, 불량이나 교정되지 않은 측정기가 사용되어 품질에 악영향을 미칠 수 있으므로, 품질에 영향을 미치는 측정기는 등록하여 관리하는 것이 일반적이다.
③ 등록된 측정기는 관리 번호와 교정 상태를 식별할 수 있도록 [그림 1-14]와 같이 교정 식별표를 부착한다.

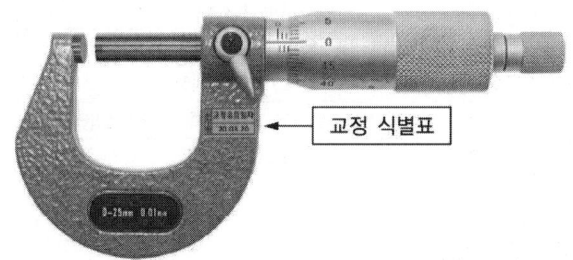

○ 그림 1-14 교정 상태 식별 표시 예시

3) 측정기 불출 및 사용 관리

① 신규로 구입하여 등록한 측정기는 사용 부서에 불출한다.
② 사용 부서에서는 해당 측정기의 설명서에 따라 일상 점검 및 관리를 한다.
  교정 상태의 식별 표시에 있는 교정 주기가 도래하면 측정기 관리부서에 재교정을 의뢰하여야 한다.
③ 등록 관리되는 측정기는 일반적으로 측정기 관리부서에서 교정 주기가 도래하면 사전에 교정 계획을 통보한다.
④ 범용으로 널리 사용되는 주요 측정기의 교정 주기는 〈표 1-8〉과 같다. 이는 가장 보편적인 상황에서 측정기의 정확도가 유지할 수 있는 기간을 추정한 주기이다.

○ 표 1-8 주요 측정기의 교정 주기 예시

대분류	소분류명	교정 주기(개월)
길이 및 관련 양	틈새 게이지, 갭 게이지, 높이 게이지	12
	전기 마이크로미터	12
	높이 마이크로미터, 받침 블록	24
각도	직각도 시험기	24
	각도 비교 측정기	12
형상	형상 측정기	24
	정밀 정반	24
	윤곽 게이지	12
복합 형상	접촉식 좌표 측정기	24
	기어 측정기	12
	나사 플러그 게이지	24
	촉침식 표면 거칠기 측정기	24
기타 길이 관련 양	실린더/보어 게이지	12
	깊이 게이지, 깊이 마이크로미터	12
	다이얼/디지털 게이지	12
	3점 마이크로미터, 내측/외측 마이크로미터	12
	내외측 캘리퍼	12

4) 교정 주기를 설정

① 합리적 기준으로 교정 주기를 설정한다.

교정 주기는 측정기의 정밀 정확도, 안정성, 사용 목적, 환경 및 사용 빈도 등을 고려하여 과학적이고 합리적으로 기준을 설정하여야 한다. 다만, 자체적인 교정 주기를 과학적이고 합리적으로 정할 수 없을 때는 국가기술표준원장이 별도로 고시하는 교정 주기를 준용하며, 교정 주기를 설정할 때는 다음 사항을 고려한다.

㉠ 가장 기본적으로 고려해야 할 사항은 주기 조정의 근거가 되는 과거 축적된 측정 데이터를 확보하여 검토한다.

㉡ 최적의 교정 주기는 사용자가 요구되는 부정확도, 측정기의 사용 빈도, 사용 방법, 장비의 안정도 등을 고려한다.

㉢ 위험과 비용이 균형을 이루도록 가능한 한 최적화해야 한다.

② 최초 교정 주기를 설정할 때에는 다음을 고려한다.

교정 주기는 일반적으로 측정의 경험 또는 피 교정 장비에 대한 경험이 있는 자가 결정해야 하며, 특히 될 수 있으면 다른 교정기관에 사용되는 교정 주기의 지식을 가지고 적합하게 결정되어야 한다. 처음 교정 주기를 설정할 때는 다음과 같은 요인을 기초로 하여야 한다.

㉠ 측정기 제조사의 권고를 따른다.

ⓒ 예상되는 사용 한계와 가용한 정도를 판단한다.
ⓒ 환경 영향을 고려한다.
ⓔ 요구되는 측정불확도를 고려한다.
ⓜ 최대 허용오차(예 법정 계량에 의한 것 등)를 고려한다.
ⓗ 개별 측정기의 조정(변화)을 고려한다.
ⓢ 측정량의 영향(예 열전대에 있어서 고온의 영향)을 고려한다.
ⓞ 동일 또는 유사 측정기에서 축적된 데이터 또는 공표된 데이터를 참조한다.

5) 주기적인 교정을 시행

측정기에 대하여 주기적 교정은 설정된 주기에 따라 시행하며, 주기적 교정의 일반적 목적은 다음과 같다.
① 기준값과 측정기를 사용해서 얻어진 값 사이의 편차 추정값을 향상시키고, 측정기가 실제로 사용될 때 이러한 편차에서의 불 정확도를 향상시킨다.
② 측정기를 사용해서 달성할 수 있는 불 정확도를 재확인할 수 있다.
③ 경과 기간에 얻는 결과에 대해 의심스러운 측정기의 변화가 있는가를 확인할 수 있다.

6) 측정기 보관 및 관리

측정기 관리부서는 신규 취득하여 등록된 측정기의 관리에 대한 제반 사항을 총괄하며, 측정기의 성능을 유지할 수 있는 최적의 환경 조건에서 보관하되, 파손에 따른 수리 및 교정 현황과 이력을 관리한다.
① 자주 사용하지 않는 측정기라도 1년에 2~3회 정도는 점검을 시행한다. 점검 일자를 계획 관리하여야 하며, 점검 내용은 기록 관리를 통해 측정기의 성능을 최상의 상태로 유지할 수 있다.
② 측정기 보관함에는 각 측정기의 관리 번호, 품명, 규격, 사용자 등을 기록한 현황판을 비치하여 측정기의 사용 실태를 파악할 수 있도록 한다.
③ 측정기는 취급 시 최대한 주의한다.
 온도 변화가 적고 습도가 낮은 곳을 보관 장소로 선정하여야 한다.
④ 측정기에 도포하는 방청유는 되도록 얇게 칠하고 불필요한 곳에는 바르지 말아야 한다.
 특히, 광학 측정기에는 광학계에 기름이 스며들 수 있으므로 주의해야 하며, 플라스틱 제품에는 알코올을 사용하지 말아야 한다.

⑤ 측정기를 보관할 때는 측정기의 구조적인 특성을 고려하여 보관 방법을 달리한다.

예를 들어, 온도가 높은 장소에서 마이크로미터를 보관할 때는 열팽창에 의해 마이크로미터의 프레임이 변형될 수 있으므로, 스핀들과 앤빌 면을 [그림 1-15]와 같이 간격을 띄워 보관해야 한다.

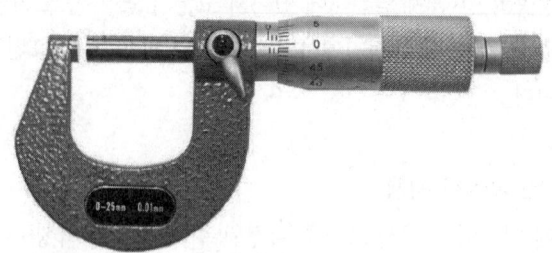

● 그림 1-15 스핀들과 앤빌 면의 분리 보관 방법 예시

⑥ 측정기 보관함에는 측정기와 공구 및 기타 소모 자재 등의 혼용 보관을 될 수 있으면 피한다.

측정기를 포개거나 겹쳐서 보관할 때는 충격에 의한 고장이 발생할 수 있으므로 주의한다. 보관 테이블 바닥 면은 충격 방지를 위하여 완충재(융, 카펫, 고무, 스펀지 등)를 깔아 놓으면 도움이 될 수 있다.

⑦ 예비(spare) 측정기 및 유휴 측정기는 측정기 보관함에서 종류별로 식별이 용이하도록 분리하여 보관한다.

(6) 측정기 일상 점검

측정기의 정밀 정확도를 유지하려면 주기적인 교정만으로는 불충분하며, 평상시 일상 점검이 필요하다. 측정기 일상 점검 내용으로는 사용자가 측정기의 이상 유무를 확인하는 중간 점검과 외관 및 작동 상태 점검 등을 포함한다.

1) 측정기의 영점을 점검한다.

측정기의 영점이 틀리면 측정 데이터에 큰 영향을 미치므로, 작업 전에는 반드시 측정기에 대한 영점 조정을 시행하여야 한다.

2) 측정기의 외관 상태를 점검한다.

측정기의 손상이나 변형 또는 찍힘과 작동부의 느슨함 등으로 측정에 오차가 발생할 수 있으므로, 작업 전에는 반드시 측정기의 외관 상태를 점검하여야 한다.

3) 측정기의 작동 상태를 점검한다.

측정기의 오작동이나 측정자의 흔들림 등으로 측정 오차가 발생할 수 있으므로, 측정자는 작업 전에 반드시 측정기 각 부위의 작동 상태를 점검하여야 한다.

4) 측정기의 에너지원 공급 상태를 점검한다.

정밀측정 장비를 사용할 때는 전원 및 공기압 등이 일정하게 유지되어야 하므로, 항상 유틸리티의 공급 상태를 확인해 주어야 한다.

5) 일상 점검 결과를 조치한다.

일상 점검 결과 작동이 원활하지 못하거나 정밀 정확도가 미달한다고 판단되는 측정기는 교정 작업을 시행하여 사용 가능 여부를 확인한다.

6) 측정기기를 보관한다.

측정기를 사용 후 보관할 때는 절삭유나 먼지 등의 이물질을 제거하여 보관하고, 1개월 이상 장시간 사용하지 않을 때는 측정 면에 녹 발생이 우려되므로 방청유를 도포하여 보관한다. 이 경우 최소한 월 1회 정도는 측정기의 보관 상태를 점검해 준다.

(7) 측정기 중간 점검

고정밀도를 가진 측정기는 격년 변화 및 내구 성능, 사용상 부주의 등 외부 요인으로 인하여 정밀 정확도를 지속해서 유지·관리하기가 매우 어렵다. 이러한 이유로 측정기의 정기적인 교정 활동 외에 일상 점검과 더불어 중간 점검을 시행한다.

1) 중간 점검 주기를 설정한다.

측정기의 중간 점검은 측정기의 사용 빈도, 사용 환경, 측정하려는 공작물의 중요도 등을 고려하여 중간 점검이 필요한 측정기를 선정하여 점검 주기를 작업 전, 매주, 매월, 분기, 반기 등으로 설정하여 연간 계획을 수립한다.

2) 중간 점검 기준을 설정한다.

① 점검 절차는 해당 장비의 교정지침서에 기술된 방법 중 결함 상태를 확인할 수 있는 대표적 기능에 한정하여 점검 기준을 설정하여 중간 점검 기준표를 작성한다.

② 대표적 기능 및 점검 기준 등은 한국계량측정협회에서 발간하는 표준 교정 절차서를 참조하면 도움이 된다.
③ 다음의 경우에 중간 점검을 시행한다.
  ㉠ 과부하 또는 심한 충격이 가해진 경우
  ㉡ 일상적인 사용 빈도를 과도하게 초과하여 사용하거나, 장기간 사용하지 않은 경우
  ㉢ 기타 의심스러운 동향을 나타내는 경우

3) 중간 점검을 시행한다.
① 중간 점검 대상 측정기의 중간 점검 기준표를 확보한다.
② 점검 항목을 확인한다.
③ 점검 항목에 해당하는 측정기와 보조 기구를 준비한다.
④ 점검 방법에 따라 점검을 시행한다.
⑤ 판정 기준에 따라 판정한다.
⑥ 중간 점검에 대한 기록을 유지·관리한다.

(8) 수리 및 폐기
측정기 관리부서는 교정 결과나 파손 내용에 따라 수리가 필요한 측정기는 수리를 시행하여야 하며, 수리 이력은 유지관리한다. 성능 저하, 마모, 고장, 파손 및 불용성 등으로 정도와 기능 면에서 사용할 수 없는 측정기는 폐기 처리한다. 이때 기능이 양호한 부품은 탈거하여 수리에 재사용할 수 있게 한다.

② 측정기 취급 주의

① 측정기 사용 방법

(1) 측정기에 적용되는 기본 원리와 법칙

1) 아베의 원리
1890년 독일 Zeiss 사의 창립자 E. Abbe에 의한 원리로 "표준자와 피측정물은 같은 축 선상에 있어야 한다"라는 것이다. 이것을 컴퍼레이터의 원리라고도 하며, 예를 들어 [그림 1-16]에서 외측 마이크로미터(a)는 눈금자가 측정접촉자의 변위 선상에 있고, 버니어 캘리퍼스(b)는 눈금자가 측정접촉자와 어떤 거리만큼 떨어진 평행선상에 있으므로 같은 기울어짐

에 대하여 생기는 오차는 외측 마이크로미터가 극히 작다. 그러므로 외측 마이크로미터를 아베의 원리에 만족하는 구조라 하며, 정도가 높은 측정기에서는 이러한 구조가 기본이다.

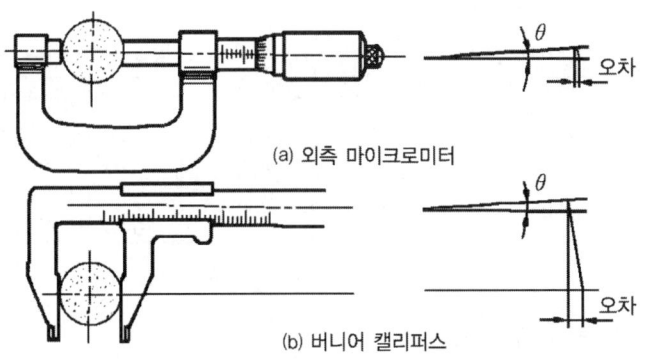

○ 그림 1-16 아베의 원리

2) 후크의 법칙

어떤 길이와 단면을 갖는 물체에 하중을 가한 경우, 탄성한계 내에서 변형을 일으키는 변위량에 대한 법칙이다. 따라서 측정 시에는 측정 오차를 줄이기 위해 이러한 법칙을 이해하고, 측정력에 대해 주의해야 한다.

3) 온도 차에 의한 길이 변화

모든 물체는 온도에 따라 고유의 팽창계수만큼 변화한다. 그래프는 맨손으로 프레임을 잡을 때 손에서 전달된 체열에 의해 마이크로미터 프레임이 팽창되어 심각한 측정 오차가 발생할 수 있다는 것을 보여 주고 있다. 이를 방지하려면 측정하는 동안 손으로 마이크로미터를 잡을 때 접촉 시간을 최소화하고, 방열 커버를 부착하거나 장갑을 착용한다.

(2) 나사 게이지의 표시 방법

1) 관용 평행 나사

① G 나사

ISO 228-/1에 따른 관용 평행 나사로. 산의 각도가 55°인 기계적 결합을 주목적으로 하는 나사이다. KS B 0221본 규격에 있으며, 기호는 "G"로 표기한다.

② PF 나사

ISO 규격 도입 이전에 사용된 관용 평행 나사로, 산의 각도가 55°인

기계적 결합을 주목적으로 하는 나사이다. KS B0221 부속서 규격에 있으며, 기호는 "PF"로 표기한다.

③ G 나사와 PF 나사의 차이점

○ 표 1-9 G 나사와 PF 나사의 차이점

구분	G 나사	PF 나사
호칭 규격 범위	G1/16~G6	PF 1/8~PF12
등급	수나사: A, B등급 있음 암나사: 등급 없음	수나사: 등급 없음 암나사: A, B등급 있음
정지측	검사용, 작업용 구분 없음	검사용(IR, IP), 작업용(WR, WP) 구분 있음

2) 미터나사 한계 게이지

나사용 한계 게이지는 제품 나사의 규격과 동일한 등급으로 정하고, 나사 게이지를 통과측(go)과 정지측(not go) 등 두 개의 한계 방식으로 검사한다. 제품 나사에 통과측 게이지가 무리 없이 통과하고 정지측 게이지가 2회전 이내에서 멈춰질 때 그 나사는 합격한 것이 된다. 미터나사 게이지는 크게 ISO 등급과 1, 2, 3등급 게이지 방식으로 나뉜다.

① ISO 등급 및 1, 2, 3등급 방식의 차이점

○ 표 1-10 미터나사의 등급 방식 차이점

구분		ISO 등급 방식	1, 2, 3등급 방식
정지측 용도 구분		검사용과 작업용 구분 없음	검사용과 작업용 구분 있음
정지측 정지 길이		2회전 초과 끼워지지 않음	2회전 이상 끼워지지 않음
수나사	정밀급	4h	1급
	보통급	6g(6h)	2급
	거친급	8g	3급
암나사	정밀급	5h	1급
	보통급	6h(5h)	2급
	거친급	7h	3급

② 표기 방법

㉠ 1, 2, 3등급 방식
- 수나사(플러그) : M16 P2.0 GPⅡ, M16 P2.0 IPⅡ
- 암나사(링) : M16 P2.0 GRⅡ, M16 P2.0 IRⅡ

㉡ ISO 등급 방식
- 수나사(플러그) : M16×2.0 6 HGP, M16×2.0 6HNP
- 암나사(링) : M16×2.0 6g GR, M16×2.0 6g NR

ⓒ 게이지 기호
- GR : go thread ring gage(통과측 나사 링 게이지)
- IR : not go inspection thread ring gage(정지측 검사용 나사 링 게이지)
- WR : not go working thread ring gage(정치측 작업용 나사 링 게이지)
- NR : not go thread ring gage(정지측 나사 링 게이지)
- GP : go thread plug gage(통과측 나사 플러그 게이지)
- IP : not go inspection thread plug gage(정지측 검사용 나사 플러그 게이지)
- WP : not go working thread plug gage(정지측 작업용 나사 플러그 게이지)
- NP : not go thread plug gage(정지측 나사 플러그 게이지)

(3) 작업표준과 측정기 사용법

측정기기를 바르게 사용하고, 상태를 최적으로 유지하려면 사용하려는 측정기의 설명서를 확보하여 숙지하고, 주요 측정기의 정상 작동 여부를 다음과 같이 확인한다.

1) 버니어 캘리퍼스(vernier calipers) 작업순서

버니어 캘리퍼스의 작업순서 시 각부 명칭은 [그림 1-17]을 참조한다.

가) 사용 전에는 다음 사항을 확인한다.

① 소량의 윤활유를 사용하여 기준 단면 및 슬라이드 부를 닦는다.
  내측 조(jaw), 외측 조, 깊이 바 및 단차 측정 면의 찍힘, 찌그러짐 등의 유무를 확인하며, 찍힘 및 찌그러짐은 측정 오차를 유발하는 요인이 되므로, 잘 살피고 가능한 경우 제거해야 한다.

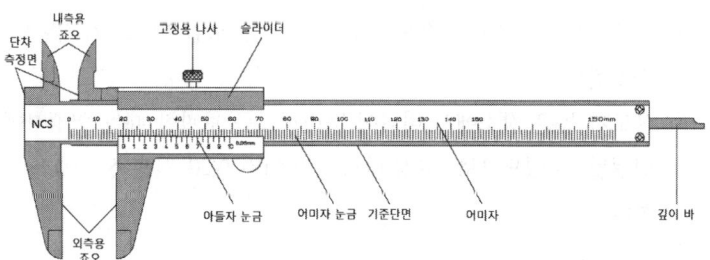

○ 그림 1-17 버니어 캘리퍼스 각부 명칭

② 슬라이더를 전체에 걸쳐 움직여서 걸리는 곳이 없는지 확인한다.
특정 구간에서 걸리는 경우 해당 부분의 기준 단면 찍힘 또는 찌그러짐 유무를 확인한 후 제거한다. 전체에 걸쳐 부드럽지 않으면 고정용 나사의 잠김 여부를 확인하여 조정해 주고, 소량의 윤활유를 이용해 닦아 준다.
③ 측정 면을 청소하고 맞춘 후 다음 사항을 확인한다.
　㉠ **외측 측정 면**
　　조명에 비춰서 빛을 이용해 틈새가 보이는지를 확인한다. 이때 빛이 보이지 않으면 정상이며, 먼지나 흠집이 있으면 빛이 보이는 경우가 있으므로 이를 제거 후 다시 확인한다.
　㉡ **내측 측정 면**
　　조명에 비춰 약간의 빛이 보이는지를 확인한다. 이때 내측 측정 면은 조가 어긋나고 있는 구조로, 약간의 빛이 보이는 상태가 정상이다.
　㉢ 어미자와 아들 자의 '0'점이 맞는지 확인한다.
④ 사용 중 다음 사항을 확인한다.
　㉠ 측정 시에는 일정한 힘으로 측정한다.
　　되도록 조(jaw)의 안쪽에서 측정한다. 조의 끝부분을 사용하고 무리한 힘을 가하면 측정기의 변형으로 오차가 발생할 수 있으므로 주의해야 한다.
　㉡ 눈금을 읽을 때는 눈금의 정면에서 시선을 주어 시차가 생기지 않게 주의한다.
　㉢ 떨어뜨리거나 충격 등으로 파손 또는 파손이 의심될 때는 그대로 사용하지 말고 측정기 관리부서에서 반드시 정도 점검 후 사용한다.
⑤ 사용 후 다음 사항을 확인한다.
　㉠ 사용 후에는 각부에 손상이 없는지 확인하고 전체를 청소한다.
　㉡ 수용성 절삭유 등이 묻은 곳에서 사용하였으면 청소 후 반드시 방청 처리를 시행한다.
　㉢ 디지털 버니어 캘리퍼스는 장기간 보관할 때 배터리를 뺀 후 보관한다.
　㉣ 보관 장소는 고온 다습하지 않고, 먼지, 오일 미스트가 없는 장소를 선정한다.
　㉤ 온도가 높은 장소에서 버니어 캘리퍼스를 보관할 때는 열팽창에 의해 변형될 수 있으므로, 고정 나사는 조이지 않고 전용 상자에 넣어 보관한다.

2) 마이크로미터(micrometer) 작업순서

마이크로미터의 작업순서 시 각부 명칭은 [그림 1-18]을 참조한다.

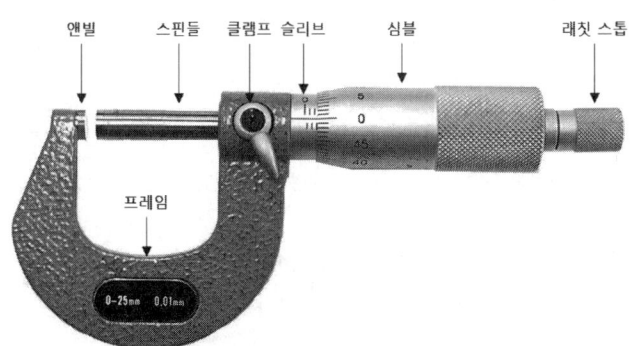

○ 그림 1-18 외측 마이크로미터 각부 명칭

가) 사용 전 다음 사항을 확인한다.

① 온도 차에 의한 측정 오차를 줄이기 위해 사용하기 전에 측정 제품과 동일한 실온에 충분히 적응하게 한 후 사용한다.
② 심블을 전체에 걸쳐 회전시켜 걸림이나 작동이 균일한지 확인한다.
③ 래칫 스톱을 회전할 때는 공회전이 없는지 확인한다.
④ 앤빌, 스핀들의 양 측정 면에 흰 종이를 끼워 측정 면의 먼지나 티끌을 제거한다.
⑤ 측정 면을 맞춰 다음 사항을 확인한다.
  ㉠ 천천히 양쪽 측정 면을 맞춰 래칫 스톱을 사용해 3~5회(1.5~2회전)의 정압을 주고 영점을 확인한다.
  ㉡ 마이크로미터의 영점을 조정하려면 주기적으로 교정 작업을 한 게이지 블록이나 영점 조정용 마이크로미터 기준봉을 사용한다.
  ㉢ 너무 힘이 들어가면 측정 면이 눌려서 정도에 영향을 줄 수 있으므로, 천천히 접촉하도록 주의한다.
  ㉣ 영점이 벗어나면 슬리브를 회전하여 영점을 맞춘다.
  ㉤ 니시매틱 마이크로미터는 LCD 창의 파손, 얼룩 등의 손상이 없는지 확인하고, zero 버튼을 눌렀을 때 0점으로 변화하는지 확인한다.
  ㉥ 디지매틱 마이크로미터는 on/off 기능 및 버튼의 이상 유무와 디스플레이 장치에 결함이 없는지 확인한다.
⑥ 클램프가 임의의 위치에서 작동하는지 확인한다. 클램프 기능은 주로 실린더 게이지 등의 셋업 시에 주로 사용한다.

나) 사용 중 다음 사항을 확인한다.

① 측정기는 반드시 사용 범위 내에서 사용한다.

② 측정기 사용 환경 온도 조건은 제조사의 취급설명서를 참조하여 해당 범위 내에서 사용한다. 일반적인 사용온도는 5~40℃ 범위 내로 제한된다.

③ 눈금을 읽을 때는 [그림 1-19]와 같이 정면에 시선을 주어 시차로 인한 오차가 발생하지 않도록 주의해야 한다.

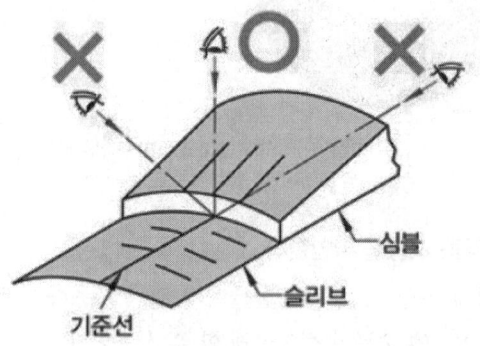

◎ 그림 1-19 눈금 읽는 요령(1)

④ 눈금을 읽을 때는 [그림 1-20]과 같이 슬리브 기준선과 심블 눈금이 일치되는 값을 슬리브 눈금, 심블 눈금 순으로 읽는다.

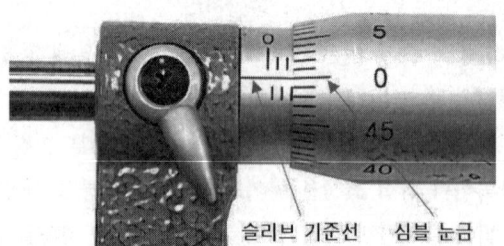

◎ 그림 1-20 눈금 읽는 요령(2)

⑤ 측정기는 외부로부터 충격받지 않도록 주의하여 사용한다.

⑥ 장시간 사용할 때는 측정 시 신체 접촉 및 측정 장소의 온도 변화로 영점 변화가 발생할 우려가 있으므로, 주기적으로 영점을 확인한다. 신체 접촉에 의한 프레임의 온도 변화로 인한 열팽창을 줄이려면 마이크로미터 스탠드를 사용하거나, 방열 캡 또는 장갑 등을 착용한다.

⑦ 떨어뜨리거나 충격 등으로 파손 또는 파손이 의심될 때는 그대로 사용하지 말고 반드시 측정기 관리부서에서 정도 점검 후 사용한다.

다) 사용 후 다음 사항을 확인한다.

① 사용 후에는 각부에 손상이 없는지 확인하고, 전체를 청소한다.
② 보관 중 열팽창에 의한 변형을 방지하기 위해 측정 면은 0.2~2mm 정도 벌리고 클램프는 해제하여 보관한다.
③ 수용성 절삭유 등이 묻은 곳에서 사용하였으면 청소 후 반드시 방청 처리한다.
④ 보관 장소는 고온 다습하지 않고, 먼지, 오일 미스트가 없는 장소를 선정한다.
⑤ 장기 보존할 때 윤활유로 스핀들을 방청 처리한 후 보관한다. 디지매틱 마이크로미터는 배터리를 분리하여 보관한다.
⑥ 측정기는 -10~60℃ 범위에서 보관한다.

3) 실린더 게이지 작업순서

실린더 게이지의 작업순서 시 각부 명칭은 [그림 1-21]을 참조한다.

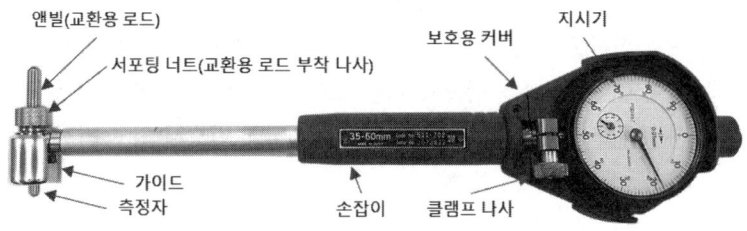

○ 그림 1-21 실린더 게이지 각부 명칭

가) 사용 전에는 다음 사항을 확인한다.

① 마른 천으로 측정자와 앤빌(교환용 로드)을 청소한다.
② 지시기가 움직이지 않도록 클램프 나사를 확실히 조인다.
③ 지시기가 움직이면 지시기나 클램프 나사를 청소한다.
④ 측정 시작 전에는 반드시 영점 조정을 시행한다.
⑤ 외측 마이크로미터로 영점 조정을 할 때 마이크로미터는 [그림 1-22]와 같이 수평 자세가 되도록 유지한다.

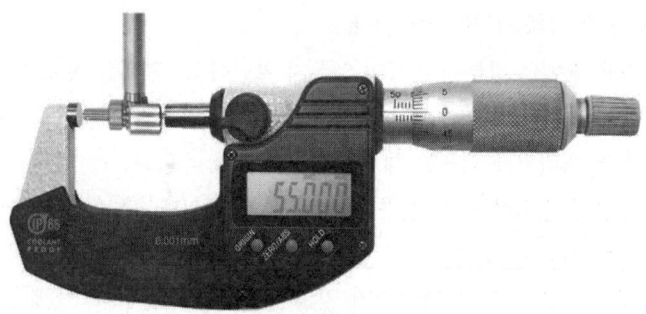

○ 그림 1-22 마이크로미터를 이용한 영점 조정

나) 사용 중에는 다음 사항을 확인한다.

① 실린더 게이지를 측정물에 넣을 때는 가이드 축, 앤빌 축 순으로 삽입한다.
② 실린더 게이지로 측정 중 측정물의 표면에 흠집에 생기는 경우 적절히 조치한다.
   제조업체에 문의하여 측정력이나 가이드 지지력, 접촉 구면을 변경하여 완화하도록 측정기 관리부서 또는 제조사에 문의하여 조치한다.
③ 떨어뜨리거나 충격 등으로 파손 또는 파손이 의심스러운 경우 그대로 사용하지 말고 측정기 관리부서에 문의하여 반드시 정도 점검 후 사용한다.

다) 사용 후에는 다음 사항을 확인한다.

① 사용 후에는 각부에 손상이 없는지 확인하여 전체를 청소한다.
   특히 가공 현장에서 사용하는 경우 절삭유 등이 오랜 시간 고였으면 고착 때문에 작동이 원활하지 않은 경우가 있으므로 주의해야 한다.
② 측정자 내부나 슬라이드 부에 이물질이 묻었으면 헤드 부만 알코올 등에 담그고 [그림 1-23]과 같이 스냅 링 플라이어로 풀어서 내부를 세척한다.

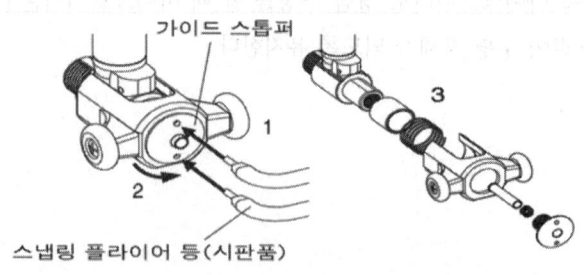

○ 그림 1-23 실린더 게이지의 세척

③ 세척 후에는 충분히 건조하고 측정자와 드라이버 핀에는 반드시 윤활유를 얇게 도포한다.
④ 보관 장소는 고온 다습하지 않고, 먼지, 오일 미스트가 없는 장소를 선정한다.

4) 다이얼 게이지 작업순서

다이얼 게이지의 작업순서 시 각부 명칭은 [그림 1-24]를 참조한다.

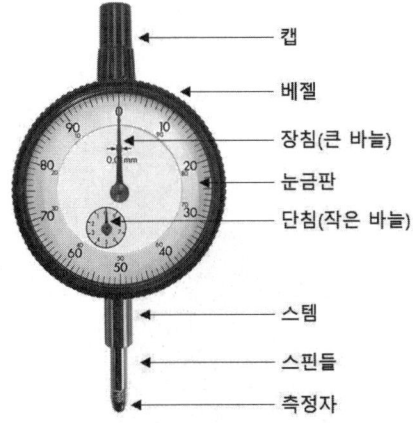

○ 그림 1-24 다이얼 게이지 각부 명칭

가) 사용 전 다음 사항을 숙지하고 확인한다.

① 스핀들은 기름을 주입하지 말고 [그림 1-25]와 같이 마른 천이나 알코올을 소량 적셔 천으로 청소한다.

○ 그림 1-25 스핀들의 취급

② 스핀들을 가볍게 눌러서 지침이나 스핀들 작동이 원활한지 확인한다. 스핀들을 원위치에 놓았을 때 정지 위치에서 지침이 설정한 위치에서 안정되게 항상 같은 위치에 오는지 확인한다.

③ 하사점(스핀들이 내려온 상태)에서 지침 위치가 벗어나면 적절히 조치한다.
스핀들이나 내부가 손상되었을 가능성이 있으므로 분해 등을 하지 말고 측정기 관리부서에 문의하여 반드시 정도 점검 후 사용한다.
④ 기름(미스트)이 있거나 오염된 환경에서 사용할 때는 방수, 방진 타입의 측정기를 선택하여 사용한다.

나) 사용 중에는 다음 사항을 숙지하고 확인한다.
① 작동이나 정도에 영향을 미치므로 스핀들을 갑자기 움직이거나 가로 방향으로 힘을 주지 않는다.
② 뒷면 커버의 러그는 [그림 1-26]과 같이 측정 면에 대해 스핀들이 직각이 되도록 고정한다.

● 그림 1-26 러그 고정 방법 예시

③ 고정 지지대는 휘지 않는 충분히 견고한 것을 사용한다.
④ 낙하나 충격 등으로 파손되거나, 파손이 의심스러운 경우 그대로 사용하지 말고, 측정기 관리부서에 문의하여 정도 등을 점검한 후 사용한다.
⑤ 온도 변화가 있는 장소에서 사용할 때는 마스터 게이지 등으로 바늘의 설정 위치를 자주 세팅하거나, 점검 후에 사용한다.
⑥ 측정 오차를 방지하기 위해 먼지나 기름, 오일 미스트가 없는 곳, 또는 직사광선이 닿지 않는 장소에서 사용한다.
⑦ 다이얼 게이지는 온도가 0~40℃, 습도는 30~70%에 결로되지 않은 장소에서 사용한다.

다) 사용 후에는 다음 사항을 확인한다.
① 사용 후에는 각부에 손상 등이 없는지 확인하여 전체를 마른 천 등으로 청소한다.
② 청소 시 스핀들에는 윤활유를 바르지 않는다.

③ 보관 장소는 고온 다습하지 않고, 먼지, 오일 미스트가 없는 장소를 선정한다.
④ 앞 커버의 이물질은 부드러운 헝겊이나, 중성 세제를 소량 도포한 헝겊으로 닦아 준다.
⑤ 보관 시에는 전용 보관 상자에 넣어 보관하며, 사용 상태를 고려하여 정기적으로 점검한다.

5) 테스트 인디케이터 작업순서

테스트 인디케이터의 작업순서 시 각부 명칭은 [그림 1-27]을 참조한다.

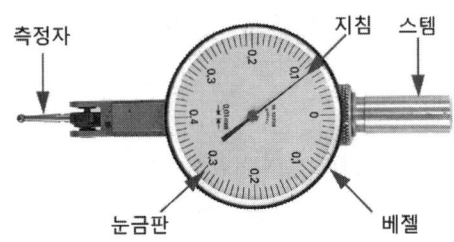

○ 그림 1-27 인디케이터 각부 명칭

가) 사용 전에는 다음 사항을 확인한다.
① 마른 천으로 측정자를 청소한다.
② 측정자를 전체에 걸쳐 움직여 지침의 움직임이나 측정자가 걸리지 않는지 등을 확인한다.
③ 길이가 다른 측정자를 사용하면 측정 오차가 크게 발생하므로, 기종에 맞는 측정자를 사용하는지 반드시 점검한다.

나) 사용 중에는 다음 사항을 숙지하고 확인한다.
① 지지대는 휘지 않는 것을 사용하고, 클램프는 확실히 조인다.
② 분해나 개조하면 정도 불량이나 고장의 원인이 되므로 분해하지 않으며, 필요한 경우 측정기 관리부서에 문의하여 점검받는다.
③ [그림 1-28]과 같이 측정자를 측정 면에 대는 각도(θ)로 인해 측정값에 오차가 발생하므로 측정자는 측정물의 측정 방향과의 각도(θ)를 직각으로 세팅한다.
측정 범위가 넓은 제품은 측정 범위의 중심에서 수직으로 측정자를 세팅한다.

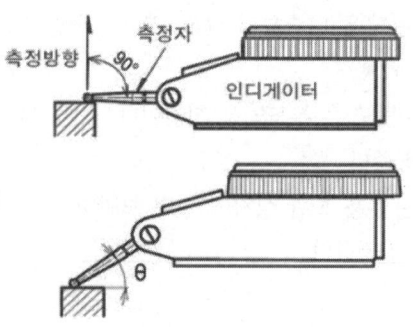

○ 그림 1-28 측정자의 각도

④ 떨어뜨리거나 충격 등으로 파손되거나 파손이 의심스러운 경우 그대로 사용하지 말고, 측정기 관리부서에 문의하여 반드시 정도 점검 후 사용한다.

다) 사용 후에는 다음 사항을 숙지하고 확인한다.
① 사용 후에는 각부에 손상 등이 없는지 확인하여 전체를 마른 천 등으로 청소한다.
② 측정기의 눈금판 덮개 부분의 오염은 부드럽고 마른 천에 중성 세제를 도포하여 닦아 준다.
　중성 세제 외에는 갈라지는 등의 원인이 되므로, 사용을 금한다.
③ 보관 장소는 고온 다습하지 않고, 먼지, 오일 미스트가 없는 장소를 선정한다.

6) 게이지 블록 작업순서

게이지 블록은 길이 측정의 표준이 되는 게이지로, 현장에서 사용하는 게이지 중 가장 정밀하다. 게이지 블록은 [그림 1-29]와 같이 게이지 블록 액세서리와 함께 사용한다.

(a) 게이지 블록(112품 00급)

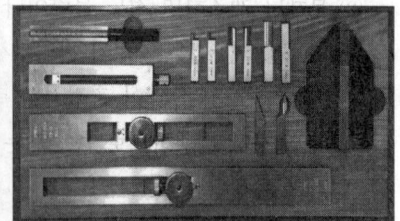
(b) 게이지 블록 액세서리

○ 그림 1-29 게이지 블록과 게이지 블록 액세서리1

가) 사용 전에는 다음 사항을 숙지하고 확인한다.

① 온도에 충분히 적응시키지 않으면 측정 결과에 영향을 미치므로 열평형이 되도록 한다.
② 먼지나 오염 등은 치수에 영향을 미치므로, 세정지로 잘 닦아 준다.
③ [그림 1-30]의 옵티컬 플랫을 사용하여 측정 면의 돌기 유무를 확인한다.

◯ 그림 1-30 옵티컬 플랫을 사용한 점검

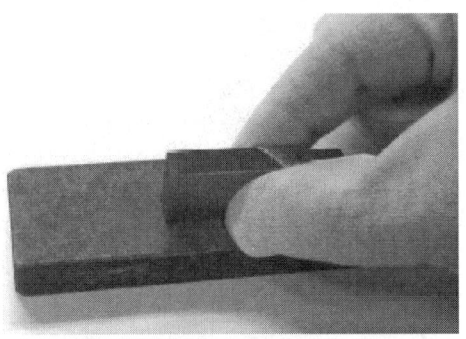

◯ 그림 1-31 세사 스톤을 이용한 돌기 제거

④ 돌기가 있는 경우에는 [그림 1-31]과 같이 세사 스톤 또는 아칸사스 숫돌을 사용하여 제거한다.

나) 사용 중에는 다음 사항을 숙지하고 확인한다.

① 게이지 블록끼리 부딪히거나 낙하한 경우, 돌기나 굴곡이 발생하여 정도가 변화하는 경우가 있으므로 항상 취급에 주의한다.
② 밀착(wringing)을 시행하면 소량의 그리스 등을 넣어 균일하게 바른 후 유막이 거의 없어질 때까지 닦아낸다.
③ 기름기가 없으면 밀착력이 약하고 또한 측정 면에 상처를 내 마모를 일으킬 수 있으므로 주의한다.

다) 사용 후에는 다음 사항을 확인한다.
① 사용 후에는 각부에 손상이 없는지 확인한다.
② 스틸 게이지 블록 사용 후에는 게이지 블록의 오염을 깨끗하게 닦고, 방청유를 소량 천에 적셔 방청 처리를 시행한다.
③ 보관 장소는 고온 다습하지 않고, 먼지, 오일 미스트가 없는 장소를 선정한다.

7) 메커니컬 디지트(digit) 하이트 게이지 작업순서

메커니컬 디지트 하이트 게이지의 작업순서는 [그림 1-32]를 참조한다.

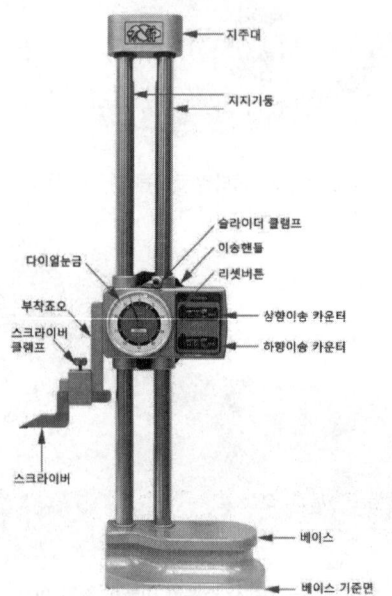

● 그림 1-32 메커니컬 디지트 하이트 게이지 각부 명칭

가) 사용 전에는 다음 사항을 숙지하고 확인한다.
① 스크라이버는 되도록 어미자의 지지 기둥에서 거리가 짧아지도록 세팅한다.
② 지지 기둥, 베이스 기준면, 스크라이버 부착 면, 스크라이버 측정 면을 청소한다.
③ 정밀 석정반 또는 작업대를 청소한다.
④ 슬라이더를 전체에 걸쳐 움직여 작동 상태를 확인한다.
⑤ 스크라이버 측정 면을 정반 또는 작업대에 가볍게 접촉시켜 [그림 1-33]과 같이 다이얼 눈금을 돌려 지침을 '0'으로 맞춘다.
⑥ 운반할 때는 한 손을 슬라이더에 가볍게 대면서 베이스를 잡고 운반한다.

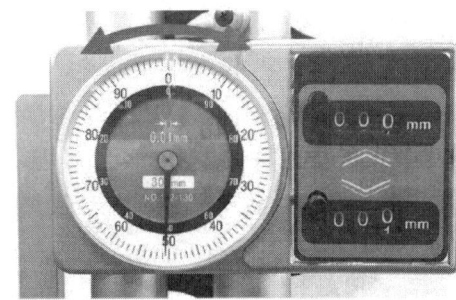

○ 그림 1-33 다이얼 눈금 영점 조정

나) 사용 중에는 다음 사항을 숙지하고 확인한다.

① 눈금 읽기는 [그림 1-34]와 같이 정면에 시선을 두고 시차가 생기지 않도록 주의하여 읽는다.

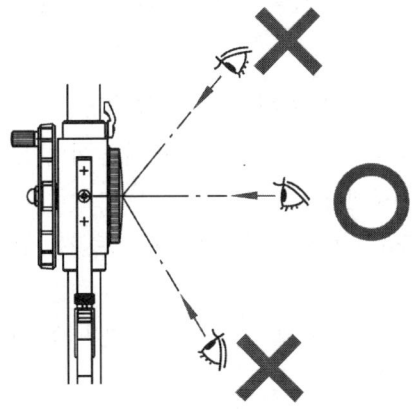

○ 그림 1-34 눈금 읽는 요령

② 측정 시에는 이송 핸들을 잡고 천천히 회전시켜 일정한 힘으로 측정한다.
③ 낙하나 충격 등으로 파손되거나 파손이 의심될 때는 그대로 사용하지 말고, 측정기 관리부서에 문의하여 반드시 정도 점검 후 사용한다.

다) 사용 후에는 다음 사항을 숙지하고 확인한다.

① 사용 후에는 각부에 손상이 없는지 확인하여 전체를 청소한다.
② 수용성 절삭유 등이 묻은 곳에서 사용하였으면 청소한 후 반드시 방청 처리를 수행한다.
③ 스크라이버 끝이 정반에서 나오지 않도록 보관한다.
④ 스크라이버는 정반 면에서 1mm 정도 띄운 상태에서 슬라이더 클램프를 조이지 않고 보관한다.
⑤ 장기간 사용하지 않을 때는 방진 커버로 본체를 덮어 보관한다.

⑥ 보관 장소는 고온 다습하지 않고, 먼지, 오일 미스트가 없는 장소를 선정한다.

8) 뎁스 게이지 작업순서
뎁스 게이지의 작업순서 시 각부 명칭은 [그림 1-35]를 참조한다.

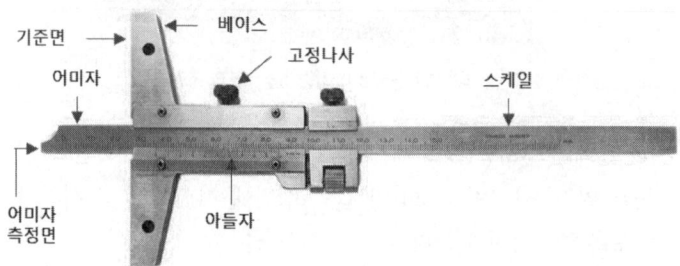

○ 그림 1-35 뎁스 게이지 각부 명칭

가) 사용 전에는 다음 사항을 확인하고 사용한다.
① 어미자 측정 면 및 아들자를 깨끗하게 닦아내고, 칩, 먼지 등을 제거하고 나서 사용한다.
② 뎁스 게이지를 사용하기 전에 어미자 또는 기준면에 돌기와 같은 손상이 없는지 확인한다.
어미자 또는 기준면에 돌기 등이 있는 경우 측정오차의 요인이 되므로 0점 확인 전에 제거한다.
③ 뎁스 게이지를 사용하기 전에 반드시 정반 등으로 측정 면과 기준면을 맞추어서 어미자와 아들자의 기준점(0점)이 합치되어 있는지 확인한다.

나) 사용 중에는 다음 사항을 확인하고 사용한다.
① 측정물의 가공 중에는 측정하지 않아야 한다.
측정 시 공구와 같은 회전부에 말려들어 가거나 상처를 입을 위험성이 있으며, 측정 면의 마모가 심해진다.
② 어미자, 특히 기준 단면은 기름이 없는 경우 상처를 입기 쉽고, 슬라이더의 움직임이 나빠질 수 있으므로 깨끗한 기름을 도포하여 준다.
③ 측정치는 어미자 눈금과 아들자 눈금의 값을 더해서 구한다.
아들자 눈금은 어미자 눈금과 일치한 눈금의 값을 읽어야 한다.
- A : 어미자의 눈금치
- B : 아들자 눈금치
- C : 측정치(=A+B)

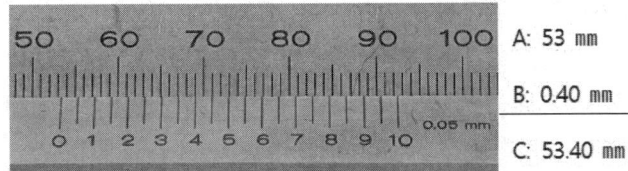

◎ 그림 1-36 분해능 0.05 뎁스 게이지 눈금 읽기 예시(1)

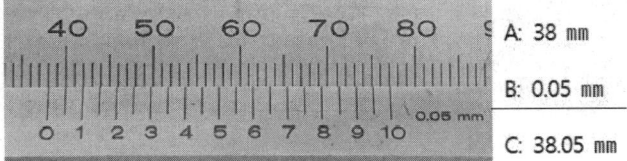

◎ 그림 1-37 분해능 0.05 뎁스 게이지 눈금 읽기 예시(2)

④ 필요 이상의 측정 압력이 가해지지 않도록 주의해야 한다.
측정압이 너무 강하면 기준면과 측정물 사이에 틈새가 벌어져서 측정 오차가 발생하므로 주의해야 한다.
⑤ 어미자와 아들자의 눈금을 읽을 때는 경사 방향에서 읽으면 시차가 발생하므로, 눈금의 정면에서 읽어야 한다.
⑥ 홈 측정의 경우 측정물을 되도록 어미자에 가까운 안쪽에 측정하면 전체를 측정물에 밀착하여 측정한다. 측정기는 측정할 면에 대하여 직각으로 세팅하여 측정한다.
⑦ 단차 측정의 경우 기준면을 되도록 측정 면 전체에 밀착하고 측정 부위에 직각이 유지되도록 하여 측정한다.
⑧ 대형 측정기로 측정할 때는 수직 자세와 수평 자세에서는 측정치에 오차가 발생할 수 있으므로, 동일한 자세로 측정해야 한다.

다) 사용 후에는 다음 사항을 숙지하고 확인한다.
① 사용 후에는 각부에 손상이 없는지 확인하고 전체를 청소한다.
② 수용성 절삭유 등이 묻은 곳에서 사용하였으면 청소 후 반드시 방청 처리를 시행한다.
③ 온도가 높은 장소에서 뎁스 게이지를 보관할 때는 열팽창에 의해 변형될 수 있으므로 고정 나사는 조이지 말고 보관한다.
④ 디지매틱 뎁스 게이지는 장기간 보관할 때 배터리를 뺀 후 보관한다.
⑤ 보관 장소는 고온 다습하지 않고, 먼지, 오일 미스트가 없는 장소를 선정한다.

9) 한계 게이지 작업순서

한계 게이지는 [그림 1-38], [그림 1-39]와 같이 통과측(GO)과 정지측(NOT GO)으로 구성되며, 정지측은 줄이 있거나 통과측보다 짧은 것이 특징이다.

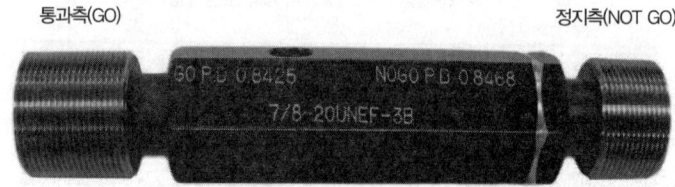

○ 그림 1-38 플러그 나사 게이지 예시

(a) 통과측(GO)　　　　(b) 정지측(NOT GO)

○ 그림 1-39 링 게이지 예시

가) 사용 전에는 다음 사항을 숙지하고 확인한다.

① 게이지의 호칭 치수와 규격을 확인한다.
② 게이지 사용 면의 찍힘과 돌기 유무를 확인하여 필요시 제거하고 깨끗하게 청소한다.

나) 사용 중에는 다음 사항을 숙지하고 확인한다.

① 게이지를 사용할 때는 사용 설명서를 준수하고 무리한 힘이 가해지지 않도록 주의한다.
② 나사 게이지를 이용한 측정 시에는 급격한 충격이 가해지지 않도록 천천히 회전시켜 일정한 힘으로 측정한다.
③ 사용 빈도가 높은 경우에는 마모 때문에 치수 변화가 발생할 수 있으므로, 게이지 관리부서의 중간 점검을 받아야 한다.
④ 장시간 사용 시 체온 전달에 의한 온도 차로 치수 변화가 발생할 수 있으므로, 접촉 시간을 최소화하거나 체온 전달 방지를 위해 장갑을 착용한 후 사용한다.

다) 사용 후에는 다음 사항을 숙지하고 확인한다.
  ① 사용 후에는 각부에 손상이 없는지 확인하여 전체를 청소한다.
  ② 수용성 절삭유 등이 묻은 곳이나, 맨손으로 취급하고 사용하였으면 청소 후 반드시 방청 처리한다.
  ③ 장기간 사용하지 않을 때는 장기 보존용 방청 처리를 하여 보관한다.
  ④ 보관 장소는 고온 다습하지 않고, 먼지, 오일 미스트가 없는 장소를 선정한다.

10) 사인 센터(sine center)를 이용한 측정

사인 센터는 [그림 1-40]과 같이 공작물의 각도, 흔들림, 동심도 등을 측정하는 데 사용하는 보조구이다. 다이얼 게이지 또는 테스트 인디케이터와 정반, 게이지 블록 등과 조합하여 사용한다.

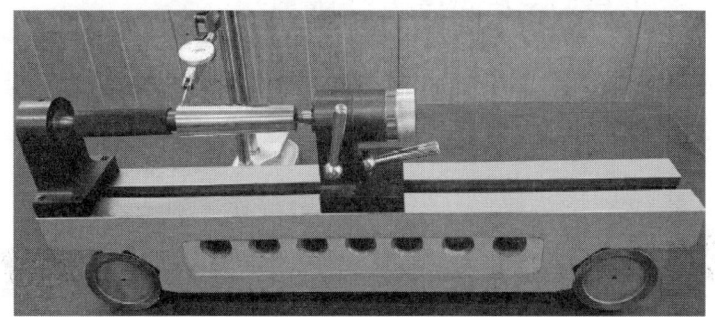

◎ 그림 1-40 사인 센터 사용 예시

가) 사용 전에는 다음 사항을 숙지하고 확인한다.
  ① 사인 센터의 롤러 부, 양쪽 센터, 슬라이드 면의 찍힘과 돌기 유무를 확인하여 필요시 제거하고 깨끗하게 청소한다.
  ② 센터의 원활한 작동 상태를 확인한다.
  ③ 정밀 석 정반을 청소한다.
  ④ 조합해서 사용할 다이얼 게이지 또는 테스트 인디케이터의 작동 상태와 영점을 확인한다.
  ⑤ 사인 센터를 사용하는 경우 공작물의 센터에 의한 측정 에러를 방지하기 위해 센터 면의 상태를 확인한다.

나) 사용 중에는 다음 사항을 숙지하고 확인한다.
  ① 눈금 읽기는 눈금의 정면에 시선을 두고 시차가 생기지 않게 주의하여 읽는다.

② 흔들림이나 동심도 측정 시에는 공작물을 잡고 천천히 회전시켜 일정한 힘으로 측정한다.
③ 각도를 측정할 때는 정반 위에서 하이트 게이지 이송 시 측정기에 급격한 충격이 가해지지 않도록 천천히 접근시켜 측정한다.
④ 낙하나 충격 등으로 파손되었을 때는 그대로 사용하지 말고, 측정기 관리부서에 문의하여 점검받는다.

다) 사용 후에는 다음 사항을 숙지하고 확인한다.
① 사용 후에는 각부에 손상이 없는지 확인하여 전체를 청소한다.
② 각도 측정의 경우 롤러 밑에 받친 게이지 블록 제거 시 미끄러짐이나 롤러를 정반 면에 내려놓을 때 충격이 가해지지 않도록 주의한다.
③ 수용성 절삭유 등이 묻은 곳이나, 맨손으로 취급하고 사용하였으면 청소 후 반드시 방청 처리를 수행한다.
④ 장기간 사용하지 않을 때는 방진 커버로 본체를 덮어 보관한다.
⑤ 보관 장소는 고온 다습하지 않고, 먼지, 오일 미스트가 없는 장소를 선정한다.

③ 측정기 교정

1 측정기 교정 판단

(1) 측정의 정의

측정이란 모든 물상의 상태와 현상을 수량적으로 표시하기 위한 수단으로서 과학, 산업 및 일반 생활 전반과 관련되어 있다. 특히, 산업 현장에서의 측정은 생산 관리, 품질개선 등의 기초가 되는 것으로, 측정 결과의 신뢰성 확보는 매우 중요하다. 기업으로서 정확한 측정은 첨단 신제품 개발, 생산 제조 공정의 효율적 품질 관리, 기업과 제품에 대한 신뢰성 보장, 각종 법규에서 요구하는 적합성 확보를 가능하게 하지만, 부정확한 측정은 불량품 양산, 각종 기기의 잦은 고장 및 안전성 미흡 등을 유발할 수 있다.

(2) 측정기의 유지관리 목적

기업 활동의 효과를 높이려면 측정이라는 행위가 없어서는 안 되며, 이를 위해서는 반드시 측정기의 유지관리가 항상 적정하게 이루어져야 한다.

측정기 유지관리를 적정하게 시행함으로써 사용자의 신뢰를 얻고 기업의 발전으로 연계할 수 있으며, 측정기 유지관리 필수 요소는 측정기의 교정을 통한 소급성 확보에 있다.

(3) 측정기의 교정

① 측정기는 연구 개발에서 제조, 검사 부문의 범위에 이르기까지 폭넓게 사용된다. 언제, 어디서, 누가 사용하더라도 동일한 기능과 성능을 발휘할 수 있도록 유지관리하는 것이 중요하다.
② 일반적으로 생산설비 및 시험 검사용 측정기는 사용 횟수, 사용 환경, 내구연한 등 여러 요인으로 정밀 정확도가 변할 수 있으므로, 일상적으로 점검하고 주기적 교정을 통해 관리해야 한다.
③ 보정 값, 측정불확도 등 교정의 결과는 측정기 사용 여부 및 제품의 합격 여부를 판단하는 중요한 기준이 된다. 산업체는 교정을 통해 제조 공정에서 제품의 균질성과 성능을 보장하고, 시험 및 검사에서 산출하는 측정 결과에 대해 신뢰성을 보장함으로써 제품의 성능 보장 및 측정 결과의 대외 신뢰도 확보가 가능하다.
④ 교정(calibration)이란 측정기 정밀 정확도의 지속적 유지를 위해 상위 표준과 주기적으로 비교하는 것을 말하는데, 반드시 국가측정표준과 연결되어 "측정의 소급성을 확보"하여야 유효하다.

(4) 측정의 소급성

① "소급성"이란 연구 개발, 산업 생산, 시험 검사 현장 등에서 측정한 결과가 명시된 불확정 정도의 범위 내에서 국가측정표준 또는 국제측정표준과 일치하도록 연속적으로 비교하고 교정하는 체계를 말한다.
② 미국의 미국표준 기술연구소(NIST) 핸드북 150에서는 "측정 장비의 정확도를 더 높은 정확도를 가진 다른 측정 장비 그리고 궁극적으로는 1차 표준(primary standard)으로 연결하는 문서로 만들어진 비교 고리"로 측정 장비의 소급성에 대하여 정의하고 있기도 하다.
③ 측정의 소급성 체계를 확립시킨다는 의미는 국가 간, 국가와 기업 간, 기업 간, 기업 내 각 부문 간 각각의 단계에 대응할 수 있는 측정 표준이 확립, 유지되고 보급되어 기업 하층 부문까지 측정 정확도가 보증되는 것이다.

(5) 교정 주기 선정 기준

1) 일반 요건

측정기의 교정 주기를 결정하는 방법으로는, 법적으로 제시된 교정 주기에 따르는 방법과 측정기의 사용 환경을 고려한 자체적인 교정 주기에 따르는 방법이 있다. 측정기의 교정 주기를 자체적으로 결정하여 사용할 때는 회사 규정에 교정 주기를 표준화하여야 하며, 규정에 대한 자료를 확인하기 어려운 경우에는 통상적으로 12개월 주기로 교정을 시행하는 경우도 있다.

2) 법적 요건

① 국가교정기관 지정제도 운영요령

> **제41조 (교정 대상 및 주기)**
> ① 측정기를 보유 또는 사용하는 자는 주기적으로 해당 측정기를 교정하여야 하며, 이를 위하여 합리적이고 적정한 주기로 수행될 수 있도록 교정 대상 및 적용 범위를 자체 규정으로 정하여 운용할 수 있다.
> ② 제1항 규정에 의해 측정기를 보유 또는 사용하는 자가 자체적으로 교정 주기를 설정하고자 할 때는 측정기의 정밀 정확도, 안정성, 사용 목적, 환경 및 사용 빈도 등을 고려하여 과학적이고 합리적으로 그 기준을 설정하여야 한다. 다만, 자체적인 교정 주기를 과학적이고 합리적으로 정할 수 없을 경우에는 국가기술표준원장이 별도로 고시하는 교정 주기를 준용한다.

② 교정 대상 및 주기 설정을 위한 지침

> **제4조 교정 주기**
> 4.1. 국가표준기본법 규정에 의거 측정 현장에서 주기적인 교정을 실시하기 위해 적용하는 측정기의 교정 주기는 별표에 규정된 주기를 준용한다. 다만, 이는 가장 보편적인 상황에서 측정기의 정확도가 유지될 수 있는 기간을 추정한 교정 주기일 뿐이다. 따라서 최적의 교정 주기는 사용자가 요구되는 불확도, 측정기의 사용 빈도, 사용 방법, 장비의 안정도 등을 고려하여 설정하는 것이 기본이다.
> 4.2. 측정기를 보유하거나 사용하는 자는 전후 교정성적서의 데이터 비교, 점검 표준 등을 활용한 측정데이터의 경향 분석(trend analysis) 등을 통해 최적 주기를 결정하여 사용하는 것이 바람직하다.

(6) 교정 주기 검토 방법

1) 교정 주기에 영향을 미치는 주요 요인(국가교정기관 지정제도 운영세칙 제6장)

① 측정 프로세스에서 요구되거나 선언되는 측정불확도

② 측정기 사용 시 허용오차를 벗어나는 위험
③ 측정기의 형식
④ 노후화되고 드리프트 되는 현상
⑤ 제조자 권고 사항
⑥ 사용 한계와 가혹한 정도
⑦ 환경 조건(기후 조건, 진동, 이온화 방사 등)
⑧ 이전 교정 기록으로부터 얻어지는 데이터 동향
⑨ 유지 보수에 관한 기록 이력
⑩ 다른 표준기 또는 측정기로 교차 점검 결과 회수
⑪ 실시한 중간 점검 횟수와 점검의 질
⑫ 운송 장치와 그 위험성
⑬ 서비스하는 직원의 훈련 정도

2) 교정 주기의 검토 방법(국가교정기관 지정제도 운영세칙 제6장)
① 자동 조정 또는 계단식(월력) 방법
② 관리도(월력) 방법
③ 실사용 시간 방법
④ 서비스 체킹 또는 블랙박스 시험 방법
⑤ 기타 통계적 접근 방법

(7) 보유 측정기기 파악

1) 조직 내 측정기기 보유 현황을 조사한다.
측정기의 보유 현황은 산업 현장의 규모에 따라 측정기 보유 목록, 측정기 관리대장 또는 전산 관리대장 등 다양한 형태로 존재하는 자료를 활용하거나, 없는 경우 관리대장 양식에 신규로 작성한다. 측정기 관리목록은 사용 중인 측정기의 교정 관리의 누락을 예방하는 데 도움을 준다.

2) 조사한 측정기기는 일목요연하게 사진으로 촬영하여 정리한다. 버니어 캘리퍼스, 마이크로미터 및 실린더 게이지와 같은 범용 측정기는 일반적으로 많이 사용하고 수량이 많으므로 생략할 수도 있으나, 만능 측장기, 게이지 블록과 같이 정밀도가 높고 기준기급에 해당하는 측정기는 사진 촬영과 더불어 별도의 이력 카드를 작성하여 교정이나 수리 이력을 관리하는 것이 좋다.

3) 부서별 파악된 측정기기를 용도별로 분류한다.

측정기의 정밀 정확도, 안정성, 사용 목적, 환경 및 사용 빈도 등이 교정 주기의 선정에 영향을 미치는 요소이므로, 이를 고려하기 위해 그 용도별로 분류한다.

4) 분류한 측정기에 대해 교정 대상을 선정하여 관리대장을 작성한다.

보유 현황 조사와 분류한 측정기기는 '국가교정기관 인정제도 운영요령'을 참조하여 교정 대상을 선정하고, 측정기기 관리대장을 작성한다.

> **제40조(교정 대상 및 주기)**
> ① 법 제14조 제1항 및 제2항에서 규정된 국가측정표준과 국가 사회의 모든 분야에서 사용하는 측정기기 간의 소급성 제고를 위하여 측정기를 보유 또는 사용하는 자는 주기적으로 해당 측정기를 교정하여야 하며, 이를 위하여 합리적이고 적정한 주기로 수행될 수 있도록 교정 대상 및 적용 범위를 자체 규정으로 정하여 운용할 수 있다.
> ② 제1항의 규정에 의해 측정기를 보유 또는 사용하는 자가 자체적으로 교정 주기를 설정하고자 할 때는 측정기의 정밀 정확도, 안정성, 사용 목적, 환경 및 사용 빈도 등을 고려하여 과학적이고 합리적으로 그 기준을 설정하여야 한다. 다만, 자체적인 교정 주기를 과학적이고 합리적으로 정할 수 없을 경우에는 국가기술표준원장이 별도로 고시하는 교정 주기를 준용한다.
> ③ 국가기술표준원장은 제2항의 규정에 의한 측정기의 교정 대상 및 주기를 2년마다 검토하여 재고시할 수 있다.

① 측정기기명에 측정기기 또는 측정 장비의 이름을 기재한다.
② 일련번호는 측정 장비에 표시된 번호를 기재한다.

측정기의 일련번호는 실제 산업 현장에는 유사한 측정기가 하나 이상 복수로 보유하는 경우가 많으므로, 유사한 측정기를 식별하고 관리하려면 기록해야 한다. 만약 장비에 일련번호가 없다면 자체적으로 관리번호를 부여하고 영구적인 마킹을 하여 관리한다.

③ 규격 및 사양을 기재한다.

규격 및 사양란에는 해당 측정기의 측정 범위, 최대 측정값과 같은 측정기의 특성을 기재한다.

④ 교정 주기를 기재한다.

교정 주기는 '교정 주기를 설정'을 참고하여 설정한 주기를 기재한다. 자체적으로 교정 주기를 설정할 수 없을 때는 "교정 대상 및 주기 설정을 위한 지침(KOLAS-G-013), 국가기술표준원 고시 제2015-499호"에서 권장하는 표준 교정 주기에 따른다. 표준 교정 주기는 권장 표준 주기로, 사용 환경 및 조건에 따라 조정되어야 한다.

⑤ 교정일은 해당연도 교정을 시행한 일자를 기록한다.
⑥ 교정 유효일자를 기록한다.

　교정 유효일자는 교정일로부터 교정 주기(개월)를 고려하여 유효일자를 초과하지 않도록 기재한다. 예를 들면, 2019년 7월 25일에 교정을 시행하고, 그 교정 주기가 12개월일 때 교정 유효일자는 교정일보다 하루 전날인 2020년 7월 24일이 되어야 한다.

(8) 교정 주기 설정

1) 교정 대상을 선정한다.

측정기의 교정 대상은 국가표준기본법 제14조, 제42조에 준하여 선정한다. 산업체에서 보유하고 있는 모든 측정기기가 교정 대상은 아니지만, 사용하는 측정, 시험, 검사 장비가 품질에 미치는 영향이 크다면 반드시 교정 대상에 포함되어야 한다. 특히, 제품시험 또는 검사의 합부 판정에 사용되는 장비는 반드시 교정 대상이 되어야 한다.

2) 교정 주기를 정한다.

국가교정기관 지정제도 운영요령 제42조 제2항을 참조하여 교정 주기를 과학적이고 합리적으로 정할 수 없는 경우 국가기술표준원장이 별도로 고시하는 표준 교정 주기에 따른다. 다음 경우에는 자체 교정 주기를 선정해야 한다.
① 측정기의 구조나 성능상 교정이 불필요한 경우
② 국가 표준이 확립되어 있지 않은 경우
③ 적정한 교정 방법이 확립되어 있지 않은 경우(예 표면 측정의 특성 등)
④ 사용 목적, 안정성, 정확도, 정밀도, 사용 빈도, 환경 등을 고려하여 합리적이고 과학적으로 설정한다.

3) 측정기에 대해 처음 교정 주기를 정할 때는 다음 사항을 고려한다.

① 측정기 제조사의 권고
② 예상되는 사용 한계와 사용상 가혹한 정도
③ 측정기 사용 환경에 따른 영향
④ 요구되는 측정불확도
⑤ 최대 허용오차(예 법정 계량에 의한 것 등)
⑥ 개별 측정기의 변화
⑦ 측정량의 영향(예 열전대에 있어서 고온의 영향)
⑧ 동일 또는 유사 측정기에서 축적된 데이터 또는 공표된 데이터

4) 교정 주기는 다음을 고려하여 확정한다.

교정 주기는 일반적으로 측정의 경험 또는 피교정 장비에 대한 경험이 있는 자가 결정해야 한다. 특히, 되도록 다른 교정기관에 사용되는 교정 주기의 지식을 가지고 적합하게 결정되어야 한다. 또한, 개별 측정기 또는 그룹 측정기의 교정 후 장비 교정 주기가 허용한계 내에 있는지 평가하여야 한다.

5) 교정 주기의 확정을 위한 검토 방법

모든 종류의 측정기에 이상적으로 적합한 한 가지 검토 방법은 없으며, 또한 선택한 방법이 교정기관이 계획한 유지 방법의 채택에 따라 영향을 받을 것이라는 점에 주목해야 한다. 교정기관이 선택한 방법에 영향을 미칠 수 있는 다른 요인이 있을 수도 있다. 반대로 선택한 방법은 유지되는 기록의 형태에 영향을 줄 수도 있다.

6) 교정 주기의 최적화를 고려한다.

정해진 원칙에 따라 한번 교정이 이루어지면, 교정 주기의 조정은 위험과 비용이 균형을 이루도록 가능한 한 최적화해야 한다. 최초 설정한 교정 주기는 다음과 같은 여러 가지 이유로 필요한 최적 결과를 주지 않을 수도 있으므로, 교정 주기의 최적화 측면에서 충분히 검토한 후 설정한다.
① 측정기가 기대하는 것보다 신뢰성이 낮다.
② 사용법이 예상한 것과 다르다.
③ 어떤 측정기는 전체 교정 대신에 한정된 교정으로 충분할 수도 있다.
④ 측정기의 재교정으로 결정된 드리프트(drift)는 더 큰 위험 부담 없이도 교정 주기가 길게 나타날 수도 있다.

7) 교정 주기의 최적화를 위한 검토를 한다.

교정 주기 최적화 검토 방법과 범위는 다음을 고려하여 적절하도록 선정한다. 최초 교정 주기 설정에서 기술자의 직감이나 기술적 검토 없이 설정된 주기를 유지하는 시스템은 충분히 신뢰할 수 없다고 간주하므로 권고하지 않는다.
① 개별 또는 그룹으로 다루어지는 측정기(예 제조 모델 또는 형식)
② 기간 경과로 인한 드리프트 또는 사용상 교정을 벗어나는 측정기
③ 불안정으로 다른 양상을 나타내는 측정기
④ 조정으로 영향받은 측정기(다른 방법으로 평가하여 이력 기록을 만듦)

⑤ 데이터를 이용할 수 있고 측정기의 중요 교정 이력이 첨부된 측정기

8) 교정 주기의 검토 방법은 해당 측정기의 특성을 고려하여 다음의 적절한 방법을 선택한다.

가) 방법 1 : 자동 조정 또는 계단식(달력 시간)

측정기를 시간별로 정해진 규칙으로 교정하는 것으로, 차기 교정 주기는 요구되는 측정 허용 범위의 80% 이내 또는 허용 범위 밖인지에 따라 연장 또는 단축한다.

① 자동 조정 또는 계단식 검토 방법의 이점
  ㉠ 교정 주기 조정이 신속하며, 사무적 노력 없이 쉽게 수행할 수 있다.
  ㉡ 기록을 유지하고 사용하여 요구하는 기술적 변환으로 나타날 수 있는 측정기 그룹이 갖는 문제점이나 예방적 유지관리에 적합하다.

② 개별적으로 측정기를 다루는 시스템 적용에 불리한 점
  ㉠ 교정 작업 부하를 원활하게 균형을 유지하는 어려움이 있으므로, 이에 대한 구체적인 선행 계획이 필요하다.
  ㉡ 교정 주기가 과도하게 한 편으로 치우치게 되면 부적합하게 된다.
  ㉢ 이미 발행한 많은 교정 성적서를 회수하게 되는 위험이 따르게 되거나, 많은 작업을 다시 하게 되어 결국은 받아들일 수 없게 된다.

나) 방법 2 : 관리도(달력 시간)

관리도는 통계적 품질관리(SQC)의 가장 중요한 수단의 하나로서, 교정 주기 검토를 위한 관리도는 다음과 같이 하여 최적 주기를 구할 수 있다.

- 중요한 교정 포인트가 선정되고 그 결과를 시간 축에 대해 좌표화한다.
- 이들 좌표로부터 분산과 드리프트가 계산되며, 드리프트는 어떤 교정 주기 동안, 또는 매우 안정된 측정기의 경우에서는 여러 주기 내에 나타난다.

① 관리도 방법의 이점
  ㉠ 규정된 주기에서 교정을 무효로 하지 않은 채 중요한 교정 주기의 변동은 허용할 수 있다.
  ㉡ 신뢰성을 추정할 수 있고, 적어도 이론적으로 효과적인 교정 주기라는 신뢰를 준다.
  ㉢ 제조사의 사양 한계가 타당성이 있고, 발견된 드리프트의 분석이 드리프트의 원인을 나타내는 데 도움을 줄 수 있다면 분산의 추정을 나타낼 수 있다.

② 관리도 방법의 단점
  ㉠ 적용하기가 어렵고(실제로 복잡한 측정기의 경우에는 매우 어렵다), 사실상 자동 데이터 처리에서만 가능하다.
  ㉡ 계산을 시작하기 전에, 해당 측정기 또는 유사 측정기의 변동 원리에 대한 다양한 지식이 요구된다.
  ㉢ 안정된 표준 작업을 수행하는 것이 어렵다.

다) 방법 3 : 실사용 시간

이것은 방법 2의 변형이다. 기본 방법은 변화가 없지만, 교정 주기는 월 보다는 오히려 실제 사용한 시간으로 표시하는 것이다. 측정기에 경과한 시간 표시 장치가 있어 지시기가 규정한 값에 이르면 교정한다. 이러한 측정기의 예로는 고온에서 사용되는 열전대, 가스압용 실하중 시험기, 길이 게이지(즉, 기계적 마모 가능성이 있는 측정기) 등이 있다.

① 실사용 시간 방법의 이점
  실제 사용한 시간으로 교정 여부를 판단하므로, 교정 횟수의 낭비 요소 없이 합리적이므로, 교정 비용의 최적화를 이룰 수 있다. 또한, 실제 사용 시간 관리에 따라 측정기 사용 빈도가 자동 관리된다.

② 실사용 시간 방법의 단점
  ㉠ 수동 측정기(예 감쇠기)나 표준기(저항, 전기용량 등)에는 사용할 수 없다.
  ㉡ 측정기가 드리프트 되거나, 보관 또는 취급 중에 열화되거나, 일련의 짧은 개폐 사이클에 영향을 받기 쉬울 때는 사용할 수 없다.
  ㉢ 적합한 타이머의 준비와 설치로 인해 초기 비용이 높고, 사용자들이 타이머로 인해 방해받을 수 있어 관리가 요구된다. 이 또한 비용이 증가하게 된다.

라) 방법 4 : 서비스 체크 또는 블랙박스 시험

이것은 방법 1과 2를 변환한 것으로, 특히 복합 장비나 테스트 콘솔(test console)에 적절한 것으로, 중요한 매개 변수를 휴대용 교정 장비, 또는 되도록 선정한 매개 변수를 체크할 수 있도록 특별히 만든 블랙박스로 자주(하루에 한 번 또는 그 이상) 체크한다.

블랙박스로 측정기가 허용한계를 벗어나는 것이 확인되면 전체 교정한다. 이 방법에 적합한 기기의 예로는, 밀도 측정기(공명식), 백금 저항 온도계(달력 시간 방법과 조합), 방사선량계(소스 포함), 소음계(소스 포함) 등이 있다.

① 서비스 체크 또는 블랙박스 시험의 이점
  ㉠ 측정기 사용자에게 최대의 효용성을 제공한다.
  ㉡ 완전한 교정은 필요시에만 하므로, 교정실과 지리적으로 떨어져 있는 기기에 매우 적합하다.
② 서비스 체크 또는 블랙박스 시험의 단점
  ㉠ 주요 매개 변수의 선정과 블랙박스 제작이 어렵다.
  ㉡ 이론적으로 높은 신뢰성을 제공하나, 측정기가 블랙박스로는 어떤 매개 변수에서는 측정되지 않아 불확실한 점이 있다.
  ㉢ 블랙박스의 특성 그 자체가 일정하지 않을 수가 있다.

마) 방법 5 : 기타 통계적 접근
개별 측정기 또는 측정기 형식의 통계적 분석을 기초로 한 방법으로 접근할 수 있다. 특히, 적합한 소프트웨어와 조합하여 사용될 때 이러한 방법은 관심이 점차 높아진다. 수많은 동일한 측정기, 즉 측정기 그룹을 교정할 때 교정 주기는 통계적 방법의 도움을 받아 검토할 수 있다.

9) 측정기의 교정 환경
가) 환경관리의 목적
① 측정의 정밀 정확도를 지속적으로 유지하려면 산업체에서 교정 표준실 및 정밀측정실에 대한 환경관리는 필수적이다.
② 해당 측정 분야에 따라 적합한 환경 기준을 설정하고 이를 준수할 필요가 있다.
③ 이런 이유로 세계 각국에서는 국가 표준과의 측정의 소급성 유지를 위한 교정 표준실 등에 대한 환경 기준을 규격이나 기술 기준으로 설정하고 있다.
④ 우리나라에서도 "국가교정기관 지정제도 운영세칙"에서 국가 교정기관의 표준실 환경 기준을 구체적으로 규정하고 있다.

나) 측정실의 관리 등급
산업체에서는 생산 제품의 정밀 정확도와 소요되는 비용(측정실의 설치비 및 유지비)과의 최적화를 고려하여 정밀측정실의 등급을 나누어 관리하는 것이 바람직하다.
① A급 : 엄격하게 환경 기준을 적용하는 수준
② B급, C급 : 완만하게 환경 기준을 적용하는 수준

(9) 교정성적서의 이해

측정기 교정 결과 양호한 상태로 판명된 경우에는 교정 성적서를 발급하고, 측정기에는 교정 필증 및 스티커(라벨)를 부착하여 교정 시행 여부를 증명하게 된다. 교정성적서 교정 결과란에는 보정 값, 지시 값(눈금) 등을 주고, 교정 결과의 신뢰 구간을 측정불확도로 표시하여 제시하게 된다.

(10) 교정 대상 측정기기 파악

① 측정기기 관리대장을 확인하여 교정 대상 측정기를 파악한다.
② 파악된 측정기의 교정 일자를 확인한다.
③ 교정 일자가 확인되면 월별로 교정 대상 측정기를 분류한다.
④ 월별로 분류된 자료를 정리하여 교정 시행 계획 수립 자료로 활용한다.

(11) 측정기기의 교정 리드타임 확인

① 측정기기 리스트(list)를 참고하여 검·교정 리드타임을 검토한다.
② 교정기관의 특성(거리, 출장 검·교정 가능 여부, 물류 방법 등), 대상 측정기기의 특성, 교정 기술 수준 등을 반영하여 리드타임을 설정한다.
③ 대상 측정기기 보유 부서의 부하 분석, 대체 측정기기의 보유 여부, 사용 빈도 등을 조사한다.
④ 위 항의 조사된 내용은 교정 시행 계획 수립 자료로 활용한다.

(12) 교정 계획 수립

1) 연간 교정 계획을 수립한다.

측정기 관리부서 또는 담당자는 측정기기의 소급성을 유지하기 위하여 연간 교정 계획을 수립한다. 교정 계획은 내부 교정 환경에 따라 공인교정(위탁)과 내부 교정(자체)으로 구분하며, 수립된 계획은 승인권자의 승인을 얻는다. 이때 공인교정(위탁)의 경우 소요되는 교정 수수료와 교정기관 등은 한국계량측정협회(KASTO) 홈페이지 등을 검색하여 미리 파악한다.

(13) 측정기를 설정된 주기에 따라 교정 수행

1) 측정기 사용 부서는 측정기 교정을 의뢰한다.

측정기 사용 부서는 통보받은 월별 교정 계획에 따라 측정기의 이물질, 기름 등이 제거되도록 깨끗이 세척하여 측정기 관리부서에 교정을 의뢰한다. 이때 측정기 사용상에 특이사항은 미리 알려줘야 한다.

2) 측정기 사용 범위를 확인하여 교정 포인트를 설정한다.

측정기는 해당 측정기의 최대 측정 범위를 모두 사용할 수도 있으나, 특정한 구간만 사용하는 경우도 있으므로, 교정의 효율성 및 경제적 측면을 고려하여 실제 사용하는 범위가 포함되어 교정될 수 있도록 교정 포인트를 설정한다.

3) 교정 계획서의 설정된 주기에 따라 교정을 수행한다.

측정기의 교정 방법은 관리 여건에 따라 공인교정 또는 내부 교정으로 관리할 수 있다. 측정기 교정은 전담 부서를 지정하여 관리하는 것이 일반적이나, 전문지식과 장비가 부족하고, 측정기 보유 수량이 적은 중소기업은 KOLAS 공인 국가교정기관에 위탁하여 시행하는 것이 효과적이다.

① 공인교정(위탁)

측정기 보유(사용)자가 외부 공인기관(국가측정대표기관/국가교정기관)에 의뢰하여 관리하는 방법으로, 공인교정은 국제기준(ISO/IEC 17025) 및 한국인정기구(KOLAS)가 정한 기준에 따라 교정 기술 능력을 공식적으로 인정받은 국가 공인 교정기관에서 시행한 교정으로, 국내외로 공신력이 부여된 교정 성적서를 발급한다. 성적서에는 한국인정기구(KOLAS) 인정 마크가 포함되어 있다.

② 내부 교정(자체 교정)

내부 교정(자체 교정)은 국가교정기관 지정제도 운영요령 제41조(교정의 일반 수칙)에 따르면, 측정기를 보유 또는 사용하는 자가 국가측정표준에 소급된 상위 표준기 또는 표준물질을 이용하여 내부 교정을 시행할 때도 적합한 교정으로 간주할 수 있다. 다만, 내부 교정을 위해서는 다음 요건을 갖추어야 한다.

㉠ 교정용 표준기 사용
㉡ 교정에 필요한 교육 훈련을 받은 자가 수행
㉢ 표준실 구비 및 환경 유지
㉣ 유효성이 검증된 교정 방법 사용
㉤ 품질 시스템 운영

4) 내부 교정을 위한 교정 환경을 확인한다.

① 온도와 습도를 측정한다.

표준실 전체의 온도 분포를 측정하기 위해서 온도 측정의 높이는 실제 교정이 이루어지는 작업대 높이로 한다. 수평 위치는 벽면에서 약 0.5 ~

1m 떨어진 점으로 이루어지는 사각형의 모서리와 그 사각형의 중앙점(총 5점)으로 선정하고 각 측정점의 온도를(휴대용 디지털) 온·습도계를 사용하여 1시간 간격으로 3회 측정한다.

② 먼지를 측정한다.

먼지 측정은 표준실 중앙 위치에 입자 계수기를 설치하여 측정한다. 입자 계수기가 없는 경우 외부 환경 측정기관에 의뢰하여 측정하는 것도 가능하다. 일반적으로 먼지의 유입을 방지하기 위하여 표준실에 양압이 되도록 한다.

③ 전자기장의 세기를 측정한다.

전자파 차폐실에 대한 평가는 제작사의 사양이나 KOLAS 공인 시험기관 등의 측정 결과를 근거로 하여 평가하는 관계로, 본 항목에서는 이론적인 측정 실습만 시행한다.

④ 접지저항을 측정한다.

한국표준과학연구원, KOLAS 공인교정기관, 전기사업법에 따른 접지저항 측정기관 등의 측정 결과(제1종 접지저항)를 근거로 하여 평가한다. 본 항목은 측정실의 전원 공급공사 시 대부분 접지를 시행하여 작업된 관계로, 측정실에 공급되는 전원에 접지가 되었는지 여부 확인으로 측정을 대체한다.

⑤ 진동을 측정한다.

진동으로부터 격리되도록 설치한 견고한 작업대 또는 석정반 등을 포함한 무진동 작업대의 유무로 적합성을 평가한다. 단, 길이 분야 측정에서도 측정에 영향이 없도록 방진 시설을 갖추도록 요구하고 있어, 일반적으로 제진대 설치로 대체되고 있는 항목이다. 측정하기 어렵고 까다로운 관계로 본 항목도 이론적인 측정 실습으로 대체한다.

⑥ 소음을 측정한다.

측정점은 벽 등의 반사면에서 1m 이상 떨어진 지점의 바닥 위 1.2~1.5m 높이로 하며, 항온·항습을 위한 시설 외 모든 측정 설비의 전원을 OFF 한 상태에서 (휴대용 정밀) 소음계를 사용하여 측정한다. 측정 소음치는 정상 소음 A 특성 지시치로 한다.

5) 측정기별 적합한 교정 방법을 준비하여 교정을 수행한다.

개별 측정기의 교정 항목, 측정 범위와 교정 방법은 다음을 참조하며, 세부 교정 방법은 한국계량측정협회 표준 교정 절차에 따른다.

(14) 외측 마이크로미터 교정

1) 준비 사항

① 교정하기 전에 교정 순서를 숙독한다.
② 마이크로미터의 측정면, 손잡이 또는 래칫 스톱 등 각 부분에 손상이 없는지를 확인한다.
③ 교정하기 전에 교정할 장소로 교정 장비 및 피교정 장비를 옮겨서 열적 평형상태를 이루게 한다.
④ 적절한 세척제를 사용하여 교정 대상 기기와 교정용 설비를 깨끗이 닦는다.
⑤ 교정 장비를 취급할 때는 장갑을 착용하고 쥠틀을 사용하여 체온이 전달되지 않도록 한다.

2) 교정 항목, 측정 범위 및 교정 방법

교정 항목 및 교정 방법은 〈표 1-11〉과 같으며, 교정 방법 및 세부 교정 절차는 표준교정 절차를 참조한다.

○ 표 1-11 외측 마이크로미터의 교정 항목과 교정 방법

교정 항목	측정 범위	교정 방법
눈금의 정확도	전 구간	게이지 블록
평면도	앤빌 면, 스핀들 면	옵티컬 플랫, 단색 광원
평행도	앤빌 면과 스핀들 면	옵티컬 패럴렐, 단색 광원 또는 게이지 블록

(15) 버니어 캘리퍼스 교정

1) 준비 사항

① 교정하기 전에 교정 순서를 숙독한다.
② 캘리퍼스의 내, 외측 측정자가 손상(돌기, 국부적인 마모 상태)이 없는지를 확인한다.
③ 슬라이더 이동 시 헐거움이 발생하면 어미자와 아들자 사이에 있는 판 스프링 조절 나사를 이용하여 탄성을 조정한다.
④ 교정하기 전에 교정할 장소로 교정 장비 및 피교정 장비를 옮겨서 열적 평형상태를 이루게 한다.
⑤ 적절한 세척제를 사용하여 교정 대상 기기와 교정용 설비를 깨끗이 닦는다.
⑥ 교정 장비를 취급할 때는 장갑을 착용하고, 쥠틀을 사용하여 체온이 전달되지 않게 한다.

2) 교정 항목, 측정 범위 및 교정 방법

교정 항목 및 교정 방법은 〈표 1-12〉와 같으며, 교정 방법 및 세부 교정 절차는 표준교정 절차를 참조한다.

○ 표 1-12 버니어 캘리퍼스의 교정 항목과 교정 방법

교정 항목	측정 범위	교정 방법
눈금의 정확도(내, 외측)	전 구간	캘리퍼 검사기 또는 게이지 블록
측정면의 틈새 및 평행도	초기 접점/전 구간	

(16) 다이얼 게이지 교정

1) 준비 사항

① 교정하기 전에 교정 순서를 숙독한다.
② 다이얼 게이지의 각 부위에 손상이 없는지 점검한 후 정밀 정반 위에 정렬시킨다.
③ 다이얼 게이지 시험기의 스핀들, 측정자, 정밀 정반 등 사용 면을 알코올 등 세척제를 사용하여 깨끗하게 닦는다.
④ 교정하기 전에 교정할 장소로 교정 장비 및 피교정 장비를 옮겨서 열적 평형상태를 이루게 한다.
⑤ 교정 장비를 취급할 때는 장갑을 착용하고, 죔틀을 사용하여 체온이 전달되지 않게 한다.

2) 교정 항목, 측정 범위 및 교정 방법

교정 항목 및 교정 방법은 〈표 1-13〉과 같으며, 교정 방법 및 세부 교정 절차는 표준교정 절차를 참조한다.

○ 표 1-13 다이얼 게이지의 교정 항목과 교정 방법

교정 항목	측정 범위	교정 방법
눈금값(지싯값)	전 구간	다이얼 게이지 시험기 또는 게이지 블록

(17) 실린더 게이지 교정

1) 준비 사항

① 교정하기 전에 교정 순서를 숙독한다.
② 교정용 표준기와 교정 대상 기기를 깨끗이 닦고, 각 부위에 손상이 없는지 점검한 후 정밀 정반 위에 정렬시킨다.

③ 교정하기 전에 교정할 장소로 교정 장비 및 피교정 장비를 옮겨서 열적 평형상태를 이루게 한다.
④ 교정 장비를 취급할 때는 장갑을 착용하고, 쥠틀을 사용하여 체온이 전달되지 않게 한다.

2) 교정 항목, 측정 범위 및 교정 방법

교정 항목 및 교정 방법은 〈표 1-14〉와 같으며, 교정 방법 및 세부 교정 절차는 표준교정 절차를 참조한다.

◎ 표 1-14 실린더 게이지의 교정 항목과 교정 방법

교정 항목	측정 범위	교정 방법
다이얼 게이지 눈금	전 구간에서 시행	다이얼 게이지 시험기
실린더 게이지 눈금	일정 구간에서 시행	다이얼 게이지 시험기

(18) 벤치센터 교정

1) 준비 사항

① 교정하기 전에 교정 순서를 숙독하고 필요한 장비를 준비한다.
② 교정용 표준기와 교정 대상 기기와 부속품을 깨끗이 닦고, 각 부위에 손상이 없는지 점검한다.
③ 교정하기 전에 교정할 장소로 교정 장비 및 피교정 장비를 옮겨서 열적 평형상태를 이루게 한다.
④ 교정 장비를 취급할 때는 장갑을 착용하고, 쥠틀을 사용하여 체온이 전달되지 않게 한다.

2) 교정 항목, 측정 범위 및 교정 방법

교정 항목 및 교정 방법은 〈표 1-15〉와 같으며, 교정 방법 및 세부 교정 절차는 표준교정 절차를 참조한다.

◎ 표 1-15 벤치센터의 교정 항목과 교정 방법

교정 항목	측정 범위	교정 방법
센터 간의 평행도	최대 범위의 3구간	정밀 정반, 테스트 바, 전기 마이크로미터
양 센터 간 높이 차	최대 범위의 양쪽 센터	정밀 정반, 테스트 바, 전기 마이크로미터
베드의 평면도, 평행도	전 구간	정밀 정반, 전기 마이크로미터, 수평 조절대

예상문제

01 국제표준화기구는 측정 프로세스와 측정기에 대한 요구 사항(ISO 10012 : 2004)으로 틀린 것은?

① 규정된 측정학적 요구 사항을 충족시키는 데 필요한 모든 측정 장비는 측정 관리 시스템에서 사용 가능하고 식별되어야 한다.
② 측정 장비는 측정학적 확인 전에 유효한 교정 상태에 있어야 하며, 유효한 측정 결과를 보장하는 데 필요한 정도까지 관리되거나 알려진 환경 내에서 사용되어야 한다.
③ 현장에서 사용되는 중요한 측정기만 등록 관리되어야 하며, 작업자는 국가측정표준으로부터 소급성이 입증된 측정기를 사용하여야 한다.
④ 우리나라에서도 이 규격을 KS Q ISO 10012로 도입하여 측정기의 체계적 관리를 통해 품질 목표를 달성하도록 요구하고 있다.

해설
현장에서 사용되는 모든 측정기는 등록 관리되어야 하며, 작업자는 국가측정표준으로부터 소급성이 입증된 측정기를 사용하여야 한다.

02 버니어 캘리퍼스, 마이크로미터, 높이 게이지와 같이 측정기에 새겨진 눈금으로 직접 그 치수를 읽을 수 있는 것을 의미하는 측정 방식은?
① 직접 측정   ② 비교 측정
③ 기준 게이지   ④ 한계 게이지

03 다이얼 게이지, 공기 마이크로미터, 인디케이터와 같이 표준 치수로 만들어진 기준 게이지와 비교하여 그 차이로 제품의 치수를 알아내는 측정 방식은?
① 직접 측정   ② 비교 측정
③ 기준 게이지   ④ 한계 게이지

04 게이지 블록(gauge block), 링(ring) 게이지와 같이 치수의 기준이 되거나 제품 형상의 검사나 판정에 쓰이는 것을 의미하는 측정 방식은?
① 직접 측정
② 비교 측정
③ 기준 게이지
④ 한계 게이지

05 갭(gap) 게이지, 플러그(plug) 게이지와 같이 제품에 허용된 치수 차에서 최대, 최소의 양, 즉 한계 치수를 정해 그 범위 내로 치수가 만족하는지를 판정하는 게이지는?
① 직접 측정
② 비교 측정
③ 기준 게이지
④ 한계 게이지

06 버니어 캘리퍼스, 마이크로미터, 다이얼 게이지, 테스트 인디케이터, 높이 게이지 등에 속하는 측정기는?
① 선도기   ② 단도기
③ 지시 측정기   ④ 시준기

[정답] 01 ③ 02 ① 03 ② 04 ③ 05 ④ 06 ③

07 눈금 간격의 길이를 구체화한 것으로, 줄자, 강철자, 눈금자 등에 속하는 측정기는?

① 선도기
② 단도기
③ 지시 측정기
④ 시준기

해설
① 선도기(line standard)
눈금 간격의 길이를 구체화한 것으로, 줄자, 강철 자, 눈금자 등이 여기에 속한다.
② 단도기(end standard)
양 단면의 간격으로 길이를 구체화한 것으로, 게이지 블록(gauge block), 갭 게이지(gap gauge 또는 snap gauge), 플러그 게이지(plug gauge), 직각자 등이 여기에 속한다.

08 길이 측정에서 사용하고 있는 게이지 블록과 같이 습동 기구가 없는 구조로 일정한 길이나 각도 등을 면이나 눈금으로 구체화한 측정기는?

① 게이지
② 도기
③ 지시 측정기
④ 시준기

09 측정기에서 교정의 정의에 대한 설명으로 틀린 것은?

① 교정이란 정밀 정확도가 더 높은 교정용 표준기와 산업체가 사용하는 측정기를 비교하여 그 측정값을 비교하는 측정 기술이다.
② 측정기기는 사용 횟수, 사용 환경, 내구 연한 등 여러 요인으로 최고 성능에서 벗어나 측정값이 일치하지 않으며, 이러한 불일치한 정도는 교정을 통해서 확인해야 한다.
③ 사용하는 측정기의 정밀 정확도는 교정해야만 유지된다.
④ 성능이 떨어지고 내부 설비가 교정 능력을 구비하지 못하였다면 새로 구매한다.

해설
교정이 필요한 측정기는 교정 작업을 시행하여 성능을 확인한다.
만약 내부 설비가 교정 능력을 구비하지 못하였다면 KOLAS 공인교정기관에 의뢰하여 교정을 시행하고, 그 결과를 통해 성능을 확인하여야 한다.

10 측정기의 등록관리에 대한 설명으로 틀린 것은?

① 성능이 떨어지고 내부 설비가 교정 능력을 구비하지 못하였다면 새로 구매한다.
② 외부 교정이 시행되는 경우 측정기 담당자는 교정 범위, 구간 등 교정 요구 사항을 제시하여야 한다.
③ 교정이 불필요한 측정기는 실제 조작하여 기능과 성능을 확인한다.
④ 측정기는 검수 및 교정 결과에 따라 처리한다. 불합격된 측정기는 반품 처리하며, 합격된 측정기는 측정기 관리 시스템에 등록하여 관리한다.

11 범용으로 널리 사용되는 주요 측정기의 일반적인 교정 주기는?

① 3~6개월
② 6~12개월
③ 12~24개월
④ 24~36개월

[정답] 07 ① 08 ② 09 ④ 10 ① 11 ③

12 합리적 기준으로 교정 주기를 설정에 대한 설명으로 틀린 것은?

① 가장 기본적으로 고려해야 할 사항은 주기 조정의 근거가 되는 과거 축적된 측정 데이터를 확보하여 검토한다.
② 최적의 교정 주기는 사용자가 요구되는 부정확도, 측정기의 사용 빈도, 사용 방법, 장비의 안정도 등을 고려한다.
③ 위험과 비용이 균형을 이루도록 가능한 한 최적화해야 한다.
④ 모든 측정기는 회사 자체적으로 교정 주기를 과학적이고 합리적으로 기준을 설정하여야 한다.

> **해설**
> 자체적인 교정 주기를 과학적이고 합리적으로 정할 수 없을 때는 국가기술표준원장이 별도로 고시하는 교정 주기를 준용한다.

13 최초 교정 주기를 설정할 때 고려사항으로 틀린 것은?

① 모든 측정기는 국가기술표준원의 권고를 따른다.
② 예상되는 사용 한계와 가용한 정도를 판단한다.
③ 환경 영향을 고려한다.
④ 요구되는 측정불확도를 고려한다.

> **해설**
> 최초 교정 주기를 설정할 때 고려사항
> ① 측정기 제조사의 권고를 따른다.
> ② 예상되는 사용 한계와 가용한 정도를 판단한다.
> ③ 환경 영향을 고려한다.
> ④ 요구되는 측정불확도를 고려한다.
> ⑤ 최대 허용오차(예 법정 계량에 의한 것 등)를 고려한다.
> ⑥ 개별 측정기의 조정(변화)을 고려한다.

⑦ 측정량의 영향(예 열전대에 있어서 고온의 영향)을 고려한다.
⑧ 동일 또는 유사 측정기에서 축적된 데이터 또는 공표된 데이터를 참조한다.

14 주기적 교정의 일반적 목적으로 틀린 것은?

① 기준값과 측정기를 사용해서 얻어진 값 사이의 편차 추정값을 저하한다.
② 측정기가 실제로 사용될 때 이러한 편차에서의 불 정확도를 향상한다.
③ 측정기를 사용해서 달성할 수 있는 불 정확도를 재확인할 수 있다.
④ 경과 기간에 얻는 결과에 대해 의심스러운 측정기의 변화가 있는가를 확인할 수 있다.

> **해설**
> 기준값과 측정기를 사용해서 얻어진 값 사이의 편차 추정값을 향상한다.

15 측정기를 보관 및 관리에 대한 설명으로 틀린 것은?

① 자주 사용하지 않는 측정기는 사용하기 전 점검을 시행한다.
② 측정기 보관함에는 각 측정기의 관리 번호, 품명, 규격, 사용자 등을 기록한 현황판을 비치하여 측정기의 사용 실태를 파악할 수 있도록 한다.
③ 측정기를 보관할 때는 측정기의 구조적인 특성을 고려하여 보관 방법을 달리한다.
④ 측정기에 도포하는 방청유는 되도록 얇게 칠하고 불필요한 곳에는 바르지 말아야 한다.

[정답] 12 ④ 13 ① 14 ① 15 ①

> **해설**
> 자주 사용하지 않는 측정기라도 1년에 2~3회 정도는 점검을 시행한다.

16 측정기 일상 점검에 포함되지 않는 것은?

① 측정기의 영점을 점검한다.
② 측정기의 내관 상태를 점검한다.
③ 측정기의 작동 상태를 점검한다.
④ 측정기의 에너지원 공급 상태를 점검한다.

> **해설**
> 측정기의 외관 상태를 점검한다.

17 측정에서 다음 설명에 해당하는 원리는?

> 표준자와 피측정물은 동일 축 선상에 있어야 한다.

① 아베의 원리
② 버니어의 원리
③ 에어리의 원리
④ 헤르쯔의 원리

> **해설**
> 아베의 원리
> 측정하려는 길이를 표준자로 사용되는 눈금의 연장선상에 놓는다는 것인데 이는 피측정물과 표준자와는 측정 방향에 있어서 동일 직선상에 배치하여야 한다. (독일의 아베)
> ① 만족 : 외측 마이크로, 측장기
> ② 불만족 : 버니어 캘리퍼스

18 정밀측정에서 아베의 원리에 대한 설명으로 옳은 것은?

① 내측 측정 시는 최댓값을 택한다.
② 눈금선의 간격은 일치 되어야 한다.
③ 단도기의 지지는 양끝 단면이 평행하도록 한다.
④ 표준자와 피측정물은 동일 축 선상에 있어야 한다.

> **해설**
> 아베의 원리는 측정하려는 길이를 표준자로 사용되는 눈금의 연장 선상에 놓는다는 것인데 이는 피측정물과 표준자와는 측정 방향에 있어서 동일 직선상에 배치하여야 한다.
> ① 만족 : 외측 마이크로, 측장기
> ② 불만족 : 버니어 캘리퍼스

19 어떤 길이와 단면을 갖는 물체에 하중을 가한 경우, 탄성한계 내에서 변형을 일으키는 변위량에 대한 법칙은?

① 아베의 법칙   ② 후크의 법칙
③ 에어리의 법칙 ④ 헤르쯔의 법칙

20 ISO 228-1에 따른 관용 평행 나사로. 산의 각도가 55°인 기계적 결합을 주목적으로 하는 나사는?

① G 나사   ② PF 나사
③ PP 나사   ④ PS 나사

21 ISO 규격 도입 이전에 사용된 관용 평행 나사로, 산의 각도가 55°인 기계적 결합을 주목적으로 하는 나사는?

① G 나사   ② PF 나사
③ PP 나사   ④ PS 나사

[정답] 16 ② 17 ① 18 ④ 19 ② 20 ① 21 ②

22 G 나사와 PF 나사의 차이점으로 틀린 것은?

① G 나사는 호칭 규격 범위가 G1/16~G6 이다.
② G 나사는 수나사는 A, B등급 있음, 암나사는 등급 없음
③ PF 나사는 호칭 규격 범위가 PF 1/8~PF12이다.
④ PF 나사는 수나사와 암나사 A, B등급 있음

해설
PF 나사는 수나사는 등급 없음, 암나사는 A, B등급 있음
G 나사는 검사용, 작업용 구분 없음, PF 나사는 검사용(IR, IP), 작업용(WR, WP) 구분 있음

23 미터나사 한계 게이지에 대한 설명으로 틀린 것은?

① 나사용 한계 게이지는 제품 나사의 규격과 동일한 등급으로 정한다.
② 나사 게이지를 통과측(go)과 정지측(not go) 등 두 개의 한계 방식으로 검사한다.
③ 제품 나사에 통과측 게이지가 무리 없이 통과하고 정지측 게이지가 4회전 이내에서 멈춰질 때 그 나사는 합격한 것이 된다.
④ 미터나사 게이지는 크게 ISO 등급과 1, 2, 3등급 게이지 방식으로 나뉜다.

해설
제품 나사에 통과측 게이지가 무리 없이 통과하고 정지측 게이지가 2회전 이내에서 멈춰질 때 그 나사는 합격한 것이 된다.

24 게이지 기호에 대한 설명으로 틀린 것은?

① GR : go thread ring gage(통과측 나사 링 게이지)
② IR : not go inspection thread ring gage(정지측 검사용 나사 링 게이지)
③ WR : not go working thread ring gage(정지측 작업용 나사 링 게이지)
④ NR : not go thread ring gage(통과측 나사 플러그 게이지)

해설
게이지 기호
• NR : not go thread ring gage(정지측 나사 링 게이지)
• GP : go thread plug gage(통과측 나사 플러그 게이지)
• IP : not go inspection thread plug gage(정지측 검사용 나사 플러그 게이지)
• WP : not go working thread plug gage(정지측 작업용 나사 플러그 게이지)
• NP : not go thread plug gage(정지측 나사 플러그 게이지)

25 버니어 캘리퍼스(vernier calipers) 사용 후 다음 사항을 확인한다. 틀린 것은?

① 사용 후에는 각부에 손상이 없는지 확인하고 전체를 청소한다.
② 수용성 절삭유 등이 묻은 곳에서 사용하였으면 청소 후 반드시 방청 처리를 시행한다.
③ 디지털 버니어 캘리퍼스는 장기간 보관할 때 배터리를 뺀 후 보관한다.
④ 보관 장소는 고온 다습하지 않고, 오일 미스트가 있는 장소를 선정한다.

해설
① 보관 장소는 고온 다습하지 않고, 먼지, 오일 미스트가 없는 장소를 선정한다.
② 온도가 높은 장소에서 버니어 캘리퍼스를 보관할 때는 열팽창에 의해 변형될 수 있으므로, 고정 나사는 조이지 않고 전용 상자에 넣어 보관한다.

[정답] 22 ④ 23 ③ 24 ④ 25 ④

26 마이크로미터(micrometer) 작업순서에서 측정 면을 맞춰 다음 사항을 확인한다. 틀린 것은?

① 천천히 양쪽 측정 면을 맞춰 래칫 스톱을 사용해 5~7회(3~4회전)의 정압을 주고 영점을 확인한다.
② 마이크로미터의 영점을 조정하려면 주기적으로 교정 작업을 한 게이지 블록이나 영점 조정용 마이크로미터 기준봉을 사용한다.
③ 너무 힘이 들어가면 측정 면이 눌려서 정도에 영향을 줄 수 있으므로, 천천히 접촉하도록 주의한다.
④ 영점이 벗어나면 슬리브를 회전하여 영점을 맞춘다.

해설
천천히 양쪽 측정 면을 맞춰 래칫 스톱을 사용해 3~5회(1.5~2회전)의 정압을 주고 영점을 확인한다.

27 실린더 게이지 작업순서에서 사용 전에는 다음 사항을 확인한다. 틀린 것은?

① 마른 천으로 측정자와 앤빌(교환용 로드)을 청소한다.
② 외측 마이크로미터로 영점 조정을 할 때 마이크로미터는 수직 자세가 되도록 유지한다.
③ 지시기가 움직이면 지시기나 클램프 나사를 청소한다.
④ 측정 시작 전에는 반드시 영점 조정을 시행한다.

해설
외측 마이크로미터로 영점 조정을 할 때 마이크로미터는 수평 지시가 되도록 유지한다.

28 게이지 블록 작업순서에서 사용 전에는 다음 사항을 숙지하고 확인한다. 틀린 것은?

① 온도에 충분히 적응시키지 않으면 측정 결과에 영향을 미치므로 열평형이 되도록 한다.
② 먼지나 오염 등이 치수에 영향을 미치므로, 세정지로 잘 닦아 준다.
③ 옵티컬 플랫을 사용하여 측정 면의 돌기 유무를 확인한다.
④ 돌기가 있는 경우에는 연삭기 숫돌을 사용하여 제거한다.

해설
돌기가 있는 경우에는 세사 스톤 또는 아칸사스 숫돌을 사용하여 제거한다.

29 뎁스 게이지 작업순서에서 사용 중에는 다음 사항을 확인하고 사용한다. 틀린 것은?

① 단차 측정의 경우 기준면을 되도록 측정 면 전체에 밀착하고 측정 부위에 직각이 유지되도록 하여 측정한다.
② 홈 측정의 경우 측정물을 되도록 어미자에 가까운 안쪽에 측정하면 전체를 측정물에 밀착하여 측정한다. 측정기는 측정할 면에 대하여 직각으로 세팅하여 측정한다.
③ 측정치는 어미자 눈금에서 아들자 눈금의 값을 빼기해서 측정치를 구한다.
④ 어미자와 아들자의 눈금을 읽을 때는 경사 방향에서 읽으면 시차가 발생하므로, 눈금의 정면에서 읽어야 한다.

해설
측정치는 어미자 눈금과 아들자 눈금의 값을 더해서 구한다.

[정답] 26 ① 27 ② 28 ④ 29 ③

30 한계 게이지 작업순서에 대한 설명으로 틀린 것은?

① 통과측(GO)과 정지측(NOT GO)으로 구성되며, 정지측에는 줄이 있거나 통과측보다 짧은 것이 특징이다.
② 나사 게이지를 이용한 측정 시에는 급격한 충격이 가해지지 않도록 천천히 회전시켜 일정한 힘으로 측정한다.
③ 사용 빈도가 높은 경우에는 마모 때문에 치수 변화가 발생할 수 있으므로, 게이지 관리부서의 중간 점검을 받아야 한다.
④ 장시간 사용 시 온도 차로 치수 변화가 발생할 수 있으므로, 장갑을 착용하지 않는다.

> **해설**
> 장시간 사용 시 체온 전달에 의한 온도 차로 치수 변화가 발생할 수 있으므로, 접촉 시간을 최소화하거나 체온 전달 방지를 위해 장갑을 착용한 후 사용한다.

31 사인 센터(sine center)를 이용한 측정이 어려운 형상 공차는?

① 공작물의 각도
② 흔들림
③ 동심도
④ 직각도

32 사인 센터(sine center)에서 사용되는 보조 공구가 아닌 것은?

① 다이얼 게이지
② 정반
③ 게이지 블록
④ 옵티컬 플랫

33 측정의 소급성에 대한 설명으로 틀린 것은?

① "소급성"이란 연구 개발, 산업 생산, 시험 검사 현장 등에서 측정한 결과가 명시된 불확정 정도의 범위 내에서 국가측정표준 또는 국제측정표준과 일치하도록 연속적으로 비교하고 교정하는 체계를 말한다.
② 미국의 미국표준 기술연구소(NIST) 핸드북 150에서는 "측정 장비의 정확도를 더 높은 정확도를 가진 다른 측정 장비 그리고 궁극적으로는 1차 표준(primary standard)으로 연결하는 문서로 만들어진 비교 고리"로 측정 장비의 소급성에 대하여 정의하고 있기도 하다.
③ 측정의 소급성 체계를 확립시킨다는 의미는 국가 간, 국가와 기업 간, 기업 간, 기업 내 각 부문 간 각각의 단계에 대응할 수 있는 측정 표준이 확립, 유지되고 보급되어 기업 하층 부문까지 측정 정확도가 보증되는 것이다.
④ 교정과 측정의 소급성 확보는 같은 의미가 아니므로 연결되지 않는다.

> **해설**
> 교정(calibration)이란 측정기 정밀 정확도의 지속적 유지를 위해 상위 표준과 주기적으로 비교하는 것을 말하는데, 반드시 국가측정표준과 연결되어 "측정의 소급성을 확보"하여야 유효하다.

34 측정기 교정 대상 및 주기를 고시하는 기관은?

① 미국표준 기술연구소
② 국가기술표준원
③ 산업측정 교정 연구소
④ 기계진흥원

[정답] 30 ④ 31 ④ 32 ④ 33 ④ 34 ②

35 측정기의 교정 대상 또는 주기를 몇 년마다 검토하여 재고시할 수 있는가?
① 1년　② 2년
③ 3년　④ 4년

36 측정기에 대해 처음 교정 주기를 정할 때 제일 먼저 고려할 사항은?
① 측정기 제조사의 권고
② 예상되는 사용 한계와 사용상 가혹한 정도
③ 측정기 사용 환경에 따른 영향
④ 요구되는 측정불확도

37 다음과 같이 하여 최적 주기를 구할 수 있는 방법은?

- 중요한 교정 포인트가 선정되고 그 결과를 시간 축에 대해 좌표화한다.
- 이들 좌표로부터 분산과 드리프트가 계산되며, 드리프트는 어떤 교정 주기 동안, 또는 매우 안정된 측정기의 경우에서는 여러 주기 내에 나타난다.

① 관리도
② 실사용 시간
③ 자동 조정 또는 계단식
④ 서비스 체크 또는 블랙박스 시험

38 외측 마이크로미터의 교정 항목으로 틀린 것은?
① 눈금의 정확도
② 평면도
③ 평행도
④ 직각도

39 버니어 캘리퍼스의 교정 항목으로 틀린 것은?
① 눈금의 정확도
② 측정면의 틈새
③ 평행도
④ 직각도

40 다이얼 게이지의 교정 항목은?
① 눈금 값
② 측정면의 틈새
③ 평행도
④ 직각도

[정답] 35 ② 36 ① 37 ① 38 ④ 39 ④ 40 ①

PART 1. 도면 해독 및 측정

정밀측정

1 측정 방법 결정

1 측정 원리

(1) 정밀측정의 의의

절삭가공 된 부품 또는 기계요소는 일정한 크기의 양을 가진 측정물의 형상과 치수를 검사하는 것으로, 도면에서 요구한 조건으로 형상, 치수, 표면 상태 등이 일치하도록 제작되었는지를 판단하는 중요한 역할을 하며, 측정기의 부품 측정 방법, 올바른 사용법 등 실무적인 지식을 습득하고 신뢰도를 높여 측정 오차를 최소화할 수 있는 것을 말한다.

1) 측정의 목적

① 동일 부품은 다른 제작자, 다른 시점에 제작된 것이라도 호환성을 갖게 한다.
② 성능과 품질의 우수성이 확보되어 제품 수명을 길게 한다.
③ 국제 표준 규격화와 호환성으로 수출을 할 수 있다.
④ 우수한 공작기계, 치구 및 공구, 적절한 측정기 및 측정 방법이 필요하며, 단위 통일이 필요하다.

2) 측정 대상물의 특성

① 제품의 형상

측정할 제품의 형상과 크기, 재질에 따라 접촉식 측정기 또는 비접촉 측정기를 이용하여 측정한다. 동일한 제품을 반복하여 측정할 때는 비교 측정이 더 적절하다.

② 제품의 수량

측정할 제품이 소량인지 다량인지를 판단하여 연속적으로 측정할 때는 측정의 효율성을 고려해야 하며, 복잡한 형상 제품의 측정에는 3차원 측정기가 효과적이다.

③ 제품의 재질

측정할 제품의 재질이 거칠거나 부드러운 경우가 있는데, 부드러울 때는 측정력에 의한 변형이 크게 발생하므로 비접촉 측정기를 사용하는 게 더 적합하다.

④ 측정기의 성능

일정한 치수의 바깥지름을 측정할 때는 벤치 마이크로미터 또는 한계측정기의 역할을 할 수 있는 측정기를 사용하는 게 더 적합하다.

❷ 측정 작업순서

(1) 측정 보조 기구 선정

측정에서 측정 오차를 줄이는 방법의 하나는 보조 기구를 적절히 사용하는 것이다. 어떤 측정 요소에서는 하나의 측정기기가 단독으로 사용할 수 없고, 둘 또는 그 이상의 조합으로 사용되므로, 제품의 형상과 측정 범위의 관련 요소를 확인한다.

1) 마이크로미터 고정 장치

[그림 1-41]은 마이크로미터 스탠드를 이용한 마이크로미터 고정 장치로 핀이나 작은 측정물을 측정하는 데 사용한다. 실린더 게이지(보어 게이지)의 영점을 맞추거나 확인 시, 마이크로미터의 평면도와 평행도를 교정할 때 사용한다.

○ 그림 1-41 스탠드를 활용한 마이크로미터 고정 예시

2) 다이얼 게이지 고정 장치

다이얼 게이지 고정 장치에는 다이얼 게이지 스탠드, 마그네틱 스탠드, 하이트 게이지 등이 측정 목적에 따라 다양하게 사용한다. 하이트 게이지는 정반을 함께 사용한다.

① 다이얼 게이지 스탠드

크기가 비교적 작고, 수량이 많은 제품의 높이, 단차, 폭, 길이 등을 비교 측정 방법으로 측정하는데, 정반 없이 [그림 1-42]와 같이 단독으로 설치하여 사용할 수 있을 때는 다이얼 게이지 스탠드를 선정한다.

○ 그림 1-42 다이얼 게이지 고정 장치

② 마그네틱 스탠드를 선정

절삭가공 제품을 세팅하거나, 사인 센터를 이용한 흔들림 및 동심도 등을 측정할 때는 [그림 1-43]과 같이 마그네틱 스탠드를 선정하여 장비의 베드 면에 직접 부착하여 공작물의 흔들림 등을 측정한다.

○ 그림 1-43 마그네틱 스탠드 사용 예시

③ 하이트 게이지를 선정

정반 위에서 평면도 측정, 높이 측정 등을 측정할 때는 [그림 1-44]와 같이 하이트 게이지에 테스트 인디케이터를 부착한 하이트 게이지를 선정한다.

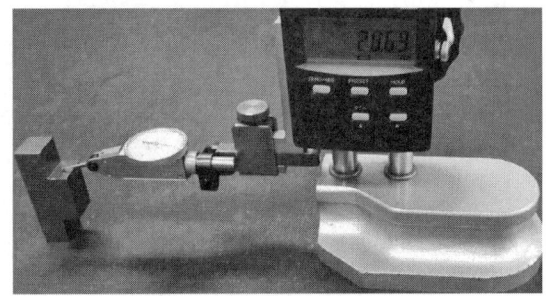

◎ 그림 1-44 하이트 게이지 사용 예시

3) 게이지 블록 고정 장치

게이지 블록은 [그림 1-45]와 같이 일정한 단위로 명목 값이 주어진 도기로서, 필요한 측정량에 대하여 두 개 이상의 조합으로 원하는 수치를 구현한다.

◎ 그림 1-45 게이지 블록 예시

① 게이지 블록 부속품

게이지 블록은 [그림 1-46]과 같은 부속품을 사용함으로써 용도를 확대하여 사용할 수 있다.

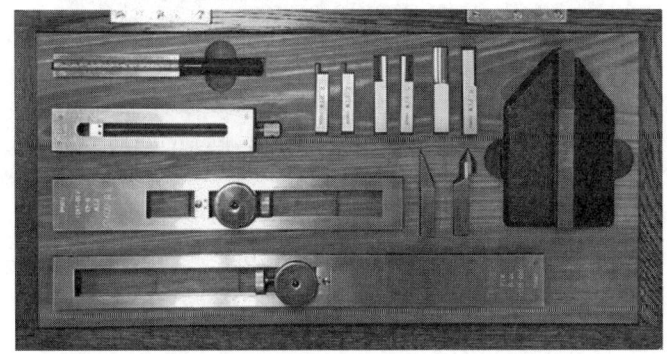

◎ 그림 1-46 게이지 블록 부속품 예시

㉠ 둥근형 조(jaw)와 평행 조(jaw)

형상은 [그림 1-47]의 (a)와 같고, 조(jaw)는 두 개가 한 세트로 구성되어 있으며, 내측 및 외측을 측정할 때 [그림 1-47]의 (b)와 같이 홀더에 끼워 사용한다.

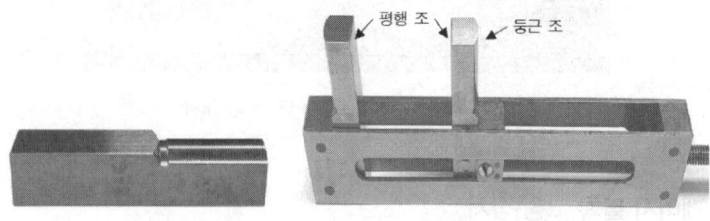

(a) 조의 형상   (b) 조와 홀더 결합

● 그림 1-47 둥근형과 평행 조(jaw)의 홀더 결합 예시

㉡ 스크라이버 포인트(scriber point)

형상은 [그림 1-48]과 같으며, [그림 1-50] (b)의 베이스 블록과 함께 홀더에 끼워 정밀 금 긋기 작업을 할 때 사용한다.

● 그림 1-48 스크라이버 포인트 예시

㉢ 홀더(holder)

형상은 [그림 1-49]와 같다. 게이지 블록을 끼워 내측 및 외측을 측정하거나, 실린더 게이지, 버니어 캘리퍼스, 마이크로미터를 교정할 때 사용하며, 기타 부속품과 함께 쓰인다.

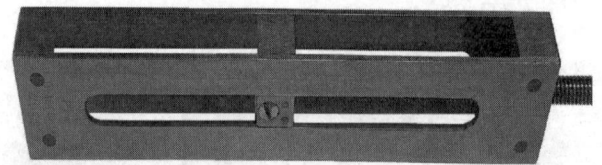

● 그림 1-49 게이지 블록 홀더 예시

㉣ 센터 포인트(center point)

형상은 [그림 1-50] (a)와 같다. 원을 그릴 때 중심을 지지하며, 끝이 60°로 되어 있어 나사산을 검사할 때 사용할 수 있다.

(a) 센터 포인트   (b) 베이스 블록과 조합한 사용

◎ 그림 1-50 센터 포인트와 베이스 블록과 조합한 사용 예시

ⓜ **베이스 블록(base block)**

형상은 [그림 1-51]과 같다. 금 긋기 작업이나 높이 측정을 할 때 홀더와 센터 포인트, 스크라이버 포인트 등과 함께 사용한다.

◎ 그림 1-51 베이스 블록 예시

ⓗ **삼각 스트레이트 에지(triangle straight edge)**

형상은 [그림 1-52]와 같으며, 측정하려는 면에 대고 반대쪽에서 새어 나오는 빛으로 틈새를 판단하여 면의 진직도와 평면도를 검사하는 데 사용한다.

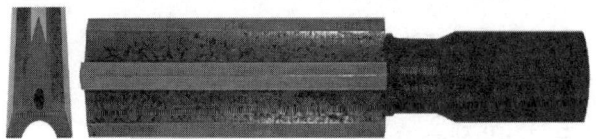

◎ 그림 1-52 삼각 스트레이트 에지 예시

4) V-블록과 고정 장치

V-블록은 측정 보조 도구로서, [그림 1-53]과 같이 다양한 형태와 부가적인 도구들을 사용할 수 있는 구조로 되어 있다. 측정 제품 형상의 특성을

고려하여 원형 제품의 고정이나 원주 흔들림 등과 같이 비교적 간단한 측정이나 고정을 할 때 선정한다.

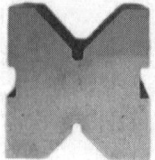

그림 1-53 V-블록 예시

5) 표면 거칠기 고정 장치

절삭가공 표면이 도면에서 요구되는 거칠기를 만족하도록 가공되었는지 판단하려면 표면 거칠기 측정기를 사용한다. 이를 사용하려면 표면 거칠기 촉침이 제품에 접근할 때 부드럽게 접촉될 수 있도록 미세 조정 핸들 등이 부착된 [그림 1-54]와 같이 하이트 게이지 또는 전용 거치대를 측정 보조 도구로 선정하여 사용한다.

그림 1-54 하이트 게이지 전용 거치대를 측정 보조 도구

6) 형상 측정기의 제품 고정 장치

절삭가공에 의한 선의 윤곽도, 면의 윤곽도 등이 도면에서 요구되는 정도를 만족하도록 가공되었는지를 판단하려면 형상 측정기를 사용한다. 형상 측정 촉침을 제품의 다른 부분과 접촉되지 않게 고정하려면 [그림 1-55]와 같이 미세 이송 및 각도를 조정할 수 있는 정밀 바이스를 측정 보조 도구로 선정하여 사용한다.

○ 그림 1-55 형상 측정기의 제품 고정 장치 예시

3 측정기를 선정

(1) 측정 대상에 따른 정밀측정기 선정

1) 측정 대상의 크기에 따라 측정 범위와 측정기의 사용이 달라진다.

① 작은 제품의 측정

측정물이 작으면 취급하기가 어렵고 측정 압력에 의한 변형의 비율도 발생한다. 작은 제품의 측정에는 상대적으로 측정 압력이 작은 측정기를 사용한다.

② 큰 제품의 측정

측정물이 큰 치수 측정에는 측정기를 직접 측정하기가 어렵고, 일반적으로 비교 측정하게 되는데, 적용되는 측정기는 변형에 의한 편차가 크게 발생하므로 자세 및 측정점을 동일하게 하는 것이 필요하다.

2) 측정 대상물의 재질에 따라 측정기를 선정

① 금속, 플라스틱 등의 재질

강철, 주물, 동, 플라스틱과 같이 고체로 된 측정 대상물은 접촉식 3차원 측정기 등을 사용한다.

② 변형이 쉬운 재질

고무, 얇은 재질은 직접 접촉에 의하여 변형이 큰 경우 비접촉식 3차원 측정기나 공구 현미경 등을 사용한다.

③ 측정기 형식에 따라 측정기를 선정
  ㉠ **아날로그 방식**
   직접 측정하여 측정값을 직접 확인하면 정확한 측정값을 얻을 수 있으나, 측정 시간이 오래 걸리므로, 소량 제품을 직접 측정할 때 적합하다.
  ㉡ **디지털 방식**
   짧은 시간에 측정물의 측정값을 얻을 수 있으며, 다량의 제품을 단시간에 편리하게 측정하거나 검사하는 데 적합하다. 또한, 아날로그 방식보다 숙련도가 크게 필요하지 않으며, 비숙련자라도 기본 지식만 습득하면 사용할 수 있다. 측정기로는 디지털 마이크로미터, 디지털 버니어 캘리퍼스, 높이 마이크로미터 등이 있다.
④ 치수 공차에 따라 측정기를 선정한다.
  도면에 주어진 조건인 제품 공차를 고려하여 사용할 측정기는 제품 공차의 1/10의 높은 정도를 가진 측정기를 선정하는 것이 좋다. 예를 들어 제품 치수가 10.1mm이면 사용할 측정기의 최소 눈금은 0.01mm까지 읽을 수 있는 측정기를 선정한다.
⑤ 측정기 선정 시 고려사항
  ㉠ **측정 대상** : 측정 수량의 종류나 재질을 파악한다.
  ㉡ **측정 환경** : 측정의 장소나 조건을 파악한다.
  ㉢ **측정 수량** : 측정물이 소량인지 다량인지를 파악한다.
  ㉣ **측정 방법** : 원격 측정, 수동 측정, 자동 측정, 지시나 기록 등을 확인한다.
  ㉤ **측정기의 성능** : 측정 범위, 정밀도, 감도, 내구성 등을 파악한다.
  ㉥ **경제적 상황** : 원가, 관리비, 측정에 드는 비용 등을 파악한다.

(2) 측정 조건에 따른 정밀측정기 선정

1) 측정 범위
① 피측정값의 표준값 크기를 검토한다.
② 측정 범위의 적합성 여부를 검토한다.
③ 측정 조건에 따라서 자동 측정, 수동 측정, 편리성을 고려한다.

2) 정확도
① 측정 범위에 따라 요구 조건이 되는 정확도의 측정값을 고려한다.
② 표시 분해능의 최소, 최대 범위를 고려한다.

3) 안정도
① 최대 허용 주기의 적합성 여부를 검토한다.
② 측정기는 사용자가 부재중인 상태에서 동작 가능성을 고려한다.

4) 주위 환경
① 측정기가 사용될 장소는 온도와 습도가 적합하며, 전원 전압의 변동 폭은 얼마이며, 이 변화 폭이 측정치의 불확실성에 미치는 영향을 확인한다.
② 측정기가 사용될 장소의 충격 여부, 진동 여부 등을 확인한다.
③ 측정기의 크기와 중량은 얼마나 적합한가를 확인한다.
④ 수리 보수, 취급 시 어떻게 처리할 것인가를 확인한다.

5) 동작
① 자동, 수동, 원격 조정이 필요한가를 고려한다.
② 측정기는 측정물의 특수성에 따라 자동 측정할 수 있는가를 검토한다.
③ 측정기의 사용 중 정전의 경우 발생하는 문제점 해결 방안을 검토한다.
④ 측정기를 정상 작동 시 다른 보조 장비가 추가 여부를 면밀히 검토한다.

6) 신뢰성
① 동작 수명은 최소 몇 년 이상(유효 기간) 사용할 수 있는지 검토한다.
② 고장이 발생하면 어떤 영향을 미치는가를 고려한다.
③ 정상적인 동작을 위해 예비 수리 부속품의 종류와 수량을 검토한다.
④ 기기 이상 발생 시 경보 및 안전장치를 고려한다.

7) 기타
① 제품 사양 설명서에 명시된 기능 및 성능이 알기 쉽게 사용자에게 전달되고 있는지 여부를 면밀히 직접 확인한다.
② 측정기의 사후 관리 측면에서 제조자나 대리점의 사후 A/S 정비 능력을 고려한다.

(3) 측정기 선정
측정 대상물, 측정 환경, 측정 수량, 측정 방법, 측정기의 성능, 경제적 상황에 따라 측정기 선정 사용이 달라진다.

1) 측정 조건에 따른 정밀측정기 선정
① 측정 범위
② 피측정물 측정값의 최댓값과 최솟값의 크기를 검토한다.
③ 피측정물의 측정 범위의 적합성을 검토한다.
④ 측정 방법에 있어서 자동 측정, 수동 측정 적합성을 고려한다.

2) 정확도
① 측정 범위에 따라 요구 조건 정확도의 측정값을 고려한다.
② 표시 분해능의 최소 범위를 고려한다.

3) 안정도
① 최대 허용 주기의 적합성을 검토한다.
② 측정기는 사용자가 부재중인 상태에서 동작 가능성을 고려한다.

4) 주위 환경
① 측정기가 사용될 장소는 온도와 습도, 전원 전압의 변동 폭은 얼마이며, 이 변화 폭이 측정치의 정확도에 미치는 영향은 얼마인가를 고려하여 정한다.

4 측정 방법

측정의 종류는 직접 측정, 간접 측정, 비교 측정 등이 있다. 측정 방식은 편위법, 영위법, 치환법, 보상법 등으로 분류된다. 직접 비교 여부에 따라 직접 측정과 간접 측정이 사용되고, 길이, 각도, 형상 등과 같이 일정한 크기와 양을 피측정물과 비교하여 얼마만큼 포함되어 있는가를 파악하는 것이 간접 측정이다.

(1) 측정 방식

① 편위법(deflection method)
측정하려는 양의 크기에 의해 측정기의 지침에 편위를 일으켜 편위 눈금과 비교하는 방법이다. 조작이 간단하여 가장 널리 사용된다. 비교 측정치를 얻는 것으로 다이얼 게이지, 가동코일식 전압계, 전류계 등 일반계측기는 거의가 다 이 방식이다.

② 영위법(zero method or null method)
측정하려는 양과 같은 종류의 크기 기준을 준비하여 직접 측정량과 비교

하면서 균형을 맞추어 기준량으로 측정값을 구하는 방식으로, 정밀도를 높게 측정할 수 있다.
예 마이크로미터, 히스톤 브리지, 전위차계 등
[특징] 0위치로부터 불 평형을 검출하여 기준량에 피드백시켜 평행이 되도록 기준량의 크기를 조정하는 것

③ **보상법**(compensation method)
측정량을 기준량으로 뺀 후 나머지 값을 편위법으로 측정하는 방법이다. 오프셋(offset)을 하고 측정하는 것으로, 기준량으로부터 차이만을 측정하므로 상세한 측정값을 얻을 수 있다.

④ **치환법**(substitution method)
지시량의 크기를 미리 얻고, 동일한 측정기로부터 그 크기와 동일한 기준량을 얻어서 측정하거나, 기준량과 측정량을 측정한 결과로 측정값을 알아내는 방법이다.
치환법이란, 예를 들면 게이지 블록 등의 표준 게이지로 측정기와 피측정물의 위치, 고정 방법 등을 정한 후, 표준 게이지를 피측정물로 치환하는 방법이다.

(2) 측정 방법

1) 직접 측정

직접 측정은 측정기를 직접 제품에 접촉 또는 비접촉을 하는 방식으로 이루어지며, 직접 눈금을 읽음으로 측정값을 얻는 방법이다. 절대 측정이라고도 한다.

가) 다음은 직접 측정을 이용한 몇 가지 예이다.

① 자를 이용한 길이 측정
② 버니어 캘리퍼스를 이용한 길이 측정
③ 마이크로미터를 이용한 길이 측정
④ 베벨 각도기를 이용한 각도 측정

나) 직접 측정의 장단점은 다음과 같다.

① 측정 범위가 다른 방법에 비하여 넓다.
② 직접 피측정물의 실제 치수를 읽을 수 있다.
③ 수량이 적고 종류가 많은 측정에 유리하다.
④ 눈금 읽음의 시차가 생기기 쉽고 측정 시간이 많이 걸린다.
⑤ 정밀하게 측정하기 위해서는 숙련과 경험이 필요하다.

2) 간접 측정

측정물의 모양이 기하학적으로 복잡한 경우 측정 부위의 치수를 기하학적이나 수학적인 관계에서 얻을 수 있는 측정 방법으로 투영기에 의한 형상 측정, 삼침을 이용한 나사의 유효지름 측정, 사인 바와 인디케이터에 의한 각도 측정, 롤러와 게이지 블록에 의한 테이퍼 측정 등이 있다.

3) 비교 측정

기준이 되는 일정한 치수와 피측정물을 비교하여 그 측정치의 차이를 읽는 방법이다. 비교 측정기기에는 테스트 인디케이터, 다이얼 게이지, 실린더 게이지 등이 있다.

가) 비교 측정의 장단점은 다음과 같다.
① 높은 정밀도의 측정을 비교적 쉽게 할 수 있다.
② 치수가 고르지 못한 것을 계산하지 않고 알 수 있다.
③ 길이, 각종 모양, 공작기계의 정밀도 검사 등 사용 범위가 넓다.
④ 먼 곳에서 측정할 수 있고, 자동화에 도움을 줄 수 있다.
⑤ 히스테리시스(백래시) 오차가 적다.
⑥ 범위를 전기량으로 바꾸어서 측정할 수 있다.
⑦ 나이프 에지를 이용 1,000배 정도 확대 측정이 가능하다.
⑧ 측정 범위가 좁고, 직접 제품의 치수를 읽을 수 없다.
⑨ 기준 치수인 표준 게이지가 필요하다.

4) 절대 측정(Absolute Measurement)

정의에 따라서 결정된 양을 실현시키고, 그것을 사용하여 실시하는 측정이다. U자관 압력계-수은주 높이, 밀도, 중력가속도를 측정해서 종합적으로 압력의 측정값을 결정하는 것을 말한다.

2 정밀측정 준비

1 측정기 점검

(1) 측정기 점검 관리

산업현장의 작업공정 생산라인에서 사용하는 측정기는 시간의 경과, 사용 빈도, 작업장 여건, 등 여러 요인으로 정밀 정확도가 변할 수 있으므로,

일상적인 점검과 주기적인 교정을 통해 측정기를 유지·관리하는 것이 중요하다.

1) 일상 점검

측정기는 외관 점검, 영점 조정 등을 통해 일일 점검, 중간 점검, 일상 관리 점검 등을 요구하는 사항을 지속적으로 유지·관리하여야 한다.

① 측정기의 중간 점검

정밀도를 가진 측정기는 측정 오차 발생 요인을 예방하기 위해 중간 점검으로 관리 상태, 내구 성능, 사용상 부주의 등 요구되는 정밀 정확도를 지속적으로 유지·관리하기가 매우 어렵다.

이러한 이유로 측정기의 정기적인 교정 활동 이외에 일상적인 정도 점검 활동을 지속적으로 시행해야 한다. 또한, 측정기의 이상 발생 여부를 조기에 발견하여 문제점을 개선하고, 궁극적으로는 측정 데이터의 신뢰성을 확보하여야 한다.

② 측정기의 중간 점검 방법

㉠ 점검 주기

연간 일정에 따라 주기적으로 매주, 매월, 분기별로 시행한다.

㉡ 점검 방법

기준기(master gage, 표준물질 등) 및 표준 측정 시료를 이용하여 측정 데이터를 산출하고, 설정된 합부 판정 기준 및 관리도 등을 이용하여 측정 데이터의 변화량을 파악할 수 있다.

㉢ 시정 조치 방법

문제점이 발생하면 즉시 측정기 사용을 중단하고, 교정 관리부서 및 사외 국가교정기관에 교정을 의뢰한다.

2) 측정기 교정하는 목적

① 측정기의 정밀 정확도를 지속적으로 유지할 수 있다.
② 측정기의 사용 여부 및 제품의 합격 여부를 판단할 수 있다.
③ 부처별 소관 법령의 측정 소급성 확보 요구에 대응할 수 있다.
④ 각종 시스템 인증의 요구 사항을 만족할 수 있다.

3) 교정의 일반적인 사항

교정은 측정기 관리 주관 부서에서 체계적으로 시행한다. 교정의 종류는 정기 교정, 수시 교정 등으로 구분된다.

① 정기 교정
  ㉠ 정기 교정은 등록된 측정기를 검사 주기에 따라 주기적으로 교정을 시행하는 것을 말한다.
  ㉡ 측정기 사용 부서는 통보된 측정기 교정계획서의 일정에 따라 측정기를 교정관리 부서에 교정 의뢰한다.
  ㉢ [그림 1-56]의 교정 결과 합격된 측정기는 교정 유효식별표(스티커, 라벨)를 부착하여 사용 부서로 불출한다.

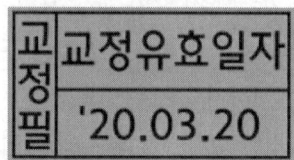

○ 그림 1-56 교정 유효 라벨 예시

  ㉣ 불합격 측정기는 교정 관리 부서에서 교정 결과를 사용 부서에 통보하여 조치하게 한다.
② 수시 교정
  ㉠ 사용 중인 측정기가 이상 요인(충격, 파손 등)으로 정밀 정확도가 의심스럽다고 판단되면 측정기 사용자는 교정 관리 부서에 신속히 교정을 의뢰해야 한다.
  ㉡ 측정기의 교정 결과가 양호한 상태이면 사용 부서에서 재사용하도록 측정기를 내주고, 불합격으로 판정되면 측정기를 수리 또는 폐기 처분하도록 사용 부서에 통보한다.
  ㉢ 하이트게이지는 스크라이버의 손상 여부, 측정자의 흔들림 상태를 확인한다.
  ㉣ 다이얼 게이지는 측정자 부분에 흔들림이 없는지를 확인해야 한다.

(2) 측정기의 0점 조정

1) 사용할 측정기의 상태 확인 사항

제품을 측정하기에 앞서 항상 사용할 측정기는 0점 상태를 먼저 주의 깊게 살핀 후 측정함에 이상이 없는지 판단하고 진행한다. 기본적으로 살펴볼 사항은 눈금의 마모로 인한 읽음 값을 판독함에 어려움은 없는지, 특정 부분만 지속적으로 사용하여 마모로 인한 오차가 발생하지는 않는지, 지나치게 과도한 측정 압력을 가하고 있지는 않은지의 여부를 확인하는 것이다.

2) 확인 결과에 따른 0점 조정

측정기의 영점 조정이 안 되어 있으면 영점 조정에 상당한 영향을 미치게 되므로, 미리 0점의 상태 및 올바른 조정 방법을 숙지하여 정확한 측정값을 얻도록 한다. 지침이나 측정값 표시 장치가 있는 비교 측정기는 측정 작업 전에는 반드시 측정기에 대한 영점 조정을 하여야 한다. 두께게이지, 피치게이지, 게이지 블록 등 단순 비교 측정기의 경우, 일상점검 및 정기적인 교정을 통해 측정기의 정밀도를 확보할 수 있어야 한다.

3) 강철 자의 0점 확인

강철 자는 0점 부위의 잦은 접촉과 사용으로 무뎌지기 쉽고, 찍힘에 의한 돌기 등으로 오차가 발생할 수 있으므로, 이를 먼저 확인하여 0점에 영향을 미치는 요소를 제거한 후 [그림 1-57]과 같이 게이지 블록 등을 이용하여 0점을 확인한다.

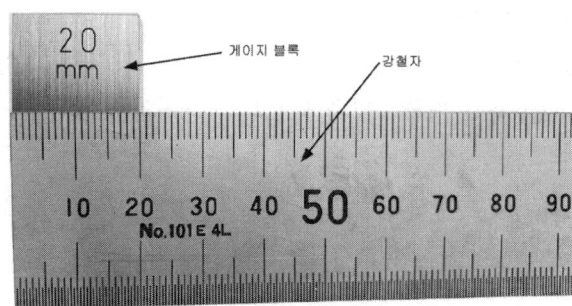

○ 그림 1-57 게이지 블록을 이용한 강철 자의 0점 확인 예시

4) 버니어 캘리퍼스의 0점을 설정

① 조의 상태가 양호한지 [그림 1-58]의 (a)와 같이 0점에 위치하도록 밀착해서 밝은 빛에서 서로 다른 조 사이로 고르게 미세한 빛이 들어오는지 확인한다.
② 깊이 바의 무딘 상태와 휨의 발생은 없는지 확인한다.
③ 슬라이드를 이송했을 때 지나치게 헐겁거나 빡빡한 느낌은 없는지 확인한다.
④ 0점에서 눈금 정확도를 확인한다.
　0점에 위치하였을 때 상태가 양호하면 [그림 1-58]의 (b)와 같이 게이지 블록을 이용하여 최소한 버니어 캘리퍼스의 처음, 중간, 끝부분에 해당하는 눈금의 정확도를 확인하고, 값에 차이가 나면 보정값을 적용하여 측정을 수행한다.

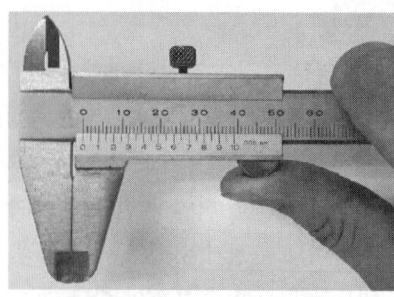 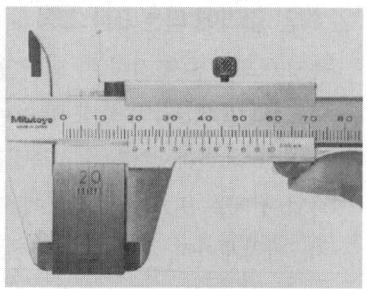

(a) 틈새 확인에 의한 0점 확인　　　(b) 게이지 블록을 이용한 정확도 확인

○ 그림 1-58 버니어 캘리퍼스의 0점 확인 및 정확도 확인 예시

5) 마이크로미터의 0점을 설정

마이크로미터의 종류에는 여러 가지가 있으며, 종류마다 0점을 설정하는 방법은 다음에 따른다.

가) 외측 마이크로미터(0~25mm)

0~25mm의 측정 범위를 갖는 외측 마이크로미터의 0점 조정 방법은 앤빌과 스핀들 면을 깨끗이 닦은 후 [그림 1-59]와 같이 래칫 스톱을 회전시켜 서로 접촉되면 가볍고 일정하게 "따르륵" 소리가 3회 정도 나도록 돌려 0점의 눈금을 확인한다. 딤블의 0선과 슬리브의 기준선이 완전히 일치하지 않는 경우 다음과 같이 조치한다.

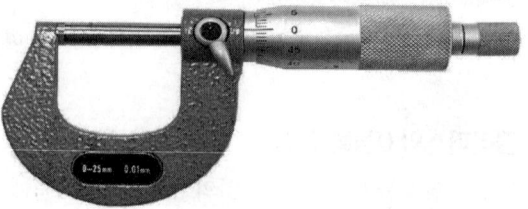

○ 그림 1-59 외측 마이크로미터 0점 설정 예시

① 0점 오차가 약 ±0.01mm 이내일 때(슬리브에 의한 0점 조정)

측정기 구입 시 부품으로 제공되는 [그림 1-60]과 같은 키 렌치를 슬리브의 인덱스라인의 반대쪽에 있는 슬리브 구멍에 삽입하고, 슬리브를 돌려 0점 눈금 라인과 정렬한다.

○ 그림 1-60 키 렌치

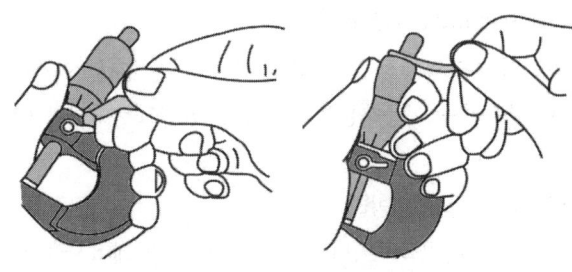

(a) 오차가 약 ±0.01mm 이내일 때   (b) 오차가 약 ±0.01mm 이상일 때

○ 그림 1-61 마이크로미터의 영점 조정 예시

② 0점 오차가 약 ±0.01mm 이상일 때(딤블에 의한 0점 조정)
  ㉠ [그림 1-60]의 키 렌치를 사용하여 [그림 1-61]의 (b)와 같이 래칫 스톱을 푼다.
  ㉡ 딤블을 바깥쪽(래칫스톱 방향)으로 눌러 자유롭게 움직이게 한다.
  ㉢ 딤블의 영점 눈금 라인을 슬리브 인덱스 라인과 정렬시킨다.
  ㉣ 딤블을 안정시키기 위하여 키 렌치를 사용하여 래칫 스톱을 꽉 조여 원래 위치에 고정한다.
  ㉤ 만약 0점이 완벽하게 조정되지 않을 때는 ①방법에 따라 미세 조정을 한다.

나) 외측 마이크로미터(25mm 이상)

25~50mm, 50~75mm, 75~100mm 등 외측 마이크로미터의 0점 확인은 게이지 블록이나 외측 마이크로미터 전용 기준 게이지를 이용하여 확인한다. [그림 1-62]와 같이 앤빌과 스핀들 면에 게이지 블록 또는 기준 게이지를 이용하여 0점을 점검한 후, 딤블의 0선과 슬리브의 기준선이 완전히 일치하지 않으면 외측 마이크로미터 0~25mm의 조정 방법에 따라 조치한다.

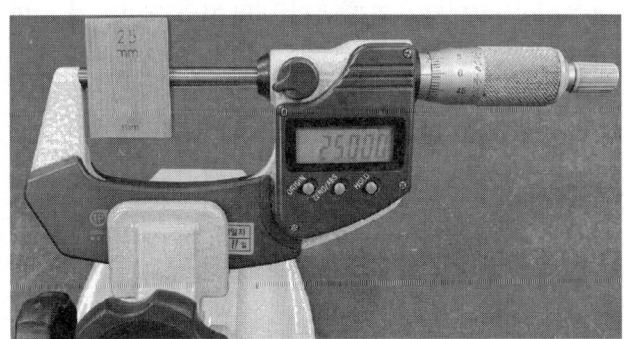

○ 그림 1-62 외측 마이크로미터(25mm 이상) 0점 설정 예시

다) 내측 마이크로미터(5~25mm)

내측 마이크로미터의 0점 조정 방법에는 링 게이지를 이용하는 방법, 게이지 블록 부속품을 이용하는 방법, 외측 마이크로미터를 이용하는 방법 등이 있다.

① 링 게이지를 이용하는 방법
  ㉠ 사용할 내측 마이크로미터의 규격에 맞는 링 게이지를 선택한다.
  ㉡ 내측 마이크로미터의 조(jaw)를 선택한 링 게이지에 삽입시킨다.
  ㉢ [그림 1-63]과 같이 내측 마이크로미터의 조가 링 게이지의 양 끝 최대 지점에 잘 접촉되도록 한다.
  ㉣ 삽입했던 내측 마이크로미터를 조심스럽게 빼내어 눈금을 확인한다.
  ㉤ 눈금이 서로 일치하지 않으면 고정 클램프를 잠근다.
  ㉥ 링 게이지의 치수와 맞도록 키 렌치를 이용하여 눈금 선을 일치시킨다.

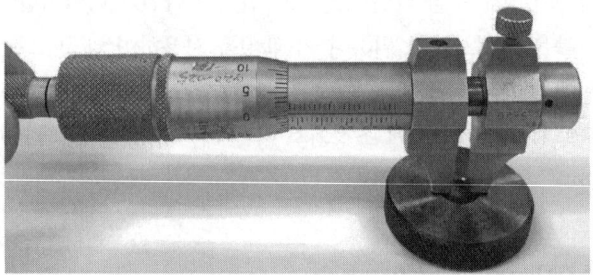

○ 그림 1-63 내측 마이크로미터의 링 게이지를 이용한 0점 설정 예시

② 게이지 블록 액세서리 또는 홀더를 이용하는 방법
  ㉠ 사용할 내측 마이크로미터의 규격에 맞는 게이지 블록을 선택하여 조합한다.
  ㉡ 홀더 내에 조합한 게이지 블록을 조심스럽게 삽입한다.
  ㉢ 게이지 블록의 양 끝 면에 보조 게이지 블록을 삽입하여 홀더를 잠근다.
  ㉣ 내측 마이크로미터의 조를 홀더 내의 보조 게이지 블록 면에 접촉시키되, 접촉면이 최단 거리가 되는 지점을 찾도록 한다.
  ㉤ 삽입했던 내측 마이크로미터를 제거하여 눈금을 확인한다.
  ㉥ 눈금 선이 서로 일치하지 않으면 키 렌치를 이용하여 0점을 조정한다.

③ 외측 마이크로미터를 이용하는 방법
  ㉠ 사용할 내측 마이크로미터에 해당하는 치수의 게이지 블록을 선택한다.
  ㉡ 외측 마이크로미터를 마이크로미터 스탠드에 고정한다.
  ㉢ 선택한 게이지 블록을 외측 마이크로미터의 앤빌과 스핀들 면에 삽입하여 접촉시킨다.

ⓔ 삽입했던 게이지 블록을 제거한다.
ⓑ 내측 마이크로미터의 조를 외측 마이크로미터의 앤빌과 스핀들 면에 삽입하여 접촉시킨다.
ⓗ 삽입했던 내측 마이크로미터를 제거한 후 눈금을 확인한다.
ⓢ 내측 마이크로미터의 눈금이 일치하지 않으면 키 렌치를 이용하여 0점 조정한다.

라) 깊이 마이크로미터(25~50mm)

0~25mm의 깊이 마이크로미터는 정반을 기준으로 정반 면에 접촉시킨 후 0점을 점검하고, 0점 조정이 필요한 경우 외측 마이크로미터(0~25mm)의 방법을 참조하여 조정하면 된다. 25mm 이상의 깊이 마이크로미터는 [그림 1-64]와 같이 동일한 게이지 블록의 양쪽에 설치하여 0점을 점검하여 0점 조정이 필요한 경우 같은 방법으로 조정한다. 이때 정반 바닥면에 접촉된 깊이 마이크로미터의 스핀들이 들뜨지 않게 손가락으로 양 베이스 면을 단단히 잡은 상태에서 래칫 스톱을 돌려 0점을 점검한다.

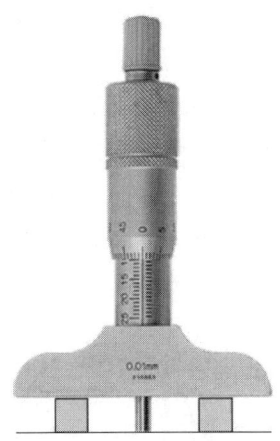

◎ 그림 1-64 외측 마이크로미터(25mm 이상) 0점 설정 예시

6) 다이얼 게이지의 0점 세팅

① 바늘과 측정자의 움직임이 부드러운지 확인한다.
② 측정자를 움직였다가 놓으면 바늘이 원래 위치와 같은 지점으로 복귀하는지 확인한다.
③ 아날로그 다이얼 게이지의 경우, [그림 1-65]와 같이 다이얼 게이지의 회전 눈금판을 회전시켜 눈금판의 0점이 큰 바늘 끝을 가리키도록 하여 0점을 조정한다. 디지털 다이얼 게이지의 경우는 0점 세팅 버튼을

누르면 현재의 상태가 0점으로 설정된다. 다이얼 게이지의 0점 조정은 일반적으로 측정 기준 치수에서 맞춘다.

○ 그림 1-65 다이얼 게이지 0점 조정 예시

7) 인디케이터의 0점 세팅

① 바늘과 측정자의 움직임이 부드러운지 확인한다.
② 측정자를 움직였다가 놓으면 바늘이 원래 위치의 같은 지점으로 복귀하는지 확인한다.
③ 회전 눈금판(베젤)을 돌려 0점을 조정한다.
  아날로그 인디케이터의 경우 [그림 1-66]과 같이 인디케이터의 회전 눈금판을 돌려서 눈금판의 0점이 큰 바늘 끝을 가리키도록 하여 0점을 조정한다. 인디케이터의 0점 조정은 일반적으로 측정 기준 치수에서 맞춘다.

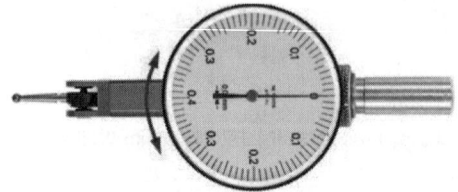

○ 그림 1-66 인디케이터의 0점 조정 예시

8) 실린더 게이지의 0점 세팅

① 바늘과 측정자의 움직임이 부드러운지 확인한다.
② 측정자를 움직였다가 놓으면 바늘이 원래 위치의 같은 지점으로 복귀하는지 확인한다.

③ 측정하고자 하는 측정 범위에 알맞은 교환용 로드를 조합하여 교환용 로드 부착 나사를 조인다.
④ 지시기의 눈금판을 돌려서 0점을 맞춘다.
[그림 1-67]과 같이 준비한 측정기(링 게이지, 마이크로미터 등)에 기준 치수를 맞춘 후 외경 마이크로미터(Micrometer)를 활용하여 실린더 게이지의 앤빌과 측정자를 접촉하여 가장 작은 값에서 지시기의 눈금판을 돌려서 0점을 맞춘다.

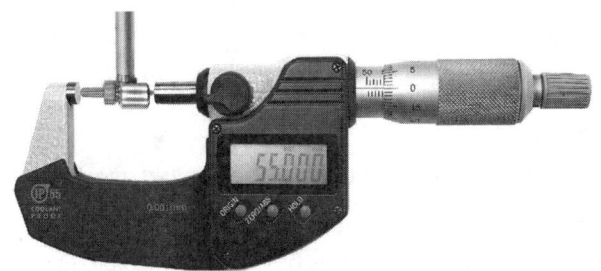

○ 그림 1-67 마이크로미터를 이용한 0점 세팅 예시

❷ 측정 환경 조성

(1) 측정 환경

정밀측정기를 설치하는 환경은 측정값의 신뢰성에 큰 영향을 미치게 되는데, 측정기의 성능을 충분히 발휘하려면 측정 실내의 온도, 습도, 조명 등을 관리해야 한다.

① 표준 온도 : 20±2℃
온도 변화에 따른 열팽창계수만큼 측정 대상품의 정밀도 편차가 발생하게 된다.

② 습도 : 60±5%
습도가 높으면 부식이나 녹 발생이 쉽고, 장비의 오작동으로 고장 발생률이 높으며, 부품의 노후화로 장비의 내구성이 떨어지므로 수명이 단축된다. 공기 중에 습기가 많으면 가습기를 설치해서 사용하는 것이 좋다.

③ 진동 : 50Hz 이하
측정 장비 설치는 진동이 있는 장소와 격리되어야 하며, 측정기가 충격을 받지 않도록 유지·관리되어야 한다.

(2) 환경 오차

측정기는 측정 표준 온도의 편차, 열팽창, 진동, 먼지, 소음, 조명 등의 요인으로 환경 오차가 발생한다.

1) 오차의 정의

정확한 측정기를 가지고 주의 깊게 측정하더라도 측정자의 판단력 한계와 기기가 완벽하지 못하여 절대적으로 정확한 측정값을 얻기는 어렵고, 참값과는 약간의 차이가 있다.

① 절대 오차

측정값과 참값과의 차이며, 오차는 측정값-참값이다.

② 상대 오차

오차와 참값 또는 측정값의 비율이며, 오차, 참값 또는 측정값이다.

③ 계통 오차

측정 조건이 동일한 환경에서 측정값이 일정한 영향을 받는 원인으로 생기는 오차이다. 항상 같은 크기와 부호를 가진다. 원인 규명이 가능한 측정기, 측정물의 불완전성, 측정 방법과 환경의 영향으로 생기는 오차이다.

㉠ 기기 오차

측정기의 구조상 오차와 사용 제한 등으로 생기는 오차이다. 측정기 부품의 마모, 눈금의 부정확성, 지시 변화에 의한 오차 등으로 영점 재조정 혹은 표준기 등을 사용하여 측정기가 지시하는 값과 참값과의 관계를 구한다.

㉡ 환경 오차

온도, 조명의 변화, 습도, 소음, 진동 등의 측정 환경의 변화로 발생하는 오차이다.

㉢ 개인 오차

측정자의 심리 상태, 개인 습관, 숙련도 등으로 발생하는 오차이다.

㉣ 이론 오차

공식의 오차나 근사적인 계산 등에 의한 오차이다.

④ 과실 오차

측정자의 부주의로 발생하는 오차이다.

⑤ 우연 오차

측정자와 관계없이 우연하고도 필연적으로 생기는 오차로, 원인 분석이 불가능한 경우에 나타난다. 측정 횟수를 늘리게 되면 정(+)과 부(-)의 우연 오차가 거의 비슷해져 전체 합에 의해 상쇄된다.

예상문제

01 측정의 목적으로 볼 수 없는 것은?
① 동일 부품은 다른 제작자, 다른 시점에 제작된 것이라도 호환성을 갖게 한다.
② 성능과 품질의 우수성이 확보되어 제품 수명을 길게 한다.
③ 국제 표준 규격화와 호환성으로 수출을 할 수 있다.
④ 우수한 공작기계, 치구 및 공구, 적절한 측정기 및 측정 방법이 필요하며, 단위는 의미가 없다.

해설
우수한 공작기계, 치구 및 공구, 적절한 측정기 및 측정 방법이 필요하며, 단위 통일이 필요하다.

02 측정 대상물의 특성으로 볼 수 없는 것은?
① 제품의 가격   ② 제품의 수량
③ 제품의 재질   ④ 측정기의 성능

해설
제품의 형상

03 그림과 같이 마이크로미터 고정 장치 사용 용도가 아닌 것은?

① 핀이나 작은 측정물을 측정하는 데 사용
② 실린더 게이지의 영점을 맞추거나 확인 시 사용
③ 마이크로미터의 평면도와 평행도를 교정할 때 사용
④ 다이얼 게이지의 영점을 맞추거나 확인 시 사용

04 HM형 높이 게이지를 사용하여 공작물의 평면도를 검사하려고 한다. 필요한 어태치먼트는 어느 것인가?
① 오프셋형 스크라이퍼
② 깊이 바아
③ 게이지 블록
④ 다이얼 게이지

해설
HM형 높이 게이지를 사용하여 공작물의 평면도를 검사하는 어태치먼트는 다이얼 게이지다.

05 제품이 크기가 비교적 작고, 수량이 많은 제품의 높이, 단차, 폭, 길이 등을 비교하고 측정하는 데 사용하는 측정 보조 기구는?
① 다이얼 게이지 스탠드
② 마그네틱 스탠드
③ 하이트 게이지
④ 높이 게이지

[정답] 01 ④ 02 ① 03 ④ 04 ④ 05 ①

06 장비의 베드 면에 직접 부착하여 공작물의 흔들림 등을 측정하는 보조 기구는?

① 게이지 블록 스탠드
② 마그네틱 스탠드
③ 하이트 게이지 스탠드
④ 높이 게이지 스탠드

07 하이트 게이지는 다음과 같은 것들의 조합이다. 관계가 없는 것은?

① 스케일(scale)
② 베이스(base)
③ 스퀘어(square)
④ 서피스 게이지(surface gauge)

08 게이지 블록 부속품이 아닌 것은?

① 둥근형 조(jaw)와 평행 조(jaw)
② 스크라이버 포인트(scriber point)
③ 홀더(holder)
④ 센터 게이지(center gauge)

해설
게이지 블록 부속품
① 둥근형 조(jaw)와 평행 조(jaw)
② 스크라이버 포인트(scriber point)
③ 홀더(holder)
④ 센터 포인트(center point)
⑤ 베이스 블록(base block)
⑥ 삼각 스트레이트 에지(triangle straight edge)

09 게이지 블록의 부속 부품이 아닌 것은?

① 홀더
② 스크레이퍼
③ 스크라이버 포인트
④ 베이스 블록

해설
스크레이퍼 : 기계 가공한 면을 다시 정밀하게 가공하는 작업을 스크레이핑이라고 하며, 이때 사용하는 공구를 스크레이퍼라 한다. 공작기계의 베드, 미끄럼면, 측정용 정밀정반 등의 최종 마무리 가공에 사용된다.

10 내측 및 외측을 측정할 때 사용하는 게이지 블록 부속품은?

① 둥근형 조(jaw)와 평행 조(jaw)
② 스크라이버 포인트(scriber point)
③ 베이스 블록(base block)
④ 센터 포인트(center point)

11 실린더 게이지, 버니어 캘리퍼스, 마이크로미터를 교정할 때 사용하는 게이지 블록 부속품은?

① 홀더(holder)
② 스크라이버 포인트(scriber point)
③ 베이스 블록(base block)
④ 센터 포인트(center point)

12 측정하려는 면에 대고 반대쪽에서 새어 나오는 빛으로 틈새를 판단하여 면의 진직도와 평면도를 검사하는 데 사용하는 게이지 블록 부속품은?

① 삼각 스트레이트 에지(triangle straight edge)
② 스크라이버 포인트(scriber point)
③ 베이스 블록(base block)
④ 센터 포인트(center point)

[정답] 06 ② 07 ④ 08 ④ 09 ② 10 ① 11 ① 12 ④

13 측정 제품 형상의 특성을 고려하여 원형 제품의 고정이나 원주 흔들림 등과 같이 비교적 간단한 측정이나 고정할 때 선정하는 장치는?

① 게이지 블록 고정 장치
② V-블록과 고정 장치
③ 표면 거칠기 고정 장치
④ 형상 측정기의 제품 고정 장치

14 미세 이송 및 각도를 조정할 수 있는 정밀 바이스를 측정 보조 도구로 선정하여 사용하는 장치는?

① 게이지 블록 고정 장치
② V-블록과 고정 장치
③ 표면 거칠기 고정 장치
④ 형상 측정기의 제품 고정 장치

15 미세 조정 핸들 등이 부착된 하이트 게이지 또는 전용 거치대를 측정 보조 도구로 선정하여 사용하는 장치는?

① 게이지 블록 고정 장치
② V-블록과 고정 장치
③ 표면 거칠기 고정 장치
④ 형상 측정기의 제품 고정 장치

16 다음 측정기를 선택하는 기준 중 거리가 가장 먼 것은?

① 공차의 크기
② 측정할 물체의 수량
③ 측정 한계
④ 측정물의 경도

해설
측정기의 선택 시 고려사항
① 제품 공차
  제품 공차의 1/10보다 높은 정도의 측정기를 선정한다.
② 제품의 수량
  수량이 많은 경우 비교 측정 및 한계 게이지로 측정하는 방법을 선정한다.
③ 측정 대상물의 재질
  측정물이 금속이 아니고 고무, 종이, 합성수지 등과 같이 연질인 경우에는 측정 압력으로 변형이 발생할 수 있으므로, 비접촉식 측정기를 선정한다.
④ 측정기 성능
  측정 범위, 정밀도, 감도, 내구성 등을 고려하여 선정한다.
⑤ 측정 방법
  측정 제품의 수량 등을 고려하여 원격 측정, 자동 측정, 기록 등의 방법을 선정한다.

17 측정기에서 읽을 수 있는 측정값의 범위를 무엇이라 하는가?

① 지시 범위
② 지시 한계
③ 측정 범위
④ 측정 한계

해설
지시 범위와 측정 범위
① 지시 범위 : 눈금 위에서 읽을 수 있는 범위라서, 반드시 0에서 시작될 필요가 없다.
  마이크로미터는 25mm이며 다이얼 게이지는 5mm, 10mm이다.
② 측정 범위 : 실제 측정이 가능한 범위, 즉 측정기에서 읽을 수 있는 측정값의 범위를 말한다.

18 길이 측정의 경우 측정 오차를 피할 수 있는 사용방법은?

① 치환법   ② 편위법
③ 영위법   ④ 보상법

[정답] 13 ② 14 ④ 15 ③ 16 ④ 17 ① 18 ①

> **해설**
> ① 치환법 : 길이 측정의 경우 치환법을 사용하면 측정 오차를 피할 수 있는 방법이 된다.
> ② 편위법 : 정밀도를 높이기에는 곤란하지만, 조작이 간단하므로 널리 쓰이고 있다.
> ③ 영위법 : 기준량을 준비하여 측정량에 평행시켜 계측기의 지시가 0 위치를 나타낼 때의 크기로부터 측정량의 크기를 간접으로 아는 방식이다.
> ④ 보상법 : 측정량과 크기가 거의 같은 미리 알고 있는 양의 분동을 준비하여, 분동과 측정량의 차이로부터 알아내는 방법을 보상법이라 한다.

19 다이얼 게이지에 의한 측정은 다음 중 어느 계측법에 속하는가?
① 영위법   ② 편위법
③ 보상법   ④ 치환법

> **해설**
> **편위법**
> 측정하려고 하는 양의 작용에 의하여 계측기의 지침에 편위를 일으켜 이 편위를 눈금과 비교함으로써 측정을 행하는 방식이다. 편위법은 정밀도를 높이기에는 곤란하지만 조작이 간단하므로 널리 쓰이고 있다. 비교 측정치를 얻는 것으로 다이얼 게이지, 가동코일식 전압계, 전류계 등 일반계측기는 거의 다 이 방식이다.

20 마이크로미터는 어떤 측정 방식에 속하는가?
① 영위법   ② 진위법
③ 회의법   ④ 진행법

> **해설**
> 영위법 : 기준량을 준비하여 측정량에 평행시켜 계측기의 지시가 0위치를 나타낼 때의 크기로부터 측정량의 크기를 간접으로 아는 방식이다.
> 예 마이크로미터, 휘스톤 브리지, 전위차계 등
> [특징] 0 위치로부터 불 평형을 검출하여 기준량에 피드백시켜 평행이 되도록 기준량의 크기를 조정하는 것

21 비교 측정하는 방식의 측정기는?
① 측장기
② 마이크로미터
③ 다이얼 게이지
④ 버니어 캘리퍼스

> **해설**
> 다이얼 게이지는 길이의 비교 측정에 사용되며 평면이나 원통형의 평활도, 원통의 진원도, 축의 흔들림 정도 등의 검사나 측정에 쓰이고 시계형, 부채꼴형 등이 있다.

22 직접 측정의 설명으로 틀린 것은?
① 측정물의 실제 치수를 직접 읽을 수 있다.
② 측정기의 측정 범위가 다른 측정법에 비하여 넓다.
③ 게이지 블록을 기준으로 피측정물을 측정한다.
④ 수량이 적고, 많은 종류의 제품 측정에 적합하다.

> **해설**
> 직접 측정 : 일정한 길이나 각도로 표시되어 있는 측정기를 사용하여 피측정물에 직접 접촉하여 눈금을 읽는 방식(절대 측정)
> 장점 및 단점은 다음과 같다.
> ① 측정 범위가 다른 측정 방법보다 넓다.
> ② 피측정물의 실제 치수를 직접 읽을 수 있다.
> ③ 양이 적고 종류가 많은 제품을 측정하기에 적합하다. (다품종 소량 생산)
> ④ 눈금을 잘못 읽기 쉽고, 측정 시 시간이 많이 걸린다.
> ⑤ 측정기가 정밀할 때는 측정 시 많은 숙련과 경험이 필요하다.

[정답] 19 ② 20 ① 21 ③ 22 ③

23 직접 측정의 장점에 해당되지 않는 것은?

① 측정기의 측정 범위가 다른 측정법에 비하여 넓다.
② 측정물의 실제 치수를 직접 읽을 수 있다.
③ 수량이 적고, 많은 종류의 제품 측정에 적합하다.
④ 측정자의 숙련과 경험이 필요 없다.

해설
직접 측정의 단점
① 눈금을 잘못 읽기 쉽고, 측정 시 시간이 많이 걸린다.
② 측정기가 정밀할 때는 측정 시 많은 숙련과 경험이 필요하다.

24 직접 측정용 길이 측정기가 아닌 것은?

① 강철자   ② 사인 바
③ 마이크로미터   ④ 버니어 캘리퍼스

해설
직접 측정 : 일정한 길이나 각도로 표시되어 있는 측정기를 사용하여 피측정물에 직접 접촉하여 눈금을 읽는 방식

25 비교 측정에 사용되는 측정기가 아닌 것은?

① 다이얼 게이지
② 버니어 캘리퍼스
③ 공기 마이크로미터
④ 전기 마이크로미터

해설
버니어 캘리퍼스는 직접 측정으로 외경, 내경, 깊이, 단차 및 길이를 측정하는 것으로 미터식에서는 1/20mm, 1/50mm까지 읽을 수 있다. 종류로는 미동장치가 없는 M1형(0.05mm) 및 미동장치가 있는 M2형(1/20mm까지 측정)과 CB형 및 CM형(1/20mm까지 측정) 4가지가 있다.

26 비교 측정의 장점이 아닌 것은?

① 측정 범위가 넓고 표준 게이지가 필요 없다.
② 제품의 치수가 고르지 못한 것을 계산하지 않고 알 수 있다.
③ 길이, 면의 각종 형상 측정, 공작기계의 정밀도 검사 등 사용 범위가 넓다.
④ 높은 정밀도의 측정이 비교적 용이하다.

해설
• 비교 측정(Relative Measurement)
기준이 되는 일정한 치수와 피측정물을 비교하여 그 측정치의 차이를 읽는 방법으로 비교 측정은 다이얼 게이지, 미니미터, 공기 마이크로미터(공기의 흐름을 확대 기구를 이용하여 길이를 측정하는 방식), 전기 마이크로미터 등이 있다. 단점은 측정 범위가 좁고, 직접 제품의 치수를 읽을 수 없으며, 기준 치수인 표준 게이지가 필요하다는 점이다.

27 버니어 캘리퍼스의 0점을 설정하는 방법으로 틀린 것은?

① 조의 상태가 양호한지 0점에 위치하도록 밀착해서 밝은 빛에서 서로 다른 조 사이로 고르게 미세한 빛이 들어오는지 확인한다.
② 깊이 바의 무딘 상태와 휨의 발생은 없는지 확인한다.
③ 슬라이드를 이송했을 때 빡빡하도록 조정한다.
④ 0점에서 눈금 정확도를 확인한다.

해설
슬라이드를 이송했을 때 지나치게 헐겁거나 빡빡한 느낌은 없는지 확인한다.

[정답] 23 ④ 24 ② 25 ② 26 ① 27 ③

28 마이크로미터에서 0점 오차가 약 ±0.01mm 이내일 때 조정 방법은?

① 슬리브
② 딤블
③ 링 게이지
④ 게이지 블록

> **해설**
> ① 0점 오차가 약 ±0.01mm 이내일 때(슬리브에 의한 0점 조정)
> ② 0점 오차가 약 ±0.01mm 이상일 때(딤블에 의한 0점 조정)

29 내측 마이크로미터의 0점 조정 방법이 아닌 것은?

① 링 게이지를 이용하는 방법
② 게이지 블록 부속품을 이용하는 방법
③ 외측 마이크로미터를 이용하는 방법
④ 버니어 캘리퍼스를 이용하는 방법

> **해설**
> 내측 마이크로미터의 0점 조정 방법에는 링 게이지를 이용하는 방법, 게이지 블록 부속품을 이용하는 방법, 외측 마이크로미터를 이용하는 방법 등이 있다.

30 정반을 기준으로 정반 면에 접촉시킨 후 0점을 점검하는 마이크로미터는?

① 깊이 마이크로미터
② 외경 마이크로미터
③ 나사 마이크로미터
④ 디스크 마이크로미터

31 마이크로미터 0점 조정 시 슬리브의 기선과 딤블의 눈금이 하나 이하의 차이가 있을 때는 무엇을 돌려 수정해야 하는가?

① 슬리브
② 딤블
③ 래칫스톱
④ 클램프

32 회전 눈금판(베젤)을 돌려 0점을 조정하는 측정기는?

① 마이크로미터
② 인디케이터
③ 버니어 캘리퍼스
④ 하이트 게이지

33 준비한 측정기(링 게이지, 마이크로미터 등)에 기준 치수를 맞춘 후 외경 마이크로미터(Micrometer)를 활용하여 0점을 조정하는 측정기는?

① 마이크로미터
② 인디케이터
③ 실린더 게이지
④ 하이트 게이지

34 측정기, 피측정물, 자연환경 등 측정자가 파악할 수 없는 변화에 의하여 발생하는 오차는?

① 시차
② 우연 오차
③ 계통 오차
④ 후퇴 오차

> **해설**
> ① 시차 : 측정자의 부주의, 즉 읽음에 있어서 시선의 방향에 따라 생기는 오차이다.
> ② 우연 오차 : 측정기, 측정물 및 환경 등의 원인을 파악할 수 없어 측정자가 보정할 수 없는 오차이다. 이럴 경우에는 여러 번 반복 측정하여 그 평균값을 구하는 것이 좋다.
> ③ 계통 오차 : 측정기로 동일한 측정 조건하에서 피측정물을 측정할 때에 같은 크기와 부호가 발생되는 오차로서 이는 보정하여 측정값을 수정할 수 있다.
> ④ 후퇴 오차 : 주위 환경이 변화되지 않는 상태에서 읽음 값에 대해서 지침의 측정량이 증가하는 상태에서의 읽음 값과 감소상태에서의 읽음 값의 차

[정답] 28 ① 29 ④ 30 ① 31 ① 32 ② 33 ③ 34 ②

③ 정밀측정

❶ 측정기 사용법

(1) 측정 오차

1) 오차와 보정 값

측정할 때 제품은 절삭가공으로 결정된 값을 가지는데, 이 값을 참값이라고 한다. 측정값은 환경 조건, 측정기기의 오차 등 여러 가지 이유로 참값을 구현하는 것은 현실적으로 불가능에 가깝다고 보는 것이 좋다. 측정값과 참값과의 차를 오차(error)라고 하고, 보정 값은 오차의 역수가 되는 것으로 다음과 같이 나타낸다.

① 오차 = 측정값 – 참값
② 보정 값 = 참값 – 측정값
③ 오차율 = $\dfrac{오차}{참값} \times 100(\%)$

2) 오차의 원인

① 측정기에 의한 오차
  지시의 흐트러짐(흔들림 오차, 되돌림 오차, 반복 오차), 지시 오차, 직선성과 같은 측정기 고유의 요인으로 발생하는 오차이다.

② 사람에 의한 오차
  측정 시 측정자의 자세에 의한 눈금 읽음, 측정 결과의 기록 오류와 같이 사람의 습관, 심리적인 요인 등으로 발생하는 오차이다.

③ 환경에 의한 오차
  측정 장소 주변 환경(온도, 먼지, 진동 등), 측정기의 측정 압력, 측정기나 소재의 탄성 변형, 측정 방법 등으로 발생하는 오차이다.

④ 복잡한 요소가 중복된 오차
  여러 가지 원인(온도, 기압, 습도, 진동, 측정하는 사람의 심리적 요소 등)이 서로 독립적으로 불규칙하게 작용하여 발생하는 것으로, 원인을 규명하기 어려운 오차이다.

3) 오차의 종류

① 개인 오차
  측정 시 눈금을 읽을 때 측정자의 습관으로 발생하는 오차로, 측정자에

따라서 한 눈금 사이를 읽을 때 실제보다 크게 또는 작게 읽는 경우이다. 이러한 오차는 반복 숙련으로 최소화할 수 있다.

② 기기 오차

측정기의 구조상에서 일어나는 오차로서 아무리 정밀하게 제작한 기기라도 다소의 오차는 발생한다. 측정기의 구조상 오차가 발생하거나 측정기 0점 조정 및 교정의 잘못으로 인하여 발생하는 오차로서, 정확하게 교정하여 사용함으로써 오차를 줄일 수 있다.

㉠ 소중히 취급하며 가장 좋은 상태를 유지한다.
㉡ 정도 파악 및 치수 정도에 적합한 측정기를 선택한다.
㉢ 반복 측정 시 산포 값은 최대와 최소의 평균값을 오차로 한 보정을 해 준다.

　㉣ 눈금 또는 피치의 불균일 또는 마찰, 측정압 등의 변화나 기계 각부의 조정이 잘 이루어지지 않아 일어난다. 온도 20℃, 기압 760mmHg, 습도 58%인 최적의 환경에서 이루어져야 하지만, 실제로 측정할 때는 환경 차이 때문에 생기는 계기 오차로서, 10의 치수를 몇 번 반복하여 측정해도 9.9 또는 10.1과 같이 표시되는 것을 기차라 하고, 다음 식으로 구한 값을 보정 값이라 한다. (보정 값 = 측정값 − 기차)

③ 환경 오차

실내 온도나 채광의 변화가 영향을 주어 일어나는 오차이다. 따라서 실내 온도나 조명법을 충분히 고려하여 이들 조건을 항상 일정하게 하여 측정치에 대한 영향을 피하도록 하여야 한다.

④ 우연 오차

잘못을 없애고, 계통적오차를 보정하여도 여전히 측정값에는 산포가 따르는 것이 보통이다. 이것은 복잡한 요소가 중복된 것으로, 보정할 수 없는 것이 보통이다. 우연 오차는 측정 횟수가 매우 많아지면 다음과 같은 특성이 나타난다.

㉠ 작은 오차는 큰 오차보다 많이 나온다.
㉡ 같은 크기의 음(−), 양(+)의 오차는 같은 횟수로 나온다.
㉢ 매우 큰 오차는 나오지 않는다.

4) 오차 요인

가) 환경 오차 요인

① 측정에 적합한 장소를 선정한다.
　㉠ 표준 환경 조건에서 온도, 조도 및 먼지 등이 일정하게 관리되는 장소에서 측정을 시행한다.

ⓒ 측정물과 측정기가 열평형을 이루게 하여 측정한다.
ⓒ 급격한 온도 변화가 없는 장소에서 측정한다.
② 측정기 취급사항을 준수한다.
㉠ 측정기 취급 시 체온에 의한 열전달을 방지하기 위해 장갑을 착용한다.
㉡ 직접 접촉에 의한 열팽창을 방지하기 위해 마이크로미터 스탠드와 같은 측정기 고정 장치를 사용한다.
㉢ 측정기 취급 시 체온에 의한 오차를 방지하기 위해 방열 커버가 있는 측정기를 사용한다.
③ 측정기 선정 시 다음 사항을 고려한다.
측정기 선택 시 [그림 1-68]과 같은 방열 커버가 있는 것을 선정한다.

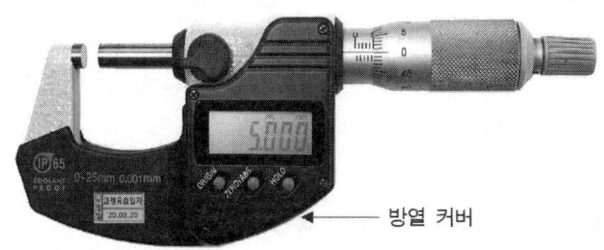

○ 그림 1-68 방열 커버가 부착된 측정기

나) 변형에 의한 오차 요인

가늘고 긴 모양의 피측정물을 정반 위에 놓으면 접촉하는 면의 형상 오차 때문에 불규칙한 변형이 생기므로, 보통 2점에서 지지한다. 이때 긴 물체는 자중 때문에 휨이 생기고 정확한 치수 측정이 불가능하다. 따라서 각 지점의 지지 위치에 따라 모양이 각각 달라지므로, 사용 목적에 따라 가장 적합한 것을 선택하여야 한다.

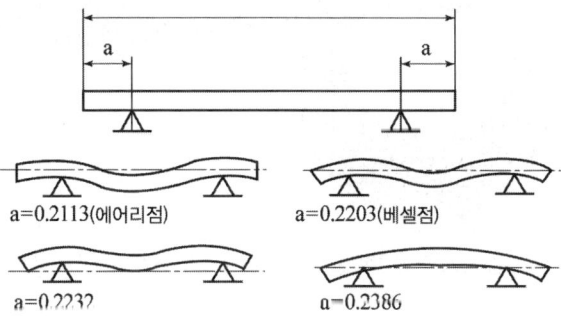

○ 그림 1-69 지지점과 처짐

① (a = 0.2113L) 에어리점(Airy Point)

눈금이 중립면에 없는 경우 및 게이지 블록과 단도기를 수평으로 지지할 때 사용되는 방법으로서, 처음 평행한 2개의 단면이 지지 때문에 굽힘이 발생한 후에도 양단 면이 평행을 유지할 수 있는 지지 방법으로서 길이의 오차도 최소화할 수 있다.

② (a = 0.2203L) 베셀점(Bessel Point)

중립면에 눈금을 만든 표준자를 지지할 때 사용되며, 눈금 면의 직선거리와의 차이를 최소화하는 데 사용되는 방법으로 중립축 또는 중립면의 변위를 최소화할 수 있다.

③ a = 0.2232L

전장에 걸쳐 변형이 가장 작으며, 양단과 중앙의 처짐이 동일하게 된다.

④ a = 0.2386L

지지점 사이, 즉 중앙부의 처짐을 최소화(0점)할 수 있으므로 중앙부의 직선 유지가 필요한 경우에 사용된다.

다) 측정 압력과 접촉에 의한 오차 요인

측정 시 과도한 측정 압력은 측정 제품이나 측정기의 변형을 유발하여 측정 오차를 가져올 수 있고, 너무 낮은 압력은 측정기와 측정면의 접촉 불안정에 의한 오차 요인이 되므로, 측정기 매뉴얼에 제시된 적절한 측정 압력을 갖게 한다. 특히, 아베의 원리에 어긋나는 버니어 캘리퍼스, 내측 마이크로미터의 경우 더욱 주의해야 한다.

① 측정 압력 오차 요인을 조치한다.

㉠ [그림 1-70]과 같이 측정 압력을 조정할 수 있는 장치가 부착된 측정기를 사용한다.

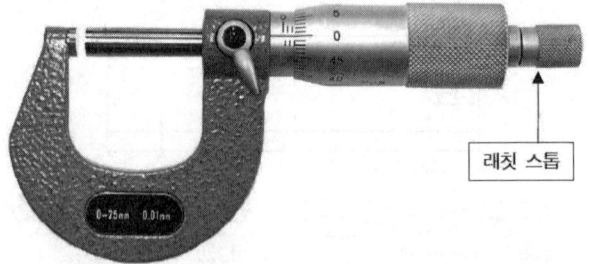

● 그림 1-70 측정 압력 조정 장치(래칫 스톱)가 부착된 측정기 예시

㉡ 측정 압력을 조정할 수 없는 측정기기는 반복 측정하여 편차를 확인한다.

ⓒ 버니어 캘리퍼스와 같이 측정 압력을 조정할 수 없는 측정기기는 반복 숙련이 필요하며, 숙련도 여부는 게이지 R&R을 통해 평가한다.
ⓔ 측정하고자 하는 공차보다 정밀도가 높은 측정기를 사용한다.
② 접촉 오차 요인을 조치한다.
측정자를 사용한 측정기에서 측정 공작물의 형상에 부적절한 측정자를 사용하거나, 측정기의 측정면이 마모되거나, 측정면이 평행이 아닐 때 생기는 오차이다. 이러한 오차는 다음과 같이 조치한다.
ⓐ 측정기의 측정면 모양은 측정 공작물이 외경과 같이 곡면일 때는 평면, 내경과 같이 곡면일 때는 곡면을 사용한다.
ⓑ 측정기의 측정면은 내마모성이 있는 재질(초경합금)을 사용한다.
ⓒ 측정 공작물은 측정면의 중앙에 위치시켜 측정한다.
ⓔ 두 측정면 사이의 평행 여부 등을 수시로 점검하고 사용한다.

라) 개인 오차 요인

측정자의 눈금 읽는 습관에 따라 한 눈금 사이를 읽을 때 실제보다 크게 또는 작게 읽음으로써 숙련도에 따라 발생하는 오차이며, 다음과 같이 조치한다.

① 눈금 읽음에 대한 오차를 조치한다.
측정 시 눈금을 읽을 때 발생하는 오차는 다음과 같이 조치하여 예방한다.
ⓐ 눈금을 읽을 때 자세는 눈과 눈금의 위치를 직선이 되게 한다.
ⓑ 0점 조정 시 측정자의 특성에 맞춰 세팅하여 사용한다.
ⓒ 눈금을 읽는 아날로그 측정기 대신 디지매틱 측정기를 사용한다.
ⓔ 측정하려는 공차보다 정밀도가 높은 측정기를 사용한다.
② 숙련도에 의한 오차를 조치한다.
숙련도에 의한 오차는 게이지 블록과 같은 표준값을 갖는 기준을 이용하여 오차가 없는 수준으로 읽을 수 있을 때까지 반복 숙련한다. 숙련도 여부는 측정자 간 게이지 R&R을 실시하여 평가한다.

마) 기기 오차 요인

측정기의 구조상 발생하는 오차이다. 아무리 정밀하게 제작해도 눈금, 피치의 불균일 또는 마찰 및 측정압에 의해 오차가 발생하므로, 이를 방지하고 최소화하려면 다음과 같이 조치한다.
① 측정기를 취급할 때 충격이나 무리한 힘이 가해지지 않도록 주의해서 취급하고, 항상 최적의 상태로 보관한다.

② 측정기의 정밀도를 정확히 알고, 요구된 치수 공차에 적합한 측정기를 선정한다.
③ 치수 공차 정밀도가 높은 측정은 반복 측정하여 얻은 측정치의 최댓값과 최솟값의 평균값을 기차로 하여 보정 값을 구한다.

(2) 측정기 사용법

1) 버니어 캘리퍼스 측정

① **버니어 캘리퍼스 쥐는 방법**
본척에 있는 측정면에 측정물을 대고 슬라이더의 손가락 걸이에 엄지손가락을 걸고 부척의 조의 측정면을 측정물로 밀어 끼운다.

② **조(jaw) 사용**
선단 쪽을 사용하면 변형에 의해 정확한 측정이 이루어지지 않을 수 있다. 측정력이 과다하면 변형으로 부정확한 측정이 되므로 주의한다.

③ **측정물에 직각으로 측정**
부척을 엄지손가락으로 가볍게 누른 채 가볍게 좌우로 움직이면서 측정면과 수직으로 밀착시킨다.

④ 측정면은 좁은 홈 등을 측정하는 데 편리하도록 얇게 되어 있어 비교적 마모가 빠르므로, 될 수 있으면 어미자에 가까운 쪽을 사용하여 정확히 접촉하여 측정한다.

⑤ 내측의 측정에서 안지름을 측정할 때는 측정의 최댓값을, 홈 나비의 측정에서는 최솟값을 구하는 데 유의한다.

⑥ 측정력을 일정하게 하는 장치(정압 장치)가 없으므로, 피측정물을 측정할 때는 무리한 측정력을 가하지 않도록 한다.

⑦ 시차를 생각하여 오차가 발생하지 않도록 눈금의 직각 위치에서 읽는다.

2) 마이크로미터를 이용한 측정

① 측정기를 깨끗이 닦은 후에 사용한다.
② 충격에 조심하고 떨어뜨려서는 안 되므로, 취급에 유의한다.
③ 측정 전 0점 확인 후 측정한다.
④ 눈금을 읽을 때는 측정 오차가 발생하지 않도록 눈금의 일직선상에서 측정한다.
⑤ 피측정물의 형상, 치수에 따라서 마이크로미터의 형식과 측정 범위를 선택한다.

3) 한계 게이지를 이용한 측정

① 게이지는 측정면 이외의 부분을 잡고 다루며, 측정면을 부딪히게 해서는 안 된다.
② 공작물을 게이지에 끼울 때 너무 과도하게 힘을 주면 오차가 생기므로 주의한다.
③ 플러그 게이지, 링 게이지를 사용할 때는 측정면에 얇은 유막을 남겨둔다.
④ 게이지가 끼워져 있을 때는 게이지를 항상 움직이게 하지 않으면 빠지지 않을 수 있으므로 항상 주의한다.

4) 게이지 블록 사용법

① 먼지가 적고 건조한 실내에서 사용한다.
② 목재 또는 작업대에 천이나 가죽을 놓고 위에서 취급한다.
③ 측정면은 반드시 세탁한 깨끗한 천(가제, 포플린 등)이나 가죽(새미) 등으로 지문이 남지 않게 닦는다.
④ 필요한 치수의 것만을 꺼내고 쓰지 않는 것은 바로 상자에 넣고 뚜껑을 덮는다.
⑤ 방청을 위하여 사용 후에는 벤젠, 알코올, 에테르, 휘발유 등으로 세척한 후 깨끗이 닦고 반드시 방청유를 발라둔다.

5) 삼침법을 이용한 유용한 유효지름 측정

① 나사 마이크로미터는 나사의 유효지름 측정 외에는 사용하지 않는다.
② 측정기 및 피측정물은 온도 변화에 따른 오차가 생길 수 있으므로 주의한다.
③ 외경 측정 시 한쪽 측정면에는 1산, 다른 쪽 면에는 2산이 접촉되지 않도록 한다.
④ 측정 시 측정력을 너무 과도하게 주지 않는다.

(3) 측정기 지싯값 읽기

1) 버니어 캘리퍼스

버니어 캘리퍼스는 어미자와 아들자로 구성된 측정기로, 생산 현장에서 가장 많이 사용된다. 측정 범위는 외측, 내측, 깊이 등을 측정하는 데 사용된다. 아들자의 영점 위치를 우선 확인한 다음 어미자와 아들자의 눈금선이 서로 일치되는 부분의 치수를 읽는다. 어미자의 한 눈금은 1mm이고, 아들자의 한 눈금은 0.05mm 또는 0.02mm이다. 측정 정밀도는

0.02mm로 황삭 및 중삭의 측정에서 사용한다. 종류로는 M형, CM형, CB형 등이 있다.

① M형

일반적으로 가장 많이 사용되며, 슬라이더가 홈형으로 외측용 턱 및 주둥이가 있다. 호칭 치수 300mm 이하의 것에는 깊이 측정용 깊이자(depth bar)가 부착되어 있다.

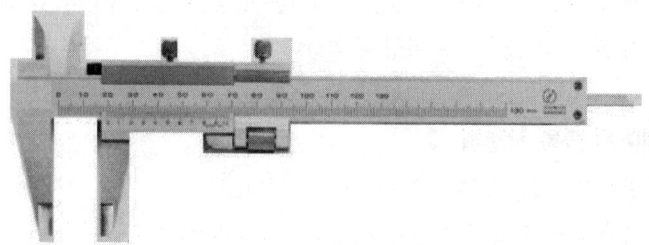

◎ 그림 1-71 M형 버니어 캘리퍼스

② CM형

슬라이더가 홈형으로 턱의 선단으로 내측 측정도 가능하며, 미세 이동장치로 치수를 조정할 수 있다. 최소 읽음 값은 0.02mm이고, 호칭 치수는 M1형과 비슷하다.

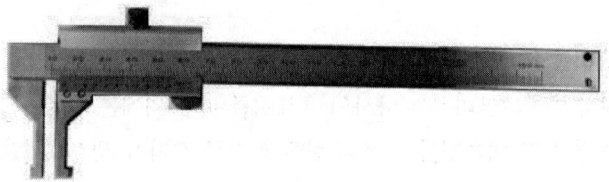

◎ 그림 1-72 CM형 버니어 캘리퍼스

③ CB형

버니어가 상자형으로 되어 있고, 턱의 내측과 외측의 양쪽이 측정면으로 되어 있다. 깊이를 재는 깊이자는 없다. M2형과 마찬가지로 미소 이동 이송 장치가 있다.

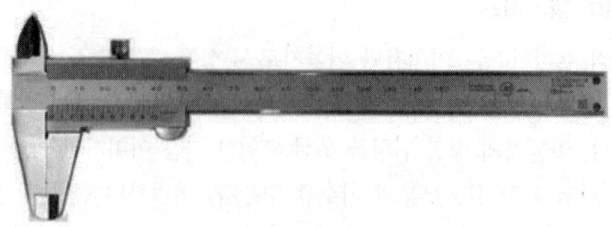

◎ 그림 1-73 CB형 버니어 캘리퍼스

④ 다이얼형

부척 대신 다이얼을 장착하여 쉽게 눈금을 읽을 수 있도록 한다.

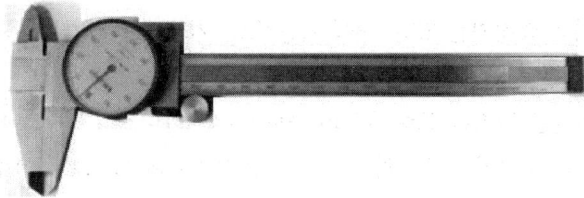

○ 그림 1-74 다이얼형 버니어 캘리퍼스

⑤ 디지매틱 버니어 캘리퍼스

눈금을 디지털 눈금판에 의해 0.01mm까지 측정한다.

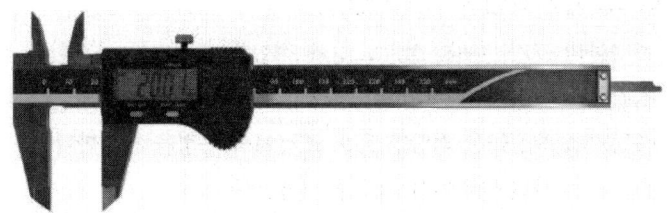

○ 그림 1-75 디지매틱 버니어 캘리퍼스

(4) 측정된 도면의 요구사항 부합 여부 판단

주어진 도면의 요구사항에 측정값이 부합하는지 판단하는 것은 피측정물을 측정한 후 검사성적서 표준에 기록하고, 이상 유무를 판단하는 것이다.

① 도시 기호에 적합한지 측정한다.
② 도면 치수에 적합하게 완성되었는지 확인한다.
③ 형상 공차, 외관, 게이지 등 필요한 측정기기를 활용하여 측정한다.
④ 검사 성적서를 기록 관리하며, 부합 여부를 판단한다.
⑤ 측정된 피측정물은 검사 기준서에 따라 이력 관리를 한다.

(5) 측정 시 주의사항

① 불안전한 상태에서는 측정 작업을 피하고 심신의 안정된 상태를 유지한다.
② 측정 전에 피측정물의 측정 항목의 도면 검토, 적합한 측정기기 선정, 측정 방법 및 순서, 안전, 주의시항 등을 고려한다.
③ 범용 측정기를 사용할 때는 아베의 원리에 적합하게 사용한다.

④ 측정 시 장소의 영향에 따라 온도, 습도 등에 측정 오차가 없도록 주의한다.
⑤ 측정할 때는 측정 체온으로 오차가 발생하지 않도록 면장갑을 착용한다.
⑥ 전기적 측정기는 30분 전에 가동하고, 기계적 측정기는 사용 전에 이상 여부를 확인한다.
⑦ 측정실은 적정한 표준 온도와 습도를 유지한다.
⑧ 측정기에 오차가 발생하지 않도록 충격을 주지 않도록 주의한다.
⑨ 측정기 사용 시 이상이 발생하면 즉시 수리하거나 교체한다.
⑩ 측정 후에는 반드시 정리·정돈 및 측정기에 녹이 슬지 않게 방청 보관한다.

(6) 마이크로미터 측정 시 주의사항
① 측정물의 크기, 수량, 정밀도 등에 적합한 측정기를 선정한다.
② 청결하게 측정기를 관리하고 정확한 영점 조정을 한다.
③ 측정기와 측정물은 적합한 온도 조건에서 측정을 시행한다.
④ 반드시 정지된 상태에서 측정을 시행한다.
⑤ 떨어뜨리거나 충격을 주는 등의 문제가 생기지 않도록 사용에 주의한다.
⑥ 영점 조정 시의 압력과 동일하게 측정 압력을 준다.

(7) 버니어 캘리퍼스 측정 시 주의사항
① 영점이 정확한지 반드시 확인하며 영점에 오차가 있으면 측정 후 영점 조정을 해 주어야 한다.
② 버니어 캘리퍼스는 아베의 원리에 맞는 구조가 아니므로, 외측 측정용 턱의 안쪽에서 측정하는 것이 바람직하다.
③ 외측 측정면의 끝부분이 얇기 때문에 마모되기 쉽다. 따라서 가능한 한 안쪽에서 측정한다.
④ 내측 측정에 있어서는 안지름 측정의 경우는 최댓값을, 내측 홈 측정의 경우는 최솟값을 취한다.
⑤ 버니어 캘리퍼스에 필요 이상의 과도한 힘을 가하지 않도록 주의한다.
⑥ 피측정물은 반드시 정지된 상태에서 측정한다.
⑦ 측정값 눈금을 읽을 때 오차가 발생하기 쉬우므로, 항상 눈금 선에 대하여 수직 방향으로 읽도록 한다.

2 길이 및 각도 측정

(1) 버니어 캘리퍼스

외경, 내경, 깊이, 단차 및 길이를 측정하는 것으로 미터식에서는 1/20mm, 1/50mm까지 읽을 수 있다. 종류로는 미동장치가 없는 M1형(0.05mm) 및 미동장치가 있는 M2형(1/20mm까지 측정)과 CB형 및 CM형(1/20mm까지 측정) 4가지가 있다.

1) 버니어 캘리퍼스 눈금 기입 방법

$(n-1)S = nV$

$V = \left(\dfrac{n-1}{n}\right)S$ .... ①

$C = S - V$ .... ②

여기서, S : 어미자의 최소 눈금 간격
 V : 아들자의 최소 눈금 간격
 C : 어미자와 아달자의 눈금차
 n : 아들자의 눈금 수

①을 ②에 대입하면 $C = S - \left(\dfrac{n-1}{n}\right) = \dfrac{S}{n}$ 가 된다.

예를 들어 [그림 1-76]은 어미자의 한 눈금을 1mm로 하고, 어미자의 19개 눈금이 아들자에서는 20등분 되어 있는 버니어 캘리퍼스라면 어미자와 아들자의 한 눈금의 차는 $C = S - V = \dfrac{S}{n} = \dfrac{1}{20} = 0.05\text{mm}$ 가 된다.

이것이 아들자로 읽을 수 있는 최솟값이 된다. 이때 아들자의 네 번째 눈금 선이 어미자 눈금과 일치하므로 어미자 23mm 눈금 선에서 아들자 0선까지의 치수 0.05×4=0.2mm가 되며, 최종 길이 읽음 값은 23+0.2=23.2mm가 된다.

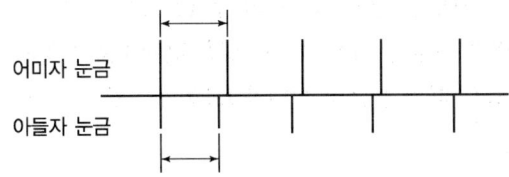

○ 그림 1-76 아들자 눈금

다음 중 길이 측정기가 아닌 것은?
① 버니어 캘리퍼스
② 하이트 게이지
③ 뎁스 게이지
④ 사인 바

답 ④

어미자의 최소 눈금이 0.5mm 이고, 아들자의 1눈금이 24.5mm를 25등분할 때 버니어의 최소 측정치는 얼마인가?
① 0.02mm
② 0.03mm
③ 0.04mm
④ 0.05mm

답 ①

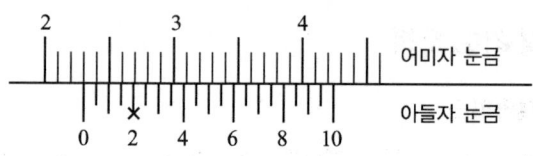

● 그림 1-77 눈금 읽는 방법

2) 버니어 캘리퍼스의 종합 정도

종합 정도는 최소 눈금값 이상이 되어 측정값의 신뢰도가 비교적 낮지만 측정이 쉽다.

(2) 하이트 게이지

지그, 대형부품, 복잡한 형상의 부품 등을 정반위에 놓고 정반의 표면을 기준으로 해서 높이를 측정하는 측정기이며, 또 스크라이버의 선단으로 금긋기 작업을 할 때 사용한다. 종류로는 HB형, HM형, HT형의 세 종류가 대표적이다. HT와 HM형의 복합형이 가장 많이 사용된다.

호칭 치수는 300mm, 600mm, 1,000mm가 있다.

(3) 마이크로미터

1) 마이크로미터의 원리

길이의 변화를 나사의 회전각과 직경에 의해 확대하여 그 확대된 길이에 눈금을 붙여 미소의 길이 변화를 읽도록 한 측정기이다. 표준 마이크로미터는 나사의 피치 0.5mm, 딤블의 원주 눈금이 50등분되어 있기 때문에 딤블의 1회전에 의한 스핀들의 이동량(M)은 0.01mm의 측정이 가능하다.

$$M = 0.5 \times \frac{1}{50} = \frac{1}{100} = 0.01\text{mm}$$

2) 눈금 읽는 방법

눈금을 읽는 방법은 먼저 슬리브의 눈금을 읽고, 딤블의 눈금과 기선과 만나는 딤블의 눈금을 읽어 슬리브 읽음 값에 더하면 된다. 예를 들어 측정물을 끼웠을 때의 눈금의 상태가 [그림 1-78]과 같다면, 다음 계산과 같이 된다.

보통 버니어 캘리퍼스로 할 수 없는 것은?
① 외측측정
② 유효경 측정
③ 좁은 폭의 외측측정
④ 내측측정

답 ②

슬리브의 1mm   눈금 4
슬리브의 0.5mm 눈금 0.5
딤블의   0.01mm 눈금 0.27 (+
                      4.77mm

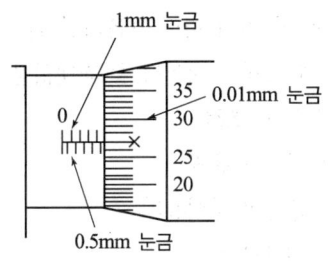

○ 그림 1-78 마이크로미터의 눈금

마이크로미터의 스핀들의 피치가 0.5mm이고, 딤블의 원주를 100등분 하였다면 최소 눈금은 얼마인가?
① 0.01mm
② 0.05mm
③ 0.005mm
④ 0.001mm

답 ③

(4) 측정면의 평면도 측정

옵티컬 플랫은 평면도의 측정에 사용되고 백색광에 의한 적색 간섭무늬의 수에 의해서 측정한다.

사용 방법은 마이크로미터의 앤빌 또는 스핀들의 측정면에 옵티컬 플랫을 밀착시켜 적색 간섭무늬를 읽어 적색 간섭무늬 1개를 $0.32\mu m$(적생광의 반파장)로 계산한다.

마이크로미터의 측면 평면을 정밀하게 측정할 수 있는 기구는?
① 옵티컬플랫(광선정반)
② 공구현미경
③ 하이트 마이크로미터
④ 투영기

답 ①

1) 평행 광선정반

① 측정 면의 평면도 : 광선정반, 평행 광선정반을 사용하며, 평면도 측정(옵티컬 플렛)은 일반적으로 45~60mm가 쓰인다.

$$평면도(F) = \frac{B}{A} \times \frac{\lambda}{2}$$

$$n \times \frac{\lambda}{2} (마이크로미터의 평면도)$$

여기서, λ : 빛의 파장
(백광색의 적색 간섭무늬의 파장 : $0.64\mu m$)
A : 간섭무늬의 피치
B : 간섭무늬의 휨
n : 간섭무늬 수

마이크로미터 0점 조정 시 슬리브 기선과 심블(thimble)의 눈금이 ±0.01 이상 차이가 있을 때 무엇으로 조정하는지 올바른 것은 어느 것인가?
① 슬리브
② 심블
③ 래칫스톱
④ 클램프

답 ②

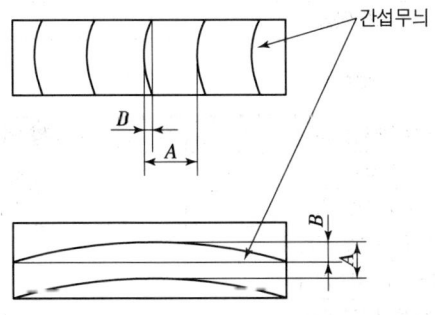

○ 그림 1-79 게이지 블록과 간섭무늬

평면도를 측정하는 데 관련이 없는 측정기구가 포함된 것은?
① 수준기, 정반, 오토콜리메터
② 수준기, 정밀이송대, 정반
③ 나이프에지, 옵티컬 플랫, 정반
④ 측미기, 스트레이트에지, 공구 현미경

답 ④

화강암제 정반의 장점에 해당하지 않은 것은 어느 것인가?
① 비자성체이다.
② 강보다 경도가 더 높아 마멸이 극히 크다.
③ 부식하지 않는다.
④ 강한 타격을 받아도 돌기가 생기지 않는다.

답 ②

② 측정 면의 평면도(옵티컬 플랫, 옵티컬파라렐 : 평행도) : 4개가 1세트이며, 4개의 데이터 중 최댓값을 마이크로미터의 평행도로 함.
③ **정반의 조건**
　㉠ 평면도 유지
　㉡ 충분한 강성유지
　㉢ 내마모성
　㉣ 3점 지지를 원칙
　㉤ 변형이 적다.
④ **정반의 종류**
　㉠ **주철 정반**
　　• 온도 변화에 따른 녹이 생기고, 평면도가 나빠질 수 있다.
　　• 보관시 목재 커버 필요
　　• 스크래핑(내부 응력제거, 높은 정밀도)
　　• 경도 : Hs 32~40
　㉡ **석 정반**
　　• 래핑으로 가공
　　• 마모가 적고 변형이 없으며 가공비가 싸다.
　　• 바자성체이며 부식이 없고, 경도는 : Hs 75~90
　　• 자성체는 측정이 가능하나 재가공이 어렵다.
⑤ **측정면의 평행도 측정**
　㉠ 옵티컬파라렐을 양 측정면에 밀착시켜 백색광에 의한 적색 간섭무늬를 읽는다.
　㉡ 측정면의 평행도

○ 표 1-16 측정면의 평면도

최대측정 길이(mm)	간섭무늬의 수
250 미만	2개
250 이상	4개

○ 표 1-17 측정면의 평행도

최대측정 길이(mm)	평행도(μm)
75 이하	2(6개)
75 초과 175 이하	3(9개)
175 초과 275 이하	4
275 초과 375 이하	5
375 초과 475 이하	6
475 초과 500 이하	7

(5) 게이지 블록

각 면의 치수가 다른 육면체로 아주 정밀하게 다듬질되어 있다. 이들 각 면을 몇 개 조합하여 밀착(wringing)시켜 필요한 치수로 만들어 길이의 기준으로 한다. 보통 103, 76, 32, 8개가 한 세트로 조합되어 있다.

1) 게이지 블록(Guage block)

길이 측정의 기본이며 가장 정밀도가 높고 표준이 되는 것으로 그 길이의 크기를 실용화한 것으로 비교 측정기 또는 각종 측정기의 교정용으로 많이 사용한다.

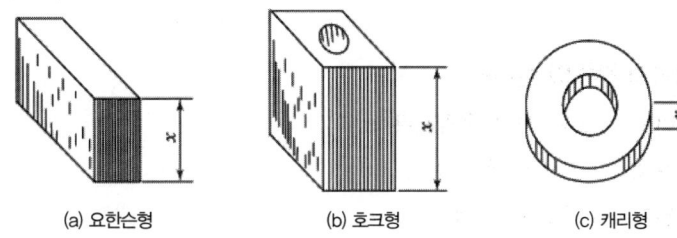

○ 그림 1-80 게이지 블록의 종류

2) 게이지 블록의 종류

고탄소 크롬강, 초경합금, 세라믹 공구 등을 사용되며 초정밀 래핑 가공되어 밀착하는 특성이 있으므로 필요한 치수는 여러 개를 조합하여 얻을 수 있다.

내마모성을 높이기 위하여 HRC 65(Hv 800 이상) 정도로 열처리한 후 시효경화처리가 되어 있다. 수량에 따라 분류하면 103조, 76조, 47조, 32조, 8조 등으로 나눈다.

3) 게이지 블록의 특징

① 광 파장으로부터 직접 길이를 측정한다.
② 길이의 정도가 아주 높다. ($0.01\mu m$)
③ 측정 면이 서로 밀착하는 특징으로 몇 개의 수로 많은 치수의 기준을 얻어진다.
④ 사용이 편리하다.

게이지 블록으로 103개조를 사용하여 26.895를 가장 잘 조합한 것은?

① 2.005+1.89+23
② 2.005+1.39+23.5
③ 1.005+1.39+24.5
④ 1.005+1.89+24

답 ③

게이지 블록의 사용 시 링깅(wringing)이란?

① 게이지 블록의 두 편을 잘 누르면서 밀착시키는 것
② 될 수 있는 한 블록의 개수를 많이 하는 것
③ 될 수 있는 한 블록의 개수를 적게 하는 것
④ 여러 개의 게이지 블록을 필요한 치수로 만드는 것

답 ①

게이지 블록, 표준 게이지 등 기준이 되는 게이지와 공작물의 치수를 비교하여 측정하는 게이지는 어느 것인가?
① 측정기
② 옵티미터
③ 한계 게이지
④ 다이얼 게이지

답 ④

4) 게이지 블록의 용도

	사용 목적	등급
참조용	• 표준용 게이지 블록의 정밀도 점검, 학술적 연구 • 검사는 3년, 정밀도(평행도 허용치)는 ±0.05μ	K 또는 00
표준용	• 공작용 게이지 블록의 정밀도 검사 • 검사용 게이지 블록의 정밀도 검사 • 검사는 2년, 정밀도(평행도 허용치)는 ±0.1μ	0
검사용	• 게이지의 정밀도 점검, 측정기류의 정밀도 조정 • 기계부품, 공구 등의 검사 • 검사는 1년, 정밀도(평행도 허용치)는 ±0.2μ	1
공작용	• 게이지의 제작, 측정기류의 조정 • 공구, 절삭 공구의 설치 및 조정 • 검사는 6개월, 정밀도(평행도 허용치)는 ±0.4μ	2

5) 게이지 블록의 취급법

① 먼지 적고 건조한 실내 사용
② 목재, 천 가죽 위에서 취급
③ 천이나 가죽으로 세척
④ 상자 보관을 원칙으로 한다.
⑤ 사용 후 방청유로 세척 보관

6) 게이지 블록의 밀착법(링깅법)

① 세척 후 돌기 유무 확인
② 광선정반으로 간섭무늬 조사
③ 밀착법
  ㉠ **두꺼운 것끼리** : 십자로 겹치면서
  ㉡ **두꺼운 것 얇은 것** : 두꺼운 것 정반 위에 놓고, 얇은 것을 위에 놓고 앞으로 밀면서
  ㉢ **얇은 것끼리** : 두꺼운 것 하나를 정반 위에 놓고, 얇은 것 하나씩 앞으로 밀면서 봉에서 나중에 2개의 얇은 것만 떼어 사용한다.

(6) 측장기

자체에 표준자와 기타의 길이 기준을 갖고 있어 이것과 축미 현미경에 의하여 길이를 직접 측정하는 것이다.

−16μm의 오차가 있는 게이지 블록을 다이얼 게이지에 세팅하여 측정하였더니 46.78mm로 나타났다면 참값은?
① 46.796
② 46.94
③ 46.764
④ 46.62

해설
계기 오차=측정값−참값
　　　　=46.78−46=0.78
실제 치수=측정값+오차
　　　　=46.78+(−0.016)
　　　　=46.764mm

답 ①

(7) 다이얼 게이지

다이얼 게이지는 길이의 비교 측정에 사용되며 평면이나 원통형의 평행도, 원통의 진원도, 축의 흔들림 정도 등의 검사나 측정에 쓰이고 시계형, 부채꼴형 등이 있다.

1) 다이얼 게이지의 원리

모두가 스핀들의 적은 움직임을 지렛대나 기어 장치로 확대하여 눈금과 지침으로 그 움직임을 읽는다. 눈금은 원둘레를 100등분 하여 1눈금이 1/100mm를 나타내는 것이 보통이지만 특수한 것은 1/1,000mm를 나타내는 것도 있다.

2) 다이얼 게이지의 사용 범위

평행도, 직각도, 진원도, 두께, 깊이, 축의 굽힘 검사, 공작기계의 정밀도 검사, 회전축의 흔들림 검사, 기계가공에 있어서 흔들림 검사

3) 다이얼 게이지의 특징

① 측정 범위가 넓다.
② 연속된 변위량의 측정이 가능하다.
③ 소형, 경량으로 취급이 용이하다.
④ 어태치먼트의 사용 방법에 따라 측정이 광범위하다.
⑤ 다이얼 눈금과 지침에 의해서 읽기 때문에 읽기 오차가 적다.
⑥ 다원 측정(동시에 많은 개소의 측정이 가능)의 검출기로서 이용할 수 있다.

(8) 다이얼 게이지의 응용

① 다이얼 두께 게이지
② 다이얼 깊이 게이지
③ 진원도 측정 : 지름법, 반지름법, 3점법
④ 내경 측정
⑤ 큰 구면의 지름
⑥ 직각도, 흔들림 측정

다이얼 게이지의 측정 오차와 관계없는 것은 어느 것인가?
① 눈금
② 시차
③ 측정력
④ 온도변화

답 ①

(9) 공기 마이크로미터

1) 공기 마이크로미터의 원리

압축된 공기의 노즐로부터 측정하고자 하는 물체와의 사이의 작은 틈으로 공기가 빠져 나오는데, 결국 물체의 두께가 다른 것은 틈의 거리가 달라지어 이것이 공기 유량 변화의 이유가 된다. 이 유량을 유량계로 측정하여 치수의 값으로 읽도록 만든 것이 공기 마이크로미터(유량식)이다. 측정 가능 범위가 아주 좁기 때문에 물건의 길이를 게이지 블록과 비교해서 그 차의 치수만큼을 지시하는 방법을 취하고 있다. 이와 같은 사용 방법의 것을 비교측장기(compatator)라고 한다. 지시측미기, 공기 마이크로미터, 전기 마이크로미터가 모두 비교 측장기들이다.

2) 공기 마이크로미터의 종류

① **배압식** : 배압식은 공기의 압력을 이용한 구조로서 변화압을 수치로 확대 변환하여 치수를 읽게 된다.
② **유량식** : 단위시간에 노즐 내를 흐르는 공기량의 변화를 이용한 구조로 플로트가 정지한 위치한 눈금을 읽어 측정치를 구한다. 노즐의 지름은 2mm이며 게이지 블록이 필요하다.
③ **유속식** : 공기의 속도에 따라 발생하는 압력의 차를 이용한 방법으로 수치로 변환하여 측정치를 이용한다.
④ **진공식**

3) 공기 마이크로미터의 장·단점

① **장점**
  ㉠ 배율이 높다. (1,000~40,000배)
  ㉡ 정도가 좋다. (예) ±0.5μm)
  ㉢ 접촉 측정자를 사용치 않을 때는 측정력은 거의 0에 가깝다.
  ㉣ 내경 측정이 용이하다.
  ㉤ 많은 치수의 동시 측정, 자동 선별, 제어가 가능하다.
  ㉥ 확대 기구에 기계적 요소가 없어서(특히 유량식) 높은 정도를 유지할 수 있다.
  ㉦ 통과측, 정지측(go side, no go side) 게이지와 달리 치수가 지시되기 때문에 한 번의 측정 동작이면 된다.
  ㉧ 타원, 테이퍼 진원도, 편심, 평행도, 직각도, 중심거리 등 상당히 숙련을 필요로 하고 시간이 많이 걸리던 측정을 간단히 할 수 있다.

공기 마이크로미터의 장점에 해당하지 않는 것은?
① 안지름 측정에 적당하다.
② 확대율이 수천 배로 측정 정밀도가 높다.
③ 피측정물에 붙어 있는 기름이나 먼지를 분출 공기로 불어 내어 정확한 측정을 할 수 있다.
④ 피측정물의 표면이 거칠면 오차가 커진다.

답 ④

② 단점
  ㉠ 응답 시간이 늦다.
  ㉡ 디지털 지시가 불가능하다.
  ㉢ 비교 측장기이기 때문에 큰 범위와 작은 범위의 두 개의 마스터가 필요하다.
  ㉣ 피측정물의 표면이 거칠면 측정값에 신빙성이 없다.
  ㉤ 대부분의 경우 전용 측정자를 만들어야 하므로 다량 생산이 아니면 비용이 많이 든다.
  ㉥ 지시 범위가 작아 공차가 큰 것은 측정할 수 없다.
  ㉦ 압축공기원(에어 콤프레서 등)이 필요하다.

(10) 전기 마이크로미터(electrical micrometer)

1) 전기 마이크로미터의 기본 원리
측정자의 기계적 변위를 전기량으로 변환하여 지시계에 나타내는 정밀측정기로서, 0.01μm 정도의 미소 변위까지 측정하는 것도 있다.

2) 전기 마이크로미터의 종류
① 차동변압(differential transformer)식
② 인덕턴스(inductance)식(유동형)
③ 캐퍼시턴스(capacitance)식(용량형)
④ 스트레인 게이지(strain gauge)식(저장형)
⑤ 포템셔미터(potentiometer)식

3) 전기 마이크로미터를 사용한 측정
① 보통의 내·외경 측정
② 연산 측정
  ㉠ 편심 측정
  ㉡ 두께 측정
  ㉢ 직각도 측정
  ㉣ 원통도 측정
  ㉤ 변화가 심한 값의 측정
③ 특수 측정
  ㉠ 다점 전환 측정
  ㉡ 광범위 측정

전기 마이크로미터의 장점이 아닌 것은?
① 원격측정을 한다.
② 전기적인 지시장치를 작동한다.
③ 정도가 높다.
④ 주파수의 변동에 따른 오차가 없다.

답 ④

ⓒ 공기-전기식 측정
ⓓ 형상 측정
④ 자동 측정

4) 전기 마이크로미터의 장·단점

① 장점
  ㉠ 높은 배율이 얻어진다. (지시 범위 ±0.5μm, 최소 눈금 0.01μm의 것이 있다.)
  ㉡ 공기 마이크로미터와 달리 긴 변위의 측정도 가능하다.
  ㉢ 기계적 확대 기구를 사용하지 않기 때문에 오차가 아주 적다.
  ㉣ 릴레이 신호 발생이 쉽고 자동 측정으로도 결점이 없다.
  ㉤ 공기 마이크로미터에 비해서 응답속도가 빠르다.
  ㉥ 연산 측정이 간단하다.
  ㉦ 디지털 표시가 용이하다.
  ㉧ 원격 측정이 가능하다.

② 단점
  ㉠ 가격이 비싸고, 고장 시 수리가 곤란하다.
  ㉡ 전원의 변동(전압, 주파수)에 의한 지시에 오차가 생길 염려가 있다.
  ㉢ 일반적으로 접촉식이기 때문에 소프트(soft)한 것의 측정에는 별로 좋지 않다.
  ㉣ 내경 정밀측정이 곤란하다.

(11) 내경의 측정

실린더 게이지, 텔레스코핑 게이지, 스몰 홀게이지, 공기 마이크로미터, 내측 마이크로미터 등이 사용된다.

1) 내측 마이크로미터

최댓값을 좌·우로 움직여 확보한 후 마이크로미터의 한쪽 끝을 부드럽게 위·아래로 움직여서 최솟값을 읽는다.

2) 실린더 게이지

2점 접촉식으로 2점 접촉이 자동적으로 지름 위에 오도록 하는 중심장치가 있다. 측정자의 변화량의 운동 방향을 직각으로 바꾸어 다이얼 게이지에 전달하는 기구에는 캠(Cam), 레버(Lever), 경사판, 쐐기(Wedge) 등이 주로 사용된다. 표준형 실린더 게이지의 측정 범위는 6~400mm이다.

측정치는 최소치를 구하면 되므로 실린더 게이지의 손잡이를 측정가가 위치한 방향으로 몇 차례 움직이며 이때 발생되는 눈금의 최소치를 취한다.

[0점 조정(Setting) 방법]
㉠ 내경 치수와 동일한 링 게이지나 게이지 블록을 활용한다.
㉡ 외경 마이크로미터(Micrometer)를 활용한다.

3) 텔레스코핑 게이지

텔레스코핑 게이지는 직접 측정이 불가능하므로 측정자를 피측정물의 내경에 삽입한 후 수직인 상태에서 고정 너트로 고정을 시킨 다음 꺼내어 마이크로미터 등의 외측 측정기에 의하여 양측정자를 직접 측정하여 내측용 마이크로미터로 측정할 수 없는 작은 내경이나 홈 등의 치수를 구하게 된다.

[텔레스코핑 게이지 특징]
㉠ 게이지 자체에는 눈금이 없고 2~6mm의 슬리브 안에 코일 스프링을 넣어 섭동 플렌저가 고정되어 있다.
㉡ 손잡이의 끝에 있는 고정나사를 돌려 플렌저의 움직임을 고정시킬 수 있게 되어 있으며, 보통 여러 개가 한 벌이다.
㉢ 3~80mm의 것과 3~150mm의 두 종류로 나누어진다.
㉣ 숙련이 필요하며 정확한 측정을 위해 시간이 소요된다.

4) 스몰 홀 게이지

스몰 홀 게이지에 의한 측정가능 범위는 3~13mm이며, 스몰 홀 게이지의 경우도 직접 측정이 불가능하므로 측정 방법은 텔레스코핑 게이지와 동일하며, 주로 작은 구멍을 측정할 경우에 사용한다.

(12) 한계 게이지

기계나 각종 치공구의 부품의 가공에 있어 치수에 주어지는 허용범위 내의 공차를 조사하여 부품을 가공한 후 실제 치수가 그 공차 범위 내에 있도록만 하면 상호관계가 만족되고, 조립작업도 용이하며, 대량 생산에 따른 부품의 호환성도 있기 때문에 경제적으로 유리하게 된다. 이와 같이 생산량이 많은 부품 또는 제품의 합부를 검사하기 위한 기구를 한계 게이지라 한다. 공차 부호 방향의 통과측 플러그 게이지는 (+)로 하고, 정지측 게이지는 (−)로 한다.

테일러의 원리에 맞게 제작되지 않아도 되는 게이지는?
① 스냅 게이지
② 링 게이지
③ 테이퍼 게이지
④ 플러그 게이지

답 ③

한계 게이지 마멸여유는 어느 쪽에 주는가?
① 정지측
② 통과측
③ 양쪽 다 준다.
④ 양쪽 다 안 준다.

답 ②

표준 게이지 종류와 용도가 잘못 설명된 것은?
① 드릴 게이지-드릴의 지름 측정
② 와이어 게이지-판재의 두께 측정
③ 피치 게이지-나사의 각도 측정
④ 센터 게이지-나사 바이트의 각도 측정

해설
피치 게이지는 나사의 피치와 산수를 측정한다.

답 ③

1) 테일러(Taylor's)의 원리

한계 게이지로 검사하여 합격한 제품이라 하더라도 축의 약간 구부림 현상이나 구멍의 요철, 타원이 생겼을 때 끼워맞춤이 안 되는 경우가 많았는데, 이 현상을 테일러가 처음 발표하였으며, 요약하면 "통과측은 전 길이에 대한 치수 또는 결정량이 동시에 검사되고 정지측은 각각의 치수가 따로따로 검사되어야 한다." 다시 말해서 통과측 게이지는 제품의 길이와 같은 원통상의 것이면 좋겠고, 정지측은 그 오차의 성질에 따라 선택해야 한다는 뜻이다.

2) 한계 게이지의 장점

① 검사하기가 편하고 합리적이다.
② 합·부 판정이 쉽다.
③ 취급의 단순화 및 미숙련공도 사용 가능
④ 측정시간 단축 및 작업의 단순화

3) 한계 게이지의 단점

① 합격 범위가 좁다.
② 특정 제품에 한하여 제작되므로 공용사용이 어렵다.

4) 표준 게이지

① **와이어 게이지** : 각종 선재의 지름이나 판재의 두께 측정에 사용된다.
② **틈새 게이지** : 미소한 틈새 측정에 사용된다.
③ **피치 게이지** : 나사의 피치나 산수를 측정
④ **센터 게이지** : 나사 바이트의 각도 측정
⑤ **반지름 게이지** : 곡면의 둥글기를 측정

5) 구멍용 한계 게이지

구멍용 한계 게이지는 여러 가지 형상의 것이 있으며, 호칭 치수에 크기에 따라 다른 종류의 것이 사용된다. 즉, 호칭 치수가 비교적 작은 것은 플러그 게이지(plug gauge)가 사용되고, 그보다 큰 것은 평 플러그 게이지(flat plug gauge), 그 이상은 봉 게이지(bar gauge)가 사용된다.
터보 게이지(terbo gauge)는 통과측(go end)은 최소 허용값과 동일한 지름을 갖는 구의 일부로 되어 있고, 정지측(not go end)은 같은 구면상에 공차만큼 지름이 커진 구형의 돌기 모양의 볼(Ball)이 붙어 있다. 터보 게이지는 테일러의 원리에 맞지 않으므로 이 게이지는 구멍의 길이가 짧고 구멍의 진직도가 제작 방법에 의하여 보증되어 있으며 그다지 중요하지 않은 긴 구멍에 주로 쓰인다.

6) 축용 한계 게이지

이 한계 게이지는 ISO규격에 호칭 치수 315mm 이하에서는 스냅 게이지를 사용하고 315mm를 초과하는 것에는 마이크로 인디게이터 부착게이지 사용을 권장하고 있다. 단, 작은 지름에 대하여 통과측에는 링 게이지를 또 얇은 두께의 공작물에 대하여는 통과측, 정지측 모두 링 게이지를 사용하고 있다.

① 링 게이지(ring gauge)

지름이 작은 것이나 두께나 얇은 공작물의 측정에 사용된다. 링 게이지는 스냅 게이지에 비하여 가격이 비싸지만 테일러의 원리에 따라 통과측에는 링 게이지를 사용하는 것이 바람직하다.

② 스냅 게이지(snap gauge)

스냅 게이지를 사용한 방법은 일반적으로 측정 압력이 작용하므로 취급에 주의하여야 한다.

스냅 게이지는 테일러의 원리에 따라 정지측에만 사용하는 것이 좋으나, 게이지 원가 가격이 싸고 사용상 편리성, 축의 형상 오차가 작다는 것 등을 고려하여 통과측, 정지측 모두 사용하고 있다.

(13) 각도 측정기

1) 각도 게이지

① 요한슨식 각도 게이지

판 게이지를 85개 또는 49개를 한 조로 하고 있다.

② NPL식 각도 게이지

100×15mm의 강철제 블록으로 되어 있고, 12개의 게이지를 한 조로 하며, 두 개 이상 조합해서 0°에서 81°까지 6" 간격으로 임의의 각도를 만들 수 있고 조립 후의 정도는 ±2~3"이다.

플러그 게이지에 대한 설명 중 옳은 것은 어느 것인가?
① 정지측 쪽이 통과측보다 마멸이 심하다.
② 플러그 게이지는 공차 내에 있고 없음만을 검사할 수 있다.
③ 통과측이 통과되지 않을 경우는 기준 구멍보다 큰 구멍이다.
④ 진원도도 검사할 수 있다.

답 ②

레이디어스 게이지의 주 용도는?
① 직각 측정
② 원호 측정
③ 각도 측정
④ 평면 측정

답 ②

영국의 G.A.Tomlinson 박사가 고안한 것으로 게이지 면이 크고, 개수도 적게 한 각도 게이지의 방식은?
① 요한슨식
② N.P.A식
③ 제퍼스식
④ N.P.L식

답 ④

N.P.L식 앵글 게이지를 잘못 설명한 것은?
① 9개 조 또는 12개 조의 것이 있다.
② 길이 1,000mm, 폭 15mm의 쐐기모양이다.
③ 웨지 블록 게이지라고도 한다.
④ 기모양의 것을 더함으로써만 조합한다.

답 ④

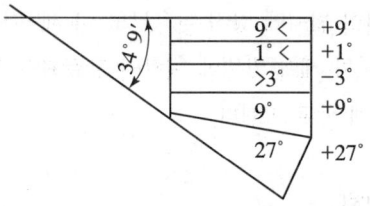

○ 그림 1-81 NPL식 각도 게이지

③ 눈금 원판

눈금 원판은 원주를 일정한 각도로 분할한 것으로 각도 측정의 기준이 되며 각도 측정 시는 눈금 원판의 편심에 의한 오차에 주의해야 한다.

(14) 각도 측정기

1) 만능각도기

공작물 두 면 간의 각도를 측정하는 가장 간단한 측정기로 눈금 원판은 1눈금이 1'이고, 최소 읽기 값은 눈금 원판의 23°를 12등분 한 부척이 붙은 것이 5', 19°를 20등분 한 부척이 붙은 것이 3'이다.

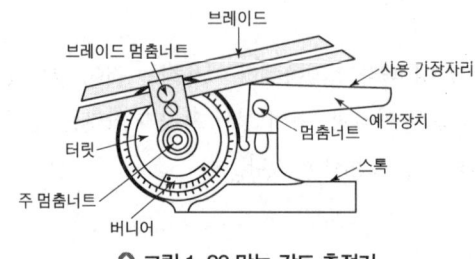

○ 그림 1-82 만능 각도 측정기

○ 그림 1-83 눈금 읽기 방법

각도 측정에서 1라디안(radian)을 나타내는 식은?
① $\dfrac{360°}{\pi}$ ② $\dfrac{\pi}{360°}$
③ $\dfrac{360°}{2\pi}$ ④ $\dfrac{2\pi}{360°}$

해설
라디안(radian) : 원의 반지름과 같은 길이와 같은 호의 중심에 대한 각도로서

$1\,\text{rad} = \dfrac{r}{2\pi r} \times 360$
$= \dfrac{180}{\pi}$
$= 57.29577951°$

보조 단위로는
1mm rad=1/1,000 red,
1 ured=1/1,000,000 red이다.

답 ③

(15) 수준기

수준기는 수평 또는 수직을 정하는 데 쓰이며, 그 외에 수평·수직으로부터 약간 경사진 부분을 측정한다. 경사각은 눈금을 읽어 각도로 환산하고, 경사각을 라디안으로 나타내면 $\theta = \dfrac{L}{R}$ (θ : radian)이며, 수준기의 감도는 KS에서 기포관의 1눈금(2mm)이 변위되는 데 필요한 경사각을 밑면 1m에 대한 높이 또는 각도로 표시한다.

따라서 $\rho = 206{,}265 \times \dfrac{a}{R}$ 가 된다.

(16) 오토콜리메이터(시준기)

1) 오토콜리메이터의 원리

반사경과 망원경의 위치 관계가 기울기로 변했을 때 망원경 내의 상(像)의 위치가 이동하는 것을 이용하여 미소 각도를 측정한다.

2) 오토콜리메이터의 주요 부속품

오토콜리메이터는 각도 측정, 진직도 측정, 평면도 측정 등에 사용되며, 주요 부속품에는 다음과 같다.

① **평면경** : 정밀하게 다듬질 가공된 밑면 및 측면
② **펜타프리즘** : 5각형이며, 각도 검사하는 부속품으로 광도를 90도로 변환시킨다.
③ **폴리곤 프리즘** : 원주를 12면(30도), 10면 및 8면(45도), 6면(60도)으로 등분한 각도 기준이며, 원주 눈금 검사, 각도 분할 정도 검사, 분할판 등에 사용된다.
④ 반사경대(평면도 $1\mu m$ 이내)
⑤ 지지대
⑥ 조정기
⑦ 변압기

3) 오토콜리메이터에 의한 측정 방법

① 기준기에 대한 각도 차의 측정 : 기준편과 피측정물의 각도차를 NPL식 각도 게이지와의 비교 측정으로 구한다.
② 운동의 진직도 측정 : 평면경을 측정부위에 놓고 각각의 위치에서 평면경의 경사량을 읽어서 구한다.
③ 직육면체의 직각도 측정
④ 탄성체의 휨에 의한 경사각 측정
⑤ 안내면의 직각도 측정

(17) 삼각법에 의한 측정

1) 사인 바

삼각함수의 사인을 이용하여 임의의 각도를 설정 및 측정하는 측정기로서, 크기는 롤러 중심 간의 거리로 표시하며 일반적으로 100mm, 200mm를 많이 사용한다.

평면경, 프리즘을 이용한 광학 측정기로 정밀 정반의 평면도, 마이크로 메타 측정면의 직각도 및 평행도, 그 밖에 작은 각도차와 흔들림을 검사하는 측정기는?

① 오토콜리미터
② 투영기
③ 베벨 프로트랙터
④ 콤비네이션 세트

답 ①

삼각법에 의한 각도 측정 방법의 설명이 아닌 것은?

① 사인 바에 의한 각도 측정
② NPL식 각도 게이지에 의한 측정
③ 탄젠트 바에 의한 각도 측정
④ 롤러에 의한 각도 측정

답 ②

$$\sin\alpha = \frac{H}{L},\ \sin\alpha = \frac{H-h}{L},\ \alpha = \sin^{-1}\frac{H-h}{L}$$

사인 바를 이용하여 각도 측정 시 $\alpha > 45$도로 되면 오차가 커지므로 기준면에 대하여 45도 이하로 설정한다.

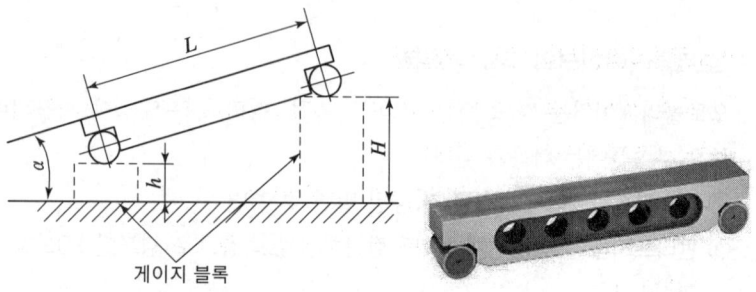

그림 1-84 사인 바에 의한 각도 측정

2) 탄젠트 바

중간의 게이지 블록에 의해 간격이 결정되고 미리 알고 있는 롤러지름 d 및 D, 2개의 롤러에 의해 측정되며 더브테일 등의 측정에 응용된다.

$$\tan\alpha = \frac{H-h}{C+l} = \tan\frac{\alpha}{2} = \frac{D-d}{D+d+2L}$$

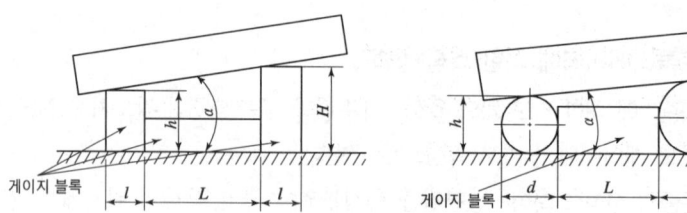

그림 1-85 탄젠트 바에 의한 각도측정

3) 원통 롤러에 의한 각도 측정

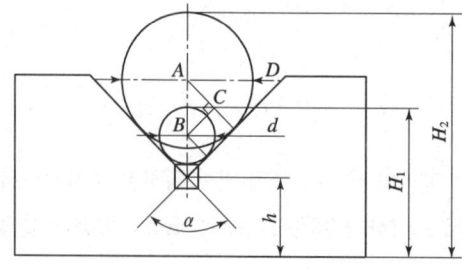

그림 1-86 V 블록에 의한 측정

표면 거칠기 측정에서 직접측정법이 아닌 것은?
① 수준기 측정법
② 광 절단법
③ 촉침법
④ 광파 간섭법

[해설]
표면 거칠기 측정에서 직접 측정법 : 촉침법, 광 절단법, 광파 간섭법, 접촉 측정법이 있다.

[답] ①

① 구배각 측정

각도 $\alpha = \sin^{-1}\dfrac{H}{D+L}$

② V 홈 각도 측정

각도 $\alpha = \sin^{-1}\dfrac{D-d}{2(H_2-H_1)-(D-d)}$

(18) 테이퍼의 측정

1) 테이퍼 각의 정의

원뿔의 직경 D와 그 길이 L과의 비 D/L에서 분자(직경) D를 1로 환산환 값을 테이퍼 량이라 하고, 각도 α를 테이퍼 각이라 한다.

$$\dfrac{1}{x}=\dfrac{(D-d)}{L}=2\tan\dfrac{\alpha}{2}$$

선반의 테이퍼는 모스 테이퍼, 밀링 등에서는 내셔널 테이퍼를 사용하고 있다.

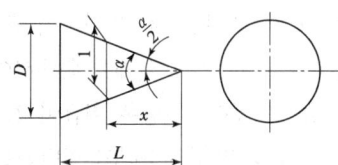 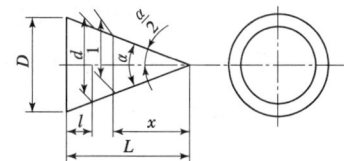

◎ 그림 1-87 원추의 테이퍼

2) 볼 또는 롤러에 의한 테이퍼 측정

[그림 1-88]의 경우 $\dfrac{1}{x}=\dfrac{M_2-M_1}{H}$ $\tan\dfrac{a}{2}=\dfrac{M_2-M_1}{2H}$

[그림 1-89]의 경우 $\dfrac{1}{x}=\dfrac{M_1-M_2}{H}$ $\tan\dfrac{a}{2}=\dfrac{M_1-M_2}{2H}$

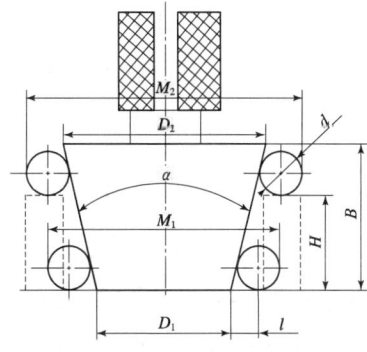 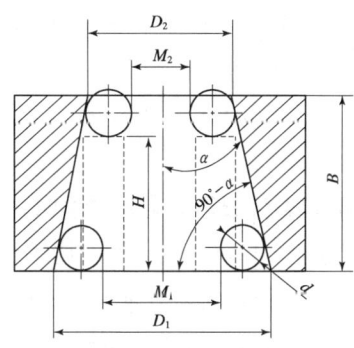

◎ 그림 1-88 롤러에 의한 테이퍼 측정그림   ◎ 그림 1-89 볼에 의한 테이퍼 측정

3 표면 거칠기와 기하 공차 측정

(1) 표면 거칠기 측정법

표면 거칠기는 작은 간격으로 나타나는 표면의 요철로서, "거칠다", "매끄럽다"라는 감각의 근본이 되는 것이고, 파상도는 거칠기에 비하여 보다 큰 간격으로 나타나는 기복이며, 전체 길이에 비하면 작은 간격으로 나타나는 요철로 그 필요성은 정밀기계공업에 크게 대두되고 있다.

1) 비교용 표준 편과의 비교 측정

사람의 손가락 감각으로 표준편과 가공된 제품과의 표면 거칠기를 비교 측정

2) 광절단식 표면 거칠기 측정법

피측정물과 접촉하지 않고 빛을 피측정물 표면 위에 투영시켜 직각 방향에서 관측하는 방법으로 β 쪽의 좁은 틈새로 나온 빛을 투사하여 광선으로 표면을 절단하여 γ 방향에서 현미경이나 투영기에 의해서 확대하여 관측 또는 사진을 찍어서 요철 상태를 알 수 있다. 특징은 취급이 간편하고, 정확하고 신속하므로 공장용으로 적합하고 피측정면의 일반적인 거칠기의 직관상인 윤곽 단면을 사진으로 투영시킬 수가 있다.

3) 광파간섭식 표면 거칠기 측정법

빛의 간섭을 이용하여 가공면의 거칠기를 측정하는 방법으로 래핑 면과 같이 초점 밑면에 적합하며 $1\mu m$ 이하의 비교적 미세한 표면의 측정에 사용되며, 최대 높이 거칠기는 $R_{\max} = \dfrac{b}{a} \times \dfrac{\lambda}{2}$ 식으로 구한다.

① **장점**: 분해 능력이 크고, 매우 부드러운 물체의 측정이 가능하며, 직접 측정이 어려운 기어, 나사면, 구멍 등을 측정할 수 있다.
② **단점**: 반사면이 좋은 표면에만 사용할 수 있고, 진동에 민감하므로 연구실용으로 적당하다.

4) 촉침식 표면 거칠기 측정법

표면 거칠기 측정법의 대표적인 방법으로 측정 원리는 피측정면에 수직으로 움직이는 촉침으로 피측정면의 표면을 긁어서 상하의 움직임량을 전기적인 신호로 변환하고, 증폭시켜 그래프에 그리거나 meter에 값을 지시한다. 구성 요소는 촉침, 감응기, 증폭기, 기록계(지시계) 등으로

구성된다. 촉침의 재질은 선단이 뾰족한 것은 사파이어 또는 다이어몬드 바늘을 사용하고, 선단의 반지름이 작지 않은 것은 강을 이용하며 확대 방법에는 기계식, 광레버식, 전기식 및 공기식이 있다.

5) 표면 거칠기의 표현
① 최대 높이 거칠기(Ry)
② 산술 평균 거칠기(Ra)
③ 10점 평균 거칠기(Rz)

6) 표면 거칠기에 쓰이는 용어
① 거칠기 곡선과 cut-off 값

촉침식 표면 거칠기 측정법에서 단면 곡선을 구할 때 전기회로는 요철을 충분히 증폭하여 이 요철에 비례하는 전기신호로 바꿀 때 일정 길이보다 긴 파장의 성분(저주파 성분)을 제거하는데 파장이 짧은 성분만을 취하는 고역필터를 통과한 곡선을 거칠기 곡선이라 하고, 이 일정한 길이를 cut-off 값이라 한다. cut-off 값을 초과하는 긴 파장에 대해서 고역필터는 한 옥타브당 75% 감소하는 특성을 가지고 있다.

② 표면 거칠기의 도면 기입 방법

가공표면의 상태를 도면에 기입할 때는 다듬질 기호와 함께 표면 거칠기의 구분 값, 기준 길이, cut-off 값을 함께 표시한다.

③ 파상도

표면 거칠기에 있어서 기준 길이 또는 cut-off 값보다 작은 간격의 요철을 거칠기라 표시했는데, 파상도라 함은 이 거칠기 성분을 제거한 일정한 파장보다 긴 성분만을 통과시킨 저역필터를 쓰는 방식이다.

(2) 기하 공차 측정

1) 형상 측정
① 형상의 정도

◎ 표 1-18 형상 및 위치정도의 도시 기호

구 분	기호	공차의 종류	적용하는 형체
모양(형상) 공차	—	진직도 공차	단독형체
	▱	평면도 공차	
	○	진원도 공차	
	⌭	원통도 공차	

○ 표 1-18 형상 및 위치정도의 도시 기호 (계속)

구 분	기호	공차의 종류	적용하는 형체
윤곽 공차	⌒	선의 윤곽도 공차	단독형체 또는 관련 형체
	⌒	면의 윤곽도 공차	
자세 공차	//	평행도 공차	관련 형체
	⊥	직각도 공차	
	∠	경사도 공차	
위치 공차	⊕	위치도 공차	
	◎	동축도 공차 또는 동심도 공차	
	═	대칭도 공차	
흔들림 공차	↗	원주 흔들림 공차	
	↗↗	온 흔들림 공차	

2) 진직도 측정

기계의 직선 부분이 이상 평면으로부터 어긋남의 크기를 말함.

① 진직도 측정 방법
  ㉠ 수준기에 의한 측정
  ㉡ 오토콜리메이터에 의한 측정
  ㉢ 나이프 에지
  ㉣ 정반 위에서 측미기에 의한 방법
  ㉤ 공작기계 등에서 강선과 측미기에 의한 방법
  ㉥ 회전중심에 의한 방법

3) 평면도 측정

기계의 평면 부분이 이상 평면에서 벗어난 크기

① 측정 방법
  ㉠ 빛의 간섭에 의한 평면도 측정
  ㉡ 수준기에 의한 평면도 측정
  ㉢ 오토콜리메이터에 의한 측정
  ㉣ 정밀 정반을 이용한 방법

4) 진원도 측정

진원도란 원의 중심에서의 반지름이 이상적인 진원으로부터 벗어난 크기를 말함.

① 최소제곱 중심법(LSC)
② 외접원 중심법(MCC)
③ 내접원 중심법(MIC)
④ 최소영역 중심법(MZC)

5) 원통도 측정

원통도는 원통 형상의 모든 표면이 두 개의 동심원통 사이에 들어가야 하는 공차역으로, 진원도, 진직도 및 평행도의 복합 공차라 할 수 있고, 원통도 공차는 반지름상의 공차역이며, 실제제품이 완전한 원통으로부터 벗어남의 크기이다. 방법은 V 블록, 센터에 의한 방법이 있다.

6) 평행도 측정

규제된 형체의 모든 점이 다른 표면으로부터 같은 거리에 있어야 하며, 평행도 공차는 데이텀을 기준으로 하여 기하학적인 직선 평면으로부터 벗어난 크기를 말한다.

[평행도 측정 적용 범위]
① 두 개의 평면인 경우
② 하나의 평면과 축심, 중간 면인 경우
③ 두 개의 축심과 중간 면인 경우

7) 직각도

직각도는 대상이 되는 형체의 기준, 즉 데이텀이 있어야 되는 형상 공차로, 데이텀 평면이나 축심이 90°를 기준으로 한 완전한 직각으로부터의 벗어난 크기를 말한다.

8) 경사도

경사도는 90°를 제외한 임의의 각도를 가진 표면이나 형체의 중심이 임의의 각도를 주어진 규제 형체로, 데이텀을 기준으로 주어진 경사도 공차 내에서 각도의 허용 오차를 규제하는 것이다.

9) 흔들림

흔들림은 데이텀 축심을 기준으로 규제 형체(원통, 원뿔, 평면)가 완전한 형상으로부터 벗어난 크기이며, 흔들림 공차는 가장 크게 벗어나는 값을 취하며, 진원도, 진직도, 직각도, 동심도의 오차를 포함하는 복합 공차이다.

10) 위치정도의 측정

① 위치도

규제된 형체가 다른 형체나 데이텀에 관계된 형체의 규정 위치에서 축심 또는 중간면이 이론적인 정확한 위치에서 벗어난 양을 말하며, 위치도 공차는 복합 공차로써 형체의 진직도, 평행도, 진원도, 직각도 오차를 포함한다. 형상에 따라 다르지만 원통 형상의 경우 직경 공차 영역으로, 비원통 형상의 경우는 중간면을 기준으로 한 폭 공차 영역으로 나눈다. 기능 및 호환성이 고려되어야 하는 결합 부품에 적용된다.

[위치도의 사용 범위]
㉠ 구멍 : 원형 형상과 비원형 형상의 구멍
㉡ 축 : 원형 형상의 축이나 비원형 형상의 돌출 형상
㉢ 슬롯, 노치, 보스

② 동심도

축심이 기준 축심과 동일 축선 상에 있어야 할 부분에 대하여 규제하며, 동심도 공차란 데이텀 축심을 기준으로 규제 형체의 축심이 벗어난 양을 원통상의 공차 영역으로 표시한다.

③ 대칭도

형체가 중심면의 양쪽에 대하여 동일 윤곽을 갖는 상태 또는 형체가 데이텀 면과 공통의 평면을 갖는 상태이며, 대칭도 공차란 2개의 평행면과의 거리이고 형체의 중간면은 이 안에 있지 않으면 안 된다.

4 윤곽 측정, 나사 및 기어 측정

(1) 윤곽 측정

1) 공구 현미경에 의한 측정

① 공구 현미경의 용도

가장 많이 사용되고 있는 측정기의 하나로 현미경에 의해 확대 관측하여 제품의 길이, 각도, 형상, 윤곽을 측정하는 측정기이다.

용도는 각종 정밀부품의 측정, 공작용 치공구류의 측정, 각종 게이지의 측정, 특히 나사 게이지, 나사 요소의 측정 등 다방면에 사용되고 있다.

② 공구 현미경의 부속품
㉠ **대물렌즈** : 대물렌즈의 비율은 ×10배 고정되어 있으며, 초점 맞춤의 다소 오차가 있어도 배율 오차를 줄이기 위하여 텔렉센트릭(telecentric) 광학계로 구성되어 있다.
㉡ **경사 센터 지지대(중심지지대)** : 나사, 기어, 호브 등 원통 부품의 형상 치수 측정에 사용된다.

ⓒ **V형 지지대** : 센터대에 지지할 수 없는 제품의 지지에 사용된다.
ⓔ **분할 중심지지대** : 기어, 호브, 캠 분할판, 나사의 비틀림각 측정에 사용
ⓜ **반사 조명 장치** : 제품의 수직 상방에서 조명하여 반사상을 이용하여 측정
ⓗ **접안렌즈** : 접안렌즈는 대물렌즈에 의해 생성된 중간실상을 확대하는 것으로 구조상 형판 접안렌즈, 각도 접안렌즈, 이중상 접안렌즈로 나눈다. 이중상 접안경은 다각 프리즘과 직각프리즘을 조합한 것으로 2개의 상을 합치함으로써 구멍의 중심 간 거리 측정에 알맞다.
ⓢ **촉침식(feller) 현미경**
ⓞ **형판 접안렌즈**
ⓩ **센터링 테이블**
ⓒ **나이프에지**
ⓚ **심출 테이블**

2) 투영기에 의한 측정

① **투영기의 구조**

투영기는 광원, 접안렌즈, 투영렌즈, 스크린의 4요소로 구성되어 있으며, 윤곽(관통) 및 표면측정(미관통)을 위하여 광원과 접안렌즈가 있다.

㉠ **스크린** : 평면도 및 평행도가 아주 좋은 우윳빛 유리판으로 유리면에 십자선을 조각해서 사용

㉡ **투영렌즈** : 10×, 20×, 50×, 100×가 보통이고, 5×, 200× 등은 특수한 경우에 쓰임, 투영상이 찌그러지는 것을 왜곡이라 하고, 선명하게 보이는 정도를 해상력이라 한다.

㉢ **조명광학계** : 조명광이 광축에 평행이 되는 조명법을 텔레센트릭 조명(광학계)이라 하며, 원통이나 구를 관찰하는 데 편리하다.

㉣ **재물대** : 길이 측정은 재물대를 X 방향이나 Y 방향으로 움직여서 재물대에 부착되어 있는 마이크로미터 또는 리니어 스케일을 읽거나 투영된 상태에서 유리자를 이용해서 직접 읽는 방식이다.

㉤ **본체**

(2) 나사 측정 및 기어 측정

1) 수나사 측정법

① **유효지름의 측정**

㉠ **삼침법(3선법)**

나사 게이지 등과 같이 정밀도가 높은 나사의 유효지름 측정에 삼침법

삼침법으로 미터나사의 유효경을 측정하였다. 유효지름은 얼마인가? (단, 마이크로미터로 측정한 치수 : $\phi 43mm$, 나사의 피치 : 4mm, 측정핀의 직경 : $\phi 5mm$이다.)

① 24.534mm
② 31.464mm
③ 19.464mm
④ 18.464mm

해설
$d_1 = M - 3d + 0.8666025P$
$d_1 = 43 - (3 \times 5) + (0.8666025 \times 4)$
$\quad = 24.53359$

답 ②

나사 마이크로미터로 미터나사를 측정하였다. 무엇을 알고자 측정했는가?

① 외경
② 골지름
③ 유효지름
④ 피치

답 ③

(3선법)이 쓰이며, 지름이 같은 3개의 핀 게이지를 나사산의 골에 끼운 상태에서 바깥지름을 마이크로미터 등으로 측정하여 계산하며, 유효지름을 측정하는 가장 정밀한 방법이다.

[그림 1-90]의 (b)에서 p는 피치, d는 와이어의 지름, α는 나사산의 각도(60°), M은 마이크로미터의 읽음 값이며, 유효지름 d_2의 계산은 다음과 같다.

$$d = 0.57735p, \quad d_2 = M - 3d + 0.86603p$$

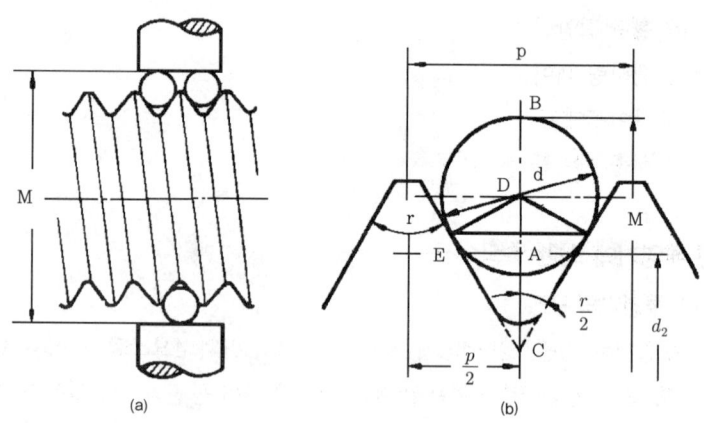

○ 그림 1-90 삼침법의 유효지름 측정법

ⓒ **나사 마이크로미터에 의한 방법**
엔빌 측에 V 홈 측정자를 스핀들 측에 원뿔형 측정자를 사용하여 유효지름 값을 직접 읽을 수 있다.

ⓒ **광학적인 방법**
투영기, 공구 현미경 등의 광학적 측정기에서 나사축 선과 직각으로 움직이는 전후 이동 마이크로미터 헤드의 읽음 값으로 구할 수 있다. 일반적으로 측정력 때문에 생기는 오차와 기계적인 방법에서 큰 반각에서 생기는 오차의 영향을 없앨 수 있는 이점이 있다.

② **피치의 측정**
보통 피치의 측정은 유효지름 부근의 플랭크를 측정 대상으로 하고, 공구 현미경, 투영기 등과 같이 xy 방향으로 테이블의 이동을 읽을 수 있는 측정기에서 나사축 선과 측정기의 x 방향 움직임을 평행하게 세팅한 후 측정하고 나사 피치 비교 측정기에서도 간단하게 할 수 있다.

③ **나사산의 반각 측정**
㉠ **공구 현미경** : 나사의 형 사이 새겨져 있는 형판 접안렌즈로 비교 측정할 수 있다.

ⓒ **투영기** : 나사 형판이 그려져 있는 차트 등으로 간단하게 측정할 수 있지만, 정확한 측정을 위해서는 축선과 직각 방향에서 나사산의 반각 $\alpha/2$를 측정하고, 선명한 상을 얻기 위해서는 나사산의 각도를 리드 각만큼 기울여서 측정한다.

2) 암나사의 측정
① 유효지름의 측정
3침 대신에 강구를 사용하여 비교 측정기 또는 만능측장기로 측정
② 피치 측정
만능 피치 측정기를 사용하나 일반적으로 암나사 부위에 왁스나 석고, 황+흑연 혼합물 등을 주형으로 만들어 굳은 다음 수나사 측정 방법으로 공구 현미경이나 투영기를 사용하여 측정

3) 나사 게이지에 의한 검사
나사 제품을 대량으로 검사할 때는 나사 게이지로 검사하며, 나사 한계 게이지는 구멍, 축용 한계 게이지와 같이 테일러의 원리가 나사산의 형상에 적용되어야 한다.
① 나사용 한계 게이지의 종류
구멍용, 축용 한계 게이지와 같이 검사용, 공작용, 점검용 게이지로 구분한다.
② 나사 게이지 사용법
통과측 게이지는 무리 없이 통과하고 정지측 게이지는 2회전 이상 들어가지 않는 것을 게이지에 의한 치수 검사에 합격한 것으로 한다.

4) 기어 측정
주로 동력 전달의 효율성, 이의 강도와 내구성 등에 관하여 고려되었지만 최근에는 맞물림 시 허용되는 각도 오차, 기어의 뒷틈(백래시), 운전 중 소음이나 진동 등 여러 가지를 요구하기에 이르러 기어의 정밀가공과 더불어 정밀측정을 요구하게 되었다.
기어 측정에서는 치형의 정확도, 이 두께, 피치, 편심 오차 등을 측정하고 검사하며, 상대기어와 물려 운전할 때의 마멸 및 소음 등을 시험한다.
① 피치 오차의 측정
㉠ 기어의 피치 오차
기어의 피치 오차로서 단일피치 오차, 최내피치 오차, 인접피치 오차, 누적피치 오차, 법선피치 오차가 있으며 KS에서는 최대피치 오차는 적용하지 않는다.

수나사의 정도를 검사하기 위한 주요측정 항목이 아닌 것은?
① 바깥지름
② 유효지름
③ 피치
④ 리드

답 ④

ⓒ 원주피치 오차의 측정
- 직선거리의 측정법
- 각도의 측정법
- 인접피치 오차의 측정법

ⓒ 법선피치의 측정

법선피치는 측정자 및 고정 접촉자를 기초원의 접선과 이에 대응하는 인접한 치면과의 교점에 접촉시켜 그 두 교점 사이의 직선거리에 대하여 그 이론값과의 차를 측정하고, 헬리컬 기어에서는 정면 법선피치를 측정한다.

측정값에서 단일피치 오차, 인접피치 오차, 누적피치 오차, 법선피치 오차의 최댓값을 구한다.

- 단일피치 오차 : 인접한 이의 피치원상에서의 실제 피치와 이론적인 피치와의 차
- 인접피치 오차 : 피치원상의 인접한 두 피치의 차
- 누적피치 오차 : 피치원상에서 임의의 두 이 사이의 실제 피치의 합과 이론적인 값의 차
- 법선피치 오차 : 정면 법선피치의 실제 치수와 이론값의 차

② 이 두께 측정

ⓐ 활줄(버니어 캘리퍼스) 이 두께 측정

피치원상의 활줄 이 두께를 측정하기 위해서는 우선, 이 높이의 이론값에 이 두께 버니어 캘리퍼스를 설정한 다음 이 두께를 측정한다.

ⓑ 걸치기 이 두께 측정

이 두께 마이크로미터를 사용하여 걸치기 이 두께를 측정하는 방법으로 걸치기 이 두께는 기어를 몇 개의 이를 걸쳐서 측정하는 것으로 외측 마이크로미터의 앤빌 및 스핀들에 원판형의 디스크를 붙인 디스크 마이크로미터로 측정한다.

$$Sm = Sg + (Zm - 1) \times te$$

ⓒ 오버 핀에 의한 이 두께 측정

이 측정 방법은 스퍼 기어에서 2개의 핀을 지름 위에서 짝수 이의 경우 또는 π/Z만큼 기울어진 홀수 이의 경우에 넣어 외부 기어에서는 2개의 핀이 바깥쪽 치수를 측정하고, 내부 기어에서는 2개의 핀 안쪽 치수를 측정하여 이 두께를 구한다. 또 헬리컬 외부 기어에서는 핀의 바깥쪽치수를 측정하고 헬리컬 내부에서는 핀의 안쪽 치수를 측정한다.

- 짝수 이의 경우 : $dm = dp + Zm \times \cos\alpha/\cos\phi$
- 홀수 이의 경우 : $dm = Zm \times \cos\alpha/\cos\phi \times \cos 90°/Z + dp$

예상문제

01 지시의 흐트러짐(흔들림 오차, 되돌림 오차, 반복 오차), 지시 오차, 직선성과 같은 측정기 고유의 요인으로 발생하는 오차는?

① 측정기에 의한 오차
② 사람에 의한 오차
③ 환경에 의한 오차
④ 복잡한 요소가 중복된 오차

02 측정기의 측정 압력, 측정기나 소재의 탄성 변형, 측정 방법 등으로 발생하는 오차는?

① 측정기에 의한 오차
② 사람에 의한 오차
③ 환경에 의한 오차
④ 복잡한 요소가 중복된 오차

03 측정 시 측정자의 자세에 의한 눈금 읽음, 측정 결과의 기록 오류와 같이 사람의 습관, 심리적인 요인 등으로 발생하는 오차는?

① 측정기에 의한 오차
② 사람에 의한 오차
③ 환경에 의한 오차
④ 복잡한 요소가 중복된 오차

04 측정 오차에 관한 설명으로 틀린 것은?

① 계통 오차는 측정값에 일정한 영향을 주는 원인에 의해 생기는 오차이다.
② 우연 오차는 측정자와 관계없이 발생하고, 반복적이고 정확한 측정으로 오차 보정이 가능하다.
③ 개인 오차는 측정자의 부주의로 생기는 오차이며, 주의해서 측정하고 결과를 보정하면 줄일 수 있다.
④ 계기 오차는 측정 압력, 측정온도, 측정기 마모 등으로 생기는 오차이다.

해설
우연 오차는 측정하는 과정에서 우발적으로 발생하는 오차를 말하며, 발생 원인으로는 측정자의 심리적 변화, 측정기의 성능, 필연적이나 우발적으로 발생하는 사항 등이 있으며, 오차를 최소화하기 위하여 반복측정에 의한 산술평균으로 측정치를 결정한다.

05 측정기, 피측정물, 자연환경 등 측정자가 파악할 수 없는 변화에 의하여 발생하는 오차는?

① 시차   ② 우연 오차
③ 계통 오차   ④ 후퇴 오차

해설
① 시차 : 측정자의 부주의 즉, 읽음에 있어서 시선의 방향에 따라 생기는 오차이다.
② 우연 오차 : 측정기, 측정물 및 환경 등의 원인을 파악할 수 없어 측정자가 보정할 수 없는 오차이다. 이런 경우에는 여러 번 반복 측정하여 그 평균값을 구하는 것이 좋다.
③ 계통 오차 : 측정기로 동일한 측정 조건 하에서 피측정물을 측정할 때에 같은 크기와 부호가 발생되는 오차로서 이는 보정하여 측정값을 수정할 수 있다.
④ 후퇴 오차 : 주위 환경이 변화되지 않는 상태에서 읽음 값에 대해서 지침의 측정량이 증가하는 상태에서의 읽음 값과 감소상태에서의 읽음 값의 차이다.

06 동일 조건 상태에서 항상 같은 크기와 같은 부호를 가지는 오차는?

① 절대 오차   ② 측정 오차
③ 계통적 오차   ④ 우연 오차

[정답] 01 ① 02 ③ 03 ② 04 ② 05 ② 06 ③

07 우연 오차는 측정 횟수가 매우 많아지면 다음과 같은 특성이 나타난다. 틀린 것은?

① 작은 오차는 큰 오차보다 많이 나온다.
② 같은 크기의 음(-), 양(+)의 오차는 다르게 나온다.
③ 매우 큰 오차는 나오지 않는다.
④ 측정값에는 산포가 따르는 것이 보통이다.

> **해설**
> 같은 크기의 음(-), 양(+)의 오차는 같은 횟수로 나온다.

08 기기 오차에서 오차를 줄이는 방법으로 틀린 것은?

① 소중히 취급하며 가장 좋은 상태를 유지한다.
② 정도 파악 및 치수 정도에 적합한 측정기를 선택한다.
③ 반복 측정 시 산포 값은 최대와 최소의 평균값을 오차로 한 보정을 하여 준다.
④ 보정 값 = 기차 - 측정값이다.

> **해설**
> 보정 값 = 측정값 - 기차이다.

09 환경 오차 요인으로 볼 수 없는 것은?

① 측정기 취급 시 체온에 의한 오차를 방지하기 위해 방열 커버가 있는 측정기를 사용한다.
② 측정물과 측정기가 열평형이 없도록 하고 측정한다.
③ 급격한 온도 변화가 없는 장소에서 측정한다.
④ 측정기 취급 시 체온에 의한 열전달을 방지하기 위해 장갑을 착용한다.

> **해설**
> 측정물과 측정기가 열평형을 이루게 하여 측정한다.

10 길이가 긴 게이지 블록의 양 단면이 항상 평행하게 하기 위한 지지점은? (단, L은 게이지 블록의 길이이다.)

① 0.2113L ② 0.2203L
③ 0.2232L ④ 0.2386L

> **해설**
> ① 0.2113L : 에어리점(Airy Point)
> 눈금이 중립면에 없는 경우 및 게이지 블록과 단도기를 수평으로 지지할 때 사용되는 방법으로서, 처음 평행한 2개의 단면이 지지에 의하여 굽힘이 발생한 후에도 양 단면이 평행을 유지할 수 있는 지지 방법으로서 길이의 오차도 최소화할 수 있다.
> ② 0.2203L : 베셀점(Bessel Point)
> 중립면에 눈금을 만든 표준자를 지지할 때 사용되는 방법이며, 눈금 면의 직선거리와의 차이를 최소화하는 데 사용되는 방법으로 중립축 또는 중립면의 변위를 최소화할 수 있다.
> ③ 0.2232L : 전장에 걸쳐 변형이 가장 작으며, 양단과 중앙의 처짐이 동일하게 된다.
> ④ 0.2386L : 지지점 사이, 즉 중앙부의 처짐을 최소화(0점)할 수 있으므로 중앙부의 직선의 유지가 필요한 경우에 사용된다.

11 측정 압력 오차 요인을 조치하는 방법으로 틀린 것은?

① 측정 압력을 조정할 수 있는 장치가 부착된 측정기를 사용한다.
② 측정 압력을 조정할 수 없는 측정기기는 반복 측정하여 편차를 확인한다.
③ 버니어 캘리퍼스와 같이 측정 압력을 조정할 수 없는 측정기기는 반복 숙련이 필요하며, 숙련도 여부는 게이지 R&R을 통해 평가한다.
④ 측정하고자 하는 공차가 중요하므로 정밀도가 낮은 측정기를 사용한다.

[정답] 07 ② 08 ④ 09 ② 10 ① 11 ④

해설
측정하고자 하는 공차보다 정밀도가 높은 측정기를 사용한다.

12 측정에서 접촉 오차 요인을 조치하는 방법으로 틀린 것은?

① 측정기의 측정 면 모양이 측정 공작물 외경과 같이 곡면일 때는 곡면을 사용한다.
② 측정기의 측정 면은 내마모성이 있는 재질(초경합금)을 사용한다.
③ 측정 공작물은 측정 면의 양쪽에 위치시켜 측정한다.
④ 두 측정 면 사이의 평행 여부 등을 수시로 점검하고 사용한다.

해설
측정 공작물은 측정 면의 중앙에 위치시켜 측정한다.

13 측정 시 눈금을 읽을 때 발생하는 오차는 다음과 같이 조치하여 예방한다. 맞지 않는 것은?

① 눈금을 읽을 때 자세는 눈과 눈금의 위치를 대각선이 되게 한다.
② 0점 조정 시 측정자의 특성에 맞춰 세팅하여 사용한다.
③ 눈금을 읽는 아날로그 측정기 대신 디지매틱 측정기를 사용한다.
④ 측정하려는 공차보다 정밀도가 높은 측정기를 사용한다.

해설
눈금을 읽을 때 자세는 눈과 눈금의 위치를 직선이 되게 한다.

14 최소 눈금 1mm, 어미자 39mm를 20등분 한 버니어 캘리퍼스의 최소 측정값은?

① 0.01 ② 0.02
③ 0.05 ④ 0.5

해설
최소 측정값 = $\dfrac{\text{어미자의 최소 눈금}}{\text{등분수}(m)} \cdot \dfrac{1}{20} = 0.05$

15 어미자의 1눈금이 0.5mm이며, 아들자의 눈금이 12mm를 25등분 한 버니어 캘리퍼스의 최소 측정값은?

① 0.01mm ② 0.05mm
③ 0.02mm ④ 0.1mm

해설
최소 측정값 = $\dfrac{\text{어미자의 최소 눈금}}{\text{등분수}(n)} \cdot \dfrac{0.5}{25} = 0.02$

16 다이얼 게이지로 V-블록을 이용하여 측정할 수 있는 것은?

① 동심도, 원통도
② 동심도, 평행도
③ 원통도, 평행도
④ 대칭도, 평면도

17 다이얼 게이지로 진원도 측정 방법이 아닌 것은?

① 지름법   ② 반지름법
③ 3점법   ④ 삼침법

해설
삼침법은 수나사 유효지름 측정법 중 하나로서, 나사 게이지 등과 같이 정밀도가 높은 나사의 유효지름을 측정한다.

[정답] 12 ③ 13 ① 14 ③ 15 ③ 16 ① 17 ④

CHAPTER 03 정밀측정

18 측정기에 대한 설명으로 옳은 것은?

① 일반적으로 버니어 캘리퍼스가 마이크로미터보다 측정 정밀도가 높다.
② 사인 바(sine bar)는 공작물의 내경을 측정한다.
③ 다이얼 게이지는 각도 측정기이다.
④ 스트레이트 에지(straight edge)는 평면도의 측정에 사용된다.

해설
① 일반적으로 버니어 캘리퍼스가 마이크로미터보다 측정 정밀도가 낮다.
② 사인 바(sine bar)는 공작물의 각도를 측정한다.
③ 다이얼 게이지는 비교 측정기로서 평면이나 원통형의 평활도, 원통의 진원도, 축의 흔들림 정도 등의 검사나 측정에 사용된다.

19 M형 버니어 캘리퍼스로 작은 구멍을 측정할 때 일어나는 오차 현상은?

① 실제 직경보다 크게 측정된다.
② 실제보다 크게도 되고, 작게도 된다.
③ 실제 직경보다 작게 된다.
④ 오차는 거의 없다.

20 버니어 캘리퍼스의 종류가 아닌 것은?

① M1형   ② B1형
③ CB형   ④ CM형

해설
버니어 캘리퍼스의 종류
KS에는 M1형, M2형, CB형, CM형 네 종류를 규정하고, 그 외 다이얼 캘리퍼스, 깊이 게이지, 이 두께 버니어 캘리퍼스 등이 있다.

21 일반적으로 직경(외경)을 측정하는 공구로서 가장 거리가 먼 것은?

① 강철자
② 그루브 마이크로미터
③ 버니어 캘리퍼스
④ 지시 마이크로미터

해설
그루브 마이크로미터 : 스핀들에 플런지가 부착되어 구멍과 외경 내외부에 있는 홈의 너비(두께), 깊이, 위치를 측정할 수 있다.

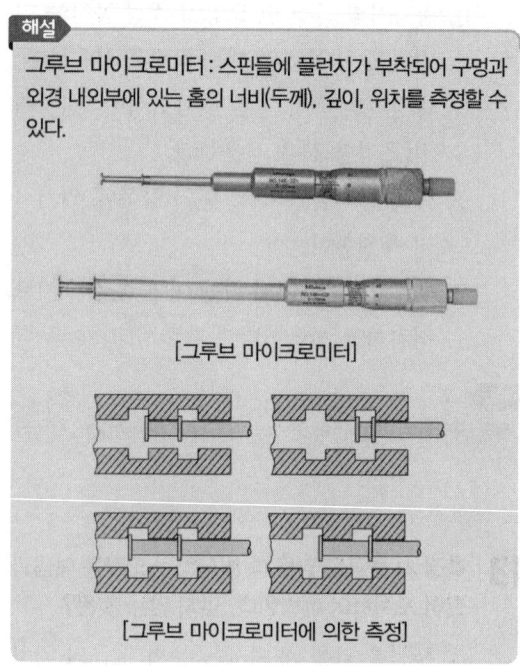

[그루브 마이크로미터]

[그루브 마이크로미터에 의한 측정]

22 최소 눈금(딤블의 1 눈금)이 0.01mm인 마이크로미터에서 스핀들 나사의 피치가 0.5mm이면 딤블의 원주 눈금은 몇 등분되어 있는가?

① 10 등분   ② 50 등분
③ 100 등분   ④ 200 등분

해설
표준 마이크로미터는 나사의 피치 0.5mm, 딤블의 원주 눈금이 50등분 되어 있으므로 딤블의 1회전에 의한 스핀들의 이동량(M)은 0.01mm의 측정이 가능하다.
$M = 0.5 \times \dfrac{1}{50} = \dfrac{1}{100} = 0.01\text{mm}$

[정답] 18 ④ 19 ③ 20 ② 21 ② 22 ②

23 마이크로미터의 스핀들 나사의 피치가 0.5mm이고 딤블의 원주 눈금이 50등분 되어 있다면 최소 측정값은?

① $2\mu m$ ② $5\mu m$
③ $10\mu m$ ④ $15\mu m$

해설
$M = 0.5 \times \dfrac{1}{50} = \dfrac{1}{100}$ mm
즉, 딤블의 1눈금은 0.01mm($\times 1,000 = 10\mu m$)를 나타내게 된다.

24 마이크로미터의 나사 피치가 0.25mm일 때 딤블의 원주를 100등분 하였다면 딤블 1눈금의 회전에 의한 스핀들의 이동량은 몇 mm인가?

① 0.005   ② 0.002
③ 0.01   ④ 0.02

해설
$0.25 \div 100 = 0.0025$

25 마이크로미터 측정 면의 평면도 검사에 가장 적합한 측정기기는?

① 옵티컬 플랫
② 공구 현미경
③ 광학식 클리노미터
④ 투영기

해설
평행 광선정반
① 측정 면의 평면도 : 광선정반, 평행 광선정반을 사용하며, 평면도 측정(옵티컬 플랫)은 일반적으로 45~60mm가 쓰인다.
② 측정 면의 평면도(옵티컬 플랫, 옵티컬 파라렐 : 평행도) : 4개가 1세트며 4개의 데이터 중 최댓값을 마이크로미터의 평행도로 한다.

26 직경(외경)을 측정하기에 부적합한 공구는?

① 철자
② 그루브 마이크로미터
③ 버니어 캘리퍼스
④ 지시 마이크로미터

해설
그루브 마이크로미터는 구멍 깊이를 측정한다.

27 마이크로미터의 사용시 일반적인 주의사항이 아닌 것은?

① 측정 시 래칫 스톱은 1회전 반 또는 2회전 돌려 측정력을 가한다.
② 눈금을 읽을 때는 기선의 수직위치에서 읽는다.
③ 사용 후에는 각 부분을 깨끗이 닦아 진동이 없고 직사광선을 잘 받는 곳에 보관하여야 한다.
④ 대형 외측 마이크로미터는 실제로 측정하는 자세로 0점 조정을 한다.

해설
사용 후에는 각 부분을 깨끗이 닦아 진동이 없고 직사광선을 받지 않는 곳에 보관하여야 한다.

28 트위스트 드릴의 각부에서 드릴 홈의 골 부위(웨브 두께)를 측정하기에 가장 적합한 것은?

① 나사 마이크로미터
② 포인트 마이크로미터
③ 그루브 마이크로미터
④ 다이얼 게이지 마이크로미터

[정답] 23 ③ 24 ② 25 ① 26 ② 27 ③ 28 ②

> **해설**
> 포인트 마이크로미터 : 트위스트 드릴의 각부에서 드릴 홈의 골 부위(웨브 두께)를 측정하기에 가장 적합하다.

29 드릴 홈과 같은 골지름을 측정하는 것은?
① 포인트 마이크로미터
② 나사 마이크로미터
③ 직접 지시 마이크로미터
④ 캘리퍼스형 마이크로미터

> **해설**
> 나사 마이크로미터

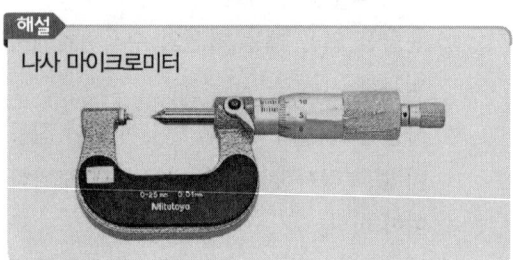

30 다이얼 게이지의 특징이 아닌 것은?
① 측정 범위가 좁고 직접 제품의 치수를 읽을 수 있다.
② 소형, 경량으로 취급이 용이하다.
③ 눈금과 지침에 의해서 읽기 때문에 오차가 적다.
④ 연속된 변위량의 측정이 가능하다.

> **해설**
> 다이얼 게이지의 특징
> ① 측정 범위가 넓다.
> ② 연속된 변위량의 측정이 가능하다.
> ③ 소형, 경량으로 취급이 용이하다.
> ④ 어태치먼트의 사용 방법에 따라 측정이 광범위하다.

⑤ 다이얼 눈금과 지침에 의해서 읽기 때문에 읽기 오차가 적다.
⑥ 다원 측정(동시에 많은 개수의 측정이 가능)의 검출기로써 이용할 수 있다.

31 측정자의 직선 또는 원호 운동을 기계적으로 확대하여 그 움직임을 지침의 회전 변위로 변환시켜 눈금으로 읽을 수 있는 측정기는?
① 수준기 ② 스냅 게이지
③ 게이지 블록 ④ 다이얼 게이지

> **해설**
> 다이얼 게이지 : 측정자의 직선 또는 원호 운동을 기계적으로 확대하여 그 움직임을 지침의 회전 변위로 변환시켜 눈금으로 읽을 수 있는 측정기이다.

32 다이얼 게이지 기어의 백래시(back lash)로 인해 발생하는 오차는?
① 인접 오차 ② 지시 오차
③ 진동 오차 ④ 되돌림 오차

> **해설**
> 되돌림 오차 : 측정기 자체에 의한 것(기기 오차)으로 다이얼 게이지 기어의 백래시(back lash)로 인해 발생하는 오차로 동일 측정량에 대하여 다른 방향으로부터 접근한 경우 지시의 평균값의 차로 백래시(back lash)를 의미한다.

33 원형의 측정물을 V 블록 위에 올려놓은 뒤 회전하였더니 다이얼 게이지의 눈금에 0.5mm의 차이가 있었다면 그 진원도는 얼마인가?
① 0.125mm ② 0.25mm
③ 0.5mm ④ 1.0mm

> **해설**
> $\dfrac{0.5}{2} = 0.25\text{mm}$

[정답] 29 ② 30 ① 31 ④ 32 ④ 33 ②

34 다이얼 게이지의 사용상 주의사항이 아닌 것은?

① 스핀들이 원활히 움직이는가를 확인한다.
② 스탠드를 앞뒤로 움직여 지싯값의 차를 확인한다.
③ 스핀들을 갑자기 작동시켜 반복 정밀도를 본다.
④ 다이얼 게이지의 편차가 클 때는 교환 또는 수리가 불가능하므로 무조건 폐기시킨다.

> 해설
> 다이얼 게이지의 편차가 클 때는 교환하거나 수리를 하도록 한다.

35 그림과 같이 테이퍼 1/30의 검사를 할 때 A에서 B까지 다이얼 게이지를 이동시키면 다이얼 게이지의 차이는 몇 mm인가?

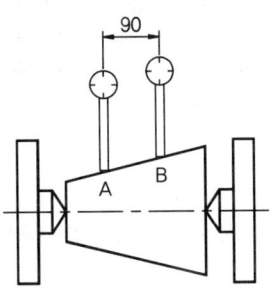

① 1.5mm
② 2.5mm
③ 2mm
④ 3mm

> 해설
>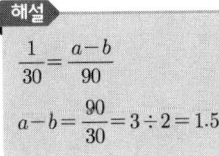

36 다음 하이트 게이지의 종류 중 스크라이버 밑면이 정반 면에 닿아 정반 면으로부터 높이를 측정할 수 있으며 강철자는 스탠드 홈을 따라 상하로 조금씩 이동시킬 수 있기 때문에 0점 조정할 수 있는 하이트 게이지는?

① HT형
② HB형
③ HM형
④ HC형

37 -50μ의 오차가 있는 표준편으로 세팅한 높이 게이지로 정하면서 27.25mm를 얻었다면 실제값은?

① 26.75mm
② 27.20mm
③ 27.30mm
④ 27.25mm

> 해설
> 27.25−(−0.05) = 27.30mm

38 $-18\mu m$의 오차가 있는 게이지 블록에 다이얼 게이지를 영점 세팅하여 공작물을 측정하였더니, 측정값이 46.78mm이었다면 참값(mm)은?

① 46.760
② 46.798
③ 46.762
④ 46.603

> 해설
> 계기 오차 = 측정값 − 참값 = 46.78 − 46 = 0.78
> 실제 치수 = 측정값 + 오차 = 46.78 + (−0.018) = 46.762

39 $+4\mu m$의 오차가 있는 호칭 치수 30mm의 게이지 블록과 다이얼 게이지를 사용하여 비교 측정한 결과 30.274mm를 얻었다면 실체 치수는?

① 30.278mm
② 30.270mm
③ 30.266mm
④ 30.282mm

[정답] 34 ④ 35 ① 36 ① 37 ③ 38 ③ 39 ①

> **해설**
> 계기 오차 = 측정값 − 참값 = 30.274 − 30 = 0.274
> 실제 치수 = 측정값 + 오차 = 30.274 + 0.004 = 30.278

40 다음 그림과 같이 피측정물의 구면을 측정할 때 다이얼 게이지의 눈금이 0.5mm 움직이면 구면의 반지름[mm]은 얼마인가? (단, 다이얼 게이지 측정자로부터 구면계의 다리까지의 거리는 20mm이다.)

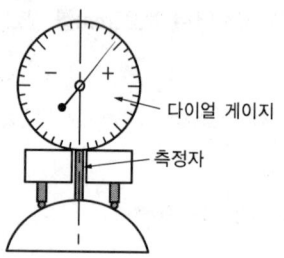

① 100.25 ② 200.25
③ 300.25 ④ 400.25

> **해설**
> 반지름이므로 20mm×20=400mm, 0.5mm÷2=0.25,
> 따라서 400.25mm이다.

41 다음 중 실제 치수와 표준 치수와의 차를 측정하는 데 사용되는 측정기는?

① 게이지 블록
② 실린더 게이지
③ 캘리퍼스
④ 마이크로미터

42 게이지 블록의 취급 시 주의사항으로 틀린 것은?

① 먼지가 적고 건조한 실내에서 사용할 것
② 사용한 뒤에는 세척하여 염수를 발라둘 것
③ 측정 면은 깨끗한 천이나 가죽으로 잘 닦을 것
④ 목제 테이블이나 천 또는 가죽 위에서 사용할 것

> **해설**
> 게이지 블록의 취급법
> ① 먼지 적고 건조한 실내 사용
> ② 목재, 천 가죽 위에서 취급
> ③ 천이나 가죽으로 세척
> ④ 상자 보관을 원칙으로 한다.
> ⑤ 사용 후 방청유로 세척 보관

43 일반적인 게이지 블록 조합의 종류가 아닌 것은?

① 12개 조 ② 32개 조
③ 76개 조 ④ 103개 조

> **해설**
> 게이지 블록
> 각 면의 치수가 다른 육면체로 아주 정밀하게 다듬질되어 있다. 이들 각 면을 몇 개 조합하여 밀착(wringing)시켜 필요한 치수로 만들어 길이의 기준으로 한다. 보통 103, 76, 32, 8개가 한 세트로 조합되어 있다.

44 게이지 블록 구조 형상의 종류에 해당하지 않는 것은?

① 호크형 ② 캐리형
③ 레버형 ④ 요한슨형

> **해설**
> 게이지 블록 구조 형상의 종류
>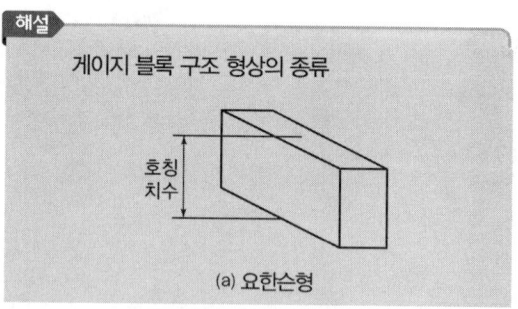
> (a) 요한슨형

[정답] 40 ④ 41 ① 42 ② 43 ① 44 ③

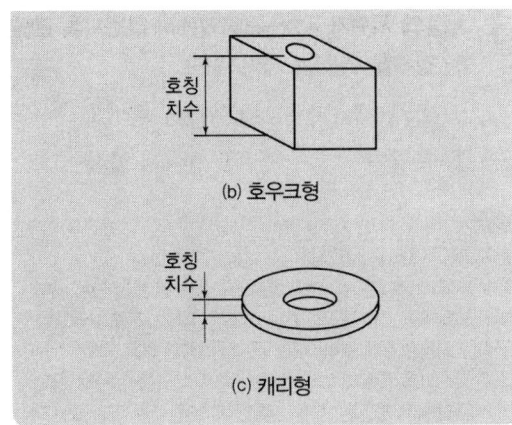

(b) 호우크형

(c) 캐리형

45 게이지 블록 중 표준용(calibration grade)으로서 측정기류의 정도검사 등에 사용되는 게이지의 등급은?

① 00(AA)급 ② 0(A)급
③ 1(B)급   ④ 2(C)급

해설
게이지 블록의 용도
① 검사용(2급): 공구절삭, 공구의 설치, 게이지 제작, 측정기의 조정
   공작용으로 검사는 6개월, 정밀도(평행도 허용치)는 ±0.4μ
② 검사용(1급): 기계 부품 공구 등의 검사, 게이지 정도검사
   검사는 1년, 정밀도(평행도 허용치)는 ±0.2μ
③ 표준형(0급): 일람용, 검사용, B/G의 정 검사, 측정기류의 정도검사
   검사는 2년, 정밀도(평행도 허용치)는 ±0.1μ
④ 참조형(00급): 표준용 B/G의 정도검사, 학술용
   검사는 3년, 정밀도(평행도 허용치)는 ±0.05μ

46 기계 부품 또는 공구의 검사용, 게이지 정밀도 검사 등에 사용하는 게이지 블록은?

① 공작용   ② 검사용
③ 표준용   ④ 참조용

47 게이지 블록을 취급할 때 주의사항으로 적절하지 않은 것은?

① 목제 작업대나 가죽 위에서 사용할 것
② 먼지가 적고 습한 실내에서 사용할 것
③ 측정 면은 깨끗한 천이나 가죽으로 잘 닦을 것
④ 녹이나 돌기의 해를 막기 위하여 사용한 뒤에는 잘 닦아 방청유를 칠해 둘 것

해설
게이지 블록을 취급할 때 주의사항
① 먼지 적고 건조한 실내 사용
② 목재, 천 가죽 위에서 취급
③ 천이나 가죽으로 세척
④ 상자 보관을 원칙으로 한다.
⑤ 사용 후 방청유로 세척 보관

48 게이지 블록 등의 측정기 측정 면과 정밀기계부품, 광학 렌즈 등의 마무리 다듬질 가공 방법으로 가장 적절한 것은?

① 연삭   ② 래핑
③ 호닝   ④ 밀링

해설
래핑: 게이지 블록 등의 측정기 측정 면과 정밀기계부품, 광학 렌즈 등의 마무리 다듬질 가공 방법이다.

49 선반의 나사절삭 작업 시 나사의 각도를 정확히 맞추기 위하여 사용되는 것은?

① 플러그 게이지   ② 나사 피치 게이지
③ 한계 게이지   ④ 센터 게이지

해설
센터 게이지: 선반에서 나사절삭 작업 시 나사의 각도를 정확히 맞추기 위하여 사용된다.

[정답] 45 ② 46 ② 47 ② 48 ② 49 ④

50 20°C에서 20mm인 게이지 블록이 손과 접촉 후 온도가 36°C가 되었을 때, 게이지 블록에 생긴 오차는 몇 mm인가? (단, 선팽창계수는 1.0×10^{-6}/°C이다.)

① 3.2×10^{-4} ② 3.2×10^{-3}
③ 6.4×10^{-4} ④ 6.4×10^{-3}

해설
$l\{\alpha(t_2-t_1)\} = 20 \times 1.0 \times 10^{-6}(36-20)$
$= 3.2 \times 10-4 = 0.32\mu m$

51 테일러의 원리에 맞게 제작되지 않아도 되는 게이지는?

① 링 게이지
② 스냅 게이지
③ 테이퍼 게이지
④ 플러그 게이지

해설
테일러의 원리 : "통과측에는 모든 치수 또는 결정량이 동시에 검사되고 정지측에는 각 치수가 개개로 검사되어야 한다"라는 것으로 끼워맞춤에 적용되므로 테일러의 원리가 반드시 적용하는 것은 아니며, 게이지의 사용상 불편한 점도 있기 때문에 어느 정도 벗어난 것도 허용된다.

52 한계 게이지의 종류에 해당되지 않는 것은?

① 봉 게이지   ② 스냅 게이지
③ 틈새 게이지 ④ 플러그 게이지

해설
표준 게이지
① 와이어 게이지 : 각종 선재의 지름이나 판재의 두께 측정에 사용된다.
② 틈새 게이지 : 미소한 틈새 측정에 사용된다.
③ 피치 게이지 : 나사의 피치나 산수를 측정
④ 센터 게이지 : 나사바이트의 각도 측정
⑤ 반지름 게이지 : 곡면의 둥글기를 측정

53 제품의 치수가 공차 내에 있는지 없는지를 간단히 검사할 수 있는 게이지는?

① 틈새 게이지   ② 한계 게이지
③ 측장기   ④ 게이지 블록

해설
한계 게이지(limit gauge)
기계 부품의 정해진 실제 치수가 크고 작은 두 개의 한계 사이에 들도록 하는 것이 합리적이다. 이 두 개의 한계를 나타내는 치수를 허용한계 치수라 하고, 큰 쪽을 최대 허용 치수, 작은 쪽을 최소허용 치수라 하고, 두 한계치수의 차를 공차라 한다. 이 부품의 실제 가공된 치수가 두 한계 허용 치수 내에 있는지는 한계 게이지를 이용하여 검사한다. 공차 부호 방향의 통과측 플러그 게이지는 (+)로 하고, 정지측 게이지는 (-)로 한다.

54 한계 게이지의 특징이라고 볼 수 없는 것은?

① 제품의 실제 치수를 알 수 없다.
② 조작이 어렵고 숙련이 필요하다.
③ 대량 측정에 적합하고 합격, 불합격의 판정이 용이하다.
④ 측정 치수가 결정됨에 따라 각각 통과측, 정지측의 게이지가 필요하다.

해설
한계 게이지는 조작이 간단하고 숙련이 필요하지 않는다.

55 허용할 수 있는 부품의 오차 정도를 결정한 후 각각 최대 및 최소 치수를 설정하여 부품의 치수가 그 범위 내에 드는지를 검사하는 게이지는?

① 다이얼 게이지 ② 게이지 블록
③ 간극 게이지   ④ 한계 게이지

해설
한계 게이지 : 허용할 수 있는 부품의 오차 정도를 결정한 후 각각 최대 및 최소 치수를 설정하여 부품의 치수가 그 범위 내에 드는지를 검사하는 게이지로서 공차 부호 방향의 통과측 플러그 게이지는 (+)로 하고, 정지측 게이지는 (-)로 한다.

[정답] 50 ① 51 ③ 52 ③ 53 ② 54 ② 55 ④

56 게이지 종류에 대한 설명 중 틀린 것은?

① pitch 게이지 : 나사 피치 측정
② thickness 게이지 : 미세한 간격(두께) 측정
③ radius 게이지 : 기울기 측정
④ center 게이지 : 선반의 나사바이트 각도 측정

해설
• radius 게이지 : 곡면의 둥글기를 측정한다.
① pitch 게이지

② thickness(두께) 게이지
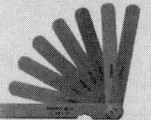
③ radius 게이지
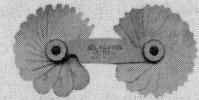
④ center 게이지

57 텔레 스코핑 게이지로 측정할 수 있는 것은?

① 진원도 측정　② 안지름 측정
③ 높이 측정　　④ 깊이 측정

해설
텔레 스코핑 게이지 : 텔레 스코핑 게이지는 직접 측정이 불가능하므로 측정자를 피측정물의 내경에 삽입한 후 수직인 상태에서 고정 너트로 고정을 시킨 다음 꺼내어 마이크로미터 등의 외측 측정기에 의하여 양측 정자를 직접 측정하여 내측용 마이크로미터로 측정할 수 없는 작은 내경이나 홈 등의 치수를 구할 수 있다.

58 견고하고 금긋기에 적당하며, 비교적 대형으로 영점 조정이 불가능한 하이트 게이지로 옳은 것은?

① HT형　　② HB형
③ HM형　　④ HC형

해설
① HT형 : 정반으로부터 높이를 측정할 수 있으며, 눈금자가 별도로 스탠드 홈을 따라 상하로 이동하기 때문에 0점 조정을 할 수 있고, 슬라이더를 조금씩 이동시킬 수 있는 장치가 있다.
② HM형 : 견고하여 금긋기 작업에 적당하고, 0점을 조정할 수 없으며, 슬라이더를 조금씩 이동시킬 수는 있다.
③ HB형 : 슬라이더가 상자 모양으로 되어 있으며, 스크라이버의 밑면은 정반면까지 내려갈 수 없으나 슬라이더의 이동 거리가 곧 높이가 된다. 이는 무게가 가벼워 측정용에 사용하고 금긋기 용으로는 약해서 휨에 의한 오차가 생기기 쉽다.

59 공기 마이크로미터에 대한 설명으로 틀린 것은?

① 압축 공기원이 필요하다.
② 비교 측정기로 1개의 마스터로 측정이 가능하다.
③ 타원, 테이퍼, 편심 등의 측정을 간단히 할 수 있다.
④ 확대 기구에 기계적 요소가 없기 때문에 장시간 고정도를 유지할 수 있다.

해설
공기 마이크로미터는 비교 측정기이기 때문에 큰 범위와 작은 범위의 두 개의 마스터가 필요하다.

60 공기 마이크로미터를 그 원리에 따라 분류할 때 이에 속하지 않는 것은?

① 유량식　　② 배압식
③ 광학식　　④ 유속식

[정답] 56 ③ 57 ② 58 ③ 59 ② 60 ③

해설

공기 마이크로미터의 종류
① 배압식 : 배압식은 공기의 압력을 이용한 구조로서 변화압을 수치로 확대 변환하여 치수를 읽게 된다.
② 유량식 : 단위시간에 노즐 내를 흐르는 공기량의 변화를 이용한 구조로 플로트가 정지한 위치한 눈금을 읽어 측정치를 구한다. 노즐의 지름은 2mm이며 게이지 블록이 필요하다.
③ 유속식 : 공기의 속도에 따라 발생하는 압력의 차를 이용한 방법으로 수치로 변환하여 측정치를 이용한다.
④ 진공식 : 감압상태를 이용한 구조로 압력의 차를 이용한 방법이다.

61 광선정반으로 평면도를 측정하고자 할 때 평면도를 구하는 공식은?

단, a : 간섭무늬의 중심 간격
b : 간섭무늬의 굽은 양
λ : 사용되는 빛의 파장일 때이다.

① 평면도 $F = \dfrac{\lambda}{2} \times \dfrac{a}{b}$

② 평면도 $F = \dfrac{\lambda}{3} \times \dfrac{a}{b}$

③ 평면도 $F = \dfrac{\lambda}{2} \times \dfrac{b}{a}$

④ 평면도 $F = \dfrac{\lambda}{3} \times \dfrac{b}{a}$

62 표면 거칠기 표기 방법 중 산술 평균 거칠기를 표기하는 기호는?

① R_P ② R_V
③ R_Z ④ R_a

63 KS에 규정된 표면 거칠기 표시 방법이 아닌 것은?

① 산술 평균 거칠기(Ra)
② 최대 높이(Ry)
③ 10점 평균 거칠기((Rz)
④ 제곱 평균 거칠기(Ra)

해설

KSB에 규정된 표면 거칠기 표시 방법
산술 평균 거칠기(Ra), 최대 높이(Ry), 10점 평균 거칠기(Rz)이다.

64 표면 거칠기 측정기가 아닌 것은?

① 촉침식 측정기
② 광절단식 측정기
③ 기초 원판식 측정기
④ 광파 간섭식 측정기

해설

표면 거칠기의 측정법
① 비교용 표준편과의 비교 측정 : 사람의 손가락 감각으로 표준편과 가공된 제품과의 표면 거칠기를 비교 측정한다.
② 광절단식 표면 거칠기 측정법 : 현미경이나 투영기에 의해서 확대하여 관측 또는 사진을 찍어서 요철 상태를 알 수 있다.
③ 광파간섭식 표면 거칠기 측정법 : 빛의 간섭을 이용하여 가공면의 거칠기를 측정하는 방법으로 래핑 면과 같이 초점 밑면에 적합하며 $1\mu m$ 이하의 비교적 미세한 표면의 측정에 사용한다.
④ 촉침식 표면 거칠기 측정법 : 표면 거칠기 측정법의 대표적인 방법으로 측정 원리는 피측정면에 수직으로 움직이는 촉침으로 피측정면의 표면을 긁어서 상하의 움직임 양을 전기적인 신호로 변환하고, 증폭시켜 그래프에 그리거나 meter에 값을 지시한다.

65 표면 프로파일 파라미터 정의의 연결이 틀린 것은?

① Rt – 프로파일의 전체 높이
② RSm – 평가 프로파일의 첨도
③ RSk – 평가 프로파일의 비대칭도
④ Ra – 평가 프로파일의 산술평균 높이

[정답] 61 ① 62 ④ 63 ④ 64 ③ 65 ②

해설
① Rku : 거칠기의 첨도
② Rsm : 거칠기 프로파일 요소의 평균 길이

66 기포관 내의 기포 이동량에 따라 측정하며, 수평 또는 수직을 측정하는 데 사용하는 것은?
① 직각자
② 사인 바
③ 측장기
④ 수준기

해설
수준기의 감도는 KS에서 기포관의 1눈금(2mm)이 변위되는 데 필요한 경사각을 밑면 1m에 대한 높이 또는 각도로 표시된다. 따라서 $\rho = 206,265 \times \dfrac{a}{R}$ 가 된다.

67 수준기에서 1눈금의 길이를 2mm로 하고, 1눈금이 각도 5초(″)를 나타내는 기포관의 곡률 반경은?
① 7.26m
② 8.23
③ 72.6m
④ 82.5m

해설
$\rho = 206,265 \times \dfrac{a}{R} = R = \dfrac{206,265 \times 2}{5초} = 82,506 \div 1,000$
$= 82.5m$

68 일반적으로 각도 측정에 사용되는 것이 아닌 것은?
① 컴비네이션 세트
② 나이프 에지
③ 광학식 클리노미터
④ 오토콜리메이터

해설
나이프 에지는 진직도 측정과 비교 측정에 이용된다.

69 다음 중 각도 측정기가 아닌 것은?
① 사인 바
② 옵티컬 플랫
③ 오토 콜리메이터
④ 탄젠트 바

해설
평면도 측정인 경우 옵티컬 플랫(optical flat)과 평행도 측정인 경우 옵티컬 패러럴(optical parallel)이라는 광선정반을 사용한다.

70 다음 각도 게이지 중 정도가 가장 좋은 것은?
① 요한슨식 각도 게이지
② N.P.L식 각도 게이지
③ 기계식 각도 정규
④ 광학식 각도 정규

해설
요한슨식 각도 게이지의 정도는 조합 시 ±24초(″) 정도이며, N.P.L식 각도 게이지의 조합 후 정도는 2~3초(″)이다. 그리고 기계식 각도 정규는 5초(″)이며, 광학적 각도 정규는 1도를 12등분 한 것이 있다.

71 곧은자의 좌측에 스퀘어 헤드가 있고, 우측에는 센터 헤드가 있으며, 2면이 이루는 각도 측정 및 부품의 중심을 내는 금긋기에 사용하는 각도 게이지는 어느 것인가?
① 콤비네이션 세트
② 베벨 각도기
③ 광학식 클리노미터
④ 광학식 각도기

해설
콤비네이션 세트는 곧은자의 좌측에 스퀘어 헤드가 있고, 우측에는 센터 헤드가 있으며, 높이 측정에 사용하거나 중심을 내는 데 사용하는 각도 게이지이다.

[정답] 66 ④ 67 ④ 68 ② 69 ② 70 ② 71 ①

72 삼각법에 의한 각도 측정 방법이 아닌 것은?

① 사인 바에 의한 각도 측정
② NPL식 각도 게이지에 의한 각도 측정
③ 탄젠트 바에 의한 각도 측정
④ 롤러에 의한 각도 측정

> **해설**
> 삼각법에 의한 각도 측정
> ① 사인 바
> ② 탄젠트 바
> ③ 원통 롤러

73 각도 측정기인 컴비네이션 세트에 관한 설명 중 올바른 것은?

① 센터 헤드는 높이 측정에 사용된다.
② 각도기에는 수준기가 붙어 있다.
③ 스퀘어 헤드는 중심을 내는 금긋기 작업에 사용한다.
④ 분할대가 붙어 있어 분할 각도 검사에 적합하다.

74 나사의 유효지름을 측정하는 방법이 아닌 것은?

① 삼침법에 의한 측정
② 투영기에 의한 측정
③ 플러그 게이지에 의한 측정
④ 나사 마이크로미터에 의한 측정

> **해설**
> 플러그 게이지에 의한 측정은 구멍을 측정한다.
> • 유효지름의 측정
> ① 삼침법 : 나사 게이지 등과 같이 정밀도가 높은 나사의 유효지름 측정에 삼침법(3선법)이 쓰이며, 지름이 같은 3개의 핀 게이지를 나사산의 골에 끼운 상태에서 바깥지름을 마이크로미터 등으로 측정하여 계산하며, 유효지름을 측정하는 가장 정밀한 방법이다.

> ② 나사 마이크로미터에 의한 방법 : 엔빌 측에 V 홈 측정자를 스핀들 측에 원뿔형 측정자를 사용하여 유효지름 값을 직접 읽을 수 있다.
> ③ 광학적인 방법 : 투영기, 공구 현미경 등의 광학적 측정기에서 나사 축 선과 직각으로 움직이는 전후 이동 마이크로미터 헤드의 읽음 값으로 구할 수 있다.

75 삼침법이란 수나사의 무엇을 측정하는 방법인가?

① 골지름   ② 피치
③ 유효지름   ④ 바깥지름

> **해설**
> 삼침법이란 수나사의 유효지름을 측정한다.
> ※ 유효지름의 측정 방법
> ① 삼침법 : 나사 게이지 등과 같이 정밀도가 높은 나사의 유효지름 측정에 삼침법(3선법)이 쓰이며, 지름이 같은 3개의 핀 게이지를 나사산의 골에 끼운 상태에서 바깥지름을 마이크로미터 등으로 측정하여 계산하며, 유효지름을 측정하는 가장 정밀한 방법이다.
> ② 나사 마이크로미터에 의한 방법 : 엔빌 측에 V 홈 측정자를 스핀들 측에 원뿔형 측정자를 사용하여 유효지름 값을 직접 읽을 수 있다.
> ③ 광학적인 방법 : 투영기, 공구현미경 등의 광학적 측정기에서 나사축 선과 직각으로 움직이는 전후 이동 마이크로미터 헤드의 읽음 값으로 구할 수 있다.

76 나사의 유효지름 측정 방법 중 정밀도가 가장 높은 것은?

① 나사 마이크로미터
② 삼침법
③ 나사 한계 게이지
④ 센터 게이지

> **해설**
> 삼침법 : 지름이 같은 3개의 핀 게이지를 나사산의 골에 끼운 상태에서 바깥지름을 마이크로미터 등으로 측정하여 계산하며, 유효지름을 측정하는 가장 정밀한 방법이다.

[정답] 72 ② 73 ① 74 ③ 75 ③ 76 ②

77 나사의 피치나 나사산의 반각과 유효지름 등을 광학적으로 쉽게 측정할 수 있는 것은?

① 공구 현미경
② 오토콜리메이터
③ 촉침식 측정기
④ 옵티컬 플랫

해설
① 공구 현미경 : 나사의 피치나 나사산의 반각과 유효지름 등을 광학적으로 쉽게 측정
② 오토콜리메이터 : 평면경, 프리즘 등을 이용하여 미소한 각도의 변화 또는 평면의 기울기 등을 측정
③ 촉침식 측정기 : 표면 거칠기 측정법의 대표적인 것으로, 측정 원리는 피측정면에 수직으로 움직이는 뾰족한 바늘로 피측정면의 표면을 긁어 상하의 움직임 양을 전기적인 신호로 변환한 후에 증폭시킨 다음 그래프로 나타낸다.
④ 옵티컬 플랫 : 평면도의 측정에 사용되고 백색광에 의한 적색 간섭무늬의 수에 의해서 측정

78 동일 직경 3개의 핀을 이용하여 수나사의 유효지름을 측정하는 방법은?

① 광학법
② 삼침법
③ 지름법
④ 반지름법

해설
삼침법 : 나사 게이지 등과 같이 정밀도가 높은 나사의 유효지름 측정에 삼침법(3선법)이 쓰이며, 지름이 같은 3개의 핀 게이지를 나사산의 골에 끼운 상태에서 바깥지름을 마이크로미터 등으로 측정하여 계산하며, 유효지름을 측정하는 가장 정밀한 방법이다.

79 삼침법으로 미터나사의 유효경 측정값이 다음과 같을 때 유효지름은 약 몇 mm인가?

• 3침을 끼우고 측정한 외측 치수 : 43mm
• 나사의 피치 : 4mm
• 측정 핀의 직경 : 5mm

① 18.53
② 19.46
③ 24.53
④ 31.46

해설
$$d_2 = M - 3d + 0.86603P$$
$$= 43 - 3 \times 5 + 0.86603 \times 4 = 31.46$$

80 나사를 1회전시킬 때 나사산이 축 방향으로 움직인 거리를 무엇이라 하는가?

① 각도(angle)
② 리드(lead)
③ 피치(pitch)
④ 플랭크(flank)

해설
리드(lead) : 나사를 1회전시킬 때 나사산이 축 방향으로 움직인 거리이다.

81 나사 측정의 대상이 되지 않는 것은?

① 피치
② 리드각
③ 유효지름
④ 바깥지름

해설
나사를 측정할 때에는 바깥지름(outside diameter), 골지름, 유효지름, 피치(pitch), 나사의 각 등 5가지 요소를 측정한다.

82 투영기에 의해 측정을 할 수 있는 것은?

① 진원도 측정
② 진직도 측정
③ 각도 측정
④ 원주 흔들림 측정

해설
투영기 : 물체를 스크린상에 확대 투영하고 그 물체의 형상이나 치수를 측정 검사하는 광학 기기로 각도 측정, 나사 유효지름, 나사산의 반각, 피치, 표면 거칠기, 윤곽 등을 측정할 수 있다.

[정답] 77 ① 78 ② 79 ④ 80 ② 81 ② 82 ③

83 나사산의 각도를 측정하는 기기가 아닌 것은?
① 투영기
② 공구 현미경
③ 오토콜리메이터
④ 만능 측정 현미경

해설
오토콜리메이터 : 각도측정, 진직도 측정, 평면도 측정, 등에 사용된다.

84 다음 나사산의 각도 측정 방법으로 틀린 것은?
① 공구 현미경에 의한 방법
② 나사 마이크로미터에 의한 방법
③ 투영기에 의한 방법
④ 만능 측정 현미경에 의한 방법

해설
① 나사산의 각도측정 방법 : 공구 현미경, 투영기, 만능 측정 현미경 등이 있다.
② 나사 마이크로미터에 의한 방법 : 엔빌 측에 V 홈 측정자를 스핀들 측에 원뿔형 측정자를 사용하여 수나사 유효지름 값을 직접 읽을 수 있다.

85 일반적으로 각도 측정에 사용되는 것이 아닌 것은?
① 컴비네이션 세트
② 나이프 에지
③ 광학식 클리노미터
④ 오토 콜리메이터

해설
나이프 에지는 진직도 측정과 비교 측정에 이용된다.

86 다음 중 나사를 측정하는 일반적인 항목이 아닌 것은?
① 피치   ② 유효지름
③ 각도   ④ 리드

해설
나사를 측정할 때에는 바깥지름, 골지름, 유효지름, 피치, 나사의 각도 등 5가지 요소를 측정한다.

87 시준기와 망원경을 조합한 것으로 미소 각도를 측정할 수 있는 광학적 각도 측정기는?
① 베벨 각도기
② 오토콜리메이터
③ 광학식 각도기
④ 광학식 클리노미터

해설
오토 콜리메이터 : 시준기와 망원경을 조합한 것으로 미소 각도를 측정할 수 있는 광학적 각도 측정기다.

88 오토콜리메이터(auto-collimator)를 이용하여 측정이 어려운 것은?
① 가공 기계 안내면의 진직도
② 가공 기계 안내면의 직각도
③ 가공 기계 안내면의 원통도
④ 마이크로미터 측정면 평행도

해설
오토콜리메이터는 평면경, 프리즘 등을 이용하여 미소한 각도의 변화 또는 평면의 기울기 등을 측정하고, 정밀한 정반의 평면도, 마이크로미터의 측정면의 직각도, 평행도, 공작기계 안내면의 진직도, 직각도, 평행도, 그 밖의 작은 각도 차의 변화나 흔들림 등을 측정

[정답] 83 ③ 84 ③ 85 ② 86 ④ 87 ② 88 ③

89 각도 측정을 할 수 있는 사인 바(sine bar)의 설명으로 틀린 것은?

① 정밀한 각도 측정을 하기 위해서는 평면도가 높은 평면에서 사용해야 한다.
② 롤러의 중심거리는 보통 100mm, 20mm로 만든다.
③ 45° 이상의 큰 각도를 측정하는 데 유리하다.
④ 사인 바는 길이를 측정하여 직각 삼각형의 삼각함수를 이용한 계산에 의하여 임의각의 측정 또는 임의각을 만드는 기구이다.

해설
사인 바 : 삼각함수의 사인을 이용하여 임의의 각도를 설정 및 측정하는 측정기로서, 크기는 롤러 중심 간의 거리로 표시하며 일반적으로 100mm, 200mm를 많이 사용한다. $\sin\alpha$ = H/L, H = L × $\sin\alpha$, $\alpha = \sin^{-1}\dfrac{H}{L}$
사인 바를 이용하여 각도 측정 시 $\alpha > 45°$로 되면 오차가 커지므로 기준면에 대하여 45° 이하로 설정한다.

90 사인 바로 각도를 측정할 때 몇 도를 넘으면 오차가 가장 심하게 되는가?

① 10° ② 20°
③ 30° ④ 45°

해설
사인 바로 각도를 측정할 때 45°를 넘으면 오차가 가장 심하다.

91 사인 바(Sine bar)의 호칭 치수는 무엇으로 표시하는가?

① 롤러 사이의 중심거리
② 사인 바의 전장
③ 사인 바의 중량
④ 롤러의 직경

해설
사인 바
삼각함수의 사인을 이용하여 임의의 각도를 설정 및 측정하는 측정기로서, 크기는 롤러 중심 간의 거리로 표시하며 일반적으로 100mm, 200mm를 많이 사용한다.

92 다음 중 각도를 측정할 수 있는 측정기는?

① 사인 바   ② 마이크로미터
③ 하이트 게이지   ④ 버니어 캘리퍼스

93 호칭 치수가 200mm인 사인 바로 20°30′의 각도를 측정할 때 낮은 쪽 게이지 블록의 높이가 5mm라면 높은 쪽은 얼마인가? (단, sin20°30′ = 0.3665이다.)

① 73.3mm   ② 78.3mm
③ 83.3mm   ④ 88.3mm

해설
$\sin\theta = \dfrac{H-h}{L} = 0.3665 = \dfrac{H-5}{200} = H = 78.3$

94 사인 센터를 이용하여 공작물을 설치할 때는 유의 사항으로 틀린 것은?

① 다이얼 게이지는 오차를 줄이기 위해 수평으로 설치한다.
② 사인 센터로 게이지 블록 면에 충격을 주어 손상되지 않게 한다.
③ 돌기가 생긴 게이지 블록은 오일 스톤(oil stone)으로 문질러 돌기를 제거한 후 사용해야 한다.
④ 다이얼 게이지에는 절대로 급유해서는 안 된다.

[정답] 89 ③ 90 ④ 91 ① 92 ① 93 ② 94 ①

> **해설**
> 다이얼 게이지는 오차를 줄이기 위해 수직으로 설치한다.

95 형상 공차의 측정에서 진원도의 측정 방법이 아닌 것은?

① 강선에 의한 방법
② 직경법에 의한 방법
③ 반경법에 의한 방법
④ 3점법에 의한 방법

> **해설**
> 진원도의 측정 방법 : 직경법, 반경법, 3점법이 있다.

96 진직도를 수치화할 수 있는 측정기가 아닌 것은?

① 수준기
② 광선정반
③ 3차원 측정기
④ 레이저 측정기

> **해설**
> 광선정반 : 측정면의 평면도 측정에 사용된다.

97 원형 부분을 두 개의 동심의 기하학적 원으로 취했을 경우, 두 원의 간격이 최소가 되는 두 원의 반지름의 차로 나타내는 형상 정밀도는?

① 원통도   ② 직각도
③ 진원도   ④ 평행도

> **해설**
> 진원도 : 원형 부분을 두 개의 동심의 기하학적 원으로 취했을 경우, 두 원의 간격이 최소가 되는 두 원의 반지름의 차로 나타내는 형상 정밀도이다.

98 다음 3차원 측정기에서 사용되는 프로브 중 광학계를 이용하여 얇거나 연한 재질의 피측정물을 측정하기 위한 것으로 심출 현미경, CMM계측용 TV시스템 등에 사용되는 것은?

① 전자식 프로브   ② 접촉식 프로브
③ 터치식 프로브   ④ 비접촉식 프로브

> **해설**
> 비접촉식 프로브 : 3차원 측정기에서 사용되는 프로브 중 광학계를 이용하여 얇거나 연한 재질의 피측정물을 측정하기 위한 측정공구

99 물체의 길이, 각도, 형상 측정이 가능한 측정기는?

① 표면 거칠기 측정기
② 3차원 측정기
③ 사인 센터
④ 다이얼 게이지

> **해설**
> 3차원 측정기는 물체의 길이, 각도, 형상 측정이 가능하다.

100 다음 그림에서 Y는 약 몇 mm인가? (단, tan60° = 1.7321, tan30°=0.5774, 그림의 치수단위는 mm이다.)

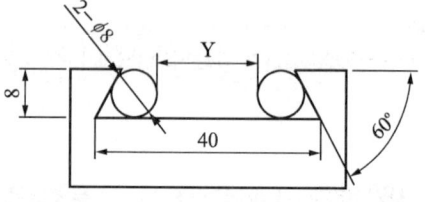

① 20.14   ② 15.07
③ 29.07   ④ 18.14

> **해설**
> $40 - \left(\dfrac{4}{\tan 30} \times 2 + 8\right) = 18.14$

[정답] 95 ① 96 ② 97 ③ 98 ④ 99 ② 100 ④

101 다음 그림은 밀링에서 더브테일 가공 도면이다. X의 치수로 맞는 것은?

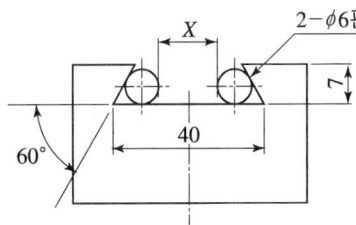

① 25.608   ② 23.608
③ 22.712   ④ 18.712

해설

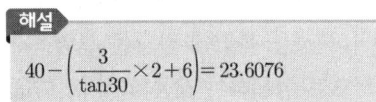

$40 - \left(\dfrac{3}{\tan 30} \times 2 + 6\right) = 23.6076$

102 그림과 같이 더브테일 홈 가공을 하려고 할 때 X의 값은 약 얼마인가? (단, tan60°=1.7321, tan30°=0.5774이다.)

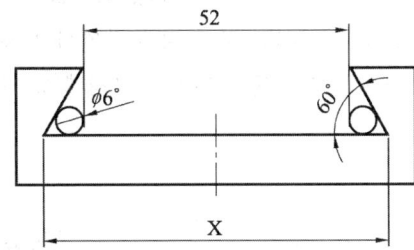

① 60.26   ② 68.39
③ 82.04   ④ 84.86

해설

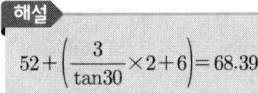

$52 + \left(\dfrac{3}{\tan 30} \times 2 + 6\right) = 68.39$

103 그림에서 플러그 게이지의 기울기가 0.05일 때, M_2의 길이(mm)는? (단, 그림의 치수단위는 mm이다.)

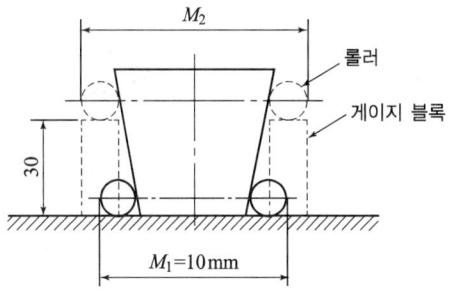

① 10.5   ② 11.5
③ 13   ④ 16

해설

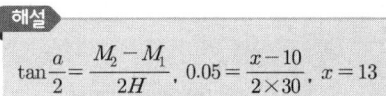

$\tan\dfrac{a}{2} = \dfrac{M_2 - M_1}{2H}$, $0.05 = \dfrac{x-10}{2\times 30}$, $x = 13$

104 테이퍼 플러그 게이지(taper plug gage)의 측정에서 다음 그림과 같이 정반 위에 놓고 핀을 이용해서 측정하려고 한다. M을 구하는 식으로 옳은 것은?

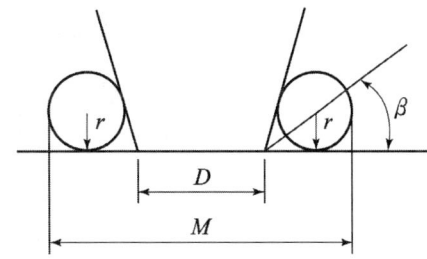

① $M = D + r + r \cdot \cot\beta$
② $M = D + r + r \cdot \tan\beta$
③ $M = D + 2r + 2r \cdot \cot\beta$
④ $M = D + 2r + 2r \cdot \tan\beta$

[정답] 101 ② 102 ② 103 ③ 104 ③

PART 1. 도면 해독 및 측정

기계제도

1 기계제도 일반

1 일반사항

(1) 제도의 개요

어떤 필요한 물체를 제작하고자 할 때 그 모양이나 크기를 일정한 규격에 따라 점, 선, 문자, 기호 등을 사용하여 사용 목적에 알맞은 모양, 기능, 구조, 크기 및 공작 방법 등을 합리적으로 설계하여 제품의 치수, 다듬질의 정도, 재료, 공정 등을 제도법에 따라 도면에 작성하는 것이다.

(2) 제도 규격

우리나라에서는 1966년 KS A 0005로 제도 통칙을 제정하고 1969년에 국제표준규격(ISO)과 일치되게 개정하였다. (기계제도 통칙 : KS B 0001)

제도를 규격화하면 도면이 정확, 간단하고 제품 상호 호환성이 유지되며 품질의 향상, 제품생산의 능률화, 제품 원가 절감 등의 경제적, 기술적인 여러 가지 이익을 가져온다.

○ 표 1-19 각국의 산업 규격

국가 및 기구	규격 기호	제정 연도
영국	BS(British Standards)	1901
독일	DIN(Deutsche Industrie Normen)	1917
미국	ANSI(American National Standards Institute)	1918
스위스	SNV(Schweitzerish Normen des Vereinigung)	1918
프랑스	NF(Norme Francaise)	1918
일본	JIS(Japanese Industrial Standards)	1952
한국	KS(Korean Industrial Standards)	1961
국제표준화기구	ISO(International Organization for Standardization)	1947

○ 표 1-20 KS의 분류 기호

분류	KS	KS	KS	KS	KS	KS	KS	KS	KS	KS	KS	KS	KS	KS
기호	A	B	C	D	E	F	G	H	K	L	M	P	R	V	W	X
부문	기본	기계	전기	금속	광산	토건	일용품	식료품	섬유	요업	화학	의료	수송기계	조선	항공	정보산업

◎ 표 1-21 KS B 기계 부문 분류 규격

규격 번호	0001~0809	1000~2403	3001~3402	4001~4606
관련 분류	기계 기본	기계요소	공구	공작기계
규격 번호	5301~5531	6001~6430	7001~7702	8007~8591
관련 분류	측정용 기계 기구, 물리 기계	일반기계	산업기계	철도 용품

(3) 도면의 분류

1) 용도에 따른 분류

가) 계획도(scheme drawing)

설계자의 설계 의도와 계획을 나타낸 도면

① 기본설계도(preliminary drawing) : 제작도 또는 실시 설계도를 작성하기 전에 필요한 기본적인 설계를 나타낸 계획도

② 실시설계도(working drawing) : 건조물을 실제로 건설하기 위한 설계를 나타낸 계획도(토목 부문, 건축 부문)

나) 제작도(manufacture drawing, production drawing)

건설 또는 제조에 필요한 모든 정보를 전달하기 위한 도면

① 공정도(process drawing) : 제조 공정의 도중 상태, 또는 일련의 공정 전체를 나타낸 제작도로 공작 공정도, 검사도, 설치도가 포함된다.

② 시공도(working diagram) : 현장 시공을 대상으로 해서 그린 제작도(건축 부문)

③ 상세도(detail drawing) : 건조물이나 구성재의 일부에 대해서 그 형태 · 구조 또는 조립 · 결합의 상세함을 나타낸 제작도(건축 부문)

다) 주문도(drawing for order)

주문하는 사람이 주문하는 물건의 크기, 형태, 정밀도, 정보 등의 주문 내용을 나타낸 도면으로 주문서에 첨부한다.

라) 견적도(drawing for estimate, estimation drawing)

견적 의뢰를 받은 사람이 의뢰 받은 물건의 견적 내용을 나타낸 도면으로 견적서에 첨부한다.

마) 승인도(approved drawing)

주문자 또는 기타 관계자의 승인을 얻은 도면이다.

도면의 크기와 대상물의 크기 사이에는 정확한 비례관계를 가져야 하나 예외로 할 수 있는 도면은?
① 부품도
② 제작도
③ 설명도
④ 확대도

답 ③

바) 설명도(explanation drawing)

사용자에게 물품의 구조 · 기능 · 성능 등을 설명하기 위한 도면으로 주로 카탈로그(catalogue)에 사용한다.

2) 내용에 따른 분류

가) 부품도(part drawing)

부품에 대하여 최종 다듬질 상태에서 구비해야 할 사항을 완전히 나타내는 데 필요한 모든 정보를 기록한 도면이다.

나) 조립도(assembly drawing)

2개 이상의 부품이나 부분 조립품을 조립한 상태에서 그 상호관계와 조립에 필요한 치수 등을 나타낸 도면으로 도면 내에 부품란을 포함하는 것과 별도의 부품표를 갖는 것이 있다.

① **총조립도**(general assembly drawing) : 대상물 전체의 조립상태를 나타낸 조립도
② **부분 조립도**(partial assembly drawing) : 대상물 일부분의 조립상태를 나타낸 조립도

다) 기초도(foundation drawing)

기계나 구조물을 설치하기 위한 기초를 나타낸 도면

라) 배치도(layout drawing, plot plan drawing)

지역 내의 건물 위치나 공장 내부에 기계 등의 설치 위치의 상세한 정보를 나타낸 도면

마) 배근도(bar arrangement drawing)

철근의 치수와 배치를 나타낸 도면

바) 장치도(plan layout drawing)

장치 공업에서 각 장치의 배치, 제조 공정의 관계 등을 나타낸 도면

사) 스케치도(sketch drawing)

기계나 장치 등의 실체를 보고 프리핸드(freehand)로 그린 도면

(4) 도면의 크기 및 양식

1) 도면의 크기

원도 및 복사한 도면의 마무리 치수는 종이의 재단 치수에서 규정하는 A0~A4에 따른다. 제도용지의 크기는 A 열 크기를 사용한다. 다만, 연장할 때는 연장 크기를 사용한다. 제도용지의 세로와 가로의 비는 $1:\sqrt{2}$이며, 원도의 크기는 긴 쪽을 좌우 방향으로 놓고 사용한다. 다만 A4는 짧은 쪽을 좌우 방향으로 놓고 사용할 수 있다.

제도용지의 세로와 가로의 길이 비는 얼마인가?
① $1:\sqrt{2}$
② $\sqrt{2}:1$
③ $1:2$
④ $2:1$

답 ①

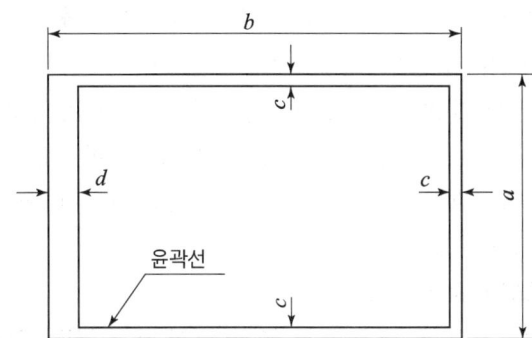

○ 그림 1-91 제도용지의 세로와 가로의 비 $1:\sqrt{2}$

○ 표 1-22 종이의 재단 치수

호칭 방법		A0	A1	A2	A3	A4
a × b		841×1189	594×841	420×594	297×420	210×297
C(최소)		20	20	10	10	10
d(최소)	철하지 않을 때	20	20	10	10	10
	철할 때	25	25	25	25	25

2) 도면의 양식

- 설정하지 않으면 안 되는 사항 : 도면의 윤곽 – 윤곽선, 중심마크, 표제란
- 설정하는 것이 바람직한 사항

  비교 눈금, 도면의 구역 – 구분 기호, 재단 마크

  부품란 – 대조 번호, 도면의 내역란

① 윤곽 및 윤곽선(border & borderline)

도면에 담아 넣는 내용을 기재하는 역할을 명확히 하고, 용지의 가장자리에서 생기는 손상으로 기재 사항을 해치지 않도록, 도면에는 윤곽을 마련한다. 윤곽의 크기는 굵기 0.5[mm] 이상의 실선을 사용하지만, 생략할 수 있다.

② **표제란**(title block, title panel)

표제란은 도면 관리에 필요한 사항과 도면 내용에 관한 정형적인 사항 등을 정리하고 기입하기 위하여 윤곽선 오른편 아래 구석의 안쪽에 설정하고, 이것을 도면의 정위치로 한다. 표제란에는 도면번호, 도면 명칭, 기업(단체)명, 책임자의 서명, 도면작성 연월일, 척도, 투상법 등을 기입한다. 표제란 문자는 도면의 정위치에서 읽는 방향으로 기입하고, 도면번호란은 표제란 중 가장 오른편 아래에 길이 170[mm] 이하로 마련한다.

③ **부품란**(item block)

부품란은 도면에 나타난 대상물 또는 그 구성하는 부품의 세부 내용을 기입하기 위해서 일반적으로 도면의 오른편 아래 표제란 위 또는 도면의 오른편 위에 설정한다. 부품란에는 부품 번호(품번), 부품 명칭(품명), 재질, 수량, 무게, 공정, 비고란 등을 마련한다. 이때 부품 번호는 부품란이 오른편 위에 위치할 때는 위에서 아래로, 오른편 아래에 위치할 때는 아래에서 위로 나열하여 기록한다.

④ **중심마크**(centering mark)

중심마크는 도면을 마이크로필름에 촬영하거나 복사할 때의 편의를 위하여 마련한다. 윤곽선 중앙으로부터 용지의 가장자리에 이르는 굵기 0.5[mm]의 수직의 직선으로, 허용치는 ±5[mm]로 한다.

⑤ **비교 눈금**(metric reference graduation)

비교 눈금은 도면을 축소 또는 확대했을 경우, 그 정도를 알기 위해 도면의 아래쪽에 중심마크를 중심으로 하여 마련한다.

⑥ **도면을 접을 경우의 크기**

복사한 도면을 접을 때는 그 크기를 원칙적으로 210×297[mm](A4 크기)로 한다. 이때 표제란에 기재한 도면번호 또는 도면 명칭이 접은 최상면에게 나타나도록 하여야 한다. 그러나 원도는 접지 않는 것이 보통이며 원도를 말아서 보관할 때 안지름이 40[mm] 이상으로 한다.

⑦ **재단 마크**

복사한 도면을 재단하는 경우의 편의를 위하여 원도에 재단 마크를 마련하는 것이 바람직하다.

도면 작성 시 반드시 마련해야 할 사항이 아닌 것은?
① 윤곽선
② 표제란
③ 중심마크
④ 비교 눈금

답 ④

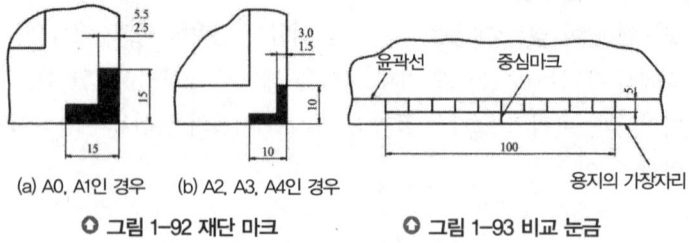

○ 그림 1-92 재단 마크   ○ 그림 1-93 비교 눈금

(a) A0, A1인 경우   (b) A2, A3, A4인 경우

(5) 척도

1) 척도의 종류

도면에 사용하는 척도는 다음에 따른다.

① **축척** : 실물을 축소해서 그린 도면

② **현척(실척)** : 실물과 같은 크기로 그린 도면

③ **배척** : 실물을 확대해서 그린 도면

④ **NS(Non Scale)** : 비례척이 아닌 임의의 척도

○ 표 1-23 축척, 현척, 배척의 값

척도의 종류	란	값
축 척	1	1:2 1:5 1:10 1:20 1:50 1:100 1:200
	2	1:$\sqrt{2}$ 1:2.5 1:2$\sqrt{2}$ 1:3 1:4 1:5$\sqrt{2}$ 1:25 1:250
현 척		1:1
배 척	1	2:1 5:1 10:1 20:1 50:1
	2	$\sqrt{2}$:1 2.5:$\sqrt{2}$:1 100:1

[비고] 1란의 척도를 우선으로 사용한다.

2) 척도의 표시 방법

척도는 A : B로 표시한다.

여기서, A : 도면에서의 크기
B : 물체의 실제 크기

[보기]

① 축척의 경우 1:2, 1:2$\sqrt{2}$, 1:10

② 현척의 경우 1:1

③ 배척의 경우 5:1

3) 척도의 기입 방법

척도는 도면의 표제란에 기입한다. 같은 도면에 다른 척도를 사용할 때는 필요에 따라 그림 부근에도 기입한다. 도형이 치수에 비례하지 않을 때는 그 취지를 적당한 곳에 명기한다. 또, 이들 척도의 표는 잘못 볼 염려가 없을 때는 기입하지 않아도 좋다.

실물의 치수가 25mm이었다면 척도 1:5 도면에서, 도면의 그려진 치수와 기입되는 치수가 옳게 짝지어진 것은? (단, 앞은 그려진 치수, 뒤는 기입치수이다.)

① 5, 5
② 5, 25
③ 25, 5
④ 25, 25

답 ②

(6) 문자와 선
1) 문자
제도에 사용되는 문자는 한자·한글·숫자·로마자이다. 문자는 정확히 읽을 수 있도록 분명하고 균일하게 써야 하며, 글자체는 고딕체로 하여 수직 또는 15도 경사로 씀을 원칙으로 한다. 도면에서는 도형의 크기나 척도의 정도에 따라 문자의 크기를 달리한다. 문자의 크기는 문자의 높이로 나타내고, 문장은 왼편에서 가로쓰기를 원칙으로 한다.

① 한글

한글의 글자체는 활자체로 하여 수직으로 쓴다. 크기는 7종의 호칭 중 2.24, 3.15, 4.5, 6.3[mm] 및 9[mm]의 5종으로 한다. 특히 필요한 경우에는 다른 치수를 사용할 수 있다.

② 숫자와 로마자

숫자는 아라비아 숫자를 사용하고, 숫자의 크기는 7종의 호칭 중 2.24, 3.15, 4.5, 6.3[mm] 및 9[mm]의 5종으로 한다. 다만, 특히 필요할 때는 이에 따르지 않아도 좋다. 로마자는 주로 대문자를 사용하고 특별히 필요한 경우에는 소문자를 사용한다. 로마자의 크기는 호칭 2.24, 3.15, 4.5, 6.3, 9, 12.5[mm] 및 18[mm]의 7종으로 한다. 숫자와 로마자의 글자체는 원칙적으로 수직에 대하여 오른쪽으로 15° 경사진 J형 사체, B형 사체 또는 B형 입체 중 어느 것을 사용하여도 좋으나 혼용해서는 안 된다.

2) 선
가) 선의 종류와 용도

① 모양에 따라 분류한 선
- ㉠ **실선**(————) : 연속된 선
- ㉡ **파선**(------------) : 짧은 선을 약간의 간격으로 나열한 선
- ㉢ **1점 쇄선**(—·—·—) : 긴 선과 짧은 선 1개를 서로 규칙적으로 나열한 선
- ㉣ **2점 쇄선**(—··—··—) : 긴 선과 짧은 선 2개를 서로 규칙적으로 나열한 선

② 굵기에 따라 분류한 선

선의 굵기의 기준은 0.18, 0.25, 0.35, 0.5, 0.7[mm] 및 1[mm]로 한다.
- ㉠ **가는 선** : 굵기가 0.18~0.5[mm]인 선
- ㉡ **굵은 선** : 굵기가 0.35~1[mm]인 선(가는 선 굵기의 2배)

ⓒ **아주 굵은 선** : 굵기가 0.7~2[mm]인 선(굵은 선 굵기의 2배)

※ 선 굵기의 비율은 1(가는 선) : 2(굵은 선) : 4(아주 굵은 선)

③ 선의 용도에 따라 분류한 선

〈표 1-24〉와 같이 사용한다. 또 이 표에 의하지 않는 선을 사용할 때는 그 선의 용도를 도면 안에 주기한다.

○ **표 1-24 선의 종류에 의한 사용 방법 KS B 0001**

용도에 의한 명칭	선의 종류		선의 용도	그림 1-94의 조합번호
외형선	굵은 실선	———————	대상물의 보이는 부분의 형상을 표시	1.1
치수선	가는 실선	———————	치수를 기입하기 위하여 사용	2.1
치수 보조선			치수를 기입하기 위하여 도형으로부터 끌어내는 데 사용	2.2
지시선			기술, 기호 등을 표시하기 위하여 끌어내는 데 사용	2.3
회전 단면선			도형 내에 그 부분의 끊은 곳을 90도 회전하여 표시	2.4
중심선			도형의 중심선을 간략하게 표시	2.5
수준면선(2)			수면, 유면 등의 위치를 표시	2.6
숨은선	가는 파선 또는 굵은 파선	---------	대상물의 보이지 않는 부분의 형상을 표시	3.1
중심선	가는 1점 쇄선	—·—·—·—	• 도형의 중심을 표시 • 중심 이동한 중심 괘적을 표시	4.1 4.2
기준선			위치 결정의 근거가 된다는 것을 명시할 때 사용	4.3
피치선			되풀이하는 도형의 피치를 취하는 기준을 표시	4.4
특수 지정선	굵은 1점 쇄선	—·—·—·—	특수한 가공을 하는 부분 등 특별한 요구사항을 적용할 수 있는 범위를 표시하는 데 사용	5.1
가상선(3)	가는 2점 쇄선	—··—··—··	• 인접부분을 참고로 표시 • 공구, 지그의 위치를 참고로 표시 • 가동부분을 이동 중의 특정한 위치 또는 이동 한계의 위치를 표시 • 가공 전 또는 가공 후의 형상을 표시 • 되풀이하는 것을 표시 • 도시된 단면의 앞쪽에 있는 부분을 표시	6.1 6.2 6.3 6.4 6.5 6.6
무게 중심선			단면의 중심을 연결한 선을 표시	6.7

다음 중 가상선을 사용하는 경우가 아닌 것은?

① 물품의 일부를 파단한 곳을 표시하는 선
② 인접부분을 참고로 표시하는 선
③ 도시된 물체외 앞면을 표시하는 선
④ 이동하는 부분의 이동 위치를 표시하는 선

답 ①

● 표 1-24 선의 종류에 의한 사용 방법 KS B 0001 (계속)

용도에 의한 명칭	선의 종류		선의 용도	그림 1-94의 조합번호
파단선	불규칙한 파형의 가는 실선 또는 지그재그선	～√∖～ ～～～	대형물의 일부를 파단한 경계 또는 일부를 떼어낸 경계를 표시	7.1
절단선	가는 1점 쇄선으로 끝부분 및 방향이 변하는 부분을 굵게 한 것(4)	⌐_⌐	단면도를 그리는 경우 그 절단위치를 대응하는 도면에 표시하는 데 사용	8.1
해칭	가는 실선으로 규칙적으로 줄을 늘어 놓은 것	//////	도형의 한정된 특정 부분을 다른 부분과 구별하는 데 사용	9.1
특수한 용도의 선	가는 실선	———	• 외형선 및 은선의 연장을 표시 • 평면이란 것을 표시 • 위치를 명시하는 데 사용	10.1 10.2 10.3
	아주 굵은 실선	━━━	얇은 부분의 단면도시를 명시하는 데 사용	11.1

[주] (2) ISO 128(Technical drawing-General principles of presentation)에는 규정되어 있지 않다.
(3) 가상선은 투상법상에서는 도형에 나타나지 않으나, 편의상 필요한 모양을 나타내는 데 사용한다. 또, 기능상·공작상의 이해를 돕기 위하여 도형을 보조적으로 나타내기 위하여도 사용된다.
(4) 다른 용도와 혼용할 염려가 없을 때에는 끝부분 및 방향이 변하는 부분을 굵게 할 필요는 없다.
[비고] 가는 선, 굵은 선 및 아주 굵은 선의 굵기의 비율은 1:2:4로 한다.

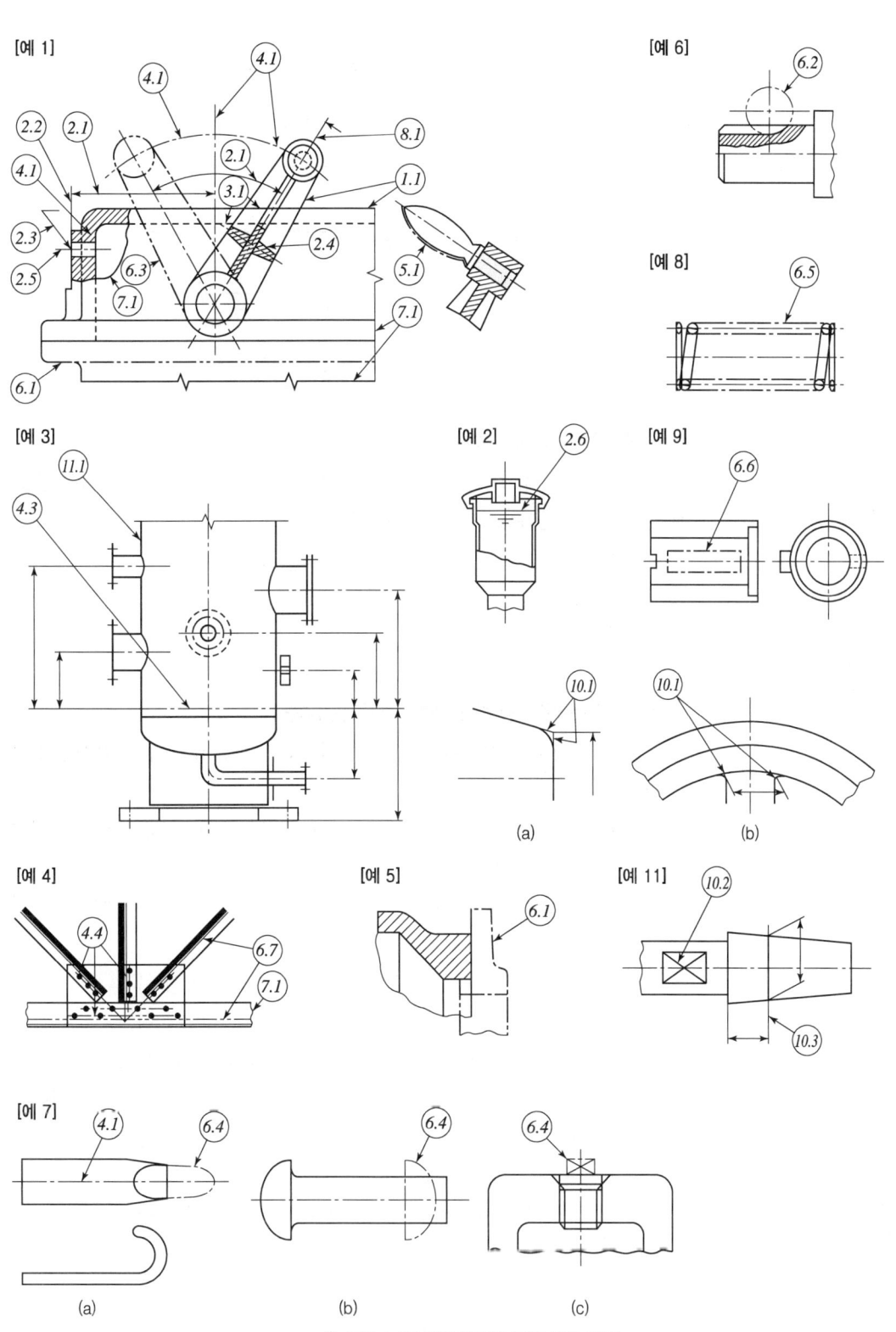

그림 1-94 선의 용도에 따른 사용 보기

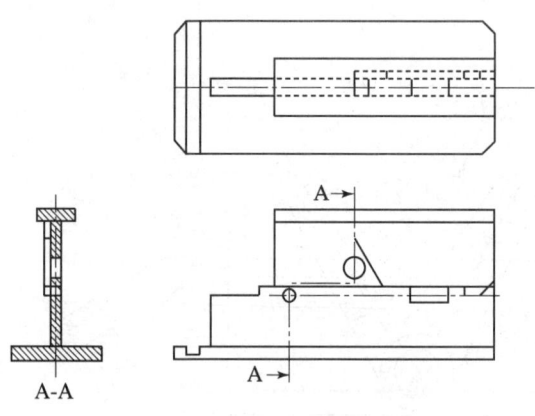

● 그림 1-95 선의 우선순위 보기

나) 겹치는 선의 우선순위

도면에서 2종류 이상의 선이 같은 장소에 중복될 경우에는 다음에 순위에 따라 우선되는 종류의 선부터 그린다.

① 외형선　　　　　　　② 숨은선
③ 절단선　　　　　　　④ 중심선
⑤ 무게 중심선　　　　　⑥ 치수 보조선

다) 선 긋는 방법 중 중심선을 기입하는 방법

도형에 중심이 있을 때는 반드시 중심선(0.1~0.25mm)을 기입하는 것이 바람직하다.

① 평행선은 선 간격을 선 굵기의 3배 이상으로 하여 긋는다. 또, 선의 틈새는 0.7[mm] 이상으로 한다.
② 밀접한 교차선의 경우에는 그 선 간격을 선 굵기의 4배 이상으로 하여 긋는다.
③ 많은 선이 한 점에 집중하는 경우에는 선 간격이 선 굵기의 약 3배가 되는 위치에서 선을 멈춰 점의 주위를 비우는 것이 좋다.
④ 1점 쇄선 및 2점 쇄선은 긴쪽 선으로 시작하고 끝나도록 긋는다.
⑤ 실선과 파선, 파선과 파선이 서로 만나는 부분은 이어지도록 그린다.
⑥ 1점 쇄선(중심선)끼리 서로 만나는 부분은 이어지도록 긋는다.
⑦ 파선이 서로 평행할 때는 서로 엇갈리게 그린다.
⑧ 원호와 직선이 서로 만나는 부분은 층이 나지 않게 그린다.
⑨ 모서리에서는 서로 이어지도록 긋는다.

❷ 투상법 및 도형 표시법

(1) 투상도법

1) 투상도법의 개요

투상도법은 공간에 있는 물체의 모양이나 크기를 하나의 평면 위에 가장 정확하게 나타내기 위하여 사용하는 방법이다. 즉 입체적인 형상을 평면적으로 그리는 방법이다. (도면을 읽을 때에는 평면적인 도면을 입체적으로 상상해 낼 수 있는 능력이 필요하다.)

2) 투상법의 종류

투상법은 크게 정투상도(Orthographic projection drawing)와 입체적 투상도(Pictorial projection drawing)로 분류하고 정투상에는 제3각법과 제1각법이 있고 입체적 투상도에는 등각도, 사투상도, 투시도가 있다.

가) 정투상법

물체를 표면으로부터 평행한 위치에서, 물체를 바라보며 투상하는 것으로 투상선이 평행하며 투상도의 크기는 실물과 똑같은 크기로 나타난다.

① 투상도의 명칭

투상도는 보는 방향에 따라 6종류로 구분한다.
- ㉠ 정면도(front view) : 정면도는 물체 앞에서 바라본 모양을 도면에 나타낸 것으로 그 물체의 가장 주된 면, 즉 기본이 되는 면을 정면도라고 한다.
- ㉡ 평면도(top view) : 평면도는 물체의 위에서 내려다본 모양을 도면에 표현한 그림을 말하며, 상면도라고도 함. 정면도와 함께 많이 사용한다.
- ㉢ 우측면도(right side view) : 우측면도는 물체의 우측에서 바라본 모양을 도면에 나타낸 그림을 말하며 정면도, 평면도와 함께 많이 사용한다.
- ㉣ 좌측면도(left side view) : 좌측면도는 물체의 좌측에서 본 모양을 도면에 표현한 그림이다.
- ㉤ 저면도(bottom view) : 저면도는 물체의 아래쪽에서 바라본 모양을 도면에 나타낸 그림을 말하며 하면도라고도 한다.
- ㉥ 배면도(rear view) : 배면도는 물체의 뒤쪽에서 바라본 모양을 도면에 나타낸 그림을 말하며 사용하는 경우가 극히 적다.

정투상도법에서 투상선과 투상면과의 관계는?
① 수직
② 수평
③ 직각
④ 평행

해설

정투상 : 대상물의 주요면을 투상면에 평행한 상태로 놓고 투상하므로 투상선은 서로 나란하게 또 투상면에 수직으로 닿는다.

답 ①

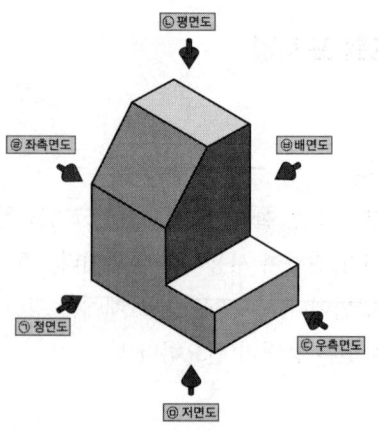

○ 그림 1-96 투상도의 명칭

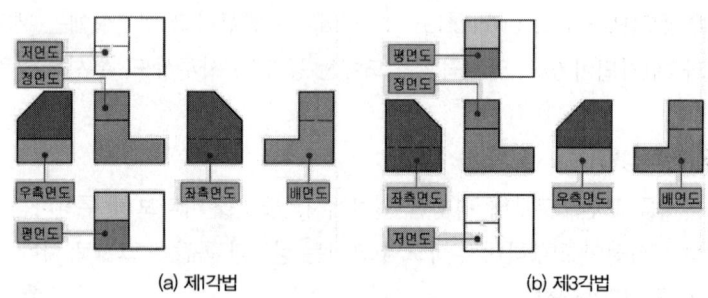

○ 그림 1-97 제1각법과 제3각법의 배열(KS, ISO)

나) 제1각법과 제3각법

[그림 1-98]의 (a)와 같이 수직 수평의 두 평면이 직교할 때 한 공간을 4개로 구분한다. 이때 수직한 면의 오른쪽과 수평한 면의 위쪽에 있는 공간을 제1상한, 제1상한에서 시계 반대 방향으로 돌면서 제2, 제3, 제4상한이라 한다.

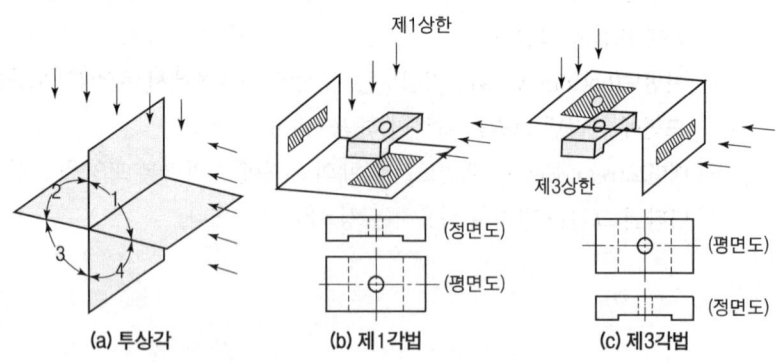

○ 그림 1-98 제1각법과 제3각법의 원리

① 제1각법

물체를 1각 안에(투상면 앞쪽) 놓고 투상한 것을 말한다. 즉 물체의 뒤의 유리판에 투영한다.

㉠ 투상 순서는 눈 → 물체 → 투상이다.
㉡ 투상도의 위치는 그림과 같다.
- 평면도는 정면도의 아래에 위치한다.
- 좌측면도는 정면도의 우측에 위치한다.
- 우측면도는 정면도의 좌측에 위치한다.
- 저면도는 정면도의 위에 위치한다.

② 제3각법

물체를 제3각 안에 놓고 물체를 투상한 것을 말한다. 즉 물체의 앞의 유리판에 투영한다.

㉠ 투상 순서는 눈 → 투상 → 물체이다.
㉡ 투상도의 위치는 그림과 같다.
- 좌측면도는 정면도의 좌측에 위치한다.
- 평면도는 정면도의 위에 위치한다.
- 우측면도는 정면도의 우측에 위치한다.
- 저면도는 정면도의 아래에 위치한다.

③ 제3각법의 장점

㉠ 전개도와 같으므로 도면표현이 합리적
㉡ 비교 대조가 용이하므로 치수 기입이 합리적
㉢ 경사 부분에 있어 보조 투영이 가능하다.

다음 투상도 중 3각법이나 1각법으로 투상하여도 그 투상도면의 배치 위치가 동일 위치인 것은?
① 평면도
② 배면도
③ 우측면도
④ 저면도

해설

배면도는 3각법이나 1각법에서 배치위치는 같다. 배면도는 물체의 뒤쪽에서 바라본 모양을 도면에 나타낸 그림을 말하며 사용하는 경우가 극히 적다.

답 ②

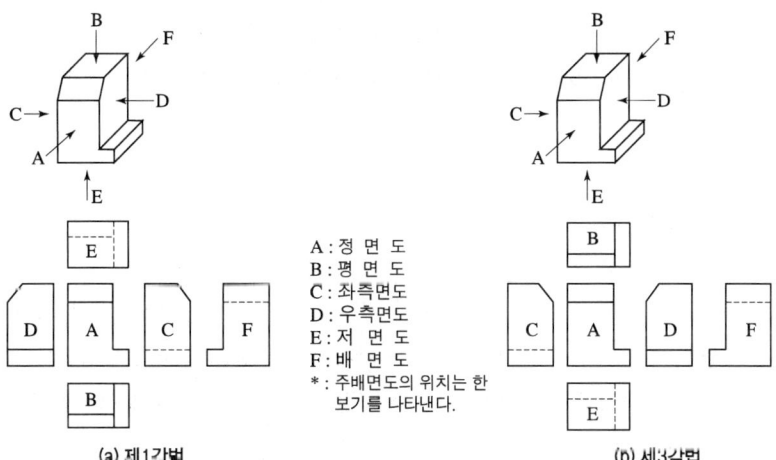

● 그림 1-99 제1각법과 제3각법의 투상도 배치

다) 제도에 사용하는 투상법

기계제도에서의 투상법은 제3각법에 따른 것을 원칙으로 한다. 제1각법을 따를 때 그림과 같은 투상법의 기호를 표제란 또는 그 근처에 표시한다. 한 도면 안에서는 혼용하지 않는 것이 좋다.

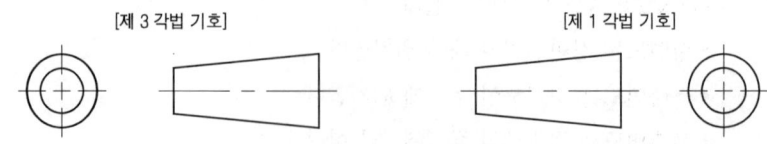

◎ 그림 1-100 투상법의 기호

라) 투상법의 명시

같은 도면 내에서 원칙적으로 제3각법과 제1각법을 혼용해서는 안 되지만, 도면을 이해하는 데 도움을 줄 때는 혼용할 수도 있다. 다만, 제3각법에 따른 올바른 배치로 그릴 수 없는 경우, 또는 제3각법에 따라 정확한 위치에 그리면 도리어 도형을 이해하기 곤란한 경우에는 상호관계를 화살표와 문자를 사용하여 표시하고, 그 글자는 투상의 방향과 관계없이 전부 위 방향으로 명백하게 쓴다.

마) 정면도 선택 시 유의 사항

① 물체의 특징을 가장 잘 나타내는 면을 선택한다.
② 관련 투상도(평면도, 측면도)에는 가급적 은선을 사용하지 않는다.
③ 물체는 자연스러운 위치로 안정감을 가질 수 있도록 한다.
④ 물체의 주요면은 수직, 수평이 되게 한다.
⑤ 물체는 가공공정 순서와 같은 방향으로 선택한다.
⑥ 기어, 베어링과 같은 물체는 축과 직각 방향에서 본 것을 정면도로 선택한다.

바) 입체 투상도

① 투시 투상법

투시 투상법은 투상면에서 어떤 거리에 있는 시점과 물체의 각 점을 연결한 투상선이 투상면을 지날 때 나타나는 모양을 그리는 투상법으로 물체의 원근감을 나타낼 때 사용하며 건축, 토목조감도 등에 사용한다.

② 사투상법
- 투상선이 투상면에 사선으로 지나는 평행 투상

- 일반적으로 투상선이 하나
- 종류 : 캐비닛도, 카발리에도 등이 있다.

㉠ **캐비닛도**
- 투상선이 투상면에 대하여 63° 26'인 경사를 가진 사투상도
- 3축 중 Y, Z축은 실제 길이를 나타내므로 정면도는 실제 크기이다.
- X축은 보통 크기의 1/2을 나타낸다.

㉡ **카발리에도**
- 투상선이 투상면에 대하여 45°인 경사를 가진 사투상도
- 3축 모두 실제의 길이를 나타낸다.
- X축을 수평축에 45° 기울여 그린다.

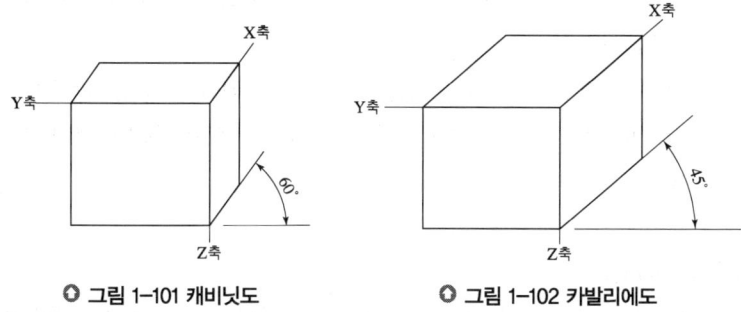

◯ 그림 1-101 캐비닛도   ◯ 그림 1-102 카발리에도

사) 축측 투상법
- 대상물의 좌표면이 투상면에 대하여 경사를 이룬 직각 투상
- 일반적으로 투상면이 하나
- 등각 투상도 2등각 투상도, 부등각 투상도가 있다.

① **등각 투상도**
등각 투상도는 밑변의 모서리 선이 수평면과 좌우 각각 30°를 이루면 세 축이 120°의 등각이 되도록 입체도로 투상한 것으로 정면, 평면, 측면을 동시에 입체적으로 볼 수 있다.

② **2등각 투상도**
3좌표축 투상의 교각 중 2개의 교각이 같은 추측 투상

③ **부등각 투상도**
3좌표축 투상의 교각이 각기 다른 추측 투상

수평선과 30°의 각도를 이룬 두 축과 90°를 이룬 수직축의 세 축이 투상면 위에서 120°의 등각이 되도록 물체를 놓고 투상한 것은?
① 부등각 투상
② 등각 투상
③ 사투상
④ 심정 투상

해설

등각 투상도 : 정면, 평면, 측면을 하나의 투상면 위에 동시에 볼 수 있도록 표현된 투상도이다.

답 ②

(2) 도형의 표시법

1) 투상도의 선택 방법

가) 투상도의 선택 방법

① 주투상도에는 대상물의 모양 및 기능을 가장 명확하게 표시하는 면을 그리며, 대상물을 도시하는 상태는 도면의 목적에 따라 「조립도 등 주로 기능을 표시하는 도면에서는 대상물을 사용하는 상태」, 「부품도 등 가공하기 위한 도면에서는 가공에 있어서 도면을 가장 많이 이용하는 공정에 대상물을 놓은 상태」 또는 「특별한 이유가 없는 경우, 대상물을 가로길이로 놓은 상태」 중 하나에 따른다. (KS B 0001 10.1.1의 a)

② 주투상도를 보충하거나 보조하는 다른 투상도는 최소로 하고 주투상도만으로 표기가 가능한 것은 다른 투상도를 그리지 않는다. (KS B 0001 10.1.1의 b)

③ 서로 관련되는 그림의 배치는 최대한 숨은 선을 쓰지 않도록 한다. 다만, 비교 대조하기 불편한 경우에는 예외로 한다. (KS B 0001 10.1.1의 c)

나) 보조 투상도

경사면부가 있는 대상물에서 그 경사면의 실제 길이를 표시할 필요가 있는 경우에는 다음에 의하여 보조 투상도로 표시한다.

① 물체에 경사진 부분이 있는 경우 도면에 투상도의 모양이나 크기가 축소되어 나타나기 때문에 그림에서와 같이 경사면과 나란하게 투상면을 두고 제3각법으로 투상하면 실물과 같은 크기로 투상을 할 수 있으며, 필요한 부분만을 부분 투상도 또는 국부 투상도로 그리는 것이 좋다.

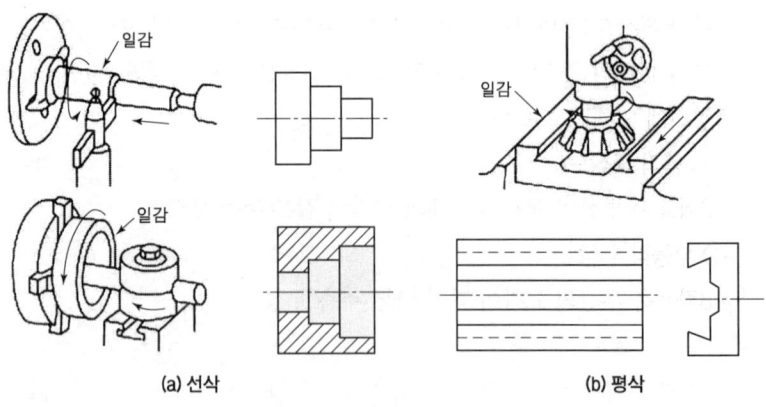

○ 그림 1-103 가공공정에 의한 배열

② 지면의 관계 등으로 보조 투상도를 경사면에 맞는 위치에 배치할 수 없는 경우에는 [그림 1-105(a)]와 같이 화살표와 영문 대문자를 써서 표시할 수 있으며, [그림 1-105(b)]와 같이 중심선을 꺾어 투상 관계를 나타내도 좋다.

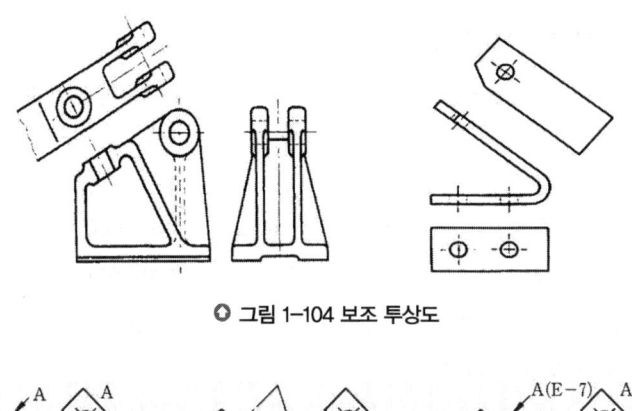

○ 그림 1-104 보조 투상도

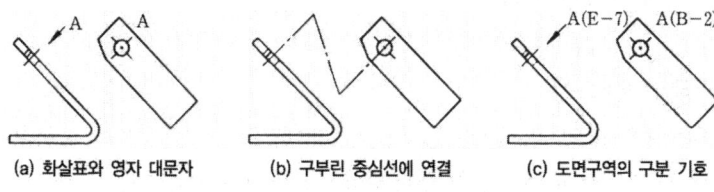

(a) 화살표와 영자 대문자 (b) 구부린 중심선에 연결 (c) 도면구역의 구분 기호

○ 그림 1-105 보조 투상도의 이동배치

다) 회전 투상도

대상물의 일부가 어느 각도를 가지고 있으므로 투상면에 그 실형이 나타나지 않을 때에 그 부분을 회전해서 그 실형을 도시할 수 있다. 또한, 잘못 볼 우려가 있을 경우에는 작도에 사용한 선을 남긴다.

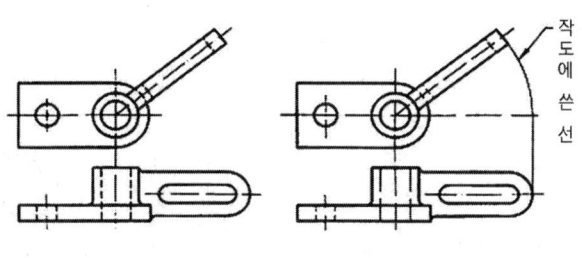

○ 그림 1-106 회전 투상도

라) 부분 투상도

그림의 일부를 도시하는 것으로 충분한 경우에는 그 필요 부분만을 부분 투상도로서 표시한다. 이 경우에는 생략한 부분과의 경계를 파단선으로 나타낸다. 다만, 명확한 경우에는 파단선을 생략하여도 좋다.

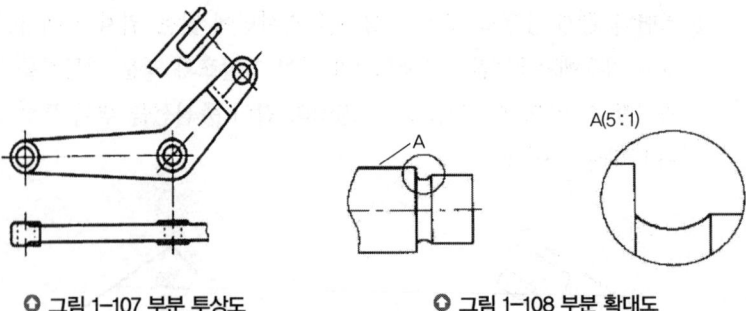

◎ 그림 1-107 부분 투상도　　◎ 그림 1-108 부분 확대도

마) 부분 확대도

특정 부분의 도형이 작은 관계로 그 부분의 상세한 도시나 치수 기입을 할 수 없을 때는 그 부분을 가는 실선으로 에워싸고, 영자의 대문자로 표시함과 동시에 그 해당 부분을 다른 장소에 확대하여 그리며, 표시하는 문자 및 척도를 부기한다.

바) 국부 투상도

대상물의 구멍, 홈 등 한 국부만의 모양을 도시하는 것으로 충분한 경우에는 그 필요한 부분만을 국부 투상도로서 나타낸다. 투상 관계를 나타내기 위하여 원칙적으로 주된 그림으로부터 중심선, 기준선, 치수 보조선 등으로 연결한다.

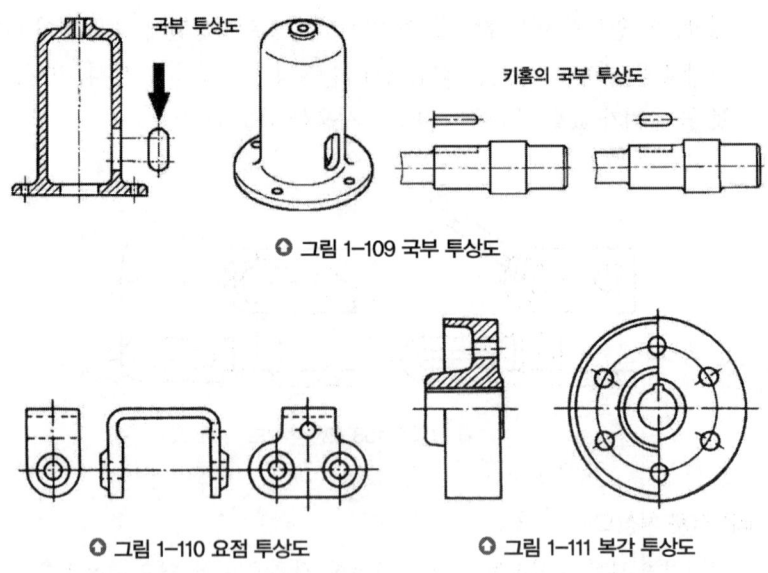

◎ 그림 1-109 국부 투상도

◎ 그림 1-110 요점 투상도　　◎ 그림 1-111 복각 투상도

사) 요점 투상도

보조적인 투상도에 보이는 부분을 모두 표시하면 도면이 복잡해져서 오히려 알아보기가 어려운 경우가 있다. 이때에는 요점 부분만 투상도로 표시한다.

아) 복각 투상도

도면에 물체의 앞면과 뒷면을 동시에 표시하는 방법으로 정면도를 중심으로 우측면에서 좌측 반은 제1각법으로 우측 반은 제3각법으로 그린 투상도를 복각 투상도라 한다.

(3) 도형의 생략

1) 도형이 대칭 형식의 경우

다음 중 어느 한 방법에 따라 대칭 중심선의 한쪽을 생략할 수 있다.

① 대칭 중심선의 한쪽 도형만을 그리고, 그 대칭 중심선의 양끝 부분에 짧은 2개의 나란한 가는 선(대칭 도시 기호라 한다)을 그린다.

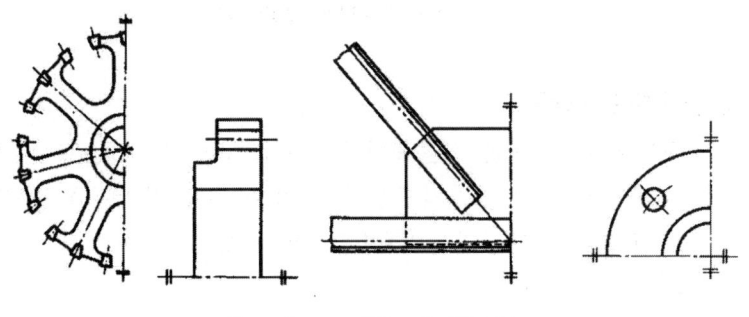

◎ 그림 1-112 대칭 도시 기호 사용

② 대칭 중심선의 한쪽의 도형을 대칭 중심선을 조금 넘은 부분까지 그린다. 이때에는 대칭 시 기호를 생략할 수 있다.

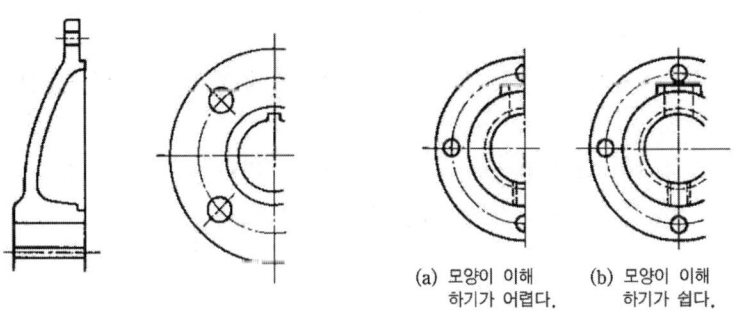

(a) 모양이 이해하기가 어렵다.
(b) 모양이 이해하기가 쉽다.

◎ 그림 1-113 대칭도형의 생략

2) 반복 도형의 생략 및 특별한 도시 방법

같은 종류나 모양의 것이 반복되어 있는 경우 도형을 생략할 수가 있다.
① 실형 대신 그림기호를 피치선과 중심선과의 교점에 기입한다.
② 두 가지 이상의 도형이 반복되면 다음과 같이 도형기호를 구분한다. 또한 잘못 볼 우려가 있을 경우에는 양 끝부(한끝은 1피치분), 또는 요점만을 도시하고 다른 쪽은 피치선과 중심선과의 교점으로 나타낸다.
치수 기입에 의하여 교점의 위치가 명확할 때는 피치선에 교차되는 중심선을 생략하여도 좋다. 또, 이 경우에는 반복 부분의 수를 치수기입 또는 주기에 의하여 지시하여야 한다.

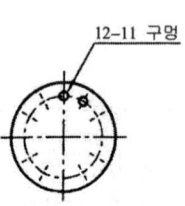 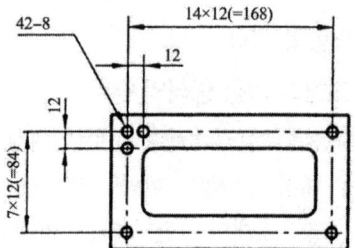

○ 그림 1-114 반복 도형의 생략

3) 중간 부분의 생략

① 동일한 부분의 단면, 같은 모양이 규칙적으로 줄지어 있는 부분, 또는 긴 테이퍼 등의 부분은 지면을 생략하기 위하여 중간 부분을 잘라내서 그 긴요한 부분만을 가까이하여 도시할 수 있다.

[보기]
• 축, 막대, 관, 형강
• 래크, 공작기계의 어미나사, 교량의 난간, 사다리
• 테이퍼 축

이 경우, 잘라낸 끝부분은 파단선으로 나타낸다.

② 요점만을 도시하는 경우, 혼동될 염려가 없을 때는 파단선을 생략하여도 좋다.
③ 긴 테이퍼 부분, 또는 기울기 부분을 잘라낸 도시에서는 경사가 완만한 것은 실제의 각도로 도시하지 않아도 좋다.

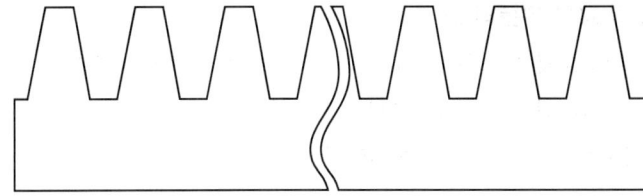

○ 그림 1-115 중간 부분의 생략

4) 특별한 도시 방법

① 전개도

판재를 구부려서 만드는 물체는 면으로 구성된 대상물의 전개한 모양을 나타내어도 된다. 이 경우, 전개도의 위쪽 또는 아래쪽에 "전개도"라고 기입하는 것이 좋다.

② 간명한 도시

도시를 필요로 하는 부분을 알기 쉽게 하기 위하여 다음과 같이 하는 것이 좋다.

㉠ 숨은선이 없어도 이해할 수 있는 경우에는 이것을 생략하여도 좋다.

㉡ 보충하는 투상도에 보이는 부분을 전부 그리면, 도면이 오히려 알기 어렵게 될 경우에는 부분 투상도 또는 보조 투상도를 활용하여 표시하는 것이 좋다.

㉢ 절단면의 앞쪽에 보이는 선은 그것이 없어도 이해할 수 있는 경우에는 생략하여도 좋다.

㉣ 일부분에 특정한 모양을 가진 것은 되도록 그 부분이 그림의 위쪽에 나타나도록 그리는 것이 좋다. 보기를 들면 키 홈이 있는 보스 구멍, 벽에 구멍 또는 홈이 있는 관이나 실린더, 쪼개짐을 가진 링 등의 갈라진 부분은 위쪽으로 투상한다.

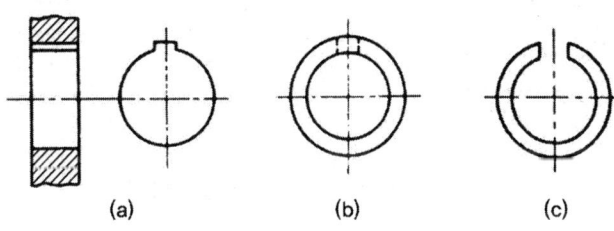

○ 그림 1-116 특정한 모양의 도시

5) 2개의 교차 부분의 표시

2개 면의 교차 부분을 표시하는 선은 다음과 같이 도시한다.

① 두 개의 면이 둥글게 만나는 경우 그림 같이 둥글게 만나는 교차선의 위치에 굵은 실선으로 표시한다.

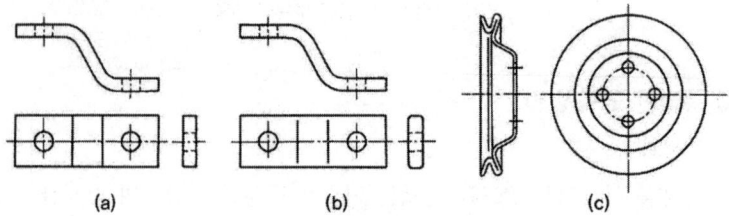

○ 그림 1-117 2개 면의 교차 구분의 표시

② 리브가 평면과 맞닿을 때는 선의 끝부분은 그림과 같이 직선 그대로 멈추게 한다.

㉠ 둥글기 값 $R_1 < R_2$인 경우에는 그림과 같이 바깥쪽으로 구부린다.

㉡ 둥글기 값 $R_1 > R_2$인 경우에는 그림과 같이 안쪽으로 구부린다.

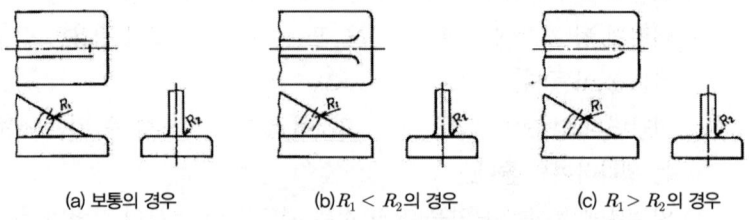

(a) 보통의 경우 (b) $R_1 < R_2$의 경우 (c) $R_1 > R_2$의 경우

○ 그림 1-118 리브의 끝부분 표시법

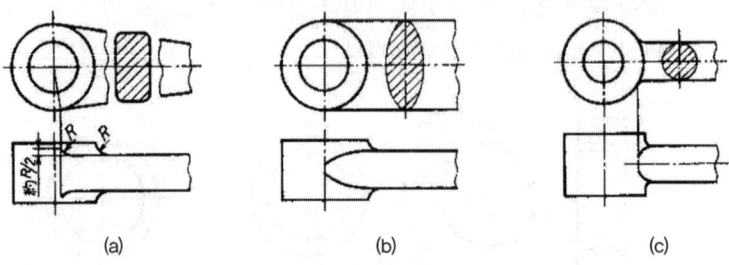

○ 그림 1-119 암의 교차하는 부분을 나타내는 법

③ 곡면과 곡면 또는 곡면과 평면이 교차하는 부분의 선(상관선)은 직선으로 표시하거나 근사치에 가깝게 원호로 표시한다.

6) 평면의 도시

도형 내의 특정한 부분이 평면이란 것을 표시할 필요가 있을 경우에는 가는 실선으로 대각선을 기입한다.

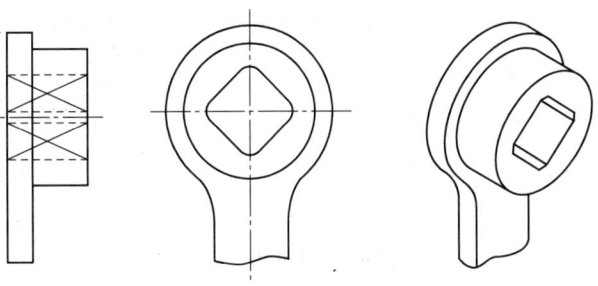

○ 그림 1-120 평면이 외부에 있을 때

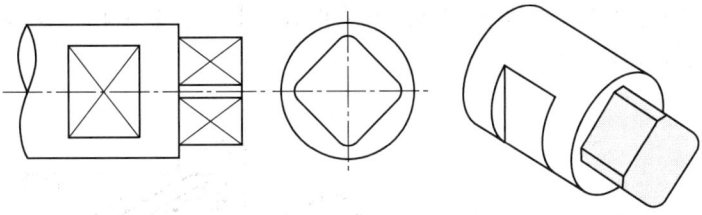

○ 그림 1-121 평면이 내부에 있을 때

7) 가공 전 또는 후의 모양의 도시

그림에 표시하는 대상물의 가공 전 또는 후의 모양의 도시는 다음에 따른다.
① 가공 전의 모양을 표시할 때는 가는 2점 쇄선으로 도시한다.
② 가공 후의 모양, 보기를 들면 조립 후의 모양을 표시할 때는 실선으로 도시한다.

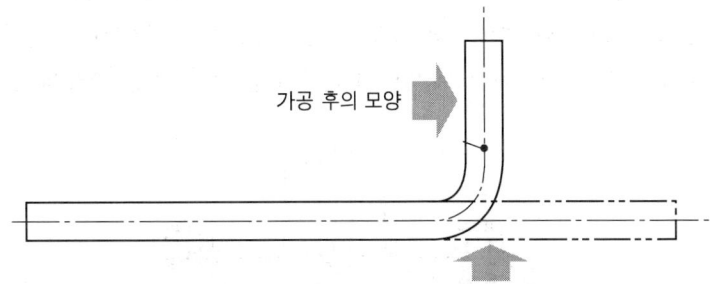

○ 그림 1-122 가공 전 또는 후의 모양의 도시

8) 가공에 사용하는 공구·지그 등의 도시

가공에 사용하는 공구·지그 등의 모양을 참고로 하여 도시할 필요가 있는 경우에는 가는 2점 쇄선으로 도시한다.

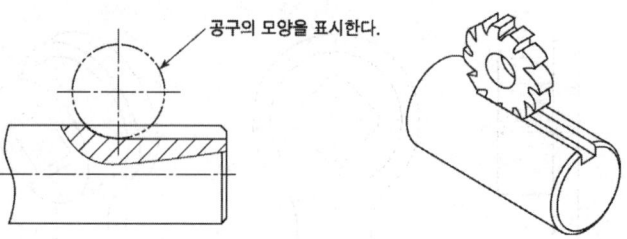

◉ 그림 1-123 공구·지그 등 도시

9) 절단면의 앞쪽에 있는 부분의 도시

절단면의 앞쪽에 있는 부분을 도시할 필요가 있는 경우에는 가는 2점 쇄선으로 도시한다.

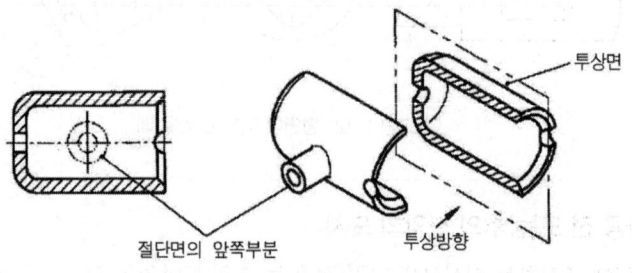

◉ 그림 1-124 절단면의 앞쪽에 있는 부분의 도시

10) 인접 부분의 도시

대상물을 인접하는 부분을 참고로 도시할 필요가 있을 때는 가는 2점 쇄선으로 도시한다. 대상물의 도형은 인접 부분에 숨겨지더라도 숨은선으로 하면 안 된다. 단면도에 있어서 인접 부분에는 해칭을 하지 않는다.

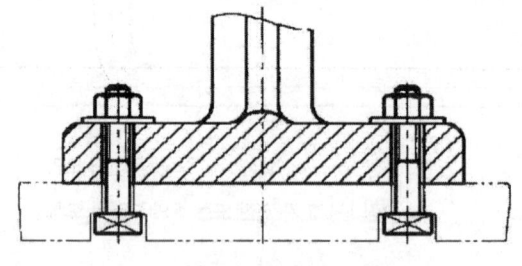

◉ 그림 1-125 인접 부분의 도시

11) 특수한 가공 부분의 표시

대상물의 일부분에 특수한 가공을 하는 경우에는 그 범위를 외형선에 평행하게 약간 떼어서 그은 굵은 1점 쇄선으로 나타낼 수 있다.

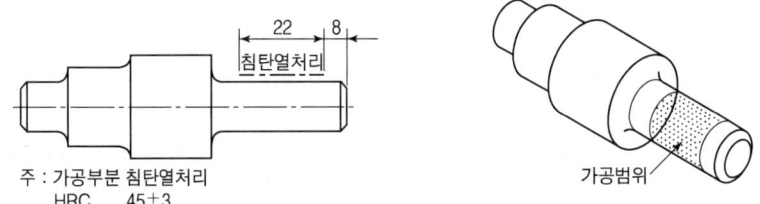

◎ 그림 1-126 특수가공 부위의 표시

12) 조립도 중의 용접 구성품의 표시 방법

용접부의 용접 부분을 참고로 표시할 필요가 있는 경우에는 다음에 따른다.
① 용접 구성품의 용접의 비드의 크기만을 표시하는 경우에는 그림 (a)의 보기에 따른다.
② 용접 구상 부재의 겹침의 관계 및 용접의 종류와 크기를 표시하는 경우에는 그림 (b)의 보기에 따른다.
③ 용접 구성부재의 겹침의 관계를 표시하는 경우에는 그림 (c)의 보기에 따른다.
④ 용접 구성부재의 겹침의 관계 및 용접의 비드의 크기를 표시하지 않아도 좋을 때에는 그림 (d)에 따른다.

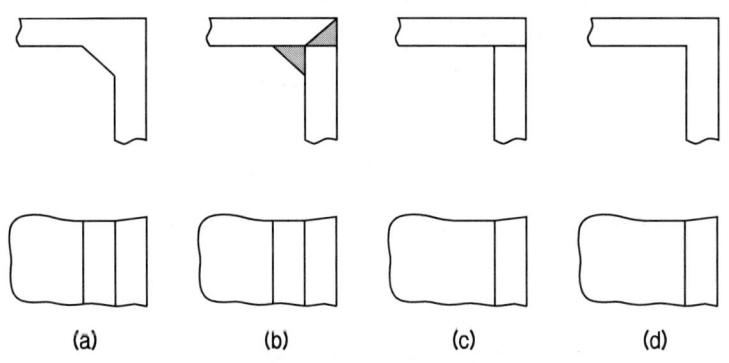

◎ 그림 1-127 필릿 용접과 그루브 용접의 보기

13) 무늬 등의 표시

널링 가공 부분, 철망, 줄무늬 있는 강판 등의 특징을 외형의 일부분에 그려서 표시하는 경우이며, 또, 비금속 재료를 특별히 나타낼 필요가 있을 경우에는 원칙적으로 [그림 1-128]의 표시 방법에 따른다. 이 경우에도 부품도에는 별도로 재질을 글자로 기입한다. 겉모양을 나타낼 경우도, 단면을 할 경우도 이에 따르는 것이 좋다.

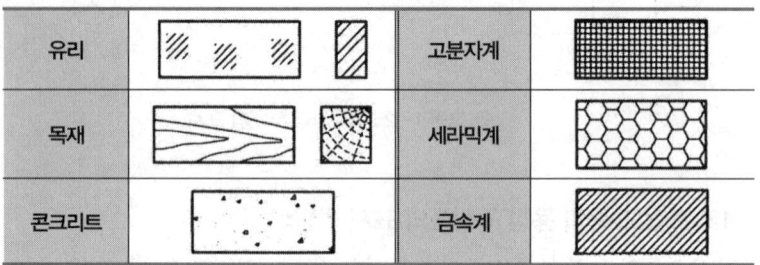

○ 그림 1-128 비금속 재료의 표시

(4) 단면도 표시 방법

물체의 내부 모양을 알기 쉽게 도시하기 위하여 단면도를 활용한다. 물체를 절단하였다고 가정하고 절단한 부분을 떼어 내고 도시한다. 이때 절단한 면을 해칭 처리하여 절단하였음을 나타낸다.

1) 온 단면도

보통 물체의 절반을 절단하여 작도한다.
① 원칙으로 대상물의 기본적인 모양을 가장 좋게 표시할 수 있도록 절단면을 정하여 그린다. 이 경우에는 절단선은 기입하지 않는다. (절단부위가 확실한 경우)
② 필요할 경우에는 특정 부분의 모양을 잘 표시할 수 있도록 절단면을 정하여 그리는 것이 좋다. 이 경우에는 절단선에 의하여 절단 위치를 나타낸다.

2) 한쪽 단면도(반 단면도 : half section view)

상하 또는 좌우 대칭인 물체는 $\frac{1}{4}$을 떼어 낸 것으로 보고 기본 중심선을 경계로 하여 $\frac{1}{2}$은 외형, $\frac{1}{2}$은 단면으로 동시에 나타낸 것으로 대칭중심의 우측 또는 위쪽을 단면한다.

3) 부분 단면도

외형도에서 필요로 하는 일부분만을 도시할 수 있다. 이 경우 파단선(가는 실선)에 의해서 경계를 나타낸다.

[적용]
① 단면으로 나타낼 필요가 있는 부분이 좁을 때
② 원칙적으로 길이 방향으로 절단하지 않는 것을 특별히 나타낼 때
③ 단면의 경계가 애매하게 될 염려가 있을 때

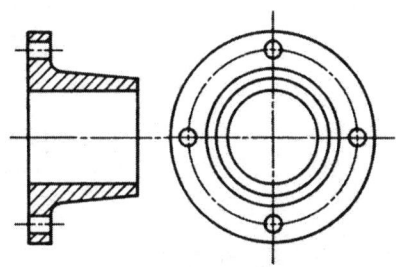

○ 그림 1-129 전 단면도

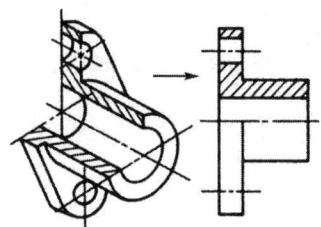

○ 그림 1-130 한쪽 단면도

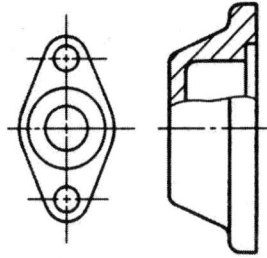

○ 그림 1-131 부분 단면도

4) 회전도시 단면도

핸들이나 바퀴 등의 암 및 림, 리브, 훅, 축, 구조물의 부재 등의 절단면은 90° 회전하여 표시하여도 좋다.

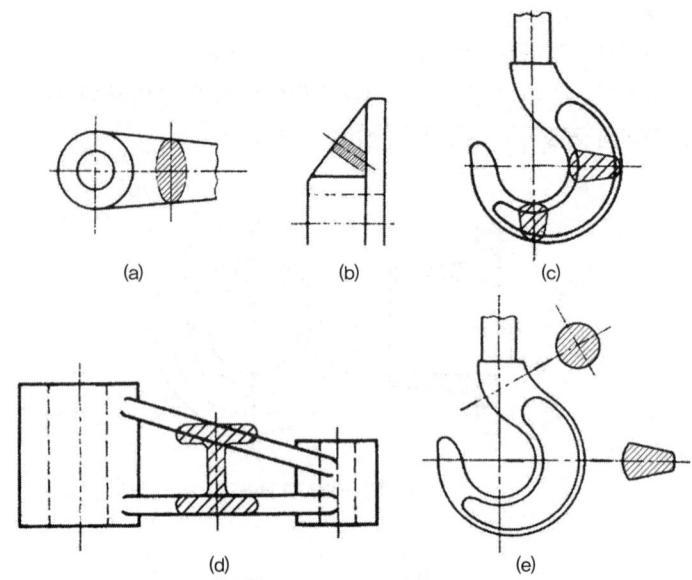

◎ 그림 1-132 회전도시 단면도

① 절단할 곳의 전후를 끊어 그 사이에 그릴 때는 굵은 실선으로 그린다. (a), (b)
② 절단선의 연장선 위에 그릴 때는 굵은 실선으로 그린다. (e)
③ 도형 내의 절단한 곳에 겹쳐서 그릴 때는 가는 실선을 사용하여 그린다. (c), (d)
④ 회전 단면도를 주투상도 밖으로 끌어내어 그릴 경우에는 가는 1점 쇄선으로 단면위치를 표시하고, 굵은 1점 쇄선으로 한계를 표시할 때는 굵은 실선으로 그린다.

5) 길이 방향으로 절단하지 않는 것

절단했기 때문에 이해를 방해하는 것, 또는 절단하여도 의미가 없는 것은 원칙으로 긴 쪽 방향으로는 절단하지 않는다.
KS에서는 다음과 같은 것들은 길이 방향으로 절단하지 않도록 규정하고 있다.
• 물체의 한 부분 중 : 리브, 암, 기어의 이, 체인 스프로켓의 이 등

- 부품 중 : 축, 핀, 볼트, 너트, 와셔, 작은 나사, 리벳, 강구, 키, 원통 롤러 등

6) 단면도의 해칭

단면도의 절단면에 해칭을 할 필요가 있을 경우
① 보통 사용하는 해칭은 주된 중심선에 대하여 45°로 가는 실선으로 등간격으로 표시한다.
② 동일 부품의 단면은 떨어져 있어도 해칭의 방향과 간격 등을 같게 한다.
③ 서로 인접하는 단면의 해칭은 선의 방향 또는 각도(30°, 45°, 60° 임의의 각도) 및 그 간격을 바꾸어서 구별한다.
④ 경사진 단면의 해칭선은 경사진 면에 수평이나 수직으로 그리지 않고 재질에 관계없이 기본 중심에 대하여 45° 경사진 각도로 그린다.
⑤ 절단 자리의 면적이 넓은 경우에는 그 외형선을 따라 적절한 범위에 해칭(또는 스머징)을 한다.
⑥ 해칭을 하는 부분 속에 문자, 기호 등을 기입하기 위해 필요한 경우에는 해칭을 중단한다.
⑦ 단면도에 재료 등을 표시하기 위하여 특수한 해칭(또는 스머징)을 해도 좋다.

7) 얇은 두께 부분의 단면도

개스킷, 박판, 형강 등에서 절단면이 얇은 경우 다음에 따라 표시할 수 있다.
① 절단면을 검게 칠한다.
② 실제 치수와 관계없이 한 개의 아주 굵은 실선으로 표시한다.

3 치수 기입법

(1) 치수 지시의 개념

치수는 크기 · 자세 · 위치 치수로 구분하여 지시하게 된다. 크기 치수는 길이, 높이, 두께의 치수 값을 의미하고 자세 치수나 위치 치수는 각도나 가로 · 세로의 치수이다.

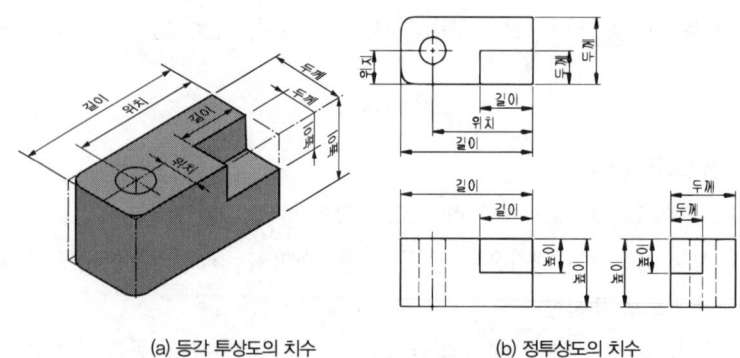

(a) 등각 투상도의 치수 (b) 정투상도의 치수

○ 그림 1-133 치수의 종류와 지시 위치

(2) 치수 기입 방법

① 치수는 치수선, 치수 보조선, 치수 보조 기호 등을 사용하여 치수 수치(치수를 나타내는 수치를 말한다)에 의하여 표시한다.

② 도면에 기입하는 치수는 필요한 경우에 치수의 허용한계를 지시한다. 다만 이론적으로 정확한 치수는 제외한다.

③ 도면에 표시하는 치수는 특별히 명시하지 않는 한 그 도면에 도시한 대상물의 마무리 치수(완성 치수)를 표시한다.

④ 길이, 높이의 치수 지시 위치는 주로 정면도에 지시되며 모양에 따라 평면도, 측면도 등에 지시할 수 있다.

⑤ 두께 치수는 주로 평면도나 측면도에 지시한다. 다만, 부분적인 특징에 따라 다른 투상도에 지시할 수 있다.

⑥ 원기둥, 각기둥, 홈, 구멍 등의 위치를 정면도에 크기가 지시되면 위치 치수는 측면도나 평면도 등 다른 투상도에 지시한다.

⑦ 면의 기울기, 원기둥, 각기둥, 홈, 구멍 등의 자세 치수는 가로·세로 치수나 각도로 지시한다.

⑧ 치수 보조선은 치수선에 직각으로 그리고 치수선을 약간 넘도록 연장한다. 또한 수선에 직각으로 치수선을 2~3mm 지날 때까지 가는 실선으로 그리고 치수 보조선과 투상도 사이를 0.5~1mm 틈새를 두고 그린다.

⑨ 치수 기입의 관계상 특히 필요한 경우에는 치수선에 대하여 적당한 각도로 치수 보조선을 그릴 수 있다. 이 경우 될 수 있는대로 치수선과 60° 또는 45°가 되도록 치수 보조선을 그리는 것이 좋다.

치수 기입에 대한 설명 중 틀린 것은?
① 필요한 치수를 명료하게 도면에 기입한다.
② 잘 알 수 있도록 중복하여 기입한다.
③ 가능한 한 주요 투상도에 집중하여 기입한다.
④ 가능한 한 계산하여 구할 필요가 없도록 기입한다.

답 ②

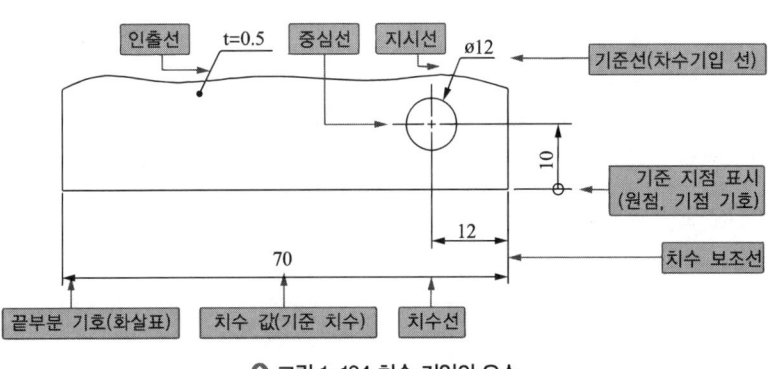

◎ 그림 1-134 치수 기입의 요소

> 다음 중 도면이 전체적으로 치수에 비례하지 않게 그려졌을 경우에 표시 방법으로 올바른 것은?
> ① 치수를 적색으로 표시한다.
> ② 치수에 괄호를 한다.
> ③ 척도에 NS로 표시한다.
> ④ 치수에 ※ 표를 한다.
>
> **답** ③

(3) 치수 지시의 요소

① 숫자는 크기, 자세, 위치 등을 지시하는 아라비아 숫자를 말하며 투상도의 어떤 선보다 우선하여 지시한다.
② 문자는 투상도에 지시하는 개별 주서나 표제란 근처에 지시하는 일반 주서를 말하며 투상도의 어떤 선보다 우선하여 지시한다.
③ 숫자와 문자의 크기는 도면과 투상도의 크기에 따라 마이크로필름 촬영, 축소 및 확대의 경우를 대비하여 선택한다.

(4) 치수 수치의 표시 방법

① 길이의 치수 수치는 원칙적으로 mm의 단위로 기입하고 단위 기호는 붙이지 않는다.
② 각도의 치수 수치는 일반적으로 도의 단위로 기입하고, 필요한 경우에는 분 및 초를 병용할 수 있다. 또 각도의 치수 수치를 라디안의 단위로 기입하는 경우에는 그 단위 기호 rad를 기입한다.
③ 치수 수치의 소수점은 아래쪽의 점으로 하고 숫자 사이를 적당히 띄워서 그 중간에 약간 크게 찍는다. 또, 치수 수치의 자리 수가 많은 경우 3자리마다 숫자의 사이를 적당히 띄우고 콤마는 찍지 않는다.
④ 도면에 표현된 형상의 크기를 나타내는 치수에 추가적으로 의미를 명확히 하기 위하여 보조 기호를 사용한다.

(5) 치수 기입의 원칙

① 대상물의 기능 · 제작 · 조립 등을 고려하여 필요하다고 생각되는 치수를 명료하게 도면에 기입한다.
② 치수는 대상물의 크기, 자세 및 위치를 가장 명확하게 표시하는 데 필요하고도 충분한 것을 기입한다.

③ 치수는 되도록 주투상도에 집중시키며, 중복 기입을 피하고 되도록 계산하여 구할 필요가 없도록 기입한다.
④ 치수는 필요에 따라 기준으로 하는 점, 선 또는 면을 기초로 하여 기입한다.
⑤ 도면에 나타내는 치수는 특별하게 명시하지 않는 한, 그 도면에 도시한 대상물의 다듬질 치수를 표시한다.
⑥ 치수는 기능상 필요한 경우 KS A 0108에 따라 치수의 허용한계를 지시한다.
⑦ 치수는 되도록 계산해서 구할 필요가 없도록 기입한다.
⑧ 가능한 한 관련 치수는 한곳에 모아 기입하고 공정마다 배열을 분리 기입한다.
⑨ 치수 중 참고 치수에 대해서는 치수 수치에 괄호를 사용한다.

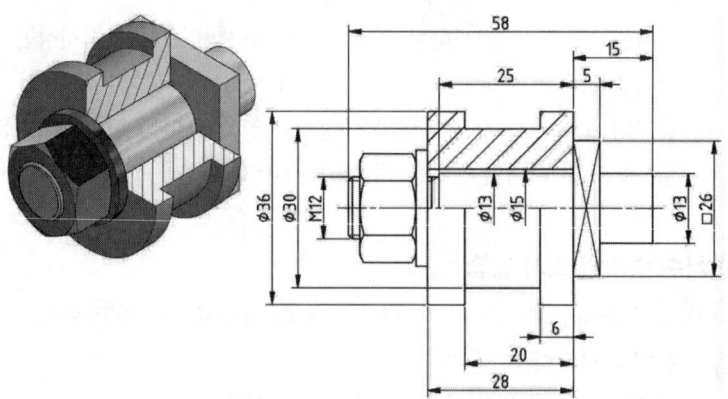

◎ 그림 1-135 지시 구역을 나누어 치수 기입

◎ 표 1-25 치수 보조 기호

구분	기호	사용법	예
지름	Φ	지름 치수의 수치 앞에 붙인다.	Φ30
반지름	R	반지름 치수의 수치 앞에 붙인다.	R10
구의 지름	SΦ	구의 지름 치수 수치 앞에 붙인다.	SΦ20
구의 반지름	SR	구의 반지름 치수 수치 앞에 붙인다.	SR10
정사각형의 변	□	정사각형의 한 변의 치수 수치 앞에 붙인다.	□20
판의 두께	t	판 두께의 치수 수치 앞에 붙인다.	t10
45°의 모떼기	C	모떼기 치수 수치 앞에 붙인다.	C3
카운터 보어	⊔	카운트 보어 지름 치수 앞에 붙인다.	10⊔
카운터 싱킹	∨	카운트 싱킹 각도 앞에 붙인다.	10∨
깊이	▼	깊이 치수 앞에 붙인다.	10▼
전개 길이	⌒	전개 길이 앞에 붙인다.	10⌒
실제 둥글기	TR	실제 둥글기(True radius) 치수 앞에 붙인다	10TR

○ 표 1-25 치수 보조 기호 (계속)

구분	기호	사용법	예
등 간격	EQS	등 간격의 개수 앞쪽으로 한 칸 띄어서 붙인다	
원호의 길이	⌒	원호의 길이 치수 수치 위에 붙인다.	⌒20
이론적으로 정확한 치수	▭	이론적으로 정확한 치수를 붙인다.	▭20
참고 치수	( )	참고 치수의 치수 수치를 둘러싼다.	(20)
치수의 기준(기점)	⊢	누진·좌표치수를 지시할 때 치수의 기준이 되는 지점을 표시한다.	

(6) 치수선과 치수 보조선

① 치수선 치수 보조선에는 가는 실선을 사용한다.

② 치수선은 원칙적으로 치수 보조선을 사용하여 긋는다. 다만, 치수 보조선을 사용하여 그림이 혼동되기 쉬워질 경우에는 이에 따르지 않는다.

③ 치수선은 원칙적으로 지시하는 길이 또는 각도를 측정 방향으로 평행하게 긋는다.

④ 치수선 또는 그 연장선 끝에는 화살표, 사선 또는 검정 동그라미(이하, 총칭할 때는 끝부분의 기호라 한다)를 붙여 그린다.

㉠ 화살표는 살 끝을 적당한 각도(90°를 포함한다)로 하고 끝이 열린 것, 닫힌 것, 빈틈없이 칠한 것의 어느 것이라도 좋다. 또한, 화살표는 치수선 쪽에서 바깥쪽으로 향하여 붙인다. 다만, 화살표를 기입할 여지가 없을 때에는 치수선을 연장하여 치수선 쪽으로 향하여 화살표를 기입하여도 좋다.

㉡ 사선은 치수 보조선을 지나 왼쪽 아래에서 오른쪽 위로 향하여 약 45°로 교차하는 짧은 선으로 한다.

㉢ 검정 동그라미는 치수선의 끝을 중심으로 하여 빈틈없이 칠한 작은 원으로 한다.

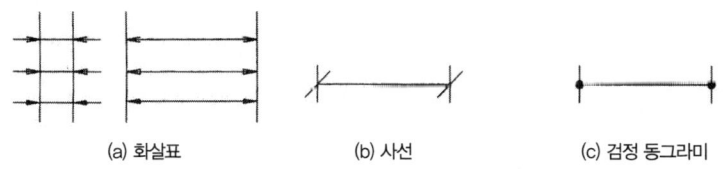

(a) 화살표　　(b) 사선　　(c) 검정 동그라미

○ 그림 1-136 치수선과 끝부분의 기호

⑤ 치수선에 붙이는 끝부분 기호는 일련의 도면에서 다음의 경우를 제외하고는 같은 모양의 것으로 통일하여 사용한다.
　㉠ 반지름을 지시하는 치수선에는 호 쪽에만 화살표를 붙이고 중심 쪽에는 붙이지 않는다.
　㉡ 누진 치수 기입 시 기점에는 기점 기호를 사용하고 다른 끝에는 화살표를 사용한다.
　㉢ 치수 보조선의 간격이 좁아 화살표를 기입할 여지가 없을 때에는 화살표 대신에 검정 동그라미 또는 사선을 사용할 수 있다.
⑥ 기점 기호는 치수선의 기점을 중심으로 한 칠하지 않은 작은 원으로 하되 검정 동그라미보다 약간 크게 그린다.
⑦ 끝부분 기호 및 기점 기호의 크기는 그림의 크기에 따라 보기 쉬운 크기로 한다.
⑧ 치수 보조선은 지시하는 치수의 끝에 해당하는 도형상의 점 또는 선의 중심을 지나 치수선에 직각으로 긋고, 치수선을 약간 넘도록 연장한다. 이때 치수 보조선과 도형 사이를 약간 띄워도 좋다. 또한, 치수를 지시하는 점 또는 선을 명확하게 하기 위하여 특별히 필요한 경우에는 치수선에 대하여 적당한 각도를 갖는 서로 평행한 치수 보조선을 그을 수 있다. 이 각도는 60°가 좋다.
⑨ 중심선, 외형선, 기준선 및 이들의 연장선을 치수선으로 사용해서는 안 된다.
⑩ 각도를 기입하는 치수선은 각도를 구성하는 두 변 또는 그 연장선(치수 보조선)의 교점을 중심으로 하여, 양변 또는 그 연장선 사이에 그린 원호로 표시한다.

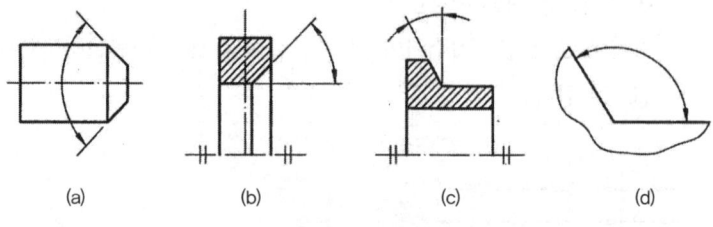

○ 그림 1-137 각도를 기입하는 치수선

(7) 치수 수치를 기입하는 위치 및 방향

특별히 정한 누진치수 기입법의 경우를 제외하고는 다음 2가지 방법 중 일반적으로 방법 1에 따른다. (같은 도면 내에서 방법 2와 방법 1을 혼용해서는 안 됨.)

① **방법 1**: 수평 방향의 치수선에 대하여는 도면의 아래쪽에서, 수직 방향의 치수선에 대하여는 도면의 오른쪽에서 읽도록 쓴다. 경사 방향의 치수선에 대해서도 이에 준해서 쓴다. 치수 수치는 치수선을 중단하지 않고 치수선 위쪽에 약간 띄워서 중앙에 기입한다. 수직선에 대하여 시계 반대 방향으로 향하여 약 30° 이하의 각도를 이루는 방향에는 치수의 기입을 피한다.

② **방법 2**: 치수 수치를 도면의 아래쪽에서 읽을 수 있도록 쓴다. 그러므로 수평 방향 이외의 치수선은 치수 수치를 끼우기 위하여 중앙을 중단하여 기입한다.

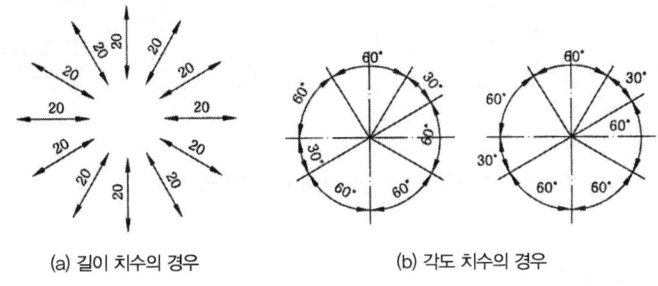

(a) 길이 치수의 경우   (b) 각도 치수의 경우

○ **그림 1-138 치수의 방향(방법 1)**

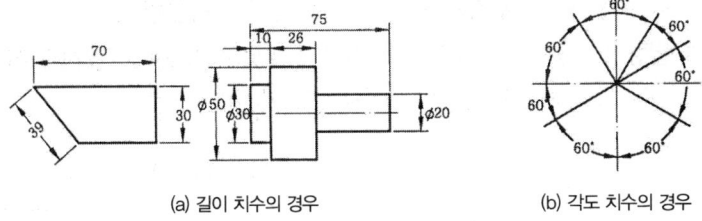

(a) 길이 치수의 경우   (b) 각도 치수의 경우

○ **그림 1-139 치수 수치의 위치와 방향(방법 2)**

(8) 좁은 곳에서의 치수의 기입

부분 확대도로 기입하거나 다음 중 어느 것을 사용하여도 좋다.

① 지시선을 치수선에서 경사 방향으로 끌어내고 원칙적으로 그 끝을 수평으로 구부리고 그 위쪽에 치수 수치를 기입한다. 가공 방법, 주기, 부품번호 등을 기입하기 위하여 사용하는 지시선은 원칙적으로 경사 방향으로 끌어낸다. 이 경우 모양을 표시하는 선으로부터 지시선을 끌어낼 때는 끝부분에 화살표를 하고, 모양을 표시하는 선의 안쪽에서 지시선을 끌어낼 때는 끝부분에 검은 둥근 짐을 붙인다.

② 치수선을 연장하여 그 위쪽 또는 바깥쪽에 기입하여도 좋다.

③ 치수 보조선의 간격이 좁아서 화살표를 기입할 여지가 없을 경우에는 화살표 대신 검은 둥근점 또는 경사선을 사용하여도 좋다.

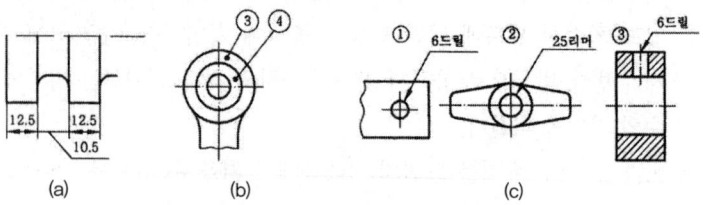

○ 그림 1-140 좁은 곳에서의 치수의 기입(1)

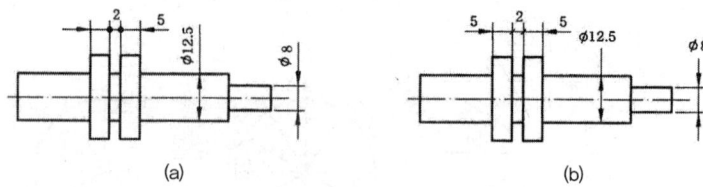

○ 그림 1-141 좁은 곳에서의 치수의 기입(2)

(9) 치수의 배치

① **직렬 치수 기입법** : 직렬로 나란히 연결된 개개의 치수에 주어진 치수 공차가 차례로 누적되어도 상관없는 경우에 사용한다.
② **병렬 치수 기입법** : 이 방법에 따르면 병렬로 기입하는 개개의 치수 공차는 다른 치수의 공차에 영향을 미치지 않는다.

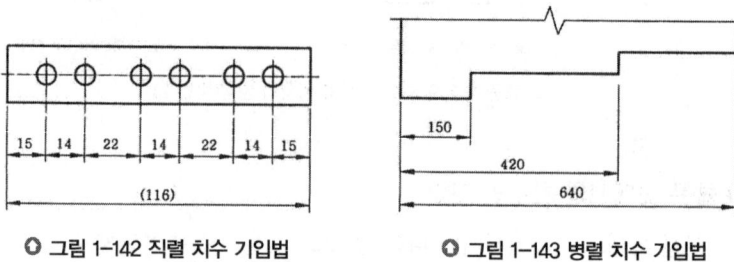

○ 그림 1-142 직렬 치수 기입법   ○ 그림 1-143 병렬 치수 기입법

③ **누진 치수 기입법** : 이 방법에 따르면 치수 공차에 관하여 병렬 치수 기입법과 완전히 동등한 의미를 가지면서, 한 개의 연속된 치수선으로 간편하게 표시할 수 있다. 기점 기호(○)와 치수선의 다른 끝은 화살표로 표시한다.

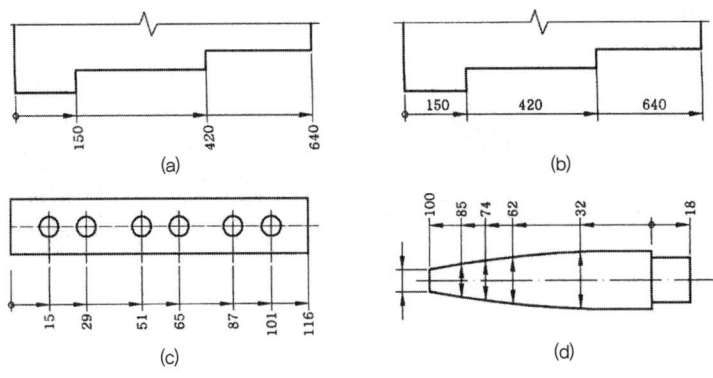

○ 그림 1-144 누진 치수 기입법

④ **좌표 치수 기입법** : 구멍의 위치나 크기 등의 치수는 좌표를 사용하여 표로 나타내어도 좋다. 예를 들면 기점은 기준 구멍이나 대상물의 한 구석 등 기능 또는 가공의 조건을 고려하여 적절하게 선택한다.

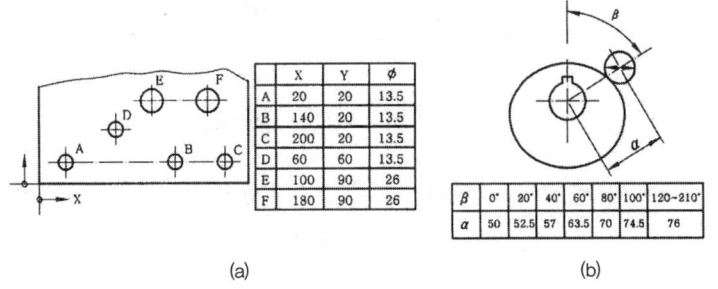

○ 그림 1-145 좌표 치수 기입법

(10) 지름의 표시 방법

① 단면이 원형일 때, 지름의 기호를 치수 수치의 앞에 치수 숫자와 같은 크기로 기입하여 표시한다. 원형의 그림에 지름의 치수를 기입할 때는 치수 수치의 앞에 지름의 기호는 기입하지 않는다. 원형의 일부를 그리지 않은 도형에서 치수선의 끝부분 기호가 한쪽만 있는 경우에는 반지름의 치수와 혼동되지 않도록 지름의 치수를 수치 앞에 Ø를 기입한다.

② 지름이 서로 다른 원통이 연속되어 있고, 그 지수 수치를 기입할 여백이 없을 경우 한쪽에만 치수선의 연장선과 화살표를 그리고, 지름의 기호와 치수 수치를 기입한다.

(11) 반지름의 표시 방법

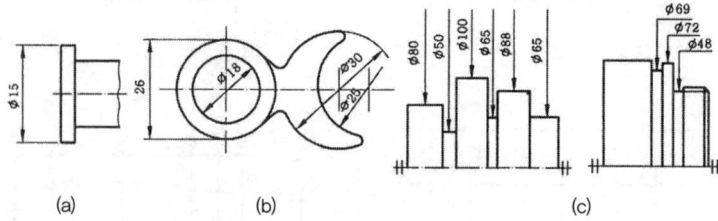

○ 그림 1-146 지름의 치수 기입

① 반지름의 치수는 반지름의 기호 R을 치수 수치 앞에 치수 숫자와 같은 크기로 기입하여 표시한다. 다만 반지름을 나타내기 위한 치수선을 원호의 중심까지 긋는 경우에는 이 기호를 생략하여도 좋다.

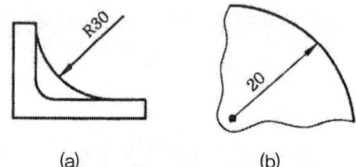

○ 그림 1-147 반지름의 치수 기입(1)

② 원호의 반지름을 나타내기 위한 치수선에는 원호 쪽에만 화살표를 붙이고 치수 앞에 반지름 기호 R을 붙인다.

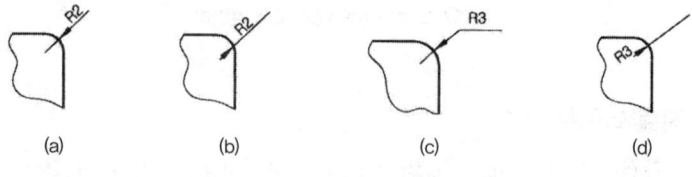

○ 그림 1-148 반지름의 치수 기입(2)

③ 반지름의 치수를 나타내기 위하여 원호의 중심 위치를 표시할 필요가 있을 경우에는 +자 또는 검은 둥근점으로 그 위치를 나타낸다. 반지름이 큰 원호의 중심 위치를 나타낼 필요가 있을 경우, 지면 등의 제약이 있을 때에는 그 반지름의 치수선을 꺾어도 좋다. 이 경우, 치수선의 화살표가 붙은 부분은 정확히 중심을 향하고 있어야 한다.
④ 동일 중심을 가진 반지름은 길이 치수와 같이 기점 기호를 사용하여 누진치수 기입법을 사용해서 표시할 수 있다.

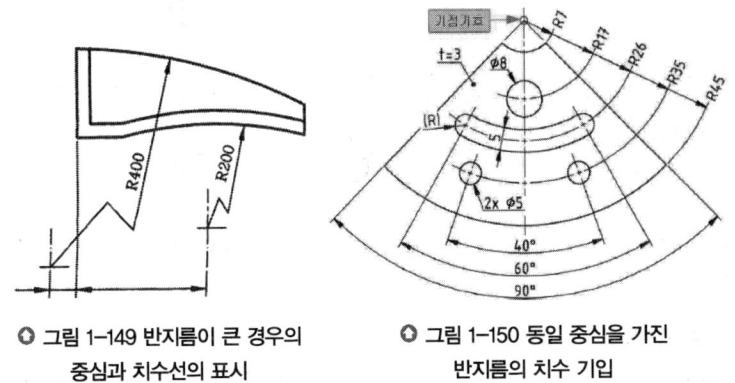

○ 그림 1-149 반지름이 큰 경우의
중심과 치수선의 표시

○ 그림 1-150 동일 중심을 가진
반지름의 치수 기입

⑤ 아래 그림과 같이 정면도 투상을 생략한 단면도에서는 반드시 등간격
임을 'EQS'를 붙여서 지시한다.

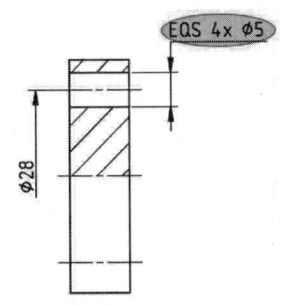

○ 그림 1-151 등 간격의 지시

⑥ 실제의 투상도가 아닌 곳에 실제 반지름 치수를 지시할 때는 그림과
같이 치수 앞에 TR 보조 기호를 붙인다.

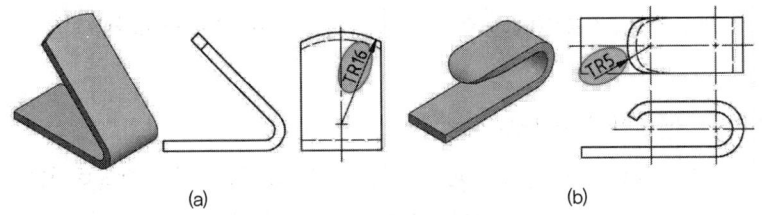

○ 그림 1-152 실제 둥글기 치수 지시

(12) 구의 지름 또는 반지름의 표시 방법

구의 지름 또는 구의 반지름의 치수는 그 치수 수치의 앞에 치수 숫자와 같은 크기로 구의 기호 S 또는 구의 반지름 기호 SR을 기입하여 표시한다.

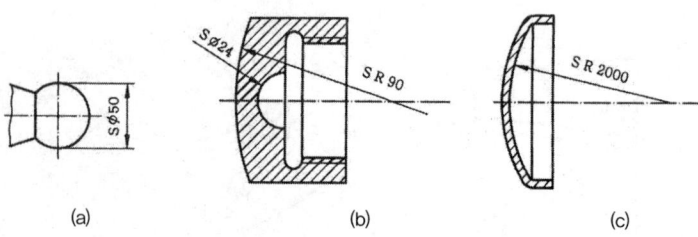

○ 그림 1-153 구의 지름 또는 반지름의 치수 기입

(13) 정사각형의 변의 표시 방법

대상으로 하는 부분의 단면이 정사각형일 때, 그 모양을 그림에 표시하지 않고 정사각형인 것을 표시하는 경우에는 그 변의 길이를 표시하는 치수 수치 앞에 치수 숫자와 같은 크기로 정사각형의 한 변이라는 것을 나타내는 기호 □을 기입한다.

(14) 두께의 표시 방법

판의 주투상도에 그 두께의 치수를 표시할 경우에는, 그 도면의 부근 또는 그림 속의 보기 쉬운 위치에 두께를 표시하는 치수 수치의 앞에 치수 숫자와 같은 크기로 두께를 나타내는 기호 t를 기입한다.

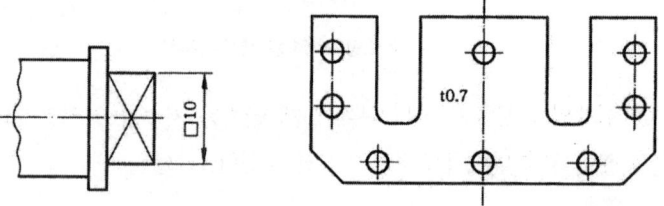

○ 그림 1-154 정사각형의 한 변의 치수 기입   ○ 그림 1-155 두께의 치수 기입

(15) 현, 원호의 길이 표시 방법

① 현의 길이 표시 방법 : 현의 길이는 원칙적으로 현에 직각으로 치수 보조선을 긋고, 현에 평행한 치수선을 그어 표시한다.

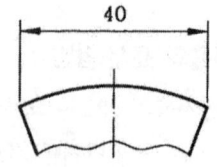

○ 그림 1-156 현의 치수 기입

② 원호의 길이 표시 방법
  ㉠ 치수 보조선을 긋고 그 원호와 동심인 원호를 치수선으로 하고, 치수 수치의 위에 원호의 길이 기호⌒를 붙인다.
  ㉡ 원호를 구성하는 각도가 클 때나, 연속하여 원호의 치수를 기입할 때는 원호의 중심으로부터 방사상으로 그린 치수 보조선에 치수선을 맞추어도 좋다. 이 경우, 두 개 이상의 동심 원호 중 한 원호의 길이를 명시할 필요가 있을 때 다음 어느 한 가지에 따른다.
  • 원호의 치수 수치에 대하여 지시선을 긋고 끌어낸 쪽으로 화살표를 붙인다.
  • 원호 길이의 치수 수치 뒤에 괄호를 하고 원호의 반지름 치수를 넣어서 나타낸다.

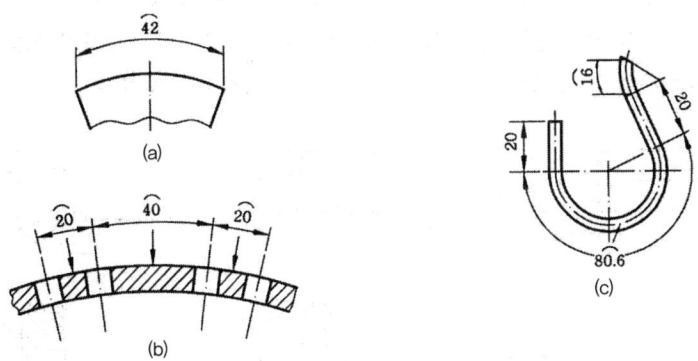

◎ 그림 1-157 원호의 치수 기입

(16) 곡선의 표시 방법

① 원호로 구성되는 곡선의 치수는 일반적으로 이들 원호의 반지름과 그 중심 또는 원호의 접선 위치로써 표시한다.
② 원호로 구성되어 있지 않은 곡선 치수는 곡선상의 임의의 점의 좌표 치수로 표시한다. 이 방법은 필요하면 원호로 구성되는 곡선의 경우에도 사용할 수 있다.

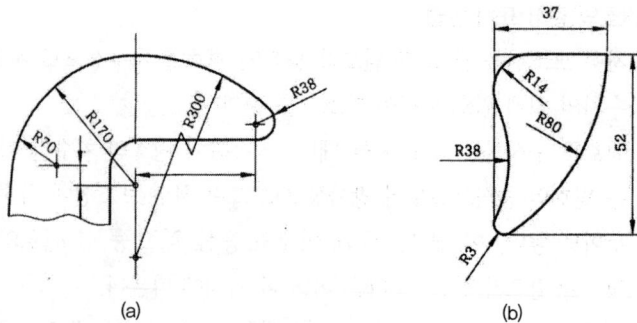

● 그림 1-158 곡선의 치수 기입

(17) 모떼기의 표시 방법

일반적인 모떼기는 보통의 치수 기입 방법에 따라 표시한다.

45모따기의 경우에는 모따기의 치수 수치×45 또는 모따기 기호 C를 치수 수치 앞에 치수 숫자와 같은 크기로 기입하여 표시한다.

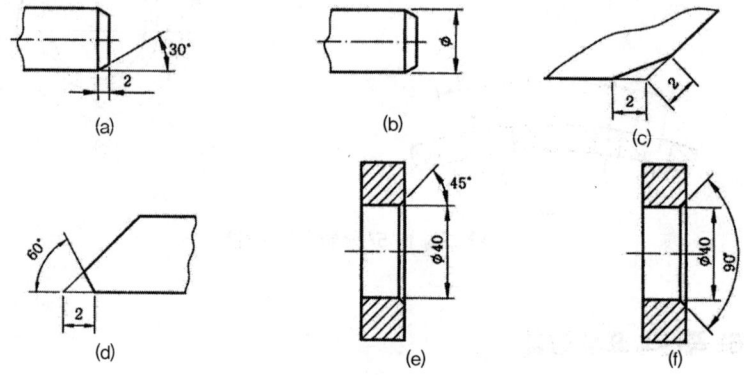

● 그림 1-159 모떼기의 치수 기입(1)

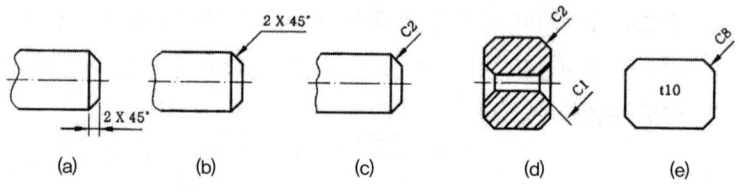

● 그림 1-160 모떼기의 치수 기입(2)

(18) 구멍의 표시 방법

① 드릴 구멍, 펀칭 구멍, 코어 구멍 등 구멍의 가공 방법에 의한 구별을 나타낼 필요가 있을 경우에는 원칙적으로 공구의 호칭 치수 또는 기준 치수를 나타내고, 그 뒤에 가공 방법의 구별을 지시한다. 다만 〈표 1-26〉에 표시한 것에 대하여는 이 표의 간략 지시에 따를 수 있다.

○ 표 1-26 가공 방법의 간략 지수

가공 방법	간략 지시
주조한 대로	코어
프레스 펀칭	펀칭
드릴로 구멍뚫기	드릴
리머 다듬질	리머

② 여러 개의 동일치수 볼트구멍, 작은 나사 구멍, 핀 구멍, 리벳 구멍 등의 치수표시는 구멍으로부터 지시선을 끌어내어 그 총수를 나타내는 숫자 다음에 짧은 선을 끼워서 구멍의 치수를 기입한다.

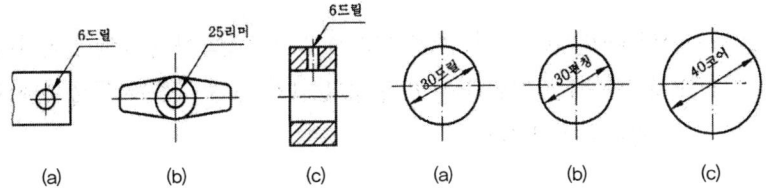

○ 그림 1-161 구멍의 치수 기입(1)   ○ 그림 1-162 구멍의 치수 기입(2)

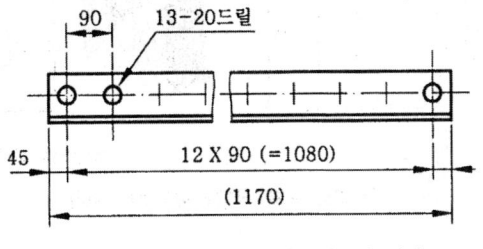

○ 그림 1-163 같은 간격의 구멍 치수 기입

③ 구멍의 깊이를 지시할 때는 구멍의 지름을 나타내는 치수 다음에 "깊이"라 쓰고 그 수치를 기입한다.
  ㉠ 관통 구멍의 경우 구멍 깊이를 기입하지 않는다.
  ㉡ 구멍 깊이란 드릴 앞 끝의 원추부, 리머 앞 끝의 원추부 등을 포함하지 않는 원통부의 깊이를 말한다.

④ 볼트, 너트 등의 자리를 좋게 하기 위한 자리 파기의 표시 방법은 자리 파기의 지름을 나타내는 치수 다음에 "자리 파기"라고만 쓴다.

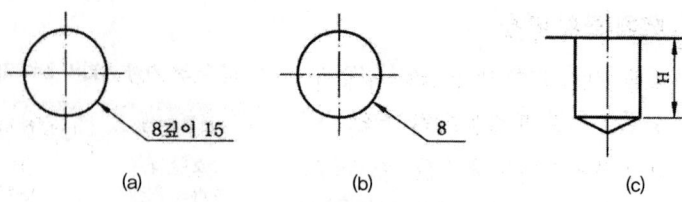

그림 1-164 구멍 깊이의 치수 기입

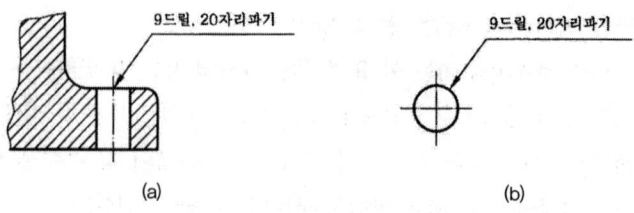

그림 1-165 자리 파기의 치수 기입

⑤ 구멍의 깊이 치수 지시원으로 그려져 있는 투상도에 구멍의 깊이 치수를 지시할 때는 그림과 같이 구멍의 크기 치수 다음에 ↧를 붙이고 깊이 치수를 지시한다.

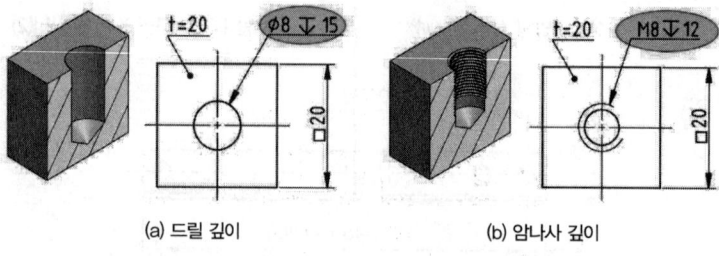

(a) 드릴 깊이　　　　　(b) 암나사 깊이

그림 1-166 구멍의 깊이 치수 지시

⑥ 볼트 머리를 잠기게 하는 경우에 사용하는 깊은 자리 파기의 표시 방법은 깊은 자리 파기의 지름을 나타내는 치수 다음에 "깊은 자리 파기"라고 쓰고 다음에 깊이 수치를 기입한다.

깊은 자리 파기의 깊이 수치를 반대쪽 면으로부터 지시할 필요가 있을 때는 치수선을 사용하여 표시한다.

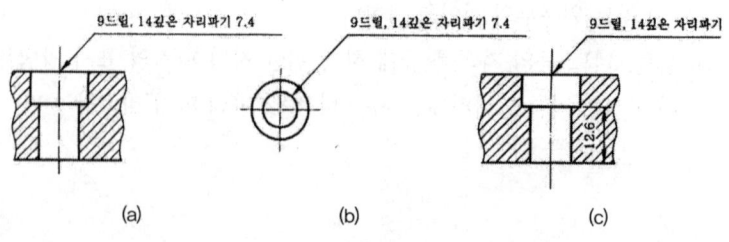

그림 1-167 깊은 자리 파기의 치수 기입

⑦ 볼트, 너트, 와셔 등과 같이 반제품에서 흑피를 깎는 정도의 자리 파기는 그림과 같이 드릴지름 치수 앞에 ⊔ 보조 기호를 표시하고 그 깊이는 지시하지 않는다.

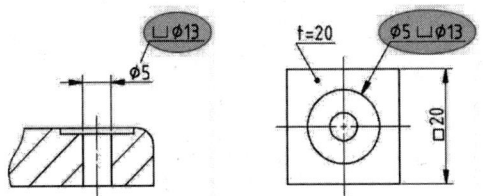

○ 그림 1-168 자리 파기 구멍치수 지시

⑧ 구멍의 원형이 표시된 투상도에 지시할 때는 그림과 같이 지시한다.

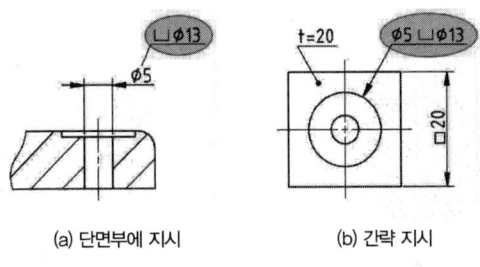

(a) 단면부에 지시   (b) 간략 지시

○ 그림 1-169 6각 구멍붙이 볼트 구멍치수 지시

⑨ 접시머리 볼트 등의 머리가 잠기게 하는 구멍은 그림과 같이 지시한다.

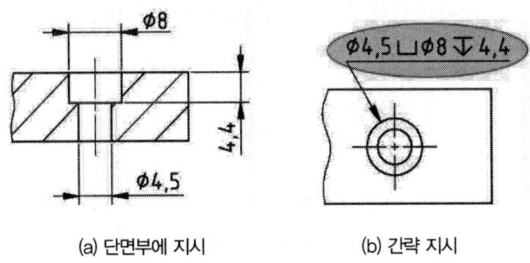

(a) 단면부에 지시   (b) 간략 지시

○ 그림 1-170 접시머리 볼트 구멍의 치수 지시

⑩ 긴 원의 구멍은 기능 또는 가공 방법에 따라 치수의 기입 방법을 어느 것인가에 따라 지시한다.
- 하나의 공구로 가공하여 전체 치수가 필요한 경우에는 (a), (d)와 같이 지시한다.
- 하나의 공구로 가공하여 중심 거리가 실제에서 필요한 경우에는 (b), (c), (e), (f)와 같이 지시한다.

⑪ 경사진 구멍의 깊이는 구멍 중심선상의 깊이로 표시하든가, 그것에 따를 수 없는 경우에는 치수선을 사용하여 표시한다.

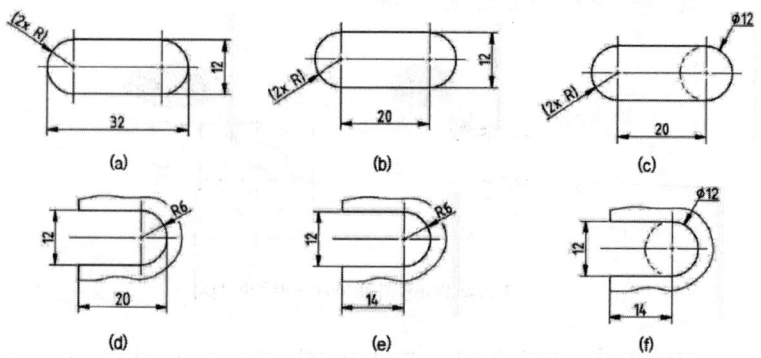

○ 그림 1-171 긴 원의 구멍의 치수 기입

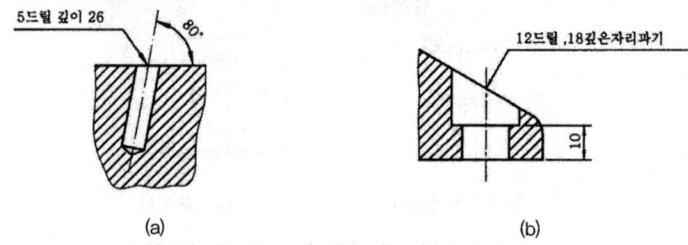

○ 그림 1-172 경사진 구멍의 치수 기입

⑫ 원이나 암나사의 부품도에서 지시선을 사용할 때는 그림과 같이 중심 방향으로 수평선으로부터 60°로 꺾어서 긋는다.

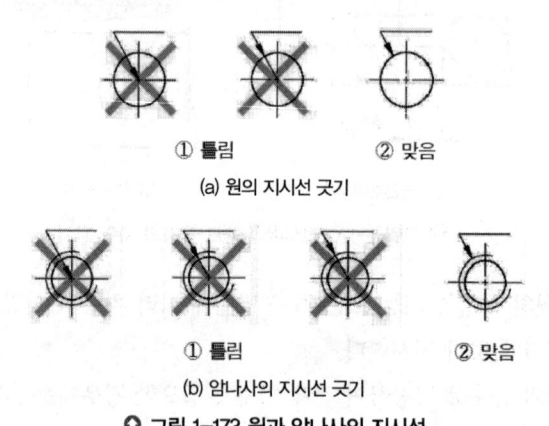

○ 그림 1-173 원과 암나사의 지시선

⑬ 인출선은 조립도, 부품도 등에서 지시허가나 설명을 위한 선으로서 그림과 같이 그 끝에는 0.7 또는 1mm 점(·)이나 화살표를 붙인다.

 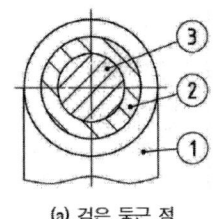 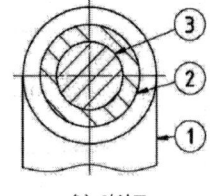

(a) 검은 둥근 점　　　　　(b) 화살표

○ 그림 1-174 조립도의 인출선과 끝부분 기호

(19) 키 홈의 표시 방법

① 축의 키 홈 표시 방법

㉠ 축의 키 홈 치수는 키 홈의 나비, 깊이, 길이, 위치 및 끝 부를 표시하는 치수에 따른다.

㉡ 키 홈을 밀링 커터 등에 의하여 절삭하는 경우에는 기준위치에서 공구 중심까지의 거리와 공구 지름을 표시한다.

㉢ 키 홈의 깊이는 키 홈과 반대쪽의 축 지름면으로부터 키 홈 바닥까지의 치수로 표시한다. 다만, 필요한 경우에는 키 홈의 중심면 위에서의 축 지름면으로부터 키 홈의 바닥까지의 치수(절삭 깊이)로 표시할 수 있다.

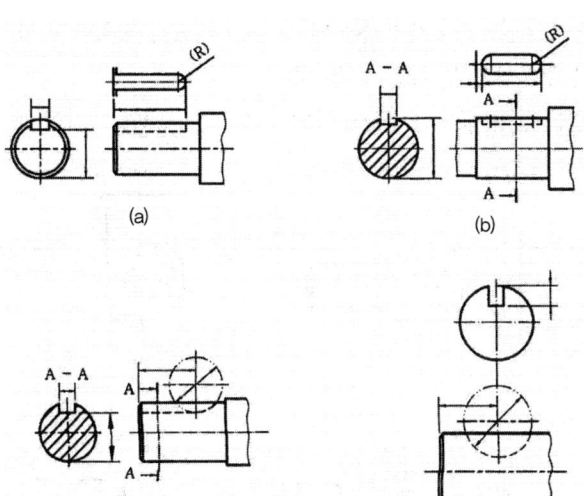

○ 그림 1-175 축의 키 홈의 치수 기입

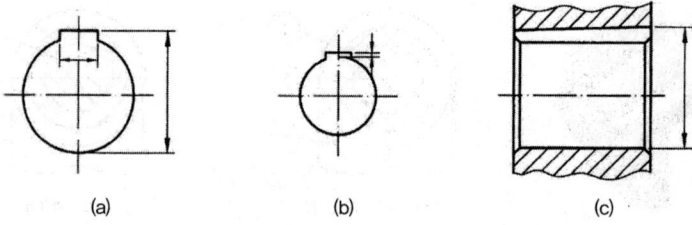

● 그림 1-176 구멍의 키 홈의 치수 기입

② 구멍의 키 홈 표시 방법
  ㉠ 구멍의 키 홈 치수는 키 홈의 나비 및 깊이를 표시하는 치수에 따른다.
  ㉡ 키 홈의 깊이는 키 홈과 반대쪽의 구멍 지름 면으로부터 키 홈의 바닥까지의 치수로 표시한다. 다만 특히 필요한 경우에는 키 홈의 중심면 상에서의 구멍 지름 면으로부터 키 홈의 바닥까지의 치수로 표시할 수 있다.
  ㉢ 경사 키 보스의 키 홈의 깊이는 키 홈의 깊은 쪽에 표시한다.

(20) 테이퍼, 기울기의 표시 방법

테이퍼는 원칙적으로 중심선에 연하여 기입하고, 기울기는 변에 연하여 기입한다.
  ① 테이퍼 또는 기울기의 정도와 방향을 특별히 명확하게 나타낼 필요가 있을 경우에는 별도로 표시한다.
  ② 특별한 경우에는 경사면에서 지시선을 끌어내어 기입할 수 있다.

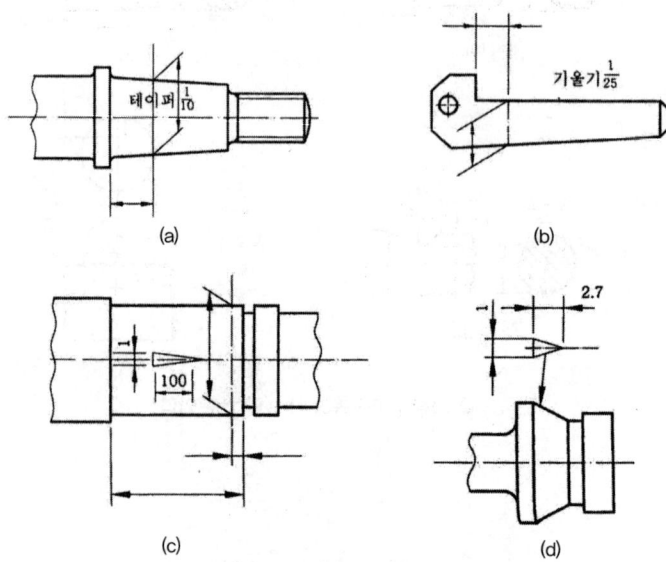

● 그림 1-177 테이퍼 및 기울기의 치수 기입

(21) 펼친 길이 치수 지시

① 선이나 봉의 펼친 길이

선이나 봉의 펼친 길이는 그림과 같이 지시한다.

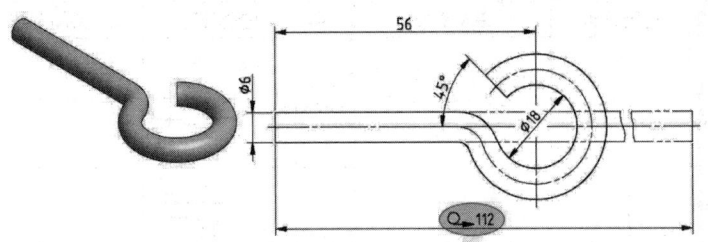

○ 그림 1-178 선, 봉의 펼친 길이 치수 기입

② 판의 펼친 길이

판의 펼친 길이는 그림과 같이 지시한다.

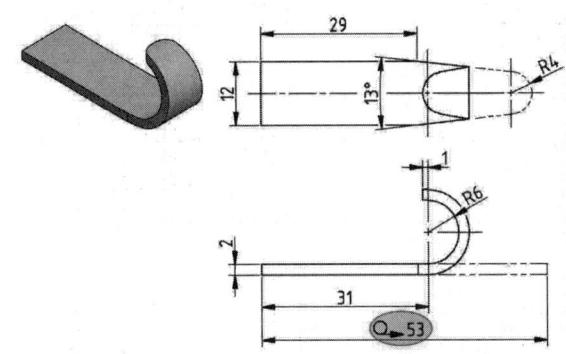

○ 그림 1-179 판의 펼친 길이 치수 지시

(22) 얇은 두께 부분의 표시 방법

얇은 두께의 단면을 아주 굵은 실선으로 그린 도형에 치수를 기입하는 경우에는 단면을 표시한 굵은 실선에 연하여 짧고 가는 실선을 긋고, 여기에 치수선의 끝부분을 기호를 댄다. 이 경우, 가는 실선을 그려준 쪽까지의 치수를 의미한다.

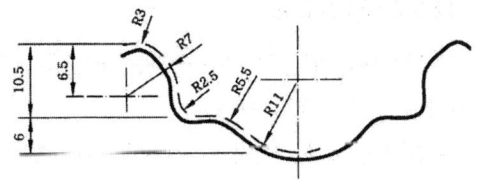

○ 그림 1-180 얇은 두께 부분의 치수 기입

(23) 형강, 강관, 각강 등의 표시 방법

〈표 1-27〉의 표시 방법에 의하여 각각의 도형에 연하여 기입할 수 있다.

표 1-27 형강 등의 치수 표시 방법

종류	단면 모양	표시 방법	종류	단면 모양	표시 방법
등변 ㄱ형강		$\llcorner A \times B \times t - L$	T형강		$T\, B \times H \times t_1 \times t_2 - L$
부등변 부등두께 ㄱ형강		$\llcorner A \times B \times t_1 \times t_2 - L$	I형강		$I\, H \times A \times t_1 \times t_2 - L$
I형강		$I\, H \times B \times t - L$	경ㄷ형강		$\sqsubset H \times A \times B \times t - L$
ㄷ형강		$\sqsubset H \times B \times t_1 \times t_2 - L$	립ㄷ형강		$\sqsubset H \times A \times C \times t - L$

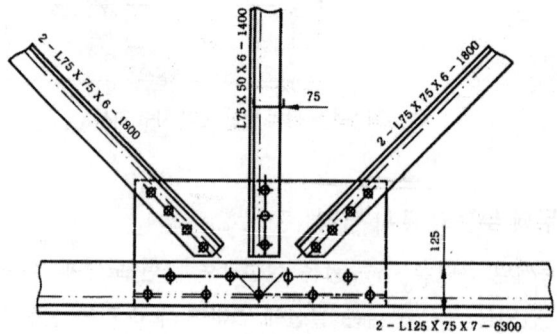

○ 그림 1-181 형강의 치수 기입

(24) 치수 기입 시 기타 주의사항

① 치수 수치를 나타내는 일련의 치수 숫자는 도면에 그린 선에서 분할되지 않는 위치에 그리는 것이 좋다.
② 치수 숫자는 선에 겹쳐서 기입하면 안 된다. 다만, 할 수 없는 경우에는 치수 숫자와 겹쳐지는 선의 부분을 중단하여 치수 수치를 기입한다.

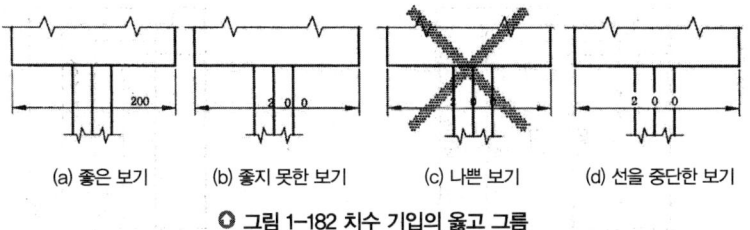

○ 그림 1-182 치수 기입의 옳고 그름

③ 치수 수치는 치수선과 교차되는 장소에 기입하면 안 된다.
④ 치수선이 인접해서 연속되는 경우에는 동일 직선상에 가지런히 긋는 것이 좋다. 또한, 관련되는 부분의 치수는 동일 직선상에 기입하는 것이 좋다.

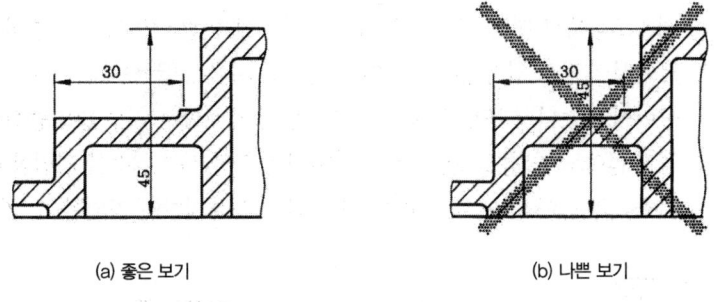

○ 그림 1-183 교차 부분 치수 기입

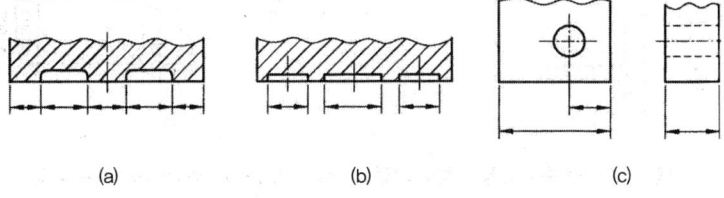

○ 그림 1-184 인접 부분의 치수선 긋기

⑤ 치수 보조선을 긋고 기입하는 지름의 치수가 대칭 중심선의 방향에 몇 개 늘어선 경우에는 각 치수선을 되도록 같은 간격으로 긋고 작은 치수를 안쪽에, 큰 치수를 바깥쪽에 가지런하게 기입한다. 다만, 지면의 형편으로 치수선의 간격이 좁은 경우에는 치수 수치를 대칭 중심선의 양쪽에 교대로 써도 좋다.

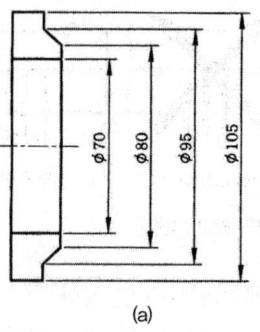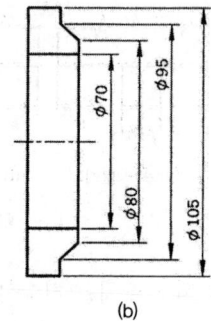

○ 그림 1-185 여러 개의 지름 치수 기입

⑥ 치수선이 길어서 그 중앙에 치수 수치를 기입하면 알기 어렵게 될 경우에는 어느 한쪽의 끝부분 기호 쪽으로 치우쳐서 기입할 수 있다.
⑦ 대칭도형에서 대칭 중심선을 지나는 치수선은 원칙적으로 그 중심선을 넘어서 적당히 연장한다. 이 경우, 연장한 치수선 끝에는 끝부분 기호를 붙이지 않는다. 다만, 오해할 염려가 없는 경우에는 치수선이 중심선을 넘지 않아도 좋다. 또한, 대칭의 도형에 다수의 지름 치수를 기입할 때는 치수선의 길이를 더 짧게 하여 여러 단으로 분리하여 기입할 수 있다.

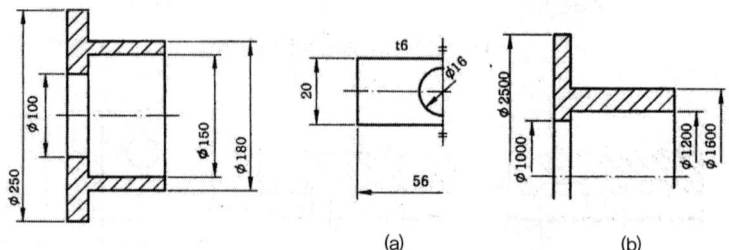

○ 그림 1-186 긴 축수 선상의 치수 기입   ○ 그림 1-187 대칭도형의 치수 기입

⑧ 치수 기입에 있어서 치수 수치 대신 글자 기호를 써도 좋다. 이 경우 그 수치를 별도로 표시한다.
⑨ 서로 경사진 두 개의 면 사이에 둥글기 또는 모따기가 있을 때, 두 면의 교차되는 위치를 나타낼 때는 둥글기 또는 모따기를 하기 이전의 모양을 가는 실선으로 표시하고, 그 교점에서 치수 보조선을 끌어낸다. 이 경우, 교점을 명확하게 나타낼 필요가 있을 때에는 각각의 선을 서로 교차시키든가 또는 교점에 검은 둥근점을 붙인다.
⑩ 원호 부분의 치수는 원호가 180°까지는 원칙적으로 반지름으로 표시하고, 그것을 넘는 경우에는 원칙적으로 지름으로 표시한다. 다만, 180° 이내라고 기능상 또는 가공상 특히 지름의 치수를 필요로 하는 것에 대해서는 지름의 치수를 기입한다.

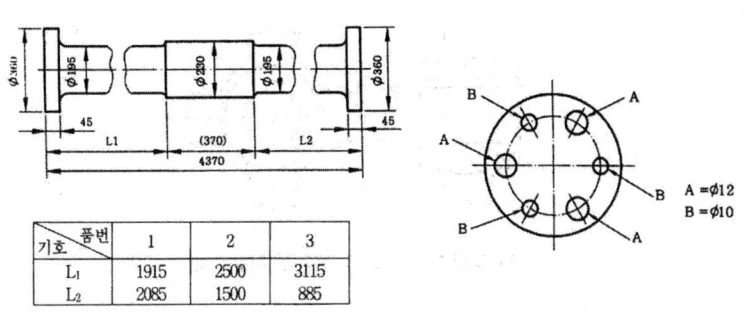

○ 그림 1-188 글자 기호에 의한 치수 기입

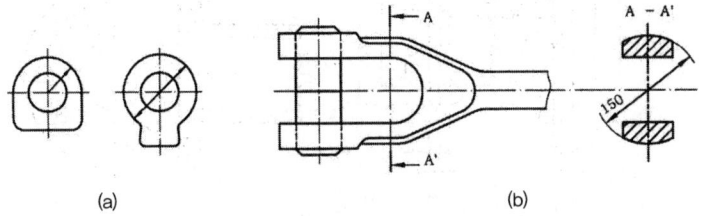

○ 그림 1-189 180° 내외의 원호 부분의 치수 기입

⑪ 반지름의 치수가 다른 곳에 지시한 치수에 따라 자연히 결정될 경우에는 반지름의 치수선과 반지름의 기호만으로 나타내고, 치수 수치는 기입하지 않는다. 키홈이 단면에 나타나 있는 보스의 안지름 치수를 기입 한다.

⑫ 가공 또는 조립할 때 기준으로 할 곳이 있는 경우의 치수는 그 곳을 기준으로 하여 기입한다. 특히 그 곳을 나타낼 필요가 있을 경우에는 그 취지를 기입한다.

⑬ 공정을 달리하는 부분의 치수는 그 배열을 나누어서 기입하는 것이 좋다. 서로 관련되는 치수는 한 곳에 모아서 기입한다. 예를 들면 플랜지의 경우 볼트 구멍의 피치원 지름과 구멍의 치수 및 구멍의 배치는 피치원이 그려져 있는 쪽 그림에 모아서 기입하는 것이 좋다.

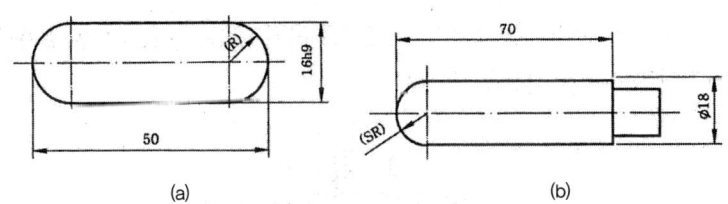

○ 그림 1-190 인식되는 반지름의 표시

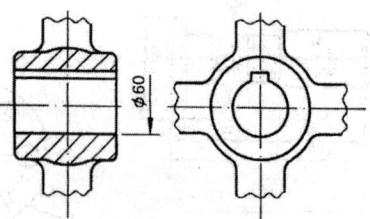

○ 그림 1-191 보스의 안지름 치수 기입

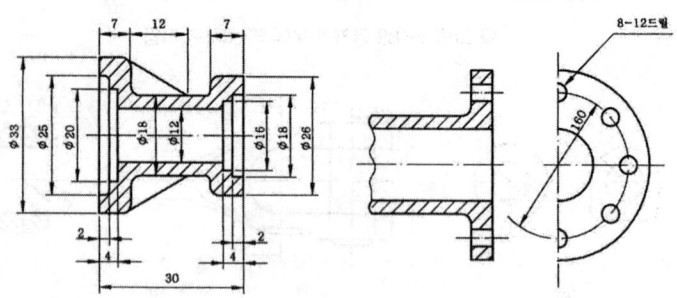

○ 그림 1-192 공정을 달리하는 부분의 치수 기입 ○ 그림 1-193 서로 관련되는 치수 기입

⑭ T형 관이음, 밸브 몸통, 콕 등의 플랜지와 같이 한 개의 물품에 똑 같은 치수 부분이 두 개 이상 있는 경우 그중 한쪽만 기입하는 것이 좋고 치수를 기입하지 않는 부분에 동일치수인 것을 주기한다.

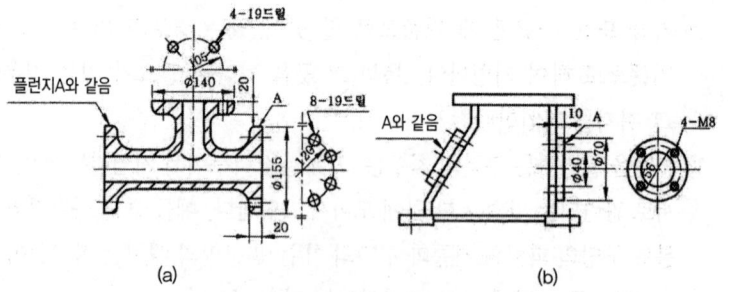

○ 그림 1-194 같은 치수 부분이 두 개 이상 있을 경우의 치수 기입

⑮ 일부의 도형이 그 치수 수치에 비례하지 않을 때에는 치수 숫자의 아래쪽에 굵은 실선을 긋는다.

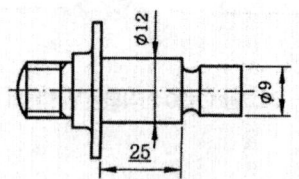

○ 그림 1-195 치수와 도형이 비례하지 않는 경우의 치수 기입

⑯ 출도 후에 변경할 경우에는 [그림 1-196]과 같이 치수에 가로선을 그은 다음 그 옆에 변경된 치수를 지시한다. 이때 변경한 가까운 곳에 변경 그림기호를 지시하고 이유, 이름, 연월일을 표시한다.

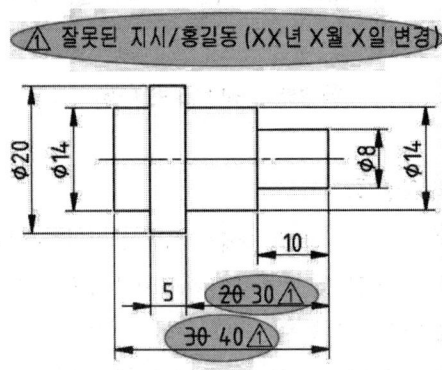

○ 그림 1-196 출도가 된 후의 치수변경

4 표면 거칠기

공작물의 표면에 생긴 작은 구간에서의 요철을 표면 거칠기(surface roughness)라 한다. 또한, 표면 거칠기보다 큰 간격으로 반복되는 기복의 상태를 파상도라 하며, 이는 공작기계나 바이트의 변형, 진동 등에 의하여 발생한다. KS에서는 표면 거칠기의 측정 방법으로 최대 높이(Ry), 10점 평균 거칠기(Rz : ten point height), 산술 평균 거칠기(Ra)의 3가지 방법을 규정하고 있다.

표면 거칠기를 표시할 때 KSB 0161에서 지정한 방법이 아닌 것은?
① 최대 높이(Ry)
② 기준면 평균 거칠기(Ra)
③ 10점 평균 거칠기(Rz)
④ 산술 평균 거칠기(Ra)

답 ②

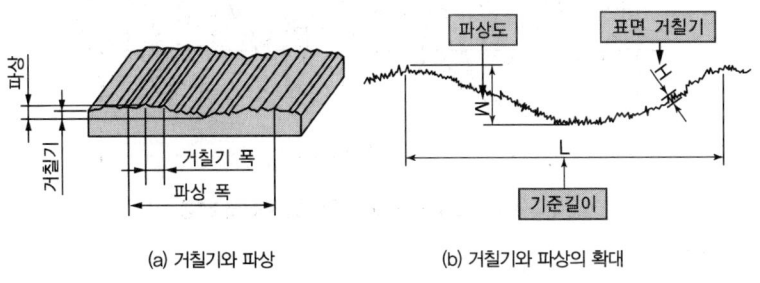

(a) 거칠기와 파상   (b) 거칠기와 파상의 확대

○ 그림 1-197 표면 거칠기

(1) 최대 높이

단면 곡선에서 기준 길이 l 을 채취하여 그 부분의 가장 높은 산과 가장 깊은 골과의 차를 단면 곡선의 송배율의 방향으로 측정하여 그 값을 마이크로미터(μm)로 나타낸 것을 최대 높이(Ry)라 한다.

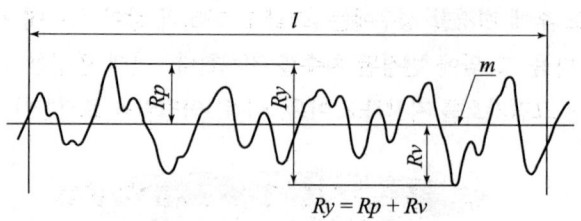

○ 그림 1-198 최대 높이(Ry)

(2) 10점 평균 거칠기(Rz)

10점 평균 거칠기는 단면 곡선에서 기준 길이만큼 채취한 부분에 있어서 평균선에 평행, 또한 단면 곡선을 가로지르지 않는 직선에서 세로 배율의 방향으로 측정한 가장 높은 곳으로부터 5번째의 봉우리의 표고 평균값과 가장 깊은 곳으로부터 5번째까지 골밑의 표고 평균값과의 차이를 [μm]로 나타낸 것을 말한다.

- l : 기준 길이
- R_1, R_3, R_5, R_7, R_9 : 기준 길이 l에 대응하는 채취 부분의 가장 높은 곳으로부터 5번째 가지의 봉우리 표고
- $R_2, R_4, R_6, R_8, R_{10}$: 기준 길이 l에 대응하는 채취 부분의 가장 깊은 곳으로부터 5번째까지의 골밑 표고

$$Rz = \frac{(R_1 + R_3 + R_5 + R_7 + R_9) - (R_2 + R_4 + R_6 + R_8 + R_{10})}{5}$$

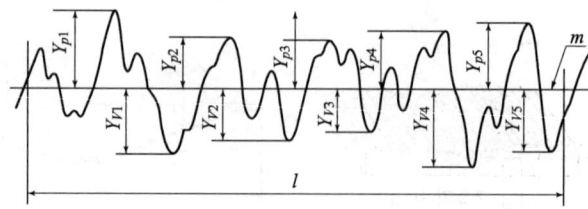

○ 그림 1-199 10점 평균 거칠기를 구하는 방법

(3) 산술 평균 거칠기(Ra)

단면 곡선으로부터 표면 파상도나 매우 작은 요철을 전기적으로 제거하여 기록한 곡선을 거칠기 곡선이라 한다. 이 곡선에서 일정한 측정 길이 l의 부분을 채취하여 이 부분의 산을 깎아 골을 메웠을 때 생기는 직선을 평균선이라 한다. 평균선으로부터 아래쪽에 있는 부분을 위쪽으로 접어서 얻은 빗금친 부분의 면적을 측정 길이 l로 나누어 얻은 수치(Ra)를 미크론 단위로

표면 거칠기 중 일반적으로 쓰이는 것은?
① 최대 높이(Ry)
② 10점 평균 거칠기(Rz)
③ 산술 평균 거칠기(Ra)
④ 전체 평균 거칠기

답 ③

나타낸 것을 산술 평균 거칠기라 한다.

산술 평균 거칠기는 전기적인 직독식 표면 거칠기 측정기를 사용하여 직접 구한다. 이 측정기로 표면 파상도의 성분을 제거하는 한계의 파장을 컷오프(cut off)라 한다. 측정 길이는 원칙적으로 컷오프 값의 3배 또는 그보다 큰 값을 취한다.

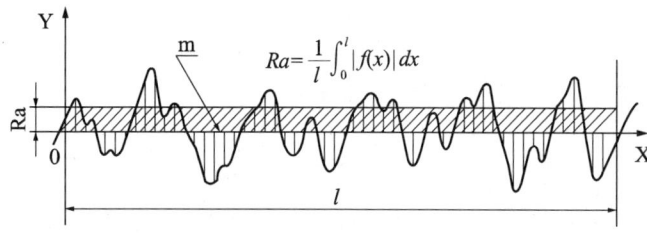

○ 그림 1-200 산술 평균 거칠기(Ra)

(4) 표면 거칠기의 표시

1) 대상면을 지시하는 기호

① [그림 1-201](a)와 같이 절삭 등 제거가공의 필요 여부를 문제 삼지 않는 경우에는 면에 지시 기호를 붙여서 사용한다.

② [그림 1-201](b)와 같이 제거 가공을 필요로 한다는 것을 지시할 때에는 면의 지시 기호의 짧은 쪽의 다리 끝에 가로선을 부가한다.

③ [그림 1-201](c)와 같이 제거 가공해서는 안 된다는 것을 지시할 때에는 면의 지시 기호에 내접하는 원을 그린다.

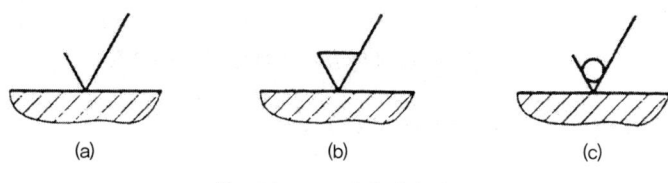

○ 그림 1-201 면의 지시 기호

2) 표면 거칠기 값의 지시

① [그림 1-202](a)와 같이 표면 거칠기의 최댓값만을 지시하는 경우
② [그림 1-202](b)와 같이 구간으로 지시하는 경우

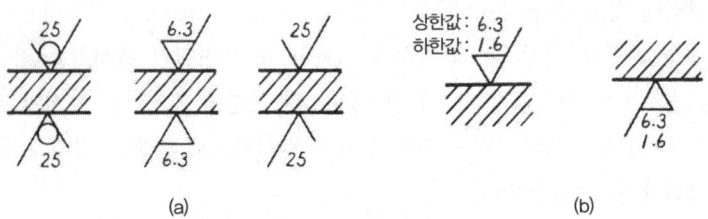

○ 그림 1-202 산술 평균 거칠기 기호 지시

③ [그림 1-203](c)와 같이 컷오프 값을 지시하는 경우
④ [그림 1-203](d)와 같이 최대 높이를 지시하는 경우

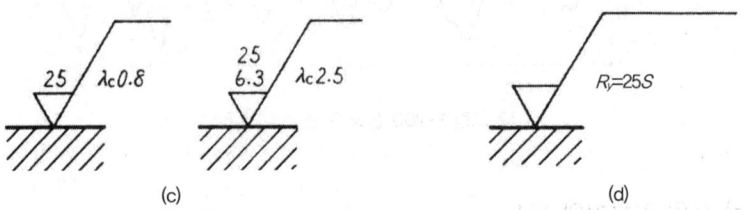

○ 그림 1-203 컷오프 값을 지시

3) 최대 높이, 10점 평균 거칠기 지시 방법

표면 거칠기의 지싯값은 지시 기호의 긴 쪽 다리에 가로선을 붙이고, 그 아래쪽에 간략 기호와 함께 기입한다.

○ 그림 1-204 최대 높이, 10점 평균 거칠기 기호

4) 면의 지시 기호에 대한 각 지시 사항의 기입 위치

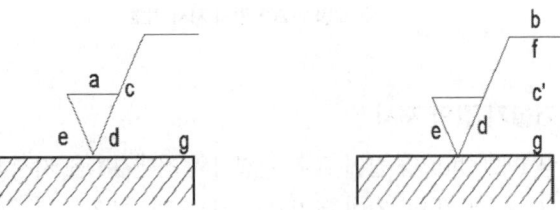

a : 산술 평균 거칠기 값
c : 컷오프 값
d : 줄무늬 방향 기호
f : 산술 평균 거칠기 이외의 표면 거칠기 값
b : 가공 방법
c' : 기준 길이
e : 다듬질 여유 기입
g : 표면 파상도

○ 그림 1-205 면의 지시 기호

① 줄무늬 방향의 기호(가공 기호)

기호	의미	설명도
=	가공에 의한 커터의 줄무늬 방향이 기호를 기입한 그림의 투상 면에 평행해야 한다. [보기] 세이빙 면 등	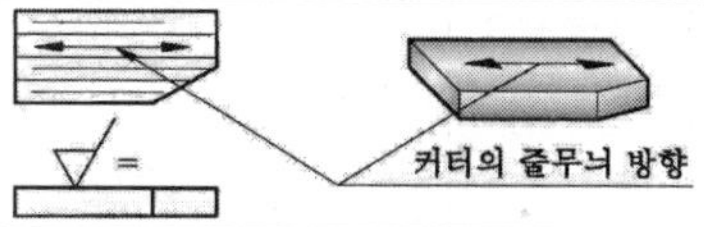
⊥	가공에 의한 커터의 줄무늬 방향이 기호를 기입한 그림의 투상 면에 직각이어야 한다. [보기] 세이빙 면(옆으로부터 보는 상태), 선삭, 원통 연삭 면 등	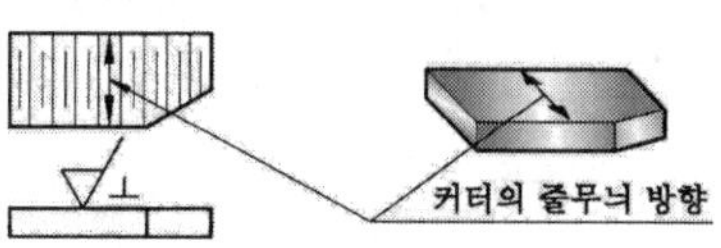
X	가공에 의한 커터의 줄무늬 방향이 기호를 기입한 그림의 투상 면에 경사지고 두 방향으로 교차해야 한다. [보기] 호닝 다듬질 면	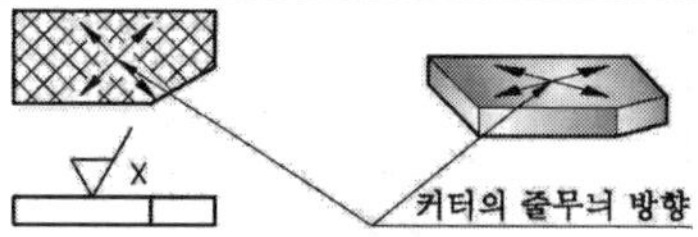
M	가공에 의한 커터의 줄무늬 방향이 여러방향으로 교차 또는 두 방향이어야 한다. [보기] 래핑 다듬질 면, 슈퍼 피니싱 면, 가로 이송을 한 정면 밀링, 또는 앤드 밀절삭 면 등	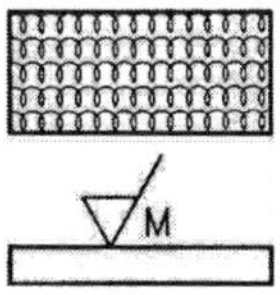
C	가공에 의한 커터의 줄무늬가 기호를 기입한 면의 중심에 대하여 대략 동심 원 모양이어야 한다. [보기] 끝 면 절삭	
R	가공에 의한 커터의 줄무늬가 기호를 기입한 면의 중심에 대하여 대략 레디얼 모양이어야 한다.	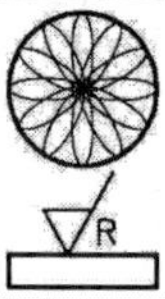

◎ 그림 1-206 줄무늬 방향의 기호

② 가공 방법의 약호

◎ 표 1-28 가공 방법의 약호

가공 방법	약호 I	약호 II	가공 방법	약호 I	약호 II
선반 가공	L	선 반	호우닝 가공	GH	호우닝
드릴 가공	D	드 릴	액체 호우닝 다듬질	SPLH	액체 호우닝
보링머신 가공	B	보 링	배럴 연마 가공	SPBR	배럴
밀링 가공	M	밀 링	버프 다듬질	FB	버프
플레이닝 가공	P	평 삭	블라스트 다듬질	SB	블라스트
세이핑 가공	SH	형 삭	래핑 다듬질	FL	래핑
브로치 가공	BR	브 로 칭	줄 다듬질	FF	줄
리머 가공	FR	리 머	스크레이퍼 다듬질	FS	스크레이퍼
연삭가공	G	연 삭	페이퍼 다듬질	FCA	페이퍼
벨트샌드 가공	GB	포 연	주조	C	주조

(5) 다듬질 기호 및 표면 거칠기의 표준값

○ 표 1-29 다듬질 기호 및 표면 거칠기의 표준값

다듬질 기호		정도(精度)	사용보기	분류	Rz	Ra	표준편 게이지 번호
	~~	일체의 가공이 없는 자연면	압력에 견뎌야 하는 곳	자연면	특히 규정 없음		
∨		고운 자연면을 그대로 두고 아주 거친 곳만 조금 가공	스패너의 자루, 핸들의 암, 주조 및 단조한 그대로의 면, 플랜지의 측면 등	주조면, 단조면			
∇ W	∇	줄 가공, 플레이너, 선반, 밀링, 그라인딩, 샌드페이퍼 등에 의한 가공으로써 가공 흔적이 뚜렷하게 남을 정도의 거친 가공면	저널 베어링 몸체의 밑면, 펌프 본체의 밑면, 축이나 핀의 양 끝 면, 다른 부품과 닿지 않는 가공면 등	거친 다듬면	50-S 100-S	12.5a 25a	N10 N11
			중요하지 않은 독립 부분의 거친 면이나 간단하게 흑피(표면의 불규칙한 돌기)를 제거하는 정도의 거친 면				
∇∇ X	∇∇	줄 가공, 선반, 밀링, 부로칭 등에 의한 선삭, 그라인딩에 의한 가공으로 가공 흔적이 희미하게 남을 정도의 보통의 가공면	플랜지나 커플링의 접합면, 키로 고정하는 구멍의 안지름 면과 축의 바깥지름면, 저널 베어링의 본체와 뚜껑의 접합면, 리머 볼트가 끼워지는 안지름 면, 기어의 이 끝 면, 키의 외면과 키 홈의 면, 나사산의 면, 회전 및 직선 미끄럼 운동을 하지 않은 접촉면과 접착되는 면, 패킹의 접착 면, 핸들의 사각 구멍 안쪽면, 부시나 미끄럼 베어링의 양 끝 면, 볼트로 고정하는 접촉면, 기어의 보스양 측면, 풀리의 보스 양 측면	보통 (중간) 다듬면	12.5-S 25-S	3.2a 6.3a	N8 N9
∇∇∇ y	∇∇∇	줄 가공, 선반이나 밀링 등에 의한 선삭, 그라인딩, 래핑, 보링 등에 의한 가공으로 가공흔적이 전혀 남아 있지 않은 극히 깨끗한 정밀 고급 가공면	오링이 끼워지거나 접촉해 고정되는 면, 크랭크 핀의 바깥지름 면, 크랭크축과 운동하는 저널의 안지름 면, 기어의 이맞물림 면, 부시나 미끄럼 베어링의 안지름 면, 회전 또는 직선 왕복운동을 하는 축의 바깥지름과 보스의 안지름 면, 밸브 시트 면이나 콕의 스토퍼 접촉면, 크랭크 축과 미끄럼 접촉하는 저널의 안지름 면, 내연 기관의 피스톤 로드와 피스톤 핀 및 크로스헤드 핀, 피스톤 링의 바깥지름 면, 중저속 베어링의 구름면, 캠의 면, 기타 윤이 나거나, 도금을 해야 하는 외면, 정밀 나사의 산 면 등	고운 다듬면	3.2-S 6.3-S	0.8a 1.6a	N6 N7
∇∇∇ z	∇∇∇	래핑, 버핑 등에 의한 가공으로 광택이 나며, 거울면처럼 극히 깨끗한 초정밀 고급 가공면	정밀을 요하는 래핑(lapping), 버핑(buffing) 등에 의한 특수 용도의 고급 플랜지 면	정밀 다듬면	0.1-S 0.2-S 0.4-S 0.8-S 1.6-SS	0.025a 0.05a 0.1a 0.2a 0.4a	N1 N2 N3 N4 N5
			내연기관의 피스톤 로드와 피스톤 핀 및 크로스헤드 핀, 피스톤 링의 바깥지름면, 고속 베어링의 구름면, 연료 펌프의 플랜지, 공기압 또는 유압 실린더의 안지름 면, 오일 실 및 오링과 회전운동 및 직선 왕복미끄럼 접촉하는 축 바깥지름면, 볼이나 니들 롤러의 외면 등				

(6) 다듬질 기호의 표시 방법

① 가공 표면에 삼각 기호의 꼭짓점이 접하게 그린다.
② 가공면에 직접 그리기 곤란할 경우에는 가공면에서 연장한 가는 실선 상에 표시하거나 지시선에 의해 나타낸다.
③ 전체 면이 동일한 다듬질 면일 때는 도면 위에 표시하거나 부품번호 옆에 표시한다.
④ 다듬질 면이 대부분 같으나 일부가 다를 경우에는 일부가 다른 면은 도형상에 나타내고 대부분 같은 다듬질 면 기호 옆에 묶음표를 하여 일부 다른 다듬질 기호를 나타낸다.
⑤ 가공 방법을 지정할 필요가 있을 경우에는 삼각 기호 빗면이나 파형 기호를 연장하고 평행하게 그린 선 위에 가공법을 나타낸다.

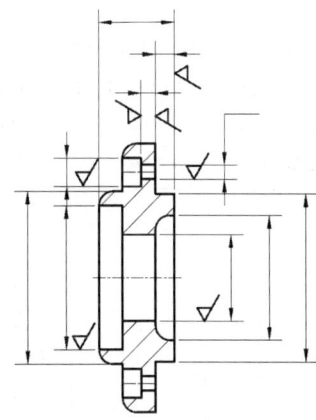

○ 그림 1-207 표면 거칠기의 도면 기입 방법

5 공차와 끼워맞춤

(1) 공차

1) 치수 공차

부품이 조립되어 원활한 기능을 발휘하도록 지시되는 공차는 공삭기계의 정밀도와 생산방법에 따라 측정된 값이 그 기준 치수보다 크거나 작게 공차 결과가 나오게 되는데 이것을 치수 공차라고 한다. 치수 공차의 용어는 다음과 같다.

① **구멍** : 주로 원통형 부분의 내측 부분
② **축** : 주로 원통형 부분의 외측 부분
③ **실 치수** : 두점 사이의 거리를 실제로 측정한 치수

다음 공차에 관한 용어 설명 중 옳은 것은?
① 치수허용차란 최대 허용치수에서 기준치수를 뺀 값이다.
② 위 치수허용차란 최대 허용치수에서 기준치수를 뺀 값이다.
③ 아래 치수허용차란 기준치수에서 최소 허용치수를 뺀 값이다.
④ 최대 허용치수란 기준치수에서 최소 허용치수를 더한 값이다.

답 ②

④ **허용한계 치수** : 실 치수가 그사이에 들어가도록 정한 대·소의 허용 치수이며, 최대 허용 치수(30.2)와 최소 허용 치수(29.9)가 있다. (예 $30^{+0.2}_{-0.1}$)
⑤ **기준 치수** : 치수 허용한계의 기준이 되는 치수
⑥ **기준선** : 허용한계 치수 또는 끼워맞춤을 도시할 때 치수 허용차의 기준이 되는 선으로, 치수 허용차가 0인 직선으로 기준 치수를 나타낼 때에 사용한다.
⑦ **치수 허용차** : 허용한계 치수에서 그 기준 치수를 뺀 값으로 위 치수 허용차와 아래 치수 허용차가 있다.
⑧ **치수 공차** : 최대 허용한계 치수와 최소 허용한계 치수의 차이다. 또는 위 치수 허용차와 아래 치수 허용차의 차를 의미하기도 하며 공차라고도 한다.

> (예제)
> $30^{+0.05}_{-0.02}$ 에서 최대 허용 치수와 최소 허용 치수는?
> ① 최대 허용 치수=기준 치수+위 치수 허용차=30+0.05=30.05mm
> ② 최소 허용 치수=기준 치수+아래 치수 허용차=30+(-0.02)=29.98mm
> ③ 치수 공차=최대 허용 치수-최소 허용 치수=30.05-29.98=0.07mm

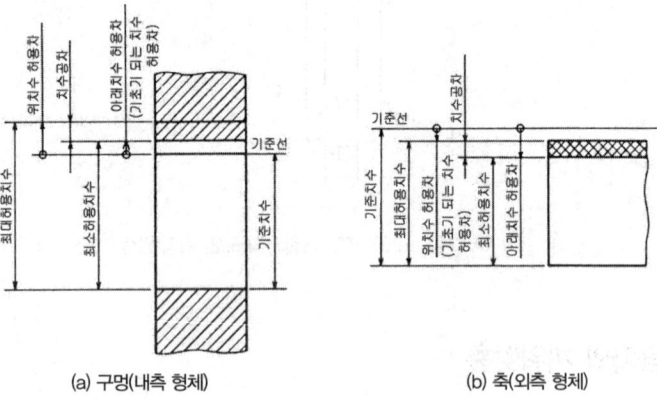

○ 그림 1-208 치수 공차의 용어

2) 기본 공차 등급 적용

IT 기본 공차는 치수 공차와 끼워맞춤에 있어서 정해진 모든 치수 공차를 의미하는 것으로, 국제 표준화 기구(ISO) 공차 방식에 따라 분류한다.

① 기본 공차의 적용

용도	게이지 제작 공차	끼워맞춤 공차	끼워맞춤 이외 공차
구멍	IT 01~IT 5	IT 6~IT 10	IT 11~IT 18
축	IT 01~IT 4	IT 5~IT 9	IT 10~IT 18

② IT 공차의 수치 : 기준 치수가 500 이하인 경우와 500을 초과하여 3150까지 기본 공차의 수치를 나타낸다.

3) IT(International tolerance) 기본 공차

기본 공차는 치수 공차와 끼워맞춤의 기준 치수를 구분하여 공차 값을 적용하는 것으로서 표와 같이 IT 01급부터 IT 18급까지 20등급으로 구분하고 있다.

◎ 표 1-30 IT 기본 공차

등급 구분		IT 01	IT 0	IT 1	IT 2	IT 3	IT 4	IT 5	IT 6	IT 7	IT 8	IT 9	IT 10	IT 11	IT 12	IT 13	IT 14	IT 15	IT 16	IT 17	IT 18
초과	이하	기본공차의 수치(μm)													기본공차의 수치(mm)						
-	3	0.3	0.5	0.8	1.2	2.0	3.0	4.0	6.0	10	14	25	40	60	0.10	0.14	0.26	0.40	0.60	1.00	1.40
3	6	0.4	0.6	1.0	1.5	2.5	4.0	5.0	8.0	12	18	30	48	75	0.12	0.18	0.30	0.48	0.75	1.20	1.80
6	10	0.4	0.6	1.0	1.5	2.5	4.0	6.0	9.0	15	22	36	58	90	0.15	0.22	0.36	0.58	0.90	1.50	2.20
10	18	0.5	0.8	1.2	2.0	3.0	5.0	8.0	11	18	27	43	70	110	0.18	0.27	0.43	0.70	1.10	1.80	2.27
18	30	0.6	1.0	1.5	2.5	4.0	6.0	9.0	13	21	33	52	84	130	0.21	0.33	0.52	0.84	1.30	2.10	3.30
30	50	0.6	1.0	1.5	2.5	4.0	7.0	11	16	25	39	62	100	160	0.25	0.39	0.62	1.00	1.60	2.50	3.90
50	80	0.8	1.2	2.0	3.0	5.0	8.0	13	19	30	46	74	120	190	0.30	0.46	0.74	1.20	1.90	3.00	4.60
80	120	1.0	1.5	2.5	4.0	6.0	10	15	22	35	54	87	140	220	0.35	0.54	0.87	1.40	2.20	3.50	5.40
120	180	1.2	2.0	3.5	5.0	8.0	12	18	25	40	63	100	160	250	0.40	0.63	1.00	1.60	2.50	4.00	6.30
180	250	2.0	3.0	4.5	7.0	10	14	20	29	46	72	115	185	290	0.46	0.72	1.15	1.85	2.90	4.60	7.20

4) 공차역

치수 공차역이란 최대 허용 치수와 최소 허용 치수를 나타내는 2개 직선 사이의 영역이다. 치수 공차역은 기준선으로부터 상대적인 공차의 위치를 나타내기 위한 것으로 영문자로서 표기한다. 구멍과 같이 안 치수를 나타내는 경우에는 대문자를, 축과 같이 바깥 치수를 나타내는 경우에는 소문자를 사용한다.

가) 구멍의 공차역

① 구멍의 공차역은 A B C CD D EF F FG G H J JS K M N P R S T U X Y Z ZA ZB ZC로서 대문자를 사용하여 27가지로 표현된다.
② 구멍의 경우 A에 가까워질수록 실제 치수가 호칭 치수보다 크고, Z에 가까워 질수록 실제 치수가 호칭 치수보다 작다. 즉 A에 가까워질수록 구멍의 크기가 커지며, Z에 가까워질수록 구멍의 크기가 작아진다.
③ 구멍 공차역 H의 최소 치수는 기순 치수와 동일하다.
④ 구멍 공차역 JS 공차역에서는 위 치수 허용차와 아래 치수 허용차의 크기가 같다.

IT 공차에 관한 것 중 틀린 것은?
① IT 01~IT 4 : 주로 게이지 제작 부분
② IT 5~IT 10 : 주로 끼워 맞추는 부분
③ IT 11~IT 18 : 끼워 맞춤이 필요 없는 부분
④ 1T는 IT 01~IT 18까지 18등급이다.

해설
IT기본공차는 치수의 구분에 따라 IT 01~IT 18까지 20 등급으로 나뉘나, IT 01, IT 00은 사용빈도가 적다.
• IT 01~4까지는 게이지류 끼워맞춤
• IT 5~10까지는 일반적인 끼워맞춤
• IT 11~18까지는 헐거운 끼워맞춤

답 ④

다음 끼워맞춤의 표시방법을 설명한 것 중 틀린 것은?
① φ20H7 : 직경이 20인 구멍으로 7등급의 IT공차를 가짐.
② φ20h6 : 직경이 20인 축으로 6등급의 IT공차를 가짐.
③ φ20H7/g6 : 직경이 20인 구멍으로 H7구멍과 g6급 축이 헐겁게 결합되어 있음을 나타냄.
④ φ20H7/f6 : 직경이 20인 구멍으로 H7구멍과 f6급 축이 억지로 결합되어 있음을 나타냄.

해설
끼워맞춤의 표시방법
① φ20H7 : 직경이 20인 구멍으로 7등급의 IT공차
② φ20h6 : 직경이 20인 축으로 6등급의 IT공차
③ φ20H7/g6 : 직경이 20인 구멍으로 H7구멍과 g6급 축이 헐겁게 결합되어 있음

답 ④

나) 축의 공차역

① 축의 공차역은 a b c cd d ef f fg h js k m n p r s t u v x y z za zb zc로서 소문자를 사용하여 27가지로 표현된다.
② 축의 경우 a에 가까워질수록 실제 치수가 호칭 치수보다 작고, z에 가까워 질수록 실제 치수가 호칭 치수보다 크다. 즉 a에 가까워질수록 축의 크기가 작아지며, z에 가까워질수록 축의 크기가 커진다.
③ 축 공차역 h의 최대 치수는 기준 치수와 동일하다.
④ 축 공차역 js 공차역에서는 위 치수 허용차와 아래 치수 허용차의 크기가 같다.

(2) 끼워맞춤

1) 끼워맞춤의 기준

① 구멍 기준식 끼워맞춤은 아래 치수 허용차가 0인 H 기호의 구멍을 기준 구멍으로 하고 이에 적당한 축을 선정하여 필요로 하는 죔새나 틈새를 얻는 끼워맞춤 방식이다.
② 축 기준식 끼워맞춤은 위 치수 허용차가 0인 h 기호의 축을 기준으로 하고 이에 적당한 구멍을 선정하여 필요한 죔새나 틈새를 얻는 끼워맞춤 방식이다.

2) 끼워맞춤의 종류

• 틈새 : 구멍의 치수가 축의 치수보다 클 때의 치수차(헐거움 끼워맞춤)
• 죔새 : 구멍의 치수가 축의 치수보다 작을 때의 치수차(억지 끼워맞춤)

① 헐거움 끼워맞춤

구멍의 최소 치수가 축의 최대 치수보다 큰 경우에 사용되며 항상 틈새가 생기는 끼워맞춤으로 미끄럼 운동이나 회전운동이 필요한 기계 부품 조립에 적용한다.

例 40H7은 $40^{+0.025}_{0}$ 또는 $\dfrac{40.025}{40.000}$

40g6은 $40^{-0.009}_{-0.025}$ 또는 $\dfrac{39.991}{39.975}$

∴ 최소 틈새 = 구멍의 최소 허용 치수 − 축의 최대 허용 치수
= 40.000 − 39.991 = 0.009

최대 틈새 = 구멍의 최대 허용 치수 − 축의 최소 허용 치수
= 40.025 − 39.975 = 0.050

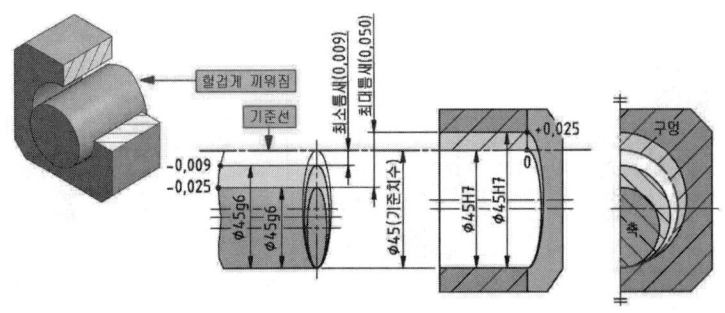

○ 그림 1-209 틈새가 있는 헐거운 끼워맞춤(∅45 H7/p6의 경우)

② 중간 끼워맞춤(정밀 끼워맞춤)

구멍과 축의 실제 치수에 따라 죔새와 틈새가 생기는 끼워맞춤으로 베어링 조립에 주로 쓰인다.

예 40H7은 $40^{+0.025}_{0}$ 또는 $\dfrac{40.025}{40.000}$

40n6은 $40^{+0.033}_{+0.017}$ 또는 $\dfrac{40.033}{40.017}$

∴ 최대 죔새 = 축의 최대 허용 치수 - 구멍의 최소 허용 치수
= 40.033 - 40.000 = 0.033

최대 틈새 = 구멍의 최대 허용 치수 - 축의 최소 허용 치수
= 40.025 - 40.017 = 0.008

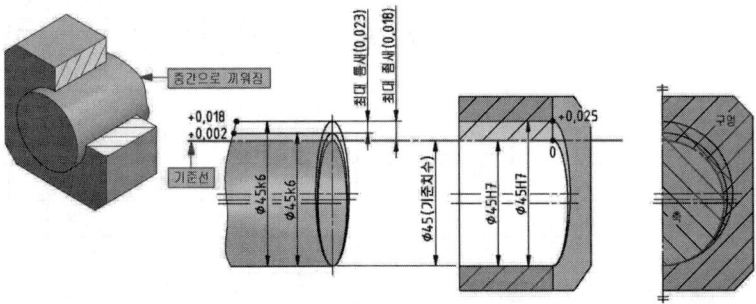

○ 그림 1-210 틈새와 죔새가 있는 중간 끼워맞춤(∅45 H7/k6의 경우)

③ 억지 끼워맞춤

구멍의 최대 치수가 축의 최소 치수보다 작은 경우이며 항상 죔새가 생기는 끼워맞춤으로 동력전달장치의 분해조립의 반영구적인 곳에 적용된다.

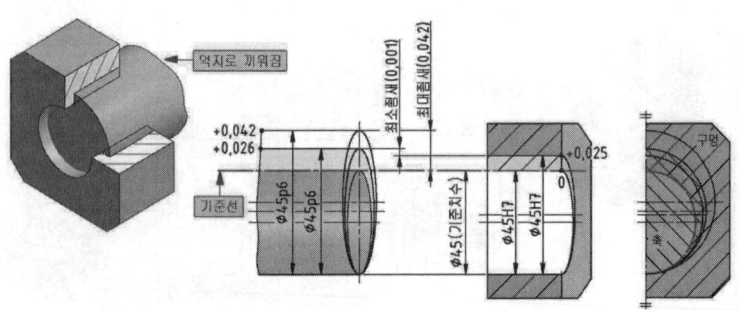

○ 그림 1-211 죔새가 있는 억지 끼워맞춤(∅45 H7/p6의 경우)

(3) 끼워맞춤 방식

① 구멍기준식 끼워맞춤 : H6~H10(아래 치수 허용차가 0인 H 기호 구멍)
② 축기준식 끼워맞춤 : h5~h9(위 치수 허용차가 0인 h 기호 축)

○ 표 1-31 상용하는 구멍기준 끼워맞춤 공차

기준 구멍	축의 종류와 등급															
	헐거운 끼워맞춤							중간 끼워맞춤			억지 끼워맞춤					
	b	c	d	e	f	g	h	js	k	m	n	p	r	s	t	u	x
H5						4	4	4	4	4							
H6					5	5	5	5	5	5							
					6	6	6	6	6	6	6[1]	6[1]					
H7				(6)	6	6	6	6	6	6	6	6[1]	6[1]	6	6	6	6
				7	7	(7)	7	7	(7)	(7)	(7)	(7)	(7)	(7)	(7)	(7)	(7)
H8				7			7										
				8	8		8										
			9	9													
H9				8	8		8										
		9	9	9			9										
H10	9	9	9														

[비고] (1) 이들의 끼워맞춤은 치수의 구분에 따라 예외가 생긴다. 표중의 괄호를 붙인 것은 될 수 있는 대로 사용하지 않는다.

(예제)
① ∅50H7g6 : 구멍 기준식 헐거운 끼워맞춤
② ∅40H7p5 : 구멍 기준식 억지 끼워맞춤
③ ∅30G7 h5 : 축 기준식 헐거운 끼워맞춤

(4) 끼워맞춤 방식의 적용

부품의 기능과 작동상태를 고려하고 가공 방법과 표준품의 사용 여부에 따라 구멍 기준식 끼워맞춤이나 축 기준식 끼워맞춤으로 선택한다.

① 구멍이 축보다 가공하거나 검사하기가 어려우므로 구멍 기준식 끼워맞춤을 선택하는 것이 편리하며 일반적인 기계설계 도면에 적용한다.

② 구멍 기준식 끼워맞춤이나 축 기준식 끼워맞춤을 같이 적용하는 것이 편리할 때는 다음 보기의 '1)'과 '2)'의 방식을 혼용할 수 있다.

[보기] 1) 평행 핀(m6, h8, h11)과 테이퍼 핀(h10)을 사용할 경우
       2) 기어 펌프의 기어 외경(h6)과 펌프 내경(G7)의 경우

(5) 치수 공차와 끼워맞춤 공차의 지시

1) 기준 치수의 허용한계를 수치에 의하여 치수 공차를 지시하는 경우

① 기준 치수 다음에 치수 허용차(위 치수 허용차 및 아래 치수 허용차)의 수치를 기준 치수와 같은 크기로 그림과 같이 지시한다.

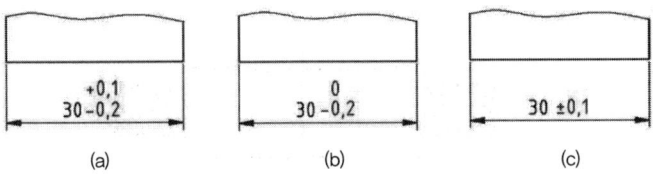

○ 그림 1-212 허용한계를 허용차 값으로 지시

② 허용한계 치수(최대 허용 치수 및 최소 허용 치수)에 의하여 그림과 같이 지시하며 최대 허용 치수는 위에, 최소 허용 치수는 아래에 지시한다.

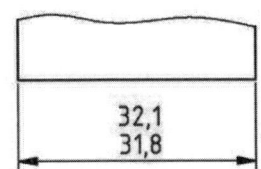

○ 그림 1-213 허용한계 치수로 지시

2) 허용한계를 끼워맞춤 공차 기호에 의하여 지시하는 경우

그림 1-214와 같이 기준 치수 뒤에 끼워맞춤 공차의 기호를 지시하거나 그 위아래 치수 허용차를 기초 다음의 괄호 안에 덧붙여 시시하는 어느 한 가지 방법에 따른다. 이때, 기호 크기의 호칭은 기준 치수의 숫자와 같게 하고 허용한계 치수는 기준 치수의 크기로 한다.

(a) 기호로 지시   (b) 기호와 허용차를 동시 지시   (c) 기호와 허용한계 치수

◎ 그림 1-214 끼워맞춤 공차 지시

(6) 조립상태에서 기입 방법

① 수치에 의하여 지시하는 경우

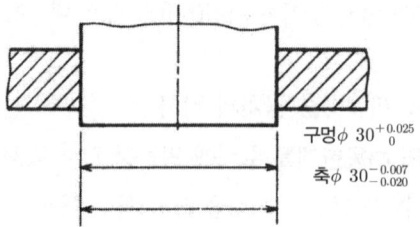

② 치수 허용차 기호에 의하여 지시하는 경우

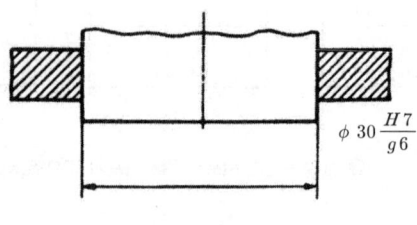

◎ 그림 1-215 조립상태 기입 방법

6 기하 공차

기하 공차(geometrical tolerancing)는 기계 부품의 치수 공차에 형상 및 위치 공차를 주어 제품을 정밀하고 효율적으로 생산하여 경제성을 추구하는 데 있다.

(1) 기하 공차 필요성

기하 공차는 치수 공차만으로 규제된 도면의 문제점을 보완 개선하여 보다 정확하고 확실한 정보를 도면상에 나타내어 경제적으로 제품을 생산할 수 있고 기능 관계에 중점을 두고 있으며 다음과 같은 경우에 사용된다.

어떤 동일 제품에 대한 치수 공차와 형상 공차 표면조도 공차 값을 나타낸 것 중 옳은 것은?
① 치수 공차 > 표면조도 > 형상 공차
② 형상 공차 > 표면조도 > 치수 공차
③ 치수 공차 > 형상 공차 > 표면조도
④ 형상 공차 > 치수 공차 > 표면조도

답 ③

① 가공부품의 정밀도에 대해 요구될 때
② 호환성 확보 및 기능 향상이 필요할 때
③ 제조와 검사의 일괄성을 위해 참조 기준이 필요할 때

(2) 기하 공차의 종류와 기호

◯ 표 1-32 기하 공차의 종류와 기호

적용하는 형체	구분	기호	공차의 종류	
단독 형체	모양 공차	─	진직도 공차	
		▱	평면도 공차	
		○	진원도 공차	
		⌀	원통도 공차	
단독 형체 또는 관련 형체		⌒	선의 윤곽도 공차	
		⌓	면의 윤곽도 공차	
관련 형체	자세 공차	∥	평행도 공차	최대실체공차 적용 (MMC)
		⊥	직각도 공차	
		∠	경사도 공차	
	위치 공차	⊕	위치도 공차	
		◎	동축도 공차 또는 동심도 공차	
		═	대칭도 공차	
	흔들림 공차	↗	원주 흔들림 공차	
		↗↗	온 흔들림 공차	

◯ 표 1-33 기하 공차 부가 기호

표시하는 내용		기 호
공차붙이 형체	직접 표시하는 경우	
	문자기호에 의하여 표시하는 경우	
데이텀	직접 표시하는 경우	
	문자기호에 의하여 표시하는 경우	

다음 중 MMC(최대실체조건) 원리가 작용될 수 있는 것은?
① 진원도
② 위치도
③ 흔들림
④ 원통도

답 ②

○ 표 1-33 기하 공차 부가 기호 (계속)

표시하는 내용		기 호
데이텀 표적(target) 기입틀		⌀2/A1
이론적으로 정확한 치수	직각 테두리로 표시	50
돌출 공차역	돌출된 부분까지 포함하는 공차 표시	Ⓟ
최대 실체 공차 방식	최대질량의 실체를 갖는 조건	Ⓜ
형체 치수 무관계	규제기호로 표시되지 않음	Ⓢ

(3) 기하 공차의 기입 방법

① 기하 공차에 대한 표시사항은 공차 기입틀을 두 구획 또는 그 이상으로 한다.
② 단독형체에 기하 공차를 지시하기 위하여 기하 공차의 종류를 나타내는 기호와 공차값을 테두리 안에 도시한다.
③ 단독형체에 공차역을 나타낼 경우에는 공차수치 앞에 공차역의 기호를 붙여 기입한다.
④ 관련형체에 대한 기하 공차를 나타낼 때에는 기하 공차의 기호와 공차값, 데이텀을 지시하는 문자 기호를 나타낸다.
⑤ 관련 형체의 데이텀을 여러 개를 지시할 경우에는 데이텀의 우선 순위별로 공차 값 다음에 칸막이를 하여 왼쪽에서 오른쪽으로 기입하여 나타낸다.

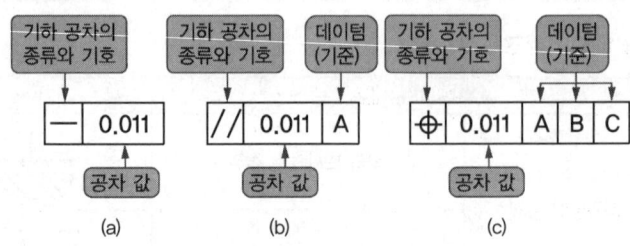

○ 그림 1-216 공차 지시 틀과 구획

⑥ "6구멍", "4면"과 같은 공차붙이 형체에 연관시켜서 지시하는 주기는 공차 기입틀의 위쪽에 지시한다.
⑦ 한 개의 형체에 두 개 이상의 종류의 공차를 지시할 필요가 있을 때 공차의 지시 틀을 상·하로 겹쳐서 지시한다.

○ 그림 1-217 기하 공차의 기입 방법

⑧ 원주 흔들림 공차와 온 흔들림 공차의 표시

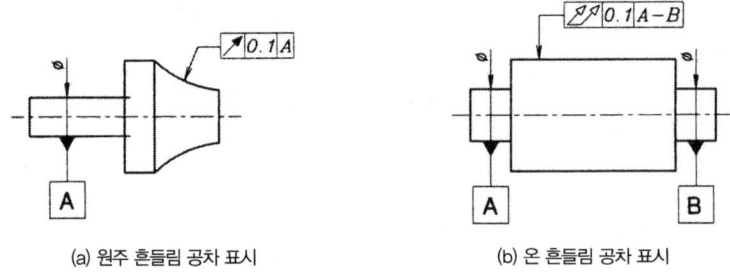

(a) 원주 흔들림 공차 표시　　(b) 온 흔들림 공차 표시

○ 그림 1-218 흔들림 공차 표시

⑨ 공차역에 쓰이는 선
　㉠ **굵은 실선 또는 파선** : 형체
　㉡ **굵은 1점 쇄선** : 데이텀
　㉢ **가는 실선 또는 파선** : 공차역
　㉣ **가는 1점 쇄선** : 중심선
　㉤ **가는 2점 쇄선** : 보충하는 투상면 또는 절단면
　㉥ **굵은 2점 쇄선** : 투상면 또는 절단면에의 형체의 투상

(4) 기하 공차 지시 방법

기하 공차를 지시할 경우, 기하 공차를 나타내는 테두리를 규제하는 형체 옆이나 아래에 나타내거나 지시선, 치수 보조선, 또는 치수선의 연장선에 다음과 같이 나타낸다.

① 단독 형체에 대해 기하 공차를 지시할 경우에는 규제 형체에 화살표를 붙인 지시선을 수직으로 하고 기입 테두리를 연결하여 나타낸다.

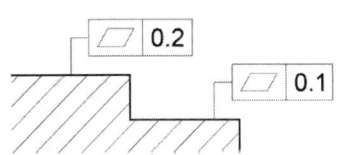

○ 그림 1-219 형체의 표시 방법

② 단독 형상의 원통 형체에 기하 공차를 지시하는 경우에는 수직한 지시선이나 치수선의 연장선 또는 치수 보조선에 기입 테두리를 연결하여 나타낸다.

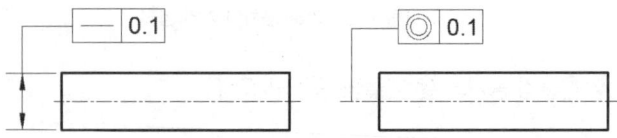

○ 그림 1-220 형체의 축선 또는 중심면 표시 방법

③ 치수가 지정되어 있는 형체의 축선 또는 중심면에 기하 공차를 지정하는 경우에는 치수의 연장선이 공차기입 테두리로부터의 지시선이 되도록 한다.
④ 하나의 형체에 두 개 이상의 기하 공차를 지시할 경우에는 이들의 공차 기입 테두리를 상하로 겹쳐서 기입한다.
⑤ 축선 또는 중심면이 공통인 모든 형체의 축선 또는 중심면에 공차를 지정하는 경우에는 축선 또는 중심면을 나타내는 중심선에 수직으로 기입한다.

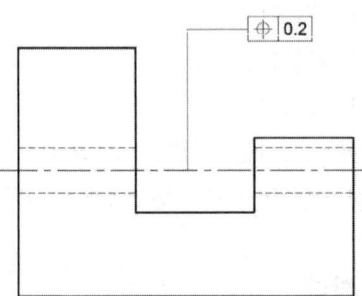

○ 그림 1-221 축선의 중심면이 공통인 경우

(5) 데이텀을 표시하는 방법

① 데이텀 형체를 지시하려면 외형선, 치수 보조선 또는 치수선의 연장선에 삼각형의 한 변을 일치시켜 나타낸다.
② 데이텀을 나타낸 삼각 기호와 규제 형체의 기하 공차 기입 테두리를 직접 연결하여 나타낸다. 이 경우에는 데이텀을 지시하는 문자 부호와 사각형의 틀을 생략할 수 있다. 또한, 데이텀 형체에 삼각기호를 나타낸 직각 정점에서 끌어낸 선 끝에 사각형의 테두리를 붙이고 그 테두리 안에 데이텀을 지시하는 알파벳 대문자의 부호를 기입하여 나타낸다.

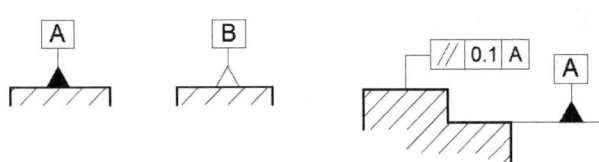

○ 그림 1-222 데이텀 삼각기호

③ 치수가 지정되어 있는 형체의 축 직선 또는 중심 평면이 데이텀인 경우에는 치수선의 연장선을 데이텀의 지시선으로 사용하여 나타낸다.

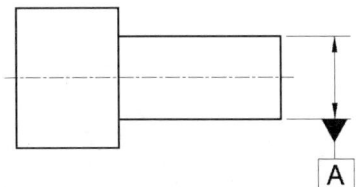

○ 그림 1-223 치수선의 연장선에 데이텀 지시

(6) 데이텀 및 데이텀 표적의 기호

사항			기호	설명
데이텀을 지시하는 문자기호			A	• 규제하는 형체가 단독 형체인 경우는 문자 기호를 공차 기입틀에 기입하지 않는다. (KS B 0243)
데이텀 삼각기호			▲ △	• 삼각 기호는 검게 칠하지 않아도 된다. (KS B 0243)
데이텀 표적 기입 테두리			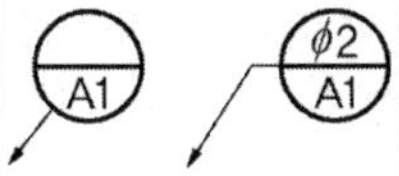 A1 ⌀2/A1	• 데이텀 표적 기입 테두리 상단 : 보조 사항을 기입한다. • 데이텀 표적 기입 테두리 하단 : 형체 전체의 데이텀과 같은 데이텀을 지시하는 문자 기호 또는 표적의 번호를 나타내는 숫자를 기입한다.
데이텀 표적기호	점		×	• 굵은 실선으로 ×표를 한다.
	선		×—×	• 2개의 ×표시를 가는 실선으로 연결한다.
	영역	원인 경우  :	◯	• 원칙적으로 가는 2점 쇄선으로 둘러싸고 해칭을 한다. 단, 도시가 곤란한 경우에는 2점 쇄선 대신에 가는 실선을 사용해도 좋다. (KS B 0243)
		직사각형인 경우 :	▨	

○ 그림 1-224 데이텀 및 데이텀 표적의 기호

(7) 기하 공차 기호의 지시와 해석

1) 모양 공차

① 진직도 공차

공차 지시	공차 적용 범위	해석
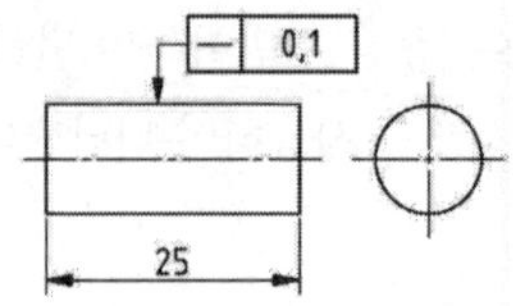 (그림: 0.1)	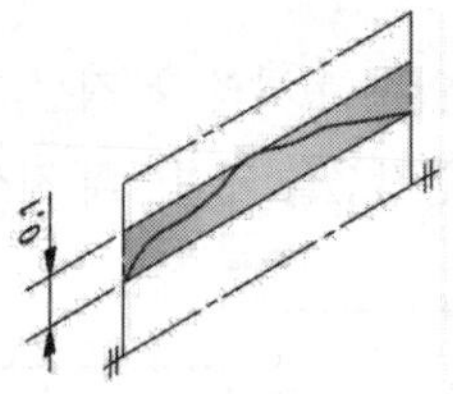 (그림)	지시선의 화살표로 나타낸 길이 25mm의 원기둥 면 위에 임의의 능선 바르기는 중심에서 한쪽의 바깥 방향으로 0.1mm만큼 떨어진 두 개의 평행한 직선 사이 안에 있어야 한다. [보기] 평행 핀 등
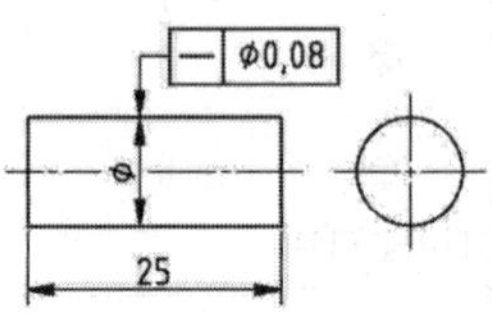 (그림: ∅0.08)	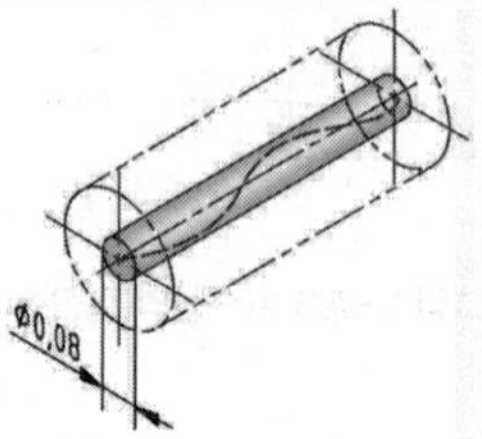 (그림)	길이 25mm의 원기둥에 지름을 나타내는 치수에 지시틀이 연결되어 있는 경우의 원기둥 축 선 바르기는 지름 0.08mm의 원통 내에 있어야 한다. [보기] 평행 핀 등

○ 그림 1-225 진직도 공차 지시와 해석

② 평면도 공차

공차 지시	공차 적용 범위	해석
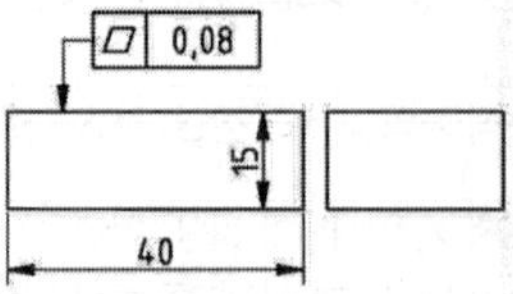 (그림: ⌷ 0.08)	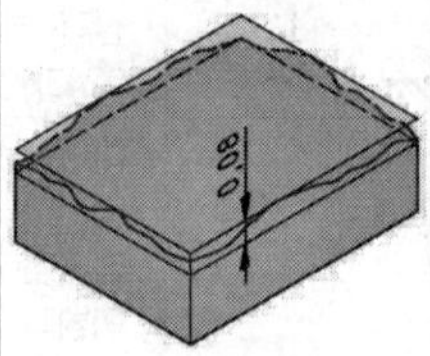 (그림)	화살표로 지시한 길이 40mm, 두께 15mm의 표면은 0.08mm만큼 떨어진 두 개의 평행한 평면 사이 이내의 평탄 고르기로 있어야 한다. [보기] 측정용 정반의 표면, 면 접촉의 미끄럼운동을 하는 부품 등

○ 그림 1-226 평면도 공차 지시와 해석

③ 진원도 공차

공차 지시	공차 적용 범위	해석
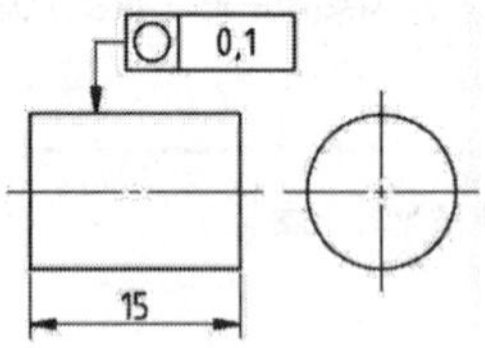 (그림: ○ 0.1)	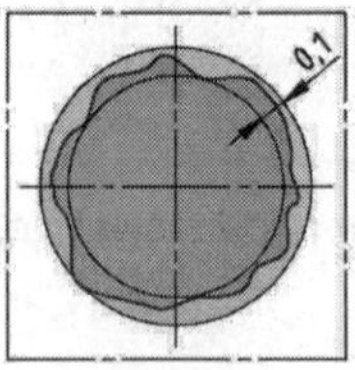 (그림)	길이 15mm의 축이나 구멍을 임의의 위치에서 축 직각으로 단면을 한 원형 단면 모양의 바깥둘레 진원도는 0.1mm만큼 떨어진 두 개의 동심원 사이의 찌그러짐 안에 있어야 한다. [보기] 진원이 필요로 하는 원형 단면의 부품

○ 그림 1-227 진원도 공차 지시와 해석

④ 원통도 공차

공차 지시	공차 적용 범위	해석
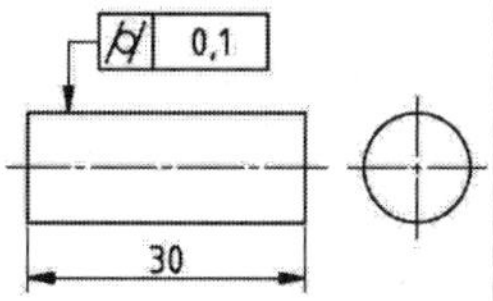	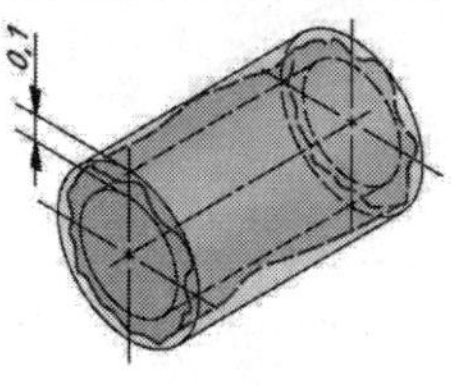	길이 30mm 원기둥의 표면 찌그러짐은 같은 중심에서 0.1mm만큼 떨어진 두 개의 원통면 사이 이내의 찌그러짐이어야 한다. [보기] 직선, 미끄럼 운동을 하는 부품으로서 미끄럼 베어링과 축 등

◎ 그림 1-228 원통도 공차 지시와 해석

⑤ 선의 윤곽도 공차

공차 지시	공차 적용 범위	해석
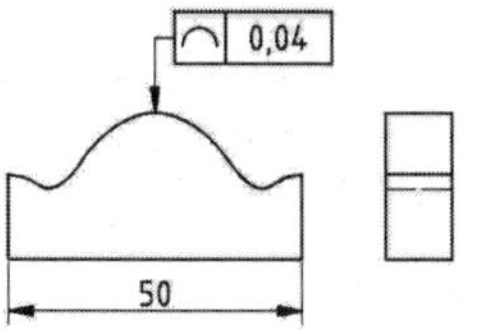	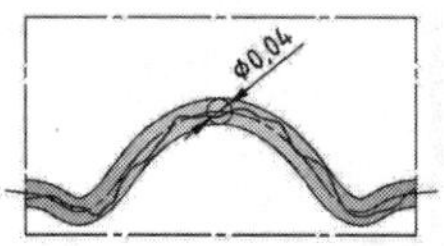	길이 50mm에 생긴 임의의 단면 곡선 윤곽은 이론적으로 정확한 윤곽을 갖는 선 위에 중심을 두는 지름 0.04mm의 원이 만드는 두 개의 포락선 사이의 고르기 이내에 있어야 한다. [보기] 주로 캠의 곡선 등

◎ 그림 1-229 선의 윤곽도 공차 지시와 해석

⑥ 면의 윤곽도 공차

공차 지시	공차 적용 범위	해석
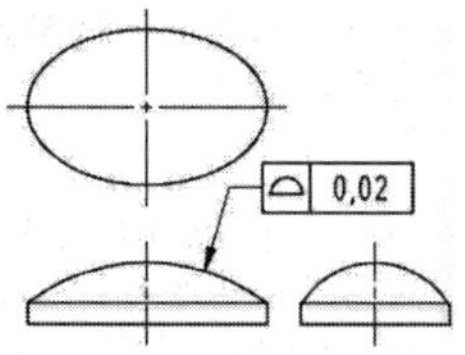	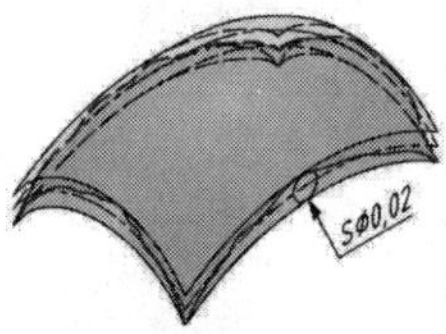	구의 면 고르기는 이론적으로 정확한 윤곽을 갖는 구의 면 위에 중심을 두는 면 사이에서 구가 굴러서 만드는 두 개의 면 사이인 지름 0.02mm의 이내에 있어야 한다. [보기] 주로 캠의 곡면 등

◎ 그림 1-230 면의 윤곽도 공차 지시와 해석

2) 자세 공차 기호

① 평행도 공차

공차 지시	공차 적용 범위	해석
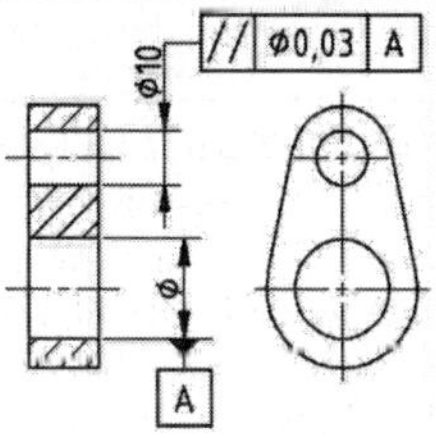	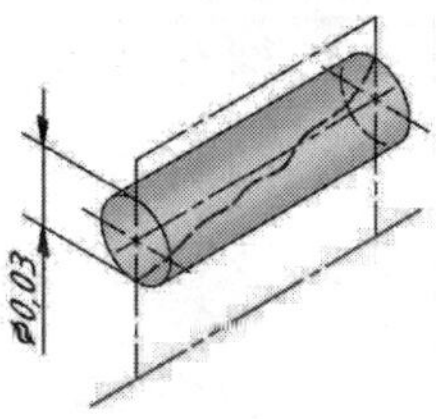	지시선의 화살표로 나타내는 지름 10mm의 축 선은 데이텀 축 직선 A에 평행한 지름 0.03mm의 원통 내에 있어야 한다. [보기] 구를 베어링이나 미끄럼 베어링이 설치된 하우징 등

◎ 그림 1-231 평행도 공차 지시와 해석

공차 지시	공차 적용 범위	해석
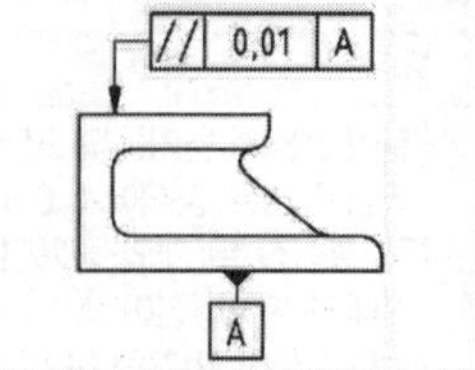 // 0,01 A A	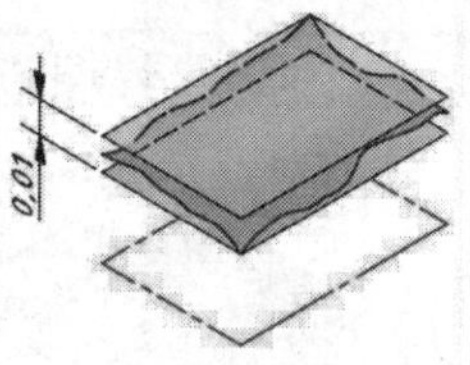 0,01	지시선의 화살표로 나타내는 면은 데이텀 평면 A에 평행하고, 또한 지시선의 화살표 방향으로 0.01mm만큼 떨어진 두 개의 평면 사이에 있어야 한다.

○ 그림 1-231 평행도 공차 지시와 해석 (계속)

② 경사도 공차

공차 지시	공차 적용 범위	해석
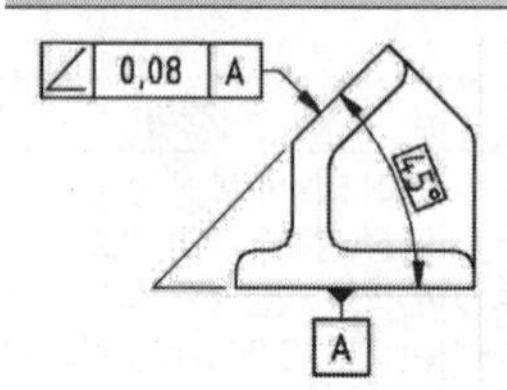 ∠ 0,08 A 45° A	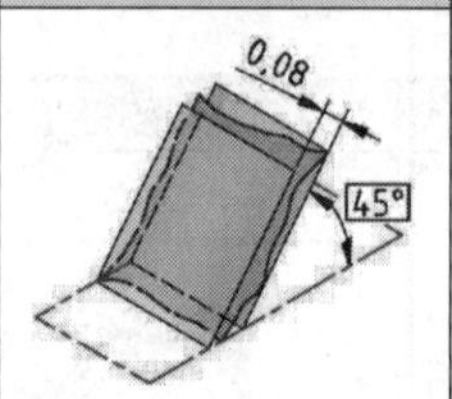 0,08 45°	지시선의 화살표로 나타내는 면은 데이텀 평면 A에 대하여 이론적으로 정확하게 45° 기울고, 지시선의 화살표 방향으로 0.08mm만큼 떨어진 두 개의 평행한 평면 사이에 있어야 한다. [보기] 경사면, 더브테일 홈 등

○ 그림 1-232 경사도 공차 지시와 해석

③ 직각도 공차

공차 지시	공차 적용 범위	해석
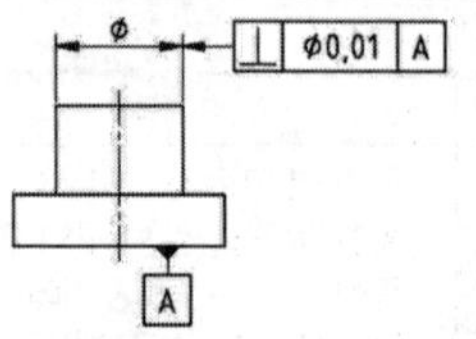 ϕ ⊥ ϕ0,01 A A	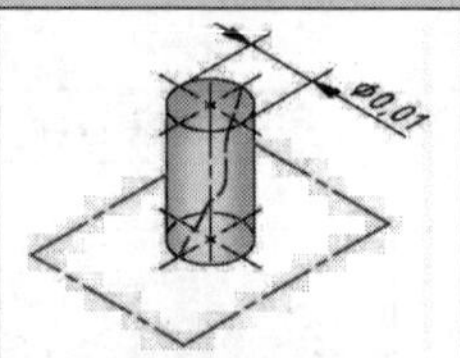 ϕ0,01	지시선의 화살표로 나타내는 원통의 축선은 데이텀 평면 A에 수직한 지름 0.01mm의 원통 내에 있어야 한다.
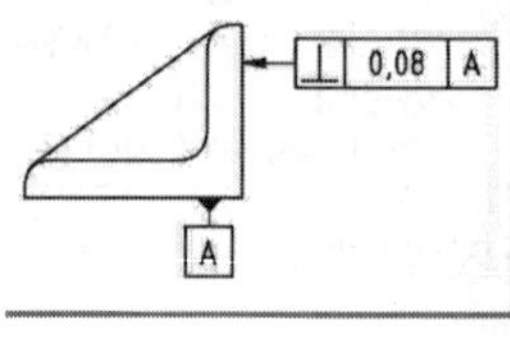 ⊥ 0,08 A A	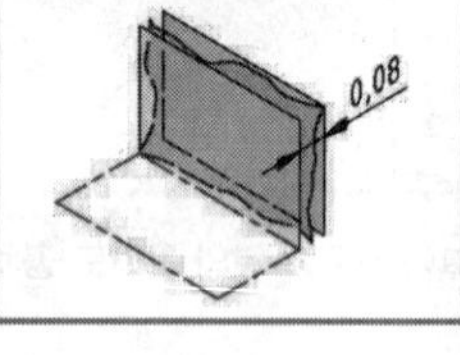 0,08	지시선의 화살표로 나타내는 면은 데이텀 평면 A에 수직하고 또한 지시선의 화살표 방향으로 0.08mm만큼 떨어진 두 개의 평행한 평면 사이에 있어야 한다.

○ 그림 1-233 직각도 공차 지시와 해석

3) 위치 공차 기호

① 위치도 공차

공차 지시	공차 적용 범위	해석
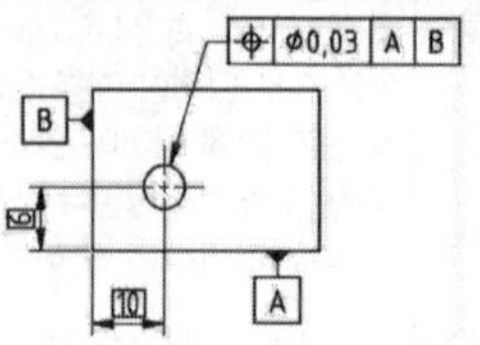 ⌖ ϕ0,03 A B B 6 10 A	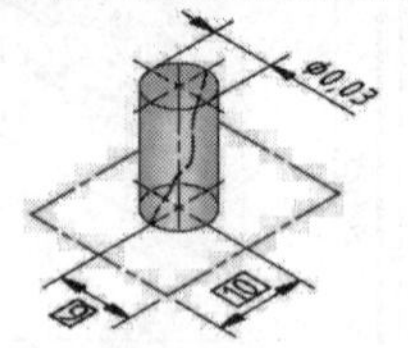 ϕ0,03 6 10	지시선의 화살표로 나타낸 원은 데이텀 직선 A로부터 6mm, 데이텀 직선 B로부터 10mm 떨어진 진위치를 중심으로 하는 지름 0.03mm의 원 안에 있어야 한다. [보기] 금형과 슬라이더 부품 등

○ 그림 1-234 위치도 공차 지시와 해석

공차 지시	공차 적용 범위	해석
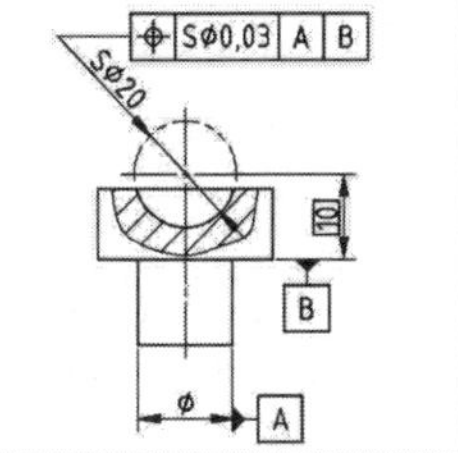 (그림) ⌖ S⌀0.03 A B	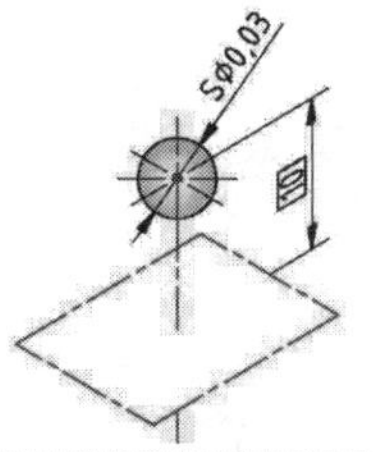 (그림) S⌀0.03	지시선의 화살표로 나타낸 구의 중심은 데이텀 축 직선 A의 선 위에서 데이텀 평면 B로 부터 10mm 떨어진 위치에 중심을 갖는 지름 0.03mm의 구 안에 있어야 한다. [보기] 미끄럼 피봇(pivot) 베어링

○ 그림 1-234 위치도 공차 지시와 해석 (계속)

② 동축도 공차

공차 지시	공차 적용 범위	해석
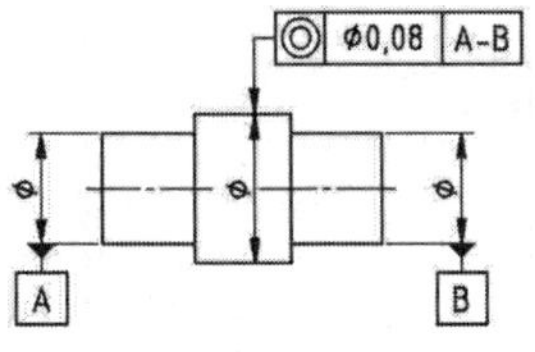 (그림) ◎ ⌀0.08 A-B	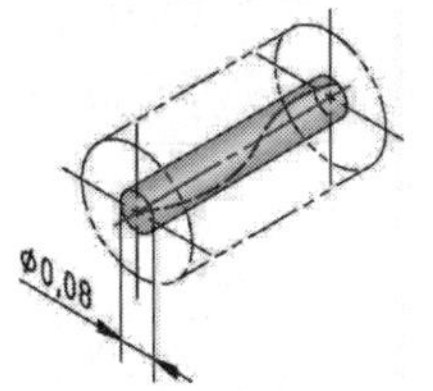 (그림) ⌀0.08	지시선의 화살표로 나타낸 축 선은 데이텀 축 직선 A-B를 축 선으로 하는 지름 0.08mm 인 원통 안에 있어야 한다.

○ 그림 1-235 동축도 공차 지시와 해석(1)

③ 동심도 공차

공차 지시	공차 적용 범위	해석
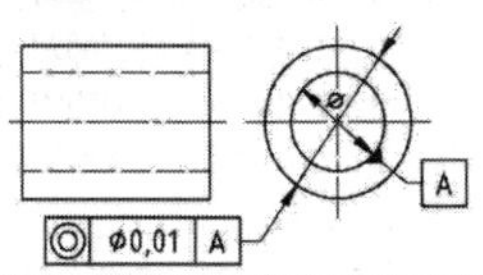 (그림) ◎ ⌀0.01 A	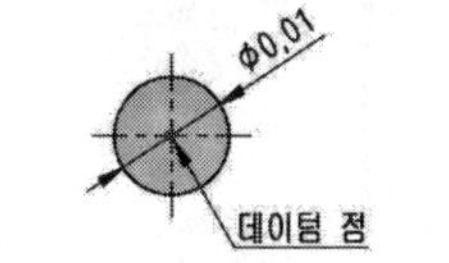 (그림) ⌀0.01 데이텀 점	지시선의 화살표로 나타낸 원의 중심은 데이텀 점 A를 중심으로 하는 지름 0.01mm인 원통 안에 있어야 한다.

○ 그림 1-236 동심도 공차 지시와 해석(2)

④ 대칭도 공차

공차 지시	공차 적용 범위	해석
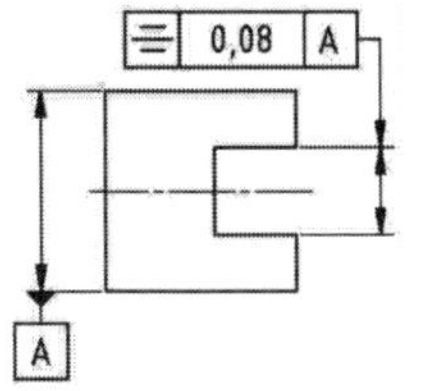 (그림) ⌯ 0.08 A	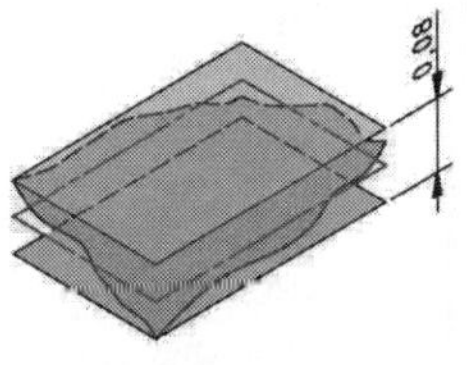 (그림) 0.08	지시선의 화살표는 나타낸 중심 면은 데이텀 중심 평면 A에 대칭으로 0.08mm의 간격을 갖는 평행한 두 개의 평면 사이에 있어야 한다.

○ 그림 1-237 대칭도 공차 지시와 해석

4) 흔들림 공차

① 원주 흔들림 공차

공차 지시	공차 적용 범위	해석
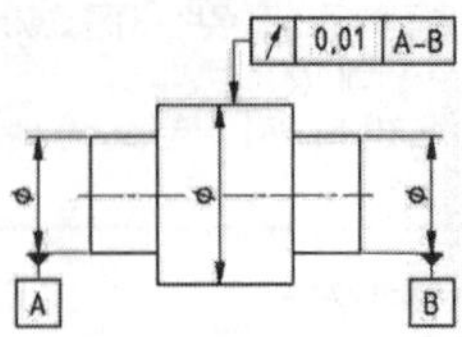	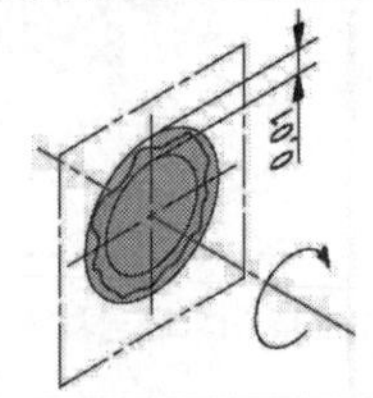	지시선의 화살표로 나타내는 원통 면의 반지름 방향의 흔들림은 데이텀 축 직선 A-B에 관하여 1회전 시켰을 때 데이텀 축 직선에 수직한 임의의 측정 평면 위에서 0.01mm를 초과하지 않아야 한다.

○ 그림 1-238 원주 흔들림 공차 지시와 해석

② 온 흔들림 공차

공차 지시	공차 적용 범위	해석
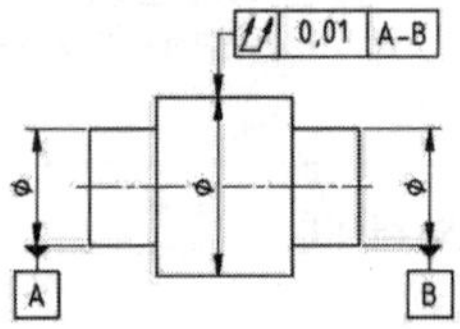	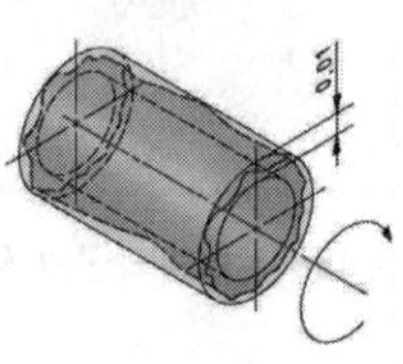	지시선과 화살표로 나타낸 원통 면의 온흔들림은 측정기구를 외형선 방향으로 상대 이동시키면서 데이텀 A-B로 원통 부분을 회전시켰을 때에 원통 표면 위의 임의의 점에서 0.01mm 이내에 있어야 한다. 이때, 측정기구 또는 대상물의 이동은 이론적으로 정확한 윤곽선에 따른다.
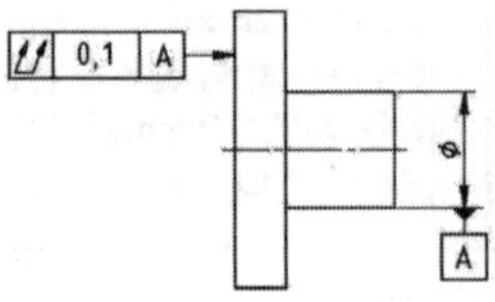	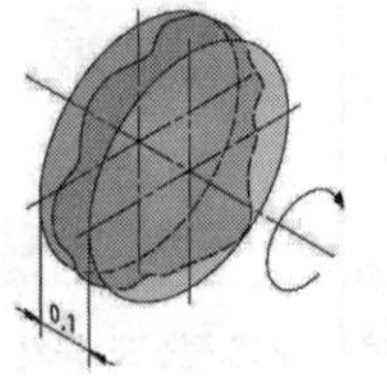	지시선의 화살표로 나타낸 원통 측면의 축 방향의 온 흔들림은 이 측면과 측정기구 사이에서 반지름 방향으로 상대 이동시키면서 데이텀 축 직선 A에 관하여 원통 측면을 회전시켰을 때, 원통 측면 위의 임의의 점에서 0.1mm를 초과하지 않아야 한다. 이때, 측정기구 또는 대상물의 상대 이동은 이론적으로 정확한 윤곽선에 따른다.

○ 그림 1-239 온 흔들림 공차 지시와 해석

예상문제

PART 1 도면 해독 및 측정

01 다음은 KS 부문 기호의 표시이다. 기계를 나타내는 기호는?

① A ② B
③ C ④ D

해설

KS의 부문별 기호

분류기호	A	B	C	D	E	F	G
부문	기본	기계	전기	금속	광산	토건	일용품
분류기호	H	L	M	P	V	W	R
부문	식료품	요업	화학	의료	조선	항공	수송기계

02 다음 중 도면의 내용에 따른 분류가 아닌 것은?

① 부품도 ② 전개도
③ 조립도 ④ 부분 조립도

해설
도면의 내용에 따라 조립도, 부분 조립도, 부품도로 분류한다.

03 기계 도면을 용도에 따른 분류와 내용에 따른 분류로 구분할 때, 용도에 따른 분류에 속하지 않는 것은?

① 부품도 ② 제작도
③ 견적도 ④ 계획도

해설

용도에 따른 분류
① 계획도(Scheme drawing) : 설계자의 설계 의도와 계획을 나타낸 도면
② 제작도(manufacture drawing, production drawing) : 건설 또는 제조에 필요한 모든 정보를 전달하기 위한 도면
③ 주문도(drawing for order) : 주문하는 사람이 주문하는 물건의 크기, 형태, 정밀도, 정보 등의 주문 내용을 나타낸 도면으로 주문서에 첨부한다.
④ 견적도(drawing for estimate, estimation drawing) : 견적 의뢰를 받은 사람이 의뢰받은 물건의 견적 내용을 나타낸 도면으로 견적서에 첨부한다.
⑤ 승인도(approved drawing) : 주문자 또는 기타 관계자의 승인을 얻은 도면이다.
⑥ 설명도(explanation drawing) : 사용자에게 물품의 구조·기능·성능 등을 설명하기 위한 도면으로 주로 카탈로그(catalogue)에 사용한다.

04 도면의 크기와 대상물의 크기 사이에는 정확한 비례관계를 가져야 하나 예외로 할 수 있는 도면은?

① 부품도 ② 제작도
③ 설명도 ④ 확대도

해설
① 척도는 도면에서 그려진 길이와 대상물의 실제 길이와의 비율로 나타내며, 한 도면에서 공통으로 사용되는 척도를 표제란에 기입해야 한다. 그러나 같은 도면에서 다른 척도를 사용할 때는 필요에 따라 그림 부근에 기입한다.
② 척도의 표시를 잘못 볼 염려가 없을 때는 기재하지 않아도 좋다. 도면에 그려진 길이와 대상물의 실제 길이가 같은 현척이 가장 보편적으로 사용되나 대상물이 비교적 클 때는 축척을 사용하고, 작거나 복잡한 대상물은 배척을 사용한다.
③ 설명도에는 도면의 크기와 대상물의 크기 사이에는 정확한 비례관계를 규정하지 않고 있다.

05 물품을 사용하는 사람에게 그 물품의 구조, 성능, 다루는 방법 등을 설명한 도면은?

① 견적도 ② 제작도
③ 설명도 ④ 승인도

해설
설명도 : 사용자에게 물품의 구조·기능·성능 등을 설명하기 위한 도면으로 주로 카탈로그에 사용된다.

[정답] 01 ② 02 ② 03 ① 04 ③ 05 ③

CHAPTER 04 기계제도

06 기계나 장치의 설치 위치를 나타내는 도면의 종류는?
① 배치도 ② 기초도
③ 장치도 ④ 계획도

해설
A0 : 841×1189 A1 : 594×841
A2 : 420×594   A3 : 297×420
A4 : 210×297

07 기계나 구조물을 구성하는 각 부품의 위치나 그 물품의 구조를 파악하는 데 가장 적합한 도면은?
① 상세도 ② 부품도
③ 배치도 ④ 조립도

10 표제란에 대한 설명으로 틀린 것은?
① 도면에 보통 마련해야 하는 항목이다.
② 제조사에 따라 양식이 다소 차이가 있을 수 있다.
③ 설계자, 도명, 척도, 투상법 등을 기입한다.
④ 각 부품의 명칭 및 수량을 기입한다.

08 도면의 A1 크기에서 철하지 않을 때 d의 치수는 최소 몇 mm인가?

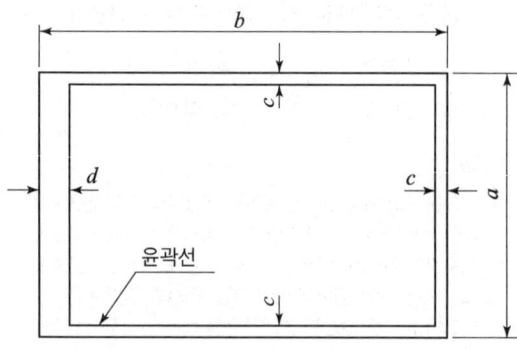

① 5 ② 10
③ 20 ④ 25

해설
① 표제란은 도면 관리에 필요한 사항과 도면 내용에 관한 정형적인 사항 등을 정리하고 기입하기 위하여 윤곽선 오른편 아래 구석의 안쪽에 설정하고, 이것을 정위치로 한다.
② 표제란에는 도면 번호, 도면 명칭, 기업(단체)명, 책임자의 서명, 도면작성 연월일, 척도, 투상법 등을 기입한다.
③ 표제란 문자는 도면의 정 위치에서 읽는 방향으로 기입하고, 도면번호란은 표제란 중 가장 오른편 아래에 길이 170mm 이하로 마련한다.

해설
도면 크기
① 철하지 않을 때 d의 치수 : A0~A1 : 20mm, A2~A4 : 10mm
② 철할 때 d의 치수 : A0~A4 : 25mm

11 도면의 양식에서 다음 중 반드시 표시하지 않아도 되는 항목은?
① 표제란
② 그림 영역을 한정하는 윤곽선
③ 비교 눈금
④ 중심 마크

해설
도면의 양식
① 설정하지 않으면 안 되는 사항 : 도면의 윤곽 – 윤곽선, 중심 마크, 표제란
② 설정하는 것이 바람직한 사항 : 비교 눈금, 도면의 구역 – 구분 기호, 재단 마크, 부품란 – 대조 번호, 도면의 내역란

09 KS 기계제도 도면 규격 A4의 치수는?
① 148×210 ② 210×297
③ 420×594 ④ 297×420

[정답] 06 ① 07 ③ 08 ③ 09 ② 10 ④ 11 ③

12 일반적인 경우 도면에서 표제란의 위치로 가장 적합한 곳은?

① 오른쪽 아래   ② 왼쪽 아래
③ 아래 중앙부   ④ 오른쪽 옆

> **해설**
> 표제란 : 도면의 오른쪽 아래 구석에 표제란을 그리고 원칙적으로 도면 번호, 도명, 기업(단체)명, 책임자 서명(도장), 도면 작성 년 월 일, 척도 및 투상법을 기입한다.

13 다음 중 일반적으로 도면의 표제란 위에 있는 부품란에 기입되어 있지 않는 것은?

① 수량   ② 품번
③ 품명   ④ 단가

> **해설**
> 부품란에는 부품 번호(품번), 부품 명칭(품명), 재질, 수량, 무게, 공정, 비고란 등을 마련한다.

14 그림과 같은 도면의 양식에서 각 항목이 지시하는 부위의 명칭이 틀린 것은?

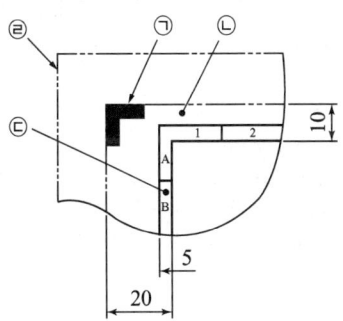

① ㉠ : 재단 마크
② ㉡ : 재단 용지
③ ㉢ : 비교 눈금
④ ㉣ : 재단하지 않은 용지 가장자리

> **해설**
> 도면의 양식
> • 설정하지 않으면 안 되는 사항 : 도면의 윤곽 – 윤곽선, 중심 마크, 표제란
> • 설정하는 것이 바람직한 사항 : 비교 눈금, 도면의 구역 – 구분 기호, 재단 마크, 부품란 – 대조 번호, 도면의 내역란

15 제도용지의 세로와 가로의 길이 비는 얼마인가?

① $1 : \sqrt{2}$
② $\sqrt{2} : 1$
③ $1 : 2$
④ $2 : 1$

> **해설**
> 제도용지의 세로와 가로의 길이 비는 $1 : \sqrt{2}$ 이다. (A0면적 $\fallingdotseq 1m^2$)
> ① 도면의 크기는 A열(A0~A4) 사이즈를 사용한다.
> ② 도면은 긴 쪽을 좌우방향으로 놓고서 사용한다. (단, A4는 짧은 쪽을 좌우 방향으로 놓고서 사용하여도 좋다.)
> ③ 도면을 접을 때는 그 크기는 원칙적으로 A4(210×297)로 하며 표제란이 보이도록 접는다.
> ④ 도면에는 반드시 중심마크를 설치한다.
> ⑤ 원도는 접지 않는 것이 보통이다. 원도를 말아서 보관하는 경우에는 그 안지름은 40mm 이상으로 하는 것이 좋다.

16 다음 ( ) 안에 적절한 것은?

> 도면을 철하기 위하여 구멍 뚫기의 여유를 설치해도 좋다. 이 여유는 최소 나비 ( ) 로 표제란에서 가장 떨어진 곳에 둔다.

① 5mm   ② 10mm
③ 15mm   ④ 20mm

> **해설**
> 도면을 철하기 위하여 구멍 뚫기의 여유는 최소 20mm로 표제란에서 가장 떨어진 곳에 둔다.

[정답] 12 ① 13 ④ 14 ③ 15 ① 16 ④

17 제도용 문자의 사용법 중 KS 규격과 틀린 것은?

① 영문자는 2~14mm까지 8종을 쓴다.
② 한글은 고딕체로 쓰며 수직 또는 15° 경사지게 쓴다.
③ 문자와 숫자가 새겨져 있는 것을 lettering set라 한다.
④ 숫자는 아라비아 숫자를 원칙으로 한다.

> **해설**
> 영문자(로마자)의 크기는 호칭 2.24, 3.15, 4.5, 6.3, 9, 12.5[mm] 및 18[mm]의 7종으로 한다.

18 KS에서 사용되는 선의 굵기 중에 제일 가는 선의 굵기는 얼마인가?

① 0.10   ② 0.14
③ 0.18   ④ 0.20

> **해설**
> 도면에서 사용하는 선의 굵기의 기준은 0.18, 0.25, 0.35, 0.5, 0.7mm 및 1mm로 한다.

19 실물에서 한 변의 길이가 25mm일 때, 척도 1 : 5인 도면에서 그 변이 그려진 길이와 그 변에 기입해야 할 치수를 순서대로 옳게 나열한 것은?

① 길이 : 5mm, 치수 : 5
② 길이 : 5mm, 치수 : 25
③ 길이 : 25mm, 치수 : 5
④ 길이 : 25mm, 치수 : 25

> **해설**
> 척도는 A : B로 표시한다.
> 여기에서
> A : 그린 도형에서의 대응하는 길이
> B : 대상물의 실제 길이

20 도면에 굵은 선의 굵기를 0.5mm로 하였다. 가는 선과 아주 굵은 선의 굵기로 가장 적합한 것은?

가는 선 — 아주 굵은 선

① 0.18mm — 0.7mm
② 0.25mm — 1mm
③ 0.35mm — 0.7mm
④ 0.35mm — 1mm

> **해설**
> 선 굵기의 기준은 0.18mm, 0.25mm, 0.35mm, 0.5mm, 0.7mm 및 1mm로 한다.
> ① 가는 선 : 굵기가 0.18~0.5mm인 선
> ② 굵은 선 : 굵기가 0.35~1mm인 선
>   (가는 선 굵기의 2배)
> ③ 아주 굵은 선 : 굵기가 0.7~1mm인 선
>   (굵은 선 굵기의 2배)
> ※ 선 굵기의 비율은 1(가는 선) : 2(굵은 선) : 4(아주 굵은 선)

21 다음 중 가상선의 용도가 아닌 것은?

① 되풀이하는 것을 나타내는 데 사용
② 도형의 중심을 나타내는 데 사용
③ 인접 부분을 참고로 나타내는 데 사용
④ 가공 전·후의 모양을 나타내는 데 사용

> **해설**
> 가상선(가는 2점 쇄선) 용도
> ① 인접 부분을 참고로 표시
> ② 공구, 지그의 위치를 참고로 표시
> ③ 가동 부분을 이동 중의 특정한 위치 또는 이동 한계의 위치를 표시
> ④ 가공 전 또는 가공 후의 형상을 표시
> ⑤ 되풀이하는 것을 표시
> ⑥ 도시된 단면의 앞쪽에 있는 부분을 표시

[정답] 17 ① 18 ③ 19 ② 20 ④ 21 ②

22 파단선의 용도에 해당하는 것은?

① 가공 전 또는 가공 후의 모양을 표시하는 데 사용
② 인접부분을 참고로 표시하는 데 사용
③ 되풀이 되는 것을 나타내는 데 사용
④ 대상의 일부를 생략하고 그 경계를 나타내는 데 사용

해설
파단선 : 대상의 일부를 생략하고 그 경계를 나타내는 데 사용

23 단면도의 절단된 부분을 나타내는 해칭선을 그리는 선은?

① 가는 2점 쇄선
② 가는 실선
③ 가는 파선
④ 가는 1점 쇄선

해설
해칭선은 가는 실선으로 그린다.

24 KS 기계제도에서 특수한 용도의 선으로 가는 실선을 사용하는 경우가 아닌 것은?

① 위치를 명시하는 데 사용한다.
② 얇은 부분의 단면도시를 명시하는 데 사용한다.
③ 평면이라는 것을 나타내는 데 사용한다.
④ 외형선 및 숨은선의 연장을 표시하는 데 사용한다.

해설
얇은 부분의 단면도시를 명시하는 데 사용하는 선은 아주 굵은 실선이다.

25 다음 보기에 해당하는 선의 종류는?

[보기]
1. 물품의 일부를 파단한 곳을 표시하는 선
2. 끊어낸 부분을 표시하는 선으로 불규칙한 파형의 가는 실선

① 절단선
② 해칭선
③ 파선
④ 파단선

해설
① 절단선 : 단면도를 그리는 경우 그 절단 위치를 대응하는 도면에 표시하는 데 사용
② 해칭선 : 도형의 한정된 특정 부분을 다른 부분과 구별하는 데 사용
③ 파단선 : 대형물의 일부를 파단한 경계 또는 일부를 떼어낸 경계를 표시

26 일반적으로 치수선을 그릴 때 사용하는 선의 명칭은?

① 굵은 2점 쇄선
② 굵은 1점 쇄선
③ 가는 실선
④ 가는 1점 쇄선

해설
① 굵은 1점 쇄선 : 특수 지정선(열처리 표시 등)
② 가는 실선 : 치수선, 치수 보조선 등
③ 가는 1점 쇄선 : 중심선, 기준선, 피치선

27 특수가공하는 부분이나 특별한 요구사항을 적용하도록 범위를 지정하는 데 사용되는 선의 종류는?

① 가는 1점 쇄선
② 가는 2점 쇄선
③ 굵은 실선
④ 굵은 1점 쇄선

해설
굵은 1점 쇄선 : 특수가공하는 부분이나 특별한 요구사항을 적용하도록 범위를 지정하는 데 사용

[정답] 22 ④ 23 ② 24 ② 25 ④ 26 ③ 27 ④

28 선의 종류와 용도에 대한 내용을 틀린 것은?

① 굵은 실선 : 대상물이 보이는 부분의 모양을 표시하는 데 사용된다.
② 가는 1점 쇄선 : 중심이 이동한 중심궤적을 표시하는 데 사용된다.
③ 가는 2점 쇄선 : 얇은 두께를 가진 부분을 나타내는 데 사용된다.
④ 굵은 1점 쇄선 : 특수한 가공을 하는 부분 등 특별한 요구사항을 적용할 수 있는 범위를 표시하는 데 사용된다.

해설
가는 2점 쇄선 용도
① 인접 부분을 참고로 표시
② 공구, 지그의 위치를 참고로 표시
③ 가동 부분을 이동 중의 특정한 위치 또는 이동 한계의 위치를 표시
④ 가공 전 또는 가공 후의 형상을 표시
⑤ 되풀이하는 것을 표시
⑥ 도시된 단면의 앞쪽에 있는 부분을 표시

29 공구, 지그 등의 위치를 참고로 나타내는 데 사용하는 선의 명칭은?

① 가상선　　　② 지시선
③ 피치선　　　④ 해칭선

해설
① 가상선(가는 2점 쇄선) : 움직인 물체의 상태를 가상하여 나타내는 데 사용
② 지시선(가는 실선) : 가공법, 기호 등을 표시하기 위해 끌어내는 데 사용
③ 피치선(가는 실선) : 부분 생략 또는 부분 단면의 경계를 표시하는 데 사용
④ 해칭선(가는 실선) : 물체의 절단면을 표시하는 데 사용

30 굵은 1점 쇄선의 용도로 옳은 것은?

① 인접 부분을 참고로 표시할 때 사용한다.
② 수면, 유면 등의 위치를 표시할 때 사용한다.
③ 대상물의 보이지 않는 부분의 모양을 표시할 때 사용한다.
④ 특수한 가공을 하는 부분 등 특별한 요구사항을 적용할 수 있는 범위를 표시할 때 사용한다.

해설
① 가는 2점 쇄선 : 인접 부분을 참고로 표시할 때 사용한다.
② 가는 실선 : 수면, 유면 등의 위치를 표시할 때 사용한다.
③ 가는 파선 또는 굵은 파선 : 대상물의 보이지 않는 부분의 모양을 표시할 때 사용한다.
④ 굵은 1점 쇄선 : 특수한 가공을 하는 부분 등 특별한 요구사항을 적용할 수 있는 범위를 표시할 때 사용한다.

31 도면에서 다음에 열거한 선이 같은 장소에 중복되었다. 어느 선으로 표시하여야 하는가?

> 치수 보조선, 절단선, 숨은선, 중심선

① 숨은선　　　② 중심선
③ 치수 보조선　④ 절단선

해설
겹치는 선의 우선순위
① 숨은선
② 중심선
③ 절단선
④ 치수 보조선

32 도면에서 다음 종류의 선이 같은 장소에 겹치게 될 경우 가장 우선순위가 높은 것은?

① 중심선　　　② 무게 중심선
③ 절단선　　　④ 치수 보조선

[정답] 28 ③　29 ①　30 ④　31 ①　32 ③

해설

겹치는 선의 우선순위
도면에서 2종류 이상의 선이 같은 장소에 중복될 경우에는 다음에 순위에 따라 우선되는 종류의 선부터 그린다.
① 외형선
② 숨은선
③ 절단선
④ 중심선
⑤ 무게 중심선
⑥ 치수 보조선

33 개스킷, 박판, 형강 등과 같이 절단면이 얇은 경우 이를 나타내는 방법으로 옳은 것은?

① 실제 치수와 관계없이 1개의 가는 1점 쇄선으로 나타낸다.
② 실제 치수와 관계없이 1개의 극히 굵은 실선으로 나타낸다.
③ 실제 치수와 관계없이 1개의 굵은 1점 쇄선으로 나타낸다.
④ 실제 치수와 관계없이 1개의 극히 굵은 2점 쇄선으로 나타낸다.

해설

개스킷, 박판, 형강 등과 같이 절단면이 얇은 경우 이를 나타내는 방법은 실제 치수와 관계없이 1개의 극히 굵은 실선으로 나타낸다.

34 기계제도에서 주로 사용되는 투상도법은 어느 것인가?

① 투시도
② 사투상도
③ 정투상도
④ 등각 투상도

35 다음 투상도 중 3각법이나 1각법으로 투상하여도 그 투상도면의 배치 위치가 동일 위치인 것은?

① 평면도
② 배면도
③ 우측면도
④ 저면도

해설

배면도는 3각법이나 1각법에서 배치 위치는 같다. 배면도는 물체의 뒤쪽에서 바라본 모양을 도면에 나타낸 그림을 말하며 사용하는 경우가 극히 적다.

36 수평선과 30°의 각도를 이룬 두 축과 90°를 이룬 수직축의 세 축이 투상면 위에서 120°의 등각이 되도록 물체를 놓고 투상한 것은?

① 부등각 투상
② 등각 투상
③ 사투상
④ 삼정 투상

해설

등각 투상도란 정면, 평면, 측면을 하나의 투상면 위에 동시에 볼 수 있도록 표현된 투상도이다.

37 그림과 같이 하나의 그림으로 정육면체의 세 면 중의 한 면만을 중점적으로 엄밀·정확하게 표현하는 것으로, 캐비닛도가 이에 해당하는 투상법은?

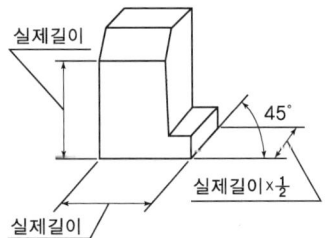

① 사투상법
② 등각 투상법
③ 징투상법
④ 투시도법

[정답] 33 ② 34 ③ 35 ② 36 ② 37 ①

> **해설**
> 사투상법
> ① 투상선이 투상면에 사선으로 지나는 평행 투상
> ② 정육면체의 세 면 중의 한 면만을 중점적으로 엄밀·정확하게 표현하는 것으로 일반적으로 투상선이 하나
> ③ 종류 : 캐비닛도, 카발리에도 등이 있다.

38 평행 투상법에 의한 3차원상의 표시법 중 경사 투상법에 속하지 않는 것은?

① 캐벌리어 투상법
② 캐비닛 투상법
③ 다이메트릭 투상법
④ 플라노메트릭 투상법

> **해설**
> 평행 투상법에 의한 3차원상의 표시법 중 경사 투상법에 속하지 않는 것은 다이메트릭 투상법이다.
> ① 캐벌리어 투상법 : 투상선이 투상면에 대하여 45°인 경사를 가진 사투상도
> ② 플라노메트릭 투상법 : 투상선이 투상면에 대하여 30°인 경사를 가진 사투상도
> ③ 캐비닛 투상법 : 투상선이 투상면에 대하여 60°인 경사를 가진 사투상도

39 2개의 입체가 서로 만날 때 두 입체 표면에 만나는 선이 생기는데 이 선을 무엇이라고 하는가?

① 분할선   ② 입체선
③ 직립선   ④ 상관선

> **해설**
> 상관선 : 2개의 입체가 서로 만날 때 두 입체 표면에 만나는 선

40 다음 중 도면이 갖추어야 할 요건으로 타당하지 않는 것은?

① 도면에 그려진 투상이 너무 작아 애매하게 해석될 경우에는 아예 그리지 않는다.
② 도면에 담겨진 정보는 간결하고 확실하게 이해할 수 있도록 표시한다.
③ 도면은 충분한 내용과 양식을 갖추어야 한다.
④ 도면에는 제품의 거칠기 상태, 재질, 가공 방법 등의 정보도 포함하고 있어야 한다.

> **해설**
> 도면에 그려진 투상이 너무 작아 애매하게 해석될 경우에는 확대하여 그린다.

41 투상도의 선택 방법 중 틀린 것은?

① 주투상도만으로 표시할 수 있는 것에 대해서도 다른 투상도를 그린다.
② 주투상도는 대상물의 모양·기능을 가장 명확하게 표시하는 면을 그린다.
③ 주투상도를 보충하는 다른 투상도는 되도록 적게 그린다.
④ 서로 관련되는 그림의 배치는 되도록 숨은선을 쓰지 않는다.

> **해설**
> 투상도의 선택 방법
> ① 주투상도에는 대상물의 모양, 기능을 가장 명확하게 표현하는 면을 그린다.
> ② 주투상도를 보충하는 다른 투상도는 되도록 적게 하고 주투상도만으로 만으로 표시할 수 있는 것에 대하여는 다른 투상도는 그리지 않는다.
> ③ 서로 관련되는 그림의 배치는 되도록 숨은선을 쓰지 않도록 한다. 다만, 비교·대조하기 불편할 경우에는 예외로 한다.

42 제1각법에 관한 설명으로 옳은 것은?

① 정면도 우측에 좌측면도가 배치된다.
② 정면도 아래에 저면도가 배치된다.
③ 평면도 아래에 저면도가 배치된다.
④ 정면도 위에 평면도가 배치된다.

[정답] 38 ③ 39 ④ 40 ① 41 ① 42 ①

> **해설**
> 제1각법 : 물체를 1각 안에(투상면 앞쪽) 놓고 투상한 것을 말한다. 즉 물체 뒤의 유리판에 투영한다.
> ① 투상 순서는 눈 → 물체 → 투상이다
> ② 평면도는 정면도의 아래에 위치한다.
> ③ 좌측면도는 정면도의 우측에 위치한다.
> ④ 우측면도는 정면도의 좌측에 위치한다.
> ⑤ 저면도는 정면도의 위에 위치한다.

43 KS 기계제도와 제3각법을 설명한 것으로 틀린 것은?

① 정면도 왼쪽에 좌측면도가 놓인다.
② 우측면도의 좌측에 정면도가 배치된다.
③ 정면도 아래에 평면도가 놓인다.
④ 기계제도는 제3각법으로 투상하는 것을 원칙으로 하고 있다.

> **해설**
> KS 규격에서는 제3각법으로 투상하는 것을 원칙으로 하며 정면도 위에 평면도, 아래에 저면도가 배치된다.

44 다음 도면 배치 중에서 제3각법에 의한 배치내용이 아닌 것은?

① | 우측면도 | 정면도 |
  | | 평면도 |

② | 평면도 | |
  | 정면도 | 우측면도 |

③ | | 평면도 |
  | 좌측면도 | 정면도 |

④ | 좌측면도 | 정면도 |
  | | 저면도 |

> **해설**
> 제3각법에 의한 배치

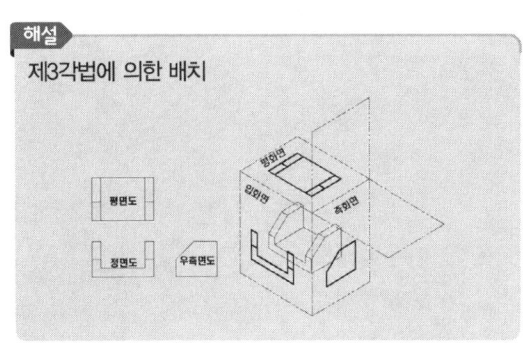

45 아래 투상도와 같이 경사부가 있는 대상물에서 그 경사면에 있는 구멍의 실형을 표시할 필요가 있는 경우에 나타내는 투상도는?

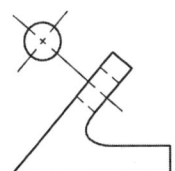

① 가상도   ② 국부 투상도
③ 부분 확대도 ④ 회전 투상도

> **해설**
> 국부투상도 : 물체의 구멍이나 홈 등의 한 국부만의 모양을 도시하는 것으로 충분한 경우에는 필요한 부분을 국부투상도로 나타낸다. 투상 관계를 나타내기 위해서는 원칙적으로 주된 그림에 중심선, 기준선, 치수 보조선 등을 연결한다.

46 그림에서 E-7과 B-2는 무엇을 나타내는가?

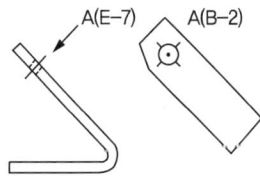

① 조립도의 도면의 종류와 크기
② 부품도의 부품 번호 및 수량
③ 상대 도면의 비교 눈금 및 척도
④ 상대방 위치의 도면 구역의 구분 기호

[정답] 43 ③ 44 ① 45 ② 46 ④

47 보기와 같은 투상도의 명칭은?

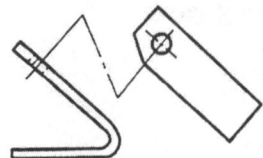

① 부분 투상도
② 보조 투상도
③ 국부 투상도
④ 회전 투상도

해설
보조 투상도 : 경사면부가 있는 대상물에서 그 경사면의 실제 길이를 표시할 필요가 있는 경우에는 다음에 의하여 보조 투상도로 표시한다.

48 기계제도 도면 작업 중에서 부분 확대도를 올바르게 설명한 것은?

① 어떤 물체의 구멍이나 홈 등 한 부분만의 모양을 표시한 투상도
② 경사면에 대해 실제 모양을 표시할 필요가 있는 경우에 나타낸 투상도
③ 그림의 일부를 도시해 그린 것으로 충분할 경우 그 부분만 도시해서 그린 투상도
④ 특정 부위의 도형이 작아 치수 기입이 곤란할 때 다른 곳에 척도를 크게 하여 나타낸 투상도

해설
부분 확대도 : 특정 부분의 도형이 작은 관계로 그 부분의 상세한 도시나 치수 기입을 할 수 없을 때는 그 부분을 가는 실선으로 에워싸고, 영자의 대문자로 표시함과 동시에 그 해당 부분을 다른 장소에 확대하여 그리고, 표시하는 문자 및 척도를 부기한다.

49 단면도의 표시 방법에서 그림과 같은 단면도의 형태는?

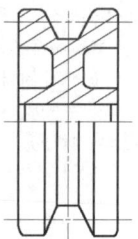

① 온 단면도
② 한쪽 단면도
③ 부분 단면도
④ 회전도시 단면도

해설
한쪽 단면도(반 단면도) : 상하 또는 좌우 대칭인 물체는 1/4을 떼어 낸 것으로 보고 기본 중심선을 경계로 하여 1/2은 외형, 1/2은 단면으로 동시에 나타낸 것으로 대칭중심의 우측 또는 위쪽을 단면한다.

50 다음 그림에서 화살표가 가리키는 투상도를 무엇이라고 하는가?

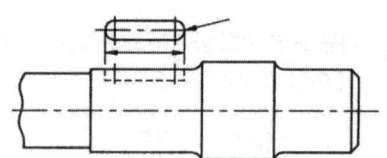

① 부분 확대도   ② 국부 투상도
③ 보조 투상도   ④ 부분 투상도

51 핸들이나 바퀴 등의 암 및 리브, 훅, 축, 구조물의 부재 등에 대해 절단한 곳의 전, 후를 끊어서 그 사이에 회전도시 단면도를 그릴 때 단면 외형을 나타내는 선은 어떤 선으로 나타내야 하는가?

① 굵은 실선   ② 가는 실선
③ 굵은 1점 쇄선 ④ 가는 2점 쇄선

[정답] 47 ② 48 ④ 49 ② 50 ② 51 ①

> **해설**
> 핸들이나 바퀴 등의 암 및 리브, 훅, 축, 구조물의 부재 등에 대해 절단한 곳의 전, 후를 끊어서 그 사이에 회전도시 단면도를 그릴 때 단면 외형을 나타낼 때 굵은 실선으로 표시한다.

52 대칭인 물체의 중심선을 기준으로 내부 모양과 외부모양을 동시에 표시하여 나타내는 단면도는?

① 부분 단면도
② 한쪽 단면도
③ 조합에 의한 단면도
④ 회전도시 단면도

> **해설**
> ① 부분 단면도 : 외형도에서 필요로 하는 일부분만을 부분 단면도로 도시할 수 있다. 파단선(가는 실선)으로 단면의 경계를 표시하고 프리핸드로 외형선의 1/2 굵기로 그린다.
> ② 한쪽 단면도 : 상하 또는 좌우 대칭형의 물체는 기본 중심선을 경계로 1/2은 외형도로, 나머지 1/2은 단면도로 동시에 나타낸다. 대칭 중심선의 우측 또는 위쪽을 단면으로 한다.
> ③ 조합에 의한 단면도 : 2개 이상의 절단면에 의한 단면도를 조합하여 행하는 단면도시는 다음에 따른다. 또한, 이와 같은 경우 필요에 따라서 단면을 보는 방향을 나타내는 화살표와 글자 기호를 붙인다.
> ④ 회전도시 단면도 : 핸들이나 바퀴 등의 암이나 리브, 훅, 축, 구조물의 부재 등의 절단면은 90° 회전하여 도시하거나 절단할 곳의 전후를 끊어서 그사이에 그린다.

53 물체의 한쪽 면이 경사되어 평면도나 측면도로는 물체의 형상을 나타내기 어려울 경우 가장 적합한 투상법은?

① 요점 투상법
② 국부 투상법
③ 부분 투상법
④ 보조 투상법

> **해설**
> ① 요점 투상법 : 보조적인 투상도에 보이는 부분을 모두 표시하면 도면이 복잡해져서 오히려 알아보기가 어려운 경우에는 요점 부분만 투상도로 표시한다.
> ② 국부 투상법 : 물체의 구멍이나 홈 등의 한 국부만의 모양을 도시하는 것으로, 충분한 경우에는 필요한 부분을 국부 투상도로 나타낸다. 투상 관계를 나타내기 위해서는 원칙적으로 주된 그림에 중심선, 기준선, 치수 보조선 등을 연결한다.
> ③ 부분 투상법 : 그림의 일부를 도시하는 것으로, 충분한 경우에는 필요한 부분만 투상도로서 나타낸다. 이러한 경우 생략한 부분과 경계를 파단선으로 나타낸다.
> ④ 보조 투상법 : 물체의 경사면을 실형으로 그려서 바꾸기할 필요가 있을 경우에는 그 경사면과 위치에 필요 부분만을 보조 투상도로 표시한다.

54 핸들이나 바퀴 등의 암 및 림, 리브 등 절단선의 연장선 위에 90° 회전하여 실선으로 그리는 단면도는?

① 온 단면도
② 한쪽 단면도
③ 조합 단면도
④ 회전도시 단면도

> **해설**
> ① 온 단면도 : 물체의 기본적인 모양을 가장 잘 나타낼 수 있도록 물체의 중심에서 반으로 절단하여 나타낸다.
> ② 한쪽 단면도 : 상하 또는 좌우 대칭형의 물체는 기본 중심선을 경계로 1/2은 외형도로, 나머지 1/2은 단면도로 동시에 나타낸다. 대칭 중심선의 우측 또는 위쪽을 단면으로 한다.
> ③ 조합 단면도 : 2개 이상의 절단면에 의한 단면도를 조합하여 행하는 단면도시로 필요에 따라서 단면을 보는 방향을 나타내는 화살표와 글자기호를 붙인다.
> ④ 회전도시 단면도 : 핸들이나 바퀴 등의 암이나 리브, 훅, 축, 구조물의 부재 등의 절단면은 90° 회전하여 도시하거나 절단할 곳의 전후를 끊어서 그 사이에 그린다.

[정답] 52 ② 53 ④ 54 ④

55 단면의 표시와 단면도의 해칭에 관한 설명으로 옳은 것은?

① 단면 면적이 넓은 경우에는 그 외형선을 따라 적절한 범위에 해칭 또는 스머징을 한다.
② 해칭선의 각도는 주된 중심선에 대하여 60°로 하여 굵은 실선을 사용하여 등간격으로 그린다.
③ 인접한 다른 부품의 단면은 해칭선의 방향이나 간격을 변경하지 않고 동일하게 사용한다.
④ 해칭 부분에 문자, 기호 등을 기입할 때는 해칭을 중단하지 않고 겹쳐서 나타내야 한다.

해설
단면도의 해칭
① 보통 사용하는 해칭은 주된 중심선에 대하여 45°로 가는 실선으로 등간격으로 표시한다.
② 동일 부품의 단면은 떨어져 있어도 해칭의 방향과 간격 등을 같게 한다.
③ 서로 인접하는 단면의 해칭은 선의 방향 또는 각도(30°, 45°, 60° 임의의 각도) 및 그 간격을 바꾸어서 구별한다.
④ 경사진 단면의 해칭선은 경사진 면에 수평이나 수직으로 그리지 않고 재질에 관계없이 기본 중심에 대하여 45° 경사진 각도로 그린다.
⑤ 절단 자리의 면적이 넓은 경우에는 그 외형선을 따라 적절한 범위에 해칭(또는 스머징)을 한다.
⑥ 해칭을 하는 부분 속에 문자, 기호 등을 기입하기 위해 필요한 경우에는 해칭을 중단한다.
⑦ 단면도에 재료 등을 표시하기 위하여 특수한 해칭(또는 스머징)을 해도 좋다.

56 그림과 같이 2개 이상의 절단면에 의하여 단면도를 그리는 단면도시 종류는?

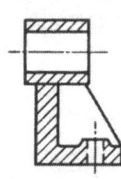 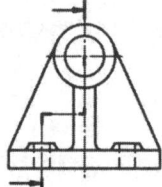

① 한쪽 단면도
② 부분 단면도
③ 회전도시 단면도
④ 조합에 의한 단면도

해설
조합에 의한 단면은 계단 단면도라 한다.

57 그림이 나타내고 있는 것은 어느 단면도에 해당하는가?

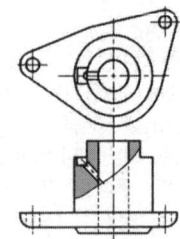

① 온 단면도
② 한쪽 단면도
③ 회전 단면도
④ 부분 단면도

해설
부분 단면도는 외형도에서 필요로 하는 요소의 일부분만을 표시하는 단면도법이다.

[정답] 55 ① 56 ④ 57 ④

58 다음 그림은 어느 단면도에 해당하는가?

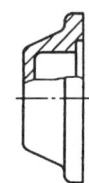

① 온 단면도
② 한쪽 단면도
③ 회전 단면도
④ 부분 단면도

해설
- 온 단면도 : 물체의 1/2을 절단하여 단면으로 도시
- 한쪽 단면도 : 상하 또는 좌우가 대칭인 물체를 내부와 외부를 동시에 나타내고자 할 때 사용
- 부분 투상도 : 물체의 일부분을 파단하여 단면으로 도시

59 다음 그림과 같은 단면도는 어떤 종류의 단면도인가?

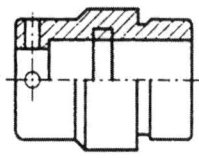

① 온 단면도
② 한쪽 단면도
③ 부분 단면도
④ 회전도시 단면도

해설
한쪽 단면도 : 상하 또는 좌우 대칭인 물체는 1/4을 떼어 낸 것으로 보고, 기본 중심선을 경계로 하여 1/2은 외형, 1/2은 단면으로 동시에 나타낸다. 가능하면 대칭 중심선의 오른쪽 또는 위쪽을 단면으로 하는 것이 좋다.

60 다음 중 단면도의 특징이 다른 하나는?

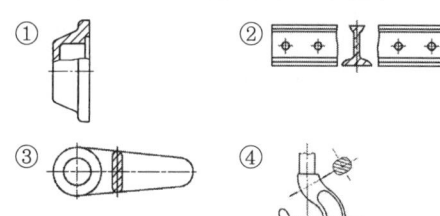

해설
①항은 부분 단면도이고 ②, ③, ④항은 회전 단면도이다.

61 암, 리브, 핸들 등의 전 단면을 그림과 같이 나타내는 단면도를 무엇이라 하는가?

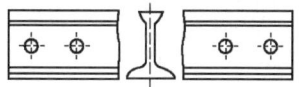

① 온 단면도   ② 회전도시 단면도
③ 부분 단면도   ④ 한쪽 단면도

해설
회전도시 단면도
핸들이나 바퀴 등의 암이나 리브, 훅, 축, 구조물의 부재 등의 절단면은 90° 회전하여 도시하거나 절단할 곳의 전후를 끊어서 그 사이에 그린다.

62 그림과 같이 나타난 단면도의 명칭은?

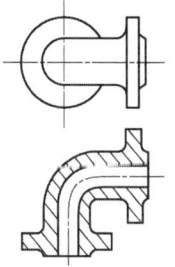

① 온 단면도   ② 회전도시 단면도
③ 한쪽 단면도   ④ 부분 단면도

[정답] 58 ④ 59 ② 60 ① 61 ② 62 ①

> **해설**
> 온 단면도 : 물체의 기본적인 모양을 가장 잘 나타낼 수 있도록 물체의 중심에서 반으로 절단하여 나타낸 것을 온 단면도라 한다.

63 다음 투상도 중 KS 제도 통칙에 따라 올바르게 작도된 투상도는?

①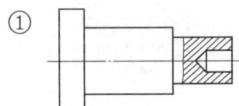
②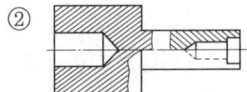
③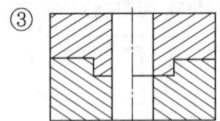
④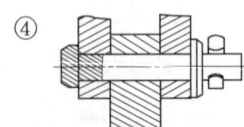

64 제3각 투상법으로 정면도와 평면도를 그림과 같이 나타낼 경우 가장 적합한 우측면도는?

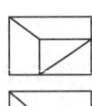

①    ②
③    ④

65 제3각법으로 그린 다음과 같은 3면도 중 각 도면 간의 관계가 올바르게 그려진 것은?

① 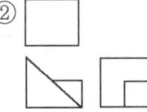   ②
③ 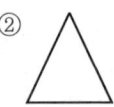   ④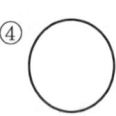

66 〈보기〉와 같이 정면도와 평면도가 표시될 때 우측면도가 될 수 없는 것은?

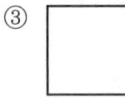

① (직각삼각형)   ② (정삼각형)
③ (정사각형)   ④ (원)

> **해설**
> 위 그림에서 우측면도는 ②이다.

[정답] 63 ① 64 ① 65 ① 66 ②

67 그림과 같은 제3각 정투상도의 입체도로 적합한 것은?

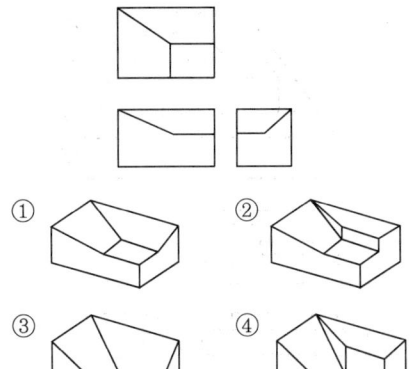

해설
위 그림에서 입체도는 ①이다.

68 그림과 같은 입체도에서 화살표 방향에서 본 정면도를 가장 올바르게 나타낸 것은?

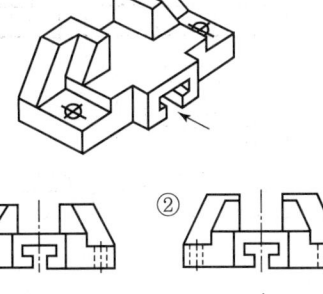

해설
위 그림 입체도에서 화살표 방향에서 본 정면도는 ①이다.

69 제3각법으로 투상되는 그림과 같은 투상도의 좌측면도로 가장 적합한 것은?

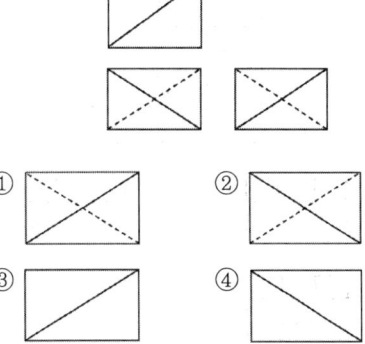

70 그림과 같은 입체도를 화살표 방향에서 본 투상도로 가장 적합한 것은?

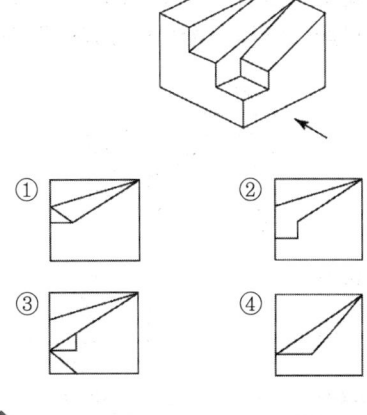

해설
위 그림의 입체도에서 정면도로 가장 적합한 것은 ②이다.

[정답] 67 ① 68 ① 69 ① 70 ②

71 그림과 같은 투상도는 제3각법 정투상도이다. 우측면도로 가장 적합한 것은?

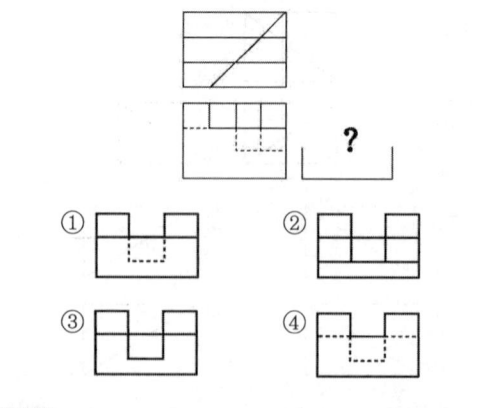

> **해설**
> 위 그림에서 우측면도로 가장 적합한 것은 ③이다.

72 그림과 같은 입체도에서 화살표 방향이 정면일 때 정투상법으로 나타낸 투상도 중 잘못된 도면은?

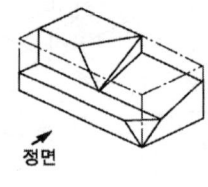

① 좌측면도　② 평면도　③ 우측면도　④ 정면도

73 그림과 같은 입체의 제3각 정투상도로 가장 적합한 것은?

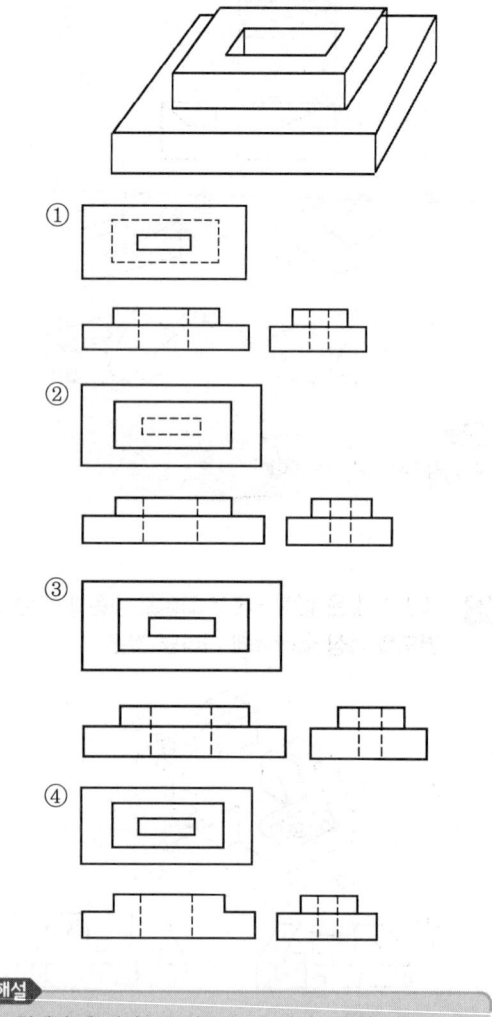

> **해설**
> 그림에서 제3각법으로 정투상도로 가장 적합한 것은 ③이다.

[정답] 71 ③　72 ③　73 ③

74. 그림과 같이 제3각법으로 나타낸 정투상도에서 평면도로 알맞은 것은?

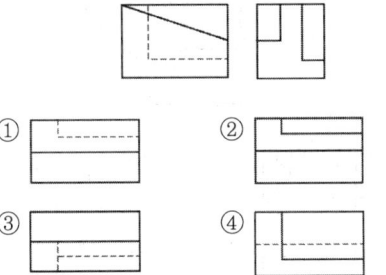

75. 다음 투상도 중 KS 제도 통칙에 따라 올바르게 작도된 투상도는?

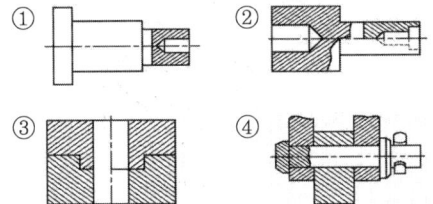

76. 제3각법으로 투상한 정면도와 평면도를 나타낸 것이다. 해당 형상에 적합한 우측면도는?

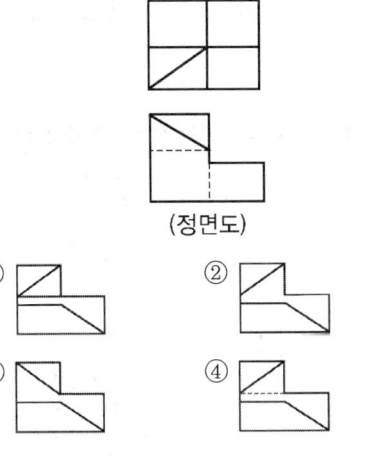

77. 다음과 같은 간략도의 전체를 표현한 것으로 가장 적합한 것은?

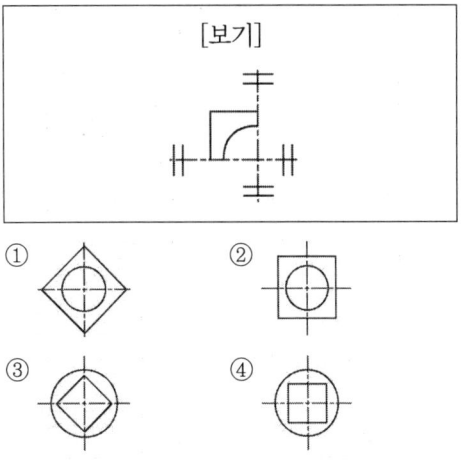

78. 다음과 같이 3각법에 의한 투상도에서 누락된 정면도로 옳은 것은?

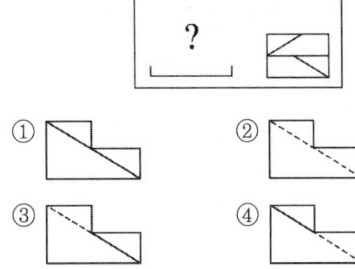

[정답] 74 ② 75 ① 76 ② 77 ② 78 ④

79 제3각 투상법으로 제도한 보기의 평면도와 좌측면도에 가장 적합한 정면도는?

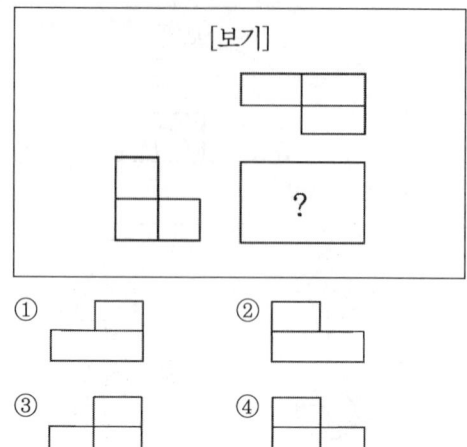

80 그림과 같은 단면도로 표시된 물체의 부품은 모두 몇 개인가?

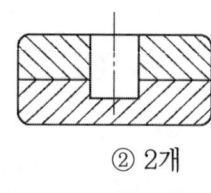

① 1개 ② 2개
③ 3개 ④ 4개

> **해설**
> 위 그림에서 부품 수는 2개이다.

81 제3각법으로 투상한 그림과 같은 정면도와 우측면도에 가장 적합한 평면도는?

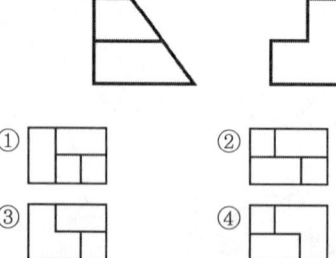

82 그림과 같은 평면도에 대한 정면도로 가장 옳은 것은?

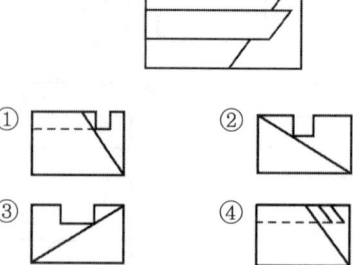

83 그림과 같은 입체도를 화살표 방향에서 보았을 때 가장 적합한 투상도는?

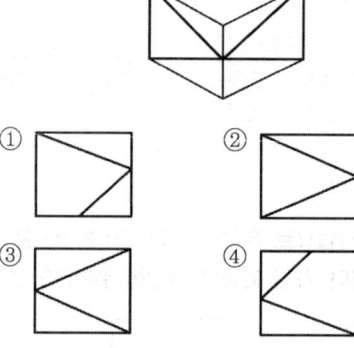

84 그림과 같은 도면에서 평면도로 가장 적합한 것은?

(정면도) (우측면도)

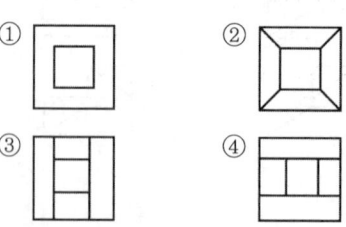

[정답] 79 ③ 80 ② 81 ④ 82 ④ 83 ② 84 ②

85 그림과 같은 입체도를 제3각법으로 투상하였을 때, 가장 적합한 투상도는?

87 그림과 같은 입체도를 제3각법으로 올바르게 나타낸 투상도는?

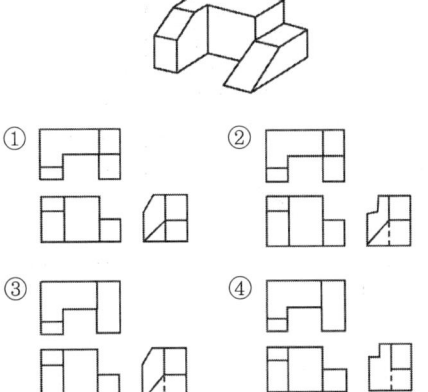

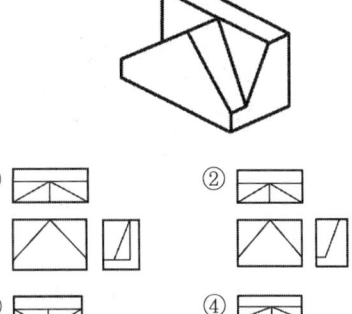

86 다음 입체도를 3각법으로 나타낸 3면도 중 가장 옳게 투상한 것은? (단, 화살표 방향을 정면도 한다.)

88 그림과 같은 등각 투상도에서 화살표 방향에서 본 면을 정면이라 할 때 제3각법으로 3면도가 올바르게 그려진 것은?

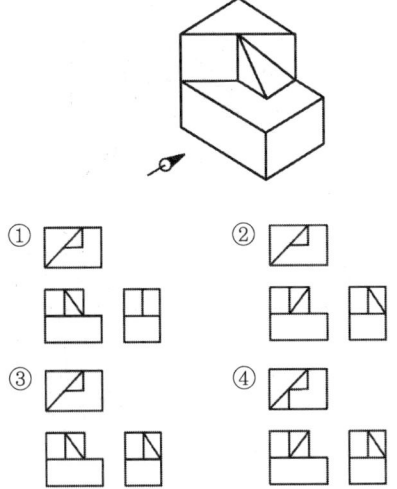

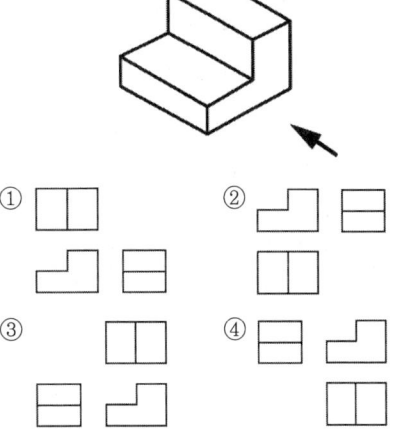

[정답] 85 ① 86 ③ 87 ④ 88 ③

89 그림과 같은 입체도를 제3각법으로 투상한 투상도로 옳은 것은?

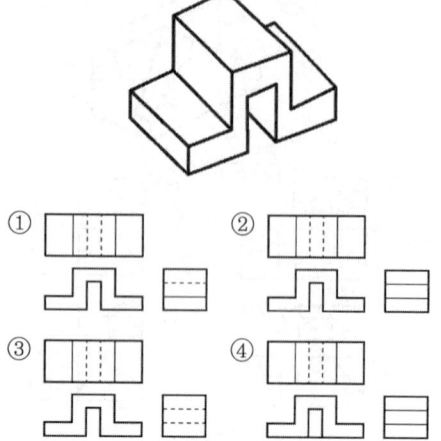

90 화살표 방향을 정면으로 하여 제3각법으로 투상하였을 때 가장 적합한 것은?

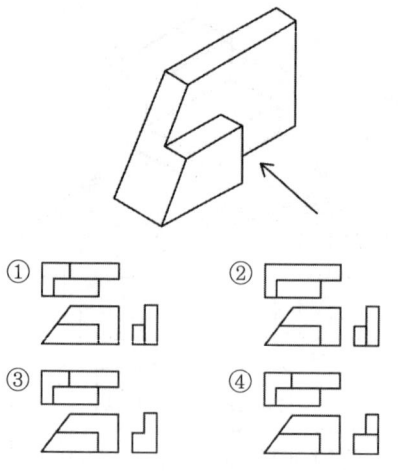

91 그림과 같은 등각 투상도에서 화살표 방향을 정면도로 할 때 이에 대한 저면도로 가장 적합한 것은?

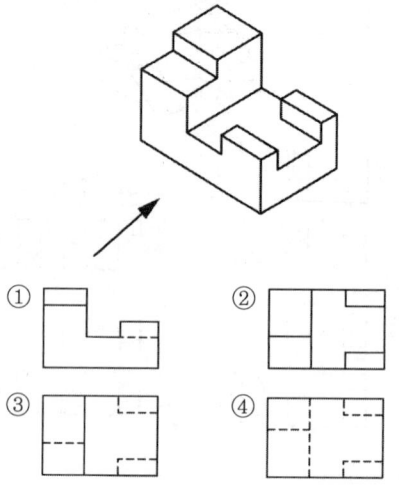

92 제3각 정투상법으로 아래 입체도의 정면도, 평면도, 좌측면도를 가장 적합하게 나타낸 것은?

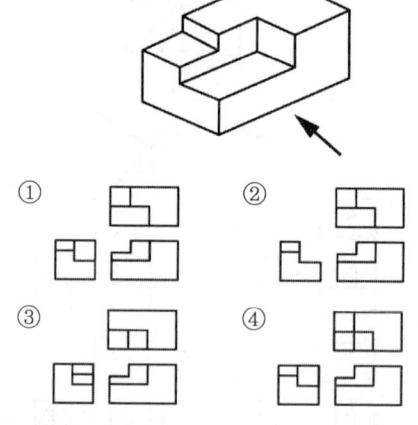

> **해설**
> 제3각 정투상법으로 문제의 입체도의 정면도, 평면도, 좌측면도를 가장 적합하게 나타낸 것은 ①이다.

[정답] 89 ① 90 ① 91 ④ 92 ①

93 파이프 상단 중앙에 드릴 구멍을 뚫은 그림과 같은 정면도를 보고 우측면도를 작성했을 때 다음 중 가장 적합한 것은?

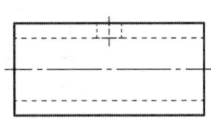

① 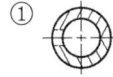 ②
③ ④

우측면도를 작성했을 때 가장 적합한 것은 ②이다.

94 제3각 정투상법으로 그린 아래 그림의 알맞은 우측면도는?

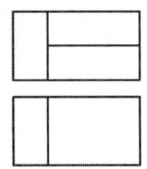

① 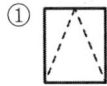 ②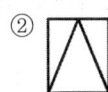
③ 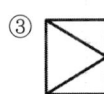 ④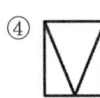

해설
제3각 정투상법으로 그린 위 그림의 알맞은 우측면도는 ②이다.

95 제3각법으로 투상한 정면도와 우측면도가 그림과 같을 때 평면도로 가장 적합한 것은?

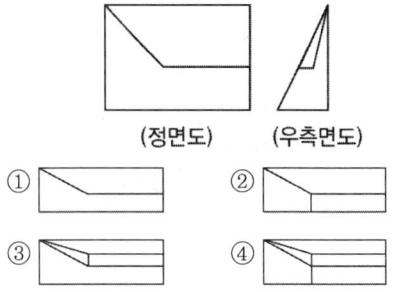

96 다음 그림과 같이 제3각 정투상도의 평면도와 우측면도에 가장 적합한 정면도는?

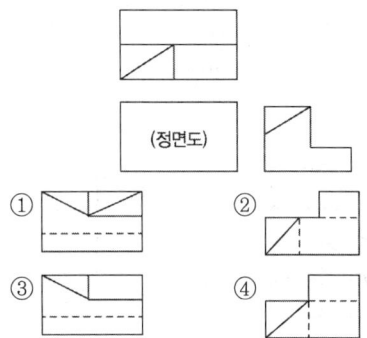

97 다음 평면도와 정면도에 알맞은 우측면도는?

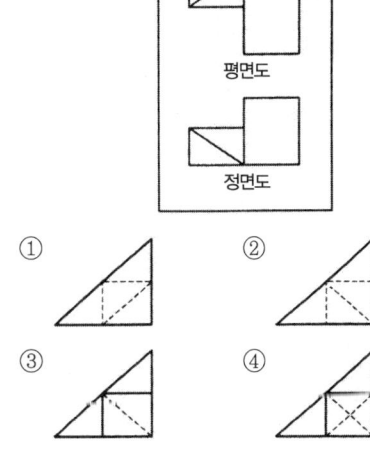

[정답] 93 ② 94 ② 95 ③ 96 ③ 97 ①

해설
입체도

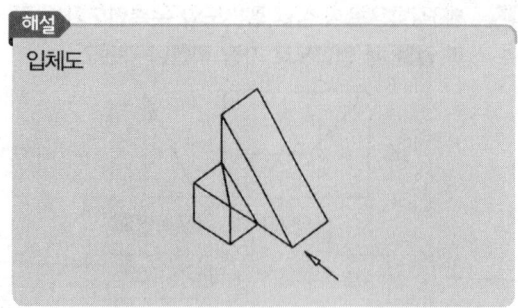

98 다음 3각법에 의한 투상도 중 정면도에만 누락된 선이 있을 경우 한다면?

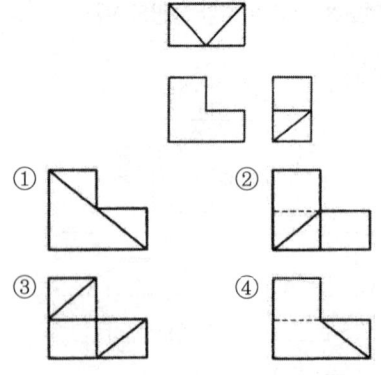

해설
입체도

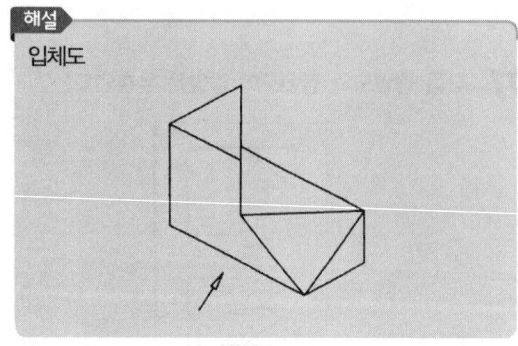

99 그림과 같이 3각법으로 정투상도를 나타낼 때 우측면도에 맞는 도면은?

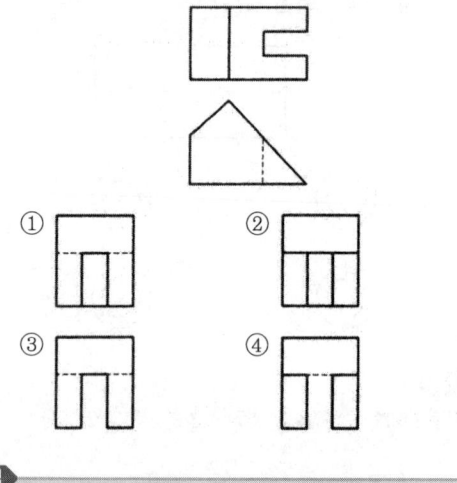

해설
입체도

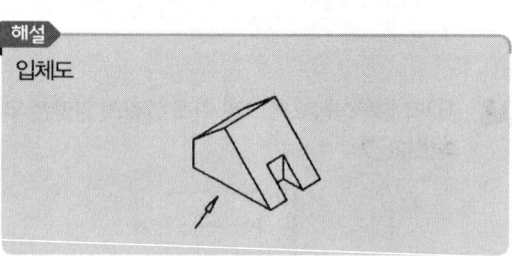

100 다음 정면도와 좌측면도에 가장 적합한 평면도는?

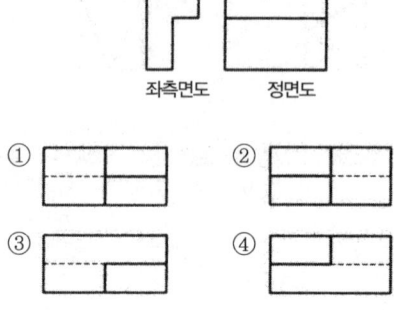

[정답] 98 ④ 99 ① 100 ④

해설
입체도

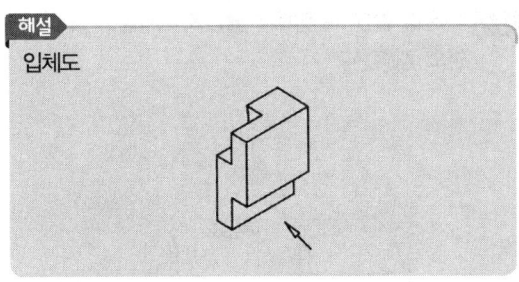

101 다음 A도는 B와 같은 물체를 제3각법으로 투상한 도면이다. 숨은선은 모두 생략한 경우일 때 다음 설명 중 가장 적합한 것은?

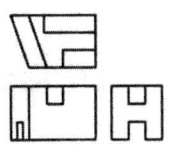 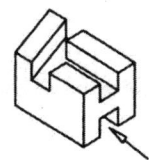

① 정면도만 틀림
② 평면도만 맞음
③ 측면도만 맞음
④ 모두 맞음

102 주어진 도면(평면도와 우측면도)을 보고 누락된 정면도가 올바르게 투상한 것은?

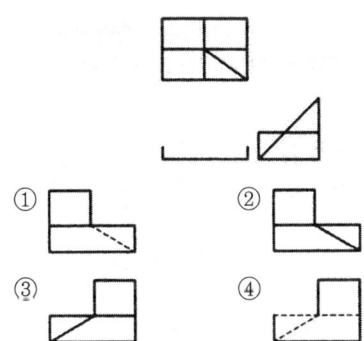

해설
입체도

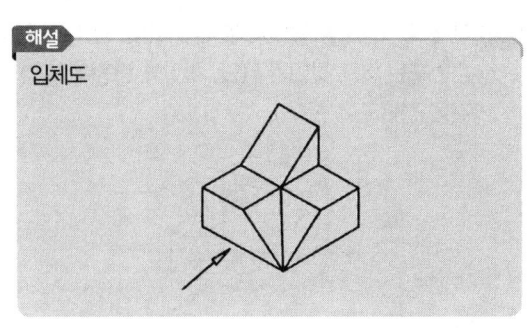

103 주어진 평면도와 우측면도를 보고 정면도로 올바른 도면은?

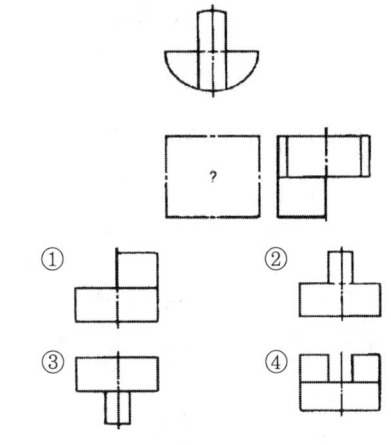

해설
입체도

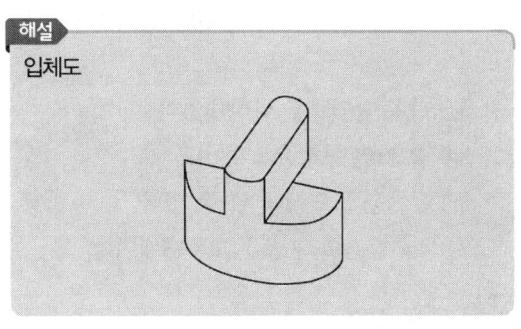

[정답] 101 ④ 102 ② 103 ②

104 다음의 겨냥도를 올바르게 제 3각법으로 투상한 정면도는 어느 것인가? (단, 화살표 방향에서 본 것을 정면도로 한다.)

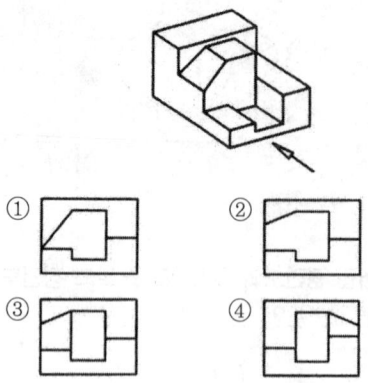

105 다음 도면에 대한 설명으로 옳은 것은?

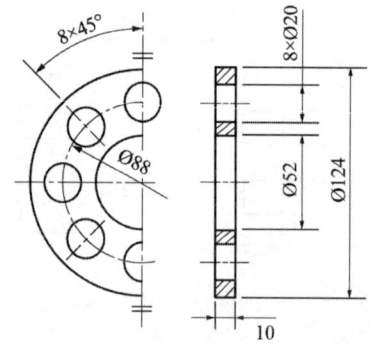

① 한쪽 단면도를 나타내었다.
② ∅20인 구멍은 5개이다.
③ 두께를 도면에서 알 수 없다.
④ 45° 간격의 구멍은 모두 8개이다.

해설
① 온 단면도를 나타내었다.
② ∅20인 구멍은 8개이다.
③ 두께를 도면에서 10이다.
④ 45° 간격의 구멍은 모두 8개이다.

106 다음과 같은 도면에서 플랜지 A부분의 드릴 구멍의 지름은?

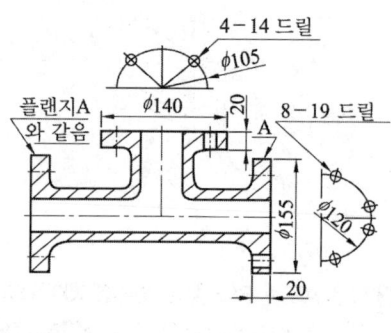

① $\phi 4$ ② $\phi 14$
③ $\phi 19$ ④ $\phi 8$

해설
그림에서 8-19 드릴은 $\phi 19$ 구멍을 8개로 가공한다.

107 도면에서 가는 실선으로 표시된 대각선 부분의 의미는?

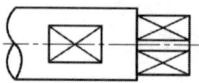

① 평면 ② 곡면
③ 홈 부분 ④ 라운드 부분

해설
평면의 도시: 도형 내의 특정한 부분이 평면이란 것을 표시 필요가 있을 경우에는 가는 실선으로 대각선을 기입한다.

(a) 반(한쪽) 단면을 한 경우

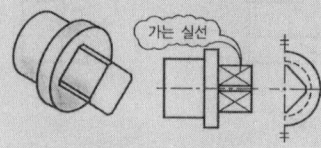

(b) 양쪽의 모양을 나타내는 경우

[정답] 104 ② 105 ④ 106 ③ 107 ①

108 다음 중 치수 기입의 원칙이 아닌 것은?

① 도면에 나타내는 치수는 계산하여 구하도록 기입한다.
② 치수는 되도록 주투상도에 집중해서 지시한다.
③ 관련 치수는 되도록 한곳에 모아서 기입한다.
④ 가공 또는 조립 시에 기준이 되는 형체가 있는 경우에는 그 형체를 기준으로 해서 치수를 기입한다.

해설
치수 기입의 원칙
① 부품의 기능상 또는 제작, 조립 등에 있어서 꼭 필요하다고 생각되는 치수만 명확하게 기입한다.
② 치수는 되도록 계산해서 구할 필요가 없도록 기입한다.
③ 중복 치수는 피한다.
④ 가능하면 정면도에 집중하여 기입한다.
⑤ 필요에 따라 기준으로 하는 점과 선 또는 가공면을 기준으로 기입한다.
⑥ 관련된 치수는 가능하면 모아서 보기 쉽게 기입한다.

109 치수선 및 치수 기입 방법에 대한 설명으로 틀린 것은?

① 치수선은 가는 실선으로 긋는다.
② 치수선은 원칙적으로 지시하는 길이에 평행하게 긋는다.
③ 치수 수치는 다른 치수선과 교차하여 겹치도록 기입한다.
④ 치수선이 인접해서 연속되는 경우에 치수선은 되도록 동일 직선상에 가지런히 기입하는 것이 좋다.

해설
치수 수치는 다른 치수선과 겹치지 않도록 기입한다.

110 〈보기〉에서 치수 기입의 원칙에 대한 설명 중 옳은 것을 모두 고른 것은?

[보기]
a : 숫자로 기입된 치수는 'mm' 단위이다.
b : 도면의 치수는 특별히 명시하지 않는 한 다듬질 치수를 기입한다.
c : 치수 중 참고 치수는 치수 수치를 ㅁ안에 기입한다.

① a, b   ② b, c
③ a, c   ④ a, b, c

해설
• b : 도면에 표시하는 치수는 특별히 명시하지 않는 한 그 도면에 도시한 대상물의 다듬질 치수(완성 치수)를 표시한다.
• c : 치수 중 참고 치수는 치수 수치를 ( ) 안에 기입한다.

111 누진 치수 기입법에 관한 설명으로 올바른 것은?

① 병렬 치수 기입법과는 완전히 다른 의미를 갖는다.
② 여러 개의 불연속 치수선을 사용하므로 복잡하다.
③ 치수의 기점의 위치는 기점 기호로 나타낸다.
④ 2개의 형체 사이의 치수선에서는 준용할 수 없다.

해설
누진 치수 기입 방법
이 방법에 따르면 병렬 치수 기입 방법과 같이 치수 공차에는 영향을 주지 않으며 하나의 연속된 치수선으로 간편하게 표시할 수 있다 이때의 치수의 기점 위치는 0 기호로 표시하고 치수선의 다른 끝은 화살표로 표시한다. 치수는 치수 보조선에 나란히 기입하거나 화살표 부근 치수선의 위쪽을 따라 기입한다.

[정답] 108 ① 109 ③ 110 ① 111 ③

112 기계제도에서 치수선을 나타내는 방법에 해당하지 않는 것은?

① ↔   ② ├─┤
③ ✳──✳   ④ ├─┤

> **해설**
> 치수선을 나타내는 방법
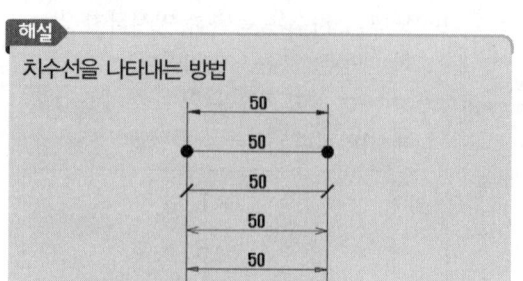

113 도면에서 치수와 같이 사용하는 치수 보조 기호가 아닌 것은?

① □   ② t
③ SR   ④ △

> **해설**
>
> | 구의 지름 | S⌀ |
> |---|---|
> | 구의 반지름 | SR |
> | 정사각형의 변 | □ |
> | 판의 두께 | t |
> | 45°의 모떼기 | C |
> | 원호의 길이 | ⌒ |

114 기계제도에서 사용하는 기호 중 치수 숫자와 병기하여 사용되지 않은 것은?

① SR   ② □
③ C   ④ ■

> **해설**
>
> | 구의 반지름 | SR |
> |---|---|
> | 정사각형의 변 | □ |
> | 판의 두께 | t |
> | 45°의 모떼기 | C |

115 치수 보조 기호 중 구(sphere)의 지름 기호는?

① R   ② SR
③ ⌀   ④ S⌀

> **해설**
>
> | 구분 | 기호 |
> |---|---|
> | 지름 | ⌀ |
> | 반지름 | R |
> | 구의 지름 | S⌀ |
> | 구의 반지름 | SR |

116 도면에 치수가 30으로 표시되어 있는 경우에 치수의 외곽에 표시된 직사각형 30 은 무엇을 뜻하는가?

① 다듬질 전 소재 가공 치수
② 완성 치수
③ 이론적으로 정확한 치수
④ 참고 치수

117 치수 보조 기호의 설명으로 틀린 것은?

① R15 : 반지름 15
② t15 : 판의 두께 15
③ (15) : 비례척이 아닌 치수 15
④ SR15 : 구의 반지름 15

[정답] 112 ③ 113 ④ 114 ④ 115 ④ 116 ③ 117 ③

해설
- (15) : 참고 치수 15
- 15 : 비례척이 아닌 치수 15

118 다음 도형의 치수 중 치수가 도형과 비례하지 않음이 표시되어 있는 치수는?

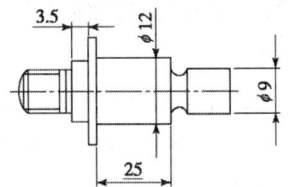

① (3.5) ② φ9
③ φ12 ④ 25

해설
비례척이 아님을 나타낼 때는 치수 밑에 줄을 긋는다.

119 도면에서 S가 나타내는 의미는 어느 것인가?

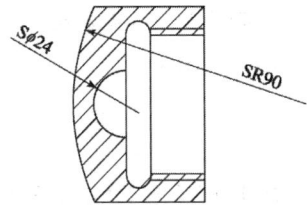

① 구 ② 반지름
③ 면 ④ 모서리면

해설
도면의 기호는 다음과 같이 사용한다.
① φ : 지름
② R : 반지름
③ Sφ : 구의 지름
④ SR : 구의 반지름
⑤ C : 45° 모떼기
⑥ □ : 정사각형의 변

120 다음 그림에서 치수 "90"이 의미하는 것은?

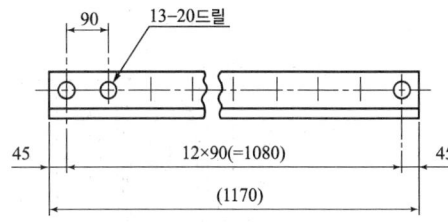

① 구멍의 전체 수량
② 구멍의 피치
③ 구멍의 지름
④ 구멍의 등급

해설
- 90 : 구멍의 피치
- 13-20드릴 : 지름 20, 구멍 13개

121 다음 그림과 같은 형강의 전체 길이 l 는 얼마인가?

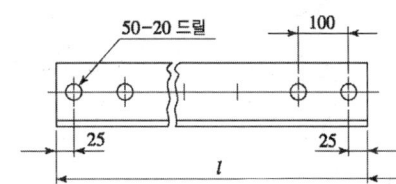

① 1,950
② 2,050
③ 4,950
④ 5,050

해설
50-20드릴(φ20의 드릴이 50번) 사이의 피치는 100mm
$100 \times 49 = 4,900 + 25 + 25 = 4,950$

[정답] 118 ④ 119 ① 120 ② 121 ③

122 다음 도면에서 치수 기입이 잘못된 것은?

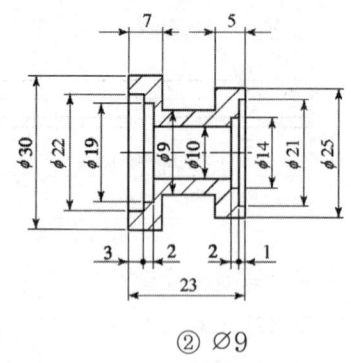

① 7
② Ø9
③ Ø21
④ Ø30

> **해설**
> Ø9 치수는 Ø17 정도로 수정하는 것이 적당하다.

123 현의 길이를 올바르게 표시한 것은?

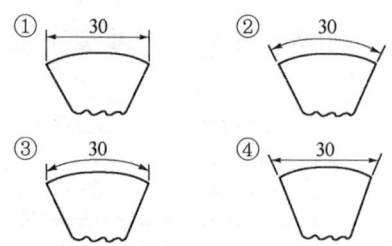

> **해설**
> 호의 치수 기입

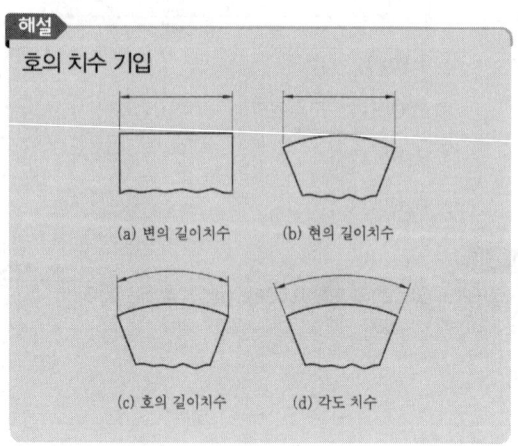

(a) 변의 길이치수　(b) 현의 길이치수
(c) 호의 길이치수　(d) 각도 치수

124 다음 중 호의 치수 기입을 나타낸 것은?

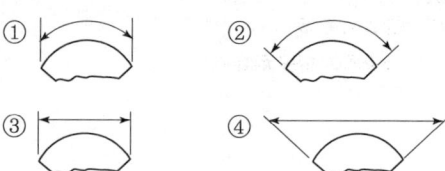

125 치수를 나타내는 방법에 관한 설명으로 틀린 것은?

① 도면에서 정보용으로 사용하는 참고(보조) 치수는 공차를 적용하거나 하여 ( ) 안에 표시한다.
② 척도가 다른 형체의 치수는 치수값 밑에 밑줄을 그어서 표시한다.
③ 정면도에서 높이를 나타낼 때는 수평의 치수선을 꺾어 수직으로 그은 끝에 90°의 개방형 화살표로 표시하며, 높이의 수치값은 수평을 그은 치수선 위에 표시한다.
④ 같은 형체가 반복될 경우 형체 개수와 그 치수값을 '×' 기호로 표시하여 치수 기입을 해도 된다.

126 I 형강의 치수 표시 방법으로 옳은 것은? (단, B : 폭, H : 높이, t : 두께, L : 길이)

① I B×H×t−L
② I H×B×t−L
③ I t×H×B−L
④ I L×H×B−t

[정답] 122 ① 123 ① 124 ① 125 ① 126 ②

해설

종류	단면 모양	표시 방법
등변 ㄱ형강		ㄴ $A \times B \times t - L$
I형강		I $H \times B \times t - L$
ㄷ형강		ㄷ $H \times B \times t_1 \times t_2 - L$

128 그림과 같은 도면에서 테이퍼가 1/2일 때 a의 지름은 몇 mm인가?

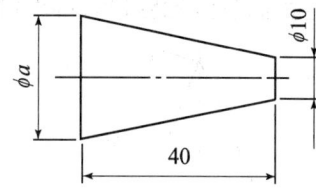

① 20   ② 25
③ 30   ④ 35

해설

$$\frac{D-d}{l} = \frac{a-10}{40} = \frac{1}{2}$$

$a - 10 = \frac{40}{2} = a - 10 = 20$
$ = 20 + 10 = 30$

127 ㄷ형강의 표시가 바르게 된 것은?

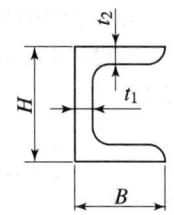

① ㄷ $H \times B \times t_1 \times t_2 - L$
② ㄷ $H \times B \times t_1 - t_2 - L$
③ ㄷ $H \times B - t_1 - t_2 - L$
④ ㄷ $H \times B - t_1 \times t_2 - L$

해설

형강의 표시 방법 : 형상 높이×나비×두께－길이
예 ㄷ $H \times B \times t_1 \times t_2 - l$
　ㄴ $H \times B \times t - l$
　I $H \times B \times t - l$

129 그림과 같이 경사지게 잘린 사각뿔의 전개도로 가장 적합한 형상은?

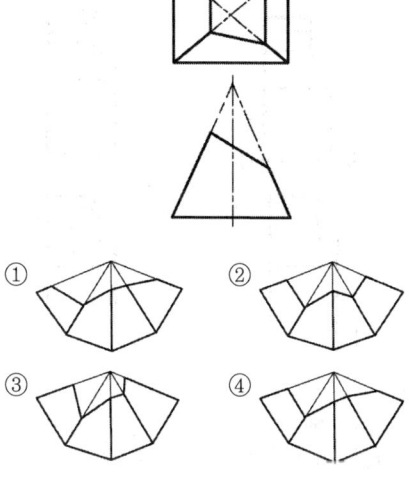

[정답] 127 ①   128 ③   129 ④

130 그림과 같은 원뿔을 전개하였을 때 전개도의 중심각이 120°가 되려면 L의 치수는 얼마인가? (단, 원뿔 밑면의 지름은 100mm이다.)

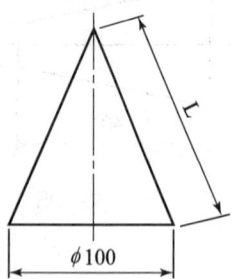

① 150mm　② 200mm
③ 120mm　④ 180mm

해설

$L = 360° \times \dfrac{R}{\theta} = 360° \times \dfrac{50}{120°} = 150\,mm$

131 도형이 대칭인 경우 그 대칭 부분을 생략하는 기호를 옳게 나타낸 것은?

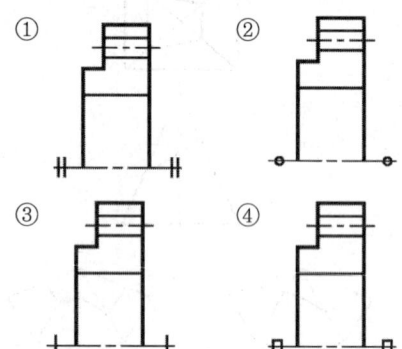

해설

대칭 중심선의 한쪽 도형만을 그리고, 그 대칭 중심선의 양끝 부분에 짧은 2개의 나란한 가는 선(대칭 도시 기호라 한다)을 그린다.

132 그림에서 치수 500과 같이 치수 밑에 굵은 실선을 적용하였을 때 이 치수에 대한 해석으로 옳은 것은?

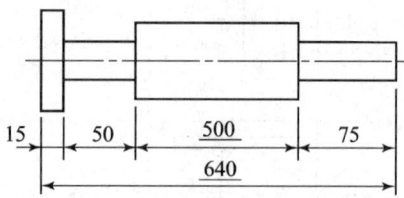

① 500의 치수 부분은 비례척이 아님
② 치수 500만큼 표면 처리를 함
③ 치수 500 부분을 정밀 가공을 함
④ 치수 500은 참고 치수임

해설

500 : 비례척이 아님.

133 그림과 같이 개개의 치수 공차에 대해 다른 치수의 공차에 영향을 주지 않기 위해 사용하는 치수 기입법은 무엇인가?

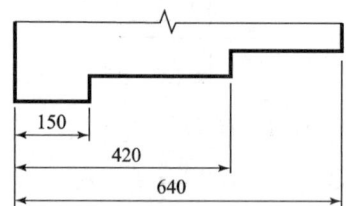

① 직렬 치수 기입법
② 병렬 치수 기입법
③ 누진 치수 기입법
④ 좌표 치수 기입법

해설

치수의 배치
① 직렬 치수 기입법 : 직렬로 나란히 연결된 개개의 치수에 주어진 치수 공차가 차례로 누적되어도 상관없는 경우에 사용한다.

[정답] 130 ① 131 ① 132 ① 133 ②

② 병렬 치수 기입법 : 병렬로 기입하는 개개의 치수 공차는 다른 치수의 공차에 영향을 미치지 않는다.
③ 누진 치수 기입법 : 치수 공차에 관하여 병렬 치수 기입법과 완전히 동등한 의미를 가지면서, 1개의 연속된 치수선으로 간편하게 표시할 수 있다. 기점 기호(o)와 치수선의 다른 끝은 화살표로 표시 한다.

134 그림과 같이 절단된 편심 원뿔의 전개법으로 가장 적합한 것은?

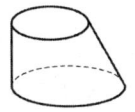

① 삼각형법　② 동심원법
③ 평행선법　④ 사각형법

해설
① 삼각형법 : 꼭짓점이 먼 각뿔, 원뿔 등을 해당되는 면을 삼각형으로 분할하여 전개도를 그리는 방법
② 평행선법 : 삼각기둥, 사각기둥 등과 같이 여러 가지의 각기둥과 원기둥을 평행하게 전개하여 그리는 방법을 평행선법이라 한다.
③ 방사선법 : 삼각뿔, 사각뿔 등의 각뿔과 원뿔을 꼭짓점을 기준으로 부채꼴로 펼쳐서 전개도를 그리는 방법

135 다음 중 각도 치수의 허용 한곗값 지시 방법이 틀린 것은?

① 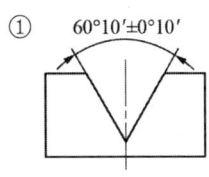　②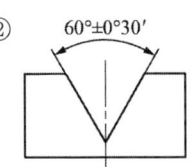

③ 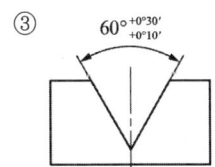　④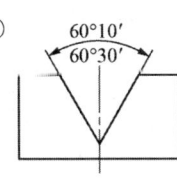

해설
위 그림에서 각도 치수는 치수선 위에 허용 한계값과 같이 표시한다.

136 표면 거칠기 기호의 도시와 관련하여 "16%" 규칙에 대한 설명으로 옳은 것은?

① "max"라는 표시가 없는 경우에 적용하는 것으로, 표면 거칠기가 상한에 의해 규정된 경우 평가 길이를 토대로 측정한 값 중 16% 이하가 기호에서 규정한 값을 초과하는 경우에 해당 표면을 합격으로 간주한다.
② "max"라는 표시가 없는 경우에 적용하는 것으로, 표면 거칠기가 상한에 의해 규정된 경우 평가 길이를 토대로 측정한 값 중 16% 이상이 기호에서 규정한 값을 초과하는 경우에 해당 표면을 합격으로 간주한다.
③ "max"라는 표시를 사용하여 나타내는 것으로, 표면 거칠기가 상한에 의해 규정된 경우 평가 길이를 토대로 측정한 값 중 16% 이하가 기호에서 규정한 값을 초과하는 경우에 해당 표면을 합격으로 간주한다.
④ "max"라는 표시를 사용하여 나타내는 것으로, 표면 거칠기가 상한에 의해 규정된 경우 평가 길이를 토대로 측정한 값 중 16% 이상이 기호에서 규정한 값을 초과하는 경우에 해당 표면을 합격으로 간주한다.

[정답] 134 ① 135 ④ 136 ①

해설

표면 거칠기 16% 규칙은 ISO 4283 평가규칙으로 쉽게 말해서 하나의 표면에 대해서 100회 측정값 중에서 16개가 Rz 0.7를 만족 못하더라도 그 표면은 합격으로 판정하는 것이다. "max"라는 표시가 없는 경우에 우선 적용하는 것으로, 표면 거칠기가 상한에 의해 규정된 경우 평가 길이를 토대로 특정한 값 중 16% 이하가 기호에서 규정한 값을 초과하는 경우에 해당 표면을 합격으로 간주한다.

137 다음 중 표면의 결을 도시할 때 제거가공을 허용하지 않는다는 것을 지시한 것은?

① 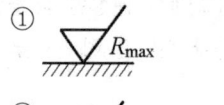 ②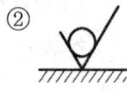

③ 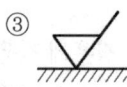 ④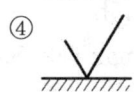

해설

① 절삭 등 제거가공의 필요 여부를 문제 삼지 않는 경우에는 아래(그림 a)와 같이 면에 지시 기호를 붙여서 사용한다.
② 제거가공이 필요하다는 것을 지시할 때는 면의 지시 기호의 짧은 쪽의 다리 끝에 가로선을 부가한다. (그림 b)
③ 제거가공에서는 안 된다는 것을 지시할 때는 면의 지시 기호에 내접하는 원을 부가한다. (그림 c)

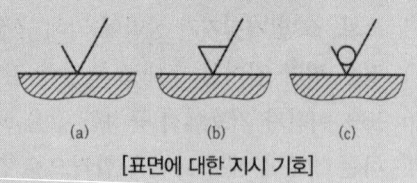

[표면에 대한 지시 기호]

138 다음과 같이 표면의 결 도시 기호가 나타났을 때, 이에 대한 해석으로 틀린 것은?

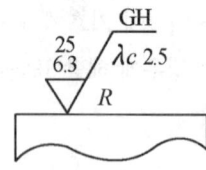

① 가공 방법은 연삭가공
② 컷오프 값은 2.5mm
③ 거칠기 하한은 $6.3\mu m$
④ 가공에 의한 컷의 줄무늬가 기호를 기입한 면의 중심에 대하여 거의 방사 모양

해설

가공 방법은 호닝가공(GH)

139 도면에 표면 거칠기 표시가 다음과 같이 표시되었을 때 $L=8$이 의미하는 것은?

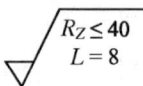

① 기준 길이
② 상한치
③ 가공 형태
④ 하한치

해설

$L=8$: 기준 길이

140 표면의 결 도시 방법의 기호 설명이 옳은 것은?

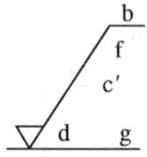

① d : 가공 방법
② g : 기준 길이
③ b : 줄무늬 방향 기호
④ f : Ra 이외의 표면 거칠기 값

해설
- a : 산술평균거칠기 값
- b : 가공 방법
- c : 컷오프 값
- c' : 기준 길이
- d : 줄무늬 방향 기호
- e : 다듬질 여유 기입
- f : 산술 평균 거칠기 이외의 표면 거칠기 값
- g : 표면 파상도

141 그림과 같은 표면의 결 도시 방법의 기호 설명이 올바르게 된 것은?

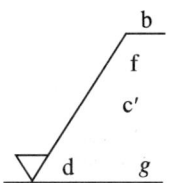

① c' : 기준 길이
② b : 줄무늬 방향 기호
③ f : Ra의 값
④ d : 가공 방법

142 그림에 표시한 표면의 결 도시 기호에서 줄무늬 방향의 기호를 기입하는 위치는?

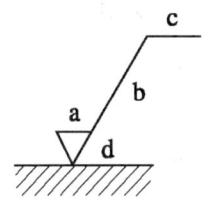

① a　　　② b
③ c　　　④ d

143 그림과 같은 표면의 결 도시 기호에서 "X"는 무엇을 나타내는가?

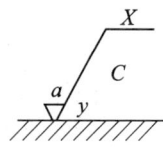

① 가공 방법의 기호
② 줄무늬 방향의 기호
③ 표면 거칠기의 상한치
④ 기준 길이 또는 평가 길이

해설
- 위 그림에서 결 도시 기호
  a : 산술 평균 거칠기 값
  X : 가공 방법
  c : 컷오프 값
  y : 줄무늬 방향 기호

144 그림과 같은 기호에서 "G"가 나타내는 것은?

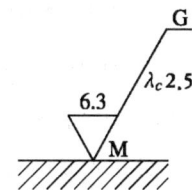

① 표면 거칠기의 상한치
② 표면 거칠기의 하한치
③ 가공 방법
④ 줄무늬 방향

해설
- 그림에서 G는 가공 방법으로 연삭가공이다.
- M은 줄무늬 방향 기호로 가공으로 생긴 선이 다방면으로 교차 또는 무방향이다.
- 6.3은 산술 평균 거칠기 값이다.
- λ_c 2.5는 컷오프 값이다.

[정답] 141 ① 142 ④ 143 ① 144 ③

145 다음 표면의 결 지시 기호에 대한 설명으로 틀린 것은?

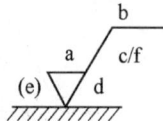

① b : 가공 방법
② c : 파형의 높이
③ d : 표면의 줄무늬 방향
④ e : 샘플링 길이

> **해설**
> e : 다듬질 여유 기입

146 표면의 결 도시 기호가 그림과 같이 나타났을 때 설명으로 틀린 것은?

Fe/Ni 10b Cr r
Ra 3.2 / 0.8
         / 2.5/Rz 16
       ⊥ 2.5/Rz 6.3

① 니켈-크롬 코팅이 적용되어 있다.
② 가공 여유는 0.8mm를 준다.
③ 샘플링 길이 2.5mm에서는 Rz 6.3~16 μm를 만족해야 한다.
④ 투상면에 대해 대략 수직인 줄무늬 방향이다.

> **해설**
> 컷오프 값이 0.8mm이다.

147 그림과 같이 표면의 결 도시 기호가 있을 때 이에 대한 설명으로 옳지 않은 것은?

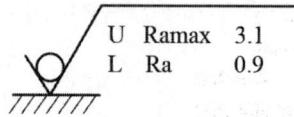

① 양측 상한 및 하한치를 적용한다.
② 재료 제거를 허용하지 않는 공정이다.
③ 10개의 샘플링 길이를 평가 길이로 적용한다.
④ 상한치는 산술평균 편차에 max-규칙을 적용한다.

> **해설**
> • U : 상한치
> • Ramax : 합격 여부 판정 max
> • 3.1 : 평가 길이 중 기준 길이
> • L : 하한치
> • Ra 0.9 : 통과 내역 표준치

148 다음 표면의 결 도시 기호에서 지시하는 가공 법은?

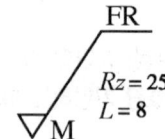

① 밀링 가공
② 브로칭 가공
③ 보링 가공
④ 리머 가공

> **해설**
> • FR : 리머 가공
> • M : 밀링 가공
> • Rz=25 : 10점 평균 거칠기 컷오프 값 25
> • L=8 : 기준 길이

[정답] 145 ④ 146 ② 147 ③ 148 ④

149 표면의 결 도시 방법 및 면의 지시 기호에서 가공으로 생긴 선 모양의 약호로 "C"의 의미는?

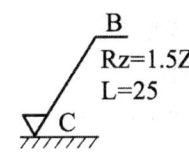

① 거의 동심원 ② 다방면으로 교차
③ 거의 방사상 ④ 거의 무방향

해설

X	가공으로 생긴 선이 두 방향으로 교차	
M	가공으로 생긴 선이 다방면으로 교차 또는 무방향	
C	가공으로 생긴 선이 거의 동심원	
R	가공으로 생긴 선이 거의 방사상	

150 가공 모양의 기호에 대한 설명으로 잘못된 것은?

① = : 가공에 의한 컷의 줄무늬 방향이 기호를 기입한 그림의 투영한 면에 평행
② X : 가공에 의한 컷의 줄무늬 방향이 기호를 기입한 그림의 투영면에 비스듬하게 2방향으로 교차
③ M : 가공에 의한 컷의 줄무늬가 여러 방향
④ R : 가공에 의한 컷의 줄무늬가 기호를 기입한 면의 중심에 대하여 거의 동심원 모양

해설
R : 가공으로 생긴 선이 거의 방사상(레이디얼형)

151 아래 그림은 가공에 의한 커터의 줄무늬 기호 그림이다. ( ) 안에 들어갈 기호는?

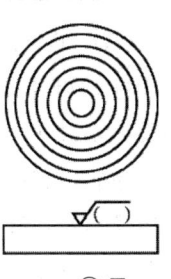

① M ② F
③ R ④ C

해설

커터의 줄무늬 기호 그림

기호	의미	설명도
=	가공으로 생긴 앞 줄의 방향이 기호를 기입한 그림의 투영면에 평행	
⊥	가공으로 생긴 앞 줄의 방향이 기호를 기입한 그림의 투영면에 수직	
X	가공으로 생긴 선이 두 방향으로 교차	
M	가공으로 생긴 선이 다방면으로 교차 또는 무방향	
C	가공으로 생긴 선이 거의 동심원	
R	가공으로 생긴 선이 거의 방사상(레이디얼형)	

[정답] 149 ① 150 ④ 151 ④

152 도면에서 표면의 줄무늬 방향 지시 그림 기호 M은 무엇을 뜻하는가?

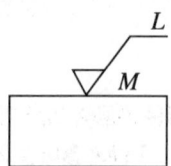

① 가공에 의한 커터의 줄무늬 방향이 기호를 기입한 그림의 투영면에 비스듬하게 두 방향으로 교차
② 가공에 의한 커터의 줄무늬가 기호를 기입한 면의 중심에 대하여 거의 동심원 모양
③ 가공에 의한 커터의 줄무늬가 기호를 기입한 면의 중심에 대하여 거의 방사 모양
④ 가공에 의한 커터의 줄무늬가 여러 방향으로 교차 또는 무 방향

153 다음 중 가공 방법과 그 기호의 관계가 틀린 것은?
① 호닝가공 : GH ② 래핑 : FL
③ 스크레이핑 : FS ④ 줄 다듬질 : FB

해설
줄 다듬질 : FF

154 가공 방법의 기호 중 주조의 기호는?
① D ② B
③ GB ④ C

해설
① D : 드릴 가공
② B : 보링 머신 가공
③ GB : 벨트 샌딩 가공
④ C : 주조

155 가공 방법의 약호에 대한 설명 중 옳지 않은 것은?
① FB : 브러싱
② GH : 호닝가공
③ BR : 래핑
④ CD : 다이캐스팅

해설
• BR : 브로치
• FL : 래핑

156 줄 다듬질 가공을 나타내는 가공 기호는?
① FF
② FS
③ P
④ SH

해설
① FF : 줄 다듬질
② FS : 스크레이퍼 다듬질
③ P : 평삭반 가공(플레이닝 가공)
④ SH : 형삭반 가공(세이핑 가공)

157 가공 방법과 기호의 연결이 옳은 것은?
① 래핑 — MSL
② 브로칭 — BR
③ 스크레이핑 — SB
④ 평면 연삭 — GBS

해설
① 래핑 — FL(래핑 다듬질)
② 브로칭 — BR(브로칭 가공)
③ 스크레이핑 — FS(스크레이퍼 다듬질)
④ 연삭 — G(연삭가공)

[정답] 152 ④ 153 ④ 154 ④ 155 ③ 156 ① 157 ②

158 그림과 같은 표면의 결 도시 기호에서 "B"의 의미로 옳은 것은?

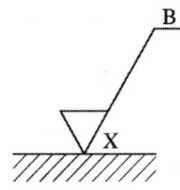

① 보링 가공 ② 벨트 연삭
③ 블러싱 다듬질 ④ 브로칭 가공

해설

벨트샌드 가공	GB
브로치 가공	BR
보링머신 가공	B
블라스트 다듬질	SB

159 가공 방법에 따른 KS 가공 방법 기호가 바르게 연결된 것은?

① 방전 가공 : SPED
② 전해 가공 : SPU
③ 전해 연삭 : SPEC
④ 초음파 가공 : SPLB

160 다음은 치수 공차와 끼워맞춤 공차에 사용하는 용어의 설명이다. 이에 대한 설명으로 잘못된 것은?

① 틈새 : 구멍의 치수가 축의 치수보다 클 때의 구멍과 축의 치수 차
② 위 치수 허용차 : 최대 허용 치수에서 기준 치수를 뺀 값
③ 헐거운 끼워맞춤 : 항상 틈새가 있는 끼워맞춤
④ 치수 공차 : 기준 치수에서 아래 치수 허용차를 뺀 값

해설

치수 공차 : 최대 허용한계 치수와 최소 허용한계 치수와의 차이며, 위 치수 허용차와 아래 치수 허용차와의 차를 의미하며 간단히 공차라고도 한다.

161 동일한 기준 치수에서 끼워맞춤을 할 때, 다음 중 틈새가 가장 큰 끼워맞춤으로 짝지어진 것은? (단, 공차 등급은 동일하다고 가정한다.)

① 구멍 공차역 : A, 축 공차역 : a
② 구멍 공차역 : A, 축 공차역 : z
③ 구멍 공차역 : Z, 축 공차역 : a
④ 구멍 공차역 : Z, 축 공차역 : z

해설

틈새가 가장 큰 끼워맞춤
구멍 공차역 : A, 축 공차역 : a

162 다음 중 치수 공차가 가장 작은 것은?

① 50 ± 0.01
② $50^{+0.01}_{-0.02}$
③ $50^{+0.02}_{-0.01}$
④ $50^{+0.03}_{+0.02}$

해설

① $50 \pm 0.01 = 0.02$
② $50^{+0.01}_{-0.02} = 0.03$
③ $50^{+0.02}_{-0.01} = 0.03$
④ $50^{+0.03}_{+0.02} = 0.01$

163 도면에 $20^{+0.02}_{-0.01}$로 표시된 치수의 치수 공차는 얼마인가?

① 0.01 ② -0.01
③ 0.03 ④ 0.02

[정답] 158 ① 159 ① 160 ④ 161 ① 162 ④ 163 ③

> **해설**
> 공차는 +0.02+(−0.01)=0.03

164 어떤 치수가 $50^{+0.035}_{-0.012}$ 일 때 치수 공차는 얼마인가?

① 0.023　　② 0.035
③ 0.047　　④ 0.012

> **해설**
> 공차는 0.035+0.012=0.047

165 치수가 $80^{+0.008}_{+0.002}$ 로 나타날 경우 위 치수 허용차는?

① 0.008　　② 0.002
③ 0.010　　④ 0.006

> **해설**
> $80^{+0.008}_{+0.002}$ 에서 위 치수 허용차는 0.008, 아래 치수 허용차 0.002이다.

166 치수가 다음과 같이 명기되어 있을 때 치수 공차는 얼마인가?

$$\phi 120^{+0.04}_{+0.02}$$

① 0.04　　② 0.80
③ 0.06　　④ 0.02

> **해설**
> 0.04−0.02=0.02

167 다음 중 치수 공차를 나타내는 데 있어서 그 표시 방법이 틀린 것은?

① 320^{+1}_{-1}　　② 320^{-2}_{-1}
③ $320+2/-1$　　④ $320±1$

> **해설**
> 올바른 표시 방법 : 320^{-1}_{-2}

168 기준 치수에 대한 구멍 공차가 $50^{+0.025}_{-0.013}$ 일 때 치수 공차의 값은?

① 0.012　　② 0.013
③ 0.025　　④ 0.038

> **해설**
> 치수 공차 : 최대 허용한계 치수와 최소 허용한계 치수와의 차이며, 즉, 위 치수 허용차와 아래 치수 허용차와의 차를 의미하며 간단히 공차라고도 한다.
> 0.025+0.013=0.038

169 기준 치수 49.000mm, 최대 허용 치수 49.011mm, 최소 허용 치수 48.985mm일 때, 위 치수 허용차와 아래 치수 허용차는?

　　(위 치수 허용차)　(아래 치수 허용차)
① 　+0.011mm　　　−0.085mm
② 　−0.015mm　　　+0.011mm
③ 　−0.025mm　　　+0.025mm
④ 　+0.011mm　　　−0.015mm

> **해설**
> 치수 허용차
> 허용한계 치수에서 그 기준 치수를 뺀 값으로 위 치수 허용차와 아래 치수 허용차가 있다.
> ① 위 치수 허용차=49.011−49=0.011
> ② 아래 치수 허용차=48.985−49=−0.015

[정답] 164 ③　165 ①　166 ④　167 ②　168 ④　169 ④

170 축의 치수 허용차 기호에서 위 치수 허용차가 0 인 공차역 기호는?

① b ② h
③ g ④ s

해설
축 기준식 끼워맞춤 : 위 치수 허용차가 0인 h 기호 축을 기준으로 하고, 이에 적당한 구멍을 선정하여 필요한 죔새나 틈새를 얻는 끼워맞춤으로 h5~h9의 5가지 축을 기준으로 사용한다.

171 구멍과 축이 끼워맞춤 상태에 있을 때 기준 치수와 각각의 치수 허용차의 기호 기입이 옳은 것은?

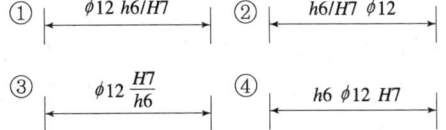

해설
치수 허용차 기호에 의하여 지시하는 경우

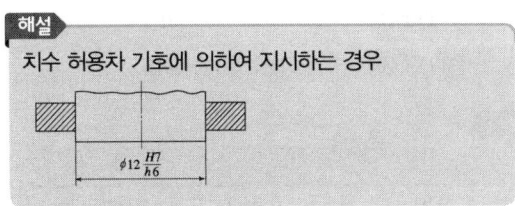

172 도면과 같이 A와 B 두 개 부품이 조립상태에 있다. A와 B의 치수가 올바르게 설명된 것은?

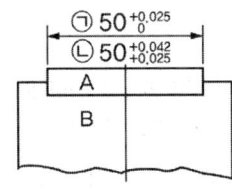

① ㉡은 부품 A의 치수이고, 최대 허용 치수는 50.042mm
② ㉠은 부품 A의 치수이고, 최소 허용 치수는 50.000mm
③ ㉡은 부품 B의 치수이고, 최대 허용 치수는 50.042mm
④ ㉠은 부품 B의 치수이고, 최소 허용 치수는 50.025mm

해설
- 그림에서 ㉡은 부품 A의 치수이고, 최대 허용 치수는 50.042mm이다.
- 그림에서 ㉠(B)은 구멍, ㉡(A)은 축이다.

173 구멍과 축의 억지 끼워맞춤에서 최대 죔새의 설명으로 옳은 것은?

① 구멍의 최대 허용 치수-축의 최대 허용 치수
② 구멍의 최소 허용 치수-축의 최대 허용 치수
③ 축의 최소 허용 치수-구멍의 최대 허용 치수
④ 축의 최대 허용 치수-구멍의 최소 허용 치수

해설

끼워맞춤

구분	용어	설명
틈새	최소 틈새	구멍의 최소 허용 치수-축의 최대 허용 치수
	최대 틈새	구멍의 최대 허용 치수-축의 최소 허용 치수
죔새	최소 죔새	구멍의 최대 허용 치수-축의 최소 허용 치수
	최대 죔새	구멍의 최소 허용 치수-축의 최대 허용 치수

174 구멍의 치수가 $\phi 50^{+0.025}_{0}$이고, 축의 치수가 $\phi 50^{-0.015}_{-0.050}$이라면 무슨 끼워맞춤인가?

① 헐거운 끼워맞춤
② 중간 끼워맞춤
③ 억지 끼워맞춤
④ 가열 끼워맞춤

[정답] 170 ② 171 ③ 172 ① 173 ② 174 ①

해설

① 헐거움 끼워맞춤
  구멍의 최소 치수가 축의 최대치수보다 큰 경우의 끼워맞춤으로 미끄럼 운동이나 회전운동이 필요한 기계 부품 조립에 적용한다.

  예) 40H7은 $40^{+0.025}_{0}$ 또는 $\dfrac{40.025}{40.000}$

  40g6은 $40^{-0.009}_{-0.025}$ 또는 $\dfrac{39.991}{39.975}$

② 중간 끼워맞춤(정밀 끼워맞춤)
  구멍과 축의 실제 치수에 따라 죔새와 틈새가 생기는 끼워맞춤으로 베어링 조립에 주로 쓰인다.

  예) 40H7은 $40^{+0.025}_{0}$ 또는 $\dfrac{40.025}{40.000}$

  40n6은 $40^{+0.033}_{+0.017}$ 또는 $\dfrac{40.033}{40.017}$

175 그림과 같은 축 A와 부시 B의 끼워맞춤에서 최소 틈새가 0.30mm이고, 축의 공차가 0.20mm일 때, 축 A의 최대 치수와 최소 치수는?

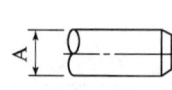 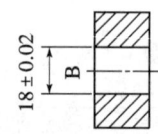

① 최대 : 17.58mm, 최소 : 17.38mm
② 최대 : 17.68mm, 최소 : 17.48mm
③ 최대 : 18.38mm, 최소 : 18.08mm
④ 최대 : 18.58mm, 최소 : 18.38mm

해설

- 최소 틈새=구멍의 최소 허용 치수−축의 최대 허용 치수
- 최대 틈새=구멍의 최대 허용 치수−축의 최소 허용 치수

예제	구멍	축
최대 허용 치수	A = 18.02mm	a = 17.68mm
최소 허용 치수	B = 17.98mm	b = 17.48mm
축의 공차	a−b = 0.20mm	
최대 틈새	A−b = 0.54mm	
최소 틈새	B−a = 0.30mm	

176 구멍의 치수가 $\phi 50^{+0.005}_{-0.004}$이고, 축의 치수가 $\phi 50^{+0.005}_{-0.004}$일 때, 최대 틈새는?

① 0.004 ② 0.005
③ 0.009 ④ 0.008

해설

	구멍	축
최대 허용 치수	A = 50.005mm	a = 50.005mm
최소 허용 치수	B = 49.996mm	b = 49.996mm
최대 틈새	A−b = 0.009mm	
최소 틈새	B−a = 0.009mm	

177 조립되는 구멍의 치수가 $\varnothing 100^{0.015}_{0}$이고, 축의 치수가 $\varnothing 100^{-0.015}_{-0.030}$인 끼워맞춤에서 최소 틈새는?

① 0.005 ② 0.015
③ 0.030 ④ 0.045

해설

	구멍	축
최대 허용 치수	A = 100.015mm	a = 99.985mm
최소 허용 치수	B = 100.000mm	b = 99.970mm
최대 틈새	A−b = 0.045mm	
최소 틈새	B−a = 0.015mm	

178 다음 중 최대 죔새를 나타낸 것은? (단, 조립 전 치수를 기준으로 한다.)

① 구멍의 최대 허용 치수 − 축의 최대 허용 치수
② 축의 최소 허용 치수 − 구멍의 최대 허용 치수
③ 축의 최대 허용 치수 − 구멍의 최소 허용 치수
④ 구멍의 최소 허용 치수 − 축의 최소 허용 치수

[정답] 175 ② 176 ③ 177 ② 178 ③

> **해설**
> ① 최대 죔새=축의 최대 허용 치수 – 구멍의 최소 허용 치수
> ② 최대 틈새=구멍의 최대 허용 치수 – 축의 최소 허용 치수

179 다음 축의 치수 중 최대 허용 치수가 가장 큰 것은?

① ∅45n7　　② ∅45g7
③ ∅45h7　　④ ∅45m7

> **해설**
> 상용하는 구멍 기준 끼워맞춤
>
> | 기준축 | 구멍 공차역 클래스 |||||||||||
> |---|---|---|---|---|---|---|---|---|---|---|---|
> | | 헐거운 끼워맞춤 ||| 중간끼워맞춤 ||| 억지 끼워맞춤 |||||
> | H6 | | g5 | h5 | js5 | k5 | m5 | | | | | |
> | | | f6 | g6 | h6 | js6 | k6 | m6 | n6 | p6 | | |
> | H7 | | f6 | g6 | h6 | js6 | k6 | m6 | n6 | p6 | r6 | s6 |
> | | e7 | f7 | | h7 | js7 | | | | | | |

180 다음 중 억지 끼워맞춤에 해당하는 것은?

① H7/k6　　② H7/m6
③ H7/n6　　④ H7/p6

> **해설**
> ① H7/k6 : 중간 끼워맞춤
> ② H7/m6 : 중간 끼워맞춤
> ③ H7/n6 : 중간 끼워맞춤
> ④ H7/p6 : 억지 끼워맞춤

181 끼워맞춤에서 H7/r6은 어떤 끼워맞춤인가?

① 구멍 기준식 중간 끼워맞춤
② 구멍 기준식 억지 끼워맞춤
③ 구멍 기준식 헐거운 끼워맞춤
④ 구멍 기준식 고정 끼워맞춤

> **해설**
> H7/r6 : 구멍 기준식 억지 끼워맞춤

182 끼워맞춤 공차 ∅50 H7/g6에 대한 설명으로 틀린 것은?

① ∅50 H7의 구멍과 ∅50 g6 축의 끼워맞춤이다.
② 축과 구멍의 호칭 치수는 모두 ∅50이다.
③ 구멍 기준식 끼워맞춤이다.
④ 중간 끼워맞춤의 형태이다.

> **해설**
> ∅50 H7/g6 : 헐거운 끼워맞춤

183 다음 끼워 맞추어지는 형체 중 죔새가 가장 큰 것은?

① ∅52 H7/m6
② ∅52 H7/p6
③ ∅52 E6/h6
④ ∅52 G6/h6

> **해설**
>
> | 기준축 | 구멍 공차역 클래스 |||||||||||
> |---|---|---|---|---|---|---|---|---|---|---|---|
> | | 헐거운 끼워맞춤 |||| 중간 끼워맞춤 ||| 억지 끼워맞춤 ||||
> | H6 | | | g5 | h5 | js5 | k5 | m5 | | | | |
> | | | | f6 | g6 | h6 | js6 | k6 | m6 | n6 | p6 | |
> | H7 | | | f6 | g6 | h6 | js6 | k6 | m6 | n6 | p6 | r6 |
> | | | e7 | f7 | | h7 | js7 | | | | | | |
> | | | | f7 | | h7 | | | | | | |
> | H8 | | e8 | f8 | | h8 | | | | | | |
> | | d9 | e9 | | | | | | | | | |
> | H9 | d8 | e8 | | h8 | | | | | | | |
> | | d9 | e9 | | h9 | | | | | | | |
> | H10 | d9 | | | | | | | | | | |

[정답]　179 ②　180 ④　181 ②　182 ④　183 ②

184 헐거운 끼워맞춤에 해당하는 것은?

① H7/k6　　② H7/m6
③ H7/n6　　④ H7/g6

> **해설**
> 상용하는 구멍 기준 끼워맞춤
>
> | 기준축 | 구멍 공차역 클래스 ||||||||||
> |---|---|---|---|---|---|---|---|---|---|---|
> | | 헐거운 끼워맞춤 |||| 중간 끼워맞춤 ||| 억지 끼워맞춤 |||
> | H6 | | | g5 | h5 | js5 | k5 | m5 | | | |
> | | | f6 | g6 | h6 | js6 | k6 | m6 | n6 | p6 | |
> | H7 | | f6 | g6 | h6 | js6 | k6 | m6 | n6 | p6 | r6 |
> | | e7 | f7 | | h7 | js7 | | | | | |

185 다음 중 억지 끼워맞춤에 해당하는 것은?

① H7/g6　　② H7/s6
③ H7/k6　　④ H7/m6

> **해설**
> 상용하는 구멍 기준 끼워맞춤
>
> | 기준축 | 구멍 공차역 클래스 |||||||||||
> |---|---|---|---|---|---|---|---|---|---|---|---|
> | | 헐거운 끼워맞춤 |||| 중간 끼워맞춤 ||| 억지 끼워맞춤 ||||
> | H6 | | | g5 | h5 | js5 | k5 | m5 | | | | |
> | | | f6 | g6 | h6 | js6 | k6 | m6 | n6 | p6 | | |
> | H7 | | f6 | g6 | h6 | js6 | k6 | m6 | n6 | p6 | r6 | s6 |
> | | e7 | f7 | | h7 | js7 | | | | | | |

186 다음 중 H7 구멍과 가장 헐겁게 끼워지는 축의 공차는?

① f6　　② h6
③ k6　　④ g6

> **해설**
> 위 예문에서 H7 구멍과 가장 헐겁게 끼워지는 축의 공차는 f6이다.

187 구멍 기준식(H7) 끼워맞춤에서 조립되는 축의 끼워맞춤 공차가 다음과 같을 때 억지 끼워맞춤에 해당하는 것은?

① p6　　② h6
③ g6　　④ f6

> **해설**
>
> | 기준축 | 구멍 공차역 클래스 |||||||
> |---|---|---|---|---|---|---|---|
> | | 헐거운 끼워맞춤 ||| 중간 끼워맞춤 ||| 억지 끼워맞춤 |
> | H6 | | g5 | h5 | js5 | k5 | m5 | |
> | | f6 | g6 | h6 | js6 | k6 | m6 | n6 | p6 |

188 그림과 같은 끼워맞춤 부분의 치수가 $\varnothing 40 \frac{H7}{p6}$ 로 기입되어 있을 때, 끼워맞춤의 종류는?

① 헐거운 끼워맞춤
② 중간 끼워맞춤
③ 단면 끼워맞춤
④ 억지 끼워맞춤

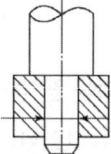

> **해설**
> $\varnothing 40 \frac{H7}{p6}$: 억지 끼워맞춤이다.

189 도면의 공차 치수는 어떤 끼워맞춤인가?

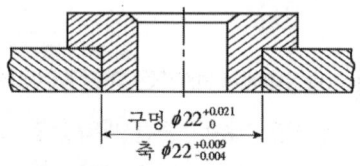

① 헐거운 끼워맞춤
② 가열 끼워맞춤
③ 중간 끼워맞춤
④ 억지 끼워맞춤

[정답] 184 ④　185 ②　186 ①　187 ①　188 ④　189 ③

> **해설**
> 위 그림에서 끼워맞춤은 중간 끼워맞춤이다.

190 기하학적 형상 공차를 사용하는 이유로 거리가 먼 것은?

① 최대 생산 공차를 주어 생산성을 높인다.
② 끼워맞춤 부품의 호환성을 보증한다.
③ 직각좌표의 치수 방법을 변환시켜 간편하게 표시한다.
④ 끼워맞춤, 조립 등 그 형상이 요구하는 기능을 보증한다.

> **해설**
> 기하 공차는 기계 부품의 치수 공차에 형상 및 위치 공차를 주어 제품을 정밀하고 효율적으로 생산하여 경제성이 있도록 하는 데 있다. 기하 공차 표시법에서는 도면에 말을 쓰지 않고 숫자, 문자 및 기호를 사용한다.

191 기하 공차의 기호 중에서 원주 흔들림(기준 축선을 기준으로 기계부분을 회전시킬 때, 고정점에 대하여 그 표면의 지정된 방향으로 위치가 변하는 크기)을 나타내는 것은?

①  ②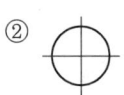
③   ④

> **해설**
>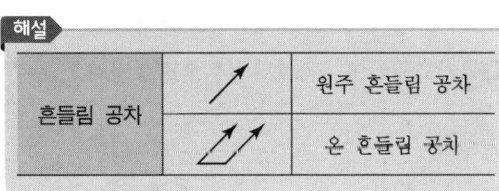

192 그림과 같은 도면에서 "가" 부분에 들어갈 가장 적절한 기하 공차 기호는?

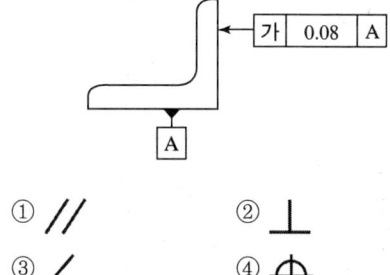

① ∥ ② ⊥
③ ∠ ④ ⊕

> **해설**
> 위 도면에서 "가" 부분은 직각도를 의미한다.

193 "A"와 같은 형상을 "B"에 조립시킬 때 "?"에 공통적으로 필요한 기하 공차 기호는? (단, A의 형상은 이상적으로 정확한 형상이라 가정한다.)

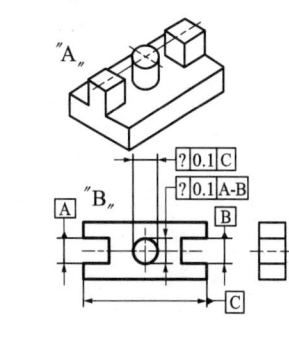

① ∥ ② ◎
③ ⌀ ④ =

> **해설**
> 대칭도 :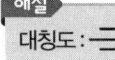

[정답] 190 ③ 191 ④ 192 ② 193 ④

194 같은 직선상에 있을 축선과 기준축과의 차를 표시하는 동축도를 나타내는 기호는?

① ⌖ ② ○
③ ⌭ ④ ◎

해설

⌖	위치도 공차
◎	동축도 공차 또는 동심도 공차
○	진원도 공차
⌭	원통도 공차

195 다음 중 원통도 공차를 표시하는 기호는?

①   ② ⌖
③ ↗ ④ ◎

해설

⌖	위치도 공차
⌭	원통도 공차
↗	원주 흔들림 공차
◎	동축도 또는 동심도 공차

196 기하 공차 기호 중 데이텀을 적용해야 되는 것은?

① ○ ② ⌭
③ ∠ ④ ▱

해설

관련 형체 (데이텀 적용)	자세 공차	//	평행도 공차
		⊥	직각도 공차
		∠	경사도 공차
	위치 공차	⌖	위치도 공차
		◎	동축(심)도
		═	대칭도 공차
	흔들림 공차	↗	원주 흔들림 공차
		↗↗	온 흔들림 공차

197 기하 공차 중 단독 형체에 관한 것들로만 짝지어 진 것은?

① 진직도, 평면도, 경사도
② 평면도, 진원도, 원통도
③ 진직도, 동축도, 대칭도
④ 진직도, 동축도, 경사도

해설

적용하는 형체	구분	기호	공차의 종류
단독 형체	모양 공차	─	진직도 공차
		▱	평면도 공차
		○	진원도 공차
		⌭	원통도 공차
단독 형체 또는 관련 형체		⌒	선의 윤곽도 공차
		⌒	면의 윤곽도 공차

198 기하 공차의 기호에서 원주 흔들림 공차 기호는?

① ↗ ② ↗
③ ↗↗ ④ ↗↗

해설

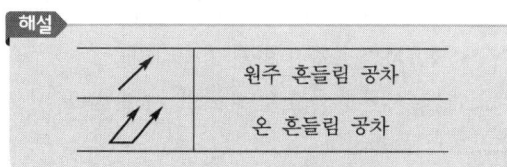

199 그림과 같은 기하 공차의 해석으로 가장 적합한 것은?

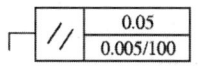

① 지정 길이 100mm에 대하여 0.05mm, 전체 길이에 대해 0.005mm의 대칭도
② 지정 길이 100mm에 대하여 0.05mm, 전체 길이에 대해 0.005mm의 평행도
③ 지정 길이 100mm에 대하여 0.005mm, 전체 길이에 대해 0.05mm의 대칭도
④ 지정 길이 100mm에 대하여 0.005mm, 전체 길이에 대해 0.05mm의 평행도

해설
위 그림에서 해석은 지정 길이 100mm에 대하여 0.005mm, 전체 길이에 대해 0.05mm의 평행도이다.

200 다음과 같은 기하 공차에 대한 설명으로 틀린 것은?

| ◎ | ∅0.01 | A |

① 동심도의 허용 공차가 0.01 이내이다.
② 데이텀 A에 대한 기하 공차를 나타낸다.
③ 데이텀 A는 생략할 수 있다.
④ 데이텀 A에 대한 중심의 편차가 최대 0.01 이내로 제한한다.

해설
자세, 위치, 흔들림 공차는 데이텀을 생략할 수 없다.

201 다음 그림과 같이 지시선의 화살표에 온 흔들림 공차를 적용하고자 할 때 기하 공차의 표기가 옳은 것은?

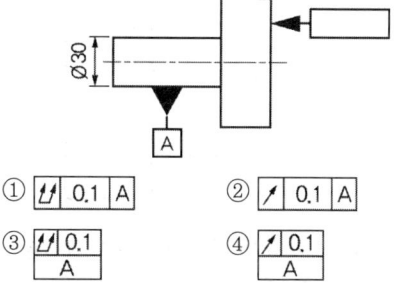

해설
위 그림은 A면에 대하여 온(전체)흔들림이 0.1mm 이내이어야 한다.

202 관련 형체에 적용하는 데이텀이 필요한 기하 공차는?
① 진직도   ② 원통도
③ 평면도   ④ 원주 흔들림

해설

적용하는 형체	공차의 종류	
단독 형체	모양 공차	진직도
		평면도
		진원도
		원통도
단독 형체 또는 관련 형체		선의 윤곽도
		면의 윤곽도
관련 형체	자세 공차	평행도
		직각도
		경사도
	위치 공차	위치도
		동축도
		대칭도
	흔들림 공차	원주 흔들림
		온 흔들림

[정답] 199 ④ 200 ③ 201 ① 202 ④

203 다음 도면에서 기하 공차에 관한 설명으로 올바른 것은?

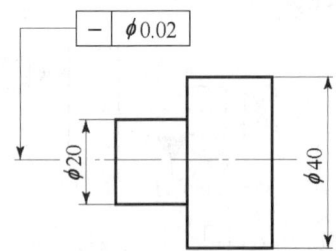

① φ20 부분만 원통도가 φ0.02 범위 내에 있어야 한다.
② φ20과 φ40 부분의 원통도가 φ0.02 범위 내에 있어야 한다.
③ φ20 부문만 진직도가 φ0.02의 범위 내에 있어야 한다.
④ φ20과 φ40 부분의 진직도가 φ0.02 범위 내에 있어야 한다.

해설
위의 그림은 뜻은 φ20과 φ40 부분의 진직도가 φ0.02 범위 내에 있어야 한다.

204 그림과 같은 도면에서 치수 20부분의 굵은 1점 쇄선 표시가 의미하는 것으로 가장 적합한 설명은?

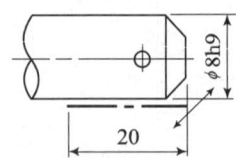

① 공차가 φ8h9 되게 축 전체 길이 부분에 필요하다.
② 공차 φ8h9 부분은 축 길이 20되는 곳까지만 필요하다.
③ 치수 20부분을 제외하고 나머지 부분은 공차가 φ8h9 되게 가공한다.
④ 공차가 φ8h9 보다 약간 적게 한다.

해설
위 도면에서 치수 20부분의 굵은 1점 쇄선 표시가 의미는 공차 φ8h9 부분은 축 길이 20되는 곳까지만 필요하다.

205 [보기]와 같은 내용의 기하 공차를 표시한 것 중 옳은 것은?

[보기]
길이 25mm의 원기둥의 표면은 0.1mm 만큼 차이가 있는 2개의 동심 원기둥 사이에 들어 있어야 한다.

①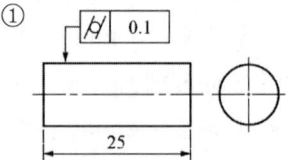

②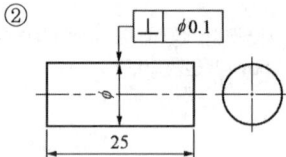

③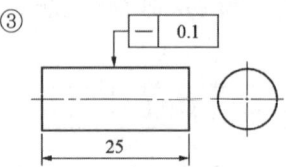

④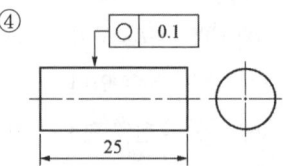

206 다음 기하 공차 기호에 대한 설명으로 틀린 것은?

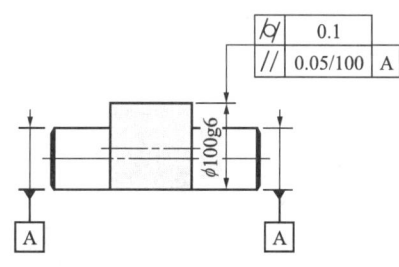

① 기하 공차 값 0.1mm는 원통도 기하 공차가 적용된다.
② 평행도 기하 공차 데이텀 A는 양쪽 작은 원통 부위의 공통되는 축 직선을 말한다.
③ 지정길이 100mm에 대한 평행도 공차 값은 0.05mm이다.
④ 적용하는 형상은 2개의 기하 공차 중 한 개만 만족하면 된다.

해설
적용하는 형상은 2개의 기하 공차(원통, 평행) 2개 모두 만족하면 된다.

207 다음 기하 공차에 대한 설명으로 옳지 않은 것은?

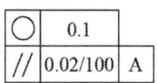

① 기하 공차 값 0.1mm는 동심도 기하 공차가 적용된다.
② 평행도 기하 공차의 데이텀을 지시하는 문자는 A이다.
③ 평행도 기하 공차 값은 지정길이 100mm에 대해 0.02mm이다.
④ 공차가 지시된 부분은 2개의 기하 공차가 모두 적용된다.

해설
한 개의 형체에 두 개 이상의 종류의 공차를 지시할 필요가 있을 때 사용되며, 기하 공차 값 0.1mm는 진원도 기하 공차가 적용된다.

208 다음과 같이 상호 관련된 구멍 4개의 치수 및 위치 허용 공차에 대한 설명으로 틀린 것은?

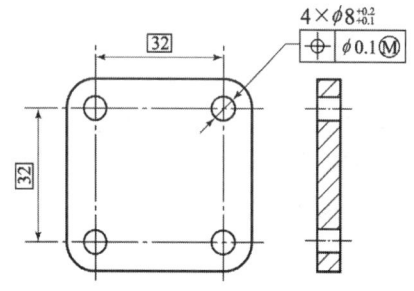

① 각 형태의 실제 부분 크기는 크기에 대한 허용 공차 0.1의 범위에 속해야 하며, 각 형태는 $\phi 8.1$에서 $\phi 8.2$ 사이에서 변할 수 있다.
② 각 형태의 지름이 $\phi 8.2$인 최소 재료 크기일 경우 각 형태의 축은 $\phi 0.1$인 허용 공차 영역 내에서 변할 수 있다.
③ 각 형태의 지름이 $\phi 8.1$인 최대 재료 크기일 경우 각 형태의 축은 $\phi 0.1$의 위 치수 허용 공차 범위에 속해야 한다.
④ 모든 허용 공차가 적용된 형태는 실질 조건 경계, 즉 $\phi 8(=\phi 8.1-0.1)$의 완전한 형태의 내접 원주를 지켜야 한다.

해설
각 형태의 지름이 $\phi 8.2$인 최소 재료 크기일 경우 각 형태의 축은 $\phi 0.3$인 허용 공차 영역 내에서 변할 수 있다.

[정답] 206 ④ 207 ① 208 ②

209 도면 양식에서 용지를 여러 구역으로 나누는 구역 표시를 하는 데 있어서 세로 방향으로는 대문자 영어를 표시한다. 이때 사용해서는 안 되는 문자는?

① A
② H
③ K
④ O

해설
대문자 영어를 표시해서는 안 되는 문자는 I, O, Q이다.

210 기하 공차 표시와 관련하여 상호 요구사항이 부가적으로 필요할 경우 Ⓜ 또는 Ⓛ 기호 다음에 명시하는 특정 기호는?

① Ⓒ
② Ⓩ
③ Ⓟ
④ Ⓡ

해설

돌출 공차역	Ⓟ
최대 실체 공차 방식	Ⓜ
최소 실체 조건	Ⓛ
항체 치수 무관계	Ⓢ

211 다음 중 MMC(최대 실체 조건) 원리가 적용될 수 있는 기하 공차는?

① 진원도
② 위치도
③ 원주 흔들림
④ 원통도

해설
MMC(최대 실체 조건) 원리가 적용될 수 있는 기하 공차는 위치도, 평행도, 직각도, 경사도이다.

212 최대 실체 요구사항이 공차가 있는 형체에 적용될 경우, 기하 공차 뒤에 사용하는 기호로 옳은 것은?

① Ⓐ
② Ⓑ
③ Ⓜ
④ Ⓟ

해설

이론적으로 정확한 치수	50
돌출 공차역	Ⓟ
최대 실체 공차 방식	Ⓜ
최소 실체 조건	Ⓛ
항체 치수 무관계	Ⓢ

213 스케치도에 관한 설명으로 틀린 것은?

① 측정한 치수를 기입한다.
② 프리핸드로 그린다.
③ 재질 및 가공법은 기입할 필요가 없다.
④ 제작도로 대신 사용하기도 한다.

해설
스케치 도면은 각 부품에 가공법, 재질, 개수, 표면 거칠기 등을 기입한다.

214 스케치의 일반적인 방법으로 척도에 관계없이 적당한 크기로 부품을 그린 후 치수를 측정하여 기입하는 스케치 방법은?

① 프린트 스케치법
② 본뜨기 스케치법
③ 프리 핸드 스케치법
④ 사진 촬영 스케치법

해설
프리 핸드법 : 자나 컴퍼스를 사용하지 않고 용지에 도형을 그리는 방법

[정답] 209 ④ 210 ④ 211 ② 212 ③ 213 ③ 214 ③

215 납선이나 구리선을 사용하여 스케치하는 방법은?

① 프리 핸드법
② 프린트법
③ 본뜨기법
④ 사진 촬영법

해설
모양 뜨기법(본뜨기법) : 불규칙한 곡선 부품이 있는 부품의 경우 물체를 종이 위에 놓고 그 둘레를 연필로 모양을 뜨는 직접 모양 뜨기 방법과 납선도는 동선 등을 부품의 곡면에 따라 굽혀서 그것을 종이 위에 놓고 연필로 모양을 뜨는 방법

216 다음 도면에서 l 로 표시된 부분의 길이(mm)는?

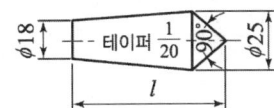

① 52.5
② 85
③ 140
④ 152.5

해설
$\frac{D-d}{l} = \frac{1}{20}$, $l = 20(25-18) = 140$
$25 \times \sin 90 = 25 \div 2 = 12.5$
$140 + 12.5 = 152.5$

217 다음 도면과 같은 물체의 비중이 8일 때 중량은?

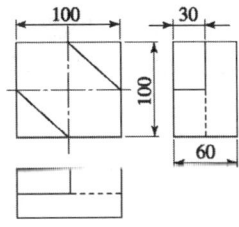

① 3.5kgf
② 4.2kgf
③ 4.8kgf
④ 5.4kgf

해설
중량 $= \frac{체적 \times 비중}{1,000,000}$
체적 $= (100 \times 100 \times 60) - (50 \times 50 \times 30) = 525000$
중량 $= \frac{525000 \times 8}{1,000,000} = 4.2 \text{kgf}$

218 다음 그림과 같은 부품의 중량은 약 몇 그램인가? (단, 부품의 재질의 단위 체적당 중량은 7.21 g/cm³이다.)

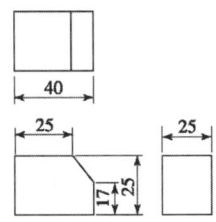

① 137.16 g
② 158.82 g
③ 169.43 g
④ 180.47 g

해설
단위는 cm로 환산하여 체적을 구하면
• $W_1 = 7.21 \times 2.5 \times 2.5 \times 2.5 = 112.66g$
• $W_2 = 7.21 \times 1.5 \times 2.5 \times 1.7 = 45.96g$
• $W_3 = 7.21 \times 1.5 \times 2.5 \times 0.8 \times 0.5 = 10.81g$
총중량 $= W_1 + W_2 + W_3 = 169.43g$

219 강재의 절삭 체적값(V)이 50cm³/min일 때 시간당 절삭되는 칩의 무게(G_h)는 얼마인가? (단, 비중은 7.85이다.)

① 20.56kg
② 23.55kg
③ 41.09kg
④ 47.08kg

해설
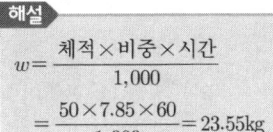
$w = \frac{체적 \times 비중 \times 시간}{1,000}$
$= \frac{50 \times 7.85 \times 60}{1,000} = 23.55 \text{kg}$

[정답] 215 ③ 216 ④ 217 ② 218 ③ 219 ②

220 그림과 같은 비중이 7.7인 연강제 축의 중량은 약 몇 gr(그램)인가?

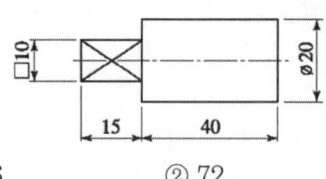

① 36 ② 72
③ 108 ④ 144

해설
중량 = $\dfrac{체적 \times 비중}{1,000} = \dfrac{14,066.37 \times 7.7}{1,000} = 108.31\text{gr}$

체적 = $(10 \times 10 \times 15) + \left(\dfrac{\pi \times 20^2}{4} \times 40\right) = 14,066.37\text{mm}^3$

221 다음 도면과 같은 물체의 중량은 몇 그램(gr)인가? (단, 비중은 철의 기준에 따른다.)

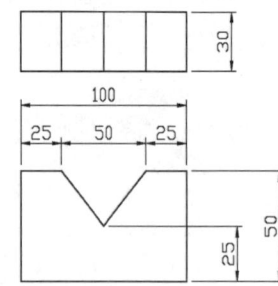

① 881gr
② 1,024gr
③ 88.1gr
④ 102.4gr

해설
중량 = $\dfrac{체적 \times 비중}{1,000} = \dfrac{131,250 \times 7.8}{1,000} = 1,023.75\text{gr}$

체적 = $(100 \times 50 \times 30) - (25 \times 25 \times 30) = 131,250\text{mm}^2$

222 도면과 같은 물체의 비중이 8일 때 이 물체의 질량은 약 몇 kg인가?

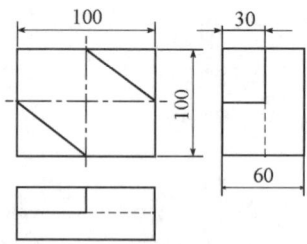

① 3.5 ② 4.2
③ 4.8 ④ 5.4

해설
중량 = $\dfrac{체적 \times 비중}{1,000,000}$

체적 = $(100 \times 100 \times 60) - (50 \times 50 \times 30) = 525,000$

중량 = $\dfrac{525,000 \times 8}{1,000,000} = 4.2\text{kgf}$

223 일반구조용 압연강재의 KS 재료 표시기호 "SS330"에서 "330"은 무엇을 뜻하는가?

① 최저 인장 강도 ② 탄소 함유량
③ 경도 ④ 종별 번호

해설
- SS330 : 일반구조용 압연강판
- 330 : 최저 인장 강도(N/mm²)

224 기계구조용 탄소 강재를 나타내는 재료기호 "SM 45C"에서 탄소 함유량을 나타내는 것은?

① S ② M
③ 45C ④ SM

해설
- SM : 기계구조용 탄소강
- 45C : 탄소 함유량(0.42~0.48%의 중간값)

[정답] 220 ③ 221 ② 222 ② 223 ① 224 ③

225 도면 부품란에 재질이 KS 재료기호 GC 250으로 표시된 재질 설명으로 옳은 것은?

① 가단주철 인장 강도 250 N/mm² 이상
② 가단주철 인장 강도 250 kgf/mm² 이상
③ 회주철 인장 강도 250 N/mm² 이상
④ 회주철 인장 강도 250 kgf/mm² 이상

해설
GC 250 : 회주철 최저인장강도 250 N/mm² 이상이다.

226 도면의 재질란에 SM 25C의 재료기호가 기입되어 있다. 여기서 "25"가 나타내는 뜻은?

① 탄소 함유량 22~28%
② 탄소 함유량 0.22~0.28%
③ 최저 인장 강도 25kPa
④ 최저 인장 강도 25MPa

해설
도면의 재질 예시
- SM 25C(기계구조용 탄소강 강재)
  S(강(steel)), M(기계 구조용(machine structural use))
  25C(탄소 함유량 0.22~0.28%의 중간값)
- SS 330(일반구조용 압연 강재)
  S(강(steel))
  S(일반구조용 압연재(general structural rolling plate))
  330(최저 인장 강도(330 N/mm²))

227 KS 재료기호 중 열간압연 연강판 및 강대에서 드로잉용에 해당하는 재료기호는?

① SNCD   ② SPCD
③ SPHD   ④ SHPD

해설
열간압연 연강판 및 강대
① SPHC(일반용)
② SPHD(드로잉용)
③ SPHE(딥 드로잉용)

228 KS 재료기호 중 드로잉용 냉간압연 강판 및 강대에 해당하는 것은?

① SCCD   ② SPCC
③ SPHD   ④ SPCD

해설
SPCD : 드로잉용 냉간압연 강판 및 강대

229 KS 기계 재료에서 SF 340A는 어떤 재료를 나타내는가?

① 탄소강 단강품
② 가단주철
③ 합금 공구강재
④ 니켈-동 합금 주물

해설
① 탄소강 단강품 : SF 340A~SF 640B
② 흑심 가단 주철품 : BMC 270~BMC 360
   백심 가단 주철품 : WMC 330~WMC 540
③ 합금 공구강재 : STS
④ 니켈 크롬 강재 : SNC 415, SNC 815

230 다음 중 합금 공구강 강재에 해당하지 않는 재료기호는?

① STS
② STF
③ STD
④ STC

해설
합금 공구강
① STS : 주로 절삭 및 내충격 공구강용으로 사용됨.
② STF : 주로 열간 금형용으로 사용됨.
③ STD : 주로 냉간 금형용으로 사용됨.

[정답] 225 ③ 226 ② 227 ③ 228 ④ 229 ① 230 ④

231 다음 중 다이캐스팅용 알루미늄합금에 해당하는 기호는?

① WM 1
② ALDC 1
③ BC 1
④ ZDC 1

해설
① WM 1 : 화이트 메탈
② ALDC 1 : 다이캐스팅용 알루미늄합금
③ BC 1 : 청동주물
④ ZDC 1 : 아연합금 다이캐스팅

232 재료기호가 "STC 140"으로 되어 있을 때 이 재료의 명칭으로 옳은 것은?

① 합금 공구강 강재
② 탄소 공구강 강재
③ 기계구조용 탄소 강재
④ 탄소강 주강품

해설
① 합금 공구강 강재 : STS 11~STD 11
② 탄소 공구강 강재 : STC 140~STC 60
③ 기계구조용 탄소 강재 : SM 10C~SM 58C
④ 탄소강 주강품 : SC 360~SC 480

233 기계구조용 합금강 강재 중 크롬몰리브덴강에 해당하는 것은?

① SMn
② SMnC
③ SCr
④ SCM

해설
① SMn : 망간강
② SMnC : 망간크롬강
③ SCr : 크롬 강
④ SCM : 크롬몰리브덴강

234 KS 규격에 따른 회 주철품의 재료기호는?

① WC
② SB
③ GC
④ FC

해설
① WMC : 백심 가단 주철품
② BMC : 흑심 가단 주철품
③ GC : 회 주철품
④ GCD : 구상흑연 주철품

235 도면 부품란의 재료기호에 기입된 "SPS 6"는 어떤 재료를 의미하는가?

① 스프링 강재
② 스테인리스 압연강재
③ 냉간압연 강판
④ 기계구조용 탄소강

해설
① 스프링 강재 : SPS
② 스테인리스 압연강재 : STSCP
③ 냉간압연 강판 : SCP
④ 기계구조용 탄소강 : SM30C

236 강재의 종류와 그 기호가 잘못 짝지어진 것은?

① SCr420 : 크롬강
② SCM 420 : 니켈 크롬강
③ SMn 420 : 망간 강
④ SMnC 420 : 망간크롬강

해설
SCM 420 : 크롬 몰리브덴강

[정답] 231 ② 232 ② 233 ④ 234 ③ 235 ① 236 ②

② 기계요소 제도

1 전달용 기계요소

(1) 축이음

1) 축의 도시 방법

① 축은 길이 방향으로 단면도시를 하지 않는다. 단, 부분단면은 허용한다.
② 긴 축은 중간을 파단하여 짧게 그릴 수 있으며 실제 치수를 기입한다.
③ 축 끝에는 모따기 및 라운딩을 할 수 있다.
④ 축에 있는 널링(knurling)의 도시는 빗줄인 경우는 축선에 대하여 30°로 엇갈리게 그린다.

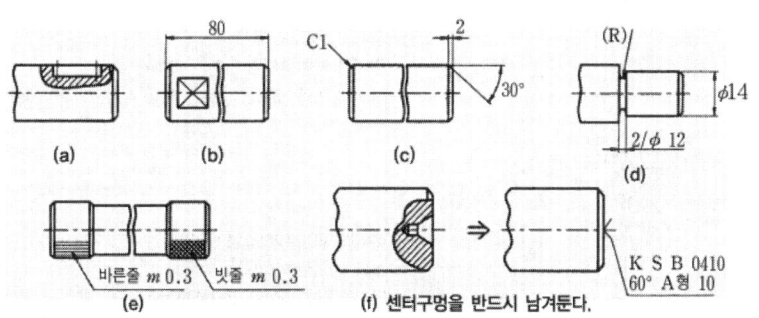

○ 그림 1-240 축의 도시 방법

축의 도시 방법을 바르게 설명한 것은?

① 긴 축의 중간을 파단하여 짧게 그리되 치수는 실제의 길이를 기입한다.
② 축 끝의 모따기는 각도와 축을 기입하되 60° 모따기의 경우에 한하여 치수 앞에 "C"를 기입한다.
③ 둥근 축이나 구멍 등의 일부 면이 평면임을 나타낼 경우에는 굵은 실선의 대각선을 그어 표시한다.
④ 축에 있는 널링(knurling)의 도시는 빗줄인 경우 축선에 대하여 45°를 엇갈리게 그린다.

답 ②

(2) 베어링

1) 구름 베어링의 호칭법

- 기본 기호 : 베어링 계열번호, 안지름 번호, 접촉각 기호
- 보조 기호 : 리테이너 기호, 실드 기호, 틈새 기호, 등급 기호

① 베어링 계열 기호 : 베어링 계열 기호는 베어링의 형식과 치수 계열을 나타낸다.

㉠ 형식(첫 번째 숫자)

1	…… 복식 자동 조심형
2, 3	…… 복식 자동 조심형(큰 나비)
6	…… 단식 홈형
7	…… 단식 앵귤러 볼형
N	…… 원통 롤러형

호칭번호가 6900인 베어링을 올바르게 설명한 것은?
① 안지름이 12mm인 원통 롤러형 베어링
② 안지름이 12mm인 자동조심형 롤 베어링
③ 안지름이 10mm인 단열 홈형 베어링
④ 안지름이 10mm인 니들 롤러 베어링

해설

호칭법에 쓰이는 숫자의 의미
① 첫 번째 숫자 : 형식 번호
  1 : 복렬 자동 조심형
  2, 3 : 복렬 자동 조심형 (큰나비)
  6 : 단열 홈형
  N : 원통 롤러형
  7 : 단열 앵귤러 콘택트형 (경사 접촉형)
② 두 번째 숫자 : 치수기호 (폭기호+지름기호)
  0, 1 : 특별 경하중형
  2 : 경하중형
  3 : 중간형
③ 세 번째 숫자와 네 번째 숫자 : 안지름 기호
  00 : 안지름 10mm
  01 : 안지름 12mm
  02 : 안지름 15mm
  03 : 안지름 17mm
  안지름 치수 9mm 이하의 한 자리 숫자는 그대로 표시하고 10mm 이상 500mm까지는 그 1/5의 수값(두 자리 숫자)으로 표시한다.
④ 다섯 번째 이후의 기호 : 베어링의 등급기호
  무기호 : 보통급
  H : 상급
  P : 정밀급
  SP : 초정밀급

답 ③

ⓒ **치수 계열(두 번째 숫자)** : 폭(높이) 계열과 지름 계열을 조합한 것으로 같은 베어링의 안지름에 대한 폭과 바깥지름과의 계열을 나타낸다.

② 안지름 번호(세 번째, 네 번째 숫자)

안지름 번호 1에서 9까지는 안지름 번호와 안지름이 같고 안지름 번호가

  00 …… 안지름 10mm   01 …… 안지름 12mm
  02 …… 안지름 15mm   03 …… 안지름 17mm

안지름 20mm 이상 480mm 미만은 안지름을 5로 나눈 수가 안지름 번호(2자리)이다.

③ 호칭 번호의 표시

㉠ 6008C2P6

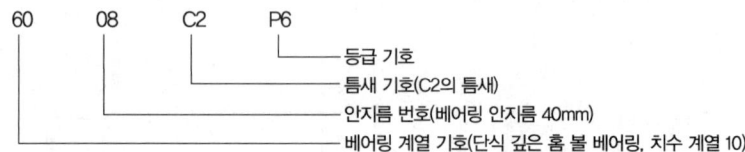

ⓒ 6312ZNR

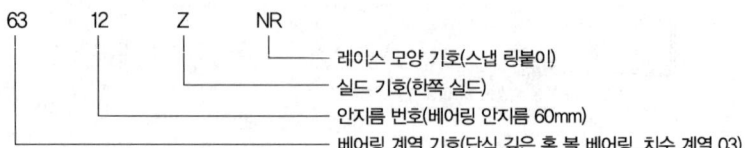

ⓒ NA4916V

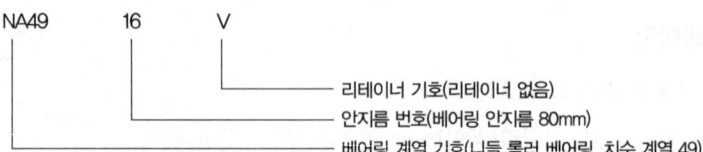

② 2320K

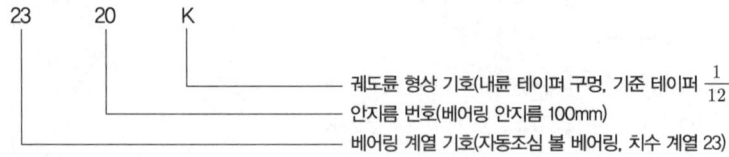

2) 구름 베어링의 제도(KS 규격 B0004-2)

① 볼 베어링과 롤러 베어링의 간략 도시 방법

간략 도면	볼 베어링	롤러 베어링	간략 도면	볼 베어링	롤러 베어링
	깊은 홈 볼 베어링	원통 롤러 베어링		복열 깊은 홈 볼 베어링	복열 원통 롤러 베어링
	복열 자동조심 볼 베어링			앵귤러 콘택트 볼 베어링	테이퍼 롤러 베어링
	복열 앵귤러 콘택트 볼 베어링			복열 앵귤러 콘택트 볼 베어링(분리형)	
		니들 롤러 베어링			복열 니들 롤러 베어링

② 스러스트 베어링의 간략 도시 방법

간략 도면	볼 베어링	롤러 베어링
	스러스트 볼 베어링	스러스트 롤러 베어링 스러스트 니들 베어링(케이지)
	복열 스러스트 볼 베어링	
	앵귤러 콘택트 스러스트 볼 베어링	
		자동조심 스러스 롤러 베어링

(3) 기어

1) 기어 도시 방법

① 항목표에는 원칙적으로 이 절삭, 조립, 검사 등에 필요한 사항을 기입한다.

② 재료, 열처리, 경도 등에 관한 사항은 필요에 따라 표의 비고란 또는 그림 속에 적당히 기입한다.

③ 이끝원은 굵은 실선으로 그리고 피치원은 가는 1점 쇄선으로 그린다.

④ 이뿌리원은 가는 실선으로 그린다. (단, 축에 직각인 방향으로 본 그림(이하 주투상도라 한다.)의 단면으로 도시할 때는 이뿌리원은 굵은 실선으로 그린다. 또, 베벨 기어와 웜휠에서는 이뿌리원은 생략해도 좋다.)

⑤ 잇줄 방향은 보통 3개의 가는 실선으로 그린다. (단, 외접 헬리컬 기어의 주투상도를 단면으로 도시할 때는 잇줄방향 도시는 3개와 가는 2점 쇄선으로 그린다.)

⑥ 맞물리는 한쌍 기어의 도시에서 맞물림 부의 이끝원은 모두 굵은 실선으로 그리고, 주투상도를 단면으로 도시할 때는 맞물림 부의 한쪽 이끝원을 표시하는 선은 가는 파선 또는 굵은 파선으로 그린다.

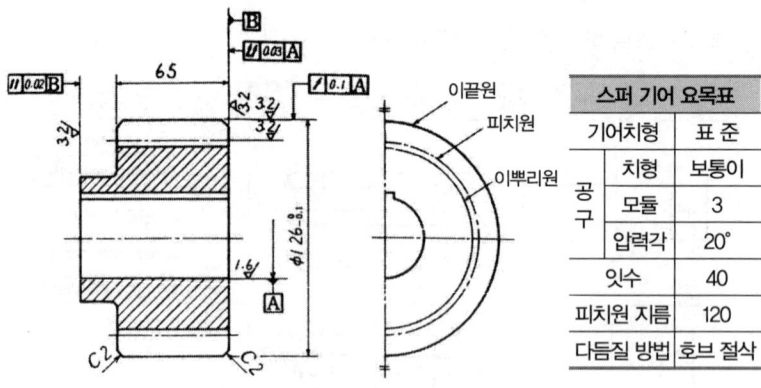

○ 그림 1-241 스퍼 기어

기어를 그릴 때 사용되는 선의 설명으로 틀린 것은?

① 잇봉우리원(이끝원)은 굵은 실선으로 그린다.
② 피치원은 가는 1점 쇄선으로 그린다.
③ 이골원(이뿌리원)은 가는 실선으로 그린다.
④ 잇줄 방향은 통상 3개의 굵은 실선으로 그린다.

답 ④

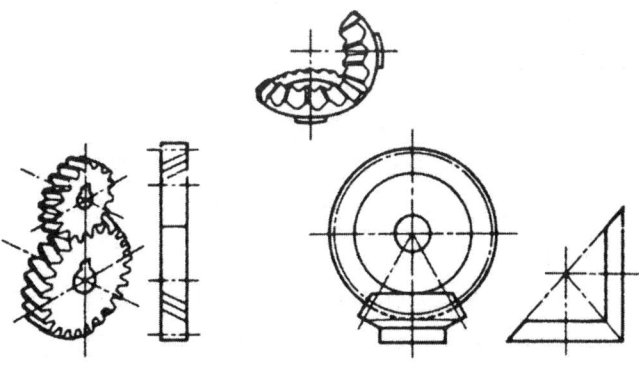

◎ 그림 1-242 헬리컬 기어　　◎ 그림 1-243 베벨 기어

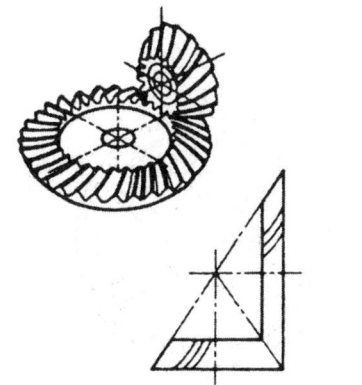
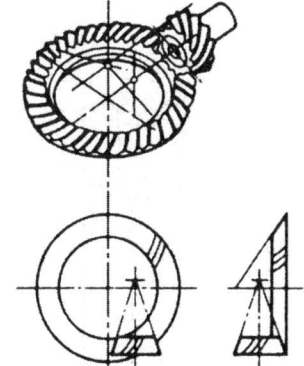

◎ 그림 1-244 스파이럴 베벨 기어　　◎ 그림 1-245 하이포이드 기어

2) 기어의 이의 크기

① 원주 피치(circular pitch) : p

$$p = \frac{\pi D}{Z}[\text{mm}] \text{ or } p = \pi m$$

여기서, p : 원주 피치
　　　　D : 피치원의 지름(mm)
　　　　Z : 잇수

② 모듈(module) : m

$$m = \frac{D}{Z}$$

③ 지름 피치(diametral pitch) : 인치식 기어의 크기를 나타낸 것으로 피치원의 지름 1인치에 해당하는 잇수이다.

$$Dp = \frac{Z}{D(\text{inch})} = \frac{25.4Z}{D(\text{mm})} = \frac{25.4}{m}[\text{mm}]$$

(4) 벨트 풀리(belt pulley)

1) 평 벨트 풀리의 도시법
① 벨트 풀리는 축 직각 방향의 투상을 정면도로 한다.
② 모양이 대칭형인 벨트 풀리는 그 일부분만을 도시한다.
③ 방사형으로 되어있는 암(arm)은 수직 중심선 또는 수평 중심선까지 회전하여 투상한다.
④ 암은 길이 방향으로 절단하여 단면을 도시하지 않는다.
⑤ 암의 단면형은 도형의 안이나 밖에 회전 단면을 도시한다.
⑥ 암의 테이퍼 부분 치수를 기입할 때 치수 보조선은 경사선(수평과 60° 또는 30°)으로 긋는다.

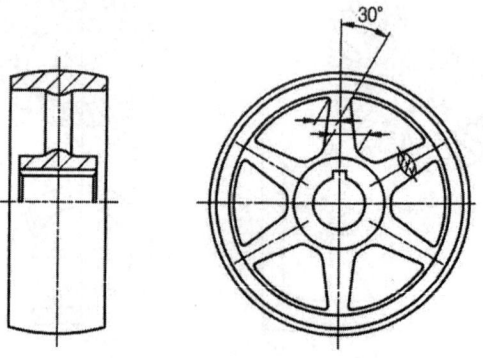

○ 그림 1-246 평 벨트 풀리의 도시

2) 평 벨트 풀리
① 2개의 축에 벨트 풀리를 고정하고 여기에 평 벨트를 걸어 벨트와 풀리와의 마찰력을 이용하여 동력을 전달할 때 쓰인다.
② 평 벨트의 재질은 가죽이나 고무, 강철 등이 쓰이며 풀리의 구조에 따라 일체형과 분할형이 있다.

3) 평 벨트 풀리의 호칭법

	호칭	종류	호칭 지름×호칭 나비	재질
예	평 벨트 풀리	일체형	120×20	주철

4) V 벨트 풀리의 도시 방법
① V 벨트 풀리의 홈 수는 규정이 없으나 M형은 한 줄 걸기를 원칙으로 한다.

② V 벨트 풀리는 림이 V자형으로 되어 있으므로 호칭 지름(D)은 V를 걸었을 때 V 단면의 중앙을 지나는 가상원의 지름으로 나타낸다.

5) V 벨트 풀리

① V 벨트의 종류에는 M형 및 A, B, C, D, E형 등의 6종류가 있으며, M형이 가장 작고 E형이 가장 크다. (벨트의 각(θ)은 40°이다.)

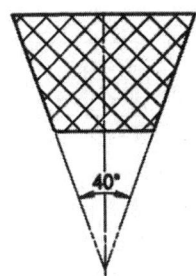

○ 그림 1-247 V 벨트 풀리의 단면

6) V 벨트 풀리의 호칭법

규격 번호 또는 명칭	호칭 지름	종류	보스 위치의 구별
KS B 1403	250	A1	II

예

(5) 스프로킷 휠의 도시 방법

① 스퍼 기어와 같은 방법으로 바깥지름은 굵은 실선, 피치원은 가는 1점 쇄선, 이뿌리원은 가는 실선 또는 굵은 파선으로 표시한다.
② 축에 직각 방향으로 본 그림을 단면으로 도시할 때는 톱니를 단면으로 하지 않고, 이뿌리의 위치에서 절단하여 이뿌리 선은 굵은 실선으로 한다.

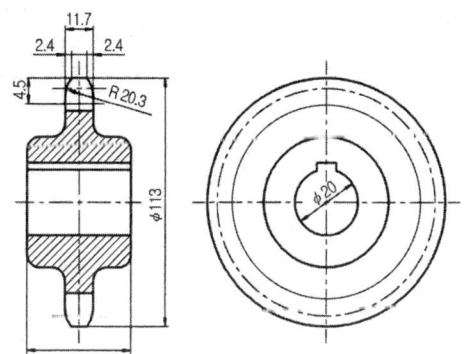

	요목표	
롤러체인	호칭 번호	60
	피치	19.05
	바깥지름	11.91
	잇수	17
스프로킷	치형	S
	피치원 지름	103.67
	바깥지름	113
	이뿌리원 지름	91.76
	이뿌리원 길이	91.32

○ 그림 1-248 스프로킷의 도시

2 체결용 기계요소

(1) 나사

1) 나사의 표시 방법

① 나사의 종류 기호 및 호칭법

구분		나사의 종류		나사의 종류를 표시하는 기호	나사의 호칭에 대한 표시 방법의 보기
일반용	ISO 규격에 있는 것	미터 보통 나사		M	M8
		미터 가는 나사			M8×1
		미니추어 나사		S	S 0.5
		유니파이 보통 나사		UNC	3/8-16 UNC
		유니파이 가는 나사		UNF	No. 8-36 UNF
		미터 사다리꼴 나사		Tr	Tr 10×2
		관용 테이퍼 나사	테이퍼 수나사	R	R 3/4
			테이퍼 암나사	Rc	Rc 3/4
			평행 암나사	Rp	Rp 3/4
		관용 평행 나사		G	G 1/2
	ISO 규격에 없는 것	30° 사다리꼴 나사		TM	TM 18
		29° 사다리꼴 나사		TW	TW 20
		관용 테이퍼 나사	테이퍼 나사	PT	PT 7
			평행 암나사	PS	PS 7
		관용 평행 나사		PF	PF 7

구분	나사의 종류		나사의 종류를 표시하는 기호	나사의 호칭에 대한 표시 방법의 보기
특수용	후강 전선관 나사		CTG	CTG 19
	박강 전선관 나사		CTC	CTC 19
	자전거 나사	일반용	BC	BC 3/4
		스포츠용		BC 2.6
	미싱 나사		SM	SM 1/4, 산 40
	전구 나사		E	E 10
	자동차용 타이어 밸브 나사		TV	TV 8
	자전거용 타이어 밸브 나사		CTV	CTV 8 산 30

나사의 종류를 나타내는 것 중 옳은 것은?
① TW-관용평행나사
② SM-전구나사
③ UNF-유니파이 가는 나사
④ PT-유니파이 보통나사

답 ③

② 나사의 표시 방법

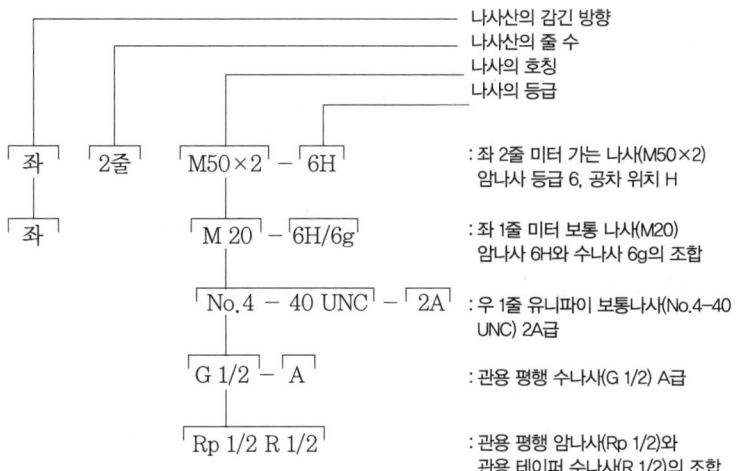

: 좌 2줄 미터 가는 나사(M50×2)
  암나사 등급 6, 공차 위치 H

: 좌 1줄 미터 보통 나사(M20)
  암나사 6H와 수나사 6g의 조합

: 우 1줄 유니파이 보통나사(No.4-40 UNC) 2A급

: 관용 평행 수나사(G 1/2) A급

: 관용 평행 암나사(Rp 1/2)와
  관용 테이퍼 수나사(R 1/2)의 조합

호칭 지름 40mm, 리드 14mm, 피치가 7mm인 경우, 수나사의 등급이 7e인 경우

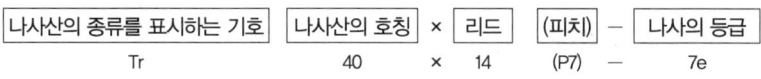

단, 미터 사다리꼴 왼나사의 경우 : Tr 40×14 (P7) LH-7e

2) 나사 도시 방법

① 수나사의 바깥지름과 암나사의 안지름을 표시하는 선은 굵은 실선으로 그린다.
② 수나사와 암나사의 골을 표시하는 선은 가는 실선으로 그린다.
③ 완전 나사부와 불완전 나사부의 경계선은 굵은 실선으로 그린다.
④ 불완전 나사부의 골을 나타내는 선은 축선에 대하여 30°의 가는 실선으로 그리고 필요에 따라 불완전 나사부의 길이를 기입한다.
⑤ 암나사의 단면도시에서 드릴 구멍이 나타날 때는 굵은 실선으로 120°가 되게 그린다.
⑥ 보이지 않는 나사부의 산마루는 보통의 파선으로 골을 가는 파선으로 그린다.
⑦ 수나사와 암나사의 결합부의 단면은 수나사로 나타낸다.
⑧ 수나사와 암나사의 측면 도시에서 각각의 골지름은 가는 실선으로 약 3/4원으로 그린다.

좌 2줄 M 50×3-6H의 나사기호 해독으로 올바른 것은?
① 나사산 각이 50도이다.
② 리드가 3mm이다.
③ 나사의 수가 3개이다.
④ 암나사 등급이 6이다.

답 ④

도면에 3/8-16UNC-2A로 표시되어 있다. 이에 대한 설명 중 틀린 것은?
① 3/8은 나사의 바깥지름을 표시하는 숫자이다.
② 16은 1인치 내의 나사산의 수를 표시한 것이다.
③ UNC는 유니파이 보통 나사를 의미한다.
④ 2A는 수량을 의미한다.

답 ④

다음 나사의 도시법 중 옳은 것은?
① 수나사와 암나사의 골은 굵은 실선으로 그린다.
② 암나사 탭 구멍의 드릴자리는 60°의 굵은 실선으로 그린다.
③ 완전 나사부와 불완전 나사부의 경계선은 굵은 실선으로 그린다.
④ 가려서 보이지 않는 부분의 나사부는 가는 1점 쇄선으로 그린다.

답 ③

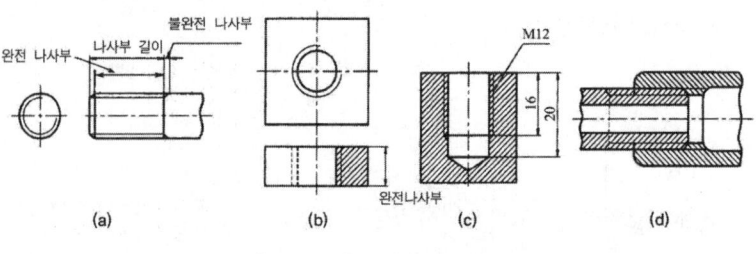

● 그림 1-249 나사 도시 방법

3) 6각 볼트의 호칭법

[규격 번호] [종류] [부품 등급] [나사의 호칭 ×호칭 길이] - [강도 구분] [재료] - [지정 사항]

KS B 1002   6각 볼트   A   M 12×90   -   8.8   MFZn2   -   c

(2) 핀

1) 핀의 호칭 방법

핀의 종류	그림	호칭 지름	호칭 방법
평행 핀		핀의 지름	규격 번호 또는 명칭, 종류, 형식, 호칭 지름×길이, 재료
테이퍼 핀		작은 쪽의 지름	명칭, 등급 $d \times l$, 재료
슬롯 테이퍼 핀		갈라진 부분의 지름	명칭, $d \times l$, 재료, 지정 사항
분할 핀 (스플릿 핀)		핀 구멍의 치수	규격 번호 또는 명칭, 호칭 지름×길이, 재료

① 종류는 끼워맞춤 기호에 따른 m6, h7의 두 종류이다.
② 형식은 끝면의 모양이 납작한 것이 A, 둥근 것이 B이다.
③ 등급은 테이퍼의 정밀도 및 다듬질 정도에 따라 1급, 2급의 두 종류가 있다.

(3) 키

1) 키의 기능

키는 보통 사각형 혹은 원형 단면을 가진 작은 금속 막대로서, 풀리, 기어 등과 같은 회전체를 축에 고정하여 축과 회전체 사이의 미끄럼을 방지하고, 회전력을 전달하는 결합용 기계요소이다.

2) 키의 종류

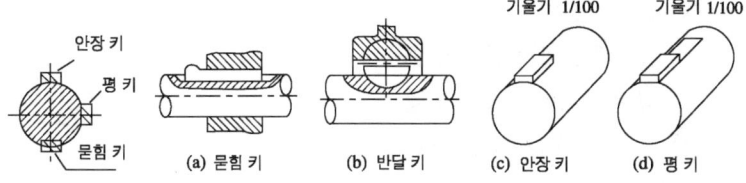

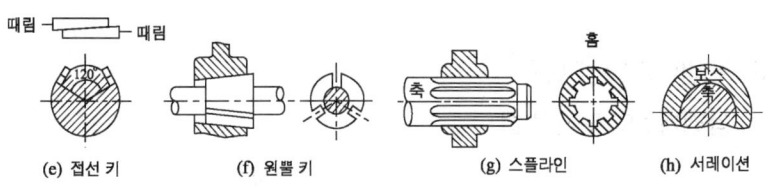

◎ 그림 1-250 키의 종류

3) 키의 호칭법

규격번호	종류 및 호칭 치수	길이	끝 모양의 특별 지정	재료
KS B 1311	평행 키 10×8	25	양 끝 둥굶	SM 45 C

(4) 리벳(rivet) 이음

① 리벳의 호칭 방법

	규격번호	종류	$d \times l$	재료	지정사항
사용예	KS B 1101	둥근머리 리벳 냉간 냄비머리	6×18 3×8	MSWR 10 동	끝붙이
	KS B 1002	둥근머리 리벳 열간 접시머리 리벳 보일러용 둥근머리 리벳	16×40 20×50 13×30	SV 34 SV 34 SV 41 B	

② 리벳의 호칭 길이 : 접시머리 리벳은 머리부를 포함한 전체 길이로 호칭을 표시하고, 둥근머리 리벳, 납작머리 리벳, 얇은 납작머리 리벳, 냄비머리 리벳은 머리부를 제외한 길이로 호칭을 나타낸다.

도면에 "KS B 1311 머리붙이 경사 키 20×12×70 SF 20"으로 지시된 경우의 설명 중 올바른 것은?

① 키의 높이가 20mm이다.
② 키의 길이가 70mm이다.
③ 키의 종류는 알 수 없다.
④ 재료는 기계 구조용 합금강이다.

답 ②

다음 리벳 이음 도시법에 대한 설명 중 틀린 것은?

① 얇은 판, 형강 등의 단면은 가는 실선으로 표시한다.
② 리벳은 길이 방향으로 단면하여 도시하지 않는다.
③ 체결 위치만 표시할 경우에는 중심선만을 그린다.
④ 리벳을 크게 도시할 필요가 없을 때에는 리벳 구멍은 약호로 도시한다.

답 ①

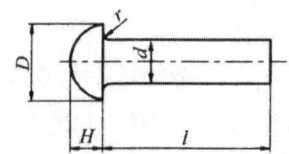

○ 그림 1-251 둥근머리 리벳

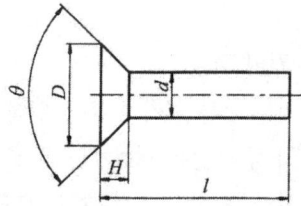

○ 그림 1-252 접시머리 리벳

③ 리벳의 기호

- ○ : 양면 둥근머리 공장 리벳
- ● : 양면 둥근머리 현장 리벳
- ⌀ : 앞면 접시머리 공장 리벳
- ⊘ : 뒷면 접시머리 공장 리벳
- ⌀ : 양면 접시머리 공장 리벳

(5) 용접(welding) 이음

1) 용접기호의 도시 방법

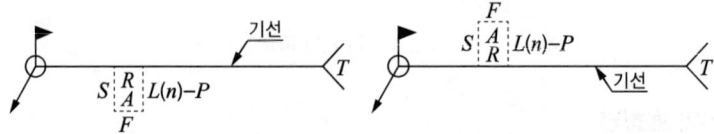

(a) 용접하는 곳이 화살표쪽 또는 앞쪽일 때   (b) 용접하는 곳이 화살표 반대쪽 또는 맞은쪽일 때

$\boxed{\,}$: 기본 기호
S : 용접부의 단면 치수 또는 강도(홈 깊이, 필릿의 다리 길이, 플러그 구멍의 지름, 슬롯 홈의 나비, 심의 나비, 점 용접의 너깃 지름 또는 단접의 강도 등)
R : 루트 간격
A : 홈 각도
L : 단속 필릿 용접의 용접 길이, 슬롯 용접의 홈 길이 또는 필요할 경우에는 용접 길이
n : 단속 필릿 용접, 플러그 용접, 슬롯 용접, 점 용접 등의 수
P : 단속 필릿 용접, 플러그 용접, 슬롯 용접, 점 용접 등의 피치
T : 특별 지시 사항(J형, U형 등의 루트 반지름, 용접 방법, 비파괴 시험의 보조 기호, 기타)
F : 다듬질 방법

○ 그림 1-253 용접기호의 도시 방법

① 용접부의 기본 기호

㉠ 양쪽 플런지형 플레어 X형   ㉡ 한쪽 플런지형 플레어 K형

㉢ I형 || ㉣ V형, 양면 V형 (X형)   ∨

⑩ V형, 양면 V형 (K형)	V	⑪ J형, 양면 J형	⊬	
⑫ U형, 양면 U형 (H형)	Y	⑬ 플래어 V형		
⑭ 플레어 V형		⑮ 필릿	△	
⑯ 플러그	⊓	⑰ 비드, 덧붙임		
⑱ 점, 프로젝션	✳ (○)	⑲ 심	✳✳ (⊖)	

2) 용접기호의 기입

지시선은 기선에 대하여 60°의 지선으로 긋는다.

용접 상태	도면	설명
		• 필릿 용접으로 화살표 부분을 용접
		• 필릿 용접으로 화살표가 지시한 반대편을 용접(이때, 용접기호는 뒤쪽으로 그린다.)
		• I형 용접으로 루트 간격이 3mm인 경우
		• V형 홈용접으로 루트 간격 0, 홈의 깊이 10mm, 홈의 각도가 45°인 경우

① 보조 기호

구분		보조 기호	비고
용접부의 표면 모양	평탄	───	
	볼록	⌒	• 기선의 밖으로 향하여 볼록하게 한다.
	오목	⌣	• 기선의 밖으로 향하여 오목하게 한다.
용접부의 다듬질 방법	치핑	C	
	연삭	G	• 그라인더 다듬질일 경우
	절삭	M	• 기계 다듬질일 경우
	지정없음	F	• 다듬질 방법을 지정하지 않을 경우

구분			보조 기호	비고
현장 용접				
온 둘레 용접			○	• 온둘레 용접이 분명할 때에는 생략해도 좋다.
온 둘레 현장 용접				
비파괴시험방법	방사선 투과시험	일반 2중벽 촬영	RT RT-W	• 일반적으로 용접부에 방사선 투과 시험 등 각 시험 방법을 표시할 뿐 내용을 표시하지 않을 경우 • 각 기호 이외의 시험에 대하여는 필요에 따라 적당한 표시를 할 수 있다. [보기] 누설 시험 LT 　　　변형 측정 시험 ST 　　　육안 시험 VT 　　　어코스틱 에미션 시험 AET 　　　와류 탐상 시험 ET
	초음파 탐상시험	일반 수직 탐상 경사각 탐상	UT UT-N UT-A	
	자기분말 탐상시험	일반 형광탐상	MT MT-F	
	침투 탐상시험	일반 형광탐상 비형광탐상	PT PT-F PT-D	
전체선 시험			○	• 각 시험의 기호 뒤에 붙인다.
부분 시험(샘플링 시험)			△	

② 보조 도시 기호

명칭	도시	기호
한쪽면 V형 맞대기 용접 – 평면(동일면) 다듬질		▽
양면 V형 용접 凸형 다듬질		⋈
필렛 용접 – 凹형 다듬질		
뒤쪽 면 용접을 하는 한쪽면 V형 맞대기 용접 – 양면 평면(동일면) 다듬질		
뒤쪽 면 용접과 넓은 루트면을 가진 한쪽 면 V형(Y 이음) 맞대기 용접 – 용접한 대로		
한쪽 면 V형 다듬질 맞대기 용접 – 동일면 다듬질		▽ ▽ [1)
필렛 용접 끝단부를 매끄럽게 다듬질 – 동일면 다듬질		

* 주 : 1) 기호는 ISO 1302에 따름. 이 기호 대신 √ 기호를 사용할 수 있음.

③ 주요 치수 표시

번호	명칭	그림 및 정의	표시
1	맞대기 용접	s : 얇은 부재의 두께보다 커질 수 없는 거리로서, 부재의 표면부터 용입 바닥까지의 최소 거리	$\vee$
		s : 얇은 부재의 두께보다 커질 수 없는 거리로서, 부재의 표면부터 용입 바닥까지의 최소 거리	$s\|\|$
		s : 얇은 부재의 두께보다 커질 수 없는 거리로서, 부재의 표면부터 용입 바닥까지의 최소 거리	$s\Upsilon$
2	플랜지형 맞대기 용접	s : 용접부 외부 표면부터 용입 바닥까지의 최소 거리	$s\|\|$
3	연속 필릿 용접	a : 단면에 표시될 수 있는 최대 이등변삼각형의 높이 z : 단면에 표시될 수 있는 최대 이등변삼각형의 변	$a\triangle$ $z\triangle$
4	단속 필릿 용접	l : 용접 길이(크레이터 제외) (e) : 인접한 용접부 간격 n : 용접부 수, a : 번호 3 참조, z : 번호 3 참조	$a\triangle n\times l(e)$ $z\triangle n\times l(e)$
5	지그재그 단속 필릿 용접	l : 번호 4 참조, (e) : 번호 4 참조, n : 번호 4 참조, a : 번호 3 참조, z : 번호 3 참조	$\begin{matrix}a\triangleright & n\times l & (e)\\ a\triangleright & n\times l & (e)\end{matrix}$ $\begin{matrix}z\triangleright & n\times l & (e)\\ z\triangleright & n\times l & (e)\end{matrix}$
6	플러그 또는 스롯 용접	l : 번호 4 참조, (e) : 번호 4 참조, n : 번호 4 참조, c : 슬롯의 너비	$c\sqcap n\times l(e)$

번호	명칭	그림 및 정의	표시
7	심 용접	l : 번호 4 참조, (e) : 번호 4 참조, n : 번호 4 참조, c : 용접부 너비	c⬯n×l(e)
8	플러그 용접	n : 번호 4 참조, (e) : 간격, d : 구멍의 지름	d⬜n(e)
9	점 용접	n : 번호 4 참조, (e) : 간격, d : 점(용접부)의 지름	d◯n(e)

❸ 제어용 기계요소

(1) 스프링(Spring)

스프링은 탄성체로 만들며, 힘을 가하면 변형되어서 에너지를 저장하고, 반대로 힘을 제거하면 에너지를 얻어 충격을 흡수 완화하거나 작용하는 힘의 크기를 측정하는 데 사용한다.

철강재 스프링의 재료가 갖추어야 할 조건은 다음과 같다.

① 가공하기 쉬운 재료여야 한다.
② 높은 응력에 견딜 수 있고, 영구변형이 없어야 한다.
③ 피로강도와 파괴 인성 치가 높아야 한다.
④ 열처리가 쉬워야 한다.
⑤ 표면 상태가 양호해야 한다.
⑥ 부식에 강해야 한다.

1) 스프링의 용도

① 완충용(충격 에너지 흡수, 방진, 진동 및 충격완화) : 차량용 현가장치, 승강기 완충 스프링, 방진 스프링
② 에너지 축적 이용 : 계기용 스프링, 시계의 태엽, 완구용 스프링, 축음기, 총포의 격심용 스프링
③ 측정 및 조정용 : 힘의 변형원리를 이용하여 압축력(또는 인장력)에 의한 변형 길이로 힘을 측정한다. 저울, 안전밸브
④ 복원력의 이용 : 밸브 스프링, 조속기, 스프링 와셔

스프링의 용도를 기능면에서 볼 때 옳게 연결된 것은?
① 탄성 변형한 스프링의 저축 에너지를 이용하는 것 : 용수철저울
② 하중을 조정하는 것 : 겹판 스프링
③ 충격에너지를 흡수하여 완충, 방진을 목적으로 하는 것 : 안전 밸브용 스프링
④ 스프링에 가해지는 하중과 신장 관계로부터 하중을 측정하는 것 : 유체 스프링

답 ①

2) 스프링의 종류

① 모양에 따른 스프링의 종류
- ㉠ **코일 스프링**(coil spring) : 인장용과 압축이 있고, 제작비가 저렴하며, 기능이 확실 유효하여 경량 소형으로 제조할 수 있다.
- ㉡ **겹판 스프링**(leaf spring) : 너비가 좁고 얇은 긴 보로서 하중을 지지한다. 여러 장 겹쳐서 사용하는 것을 겹판 스프링이라 한다. 자동차의 현가장치로 널리 사용한다.
- ㉢ **태엽 스프링**(spiral spring) : 시계나 계기류의 등의 변형 에너지를 저장하여 동력용으로 사용한다.
- ㉣ **토션 바 스프링** : 원형봉에 비틀림 모멘트를 가하면 비틀림 변형이 생기는 원리로 소형 승용차의 현가용에 사용된다.
- ㉤ **벌류트 스프링** : 태엽 스프링을 축방향으로 감아올려 사용하는 것으로 압축용으로 사용한다. 오토바이 차체 완충용으로 사용된다.
- ㉥ **접시 스프링**(disk spring) : 원판 스프링이라고도 한다. 중앙에 구멍이 있고 원추형이다. 프레스의 완충장치, 공작기계에 사용한다.
- ㉦ **와이어 스프링** : 탄성의 강한 선형재료로 여러 가지 모양으로 만들어 탄성에 의한 복원력을 이용한 스프링이다.
- ㉧ **와셔 스프링** : 볼트, 너트의 중간재 사이에 사용하여 충격을 흡수하는 역할을 한다.

② 재료에 의한 분류
금속 스프링(강철, 인청동, 황동 등), 비금속 스프링(고무, 나무, 합성수지 등), 유체 스프링(공기, 물, 기름 등)

3) 스프링의 도시 방법

가) 코일 스프링의 제도

① 스프링은 원칙적으로 무하중인 상태로 그린다. 만약, 하중이 걸린 상태에서 그릴 때에는 선도 또는 그때의 치수와 하중을 기입한다.
② 하중과 높이(또는 길이) 또는 처짐과의 관계를 표시할 필요가 있을 때에는 선도 또는 항목표에 나타낸다.
③ 특별한 단서가 없는 한 모두 오른쪽 감기로 도시하고, 왼쪽 감기로 도시할 때에는 '감긴 방향 왼쪽'이라고 표시한다.
④ 코일 부분의 중간 부분을 생략할 때에는 생략한 부분을 가는 1점 쇄선으로 표시하거나 또는 가는 2점 쇄선으로 표시해도 좋다.
⑤ 스프링의 종류와 모양만을 도시할 때에는 재료의 중심선만을 굵은 실선으로 그린다.

⑥ 조립도나 설명도 등에서 코일 스프링은 그 단면만으로 표시하여도 좋다.

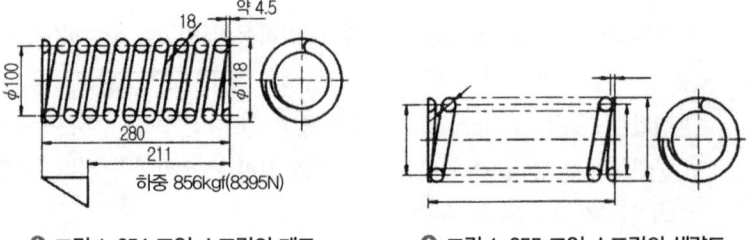

○ 그림 1-254 코일 스프링의 제도   ○ 그림 1-255 코일 스프링의 생략도

○ 그림 1-256 코일 스프링의 모양 도시

나) 겹판 스프링의 제도

① 겹판 스프링은 원칙적으로 판이 수평인 상태에서 그린다. 하중이 걸린 상태에서 그릴 때에는 하중을 명기한다.
② 무하중의 상태로 그릴 때에는 가상선으로 표시한다.
③ 모양만을 도시할 때에는 스프링의 외형을 실선으로 그린다.

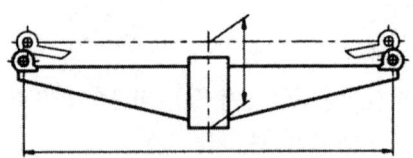

○ 그림 1-257 겹판 스프링의 간략도

(2) 브레이크

브레이크는 기계운동을 정지, 또는 감속 조절하여 위험을 방지하는 역할을 하는 장치로서 운동의 제어는 일반적으로 마찰을 많이 이용하나 전자력을 이용할 때도 있다. 브레이크 용량은 접촉면의 크기, 마찰계수, 발열 등에 의해 결정한다.

1) 브레이크의 기능

기계 부분의 에너지를 흡수하여 그 운동을 증대시키든지 또는 운동 속도를 조절하여 위험을 방지하는 기계요소이다.

2) 브레이크 구조
① 작동부 : 브레이크 블록, 브레이크 드럼, 브레이크 막대
② 조작부 : 인력, 공기압, 유압, 전작석 등으로 브레이크 힘을 조작

3) 조작력
손으로 누르는 힘은 10~15N가 보통이며 최대의 경우라도 20N을 넘지 않는다.

4) 브레이크의 분류
① 작동 부분의 구조에 따라 : 블록 브레이크, 밴드 브레이크, 디스크(원판) 브레이크, 축압 브레이크, 자동 브레이크
② 작동력의 전달 방법에 따라 : 공기 브레이크, 유압 브레이크, 전자 브레이크, 기계 브레이크
③ 제동목적에 따라 : 유체 브레이크, 전기 브레이크

5) 브레이크의 종류와 제동력
가) 브레이크 종류
① 마찰 브레이크
  ㉠ **원주 브레이크** : 블록 브레이크(단식 · 복식), 밴드 브레이크(차동, 합동, 단동), 내확 브레이크
  ㉡ **축 방향 브레이크** : 원판 브레이크, 원추 브레이크
② 자동 하중 브레이크
  웜, 나사, 캠, 체인, 원심력, 코일, 로프, 전자기 브레이크 등이 있다.

나) 브레이크의 제동력
① 블록 브레이크
차량, 기중기 등에 많이 사용되는 장치로 브레이크 드럼의 원주상에 1개 또는 2개의 브레이크 블록을 브레이크 레버로 밀어붙여 마찰에 의해 제동작동을 하는 것.
② 드럼(내부 확장식) 브레이크
  ㉠ 특성
  • 마찰면이 안쪽에 있어 먼지와 기름 등이 마찰면에 부착되지 않는다.
  • 브레이크 륜의 바깥 면에서 열을 발산시키는 데 편리하다.
  • 브레이크 슈우를 밀어 붙이는데 캠 또는 유압장치를 사용하며 유압장치를 사용하는 것은 자동차용으로 널리 쓰인다.

다음 자동 하중 브레이크에 속하지 않는 브레이크는?
① 웜 브레이크
② 나사 브레이크
③ 캠 브레이크
④ 원추 브레이크

답 ④

③ 밴드 브레이크(band brake)
브레이크륜의 외주에 강철 밴드를 감고 밴드에 장력을 주어 밴드와 브레이크륜 사이의 마찰에 의하여 제동 작용을 하는 것으로 마찰계수 μ를 크게 하기 위하여 밴드의 안쪽에 나무 조각, 가죽, 석면 직물 등을 라이닝 한다.

④ 자동 하중 브레이크
윈치(winch), 크레인(crane), 등으로 하물을 올릴 때는 제동 작용은 하지 않고 클러치 작용을 하며, 하물을 아래로 내릴 때는 하물 자중에 의한 제동 작용으로 하물의 속도를 조절하거나 정지시킨다.

㉠ **웜 브레이크** : 웜 휠의 역전에 의하여 웜 축에 생기는 추력을 이용하여 원판 브레이크를 작용시킨다.

㉡ **나사 브레이크** : 기어의 축의 구멍에 깎여진 암나사의 역전에 의하여 이것과 끼워 맞춰져 있는 수나사와 일체의 축에 주는 추력으로서 원판 브레이크에 작용한다. 웜 대신에 나사를 이용한 것이다.

㉢ **원심 브레이크** : 원심 브레이크는 정지시키기 위한 제동은 없고, 오로지 물체를 올릴 때 속도를 일정하게 유지시키기 위한 것이다.

㉣ **전자 브레이크** : 2장의 마찰 원판을 사용하여 두 원판의 탈착조작이 전자력에 의해 이루어져 브레이크 작용을 하는 것이다. 회전축 방향에 힘을 가하여 회전을 제동하며 하역 운반 기계, 공작기계, 승강기 등에 사용된다.

6) 래칫 휠

래칫 휠은 기계의 역전 방지, 한 방향의 가동 클러치, 분할작업 등에 쓰인다.

예상문제

PART 1 도면 해독 및 측정

01 축의 도시 방법에 관한 설명으로 틀린 것은?
① 축의 구석부나 단이 형성되어 있는 부분에 형상에 대한 세부적인 지시가 필요할 경우 부분 확대도로 표시할 수 있다.
② 긴축은 단축하여 그릴 수 있으나 길이는 실제 길이를 기입해야 한다.
③ 축은 일반적으로 길이 방향으로 단면도시하여 나타낼 수 있다.
④ 축의 절단면은 90도 회전하여 회전도시 단면도로 나타낼 수 있다.

해설
축의 도시 방법
① 축은 길이 방향으로 단면도시를 하지 않는다. 단, 부분단면은 허용한다.
② 긴 축은 중간을 파단하여 짧게 그릴 수 있으며 실제 치수를 기입한다.
③ 축 끝에는 모따기 및 라운딩을 할 수 있다.
④ 축에 있는 널링(knurling)의 도시는 빗줄인 경우는 축선에 대하여 30°로 엇갈리게 그린다.
⑤ 축 끝의 모따기는 각도와 축을 기입하되 45° 모따기의 경우에 한하여 치수 앞에 "C"를 기입한다.
⑥ 둥근 축이나 구멍 등의 일부 면이 평면임을 나타낼 경우에는 가는 실선의 대각선을 그어 표시한다.

02 다음 중 축의 도시 방법에 대한 설명으로 틀린 것은?
① 축의 외경이 클수록 키 홈의 크기는 큰 것을 사용하는 것이 좋다.
② 축 끝의 센터 구멍의 도시 기호는 가는 1점 쇄선으로 표시한다.
③ 길이 간 긴 축은 중간을 파단하고 짧게 그릴 수 있다.
④ 축 끝에는 일반적으로 모떼기를 한다.

해설
축 끝의 센터 구멍의 도시 기호는 가는 실선으로 표시한다.

03 다음 중 일반적으로 길이 방향으로 단면하여 나타내도 무방한 것은?
① 볼트(Bolt)
② 키(Key)
③ 리벳(Rivet)
④ 미끄럼 베어링(Sliding Bearing)

해설
축, 볼트, 키, 리벳은 길이 방향으로 단면도시를 하지 않는다. 단, 부분단면은 허용한다.

04 다음 요소 중 길이 방향으로 단면하여 도시할 수 있는 것은?
① 풀리
② 작은 나사
③ 볼트
④ 리벳

해설
길이 방향으로 단면하여 도시할 수 없는 부품
① 체결용 요소 : 나사, 볼트와 너트, 키이, 핀, 리벳
② 핸들이나 바퀴의 암, 리브, 훅 조인트는 단면을 90° 회전시켜 나타낸다.

[정답] 01 ③ 02 ② 03 ④ 04 ①

05 빗줄 널링(knurling)의 표시 방법으로 가장 올바른 것은?

① 축선에 대하여 일정한 간격으로 평행하게 도시한다.
② 축선에 대하여 일정한 간격으로 수직으로 도시한다.
③ 축선에 대하여 30°로 엇갈리게 일정한 간격으로 도시한다.
④ 축선에 대하여 80°가 되도록 일정한 간격으로 평행하게 도시한다.

> 해설
> 축에 널링을 도시할 때에는 빗줄인 경우는 축선에 대하여 30°로 엇갈리게 나타낸다.

06 축을 가공하기 위한 센터 구멍의 도시 방법 중 그림과 같은 도시 기호의 의미는?

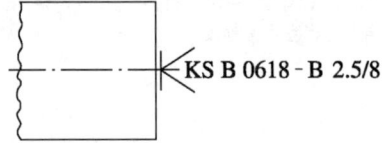

① 센터의 규격에 따라 다르다.
② 다듬질 부분에서 센터 구멍이 남아 있어도 좋다.
③ 다듬질 부분에서 센터 구멍이 남아 있어서는 안 된다.
④ 다듬질 부분에서 반드시 센터 구멍을 남겨둔다.

> 해설
> 위 그림은 다듬질 부분에서 센터 구멍이 남아 있어서는 안 된다.

07 그림에서 도시한 KS A ISO 6411-A4/8.5의 해석으로 틀린 것은?

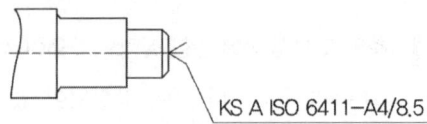

① 센터 구멍의 간략 표시를 나타낸 것이다.
② 종류는 A형으로 모따기가 있는 경우를 나타낸다.
③ 센터 구멍이 필요한 경우를 나타내었다.
④ 드릴 구멍의 지름은 4mm, 카운터싱크 구멍지름은 8.5mm이다.

> 해설
> 종류는 A형으로서 모따기는 없다.

08 축을 가공하기 위한 센터 구멍의 도시 방법 중 그림과 같은 도시 기호의 의미는?

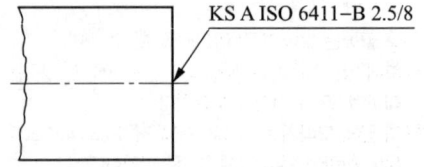

① 센터 구멍이 반드시 필요하며 센터 구멍의 호칭 지름은 2.5mm, 카운터싱크 구멍지름은 8mm이다.
② 센터 구멍은 남아 있어도 좋으며, 센터 구멍이 있을 경우 센터 구멍지름은 8mm이다.
③ 센터 구멍이 반드시 필요하며 카운터싱크 구멍지름은 2.5mm, 센터 구멍의 호칭 지름은 8mm이다.
④ 센터 구멍은 남아 있어도 좋으며, 센터 구멍이 있을 경우 카운터싱크 구멍지름은 2.5mm, 센터 구멍의 호칭 지름은 8mm이다.

[정답] 05 ③ 06 ③ 07 ② 08 ②

해설

센터 기호가 없으면 필요하나 기본적으로 요구하지 않음.

센터 구멍의 필요 여부	기호	도시 방법
필요	<	KS A ISO 6411-A 2/4.25
필요하나 기본적으로 요구하지 않음	없음	KS A ISO 6411-A 2/4.25
불필요	K	KS A ISO 6411-A 2/4.25

해설

센터 구멍의 간략 도시 방법

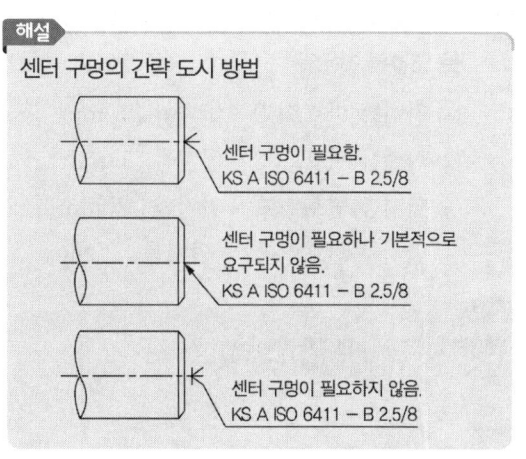

- 센터 구멍이 필요함. KS A ISO 6411 - B 2.5/8
- 센터 구멍이 필요하나 기본적으로 요구되지 않음. KS A ISO 6411 - B 2.5/8
- 센터 구멍이 필요하지 않음. KS A ISO 6411 - B 2.5/8

09 센터 구멍의 간략 도시 방법에서 다음 설명을 옳게 도시한 것은?

센터 구멍은 반드시 필요하며 B형으로 카운터싱크 구멍지름은 8mm, 드릴 구멍지름은 2.5mm이다.

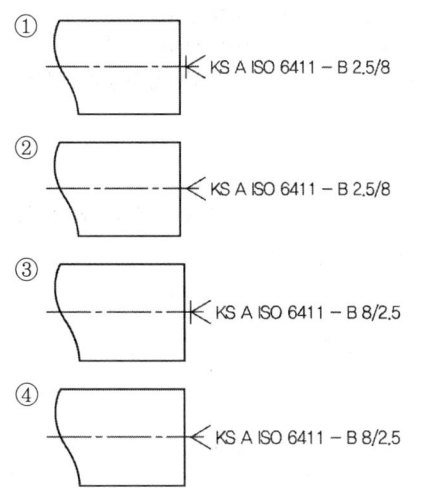

① KS A ISO 6411 - B 2.5/8
② KS A ISO 6411 - B 2.5/8
③ KS A ISO 6411 - B 8/2.5
④ KS A ISO 6411 - B 8/2.5

10 축에 센터 구멍이 필요한 경우의 그림 기호로 올바른 것은?

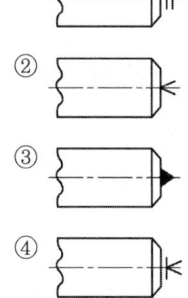

11 축 중심의 센터 구멍 표현법으로 옳지 않은 것은?

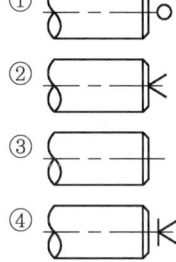

[정답] 09 ② 10 ② 11 ①

12 구름 베어링의 안지름 번호와 안지름 치수가 잘못 연결된 것은?

① 안지름 번호 : 00 – 안지름 : 10mm
② 안지름 번호 : 03 – 안지름 : 17mm
③ 안지름 번호 : 07 – 안지름 : 30mm
④ 안지름 번호 : /22 – 안지름 : 22mm

> **해설**
> 안지름 번호 : 07 – 안지름 : 35mm(5×7=35)

13 구름 베어링 기호 중 안지름이 10mm인 것은?

① 7000　　② 7001
③ 7002　　④ 7010

> **해설**
> 안지름 번호(세 번째, 네 번째 숫자)
> 안지름 번호 1~9까지는 안지름 번호와 안지름이 같고, 안지름 번호의 안지름 20mm 이상 480mm 미만에서는 안지름을 5로 나눈 수가 안지름 번호이다.
> 00 : 안지름 10mm, 01 : 안지름 12mm,
> 02 : 안지름 15mm, 03 : 안지름 17mm

14 구름 베어링의 호칭 번호가 6001일 때 안지름은 몇 mm인가?

① 10　　② 11
③ 12　　④ 13

> **해설**
> 안지름 번호(세 번째, 네 번째 숫자)
> 안지름 번호 1~9까지는 안지름 번호와 안지름이 같고 안지름 번호의 안지름 20mm 이상 480mm 미만에서는 안지름을 5로 나눈 수가 안지름 번호이다.
> 00 : 안지름 10mm, 01 : 안지름 12mm,
> 02 : 안지름 15mm, 03 : 안지름 17mm

15 베어링의 호칭 번호가 6026일 때 이 베어링의 안지름은 몇 mm인가?

① 6　　② 60
③ 26　　④ 130

> **해설**
> 26×5=130mm

16 다음 구름 베어링 호칭 번호 중 안지름이 22mm인 것은?

① 622
② 6222
③ 62/22
④ 62-22

> **해설**
> 안지름 번호(세 번째, 네 번째 숫자)
> 안지름 번호 1~9까지는 안지름 번호와 안지름이 같고 안지름 번호의 안지름 20mm 이상 480mm 미만에서는 안지름을 5로 나눈 수가 안지름 번호이다.
> 00 : 안지름 10mm, 01 : 안지름 12mm,
> 02 : 안지름 15mm, 03 : 안지름 17mm
> 단, /22, /32로 표현한 것은 그 값이 안지름 치수이다.

17 베어링의 호칭 번호가 62/28일 때 베어링 안지름은 몇 mm인가?

① 28　　② 32
③ 120　　④ 140

> **해설**
> 안지름 번호(세 번째, 네 번째 숫자)
> /28=28, /28=28, /32=32 : /표시는 호칭 번호와 안지름은 동일하다.

[정답] 12 ③　13 ①　14 ③　15 ④　16 ③　17 ①

18 다음 중 복렬 자동조심 볼 베어링에 해당하는 베어링 간략 기호는?

① 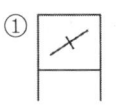 ②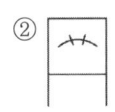

③ 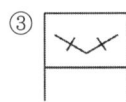 ④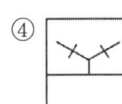

해설
①항은 앵귤러 콘택트 볼 베어링
②항은 복렬 자동조심 볼 베어링
③항은 복렬 앵귤러 콘택트 볼 베어링
④항은 복렬 앵귤러 콘택트 볼 베어링(분리형)

19 구름 베어링 제도에서 상세한 도시 방법 중 보기와 같은 베어링은?

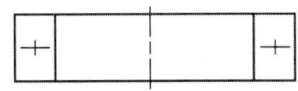

① 앵귤러 콘택트 스러스트 볼 베어링
② 이중 방향 스러스트 볼 베어링
③ 단열 방향 스러스트 볼 베어링
④ 복렬 깊은 홈 볼 베어링

해설
위 그림은 단열 방향 스러스트 볼 베어링이다.

20 구름 베어링의 상세한 간략 도시 방법에서 복렬 자동조심 볼 베어링의 도시 기호는?

① 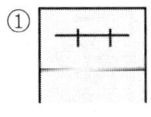 ②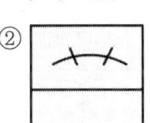

③ 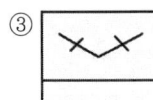 ④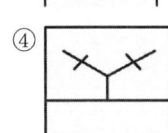

해설
① 볼 베어링 : 복열 깊은 홈 볼 베어링, 롤러 베어링 : 복열 원통 롤러 베어링
② 볼 베어링 : 복열 자동조심 볼 베어링
③ 볼 베어링 : 복열 앵귤러 콘택트 볼 베어링
④ 볼 베어링 : 복열 앵귤러 콘택트 볼 베어링(분리형)

21 다음 중 단열 앵귤러 볼 베어링의 간략 도시 기호는?

① 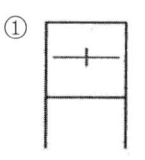 ②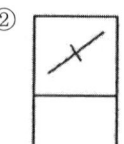

③ 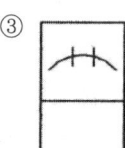 ④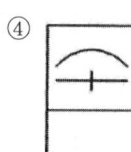

해설
① 깊은 홈 볼 베어링, 원통 롤러 베어링
② 앵귤러 콘택트 볼 베어링, 테이퍼 롤러 베어링
③ 복열 자동조심 볼 베어링
④ 규정에 없는 그림

22 NA4916V의 베어링 호칭 표시에서 NA는 무엇을 나타내는가?

① 복렬 원통 롤러 베어링
② 스러스트 롤러 베어링
③ 테이퍼 롤러 베어링
④ 니들 롤러 베어링

해설
• NA49 : 베어링 계열 기호(니들 롤러 베어링, 치수 계열 49)
• 16 : 안지름 번호(베어링 안지름 80mm)
• V : 리테이너 기호(리테이너 없음)

[정답] 18 ② 19 ③ 20 ② 21 ② 22 ④

23 베어링 기호 608 C2 P6에서 C2가 뜻하는 것은?

① 등급 기호
② 계열 기호
③ 안지름 번호
④ 내부 틈새 기호

> 해설
> 608C2P6
> 60 : 베어링 계열 기호(단식 깊은 홈 볼 베어링, 치수 계열 10)
> 8 : 안지름 번호(베어링 안지름 40mm)
> C2 : 틈새 기호(C2의 틈새)
> P6 : 등급 기호

24 호칭 번호가 6900인 베어링에 대한 설명으로 옳은 것은?

① 안지름이 10mm인 니들 롤러 베어링
② 안지름이 12mm인 원통 롤러 베어링
③ 안지름이 12mm인 자동조심 볼 베어링
④ 안지름이 10mm인 단열 깊은 홈 볼 베어링

> 해설
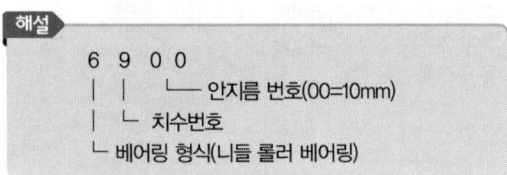

25 구름 베어링 기호 중 안지름이 10mm인 것은?

① 7000   ② 7001
③ 7002   ④ 7010

> 해설
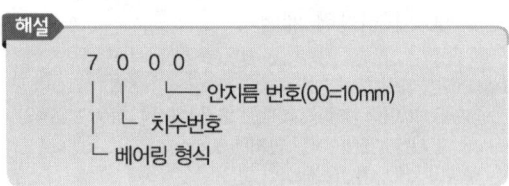

26 베어링 호칭 번호 NA 4916 V의 설명 중 틀린 것은?

① NA 49는 니들 롤러 베어링 치수계열 49
② V는 리테이너 기호로서 리테이너가 없음
③ 베어링 안지름은 80mm
④ A는 실드 기호

> 해설
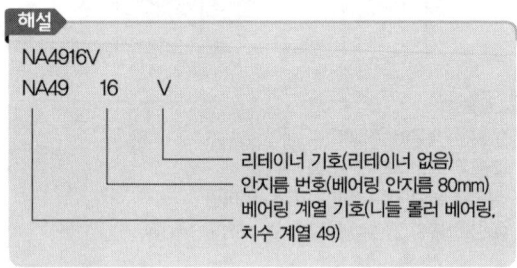

27 호칭 번호가 "NA 4916 V"인 니들 롤러 베어링의 안지름 치수는 몇 mm인가?

① 16   ② 49
③ 80   ④ 96

28 베어링 기호 608 C2 P6에서 P6가 뜻하는 것은?

① 정밀도 등급 기호
② 계열 기호
③ 안지름 번호
④ 내부 틈새 기호

> 해설
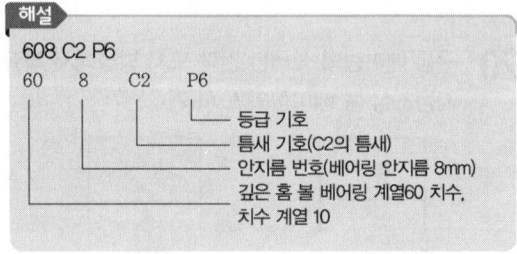

29 베어링 호칭번호 "6308 Z NR"에서 "08"이 의미하는 것은?

① 실드 기호 ② 안지름 번호
③ 베어링 계열 기호 ④ 레이스 형상 기호

해설
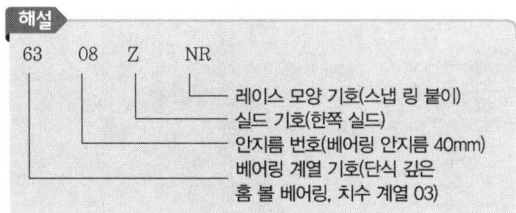

30 베어링 호칭 번호가 다음과 같이 나타났을 경우 이 베어링에서 알 수 없는 항목은?

"F684C2P6"

① 궤도륜 모양 ② 베어링 계열
③ 실드 기호 ④ 정밀도 등급

해설
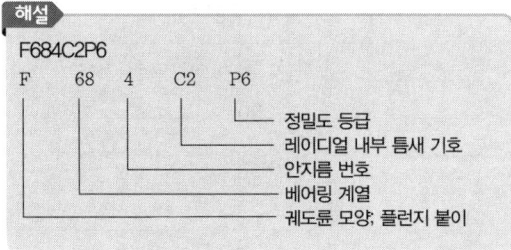

31 다음과 같이 도면에 지시된 베어링 호칭 번호의 설명으로 옳지 않은 것은?

6312 Z NR

① 단열 깊은 홈 볼 베어링
② 한쪽 실드붙이
③ 베어링 안지름 312mm
④ 멈춤 링붙이

해설
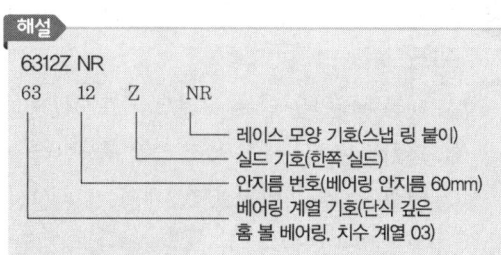

32 기어 제도에 관한 설명으로 옳지 않은 것은?

① 잇봉우리원은 굵은 실선으로 표시하고 피치원은 가는 1점 쇄선으로 표시한다.
② 이골원은 가는 실선으로 표시한다. 다만 축에 직각인 방향에서 본 그림을 단면으로 도시할 때는 이골원은 선은 굵은 실선으로 표시한다.
③ 잇줄 방향은 통상 3개의 가는 실선으로 표시한다. 다만 주 투영도를 단면으로 도시할 때 외접 헬리컬 기어의 잇줄 방향을 지면에서 앞의 이의 잇줄방향을 3개의 가는 2점 쇄선으로 표시한다.
④ 맞물리는 기어의 도시에서 주 투영도를 단면으로 도시할 때는 맞물림부의 한쪽 잇봉우리 원을 표시하는 선은 가는 1점 쇄선 또는 굵은 1점 쇄선으로 표시한다.

해설
맞물리는 한쌍 기어의 도시에서 맞물림부의 이끝원(잇봉우리 원)은 모두 굵은 실선으로 그리고, 주투상도를 단면으로 도시할 때에는 맞물림부의 한쪽 이끝원(잇봉우리 원)을 표시하는 선은 가는 파선 또는 굵은 파선으로 그린다.

[정답] 29 ② 30 ③ 31 ③ 32 ④

33 기어를 도시할 때 선을 나타내는 방법으로 틀린 것은?

① 잇봉우리원은 가는 실선으로 표시한다.
② 피치원은 가는 1점 쇄선으로 표시한다.
③ 잇줄방향은 일반적으로 3개의 가는 실선으로 표시한다.
④ 이뿌리원은 가는 실선으로 표시한다. 단, 축에 직각인 방향에서 본 그림을 단면으로 도시할 때 이골의 선은 굵은 실선으로 표시한다.

해설
① 잇봉우리원(이끝원)은 굵은 실선으로 표시한다.
② 피치원은 가는 1점 쇄선으로 표시한다.
③ 잇줄 방향은 일반적으로 3개의 가는 실선으로 표시한다.
④ 이뿌리원(이골원)은 가는 실선으로 표시한다. 단, 축에 직각인 방향에서 본 그림을 단면으로 도시할 때 이뿌리원(이골원)의 선은 굵은 실선으로 표시한다.

34 기어의 제도에 관하여 설명한 것으로 잘못된 것은?

① 잇봉우리원은 굵은 실선으로 표시한다.
② 피치원은 가는 1점 쇄선으로 표시한다.
③ 이골원은 가는 실선으로 표시한다.
④ 잇줄 방향은 통상 3개의 가는 1점 쇄선으로 표시한다.

해설
잇줄 방향은 보통 3개의 가는 실선으로 그린다. (단, 외접 헬리컬 기어의 주투상도를 단면으로 도시할 때에는 잇줄 방향 도시는 3개와 가는 2점 쇄선으로 그린다.)

35 기어 제도에서 선의 사용법으로 틀린 것은?

① 피치원은 가는 1점 쇄선으로 표시한다.
② 축에 직각인 방향에서 본 그림을 단면도로 도시할 때는 이골(이뿌리)의 선은 굵은 실선으로 표시한다.
③ 잇봉우리원은 굵은 실선으로 표시한다.
④ 내접 헬리컬 기어의 잇줄 방향은 2개의 가는 실선으로 표시한다.

해설
잇줄 방향은 보통 3개의 가는 실선으로 그린다.

36 스퍼 기어를 제도할 경우 스퍼 기어 요목표에 일반적으로 기입하지 않는 것은?

① 피치원 지름   ② 모듈
③ 압력각   ④ 기어의 치폭

해설
예) 스퍼 기어의 요목표

스퍼 기어 요목표		
기어 치형		표준
공구	치 형	보통이
	모 듈	3
	압력각	20°
잇 수		40
피치원 지름		PCD Ø 120
전체 이 높이		4.5
다듬질 방법		호브 절삭
정 밀 도		KS B1405, 5급

37 맞물리는 한 쌍의 스퍼 기어에서 축에 직각 방향으로 단면도시할 때 물려 있는 잇봉우리원을 표시하는 선으로 맞는 것은?

① 양쪽 다 굵은 실선
② 양쪽 다 굵은 파선
③ 한쪽은 굵은 실선, 다른 쪽은 파선
④ 한쪽은 굵은 실선, 다른 쪽은 굵은 일점 쇄선

[정답] 33 ① 34 ④ 35 ④ 36 ④ 37 ③

해설
잇봉우리원은 한쪽은 굵은 실선, 다른 쪽은 파선으로 그린다.

38 스퍼 기어에서 피치원의 지름이 150mm이고, 잇수가 50일 때 모듈(module)은?

① 5 ② 4
③ 3 ④ 2

해설
$D = MZ = 150 \div 50 = 3$

39 표준 스퍼 기어의 모듈이 2이고, 이끝원 지름이 84mm일 때 이 스퍼 기어의 피치원 지름(mm)은 얼마인가?

① 76 ② 78
③ 80 ④ 82

해설
이끝원 지름=m(Z+2)=2×(Z+2)=84 따라서 잇수는 40, 피치원 지름=모듈×잇수=2×40=80

40 모듈이 2인 한 쌍의 외접하는 표준 스퍼 기어 잇수가 각각 20과 40으로 맞물려 회전할 때 두 축 간의 중심거리는 척도 1 : 1 도면에는 몇 mm로 그려야 하는가?

① 30mm
② 40mm
③ 60mm
④ 120mm

해설
$C = \dfrac{(20+40) \times 2}{2} = 60\text{mm}$

41 표준 스퍼 기어의 항목표에서는 기입되지 아니하나 헬리컬 기어 항목표에는 기입되는 것은?

① 모듈
② 비틀림 각
③ 잇수
④ 기준 피치원 지름

해설
비틀림 각은 스퍼 기어의 항목표에서는 기입되지 않지만, 헬리컬 기어 항목표에는 기입된다.

42 헬리컬 기어 제도에 대한 설명으로 틀린 것은?

① 잇봉우리원은 굵은 실선으로 그린다.
② 피치원은 가는 1점 쇄선으로 그린다.
③ 이골원은 단면도시가 아닌 경우 가는 실선으로 그린다.
④ 축에 직각인 방향에서 본 정면도에서 단면 도시가 아닌 경우 잇줄 방향은 경사진 3개의 가는 2점 쇄선으로 나타낸다.

해설
외접 헬리컬 기어의 주투상도를 단면으로 도시할 때에는 잇줄 방향 도시는 3개와 가는 2점 쇄선으로 그린다.

43 제도에서 잇줄 방향을 굵은 실선 1개로만 나타내는 기어는?

① 스퍼 기어 ② 헬리컬 기어
③ 하이포이드 기어 ④ 웜 기어

해설
헬리컬 기어와 웜 기어는 잇줄 방향을 보통 3개의 가는 실선으로, 스파이럴 베벨 기어 및 하이포이드 기어는 1개의 굵은 실선으로 그린다.

[정답] 38 ③ 39 ③ 40 ③ 41 ② 42 ④ 43 ③

44 그림과 같은 기어 간략도를 살펴볼 때 기어의 종류는?

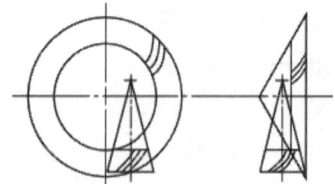

① 헬리컬 기어
② 스파이럴 베벨 기어
③ 스크루 기어
④ 하이포이드 기어

해설

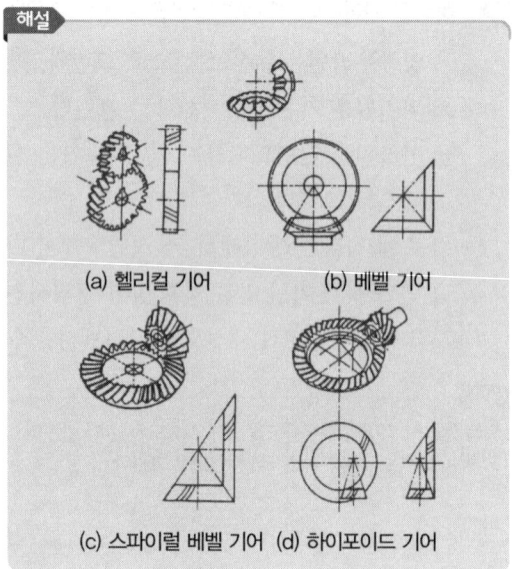

(a) 헬리컬 기어　　(b) 베벨 기어
(c) 스파이럴 베벨 기어　(d) 하이포이드 기어

45 그림은 맞물리는 어떤 기어를 나타낸 간략도이다. 이 기어는 무엇인가?

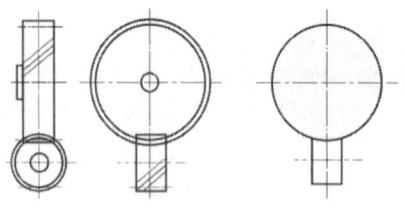

① 스퍼 기어
② 헬리컬 기어
③ 나사 기어
④ 스파이럴 베벨기어

해설
위 그림은 나사 기어이다.

46 그림은 어느 기어를 도시한 것인가?

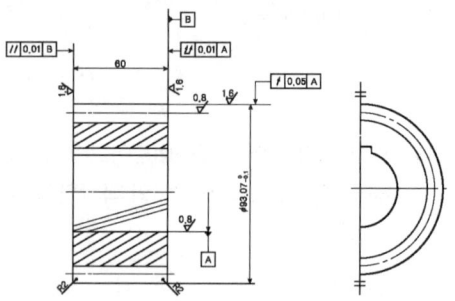

① 스퍼 기어　② 헬리컬 기어
③ 직선 베벨 기어　④ 웜 기어

47 스프로킷 휠의 도시 방법에 관한 설명으로 틀린 것은?

① 바깥지름은 굵은 실선으로 그린다.
② 이뿌리원은 기입을 생략해도 무방하다.
③ 피치원 가는 파선으로 그린다.
④ 항목표에는 톱니의 특성을 기입한다.

해설
스프로킷 휠 제도법
① 바깥지름(이끝원)은 굵은 실선으로 그린다.
② 피치원은 가는 1점 쇄선으로 그린다.
③ 이뿌리원은 가는 실선으로 그린다.
④ 정면도를 단면으로 도시할 경우 이뿌리는 굵은 실선으로 그린다.

[정답] 44 ④　45 ③　46 ②　47 ③

48 체인 스프로킷 휠의 피치원 지름을 나타내는 선의 종류는?

① 가는 실선   ② 가는 1점 쇄선
③ 가는 2점 쇄선   ④ 굵은 1점 쇄선

49 평 벨트 풀리의 도시법 설명으로 틀린 것은?

① 대칭형인 것은 그 일부만을 도시할 수 있다.
② 암은 길이 방향으로 절단하여 도시한다.
③ 모양에 따라 축 직각 방향의 투상도를 주투상도로 할 수 있다.
④ 암의 단면형은 회전 단면으로 도시할 수 있다.

해설
평 벨트 풀리의 도시법
① 벨트 풀리는 축 직각 방향의 투상을 정면도로 한다.
② 모양이 대칭형인 벨트 풀리는 그 일부분만 도시한다.
③ 방사형으로 되어있는 암(arm)은 수직 중심선 또는 수평 중심선까지 회전하여 투상한다.
④ 암은 길이 방향으로 절단하여 단면을 도시하지 않는다.
⑤ 암의 단면형은 도형의 안이나 밖에 회전 단면을 도시한다.
⑥ 암의 테이퍼 부분 치수를 기입할 때 치수 보조선은 경사선(수평과 60° 또는 30°)으로 긋는다.

50 V-벨트 풀리의 도시에 관한 설명으로 옳지 않은 것은?

① V-벨트 풀리 홈 부분의 치수는 형별과 호칭 지름에 따라 결정된다.
② V-벨트 풀리는 축 직각 방향의 투상을 정면도(주투상도)로 할 수 있다.
③ 암(Arm)은 길이 방향으로 절단하여 단면을 도시한다.
④ V-벨트 풀리에 적용하는 일반용 V 고무벨트는 단면치수에 따라 6가지 종류가 있다.

해설
암은 길이 방향으로 절단하여 단면을 도시하지 않는다.

51 벨트의 크기 "A20"은 무엇을 표시하는가?

① A는 벨트의 크기, 20은 번호
② A는 벨트의 종류, 20은 20mm인 길이
③ A는 벨트의 단면 기호, 20은 20인치인 길이
④ A는 벨트의 단면 기호, 20은 20cm인 길이

52 다음 중 V 벨트 전동장치에서 사용하는 벨트의 단면각은?

① 34°   ② 36°
③ 38°   ④ 40°

해설
벨트의 각(θ)은 40°이다.

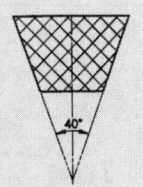

53 다음 V 벨트의 종류 중 단면의 크기가 가장 작은 것은?

① M형   ② A형
③ B형   ④ E형

해설
V 벨트의 종류에는 M형 및 A, B, C, D, E형 등의 6종류가 있으며, M형이 가장 작고 E형이 가장 크다. (벨트의 각(θ)은 40°이다.)

[정답] 48 ② 49 ② 50 ③ 51 ③ 52 ④ 53 ①

54 다음 중 나사의 종류를 표시하는 기호가 잘못 연결된 것은?

① 30도 사다리꼴 나사 : TW
② 유니파이 보통 나사 : UNC
③ 유니파이 가는 나사 : UNF
④ 미터 가는 나사 : MXI

해설
① 30도 사다리꼴 나사 : TM
② 29도 사다리꼴 나사 : TW

55 나사의 종류를 표시하는 다음 기호 중에서 미터 사다리꼴 나사를 표시하는 것은?

① R
② M
③ Tr
④ UNC

해설

미터 보통 나사		M
유니파이 보통 나사		UNC
유니파이 가는 나사		UNF
미터 사다리꼴 나사		Tr
관용 테이퍼 나사	테이퍼 수나사	R
	테이퍼 암나사	Rc
	평행 암나사	Rp
관용 평행 나사		G

56 다음 나사 기호 중 관용 나사의 기호가 아닌 것은?

① TW
② PT
③ R
④ PS

해설

관용 테이퍼 나사 (ISO규격)	테이퍼 수나사	R
	테이퍼 암나사	Rc
	평행 암나사	Rp
관용 평행 나사(ISO 규격)		G
30° 사다리꼴 나사		TM
29° 사다리꼴 나사		TW
관용 테이퍼 나사	테이퍼 나사	PT
	평행 암나사	PS

57 나사의 종류 중 ISO 규격에 있는 관용 테이퍼 나사에서 테이퍼 암나사를 표시하는 기호는?

① PT
② PS
③ Rp
④ Rc

해설
① PT : 관용 테이퍼 나사
② PS : 관용 평행 암나사
③ Rp : 관용 평행 암나사(ISO 규격)
④ Rc : 관용 테이퍼 암나사(ISO 규격)

58 나사 표기가 "G1/2"이라 되어있을 때, 이는 무슨 나사인가?

① 관용 평행나사
② 29° 사다리꼴 나사
③ 관용 테이퍼 나사
④ 30° 사다리꼴 나사

해설
① 관용 평행나사 : G 1/2
② 29° 사다리꼴 나사 : TW 20
③ 관용 테이퍼 나사, 테이퍼 수나사 : R, 테이퍼 암나사 : Rc, 평행 암나사 : Rp
④ 30° 사다리꼴 나사 : TM 18

[정답] 54 ① 55 ③ 56 ① 57 ④ 58 ①

59 관용 테이퍼 수나사(기호 : R)에 대해서 사용하는 관용 평행 암나사의 기호로 옳은 것은?

① Rc
② Rp
③ PT
④ PS

해설
① Rc : 관용 테이퍼 암나사(ISO규격)
② Rp : 관용 평행 암나사(ISO규격)
③ PT : 관용 테이퍼 나사
④ PS : 관용 평행 암나사

60 Tr 40×7-6H로 표시된 나사의 설명 중 틀린 것은?

① Tr : 미터 사다리꼴 나사
② 40 : 호칭 지름
③ 7 : 나사산의 수
④ 6H : 나사의 등급

해설
Tr 40×7-6H
① Tr : 미터 사다리꼴 나사
② 40 : 호칭 지름
③ 7 : 나사의 피치
④ 6H : 나사의 등급

61 나사는 단독으로 나타내거나 조합하여 표시하기도 하는데 다음 중 그 표시 방법으로 틀린 것은?

① G1/2 A
② M50×2 - 6H
③ Rp1/2 / R1/2
④ UNC No.4-40 - 6H/g

해설
① G1/2 A : 관용 평행 수나사(G 1/2) A급
② M50×2 - 6H : 미터 가는 나사(M 50×2) 암나사 등급 6, 공차 위치 H
③ Rp1/2 / R1/2 : 관용 평행 암나사(Rp 1/2)와 관용 테이퍼 수나사(R 1/2)의 조합
④ UNC No.4-40 - 2A : 유니파이 보통 나사 2A급

62 나사 표시 "M15×1.5-6H/6g"에서 6H/6g는 무엇을 나타내는가?

① 나사의 호칭 치수
② 나사부의 길이
③ 나사의 등급
④ 나사의 피치

해설
• M15×1.5 : 미터 가는 나사×피치
• 6H/6g : 나사의 등급

63 좌 2줄 M50×3-6H의 나사 기호 해독으로 올바른 것은?

① 리드가 3mm
② 수나사 등급 6H
③ 왼쪽 감김 방향 2줄 나사
④ 나사산의 수가 3개

해설
• 좌 : 나사산의 감는 방향
• 2줄 : 나사산의 줄의 수(왼쪽 2줄 나사)
• M50×3 : 나사의 호칭(피치 3mm)
• 6H : 암나사의 등급

[정답] 59 ② 60 ③ 61 ④ 62 ③ 63 ③

64 나사의 표시가 다음과 같이 명기되었을 때 이에 대한 설명으로 틀린 것은?

> "L 2N M10 – 6H/6g"

① 나사의 감김 방향은 오른쪽이다.
② 나사의 종류는 미터나사이다.
③ 암나사 등급은 6H, 수나사 등급은 6g이다.
④ 2줄 나사이며 나사의 바깥지름은 10mm 이다.

해설
나사산의 감김 방향은 왼나사일 때에는 '좌(L)' 자로 표시하고, 오른나사일 때에는 표시하지 않는다. 또한, '좌' 대신에 'L' 을 사용할 수도 있다.

65 나사 표시 "M15×1.5 – 6H/6g"에서 6H/6g은?

① 나사의 호칭 치수
② 나사부의 길이
③ 나사의 등급
④ 나사의 피치

해설
미터 가는 나사 지름이 15mm, 피치 1.5mm인 암나사 6H와 수나사 6g의 조합

66 도면에서 나사 조립부에 M10 – 5H/5g이라고 기입되어 있을 때 해독으로 올바른 것은?

① 미터 보통 나사, 수나사 5H급, 암나사 5g급
② 미터 보통 나사, 1인치당 나사산 수 5
③ 미터 보통 나사, 암나사 5H급, 수나사 5g급
④ 미터 가는 나사, 피치 5, 나사산 수 5

해설
M10 – 5H/5g : 미터 보통 나사(외경 10), 암나사 5H급, 수나사 5g급

67 다음 나사의 도시법에 관한 설명 중 옳은 것은?

① 암나사의 골지름은 가는 실선으로 표현한다.
② 암나사의 안지름은 가는 실선으로 표현한다.
③ 수나사의 바깥지름은 가는 실선으로 표현한다.
④ 수나사의 골지름은 굵은 실선으로 표현한다.

해설
나사의 도시법은 다음과 같다.
① 수나사와 암나사의 골을 표시하는 선은 가는 실선으로 그린다.
② 수나사의 바깥지름과 암나사의 안지름은 굵은 실선으로 그린다.
③ 완전 나사부와 불완전 나사부의 경계선은 굵은 실선으로 그린다.
④ 불완전 나사부의 끝밑선은 가는 실선으로 그린다.
⑤ 가려서 보이지 않는 나사부는 파선으로 그린다.
⑥ 수나사와 암나사의 측면 도시에서 골 지름은 3/4 원의 가는 실선으로 그린다.
⑦ 암나사의 단면도시에서 드릴 구멍이 나타날때는 굵은 실선으로 120°가 되게 그린다.

68 나사의 표시에 관한 사항으로 올바른 것은?

① 나사산의 감김 방향은 오른나사의 경우만 표시한다.
② 미터 가는 나사의 피치는 생략하거나 산의 수로 표시한다.
③ 나사의 산수 대신에 L로 표시하기도 한다.
④ 미터나사는 급수가 작을수록 정도가 높아진다.

[정답] 64 ① 65 ③ 66 ③ 67 ① 68 ④

> **해설**
>
> 나사의 표시 방법
> ① 나사산의 감긴 방향을 좌나사의 경우만 표시한다.
> ② 미터 가는 나사의 피치는 반드시 표시한다.
>   (예) M50×2)
> ③ 좌 2줄 M50×2-6H는 L2N M50×2-6H로도 표시할 수 있다.

69 다음 그림에서 나사의 완전 나사부를 나타내는 것은?

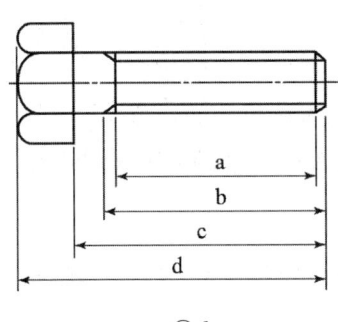

① a ② b
③ c ④ d

> **해설**
>
> 나사 도시 방법
> ① 수나사의 바깥지름과 암나사의 안지름을 표시하는 선은 굵은 실선으로 그린다.
> ② 수나사와 암나사의 골을 표시하는 선은 가는 실선으로 그린다.
> ③ 완전 나사부와 불완전 나사부의 경계선은 굵은 실선으로 그린다.
> ④ 불완전 나사부의 골을 나타내는 선은 축선에 대하여 30°의 가는 실선으로 그리고 필요에 따라 불완전 나사부의 길이를 기입한다.
>
>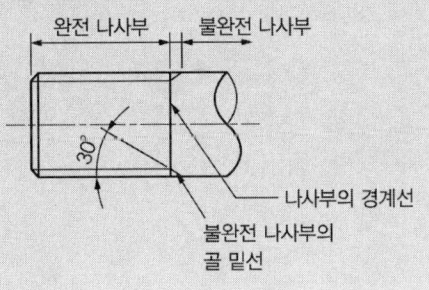

70 KS 나사의 표시에 관한 설명 중 올바른 것은?

① 나사산의 감김 방향은 오른나사인 경우와 RH로 명기하고, 왼 나사인 경우 따로 명기하지 않는다.
② 미터 가는 나사는 피치를 생략하거나 산의 수로 표시한다.
③ 2줄 이상인 경우 그 줄 수를 표시하며 줄 대신에 L로 표시할 수 있다.
④ 피치를 산의 수로 표시하는 나사(유니파이 나사 제외)의 경우 나사의 호칭은 다음과 같이 나타낸다.

> **해설**
>
>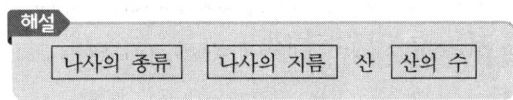

71 다음 나사를 나타낸 도면 중 미터 가는 나사를 나타낸 것은?

①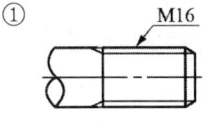

②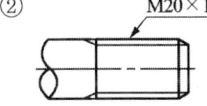

③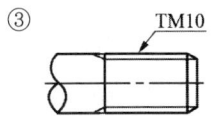

④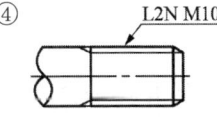

> **해설**
>
> • M16 : 미터 보통 나사
> • M20×1 : 미터 가는 나사
> • TW10 : 29° 사다리꼴 나사

[정답] 69 ① 70 ④ 71 ②

72 그림과 같이 나사 표시가 있을 때, 옳은 것은?

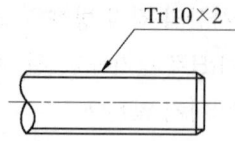

① 볼나사 호칭 지름 10인치
② 둥근 나사 호칭 지름 10mm
③ 미터 사다리꼴 나사 호칭 지름 10mm
④ 관용 테이퍼 수나사 호칭 지름 10mm

해설
미터 사다리꼴 나사: Tr 10×2

미터 사다리꼴 나사		Tr
관용 테이퍼 나사	테이퍼 수나사	R
	테이퍼 암나사	Rc
	평행 암나사	Rp

73 평행 핀의 호칭 방법을 옳게 나타낸 것은? (단, 비경화강 평행 핀으로 호칭 지름은 6mm, 호칭 길이는 30mm이며, 공차는 m6이다.)

① 평행 핀 - 6×30 m6 - St
② 평행 핀 - 6 m6×30 - St
③ 평행 핀 St - 6×30 - m6
④ 평행 핀 St - 6 m6×30

해설
평행 핀의 호칭 방법
규격 번호 또는 명칭, 종류, 형식, 호칭 지름×길이, 재료

74 다음의 핀에 대한 설명 중 적당하지 않은 것은?

① 테이퍼 핀 호칭은 명칭, $d \times l$, 등급, 재료 순이다.
② 슬롯 테이퍼 핀 호칭은 명칭, $d \times l$, 재료, 지정사항 순이다.
③ 테이퍼 핀의 테이퍼 값은 1/50이다.
④ 테이퍼 핀의 호칭 지름은 가는 쪽이 지름이다.

해설
핀의 호칭 방법

명 칭	호 칭 방 법
평행 핀	규격 번호 또는 명칭, 종류, 형식, 호칭 지름×길이, 재료
테이퍼 핀	명칭, 등급, $d \times l$, 재료
슬롯 테이퍼 핀	명칭, $d \times l$, 재료, 지정사항
분할 핀	규격 번호 또는 명칭, 호칭 지름×길이, 재료

75 테이퍼 핀의 호칭 치수는 다음 중 어느 것인가?

① 굵은 쪽의 지름
② 가는 쪽의 지름
③ 중앙부의 지름
④ 테이퍼 핀 구멍의 지름

해설
테이퍼 핀의 호칭 치수는 가는 쪽의 지름이다.

76 다음 중 슬롯 테이퍼 핀의 호칭을 바르게 나타낸 것은?

① 명칭, $d \times l$, 재료, 지정 사항
② 명칭, $d \times l$, 등급, 재료
③ 명칭, 등급, $d \times l$, 재료, 지정 사항
④ 명칭, 종류, $d \times l$, 재료

[정답] 72 ③ 73 ② 74 ① 75 ② 76 ①

77 분할 핀의 호칭 지름은 어느 것으로 나타내는가?

① 재료의 지름
② 핀 재료를 겹쳤을 때 가상원의 지름
③ 핀 구멍의 지름
④ 머리 부분의 폭

해설
핀의 호칭 지름(경) : d
① 테이퍼 핀, 슬롯 테이퍼 핀 : 작은 쪽 지름
  ($T=1/50$)
② 분할핀(스플릿핀) : 핀 구멍의 지름

78 스플릿 테이퍼 핀의 호칭 방법으로 옳게 나타낸 것은?

① 규격 명칭, 호칭 지름×호칭 길이, 재료, 지정사항
② 규격 명칭, 등급, 호칭 지름×호칭 길이, 재료
③ 규격 명칭, 재료, 호칭 지름×호칭 길이, 등급
④ 규격 명칭, 재료, 호칭 지름×호칭 길이, 지정사항

해설
스플릿 테이퍼 핀의 호칭 방법

핀의 종류	그림	호칭 지름	호칭 방법
분할 핀 (스플릿 핀)		핀 구멍의 치수	규격 번호 또는 명칭, 호칭 지름×길이, 재료

79 평행 핀에 대한 호칭 방법을 옳게 나타낸 것은? (단, 오스테나이트계 스테인리스강 A1등급이고, 호칭 지름 5mm, 공차 h7, 호칭 길이 25mm이다.)

① 평행 핀 - h7 5×25 - A1
② 5 h7×25 - A1 - 평행 핀
③ 평행 핀 - 5 h7×25 - A1
④ 5 h7×25 - 평행 핀 - A1

해설
① 오스테나이트계 스테인리스강 평행 핀에 대한 호칭 방법
  : 평행 핀 KS B 1320-5 h7×25-A1
② 비경화강 평행 핀 호칭 방법 : 평행 핀 KS B 1320-5 h7×25-St

80 다음 리벳 이음 도시법에 대한 설명 중 틀린 것은?

① 얇은 판, 형강 등의 단면은 가는 실선으로 표시한다.
② 리벳은 길이 방향으로 단면하여 도시하지 않는다.
③ 체결 위치만 표시할 경우에는 중심선만을 그린다.
④ 리벳을 크게 도시할 필요가 없을 때는 리벳 구멍은 약호로 도시한다.

해설
리벳 이음의 도시법은 다음과 같다.
① 리벳의 위치만을 표시할 경우에는 중심선만을 그린다.
② 얇은 판, 형강 등 얇은 것의 단면은 굵은 선으로 표시하고 서로 인접해 있을 때는 그것을 표시하는 선 사이에 약간의 틈을 둔다.
③ 피치로 연속되는 같은 종류의 구멍의 표시법은 간단히 기입한다.
  피치의 수 × 피치외 치수 =합계 치수
④ 평판 또는 형강의 치수는 나비 × 두께 × 길이로 표시한다.
⑤ 리벳은 절단하여 표시하지 않는다.

[정답] 77 ③ 78 ② 79 ③ 80 ①

81 다음과 같은 리벳의 호칭법으로 올바르게 나타낸 것은? (단, 재질 SV330이다.)

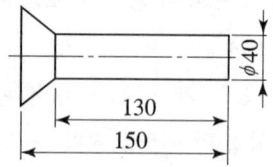

① 납작머리 리벳 4×150 SV 330
② 접시머리 리벳 40×150 SV 330
③ 납작머리 리벳 40×130 SV 330
④ 접시머리 리벳 40×130 SV 330

해설
리벳의 호칭 방법			
	규격번호	종류	
사용 예	KS B 1101	둥근머리 리벳 냉간 냄비머리	
	KS B 1002	둥근머리 리벳 열간 접시머리 리벳 보일러용 둥근머리 리벳	
	$d \times l$	재료	지정사항
사용 예	6×18	MSWR 10	끝붙이
	3×8	동	
	16×40	SV 340	
	20×50	SV 340	
	13×30	SV 410 B	

82 리벳이 연속으로 있을 때 표시 방법으로 맞는 것은?
① 간격 치수×치수
② 간격 수×간격 치수
③ 간격 수×간격 치수=합계 치수
④ 간격 치수×간격 수=합계 치수

83 다음 중 리벳의 길이를 머리 부분까지 표시하는 리벳은?
① 둥근머리   ② 접시머리
③ 납작머리   ④ 남비머리

84 용접기호 중 ''의 용접 종류는?
① 필릿 용접   ② 비드 용접
③ 점 용접   ④ 프로젝션 용접

해설
① 필릿: ◿
② 플러그: ⊓
③ 점, 프로젝션: ✳(○)
④ 심: ✳✳(⊖)

85 용접기호 중에서 점용접(spot weld)을 나타내는 것은?
① ✳   ② ⊖
③ ○   ④ ◿

해설
① 점 ○   ② 심 ⊖
③ 필릿 ◿   ④ 프로젝션 ✳

86 다음 용접 이음중 U형 그루브 모양을 나타낸 것은?
① ﹨╱
② ╳
③ ⎵
④ ⌣

87 보기와 같은 용접기호의 설명으로 옳은 것은?

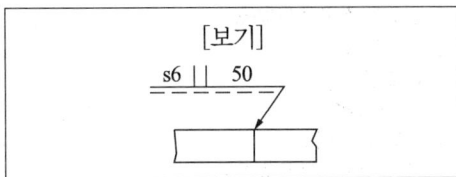

① 화살표 쪽에서 50mm 용접 길이의 맞대기 용접
② 화살표 반대쪽에서 50mm 용접 길이의 맞대기 요접
③ 화살표 쪽에서 두께가 6mm인 필릿 용접
④ 화살표 반대쪽에서 두께가 6mm인 필릿 용접

해설
보기와 같은 용접기호는 화살표 쪽에서 50mm 용접 길이의 맞대기 용접이다.

88 그림과 같은 용접기호를 가장 잘 설명한 것은?

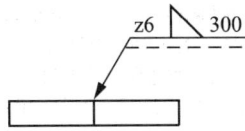

① 목길이 6mm, 용접 길이 300mm인 화살표 쪽의 필릿 용접
② 목두께 6mm, 용접 길이 300mm인 화살표 쪽의 필릿 용접
③ 목길이 6mm, 용접 길이 300mm인 화살표 반대쪽의 필릿 용접
④ 목두께 6mm, 용접 길이 300mm인 화살표 반대쪽의 필릿 용접

해설
위 그림에서 용접기호 : 목길이 6mm, 용접 길이 300mm인 화살표 쪽의 필릿 용접

89 다음 용접 도시 기호의 설명으로 옳은 것은?

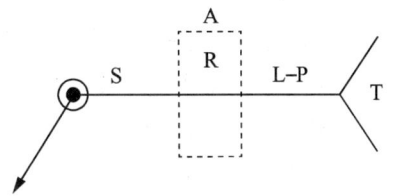

① A-치수 또는 강도
② R-루트 간격
③ S-특별히 지시할 사항
④ (T)-점용접 또는 프로젝션 용접의 수

해설
A : 홈 각도
S : 용접부의 단면 치수 또는 강도
T : 꼬리(특별한 지시를 하지 않을 때는 이것을 그리지 않음.)

90 배관 결합방식의 표현으로 옳지 않은 것은?

① ─┼─ 일반 결합
② ─✕─ 용접식 결합
③ ─╫─ 플랜지식 결합
④ ─╢─ 유니언식 결합

해설
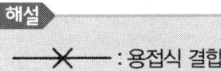 : 용접식 결합

[정답] 87 ① 88 ① 89 ② 90 ②

91 스프링 도시의 설명 중 틀린 것은?

① 스프링은 원칙적으로 무하중 상태에서 도시한다.
② 하중과 높이 또는 처짐과의 관계를 표시할 필요가 있을 때에는 선도 또는 표로 표시한다.
③ 스프링의 모양이나 종류만 도시하는 경우에는 스프링 재료의 중심선을 굵은 2점 쇄선으로 그린다.
④ 특별한 단서가 없는 한 모두 오른쪽 감기로 도시한다.

해설
스프링의 도시법은 다음과 같다.
① 스프링은 원칙적으로 무하중 상태에서 그린다. 만약, 하중이 걸린 상태에서 그릴 때에는 선도 또는 그때의 치수와 하중을 기입한다.
② 하중과 높이 또는 처짐과의 관계를 표시할 필요가 있을 때에는 선도 또는 항목표로 표시한다.
③ 특별한 단서가 없는 한 모두 오른쪽 감기로 도시하고, 왼쪽 감기로 도시할 때에는 '감긴 방향 왼쪽'이라고 표시한다.
④ 코일 부분의 중간 부분을 생략할 때에는 생략한 부분을 1점 쇄선으로 표시하거나, 또는 가는 2점 쇄선으로 표시해도 좋다.
⑤ 스프링의 종류와 모양만을 도시할 때에는 재료의 중심선만을 굵은 실선으로 그린다.
⑥ 조립도나 설명도 등에서 코일 스프링은 그 단면만으로 표시하여도 좋다.

92 냉간 성형된 압축 코일 스프링을 제도할 경우 일반적으로 요목표에 표시하지 않는 것은?

① 총 감김수
② 초기 장력
③ 스프링 상수
④ 코일 평균 지름

해설
압축 코일 스프링 요목표
① 총 감김 수
② 유효 감김 수
③ 스프링 상수
④ 코일 평균 지름
⑤ 감김 방향, 자유장 길이 등

93 겹판 스프링에서 무 하중 상태의 모양을 어떻게 표시하는가?

① 직접 투상도   ② 관용 투상도
③ 가상 투상도   ④ 회전 투상도

94 겹판 스프링의 도시는 어느 하중 상태를 기준으로 하는가?

① 무 하중 상태   ② 상용하중 상태
③ 최대 하중 상태   ④ 최저하중 상태

해설
• 코일 스프링류(벌류트 스프링, 스파이럴 스프링 포함)는 하중이 가해지지 않은 상태로 그린다. (단, 하중이 가해진 상태로 도시할 경우 하중을 명기한다.)
• 겹판 스프링의 판은 수평한 상태로 그린다.

95 코일 스프링의 종류와 모양만을 도시할 때, 재료의 중심선만을 나타내는 선은?

① 가는 실선   ② 굵은 실선
③ 가는 1점 쇄선   ④ 굵은 1점 쇄선

96 겹판 스프링 제도시 무하중 상태를 나타내는 선의 종류는?

① 가는 실선   ② 가는 파선
③ 가상선   ④ 파단선

[정답] 91 ③ 92 ② 93 ② 94 ① 95 ② 96 ③

97 스프링에 대한 설명으로 틀린 것은?

① 에너지를 저장, 방출한다.
② 탄성이 작은 재료를 주로 이용한다.
③ 진동 및 충격을 흡수 완화한다.
④ 금속 스프링과 비금속 스프링이 있다.

해설
스프링은 에너지를 저장, 방출하고 진동 및 충격을 흡수 완화한다. 탄성이 큰 재료를 주로 이용하며 금속 스프링과 비금속 스프링이 있다. 스프링의 용도는 다음과 같다.
① 하중을 부여하는 스프링 : 안전 밸브 스프링, 내연 기관의 밸브 스프링
② 충격을 부여하는 스프링 : 자동차, 철도 차량, 승강기 등의 완충 스프링
③ 저축 에너지를 이용하는 스프링 : 시계용 스프링, 완구용 스프링, 계기 스프링
④ 하중을 측정하는 스프링 : 저울, 안전 밸브 스프링
⑤ 하중을 조정하는 스프링 : 스프링 와셔

98 주로 굽힘 하중을 많이 받는 스프링은?

① 인장 코일 스프링
② 압축 코일 스프링
③ 코일 스프링
④ 스파이럴 스프링

99 스프링이나 기어와 같이 하중을 받는 기계 분포와 완성 가공에 이용되는 것은?

① 저온 응력완화법
② 피닝 효과
③ 기계적 응력완화법
④ 치수 효과

100 다음 중 스프링의 종횡비에 관한 설명으로 옳은 것은? (단, H_f는 하중을 가하지 않은 경우의 압축 스프링의 자유 높이이고, D는 코일의 평균 지름이다.)

① 종횡비는 D/H_f이다.
② 종횡비는 $H_f \cdot D$이다.
③ 종횡비가 크면 스프링은 구부러진다.
④ 종횡비가 크면 스프링은 구부러지지 않는다.

101 다음 중 무하중상태로 그려지는 스프링이 아닌 것은?

① 스파이럴 스프링
② 코일 스프링
③ 겹판 스프링
④ 토션 바

102 스프링에서 단위 길이의 변위를 일으키는 데 필요한 하중 값을 무엇이라 하는가?

① 스프링 지수
② 스프링 탄성 에너지
③ 스프링 상수
④ 스프링 수정 하중

103 원통코일 스프링에 압축 하중을 가할 때 코일 소선 내부에는 어느 응력이 주로 생기는가?

① 인장 응력
② 압축 응력
③ 좌굴 응력
④ 전단 응력

[정답] 97 ② 98 ④ 99 ② 100 ③ 101 ③ 102 ③ 103 ④

104 공기스프링의 특징에 관한 사항 중 틀린 것은?
① 받쳐 주는 하중의 변화에 대하여 스프링의 높이를 일정하게 유지할 수 있다.
② 스프링 상수를 자유롭게 선정할 수 없으나 매우 높은 스프링 상수는 얻을 수 있다.
③ 내부 마찰이 작으며, 금속부분의 접촉이 없으므로 방음효과가 있다.
④ 공기스프링은 구조에 따라 벨로즈형과 격막형으로 크게 나눌 수 있다.

105 충격 에너지를 흡수하여 완충, 방진을 목적으로 하는 스프링에 포함되지 않는 것은?
① 철도 차량용 현가 스프링
② 승강기의 완충 스프링
③ 자동차용 현가 스프링
④ 안전밸브용 스프링

106 스프링에서 자유 높이 h와 코일의 평균 지름의 비를 무엇이라 하나?
① 스프링 상수
② 스프링의 종횡비
③ 스프링 지수
④ 스프링 수정계수

107 스프링의 용도를 기능면에서 볼 때 옳게 연결된 것은?
① 탄성 변형한 스프링의 저축 에너지를 이용하는 것 : 용수철저울
② 하중을 조정하는 것 : 겹판 스프링
③ 충격 에너지를 흡수하여 완충, 방진을 목적으로 하는 것 : 안전밸브용 스프링
④ 스프링에 가해지는 하중과 신장 관계로부터 하중을 측정하는 것 : 유체 스프링

108 강제 진동(forced vibration)에 의한 진동수와 고유진동수가 일치하여 진폭이 증대할 때 생기는 것을 무엇이라 하는가?
① 감쇠진동
② 단진동
③ 공진
④ 자유

109 엔진의 벨트 스프링과 같이 빠른 반복하중을 받는 스프링에서는 그 반복 속도가 스프링의 고유진동수에 가까워지면 심한 공진을 일으킨다. 이 현상은?
① 공명현상
② 캐비테이션
③ 서징
④ 동 진동

110 스프링의 직경을 두 배로 하면 인장강도는 몇 배로 변화되는가?
① 2배
② 4배
③ 1/2배
④ 1/4배

111 브레이크 작동부의 구조에 따라 분류할 때 해당하지 않는 것은?
① 벨트 브레이크
② 블록 브레이크
③ 밴드 브레이크
④ 원판 브레이크

> **해설**
> 브레이크 작동부의 구조에 따른 분류 : 블록, 밴드, 원판, 자동 브레이크로 분류한다.

[정답] 104 ② 105 ④ 106 ② 107 ① 108 ③ 109 ③ 110 ④ 111 ①

112 브레이크 작동력의 전달 방법에 따라 분류할 때 이에 속하지 않는 것은?

① 공기 브레이크
② 유압 브레이크
③ 축압 브레이크
④ 전자 브레이크

해설
작동 부분의 전달 방식에 따른 분류 : 기계, 공기, 유압, 전자 브레이크가 있다.

113 다음 중 마찰 브레이크가 아닌 것은?

① 블록 브레이크
② 풀 브레이크
③ 원판 브레이크
④ 밴드 브레이크

114 브레이크장치에서 브레이크 드럼의 원주상에 1개 또는 2개의 브레이크 블록을 브레이크 레버로 누름으로써 그 마찰에 의하여 제동하는 것은?

① 밴드 브레이크
② 블록 브레이크
③ 자동 브레이크
④ 전자 브레이크

해설
블록 브레이크 : 브레이크장치에서 브레이크 드럼의 원주상에 1개 또는 2개의 브레이크 블록을 브레이크 레버로 누름으로써 그 마찰에 의하여 제동하다.

115 하중에 의해서 자동적으로 제동이 걸리는 브레이크는?

① 원판 브레이크
② 블록 브레이크
③ 밴드 브레이크
④ 웜 브레이크

해설
자동 하중 브레이크
① 웜 브레이크
② 나사 브레이크

116 캠 브레이크(cam brake)는 다음 중 어느 브레이크에 속하는가?

① 유체 브레이크
② 축압 브레이크
③ 자동 하중 브레이크
④ 밴드 브레이크

해설
자동 하중 브레이크 : 하중에 의하여 일정한 방향의 회전에 한하여 자동적으로 브레이크 작용하는 브레이크를 말하며, 종류로는 웜, 나사, 캠, 원심력, 코일, 로프, 전자기 브레이크가 있다.

[정답] 112 ③ 113 ② 114 ② 115 ④ 116 ③

PART 2

CAM 프로그래밍

01_CAD/CAM 시스템
02_컴퓨터 그래픽 기초
03_3D 형상 모델링 작업
04_CAM 가공
05_CNC 가공

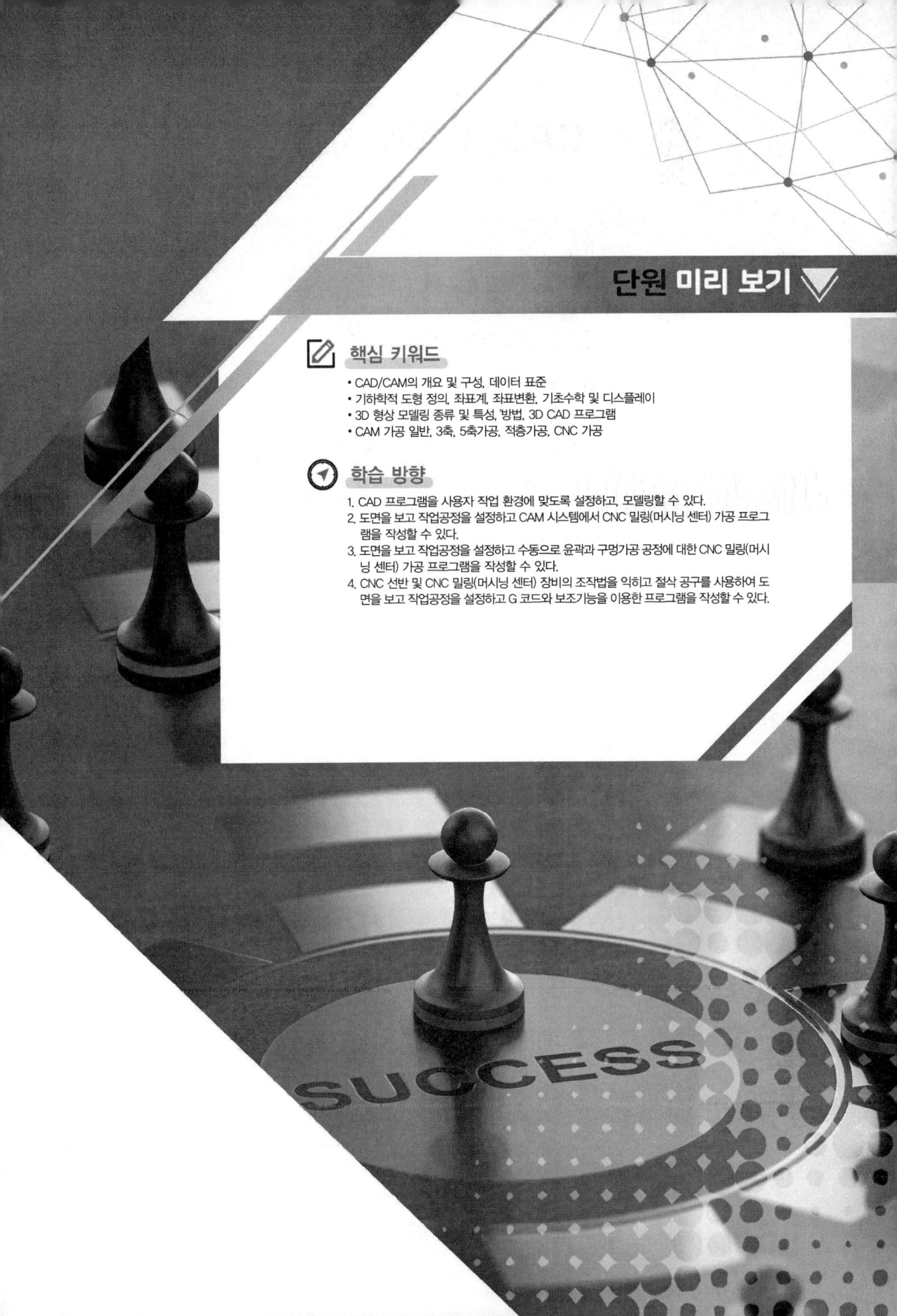

단원 미리 보기

핵심 키워드
- CAD/CAM의 개요 및 구성, 데이터 표준
- 기하학적 도형 정의, 좌표계, 좌표변환, 기초수학 및 디스플레이
- 3D 형상 모델링 종류 및 특성, 방법, 3D CAD 프로그램
- CAM 가공 일반, 3축, 5축가공, 적층가공, CNC 가공

학습 방향
1. CAD 프로그램을 사용자 작업 환경에 맞도록 설정하고, 모델링할 수 있다.
2. 도면을 보고 작업공정을 설정하고 CAM 시스템에서 CNC 밀링(머시닝 센터) 가공 프로그램을 작성할 수 있다.
3. 도면을 보고 작업공정을 설정하고 수동으로 윤곽과 구멍가공 공정에 대한 CNC 밀링(머시닝 센터) 가공 프로그램을 작성할 수 있다.
4. CNC 선반 및 CNC 밀링(머시닝 센터) 장비의 조작법을 익히고 절삭 공구를 사용하여 도면을 보고 작업공정을 설정하고 G 코드와 보조기능을 이용한 프로그램을 작성할 수 있다.

PART 2. CAM 프로그래밍

CAD/CAM 시스템

1 CAD/CAM 시스템의 개요

1 CAD/CAM 시스템의 개요

(1) CAD/CAM/CAE

CAD(Computer Aided Design : 전산응용설계), CAM(Computer Aided Manufacturing : 전산응용가공), CAE(Computer Aided Engineering : 전산응용공학)이라 한다.

(2) CAD/CAM의 설계과정

현재 CAD/CAM 시스템에 의하여 설계와 관련된 업무들은 다음 4가지로 구분할 수 있다.
① 기하학적 모델링(도형표현 : geometric modeling)
② 공학적 해석(engineering analysis)
③ 설계검사와 평가(design review and evaluation)
④ 자동제도(automated drafting)

(3) CAD/CAM의 효과

① 설계의 생산성 향상 : 도면 수정, 부품 대칭, 비슷한 도면, 도면이 복잡할 때
② 시간 단축 : 도면 수정 및 비슷한 도면을 그릴 때
③ 설계 해석 : 설계 해석을 동시에 제공
④ 설계 오류의 감소 : CRT에서 도형의 모양이나 치수 확인
⑤ 설계 계산의 정확성, 표준화, 정보화, 경영의 효율화와 합리화

2 CAD/CAM의 활용

(1) CAD/CAM의 적용 업무

① 개념설계 : 스케치도, 초기 설계계산, 요구하는 성능 특성 등
② 기본설계 : 기기나 부품의 형상 정의, 크기, 해석계산, 구조설계, 배치설계 등

③ 상세설계 : 조립설계, 해석, 작도, 상세도, 중량계산 등
④ 생산설계 : 계획설계, 치공구설계, 형설계, NC 프로그램설계 등
⑤ 품질관리 : 자료집계, 설계표준화, 성능 특성 등
⑥ 생산보조 : 부품 교환, 기술 데이터 변경 등

(2) CAD/CAM의 적용 분야 – 전 산업 분야에서 활용

1) 기계 금형 분야
기계 분야는 CAD 시스템의 활용이 가장 두드러진 분야
① 2차원 도면 제작 분야
② 3차원 제품 설계 및 점검 분야
③ 제품 해석 분야

2) 건축 및 토목 분야
① 3차원 설계 및 응력 해석
② 파이프의 경로 설정
③ 파이프 및 각 부속들의 간섭 검사
④ 자재 목록서 작성

3) 전기 · 전자 분야

4) 항공기 분야

5) 자동차 분야

6) Mapping 분야

7) 의료, 전자출판, 의상분야

(3) 미래의 CAD/CAM
① 비전문가를 위한 CAD/CAM
② PC 윈도 기반의 CAD/CAM
③ 솔리드 기반의 CAD/CAM
④ 지능화된 CAD/CAM
⑤ 호환성이 있는 CAD/CAM
⑥ 웹 환경의 CAD/CAM

3 데이터 관련 용어 정의

(1) CAM(Computer Aided Manufacturing)
생산계획, 제품생산 등 생산에 관련된 일련의 직업을 컴퓨터를 통하여

CAD/CAM의 응용 분야 중에서 2차원 설계에 주로 사용되며, CAD 소프트웨어가 풍부하고, 반복적인 수많은 부품을 그릴 때 유리한 분야는?
① 항공 및 조선설계
② 전기 및 전자설계
③ 건축 및 토목설계
④ 플랜트 배관설계

답 ②

직·간접으로 제어하는 것으로 컴퓨터를 이용하여 가공 및 생산에 필요한 자료를 얻어내는 기술

(2) CAE(Computer Aided Engineering)

컴퓨터를 통하여 엔지니어링 부분, 즉 기본설계, 상세설계에 대한 해석, 시뮬레이션 등을 하는 것

(3) CIM(Computer Integrated Manufacturing)

제품의 사양, 개념 사양의 입력만으로 최종제품이 완성되는 자동화 시스템의 CAD/CAM/CAE에 관리업무를 합한 통합 시스템

(4) CAT(Computer Aided Testing)

제조공정에 있어서 검사공정의 자동화에 대한 것으로 CAM의 일부분으로 볼 수 있음.

(5) CAP(Computer Aided Planning)

NC 가공에 필요한 정보, 생산 및 검사를 위한 계획 등의 리스트를 작성하는 것

(6) CAPP(Computer Aided Process Planning)

한 부품을 만들기 위한 공정계획을 자동으로 만들어 주는 시스템으로 부품의 특성을 찾아내 생산에 연결, 즉, 컴퓨터에 의한 공정계획을 말함.

(7) MRP(Material Requirement Planning)

완제품에 대한 기본 일정계획을 완제품에 사용되는 원자재와 부품에 대한 상세한 일정계획으로 바꾸는 계산기술(자재 수급계획)

(8) FA(Factory Automation)

생산기기, 반응기기, 보수기기 등을 컴퓨터로 제어하고 이를 다른 컴퓨터와 결합하여 생산계획, 생산관리 등의 생산정보체계와 일체화해서 필요한 것을 필요한 기일 내에 필요량만큼 제조해서 경제적으로 공급할 수 있게 한 시스템(공장 전체의 자동화, 무인화)

④ 컴퓨터이용제도시스템

(1) 도면 규격 한계(limits)를 설정

도면 작도를 위해 사용하는 CAD 프로그램의 대부분은 실물 크기로 대상물을 작도하기 위하여 무한대의 2D 평면을 제공하므로 도면 한계 영역에서만 작도할 수 있도록 도면 한계(drawing limits)를 다음과 같이 설정한다.

1) 설정 방법

도면 한계는 도면 작업 시 가장 우선적으로 실행해야 하는 명령어로 도면 한계의 기본값으로는 A3가 설정되어 있으며, 이를 변경하고자 하는 경우 다음과 같이 한다.

① 오토캐드 윈도 화면의 하단에 위치한 명령 입력창에 'limits'라고 입력한 다음 Enter↵ 한다.
② '왼쪽 아래 구석 지정 또는 [켜기(on)/끄기(off)] 〈0.0000,0.000〉:'이라는 메시지가 나타나면 기준값이 되도록 별도의 값을 입력하지 않고 Enter↵ 한다.
③ '오른쪽 위 구석 지정 〈12.0000, 9.0000〉:'이라는 메시지에 원하는 용지 규격의 크기(예 A3의 경우 : 594,420)를 입력하고 Enter↵ 한다.

2) 도면 한계는 출도 용지 크기를 고려

작도가 완료된 도면은 용도에 맞도록 사용하기 위해서는 제도, 복사, 보존, 검색, 사용 등의 편의를 고려하여 한국산업규격(KS) 및 플로팅 용지 규격의 크기 범위로 도면 한계(drawing limits))를 설정한다.

○ 표 2-1 용지 크기

한국산업규격 호칭	용지 크기	플로팅 용지규격 호칭	용지 크기
A0	1,189×841	S2700	2,689×841
A1	841×594	S2100	2,089×841
A2	594×420	S1800	1,789×841
A3	420×297	S1500	1,189×841
A4	297×210	-	-

(2) 단위(unit) 및 정밀도(precision)를 설정

단위의 설정은 '① 응용프로그램 비튼 ⇨ ② 도면 유틸리티 ⇨ ③ 단위 ⇨ ④ 도면 단위' 항목의 순서대로 클릭한다. 각도는 동쪽을 '0도'로 하여

CAD 작업에서 도면 작업 시 가장 우선적으로 실행해야 하는 작업은?
① limits
② unit
③ layer
④ line

답 ①

반시계 방향으로 증분되는 값을 기본으로 가지므로 이를 조정하고자 하는 경우 ⑤ 방향 조정에서 기준 각도를 선정하면 된다.

1) 길이
기계 산업 분야의 도면에 도시할 대상체의 길이 단위는 기본적으로 SI 단위인 'mm'를 사용하며, 표기는 생략한다.

2) 각도
각도는 십진 도수(°)를 사용하며, 단위를 붙인다.

3) 무게
무게(중량)는 'kg'으로 표시한다.

(3) 도면층

1) 도면층의 개념
① 여러 장의 투명한 필름 각각에 형상을 그리고 이것을 모두 겹쳐서 보더라도 한 장의 필름에 그린 형상으로 보이게 된다. 이때 각각의 낱장 필름 역할을 하는 심벌(symbol)을 도면층이라고 한다.
② 중요한 구성 도구로 도면 구성 요소들을 선 종류, 색상, 선 가중치 등 표준을 강화하는 데 이용된다.

2) 도면층의 기능
① 도면 자체는 물론이고 다양한 객체들의 관리가 용이하다.
② 매우 복잡한 도면을 작업하는 경우, 화면에 객체를 일시적으로 숨기거나 필요시 다시 표시할 수 있다.
③ 객체가 화면에 표시되지만 선택 불가능(잠금)으로 설정하면, 편집 작업을 좀 더 쉽고 빠르게 수행할 수 있다.
④ 객체의 선 가중치와 지정된 색상에 따라 최종 도면을 인쇄할 수 있다.
⑤ 네트워크 설계 환경에서 프로젝트를 수행하는 경우, 외부 참조한 도면의 잠긴 도면층 객체들은 수정할 수 없어 자동으로 보호되어 동시 공동 작업을 수행할 수 있다.

3) 도면층(layer)을 설정
여러 종류의 도면 정보를 구성하고 그룹화하여 투명하게 중첩시켜 놓은

도면층의 기능에 대한 설명으로 틀린 것은?
① 도면 자체는 물론이고 다양한 객체들의 관리가 어렵다.
② 매우 복잡한 도면을 작업하는 경우, 화면에 객체를 일시적으로 숨기거나 필요시 다시 표시할 수 있다.
③ 객체가 화면에 표시되지만 선택 불가능(잠금)으로 설정하면, 편집 작업을 좀 더 쉽고 빠르게 수행할 수 있다.
④ 객체의 선 가중치와 지정된 색상에 따라 최종 도면을 인쇄할 수 있다.

답 ①

것이 도면층으로, 도면층에 작성된 객체에는 색상, 선 종류 및 선 가중치 등과 같은 공통 특성이 있다. 이러한 특성은 해당 객체가 그려지는 도면층에 속한 것으로 가정하거나 개별 객체에 특별하게 지정될 수 있는 것으로 가정하여 다음과 같이 작성한다.

도면층은 Layer 명령에서 만들고, 작업 시에 도면층을 관리해야 하는 경우는 Layers 툴바의 Layer Control을 이용하면 편리하다.

① 도면층 특성 관리자에서 새 도면층을 클릭하면 도면층 이름이 도면층 리스트에 추가된다.
② 강조된 도면층 이름 위에 새 도면층 이름을 입력한다.
③ 도면층 이름은 255자(2바이트 또는 영숫자)까지 허용되며, 문자, 숫자, 공백, 몇몇 특수 문자를 포함한다.
④ 도면층 이름에 포함할 수 없는 문자는 〈 〉 / ₩" : ; ? * | = ' 등이다.
  ㉠ 도면층이 많은 복잡한 도면의 경우에는 설명 열에 설명 문자를 입력한다.
  ㉡ 각 열을 클릭하여 새 도면층의 설정 및 기본 특성을 지정한다.

4) 도면층 제거

① 도면층 특성 관리자에서 도면층을 클릭하여 선택한다.
② 도면층 삭제를 클릭한다.
③ 다음 도면층은 삭제할 수 없다.
  ㉠ 도면층 0 및 Defpoints
  ㉡ 블록 정의의 객체를 비롯한 객체가 포함된 도면층
  ㉢ 현재 도면층
  ㉣ 외부 참조에서 사용되는 도면층

5) 도면층에 지정된 특성 변경

① 여러 도면층을 변경하려면 도면층 특성 관리자에서 다음 방법 중 하나를 사용한다.
  ㉠ Ctrl 키를 누른 상태로 여러 도면층 이름을 선택한다.
  ㉡ Shift 키를 누른 상태로 범위의 첫 번째 도면층과 마지막 도면층을 선택한다.
  ㉢ 마우스 오른쪽 버튼을 클릭하고 도면층 리스트의 필터 표시를 클릭하여 도면층 리스트에서 도면층 필터를 선택한다.
② 변경하려는 열에서 현재 설정을 클릭하면 해당 특성의 대화상자가 표시된다.

> 다음 중 도형을 작성(Draw)하는 데 사용되는 명령어는 어느 것인가?
> ① Circle
> ② Zoom
> ③ Line
> ④ Circle
>
> 답 ②

③ 사용할 설정을 선택한다.

(4) 도면 작성

1) CAD 소프트웨어의 기본 기능

① 요소 작성 기능 : 점·선·원·원호·곡선 등 요소의 생성 기능

② 요소 변환 기능 : 요소의 이동·회전·복사·대칭·변형 등

③ 요소 편집 기능 : 선의 정렬·부분 삭제·선의 등분·라운딩·모따기

④ 도면화 기능 : 치수 기입·주서·마무리 기호·용접 기호 등 도면화할 수 있는 기능

⑤ 디스플레이 제어 기능 : 화면에서 도형을 확대·축소·이동·그리드·은선 처리·롤러 등 화면 표시 제어 기능

⑥ 데이터 관리 기능 : 작성한 모델의 등록·삭제·복사·검색·파일 이름 변경 등의 데이터 관리

⑦ 특성 해석 기능 : 면적·길이·도심·체적·모멘트 등

⑧ 플로팅 기능 : 도면화 데이터를 플로터에 출력하는 기능

2) 선(line)

명령 옵션은 '선(line)'이며 수직, 수평, 경사선과 연속되는 세그먼트를 가진 선을 작도할 수 있다.

① 선의 정의

선 객체는 공간상의 두 지점 사이를 최단 거리로 연결하는 형상이다.

② 선의 종류

캐드에서 선의 종류에는 수평선, 수직선, 경사선 및 일련의 연속되는 선 세그먼트(segment)를 가진 연속선이 있다.

③ 선의 엔티티(entity)

색상(color), 선 종류(line type) 및 선 가중치(line weight) 등의 특성(property)을 지정할 수 있다.

⑤ 선의 명령 옵션

㉠ 첫 번째 점 지정

선 엔티티의 시작점을 지정하거나 Enter↵ 키를 눌러 마지막으로 그린 선 끝점에서부터 계속 드래그한다.

㉡ 다음 점 지정

선 세그먼트의 끝점을 지정한다.

ⓒ 닫기(C)
첫 번째 선 세그먼트의 시작점과 마지막 선 세그먼트의 끝점을 연결해서 닫힌 도형을 작도할 수 있다.
ⓔ 명령 취소(U)
선 세그먼트의 가장 최근 세그먼트를 삭제할 수 있다.

가) 직선의 정의
① 두 점에 의해서 연결하는 선
② 한 점과 수평선과의 각도로 표시하는 선
③ 한 점에서 직선에 대한 평행선 혹은 수직선
④ 두 곡선(원)에 접하는 선(접선)
⑤ 한 곡선에 접하고 한 점을 지나는 곡선
⑥ 두 곡선의 최단거리를 잇는 선

나) 직선 그리기
① '홈 TAB' → 리본 메뉴의 '그리기 패널' → '선'을 선택한다.
② 작업 영역에 마우스로 선의 첫 번째 지점을 지정한 후, 다음 점을 지정한다.
③ 추가로 계속 선을 이어서 그릴 수 있고, Enter↵나 Space Bar, Esc를 이용하여 명령을 완료할 수 있다. 또한 닫기(C)를 누르면 닫힌 다각형의 선을 그릴 수 있다. 이때 선은 하나의 폴리선이 아니고, 각각 개별로 지울 수 있다.

다) 그리기 명령 취소하기
① 명령 창에 'U'를 입력한다.
② 신속 접근 도구 막대에서 실행 취소 버튼을 클릭한다.

라) 특정 각을 주어 선 그리기
① 그리기 패널에서 선을 선택한다.
② 시작점을 지정한다.
③ 원하는 각을 주기 위해 '〈45'를 입력하고, 마우스를 선의 방향으로 위치시키면 45° 각에서 스내핑되어 각도가 고정된다.
④ 마지막으로 원하는 길이까지 끝점을 정하여 마무리한다.

마) 다중선(MLINE) 그리기

한 번에 여러 선을 원하는 일정 간격을 유지하면서 동시에 생성하게 해주는 기능으로 다음과 같이 명령어 설정을 한다. 평행선은 'offset' 명령어를 이용하여 만들 수도 있으나, 'mline' 명령어가 훨씬 작업이 쉽고, 편리하여 주로 사용된다.

① 명령 창에 'mlstyle'을 입력하고 [Enter↵] 한다. 'New' 버튼을 눌러, 새로운 스타일을 만든다.
② 'New' 버튼을 클릭하여 Create New Multiline Style 창이 뜨면 'multiline(다중선)' 이름을 넣고, [Continue] 버튼을 누른다.
③ 선의 개수, 간격 등 여러 가지 옵션을 설정할 수 있는 창이 뜬다.
④ 빨간 박스 안의 선 간격 및 색상, 선 종류를 한 눈에 볼 수 있고, 아래의 추가/삭제 버튼을 통해 다중선의 개수를 설정한다. 간격 띄우기 'offset' 항목에서 다중선 간의 간격을 지정하고 색상 및 선 종류를 선택한다.
⑤ 축척(선 간격, S) 설정하기
  'ML' 입력 후 [Enter↵] → S 입력 후 [Enter↵] → 숫자 '3' 입력 후 [Enter↵] 한다.
⑥ 자리 맞추기(J) 설정
  선의 중심을 맨 위, 중간, 아래 중에서 선택할 수 있으므로 환경에 맞도록 설정한다.
⑦ 'MLINE(ML)' 입력 후 [Enter↵] 한다.
⑧ 시작점을 지정한다.
⑨ 다음 점을 지정한다.
⑩ 계속 다음 점을 지정하고, [Enter↵] 로 명령을 종료한다. 3개 이상의 점을 지정하는 경우 '닫기(C)'를 입력하여야 닫힌 도형이 만들어진다.

3) 원(circle)

원의 명령 옵션은 중심점-반지름(center-radius), 중심점-지름(center-diameter), 2점(two points), 3점(three points), 접선-접선-반지름(tangent-tangent-radius), 접선-접선-접선(tangent-tangent-tangent) 등이 있으며, 이를 이용하여 작도할 수 있다.

가) 원의 정의

① 중심점과 반지름 지정에 의한 원
② 2점 지정에 의한 원
③ 3점 지정에 의한 원

④ 중심점과 1요소의 접선 지정
⑤ 2요소의 접선과 반지름 지정에 의한 원
⑥ 1요소의 접선과 1요소의 중심점, 반지름 지정에 의한 원
⑦ 기존 원의 중심점 인식과 반지름 지정에 의한 원
⑧ 두 점 사이의 거리를 반지름으로 하고 이 두 점의 벡터에 수직한 평면에 원 구성
⑨ 동심원 구성

나) 원 그리기 명령

① 원의 중심점, 반지름(지름)을 지정하여 원 그리기

먼저 원의 중심점을 지정하고, 반지름 혹은 지름을 이용하여 원을 그린다. 명령 행에 Circle을 입력하고 Space Bar 를 누른다. 혹은 도구 팔레트에서 [중심점, 반지름] 혹은 [중심점, 지름] 중에 선택하여 원을 그릴 수 있다.

② 3P 옵션으로 세 점을 지나는 원 그리기

임의의 세 점을 지정해서 지정한 세 점을 지나는 원을 그린다.
㉠ Circle 명령을 입력하고, 3점(3P) 옵션을 마우스로 클릭하거나 '3P'를 입력하고, 그리기 팔레트 원의 서브 메뉴에서 3점 그리기를 선택한다.
㉡ 마우스를 클릭하여 첫 번째 지점, 두 번째 지점, 세 번째 지점을 지정하고 그 점을 지나는 원을 그린다.

③ 2P 옵션으로 두 점을 지나는 원 그리기

임의의 두 점을 지정해서 그 두 점을 지름으로 하는 원을 그린다.
㉠ Circle 명령을 입력하고, 2점(2P) 옵션을 마우스로 클릭하거나 '2P'를 입력하고, 그리기 팔레트 원의 서브 메뉴에서 2점 그리기를 선택한다.
㉡ 마우스를 클릭하여 첫 번째 지점, 두 번째 지점을 지정하고 그 점을 지름으로 하는 원을 그린다.

④ Ttr(tangent-tangent-radius) 옵션으로 접선과 반지름을 이용한 원 그리기

Circle 명령의 서브 메뉴 중 하나인 'Ttr' 옵션은 두 개의 접선(tangent)과 반지름을 지정해서 원을 그리는 기능이다.
㉠ Circle 명령을 입력하고 명령행에 'T'를 입력하거나 그리기 팔레트에서 접선 반지름을 선택하여 그릴 수 있다.
㉡ 두 접선에 원을 그리려면 첫 번째 접선 위를 마우스 클릭하고, 두 번째 접선 위를 마우스 클릭하면 원의 반지름이 자동으로 계산되며, 여기에서 Enter↵ 를 하면 원이 그려진다.

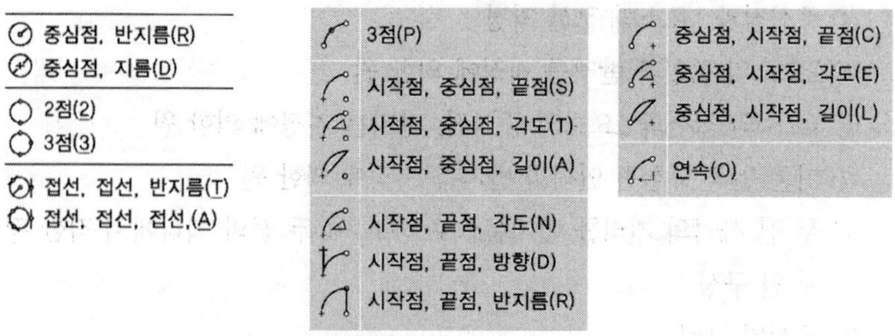

⊙ 중심점, 반지름(R)		3점(P)		중심점, 시작점, 끝점(C)
⊙ 중심점, 지름(D)		시작점, 중심점, 끝점(S)		중심점, 시작점, 각도(E)
○ 2점(2)		시작점, 중심점, 각도(T)		중심점, 시작점, 길이(L)
○ 3점(3)		시작점, 중심점, 길이(A)		연속(O)
⊙ 접선, 접선, 반지름(T)		시작점, 끝점, 각도(N)		
⊙ 접선, 접선, 접선(A)		시작점, 끝점, 방향(D)		
		시작점, 끝점, 반지름(R)		

○ 그림 2-1 호와 원 그리기 메뉴

4) 호(arc)

호는 중심점(C)을 기준으로 시작점(S) 및 끝점(E)을 잇는 현으로 구성되며, 반지름(radius), 각도(angle), 현의 길이 및 방향 값으로 조합하여 작도할 수 있다.

가) 원호의 정의

① 임의의 3점을 지나는 원호
② 한 요소의 접선, 한점, 반지름
③ 시작점 중심점, 각도
④ 시작점, 중심점, 현의 길이
⑤ 시작점, 끝점, 내부각(협각)
⑥ 시작점, 끝점, 반지름
⑦ 시작점, 끝점, 시작방향
⑧ 시작점, 중심점, 끝점
⑨ 2점과 발생위치에 의한 원호
⑩ 두 요소의 라운딩(fillet)

나) 호 그리기 명령

① 3점 옵션의 3개의 점을 지정하여 그리기

호 그리기에는 보통 3P 옵션을 주로 사용한다. 세 개의 점을 지정하여 세 점을 지나는 호를 그린다. 호의 시작점을 지정하고, 호가 지나는 두 번째 지점, 마지막으로 호의 세 번째 끝점을 지정하여 호 그리기를 완성한다.

② 시작점(S), 중심점(C), 끝점(E)을 지정하여 그리기
시작점에서 중심점까지가 반지름이 되며 끝점은 중심점에서 시작하여 세 번째 점을 지나는 선에 의해 결정된다. 따라서 이 방법은 호가 항상 시작점으로부터 반시계 방향으로 작성되는 특징이 있다.

③ 시작점(S), 중심점(C), 각도(A)를 지정하여 그리기
시작점에서 중심점까지의 거리가 반지름이 되며 호의 다른 쪽 끝은 호 중심을 정점으로 사용하는 사잇각을 지정함으로써 결정된다. 이 방법도 호가 항상 시작점으로부터 반시계 방향으로 작성되는 특징이 있다.

④ 시작점(S), 중심점(C), 현의 길이(L)를 지정하여 그리기
시작점에서 중심점까지의 거리가 반지름이 되며 호의 다른 쪽 끝은 호의 시작점에서 끝점까지의 현 길이를 지정함으로써 결정된다. 이 방법도 호가 항상 시작점으로부터 반시계 방향으로 작성되는 특징이 있다.

⑤ 시작점(S), 끝점(E), 각도(A)를 지정하여 그리기
시작점, 끝점 및 사잇각을 사용하여 호를 작성하며, 호 끝점 사이의 사잇각에 따라 호의 중심점과 반지름이 결정된다.

⑥ 시작점(S), 끝점(E), 호의 시작 방향(D)을 지정하여 그리기
시작점, 끝점 및 시작점에서의 접선 방향을 사용하여 호를 그리는 방법으로 원하는 접선 위에서 한 점을 선택하거나 각도를 입력하여 접선의 방향을 지정할 수 있다. 두 끝점의 지정 순서를 변경하여 어떤 끝점으로 접선을 조정할지 결정할 수 있다.

⑦ 시작점(S), 끝점(E), 반지름(R)을 지정하여 그리기
시작점, 끝점, 반지름을 이용하여 호를 그리는 방법으로 3P 옵션 다음으로 많이 사용하는 방법이다. 호의 돌출 방향은 끝점을 지정하는 순서에 따라 결정되며, 반지름은 직접 입력하거나 원하는 반지름 거리의 한 점을 선택하여 지정할 수 있다. 시작점과 끝점을 시계반대 방향으로 지정하면 볼록한 호가 되고, 시계 방향으로 지정하면 오목한 호가 된다.

⑧ 중심점(C), 시작점(S), 끝점(E)을 지정하여 그리기
중심점, 시작점, 끝점을 결정하는 제3의 점을 사용하여 호를 작성하는 방법으로 시작점에서 중심점까지의 거리가 반지름이 되며 끝점은 중심점에서 시작하여 세 번째 점을 지나는 선에 의해 결정된다. 따라서 이 방법은 호가 항상 시작점으로부터 시계 방향으로 작성되는 특징이 있다.

⑨ 중심점(C), 시작점(S), 각도(A)를 지정하여 그리기
중심점, 시작점, 사잇각을 사용하여 호를 그리는 방법으로 시작점에서 중심점까지의 거리가 반지름이 되며, 호의 다른 쪽 끝은 호 중심을 정점

으로 사용하는 사잇각을 지정함으로써 결정된다. 이 방법은 호가 항상 시작점으로부터 반시계 방향으로 작성되는 특징이 있다.

⑩ 중심점(C), 시작점(S), 현의 길이(L)를 지정하여 그리기

중심점, 시작점 및 현의 길이를 사용하여 호를 그리는 방법으로 시작점에서 중심점까지의 거리가 반지름이 되며, 호의 다른 쪽 끝은 호 시작점에서 끝점까지의 현 길이를 지정함으로써 결정된다. 이 방법은 시작점으로부터 반시계 방향으로 작성되는 특징이 있다.

5) 직사각형(rectangle)

길이, 폭, 영역 및 회전 매개변수를 지정할 수 있으며, 옵션으로 모따기(chamfer), 모깎기(fillet) 등을 이용하여 구석 유형을 조정할 수 있다.

① 모따기(chamfer)

사각형의 네 모서리를 각지게 깎아서 조정할 수 있다.

② 모깎기(fillet)

사각형의 네 모서리를 둥그스름하게 깎아서 조정할 수 있다.

③ 선 굵기(width)

직사각형의 선 굵기를 지정할 수 있다.

6) 폴리선(polyline)

선(line)과 호(arc) 세그먼트들을 조합하여 하나의 객체로 작도할 수 있는 기능으로, 복합 개체인 폴리선은 선과 호의 단일 객체로 분해할 수 있다.

7) 폴리곤(poiygon)

폴리선으로 다각형을 작도하는 기능으로, 5각형에서부터 128각형까지 가능하다.

8) 스플라인(spline)

점들이 집합에 의해 정의되는 부드러운 곡선으로, 곡선이 점과 일치하는 정도를 조정할 수 있으며, 명령 옵션으로 메서드(M), 매듭(K), 객체(C), 다음 점, 시작 접촉부(T), 끝 접촉부(T), 공차(L), 각도(D), 명령 취소(U), 닫기(C) 등이 사용된다.

9) 타원(ellipse)

장축과 단축으로 구성된 도형으로, 일반적으로 작도법은 중심점을 지정하고 장축과 단축의 끝점들을 지정해서 작도된다.

컴퓨터그래픽에서 도형을 나타내는 그래픽 기본요소가 아닌 것은?
① 점(dot)
② 선(line)
③ 원(circle)
④ 구(sphere)

달 ④

가) 타원의 정의
타원은 두 축을 중심으로 회전하는 타원을 그리는 명령어이다.
① 축(axis)과 편심(eccentricity)에 의한 타원
② 중심(center)과 두 축(two axis)에 의한 타원
③ 아이소메트릭 상태에서 그리는 방법

10) 도넛(donut)
폭(width)을 갖는 닫힌 폴리선으로, 솔리드로 채워진 원 또는 원환을 작성하는 데 사용한다.

11) 채우기(fill)
2D 솔리드, 해치, 굵은 폴리선과 같은 객체의 채우기를 설정할 때 사용한다.

12) 객체 간격 띄우기, 자르기 및 연장하기
① 객체 간격 띄우기(offset)
도면 영역에 도형 작도 시 가장 빈번하고 유용하게 사용하는 요소로서 명령 옵션으로는 간격 띄우기 거리, 통과점(T), 지우기(E), 도면층(L) 등이 사용된다.
② 자르기(trim)
명령 옵션으로 울타리(F), 걸치기(C), 프로젝트(P), 모서리(E), 지우기(R) 등이 사용된다.
③ 연장(extend)
다른 객체의 경계 모서리와 만나도록 연장하는 기능이다.

13) 복사, 이동, 스케일, 배열 명령
① 복사(copy) 명령
원본 객체로부터 지정된 거리 및 방향 객체의 복사본을 만드는 기능이다.
② 이동(move) 명령
객체를 지정된 방향 및 지정된 거리만큼 이동하는 기능이다.
③ 스케일(scale) 명령
선택한 객체를 확대 또는 축소할 수 있는 기능이다.

④ 배열(array) 명령
규칙적인 매트릭스(열과 행) 패턴으로 선택된 객체들의 다중 복사를 만드는 기능으로 다음과 같은 세 가지 유형의 배열이 있다.
㉠ 직사각형(rectangle)
㉡ 경로(path)
㉢ 원형(circular)

14) 기능키

오토캐드에서 사용되는 주요 기능키는 아래와 같다.
① F1 도움말 창이 뜨며, 목차와 색인으로 구성됨.
② F2 입력하고, 실행된 모든 명령 내용들이 담긴 문자 윈도가 열림.
③ F3 원하는 지점을 정확하게 잡아 주는 기능인 객체(OSNAP) 기능을 설정함.
④ F4 3D 객체 스냅의 사용 여부를 설정함.
⑤ F5 등각 평면의 지정을 설정함.
⑥ F6 동적 UCS를 설정(on/off)함. (3D에서 필요한 기능)
⑦ F7 격자(grid) 기능을 설정(on/off)함.
⑧ F8 직교(Ortho) 기능을 설정(on/off)함.
⑨ F9 스냅(snap) 기능을 설정(on/off)함.
⑩ F10 극좌표 기능을 설정(on/off)함.
⑪ F11 객체 스냅 추적(Otrack) 기능을 설정(on/off)함.
⑫ F12 동적 입력 기능을 설정(on/off)함.

(5) CAD 관련 용어

1) 도형의 편집(EDIT)

CAD 시스템에는 도형의 이동, 회전, 대칭 확대, 축소 복사 등의 편집 작업을 자유롭게 할 수 있다.
① 이동(translation)
  선택한 도형 요소를 지정된 위치로 이동시킨다. (move 명령)
② 복사(copy)
  선택된 도형 요소를 지정된 위치로 복사한다. (copy, array : 이동, 복사)
③ 회전(rotate)
  선택한 도형 요소를 기준점을 중심으로 회전시킨다. ➡ Rotate Array (회전, 복사)

원하는 지점을 정확하게 잡아 주는 기능인 객체(OSNAP) 기능을 설정하는 기능키는?
① F1
② F2
③ F3
④ F4

답 ③

도형의 편집(EDIT) 명령어가 아닌 것은?
① move
② array
③ mirror
④ Point

답 ④

④ 반전(대칭 : mirror, symmetry)
　선택한 도면 요소를 사용자가 지정한 선을 따라 대칭으로 반사시킨다.

2) 도형의 겹침(Level=Layer=Class)
설계 시 한 장에 모두 작도하지 않고, 여러 장에 공통된 부분을 갖는 것끼리 각각 투명한 필름 층에 그려 도면을 관리해 주는 것이다.

3) 도형의 블록화(Block=Pattern)
작도하기 어렵거나 혹은 번번이 사용하는 것을 어딘가에 저장해놓고 필요할 때마다 꺼내어 사용하는 객체를 블록이라 한다.

4) 도형의 해칭(hatching)
hatch는 사용자가 지정하는 빈 공간에 일정한 패턴을 채워 주는 명령어이다. 부품의 단면도, 평면도의 입면표시, 각종 재료 표시 등을 쉽게 표현할 수 있다.

5) CAD 시스템의 view의 종류
CAD 시스템에서는 자신이 원하는 관점에 따라 물건을 바라볼 수 있고 화면을 분할함으로써 한 객체를 여러 관점에서 동시에 파악할 수 있다.
　예) oblique view(경사진 뷰), isometric view(등각투상도) axonometric view(물체의 3면을 동시에 확인 가능한 뷰)

6) 클리핑(Clipping)
화면에 나타난 데이터의 일부분이 스크린에 나타날 때 윈도 밖에 표시되는 데이터를 이 파일에서 제거하는 작업

7) 그룹기법
하나 이상의 객체들을 계속 지정해 주어야 하는 경우, 반복 작업을 해야 한다. 이럴 때 그 객체들을 GROUP으로 묶어 주면, GROUP 이름만 지정해 객체를 선택할 수 있으므로 편리하다.

8) 다각형(polygon)
Polygon은 3부터 1024개의 변을 가지는 2차원 형내의 다각형을 그리는 명령어이다. 다각형의 크기는 내접하거나 외접하는 원의 반지름에 의하거나 각 변의 길이에 의해 지정될 수 있다.

화면에 나타난 데이터의 일부분이 스크린에 나타날 때 윈도 밖에 표시되는 데이터를 이 파일에서 제거하는 작업은?
① 세이빙(saving)
② 줌잉(zooming)
③ 로딩(loding)
④ 클리핑(Clipping)

답 ④

다음 중 일반적으로 3차원 CAD/CAM 시스템에서 사용되는 자료 구성 요소가 아닌 것은?
① 점(point)
② 선(line)
③ 요소(element)
④ 링크(link)

답 ④

9) 스케치(sketch)
CAD에서 유일하게 치수에 구애받지 않고 자유자재로 도면을 그리는 명령어이다.

10) 사각형(rectangle)
사각형을 한 번에 그리는 명령이다. 여기서는 높이를 지닌 사각형도 그릴 수 있고, 높이가 없는 사각형도 그릴 수가 있다.

11) 포인트(point)
포인트 명령어는 도면상에 점을 찍거나 Divide, Measure 명령 사용 시 분할되는 위치를 표시할 때 사용된다.

12) 선의 유형(linetype)
도면 내에 쓰이는 선의 형태를 지정한다. 이 명령을 이용하여 이미 만들어진 라이브러리 파일로 저장되어 있는 선의 유형(점선, 중심선, 쇄선 등)들을 불러내어 사용할 수 있고, 사용자가 새로운 선의 형태를 만들어 쓸 수가 있다.

13) 선의 유형 스케일(linetype scale)
도면 작업을 하다 보면 선의 유형을 바꾸었는데도 불구하고 실선으로 그대로 보이는 경우가 있는데, 이러한 현상은 limits 값을 바꾸었을 때 나타나는 것이다. 이러한 문제는 ltscale을 사용하여 해결할 수가 있다. limits의 변화에 따라 선의 크기를 조절한다.

14) 색상(color)
color는 도면 작성 시 객체 구분을 용이하게 하며, 디폴트 색상을 무시하고 새로운 도면 요소의 색상을 지정한다. 새로운 색상을 설정하려면 색상 번호 또는 이름으로 응답하면 된다. 단 7번까지는 이름으로 입력하고 8번에서 255번까지는 할당 번호를 입력해야 한다. 또한, Ddemodes 대화 상자를 이용하여 도면 요소 색상을 설정할 수도 있다.

15) 지우기(erase)
지정한 도면 요소를 삭제하는 명령어로서 all, window, crossing 등 객체를 선택하는 방법에 따라 특정 요소를 지울 수 있다.

16) MOVE

선택한 도면 요소를 지정된 위치로 이동시킨다.

17) COPY

선택한 도형 요소를 지정된 위치에 복사한다.

18) ROTATE

Rotate는 객체를 기준점을 중심으로 회전시키는 명령어이다.

19) MIRROR

선택한 도면 요소를 사용자가 지정한 선을 따라 대칭으로 반사시킨다.

20) SCALE

Scale 명령은 객체의 크기를 조절하는 명령어이다.

21) STRETCH

Stretch는 객체를 선택한 후 도면의 연결된 상태를 그대로 유지하면서 선이나 호, 트레이드, 솔리드, 폴리라인 및 3차원 면으로 이루어진 연결된 선들을 늘리거나 수축시키는 데 사용하는 명령어이다.

22) ARRAY

선택된 객체를 원형 또는 박스 형태로 배열해서 다중 복사한다. Copy의 다중 복사와 유사한 명령으로 일정한 위치에 같은 크기로 원하는 개수만큼 일정한 간격으로 복사할 수 있다.

23) CHANGE

선택된 객체의 위치, 크기, 방향 또는 색깔, 고도, 도면층 선 형태, 두께 문자 등을 변형시킨다.

24) CHPROP

change 명령어의 "특성"만을 떼어놓은 명령

25) DDCHPROP

Ddchprop는 대화상자를 이용하여 도면 요소의 속성을 바꾸는 명령이다.

CAD 명령어에서 이동(Move) 기능과 복사(Copy)기능의 차이는?

① 오브젝트의 변위
② 오브젝트의 위치
③ 오브젝트의 수
④ 오브젝트의 변환

답 ③

다음 중 CAD 명령어 중에서 2차원 형상에서는 선대칭을 3차원 형상에서는 면 대칭을 나타내는 것은?

① Scaling
② Rotation
③ Mirror
④ Translation

답 ③

26) BREAK
객체를 자르고, 분리시킨다. (반시계 방향이 기준)

27) TRIM
Trim 명령은 교차점을 기준으로 객체를 자른다.

28) EXTEND
선, 호 또는 폴리선을 다른 객체와 만나도록 연장시킨다.

29) FILLET
지정된 반경의 호를 가지고 2개의 선분을 연결한다. (모깎기)

30) CHAMFER
모서리를 아예 따버리는 명령어로서 거리와 각도로 모따기를 할 수 있다.

31) OFFSET
직선이나 곡선 등에 평행하게 복사해 주는 명령어이다.

32) DIVIDE
도면 요소를 지정한 수만큼의 등 간격으로 분할하고 분할 점에 maker를 표시한다.

33) EXPLODE
Block이나 Polyline, Dimension, Hatching 등의 구성 요소를 분해하여 각각의 객체로 다시 정의된다.

34) PEDIT
일반적인 선을 폴리선으로 재생성하거나 폴리선을 편집한다.

35) DDMODIFY
Ddmodify는 기존 도면 요소의 속성을 조절해 주는 명령어이다.

CAD작업에서 직선이나 곡선 등에 평행하게 복사해 주는 명령어는?
① OFFSET
② DIVIDE
③ EXPLODE
④ PEDIT

답 ①

36) DDGRIPS

Ddgrips는 그립의 작동 및 그립의 색상, 크기 등을 지정할 수 있게 해 주는 명령어이다.

37) U 또는 UNDO

U는 가장 최후에 내린 명령을 취소시키는 명령인데, 이전에 내린 여러 개의 명령을 취소할 수 있고, 지정한 상태로 돌아갈 수 있다.

38) OOPS

block이나 erase를 사용하면 선택된 대상은 지워지게 된다. 사라진 객체가 도면상에 계속 존재할 필요가 있을 때 "oops"를 사용하면 사라졌던 객체가 다시 도면상에 나타난다.

39) ID(IDENTIFY)

도면상의 지정된 점의 위치를 좌표로 표시한다.

40) BLIPS/BLIPMODE

Blips는 화면상에 어떠한 점을 표시하거나 대상을 선택할 때 나타나는 작은 임시 십자형 표시(+모양)를 말하는데, blips와 blipmode는 이것을 제어할 때 사용하는 명령어이다 디폴트 값은 〈ON〉이고, 표시된 점들을 없어지게 하려면 redraw나 regen을 하면 된다.

41) AREA

객체의 면적과 길이를 재는 명령어로 면적을 더하거나 뺄 수 있다.

42) FILL

solid, trace, donut 등의 명령어로 작성된 도형의 속을 채울 것인지, 채우지 않을 것인지 여부를 결정하는 시스템 변수이다.

43) DRAG/DRAGMODE

원, 호, Block 등과 같은 어떠한 도면 요소를 그리다 보면, 고무줄 같은 선이 늘어났다 줄어들었다 하는 선을 볼 수 있는데 이것을 drag라고 한다. dragmode는 drag를 나타나거나 나타나지 않게 하는 데 사용한다.

44) REDRAW

Redraw는 도면 작성 시 불필요한 잔상 또는 erase할 때 blip 등으로 지저분해진 도면을 깨끗이 정리를 해 주며, 편집 등으로 인해 사라진 어떠한 도면요소를 재드로잉시켜 준다.

45) REGEN/REGENALL

내부에서 전체 도면의 모든 데이터 및 기하학적 정보가 재산정된다.

46) ZOOM

Zoom 명령은 화면의 크기를 사용자가 원하는 대로 조절하는 것이다. 이것은 도면의 크기를 바꾸는 것이라기보다는 도면 일부를 자세히 보거나 도면 전체를 보고자 할 때 많이 사용된다.

> [형식]
> Command : ZOOM
> All/Center/Dynamic/Extents/Left/Previous/Vmax/Window/〈Scale(X/XP) : 옵션 선택

47) PAN

도면의 배율 변화 없이 화면을 이동시킨다. 아포스트로피(')와 함께 다른 명령이 사용되고 있는 동안에도 실행시킬 수 있다.

② CAD/CAM 시스템의 구성

1 하드웨어 구성 요소

(1) CAD/CAM 시스템의 구성

1) 컴퓨터의 3대 장치

① 입·출력 장치(Input/Out Put Unit)
② 중앙처리장치(CPU : Central Processing Unit)
③ 기억장치(Memory Unit)

2) 컴퓨터의 5대 장치

① 입력 장치(Input Put Unit) : 처리할 데이터나 처리방법 또는 절차 지시 프로그램을 외부로부터 읽어 들여 기억장치로 전달해 주는 기능

CAD/CAM System에서 CPU의 역할과 관계없는 것은?
① 워크스테이션 관리(입력, 수정 등)
② 도면 출력 시 플로터의 동작을 지시
③ 다른 컴퓨터와 데이터 교환
④ 입력장치로 데이터 입력

답 ④

② 기억장치(Memory Unit) : 읽어 들인 데이터나 처리된 결과 또는 프로그램 등을 기억하는 기능
③ 제어장치(Control Unit) : 기억된 프로그램의 명령을 하나씩 읽고 해독하여 컴퓨터의 각 기능이 유기적으로 동작하도록 각 장치들을 제어하고 처리하도록 지시하는 기능
④ 연산장치(ALU : Arithmetic & Logical Unit) : 기억된 프로그램에 의하여 데이터를 산술연산이나 논리연산을 하여 새로운 결과를 만들어내는 기능
⑤ 출력 장치(Out Put Unit) : 컴퓨터 내부에서 처리된 결과나 기억된 내용을 문자, 도형, 음성 등의 형태로 외부에 나타내 주는 기능

3) 레지스터의 종류와 기능

레지스터(Register)는 PC의 CPU에 들어 있는 데이터 기억장치로 CPU의 연산장치와 레지스터는 내부 bus로 연결되어 있다.

① 프로그램 계수기(program counter) : 컴퓨터에 의하여 다음에 실행될 명령어의 주소가 저장되어 있는 주기억장치가 있는 레지스터
② 명령 레지스터(instruction register) : 프로그램 계수기가 지정한 주소에 CPU에 의하여 다음에 실행될 명령어가 임시 저장·보관되어 있는 레지스터
③ 상태 레지스터(status register) : CPU에서 수행되는 연산에 관련된 여러 가지 상태 정보를 기억하기 위하여 사용되는 레지스터
④ 작업 레지스터(working register) : 중앙처리장치의 동작을 위해 작업용으로 사용되는 레지스터
⑤ 누산기(accumulator) : 레지스터의 일종으로 산술연산 또는 논리연산의 결과를 일시적으로 기억하는 레지스터
⑥ 기억 레지스터(storage register) : 기억 위치에서 보내왔거나 또는 기억장치에 보낼 데이터를 일시적으로 보관하는 레지스터
⑦ 주소 레지스터(address register) : 데이터가 기억된 기억장치의 주소를 기억하는 레지스터
⑧ 인덱스 레지스터(index register) : 어드레스를 계산할 때 사용하는 레지스터
⑨ 명령 레지스터(instruction register) : 실행할 명령을 보관하는 레지스터
⑩ 부동소수점 레지스터(floating register) : 부동소수점 연산에 사용되는 레지스터

CPU의 3가지 구성 요소가 아닌 것은 어느 것인가?
① memory unit
② control unit
③ ALU
④ I/O device

답 ④

다음 설명 중 틀린 것은?
① 프로그램 카운터 : 컴퓨터에 의하여 다음에 실행될 명령어의 주소가 저장되어 있는 기억 장소
② 명령어 레지스터 : CPU에 의하여 다음에 실행될 명령어가 저장되어 있는 레지스터
③ 상태 레지스터 : CPU에서 수행되는 연산에 관련된 여러 가지 상태 정보를 기억하기 위하여 사용되는 레지스터
④ 누산기 : 특별한 용도의 레지스터로 산술논리연산장치(ALU)에 의해서 얻어진 결과를 영구히 보관하는 곳

답 ④

4) CAD/CAM 시스템의 활용방식

CAD/CAM 시스템의 활용하는 방식에 따라 분류하면 크게 3가지로 구분할 수 있다.

① **중앙 통제형** : 대형 컴퓨터 본체에 작업용 그래픽 터미널, 키보드, 프린터, 플로터 등을 여러 개씩 연결하여 이들을 하나의 중앙 통제형 컴퓨터에서 총괄하여 제어하도록 구성한 방법

② **분산 처리형** : 각 컴퓨터 시스템별로 장착되어 있는 프로세서를 사용하여 자체적으로 자료를 구성하여 작성한 후 서로 통신망을 통하여 교환하는 것뿐만 아니라, 먼 곳에 떨어져 있는 사용자들이 서로 다른 시스템을 사용하더라도 자료를 서로 공유하는 데 어려움이 없도록 하는 방법

③ **독립형(스탠드 얼론형)** : 퍼스널 컴퓨터 시스템에 의한 방법으로 일반적으로 널리 보급되어 있고, 가격이 저렴하며, 여기에는 워크스테이션과 퍼스널 컴퓨터가 사용됨.

(2) 입력 장치

입력 장치에는 크게 문자 입력 장치, 위치 입력 장치, 영상 입력 장치로 나누고 문자 입력 장치는 키보드, 위치 입력 장치는 마우스, 영상 입력 장치는 스캐너 등이 있다. 실제 모델이 있는 경우 리모델링에 사용되는 3D 카메라, 3D 스캐너, 3차원 측정기 등이 있다.

[논리적 입력 장치]는 다음과 같다.

① **셀렉터(selector)** : 스크린상의 특정 물체를 지시하는 데 사용
  예) 라이트 펜, 터치패널

② **로케이터(locator)** : 좌표를 지정하는 역할을 하는 장치
  예) 태블릿, 디지타이져, 조이스틱, 트랙볼, 스타일러스 펜, 마우스 등

③ **밸류에이터(valuator)** : 스크린상에서 물체를 평행이동 또는 회전시킬 경우, 그 양을 조절하는 등 특정의 파라미터 값을 변화시키는 데 사용
  예) potentiometer

④ **버튼(button)** : 키보드와 조합된 형태로 각 버튼마다 프로그램 된 기능에 의해 작동
  예) programed function keyboard

1) 키보드(key board)

입력 장치의 가장 대표적인 장치로 106키 키보드가 많이 사용되고 있다.

좌표를 지정하는 역할을 하는 장치가 아닌 것은?
① 라이트 펜
② 마우스
③ 태블릿
④ 스타일러스 펜

답 ①

2) 디지타이저(digitizer)와 태블릿(tablet)

일반적으로 디지타이저는 태블릿 기능을 겸하며 스타일러스 펜(stylus pen)과 퍽(puck)이 함께 사용하며, 주로 좌표입력, 메뉴의 선택, 커서의 제어 등에 사용한다.

3) 마우스(mouse)

커서 제어기구로 볼 방식과 광학적 방식 2가지가 있다.

4) 스캐너(scanner)

2차원 평면 형태로 구성된 자료를 복사기와 같은 기능에 의하여 컴퓨터 디스켓에 보관·관리하는 시스템 장비이다.

5) 3차원 측정기

실물에서 일정한 간격으로 격자를 구성한 지점의 점의 좌표를 얻는 데 사용되고, 자동차, 항공기, 선박 등 자유 곡면을 많이 사용하는 산업 분야에 주로 사용된다. 측정하는 부위의 도구로는 프로브(probe)와 비접촉식 타입이 있다.

6) 라이트 펜(light pen)

커서 제어기구로 그래픽 스크린(CRT)상에 접촉한 빛을 인식하는 장치로 CRT나 태블릿 등의 디스플레이에 부속된 장치이다.

> 커서 제어기구로 그래픽 스크린(CRT)상에 접촉한 빛을 인식하는 장치로 CRT나 태블릿 등의 디스플레이에 부속된 장치는?
> ① 라이트 펜
> ② 마우스
> ③ 태블릿
> ④ 스타일러스 펜
>
> 답 ①

7) 썸휠(thumb wheel)

커서 제어기구로 x, y축 방향으로 각기 2개의 회전형 가변 저항기를 설치하여 이것을 회전시킴으로써 각 축 방향으로 커서를 이동시키는 장치이다.

8) 조이 스틱(joy stick)

커서 제어기구로 화면상의 커서를 이동하기 위하여 상자에 작은 변속 레버를 장치한 것으로 스틱을 돌리면 도형이 확대 또는 축소되는 것이 있고, 스틱이 움직이는 방향으로 화면이동을 할 수 있도록 되어 있는 것도 있다.

9) 트랙볼(track ball)

커서 제어기구로 마우스와 같은 기능을 갖고 있으며, 볼을 손으로 회전시키면 그에 대응하여 디스플레이상의 십자 마크가 이동하게 된다.

10) 컨트롤 다이얼(control dial)

커서 제어기구로 도형을 확대·축소하거나, 이동·회전하는 경우에 사용한다.

(3) 출력 장치

출력 장치는 중앙처리 장치에 의하여 수행되어 저장된 정보를 사람이 사용하는 문자 또는 기계가 사용하는 신호로 변환하는 장치이다.

1) CRT(Cathode-ray Tube) 디스플레이

브라운관은 전기신호를 전자빔의 작용에 의해 영상이나 도형, 문자 등의 광학적인 상태로 변환하여 표시하는 특수 진공관으로 음극선관(CRT)라고 말한다.

① 스토리지형(direct view storage tube type)

DVST 방식이라고도 하며 형상을 한 번만 화면에 생성시킨 후, 계속해서 형상이 남아 있게 하는 기법으로, 형상을 한 번 나타내면 2~3시간 정도 유지할 수 있고 도형 형상을 CRT 화면상에 저장할 수 있으며, 장단점은 다음과 같다.

㉠ 화면에 깜박임이 없다.
㉡ 표시할 수 있는 도형의 양에 제한이 없다.
㉢ 연필로 그림을 그리듯이 영상을 만든다.
㉣ 가격이 저렴하다.
㉤ 플리커(flicker)가 발생하지 않는다.
㉥ 고정밀도이다. (해상도 우수)
㉦ 구성된 자료를 인식할 수 없어 부분수정이 불가능하다.
㉧ 컬러가 불가능하다.
㉨ 영상을 재구성하는 데 시간이 많이 걸린다.
㉩ 원형의 동적취급이 불가능하다.
㉪ 화면의 밝기와 선명도가 낮다.
㉫ 애니메이션이 불가능하다.

② 랜덤 스캔형(random scan type)

화면의 임의의 점에서 임의의 점까지에 이르는 직선상으로만 전자빔을 움직이는 방식으로 전자빔이 인(P)으로 빛을 내어 영상을 구성하는 것으로 벡터 스캔(vector scan)형이라고도 한다. 장단점은 다음과 같다.

㉠ 화질(해상도)이 우수하다.
㉡ 부분 소거가 가능하여 편집할 수 있다.

다음은 CRT에 관한 설명이다. 틀린 것은 어느 것인가?
① 밝고 풍부한 컬러표시를 할 수 있으며 인텔리전트 기능이 뛰어난 것은 래스터 스캔형이다.
② 스토리지형은 화면이 어둡고 컬러표시를 할 수 없는 단점이 있다.
③ 랜덤 스캔형은 리프레시를 할 수 있는 고화질과 높은 응답성을 가진다.
④ 래스터 스캔형은 잔광 기간이 길 때 플리커라 불리는 어지러운 현상이 나타난다.

답 ④

다음은 그래픽 터미널에 대한 설명이다. 틀린 것은?
① 래스트 스캔형은 화상을 부분 소거할 수 있다.
② 스토리지형은 컬러 표시가 곤란하다.
③ 랜덤 스캔형은 고정도이나 가격이 비싸다.
④ 스토리 지형은 동화 표시(animation)가 가능하다.

답 ④

ⓒ 원형의 동적취급이 가능하다.
ⓔ 화면에 깜박임의 현상이 있다.
ⓜ 도형의 표시량에 한계가 있다.
ⓑ 컬러표시에 제한이 있다.
ⓢ 가격이 고가이다.
ⓞ 움직이는(애니메이션) 영상을 처리할 수 있다.

③ 래스터 스캔형(raster scan type)

전자 빔의 주사방법은 텔레비전과 같으며, 도형의 유무에 관계없이 항상 수평방향으로 주사시켜 상을 형성하는 방식으로 현재 가장 널리 사용되고 있다. 디지털 TV라고도 하며, 장단점은 다음과 같다.

㉠ 컬러 표시가 가능하다.
㉡ 표시할 수 있는 데이터의 양에 제한이 없다.
㉢ 부분 소거가 가능하다.
㉣ 가격이 저렴하다.
㉤ 깜박임(flicker)이 없다.
㉥ 품질(해상도)이 떨어진다.
㉦ 동적 취급(처리속도)이 랜덤 스캔형보다 느리다.

④ 컬러 디스플레이(color display)

섀도 마스크(shadow mask) 방식, 그리드 편향 방식, 페니트레이션 방식 3가지가 있다. 표현할 수 있는 색은 전자총 3개에 의해 빨강(적), 파랑(청), 초록(녹)색의 혼합비에 따라서 정해진다.

2) 평판 디스플레이

① 플라스마 가스 방출형(PDP : Plasma Display Panel)

평면 유리가 덮여 있는 매트릭스형 셀(cell)로 구성되어 각 셀은 네온과 아르곤이 혼합된 가스로 채워져 있다. 이 가스로 구성되어 있는 디스플레이를 플라스마 디스플레이라고 하며, LCD보다 해상도가 좋다. 장단점으로는 다음과 같다.

㉠ 박판형이면서 대화면 표시가 가능하다.
㉡ 화면이 완전 평면이고 일그러짐이 없다.
㉢ 자기발광으로 밝고, 시야각이 좋다.
㉣ 수명이 수만 시간으로 길다.
㉤ 구동전압이 높다.
㉥ 구동 IC 단가가 높다.
㉦ 고가의 형광체로 제작비가 높다.

Raster scan 형식의 CRT 스크린의 디스플레이 방식에 대하여 바르게 설명한 것은?

① 전자 beam이 화면을 지그재그 형태로 주사하는 방식으로 디지털 신호로써 형상을 만든다.
② 스크린 상에 형상을 만들기 위해 전자 beam이 형상을 따라 움직여서 형상을 만든다.
③ 작성된 그림을 스크린의 형광 막에 영구적으로 디스플레이 시킨다.
④ 전자 beam이 화면을 지그재그 형태로 주사하는 방식으로 아날로그 신호를 사용하여 형상을 만든다.

답 ①

플라스마 가스 방출형(PDP : Plasma Display Panel)에 대한 설명으로 틀린 것은?

① LCD보다 해상도가 나쁘다.
② 박판형이면서 대화면 표시가 가능하다.
③ T화면이 완전 평면이고 일그러짐이 없다.
④ 자기발광으로 밝고, 시야각이 좋다.

답 ①

그래픽 터미널에서 컬러표시 능력이 가장 우수하고 디지털 신호를 사용하므로 디지털 TV 라고도 하며 픽셀(pixel)이라는 요소에 의해서 영상이 형성되는 디스플레이 방식은?
① Plasma type 디스플레이
② Random scan 디스플레이
③ Raster scan 디스플레이
④ DVST 디스플레이

답 ③

다음 중에서 디스플레이 장치의 소재로 사용되는 내용이 아닌 것은?
① DED(Digital Equipment Display)
② Plasma Display
③ TFT-LCD(Thin Film Transistor-Liquid Crystal Display)
④ CRT(Cathode Ray Tube) Display

답 ①

② 전자 발광판형(EL : Electro-luminescent)
AC나 DC 전장이 나타날 때 발광재료에서 빛이 발광하도록 되어 있고 발광재료는 망가니즈(망간)가 첨가된 아연화 황화물이기 때문에 전자 발광식 디스플레이는 보통 노란색을 많이 띠고 있다.

③ 액정 디스플레이(LCD : Liquid Crystal Display)
투과된 빛을 반사시키거나 이동시키는 개념의 디스플레이로 빛을 편광시키는 특성을 가진 유기화합물을 이용하여 투과된 빛의 특성을 수정하는 방식을 사용한다. 일종의 광 스위치 현상을 이용한 소자로서 구동방법에 따라 TN, STN, TFT 등이 있고, 장단점은 다음과 같다.
㉠ 작고 가볍다.
㉡ 완전한 평면이다.
㉢ 전자파 발생량이 매우 적다.
㉣ 깜박임이 없다.
㉤ 전력이 적게 소비된다.
㉥ 가격이 비싸다.
㉦ 해상도가 크기에 따라 고정되어 있다.
㉧ 응답속도가 비교적 느리다.
㉨ 잔상이 남는 경우가 있다.

④ 발광 다이오드(LED ; Lighting-Emitting Diodes)
빛을 발하는 반도체소자를 말하며 각종 전자 제품류와 자동차계기판 등의 전자표시판에 활용되고 있다.

⑤ 진공 방전광 디스플레이(Vaccum fluorescent display)

3) 플로터(Plotter)

① 플랫 베드형(flat bed type) : 펜 플로터
테이블 위에 종이가 고정되고, 펜 헤드(pen head)가 놓여 있어 막대가 좌우로 펜 헤드가 막대 위를 전후로 움직이며 펜이 상하로 움직이면서 도형을 그린다. 특징은 다음과 같다.
㉠ 고밀도, 고정밀도의 작화가 가능하다.
㉡ 용지를 선정이 자유롭게 할 수 있다.
㉢ 설치 면적이 크고, 기구가 복잡하다.
㉣ 가격이 비싸고 정비 보수가 까다롭다.
㉤ 테이블과 용지의 밀착성이 좋아야 한다.
㉥ 그림을 그리는 동안 전체를 볼 수 있다. (모니터가 용이)

② 드럼형(drum type)

원리적으로 플랫 베드형의 베드를 원통(drum)형으로 만들어 종이를 이동시키며 작도하는 방법으로 설치면적이 작으며, 플로팅 헤드는 좌우(X방향)로 수평하게 움직인다. 종이가 걸려 있는 드럼이 앞뒤로 회전하면서 원하는 그림을 그리는 방식으로 특징은 다음과 같다.

㉠ 기구가 비교적 간단하고, 설치면적이 좁다.
㉡ 고속작도가 가능하나 고정밀도가 아니다.
㉢ 용지의 길이에 제한이 없고, 무인운전이 가능하다.
㉣ 작화 중 모니터가 어렵다.

③ 벨트형(belt type)

플랫 베드형과 드럼형의 복합적인 형태로 구조적으로는 설치면적이 작고 연속용지나 규격용지도 사용할 수 있는 장점이 있다.

④ 리니어 모터용(linear motor type)

2축 리니어 모터를 사용하여 1개의 모터에 의하여 2차원의 좌표를 설정하여 작화를 하게 한다. 특징은 다음과 같다.

㉠ 가동 부분이 경량이다.
㉡ 고정밀도이다.
㉢ 작화속도가 빠르고 신뢰성이 높다.
㉣ 설치면적이 넓다.
㉤ 작화 중 모니터가 어렵다.
㉥ 오버셧(over shut)의 가능성이 높다.

⑤ 잉크젯식(ink-jet type)

잉크를 품어내는 노즐(nozzle)을 갖고 있는 헤드(head)가 좌우로 움직여 소정의 위치에서 잉크를 불어내어 도형을 그린다. 일반적으로 하드카피라 부르며 그래픽 디스플레이에 나타난 화상을 그대로 받아 도면으로 표현하는 기기로 애매한 색상을 배합하기가 편리하고 기본색(cyan, magenta, yellow, black)이다.

⑥ 정전식(electrostatic type)

래스터형의 대표적인 것으로 종이에 음전하를 발생시키고 양전하를 띤 검정색의 토너를 흘려서 그림을 그린다.

㉠ 작화속도가 빠르고, 저소음이다.
㉡ 고화질이고 자동 레이아웃기능과 자동 절단기구가 있다.
㉢ 벡터 데이터를 래스터 데이터로 변환해 주어야 하고 펜 플로더용 작화 데이터를 그대로 사용할 수 있다.

⑦ 열전사식

필름에 도포한 잉크를 발열 저항체로 배열한 서멀헤드로 녹여 기록지에 전사하는 방식으로 빠른 프린트 속도와 사진과 같은 인쇄효과를 얻을 수 있다.

⑧ 광전식

프린터 기판용 패턴필름(pattern film)을 작성할 때 사용한다.

⑨ 레이저 빔식(래스터 스캔 방식)

레이져 빔 방식 플로터는 복사기와 같은 원리이다.

㉠ 고품질의 도면을 얻을 수 있고 작화속도가 빠르다.

㉡ 보통의 종이를 사용할 수 있고 가격이 싸다.

㉢ A2 이상의 사이즈를 사용할 수 없고 광학계의 기구가 복잡하다.

4) 프린터(Printer)

① 시리얼 프린터(serial printer)

㉠ **충격식** : 잉크가 묻은 용지에 겹쳐놓고 타자방식으로 데이지 휠 또는 도트 메트릭스 프린터 방식을 사용

㉡ **비충격식** : 열과 정전기 잉크분사 방법을 이용하며 출력의 질이 좋고 소음이 적으나 다량의 복사는 불가능하고 값이 고가이다.

② 라인 프린터(line printer)

드럼 방식과 벨트 방식이 있으며, 어느 방식이든 한 글자씩 찍지 않고 한 줄을 한꺼번에 인쇄하는 방식이다.

③ 페이지 프린터(page printer)

전기, 열, 광선 등을 이용하는 방식, 속도가 비교적 빠르다.

④ 하드 카피 장치(hard copy unit)

CRT에 나타난 영상을 그대로 복사 출력하는 장치로서 CAD 설계작업 시 중간 결과를 확인하기에 편리하다. 플로터에 비해 해상도가 좋지 않아 최종 도면의 출력용으로는 부적합하다.

⑤ COM(Computer Output Microfilm)

도면이나 문자를 마이크로필름으로 출력하는 장치로서 출력량이 많거나 도면의 크기가 작은 경우 매우 효과적이다. 수정할 수 없고 해상도도 떨어지지만 쉽고 비교적 처리속도가 빠르다. 16m/m 필름(문자용) 및 35m/m 필름(도면용)이 사용된다.

전기, 열, 광선 등을 이용하는 방식, 속도가 비교적 빠른 프린터(printer) 방식은?
① 페이지 프린터
② 라인 프린터
③ 시리얼 프린터
④ 하드 카피 장치

답 ①

> **참고 용어설명**
> ① 플리커(flicker) : 리프레시(refresh)에 의해 약간 화면이 흐려지고 밝아지는 현상이 일어나는데 이 과정에서 화면이 흔들리는 현상이다.
> ② 포커싱(focusing) : TV나 래스터 주사 디스플레이어에서 화면 안쪽 표면상의 한 점에 전자빔을 집약시키는 것이다.
> ③ 디플렉션(deflection) : 빛이나 전자 빔 등의 진행방향을 임의로 변화시키는 것이다.
> ④ 래스터(raster) : CRT 화면상에 미리 정해진 수평선의 집합 형태로 이 선들은 전자 빔에 의해 주사되어 일정한 간격을 유지하며 전체화면을 고르게 덮고 있다.

(4) 벡터 리프레시 그래픽 장치

벡터 리프레시(vector refresh) 그래픽 장치는 그래픽 처리 장치, 디스플레이 버퍼 메모리, 음극선관(CRT)으로 구성되어 있다.

1) 그래픽 처리 장치

디스플레이 버퍼에 저장되어 있는 디스플레이 리스트를 읽어 들인다. 디스플레이 리스트는 프로그램의 그래픽 명령에 해당하는 코드를 모아 놓은 것으로 그래픽 처리 장치에 의해 디스플레이 버퍼에 저장된다.

① 그래픽 처리 장치는 수직 편향판과 수평 편향판에 전압을 발생시켜 음극선에서 방출된 전자빔을 음극선관 안쪽 면의 해당 위치에 주사시킨다. 이때 화면의 안쪽에는 형광물질이 발라져 있어 전자빔을 받으면 짧은 시간 동안에 빛을 발하게 된다.

② 형광 현상은 아주 짧은 시간 동안만 지속되고 금세 사라지므로 사용자가 플릭커링(flickering), 즉 껌벅거림 현상을 알아채지 못하므로 그림을 매우 빠르게 반복해서 그려 주어야 한다. 그림을 다시 그리는 과정을 리프레시라고 하는데 이는 실제로 디스플레이 버퍼 내의 디스플레이 리스트의 내용을 위에서 아래로 반복적으로 읽으면서 전자빔을 주사하는 방식으로 수행한다.

2) 디스플레이 버퍼

디스플레이 버퍼는 단지 리프레시를 위해서만 필요하다. 화면에 나타내고자 하는 그림이 너무 복잡하면 한 화면을 리프레시 하는 데 1/30초 이상 걸릴 수도 있다. 이러한 경우 리프레시 초기에 그려진 그림은 한 화면에 그려야 할 나머지 그림이 채 그려지기도 전에 사라지게 되어 화면 전체가 깜박거리는 현상이 나타나게 된다. 이러한 플릭커링 현상과 높은 장비 가격이 벡터 리프레시 그래픽 장치의 가장 큰 단점이다.

리프레시(refresh)를 함에 따른 방지 효과는?
① focusing
② deflection
③ flicker
④ acceleration

답 ③

그러나 수직 및 수평 편향 판에 전압을 조절하여 공급함으로써 원하는 만큼의 해상도를 얻을 수 있다. 이 그래픽 장치는 높은 해상도와 직선을 재그(jag) 없이 항상 직선으로 나타내는 기능, 애니메이션을 위한 동적 디스플레이 기능이 장점이다.

(5) 래스터 그래픽 장치

디스플레이 프로세서가 응용프로그램으로부터 그래픽 명령을 받아 그것을 래스터 이미지로 변환한 다음 프레임 버퍼 메모리에 저장한다.

래스터(Raster) 그래픽 장치의 Frame buffer에서 1화소당 24bit를 사용한다면 빨강(R), 초록(G), 파랑(B)이며, $2^{24} = 16,777,216$이 된다.

2 소프트웨어 구성 요소

CAM용 소프트웨어란 모델링 데이터를 NC Code로 파트 프로그램 작업에 필요한 소프트웨어를 말한다. 파트 프로그램의 주요 작업은 도면의 해독, 공정계획(가공계획), 프로그램 작성(수동/자동), NC 데이터 검증 등이 있다.

(1) 소프트웨어의 구성

1) Foley와 Van-Dam이 구성한 3가지 모델
① 그래픽 시스템
② 응용프로그램
③ 응용 데이터베이스

2) 소프트웨어의 기능
① 그래픽 요소의 생성 기능
  ㉠ 컴퓨터 그래픽에서 그래픽 요소는 점, 선, 원과 같은 형상의 기본단위와 알파벳 문자, 특수 기호 등으로 구성한다.
  ㉡ 기본요소의 조합으로 구(sphere), 관(tube), 원통(cylinder) 등 기본 모델을 형성하고 이것을 소프트웨어에 따라 프리미티브(primitive), 오브젝트, 엘리먼트, 엔티티 등으로 설명한다.
  ㉢ 3차원 모델링 방법은 와이어프레임 모델링(wireframe modeling)과 서피스 모델링(surface modeling), 솔리드 모델링(solid modeling)이 있다.

② 데이터 변환기능
　㉠ **스케일링(scaling)** : 형상의 확대, 축소
　㉡ **이동(translation)** : 위치 변환
　㉢ **회전(rotation)** : 회전 변환
③ **디스플레이 제어와 윈도 기능**
　㉠ 디스플레이 제어 : 은선 제거(hidden-line removel)와 같은 기능
　㉡ 윈도 기능 : 사용자가 형상을 임의의 각도나 크기로 표현할 수 있는 기능
④ **세그먼트 기능**
　㉠ 형상의 일부분을 수정, 삭제할 수 있도록 하는 기능
　㉡ 세그먼트란 하나의 요소 혹은 몇 개의 요소들의 모임으로 수정, 삭제의 기본단위를 말한다.
⑤ **사용자 입력기능**
　㉠ 시스템에 명령이나 데이터를 입력 장치를 이용하여 입력하는 기능
　㉡ 입력이 간단하고 쉽게 이루어지도록 단순화해야 한다.

③ CAD 데이터 표준

■ CAD/CAM 데이터 교환을 위한 표준

(1) CAD/CAM 인터페이스

CAD/CAM 시스템을 사용하여 도형을 구성한 경우, 구성된 도형 자료들에 대해서는 어떠한 종류의 그래픽 소프트웨어를 사용하더라도 이미 구성된 자료를 사용할 수 있도록 그래픽 소프트웨어의 표준화가 되어 있어야 한다. 표준화된 그래픽 소프트웨어를 사용함으로써 다음과 같은 장점을 얻을 수 있다.

① 개발된 CAD/CAM 시스템을 컴퓨터의 종류에 무관하게 사용할 수 있다.
② 응용프로그램, API(Application Program Interface)를 개발하거나, 사용자가 바뀌거나, 새로운 주변장치를 개발할 때 처음부터 수정·설계하는 지식 및 시간 등을 절약할 수 있다.
③ 이미 구성된 표준안에 따라 새로이 주변장치를 개발할 경우 새로이 프로그램을 작성하는 일이 없어진다.

그래픽스 표준규격에는 DXF(Data Exchange File), IGES(Initial Graphics Exchange Specification), STEP(Standard for the Exchange of Product model data), STL(Stereo Lithography),

GKS(Graphical Kernel System), CGI(computer Graphice Interface), CGM(Computer Graphical Metafile), NAPLPS(North American Presentaion Level Protocol System), GKS-3D (Graphical Kernel Sysrem-3D), PHIGS(Programmer's Hierarchical Interactive System) 등이 있다.

❷ 데이터 교환

(1) DXF(Data Exchange File)

DXF는 Data Exchange File의 약자로서, 미국의 Autodesk 사에서 개발한 AutoCAD Data와 호환성을 위해 제정한 ASCⅡ Format이다. DXF는 ASCⅡ문자로 구성되어 있어서 일반적으로 Text Editor에 의해 편집이 가능하고, 다른 컴퓨터 하드웨어에서도 처리가 가능하다. 또한, DXF의 구조는 Header Section, Tables Section, Blocks Section 및 Entities Section으로 구성되어 있으며, 데이터의 종류(그룹)를 미리 알려 주는 그룹 코드(Group Code)가 있다.

① 헤더 섹션(Header Section)

도면에 대한 일반적인 자료(버전, 치수선 등)와 각각의 변수로 사용된 변수명(Variable name)과 사용된 값을 수록하며, 각각의 변수 또는 파라미터(Parameter)에 "$"를 붙여서 사용한다.

② 테이블 섹션(Tables Section)

이 섹션은 선의 종류 정의 테이블(LTYPE), 레이어 테이블(Layer), 문자의 종류 테이블(STYLE), 화면의 종류 테이블(VIEW), 사용자 정의 좌표계 테이블(UCS : User Coordinate System), 뷰포트 구성 테이블(VPORT), 치수 형태의 정의 테이블(DIMSTYLE), 응용 부분 테이블(APPID)과 같은 종류를 수록하고 있다.

③ 블록 섹션(Blocks Section)

이 섹션은 도면에서 사용된 BLOCK에 대한 여러 개의 도형을 모아서 하나의 이름으로 수록하는 블록의 정의 부분이다. 예를 들어 35개의 직선을 모아서 너트로 정의한 경우에는 이것을 "NUT"라는 이름으로 지정하면 다음 작업부터는 "NUT"라는 이름으로 도면의 어느 부분이라도 쉽게 Drawing 할 수 있다.

④ 엔티티 섹션(Entities Secion)

이 섹션은 실제의 도형에 대한 좌푯값, Layer 이름 등이 구체적으로 기술되는 부분이다. 정의되는 엔티티는 LINE, ARC, CIRCLE, POINT,

TRACE, SOLID, TEXT, BLOCK, VIEWPORT, DIMENSION 등이 있다.

⑤ EOF(End of File)

File의 맨 마지막 부분에는 EOF(End of File)이라는 글자로 표시한다.

(2) IGES(Initial Graphics Exchange Specification)

IGES는 1979년 미국의 NBS(National bureay of standard)에 의해서 제안되었고 1980년 규정이 정립되면서 Version 1.0이 발표되었다. IGES는 기계, 전기, 전자, 유한요소해석(FEM), Solid Model 등의 표현 및 3차원 곡면 데이터를 포함하여 CAD/CAM Data를 교환하는 세계적인 표준이고, IGES는 3차원 모델링 기법인 CSG(Constructuve solid geometry : 기본입체의 집합연산 표현방식) Modeling과 B-rap(Boundary representation : 경계표현 방식)에 의한 모델을 정의할 수 있으며, File은 FORTRAN Program File과 비슷한 80문자의 ASCⅡ(Amerrican Standard Code Information interchange)로 한 Line이 구성된다. IGES 파일의 구조는 Start, Global, Directory, Parameter, Terminate 5개의 섹션(Section)으로 구성되어 있다.

① 개시 섹션(Start Section)

START 섹션에는 IGES 파일에 대한 시작을 표시하며, 중요하지 않지만 반드시 있어야 한다. 1~3줄 정도를 사용하여 파일명, 생성연도, 월, 일을 기입할 수 있는데, 보통 Gloval Section에서 주석(Comment)을 달고 시작(Start) 섹션에는 아무것도 표시하지 않는다.

② 글로벌 섹션(Global Section)

이 섹션은 IGES 파일의 개요를 적어 놓은 부분으로서 파일명, 생성된 CAD/CAM 시스템의 이름, 제품명, IGES Version 등을 표시한다. Global Section은 모두 22개의 내용이 기입되나, 시스템에 따라 이 부분을 전혀 무시하는 것도 있고, 전부를 읽어서 참조하는 것도 있으므로 IGES를 기입할 때는 자세히 쓰는 것이 바람직하다. 총 24개의 데이터를 기록한다.

③ 디렉토리 섹션(Directory Section)

이 섹션은 Parameter 섹션과 함께 실제적인 형상을 정의하는 부분이다. Directory 섹션의 인덱스 역할뿐만 아니라 도형 요소(entities)의 종류, 레이어(Laters), 선(Lines)의 모양 등을 표시한다.

④ 파라미터 섹션(Parameter Section)

이 섹션은 도형 요소 등의 데이터를 구체적으로 기술하는 부분이다.

Data가 기술되는 형식은 요소의 번호(Numver)에 따라 다르다. 직선은 시작점과 끝점을, 원호는 중심점과 끝점을 기술한다. 1~64번까지는 같은 데이터를 기록하고, 나머지 칸은 Directory Section과 Parameter Section의 관계를 표시한다.

⑤ 종결 섹션(Terminate Section)

이 섹션은 5개 구성 섹션에 사용된 줄의 수를 표시한다.

⑥ 플래그 섹션(flag section)

압축형 ACSCⅡ와 2진 형식에서만 사용되는 것으로, 데이터의 표현 형식에 따른 선택사항이다.

> **참고** 용어설명
>
> ASCII Code : 미국 표준협회에서 제정한 코드로 7비트 또는 8비트로 한 문자를 표시하는데, 3비트의 존 비트와 4비트의 숫자 비트로 구성되고, 8비트의 경우 1비트의 패리티 비트가 추가되어 128개의 문자 표현 방식이다.

(3) STEP(Standard for Exchange Product Model Data)

STEP은 제품의 모델과 이와 관련된 데이터의 교환에 관한 국제규격(ISO 10303)으로 정식 명칭은 "Industrial automation system-Product dara representation and exchange-ISO 10303"이다. 1984년 시작하여 1994년 이후 국제규격으로 인정되었다. STEP은 정식 명칭과 같이 제품데이터(Product)의 표현(Representation) 및 교환(Exchange)을 위한 국제표준규격이다. 개념설계에서 상세 설계, 시제품, 테스트, 생산, 생산지원 등의 제품에 관련됨 Life Cycle의 모든 부문에 적용되는 데이터를 뜻한다. 그러므로 형상 데이터뿐만 아니라 부품표(BOM), 재료, 관리데이터, NC 가공 데이터 등 많은 종류의 Data를 포함하고 있다. 이러한 것이 CAD/CAM System 표준이 되고 있는 IGES나 DXF와의 차이점이다.

DXF나 IGES는 형상 데이터, 속성 데이터 등 CAD/CAM 시스템에서 사용하는 데이터만을 교환할 수 있기 때문이다.

(4) STL(Stereo Lithography)

이 규격은 쾌속조형의 표준입력파일 포맷으로 많이 사용되고 있으며, 1987년 미국의 3D system사가 Albert Consulting Group에 의뢰하여 만들어진 것이다. 3차원 데이터의 서피스 모델을 삼각형 다면체(facet)로 근사시킨 것으로 CAD/CAM S/W 개발자들이 STL 파일을 표준출력의 옵션으로 선정하였다. IGES, STEP 등 각종 표준규격 파일들을 STL 파일로 변환시키는 소프트웨어들이 개발되고 있다. 쾌속조형 소프트웨어 알고리즘은 모드 STL 기반을 가지고 있다.

이 STL 파일은 ASC Ⅱ 포맷과 Binary 포맷이 있는데, Binary 포맷이 이 ASC Ⅱ 포맷보다 용량이 25[%]이므로 Binary 포맷을 주로 사용하고 있다.

또 STL 파일은 내부처리 구조가 다른 CAD/CAM 시스템에서 쉽게 정보를 교환할 수 있는 장점을 가지고 있으나, 모델링된 곡면을 정확히 삼각형 다면체로 옮길 수 없는 점과 이를 정확히 변환시키려면 용량이 많이 차지하는 단점도 있다.

(5) GKS(Graphical Kernel System)

컴퓨터 그래픽의 표준화 움직임은 ACM과 SIGGRAPH에 의해 CORE 라고 불리는 표준안을 만들게 되었다. 1977년 CORE가 처음 발표되었으나, 레스터 그래픽기법에 대한 표준안이 다루어지지 않아서 2년 뒤에 (1979)년 수정안을 다시 발표하였다. 이 무렵 독일의 DIN에 의해 GKS (Graphical Kerriel System)가 제안되어 국제 표준기구인 ISO, ANSI 등에서 1985년에 GKS를 표준으로 채택하게 되었다.

(6) CGI(Computer Graphic Interface)

CGI는 VDI(Virtual Device Interface)라는 이름으로 시작된 하드웨어 기준의 표준이며, 이를 ISO에서 취급하게 되면서 CGI로 명칭이 바뀐 것이다. 그래픽 기능과 Hardware driver 간에 공유되어 각종 하드웨어를 Control 할 수 있도록 하는 표준 규격이다.

(7) CGM(Computer Graphic Metafile)

VDM(Virtual Device Metafile)이라고도 한다. CGM은 서로 다른 시스템 간에 형상된 모형에 관한 도형의 이미지와 정보의 저장방법 및 도형 정보를 File로 저장할 때, 도형의 종류에 따라 일정한 규칙을 정하여 저장파일을 구성하게 하는 표준규칙으로, 다른 시스템에서 바로 이 파일을 이용하여 수정·편집이 가능하도록 한 표준이다.

(8) NAPLPS(North American Presentation Level Protocol Syntax)

문자와 도형을 전송하기 위해서 통신회선을 사용하고자 할 때 필요한 규정으로 미국의 AT&T가 채택한 하드웨어기준의 표준규격이다. 문자와 도형으로 나타난 영상자료를 전송할 때 필요한 코드 체계를 제정한 것이다.

(9) GKS-3D와 PHIGS(Programmer's hierarchical interactive graphic system)

GKS-3D는 GKS에 3차원 기능을 부여한 것으로, 3D 입력요소의 입력과 디스플레이 등을 추가하였다. PHIGS는 3차원 그래픽을 표현하는 primitive를 단계적으로 그룹화하여 사용할 수 있도록 한 그래픽 표준으로 계층적 구조를 가지고 Graphic 표준이라 할 수 있다. 최근 발표된 PHIGS+는 PHIGS를 보완하여 가상현실기법을 적용할 수 있게 하였고, 이용분야는 항공교통망 시뮬레이션, 몰 분자 모델링, 건축설계 등에 이용하고 있다.

예상문제

01 CAD/CAM의 도입 효과와 가장 거리가 먼 것은?
① 설계 생산성 향상 및 설계 변경 용이
② 회계, 고객관리 업무의 통합적 수행
③ 도면 품질 향상
④ 제품 개발 기간 단축

해설
CAD/CAM의 효과
① 설계의 생산성 향상 : 도면 수정, 부품 대칭, 비슷한 도면, 도면이 복잡할 때
② 시간 단축 : 도면 수정 및 비슷한 도면을 그릴 때
③ 설계해석 : 설계해석을 동시에 제공
④ 설계 오류의 감소 : CRT에서 도형의 모양이나 치수 확인
⑤ 설계계산의 정확성, 표준화, 정보화, 경영의 효율화와 합리화

02 제품 가공공정의 계획, 운용, 제어에 관한 컴퓨터 이용 기술은?
① CAD   ② CAM
③ CAE   ④ PDM

해설
① CAM(Computer Aided Manufacturing)
생산계획, 제품생산 등 생산에 관련된 일련의 직업을 컴퓨터를 통하여 직·간접으로 제어하는 것으로 컴퓨터를 이용하여 제품 가공공정의 계획, 운용, 제어에 관한 컴퓨터 이용 기술이다.
② CAE(Computer Aided Engineering)
컴퓨터를 통하여 엔지니어링 부분, 즉 기본설계, 상세설계에 대한 해석, 시뮬레이션 등을 하는 것이다.
③ PDM(Product Data Management)
제품개발이 정의에서부터 설계, 개발, 제조, 출하 및 고객 서비스에 이르기까지 전반에 걸친 제품정보를 통합 관리하는 시스템을 말한다. 일반적으로 ERP와 연계해 구축한다. 최근 PLM(제품 수명관리)까지 개념이 확장되었다.

03 컴퓨터를 이용한 공정계획의 약자로 맞는 것은?
① CAP   ② MRP
③ CAT   ④ CAPP

해설
① CAP : NC 가공에 필요한 정보, 생산 및 검사를 위한 계획 등의 리스트를 작성하는 것
② MRP : 완제품에 대한 기본 일정계획을 완제품에 사용되는 원자재와 부품에 대한 상세한 일정계획으로 바꾸는 계산 기술(자재 수급 계획)
③ CAT : 제조공정에 있어서 검사공정의 자동화에 대한 것으로 CAM 일부분으로 볼 수 있음.
④ CAPP : 한 부품을 만들기 위한 공정계획을 자동으로 만들어 주는 시스템으로 부품의 특성을 찾아내 생산에 연결, 즉 컴퓨터에 의한 공정계획을 말함.

04 설계환경의 변화에 따른 CAD/CAM의 필요성을 나열하였다. 이 중에서 거리가 먼 것은?
① 제품 사양의 균일화로 설계 작업량의 축소
② 신제품 개발 경쟁의 격화
③ 고품질, 저가격의 추구로 설계의 필요성 증대
④ 설계 납기의 단축

05 자동화를 할 수 있는 생산 형태를 연속공정, 부품 대량생산, 일괄생산, 특수제품생산의 4가지로 분류할 때 CAD/CAM을 적용함으로써 가장 효과적인 생산체계는?
① 연속공정
② 부품 대량생산
③ 일괄생산
④ 특수제품생산

[정답] 01 ② 02 ② 03 ④ 04 ① 05 ④

06 설계 및 생산 과정에 컴퓨터를 이용함으로써 작업의 자동화, 효율화, 고정밀도화를 실현하고자 하는 설계, 생산 및 해석 분야의 약어가 다른 하나는?

① CAD ② CAM
③ CAE ④ IGES

해설
① CAD(Computer Aided Design)—전산응용설계
② CAM(Computer Aided Manufacturing)—전산응용가공
③ CAE(Computer Aided Engineering)—전산응용공학
④ IGES(Initial Graphics Exchange Specification)—그래픽 표준규격

07 CAD/CAM의 필요성에서 제조환경의 변화와 관계가 없는 것은?

① 생산 자동화의 비율 증대
② 다품종 소량생산
③ 고령화
④ 설비기계의 가동률 향상

해설
CAD/CAM의 필요성
① 다품종 소량생산
② 생산 자동화의 비율 증대
③ 설비기계의 가동률 향상
④ 고령화—인적 환경의 변화

08 CAD/CAM의 응용 분야와 관계가 없는 것은?

① 사무자동화 분야
② 금형산업 분야
③ 항공기산업 분야
④ 자동차산업 분야

해설
CAD/CAM의 응용 분야
① 전자산업 분야
② 항공기산업 분야
③ 자동차산업 분야
④ 금형산업 분야, 기타(프린트기판설계, 플랜트 배관, 지도, 의류)

09 기본설계, 상세설계에 대한 해석, 시뮬레이션을 하는 것은?

① CAE ② CAT
③ CAD ④ CIM

10 CAM의 구조에서 생산에 해당하는 것은?

① 공정제어 ② 해석설계
③ 생산공학 ④ 시장조사

11 CAD/CAM 시스템을 구축하여 얻는 이점으로 옳지 않은 것은?

① 제품의 품질 향상과 안정화
② 설계 기간의 연장
③ 설계와 생산의 표준화
④ 도면 변경, 검색의 용이

12 컴퓨터 네트워크 기술을 이용하여 물건과 정보의 흐름을 일체화시켜 경영 효율화를 기하기 위한 자기 통제 기능을 가진 유연한 생산 시스템을 무엇이라 하는가?

① CIM ② CAT
③ CAD ④ CAM

[정답] 06 ④ 07 ③ 08 ① 09 ① 10 ① 11 ② 12 ①

> **해설**
> CIM이란 Computer Integrated Manufacturing의 약자로, 컴퓨터 네트워크 기술을 이용하여 물건과 정보의 흐름을 일체화시켜 경영 효율화를 기하기 위한 자기 통제 기능을 가진 유연한 생산 시스템이다.

13 다음 중 잘못 짝지어진 것은?
① MRP-자재 수급 계획
② GT-그룹 기법
③ FA-유연성 생산 시스템
④ GAPP-공정계획

> **해설**
> FA-공장 전체의 자동화, 무인화

14 영업, 마케팅, 생산, 구매, 기술 등 각 분야별 관련 정보를 통합하여 일괄된 정보와 기능을 갖도록 하는 시스템을 무엇이라 하는가?
① CAD   ② CIM
③ CAE   ④ CAM

> **해설**
> CIM(Computer Integrated Manufacturing)
> 제품의 사양, 개념 사양의 입력만으로 최종제품이 완성되는 자동화 시스템의 CAD/CAM/CAE에 관리업무를 합한 통합 시스템

15 NC 가공에 필요한 정보, 생산 및 검사를 위한 계획 등의 리스트를 작성하는 것을 무엇이라고 하는가?
① CAM   ② CAE
③ CAP   ④ CIM

> **해설**
> CAP(Computer Aided Planning)
> NC 가공에 필요한 정보, 생산 및 검사를 위한 계획 등의 리스트를 작성하는 것

16 제도 용지의 세로와 가로의 비는 얼마인가?
① $1 : \sqrt{2}$ ② $1 : 2$
③ $\sqrt{2} : 1$ ④ $2 : 1$

> **해설**
> 제도 용지의 크기는 A열 사이즈를 사용한다. 다만, 연장하는 경우에는 연장 사이즈를 사용한다. 제도 용지의 세로와 가로의 비는 $1 : \sqrt{2}$이며, 원도의 크기는 긴 쪽을 좌우 방향으로 놓고 사용한다.

17 제도에서 A2 종이의 규격은 얼마인가?
① 594×841
② 420×594
③ 297×420
④ 210×297

> **해설**
> 제도에서 종이의 재단 치수
>
> | 호칭 방법 | | A0 | A1 | A2 | A3 | A4 |
> |---|---|---|---|---|---|---|
> | $a \times b$ | | 841×1189 | 594×841 | 420×594 | 297×420 | 210×297 |
> | C(최소) | | 20 | 20 | 10 | 10 | 10 |
> | d(최소) | 철하지 않을 때 | 20 | 20 | 10 | 10 | 10 |
> | | 철할 때 | 25 | 25 | 25 | 25 | 25 |

18 도면의 양식에서 설정하지 않으면 안 되는 사항은?
① 윤곽선   ② 중심 마크
③ 표제란   ④ 재단 마크

[정답] 13 ③ 14 ② 15 ③ 16 ① 17 ② 18 ④

> **해설**
> 도면의 양식
> ⊙ 설정하지 않으면 안 되는 사항 : 도면의 윤곽 – 윤곽선, 중심 마크, 표제란
> ⓒ 설정하는 것이 바람직한 사항 : 비교 눈금, 도면의 구역 – 구분 기호, 재단 마크

19 도면에 마련되는 양식의 종류 중 작성 부서, 작성자, 승인자, 도면 명칭, 도면번호 등을 나타내는 양식은?

① 표제란　　② 부품란
③ 중심 마크　④ 비교 눈금

> **해설**
> 표제란(title block, title panel) : 표제란은 도면 관리에 필요한 사항과 도면 내용에 관한 정형적인 사항 등을 정리하고 기입하기 위하여 윤곽선 오른편 아래 구석의 안쪽에 설정하고, 이것을 정위치로 한다. 표제란에는 도면번호, 도면 명칭, 기업(단체)명, 책임자의 서명, 도면 작성 연월일, 척도, 투상법 등을 기입한다.

20 비례척이 아닌 임의의 척도는?

① 축척　　② 현척
③ 배척　　④ NS

> **해설**
> 척도의 종류
> ① 축척 : 실물을 축소해서 그린 도면
> ② 현척(실척) : 실물과 같은 크기로 그린 도면
> ③ 배척 : 실물을 확대해서 그린 도면
> ④ NS(Non Scale) : 비례척이 아닌 임의의 척도

21 CAD에서 도면 템플릿 파일에 저장해야 하는 항목설정이 아닌 것은?

① 도면 규격 한계(limits)
② 축척(scale)
③ 단위 및 형식
④ 제품명 및 부품명

> **해설**
> 도면 템플릿 파일에 저장해야 하는 항목을 설정
> ① 도면 규격 한계(limits)
> ② 축척(scale)
> ③ 단위 및 형식
> ④ 윤곽선(border), 표제란, 부품란, 중심 마크
> ⑤ 도면층 작성 및 설정
> ⑥ 선 종류와 선 가중치 설정
> ⑦ 문자 스타일 및 치수 스타일
> ⑧ 품번, 다듬질 등 각종 기호
> ⑨ 플롯 및 게시 설정

22 CAD에서 도면층의 기능이 아닌 것은?

① 도면 자체는 물론이고 다양한 객체들의 관리가 용이하다.
② 매우 복잡한 도면을 작업하는 경우, 화면에 객체를 일시적으로 숨길 수 없다.
③ 객체가 화면에 표시되지만 선택 불가능(잠금)으로 설정하면, 편집 작업을 좀 더 쉽고 빠르게 수행할 수 있다.
④ 객체의 선 가중치와 지정된 색상에 따라 최종 도면을 인쇄할 수 있다.

> **해설**
> 매우 복잡한 도면을 작업하는 경우, 화면에 객체를 일시적으로 숨기거나 필요시 다시 표시할 수 있다.

23 CAD에서 사용되는 좌표 중에서 최종점에서 일정한 거리와 각도로서 표현하는 좌표계는?

① 극좌표계
② 실린더 좌표계
③ 상대 좌표계
④ 절대 좌표계

[정답] 19 ① 20 ④ 21 ④ 22 ② 23 ①

해설
좌표계 종류

구분	기준점	입력방법	해설
절대 좌표	X, Y, Z 축이 만나는 곳 (원점 = 0, 0)	X, Y	원점에서 해당 축 방향으로 이동한 거리
상대 극좌표	먼저 지정된 좌표	@거리<방향	먼저 지정된 점과 지정된 점까지의 직선거리 방향은 각도계와 일치
상대 좌표	먼저 지정된 좌표	@X, Y	먼저 지정된 점으로부터 해당 축 방향으로 이동한 거리
최종 좌표	마지막으로 지정된 좌표	@	지정될 점 이전의 마지막으로 지정된 점

24 CAD 소프트웨어가 반드시 갖추고 있어야 할 기능으로 거리가 먼 것은?

① 화면 제어 기능 ② 치수 기입 가능
③ 도형 편집 기능 ④ 인터넷 가능

해설
CAD 소프트웨어의 기본 기능
① 요소 작성 기능
② 요소 변환 기능
③ 요소 편집 기능
④ 도면화 기능
⑤ 디스플레이 제어 기능
⑥ 데이터 관리 기능
⑦ 특성 해석 기능
⑧ 플로팅 기능

25 일반적인 CAD 소프트웨어의 기본적인 기능으로 볼 수 없는 것은?

① 문자나 데이터의 편집 기능
② 디스플레이 제어 기능
③ 도면 작성 기능
④ 가공정보 제어 기능

해설
가공정보 제어 기능은 CAM 기능이다.

26 CAD 용어에 대한 설명 중 틀린 것은?

① Pan : 도면의 다른 영역을 보기 위해 디스플레이 윈도를 이동시키는 행위
② Zoom : 대상물의 실제 크기(치수 포함)를 확대하거나 축소하는 행위
③ Clipping : 필요 없는 요소를 제거하는 방법, 주로 그래픽에서 클리핑 윈도로 정의된 영역 밖에 존재하는 요소들을 제거하는 것을 의미
④ Toggle : 명령의 실행 또는 마우스 클릭 시마다 On 또는 Off가 번갈아 나타나는 세팅

해설
Zoom : 대상물의 실제 크기를 확대하거나 축소하는 행위로 치수는 포함하지 않는다.

27 CAD(Computer-Aided Design) 소프트웨어의 가장 기본적인 역할은?

① 기하 형상의 정의
② 해석 결과의 가시화
③ 유한요소 모델링
④ 설계물의 최적화

해설
CAD(Computer-Aided Design) 소프트웨어의 가장 기본적인 역할은 기하 형상의 정의이다.

[정답] 24 ④ 25 ④ 26 ② 27 ①

28 다음 중 CAD 소프트웨어가 갖추어야 할 기능으로 가장 거리가 먼 것은?

① 제조공정 제어
② 데이터 변환
③ 화면 제어
④ 그래픽 요소 생성

해설
CAD 소프트웨어에서 제조공정 제어는 되지 않는다.

29 CAD 소프트웨어에서 명령어를 아이콘으로 만들어 아이템별로 묶어 명령을 편리하게 이용할 수 있도록 한 것은?

① 스크롤바
② 툴바
③ 스크린 메뉴
④ 상태(status) 바

해설
툴바 : 명령어를 아이콘으로 만들어 아이템별로 묶어놓은 명령어이다.

30 CAD 시스템에서 일반적인 선의 속성(attribute)으로 거리가 먼 것은?

① 선의 굵기(line thickness)
② 선의 색상(line color)
③ 선의 밝기(line brightness)
④ 선의 종류(line type)

해설
CAD 시스템에서 일반적인 선의 속성
① 선의 굵기(line thickness)
② 선의 색상(line color)
③ 선의 종류(line type)

31 양궁 과녁과 같이 일정 간격을 가진 여러 개의 동심원으로 구성되는 형상을 만들려고 한다. 다음 중 가장 적절하게 사용될 수 있는 기능은?

① zoom
② move
③ offset
④ trim

해설
① zoom : 화면을 확대하거나 축소하여 물체를 자세히 보거나 전체적인 화면을 보는 화면제어 명령어이다.
② move : 객체를 이동시키는 명령어로 두 점 또는 숫자를 입력해서 그 변위만큼 물체가 이동하는 명령어이다.
③ offset : 양궁 과녁과 같이 일정 간격을 가진 여러 개의 동심원으로 구성되는 형상을 만들 때 가장 적절하게 사용될 수 있는 간격 띄우기 명령어이다.
④ trim : 기준선을 가지고 2부분 혹은 여러 부분으로 나눠 필요 없는 부분을 잘라내는 명령어이다.

32 CAD 시스템에서 원호를 정의하고자 한다. 다음 중 하나의 원호를 정의내릴 수 없는 경우는?

① 중심점과 원호의 시작점과 끝점, 그리고 시작점에서 원호가 그려지는 방향이 주어질 때
② 중심점과 원호의 시작점, 현의 길이, 그리고 시작점에서 원호가 그려지는 방향이 주어질 때
③ 원호를 이루는 각각의 시작점, 중간점, 끝점이 주어질 때
④ 중심점과 원호 반지름의 크기, 그리고 시작점에서 원호가 그려지는 방향이 주어질 때

해설
원호 정의
① 반지름 원호 : 중심선과 반지름에 의해서 원호를 생성한다.
② 두 점과 원호 : 두 점과 반지름에 의하여 원호를 정의한다.
③ 3개의 점과 원호 : 3개의 점에 의하여 원호를 정의한다.
④ 두 점과 사잇각에 의하여 원호를 정의한다.

[정답] 28 ① 29 ② 30 ③ 31 ③ 32 ④

33 2차원 평면에서 원(circle)을 정의하고자 할 때 필요한 조건으로 틀린 것은?

① 중심점과 원주상의 한 점으로 정의
② 원주상의 3개의 점으로 정의
③ 2개의 접선으로 정의
④ 중심점과 하나의 접선으로 정의

해설
- 중심점, 반지름(R)
- 중심점, 지름(D)
- 2점(2)
- 3점(3)
- 접선, 접선, 반지름(T)
- 접선, 접선, 접선(A)

34 다음 중 원호를 정의하는 방법으로 틀린 것은?

① 시작점, 중심점, 각도를 지정
② 시작점, 중심점, 끝점을 지정
③ 시작점, 중심점, 현의 길이를 지정
④ 시작점, 끝점, 현의 길이를 지정

해설
- 3점(P)
- 시작점, 중심점, 끝점(S)
- 시작점, 중심점, 각도(T)
- 시작점, 중심점, 길이(A)
- 시작점, 끝점, 각도(N)
- 시작점, 끝점, 방향(D)
- 시작점, 끝점, 반지름(R)
- 중심점, 시작점, 끝점(C)
- 중심점, 시작점, 각도(E)
- 중심점, 시작점, 길이(L)
- 연속(O)

35 다음 중 하나의 타원을 구성하기 위한 설명으로 틀린 것은?

① 서로 대각선을 이루는 두 점에 의한 타원
② 타원의 중심, 장축 지정점, 단축 지정점을 알고 있는 경우
③ 타원의 중심, 장축 지정점, 장축과 수직한 직선을 알고 있는 경우
④ 세 점 중 두 점은 일직선상에 존재하고 남은 한 점은 나머지 두 점에 의한 직선과 수직관계를 성립하는 경우

해설
타원의 구성
① 서로 대각선을 이루는 두 점에 의한 타원
② 타원의 중심, 장축 지정점, 단축 지정점을 알고 있는 경우
③ 세 점 중 두 점은 일직선상에 존재하고 남은 한 점은 나머지 두 점에 의한 직선과 수직관계를 성립하는 경우

36 다음을 CAD에서 사용되고 있는 명령어들이다. 성격이 서로 다르다고 생각되는 것은?

① TRIM   ② BREAK
③ COPY   ④ ARC

해설
ARC는 그리기 명령이다.

37 하나의 점을 정의할 수 없는 경우는?

① 평행하지 않은 두 직선의 교점을 점으로 지정한다.
② 원의 중심점에 점을 지정한다.
③ 직선과 원 간의 교점을 점으로 지정한다.
④ 두 원의 접점을 점으로 지정한다.

[정답] 33 ③ 34 ④ 35 ③ 36 ④ 37 ③

38 다음 중에서 위치를 지정할 때(CAD 작업의 경우) 가장 부정확한 값을 갖게 되는 것은?

① 선 요소의 끝점을 입력
② 키보드를 이용하여 숫자상으로 입력
③ 두 요소의 교차점을 이용하여 입력
④ 화면상에서 커서(CURSOR)로 입력

39 CAD 화면에서 도면의 원하는 부분을 확대할 수 있는 기능은?

① Pan   ② View
③ Previous   ④ Zoom

40 위치를 지정하는 방법으로 CAD 시스템에서 가장 부정확한 입력 방법은?

① 요소의 중간점 인식에 의한 점
② 요소의 끝점 인식에 의한 점
③ 교차점 입력에 의한 점
④ 화면의 커서 인식에 의한 점

41 화면 표시 장치 각각의 영역에서 판독 위치, 입력 가능 위치 및 입력 상태 등을 표현하여 주는 표식은?

① 좌표 원점(origin point)
② 도면 요소(entity)
③ 커서(cursor)
④ 대화 상자(dialogue box)

42 일반적인 CAD 시스템에서 해칭(hatching) 할 도형을 지정한 후에 수정해야 할 파라미터가 아닌 것은?

① 해칭선의 종류   ② 해칭선의 굵기
③ 해칭선의 각도   ④ 해칭선의 간격

43 다음은 일반적인 CAD 시스템에서 도형의 작성 방법이다. 잘못 연결된 것은?

① 직선 : 임의의 2점을 지정하는 방법
② 원 : 2개의 점(지름)의 지정에 의한 방법
③ 원호 : 중심점, 끝점, 시작점이 주어질 때
④ 원호 : 중심선과 반지름이 주어질 때

44 다음 CAD 용어 중 대화에 관한 용어가 아닌 것은?

① 오프셋(offset)
② 커서(cursor)
③ 그리드(grid)
④ 모델(model)

45 가장 기본적인 도면 요소는?

① 점, 직선
② 원, 원호
③ 점, 곡선
④ 직선, 원

46 다음은 컴퓨터(computer)의 기본 구성을 표로 나타낸 것이다. 빈칸에 들어갈 내용은?

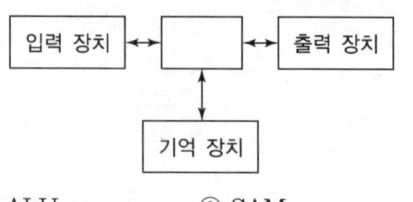

① ALU   ② SAM
③ DAM   ④ CPU

[정답] 38 ④ 39 ④ 40 ④ 41 ③ 42 ② 43 ④ 44 ④ 45 ① 46 ④

해설
컴퓨터의 기본 구성
① 입력 장치
② 중앙처리장치(cpu)(제어장치, 주기억장치, 논리, 연산장치)
③ 출력 장치
④ 보조 기억 장치 등이 있다.

47 CPU(중앙처리장치)를 2개 부분으로 나누면 어떻게 구성되는가?
① 연산장치와 제어장치
② 연산장치와 산술장치
③ 주기억장치와 제어장치
④ 주변장치와 제어장치

해설
CPU의 구성 요소는
① 제어장치(control unit)
② 연산장치(ALU)
③ 기억장치(memory unit)

48 중앙처리장치(CPU)와 메인 메모리(RAM) 사이에서 처리될 자료를 효율적으로 이송할 수 있도록 하여 자료 처리 속도를 증가시키는 기능을 수행하는 것은?
① 코프로세서   ② 캐시 메모리
③ BIOS   ④ CISC

해설
캐시 메모리(cache memory) : 중앙처리장치(CPU)와 메인 메모리(RAM) 사이에서 처리될 자료를 효율적으로 이송할 수 있도록 하여 자료 처리 속도를 증가시키는 기능을 수행하며 일시적으로 저장하는 고속 기억 장치이다.

49 중앙처리장치(CPU)의 구성 요소가 아닌 것은?
① 기억장치(memory unit)
② 파일 저장 장치(file storage unit)
③ 연산논리장치(ALU)
④ 제어장치(control unit)

해설
중앙처리장치는 컴퓨터 시스템에서 가장 핵심 부분이라고 할 수 있다. 입력 장치와 저장 장치로부터 자료들을 받아들이고, 이 자료들로 연산을 수행한 후 그 결과를 출력하거나 저장장치에 저장하는 역할을 하게 한다. 기억장치, 연산논리장치, 제어장치 등으로 구성되어 있다.

50 컴퓨터에서 자료표현의 최소 단위는?
① bit   ② byte
③ field   ④ word

해설
① 비트(bit) : 자료표현의 최소 단위로서 컴퓨터의 표현 수인 0 또는 1을 나타내는 단위
② 바이트(byte) : 8bit가 모여서 하나의 문자를 표기할 수 있으며 컴퓨터에서 번지를 나타낼 수 있는 최소단위
③ 필드(field) : 하나 이상의 byte가 특정한 의미를 갖는 단위
④ 워드(word) : 연산처리를 하는 기본자료를 나타내기 위해 일정한 bit 수를 가진 단위

51 컴퓨터를 이용하는 CAD/CAM 시스템의 활용방식으로 틀린 것은?
① 독립형   ② 개인 제어형
③ 분산 처리형   ④ 중앙통제형

해설
CAD/CAM 시스템
① 중앙통제형 : 대용량의 컴퓨터 시스템을 중심으로 터미널로써만 운영되게끔 구성되는 시스템이다.
② 개인 제어형 : 퍼스널 컴퓨터에 의한 CAD 시스템으로 일반적으로 널리 보급되어 있고 가격이 저렴하다.
③ 분산 처리형 : 별도의 프로세서와 저장 장치를 갖추고 각각 독립적으로 운영된다.

[정답] 47 ① 48 ② 49 ② 50 ① 51 ①

52 분산 처리형 시스템이 갖추어야 할 기본 성능이 아닌 것은?

① 여러 시스템 중에서 일부 시스템이 고장이 발생하더라도 나머지는 정상 작동되어야 한다.
② 자료 처리 및 계산 작업은 모두 주(main) 시스템에서 이루어져야 한다.
③ 구성된 시스템별 자료는 다른 컴퓨터 시스템 자료의 내용에 변화를 주지 말아야 한다.
④ 사용자가 구성한 자료나 프로그램을 다른 사용자가 사용하고자 할 때는 정보통신망을 통해서 언제라도 해당 자료를 사용하거나 보내줄 수 있어야 한다.

해설
분산 처리형 : 각 컴퓨터 시스템별로 장착되어 있는 프로세서를 사용하여 자체적으로 자료를 구성하여 작성한 후 서로 통신망을 통하여 교환하는 것뿐만 아니라, 먼 곳에 떨어져 있는 사용자들이 서로 다른 시스템을 사용하더라도 자료를 서로공유하는 데 어려움이 없도록 하는 방법이다.

53 다음 중 분산 처리형 CAD/CAM 시스템의 특징으로 틀린 것은?

① 컴퓨터 시스템의 사용상의 편리성과 확장성을 증가시킬 수 있다.
② 자료 처리 및 계산 속도를 증가시킬 수 있어서 설계 및 가공 분야에서 생산성을 향상시킬 수 있다.
③ 주 시스템과 부 시스템에서 동일한 자료 처리 및 계산 작업이 동시에 이루어지므로 데이터의 신뢰성이 높다.
④ 시스템이 하나가 고장이 나더라도 다른 시스템은 정상적으로 작동할 수 있도록 구성되어 컴퓨터 시스템의 신뢰성과 활용성을 높일 수 있다.

해설
주 시스템과 부 시스템에서 각각 별도의 자료 처리 및 계산 작업이 이루어지므로 데이터의 신뢰성이 높다.

54 CAD/CAM system의 형태 중에서 대기업 중심의 대형 시스템에 사용되는 것은?

① 중앙통제형 CAD 시스템
② 분산 처리형 CAD 시스템
③ 독립형 CAD 시스템
④ 개인용 CAD 시스템

55 그래픽 처리 디스플레이 장치에 의해서 화면을 구성하는 경우 화면을 구성하는 가장 최소 단위는?

① 픽셀(pixel)
② 스캔(scan)
③ 빔(beam)
④ 비트(bit)

해설
픽셀(pixel) : 그래픽 처리 디스플레이 장치에 의해서 화면을 구성하는 경우 화면을 구성하는 가장 최소 단위이다.

56 CAD/CAM 시스템의 입력 장치가 아닌 것은?

① 키보드(keyboard)
② 마우스(mouse)
③ 스타일러스 펜(stylus pen)
④ 플로터(plotter)

해설
플로터(plotter)는 출력 장치이다.

[정답] 52 ② 53 ③ 54 ① 55 ① 56 ④

57 CAD 시스템의 입력 장치가 아닌 것은?
① 트랙볼(Track Ball)
② 스캐너(Scanner)
③ 태블릿(Tablet)
④ 래스터(Raster)

해설
래스터(Raster)는 출력 장치이다.

58 다음 출력 장치 중 래스터 스캔방식이 아닌 것은?
① 플랫 베드형 플로터
② 잉크젯식 플로터
③ 열전사식 플로터
④ 정전식 플로터

해설
래스터 스캔방식
① 정전식 플로터
② 잉크젯식 플로터
③ 열전사식 플로터
④ 레이저 프린터

59 실물의 외관을 측정하여 좌푯값을 얻는 데 사용하는 장비는?
① 3차원 측정기
② 트랙볼
③ 섬휠
④ 밸류에이터

해설
3차원 측정기 : 실물의 외관을 측정하여 좌푯값을 얻는 데 사용하는 장비이다.

60 CAD 정보의 출력 장치가 아닌 것은?
① 전자펜(light pen)
② 레이저 프린터(laser printer)
③ 벡터 디스플레이(vector display)
④ 스테레오 리소그라피(stereo lithography)

해설
라이트 펜(light pen)
커서 제어기구로 그래픽 스크린(CRT)상에 접촉한 빛을 인식하는 장치로, CRT나 태블릿 등의 디스플레이에 부속된 입력 장치이다.

61 CAD/CAM 시스템의 출력 장치 중에서 충격식 프린터는?
① 도트 프린터
② 레이저 프린터
③ 열전사 프린터
④ 잉크젯 프린터

해설
도트 프린터 : 충격식 프린터이다.

62 주사선 방식의 그래픽 장치는?
① plasma gas display
② raster scan display
③ liquid crystal display
④ lighting emitting diodes display

해설
래스터 스캔형(raster scan type)
전자빔의 주사 방법은 텔레비전과 같으며, 도형의 유무에 관계없이 항상 수평 방향으로 주사시켜 상을 형성하는 방식으로 현재 가장 널리 사용된다.

[정답] 57 ④ 58 ① 59 ① 60 ① 61 ① 62 ②

63 가벼우면서도 적은 부피를 가지는 평판 디스플레이로 틀린 것은?

① 플라스마 판 디스플레이
② 음극선관(CRT) 디스플레이
③ 액정 디스플레이
④ 전자 발광 디스플레이

해설
음극선관(CRT) 디스플레이 : 브라운관의 형광면(螢光面)에 컴퓨터의 출력을 문자나 도형 등에 의해서 표시하는 장치이다.

64 CRT 모니터와 비교한 액정 디스플레이(LCD)의 일반적인 장점으로 틀린 것은?

① 시야각이 넓다.
② 얇고 가볍다.
③ 완전한 평면이다.
④ 깜박임(Flickering)이 없다.

해설
액정 디스플레이(LCD)의 일반적인 장점
① 작고 가볍다.
② 완전한 평면이다.
③ 전자파 발생량이 매우 적다.
④ 깜박임이 없다.
⑤ 전력이 적게 소비된다.

65 가벼우면서도 적은 부피를 가지는 평판 디스플레이의 종류가 아닌 것은?

① 플라스마 판 디스플레이
② 음극선관(CRT) 디스플레이
③ 액정 디스플레이
④ 전자 발광 디스플레이

해설
평판 디스플레이의 종류
① 플라스마 판 디스플레이
② 진공 방전광 디스플레이
③ 액정 디스플레이
④ 전자 발광 디스플레이

66 CRT 모니터와 비교한 LCD 모니터의 장점으로 틀린 것은?

① 작고 가볍다.
② 전자파 발생량이 적다.
③ 소비 전력이 적다.
④ 시야각이 매우 넓다.

해설
LCD 모니터 장단점
① 작고 가볍다.
② 완전한 평면이다.
③ 전자파 발생량이 매우 적다.
④ 깜박임이 없다.
⑤ 전력이 적게 소비된다.
⑥ 시야각이 좁다.
⑦ 가격이 비싸다.
⑧ 해상도가 크기에 따라 고정되어 있다.
⑨ 응답속도가 비교적 느리다.
⑩ 잔상이 남는 경우가 있다.

67 Plotter 특성에 있어서 속도와 해상도가 우수하지만 raster 형태의 CRT에만 사용되는 Plotter는?

① digitizer plotter
② drum plotter
③ flat-bed plotter
④ electrostatic plotter

해설
래스터 스캔형(raster scan type)
전자빔의 주사 방법은 텔레비전과 같으며, 도형의 유무에 관계없이 항상 수평 방향으로 주사시켜 상(像)을 형성하는 방식으로 현재 가장 널리 사용된다.

[정답] 63 ② 64 ① 65 ② 66 ④ 67 ④

68 정전기식 플로터(electrostatic plotter)에 대한 설명 중 틀린 것은?

① 랜덤 스캔(random scan) 방식으로 그림을 형성시킨다.
② X-Y 플로터보다 출력 속도가 빠르다.
③ 정전기와 토너를 이용한 것으로 일반 복사기와 기본개념은 같다.
④ 고화질이고 저소음이다.

해설
정전식(electrostatic type)
래스터형의 대표적인 것으로 종이에 음전하를 발생시키고 양전하를 띤 검정색의 토너를 흘려서 그림을 그린다.
① 작화 속도가 빠르고, 저소음이다.
② 고화질이고 자동 레이아웃 기능과 자동 절단 기구가 있다.
③ 벡터 데이터를 래스터 데이터로 변환해 주어야 하고 펜 플로터용 작화 데이터를 그대로 사용할 수 있다.

69 다음의 그래픽 출력 장치 중 CRT 화면에 나타난 형상 그대로 복사하는 기기로 중간결과 검토용으로 쓰이는 출력을 내는 것은?

① Hard-copy unit
② Plotter
③ Printer-plotter
④ COM unit

70 일종의 하드카피(hard copy) 장비로서 종이에 형상을 출력하는 대신에 마이크로 사진 찍듯이 뽑아내는 출력 장치는?

① 잉크 제트 플로터 ② 정전기식 플로터
③ X-Y 플로터   ④ COM 플로터

해설
Computer-output-to-microfilm(COM 장치)
도면을 종이에 그리는 대신 마이크로필름으로 출력하는 장치

71 미디엄 모드(medium mode)로 바꾸고 나면 IBM AT의 컬러 모니터는 바탕색을 IRGB가 결정한다. 몇 가지의 색깔이 표현 가능한가?

① 16   ② 15
③ 8   ④ 7

해설
IRGB는 Intensity를 각 색상별로 1개씩의 비트가 더 할당된 것이다.
∴ $2^4 = 16 color$(0~15컬러 색상)

72 다음은 스토리지형(storage) CRT의 특성을 설명한 것 중에서 관계없는 설명은?

① flicker 현상이 없다.
② 라이트 펜(light pen)을 사용할 수 있다.
③ 영상의 질이 우수하다.
④ 부분수정이 어렵다.

해설
스토리지형(direct view storage tube type) 장단점
DVST 방식이라고도 하며 형상을 한 번만 화면에 생성시킨 후, 계속해서 형상이 남아 있게 하는 기법으로 형상을 한 번 나타내면 2~3시간 정도 유지할 수 있고, 도형 형상을 CRT 화면상에 저장할 수 있다.
① 화면에 깜박임이 없다.
② 표시할 수 있는 도형의 양에 제한이 없다.
③ 연필로 그림을 그리듯이 영상을 만든다.
④ 가격이 저렴하다.
⑤ 플리커(flicker)가 발생하지 않는다.
⑥ 고정밀도이다. (해상도 우수)
⑦ 구성된 자료를 인식할 수 없어 부분수정이 불가능하다.
⑧ 컬러가 불가능하다.
⑨ 영상을 재구성하는 데 시간이 많이 걸린다.
⑩ 원형의 동적 취급이 불가능하다.
⑪ 화면의 밝기와 선명도가 낮다.
⑫ 애니메이션이 불가능하다.

73 그래픽 터미널에서 스토리지형의 장점이 아닌 것은?

① 고정밀도이다.
② 화면에 플리커가 생기지 않는다.
③ 표시할 수 있는 벡터 수는 무제한이다.
④ 라이트 펜을 사용할 수 있다.

74 디스플레이 중 DVST 형식의 특성이 아닌 것은 어느 것인가?

① animation이 불가능하다.
② 도형의 부분 삭제가 가능하다.
③ 영상의 깜박임이 없다.
④ 라이트 펜의 사용이 불가능하다.

75 플랫 베드(flat bed)형 플로터의 설명 중 틀린 것은 어느 것인가?

① 고정밀도의 작화가 곤란하다.
② 작화 중의 모니터가 쉽다.
③ 설치 면적이 넓어야 한다.
④ 용지 선정이 비교적 자유롭다.

해설
플랫 베드형(flat bed type) : 펜 플로터
테이블 위에 종이가 고정되고, 펜 헤드(pen head)가 놓여 있어 막대가 좌우로 펜 헤드가 막대 위를 전후로 움직이며 펜이 상하로 움직이면서 도형을 그린다. 특징은 다음과 같다.
① 고밀도, 고정밀도의 작화가 가능하다.
② 용지 선정을 자유롭게 할 수 있다.
③ 설치 면적이 크고, 기구가 복잡하다.
④ 가격이 비싸고 정비 보수가 까다롭다.
⑤ 테이블과 용지의 밀착성이 좋아야 한다.
⑥ 그림을 그리는 동안 전체를 볼 수 있다. (모니터가 용이)

76 드럼형 플로터의 설명 중 틀린 것은 어느 것인가?

① 고정밀도이다.
② 콤팩트(compact)하게 설치할 수 있다.
③ 기구가 비교적 간단하다.
④ 작화 중의 모니터가 곤란하다.

해설
드럼형(drum type)
원리적으로 플랫 베드형의 베드를 원통(drum)형으로 만들어 종이를 이동시키며 작도하는 방법으로 특징은 다음과 같다.
① 기구가 비교적 간단하고, 설치 면적이 좁다.
② 고속 작도가 가능하나 고정밀도가 아니다.
③ 용지의 길이에 제한이 없고, 무인운전이 가능하다.
④ 작화 중 모니터가 어렵다.

77 리니어 모터형(linear motor type) 플로터의 설명 중 바르게 표현한 것은?

① 가동 부분이 중량이다.
② 고정밀도(高精密度)이다.
③ 설치하는 면적이 작다.
④ 작화 중의 모니터가 쉽다.

해설
리니어 모터용(linear motor type)
2축 리니어 모터를 사용하여 1개의 모터에 의하여 2차원의 좌표를 설정하여 작화를 하게 한다. 특징은 다음과 같다.
① 가동 부분이 경량이다.
② 고정밀도이다.
③ 작화 속도가 빠르고 신뢰성이 높다.
④ 설치 면적이 넓다.
⑤ 작화 중 모니터가 어렵다.
⑥ 오버 셧(over shut)의 가능성이 높다.

[정답] 73 ④ 74 ② 75 ① 76 ① 77 ②

78 다음의 장비 중에서 Raster scan 방식으로 그림을 형성시키는 장비가 아닌 것은?

① X-Y 플로터
② 정전기식 플로터
③ 잉크-제트 플로터
④ 디지털 TV

79 다음 중 정전 plotter(electro-static-plotter)의 특징으로 맞는 것은?

① pen-plotter보다 정교하고 속도가 빠르다.
② hard-copy unit보다 해상도가 높고 pen-plotter보다 속도가 빠르다.
③ hard-copy unit보다 해상도가 높고 pen-plotter보다 속도가 느리다.
④ hard-copy unit보다 해상도는 낮으나 pen-plotter보다 속도가 빠르다.

> **해설**
> 정전식 플로터의 특징
> ① 작화 속도가 빠르다.
> ② 고화질을 표현할 수 있고 저소음이다.
> ③ 벡터 데이터를 래스터 데이터로 변환해 주어야 한다.
> ④ 펜 플로터용 작화 데이터를 그대로 사용할 수 있다.

80 플로터 종류 중 다색 사용이 가능하고 속도가 빠르며 보존성과 신뢰성이 양호한 것은?

① 기계식   ② 열전사식
③ 감열식   ④ 도트식

> **해설**
> 열전사식
> 필름에 도포한 잉크를 발열 저항체로 배열한 서멀헤드로 녹여 기록지에 전사하는 방식으로 빠른 프린트 속도와 사진과 같은 인쇄 효과를 얻을 수 있다.

81 컬러 잉크젯 프린터에 사용되는 색상이 아닌 것은?

① 노란색(yellow)
② 검은색(black)
③ 하늘색(cyan)
④ 빨간색(red)

> **해설**
> 컬러 잉크젯 프린터의 기본색
> cyan, yellow, red 등

82 다음 중 잉크젯 또는 레이저 프린트의 해상도를 나타내는 단위는?

① LPM   ② PPM
③ DPI   ④ CPM

> **해설**
> 컴퓨터에 사용되는 단위
> ① BPS : 전송 속도(통신 속도)
> ② BPI : 자기테이프의 기록 밀도
> ③ CPS : 프린터의 출력 속도
> ④ MIPS : CPU의 처리 속도
> ⑤ DPI : 출력 밀도(해상도)

83 벡터 리프레시(Vector-refresh) 그래픽 장치의 단점으로 화면이 껌벅거리는 현상은?

① 플리커링(flickering)
② 동적 디스플레이(dynamic display)
③ 섀도 마스크(shadow mask)
④ 직선을 항상 직선으로 나타내는 기능

> **해설**
> 플리커링(flickering) 또는 플리커(flicker)
> 프레임에 맞춰 백라이트가 깜빡거리는 현상으로 리프레시(refresh, 화면 깜박임)에 의해 약간 화면이 흐려지고 밝아지는 것이 일어날 때 화면이 흔들리는 현상을 말한다. 이를 방지하기 위하여 매초 30~60회의 리프레시가 필요하다

[정답] 78 ① 79 ① 80 ② 81 ④ 82 ③ 83 ①

84 리프레시(refresh)에 의해 약간 화면이 흐려지고 밝아지는 현상이 일어나는데 이 과정에서 화면이 흔들리는 현상을 무엇이라 하는가?

① 플리커(flicker)
② 포커싱(focusing)
③ 디플렉션(deflection)
④ 래스터(raster)

해설
① 플리커(flicker) : 리프레시(refresh)에 의해 약간 화면이 흐려지고 밝아지는 현상이 일어나는데 이 과정에서 화면이 흔들리는 현상이다.
② 포커싱(focusing) : TV나 래스터 주사 디스플레이어에서 화면 안쪽 표면상의 한 점에 점자빔을 집약시키는 것이다.
③ 디플렉션(deflection) : 빛이나 전자 빔 등의 진행 방향을 임의로 변화시키는 것이다.
④ 래스터(raster) : CRT 화면상에 미리 정해진 수평선의 집합 형태로 이 선들은 전자 빔에 의해 주사되어 일정한 간격을 유지하며 전체 화면을 고르게 덮고 있다.

85 컴퓨터에서 작업을 수행하기 위한 자료나 입출력 장치로부터 입출력되기 위한 자료를 임시로 저장하는 곳은?

① 버퍼(Buffer)
② 블록(Block)
③ 채널(Channel)
④ 콘솔(Console)

해설
버퍼(Buffer) : 컴퓨터에서 작업을 수행하기 위한 자료나 입출력 장치로부터 입출력되기 위한 자료를 임시로 저장하는 곳이다.

86 래스터 디스플레이 장치를 이용하여 흑백이 아닌 컬러 색을 표현하는 데 필요한 최소한의 비트 플레인(bit plane)은 몇 개인가?

① 1
② 3
③ 5
④ 7

해설
래스터 디스플레이 장치의 비트 플레인(bit plane)은 3개이다.

87 화면에 나타난 데이터를 확대하여 데이터의 일부분만을 스크린에 나타낼 때 viewport를 벗어나는 일정한 영역을 잘라버리는 것은?

① 매핑(mapping)
② 패닝(panning)
③ 클리핑(clipping)
④ 윈도잉(windowing)

해설
클리핑(clipping)
화면에 나타난 데이터를 확대하여 데이터의 일부분만을 스크린에 나타낼 때 viewport를 벗어나는 일정한 영역을 잘라버리는 것이다.

88 컬러 래스터 스캔 화면 생성방식에서 3bit plane의 사용 가능한 색깔의 수는 모두 몇 개인가?

① 8
② 32
③ 256
④ 1,024

해설
3 bit이므로 색깔 수는 $2^3 = 8$개다.

[정답] 84 ① 85 ① 86 ② 87 ③ 88 ①

89 다음 CRT(Catched Ray Tube)에 대한 설명 중 틀린 것은?

① 랜덤 스캔형은 라이트 펜을 사용할 수 있다.
② 래스터 스캔형과 랜덤 스캔형은 깜박임을 방지하기 위하여 리프레시를 해 준다.
③ 스토리지형은 화면상에 도형을 직접 저장할 수는 없으나 가격이 저렴하고 질이 우수하다.
④ 래스터 스캔형은 TV 화면과 같이 전체를 빔으로 주사하면서 도형의 유무에 따라 각 화점의 밝기를 변화시킨다.

해설
스토리지형은 화면상에 도형을 직접 저장할 수 있다.

90 Raster scan 형식의 CRT 스크린의 디스플레이 방식에 대하여 바르게 설명한 것은?

① 전자 beam이 화면을 지그재그 형태로 주사하는 방식으로 디지털 신호로써 형상을 만든다.
② 스크린상에 형상을 만들기 위해 전자 beam이 형상을 따라 움직여서 형상을 만든다.
③ 작성된 그림을 스크린의 형광막에 영구적으로 디스플레이 시킨다.
④ 전자 beam이 화면을 지그재그 형태로 주사하는 방식으로 아날로그 신호를 사용하여 형상을 만든다.

해설
래스터 스캔형(raster scan type)
전자빔의 주사 방법은 텔레비전과 같으며, 도형의 유무에 관계없이 항상 수평 방향으로 주사시켜 상을 형성하는 방식으로 현재 가장 널리 사용되며 디지털 TV라고도 한다.

91 다음은 CAD 시스템에 사용되는 CRT(cathode ray tube)에 관한 설명이다. 다음 설명 중 틀린 것은 어느 것인가?

① 래스터 스캔(raster scan)형은 밝고 풍부한 컬러 표시를 할 수 있다.
② 스토리지(storage)형은 컬러표시는 어려우나 정지된 화면과 높은 해상도 등은 우수하다.
③ 랜덤 스캔(random scan)형은 높은 응답성, 고화질, 적은 메모리 등은 뛰어나나 고가라는 단점이 있다.
④ 플리커(flicker)란 CRT에서 잔광시간이 지나치게 짧아 어지러운 현상이 생기는 것이다.

92 그래픽 터미널에서 컬러 표시 능력이 가장 우수한 것은 어느 것인가?

① directed beam refresh 방식
② DVST 방식
③ raster scan 방식
④ dummy terminal 방식

해설
TV 주사 방식과 같은 raster scan형이 컬러 표시 능력이 가장 우수하다.

[정답] 89 ③ 90 ① 91 ④ 92 ③

93 디지털 신호를 사용하므로 디지털 TV라고도 하며 픽셀(pixel)이라는 요소에 의해서 영상이 형성되는 디스플레이 방식은?

① Plasma type 디스플레이
② Random scan 디스플레이
③ Raster scan 디스플레이
④ DVST 디스플레이

94 다음 디스플레이 장치에 대한 설명 중 틀린 것은?

① DVST-컬러 사용이 불가능하다.
② 래스터 스캔형-컬러 사용이 가능하다.
③ 랜덤 스캔형-플리커가 발생하지 않는다.
④ DVST-도형의 부분 수정작업이 곤란하다.

95 다음 중에서 디스플레이 장치의 소재로 사용되는 내용이 아닌 것은?

① DED(Digital Equipment Display)
② Plasma Display
③ TFT-LCD(Thin Film Transistor-Liquid Crystal Display)
④ CRT(Cathode Ray Tube) display

> **해설**
> 디스플레이 장치의 종류
> ① CRT 디스플레이 장치
> ② 기억형 표시
> ③ 플라스마 표시
> ④ 액정(液晶 ; LCD)
> ⑤ EL(electroluminescence)
> ⑥ 발광(發光) 다이오드
> ⑦ ECD(electro chromic display) 등이 있다.

96 컬러 프린터를 이용하여 출력하고자 한다. 여기에서 사용되는 기본색이 아닌 것은?

① BLACK
② CYAN
③ MAGENTA
④ BLUE

> **해설**
> 컬러 프린터에 들어가는 기본색
> Black, Cyan, Magenta, Yellow 등

97 음영 기법(shading) 방법에는 여러 가지가 있는데 다음 중 가장 현실감이 뛰어난 음영 기법은?

① 퐁(Phong) 음영기법
② 구로드(Gouraud) 음영기법
③ 평활(smooth) 음영기법
④ 단면별(faceted) 음영기법

> **해설**
> 퐁(phong) 음영기법 : 가장 현실감이 뛰어난 음영 기법이다.

98 다음은 화면 표시장치의 특성을 나타낸 것이다. 랜덤 스캔 방식의 특징은?

① Flicker가 발생한다.
② 속도가 느리다.
③ 가격이 싸다.
④ 해상도가 나쁘다.

> **해설**
> 랜덤 스캔형(random scan type)
> 화면의 임의의 점에서 임의의 점까지에 이르는 직선상으로만 전자빔을 움직이는 방식으로 전자빔이 인(P)으로 빛을 내어 영상을 구성하는 것이며, 벡터 스캔(vector scan)형이라고도 한다. 장단점은 다음과 같다.
> ① 화질(해상도)이 우수하다.
> ② 부분 소거가 가능하여 편집할 수 있다.
> ③ 원형의 동적 취급이 가능하다.
> ④ 화면에 깜박임의 현상이 있다.
> ⑤ 도형의 표시량에 한계가 있다.
> ⑥ 컬러 표시에 제한이 있다.
> ⑦ 가격이 고가이다.
> ⑧ 움직이는(애니메이션) 영상을 처리할 수 있다.

[정답] 93 ③ 94 ③ 95 ① 96 ④ 97 ① 98 ①

99 그래픽 디스플레이 종류 중에서 랜덤 스캔형의 특징이 아닌 것은?

① 애니메이션이 가능하다.
② 가격이 싸다.
③ 도형의 표시량에 한계가 있다.
④ 라이트 펜을 사용할 수 있다.

100 CRT 상에 영상을 발생시키는 랜덤 스캔(random scan) 방식이 아닌 것은?

① 라인 드로잉형(line drawing)
② 스트로크 라이팅(stroke writing)
③ 래스터 스캔(rester scan)
④ 다이렉트 빔(direct beam)

101 그래픽 디스플레이 중 래스터 스캔형의 특징이 아닌 것은?

① 플리커가 생긴다.
② 컬러 표시가 가능하다.
③ 도형의 표시량에 제한이 없다.
④ 표시 속도가 약간 느리다.

해설
래스터 스캔형(raster scan type)의 장단점은 다음과 같다.
① 컬러 표시가 가능하다.
② 표시할 수 있는 데이터의 양에 제한이 없다.
③ 부분 소거가 가능하다.
④ 가격이 저렴하다.
⑤ 깜박임(flicker)이 없다.
⑥ 품질(해상도)이 떨어진다.
⑦ 동적 취급(처리속도)이 랜덤 스캔형보다 느리다.

102 CAD에 쓰이는 그래픽 터미널 중 전자빔의 주사 방법은 텔레비전과 같으며 도형의 유무에 관계없이 항상 수평 방향으로 주사시켜 상을 형성하는 방식은?

① Raster-Scan
② Direct-View Storage Tube
③ Refresh-Scan
④ Random Scan

해설
래스터 스캔 : 전자빔의 주사 방법은 텔레비전과 같으며 도형의 유무에 관계없이 항상 수평 방향으로 주사시켜 상을 형성하는 방식

103 래스터 스캔(rester scan) 방식의 graphic display 장치의 특성이 아닌 것은?

① 색상이나 명암 표현에 유리하다.
② 적은 용량의 memory로도 선명한 화질을 얻을 수 있다.
③ 깜박임(flicker) 현상이 거의 없다.
④ 표시 화면의 변경이 용이하다.

104 비교적 낮은 해상도에서도 색상 능력이나 애니메이션(animation) 기능이 우수한 CRT 방식은?

① directed-view storage tube 방식
② directed-beam storage tube 방식
③ stroke-writing refresh 방식
④ raster-scan 방식

105 다음 H/W중 도형을 화면상에 표현하는 데 이용되는 장치는?

① CRT   ② Plotter
③ Input device ④ CPU

[정답] 99 ② 100 ③ 101 ① 102 ① 103 ② 104 ④ 105 ①

106 CRT 터미널에서 화면에 디스플레이 되는 원리는 전자빔이 인으로 코팅된 스크린과 부딪히면서 빛을 내게 된다. 이때 충돌에 사용되는 전자빔이 방출되는 곳을 무엇이라 하는가?

① grid
② deflector
③ cathode
④ generator

107 스토리지형(direct view storage tube type)에 사용할 수 없는 입력 장치는?

① 라이트 펜
② 조이스틱
③ 마우스
④ 태블릿

108 컬러 표시용 CRT의 한 방식이 아닌 것은 어느 것인가?

① 섀도 마스크(shadow mask) 방식
② 그리드 편향 방식
③ 페니트레이션(penetration) 방식
④ 블링킹(blinking) 방식

해설
컬러 표시용 CRT에는 섀도 마스크 방식, 페니 트레이션 방식, 그리드 편향 방식이 있다.

109 다음 도형을 monitor에 나타내려 할 때 가장 많은 video data용 memory를 소모하는 도형은?

① 반지름 30인 원
② 길이 70인 수평선분
③ 각 변 길이 25인 정삼각형
④ 길이 50인 자유 곡선

해설
CAD 작업 시 가장 memory를 많이 소모하는 명령어는 자유곡면을 들 수 있다.

110 리프레시(refresh)를 함에 따른 방지 효과는?

① focusing
② deflection
③ flicker
④ acceleration

111 사람의 눈은 잔상효과 때문에 깜박임(flickering)을 느끼지 않도록 래스터 스캔(raster scan) 또는 랜덤 스캔(random scan)형에서는 리프레시(refresh)를 하여야 하는데 약 몇 회 정도이어야 하는가?

① 1분에 30~60회
② 1초에 60~90회
③ 1초에 30~60회
④ 1초에 100~130회

112 RGB 모니터에서 파란색이 전혀 나타나지 않는다면 다음 중 표시할 수 있는 색은?

① 자홍색(magenta)
② 하늘색(cyan)
③ 노란색(yellow)
④ 흰색(white)

해설
컬러 모니터의 전자총은 3개가 있으며 RGB라고 한다.

113 리프레시(refresh)에 의해 약간 화면이 흐려지고 밝아지는 현상이 일어나는데 이 과정에서 화면이 흔들리는 현상을 무엇이라고 하는가?

① Cathode
② Animation
③ Flicker
④ Deflection

[정답] 106 ③ 107 ① 108 ④ 109 ④ 110 ③ 111 ③ 112 ③ 113 ③

> **해설**
> 플리커(Flicker) 현상은 리플레시에 의해 약간 화면이 흐려지고 밝아지는 현상이 일어나는데 이 과정에서 화면이 흔들리는 현상이다.
> 깜박거림을 방지하기 위하여 매초 30~60회의 리플레시가 필요하다.

114 컬러 디스플레이를 표현하는 IRGB 값 중 I=0, R=0, G=1, B=1로 세팅하면 어떤 색이 나타나는가?

① Green
② Blue
③ Brown
④ Cyan

115 다음 red, green, blue 전자총이 서로 합성되어 모니터에 나타나는 색으로 맞지 않는 것은?

① red+green=brown
② green+blue=cyan
③ red+green+blue=white
④ red+blue=yellow

116 컬러 모니터(color monitor)의 전자 총의 개수는?

① 2 ② 3
③ 4 ④ 5

117 다음은 그래픽모드를 나열한 것이다. 가장 해상도가 높은 것은?

① MDA
② CGA
③ EGA
④ VGA

118 CAD용 그래픽 터미널 스크린의 해상도(resolution)를 결정하는 요소인 것은?

① 사용 전압
② 스크린의 종류
③ pixel의 수
④ color의 가능 수

> **해설**
> 그래픽 스크린의 해상도를 결정하는 요소는 pixel의 수이다.

119 다음은 해상도를 설명한 내용이다. 맞지 않는 것은?

① 화면에 나타날 수 있는 물체를 세밀하게 표시할 수 있는 정밀도
② 출력의 정밀도와 스크린의 정밀도는 동일하다.
③ 인치당의 점의 수를 해상도의 단위로 쓴다.
④ 해상도가 높을수록 표시되는 선은 매끈하다.

> **해설**
> 출력의 정밀도는 스크린의 정밀도보다 해상도가 떨어진다.

120 Logical(virtual) input device의 분류이다. 잘못 연결된 것은?

① selector : light pen
② locator : joystick
③ valuator : slide potentiometer
④ button : digitizer

> **해설**
> 논리적 입력 장치
> button : programed function key board

[정답] 114 ④ 115 ④ 116 ② 117 ④ 118 ③ 119 ② 120 ④

121 벡터 리프레시(vector refresh) 그래픽 장치의 구성 요소가 아닌 것은?

① 그래픽 처리 장치
② 디스플레이 버퍼 메모리
③ 음극선관(CRT)
④ 연산논리장치(ALU)

122 벡터 리프레시 그래픽 장치에 대한 설명으로 틀린 것은?

① 디스플레이 리스트는 프로그램의 그래픽 명령에 해당하는 코드를 모아 놓은 것으로 그래픽 처리 장치에 의해 디스플레이 버퍼에 저장된다.
② 그래픽 처리 장치는 수직 편향판과 수평 편향판에 전압을 발생시켜 음극선에서 방출된 전자빔을 음극선관 바깥쪽 면의 해당 위치에 주사시킨다.
③ 형광 현상은 아주 짧은 시간 동안만 지속되고 금세 사라지므로 사용자가 플리커링(flickering), 즉 껌벅거림 현상을 알아채지 못하므로 그림을 매우 빠르게 반복해서 그려 주어야 한다.
④ 디스플레이 버퍼 내의 디스플레이 리스트의 내용을 위에서 아래로 반복적으로 읽으면서 전자빔을 주사하는 방식으로 수행한다.

> **해설**
> 그래픽 처리 장치는 수직 편향판과 수평 편향판에 전압을 발생시켜 음극선에서 방출된 전자빔을 음극선관 안쪽 면의 해당 위치에 주사시킨다.

123 벡터 리프레시 디스플레이 버퍼에 대한 설명으로 틀린 것은?

① 디스플레이 버퍼는 단지 리프레시를 위해서만 필요하다.
② 화면에 나타내고자 하는 그림이 너무 복잡하면 한 화면을 리프레시 하는데 1/30초 이상 걸릴 수도 있다.
③ 플릭커링 현상이 있지만 장비 가격이 저렴하고 수직 및 수평 편향판에 전압을 조절하여 공급함으로써 원하는 만큼의 해상도를 얻을 수 있다.
④ 그래픽 장치는 높은 해상도와 직선을 재그(jag) 없이 항상 직선으로 나타내는 기능, 애니메이션을 위한 동적 디스플레이 기능이 장점이다.

> **해설**
> 플릭커링 현상과 높은 장비 가격이 벡터 리프레시 그래픽 장치의 가장 큰 단점이다. 수직 및 수평 편향판에 전압을 조절하여 공급함으로써 원하는 만큼의 해상도를 얻을 수 있다.

124 디스플레이 프로세서가 응용프로그램으로부터 그래픽 명령을 받아 그것을 래스터 이미지로 변환한 다음 프레임 버퍼 메모리에 저장하는 장치는?

① 래스터 그래픽 장치
② 디스플레이 버퍼 메모리
③ 음극선관(CRT)
④ 연산논리장치(ALU)

125 래스터(Raster) 그래픽 장치의 Frame buffer에서 1화소당 24bit를 사용하였을 때 나타나는 색상이 아닌 것은?

① 빨강(R) ② 초록(G)
③ 파랑(B) ④ 검정(B)

[정답] 121 ④ 122 ② 123 ③ 124 ① 125 ④

126 래스터(Raster) 그래픽 장치의 Frame buffer에서 1화소당 24bit plane의 사용 가능한 색깔의 수는 모두 몇 개인가?

① 32
② 256
③ 1,024
④ 16,777,216

해설
$2^{24} = 16,777,216$이 된다.

127 CAD/CAM 소프트웨어의 가장 기본이 되는 그래픽 소프트웨어의 구성 원칙에 맞지 않는 것은?

① 그래픽 패키지(Graphic Package)
② 응용프로그램(Application Program)
③ 턴키 시스템(Turnkey system)
④ 데이터베이스(Data Base)

128 CAD/CAM그래픽 소프트웨어를 구성하는 5대 중요 모듈이 아닌 것은?

① 그래픽 모듈(graphic module)
② 서류화 모듈(documentation module)
③ 서피스 모듈(surface module)
④ 입출력 모듈(input & output module)

129 CAD/CAM에서 사용 소프트웨어의 종류가 아닌 것은?

① 기본 소프트웨어(operating system과 형상 모델링)
② 어플리케이션 소프트웨어(application S/W)
③ 사용자 소프트웨어(user S/W)
④ 부품표 등 제표 제작용 소프트웨어

130 CAD/CAM용 소프트웨어의 구분에서 도형 정보 관리는 어디에 속하는가?

① 데이터베이스 시스템
② 그래픽 소프트웨어
③ 응용 소프트웨어
④ NC 언어

해설
CAD/CAM용 소프트웨어의 구분
① 운영체계
② 데이터베이스 시스템 : 도형, 비도형 각종 정보관리
③ 그래픽 소프트웨어 : 도형 정보관리
④ 응용 소프트웨어 : 적용 업무 분야별 프로그램
⑤ NC 언어 : 가공에 필요한 가공 형상, 공구 동작, 작업순서 등

131 컴퓨터 그래픽에서 그래픽 요소는 점, 선, 원과 같은 형상의 기본단위와 알파벳 문자, 특수 기호 등으로 구성하는 기능은?

① 그래픽 요소의 생성 기능
② 데이터 변환기능
③ 디스플레이 제어와 윈도 기능
④ 세그먼트 기능

해설
그래픽 요소의 생성 기능
① 컴퓨터 그래픽에서 그래픽 요소는 점, 선, 원과 같은 형상의 기본단위와 알파벳 문자, 특수 기호 등으로 구성한다.
② 기본요소의 조합으로 구(sphere), 관(tube), 원통(cylinder) 등 기본 모델을 형성하고 이것을 소프트웨어에 따라 프리미티브(primitive), 오브젝트, 엘리멘트, 엔티티 등으로 설명한다.
③ 3차원 모델링 방법은 와이어프레임 모델링(wireframe modeling)과 서피스 모델링(surface modeling), 솔리드 모델링(solid modeling)이 있다.

[정답] 126 ④ 127 ③ 128 ④ 129 ④ 130 ② 131 ①

132 스케일링(scaling), 이동(translation), 회전(rotation) 등 소프트웨어의 기능은?

① 그래픽 요소의 생성 기능
② 데이터 변환기능
③ 디스플레이 제어 기능
④ 세그먼트 기능

133 은선 제거(hidden-line removel)와 같은 소프트웨어의 기능은?

① 그래픽 요소의 생성 기능
② 데이터 변환기능
③ 디스플레이 제어 기능
④ 세그먼트 기능

134 형상의 일부분을 수정, 삭제할 수 있도록 하는 소프트웨어의 기능은?

① 그래픽 요소의 생성 기능
② 데이터 변환기능
③ 디스플레이 제어 기능
④ 세그먼트 기능

135 STEP 표준을 정의하는 모델링 언어는?

① EXPRESS
② PART
③ PDES
④ AP

> **해설**
> STEP은 정식명칭과 같이 제품 데이터(Product)의 표현(Representation) 및 교환(Exchange)을 위한 국제표준 규격으로 모델링 언어는 EXPRESS이다.

136 다음 중 회사들 간에 컴퓨터를 이용한 데이터의 저장과 교환을 위한 산업 표준이 되고 있는 CALS에서 채택하고 있는 제품 데이터 교환 표준은?

① CAT
② STEP
③ XML
④ DXF

> **해설**
> STEP : 사들 간에 컴퓨터를 이용한 데이터의 저장과 교환을 위한 산업 표준이 되고 있는 CALS에서 채택하고 있는 제품 데이터 교환 표준이다.

137 다음 중 일반적으로 3차원 형상 정보를 표현하고 데이터를 교환하는 표준으로 적당하지 않은 것은?

① IGES
② STEP
③ DWG
④ STL

> **해설**
> ① IGES : 기계, 전기, 전자, 유한요소해석(FEM), Solid Model 등의 표현 및 3차원 곡면 데이터를 포함하여 CAD/CAM Data를 교환하는 세계적인 표준이고, IGES는 3차원 모델링 기법인 CSG(Constructuve solid geometry : 기본입체의 집합연산 표현방식) Modeling과 B-rap(Boundary representation : 경계표현 방식)에 의한 모델을 정의할 수 있다.
> ② STEP : STEP은 정식명칭과 같이 제품 데이터(Product)의 표현(Representation) 및 교환(Exchange)을 위한 국제표준 규격이다.
> ③ STL : 쾌속조형의 표준입력 파일 포맷으로 많이 사용되고 있으며, 3차원 데이터의 서피스 모델을 삼각형 다면체(facet)로 근사시킨 것으로 CAD/CAM S/W 개발자들이 STL 파일을 표준출력의 옵션으로 선정하였다.
> ④ DWG : Auto CAD 저장파일명이다.

[정답] 132 ② 133 ③ 134 ③ 135 ① 136 ② 137 ③

138 CAD 데이터 교환을 위한 중간 파일로서, Flag 섹션, Start 섹션, Global 섹션, Directory Entry 섹션, Parameter Data 섹션, Terminate 섹션 등으로 구성된 파일 형식은?

① DXF ② IGES
③ PRT ④ STEP

해설
IGES : CAD 데이터 교환을 위한 중간 파일로서, Flag 섹션, Start 섹션, Global 섹션, Directory Entry 섹션, Parameter Data 섹션, Terminate 섹션 등으로 구성된 파일 형식이다.

139 CAD/CAM 시스템 간에 데이터베이스가 서로 호환성을 가질 수 있도록 해 주는 모델의 입출력 데이터 표준 형식으로 사용되는 것은?

① ISO ② LISP
③ ANSI ④ IGES

해설
IGES : CAD/CAM 시스템 간에 데이터베이스가 서로 호환성을 가질 수 있도록 해 주는 모델의 입출력 데이터 표준 형식으로 사용한다.
IGES 파일의 구조는 Start, Global, Directory, Parameter, Terminate 5개의 섹션(Section)으로 구성되어 있다.

140 다음의 데이터 교환 표준 가운데 제품의 전 주기(즉, 설계, 제조, 검사, 서비스)에 관한 데이터를 표현하기 위해 고안된 것은?

① DXF ② IGES
③ STEP ④ VDA

해설
① DXF : 미국의 Auto desk사에서 개발한 Auto CAD Data와 호환성을 위해 제정한 ASC II Format이다.
② IGES : 기계, 전기, 전자, 유한요소해석(FEM), Solid Model 등의 표현 및 3차원 곡면 데이터를 포함하여 CAD/CAM Data를 교환하는 ANSI 표준 형식이다.

③ STEP : 제품의 모델과 이와 관련된 데이터의 교환에 관한 국제규격으로 개념설계에서 상세설계, 시제품, 테스트, 생산, 생산지원 등의 제품에 관련됨 Life Cycle의 모든 부문에 적용되는 데이터를 뜻한다.
④ VDA : 자동차 산업 협회

141 VDI라는 이름으로 시작된 하드웨어 기준의 표준으로, 그래픽 기능과 하드웨어 간에 공유되어 하드웨어를 제어할 수 있는 표준규격은?

① GKS ② CGI
③ CGM ④ IGES

해설
① GKS : 컴퓨터 그래픽의 표준화 움직임은 ACM과 SIGGRAPH에 의해 CORE라고 불리는 표준안을 만들게 되었다.
② CGI : VDI(Virtual Device Interface)라는 이름으로 시작된 하드웨어 기준의 표준으로, 그래픽 기능과 하드웨어 간에 공유되어 하드웨어를 제어할 수 있다.
③ CGM : VDM(Virtual Device Metafile)이라고도 한다. CGM은 서로 다른 시스템 간에 형상된 모형에 관한 도형의 이미지와 정보의 저장방법 및 도형정보를 File로 저장할 때, 도형의 종류에 따라 일정한 규칙을 정하여 저장파일을 구성하게 하는 표준이다.
④ GES : 기계, 전기, 전자, 유한요소해석(FEM), Solid Model 등의 표현 및 3차원 곡면 데이터를 포함하여 CAD/CAM Data를 교환하는 세계적인 표준이다.

142 서로 다른 CAD/CAM 시스템 간의 형상 데이터 교환을 위해서 만들어진 중립 파일(neutral file)에 해당하는 것은?

① IGES ② HTML
③ HWP ④ PDF

143 DXF 파일은 아스키 텍스트 파일로 구성되는데 이를 구성하는 섹션이 아닌 것은?

① 헤더 섹션 ② 테이블 섹션
③ 블록 섹션 ④ 수정 섹션

[정답] 138 ② 139 ④ 140 ③ 141 ② 142 ① 143 ④

해설
- DXF 파일 형식
  2차원 CAD 시스템에서 주로 이용되고 있는 DXF 파일은 "XXX. DXF"의 파일 유형과 특별히 FORMAT된 텍스트를 갖는 ASCII TEXT FILE이다.
- DX F 파일의 구성
  ① 헤더 섹션(header section) : 도면에 대한 일반적인 자료와 변수명(Variable Name)과 사용된 값을 수록하고 있다.
  ② 테이블 섹션(table section) : L Type, Layer, Style, View, HCS, Vport, Dimstyle, Appid(응용부분 테이블)가 수록되어 있다.
  ③ 블록(block) 섹션 : 도면에서 사용된 블록에 대한 자료를 수록한 블록정의 부분을 수록하고 있다.
  ④ 엔티티(entitiy) 섹션 : 도면을 구성하는 도형 요소 및 블록의 참고사항 등을 수록하고 있다.
  ⑤ END OF FILE : 파일의 끝을 표시한다.

144 도면 데이터를 교환하기 위해 사용되는 DXF (Drawing Interchange Format) 파일의 구성 요소로 틀린 것은?

① Header Section
② Tables Section
③ Entities Section
④ Post Section

해설
DXF 파일의 구성
① 헤더 섹션(header section) : 도면에 대한 일반적인 자료와 자 변수명(Variable Name)과 사용된 값을 수록하고 있다.
② 테이블 섹션(table section) : L Type, Layer, Style, View, HCS, Vport, Dimstyle, Appid(응용 부분 테이블)이 수록되어 있다.
③ 블록(block) 섹션 : 도면에서 사용된 블록에 대한 자료를 수록한 블록 정의 부분을 수록하고 있다.
④ 엔티티(entitiy) 섹션 : 도면을 구성하는 도형 요소 및 블록의 참고사항 등을 수록하고 있다.
⑤ END OF FILE : 파일의 끝을 표시한다.

145 IGES(Initial Graphics Exchanges Specification)에 관한 설명으로 옳은 것은?

① 설계, 제조, 품질 보증, 시험, 유지 보수를 포함하는 제품의 전체 주기와 관련된 제품 데이터이다.
② Auto CAD 도면을 다른 CAD 시스템에 전달하기 위해 개발되었다.
③ IGES 파일은 일반적으로 여섯 개의 섹션으로 구성되어 있다.
④ 제품 데이터의 교환용으로 개발되었으며 공정계획, NC 프로그래밍, 공구 설계, 로봇 공학 등이 포함되어 있다.

해설
IGES는 기계, 전기, 전자, 유한요소해석(FEM), Solid Model 등의 표현 및 3차원 곡면 데이터를 포함하여 CAD/CAM Data를 교환하는 세계적인 표준이며, IGES 파일의 구조는 flag(플래그), Start(개시), Global(글로벌), Directory(디렉토리), Parameter(파라미터), Terminate(종결) 6개의 섹션(Section)으로 구성되어 있다.

146 IGES에 대한 설명으로 옳은 것은?

① 데이터 교환의 표준 형식으로 채택된 규격
② 가로축 방향을 u축, 세로축 방향을 v축으로 갖는 좌표계
③ 각 화소(pixel)마다 해당 점과의 거리를 저장하는 기억 장소
④ 이차원 도형을 어느 직선 방향으로 이동시키거나 회전시켜 입체를 생성하는 기능

해설
IGES는 기계, 전기, 전자, 유한요소해석(FEM), Solid Model 등의 표현 및 3차원 곡면 데이터를 포함하여 CAD/CAM Data를 교환하는 세계적인 표준이고, IGES는 3차원 모델링 기법인 CSG(Constructuve Solid Geometry : 기본입체의 집합연산 표현방식) Modeling과 B-rap(Boundary representation : 경계표현 방식)에 의한 모델을 정의할 수 있다.

[정답] 144 ④ 145 ③ 146 ①

147 IGES 파일을 구성하는 6개의 섹션(Section)들 중, Directory Entry 섹션에서 기입한 각 요소를 정의하는 실제 데이터를 담고 있는 것은?

① Parameter Data 섹션
② Terminate 섹션
③ Flag 섹션
④ Global 섹션

해설
① Parameter Data 섹션 : 도형 요소 등의 데이터를 구체적으로 기술하는 부분이다. 1~64번까지는 같은 데이터를 기록하고, 나머지 칸은 Directory Section과 Parameter Section의 관계를 표시한다.
② Terminate 섹션 : 이 섹션은 5개 구성 섹션에 사용된 줄의 수를 표시한다.
③ Flag 섹션 : 압축형 ACSCⅡ와 2진 형식에서만 사용되는 것으로 데이터의 표현형식에 따른 선택사항이다.
④ Global 섹션 : 생성된 CAD/CAM 시스템의 이름, 제품명, IGES Version 등을 표시한다. 총 24개의 데이터를 기록한다.

148 그래픽 데이터 표준규격인 IGES(Initial Graphics Exchanges Specification) 파일 구조가 아닌 것은?

① Start 섹션
② Global 섹션
③ Blocks 섹션
④ Directory 섹션

해설
IGES 파일 구조
① 개시 섹션(Start Section)
② 글로벌 섹션(Global Section)
③ 디렉토리 섹션(Directory Section)
④ 파라미터 섹션(Parameter Section)
⑤ 종결 섹션(Terminate Section)
⑥ 플래그 섹션(flag section)

149 CAD 데이터 교환을 위한 표준에 대한 설명으로 옳은 것은?

① STEP은 설계 특징 형상(design feature)을 표현하지 못한다.
② DXF 파일은 원래 CATIA 모델 파일 교환을 위해 개발하였다.
③ STEP은 FORTRAN 언어를 사용하여 제품 데이터를 기술한다.
④ IGES 파일은 Flag, Start, Global, Directory Etry, Parameter Data, Terminate의 6개의 section으로 구성된다.

해설
① STEP은 제품의 모델과 이와 관련된 데이터의 교환에 관한 국제규격(ISO 10303)이다.
② DXF는 미국의 Auto desk사에서 개발한 Auto CAD Data와 호환성을 위해 제정한 ASCⅡ Format이다.
③ STEP은 정식 명칭과 같이 제품 데이터(Product)의 표현(Representation) 및 교환(Exchange)을 위한 국제표준규격이다.
④ IGES 파일은 Flag, Start, Global, Directory Etry, Parameter Data, Terminate의 6개의 section으로 구성된다.

150 서로 다른 CAD 시스템 간에 설계정보를 교환하기 위한 표준 중립 파일(neutral file)이 아닌 것은?

① DXF   ② GUI
③ IGES   ④ STEP

해설
소프트웨어 인터페이스
① GKS : 2차원 그래픽 시스템을 위한 표준 규격이다.
② IGES : 서로 다른 CAD/CAM 시스템 사이에서 도형정보를 옮기거나 공통사용할 수 있도록 하기 위한 데이터베이스의 표준 표시 방식이다.
③ DXF : CAD 시스템에서 구성된 자료에 대해 서로 다른 CAD 소프트웨어를 사용하더라도 서로의 CAD 자료를 공통으로 사용하기 위한 가장 일반적 데이터 교환방식이다.

[정답] 147 ① 148 ③ 149 ④ 150 ②

④ STEP : 개별적인 생산 및 설계 시스템 간에 데이터 공유를 통한 유기적 연결을 위해 국제표준기구에서 정한 "생산정보 모델에 대한 자료의 교환을 위한 표준"이다.
⑤ STL : 쾌속조형의 표준입력 파일 포맷으로 많이 사용되고 있다.

151 CAD 데이터 교환을 위한 중립 파일들 중 특수한 서식의 문자열을 가진 아스키(ASCⅡ) 파일인 것은?

① CAT
② DXF
③ GKS
④ PHIGS

해설
DXF 파일은 Auto CAD 데이터와의 호환성을 위해 제정한 자료 공유 파일을 말한다. 또한, DXF 파일은 아스키(ASCII) 텍스트 파일로 구성된다.

152 웹에서 사용할 수 있는 데이터 포맷 중 3차원 그래픽 데이터를 위한 것은?

① CGM
② DWF
③ HTML
④ VRML

해설
VRML : 입체 도형을 3차원 좌푯값이나 기하학적 데이터 등의 문서(text)로 표현하는 모형 작성을 위한 기술 언어로 VRML 파일을 월드 와이드 웹(WWW) 서버에 저장하면 입체적인 이미지를 갖는 3차원의 가상 세계를 인터넷상에 구축할 수 있다. 텍스트 파일 포맷으로, 3D 폴리곤의 버텍스와 에지 및 표면 색깔, 텍스쳐 UV 매핑, 반사 및 투명 효과 등을 표현할 수 있다.

153 다음 설명이 의미하는 데이터 표준규격은?

① 내부 처리구조가 다른 CAD/CAM 시스템으로부터 쉽게 변환 정보를 교환할 수 있는 장점이 있다.
② 모델링된 곡면을 정확히 다면체로 옮길 수 없다.
③ 오차를 줄이기 위해 보다 정확히 변환시키려면 용량을 많이 차지하는 단점이 있다.

① STEP
② STL
③ DXF
④ IGES

해설
STL : 이 규격은 쾌속 조형의 표준입력 파일 포맷으로 많이 사용되고 있으며, 내부 처리구조가 다른 CAD/CAM 시스템에서 쉽게 정보를 교환할 수 있는 장점이 있으나, 모델링된 곡면을 정확히 삼각형 다면체로 옮길 수 없는 점과, 이를 정확히 변환시키려면 용량이 많이 차지하는 단점도 있다.

154 다음 중 CAD 데이터 교환형식인 IGES(Initial Graphics Exchange Specification)에 관한 설명으로 틀린 것은?

① 서로 다른 CAD/CAM/CAE 시스템 사이에 제품정의 데이터를 교환하기 위하여 개발한 표준교환형식이다.
② ISO(International Organization for Standardization)에서 1985년 IGES를 국제표준으로 채택했다.
③ 데이터 변환과정을 거치므로 유효숫자 및 라운드 오프 에러가 발생할 수 있다.
④ IGES에서 지원하지 않는 요소로 모델링한 경우 비슷한 요소로 변환하므로 정보 전달 과정에 오류가 발생할 수 있다.

해설
IGES는 1993년 ANSI에 의해서 승인을 받아 미국규격으로 시작하여 세계적인 표준이며 ISO 국제규격은 STEP이다. IGES 파일의 구조는 Start, Global, Directory, Parameter, Terminate 5개의 Section으로 구성되어 있다.

[정답] 151 ② 152 ④ 153 ② 154 ②

155 CAD/CAM 시스템을 개발하여 공급하는 회사들은 세계적으로 여러 군데가 있다. 이러한 여러 가지 CAD/CAM 시스템을 사용하다 보면 자료를 각각의 회사별로 공유하여 활용하는 데 많은 문제점을 표출하게 된다. 이러한 문제점들을 해결하기 위해서 서로 다른 그래픽 자료를 인터페이스(interface)할 수 있는 규격의 종류가 아닌 것은?

① IGES
② DIN
③ DXF
④ STEP

해설
CAD/CAM 시스템의 그래픽스 표준규격에는 DXF, IGES, STEP, STL, GKS, CGI, CGM, NAPLPS, GKS-3D, PHIGS 등이 있다.

156 CAD/CAM 소프트웨어 간의 인터페이스 방식으로만 나열된 것은?

① GKS, IGES, DXF, STEP
② RS232C, DTE, DCE, DSR
③ RS232C, GKS, IGES, DXF
④ RS232C, RS232C 표준, DTE, DCE

해설
CAD/CAM 소프트웨어 인터페이스 방식 표준규격에는 DXF, IGES, STEP, STL, GKS, CGI, CGM, NAPLPS, GKS-3D, PHIGS 등이 있다.

157 서로 다른 CAD/CAM 시스템 간에 도면 및 기하학적 형상 데이터를 교환하기 위한 데이터 형식을 정한 표준규격인 것은?

① ISO
② STL
③ SML
④ IGES

해설
IGES : 서로 다른 CAD/CAM 시스템 간에 도면 및 기하학적 형상 데이터를 교환하기 위한 데이터 형식을 정한 표준규격, IGES는 3차원 모델링 기법인 CSG(Constructuve solid geometry : 기본입체의 집합연산 표현방식) Modeling과 B-rap(Boundary representation : 경계표현 방식)에 의한 모델을 정의할 수 있으며, File은 FORTRAN Program File과 비슷한 80문자의 ASC II (Amerrican Standard Code Information

[정답] 155 ② 156 ① 157 ④

PART 2. CAM 프로그래밍

컴퓨터 그래픽 기초

1 기하학적 도형 정의와 처리

1 그래픽 라이브러리

(1) 컴퓨터 프로그래밍

미리 약속된 문법에 맞게 컴퓨터 명령어를 이용하여 문장을 쓰는 것을 의미한다. 이러한 그래픽을 입력이나 출력으로 포함하는 작업을 그래픽 프로그래밍이라 한다.

① 장치 드라이버를 직접 사용한 그래픽 프로그램의 형식

애플리케이션 프로그램(application program) → 드라이버(driver) → input/output devices

② 그래픽 라이브러리를 사용한 그래픽 프로그래밍의 형식

애플리케이션 프로그램(application program) → 그래픽 라이브러리(graphics library) → 드라이버(driver) → input/output devices

(2) 그래픽 프로그래밍

① CORE : 래스터 그래픽 시스템이 널리 보급되지 않아 래스터 그래픽 시스템의 모든 기능을 사용할 수 있는 충분한 명령어를 제공하지 못하며 동적 그래픽 구현이나 다양한 사용자 대화형을 지원하는 데 미흡하다.
② GKS : 2차원 그래픽의 표준으로 간주하였고 나중에 3차원 그래픽을 위하여 GKS-3D로 확장되었으며 GKS도 동적 그래픽 구현이나 다양한 사용자 대화형을 지원하는 데 미흡한 점이 있다.
③ PHIGS : ISO 표준으로 워크스테이션 대부분을 위한 사실상의 표준으로 PEX로 발전하였다.
④ OpenGL : 네트워크 환경에서 워크스테이션뿐 아니라 개인용 컴퓨터에 대해서도 작동하는 다양성 때문에 표준 공식기구와는 별개로 개발된 상용 그래픽 라이브러리이다. OpenGL은 GL이 확장자이다.

서로 다른 CAD/CAM 시스템에 의해서 만들어진 자료를 서로 공유하여 설계와 가공 정보로서 활용하기 위한 표준 데이터 구성방식을 규정한 것은?
① Preprocessor
② ISO
③ FEM
④ IGES

답 ④

2 좌표계

그래픽 장치에 물체의 이미지를 표현하기 위해 요구되는 기본적인 일은 공간상에 물체의 모든 점에 대해 위치를 결정하는 것과 그 점이 차지하게 될 화면상의 위치를 결정하는 것이다.

(1) 데이터베이스 좌표계

1) 장치 좌표계(device coordinate system)

화면상의 위치를 정의하는 기준으로 사용한다. 그림에서와 같이 수평 방향으로 u축, 수직 방향으로 v축으로 구성된다. 좌표계 원점은 임의로 선택할 수 있으므로 오직 u축과 v축 만으로 화면상의 위치를 정의할 수 있으므로 u축과 v축에 모두 직각인 제3의 축을 정의하지 않는다. 각기 다른 그래픽 장치에 그려져야 한다면 그래픽 프로그램에 사용되는 장치좌표들이 바꾸어야 한다.

> 화면상의 위치를 정의하는 기준으로 사용하는 좌표계는?
> ① 장치 좌표계
> ② 가상 장치 좌표계
> ③ 세계 좌표계
> ④ 모델 좌표계
>
> 답 ①

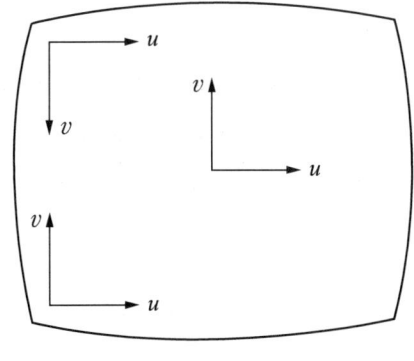

○ 그림 2-2 장치 좌표계

2) 가상 장치 좌표계(virtual device coordinate system)

모든 워크스테이션을 위하여 같은 원점 u축과 v축, 같은 범위의 u 및 v 값을 가진다. 좌표계가 오직 프로그래머의 상상 속에만 존재하기 때문에 가상(virtual)이란 용어가 사용된다.

가상 좌표계를 기준으로 정의된 한 점은 그래픽 장치의 종류와 관계없이 항상 같은 위치에 있다. 따라서 그래픽 프로그래머는 특정 장치 좌표계를 고려할 필요 없이 하나의 도형을 일관되게 정의할 수 있다. 이 경우에 어떤 그래픽 장치가 구동되는지를 알기 때문에 그래픽 프로그램은 가상 좌푯값에 장치 드라이버 루틴을 주게 된다. 장치 드라이버 루틴은 장치 좌표계가 특정한 그래픽 장치의 장치 좌표계와 부합되도록 가상 좌표를 장치좌표로 바꾸어 준다.

3) 형상 모델과 그래픽스를 입력, 저장, 디스플레이를 하기 위해 3차원 공간상에 한점을 결정하는 기본적인 3차원 좌표계가 있다.
   ① 모델 좌표계(model coordinate system)
   ② 작업 좌표계(working coordinate system)
   ③ 화면 좌표계(screen coordinate system)
   ④ 시각 좌표계(viewing coordinate system)

4) 세계 좌표계(world coordinate system)
   어떤 종류의 물체가 존재하고 그 물체들이 어떻게 위치하는가를 기술하는 데 사용되는 기준 좌표계로 모델 좌표계, 데이터베이스 좌표계라고도 한다.

5) 모델 좌표계(MCS)
   ① 물체의 형상은 그 물체에 붙어있는 좌표계에 관하여 물체의 모든 점이나 몇 개의 특징적인 점의 좌표에 의해서 정의되는 좌표계이다.
   ② MCS는 모델의 모든 기하학적 데이터가 저장되는 기준 공간으로 정의된다. 이것은 디폴트(default)로서 특정 소프트웨어에 의해 사용되는 직교 좌표계이다.
   ③ MCS의 X, Y, Z축은 적절한 명령을 사용하여 그래픽스 디스플레이에 표시할 수 있다.
   ④ MCS 원점은 사용자가 임의로 선택할 수 있다.
   ⑤ XY 면은 수직으로 모델의 정면도, XZ 면은 평면도, YZ 면은 우측면도를 정의한다.
   ⑥ MCS는 모델 데이터베이스에 항상 정보를 저장하고 모델 데이터베이스로부터 형상 정보를 수정할 때 소프트웨어를 인식하는 유일한 좌표계이다.

6) 작업 좌표계(WCS)
   형상 모델의 개발과 형상 데이터의 입력에 있어서 MCS 대신에 어떤 보조 좌표계를 이용하면 편리할 때가 있다. 이 방법은 경사면의 경우처럼 구축될 면이 하나의 MCS 직교 면으로 정의하기가 어려울 때 사용한다.

모델의 모든 기하학적 데이터가 저장되는 기준 공간으로 정의되며, 디폴트(default)로서 특정 소프트웨어에 의해 사용되는 직교 좌표계는?
① 장치 좌표계
② 가상 장치 좌표계
③ 세계 좌표계
④ 모델 좌표계

답 ④

형상 모델의 개발과 형상 데이터의 입력에 있어서 MCS 대신에 어떤 보조 좌표계를 이용하면 편리할 때가 있다. 경사면의 경우처럼 구축될 면이 하나의 MCS 직교 면으로 정의하기가 어려울 때 사용하는 좌표계는?
① 작업 좌표계
② 화면 좌표계
③ 시각 좌표계
④ 모델 좌표계

답 ①

사용자는 그 XY 면이 구축 면과 일치하는 직교 좌표계를 사용할 수 있다. WCS를 정의하기 위해서는 동일 선상에 없는 세 개의 비 공통 선형적 점이 필요하다. 첫 번째 점은 원점을 정의하고 두 번째는 점을 연결하여 X축을 정의한다. 세 번째 점을 WCS의 XY 면을 정의하는 데 사용한다.

7) 화면 좌표계(screen coordinate system)

SCS는 원점이 대개 그래픽스 디스플레이의 왼쪽 아래 구석에 위치하는 2차원적인 디스플레이 의존적인 좌표계로 정의한다. SCS는 대개 뷰 원점을 정의할 때나 윈도 창의 정의와 같이 뷰에 관계된 디지타이징이나 뷰를 선택하기 위하여 그래픽스 작동이 필요할 때 뷰 디지타이징에 사용된다.

8) 시각 좌표계(viewing coordinate system)

VCS는 원점이 관측 위치에 놓이며 축은 원점으로부터 시각점을 가리키고 축은 스크린의 수직 방향과 평행하다. 나머지 축은 축과 축의 벡터 곱에 의해 결정된다.

(2) CAD/CAM 소프트웨어 좌표계

CAD/CAM 시스템을 이용하여 형상을 정의하기 위해서는 형상을 정의하는 데 가장 기본적인 공간상의 점을 정의하는 방법이 필요하다.

[CAD/CAM 좌표계의 종류]
① 직교 좌표계(cartesian coordinate system)
② 극좌표계(polar coordinate system)
③ 원통 좌표계(cylindrical coordinate system)
④ 구면 좌표계(spherical coordinate system)

1) 직교 좌표계(cartesian coordinate system)

직교 좌표계는 X, Y, Z 방향의 축을 기준으로 공간상에서 하나의 점을 표시할 때 각 축에 대한 X, Y, Z 대응하는 좌푯값으로 표시하는 방식으로 교차하는 지점인 $P(x_1, y_1, z_1)$가 형성하는 것이다.

CAD/CAM 시스템에서 사용하는 좌표계가 아닌 것은?
① 직교 좌표계
② 원통 좌표계
③ 원추 좌표계
④ 구면 좌표계

답 ③

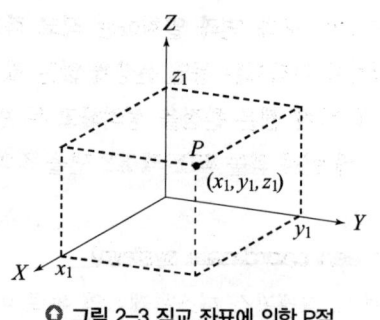

○ 그림 2-3 직교 좌표에 의한 P점

2) 극좌표계

한 쌍의 직교축과 단위 길이를 사용하여 평면상의 한 점 P의 위치를 표시하는 방식으로 표기 방법은 한 점 P(거리, 각도) 또는 $P(r, \theta)$로 표기하며 방향은 CCW이다.

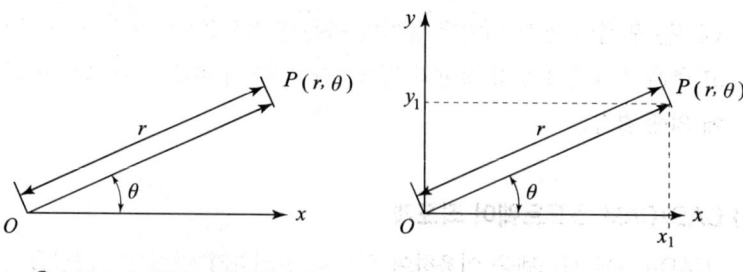

○ 그림 2-4 극좌표계에 의한 P점   ○ 그림 2-5 극좌표의 직교 좌표 변환

극좌표의 기준축을 X축이라고 하면 $P(r, \theta)$에 의한 x_1, y_1은 다음과 같이 표기한다. $x_1 = r \cdot \cos\theta$, $y_1 = r \cdot \sin\theta$, 즉 $P(r, \theta)$를 직교 좌표계의 좌푯값으로 표기하면 $(x_1, y_1) = (r \cdot \cos\theta, r \cdot \sin\theta)$임을 알 수 있다.

3) 원통 좌표계

평면상에 있는 하나의 점 P를 나타내기 위해 사용한 극좌표계에 공간의 개념을 적용하여 공간상의 한 점을 표기하기 위한 좌표계로서 표시되는 점 P는 (r, θ, z_1)으로 표기되며, 극좌표계의 좌푯값(r, θ)을 Z축 방향으로 z_1만큼 이동한 결과이다. 원통 좌표계의 점 $P(r, \theta, z_1)$를 직교 좌표로 표기하면 다음과 같다.

$x_1 = r \cdot \cos\theta$, $y_1 = r \cdot \sin\theta$, $z_1 = z_1$ 그리고 x, y, z 값의 표기를 원통 좌표계로 표기할 수도 있다. $r^2 = x_1^2 + y_1^2$, $\theta = \tan^{-1}\dfrac{y_1}{x_1}$, $z_1 = z_1$

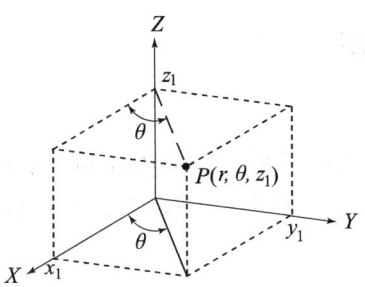

◎ 그림 2-6 원통 좌표계에 의한 P점

4) 구면 좌표계

공간상에 구성되어 있는 하나의 점 P를 표현하는 방법 중의 한 가지로 해당 점의 좌표의 기준점을 중심으로 구를 그리듯 표기하는 방법으로 이때 하나의 점은 (ρ, ϕ, θ)로 표기되며, 변수 ρ는 기준점으로부터 점 P의 거리, ϕ는 Z축과 기준점으로부터 P까지의 직선거리가 이루는 각도, θ는 XZ평면과 기준점으로부터 P까지의 직선거리가 XY평면에 투영되어진 선과의 각도를 의미한다.

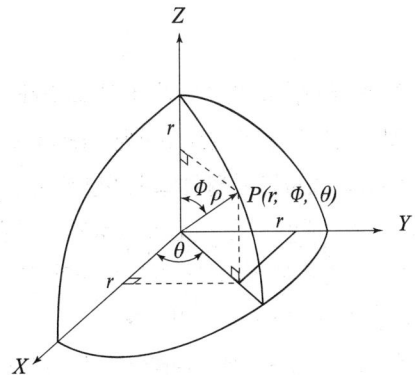

◎ 그림 2-7 구면 좌표계에 의한 P점

① 구면 좌표계를 원통 좌표계로 변환

$r = \rho \cdot \sin\phi, \ \theta = \theta, \ z = \rho \cdot \cos\phi$

② 원통 좌표계를 직교 좌표계로 변환

$x = r \cdot \cos\theta, \ y = r \cdot \sin\theta, \ z = z$

③ 구면 좌표계를 직교 좌표계로 변환

$x = \rho \cdot \sin\phi \cdot \cos\theta, \ y = \rho \cdot \sin\phi \cdot \sin\theta, \ z = \rho \cdot \cos\phi$

투영된 이미지를 나타내고자 하는 화면 모니터상의 영역으로 윈도에 의해 정의된 시각 영역이 매핑되는 영역은?
① 윈도
② 시각 영역
③ 뷰포트
④ MCS

답 ①

CAD/CAM 그래픽 요소에서 지원되지 않는 출력 요소는?
① OpenGL 부호
② 라이브러리 폰트
③ 다각형
④ 직선

답 ①

3 윈도 및 뷰포트

(1) 윈도

윈도의 바깥에 있는 물체는 모니터상에 나타나지 않게 하려고 화면 모니터상으로 투영되는 공간상의 영역을 윈도로 정의한다.

(2) 시각 영역

시각 영역이라고 불리는 볼 수 있는 영역은 투영의 종류에 따라 달라진다. 근접 평면과 원거리 평면의 둘에 의해서 시각 영역을 잘라내야 바람직할 때가 간혹 있다. 평행 투영에서 근접과 원거리 평면은 비슷하게 정의된다.

(3) 뷰포트

뷰포트는 투영된 이미지를 나타내고자 하는 화면 모니터상의 영역이다. 윈도에 의해 정의된 시각 영역이 매핑되는 영역이다.

4 그래픽 요소

(1) 출력 요소

① 직선 : 양 끝점의 좌푯값을 입력하면 직선 요소가 그려진다. 대부분의 그래픽 라이브러리에서 끝점들의 3차원 좌표가 사용될 수 있다. 3차원 좌표는 자동으로 2차원 투영점으로 변환된다.
직선의 종류, 굵기, 색깔 같은 직선의 속성이 지정될 수 있다.
② 다각형 : 기능은 배열에서 첫 번째 열과 마지막 열을 같게 해야 한다는 것만 제외하면 연속선 기능과 동일하다.
③ 부호 : 일반적으로 그래프에서 데이터점들을 구별하기 위해서 사용한다. 직선 요소와 비슷하게 연속부호는 GKS와 PHIGS에서 기본이다. OpenGL은 부호를 지원하지 않는다.
(부호의 종류 : · + * ○ × ◇ □ ◈ ⊡ ⊠)
④ 문자 : 대부분의 그래픽 라이브러리에서 두 가지 종류의 문자를 지원한다. 주석문자와 3차원 문자이며 주석문자는 항상 디스플레이 모니터의 평면에 위치하며 방위와 관계없이 비틀리지 않는다. 3차원 문자는 3차원 공간상의 어떤 평면에도 위치할 수 있다. 문자의 위치와 방향, 각도, 폰트 크기 등을 입력해야 한다.

(2) 그래픽 입력

숫자나 문자, 점, 직선, 다각형 같은 그래픽 요소를 받아들일 필요가 있다. 그래픽 입력에 사용되는 물리적 장치에는 2가지 이상이 있다. 위치탐색기와 버튼과 마우스, 트랙볼 등이 있다.

(3) 디스플레이 리스트

그래픽 라이브러리의 대부분 명령은 디스플레이 리스트에 저장될 수 있고 인접한 모드에서도 발생할 수 있다. 그래픽 요소들은 도면을 위한 프로그램의 서술 전에 디스플레이 리스트를 여는 것에 의해서와 서술 후에 디스플레이 리스트를 닫는 것에 의하여 디스플레이 리스트에서 정의된다.

(4) 모델링 기법

모델링 작업의 주요 기법은 다음과 같다.
① wire frame : 선으로만 모든 것을 표현하는 기법이다.
② color : 각 물체에 고유의 특성에 따라 color를 넣는 기법이다.
③ depth cueing : 멀리 있는 선을 흐리게 또는 얇게 그려 줌으로써 원근감을 표현하는 기법이다.
④ depth clipping : 멀리 있는 것을 눈에서 안 보이도록 삭제하는 기법이다.
⑤ gouraud shaded polygons with diffuse reflection : 각 면 간의 구분선에서 부드럽게 표현하는 기법이다.
⑥ phong shaded polygons with specular reflection : gouraud shading 기법보다 더 부드럽게 표현하는 기법이다.
⑦ visible(line determination) : 가려서 보이지 않는 선을 제거하는 기법이다.
⑧ visible(surface determination) : 가려서 보이지 않는 면을 제거하는 기법이다.
⑨ gouraud shaded polygons with specular reflection : 조명이 있는 곳을 특히 밝게 하여 실제 모양과 비슷하게 표현하는 기법이다.
⑩ individually shaded polygons with specular reflection : 조명의 위치와 각 물체의 위치 및 거리를 고려하여 계산하는 기법이다.

(5) 이미지 표현 방법

① 비트맵 이미지(bitmap image) : 도형, 그림을 픽셀(pixel) 또는 비트맵의 조합으로 표현한 이미지이다.

컴퓨터그래픽에서 도형을 나타내는 그래픽 기본요소가 아닌 것은?
① 점(dot)
② 선(line)
③ 원(circle)
④ 구(sphere)

답 ④

모델링 작업의 주요 기법이다. 틀린 것은?
① wire frame : 선으로만 모든 것을 표현하는 기법이다.
② color : 각 물체에 고유의 특성에 따라 color를 넣는 기법이다.
③ depth cueing : 멀리 있는 선을 흐리게 또는 얇게 그려 줌으로써 원근감을 표현하는 기법이다.
④ depth clipping : 가려서 보이지 않는 선을 제거하는 기법이다.

답 ④

② 벡터 이미지(vector image) : 컴퓨터에서 표현된 이미지가 곡선으로 연결된 것으로 원래 이미지를 손상하지 않고 확대, 축소, 회전 등 다양한 조작을 할 수 있고, 저용량이며 객체 지향적 이미지라고도 한다.

③ 래스터 이미지(raster image) : 기본 원리는 비트맵 이미지와 같은 픽셀 방식에 의한 표현으로서 컴퓨터 그래픽스에서의 드로잉, 페인팅, 사진 등 모든 이미지는 이 픽셀을 다양하게 사용하고 있다.

(6) 그래픽 용어

① 픽셀(pixel, 화소) : 디지털 이미지의 가장 작은 구성 단위로는 눈으로 볼 수 있는 모든 디지털 이미지는 화소로 구성되어 있고 좌표들은 화상에서의 픽셀 위치를 정의하는 데 사용되며, 픽셀은 모니터의 '가로×세로' 안에 들어가는 수치로 해상도를 나타낸다.

② 채널(channel) : 그래픽에서 RGB 모드에는 빨강, 초록, 파랑 세 개의 채널이 있다. 각 채널은 각 색상의 음영으로 이루어지는데, 이 세 개의 채널을 합하면 하나의 완성된 이미지를 이루게 된다. 이미지를 이루는 채널은 각 색상모드를 이루는 기본 채널 외에도 더 추가할 수 있는데 이것을 알파채널(alpha channel)이라고 한다.

③ 이미지 맵(image map) : 이미지 파일의 영역을 구분해 메뉴로 이용하는 것인데, 웹에서 지도 찾기를 할 때 A지역을 클릭하면 A에 관련된 정보가, B를 클릭하면 B에 관련된 정보가 나타날 수 있도록 하나의 이미지를 여러 개의 링크로 구분한 것이다.

④ 매핑(mapping) : 3D 프로그램에서 목표물의 표면에 나타날 재질, 색상, 이미지 등을 정의하여 입히는 일을 말한다.

⑤ 그레이디언트(gradient) : 여러 가지 색상의 중간색을 단계적으로 채워나가는 것을 말한다.

⑥ 그레이스케일(gray scale) : 무채색이라고 말하는 흰색, 회색, 검정색으로 구성된 이미지를 말한다. 컬러 이미지를 그레이 스케일로 변환했다면 모든 색은 256가지의 음양을 가진 흑백 이미지로 변하게 되고 당연히 검정색 채널 하나만 남게 된다. 흑백 정보만을 갖게 되므로 컬러 이미지보다 파일 크기가 훨씬 작아진다.

⑦ 그리드(grid) : 모눈종이와 같이 가로 세로의 격자를 그리드라고 하며, 이미지의 정확한 수정이 필요할 때 그리드를 사용한다.

⑧ 워터마크(watermark) : 인터넷 서비스가 대중화되면서 웹에서의 이미지를 누구나 저장할 수 있고 복사하거나 수정하는 일이 가능하게 하고,

---

그래픽 용어에 대한 설명으로 틀린 것은?
① 픽셀(pixel, 화소) : 디지털 이미지의 가장 작은 구성단위로는 눈으로 볼 수 있는 모든 디지털 이미지는 화소로 구성되어 있다.
② 채널(channel) : 그래픽에서 RGB 모드에는 빨강, 초록, 파랑 세 개의 채널이 있다.
③ 이미지 맵(image map) : 이미지 파일의 영역을 구분해 메뉴로 이용하는 것이다.
④ 매핑(mapping) : 여러 가지 색상의 중간색을 단계적으로 채워나가는 것을 말한다.

답 ④

그래서 이미지의 저작권을 보호하기 위해 디지털 이미지에 저작권을 포함시키는 것을 워터마크라고 한다.

⑨ **디더링(dithering)** : 화면에 어떤 색상을 표시할 수 없는 경우, 표시할 수 있는 색상들의 화소를 모아 조합하여 원하는 비슷한 색상을 만들어 내는 것을 말한다.

⑩ **텍스처(texture)** : 3차원 입체 도형을 2차원의 그물로 감싸 놓은 듯한 모습으로 나타나게 하는 그래픽 정보 표시 기법이다.

⑪ **레이어(layer)** : 이미지의 층으로서 복잡한 형상을 구현할 경우 사용하면 효과적인데 이것은 여러 개의 투명한 셀룰로이드 판 종이를 준비하여 각각의 투명 종이에 차례로 그림을 그린 후 필요한 층만 활성화시켜 겹쳐 나타내면 하나의 그림처럼 보이는 원리를 이용한다.

⑫ **필터(filter)** : 컴퓨터 그래픽에서 명암을 주기 위하여 픽셀을 표현하는 다각형 정보를 처리해 나가는 과정을 말한다. 각각의 정의 위치와 색상을 변형시키면 변화된 형태의 이미지를 얻을 수 있는데, 이러한 이미지 표현 방법을 필터 효과라고 한다.

⑬ **마스크(mask)** : 흔히 스프레이 물감을 뿌려 글씨를 표시할 때 종이에 원하는 글자를 쓴 후 그 부분을 오려 내고 스프레이하면 주위에 묻지 않고 깨끗한 글씨를 나타낼 수 있다. 이때 마스크는 글씨를 오려낸 종이와 같은 것이다.

⑭ **모핑(morphing)** : 2차원의 이미지나 3차원의 이미지를 다른 형상으로 변화시키는 작업으로 CAD/CAM 시스템에서 모델링 화면 디스플레이와 관계가 없다.

> 그래픽 용어에 대한 설명으로 틀린 것은?
> ① 디더링(dithering) : 화면에 어떤 색상을 표시할 수 없는 경우, 표시할 수 있는 색상들의 화소를 모아 조합하여 원하는 비슷한 색상을 만들어 내는 것을 말한다.
> ② 필터(filter) : 컴퓨터 그래픽에서 명암을 주기 위하여 픽셀을 표현하는 다각형 정보를 처리해 나가는 과정을 말한다.
> ③ 마스크(mask) : 3차원 입체 도형을 2차원의 그물로 감싸 놓은 듯한 모습으로 나타나게 하는 그래픽 정보 표시 기법이다.
> ④ 모핑(morphing) : 2차원의 이미지나 3차원의 이미지를 다른 형상으로 변화시키는 작업으로 CAD/CAM 시스템에서 모델링 화면 디스플레이와 관계가 없다.
>
> 답 ③

② CAD 모델링을 위한 좌표변환

1 2차원 좌표변환

(1) 도형의 좌표변환

컴퓨터에 의해 제작된 도면이나 형상 모델을 조작하기 위해서는 이미 작성된 데이터를 이동, 회전 및 스케일 등을 할 필요가 있는데 이를 도형의 좌표변환이라 한다.

1) 점의 표현

n차원 공간에서의 한 점은 임의의 n차원 벡터로 표현한다.

- 2차원 좌표계 : $[x\ y]$ 또는 $\begin{bmatrix} x \\ y \end{bmatrix}$, 즉 (1×2) 또는 (2×1)행렬

- 3차원 좌표계 : $[x\ y\ z]$ 또는 $\begin{bmatrix} x \\ y \\ z \end{bmatrix}$, 즉 (1×3) 또는 (3×1)행렬

① 이동(translation) : 도형 요소의 위치를 이동하는 방법

점 $P(x, y)$를 x방향으로 m, y방향으로 n만큼 이동시키기 위해서 새로운 좌표 $P'(x', y')$를 만들려면

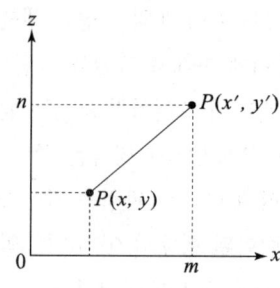

○ 그림 2-8 점의 이동

$x' = x + m$, $y' = y + n$

여기서, $P(x, y)$: 원래의 점
$P'(x', y')$: 이동한 후의 점
$m, n : x, y$방향의 증분값

이를 벡터로

$[x'\ y'] = [x\ y] + [m\ n]$

이다.

② 확대 및 축소 : 도형 요소 확대 또는 축소의 방법

점 $P(x, y)$를 x방향으로 Sx, y방향으로 Sy 비율로 늘린(scaled stretched) 점 $P'(x', y')$를 만들려면

$[x'\ y'] = \begin{bmatrix} Sx & 0 \\ 0 & Sy \end{bmatrix}$

여기서, $Sx = +1$, $Sy = -1$이면 x축에 대칭인 변환,
$Sx = Sy < 0$이면 원점에 대칭인 변환이다.

③ 회전(rotation) : 도형 요소의 위치를 회전시켜 놓는 방법

점 $P(x, y)$를 원점을 중심으로 반시계 방향의 각도 θ만큼 회전시킨 점 $P'(x', y')$

$[x'\ y'] = [x\ y] \begin{bmatrix} \cos\theta & \sin\theta \\ -\sin\theta & \cos\theta \end{bmatrix}$

$= [x\cos\theta - y\sin\theta\ \ x\sin\theta + y\cos\theta]$

다음은 CAD 소프트웨어에서 갖고 있는 명령어이다. 이 중에서 데이터 변환(transformation) 기능을 나타내는 것은?

① Line
② Zoom
③ Translation
④ Symbol

해설

동차좌표에 의한 2차원 좌표 변환행렬

$TH = \begin{bmatrix} a & b & p \\ c & d & q \\ m & n & s \end{bmatrix}$

① 2×2행렬(a, b, c, d)
: scaling(확대 또는 축소), rotation(회전), shearing(전단), reflection(반전 또는 대칭)

② 1×2행렬(m, n)
: translation(이동변환)

③ 2×1행렬(p, q)
: projection(투영, 투사)

④ 1×1행렬(s)
: overall scaling(전체적인 스케일링)

답 ③

❷ 3차원 좌표변환

(1) 동차 좌표(HC)에 의한 표현

n차원의 벡터를 $(n+1)$차원의 벡터 형태로 표현한 것을 의미한다.

- 2차원 좌표계 $[XYH] = [x\,y\,1]\begin{bmatrix} a & b & c \\ c & d & q \\ m & n & s \end{bmatrix}$

- 3차원 좌표계 $[XYZH] = [x\,y\,z\,1]\begin{bmatrix} a & b & c & p \\ d & e & f & q \\ l & m & n & s \end{bmatrix}$

1) 동차 좌표에 의한 2차원 좌표변환행렬

2차원에서 일반적인 변환행렬은 3×3이며 다음과 같다.

$$T_H = \begin{bmatrix} a & b & p \\ c & d & q \\ m & n & s \end{bmatrix} \Rightarrow \begin{bmatrix} 2\times 2 & 2\times 1 \\ 1\times 2 & 1\times 1 \end{bmatrix}$$

여기서, $a, b, c, d\,(2\times 2)$: 스케일링(scaling), 회전(rotation),
전단(shearing), 반전(reflection)
$m, n\,(1\times 2)$: 이동(translation)
$p, q\,(2\times 1)$: 투사(투영 : projection)
$s\,(1\times 1)$: 전체적인 스케일링(overall scaling)

① 이동(translation) 변환

$$[x'\,y'\,1] = [x\,y\,1]\begin{bmatrix} 1 & 0 & 0 \\ 0 & 1 & 0 \\ m & n & 1 \end{bmatrix}$$

② 스케일링(scaling) 변환

$$[x'\,y'\,1] = [x\,y\,1]\begin{bmatrix} Sx & 0 & 0 \\ 0 & Sy & 0 \\ 0 & 0 & 1 \end{bmatrix}$$

③ 반전(reflection) 또는 대칭 변환

$$[x'\,y'\,1] = [x\,y\,1]\begin{bmatrix} -1 & 0 & 0 \\ 0 & 1 & 0 \\ 0 & 0 & 1 \end{bmatrix}$$

④ 회전(rotation) 변환

$$[x'\,y'\,1] = [x\,y\,1]\begin{bmatrix} \cos\theta & \sin\theta & 0 \\ -\sin\theta & \cos\theta & 0 \\ 0 & 0 & 1 \end{bmatrix}$$

직선 $L = \begin{bmatrix} 1 & 1 \\ 2 & 4 \end{bmatrix}$를 X방향으로 2만큼, Y방향으로 3만큼 이동하면 변환행렬은 어느 것인가?

① $\begin{bmatrix} 2 & 2 \\ 6 & 12 \end{bmatrix}$ ② $\begin{bmatrix} 2 & 3 \\ 2 & 4 \end{bmatrix}$

③ $\begin{bmatrix} 2 & 3 \\ 4 & 12 \end{bmatrix}$ ④ $\begin{bmatrix} 3 & 4 \\ 4 & 7 \end{bmatrix}$

해설

$L = \begin{bmatrix} 1, 1 \\ 2, 4 \end{bmatrix}$에서

$\Delta x = 2,\ \Delta y = 3$이므로

$L = \begin{bmatrix} x_1 + \Delta x, & y_1 + \Delta y \\ x_2 + \Delta x, & y_2 + \Delta y \end{bmatrix}$

$= \begin{bmatrix} 1+2, & 1+3 \\ 2+2, & 4+3 \end{bmatrix}$

$= \begin{bmatrix} 3, 4 \\ 4, 7 \end{bmatrix}$

답 ④

3차원 변환행렬에서 XY평면에 대한 대칭변환(reflection) 행렬은?

① $\begin{bmatrix} 1 & 0 & 0 & 0 \\ 0 & 1 & 0 & 0 \\ 0 & 0 & -1 & 0 \\ 0 & 0 & 0 & 1 \end{bmatrix}$

② $\begin{bmatrix} -1 & 0 & 0 & 0 \\ 0 & 1 & 0 & 0 \\ 0 & 0 & 1 & 0 \\ 0 & 0 & 0 & 1 \end{bmatrix}$

③ $\begin{bmatrix} 1 & 0 & 0 & 0 \\ 0 & -1 & 0 & 0 \\ 0 & 0 & -1 & 0 \\ 0 & 0 & 0 & 1 \end{bmatrix}$

④ $\begin{bmatrix} -1 & 0 & 0 & 0 \\ 0 & -1 & 0 & 0 \\ 0 & 0 & 1 & 0 \\ 0 & 0 & 0 & 1 \end{bmatrix}$

해설

3차원의 반전변환 또는 대칭변환

① xy 평면 = $\begin{bmatrix} 1 & 0 & 0 & 0 \\ 0 & 1 & 0 & 0 \\ 0 & 0 & -1 & 0 \\ 0 & 0 & 0 & 1 \end{bmatrix}$

② yz 평면 = $\begin{bmatrix} -1 & 0 & 0 & 0 \\ 0 & 1 & 0 & 0 \\ 0 & 0 & 1 & 0 \\ 0 & 0 & 0 & 1 \end{bmatrix}$

③ xz 평면 = $\begin{bmatrix} 1 & 0 & 0 & 0 \\ 0 & -1 & 0 & 0 \\ 0 & 0 & 1 & 0 \\ 0 & 0 & 0 & 1 \end{bmatrix}$

답 ①

⑤ 역 변환(inverse of transformation)

$$T_1 \cdot T_2 = \begin{bmatrix} 1 & 0 & 0 \\ 0 & 1 & 0 \\ m & n & 1 \end{bmatrix} \begin{bmatrix} 1 & 0 & 0 \\ 0 & 1 & 0 \\ -m & -n & 1 \end{bmatrix}$$

즉 이동 행렬의 역은 이동 성분의 부호를 반대로 한 것이며 회전 변환의 역은 회전하는 각도의 부호를 바꾸면 역행렬이 된다.

2) 동차 좌표에 의한 3차원 좌표변환행렬

3차원에서 일반적인 변환행렬은 4×4이며 다음과 같다.

$$T_H = \begin{bmatrix} a & b & c & p \\ d & e & f & q \\ h & i & j & r \\ l & m & n & s \end{bmatrix} \Rightarrow \begin{bmatrix} 3 \times 3 & & 3 \\ & & \times \\ & & 1 \\ 1 \times 3 & & 1 \times 1 \end{bmatrix}$$

여기서, $\begin{bmatrix} a & b & c \\ d & e & f \\ h & i & j \end{bmatrix}$ (3×3) : 스케일링, 회전, 전단, 대칭

l, m, n (1×3) : 이동

p, q, r (3×1) : 원근화법(perspective Transformation)

s (1×1) : 전체적인 스케일링

① 평행이동(transformation) 변환

$$[X\,Y\,Z\,H] = [x\,y\,z\,1] \begin{bmatrix} 1 & 0 & 0 & 0 \\ 0 & 1 & 0 & 0 \\ 0 & 0 & 1 & 0 \\ l & m & n & 1 \end{bmatrix} = [(x+l)\,(y+m)\,(z+n)\,1]$$

② 스케일링(scaling) 변환

㉠ 국부적인 스케일링 변환

$$[X\,Y\,Z\,H] = [x\,y\,z\,1] \begin{bmatrix} a & 0 & 0 & 0 \\ 0 & e & 0 & 0 \\ 0 & 0 & j & 0 \\ 0 & 0 & 0 & 1 \end{bmatrix} = [ax\,ey\,jz\,1]$$

㉡ 전체적인 스케일링 변환

$$[X\,Y\,Z\,H] = [x\,y\,z\,1] \begin{bmatrix} 1 & 0 & 0 & 0 \\ 0 & 1 & 0 & 0 \\ 0 & 0 & 1 & 0 \\ 0 & 0 & 0 & s \end{bmatrix} = [x\,y\,z\,s] = \left[\frac{x}{s}\,\frac{y}{s}\,\frac{z}{s}\,1\right]$$

③ 회전(rotation) 변환

$$T_x = \begin{bmatrix} 1 & 0 & 0 & 0 \\ 0 & \cos\theta & \sin\theta & 0 \\ 0 & -\sin\theta & \cos\theta & 0 \\ 0 & 0 & 0 & 1 \end{bmatrix}$$

$$T_y = \begin{bmatrix} \cos\theta & 0 & -\sin\theta & 0 \\ 0 & 1 & 0 & 0 \\ \sin\theta & 0 & \cos\theta & 0 \\ 0 & 0 & 0 & 1 \end{bmatrix}$$

$$T_z = \begin{bmatrix} \cos\theta & \sin\theta & 0 & 0 \\ -\sin\theta & \cos\theta & 0 & 0 \\ 0 & 0 & 1 & 0 \\ 0 & 0 & 0 & 1 \end{bmatrix}$$

④ 반전(reflection) 변환(대칭 변환)

$$T_{xy} = \begin{bmatrix} 1 & 0 & 0 & 0 \\ 0 & 1 & 0 & 0 \\ 0 & 0 & -1 & 0 \\ 0 & 0 & 0 & 1 \end{bmatrix}$$

$$T_{yz} = \begin{bmatrix} -1 & 0 & 0 & 0 \\ 0 & 1 & 0 & 0 \\ 0 & 0 & 1 & 0 \\ 0 & 0 & 0 & 1 \end{bmatrix}$$

$$T_{xz} = \begin{bmatrix} 1 & 0 & 0 & 0 \\ 0 & -1 & 0 & 0 \\ 0 & 0 & 1 & 0 \\ 0 & 0 & 0 & 1 \end{bmatrix}$$

⑤ 전단(shearing) 변환

$$[X\ Y\ Z\ H] = [x\ y\ z\ 1] \begin{bmatrix} 1 & b & c & 0 \\ d & 1 & f & 0 \\ h & i & 1 & 0 \\ 0 & 0 & 0 & 1 \end{bmatrix}$$

③ CAD 모델링을 위한 기초수학 및 디스플레이

1 기초수학

(1) 점과 좌표

1) 두 점 사이의 거리

① 수직선 위의 두 점 사이의 거리

$\overline{BC} = |y_2 - y_1|$

② 좌표 평면 위의 두 점 사이의 거리

$\overline{AB} = \sqrt{(x_2 - x_1)^2 + (y_2 - y_1)^2}$

2) 선분의 내분점과 외분점

① 내분점

$(x-a) : (b-x) = m : n$

$\therefore n(x-a) = m(b-x)$

$\therefore x = \dfrac{mb+na}{m+n}$

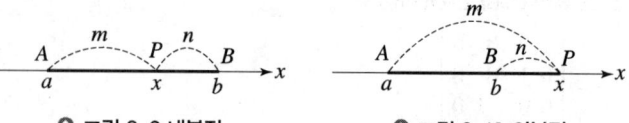

● 그림 2-9 내분점   ● 그림 2-10 외분점

② 외분점

$(x-a) : (x-b) = m : n$

$\therefore n(x-a) = m(x-b)$

$\therefore x = \dfrac{mb-na}{m-n}$

(2) 직선의 방정식

1) 두 직선 사이의 위치 관계

① $y = ax + b$ 와 $y = a'x + b'$ 의 위치 관계

㉠ $a \neq a'$: 한 점에서 교차 ⇒ 한 쌍의 근(a)

㉡ $a = a'$, $b \neq b'$: 평행 ⇒ 근이 없다. (불능)(b)

㉢ $a = a'$, $b = b'$: 일치 ⇒ 근이 무수하다. (부정)(c)

㉣ $aa' = -1$: 수직 ⇒ 한 쌍의 근(d)

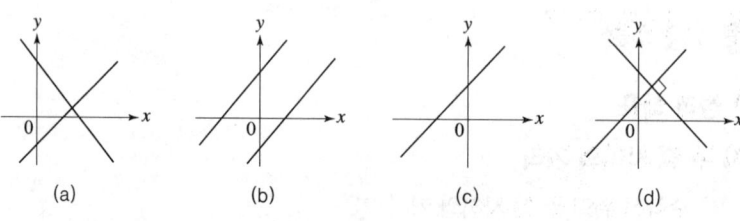

● 그림 2-11 두 직선 사이의 위치 관계

② $ax + by + c = 0$ 과 $a'x + b'y + c = 0$ 의 위치 관계

㉠ $\dfrac{a}{a'} \neq \dfrac{b}{b'}$: 한 점에서 교차 ⇒ 한 쌍의 근

㉡ $\dfrac{a}{a'} = \dfrac{b}{b'} \neq \dfrac{c}{c'}$: 평행 ⇒ 근이 없다. (불능)

ⓒ $\frac{a}{a'} = \frac{b}{b'} = \frac{c}{c'}$: 일치 ⇒ 근이 무수하다. (부정)

ⓓ $aa' + bb' = 0$: 수직 ⇒ 한 쌍의 근

2) 직선의 방정식

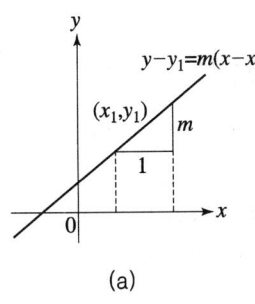
(a)

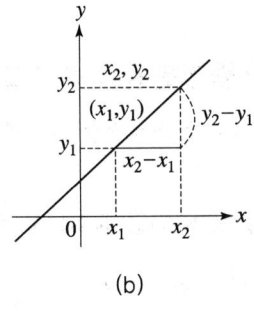
(b)

○ 그림 2-12 직선의 방정식

① 기울기가 m이고, 점(x_1, y_1)을 지나는 직선의 방정식

$$y - y_1 = m(x - x_1)$$

② 두 점$(x_1, y_1), (x_2, y_2)$을 지나는 직선의 방정식

$x_1 \neq x_2$일 때 $y - y_1 = \frac{y_2 - y_1}{x_2 - x_1}(x - x_1)$

$x_1 = x_2$일 때 $x = x_1$

③ x절편이 a이고, y절편이 b인 직선의 방정식

$$\frac{x}{a} + \frac{y}{b} = 1$$

3) 점과 직선의 거리

점 $P(x_1, y_1)$로부터 직선 $ax + by + c = 0$까지의 거리를 d라 하면

$$d = \frac{|ax_1 + by_1 + c|}{\sqrt{a^2 + b^2}}$$

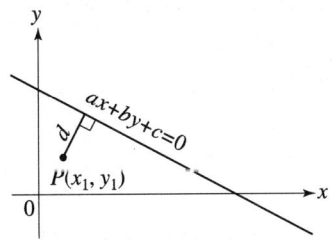

○ 그림 2-13 점과 직선의 거리

다음 두 점(-2, 0), (4, -6)을 지나는 직선의 방정식은 어느 것인가?

① $y = x - 2$
② $y = -x - 2$
③ $y = x - 4$
④ $y = -x - 3$

해설

$y - y_1 = \frac{y_2 - y_1}{x_2 - x_1}(x - x_1)$

에서

$y - 0 = \frac{-6 - 0}{4 - (-2)}(x - (-2))$

$y = -(x + 2) = -x - 2$

답 ②

널리 사용되는 원추단면곡선에는 원, 타원, 포물선 및 쌍곡선 등이 있다. 포물선을 음함수 형태로 표시한 식은?

① $x^2+y^2-r^2=0$
② $y^2-4ax=0$
③ $\dfrac{x^2}{a^2}-\dfrac{y^2}{b^2}-1=0$
④ $\dfrac{x^2}{a^2}+\dfrac{y^2}{b^2}-1=0$

해설
① 원(circle)
　$x^2+r^2-r^2=0$
② 타원(ellipse)
　$\dfrac{x^2}{a^2}+\dfrac{r^2}{b^2}=0$
③ 포물선(parabola)
　$r^2-4ax=0$
④ 쌍곡선(hyperbola)
　$\dfrac{x^2}{a^2}-\dfrac{y^2}{b^2}-1=0$

답 ②

2차원상에서 구성되는 원뿔곡선을 다음과 같은 일반식으로 표현할 때 $b=0$, $a=c$인 경우는 다음 원뿔곡선 중 어느 것을 나타내는가?

$f(x, y)=ax^2+bxy+cy^2$
　　　　$+dx+ey+o=0$

① 원　　② 타원
③ 포물선　④ 쌍곡선

답 ①

(3) 원의 방정식

1) 원의 방정식 일반형

$x^2+y^2+Ax+By+C=0$의 방정식은

중심 : $\left(-\dfrac{A}{2},\ -\dfrac{B}{2}\right)$, 반지름 : $\dfrac{\sqrt{a^2+b^2+4c}}{2}$ 인 원

2) 원 점을 중심으로 하고 반지름 r인 원의 방정식

$a=0$, $b=0$인 경우이므로 $x^2+y^2=r^2$

3) 점(a, b)를 중심으로 하고 반지름 r인 원의 방정식

$(x-a)^2+(y-b)^2=r^2$ 또는 $\sqrt{(x-a)^2+(y-b)^2}=r$

4) 원 $x^2+y^2=r^2$ 위의 점(x_1, y_1)에서의 접선의 방정식

$x_1x+y_1y=x_1^2+y_1^2$

(4) 타원의 방정식

1) 타원의 방정식 표준형

$\dfrac{x^2}{a^2}+\dfrac{y^2}{b^2}=1\ (a>0,\ b>0)$

2) 타원 접선의 방정식

① $\dfrac{x^2}{a^2}+\dfrac{y^2}{b^2}=1$

위의 점(x_1, y_1)에서의 접선

$\dfrac{x_1x}{a^2}+\dfrac{y_1y}{b^2}=1$

② $\dfrac{x^2}{a^2}+\dfrac{y^2}{b^2}=1$에 접하고 기울기 m인 직선

$y=mx\pm\sqrt{a^2m^2+b^2}$

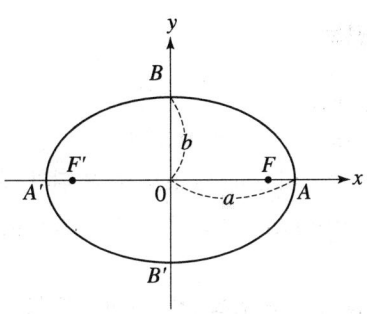

○ 그림 2-14 타원의 방정식

(5) 쌍곡선의 방정식

평면 위의 두 정점에서 거리의 차가 일정한 점의 자취를 쌍곡선이라 하고 이때 두 정점을 쌍곡선의 초점이라 한다.

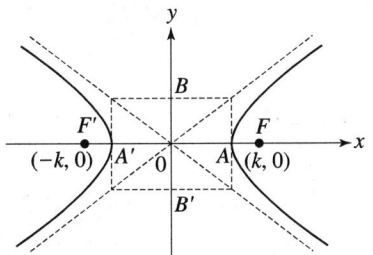

○ 그림 2-15 쌍곡선의 방정식

1) $\dfrac{x^2}{a^2} - \dfrac{y^2}{b^2} = 1 \,(a > 0,\ b > 0,\ k^2 = a^2 + b^2)$

주축의 길이 : $2a$, 초점 : $(k, 0),\ (-k, 0)$

2) $\dfrac{x^2}{a^2} - \dfrac{y^2}{b^2} = -1 \,(a > 0,\ b > 0,\ k^2 = a^2 + b^2)$

주축의 길이 : $2b$, 초점 : $(0, k),\ (0, -k)$

3) 쌍곡선 $\dfrac{x^2}{a^2} - \dfrac{y^2}{b^2} = \pm 1$의 점근선

$\dfrac{x^2}{a^2} - \dfrac{y^2}{b^2} = 0 \quad \therefore y = \pm \dfrac{b}{a} x$

다음 중 원뿔에 의한 원추곡선이 아닌 것은?
① 일차 스플라인 곡선
② 쌍곡선
③ 포물선
④ 타원

답 ①

> 바닥면이 없는 원추형 단면(conic section)에 의해 얻어질 수 없는 도형은?
> ① 타원(lipse)
> ② 쌍곡선(Hyperbola)
> ③ 원호(Arc)
> ④ 포물선(Parabola)
>
> 답 ③

(6) 타원체 면의 방정식

$$\frac{x^2}{a^2}+\frac{y^2}{b^2}+\frac{z^2}{c^2}=1$$

$a=b=c$ 일 때 구면(spherical surface)이 된다. 즉, $x^2+y^2+z^2=r^2$

∴ 구면 방정식의 일반형은 $x^2+y^2+z^2+ax+by+cz+d=0$이다.

(7) 쌍곡선 면의 방정식

1) 1엽 쌍곡선(a) $\dfrac{x^2}{a^2}-\dfrac{y^2}{b^2}+\dfrac{z^2}{c^2}=1$

2) 2엽 쌍곡선(b) $\dfrac{x^2}{a^2}-\dfrac{y^2}{b^2}+\dfrac{z^2}{c^2}=-1$

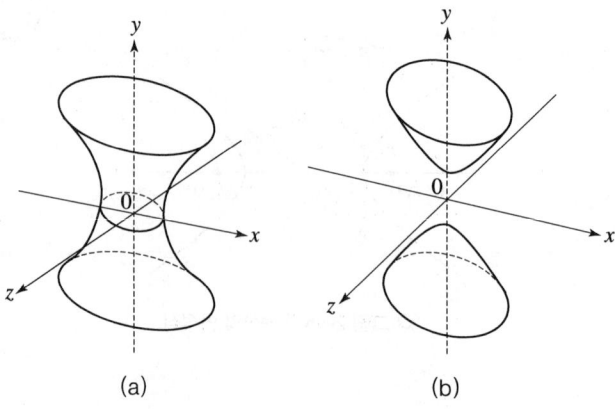

○ 그림 2-16 쌍곡선 면의 방정식

(8) 벡터

평면 또는 공간에서 한 점 P에서 다른 한 점 Q까지 방향을 갖는 선분을 벡터라고 하고 $\overrightarrow{PQ}$로 표시하며 시점과 종점이라 한다.

1) 벡터의 성질

① 벡터의 등가성 : $\vec{a}=\vec{b}$

② 벡터의 합 : $\vec{a}+\vec{b}=\vec{b}+\vec{a},\ (\vec{a}+\vec{b})+\vec{c}=\vec{a}+(\vec{b}+\vec{c})$

③ 벡터의 역방향 : $\vec{a}=-\vec{a}$

④ 벡터의 차 : $\vec{a}-\vec{b}=\vec{a}+(-\vec{b})$

⑤ 벡터의 크기 : $|a|=\sqrt{a_1^2+a_2^2 a_3^2}$

⑥ 벡터의 정규화 : $\vec{u} = \dfrac{\vec{a}}{|\vec{a}|}$

2) 벡터의 성질응용

공간상에 벡터 $\vec{a}, \vec{b}, \vec{c}$ 가 있고 스칼라 양 λ, μ, ν 가 있다고 한다면 다음과 같은 연산법칙을 이용할 수 있다.

① $\vec{a} + \vec{b} = \vec{b} + \vec{a}$ (그림 (a) 참조)
② $\vec{a} + (\vec{b} + \vec{c}) = (\vec{a} + \vec{b}) + \vec{c}$ (그림 (b) 참조)
③ $\lambda(\mu\vec{a}) = (\lambda\mu)\vec{a}$
④ $(\mu + \nu)\vec{a} = \mu\vec{a} + \nu\vec{a}$
⑤ $\lambda(\vec{a} + \vec{b}) = \lambda\vec{a} + \lambda\vec{b}$ (그림 (c) 참조)

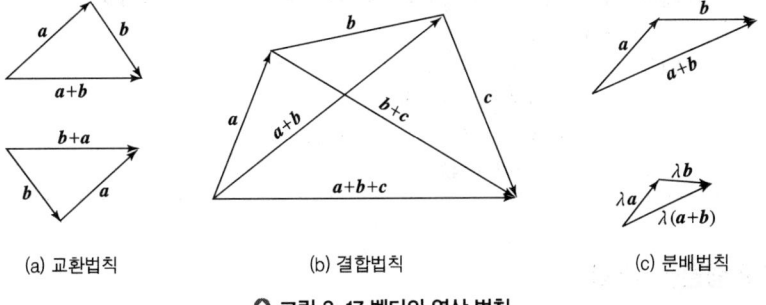

(a) 교환법칙   (b) 결합법칙   (c) 분배법칙

○ 그림 2-17 벡터의 연산 법칙

3) 벡터의 내적

벡터의 내적(scalar product)은 3차원 공간상의 두 벡터 $\vec{a} = (a_1, a_2, a_3)$, $\vec{b} = (b_1, b_2, b_3)$ 가 있을 때 각각의 변위의 곱을 합한 값이다. 그 표기는 $\vec{a} \cdot \vec{b}$ 이며, 내적 값은 벡터 $\vec{a}$ 와 $\vec{b}$ 의 크기를 곱한 값에, 두 벡터 시작점을 일치시킨 사잇각에 cos 값을 곱한 것과 같다.

$\vec{a} \cdot \vec{b} = a_1 b_1 + a_2 b_2 + a_3 b_3 = |\vec{a}| \cdot |\vec{b}| \cos\theta$

이때 벡터 $\vec{b}$ 가 단위 벡터, 즉 크기가 1인 경우 $\vec{a} \cdot \vec{b} = |\vec{a}|\cos\theta$ 식의 기하학적인 의미는 벡터 $\vec{a}$ 를 단위 벡터에 투영(projection)시킨 것이다.

4) 벡터의 외적

벡터의 외적(vector product)은 $\vec{a} \times \vec{b}$ 와 같이 표기한다. 벡터의 외적은 각각의 두 벡터에 수직한(normal) 벡터를 구하는 데 사용된다. 특히 곡선과 곡면의 법선 벡터를 구하거나 평면의 방정식을 구하는 데 사용되며, 법선 벡터의 크기는 $\vec{a}$, $\vec{b}$ 벡터가 이루는 면적의 크기와 일치한다.
$$\vec{a} \times \vec{b} = |\vec{a}||\vec{b}|\sin\theta n = (면적)n$$

※ 벡터의 외적 성질 : 교환 법칙이 성립되지 않는다.
$$\vec{b} \times \vec{a} = -\vec{a} \times \vec{b}, \ \vec{a} \times \vec{a} = 0 \ 또는 \ \vec{a} \times \vec{b} = -\vec{b} \times \vec{a}$$
$$\vec{a} \times (\vec{b} + \vec{c}) = \vec{a} \times \vec{b} + \vec{a} \times \vec{c}$$
$$(\lambda\vec{a}) \times \vec{b} = \vec{a} \times (\lambda\vec{b}) = \lambda(\vec{a} \times \vec{b})$$
$$i \times j = k, \ j \times k = i, \ k \times i = j, \ i \times i = j \times j = k \times k = 0$$

(예제)
두 벡터 $\vec{a}=(2, 3, 7)$, $\vec{b}=(2, 1, 4)$일 때 벡터의 내적(scalar product)과 벡터의 외적(vector product)을 구하라.
① 내적 : $\vec{a} \times \vec{b} = a_1b_1 + a_2b_2 + a_3b_3 = 2\times2 + 3\times1 + 7\times4 = 35$
② 외적 : $\vec{a} \times \vec{b} = \begin{vmatrix} i & j & k \\ a_1 & a_2 & a_3 \\ b_1 & b_2 & b_3 \end{vmatrix} = \begin{vmatrix} i & j & k \\ 2 & 3 & 7 \\ 2 & 1 & 4 \end{vmatrix}$
$\qquad\qquad\quad = (12-7)i + (14-8)j + (2-6)k$
$\qquad\qquad\quad = 5i + 6j - 4k$

(9) 행렬(matrix)

수의 배열을 양쪽에 괄호를 붙여 한 묶음으로 표시한 것으로 행렬의 가로줄을 행(row)이라 하고 세로줄을 열(column)이라 한다.

일반적으로 m개의 행과 n개의 열로 된 행렬을 m행 n열의 행렬 또는 $m \times n$행렬로 표시한다.

예 $\begin{bmatrix} 8 & 7 & 3 \\ 5 & 9 & 30 \end{bmatrix}$: 2×3 행렬, $\begin{bmatrix} 6 & 5 \\ 0 & 4 \\ 1 & 2 \end{bmatrix}$: 3×2 행렬

1) 행렬의 곱

2×2 행렬 사이의 곱을 다음과 같이 정의한다.
$$\begin{bmatrix} a & b \\ c & d \end{bmatrix} \begin{bmatrix} x & u \\ y & v \end{bmatrix} = \begin{bmatrix} ax+by & au+bv \\ cx+dy & cu+dv \end{bmatrix}$$

또는 행렬의 곱은 다음과 같이 한다.
$$\begin{bmatrix} ① \rightarrow \\ ② \rightarrow \end{bmatrix} \begin{bmatrix} ① & ② \\ \downarrow & \downarrow \end{bmatrix} = \begin{bmatrix} ①\times① & ①\times② \\ ②\times① & ②\times② \end{bmatrix}$$

(예제)
다음 행렬의 곱을 구하여라.

$A = \begin{bmatrix} 2 & 4 \\ 1 & 3 \end{bmatrix}$ $B = \begin{bmatrix} 6 & -1 \\ 2 & 5 \end{bmatrix}$

$A \times B = \begin{bmatrix} 2\times6+4\times2 & 2\times(-1)+4\times5 \\ 1\times6+3\times2 & 1\times(-1)+3\times5 \end{bmatrix} = \begin{bmatrix} 20 & 18 \\ 12 & 14 \end{bmatrix}$

2) 1차 연립 방정식과 행렬

① $\begin{aligned} ax + by &= p \\ cx + dy &= q \end{aligned} \Rightarrow \begin{bmatrix} a & b \\ c & d \end{bmatrix} \begin{bmatrix} x \\ y \end{bmatrix} = \begin{bmatrix} p \\ q \end{bmatrix}$

② $\begin{aligned} ax + by + cz &= p \\ dx + ey + fz &= q \\ gx + hy + iz &= r \end{aligned} \Rightarrow \begin{bmatrix} a & b & c \\ d & e & f \\ g & h & i \end{bmatrix} \begin{bmatrix} x \\ y \\ z \end{bmatrix} = \begin{bmatrix} p \\ q \\ r \end{bmatrix}$

❷ 은선과 은면 처리

공간상의 물체가 스크린상에 투영될 때 볼 수 있는 선과 면만을 디스플레이 하는 것은 명확성을 높인다. 은선 제거는 보는 시점에서 보호하게 되는 일부 선이 그려지는 것을 막아 준다. 은선제거도 모호하게 되는 면 일부가 그려지는 것을 막는다.

(1) 후향면(back-face) 제거 알고리즘

후향면 제거 알고리즘에서는 물체의 바깥쪽 방향에 있는 법선 벡터가 관찰자 쪽을 향하고 있다면 물체의 면이 가시적이고, 그렇지 않으면 비가시적이다. 후향면 알고리즘은 은선을 제거되어 그려진 선을 생성하기 위해 사용될 수 있다. 하지만 후향면 알고리즘이 오목 물체를 포함한 여러 개의 물체에 간단히 적용된다면 약 50%의 은선만 제거할 수 있다.

그림에서와 같이 블록의 위쪽 방향은 가시적이므로 다음과 같이 표현할 수 있다.

① $M \cdot N > 0$이면 가시적이다.
② $M \cdot N = 0$이면 면이 선으로 표현한다. 점을 따라가는 면상의 곡선을 따라 분리되어야 하므로 따라가는 곡선은 윤곽선이라고 한다.
③ $M \cdot N < 0$이면 면이 비가시적이다.

은선 및 은면 제거에 대한 설명 중 틀린 것은?

① 후향면(back-face) 알고리즘에서는 물체의 바깥쪽 방향에 있는 법선 벡터가 관찰자 쪽을 향하고 있다면 물체의 면이 가시적이고, 그렇지 않으면 비가시적이다.
② 깊이 분류(depth sorting) 알고리즘에서는 물체의 면들이 관찰자로부터의 거리로 정렬되며, 가장 가까운 면부터 가장 먼 면으로 각각의 색깔로 채워진다.
③ z-버퍼 방법의 원리는 임의의 스크린의 영역이 관찰자에게 가장 가까운 요소들에 의해 차지된다는 깊이 분류(depth sorting) 알고리즘과 기본적으로 유사하다.
④ 은선 제거를 위해서는 물체의 모든 모서리를 수반된 물체들의 면들에 의해 가려졌는지를 테스트하며, 각각의 숭첩된 면들에 의해 가려진 부분을 모서리로부터 순차적으로 제거한 후 모든 모서리들의 남아 있는 부분을 모아 그린다.

답 ②

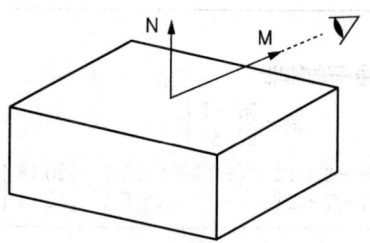

◎ 그림 2-18 면의 가시성에 관계된 두 벡터

> 모델링에서 은선과 은면을 제거하는 방법 중 하나로 z-버퍼 방법이 있는데 이와 관련한 설명으로 틀린 것은?
> ① z-버퍼 방법은 수많은 화소들만큼 많은 실수 변수들을 저장하기 위한 매우 많은 메모리 공간을 요구한다.
> ② 임의의 스크린의 영역이 관찰자에게 가장 가까운 요소들에 의해 차지된다는 깊이 분류 알고리즘과 동일한 원리에 기초를 둔다.
> ③ 깊이분류 알고리즘과 다른 점은 면이 무작위 순서로 투영된다.
> ④ z-버퍼를 이용한 은면 제거에서 법선벡터가 관찰자로부터 먼 쪽을 향하고 있는 면은 가시적(visible)이다.
>
> 답 ④

(2) 깊이 분류(depth sorting) 알고리즘

깊이 분류 알고리즘에서는 물체의 면들이 관찰자로부터의 거리로 정렬되며, 가장 먼 면부터 가장 가까운 면으로 각각의 색깔로 채워진다. 기본적으로 은면을 제거하기 위해서 사용되며 면이 적은 경우에 효율적인 방법이다. 깊이 정렬법 특징은 다음과 같다.
① 면들을 깊이가 감소하는 방향으로 정렬
② 면들을 가장 큰 깊이를 가진 면부터 주사 변환
③ 일명 화가 알고리즘

(3) z-버퍼 방법

z-버퍼 방법의 원리는 임의의 스크린 영역이 관찰자에게 가장 가까운 요소들에 의해 차지된다는 깊이 분류(depth sorting) 알고리즘과 기본적으로 유사하다. 요소들은 점이나 곡선이나 또는 곡면을 의미한다.

(4) 은선 제거 알고리즘

은선 제거 알고리즘을 위해서는 물체의 모든 모서리가 수반된 물체들의 면들에 의해 가려졌는지를 테스트하며, 각각 중첩된 면들에 의해 가려진 부분을 모서리로부터 순차적으로 제거한 후 모든 모서리의 남아 있는 부분을 모아 그린다.

❸ 렌더링

실제 장면을 재현하기 위해서는 물체의 표면에 빛을 입히는 효과를 신중하게 처리하는 과정을 렌더링이라 한다. 물체의 그림자를 표현하거나 또는 입체감을 구현하기 위하여 사용하는 방법으로, 3차원 형상의 정보를 2차원 평면의 화면에 나타내 3차원의 이미지처럼 느낄 수 있도록 하는 것을 말하며, 렌더링 기법은 다음과 같다.

(1) 음영법

① 음영 처리는 어떤 표면을 형성하는 화소들이 한 가지 색깔로 칠해지지 않는다는 점을 제외하고는 은선 제거 처리와 유사하다.
② 각각의 화소는 투영이 된 후에 나타나는 표면의 색깔과 반사되는 빛의 강도에 의해 칠해진다.
③ 물체상의 각 점에서 반사되는 빛의 강도와 색깔을 계산하는 것이 주된 작업이다.
④ 어떤 물체의 표면은 광원으로부터 직접적으로 다가오는 빛으로 직접 조명과 다른 표면으로부터 반사되는 빛으로 간접조명의 혼합에 의해서 표현된다.
⑤ 물체상의 임의의 점에서 반사되는 빛도 두 조명이 각각 반사된 빛의 합이다.
⑥ 난반사는 빛이 표면에 흡수되었다가 다시 모든 방향으로 흩어지면서 반사되는 형태이다. 표면이 거칠수록 난반사의 형태가 정반사에 비해 압도적으로 많다.
⑦ 정반사는 어떠한 표면에서의 빛이 직접적인 반사 형태이다. 거울과 같은 매끄러운 표면에서 대부분 일어난다.
⑧ Gouraud 음영법 : 임의의 삼각형 꼭짓점에서 이웃 삼각형들과 법선 벡터의 평균을 사용하여 반사광을 계산하는 음영법이다.
⑨ 직교 투영 : 3차원 뷰잉(viewing) 기법 중 아이소메트릭 투영(isometric projection)에 해당한다.

(2) 광선 투사(ray tracing)법

광원으로부터 나오는 광선이 직접 또는 반사 및 굴절을 거쳐 화면에 도달하는 경로를 역 추적하여 화면을 구성하는 각 화소의 빛의 강도와 색깔을 결정하는 렌더링 방법이다.

알고리즘은 은선/은면 제거 알고리즘 중 광원으로부터 빛이 물체에 반사되고 이것이 관찰자에게 도달함으로써 관찰자가 이를 볼 수 있다는 원리에 근거한 알고리즘으로, 광원으로부터 나오는 광선이 직접 또는 반사 및 굴절을 거쳐 화면에 도달하는 경로를 역 추적하여 화면을 구성하는 각 화소의 빛의 강도와 색깔을 결정하는 렌더링 방법이다. 광선투사법(ray tracing) 특징은 다음과 같다.

① 광선이 광원으로부터 나와 물체에 반사되어 뷰잉 평면에 투사될 때까지의 궤적을 거꾸로 추적한다.

② 뷰잉 화면상에서 거꾸로 추적한 광선이 광원까지 도달하였다면 광원과 화소 사이에는 반사체가 존재한다고 해석한다.
③ 뷰잉 화면상에서 거꾸로 추적한 광선이 광원까지 도달하지 않는다면 그 반사면에서의 색깔을 화소에 부여한다.
④ 가상의 광선이 카메라에서 나와 장면 내의 물체를 거쳐 다시 돌아오는 경로를 계산함으로써 사실적인 영상을 얻을 수 있기 때문에 현재 널리 쓰이고 있는 기법이나 렌더링 시간이 오래 걸리는 단점이 있다.

(3) 고라드(Gouraud) 음영법

임의의 삼각형으로 표현된 곡면의 각 꼭짓점에서 이웃 삼각형들과 법선벡터의 평균을 사용하여 반사광의 강도를 보간하여 내부의 화소에서 반사광의 강도를 계산하는 렌더링 기법이다.

(4) improved illumination model and multiple lights

조명의 개수가 많아지게 하는 기법으로 스탠드 전구의 불빛을 묘사하게 된다.

(5) curved surfaces with specular reflection

다각형 모델을 곡선 모델로 바꾸는 기법으로 각이진 것이 없어지게 한다.

(6) shadows

음영을 처리하는 기법을 말한다.

(7) texture mapping

각 면체의 무늬를 입히는 기법으로, 컴퓨터 내부적으로 이미 만들어진 것을 다른 것에 삽입하는 방법을 사용함으로써 그리는 시간이 빨라진다.

(8) reflection mapping

바닥에 물체들이 반사되도록 하는 기법이다.

4 GUI(그래픽 사용자 인터페이스)

(1) GUI

① CAD/CAM/CAE 소프트웨어에서 사용자와 그래픽 입력 및 그래픽 출력 간의 상호작용을 하는 것은 매우 필수적인 기능이다.

임의의 삼각형으로 표현된 곡면의 각 꼭짓점에서 이웃 삼각형들과 법선벡터의 평균을 사용하여 반사광의 강도를 보간하여 내부의 화소에서 반사광의 강도를 계산하는 렌더링 기법은?
① Gouraud 음영법
② reflection mapping
③ improved illumination model and multiple lights
④ curved surfaces with specular reflection

답 ①

② 이 프로그램은 화면상에 작업 영역을 선정한다든지 메뉴나 그에 상당하는 아이콘 등을 그림으로 그려 주고 이들이 선택되었을 때 해당 작업을 수행하도록 정의를 해 주는 등의 역할을 담당할 수 있어야 한다. 이러한 기능을 가능하게 해 주는 소프트웨어를 GUI라 한다.
③ 특별한 그래픽 라이브러리를 사용하여 구성한 일련의 그래픽 프로그램으로 집에서 만든(home-made) 그래픽 사용자 인터페이스에 의해서 실현할 수 있다.
④ 단점으로는 그래픽 라이브러리를 사용하여 개발한 경우 그래픽 라이브러리의 제한 등으로 인하여 모든 그래픽 장치를 지원하지 못하므로 그래픽 사용자 인터페이스를 그래픽 장치가 바뀔 때마다 수정해야 한다.

1) X 윈도 시스템

윈도를 열고 닫는 작업을 수반하는 응용프로그램이 네트워크상에서 임의의 워크스테이션 간에 자유자재로 작동하기 위한 환경을 제공하는 소프트웨어 표준이다.

예상문제

01 장치 드라이버를 직접 사용한 그래픽 프로그램의 형식으로 맞는 것은?

① 애플리케이션 프로그램(application program) → 드라이버(driver) → input/output devices
② input/output devices → 드라이버(driver) → 애플리케이션 프로그램(application program)
③ 애플리케이션 프로그램(application program) → 그래픽 라이브러리(graphics library) → 드라이버(driver) → input/output devices
④ 애플리케이션 프로그램(application program) → 드라이버(driver) → 그래픽 라이브러리(graphics library) → input/output devices

02 그래픽 라이브러리를 사용한 그래픽 프로그래밍의 형식으로 맞는 것은?

① 애플리케이션 프로그램(application program) → 드라이버(driver) → input/output devices
② input/output devices → 드라이버(driver) → 애플리케이션 프로그램(application program)
③ 애플리케이션 프로그램(application program) → 그래픽 라이브러리(graphics library) → 드라이버(driver) → input/output devices
④ 애플리케이션 프로그램(application program) → 드라이버(driver) → 그래픽 라이브러리(graphics library) → input/output devices

03 래스터 그래픽 시스템이 널리 보급되지 않아 래스터 그래픽 시스템의 모든 기능을 사용할 수 있는 충분한 명령어를 제공하지 못하며 동적 그래픽 구현이나 다양한 사용자 대화형을 지원하는 데 미흡한 그래픽 프로그래밍은?

① CORE   ② GKS
③ PHIGS ④ OpenGL

> **해설**
> 그래픽 프로그래밍
> ① CORE : 래스터 그래픽 시스템이 널리 보급되지 않아 래스터 그래픽 시스템의 모든 기능을 사용할 수 있는 충분한 명령어를 제공하지 못하며 동적 그래픽 구현이나 다양한 사용자 대화형을 지원하는 데 미흡하다.
> ② GKS : 2차원 그래픽의 표준으로 간주하였고 나중에 3차원 그래픽을 위하여 GKS-3D로 확장되었으며 GKS도 동적 그래픽 구현이나 다양한 사용자 대화형을 지원하는 데 미흡한 점이 있다.
> ③ PHIGS : ISO 표준으로 워크스테이션 대부분을 위한 사실상의 표준으로 PEX로 발전하였다.
> ④ OpenGL : 네트워크 환경에서 워크스테이션뿐 아니라 개인용 컴퓨터에 대해서도 작동하는 다양성 때문에 표준 공식기구와는 별개로 개발된 상용 그래픽 라이브러리이다. OpenGL은 GL이 확장자이다.

04 ISO 표준으로 워크스테이션 대부분을 위한 사실상의 표준으로 PEX로 발전한 그래픽 프로그래밍은?

① CORE   ② GKS
③ PHIGS ④ OpenGL

[정답] 01 ① 02 ③ 03 ① 04 ③

05 네트워크 환경에서 워크스테이션뿐 아니라 개인용 컴퓨터에 대해서도 작동하는 다양성 때문에 표준 공식기구와는 별개로 개발된 상용 그래픽 라이브러리는?

① CORE ② GKS
③ PHIGS ④ OpenGL

06 다음 중 좌표계에 관한 설명으로 잘못된 것은?

① 실세계에서 모든 점들은 3차원 좌표계로 표현된다.
② x, y, z축의 방향에 따라 오른손좌표계와 왼손좌표계가 있다.
③ 모델링에서는 직교 좌표계가 사용되지만, 원통 좌표계나 구면좌표계가 사용되기도 한다.
④ 좌표계의 변환에는 행렬 계산의 편리성으로 동차 좌표계(Homogeneous Coordinate) 대신 직교 좌표계가 주로 사용된다.

해설
좌표계의 변환에는 행렬 계산의 편리성으로 직교 좌표계 대신 동차 좌표계가 주로 사용된다.

07 CAD 프로그램 내에서 3차원 공간상의 하나의 점을 화면상에 표시하기 위해 사용되는 3개의 기본 좌표계에 속하지 않는 것은?

① 세계 좌표계(world coordinate system)
② 벡터 좌표계(vector coordinate system)
③ 시각 좌표계(viewing coordinate system)
④ 모델 좌표계(model coordinate system)

08 그래픽 프로그램의 기본적인 좌표계 중에서 물체의 형상은 그 물체에 붙어 있는 좌표계에 관하여 형상은 그 물체에 붙어 있는 좌표계에 관하여 물체의 모든 점이나 몇 개의 특징적인 점의 좌표에 의해서 정의되는 좌표계는?

① 모델 좌표계 ② 세계 좌표계
③ 시각 좌표계 ④ 장치 좌표계

해설
모델 좌표계 : 그래픽 프로그램의 기본적인 좌표계 중에서 물체의 형상은 그 물체에 붙어 있는 좌표계에 관하여 형상은 그 물체에 붙어 있는 좌표계에 관하여 물체의 모든 점이나 몇 개의 특징적인 점의 좌표에 의해서 정의되는 좌표계이다.

09 다음 중 화상이 나타날 뷰잉 표면이 2차원의 단위 정방형 영역으로 정의되는 좌표계를 지칭하는 용어는?

① 장치 좌표계
② 실세계 좌표계
③ 독립 좌표계
④ 정규 좌표계

해설
정규 좌표계 : 화상이 나타날 뷰잉표면이 2차원의 단위 정방형 영역으로 정의되는 좌표계이다.

10 공간상의 한 점을 표시하기 위해 사용되는 좌표계로 거리(r), 각도(θ), 높이(z)로서 나타내는 좌표계는?

① 직교 좌표계 ② 극좌표계
③ 원통 좌표계 ④ 구면 좌표계

해설
원통 좌표계 : 공간상의 한 점을 표기하기 위한 좌표계로서 표시되는 점 P는 거리(r), 각도(θ), 높이(z)로 표기

[정답] 05 ④ 06 ④ 07 ② 08 ① 09 ④ 10 ③

11 점을 표현하기 위해 사용되는 좌표계 중에서 기준축과 벌어진 각도 값을 사용하지 않는 좌표계는?

① 직교 좌표계　　② 극좌표계
③ 원통 좌표계　　④ 구면 좌표계

> **해설**
> ① 직교 좌표계: X, Y, Z 방향의 축을 기준으로 공간상에서 하나의 점을 표시할 때 각 축에 대한 X, Y, Z 대응하는 좌푯값으로 표시하는 방식으로 교차하는 지점인 $P(x_1, y_1, z_1)$가 형성하는 것이다.
> ② 극좌표계: 한 쌍의 직교축과 단위 길이를 사용하여 평면상의 한 점 P의 위치를 표시하는 방식으로, 표기 방법은 한 점 P(거리, 각도) 또는 $P(r, \theta)$로 표기하며 방향은 CCW이다.
> ③ 원통 좌표계: 평면상에 있는 하나의 점 P를 나타내기 위해 사용한 극좌표계에 공간의 개념을 적용하여 공간상의 한 점을 표기하기 위한 좌표계이다.
> ④ 구면 좌표계: 공간상에 구성되어 있는 하나의 점 P를 표현하는 방법 중의 한 가지로 해당 점의 좌표의 기준점을 중심으로 구를 그리듯 표기하는 방법이다.

12 공간상의 한 점을 표시하기 위해 사용되는 좌표계로 거리(r), 각도(θ), 높이(z)로 나타내는 좌표계는?

① 극좌표계　　② 직교 좌표계
③ 원통 좌표계　　④ 구면 좌표계

13 평면상에서 기준 직교축의 원점에서부터 점 P까지의 직선거리(r)와 기준 직교축과 그 직선이 이루는 각도(θ)로 표시되는 2차원 좌표계는?

① 구좌표계　　② 극좌표계
③ 원주 좌표계　　④ 직교 좌표계

> **해설**
> 극좌표계: 평면상에서 기준 직교축의 원점에서부터 점 P까지의 직선거리(r)와 기준 직교축과 그 직선이 이루는 각도(θ)로 표시되는 2차원 좌표계이다.

14 한 쌍의 직교축과 단위 길이를 사용하여 평면상의 한 점의 위치를 표시하는 방식으로 한 점의 거리와 각도를 반시계 방식으로 표시하는 좌표계는?

① 극좌표계　　② 직교 좌표계
③ 원통 좌표계　　④ 구면 좌표계

> **해설**
> 극좌표계: 한 쌍의 직교축과 단위 길이를 사용하여 평면상의 한 점 P의 위치를 표시하는 방식으로, 표기 방법은 한 점 P(거리, 각도) 또는 $P(r, \theta)$로 표기하며 방향은 CCW이다.

15 일반적으로 CAD 시스템에서 사용하는 좌표계가 아닌 것은?

① 직교 좌표계　　② 극좌표계
③ 원뿔 좌표계　　④ 구면 좌표계

> **해설**
> 좌표계의 종류
> ① 직교 좌표계(cartesian coordinate system)
> ② 극좌표계(polar coordinate system)
> ③ 원통 좌표계(cylindrical coordinate system)
> ④ 구면 좌표계(spherical coordinate system)

16 원통 좌표계에서 표시된 점의 위치가 (r, θ, z)이다. 이 위치를 직교 좌표계로 표현한 것은?

① $x = r \cdot \cos\theta$, $y = r \cdot \sin\theta$, z
② $x = r \cdot \sin\theta$, $y = r \cdot \cos\theta$, z
③ $x = r \cdot \cos\theta$, $y = r \cdot \sec\theta$, z
④ $x = r \cdot \tan\theta$, $y = r \cdot \cot\theta$, z

> **해설**
> 직교 좌표계는 x, y, z 방향의 축을 기준으로 공간상에서 하나의 점을 표시할 때 각 축에 대한 x, y, z 대응하는 좌푯값으로 표시하는 방식으로 교차하는 지점인 $P(x_1, y_1, z_1)$가 형성하는 것이다. $x = r \cdot \cos\theta$, $y = r \cdot \sin\theta$, z

[정답] 11 ① 12 ④ 13 ② 14 ① 15 ③ 16 ①

17 2차원 데이터 변환 중 그림과 같이 원점을 기준으로 30° 회전시킨 후의 좌푯값 계산식은?

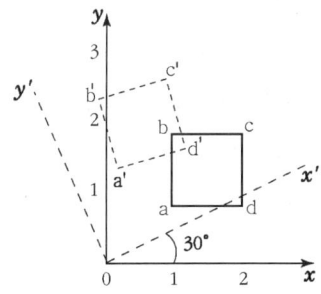

① $[x'\ y'\ 1] = \begin{bmatrix} 1 & 1 & 1 \\ 1 & 2 & 1 \\ 2 & 2 & 1 \\ 2 & 1 & 1 \end{bmatrix} \begin{bmatrix} \cos30° & \sin30° & 1 \\ \sin30° & \cos30° & 1 \\ 0 & 0 & 1 \end{bmatrix}$

② $[x'\ y'\ 1] = \begin{bmatrix} 1 & 1 & 1 \\ 1 & 2 & 1 \\ 2 & 2 & 1 \\ 2 & 1 & 1 \end{bmatrix} \begin{bmatrix} \cos30° & \sin30° & 1 \\ \sin30° & -\cos30° & 1 \\ 0 & 0 & 1 \end{bmatrix}$

③ $[x'\ y'\ 1] = \begin{bmatrix} 1 & 1 & 1 \\ 1 & 2 & 1 \\ 2 & 2 & 1 \\ 2 & 1 & 1 \end{bmatrix} \begin{bmatrix} \cos30° & \sin30° & 1 \\ -\sin30° & \cos30° & 1 \\ 0 & 0 & 1 \end{bmatrix}$

④ $[x'\ y'\ 1] = \begin{bmatrix} 1 & 1 & 1 \\ 1 & 2 & 1 \\ 2 & 2 & 1 \\ 2 & 1 & 1 \end{bmatrix} \begin{bmatrix} -\cos30° & -\sin30° & 1 \\ -\sin30° & -\cos30° & 1 \\ 0 & 0 & 1 \end{bmatrix}$

> 해설
> 2차원 데이터 변환 중 그림과 같이 원점을 기준으로 30° 회전시킨 후의 좌푯값 계산식은
> $[x'\ y'\ 1] = \begin{bmatrix} 1 & 1 & 1 \\ 1 & 2 & 1 \\ 2 & 2 & 1 \\ 2 & 1 & 1 \end{bmatrix} \begin{bmatrix} \cos30° & \sin30° & 1 \\ -\sin30° & \cos30° & 1 \\ 0 & 0 & 1 \end{bmatrix}$ 이다.

18 xy좌표계의 원점에서 xy 평면에 수직인 직선을 z축으로 잡은 좌표계의 형식을 올바르게 표현한 것은?

① (θ, ϕ, z) ② (r, θ, z)
③ (x, y, z) ④ (r, ϕ, z)

> 해설
> 직교 좌표계
> x, y, z 방향의 축을 기준으로 공간상의 하나의 점 표시로 교차점은 $P(x_1, y_1, z_1)$

19 직교 좌표계에서 절대 좌표 (100, 100)에서 상대 극좌표로 (60, 60)만큼 이동한 점의 절대 직교 좌푯값은? (단, 극좌표의 첫째 숫자는 반지름의 길이를 나타내고 두 번째 숫자는 반시계 방향의 회전 각도(°)를 나타낸다.)

① (130, 152) ② (152, 130)
③ (160, 130) ④ (160, 40)

> 해설
> 절대 좌표 (100, 100)에서 상대 좌표 (60cos60°, 60sin60°)로 이동하고, 절대 직교 좌표 (100+30, 100+52)이다. 따라서 (130, 152)이다.

20 다음은 P점을 직교 좌표계와 극좌표계로 나타낸 것이다. 틀린 것은 다음 중 어느 것인가?

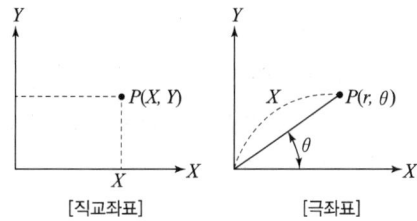

[직교좌표]   [극좌표]

① $X = r\cos\theta$ ② $r = \sqrt{x+y}$
③ $Y = r\sin\theta$ ④ $\theta = \tan^{-1}\dfrac{Y}{X}$

> 해설
> $x = r\cos\theta \quad y = r\sin\theta$
> $r = \sqrt{x^2+y^2} \quad \tan\theta = \dfrac{y}{x} \Rightarrow \theta = \tan^{-1}\dfrac{y}{x}$

[정답] 17 ③ 18 ③ 19 ① 20 ②

21 다음 그림에 해당하는 좌표계는?

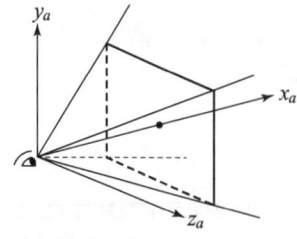

① 시점(視点) 좌표계
② 정규 투시 좌표계
③ 3차원 스크린 좌표계
④ 상대 좌표계

22 다음 중 좌표계에 관한 설명으로 잘못된 것은?

① 실세계에서 모든 점들은 3차원 좌표계로 표현된다.
② x, y, z 축의 방향에 따라 오른손좌표계와 왼손좌표계가 있다.
③ 모델링에서는 직교 좌표계가 사용되지만, 원통 좌표계나 구형 좌표계가 사용되기도 한다.
④ 좌표계의 변환에는 행렬 계산의 편리성으로 동차좌표계 대신 직교 좌표계가 주로 사용된다.

> 해설
> 좌표계의 변환에는 행렬 계산의 편리성으로 직교 좌표계 대신 동차 좌표계가 주로 사용된다.

23 도형의 평행이동(translation) 변화를 행렬식의 곱셈 연산 형태로 표현하기 위해 사용되는 좌표계는?

① 화면 좌표계(screen coordinates)
② 원통 좌표계(cylindrical coordinates)
③ 극좌표계(polar coordinates)
④ 동차 좌표계(homogeneous coordinates)

24 다음 중 뷰포트(viewport)에 관한 설명으로 틀린 것은?

① 화면상에 물체를 표현하기 위해서는 적절한 좌표변환이 필요하다.
② 일반적으로 그리고자 하는 도형이 놓여 있는 영역을 뷰포트라고 한다.
③ 뷰포트는 CRT 상의 영역을 의미한다.
④ 도형을 화면상에 표현하기 위해서 뷰포트 중심점의 좌표, 축척 등이 사용되기도 한다.

> 해설
> 뷰포트(viewport) : 도면의 모형 공간의 일부분을 화면 표시하는 경계가 있는 영역으로 TILE MODE 시스템 변수는 작성된 뷰포트의 형태를 결정한다.
> ① TILE MODE가 꺼져 있으면(0) 뷰포트는 이동되고 크기가 재조정될 수 있는 객체이다. 명령어는 MVIEW.
> ② TILE MODE가 켜져 있으면 뷰포트는 편집 불가능하고 중첩되지 않는 화면표시이다. 명령어는 VPORTS이다.

[정답] 21 ① 22 ④ 23 ④ 24 ②

25 도면이나 형상의 모델을 몇 개의 층으로 구분하여 관리하는 방식을 말하며, 서로 밀접한 연관관계를 가지는 도형 요소로 구성된 기법의 도형 운용 방법은?

① 그룹(group) 기법
② 다층구조(layer) 기법
③ Macro 기법
④ Library 기법

26 다음과 같은 형태의 반지름 R인 원의 함수식을 올바르게 설명한 것은?

$$y = \pm \sqrt{R^2 - x^2}$$

① 매개변수 음함수 형태(implicit parametric)
② 매개변수 양함수 형태(explict parametric)
③ 비매개변수 음함수 형태(implicit non-parametric)
④ 비매개변수 양함수 형태(explicit non-parametric)

> 해설
> 반지름 R인 원의 함수식 $y = \pm \sqrt{R^2 - x^2}$ 는 비매개변수 양함수 형태(explicit nonparametric)이다.

27 XY 평면상에 하나의 곡선을 표현하는 방법에는 일반적으로 3가지가 있는데 이에 속하지 않는 것은?

① 음함수 형태
② 양함수 형태
③ 단어 번지 형태
④ 매개변수 형태

> 해설
> XY 평면상에 1개의 곡선을 표현하는 방법에는 음함수, 양함수, 매개변수 형태가 일반적이다.

28 기하학적 변환 중에서 변환 전의 거리와 비교할 때 변환이 수행된 후에 물체 상에 위치한 특정 두 점 간의 거리가 달라질 수 있는 변환은?

① 이동 변환(translation)
② 회전 변환(rotation)
③ 크기 변환(scaling)
④ 반사 변환(reflection)

> 해설
> 크기 변환(scaling) : 기하학적 변환 중에서 변환 전의 거리와 비교할 때 변환이 수행된 후에 물체 상에 위치한 특정 두 점 간의 거리가 달라질 수 있는 변환이다.

29 두 점(1, 1), (3, 4)를 잇는 선분을 원점 기준으로 X 방향으로 2배, Y 방향으로 0.5배 확대(축소)하였을 때 선분 양 끝점의 좌표를 구한 것은?

① (1, 1), (1, 5, 2)
② (1, 1), (6, 2)
③ (2, 0.5), (6, 2)
④ (2, 2), (1, 5, 2)

> 해설
> $[x'\ y'] = \begin{bmatrix} 1 & 1 \\ 3 & 4 \end{bmatrix} = \begin{bmatrix} 2 & 0 \\ 0 & 0.5 \end{bmatrix} = \begin{bmatrix} 2 & 0.5 \\ 6 & 2 \end{bmatrix} = (2, 0.5), (6, 2)$

30 다음은 2차원에서 동차 좌표에 의한 변환행렬을 나타낸 것이다. 평행이동에 관계되는 것은?

$$[x'\ y'\ 1] = [x\ y\ 1] \begin{bmatrix} a & b & p \\ c & d & q \\ m & n & s \end{bmatrix}$$

① a, b
② c, d
③ p, q
④ m, n

[정답] 25 ② 26 ④ 27 ③ 28 ③ 29 ③ 30 ④

해설

동차 좌표에 의한 2차원 좌표변환행렬
2차원에서 일반적인 변환행렬은 3×3이며 다음과 같다.

$$T_H = \begin{bmatrix} a & b & p \\ c & d & q \\ m & n & s \end{bmatrix} \Rightarrow \begin{bmatrix} 2\times 2 & & 2 \\ & \times & \\ & & 1 \\ 1\times 2 & & 1\times 1 \end{bmatrix}$$

여기서,
- $a, b, c, d(2\times 2)$: 스케일링(scaling), 회전(rotation), 전단(shearing), 반전(reflection)
- $m, n(1\times 2)$: 이동(translation)
- $p, q(2\times 1)$: 투사(투영) : projection
- $s(1\times 1)$: 전체적인 스케일링(overall scaling)

31 다음 2차원 변환행렬에서 m, n은 어떤 변환과 관계되는가?

$$[x^* \; y^* \; 1] = [x \; y \; 1]\begin{bmatrix} a & b & p \\ c & d & q \\ m & n & s \end{bmatrix}$$

① 이동(translation)
② 전단(shearing)
③ 투사(projection)
④ 반전(reflection)

32 2차원 데이터를 x축에 대한 대칭 변화를 하기 위한 변환행렬로 옳은 것은?

① $\begin{bmatrix} 1 & 0 & 0 \\ 0 & 1 & 0 \\ 0 & -1 & 1 \end{bmatrix}$

② $\begin{bmatrix} 1 & 0 & 0 \\ 0 & -1 & 0 \\ 0 & 0 & 1 \end{bmatrix}$

③ $\begin{bmatrix} -1 & 0 & 0 \\ 0 & -1 & 0 \\ 0 & 0 & 1 \end{bmatrix}$

④ $\begin{bmatrix} -1 & -1 & 0 \\ 0 & 1 & 0 \\ 0 & 0 & 1 \end{bmatrix}$

해설

동차 좌표에 의한 2차원 좌표변환행렬
2차원에서 일반적인 변환행렬은 3×3이며 다음과 같다.

$$T_H = \begin{bmatrix} a & b & p \\ c & d & q \\ m & n & s \end{bmatrix} \Rightarrow \begin{bmatrix} 2\times 2 & & 2 \\ & \times & \\ 1 & 1\times 2 & 1\times 1 \end{bmatrix}$$

여기서,
- $a, b, c, d(2\times 2)$: 스케일링(scaling), 회전(rotation), 전단(shearing), 반전(reflection)
- $m, n(1\times 2)$: 이동(translation)
- $p, q(2\times 1)$: 투사(투영) : projection
- $s(1\times 1)$: 전체적인 스케일링(overall scaling)
- 반전(reflection) 또는 대칭 변환

$$Y축 = [x' \; y' \; 1] = [x \; y \; 1]\begin{bmatrix} -1 & 0 & 0 \\ 0 & 1 & 0 \\ 0 & 0 & 1 \end{bmatrix}$$

$$X축 = [x' \; y' \; 1] = [x \; y \; 1]\begin{bmatrix} 1 & 0 & 0 \\ 0 & -1 & 0 \\ 0 & 0 & 1 \end{bmatrix}$$

33 다음 2차원 변환행렬에서 축소, 확대(scaling)에 관련되는 행렬요소는?

$$[x' \; y' \; 1] = [x \; y \; 1]\begin{bmatrix} a & b & 0 \\ c & d & 0 \\ e & f & 1 \end{bmatrix}$$

① a, b
② b, c
③ e, f
④ a, d

해설

$$[x' \; y' \; 1] = [x \; y \; 1]\begin{bmatrix} a & b & 0 \\ c & d & 0 \\ e & f & 1 \end{bmatrix}$$

여기서, $a, d(2\times 2)$: 스케일링(scaling)
$e, f(1\times 2)$: 이동(translation)

[정답] 31 ① 32 ② 33 ④

34 2차원에서의 변환행렬 $T_H(3 \times 3)$에 대한 설명 중 틀린 것은?

$$[x^* \ y^* \ 1] = [x \ y \ 1][T_H]$$
$$T_H = \begin{bmatrix} a & b & p \\ c & d & q \\ m & n & s \end{bmatrix}$$

① m, n은 이동(translation)에 관계된다.
② p, q는 대칭 변화(reflection)에 관계된다.
③ a, b, c, d는 회전(rotation), 스케일링(scaling) 등에 관계된다.
④ s는 전체적인 스케일링(overall scaling)에 영향을 미친다.

해설
p, q는 투사(투영 : projection)에 관계된다.

35 2차원 평면상에서 물체를 θ만큼 반시계 방향으로 회전 변환하려고 한다. 이 경우 다음 2차원 변환행렬의 요소 중 c의 값은?

$$[x' \ y' \ 1] = [x \ y \ 1] \begin{bmatrix} a & b & 0 \\ c & d & 0 \\ e & f & 1 \end{bmatrix}$$

① $\cos\theta$
② $\sin\theta$
③ $-\sin\theta$
④ $-\cos\theta$

해설
회전(rotation) 변환
$$[x' \ y' \ 1] = [x \ y \ 1] \begin{bmatrix} \cos\theta & \sin\theta & 0 \\ -\sin\theta & \cos\theta & 0 \\ 0 & 0 & 1 \end{bmatrix}$$

36 2차원 데이터 변환행렬로서 X축에 대한 대칭의 결과를 얻기 위한 변환으로 옳은 것은?

① $\begin{bmatrix} 1 & 0 & 0 \\ 0 & 1 & 0 \\ 0 & 1 & 0 \end{bmatrix}$
② $\begin{bmatrix} -1 & 0 & 0 \\ 0 & 1 & 0 \\ 0 & 0 & 1 \end{bmatrix}$
③ $\begin{bmatrix} 1 & 0 & 0 \\ 0 & -1 & 0 \\ 0 & 0 & 1 \end{bmatrix}$
④ $\begin{bmatrix} -1 & 0 & 0 \\ 0 & 1 & 0 \\ 0 & 1 & 0 \end{bmatrix}$

해설
반전(reflection) 또는 대칭 변환
Y축 = $[x' \ y' \ 1] = [x \ y \ 1] \begin{bmatrix} -1 & 0 & 0 \\ 0 & 1 & 0 \\ 0 & 0 & 1 \end{bmatrix}$
X축 = $[x' \ y' \ 1] = [x \ y \ 1] \begin{bmatrix} 1 & 0 & 0 \\ 0 & -1 & 0 \\ 0 & 0 & 1 \end{bmatrix}$

37 2차원 좌표 [x, y, 1]와 동차 변환행렬 $\begin{bmatrix} \cos\theta & \sin\theta & 0 \\ -\sin\theta & \cos\theta & 0 \\ 0 & 0 & 1 \end{bmatrix}$를 이용한 회전 변환에서 회전축은?

① x축
② y축
③ z축
④ x z축

해설
회전(rotation) 변환
$[x' \ y' \ 1] = [x \ y \ 1] \begin{bmatrix} \cos\theta & \sin\theta & 0 \\ -\sin\theta & \cos\theta & 0 \\ 0 & 0 & 1 \end{bmatrix}$ 회전축은 z축이다.

38 어떤 도형을 X축으로 2배, Y축으로 3배 크게 하려고 할 때 변환행렬 T는?

$$[X^* \ T^*] = [X \ Y] \ T$$

① $\begin{bmatrix} 0 & 2 \\ 3 & 0 \end{bmatrix}$
② $\begin{bmatrix} 2 & 0 \\ 0 & 3 \end{bmatrix}$
③ $\begin{bmatrix} 3 & 0 \\ 0 & 2 \end{bmatrix}$
④ $\begin{bmatrix} 0 & 3 \\ 2 & 0 \end{bmatrix}$

[정답] 34 ② 35 ③ 36 ③ 37 ③ 38 ②

해설

X축으로 2배, Y축으로 3배 크게 하면
$[x'\ y'] = \begin{bmatrix} Sx & 0 \\ 0 & Sy \end{bmatrix} = \begin{bmatrix} 2 & 0 \\ 0 & 3 \end{bmatrix}$

39 x방향으로 2배 축소, y방향으로 2배 확대를 나타내는 변환행렬 T_H는?

$$[x^*\ y^*\ 1] = [x\ y\ 1]\ T_H$$

① $T_H = \begin{bmatrix} 0.5 & 0 & 0 \\ 0 & 2 & 0 \\ 0 & 0 & 1 \end{bmatrix}$

② $T_H = \begin{bmatrix} 0.5 & 0 & 0 \\ 0 & 0.5 & 0 \\ 0 & 0 & 1 \end{bmatrix}$

③ $T_H = \begin{bmatrix} 2 & 0 & 0 \\ 0 & 0.5 & 0 \\ 0 & 0 & 1 \end{bmatrix}$

④ $T_H = \begin{bmatrix} 2 & 0 & 0 \\ 0 & 2 & 0 \\ 0 & 0 & 1 \end{bmatrix}$

해설

스케일링(scaling) 변환

$[x'\ y'\ 1] = [x\ y\ 1] \begin{bmatrix} Sx & 0 & 0 \\ 0 & Sy & 0 \\ 0 & 0 & 1 \end{bmatrix}$ 이며

따라서, x방향으로 2배 축소, y방향으로 2배 확대를 나타내는 변환행렬 T_H는

$[x^*\ y^*\ 1] = [x\ y\ 1]\ T_H = \begin{bmatrix} 0.5 & 0 & 0 \\ 0 & 2 & 0 \\ 0 & 0 & 1 \end{bmatrix}$ 이다.

40 다음 중 변환행렬과 관계없는 명령어는?

① Break
② Move
③ Mirror
④ Rotate

해설

3차원에서 일반적인 변환행렬은 4×4이며 다음과 같다.

$T_H = \begin{bmatrix} a & b & c & p \\ d & e & f & q \\ h & i & j & r \\ l & m & n & s \end{bmatrix} \Rightarrow \begin{bmatrix} 3 & & 3 \\ 3\times 3 & & \times \\ & & 1 \\ 1\times 3 & & 1\times 1 \end{bmatrix}$

여기서,

$\begin{bmatrix} a & b & c \\ d & e & f \\ h & i & j \end{bmatrix}$ (3×3) : 스케일링, 회전, 전단, 대칭

$l,\ m,\ n$(1×3) : 이동

$p,\ q,\ r$(3×1) : 원근화법(perspective Trans-formation)

s(1×1) : 전체적인 스케일링

41 3차원 변환에서 점 P(x, y, z, 1)을 Z축을 기준으로 임의의 각도만큼 회전한 경우 변환행렬 T는? (단, 반시계 방향으로 회전한 각이 양(+)의 각이고, 변환된 점 $P^* = P \cdot T$이다.)

① $\begin{bmatrix} \cos\theta & 0 & -\sin\theta & 0 \\ 0 & 1 & 0 & 0 \\ \sin\theta & 0 & \cos\theta & 0 \\ 0 & 0 & 0 & 1 \end{bmatrix}$

② $\begin{bmatrix} 1 & 0 & 0 & 0 \\ 0 & \cos\theta & \sin\theta & 0 \\ 0 & -\sin\theta & \cos\theta & 0 \\ 0 & 0 & 0 & 1 \end{bmatrix}$

③ $\begin{bmatrix} \cos\theta & \sin\theta & 0 & 0 \\ -\sin\theta & \cos\theta & 0 & 0 \\ 0 & 0 & 1 & 0 \\ 0 & 0 & 0 & 1 \end{bmatrix}$

④ $\begin{bmatrix} \cos\theta & -\sin\theta & 0 & 0 \\ \sin\theta & \cos\theta & 0 & 0 \\ 0 & 0 & 1 & 0 \\ 0 & 0 & 0 & 1 \end{bmatrix}$

해설

회전(rotation) 변환

$T_x = \begin{bmatrix} 1 & 0 & 0 & 0 \\ 0 & \cos\theta & \sin\theta & 0 \\ 0 & -\sin\theta & \cos\theta & 0 \\ 0 & 0 & 0 & 1 \end{bmatrix}$

[정답] 39 ① 40 ① 41 ③

$$T_y = \begin{bmatrix} \cos\theta & 0 & -\sin\theta & 0 \\ 0 & 1 & 0 & 0 \\ \sin\theta & \cos\theta & 0 & 0 \\ 0 & 0 & 0 & 1 \end{bmatrix}$$

$$T_z = \begin{bmatrix} \cos\theta & \sin\theta & 0 & 0 \\ -\sin\theta & \cos\theta & 0 & 0 \\ 0 & 0 & 1 & 0 \\ 0 & 0 & 0 & 1 \end{bmatrix}$$

42 다음은 x축으로 3배, y축으로 2배 확대하기 위한 이차원 동차변환행렬이다. s=1일 때 적당하지 않은 것은?

$$T_H = \begin{bmatrix} a & b & P \\ c & d & q \\ m & n & s \end{bmatrix}$$

① a=3　　　② b=2
③ c=0　　　④ d=2

해설

동차 좌표에 의한 2차원 좌표변환행렬
2차원에서 일반적인 변환행렬은 3×3이며 다음과 같다.

$$T_H = \begin{bmatrix} a & b & p \\ c & d & q \\ m & n & s \end{bmatrix} \Rightarrow \begin{bmatrix} 2\times 2 & & 2 \\ & & \times \\ & & 1 \\ 1\times 2 & & 1\times 1 \end{bmatrix}$$

여기서,
$a, b, c, d(2\times 2)$: 스케일링(scaling), 회전(rotation), 전단(shearing), 반전(reflection)
$m, n(1\times 2)$: 이동(translation)
$p, q(2\times 1)$: 투사(투영 : projection)
$s(1\times 1)$: 전체적인 스케일링(overall scaling)

43 3차원 좌표계에서 물체의 크기를 각각 x축 방향으로 2배, y축 방향으로 3배, z축 방향으로 4배의 크기로 확대 변환하고자 한다. 사용되는 좌표변환행렬식은?

① $\begin{bmatrix} 1 & 0 & 0 & 0 \\ 0 & 1 & 0 & 0 \\ 0 & 0 & 1 & 0 \\ 2 & 3 & 4 & 1 \end{bmatrix}$　② $\begin{bmatrix} 1 & 1 & 2 & 1 \\ 1 & 3 & 1 & 1 \\ 4 & 1 & 1 & 1 \\ 1 & 1 & 1 & 1 \end{bmatrix}$

③ $\begin{bmatrix} 1 & 0 & 0 & 2 \\ 0 & 1 & 0 & 3 \\ 0 & 0 & 1 & 4 \\ 0 & 0 & 0 & 1 \end{bmatrix}$　④ $\begin{bmatrix} 2 & 0 & 0 & 0 \\ 0 & 3 & 0 & 0 \\ 0 & 0 & 4 & 0 \\ 0 & 0 & 0 & 1 \end{bmatrix}$

해설

x축 방향으로 2배, y축 방향으로 3배, z축 방향으로 4배의 크기로 확대 변환

$$[XYZH] = [x\ y\ z\ 1] \begin{bmatrix} 2 & 0 & 0 & 0 \\ 0 & 3 & 0 & 0 \\ 0 & 0 & 4 & 0 \\ 0 & 0 & 0 & 1 \end{bmatrix} = [2x\ 3y\ 4z\ 1]$$

44 3차원 변환행렬을 동차 좌표계(homogeneous coordinate system)로 표현할 경우, 4×4 행렬로 표현할 수 있다. 다음 그림에서 점선으로 표시된 3×3 행렬 부분의 값과 관계없는 변환은?

$$\begin{bmatrix} x & 0 & 0 & 0 \\ 0 & y & 0 & 0 \\ 0 & 0 & z & 0 \\ 0 & 0 & 0 & 1 \end{bmatrix}$$

① 대칭 변환　　② 이동 변환
③ 회전 변환　　④ 확대/축소 변환

해설

3차원에서 일반적인 변환행렬은 4×4이며, 다음과 같다.

$$T_H = \begin{bmatrix} a & b & c & p \\ d & e & f & q \\ h & i & j & r \\ l & m & n & s \end{bmatrix} \Rightarrow \begin{bmatrix} & & & 3 \\ 3\times 3 & & & \times \\ & & & 1 \\ 1\times 3 & & & 1\times 1 \end{bmatrix}$$

여기서,
$\begin{bmatrix} a & b & c \\ d & e & f \\ h & i & j \end{bmatrix}$ (3×3) : 스케일링, 회전, 전단, 대칭
$l, m, n(1\times 3)$: 이동
$p, q, r(3\times 1)$: 원근화법(perspective Transformation)
$s(1\times 1)$: 전체적인 스케일링

[정답] 42 ② 43 ④ 44 ②

45 CAD/CAM 시스템에서 3차원에서 이미 구성된 도형자료를 다음 그림과 같이 y축을 기준으로 회전 변환시킬 때의 변환행렬식(Ty)으로 옳은 것은?

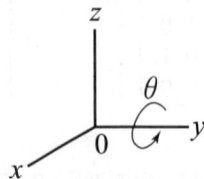

① $Ty = \begin{bmatrix} \cos\theta & 0 & -\sin\theta & 0 \\ 0 & 1 & 0 & 0 \\ \sin\theta & 0 & \cos\theta & 0 \\ 0 & 0 & 0 & 1 \end{bmatrix}$

② $Ty = \begin{bmatrix} \sin\theta & 0 & -\sin\theta & 0 \\ 0 & 1 & 0 & 0 \\ \sin\theta & 0 & \cos\theta & 0 \\ 0 & 0 & 0 & 1 \end{bmatrix}$

③ $Ty = \begin{bmatrix} \cos\theta & 0 & -\sin\theta & 0 \\ 0 & 1 & 0 & 0 \\ \cos\theta & 0 & \cos\theta & 0 \\ 0 & 0 & 0 & 1 \end{bmatrix}$

④ $Ty = \begin{bmatrix} \cos\theta & 0 & -\sin\theta & 0 \\ 0 & \sin\theta & 0 & 0 \\ \sin\theta & 0 & \sin\theta & 0 \\ 0 & 0 & 0 & 1 \end{bmatrix}$

해설

회전(rotation) 변환

$Tx = \begin{bmatrix} 1 & 0 & 0 & 0 \\ 0 & \cos\theta & \sin\theta & 0 \\ 0 & -\sin\theta & \cos\theta & 0 \\ 0 & 0 & 0 & 1 \end{bmatrix}$

$Ty = \begin{bmatrix} \cos\theta & 0 & -\sin\theta & 0 \\ 0 & 1 & 0 & 0 \\ \sin\theta & 0 & \cos\theta & 0 \\ 0 & 0 & 0 & 1 \end{bmatrix}$

$Tz = \begin{bmatrix} \cos\theta & \sin\theta & 0 & 0 \\ -\sin\theta & \cos\theta & 0 & 0 \\ 0 & 0 & 1 & 0 \\ 0 & 0 & 0 & 1 \end{bmatrix}$

46 다음 직선의 식을 매개 변수식으로 옳게 표현한 것은?

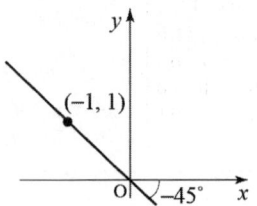

① $x = -1 + \dfrac{1}{\sqrt{2}}t,\ y = 1 + \dfrac{1}{\sqrt{2}}t$

② $x = 1 - \dfrac{1}{\sqrt{2}}t,\ y = 1 + \dfrac{1}{\sqrt{2}}t$

③ $x = -1 + \dfrac{1}{\sqrt{2}}t,\ y = 1 - \dfrac{1}{\sqrt{2}}t$

④ $x = 1 - \dfrac{1}{\sqrt{2}}t,\ y = 1 - \dfrac{1}{\sqrt{2}}t$

해설

t : 거리
$t\cos(\theta) = x + 1$
$t\sin(\theta) = y - 1$
$t\cos(-45°) = x + 1$
$t\sin(-45°) = y - 1$
$x = -1 + \dfrac{1}{\sqrt{2}}t$
$y = 1 - \dfrac{1}{\sqrt{2}}t$

47 2차원 CAD에서 최대 변환 매트릭스는 얼마인가?

① 3×3
② 4×4
③ 5×5
④ 6×6

해설

2차원 CAD에서 최대 좌표변환행렬은 3×3이다.

[정답] 45 ④ 46 ③ 47 ①

48 직선의 두 좌표 $P_1(2, 4)$, $P_2(4, 6)$를 시계 방향으로 60° 회전시켰다면 그 때의 직선의 좌표 $P_1{}'$과 $P_2{}'$를 행렬식으로 맞게 표현한 것은?

① $\begin{bmatrix} 2\cos60 + 4\sin60 & -2\sin60 + 4\cos60 \\ 4\cos60 + 6\sin60 & -4\sin60 + 6\cos60 \end{bmatrix}$

② $\begin{bmatrix} 2\cos60 - 4\sin60 & 2\sin60 + 4\cos60 \\ 4\cos60 - 6\sin60 & 4\sin60 + 6\cos60 \end{bmatrix}$

③ $\begin{bmatrix} 2\sin60 + 4\cos60 & 2\cos60 - 4\sin60 \\ 4\sin60 + 6\cos60 & 4\cos60 - 6\sin60 \end{bmatrix}$

④ $\begin{bmatrix} 4\cos60 - 6\sin60 & 4\sin60 + 6\cos60 \\ 2\cos60 - 4\sin60 & 2\cos60 + 6\cos60 \end{bmatrix}$

해설

• 시계 방향

$[\dot{x}\,\dot{y}] = \begin{bmatrix} 2 & 4 \\ 4 & 6 \end{bmatrix} = \begin{bmatrix} \cos60 & -\sin60 \\ \sin60 & \cos60 \end{bmatrix}$

$= \begin{bmatrix} 2\cos60 + 4\sin60 & -2\sin60 + 4\cos60 \\ 4\cos60 + 6\sin60 & -4\sin60 + 6\cos60 \end{bmatrix}$

• 반시계 방향

$[\dot{x}\,\dot{y}] = \begin{bmatrix} 2 & 4 \\ 4 & 6 \end{bmatrix} = \begin{bmatrix} \cos60 & \sin60 \\ -\sin60 & \cos60 \end{bmatrix}$

$= \begin{bmatrix} 2\cos60 - 4\sin60 & 2\sin60 + 4\cos60 \\ 4\cos60 - 6\sin60 & -4\sin60 + 6\cos60 \end{bmatrix}$

49 3차원 변환행렬에서 XY 평면에 대한 대칭 변환(reflection)행렬은?

① $\begin{bmatrix} 1 & 0 & 0 & 0 \\ 0 & 1 & 0 & 0 \\ 0 & 0 & -1 & 0 \\ 0 & 0 & 0 & 1 \end{bmatrix}$ ② $\begin{bmatrix} -1 & 0 & 0 & 0 \\ 0 & 1 & 0 & 0 \\ 0 & 0 & 1 & 0 \\ 0 & 0 & 0 & 1 \end{bmatrix}$

③ $\begin{bmatrix} 1 & 0 & 0 & 0 \\ 0 & -1 & 0 & 0 \\ 0 & 0 & -1 & 0 \\ 0 & 0 & 0 & 1 \end{bmatrix}$ ④ $\begin{bmatrix} -1 & 0 & 0 & 0 \\ 0 & -1 & 0 & 0 \\ 0 & 0 & 1 & 0 \\ 0 & 0 & 0 & 1 \end{bmatrix}$

해설

3차원의 반전 변환 또는 대칭 변환

① xy 평면 $= \begin{bmatrix} 1 & 0 & 0 & 0 \\ 0 & 1 & 0 & 0 \\ 0 & 0 & -1 & 0 \\ 0 & 0 & 0 & 1 \end{bmatrix}$

② yz 평면 $= \begin{bmatrix} -1 & 0 & 0 & 0 \\ 0 & 1 & 0 & 0 \\ 0 & 0 & 1 & 0 \\ 0 & 0 & 0 & 1 \end{bmatrix}$

③ xz 평면 $= \begin{bmatrix} 1 & 0 & 0 & 0 \\ 0 & -1 & 0 & 0 \\ 0 & 0 & 1 & 0 \\ 0 & 0 & 0 & 1 \end{bmatrix}$

50 직선 $L = \begin{bmatrix} 1 & 1 \\ 2 & 4 \end{bmatrix}$를 X 방향으로 2만큼, Y 방향으로 3만큼 이동하면 변환행렬은 어느 것인가?

① $\begin{bmatrix} 2 & 2 \\ 6 & 12 \end{bmatrix}$ ② $\begin{bmatrix} 2 & 3 \\ 2 & 4 \end{bmatrix}$

③ $\begin{bmatrix} 2 & 3 \\ 4 & 12 \end{bmatrix}$ ④ $\begin{bmatrix} 3 & 4 \\ 4 & 7 \end{bmatrix}$

해설

$L = \begin{bmatrix} 1, 1 \\ 2, 4 \end{bmatrix}$에서 $\Delta x = 2$, $\Delta y = 3$이므로

$L = \begin{bmatrix} x_1 + \Delta x, y_1 + \Delta y \\ x_2 + \Delta x, y_2 + \Delta y \end{bmatrix} = \begin{bmatrix} 1+2, 1+3 \\ 2+2, 4+3 \end{bmatrix}$

$= \begin{bmatrix} 3, 4 \\ 4, 7 \end{bmatrix}$

51 두 점 (1, 1), (3, 4)를 잇는 선분을 원점 기준으로 X방향으로 2배, Y방향으로 0.5배 확대(축소)하였을 때 선분 양 끝점의 좌표를 구한 것은?

① (1, 1), (1.5, 2)

② (1, 1), (6, 2)

③ (2, 0.5), (6, 2)

④ (2, 2), (1.5, 2)

해설

$[x'\,y'] = \begin{bmatrix} 1 & 1 \\ 3 & 4 \end{bmatrix} \times [2\ 0.5] = \begin{bmatrix} 2 & 0.5 \\ 6 & 2 \end{bmatrix}$

[정답] 48 ① 49 ① 50 ④ 51 ③

52 한 개의 점 P(15, 20)를 원점의 중심으로 반시계 방향으로 30°로 회전 변환한 후의 좌푯값은?

① P(3.99, 24.82)
② P(2.99, 24.82)
③ P(2.99, 22.99)
④ P(3.99, 22.99)

해설

$[x', y'] = [15, 22]\begin{bmatrix} \cos30° & \sin30° \\ -\sin30° & \cos30° \end{bmatrix}$
$= [15 \times \cos30 + 20 \times -\sin30,$
$15 \times \sin30 + 20 \times \cos30]$
$= [2.99, 24.82]$

53 어떤 도형을 X축으로 2배, Y축으로 3배 크게 하려고 할 때 변환행렬 T는?

$[X^* \; T^*] = [X \; Y] \; T$

① $\begin{bmatrix} 0 & 2 \\ 3 & 0 \end{bmatrix}$
② $\begin{bmatrix} 2 & 0 \\ 0 & 3 \end{bmatrix}$
③ $\begin{bmatrix} 3 & 0 \\ 0 & 2 \end{bmatrix}$
④ $\begin{bmatrix} 0 & 3 \\ 2 & 0 \end{bmatrix}$

해설

X축으로 2배, Y축으로 3배 크게 하면
$[x' \; y'] = \begin{bmatrix} Sx & 0 \\ 0 & Sy \end{bmatrix} = \begin{bmatrix} 2 & 0 \\ 0 & 3 \end{bmatrix}$

54 점(3, 8)에 대한 점 (7, 5)의 상대 좌표와 그 거리가 맞게 짝지어진 것은?

① 상대 좌표 (4, -3), 거리 5
② 상대 좌표 (4, 3), 거리 6
③ 상대 좌표 (-4, 3), 거리 5
④ 상대 좌표 (-4, -3), 거리 6

해설

P1(3, 8) → P2(7, 5)
상대 좌표 P2 : 4, -3
P1과 P2 사이의 거리 : 5
$x^2 + y^2 = R^2 \Rightarrow \therefore r = \sqrt{x^2 + y^2} = 5$

55 2차원에서 주어진 물체를 $y = x$ 의 식을 갖는 직선에 대하여 반사 변환(reflection)을 수행하는 데 적용되는 변환행렬 $[T_{ref}]$은?

$[x^* \; y^* \; 1] = [x \; y \; 1][T_{ref}]$

① $\begin{bmatrix} 1 & 0 & 0 \\ 0 & 1 & 0 \\ 0 & 0 & 1 \end{bmatrix}$
② $\begin{bmatrix} 0 & 1 & 0 \\ 1 & 0 & 0 \\ 0 & 0 & 1 \end{bmatrix}$
③ $\begin{bmatrix} -1 & 0 & 0 \\ 0 & 1 & 0 \\ 0 & 0 & 1 \end{bmatrix}$
④ $\begin{bmatrix} 1 & 0 & 0 \\ 0 & -1 & 0 \\ 0 & 0 & 1 \end{bmatrix}$

해설

$y = x$ 의 식을 갖는 직선에 대한 반사 변환행렬
$[T_{ref}] = \begin{bmatrix} 0 & 1 & 0 \\ 1 & 0 & 0 \\ 0 & 0 & 1 \end{bmatrix}$

56 다음 변환행렬에서 전단 변환(shearing transformation)과 관련되는 요소로 올바르게 짝지어진 것은?

$T = \begin{bmatrix} a & b & c & d \\ e & f & g & h \\ i & j & k & l \\ m & n & o & p \end{bmatrix}$

① a, f, k, p
② m, n, o, p
③ m, n, o, d, h, l
④ b, c, e, g, i, j

[정답] 52 ② 53 ② 54 ① 55 ② 56 ④

해설
- 전단 변환(shearing transformation) : b, c, e, g, i, j
- 스케일링(scaling) 변환 : a, f, k
- 평행이동(translation) 변환 : m, n, o

57 도형 변환 행렬 $[x\ y]\begin{bmatrix}1 & 0\\0 & d\end{bmatrix} = [x'\ y']$에서 $0 < d < 1$이면 어떤 변환을 하는가?

① x 방향 확대 ② y 방향 확대
③ x 방향 축소 ④ y 방향 축소

해설
$0 < d < 1$에서 d는 1보다 작으므로 y방향 축소 변환

58 (5, 4)인 점을 원점을 중심으로 30° 회전시킨 점의 좌표를 구한 것은?

① $(-2.33, 6.33)$ ② $(2.33, 5.964)$
③ $(3.21, 5.964)$ ④ $(3.21, -5.964)$

해설
$[\dot{x}\dot{y}] = (5, 4)\begin{bmatrix}\cos 30 & -\sin 30\\ \sin 30 & \cos 30\end{bmatrix}$
$x' = 5\cos 30 - 4\sin 30 = 2.33$
$y' = 5\sin 30 + 4\cos 30 = 5.964$

59 대상 물체를 x 축으로 90° 회전시킨 후 x 축으로 3, y 축으로 2, z 축으로 5만큼 이동시키면 물체 위의 점 [2, 3, 4]는 어느 점으로 옮겨가는가?

① [5, 5, 9] ② [5, 6, 2]
③ [5, -2, 8] ④ [5, -5, 2]

해설
점 P를 90° 회전시키면 $P(2, -4, 3)$
∴ $P' = (2+3, -4+2, 3+5) = (5, -2, 8)$

60 좌표(0, 0) (30, 0) (15, 30)의 3점으로 이루어진 삼각형을 원점을 중심으로 2배로 확대하는 경우에 값은 얼마인가?

① $\begin{bmatrix}0 & 0\\60 & 0\\30 & 60\end{bmatrix}$ ② $\begin{bmatrix}60 & 0\\0 & 0\\30 & 60\end{bmatrix}$

③ $\begin{bmatrix}30 & 60\\60 & 0\\0 & 0\end{bmatrix}$ ④ $\begin{bmatrix}60 & 30\\0 & 0\\60 & 60\end{bmatrix}$

해설
2배 확대는 $\begin{bmatrix}0, 0\\30, 0\\15, 30\end{bmatrix} \times 2 = \begin{bmatrix}0, 0\\60, 0\\30, 60\end{bmatrix}$

61 다음 중 $y = -x$에 대칭인 결과를 얻는 matrix를 구한 것은?

① $\begin{bmatrix}0 & 1\\-1 & 0\end{bmatrix}$ ② $\begin{bmatrix}1 & 0\\0 & 2\end{bmatrix}$
③ $\begin{bmatrix}1 & 0\\0 & -1\end{bmatrix}$ ④ $\begin{bmatrix}0 & -1\\-1 & 0\end{bmatrix}$

해설
반전 또는 대칭 변환
① $x = -y$ (x 축 대칭): $[\dot{x}\ \dot{y}\ 1] = [x\ y\ 1]\begin{bmatrix}1 & 0 & 0\\0 & -1 & 0\\0 & 0 & 1\end{bmatrix}$
② $y = -x$ (y 축 대칭): $[\dot{x}\ \dot{y}\ 1] = [x\ y\ 1]\begin{bmatrix}-1 & 0 & 0\\0 & 1 & 0\\0 & 0 & 1\end{bmatrix}$

62 점 $P_1(2, 2, 0)$이 좌표 변환하여 점 $P_2(4, 6, 0)$이 되었다면 이는 어느 변환에 해당하는가?

① 이동 변환
② 회전 변환
③ 스케일링 변환
④ 전단 변환

[정답] 57 ④ 58 ② 59 ③ 60 ① 61 ③ 62 ①

63 3차원 좌표변환행렬에서 2배 확대 표현이 맞는 것은?

$$T = \begin{bmatrix} A & B & C & 0 \\ D & E & F & 0 \\ G & H & I & 0 \\ L & M & N & 1 \end{bmatrix}$$

① $A = E = I = 2$
② $A = B = C = 2$
③ $L = M = N = 2$
④ $F = I = N = 2$

해설

$$[\dot{x}\ \dot{y}\ \dot{z}\ 1] = [x\ y\ z\ 1] = \begin{bmatrix} S_x & 0 & 0 & 0 \\ 0 & S_y & 0 & 0 \\ 0 & 0 & S_z & 0 \\ 0 & 0 & 0 & 1 \end{bmatrix}$$

∴ 2배 확대: S_x, S_y, $S_z = 2$ 이다.

64 그림과 같이 변환시키려면 d 값은 얼마인가?

$$[X\ Y] = \begin{bmatrix} a & 0 \\ 0 & d \end{bmatrix} = [X'\ Y']$$

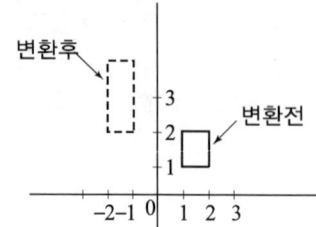

① 1　　② 2
③ -1　　④ -2

해설
X, Y축 방향의 확대, 축소 및 반전 작용 시 단위 정방형의 원점을 중심으로 한 확대, 축소이므로 $a = -1$, $d = 2$이다.

65 곡면의 2차원 좌표변환이라고 볼 수 없는 것은?

① 이동(translation)
② 축소 · 확대(scaling)
③ 회전(rotation)
④ 투영(projection)

66 점 P(3, 6)을 원점을 중심으로 반시계 방향의 각도 90°만큼 회전시킨 점의 좌표는?

① (3, 6)
② (-6, 3)
③ (-6, -3)
④ (6, 3)

해설
$[x', y']$
$= [x\ y] \begin{bmatrix} \cos\theta & \sin\theta \\ -\sin\theta & \cos\theta \end{bmatrix} = [x \cdot \cos\theta - y\sin\theta\ \ x \cdot \sin\theta + y\cos\theta]$

67 점 $P_1(25, 50)$을 $\Delta x = 14$, $\Delta y = 6$만큼 이동시킨 후 원래의 위치로 되돌리기 위한 Matrix에서 b_{31}은 얼마인가?

(단, $[x'\ y'\ 1] = [x\ y\ 1] \begin{bmatrix} b_{11} & b_{12} & b_{13} \\ b_{21} & b_{22} & b_{23} \\ b_{31} & b_{32} & b_{33} \end{bmatrix}$)

① -25
② -50
③ -14
④ -6

해설
$P_1(25, 50)$을 $\Delta x = 14$, $\Delta y = 6$만큼 이동시키면 $P_2(39, 66)$이 되므로 원래 P_1 위치로 되돌리려면 $\Delta x - 14$, $\Delta y - 6$만큼 이동하면 된다.
여기서, b_{31} $(x + \Delta x$ 값), b_{32} $(y + \Delta y$ 값)이다.

[정답] 63 ① 64 ② 65 ④ 66 ② 67 ③

68 두 점(1, 1), (3, 4)를 연결하는 선분을 원점을 기준으로 반시계 방향으로 60° 회전한 도형의 양 끝점의 좌표를 구한 것은?

① $(-0.366, 4.598), (-1.964, 1.366)$
② $(-0.366, 1.366), (-1.964, 4.598)$
③ $(-0.866, 0.5), (0.5, 0.866)$
④ $(0.366, 1.366), (1.964, 4.598)$

해설

$$[x'y'] = \begin{bmatrix} 1,1 \\ 3,4 \end{bmatrix} \begin{bmatrix} \cos 60 & \sin 60 \\ -\sin 60 & \cos 60 \end{bmatrix}$$

$$= \begin{bmatrix} 1\times\cos 60 + & 1\times\sin 60 + \\ 1\times-\sin 60 & 1\times\cos 60 \\ 3\times\cos 60 + & 3\times\sin 60 + \\ 4\times-\sin 60 & 4\times\cos 60 \end{bmatrix}$$

$$= \begin{bmatrix} -0.366, 1.366 \\ -1.964, 4.598 \end{bmatrix}$$

69 다음은 CAD 소프트웨어의 명령어이다. 이 중에서 데이터 변환(transformation) 기능을 나타내는 것은?

① Line
② Zoom
③ Translation
④ Symbol

해설

동차 좌표에 의한 2차원 좌표변환행렬

$$TH = \begin{bmatrix} a & b & p \\ c & d & q \\ m & n & s \end{bmatrix}$$

① 2×2행렬(a, b, c, d) : scaling(확대 또는 축소), rotation(회전), shearing(전단), reflection(반전 또는 대칭)
② 1×2행렬(m, n) : translation(이동 변환)
③ 2×1행렬(p, q) : projection(투영, 투사)
④ 1×1행렬(s) : overall scaling(전체적인 스케일링)

70 그림과 같은 삼각형 OAB를 원점을 중심으로 반시계 방향으로 60° 회전시킬 때 점 B(1, 2)의 회전한 점의 좌표는?

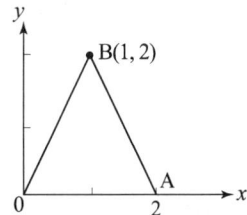

① $\left(\dfrac{1}{2} + \sqrt{3},\ 1 + \dfrac{\sqrt{3}}{2}\right)$
② $\left(\dfrac{1}{2} - \sqrt{3},\ 1 + \dfrac{\sqrt{3}}{2}\right)$
③ $\left(\dfrac{1}{2} + \sqrt{3},\ 1 - \dfrac{\sqrt{3}}{2}\right)$
④ $(1 + \sqrt{3},\ 1 - \sqrt{3})$

해설

$$[x'\ y'] = [1, 2] \begin{bmatrix} \cos 60 & \sin 60 \\ -\sin 60 & \cos 60 \end{bmatrix}$$
$$= [1\times\cos 60 + 2\times-\sin 60,$$
$$1\times\sin 60 + 2\times\cos 60] = \left[\dfrac{1}{2} - \sqrt{3},\ \dfrac{\sqrt{3}}{2} + 1\right]$$

71 XY 평면 위의 점(10, 20)을 원점을 중심으로 시계 방향으로 45° 회전시킬 때의 좌푯값은?

① $(21.2, 7.1)$
② $(20, 40)$
③ $(7.1, 21.2)$
④ $(10.2, 20.1)$

해설

$$[x',\ y'] = [10, 20] \begin{bmatrix} \cos 45° & -\sin 45° \\ \sin 45° & \cos 45° \end{bmatrix}$$
$$= [10\times\cos 45 + 20\times\sin 45,$$
$$10\times-\sin 45 + 20\times\cos 45] = [21.2,\ 7.1]$$

[정답] 68 ② 69 ③ 70 ④ 71 ①

72 2차원에서 반시계 방향으로 θ 각 만큼 회전시켰을 때의 회전변환행렬은?

① $\begin{bmatrix} \sin\theta & \cos\theta \\ \cos\theta & \sin\theta \end{bmatrix}$ ② $\begin{bmatrix} -\cos\theta & \sin\theta \\ \sin\theta & \cos\theta \end{bmatrix}$

③ $\begin{bmatrix} -\sin\theta & \cos\theta \\ \cos\theta & \sin\theta \end{bmatrix}$ ④ $\begin{bmatrix} \cos\theta & \sin\theta \\ -\sin\theta & \cos\theta \end{bmatrix}$

해설
2차원에서 회전변환행렬
① 반시계 방향 (코사막사코):
$[x', y'] = [x,y] \begin{bmatrix} \cos\theta & \sin\theta \\ -\sin\theta & \cos\theta \end{bmatrix}$
② 시계 방향: $[x', y'] = [x,y] \begin{bmatrix} \cos\theta & -\sin\theta \\ \sin\theta & \cos\theta \end{bmatrix}$

73 2차원 변환행렬이 다음과 같을 때 좌표변환 H는 무엇을 의미하는가?

$$H = \begin{bmatrix} 3 & 0 & 0 \\ 0 & 3 & 0 \\ 0 & 0 & 1 \end{bmatrix}$$

① 확대 ② 회전
③ 이동 ④ 반전

해설
• 확대: $H = \begin{pmatrix} 3 & 0 & 0 \\ 0 & 3 & 0 \\ 0 & 0 & 1 \end{pmatrix}$
• 회전(Rotation): $[x', y'] = [x, y] \begin{bmatrix} \cos\theta & \sin\theta \\ -\sin\theta & \cos\theta \end{bmatrix}$

74 직사각형의 밑변을 고정시킨 상태에서 이를 찌그러트려 평행사변형으로 만들려고 할 때 사용되는 변환은?

① 전단 변환(shearing)
② 반사 변환(reflection)
③ 회전 변환(rotation)
④ 크기 변환(scaling)

해설
2차원에서 [2×2] 변환행렬에는 전단 변환(shearing), 대칭(반사) 변환(reflection), 회전 변환(rotation), 크기 변환(scaling) 등이 있으며, 평행사변형을 만들려면 전단 변형을 사용해야 한다.

75 두 점 (1, 1) – (3, 4)를 잇는 선분을 원점을 기준으로 x 방향으로 2배, y 방향으로 0.5배 확대(축소)한 것의 양 끝점의 좌표를 구한 것은?

① (1, 1) – (1. 5, 2)
② (1, 1) – (6, 2)
③ (2, 0. 5) – (6, 2)
④ (2, 2) – (1. 5, 2)

해설
$[x' y'] = \begin{bmatrix} 1 & 1 \\ 3 & 4 \end{bmatrix} \times [2 \ 0.5] = \begin{bmatrix} 2 & 0.5 \\ 6 & 2 \end{bmatrix}$

76 두 끝점이 P_{11} (1, 2)와 P_{12} (3, 3)인 직선을 좌표축의 원점(0, 0)을 중심으로 60° 회전(Rotation)변환시킨 결과 직선의 두 끝점 P_{21}, P_{22}의 좌푯값으로 맞는 것은?

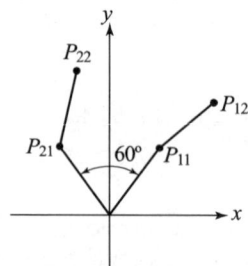

① $P_{21} = (-\sqrt{2}, \sqrt{3})$
   $P_{22} = (-1, 4)$
② $P_{21} = (-0.616, 1.866)$
   $P_{22} = (-0.598, 4.098)$

[정답] 72 ④ 73 ① 74 ① 75 ③ 76 ④

③ $P_{21} = (-0.134, 2.232)$
   $P_{22} = (1.098, 4.098)$
④ $P_{21} = (-1.232, 1.866)$
   $P_{22} = (-1.098, 4.098)$

해설
$[x' \ y'] = \begin{bmatrix} 1, 2 \\ 3, 3 \end{bmatrix} \begin{bmatrix} \cos60 & \sin60 \\ -\sin60 & \cos60 \end{bmatrix}$
$= \begin{bmatrix} 1 \times \cos60 + 2 \times -\sin60 \\ 3 \times \cos60 + 3 \times -\sin60 \end{bmatrix}$
$\begin{bmatrix} 1 \times \sin60 + 2 \times \cos60 \\ 3 \times \sin60 + 3 \times \cos60 \end{bmatrix}$
$P_{21} = (-1.232, 1.866)$
$P_{22} = (-1.098, 4.098)$

77 원점에서 극좌표로 $r=5$, $\theta=90°$ 만큼 이동한 점의 직교 좌표는?

① (0, 5)
② (0, 90)
③ (5, 0)
④ (5.145, 5.145)

해설
원점에서 극좌표로 $r=5$, $\theta=90°$만큼 이동하면 직교 좌푯값은 (0, 5)이다.

78 다음 매트릭스에서 $d=0$인 경우 어떤 변환이 이루어지는가?

$$[x \ y] \begin{bmatrix} d & 0 \\ 0 & 1 \end{bmatrix} = [x' \ y']$$

① x 축 방향의 확대
② x 축 방향의 축소
③ y 축에 대한 투영
④ 변화가 없다.

해설
① x 축에 대한 투영 : $[x \ y] \begin{bmatrix} 1 & 0 \\ 0 & 0 \end{bmatrix} = [x' \ y']$
② y 축에 대한 투영 : $[x \ y] \begin{bmatrix} 0 & 0 \\ 0 & 1 \end{bmatrix} = [x' \ y']$

79 다음의 점들 중에서 점(100, 100)과 점(200, 150)을 지나는 직선 위에 있는 것은?

① 점 (150, 120)   ② 점 (250, 170)
③ 점 (0, 50)   ④ 점 (300, 0)

해설
직선을 지나는 점
(0, 50), (100, 100), (200, 150), (300, 200)

80 직교 좌표계에서 절대 좌표(100, 100)에서 상대 극좌표로 (60, 60)만큼 이동한 점의 절대 직교 좌푯값은? (단, 극좌표의 첫째 숫자는 반지름의 길이를 나타내고 두 번째 숫자는 반시계 방향의 회전 각도(°)를 나타낸다.)

① (130, 152)   ② (152, 130)
③ (160, 130)   ④ (160, 40)

해설
절대 좌표 (100, 100)에서
상대 좌표 @60cos60°, 60sin60°이다.
절대 직교 좌표(100+30, 100+52)이다.
정리하면(130, 152)

81 $\begin{bmatrix} 2 & 6 \\ 6 & 8 \end{bmatrix}$ 인 직선을 x방향으로 -5, y방향으로 3만큼 이동시킬 때 결과는?

① $\begin{bmatrix} -3 & 1 \\ 1 & 10 \end{bmatrix}$ ② $\begin{bmatrix} -3 & 1 \\ 9 & 3 \end{bmatrix}$
③ $\begin{bmatrix} 8 & 11 \\ 1 & 9 \end{bmatrix}$ ④ $\begin{bmatrix} -3 & 9 \\ 1 & 11 \end{bmatrix}$

[정답] 77 ① 78 ③ 79 ③ 80 ① 81 ④

해설

$\begin{bmatrix} 2 & 6 \\ 6 & 8 \end{bmatrix}$ 에서 $\begin{bmatrix} 2-5 & 6+3 \\ 6-5 & 8+3 \end{bmatrix} = \begin{bmatrix} -3 & 9 \\ 1 & 11 \end{bmatrix}$

82 평면상의 한 점 $L = (2, 2)$를 원점을 중심으로 30° 만큼 반시계 방향으로 회전시킬 때 변환된 좌푯값은?

① (2.866 2.5)
② (1.732 1)
③ (0.732 2.732)
④ (0.433 0.25)

해설

$[x', y'] = [2,2] \begin{bmatrix} \cos 30° & \sin 30° \\ -\sin 30° & \cos 30° \end{bmatrix}$
$= [2 \times \cos 30 + 2 \times -\sin 30,$
$2 \times \sin 30 + 2 \times \cos 30] = [0.732, 2.732]$

83 도형 변환에 있어서 도형 회전(Rotation)의 수식이 맞는 것은?

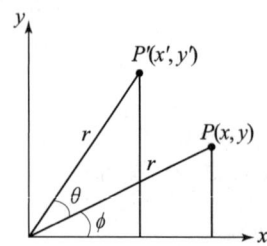

① $[x', y'] = [x, y] \begin{bmatrix} \cos\theta & \sin\theta \\ -\sin\theta & \cos\theta \end{bmatrix}$

② $[x', y'] = [x, y] \begin{bmatrix} \sin\theta & \cos\theta \\ -\sin\theta & \cos\theta \end{bmatrix}$

③ $[x', y'] = [x, y] \begin{bmatrix} -\sin\theta & \sin\theta \\ -\sin\theta & \cos\theta \end{bmatrix}$

④ $[x', y'] = [x, y] \begin{bmatrix} -\cos\theta & \sin\theta \\ -\sin\theta & \cos\theta \end{bmatrix}$

해설

원점에 대한 회전좌표
$[x', y'] = [x, y] \begin{bmatrix} \cos\theta & \sin\theta \\ -\sin\theta & \cos\theta \end{bmatrix}$

84 다음 그림에서 점 P의 극좌표 값이 $r = 10$, $\theta = 30°$일 때 이것을 직교 좌표계로 변환한 $P(x_1, y_1)$를 구하면?

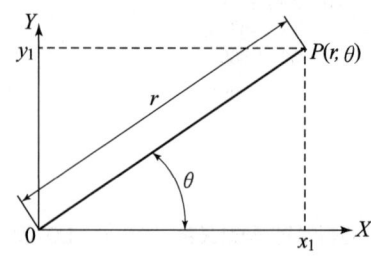

① $P(8.66, 4.21)$ ② $P(8.66, 5)$
③ $P(5, 8.66)$ ④ $P(4.21, 8.66)$

해설

극좌표 $P(r, \theta)$에서
직교 좌표 $P(r\cos\theta, r\sin\theta)$
$x_1 = 10\cos 30 = 8.66$
$y_1 = 10\sin 30 = 5$

85 3차원 직교 좌표계에서 두 점 $A(1, 2, 3)$, $B(3, 4, 1)$가 있을 때 다음 조건을 만족하는 점 $P(x, y, z)$의 좌푯값은?

- 점 P는 x 축 위에 존재한다.
- 점 P와 점 A, 점 P와 점 B 사이의 거리는 같다.

① $P(1.5, 0, 0)$ ② $P(2, 0, 0)$
③ $P(2.5, 0, 0)$ ④ $P(3, 0, 0)$

[정답] 82 ③ 83 ① 84 ② 85 ④

> **해설**
> 두 점 사이의 거리
> $AB = \sqrt{(x_2-x_1)+(y_2-y_1)+(z_2-z_1)^2}$

86 동차 좌표(Homogeneous coordinate)에 의한 표현을 바르게 설명한 것은?

① N차원의 벡터를 N-1차원의 벡터로 표현한 것이다.
② N차원의 벡터를 N+1차원의 벡터로 표현한 것이다.
③ N차원의 벡터를 N(N-1)차원의 벡터로 표현한 것이다.
④ N차원의 벡터를 N(N+1)차원의 벡터로 표현한 것이다.

> **해설**
> 동차 좌표(Homogeneous coordinate)에 의한 표현: N차원의 벡터를 N+1차원의 벡터로 표현한 것이다.
> 예를 들면 2차원 동차 좌표: 3×3차원
>   3차원 동차 좌표: 4×4차원

87 원점에서 극좌표로 $r=5$, $\theta=90°$만큼 이동한 점의 직교 좌표는?

① (0, 5)
② (0, 90)
③ (5, 0)
④ (5.145, 5.145)

> **해설**
> 원점에서 극좌표로 $r=5$, $\theta=90°$만큼 이동하면 직교 좌푯값은 (0, 5)이다.

88 벡터 i, j, k가 각각 x, y, z 축 방향으로의 단위 벡터인 경우, 두 벡터 $p = p_x i + p_y j + p_z k$와 $q = q_z i + q_y j + q_z k$ 의 외적(cross-product) $p \times q$는?

① $p \times q = (p_x q_y - p_y q_x)i + (p_y q_z - p_z q_y)j + (p_z q_x - p_x q_z)k$
② $p \times q = (p_y q_z - p_z q_y)i + (p_z q_x - p_x q_z)j + (p_x q_y - p_y q_x)k$
③ $p \times q = (p_y q_z - p_z q_y)i + (p_x q_z - p_z q_x)j + (p_x q_y - p_y q_x)k$
④ $p \times q = (p_y q_x - p_x q_y)i + (p_z q_y - p_y q_z)j + (p_x q_z - p_z q_x)k$

> **해설**
> 벡터의 외적: $p \times q$
> $p \times q = (p_y q_z - p_z q_y)i + (p_z q_x - p_x q_z)j + (p_x q_y - p_y q_x)k$

89 행렬 $[A] = \begin{bmatrix} 0 & 2 & 0 \\ 3 & 5 & 0 \end{bmatrix}$ 와 $[B] = \begin{bmatrix} 1 & 2 \\ 3 & 1 \\ 2 & 3 \end{bmatrix}$ 의 곱은?

① $\begin{bmatrix} 6 & 2 \\ 18 & 11 \end{bmatrix}$
② $\begin{bmatrix} 3 & 6 \\ 11 & 18 \\ 2 & 6 \end{bmatrix}$
③ $\begin{bmatrix} 3 & 2 & 6 \\ 18 & 11 & 10 \end{bmatrix}$
④ $\begin{bmatrix} 3 & 6 & 6 \\ 11 & 18 & 15 \\ 2 & 6 & 11 \end{bmatrix}$

> **해설**
> 행렬의 곱: [2×3]×[3×2]=[2×2]
> $[A][B] = \begin{bmatrix} 0 & 2 & 0 \\ 3 & 5 & 0 \end{bmatrix} \begin{bmatrix} 1 & 2 \\ 3 & 1 \\ 2 & 3 \end{bmatrix} = \begin{bmatrix} 6 & 2 \\ 18 & 11 \end{bmatrix}$

[정답] 86 ② 87 ① 88 ② 89 ①

90 $AX+BY+C=0$ 에서 A, C 값은?
(단, $(-1, 7)$, $(2, 4)$의 좌푯값으로 이루어지는 직선에서)

① 1, −6 ② 6, 12
③ 0, 0   ④ 6, −1

해설
$y - y_1 = \dfrac{y_2 - y_1}{x_2 - x_1}(x - x_1)$ 에서
$y - 7 = \dfrac{4 - 7}{2 - (-1)}(x - (-1)) = -x - 1$
$y = -x + 6$
$\therefore x + y - 6 = 0 \Rightarrow A = 1, C = -6$ 이다.

91 행렬 $[A] = \begin{bmatrix} 1 & 2 \\ 0 & 1 \\ 1 & 0 \end{bmatrix}$ 와 $[B] = \begin{bmatrix} 1 & 1 & 2 \\ 1 & 0 & 3 \end{bmatrix}$ 의 곱 $[A] \cdot [B]$는?

① $\begin{bmatrix} 1 & 1 \\ 0 & 0 \\ 1 & 2 \end{bmatrix}$ ② $\begin{bmatrix} 1 & 2 & 0 \\ 3 & 1 & 1 \end{bmatrix}$

③ $\begin{bmatrix} 2 & 3 \\ 3 & 5 \end{bmatrix}$ ④ $\begin{bmatrix} 3 & 1 & 8 \\ 1 & 0 & 3 \\ 1 & 1 & 2 \end{bmatrix}$

해설
$(3 \times 2)(2 \times 3) = (3 \times 3)$ 에서
$[A] \cdot [B] = \begin{bmatrix} 1 & 2 \\ 0 & 1 \\ 1 & 0 \end{bmatrix} \begin{bmatrix} 1 & 1 & 2 \\ 1 & 0 & 3 \end{bmatrix} = \begin{bmatrix} 3 & 1 & 8 \\ 1 & 0 & 3 \\ 1 & 1 & 2 \end{bmatrix}$

92 ZOOM을 하면 좌표변환이 내부에서 일어나는데 전혀 영향을 받지 않는 요소는?

$T = \begin{bmatrix} A & B & C \\ D & E & F \\ H & I & J \end{bmatrix}$

① B, C, D, F, H, I, J
② B, D, H, I
③ B, C, D, F, J
④ B, C, D, F, H, J

해설
자료의 확대·축소(scaling)
변환 메트릭스에서 A, E 요소를 제외한 나머지 4개의 요소 (B, D, H, I) 가 모두 0의 값을 갖게 되면 $x' = Ax$, $y' = Ey$의 결과를 갖게 된다. 이러한 결과에 의해 연속으로 확대 또는 축소시킬 수 있게 된다.

93 점 $P_1(4, 2)$을 원점을 중심으로 90° 회전시킬 때 회전한 점의 좌표는?

① $(-2, 4)$ ② $(4, -2)$
③ $(-4, -2)$ ④ $(0, 2)$

해설
$(x', y') = (x, y) \begin{bmatrix} \cos\theta & \sin\theta \\ -\sin\theta & \cos\theta \end{bmatrix}$
$x' = x\cos\theta + y\sin\theta = 4\cos 90° - 2\sin 90° = -2$
$y' = -x\sin\theta + y\cos\theta = -4\sin 90° + 2\cos 90° = 4$

94 점 $(3, 1)$을 scale factor 2로 scaling하고 45°만큼 반시계 방향으로 회전시킬 때 값은?

① $(1.124, 2.224)$
② $(2.324, 3.235)$
③ $(2.828, 5.657)$
④ $(4.2, 5.2)$

해설
점 $(3, 2) \times 2 \Rightarrow (6, 4)(x'\ y')$
$= (6, 4) \begin{bmatrix} \cos 45° & \sin 45° \\ -\sin 45° & \cos 45° \end{bmatrix}$
$= [6 \times 0.707 + 4 \times (-0.707),$
$6 \times 0.707 + 4 \times 0.707] = (2.828, 5.657)$

[정답] 90 ① 91 ④ 92 ② 93 ① 94 ③

95 주어진 세 점이 (4, 3), (4, 6), (8, 3)이다. 이 세 점을 동시에 x 방향으로 -1, y 방향으로 -1만큼 이동시킨 후 원점을 기준으로 45°회전시킨 결과와 세 점 좌푯값은 어느 것인가?

① (1.7070 4.535) (−0.414 6.656) (4.535 7.363)

② (0.7070 4.949) (−1.414 7.071) (3.535 7.778)

③ (0.707 3.535) (−1.414 5.656) (3.535 6.363)

④ (1.707 4.949) (−0.414 7.071) (3.535 7.363)

해설

$x=-1$, $y=-1$을 이동하면
(4, 3) (4, 6) (8, 3) ⇒ (3, 2) (3, 5) (7, 2)

$$[x'\ y'] = \begin{bmatrix} 3 & 2 \\ 3 & 5 \\ 7 & 2 \end{bmatrix} \begin{bmatrix} \cos 45° & \sin 45° \\ -\sin 45° & \cos 45° \end{bmatrix}$$

$$= \begin{bmatrix} 3\times 0.707+2\times(-0.707) & 3\times 0.707+2\times 0.707 \\ 3\times 0.707+5\times(-0.707) & 3\times 0.707+5\times 0.707 \\ 7\times 0.707+2\times(-0.707) & 7\times 0.707+2\times 0.707 \end{bmatrix}$$

$$= \begin{bmatrix} 0.707 & 3.535 \\ -1.414 & 5.656 \\ 3.535 & 6.363 \end{bmatrix}$$

96 3차원 변환에서 y 축을 중심으로 임의의 각도만큼 회전한 경우의 변환식은?(반시계 방향으로 측정한 각을 +로 한다.)

① $\begin{bmatrix} 1 & 0 & 0 \\ 0 & \cos\alpha & -\sin\alpha \\ 0 & \sin\alpha & \cos\alpha \end{bmatrix}$

② $\begin{bmatrix} \cos\alpha & 0 & -\sin\alpha \\ 0 & 1 & 0 \\ \sin\alpha & 0 & \cos\alpha \end{bmatrix}$

③ $\begin{bmatrix} \cos\alpha & -\sin\alpha & 0 \\ \sin\alpha & \cos\alpha & 0 \\ 0 & 0 & 1 \end{bmatrix}$

④ $\begin{bmatrix} 0 & \cos\alpha & \sin\alpha \\ 0 & 0 & 0 \\ \cos\alpha & \cos\alpha & 1 \end{bmatrix}$

해설

3차원에서 회전 변환
① x축을 기준으로 $\alpha°$만큼 회전
② y축을 기준으로 $\alpha°$만큼 회전
③ z축을 기준으로 $\alpha°$만큼 회전

97 매트릭스는 X, Y, Z가 차례대로 배열되고 평면은 Z, X의 순으로 표시되어 $\sin\alpha$가 놓일 때 α가 $-\alpha$가 된다. 세 변의 길이가 각각 3cm, 4cm, 5cm인 삼각형의 외접원과 내접원의 반지름은?

① 4cm, 2.0cm

② 5cm, 2.5cm

③ 2.5cm, 1.0cm

④ 3cm, 1.5cm

해설

$S = \sqrt{S(S-a)(S-b)(S-c)} = 6$
$2S = a+b+c \Rightarrow S = 6$

내접원 반지름 : $r = \dfrac{2S}{a+b+c} = 1\text{cm}$

외접원 반지름 : $R = \dfrac{abc}{4S} = 2.5\text{cm}$

98 임의의 점 (l, m)에 대하여 25° 회전시키고자 할 때 몇 번을 좌표변환해야 하는가?

① 2   ② 3

③ 4   ④ 5

해설

회전변환행렬을 이용하면 된다.

[정답] 95 ③ 96 ② 97 ③ 98 ①

99 3차원 좌표를 $[x,\ y,\ z,\ 1]$의 row vector로 표기한다. 그림과 같은 좌표계에서 y축에 대하여 반시계 방향으로 θ 만큼 회전하려고 할 때 사용할 메트릭스 T (4×4)의 옳게 표시된 요소는 어느 것인가? (단, $T(1, 3)$는 첫 번째 row의 세 번째 요소를 의미한다.)

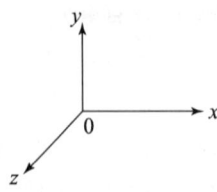

① $T(1,3)\ \sin\theta$
② $T(1,3)\ -\sin\theta$
③ $T(1,3)\ \cos\theta$
④ $T(1,3)-\cos\theta$

해설

$$T=\begin{bmatrix}\cos\theta & 0 & -\sin\theta & 0\\ 0 & 1 & 0 & 0\\ \sin\theta & 0 & \cos\theta & 0\\ 0 & 0 & 0 & 1\end{bmatrix}=T(1,\ 3)-\sin\theta$$

100 다음 그림과 같은 선분 A 를 원점을 기준으로 하여 $x,\ y$ 방향으로 각각 3만큼 스케일링(scalling)할 때의 좌푯값은?

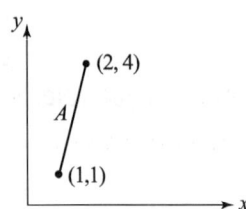

① $\begin{bmatrix}3 & 3\\ 4 & 8\end{bmatrix}$ ② $\begin{bmatrix}3 & 3\\ 6 & 12\end{bmatrix}$

③ $\begin{bmatrix}4 & 4\\ 4 & 8\end{bmatrix}$ ④ $\begin{bmatrix}5 & 5\\ 4 & 12\end{bmatrix}$

해설

원점을 기준으로 스케일링

$(\dot{x}\dot{y})=\begin{bmatrix}1 & 1\\ 2 & 4\end{bmatrix}\times 3=\begin{bmatrix}3 & 3\\ 6 & 12\end{bmatrix}$

101 3차원 변환에서 x 축을 중심으로 임의의 각도만큼 회전한 경우의 변환식은?

① $\begin{bmatrix}1 & 0 & 0\\ 0 & \cos\theta & \sin\theta\\ 0 & -\sin\theta & \cos\theta\end{bmatrix}$

② $\begin{bmatrix}\cos\theta & 0 & -\sin\theta\\ 0 & 1 & 0\\ \sin\theta & 0 & \cos\theta\end{bmatrix}$

③ $\begin{bmatrix}\cos\theta & \sin\theta & 0\\ -\sin\theta & \cos\theta & 0\\ 0 & 0 & 1\end{bmatrix}$

④ $\begin{bmatrix}0 & \sin\theta & 0\\ 0 & \cos\theta & 0\\ \cos\theta & -\cos\theta & 1\end{bmatrix}$

해설

3차원에서의 회전 변환

① x축 중심의 회전 변환 $\begin{bmatrix}1 & 0 & 0\\ 0 & \cos\theta & \sin\theta\\ 0 & -\sin\theta & \cos\theta\end{bmatrix}$

② y축 중심의 회전 변환 $\begin{bmatrix}\cos\theta & 0 & -\sin\theta\\ 0 & 1 & 0\\ \sin\theta & 0 & \cos\theta\end{bmatrix}$

③ z축 중심의 회전 변환 $\begin{bmatrix}\cos\theta & \sin\theta & 0\\ -\sin\theta & \cos\theta & 0\\ 0 & 0 & 1\end{bmatrix}$

[정답] 99 ② 100 ② 101 ①

102 다음 그림에 나타난 피라미드 형상에서 면 ADE의 바깥 방향으로의 법선 벡터는? (단, i, j, k는 각각 x, y, z축의 양의 방향으로의 단위 벡터이다.)

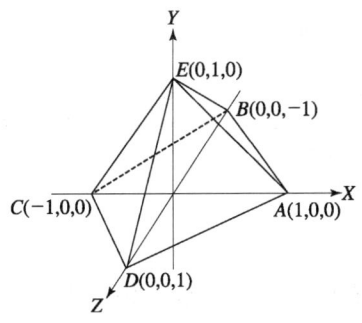

① $i + j + k$
② $-i + j + k$
③ $i - j + k$
④ $i + j - k$

해설
i, j, k는 각각 x, y, z축일 때 면 ADE의 바깥 방향으로의 법선 벡터는 $i+j+k$이다.

103 두 점이 (x_1, y_1), (x_2, y_2)인 $\begin{bmatrix} x_1 & y_1 \\ x_2 & y_2 \end{bmatrix}$가 $\begin{bmatrix} 2 & 4 \\ 3 & 1 \end{bmatrix}$인 직선을 x방향으로 -1, y방향으로 3만큼 이동시킨 결과는?

① $\begin{bmatrix} 1 & 3 \\ 6 & 4 \end{bmatrix}$
② $\begin{bmatrix} 5 & 7 \\ 2 & 0 \end{bmatrix}$
③ $\begin{bmatrix} 1 & 7 \\ 2 & 4 \end{bmatrix}$
④ $\begin{bmatrix} 1 & 7 \\ -2 & 4 \end{bmatrix}$

해설
$L = \begin{bmatrix} 2, 4 \\ 3, 1 \end{bmatrix}$ 에서 $\Delta x = -1$, $\Delta y = 3$이므로
$L = \begin{bmatrix} x_1 + \Delta x, \ y_1 + \Delta y \\ x_2 + \Delta x, \ y_2 + \Delta y \end{bmatrix} = \begin{bmatrix} 2-1, 4+3 \\ 3-1, 1+3 \end{bmatrix}$
$= \begin{bmatrix} 1, 7 \\ 2, 4 \end{bmatrix}$

104 두 벡터의 크기가 $\vec{A} = (2, 3, 7)$, $\vec{B}(2, 2, 4)$일 때 두 벡터 사이의 내적은?

① 38
② 35
③ 28
④ 25

해설
내적 $\vec{a} \times \vec{b} = a_1 b_1 + a_2 b_2 + a_3 b_3$
$= 2 \times 2 + 3 \times 2 + 7 \times 4 = 38$

105 네 점 P_0, P_1, P_2, P_3를 조정점으로 하는 3차 Bézier 곡선의 P_3에서의 접선 벡터를 조정점의 함수로 표현하면?

① $P_1 + 2P_2 + P_3$
② $3P_3 - 3P_2$
③ $P_1 - 2P_2 + P_3$
④ $3P_2 - 3P_3$

해설
네 점 P_0, P_1, P_2, P_3를 베지어 조정점이라고, P_3에서의 접선 벡터를 조정점의 함수로 표현하면 $3P_3 - 3P_2$이다.

106 두 벡터 a, b의 내적과 외적이 [보기]와 같을 때 다음 중 벡터의 성질로 틀린 것은?

• 내적(inner product) : $a \cdot b$
• 외적(cross product) : $a \times b$

① $a \times b = b \times a$
② $a \cdot a = |a|^2$
③ $a \times a = 0$
④ $a \cdot b = |a| \cos \theta$

[정답] 102 ① 103 ③ 104 ① 105 ② 106 ①

해설

① 내적(inner product)
$\vec{a} \cdot \vec{b} = a_1 b_1 + a_2 b_2 + a_3 b_3 = |\vec{a}| \cdot |\vec{b}| \cos\theta$

② 내적의 평면 및 공간벡터
$\vec{a} \cdot \vec{b} = |\vec{a}|^2$

③ 외적(cross product)
$\vec{a} \times \vec{b} = |\vec{a}||\vec{b}|\sin\theta n = $ (면적)n

④ 벡터의 외적 성질 : 교환 법칙이 성립되지 않는다.
$\vec{b} \times \vec{a} = -\vec{a} \times \vec{b}$, $\vec{a} \times \vec{a} = 0$ 또는
$\vec{a} \times \vec{b} = -\vec{b} \times \vec{a}$, $\vec{a} \times (\vec{b}+\vec{c}) = \vec{a} \times \vec{b} + \vec{a} \times \vec{c}$

107 공간상에 존재하는 두 벡터에 수직한 벡터를 구하고자 할 때 사용하는 방법은?

① 벡터의 합
② 벡터의 내적
③ 벡터의 외적
④ 벡터의 스칼라 곱

해설

벡터의 외적
공간상에 존재하는 두 벡터에 수직한 벡터를 구하고자 할 때 사용하는 방법이다.

108 두 벡터에 동시에 수직한 벡터를 구하고자 할 때 사용하는 방법은?

① 두 벡터를 dot product 한다.
② 두 벡터를 unit vector화 한다.
③ 두 벡터를 cross product 한다.
④ 두 벡터를 scalar product 한다.

해설

동시에 수직한 벡터를 구하고자 할 때는 두 벡터를 cross product라 한다.

109 CAD 프로그램에서 주로 곡선을 표현할 때 많이 사용하는 방정식의 형태는?

① Explicit 형태
② Implicit 형태
③ Hybrid 형태
④ Parametric 형태

해설

Parametric 방정식 : CAD 프로그램에서 주로 곡선을 표현할 때 많이 사용한다.

110 벡터의 성질 중 틀린 것은? (단, $\vec{a}, \vec{b}, \vec{c}$: 공간상의 벡터, λ, μ, ν : 스칼라량)

① $\vec{a} + (\vec{b}+\vec{c}) = (\vec{a}+\vec{b}) + \vec{c}$
② $\lambda(\mu\vec{a}) = \lambda\mu\vec{a}$
③ $\vec{a} \times \vec{b} = \vec{b} \times \vec{a}$
④ $(\mu+\nu)\vec{a} = \mu\vec{a} + \nu\vec{a}$

해설

벡터의 성질 : $\vec{a} \times \vec{b} = -\vec{b} \times \vec{a}$

111 다음 두 벡터의 내적(dot product)은 얼마인가?
(단, $\vec{a}$ =[2, 3, 4], $\vec{b}$ =[5, 6, 7])

① 33
② 56
③ 63
④ 78

해설

$\vec{a} \cdot \vec{b} = (2, 3, 4) \cdot (5, 6, 7) = 10+18+28 = 56$

112 3차원 공간상의 두 벡터 $\vec{A} = \vec{i} - 2\vec{j} + 2\vec{k}$ 와 $\vec{B} = 6\vec{i} + 3\vec{j}$ 사이의 각을 구하면 몇 도인가?

① 0
② 45
③ 90
④ 180

[정답] 107 ③ 108 ③ 109 ④ 110 ③ 111 ② 112 ③

> **해설**
> 3차원 공간상의 두 벡터의 사잇각은 90°이다.

113 그림과 같이 평면상의 두 벡터 $\vec{a}, \vec{b}$ 로 이루어진 평행사변형의 넓이를 구한 식으로 맞는 것은?

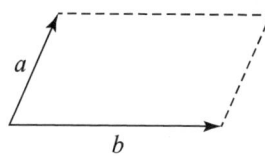

① $\vec{a} \cdot \vec{b}$
② $|\vec{a} \cdot \vec{b}|$
③ $\vec{a} \times \vec{b}$
④ $|\vec{a} \times \vec{b}|$

> **해설**
> 평행사변형 넓이 $= |a \times b| = |a||b|\sin\theta$

114 내적(·)과 외적(×)을 혼합한 다음 계산 중 성립하는 것은?

① $(A \times B) \cdot C = A \cdot (B \times C)$
② $(A \cdot B) \times C = A \cdot (B \times C)$
③ $(A \times B) \cdot C = A \times (B \cdot C)$
④ $(A \cdot B) \times C = A \times (B \cdot C)$

115 그림에서 r_o 가 평면상의 한 점이고 n_1, n_2 가 평면상의 임의의 두 벡터라면 평면을 정의하는 매개변수식 $r(u, v)$는?

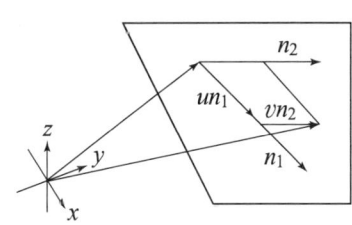

① $r(u, v) = r_o + n_1 + n_2$
② $r(u, v) = r_o + un_1 + vn_2$
③ $r(u, v) = r_o + un_1 + n_2$
④ $r(u, v) = r_o + n_1 + vn_2$

> **해설**
> 평면상의 매개 변수식
> $r(u, v) = r_o + un_1 + vn_2$

116 벡터 $\vec{a}, \vec{b}$ 및 $\vec{c}$ 가 공간상에서 같은 시작점을 가지고 서로 다른 방향으로 향한다고 할 때 세 벡터가 이루는 부피를 표현하는 식은?

① $\vec{a} \cdot (\vec{b} \times \vec{c})$
② $\vec{a} \cdot (\vec{b} \cdot \vec{c})$
③ $\vec{a} \times (\vec{b} \times \vec{c})$
④ $\vec{a} \times (\vec{b} \cdot \vec{c})$

117 어떤 행렬이 m 행과 n 열을 가지면 $m \times n$ 행렬이라고 한다. 3×2 행렬과 2×3 행렬을 서로 곱했을 때 행(row)의 개수는?

① 2
② 3
③ 4
④ 6

> **해설**
> 행렬의 곱은 [행×열]×[행×열]일 때, 처음 열과 두 번째 행의 숫자가 같아야 한다.
> • [3×2], [2×1] 곱은 [3×1]행렬
> • [2×3], [3×2] 곱은 [2×2]행렬
> • [3×2], [2×3] 곱은 [3×3]행렬

118 다음 A, B 행렬의 곱 AB의 결과는?
(단, $A = \begin{bmatrix} 1 & 2 & 3 \\ 4 & 5 & 6 \\ 7 & 8 & 9 \end{bmatrix}$, $B = \begin{bmatrix} 1 & 4 \\ 2 & 5 \\ 3 & 6 \end{bmatrix}$)

① 3행 3열
② 2행 2열
③ 3행 2열
④ 2행 3열

[정답] 113 ④ 114 ① 115 ② 116 ① 117 ② 118 ③

> **해설**
> AB행렬의 곱은 [3×3]×[3×2]=[3×2]행렬

119 기하학적으로 곡선 형상을 표현하기 위해서는 기본적으로 점과 벡터에 의해서 구성된다. 이러한 벡터를 구성하기 위한 기본요소가 아닌 것은?

① 벡터의 시작점 ② 벡터의 길이
③ 벡터의 방향 ④ 벡터의 굴절

> **해설**
> 벡터의 구성 : 벡터의 시작점, 길이, 방향 등

120 벡터 $a = (\vec{a_1}, \vec{a_2}, \vec{a_3})$가 존재한다. $\vec{a_1}, \vec{a_2}, \vec{a_3}$는 x, y, z축 방향의 변위일 때 벡터의 크기(길이)는?

① $|\vec{a}| = \sqrt{a_1^2 + a_2^2 + a_3^2}$
② $|\vec{a}| = \sqrt{a_1 + a_2 + a_3}$
③ $|\vec{a}| = \sqrt[3]{a_1^2 + a_2^2 + a_3^2}$
④ $|\vec{a}| = \vec{a_1^2} + \vec{a_2^2} + \vec{a_3^2}$

> **해설**
> 벡터의 크기(길이) : $|\vec{a}| = \sqrt{a_1^2 + a_2^2 + a_3^2}$

121 물체가 구성될 때 정점(vertex), 면(face) 그리고 모서리(edge) 등이 서로 상관관계를 나타내는 것은?

① 토폴로지(topology)
② 프리미티브(primitive)
③ 다층구조(layer)
④ 유한요소법(fem)

122 다면체에서 한 면(face)의 평면 법선 벡터는 (1, 1, 1)이다. 다음 중 후향면(back-face) 제거 알고리즘에 의해 이 면이 보이는 경우는? (단, 벡터 M은 이 면에서 관찰자로의 벡터이다.)

① M=(−1, 0, −1)
② M=(0, 1, 0)
③ M=(−1, 0, 0)
④ M=(0, −1, 0)

> **해설**
> 후향면 알고리즘은 물체의 바깥쪽 방향에 있는 법선 벡터가 관찰자 쪽을 향하고 있다면 물체의 면이 가시적이고, 그렇지 않으면 비가시적이다. 즉, $M \cdot N > 0$이면 가시적이고, $M \cdot N < 0$이면 비가시적이다.

123 은선 제거법에서 면 위의 점에서 법선 벡터를 N, 면 위의 점으로부터 관찰자 눈으로 향하는 벡터를 M이라고 할 때, 관찰자의 눈에 보이지 않는 면에 대한 표현으로 알맞은 것은?

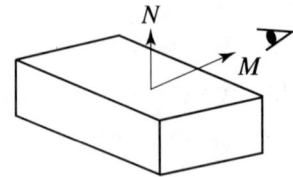

① $M \cdot N > 0$
② $M \cdot N < 0$
③ $M \cdot N = 0$
④ $M = N$

> **해설**
> 그림에서 관찰자의 눈에 보이지 않는 면은 $M \cdot N < 0$이다.

[정답] 119 ④ 120 ① 121 ① 122 ② 123 ②

124 면 위의 점에서 법선 벡터를 N, 면 위의 점으로부터 관찰자 눈으로 향하는 벡터를 M이라고 할 때, 관찰자의 눈에 보이는 면에 대한 표현으로 알맞은 것은?

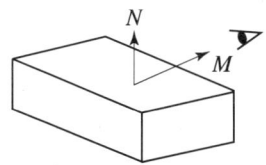

① $M \cdot N > 0$ ② $M \cdot N < 0$
③ $M \cdot N = 0$ ④ $M = N$

해설
위 그림에서 관찰자의 눈에 $M \cdot N > 0$이면 가시적이고, $M \cdot N < 0$이면 비가시적이다.

125 CAD 시스템으로 모델링한 물체를 화면에 나타낼 때 실제 볼 수 있는 선과 면만을 나타내어 보는 시점에서의 모호성을 없애는 기법은?

① 렌더링 ② 뷰포트
③ 솔리드 모델 ④ 은선과 은면 제거

해설
은선과 은면 제거 : 모델링한 물체를 화면에 나타낼 때 실제 볼 수 있는 선과 면만을 나타내어 보는 시점에서의 모호성을 없애는 기법이다.

126 다음 중 공간상의 물체를 스크린 상에 투영할 때, 볼 수 있는 선과 면만을 디스플레이하는 기술과 관련이 적은 것은?

① 음영법(Shading)
② 후방향(Back face) 제거 알고리즘
③ 깊이 분류(Depth sorting) 알고리즘
④ Z-buffer 방법

해설
은선, 은면 제거 알고리즘
① 후방향(Back face) 제거 알고리즘 : 물체의 바깥쪽 방향에 있는 법선 벡터가 관찰자 쪽으로 향하고 있다면 물체의 면이 가시적이고, 그렇지 않으면 비가시적이라는 기본 개념을 이용한다.
② 깊이 분류(Depth sorting) 알고리즘(화가 알고리즘) : 물체의 면들이 관찰자로부터의 거리로 정렬되며, 가장 먼 면부터 가장 가까운 면으로 각각의 색깔로 채워진다.
③ 은선 제거 알고리즘 : 후방향 제거 알고리즘은 오목한 물체를 포함한 여러 개의 물체에 숨은 면을 제거하면 50%가 제거되므로 수반된 물체의 수, 물체의 복잡성, 굽어진 면의 존재에 상관없이 모든 은선을 제거할 알고리즘이 요구된다.
④ Z-buffer 방법 : 임의의 스크린의 영역이 관찰자에게 가장 가까운 요소들에 의해 차지된다는 깊이 분류 알고리즘과 동일한 원리에 기초를 둔다.

127 은선 및 은면 처리를 위해 화면에 표시되어야 할 형상 요소들의 깊이 방향 값을 메모리에 저장하여 이용하는 방법은?

① Z 버터 방법
② 변환행렬 방법
③ 깊이 분류 알고리즘
④ 후향면 제거 알고리즘

해설
Z 버터 방법 : 은선 및 은면 처리를 위해 화면에 표시되어야 할 형상 요소들의 깊이 방향 값을 메모리에 저장하여 이용하는 방법이다.

128 은선 및 은면 제거에 대한 설명 중 틀린 것은?

① 후향면(back-face) 알고리즘에서는 물체의 바깥쪽 방향에 있는 법선 벡터가 관찰자 쪽을 향하고 있다면 물체의 면이 가시적이고, 그렇지 않으면 비가시적이다.

[정답] 124 ① 125 ④ 126 ① 127 ① 128 ②

② 깊이 분류(depth sorting) 알고리즘에서는 물체의 면들이 관찰자로부터의 거리로 정렬되며, 가장 가까운 면부터 가장 먼 면으로 각각의 색깔로 채워진다.
③ z-버퍼 방법의 원리는 임의의 스크린의 영역이 관찰자에게 가장 가까운 요소들에 의해 차지된다는 깊이 분류(depth sorting) 알고리즘과 기본적으로 유사하다.
④ 은선 제거를 위해서는 물체의 모든 모서리를 수반된 물체들의 면들에 의해 가려졌는지를 테스트하며, 각각의 중첩된 면들에 의해 가려진 부분을 모서리로부터 순차적으로 제거한 후 모든 모서리들의 남아 있는 부분을 모아 그린다.

> **해설**
> 깊이 분류(depth sorting) 알고리즘에서는 물체의 면들이 관찰자로부터의 거리로 정렬되며, 가장 먼 면부터 가장 가까운 면으로 각각의 색깔로 채워진다.
> 깊이 정렬법 특징은 다음과 같다.
> ① 면들을 깊이가 감소하는 방향으로 정렬
> ② 면들을 가장 큰 깊이를 가진 면부터 주사 변환
> ③ 일명 화가 알고리즘

129 광원으로부터 나오는 광선이 직접 또는 반사 및 굴절을 거쳐 화면에 도달하는 경로를 역추적하여 화면을 구성하는 각 화소의 빛의 강도와 색깔을 결정하는 렌더링 방법은?

① 광선 투사(ray tracing)법
② Z-버퍼 방법
③ 화가 알고리즘(painter's algorithm) 방법
④ 후향면 제거(back-face culling) 방법

> **해설**
> 광선 투사(ray tracing)법: 광원으로부터 나오는 광선이 직접 또는 반사 및 굴절을 거쳐 화면에 도달하는 경로를 역 추적하여 화면을 구성하는 각 화소의 빛의 강도와 색깔을 결정하는 렌더링 방법이다.

130 임의의 삼각형의 꼭짓점에서 이웃 삼각형들과 법선 벡터의 평균을 사용하여 반사광을 계산하는 음영법(shading)은?

① Phong 음영법
② Gouraud 음영법
③ Lambert 음영법
④ Faceted 음영법

> **해설**
> Gouraud 음영법: 임의의 삼각형 꼭짓점에서 이웃 삼각형들과 법선 벡터의 평균을 사용하여 반사광을 계산하는 음영법이다.

131 CAD/CAM 시스템에서 모델링된 도형을 보다 현실감 있게 정적으로 화면에 디스플레이 하기 위해 사용되는 것이 아닌 것은?

① 모핑(morphing)
② 음영 기법(shading)
③ 색채 모델링(color modeling)
④ 은선/은면 제거(hidden line/surface removal)

> **해설**
> 모핑(morphing): 2차원의 이미지나 3차원의 이미지를 다른 형상으로 변화시키는 작업으로 CAD/CAM 시스템에서 모델링 화면 디스플레이와 관계가 없다.

[정답] 129 ① 130 ② 131 ①

132 3차원 뷰잉(viewing) 기법 중 아이소메트릭 투영(isometric projection)에 해당하는 투영 기법은?

① 경사 투영
② 원근 투영
③ 직교 투영
④ 캐비닛 투영

해설
직교 투영 : 3차원 뷰잉(viewing) 기법 중 아이소메트릭 투영(isometric projection)에 해당한다.

133 컬러 CRT 화면 뒤에 사용되는 인(Phosphor)의 색상이 아닌 것은?

① 적색(Red)
② 녹색(Green)
③ 흰색(White)
④ 청색(Blue)

해설
인(Phosphor)의 기본색상
① red, ② green, ③ blue

134 래스터 그래픽 장치에서 한 화소당 빨강, 초록, 파랑 각각의 색에 8bit plane씩 사용하여 총 24bit plane을 사용할 경우, 한 화면에서 동시에 사용할 수 있는 전체 색의 개수는?

① 2^4
② 2^8
③ 2^{16}
④ 2^{24}

해설
$2^8(R) \times 2^8(G) \times 2^8(B) = 2^{24}$

135 화면의 CAD 모델 표면을 현실감 있게 채색, 원근감, 음영 처리하는 작업은 무엇인가?

① Animation
② Simulation
③ Modelling
④ Rendering

해설
Rendering : 화면의 CAD 모델 표면을 현실감 있게 채색, 원근감, 음영 처리하는 작업이다.

136 원근 투영에 대한 설명으로 틀린 것은?

① 건축 분야의 CAD/CAM에서 사용된다.
② 투영면과 관찰자와의 거리가 무한대인 경우이다.
③ 투영의 결과가 실제 사람의 눈으로 보는 것과 비슷하다.
④ 같은 길이의 물체라도 가까운 것을 크게, 먼 것을 작게 그린다.

해설
원근 투영
3D 렌더링으로 3D 장면을 모사하고 2D 표면으로 투영하는 이 과정을 원근 투영이라고 한다.
① 원하는 것을 머릿속에 그리며 시작한다.
② 물체는 보는 사람에게 가까울수록 크게 보이고 멀수록 작게 보인다.
③ 물체가 보는 사람으로부터 바로 뒤로 멀어지고 있다면 화면 중앙으로 수렴한다.

137 화면에 그려진 솔리드 모델의 음영효과(shading)를 결정하는 주된 요소는?

① 모델의 크기
② 화면의 배경색
③ 평행광선의 경우, 모델과 조명과의 거리
④ 모델의 표면을 구성하는 면의 수직 벡터

해설
화면에 그려진 솔리드 모델의 음영효과(shading)는 모델의 표면을 구성하는 면의 수직 벡터이다.

[정답] 132 ③ 133 ③ 134 ④ 135 ④ 136 ② 137 ④

138 음영 기법(shading) 방법에는 여러 가지가 있는데, 다음 보기 중 가장 현실감이 뛰어난 음영 기법은?

① 퐁(phong) 음영 기법
② 평활(smooth) 음영 기법
③ 단면별(faceted) 음영 기법
④ 구로드(gouraud) 음영 기법

> **해설**
> 퐁(phong) 음영 기법 : Bui-Tuong Phong이 발전시킨 셰이딩 모델로 부드러운 표면을 만드는 데 쓰는 렌더링 모형이며, 가장 현실감이 뛰어난 음영 기법이다.

139 렌더링 기법 중 광선 투사법(ray tracing)에 관한 내용으로 틀린 설명은?

① 광선이 광원으로부터 나와 물체에 반사되어 뷰잉 평면에 투사될 때까지의 궤적을 거꾸로 추적한다.
② 뷰잉 화면 상의 화소(pixel)의 개수에 제한을 받지 않고 빛의 강도와 색깔을 결정할 수 있다.
③ 뷰잉 화면상에서 거꾸로 추적한 광선이 광원까지 도달하였다면 광원과 화소 사이에는 반사체가 존재한다고 해석한다.
④ 뷰잉 화면상에서 거꾸로 추적한 광선이 광원까지 도달하지 않는다면 그 반사면에서의 색깔을 화소에 부여한다.

140 CAD/CAM 시스템에서 모델링된 도형을 보다 현실감 있게 정적으로 화면에 디스플레이 하기 위해 사용되는 것이 아닌 것은?

① 색채 모델링(color modeling)
② 모핑(morphing)
③ 음영 기법(shading)
④ 은선/은면 제거(hidden line/surface removal)

> **해설**
> 모핑(morphing)은 2차원의 이미지나 3차원의 이미지를 다른 형상으로 변화시키는 작업으로 CAD/CAM 시스템에서 모델링 화면 디스플레이와 관계가 없다.

141 음영법에 대한 설명으로 틀린 것은?

① 음영 처리는 어떤 표면을 형성하는 화소들이 한 가지 색깔로 칠해지지 않는다는 점을 제외하고는 은선 제거 처리와 유사하다.
② 각각의 화소는 투영이 된 후에 나타나는 표면의 색깔과 반사되는 빛의 강도에 의해 칠해진다.
③ 물체상의 각 점에서 반사되는 빛의 강도와 색깔을 계산하는 것이 주된 작업이다.
④ 어떤 물체의 표면은 광원으로부터 간접적으로 다가오는 빛으로 직접조명과 다른 표면으로부터 반사되는 빛으로 직접조명의 혼합에 의해서 표현된다.

> **해설**
> 어떤 물체의 표면은 광원으로부터 직접적으로 다가오는 빛으로 직접조명과 다른 표면으로부터 반사되는 빛으로 간접조명의 혼합에 의해서 표현된다.

[정답] 138 ① 139 ② 140 ② 141 ④

142 임의의 삼각형으로 표현된 곡면의 각 꼭짓점에서 이웃 삼각형들과 법선 벡터의 평균을 사용하여 반사광의 강도를 보간하여 내부의 화소에서 반사광의 강도를 계산하는 렌더링 기법은?

① 고라드(Gouraud) 음영법
② improved illumination model and multiple lights
③ curved surfaces with specular reflection
④ texture mapping

143 조명의 개수가 많아지게 하는 기법으로 스탠드 전구의 불빛을 묘사하게 되는 기법은?

① 고라드(Gouraud) 음영법
② improved illumination model and multiple lights
③ curved surfaces with specular reflection
④ texture mapping

144 각 면체의 무늬를 입히는 기법으로, 컴퓨터 내부적으로 이미 만들어진 것을 다른 것에 삽입하는 방법을 사용함으로써 그리는 시간이 빨라지는 기법은?

① 고라드(Gouraud) 음영법
② improved illumination model and multiple lights
③ curved surfaces with specular reflection
④ texture mapping

145 바닥에 물체들이 반사되도록 하는 기법은?

① reflection mapping
② improved illumination model and multiple lights
③ curved surfaces with specular reflection
④ texture mapping

146 GUI(그래픽 사용자 인터페이스)에 대한 설명으로 틀린 것은?

① CAD/CAM/CAE 소프트웨어에서 사용자와 그래픽 입력 및 그래픽 출력 간의 상호작용을 하는 것은 매우 필수적인 기능이다.
② 화면상에 작업영역을 선정한다든지 메뉴나 그에 상당하는 아이콘 등을 그림으로 그려 주고 이들이 선택되었을 때 해당 작업을 수행하도록 정의를 해 주는 등의 역할을 담당할 수 있어야 한다. 이러한 기능을 가능하게 해 주는 소프트웨어를 GUI라 한다.
③ 특별한 그래픽 라이브러리를 사용하여 구성한 일련의 그래픽 프로그램으로 집에서 만든(home-made) 그래픽 사용자 인터페이스에 의해서 실현할 수 있다.
④ 그래픽 라이브러리를 사용하여 개발한 경우 그래픽 라이브러리의 등으로 인하여 모든 그래픽 장치를 지원한다.

해설
그래픽 라이브러리를 사용하여 개발한 경우 그래픽 라이브러리의 제한 등으로 인하여 모든 그래픽 장치를 지원하지 못하므로 그래픽 사용자 인터페이스를 그래픽 장치가 바뀔 때마다 수정해야 한다.

[정답] 142 ① 143 ② 144 ④ 145 ① 146 ④

147 윈도를 여닫는 작업을 수반하는 응용 프로그램이 네트워크상에서 임의의 워크스테이션 간에 자유자재로 작동하기 위한 환경을 제공하는 소프트웨어 표준은?

① X 윈도 시스템
② GUI
③ Y 윈도 시스템
④ CUI

148 화면상에 작업영역을 선정한다든지 메뉴나 그에 상당하는 아이콘 등을 그림으로 그려 주고 이들이 선택되었을 때 해당 작업을 수행하도록 정의를 해 주는 등의 역할을 담당할 수 있는 소프트웨어는?

① X 윈도 시스템
② GUI
③ Y 윈도 시스템
④ CUI

[정답] 147 ① 148 ②

PART 2. CAM 프로그래밍

3D 형상 모델링 작업

1 3D 형상 모델링 작업 준비

1 3D CAD 프로그래밍 환경설정

(1) 3D 형상 모델링 프로그램의 화면구성

3차원 모델링 프로그램의 화면은 대체로 4개의 창으로 구성되어 있다.

① 메인 화면(Main Window)

화면의 가장 큰 부분을 차지하는 부분으로 작업에 대한 결과를 볼 수 있는 곳이다.

② 메뉴 창(Menu Window)

Main Window에 작업수행을 위한 명령을 입력하는 곳이다.

③ 트리 창(Tree Window)

지금까지 작업한 내용을 한눈에 볼 수 있는 곳이다.

④ 메시지 창(Message Window)

작업을 수행할 때 필요한 파라미터 값이나 작업에 대한 오류가 생기게 되면 여기서 알아볼 수 있는 곳이다.

(2) 3D CAD 프로그래밍 환경설정

3D CAD 프로그램별로 서로 다른 환경을 유지하고 있다. 대부분은 '도구' 혹은 '파일' 메뉴의 하단에 있는 '옵션'에서 설정을 한다. 프로그램별로 환경설정의 창은 아래와 같다.

① CREO

메뉴 툴바의 '파일'을 클릭 후 풀다운(pull-down) 창에서 '옵션'을 선택하여 사용자환경을 설정한다. 메뉴 창(Menu Window)에 대한 내용은 다음과 같다.

㉠ File : 파일을 조작할 수 있는 명령어가 있다.
㉡ 모델 : 피처, Model, Surface 등과 같은 모델에 대한 정보를 입력한다.
㉢ 맵 키 : 모델 디스플레이에 사용되는 각종 단축키를 정의한다.
㉣ 분석 : 모델링에 필요한 각종 분석 작업을 진행한다.
㉤ 주석 달기 : 여러 창을 관리하는 명령어가 있다.

ⓑ **렌더링** : 렌더링 활용 도구가 있다.
ⓢ **도구** : 작업 환경에 필요한 도구 등을 정의한다.
ⓞ **보기** : 모델링 작업에 대한 보기를 도와주는 도구가 있다.

② CATIA
메뉴 툴바의 '도구(Tools)'를 클릭 후 풀다운(pull-down) 창에서 '옵션'을 선택하여 사용자 환경을 설정한다.

③ Inventer
메뉴 툴바의 '파일'을 클릭 후 '옵션'을 선택하여 사용자 환경을 설정한다.

④ SolidWorks
메뉴 툴바의 '도구'를 클릭 후 풀다운(pull-down) 창에서 '옵션'을 선택하여 사용자 환경을 설정한다.

⑤ UG NX
메뉴 툴바의 '환경 설정(Preferences)'을 클릭 후 풀다운(pull-down) 창에서 '사용자환경(user interface)'을 선택하면 팝업 창이 뜨며 다음과 같이 작업에 대한 환경을 설정할 수 있다. 작업 환경을 설정할 수 있는 부분으로 모델링 작업 중 설정을 변경하게 되면 그 상태의 환경이 적용된다.

2 3D 투상 능력

(1) 투상법

제도통칙에서 투상도법은 규격번호 KS A 0111 계열(공업 제도 투상법)과 KS B 0001(기계제도)에 기재되어 있다. KS B 0001의 9에 있는 내용을 보면 "투상법은 제3각법에 따르는 것을 원칙으로 한다. 다만, 필요한 경우에는 제1각법에 따를 수도 있다. 투상법의 기호를 표제란 또는 그 근처에 나타낸다. 다만, 지면의 형편 등으로 투상도를 제3각법에 의한 정확한 위치에 그리지 못하는 경우, 또는 그림의 일부가 제 3각법에 의한 위치에 그리면 도리어 도형을 이해하기 곤란한 경우에는 상호관계를 화살표와 문자를 사용하여 표시하고 그 글자는 투상의 방향과 관계없이 전부 위 방향으로 명백하게 쓴다."라고 규격되어 있다. 또한, KS B 0001의 10.1은 투상도의 표시 방법에 의해 투상도의 선택 방법과 투상도의 종류에 대해 규격하고 있다.

(2) 투상도의 명칭

투상도는 보는 방향에 따라 6종류로 구분한다.

기계제도에서 주로 사용되는 투상도법은 어느 것인가?
① 투시도
② 사투상도
③ 정투상도
④ 등각투상도

답 ③

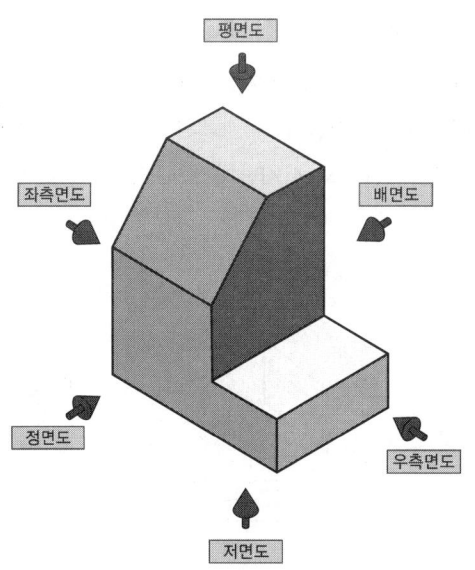

○ 그림 2-19 투상도의 명칭

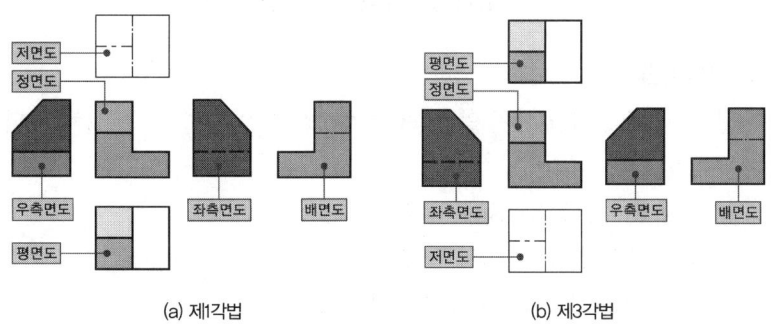

○ 그림 2-20 제1각법과 제3각법의 배열(KS, ISO)

① **정면도**(front view) : 정면도는 물체 앞에서 바라본 모양을 도면에 나타낸 것으로 그 물체의 가장 주된 면, 즉 기본이 되는 면이다.
② **평면도**(top view) : 평면도는 물체의 위에서 내려다본 모양을 도면에 표현한 그림을 말하며, 상면도라고도 한다. 정면도와 함께 많이 사용한다.
③ **우측면도**(right side view) : 우측면도는 물체의 우측에서 바라본 모양을 도면에 나타낸 그림을 말하며 정면도, 평면도와 함께 많이 사용한다.
④ **좌측면도**(lift side view) : 좌측면도는 물체의 좌측에서 본 모양을 도면에 표현한 그림이다.
⑤ **저면도**(bottom view) : 저면도는 물체의 아래쪽에서 바라본 모양을 도면에 나타낸 그림을 말하며 하면도라고도 한다.
⑥ **배면도**(rear view) : 배면도는 물체의 뒤쪽에서 바라본 모양을 도면에 나타낸 그림을 말하며 사용하는 경우가 극히 적다.

다음 투상도 중 3각법이나 1각법으로 투상하여도 그 투상도면의 배치 위치가 동일 위치인 것은?
① 평면도
② 배면도
③ 우측면도
④ 저면도

답 ②

투상법에 관한 KS B기계제도 규정 설명 중 틀린 것은?

① 은 제1각법의 표시 기호이다.
② 제3각법에 따르는 것이 원칙이다.
③ 필요한 경우에는 제1각법을 따를 수 있다.
④ 투상법의 기호를 표제란 또는 그 근처에 나타낸다.

답 ①

KS 기계제도와 제3각법을 설명한 것으로 틀린 것은?

① 정면도 왼쪽에 좌측면도가 놓인다.
② 우측면도의 좌측에 정면도가 배치된다.
③ 정면도 아래에 평면도가 놓인다.
④ 기계제도는 제3각법으로 투상하는 것을 원칙으로 하고 있다.

답 ③

(3) 제1각법과 제3각법

[그림 2-21]의 (a)와 같이 수직수평의 두 평면이 직교할 때 한 공간을 4개로 구분한다. 이때 수직한 면의 오른쪽과 수평한 면의 위쪽에 있는 공간을 제1 상한, 제1 상한에서 시계반대방향으로 돌면서 제2, 제3, 제4 상한이라 한다.

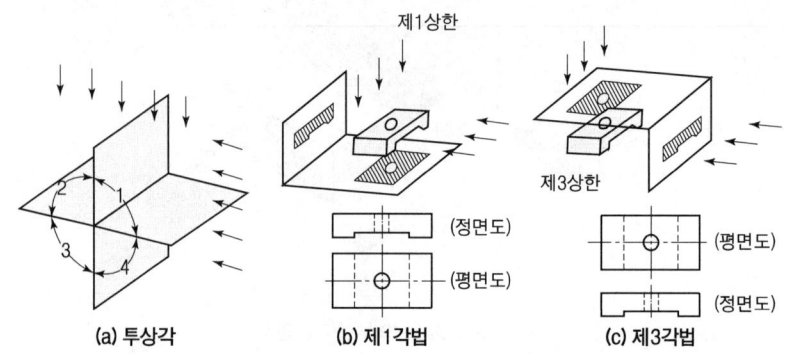

그림 2-21 제1각법과 제3각법의 원리

가) 제1각법

물체를 1각 안에(투상면 앞쪽) 놓고 투상한 것을 말한다. 즉 물체의 뒤의 유리판에 투영한다.

① 투상 순서는 눈 → 물체 → 투상이다.
② 투상도의 위치는 그림과 같다.
 ㉠ 평면도는 정면도의 아래에 위치한다.
 ㉡ 좌측면도는 정면도의 우측에 위치한다.
 ㉢ 우측면도는 정면도의 좌측에 위치한다.
 ㉣ 저면도는 정면도의 위에 위치한다.

나) 제3각법

물체를 제3각 안에 놓고 물체를 투상한 것을 말한다. 즉 물체의 앞의 유리판에 투영한다.

① 투상 순서는 눈 → 투상 → 물체이다.
② 투상도의 위치는 그림과 같다.
 ㉠ 좌측면도는 정면도의 좌측에 위치한다.
 ㉡ 평면도는 정면도의 위에 위치한다.
 ㉢ 우측면도는 정면도의 우측에 위치한다.
 ㉣ 저면도는 정면도의 아래에 위치한다.

다) 제3각법의 장점
① 전개도와 같으므로 도면표현이 합리적이다.
② 비교 대조가 용이하므로 치수기입이 합리적이다.
③ 경사부분에 있어 보조 투영이 가능하다.

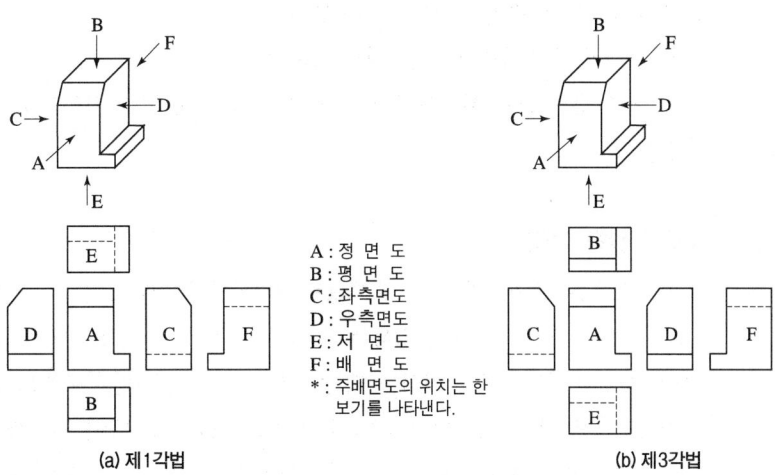

○ 그림 2-22 제1각법과 제3각법의 투상도 배치

(4) 제도에 사용하는 투상법

기계제도에서의 투상법은 제3각법에 따른 것을 원칙으로 한다. 제1각법을 따를 경우 그림과 같은 투상법의 기호를 표제란 또는 그 근처에 표시한다. 한 도면 안에서는 혼용하지 않는 것이 좋다.

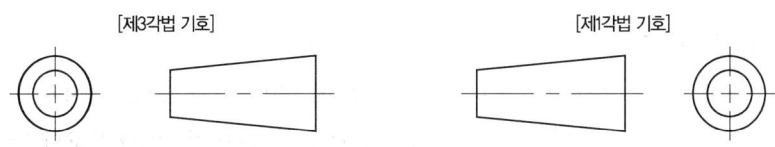

○ 그림 2-23 투상법의 기호

(5) 투상법의 명시

같은 도면 내에서 원칙적으로 제3각법과 제1각법을 혼용해서는 안 되지만, 도면을 이해하는 데 도움을 줄 때는 혼용할 수도 있다. 다만, 제3각법에 의한 올바른 배치로 그릴 수 없는 경우, 또는 제3각법에 의하여 정확한 위치에 그리면 도리어 도형을 이해하기 곤란한 경우에는 상호관계를 화살표와 문자를 사용하여 표시하고, 그 글자는 투사의 방향과 관계없이 전부 위 방향으로 명백하게 쓴다.

정면도의 정의로 맞는 것은?
① 물체의 각 면 중 가장 그리기 쉬운 면을 그린 그림
② 물체의 뒷면을 그린 그림
③ 물체를 위에서 보고 그린 그림
④ 물체 형태의 특징을 가장 뚜렷하게 나타내는 그림

답 ④

투상도의 선택 방법 중 틀린 것은?
① 주 투상도만으로 표시할 수 있는 것에 대해서도 다른 투상도를 그린다.
② 주 투상도는 대상물의 모양·기능을 가장 명확하게 표시하는 면을 그린다.
③ 주 투상도를 보충하는 다른 투상도는 되도록 적게 그린다.
④ 서로 관련되는 그림의 배치는 되도록 숨은선을 쓰지 않는다.

답 ①

(6) 정면도 선택 시 유의사항

① 물체의 특징을 가장 잘 나타내는 면을 선택한다.
② 관련 투상도(평면도, 측면도)에는 가급적 은선을 사용하지 않는다.
③ 물체는 자연스러운 위치로 안정감을 가질 수 있도록 한다.
④ 물체의 주요면은 수직, 수평이 되게 한다.
⑤ 물체는 가공 공정 순서와 같은 방향으로 선택한다.
⑥ 기어, 베어링과 같은 물체는 축과 직각 방향에서 본 것을 정면도로 선택한다.

(7) 투상도의 선택 방법

① 주투상도에는 대상물의 모양 및 기능을 가장 명확하게 표시하는 면을 그리며, 대상물을 도시하는 상태는 도면의 목적에 따라 「조립도 등 주로 기능을 표시하는 도면에서는 대상물을 사용하는 상태」, 「부품도 등 가공하기 위한 도면에서는 가공에 있어서 도면을 가장 많이 이용하는 공정에 대상물을 놓은 상태」 또는 「특별한 이유가 없는 경우, 대상물을 가로길이로 놓은 상태」 중 하나에 따른다. (KS B 0001 10.1.1의 a)
② 주투상도를 보충하거나 보조하는 다른 투상도는 최소로 하고 주투상도만으로 표기가 가능한 것은 다른 투상도를 그리지 않는다. (KS B 0001 10.1.1의 b)
③ 서로 관련되는 그림의 배치는 최대한 숨은 선을 쓰지 않도록 한다. 다만, 비교 대조하기 불편한 경우에는 예외로 한다. (KS B 0001 10.1.1의 c)

1) 주투상도

대상물의 모양이 가장 명확하게 표시되게 그리는 투상도로 3각법을 기준으로 정면도, 평면도, 우측면도를 배치하는 방법이 기본이나 필요에 따라 좌측면도나 배면도 등을 추가할 수 있다
① 주투상도에는 대상물의 모양·기능을 가장 명확하게 나타내는 면을 정면도로 선택한다. 또한, 대상물을 도시하는 상태는 도면의 목적에 따라 다음 어느 것인가에 따른다.
② 조립도 등 주로 기능을 표시하는 도면에서는 대상물을 사용하는 상태
③ 부품도 등 공작기계로 가공하는 물체는 가공자가 도면을 보면서 가공하기 편리하도록 가공량이 가장 많은 공정을 가공할 때와 같은 방향으로 정면도를 선택하여 투상한다.

2) 보조 투상도

경사면부가 있는 대상물에서 그 경사면의 실제 길이를 표시할 필요가 있는 경우에는 다음에 의하여 보조 투상도로 표시한다.

① 물체에 경사진 부분이 있는 경우 도면에 투상도의 모양이나 크기가 축소되어 나타나기 때문에 그림에서와 같이 경사면과 나란하게 투상면을 두고 제3각법으로 투상하면 실물과 같은 크기로 투상을 할 수 있으며, 필요한 부분만을 부분 투상도 또는 국부 투상도로 그리는 것이 좋다.

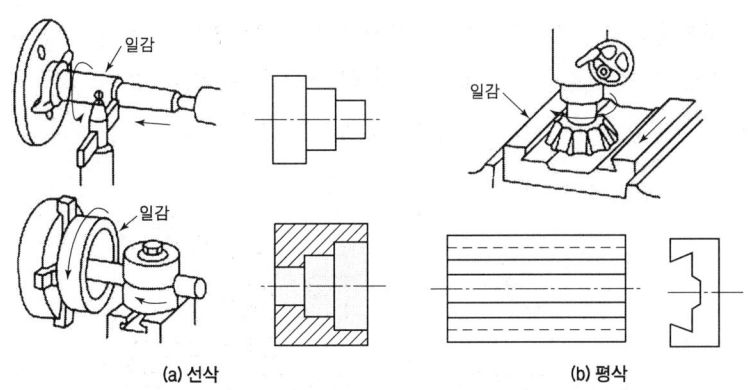

(a) 선삭　　　　　　　　　(b) 평삭

○ 그림 2-24 가공공정에 의한 배열

② 지면의 관계 등으로 보조 투상도를 경사면에 맞는 위치에 배치할 수 없는 경우에는 [그림 2-26(a)]와 같이 화살표와 영문 대문자를 써서 표시할 수 있으며, [그림 2-26(b)]와 같이 중심선을 꺾어 투상 관계를 나타내도 좋다.

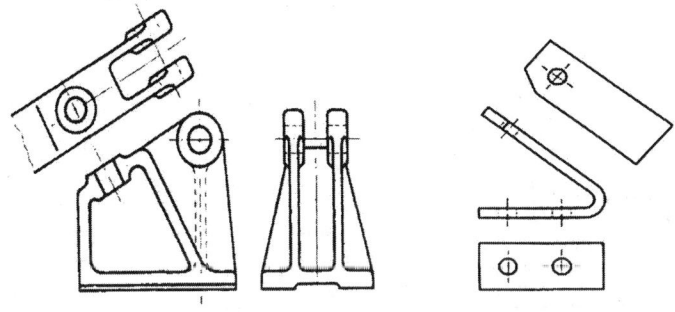

○ 그림 2-25 보조 투상도

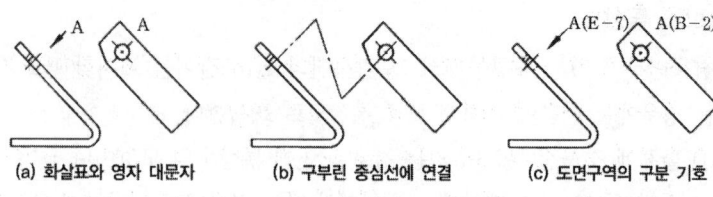

(a) 화살표와 영자 대문자 (b) 구부린 중심선에 연결 (c) 도면구역의 구분 기호

그림 2-26 보조 투상도의 이동배치

3) 회전 투상도

대상물의 일부가 어느 각도를 가지고 있어 투상면에 그 실형이 나타나지 않을 때 그 부분을 회전해서 그 실형을 도시할 수 있다. 또한, 잘못 볼 우려가 있을 경우에는 작도에 사용한 선을 남긴다.

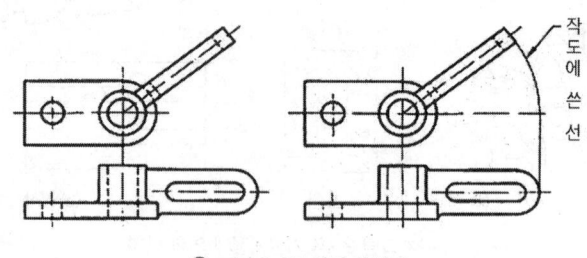

그림 2-27 회전 투상도

4) 부분 투상도

그림의 일부를 도시하는 것으로 충분한 경우에는 그 필요 부분만을 부분 투상도로 표시한다. 이 경우에는 생략한 부분과의 경계를 파단선으로 나타낸다. 다만, 명확한 경우에는 파단선을 생략하여도 좋다.

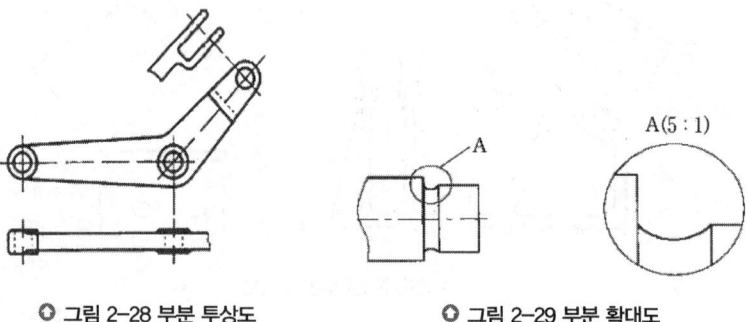

그림 2-28 부분 투상도   그림 2-29 부분 확대도

5) 부분 확대도

특정 부분의 도형이 작은 관계로 그 부분의 상세한 도시나 치수 기입을 할 수 없을 때는 그 부분을 가는 실선으로 에워싸고, 영자의 대문자로 표시함과 동시에 그 해당 부분을 다른 장소에 확대하여 그리고, 표시하는 문자 및 척도를 부기한다.

6) 국부 투상도

대상물의 구멍, 홈 등 한 국부만의 모양을 도시하는 것으로 충분한 경우에는 그 필요한 부분만을 국부 투상도로 나타낸다. 투상 관계를 나타내기 위하여 원칙적으로 주된 그림으로부터 중심선, 기준선, 치수보조선 등으로 연결한다.

○ 그림 2-30 국부 투상도

7) 대칭도형의 생략

① 대칭 중심선의 한쪽 도형만을 그리고, 그 대칭 중심선의 양끝 부분에 짧은 2개의 나란한 가는 선(대칭 도시 기호라 한다)을 그린다.

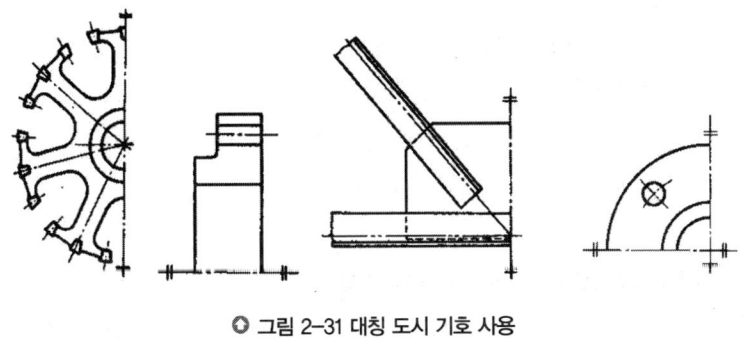

○ 그림 2-31 대칭 도시 기호 사용

② 대칭 중심선의 한쪽의 도형을 대칭 중심선을 조금 넘은 부분까지 그린다. 이때에는 대칭 도시 기호를 생략할 수 있다.

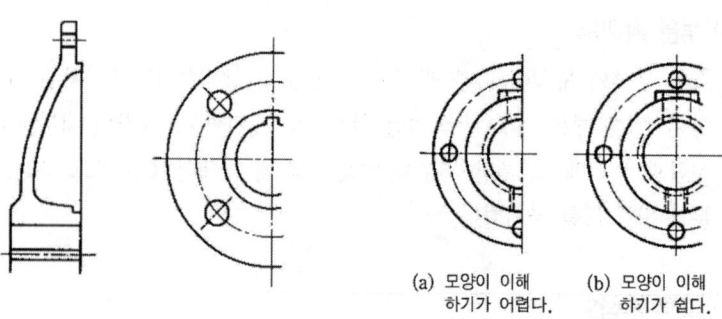

○ 그림 2-32 대칭도형의 생략

> 다음은 모델링에 대한 설명이다. 틀린 것은?
> ① 와이어 프레임 모델링은 면과 면이 만나는 모서리(edge)를 표현하는 것이다.
> ② 솔리드 모델링은 데이터를 처리하는 데 소요되는 시간이 적다.
> ③ 서피스 모델링은 모서리(edge) 대신에 면을 사용하므로 은선이 제거될 수 있다.
> ④ 모델링 중에서 가장 고급의 모델링 기법은 솔리드 모델링이다.
>
> 답 ②

3 3D 형상 모델링 종류

(1) 와이어프레임 모델링(Wire-frame Modeling)

모델링의 표현에 있어 모델의 특정 선과 점으로 형상을 표현하는 것이다. 따라서 모델의 표시내용도 선과 점으로 구성된다. 선과 점의 수정을 통해 모델의 형상 수정이 이루어진다. 초기 모델링은 대부분 이러한 와이어프레임 모델링으로 이루어졌다. 주로 2차원의 도면 출력을 위한 용도와 평면 가공에 적합한 모델링 방식 Auto CAD가 대표적인 프로그램이라고 할 수 있다.

가) 와이어 모델의 특징

① data의 구성이 단순하다.
② Model 작성을 쉽게 할 수 있다.
③ 처리 속도가 빠르다.
④ 3면 투시도의 작성이 용이하다.
⑤ 은선 제거(Hidden Line Removal)가 불가능하다.
⑥ 단면도(Section Drawing) 작성이 불가능하다.
⑦ 물리적 성질의 계산이 불가능하다.

(2) 서피스 모델링(Surface Modeling)

선과 점으로 형상이 표현되는 와이어프레임 모델에서 선과 점에 면의 정보를 추가하여 표현하는 것이다. 표현은 곡선 방정식, 곡면방정식을 활용하여 수학적 표현을 나타낸다. 따라서 화면 위의 모델을 조작하면 곡면 방정식의 목록, 곡선 방정식의 목록 및 끝점의 좌표로 이루어진 모델 데이터가 수정되어 표시된다.

가) 서피스 모델링의 특징
① 은선 제거가 가능하다.
② Section Drawing(단면)할 수 있다.
③ 2개의 면의 교선을 구할 수 있다.
④ 복잡한 형상을 표현할 수 있다.
⑤ NC data 생성할 수가 있다
⑥ 물리적 성질(Weight, Center of Gravity, Moment)을 구하기 어렵다.
⑦ 유한요소법(FEM : finite element method)의 적용을 위한 요소 분할이 어렵다.
⑧ surface 표현 시 와이어프레임 엔티티를 요구할 수가 있다.
⑨ Wire-frame보다 데이터 처리 때문에 컴퓨터의 용량이 커야 한다.
⑩ 솔리드와 같이 명암(shade)알고리즘을 제공할 수가 있다.

나) 서피스 모델링의 용도
① NC 공구경로 생성
② 솔리드 프리미티브 생성
③ 음영 처리와 같은 렌더링을 이용한 곡면의 품질평가
④ 도면 생성

(3) 솔리드 모델링(Solid Modeling)

서피스 모델링에 면 및 질량을 표현한 형상 모델을 솔리드 모델링이라고 한다. 서피스 모델링은 아주 얇은 면으로 이루어져 있으므로 이론적으로는 체적을 표시할 수 없으나 솔리드 모델은 면과 질량이 추가되어 물체의 다양한 성질을 좀 더 정확하게 표현할 수 있다. 현재 솔리드 모델링은 입체적 형상의 표현이 가능할 뿐만 아니라 무게중심 등의 해석과 질량 등을 나타내는 것이 가능하다. 대부분의 현장에서 솔리드 모델링이 주로 사용되며 일부 뷰(view)를 활용하거나 고급 모델링에서 와이어프레임 모델링이나 서피스 모델링을 활용하고 있다.

가) 솔리드 모델링의 특징
① 은선 제거가 가능하다.
② 간섭 체크가 가능하다.
③ 형상을 절단하여 단면도를 작성하기가 쉽다.
④ 불리언(Boolean) 연산(합, 차, 적)에 의하여 복잡한 형상도 표현할 수 있다.

형상모델링에 대한 설명 중 적합하지 않은 것은?
① 와이어 프레임 모델 : 3차원적인 형상을 공간상의 선으로 나타내는 것이다.
② 서피스 모델 : 와이어 프레임 모델에서 와이어 사이에 면을 정의한 것이다.
③ 솔리드 모델 : 점, 면, 입체로 구성된다.
④ 솔리드 모델은 부피를 가진 기본 프리미티브를 조합하여 소정의 형상을 구성할 수 있다.

답 ③

형상 모델링 하는 데 데이터 구조로서 작성이 이루어지는 순서가 올바른 방법은?
① (B-REPS)-CSG-투시도-형상기술
② 형상기술-CSG-(B-REPS)-투시도
③ 투시도-CSG-형상기술-(B-REPS)
④ CSG-(B-REPS)-형상기술-투시도

답 ④

⑤ 물리적 성질(Weight, Center of Gravity Moment)의 계산이 가능하다.
⑥ 명암(shade) 컬러기능 및 회전, 이동을 이용하여 사용자가 좀 더 명확하게 물체를 파악할 수 있다.
⑦ CAD/CAM 이외에 잡지, 출판물, 영화 필름, 애니메이션 시뮬레이터에 이용할 수 있다.
⑧ 복잡한 data로 컴퓨터 사용 용량이 증가하여 data 처리 시간이 오래 걸린다.

나) 솔리드 모델링의 용도
① 표면적, 부피, 관성 모멘트 계산
② 유한요소 해석
③ 솔리드 모델들 간의 간섭현상 검사
④ NC 공구경로 생성
⑤ 도면 생성

1) Constructive Solid Geometry(CSG 또는 B-rep building block) 방식

CSG는 복잡한 형상을 단순한 형상(primitive : 구, 실린더, 직육면체, 원추 등)의 조합으로 생성하는데 여기서는 불리언 연산자(합, 차, 적)를 사용한다.

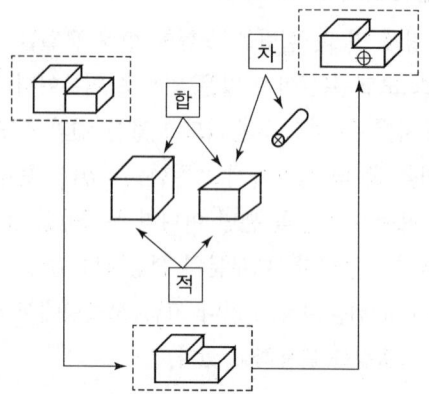

◎ 그림 2-33 CSG에 의한 솔리드 예

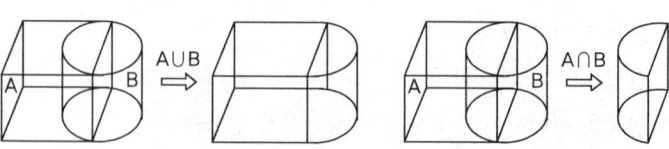

◎ 그림 2-34 합집합 작업의 예   ◎ 그림 2-35 교집합 작업의 예

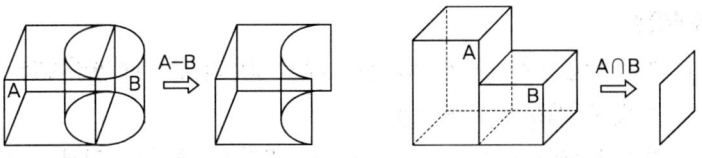

◎ 그림 2-36 차집합 작업의 예   ◎ 그림 2-37 피해야 할 불리언 작업의 예

가) 장점
① 불리언 연산자로 더하기(합), 빼고(차), 교차(적)시키는 방법을 통해 명확한 모델생성이 쉽다.
② 데이터를 아주 간결한 파일로 저장할 수 있어, 메모리가 적다.
③ 형상 수정이 용이하고 중량을 계산할 수 있다.
④ CSG 트리로 저장된 솔리드는 항상 구현이 가능한 입체를 나타낸다.
⑤ 기본형상(primitive)의 파라미터만 간단히 변경하여 입체형상을 쉽게 바꿀 수 있다.
⑥ CSG 표현은 항상 대응되는 B-Rep 모델로 치환할 수 있다.

나) 단점
① 모델을 화면에 나타내기 위한 디스플레이에서 체적 및 면적의 계산 등에 많은 계산시간이 필요하다.
② 3면도, 투시도, 전개도, 표면적 계산이 곤란하다.

2) B-rep(Boundary Representation, 경계 표현) 방식
사용자가 형상을 구성하고 있는 정점(vertex), 면(face), 모서리(edge)가 어떠한 관계를 가지는지에 따라 표현하는 방법이며 그 관계식은 정점+면-모서리=2이다. 즉, "v-e+f-h=2(s-p)" 오일러-포앙카레 공식이 만족해야 한다.

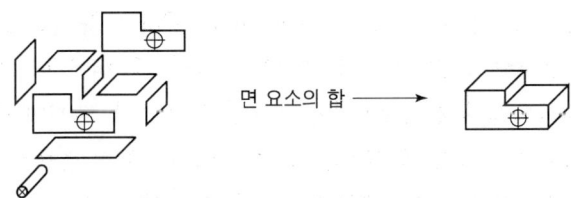

◎ 그림 2-38 B-rep에 의한 솔리드 예

3차원 형상의 솔리드 모델링에서 B-rep과 비교한 CSG의 상대적인 특징으로 틀린 것은?
① 데이터의 구조가 간단하다.
② 데이터의 수정이 용이하다.
③ 전개도의 작성이 용이하다.
④ 메모리의 용량이 소용량이다.

답 ③

가) 장점
① CSG 방법으로 만들기 어려운 물체를 모델화시킬 때 편리하다. (비행기 동체, 자동차 외형 모델)
② 화면의 재생 시간이 적게 소요되며, 3면도, 투시도, 전개도, 표면적 계산이 용이하다.
③ 데이터 상호교환이 쉬워 많이 사용되고 있다

나) 단점
① 모델의 외곽을 저장하므로 많은 메모리가 필요하다.
② 적분법을 사용하기 때문에 중량계산이 곤란하다.

○ 표 2-2 B-Rep & CSG 방식의 비교

구 분		CSG	B-Rep
데이터 작성		용이	곤란
데이터 구조		단순	복잡
필요 메모리 영역		적음	많음
데이터 수정		약간 곤란	용이
3면도, 투시도 작성		곤란	용이
패턴의 응용		비교적 용이	곤란
전개도 작성		곤란	용이
중량계산		용이	약간 곤란
유한요소	솔리드	용이	곤란
	표면	곤란	용이

B-spline 곡선과 곡면을 다양하게 변형할 수 있는 Non-Uniform한 곡선을 무엇이라고 하는가?
① Bézier
② Spline
③ NURBS
④ Coons

답 ③

3) NURBS(Non Uniformed Ration B-spline)

B-spline의 일종으로 ARC, CONIC을 B-spline에서는 완벽한 표현이 불가능하였으나, NURB로는 표현이 가능하다.

기존의 solid 모델링 S/W는 Line, Arc, Conic, B-spline, Bézier Curve, Non- linear Curve, Parametric Cubic Spline 등의 도형 요소를 이용하여 형상을 단순히 정의했다. 그렇지만 여기서는 곡선을 원하는 치수까지 연속성/불연속성을 유지할 수 있으며, 곡선의 부분적인 수정이 가능하고, 모든 종류의 Geometry Entity를 한 종류의 방정식으로 표현도 가능하다. 또한, 계산속도가 빠르며, Wave가 없는 Fair한 곡선을 얻을 수 있다.

이외의 특징으로는 타 S/W와 데이터 교환이 쉽고, S/W 자체의 Algorithm이 간단하다.

4) Feature-Base Design(특징 형상 모델링)

Feature-Base란 Slot, Counter bore, Pocket과 같이 Tooling이 되는 부분으로서 Parameterized Object로 표현할 수 있다. Feature-Base Design에서는 Solid 모델링 기법에는 주로 사용되는 Boolean Operation 대신 Object로부터 Feature를 가감함으로써 원하는 형상을 만들어간다.

종래의 CAD SYSTEM에서는 제조과정(Fixturing, 또는 Tooling)에 관한 정보를 전혀 포함하지 않았으므로 제작 시 숙련기능공이 지식과 경험을 바탕으로 도면을 참고하여 제작순서나 Tooling 방법을 결정한다. Feature-Base Design에서 만들어진 모델을 기하학적 정보뿐만 아니라 가공정보를 가지고 있으므로 모델로부터 제작순서, Tooling 정보를 추출할 수 있다. (Hole → Drilling, Slot → Milling)

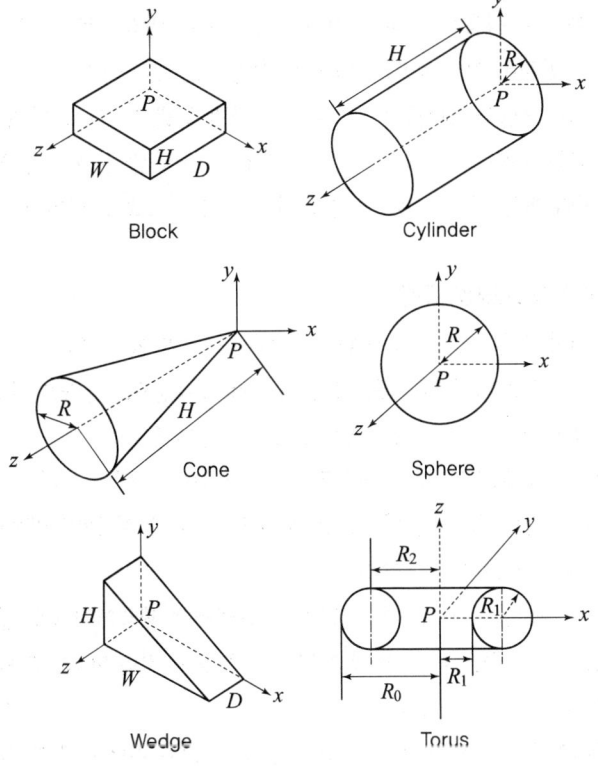

○ 그림 2-39 일반적인 기본입체

가) Feature-based modeling의 특징

① 구멍(hole), 슬롯(slot), 포켓(pocket) 등의 형상단위를 라이브러리(library)에 미리 갖추어 놓고 필요시 이들의 치수를 변화시켜 설계에 사용하는 모델링 방식이다.

CAD 프로그램에서 주로 곡선을 표현할 때 많이 사용하는 방정식의 형태는?
① Explicit 형태
② Implicit 형태
③ Hybrid 형태
④ Parametric 형태

답 ④

특징 형상 모델링의 특징으로 거리가 먼 것은?
① 기본적인 형상 구성 요소와 형상 단위에 관한 정보를 함께 포함하고 있다.
② 전형적인 특징 형상으로 모떼기(chamfer), 구멍(hole), 슬롯(slot) 등이 있다.
③ 특징 형상 모델링 기법을 응용하여 모델로부터 공정 계획을 자동으로 생성시킬 수 있다.
④ 주로 트위킹(tweaking) 기능을 이용하여 모델링을 수행한다.

답 ④

② 피처 기반 모델링은 모서리만 가지고 있는 와이어프레임 모델과는 달리 체적이 있기 때문에 솔리드 모델이라 부르며, 대부분의 CAD/CAM 소프트웨어는 솔리드 모델을 피처 베이스모델 또는 3D 부품 모델링이라고 한다.

③ Design이 완료되면, 모델로부터 제작을 위한 데이터(가공경로, 가공조건, 가공 tool 등)를 추출해 낼 수 있으므로 CAM과 연결이 가능하다.

5) Parametric Design(파라메트릭 모델링)

형상을 Sketch한 후 특정 값이나 Parameter로 표현되는 수식을 입력함으로써 형상을 만들어내는 방식으로 Parameter나 수식을 변경하면 자동적으로 형상이 수정된다. Parametric 모델링은 사용자가 형상 구속조건과 치수 조건을 이용하여 형상을 모델링하는 방식으로 특정 값이나 변수로 표현된 수식을 입력하여 형상을 생성하는 방식으로 이후 매개변수나 수식을 변경하면 자동으로 형상이 수정되는 형식이며 수학적 방식으로 정의되는 모델을 생성하는 표현으로 곡면 모델이라고도 하며 점과 점을 잇는 선분이 부드러운 곡선으로 되어 있어 가장 많은 계산을 필요로 하는 모델이며 형상 구속조건은 기준점에서 형상 기호로 표시한다.

가) 특징 형상 모델링 특징

① 설계자에 친숙한 형상 단위로 물체를 모델링 할 수 있다.
② 대부분 시스템이 제공하는 전형적인 특징 형상으로는 모따기(chamfer), 구멍(hole), 슬롯(slot), 포켓(pocket) 등이 있다.
③ 형상 구속조건과 치수 구속조건을 이용하여 모델링 한다.
④ 구속 조건식을 푸는 방법으로 순차적 풀기, 동시 풀기 방법에 따라 결과 형상이 달라질 수 있다.
⑤ 특징 형상을 정의할 때 그 크기를 결정하는 파라미터들도 같이 정의하며, 이들을 변경하여 모델의 크기를 바꾸는 것은 파라메트릭 모델링의 한 형태로 볼 수 있다.
⑥ 파라메트릭 모델링의 형상 요소를 한번 만든 후에는 직접 형상 요소를 수정하는 것보다 조건식을 이용하여 수정하는 것이 효과적이다.
⑦ 특징 형상의 종류는 많이 사용되는 적용 분야에 따라 결정되며, 우리나라의 경우 KS 규격에서 여러 적용 분야에 대해 필요한 모든 특징 형상을 정의하고 있지 않다.

6) Variational Design

Parametric Design 방식과 유사하며, Parametric Design → Parameter가 형상이 결정되고, variational Design → Relation(Constraint)으로 형상 결정된다.

가) 장점

① 도면 수정이 용이
② Kinematics Design이 가능
③ 유사 형상의 부품 설계가 가능
④ Tolerance and Sensitivity Analysis
⑤ 최적 설계 시 관련 부품의 설계가 연계되어 활용될 수 있다.

나) 단점

① 완벽한 기능을 갖는 상용 Package가 없다.
② Relation(Constraint)에 관한 정보를 타 System으로 전달할 수 있는 표준 Tool이 없다.

7) 비례 전개법 모델링

평면도, 정면도, 측면도상에 나타난 곡면의 경계 곡선들로부터 비례적인 관계를 이용하여 곡면을 모델링(modeling)하는 방법이다.

8) Decomposition(분해) 모델링

임의의 3차원 입체형상을 그보다 작은 정육면체 등과 같이 기본적인 입체 요소의 집합으로 잘게 분할, 근사한 형상으로 대체하여 표현하는 기법으로 유한요소법(FEM)에서 주로 사용된다.

가) 3차원 형상 모델을 분해 모델로 저장하는 방법

① 복셀(Voxel) 모델
② 옥트리(Octree) 모델
③ 세포분해(Cell Decomposition) 모델

나) 복셀(Voxel) 모델의 특징

① 3D 공간의 한 점을 정의한 일단의 그래픽 정보로 정밀하게 얻어진 실제 부피의 데이터 표본을 뜻하며 어떠한 형상의 물체이건 간에 정확한 형상의 표현이 불가능하다.

3차원 형상모델을 분해모델로 저장하는 방법 중 틀린 것은?
① 복셀(Voxel) 모델
② 옥트리(Octree)표현
③ 세포분해(Cell Decomposition) 모델
④ Facet 모델

답 ④

② 질량, 관성 모멘트 등의 성질을 계산하기 용이하다.
③ 공간 내의 물체를 표현하기 용이하다.
④ 필요로 하는 메모리 공간의 복셀의 크기를 줄일수록 급격히 증가한다.

9) 비 다양체(nonmanifold) 모델링

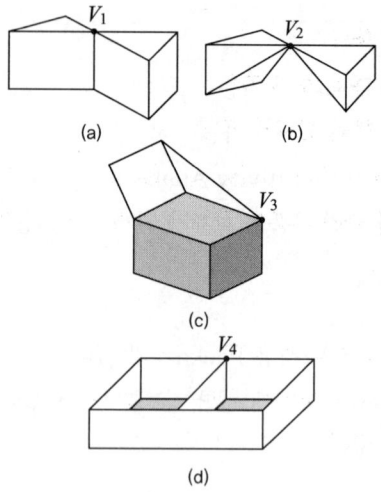

○ 그림 2-40 비 다양체 모델의 예

솔리드 모델링은 표현할 수 있는 형상은 닫힌 부피 영역을 가지는 형상으로 수학적으로 다양체(manifold)라고 불리는 형상으로 국한된다. 따라서 모델링 시스템은 비 다양체 상항을 허용하지 않는다는 것으로 비 다양체 상황의 예로는 다음과 같다.
① 하나의 점에서 만나는 두 개의 곡면
② 곡선을 따라가면서 만나는 두 개의 곡면
③ 공통 경계로 면
④ 모서리
⑤ 꼭짓점을 공유하는 두 개의 독립된 닫힌 부피 영역
⑥ 곡면 위의 한점에서 뻗어 나온 와이어 모서리
⑦ 셸구조를 이루는 면 등

4 3D 형상 모델링 특성

(1) 곡선과 곡면(curve and surface)

일반적으로 평범한 구조물들은 직선과 원호로 구성된다. 그러나 특수한 산업 분야, 즉 항공기 날개나 동체, 자동차 차체, 배의 동체 등에는 매우 복잡한 형상이 요구된다. CAD/CAM 시스템에서도 이를 표현하기 위하여 여러 가지의 곡선과 곡면이 사용된다.

1) 원추 곡선(Conic section curve)

음함수의 형태의 곡선이며, 원추를 어느 방향에서 절단하느냐에 따라 생성되는 곡선이다.

① 원(circle)

원추를 일정한 높이 Z 에서 절단하여 생기는 곡선이다.
$$x^2 + r^2 - r^2 = 0$$

② 타원(ellipse)

원추를 비스듬하게 절단하여 생기는 곡선이다.
$$x^2/a^2 + r^2/b^2 = 0$$

③ 포물선(parabola)

원추를 원추의 경사와 평행하게 절단 시 생기는 곡선이다.
$$r^2 - 4ax = 0$$

④ 쌍곡선(hyperbola)

원추를 z 축 방향으로 절단 시 생기는 곡선이다.
$$x^2/a^2 - y^2/b^2 - 1 = 0$$

> 널리 사용되는 원추단면곡선에는 원, 타원, 포물선 및 쌍곡선 등이 있다. 포물선을 음함수 형태로 표시한 식은?
> ① $x^2 + y^2 - r^2 = 0$
> ② $y^2 - 4ax = 0$
> ③ $\dfrac{x^2}{a^2} - \dfrac{y^2}{b^2} - 1 = 0$
> ④ $\dfrac{x^2}{a^2} + \dfrac{y^2}{b^2} - 1 = 0$
>
> 답 ②

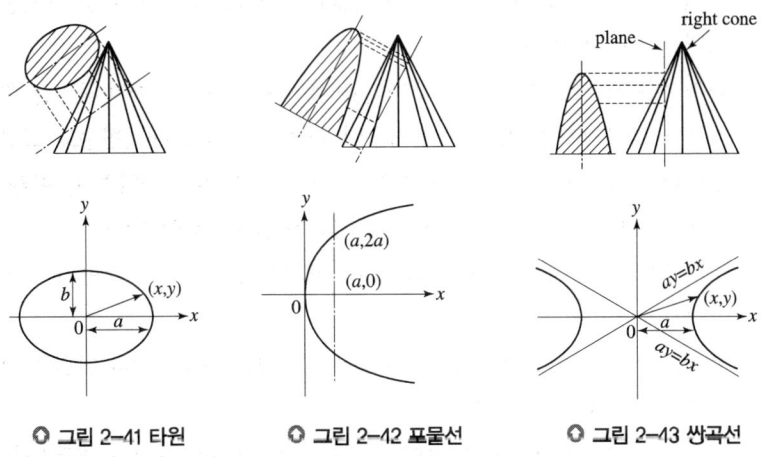

○ 그림 2-41 타원   ○ 그림 2-42 포물선   ○ 그림 2-43 쌍곡선

2) 퍼거슨(Ferguson) 곡선과 곡면(1960)

두 개 이상의 곡선을 이용하여 복잡한 곡선을 만들 때 양수 곡선이 3차식이던 연결 점에서 2차 미분까지 할 수 있어 연속적인 곡면을 보장할 수 있는 3차식 이상의 곡선 방정식이 쓰인다.

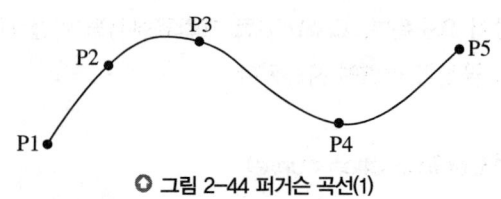

◎ 그림 2-44 퍼거슨 곡선(1)

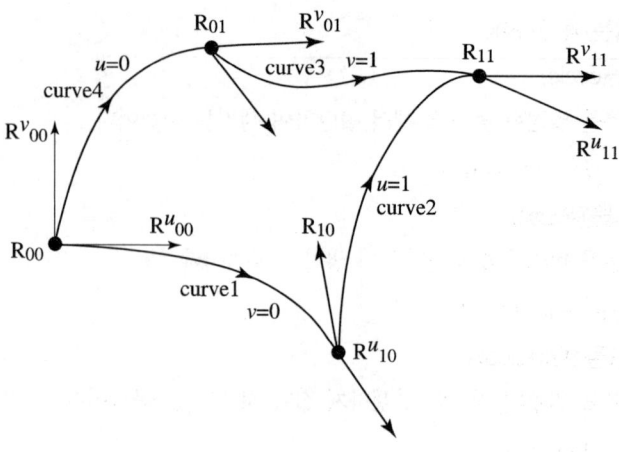

◎ 그림 2-45 퍼거슨 곡선(2)

이 방법은 단위 곡선의 양 끝점에서의 위치 벡터(position vector)와 접선 벡터(tangent vector)를 이용한 3차 매개변수식에 의한 것으로 5개의 점 P1, P2, P3, P4, P5가 주어졌다면 5개의 점을 모두 통과하는 부드러운 곡선이 만들어진다.

퍼거슨은 네 개 모서리의 위치 벡터와 접선 벡터를 이용하여 곡면을 형성하는 방법을 사용하였는데, 퍼거슨이 곡선과 곡면을 매개변수로 표현한 후부터는 매개변수에 의한 곡선과 곡면의 표현이 일반화되었다. 이를 허밋(Hermite) 곡선·곡면이라고 하며 그 특징은 다음과 같다.

① 평면상에 곡선뿐만 아니라 3차원 공간에 있는 형상도 간단히 표현할 수 있다.
② 곡선이나 곡면의 일부를 표현하려고 할 때는 매개변수의 범위를 가지므로 간단히 표현할 수 있다.
③ 곡선이나 곡면의 좌표변환이 필요할 경우 단순히 주어진 벡터만을 좌표변환하여 원하는 결과를 얻을 수 있다.
④ 일반 대수식에 비해 곡선 생성이 쉽긴 하지만, 벡터의 변화에 대해 벡터 중간부의 곡선 형태를 예측하여 원하는 특정 형상을 표현하는 데에 어려움이 있다.

퍼거슨(Ferguson) 곡면의 방정식에는 경계조건으로 16개의 벡터가 필요하다. 그중에서 곡면 내부의 볼록한 정도에 영향을 주는 것은 무엇인가?
① 꼭짓점 벡터
② U 방향 접선 벡터
③ V 방향 접선 벡터
④ 꼬임 벡터

해설
꼬임 벡터
퍼거슨(Ferguson) 곡면의 방정식에는 경계조건에서 곡면 내부의 볼록한 정도에 영향을 주는 것을 의미한다.

답 ④

⑤ 이런 특징으로 자동차 외관과 같이 곡률 변화율이 중요한 경우에는 곡면의 품질을 저하시킨다.

3) 쿤스(Coons) 곡면(1964)

1964년 M.I.T. 대학의 S. A 쿤스는 4개의 모서리 점과 4개의 경계 곡선을 부드럽게 연결한 곡면을 발표하였다. 이 방법은 퍼거슨의 방법을 발전시킨 것으로 만일 쿤스의 방법에는 4개의 모서리 점과 그 점에서 양방향의 접선 벡터를 주고 3차식을 사용하면 이것은 퍼거슨의 곡면과 동일한 것이다. 즉 퍼거슨 곡면은 쿤스 곡면의 특별한 경우가 되는 것이다. 쿤스 곡면은 퍼거슨 곡면과 마찬가지로 곡면의 표현이 간절하여 예전에는 널리 사용했으나, 곡면 내부의 볼록한 정도를 직접 조절하기가 어려우므로, 정밀한 곡면 표현에는 적합하지 않다.

> 네 개의 경계곡선을 선형 보간하여 얻어지는 곡면은?
> ① 쿤스 곡면
> ② 선형 곡면
> ③ Bézier 곡면
> ④ 그리드 곡면
>
> 답 ①

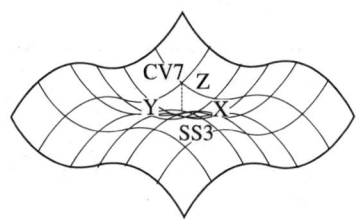

◎ 그림 2-46 쿤스 곡면

4) 스플라인(Spline) 곡선

스플라인 곡선은 이웃하는 단위 곡선/곡면과의 연결성에 문제가 잇는 퍼거슨 곡선/곡면이나 쿤스 곡면과 달리, 지정된 모든 점을 통과하면서도 부드럽게 연결된 곡선이다.

> 지정된 점(정점 또는 조정점)을 모두 통과하도록 고안된 곡선은?
> ① Bézier curve
> ② B-spline curve
> ③ Spline curve
> ④ NURBS curve
>
> 답 ③

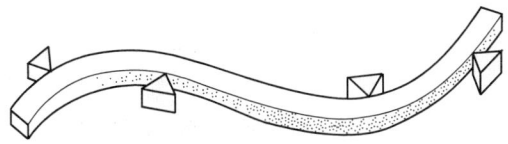

◎ 그림 2-47 스플라인 자의 곡선 형성

이 유래는 자동차나 항공기와 같은 자유 곡선이나 곡면을 설계할 때 부드러운 곡선을 그리기 위하여 사용되는 도구인 스플라인 자에서 얻어지는 곡선을 의미한다. 스플라인 자에 무리를 가하지 않고 휘었을 때, 받침 지점에서 탄젠트와 곡률벡터 연속을 이루고 탄성 에너지가 가장 적은 3차 아크로 이루어진 복잡한 곡선이 생성된다. 이 같은 개념으로 $(n+1)$개의 점을 지나며, 각 노드점에서 일정한 치수의 n개의 아크로 구성된 복합곡선을 스플라인 곡선이라 부른다.

5) 베지어(Bézier) 곡선과 곡면(1971)

이 베지어 곡선은 주어진 양 끝점만 통과하고 중간의 점은 조정점의 영향에 따라 근사하고 부드럽게 연결되는 곡선이다.

퍼거슨이나 쿤스의 방법과는 다르게 단순한 곡선인 경우에는 다각형 안에만 표현되고, 곡면인 경우에는 다면체 안에서만 표현된다. 이 다각형의 한 점이 곡선과 가까우면 상대적으로 곡선의 형상에 더 많은 영향력을 갖고 있다는 것이다.

> 다음 중 Bézier 곡면의 특징이 아닌 것은?
> ① 곡면을 부분적으로 수정할 수 있다.
> ② 곡면의 코너와 코너 조정점이 일치한다.
> ③ 곡면이 조정점들의 블록포(Convex Hull) 내부에 포함된다.
> ④ 곡면이 일반적인 조정점의 형상에 따른다.
>
> 답 ①

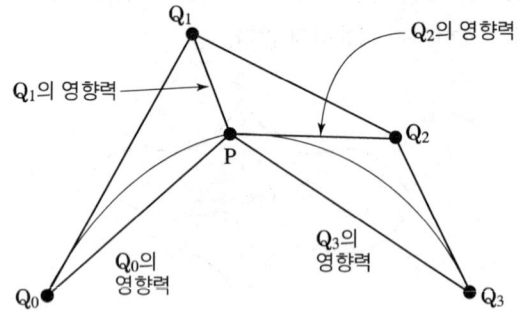

○ 그림 2-48 베지어 곡선(1)

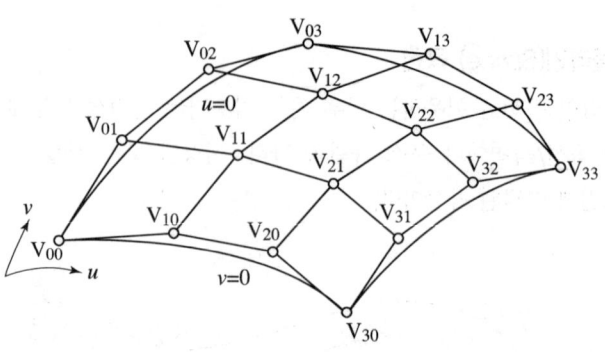

○ 그림 2-49 베지어 곡선(2)

이러한 특성이 다각형이 모양이 결정되면 곡선의 모양을 상상할 수 있어서 곡면이나 곡선의 형상을 쉽게 바꿀 수 있다. Q0, Q1, Q2, Q3를 베지어 조정점(Control Point)이라고 하고 그 특징은 다음과 같다.

① 곡선은 양단의 끝점을 반드시 통과한다.
② 곡선은 정점을 통과시킬 수 있는 다각형의 내측에 존재한다. (곡면은 다면체)

③ 다각형의 양끝의 선은 시작점과 끝점의 접선 벡터와 같은 방향이다.
④ 1개의 정점변화가 곡선 전체에 영향을 미친다.
⑤ n개의 정점에 의해서 생성된 곡선은 $(n-1)$차 곡선이다.
⑥ 다각형의 꼭짓점의 순서를 거꾸로 하여 곡선을 생성하여도 같은 곡선이어야 한다. (대칭성)
⑦ 번스타인(Bernstein) 다항식에 의하여 주어진 점들을 표현하는 형상에 가깝도록 자유로이 형상을 제어할 수 있는 곡선으로 국부 변형(Local Control)이 불가능하고 폐곡선은 조정 다각형의 두 끝점을 연결시켜 간단하게 생성할 수 있다.
⑧ 항상 조정점에 의해 생성된 다각형의 최외곽점에 의한 볼록포(convex hull)의 내부에 포함되며 조정점들을 둘러싸는 볼록포(Convex Hull) 안에 곡선의 전체가 놓인다.
⑨ 번스타인 다항식은 베지어 곡선을 정의하기 위한 블렌딩 함수로 사용되며 조정점 한 개의 위치를 변화시키면 곡선 세그먼트 전체의 형상이 변화한다.
⑩ 조정점(Control Point)의 개수와 곡선식의 차수가 직결되어 실제로 모든 조정점이 곡선의 형상에 영향을 주며 Bézier 곡선을 정의하는 다각형의 첫 번째 선분은 Bézier 곡선의 시작점에서의 접선 벡터와 같다.
⑪ 복잡한 형상의 곡 선생성을 위해 조정점의 수가 증가하게 되고, 곡선 형상의 진동 등의 문제를 일으킬 수 있으며, 두 개의 인접한 Bézier 곡선의 연결점에서 접선 연속성과 곡률 연속성을 동시에 만족시키는 것이 가능하다.
⑫ 모든 조정점이 곡선의 형상에 영향을 주므로 부분적 형상 변경을 위해 조정점을 옮기면 곡선 전체의 형상이 변경되는 문제가 발생한다.
⑬ 베지어 곡면는 4개의 조정점에 곡면 내부의 볼록한 정도를 나타내며 3차 곡면 패치의 4개의 꼬임 막대와 같은 역할을 한다.
⑭ 조정 다각형의 첫 번째 선분은 시작점에서의 접선 벡터와 같은 방향이며 곡선의 단에 있어서 접선 벡터는 단의 2점을 연결하는 변의 방향과 일치한다.
⑮ 조정점의 개수가 증가하면 곡선의 차수도 증가하고, 곡면을 부분적으로 수정할 수 없으며, 곡면의 코너와 코너 조정점이 일치하며, 곡선의 끝점과 조정점에 의한 다각형의 끝점이 일치힌다.

B-Spline 곡선이 Bézier 곡선에 비해서 갖는 장점을 설명한 것으로 옳은 것은?
① 곡선을 국소적으로 변형할 수 있다.
② 한 조정점을 이동하면 모든 곡선의 형상에 영향을 준다.
③ 자유 곡선을 표현할 수 있다.
④ 복잡한 곡선을 표현하려면 많은 조정점을 사용한다.

답 ①

6) B-spline 곡선과 곡면(1972)

베지어와 마찬가지로 다각형의 형상이 정해지면 생성된 곡선의 형상을 쉽게 예측할 수 있다. B-spline 곡선의 다각형의 점을 특정한 위치에 놓으면 B-spline 곡선은 베지어 곡선과 동일하게 된다. 그래서 B-spline 곡선은 무엇보다도 곡선의 연결성(continuity)과 조작성에 그 특징이 있고 꼭짓점의 위치를 이동하여 곡선의 형태를 수정하여도 연결성이 보장되는 것이 특징이다. 또한, 베지어 복합곡선을 수정하려면 이웃하는 조정점을 함께 생각하는 불편과 복잡한 형상의 표현에서는 계산량이 많아지나 B-spline은 그럴 필요가 없다.

B-spline 곡선의 종류는 곡선의 형태를 부분적으로 영향을 주는 매듭값(knot)이 주기적(periodic) 또는 균일(uniform)한 B-spline 곡선과 매듭값이 일정하지 않은 비주기적(non-periodic) 또는 비균일(non-unifrom)한 B-spline 곡선이 있다.

복잡한 곡선을 표현하는 데에는 매듭값이 일정할 수 없기 때문에 CAD/CAM에서는 비주기적 B-spline 곡선은 많이 사용하고, 비주기적 B-spline 곡선은 베지어 곡선처럼 양 끝점을 통과하나 주기적 B-spline곡선은 양 끝점을 통과하지 않는다.

B-spline 곡선의 성질로는 연속성, 다각형에 따른 형상 직관 제공, 지역 유일성, 역변환의 용이성 등이 있다. B-spline의 특징은 다음과 같다.
① B-spline의 곡선식을 포함하는 일반적인 형태이다.
② 꼭짓점을 움직여도 연속성이 보장되며 곡선을 국소적으로 변형할 수 있다.
③ 조정 다각형에 의하여 곡선을 표현하며 스플라인이 갖는 접속성과 곡면이 갖는 제어성이 가장 우수한 곡면이다.
④ 곡선 함수의 차수가 1개의 정점(control point)이 영향을 줄 수 있는 곡선 세그먼트의 개수를 결정한다.
⑤ 조정점의 개수가 많더라도 원하는 차수를 지정할 수 있다.
⑥ 곡선의 차수는 조정점의 개수와 무관하다.
⑦ 첫 번째 조정점과 마지막 조정점은 반드시 통과한다.
⑧ 기초 스플라인을 이용한 곡선 및 곡면을 그리고, 곡선 전체의 연속성이 좋다.
⑨ 균일 B-Spline 곡선(uniform B-Spline curve)은 매듭값의 간격이 항상 1의 등 간격을 이루는 것이다.
⑩ 한 개의 조정점이 움직이면 몇 개의 곡선 세그먼트만 영향을 받고 나머지는 변하지 않는다.

가) 연속성

베지어 곡선은 하나의 꼭짓점을 옮기면 이웃하는 단위 곡선과의 연속성 때문에 움직일 수 있는 자유도가 매우 제한되나, B-spline은 꼭짓점을 아무리 움직여도 연속성이 보장된다.

이는 B-spline 곡선에서는 어느 부분의 수정도 하나의 단위 곡선을 수정하는 것과 같이 할 수 있다는 것이다.

나) 다각형에 따른 형상 직관 제공

베지어 곡선에서와 마찬가지로 B-spline 곡선도 일단 다각형이 정해지면 형성될 곡선을 상상할 수 있다.

다) 지역 유일성(국소적 변형)

3차 B-spline 곡선은 4개의 이웃하는 꼭짓점에 의하여 결정된다. 만일 꼭짓점 중에 하나를 이용하여 곡선을 수정한다면 그 꼭짓점의 수정에 의하여 전후 꼭짓점 구간의 곡선 형상만 변경된다는 것이다.

라) 역변환의 용이성

만일 곡선상의 점 몇 개를 알고 있다면, 그에 따른 B-spline 곡선의 꼭짓점을 쉽게 알 수 있다. 이것을 역변환(inverse transformation)이라 한다.

7) NURBS(Non-Uniform Rational B-Spline) 곡선과 곡면

NURBS는 Non-Unifrom Rational B-Spline의 약자이며 이는 비주기적인 B-spline 함수를 블랜딩 함수로 이용한다는 점에서 비주기적 B-spline과 유사하다. 비주기적 B-spline 조정점 x, y, z에 호모지니어스 좌표(homogeneous coordinates) h를 추가해 조정하는 곡선으로 그 특징은 다음과 같다.

① NURBS의 곡선으로 B-spline, Bézier, 원추 곡선도 표현할 수 있다.
② 4개의 좌표의 조종점 사용으로 곡선의 변형이 자유롭다.
③ NURBS 곡선은 곡선의 양끝점을 반드시 통과해야 한다.
④ 원, 타원, 포물선, 쌍곡선 등 원추 곡선을 정확하게 나타낼 수 있다.
⑤ 3차 NURBS 곡선은 특정 노트 구간에서 4개의 조정점 외에 가중값(weights value)과 노트(knot) 벡터의 정보가 이용된다.
⑥ B-Spline은 각각의 조정점에서 3개의 자유도를 갖고 NURBS에서는 4개의 자유도를 갖는다.

NURBS(Non Uniform Rational B-Spline)곡선을 일반적으로 B-Spline과 비교한 장점을 설명한 것 중 틀린 것은?

① B-Spline은 각각의 조정점에서 3개의 자유도를 갖고 NURBS에서는 4개의 자유도를 갖는다.
② 곡선의 자유도는 변형이 가능하다.
③ 포물선 원추곡선 등을 더 정확하게 표현할 수 있다.
④ 자유곡선, 원추곡선 등의 프로그램 개발 시 작업량이 늘어난다.

답 ④

⑦ B-spline에 비하여 NURBS 곡선이 보다 자유로운 변형이 가능하다.
⑧ NURBS 곡선은 자유 곡선뿐 아니라 원추 곡선까지 한 방정식의 형태로 표현이 가능하다.

2 3D 형상 모델링 작업

1 3D 형상 모델링 방법

(1) 3D 모델링 방법

1) 돌출(밀어내기)

하나의 2차원 단면 형상을 돌출시켜 3차원 솔리드 모델을 생성하는 기법이다. 각 프로그램별로 용어를 달리 사용하고 있으나 형상을 만드는 것을 기본으로 한다.

2) 회전

부품의 형상이 중심축에 대해 회전 대칭인 경우 사용되는 기법이다. 이것은 하나의 기준선을 가지고 그에 상응하는 단면을 회전시켜 3차원 솔리드를 만드는 방법이다.
하나의 곡선을 임의의 축이나 요소를 중심으로 회전시켜 모델링한 곡면으로 컵, 유리병 등을 그리는 것이다.

3) 스위프(Sweep)

2차원 단면을 기준 궤적을 따라 이동시켰을 때 생성되는 궤적으로 3차원 솔리드를 생성하는 기법으로 두 개 이상의 곡선에서 안내 곡선을 따라 이동 곡선이 이동규칙에 따라 이동하면서 생성되는 곡면이다.

4) 쉘

두께를 주고 내부를 비우는 기법이다.

5) 구배

두께를 주고 내부를 비우는 기법이다.

6) 리브(rib)

부품을 강화하기 위한 보강대를 만드는 기법이다.

Cup(컵)이나 유리병과 같이 형상을 가진 대상을 작성하기 위해 사용하는 명령어 중 가장 적절한 것은?
① 단순 평면
② 복합 곡면
③ 회전 곡면
④ Bézier 곡면

답 ③

용도에 따라 곡면을 분류하면 크게 심미적, 유체역학적, 공학적으로 분류할 수 있는데 심미적 곡면 중 2차원 단면이 기준 곡선(base curve)을 따라 이동하여 형성하는 형태의 곡면을 무엇이라고 하는가?
① sweep형 곡면
② 2차 곡면
③ proportional형 곡면
④ round/fillet형 곡면

답 ①

7) 라운드(Round)

부품의 각이 있는 곳을 둥글게 만드는 기법이다.

8) 모따기(chamfer)

부품의 모서리 혹은 구석을 비스듬하게 만드는 기법이다.

9) 패턴

같은 형상의 모양을 반복적으로 만들어 내기 위한 기법이다.

10) 대칭 복사

대칭적인 모양에 대한 복사 기법이다.

11) 구멍 가공

표준적인 모양이나 일반적인 모양의 구멍 가공이 필요한 곳에 구멍을 만드는 기법이다.

12) 헬리컬 스위프

스프링과 같이 회전하면서 2차원 단면이 회전하면서 스프링과 같은 형상을 만드는 기법이다.

13) 블렌드(Blend)

여러 개의 단면 데이터를 가지고 하나의 3차원 형상을 만드는 기법이다.

14) 스위프 블렌드(Sweepblend)

이 기능은 스위프와 블렌드 여러 개의 단면 데이터를 가지고 하나의 3차원 형상을 만드는 기법이다.

15) 로프트(Loft) 곡면

여러 개의 단면 곡선이 연결규칙에 따라 연결된 곡면이다.

16) Blending 곡면

두 곡면이 만나는 부분을 모서리 부분을 반경으로 무드럽게 만들 때 생성하는 곡면이다.

스위프(sweep)형 곡면형태 정의방식에 알맞은 곡면모델링 방법은?
① 단면곡선과 plofile에 의한 정의
② point data에 의한 정의
③ 상부곡면과 외곽곡면에 의한 정의
④ 방정식에 의한 정의

답 ①

떨어져서 구성된 두 곡면의 접선, 법선벡터를 일치시켜 곡면을 구성시키는 방법은?
① Smoothing
② Blending
③ Filleting
④ Stretching

답 ②

점 데이터로 곡면을 형성할 때 측정오차 등으로 인한 굴곡이 있는 경우 이를 명확하게 하는 것은?
① 블렌딩(blending)
② 필렛팅(filleting)
③ 페어링(fairing)
④ 피팅(fitting)

답 ③

곡면의 입력 데이터 자체가 오차를 갖고 있는 경우에 만들어진 곡면은 심한 굴곡을 갖게 되는데 이때 곡면의 곡률을 조정하여 원활한 곡면을 얻도록 하는 기능은?
① Blending
② Smoothing
③ Filleting
④ Meshing

답 ②

17) Grid 곡면
삼차원 측정기 등에서 얻은 점을 근사적으로 연결하는 곡면이다.

18) 메시(mesh)
그물처럼 널려 있는 곡선을 가까이 지나는 곡면이다.

19) 필릿(Fillet)
두 곡면이 만나는 날카로운 부위를 공이 굴러가는 곡면으로 대치하여 부드럽게 만드는 곡면이다.

20) 리메싱(remeshing)
종방향의 배열이 맞지 않는 데이터를 오와 열의 배열이 가지런한 형태의 곡면 입력점을 새로이 구해내는 절차이다.

21) 스무딩(smoothing)
표현된 심한 굴곡 면을 평활한 곡면으로 재계산하는 것이다.

22) 필리팅(filleting)
연결부위를 일정한 반지름을 갖도록 하는 것이다.

23) 피팅(fitting)
점 데이터로 곡면을 형성할 때 측정오차 등으로 인한 굴곡을 명확하게 하는 것이다.

24) 로프트(loft)
여러 개의 단면 곡선을 연결규칙에 따라 연결한 것이다.

25) 패치(patch)
기본적으로 곡면이 많은 사각형 또는 삼각형으로 분할하여 분할된 단위 곡면요소들을 이어서 곡면을 표현할 때 이 사각형 또는 삼각형의 곡면요소를 말한다.

26) 스키닝(skinning)
미리 정해진 연속된 단면을 덮는 표면 곡면을 생성시켜 닫혀진 부피 영역 혹은 솔리드 모델을 만드는 방법이다.

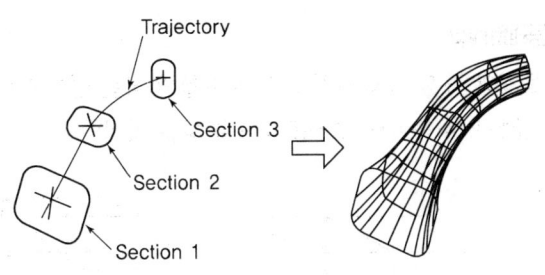

◉ 그림 2-50 스키닝에 의한 물체 생성의 예

27) 트위킹(tweeking)

곡면 모델링 시스템에 의해 만들어진 곡면을 불러들여 기존 모델의 평면을 바꾸기도 하는데 이러한 모델링 기능을 트위킹이라 한다.

① 아래 그림처럼 관련된 부분을 변형시키면서 꼭짓점을 새로운 위치로 옮길 수 있다.

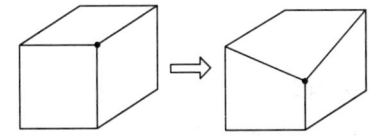

◉ 그림 2-51 꼭짓점 이동에 의한 물체의 수정

② 아래 그림처럼 직선 모서리를 곡선 모서리로 바꾸고, 그 모서리에서 만나는 면들을 새로운 곡면으로 바꿀 수 있다.

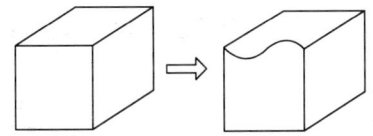

◉ 그림 2-52 모서리 교체에 의한 물체의 수정

③ 아래 그림처럼 평면을 새로운 곡면으로 바꿔서 해당 면과 그 경계 모서리를 변형시킬 수 있다.

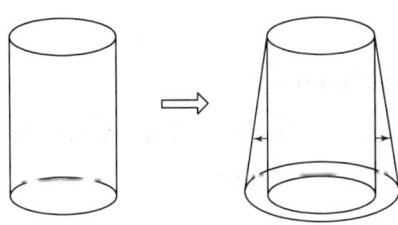

◉ 그림 2-53 면 교체에 의한 물체의 수정

28) 리프팅(lifting)

주어진 물체의 특정 면의 전부 또는 일부를 원하는 방향으로 움직여서 물체가 그 방향으로 늘어난 효과를 갖도록 하는 것이다.

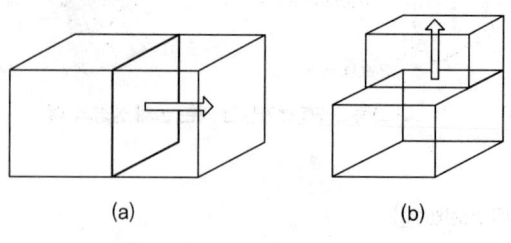

○ 그림 2-54 리프팅 작업의 예

> 주어진 점들이 곡면상에 놓이도록 점 데이터로 곡면을 형성하는 것은?
> ① 보간(interpolation)
> ② 근사(approximation)
> ③ 스무딩(smoothing)
> ④ 리메싱(remeshing)
>
> 답 ①

29) 보간(interpolation)

순서가 정해진 여러 개의 점을 입력하면 이를 모두를 지나는 곡선을 생성하는 것이다.

30) 근사(approximation)

점들이 곡면으로부터 조금 떨어져 있는 것을 허용하는 것이다.

31) 스위핑(sweeping)

하나의 2차원 단면 형상을 입력하고 폐쇄된 평면 영역이 단면이 되어 직진 이동 혹은 회전 이동시켜 솔리드 모델링을 만드는 기법으로 단면이 직진 이동되면 직진 스위핑, 회전하면 스윙잉 또는 회전 스위핑이라 한다.

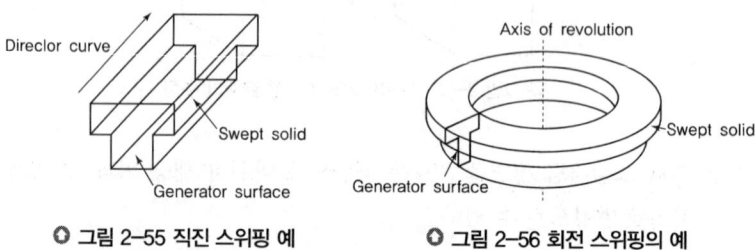

○ 그림 2-55 직진 스위핑 예   ○ 그림 2-56 회전 스위핑의 예

32) 롤드 곡면(ruled surface)

가장 간단한 곡면을 2개의 선이나 곡선 지정하는 패치로 마주보는 2개의 단면 형상일 때 곡면을 표현한다.

33) 경계 곡면(surface of boundary)
3개의 곡선을 지정한다.

34) 테이퍼 곡면(tapered surface)
어떤 선, 곡선, 원의 요소에 진행 방향과 길이, 각도를 지정한다.

35) 변형 스위프 곡면
원, 다각형을 지정하여 이동한다.

36) Coons 곡면
네 개의 경계 곡선을 선형 보간하여 곡면을 표현한다.
① Hermite 곡선 : 양 끝점의 위치와 양 끝점에서의 도함수를 이용해 구한 3차원 곡선식이다.
② Conic 곡선 : 직원뿔을 그 꼭짓점을 지나지 않는 평면으로 잘랐을 때 생기는 단면 평면곡선의 총칭으로 원추 곡선이라고도 한다.
③ Hyperbolic 곡선 : 원뿔곡선의 하나로 $x_2/a_2 - y_2/b_2 = 1$(단, $a>0$)인 것이다.
④ Polynomial 곡선 : 다항식으로 표시할 수 있는 곡선으로 직선, 이차 곡선 등이 있다.
⑤ Bézier 곡선 : 주어진 양 끝점만 통과하고 중간의 점은 조정점의 영향에 따라 근사하고 부드럽게 연결되는 선이다.
⑥ 퍼거슨(Ferguson) 곡선 : 평면상에 곡선뿐만 아니라 3차원 공간에 있는 형상도 간단히 표현할 수 있다.
⑦ 스플라인(Spline) 곡선 : 지정된 모든 점을 통과하면서도 부드럽게 연결된 곡선이다.

(2) 3D 형상 모델링 수정작업

1) 구멍
파라메트릭 드릴, 카운터 보어, 접촉 공간 또는 카운터 싱크 구멍 피처를 작성한다. 부품 피처의 경우 단일 구멍 피처는 동일한 구성(지름과 종료 방법)을 가진 여러 개의 구멍을 나타낼 수 있다. 다른 구멍은 동일하고 공유된 구멍 패턴 스케치로부터 작성될 수 있다.

어떤 선, 곡선, 원 등의 요소에 진행 방향을 지정한 후 길이와 각도로서 곡면을 만들거나 또는 진행방향에 그대로 제한평면(limit plane)이나 제한곡면(limit surface)을 지정하여 작성하는 곡면은?
① 테이퍼 곡면
② 회전 곡면
③ 룰드 곡면
④ 경계 곡면

답 ①

각 꼭짓점의 위치에서 벡터의 크기만으로 곡선제어를 쉽게 할 수 있는 대화적인 곡면 설계에 적합한 것은 어느 것인가?
① Bézier 곡면
② Coons 곡면
③ 퍼구 곡면
④ Elastic 곡면

답 ①

2) 셸

부품 내부에서 재질을 제거하여 지정된 두께의 벽으로 속이 빈 구멍을 작성한다. 선택된 면을 제거하여 셸 개구부를 구성할 수 있다.

3) 모따기

하나 이상의 부품 모서리에 모따기를 추가한다. 모서리 모양을 지정하고 모서리를 개별적으로 또는 체인의 부품으로 선택한다. 단일 작업에서 작성된 모든 모따기는 하나의 피처이다. 조립품 환경에서 작성된 모따기에 대해 여러 개의 부품에서 형상을 선택할 수 있다.

4) 모깎기

2개의 면 세트 사이 또는 3개의 인접 면 세트 사이에서 하나 이상의 부품 모서리에 모깎기 또는 라운드를 추가한다. 모서리 모깎기의 경우 접선(G1) 또는 부드러운(G2) 연속성을 인접 면에 적용할 수 있다.

5) 제도(면 기울기)

피처의 지정된 면에 기울기를 적용한다. 기울기 각도는 고정된 모서리 또는 접하는 모서리, 기존 피처의 고정 면이나 작업 평면으로부터 계산된다.

6) 분할(면, 부품)

부품 면을 분할하고, 전체 부품을 자르고, 결과로 발생하는 면 중 하나를 제거하거나 솔리드를 두 개의 본체로 분할한다. 면 분할은 분할된 양쪽 면에 기울기가 적용될 수 있도록 허용하며, 면을 분할할 3D 곡선을 선택할 수도 있다.

7) 스레드

구멍, 샤프트, 스터드 또는 볼트에 스레드를 작성한다. 스레드 위치, 스레드 길이, 간격 띄우기, 방향, 형태, 호칭 크기, 클래스 및 피치를 지정한다. 스레드 데이터는 스프레드시트에 생성되며 스레드 유형 및 크기를 추가하여 사용자를 지정할 수 있다.

8) 결합

솔리드 본체의 체적을 결합하여 하나 이상의 솔리드 본체를 결합한다. 결합 작업으로 도구 본체의 체적이 기준 솔리드에 추가된다. 잘라내기 작업

으로 도구 본체의 체적이 기준 솔리드에서 제거되며, 교차 작업으로 선택된 본체의 공유 체적에서 기준 솔리드가 수정된다.

9) 객체 복사

① 조립품에서 한 부품으로부터 다른 부품에 곡면 형상의 연관 또는 비연관 사본을 작성한다.
예를 들면, 조립품에서 원본 부품의 결합 곡면을 같은 조립품의 대상 부품에 복사하여 대상 부품에서 참조로 사용할 수 있다.

② 부품 파일 내의 형상을 구성 환경 내에서 복합, 기준 곡면 또는 그룹으로 복사하거나 이동합니다. 예를 들어, 구성 환경과 부품 모델링 환경 간에 사본을 작성하거나 형상을 이동할 수 있다.

10) 본체 이동

다중 본체 부품 파일에서 원하는 방향으로 솔리드 본체를 이동한다. 이 본체는 가져온 파생 구성 요소이거나 일반적인 모델링 명령을 사용하여 작성된 부품 본체일 수 있다.

11) 굽힘

굽힘을 사용하여 부품의 일부를 굽힌다. 절곡부 선을 사용하여 절곡부의 접선 위치를 정의한 후 굽힐 부품 면, 굽힐 방향, 각도, 반지름 또는 호 길이를 지정할 수 있다.

(3) 상세 특징 형상(Detail Feature)

1) 두께 주기(Thicken)

지정된 두께 값을 사용하여 솔리드 바디의 내부를 비우거나 그 주위에 셸을 생성할 수 있다. 각 면에 대해 개별 두께를 할당하고 중공 과정에서 천공할 면의 영역을 선택할 수 있다.

2) 구배(Draft)

지정된 벡터 및 선택적인 참조 점을 기준으로 면 또는 모서리에 테이퍼를 적용할 수 있다. 한 개 이상의 면, 모서리 또는 개별 특징 형상을 수정하도록 선택할 수 있다. 그러나 이러한 항목은 모두 동일한 솔리드 바디의 일부여야 한다.

3) 모서리 블렌드(Edge Blend)

모서리에서 만나는 면에 볼이 계속 접촉하도록 유지하면서 Blend할 모서리(Blend 반경)를 따라 볼을 굴려 수행된다. Blend 볼은 둥근 모서리 Blend(재료 제거)를 생성하는지 또는 필렛 모서리 Blend(재료 추가)를 생성하는지에 따라 면의 안쪽 또는 바깥쪽에서 굴러간다.

4) 면 블렌드(Face Blend)

선택한 면 세트 사이에 접하는 블렌드 면을 추가한다. 브렌드 형상은 원형, 원뿔, 제어 법칙 중 하나이다.

5) 스타일 블렌드

곡면을 블렌딩한 후 블렌딩한 곡선의 접하는 곡선에 기울기 및 곡률 구속조건을 추가한다.

6) 외양 면 블렌드

블렌드의 접하는 블렌드에서 기울기 또는 곡률 구속조건을 적용하는 동안 곡면을 블렌드한다. 블렌드 단면 형상은 원형, 원뿔 또는 리드인 유형일 수 있다.

7) 브리지

두 면을 결합하는 시트 바디를 생성한다.

8) 블렌드 코너

블렌드 코너 또는 상호 블렌드에서 기존 면의 일부를 교체할 패치를 생성한다.

9) 스타일 코너

세 곡면을 교차하는 지점에 정확하고 보기 좋은 클래스 품질의 코너를 생성한다.

10) 모따기(Chamfer)

원하는 Chamfer 치수를 정의하여 솔리드 바디의 모서리에 빗각을 낼 수 있다. 선택 방법은 Edge Blend와 동일하다.

11) 셸(Shell)

지정된 두께 값을 사용하여 솔리드 바디의 내부를 비우거나 그 주위에 셸을 생성할 수 있다. 각 면에 대해 개별 두께를 할당하고 중공 과정에서 천공할 면의 영역을 선택할 수 있다.

❷ 3D 프로그램 활용

(1) 스케치 작업

① 3D CAD에서 가장 기본이 되는 것이 바로 스케치 작업이다.
② 제대로 된 스케치를 만드는 것이 3D CAD의 기본이 된다.
③ 스케치 작업은 2차원에서 작업이 이루어지므로 평면을 기반으로 한다.
④ 평면의 선택으로 스케치가 시작되며 평면이 존재하지 않을 경우 평면 생성의 과정이 필요하다.
⑤ 평면생성의 과정은 대부분의 3차원 CAD 소프트웨어에 존재하며 이를 활용해야 한다.
⑥ 만들어진 스케치를 활용하여 파트 모델링 작업을 수행하게 된다.
⑦ 조립, 제작, 가공, 결함 등의 원인에 따라 설계변경을 하여야 할 경우에는 작업된 스케치 형상과 데이터를 이용하면 쉽게 형상 수정이 가능하다.
⑧ 예를 들어 볼트와 너트의 조립품을 만들고자 하는 경우 스케치 작업을 이용하여 파트(부품)를 형상화하고 이를 활용하여 어셈블리와 도면화 과정을 거치게 된다.

(2) 스케치 평면 선택

① 스케치는 2D 작업이 이루어질 평면(예 xy, yz, zx 평면)을 선택하고 시작한다.
② 모델링 과정에서는 점, 선, 면 등으로 새롭게 만들어진 평면을 활용하여 스케치 할 수 있다.

(3) 스케치 기초

3차원 모델링 프로그램에서의 스케치화면은 다음과 같은 순서로 작업이 이루어지며 그 내용들은 다음과 같다.
① 스케치 아이콘 – 스케치 윈도로 들어가는 시작점
② 스케치 아이콘을 활용하여 사각형, 원, 삼각형 등을 스케치

③ 직사각형, 원, 호, 스플라인, 치수 입력 등 아래의 옵션에 따라 수행
④ 삭제 - 필요한 내용을 제외하고 불필요한 부분은 삭제

(4) 스케치의 일반적 기본기능

① **선** : 선체인, 라인 탄젠트
② **직사각형** : 코너 직사각형, 경사진 직사각형, 중심 직사각형, 평행사변형
③ **호** : 3점/탄젠트 끝, 중심/끝, 3접선 탄젠트, 동심원, 원추형
④ **타원** : 축 끝 타원, 중심과 축타원
⑤ **스플라인** : 임의의 점을 선택하여 만듦
⑥ **필렛** : 원형, 원형 트림, 타원, 타원형 트림
⑦ **모따기** : 모따기, 모따기 트림
⑧ **텍스트** : 텍스트 모델링에 활용
⑨ **오프셋** : 간격을 띄워 활용

(5) 기하학적 도형 정의

① 하나의 도면은 보통 점, 선, 원, 원호, 숫자 및 문자로 구성된다.
② 도형 요소는 프리미티브(primitive), 오브젝트(object), 엘리멘트(element), 엔티티(entity) 등으로 불린다. 기본도형 요소의 정의는 다음과 같다.

1) 점 정의

① 임의의 점 : 좌표를 입력하거나 마우스로 위치를 선택한다.
② 양 끝점 : 개체의 양 끝점은 점으로 정의한다.
③ 교점 : 교점이 선분에 있지 않는 경우는 그 연장선에 점을 생성한다.

2) 선(직선) 정의

① **수평선** : UCS-X축과 평행한 수평선을 정의한다.
② **수직선** : UCS-Y축과 평행한 수직선을 정의한다.
③ **평행선** : 지정된 선에 대한 평행선을 정의한다.
④ **접선** : 임의의 개체에 접하는 선을 정의한다.
  ㉠ **점과 점 선택** : 두 점을 잇는 직선이 정의
  ㉡ **점과 점 선택** : 한 점을 지나고 원에 접하는 직선이 정의
  ㉢ **점과 점 선택** : 두 원에 접하는 직선이 정의

3) 원 정의
① 중심선과 원 : 원의 중심점과 지름, 반지름 지나는 점에 의하여 원을 정의한다.
② 3개의 점과 원 : 3개의 점을 지나는 원은 하나밖에 존재하지 않으므로 이를 이용한 기능이다.
③ 접하는 원 : 접하는 두 도형과 반지름에 의하여 원을 정의한다.
④ 중심선과 원 : 중심선과 접하는 도형에 의하여 원을 정의한다.

4) 원호 정의
① 반지름 원호 : 중심선과 반지름에 의해서 원호를 생성한다.
② 두 점과 원호 : 두 점과 반지름에 의하여 원호를 정의한다.
③ 3개의 점과 원호 : 3개의 점에 의하여 원호를 정의한다.
④ 두 점과 사잇각에 의하여 원호를 정의한다.

5) 2차원 편집
① 한쪽 자르기 및 연장 : 기존 요소에 대하여 다른 요소를 자르거나 연장한다.
② 양쪽 자르기 : 선택된 두 요소의 만나는 위치에서 자르거나 연장한다.
③ 한 점 분할 : 하나의 요소를 2개의 요소로 분할한다.
④ 두 점 분할 : 지정된 두 점을 기준으로 양쪽으로 분할한다.

(6) 구속조건
대부분의 3차원 모델링은 스케치 기능에 구속조건 도구를 갖추고 있다. 엔티티로 스케치한 뒤 사용자가 강제적으로 구속을 부여할 때 사용할 수 있다. 프로그램이 자동 구속을 부여하기도 하지만 고정된 구속조건으로는 부족하다. 따라서 사용자가 임의로 구속을 부여함으로써 해당 엔티티에 고정된 구속을 부여할 수 있다.

(7) 구속조건의 종류
구속조건은 스케치에서 실행한 선, 점, 원 등에 대한 구속을 주는 것으로 프로그램별로 조금씩 차이는 있으나 구속에는 9가지의 종류가 있으며 각각의 구속에는 생성 이후에 해당 기호를 작업 창에서 확인하고 삭제할 수 있게 된다.

① **수직** : 선 또는 두 교점에 수직 구속 생성
② **수평** : 선 또는 두 교점에 수평 구속 생성
③ **직각** : 두 개체에 직교 구속 생성
④ **탄젠트** : 두 개체에 탄젠트 구속 생성
⑤ **중점** : 점을 선 또는 호의 중점에 배치 구속 생성
⑥ **일치** : 점 또는 개체 상에 점 일치 구속 생성
⑦ **대칭** : 두 점 또는 교점이 중심선에 대칭하는 구속 생성
⑧ **동일** : 동일 길이, 동일 반지름, 동일 치수, 동일 곡률 구속 생성
⑨ **평행** : 선에 평행 구속 생성

예상문제

01 다음 중 CAD의 필요성에 해당하지 않은 것은?
① 설계의 부분적 변경이 용이하다.
② 무기능자도 쉽게 설계할 수 있다.
③ 새로운 설계자도 쉽게 이해할 수 있다.
④ 신규 설계 작업도 순차적으로 처리할 수 있다.

해설
무기능자는 쉽게 설계할 수 없다.

02 다음 중 CAD system의 장점이 아닌 것은?
① 작업속도(Speed)
② 수정(Revisions)
③ 반복성(Repetition)
④ 비밀보호

해설
CAD 시스템의 장점 : 작업속도, 수정, 반복성

03 CAD 시스템의 도입 효과로 볼 수 없는 것은?
① 품질향상   ② 원가상승
③ 표준화   ④ 경쟁력 강화

해설
CAD 시스템을 도입하면 원가 감소 효과를 볼 수 있다.

04 다음은 CAD 시스템에서 수행되는 설계와 관련된 업무이다. 관련이 가장 적은 것은?
① 기하학적 도형표현
② 설계의 필요성 인식
③ 공학적인 해석
④ 설계검사와 평가

05 CAD 소프트웨어에서 명령어를 아이콘으로 만들어 아이템별로 묶어 명령을 편리하게 이용할 수 있도록 한 것은?
① 툴바   ② 스크롤바
③ 스크린 메뉴   ④ 풀다운 메뉴바

해설
① 툴바 : CAD 소프트웨어에서 명령어를 아이콘으로 만들어 아이템별로 묶어 명령을 편리하게 이용할 수 있도록 한 도구이다.
② 스크롤바 : 윈도 방식의 프로그램에서, 하나의 윈도 안에서 모든 정보를 표시할 수 없을 때 현재 화면의 정보가 전체에서 어디쯤 위치하는지를 표시해 주는 도구이다.
③ 스크린 메뉴 : 필요한 항목을 선택하여 사용할 수 있는 화면 메뉴이다.
④ 풀다운 메뉴바 : 메뉴를 구성하는 방식의 하나. 한 줄의 메뉴바가 화면의 위쪽에 항상 나와 있으며, 마우스나 키보드를 사용해 메뉴바의 항목 중 하나를 선택하면 거기서 밑으로 메뉴 창이 열리면서 그 항목에 따르는 하위 메뉴가 다시 나타나게 되어 있다.

06 캐드에서 도면 작업영역에서 설계 작업에 집중하는 데 도움을 주기 위해서 마우스 포인터 주위에 명령 프롬프트 인터페이스를 제공하며 헤드업 디자인(head-up design)이라고도 하는 보조 도구는?
① 동적 입력(dynamic input)
② 구속조건 추정(infer constraints)
③ 스냅(snap)
④ OSNAP

[정답] 01 ② 02 ④ 03 ② 04 ② 05 ① 06 ①

> **해설**
> 동적 입력(dynamic input)
> 도면 작업영역에서 설계 작업에 집중하는 데 도움을 주기 위해서 마우스 포인터 주위에 명령 프롬프트 인터페이스를 제공한다. 이는 헤드업 디자인(head-up design)이라고도 한다.

07 오토캐드에서 가장 중요한 명령어로 오브젝트에서 정확한 점을 찾아 주는 기능은?

① 동적 입력(dynamic input)
② 구속조건 추정(infer constraints)
③ 스냅(snap)
④ OSNAP

08 직교, 평행, 수평, 수직, 접점, 동심, 대칭과 같은 판단을 이끌어 내어 표시하는 기능은?

① 동적 입력(dynamic input)
② 구속조건 추정(infer constraints)
③ 스냅(snap)
④ OSNAP

09 도면 요소를 확장, 이동, 복사, 회전, 확대, 축소, 대칭 복사 등을 하는 환경설정 기능은?

① 옵션 설정
② 상태 표시줄의 설정
③ 모드 설정
④ 도면 영역 설정

> **해설**
> ① 옵션 설정 : 파일의 열기, 저장 경로, 화면의 표시상태, 시스템 설정 등을 지정한다.
> ② 상태 표시줄의 설정 : 도면 작성에 필요한 부가 명령들을 설정한다.
> ③ 모드 설정 : 도면요소를 확장, 이동, 복사, 회전, 확대, 축소, 대칭 복사 등을 한다.

④ 도면 영역 설정 : 도면의 영역 설정을 하고 제도 범위를 제한한다.

10 '툴팁 표시' 항목은 캐드를 처음 사용할 경우 아이콘에 마우스를 올려놓을 때 풍선 도움말이 나오는 유용한 기능으로 사용자 편의에 맞추면 되는 화면 표시 항목 설정 요소는?

① 윈도 요소
② 표시 해상도
③ 표시 성능
④ 도구 모음의 표시

11 CAD에서 백업본 파일 저장 시 생성되며 확장자는?

① dwg
② bak
③ dwt
④ log

12 CAD에서 로그 파일 유지 보수 옵션을 선택하면 파일과 같은 이름으로 모든 명령어 진행 과정을 만들어 주는 텍스트 파일은?

① dwg
② bak
③ dwt
④ log

13 CAD에서 임시 저장되는 파일의 확장자는?

① ac$
② bak
③ dwt
④ log

14 캐드의 작업 방식을 사용자 환경에 최적화할 수 있는 옵션 설정 항목이 아닌 것은?

① windows 표준 동작
② 삽입 축척
③ 좌표 데이터 항목에 대한 우선순위
④ 제목 표시 줄에 전체 경로 표시

[정답] 07 ③ 08 ② 09 ③ 10 ① 11 ② 12 ④ 13 ① 14 ④

15 CAD에서 제도 항목을 설정이 아닌 것은?
① AutoSnap 설정
② AutoSnap 표식기 크기
③ 객체 스냅 옵션
④ 표시 해상도

16 3D 모델링 개념에 대한 설명으로 적합하지 않은 것은?
① 2D 설계의 결과가 도면에 있다면, 3D 설계에서는 제품의 형상과 질감을 '3D 모델'로 표현하여 누가 보아도 이해하기 쉽다.
② 제조공정에서의 문제는 없는지, 부품은 적절히 조립되는지, 사용하기는 쉬운지 등을 직관적으로 이해할 수 있다.
③ 도면화, CAM, CAE, 동작 시뮬레이션, 3D 프린터 등의 데이터로 쉽게 변환하여 활용할 수 있다.
④ 제품개발 프로세스에서도 기획에서부터 개발, 제품의 준비에 이르는 과정을 공유하여 효율을 향상시킬 수 있으나 개발시간이 많이 걸린다.

> 해설
> 제품개발 프로세스에서도 기획에서부터 개발, 제품의 준비에 이르는 과정을 공유하여 개발시간을 줄이고 효율을 향상시킬 수 있다.

17 3D 모델링의 과정으로 적합한 것은?
① 개념설계 → 스케치 → 특징 형상 → 3차원 솔리드 모델
② 스케치 → 개념설계 → 특징 형상 → 3차원 솔리드 모델
③ 특징형상 → 개념설계 → 스케치 → 3차원 솔리드 모델
④ 개념설계 → 특징형상 → 스케치 → 3차원 솔리드 모델

18 CAD 소프트웨어에서 형상 모델러가 하는 역할은?
① 컴퓨터 내에 저장되어 있는 형상 정보를 인쇄하는 기능
② 물체의 기하학적인 형상을 컴퓨터 내에서 표현하는 기능
③ 물체의 3차원 위상정보를 컴퓨터에 입력하는 기능
④ 컴퓨터 내에 저장되어 있는 형상을 다른 소프트웨어로 보내는 기능

> 해설
> CAD에서 형상 모델러가 하는 역할은 물체의 기하학적인 형상을 컴퓨터 내에서 표현하는 기능이다.

19 CAD(Computer-Aided Design) 소프트웨어의 가장 기본적인 역할은?
① 기하 형상의 정의
② 해석 결과의 가시화
③ 유한요소 모델링
④ 설계물의 최적화

> 해설
> CAD 소프트웨어의 가장 기본적인 역할은 기하 형상의 정의이다.

20 3D 모델링 프로그램의 종류가 아닌 것은?
① CREO
② Solid Edge
③ NX
④ 3ds Max

[정답] 15 ④ 16 ④ 17 ① 18 ② 19 ① 20 ④

> **해설**
> 오토데스크 3ds 맥스(Autodesk 3ds Max)는 오토데스크 미디어 및 엔터테인먼트에서 개발된 3차원 컴퓨터 그래픽스를 위한 디자인 소프트웨어이다. 오토데스크 3ds 맥스(Autodesk 3ds Max)는 오토데스크 미디어 및 엔터테인먼트에서 개발된 3차원 컴퓨터 그래픽스를 위한 디자인 소프트웨어이다. 3ds Max Design은 건축이나 제품 디자인, 렌더링 등에 초점이 맞추어져 있다.

21 3D 모델링 프로그램의 종류에서 하이엔드(high end) 제품으로 볼 수 없는 것은?

① Creo
② CATIA
③ NX
④ SolidWorks

> **해설**
> SolidWorks
> Dassault Systems의 middle end 제품으로 가격의 강점과 활용성으로 아시아 쪽에서 인기 있는 소프트웨어 중의 하나로 활용되고 있음.

22 3D 형상 모델링 프로그램의 화면구성으로 화면의 가장 큰 부분을 차지하는 부분으로 작업에 대한 결과를 볼 수 있는 곳은?

① 메인 화면(Main Window)
② 메뉴 창(Menu Window)
③ 트리 창(Tree Window)
④ 메시지 창(Message Window)

> **해설**
> ① 메인 화면(Main Window)
>   화면의 가장 큰 부분을 차지하는 부분으로 작업에 대한 결과를 볼 수 있는 곳이다.
> ② 메뉴 창(Menu Window)
>   Main Window에 작업수행을 위한 명령을 입력하는 곳이다.
> ③ 트리 창(Tree Window)
>   지금까지 작업한 내용을 한눈에 볼 수 있는 곳이다.
> ④ 메시지 창(Message Window)
>   작업을 수행할 때 필요한 파라미터 값이나 작업에 대한 오류가 생기게 되면 여기서 알아볼 수 있는 곳이다.

23 형상은 같으나 치수가 다른 도형 등을 작성할 때 가변되는 기본 도형을 작성하여 놓고 필요에 따라 치수를 입력하여 비례되는 도형을 작성하는 기능은?

① 비도형 정보처리 기능
② 파라메트릭 도형 기능
③ 도형 처리 언어
④ 메뉴 관리 기능

> **해설**
> CAD 소프트웨어의 옵션 기능
> ① 비도형 정보처리 기능 : 도형의 선의 종류, 도형의 계층, 도형에 부여하는 재질, 밀도, 주기 등의 정보를 입출력하여 계산이나 표를 만드는데 이용하는 기능
> ② 파라메트릭 도형 기능 : 형상은 같으나 치수가 다른 도형 등을 작성할 때 가변되는 기본 도형을 작성하여 놓고 필요에 따라 치수를 입력하여 비례되는 도형을 작성하는 기능
> ③ 도형 처리 언어 : 형상 및 치수가 변경되는 가변 도형 처리나 해석, 판정처리, 반복처리 등을 조합한 전용 명령어를 작성할 수 있는 CAD 전용 언어
> ④ 메뉴 관리 기능 : 매크로화 기능이나 도형 처리 전용 언어를 이용하여 작성한 전용 명령어를 메뉴에 배치할 때 이용할 수 있도록 하는 기능

24 원을 등각 투상법으로 투상하면 어떻게 나타내는가?

① 진원
② 타원
③ 마름모
④ 직사각형

25 물체를 향해 무한대의 평행한 시선(빛)을 보내면 물체의 윤곽이 화면에 직각으로 나타나는 것의 윤곽을 그리는 방법은?

① 사투상법
② 등각투상법
③ 정투상법
④ 투시도법

[정답] 21 ④ 22 ① 23 ② 24 ② 25 ③

26 아래 그림에 해당하는 각법은?

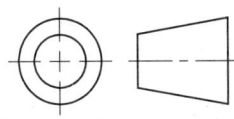

① 제1각법　② 제2각법
③ 제3각법　④ 제4각법

해설
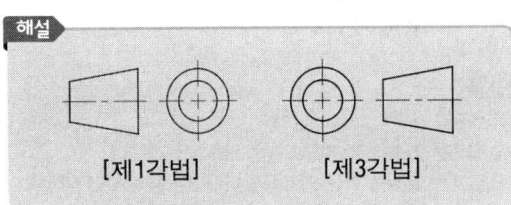
[제1각법]　　　[제3각법]

27 정투상 도법에서 투상선과 투상면과의 관계는?

① 수직　② 수평
③ 직각　④ 평행

해설
정투상 : 대상물의 주요 면을 투상 면에 평행한 상태로 놓고 투상하므로 투상선은 서로 나란하게 또 투상면에 수직으로 닿는다.

28 다음 투상도 중 3각법이나 1각법으로 투상하여도 그 투상도면의 배치 위치가 동일 위치인 것은?

① 평면도
② 배면도
③ 우측면도
④ 저면도

해설
배면도는 3각법이나 1각법에서 배치 위치는 같다. 배면도는 물체의 뒤쪽에서 바라본 모양을 도면에 나타낸 그림을 말하며 사용하는 경우가 극히 적다.

29 수평선과 30°의 각도를 이룬 두축과 90°를 이룬 수직축의 세 축이 투상면 위에서 120°의 등각이 되도록 물체를 놓고 투상한 것은?

① 부등각 투상　② 등각 투상
③ 사투상　　　④ 심정 투상

해설
등각 투상도란 정면, 평면, 측면을 하나의 투상면 위에 동시에 볼 수 있도록 표현된 투상도이다.

30 등각 투상도에서 둥근 구멍이 있는 물체를 그릴 때 윗면의 구멍은 수평인 타원으로 되며 축면의 구멍은 어떻게 나타나는가?

① 각각 15° 경사진 타원으로 나타난다.
② 각각 45° 경사진 타원으로 나타난다.
③ 각각 60° 경사진 타원으로 나타난다.
④ 각각 120° 경사진 타원으로 나타난다.

31 투상법에 대한 설명으로 틀린 것은?

① 투상법은 제3각법에 따르는 것을 원칙으로 한다. 다만, 필요한 경우에는 제1각법에 따를 수도 있다.
② 투상법의 기호를 표제란 또는 그 근처에 나타낸다.
③ 제도통칙에서 규정하는 주요 투상도는 주투상도, 보조 투상도, 회전 투상도, 부분 투상도, 국부 투상도, 부분 확대도 등이 있다.
④ 국내산업 중심은 가급적 ISO규격을 준용하는 것이 효과적이다.

해설
국내산업 중심은 KS규격을 준용하고 국제 거래와 관련된 산업이 경우에는 ISO를 준용하는 것이 효과적이다.

[정답] 26 ③　27 ①　28 ②　29 ②　30 ③　31 ④

32 투상법에 관한 KS B 기계제도 규정 설명 중 틀린 것은?

① ⊕ ⊏⊟은 제1각법의 표시 기호이다.
② 제3각법에 따르는 것이 원칙이다.
③ 필요한 경우에는 제1각법을 따를 수 있다.
④ 투상법의 기호를 표제란 또는 그 근처에 나타낸다.

> **해설**
> 투상법
> ① 제1각법
>   ㉠ 눈→물체→투상으로 선박 제도에 사용
>   ㉡ 평면도는 정면도 아래에 배치된다.
>   ㉢ 좌측면도는 정면도의 우측에, 우측면도는 좌측에 배치한다.
> ② 제3각법
>   ㉠ 눈→투상→물체로 기계제도에 사용
>   ㉡ 평면도는 정면도 위에 배치된다.
>   ㉢ 측면도는 정면도를 중심으로 좌·우측에 배치한다.

33 다음 투상도법의 설명 중 옳은 것은?

① 제1각법은 물체와 눈 사이에 투상면이 있는 것이다.
② 제3각법은 평면도 아래에 정면도를 둔다.
③ 제1각법은 한국 산업 규격에서 채택하고 있는 투상법이다.
④ 제1각법은 정면도 아래에 저면도를 둔다.

> **해설**
> ① 제1각법은 눈→물체→투상으로 선박 제도 등에 사용한다.
> ② 제1각법에서 평면도는 정면도 아래 배치한다.
> ③ 제1각법에서 좌측 면도는 정면도의 우측에, 우측 면도는 정면도의 좌측에 배치한다.
> ④ 제3각법은 평면도 아래에 정면도를 둔다.

34 정면도의 정의로 맞는 것은?

① 물체의 각 면 중 가장 그리기 쉬운 면을 그린 그림
② 물체의 뒷면을 그린 그림
③ 물체를 위에서 보고 그린 그림
④ 물체 형태의 특징을 가장 뚜렷하게 나타내는 그림

> **해설**
> 정면도의 선택은 다음과 같다.
> ① 물체는 가능한 한 자연스러운 각도로 나타낸다.
> ② 물체의 특징을 가장 명료하게 나타내는 투상도로 선택하고, 이를 중심으로 평면도와 측면도를 보충한다.
> ③ 관련 투상도의 배치는 되도록 은선을 그리지 않고도 그릴 수 있게 한다. (다만, 비교 대표가 불편할 경우는 제외한다.)
> ④ 도형은 물체의 가공량이 가장 많은 공정을 기준으로 하여 가공 시의 상태와 같은 방향으로 표시한다.

35 도형의 표시 방법 중 맞지 않는 것은?

① 가능한 한 자연, 안정, 사용의 상태로 표시한다.
② 물품의 주요면이 가능한 한 투상면에 수직 또는 평행하게 한다.
③ 물품의 형상이나 기능을 가장 명료하게 나타내는 면을 평면도로 선정한다.
④ 서로 관련되는 도면의 배열을 가능한 한 은선을 사용하지 않도록 한다.

> **해설**
> 물품의 형상이 가장 명료하게 나타내는 면을 정면도로 선정한다.

[정답] 32 ① 33 ② 34 ④ 35 ③

36 주투상도에는 대상물의 모양 및 기능을 가장 명확하게 표시하는 면을 그리며, 도면의 목적에 따라 대상물을 도시하는 상태가 아닌 것은?

① 조립도 등 주로 기능을 표시하는 도면에서는 대상물을 사용하는 상태
② 부품도 등 가공하기 위한 도면에서는 가공에 있어서 도면을 가장 많이 이용하는 공정에 대상물을 놓은 상태
③ 특별한 이유가 없는 경우, 대상물을 가로길이로 놓은 상태
④ 특별한 이유가 있는 경우, 형상 공차를 기준면으로 사용하는 상태

해설
주투상도에는 대상물의 모양 및 기능을 가장 명확하게 표시하는 면을 그리며, 대상물을 도시하는 상태는 도면의 목적에 따라「조립도 등 주로 기능을 표시하는 도면에서는 대상물을 사용하는 상태」,「부품도 등 가공하기 위한 도면에서는 가공에 있어서 도면을 가장 많이 이용하는 공정에 대상물을 놓은 상태」또는「특별한 이유가 없는 경우 , 대상물을 가로길이로 놓은 상태」중 하나에 따른다.

37 물체의 경사진 부분을 그대로 투상하면 이해가 곤란하여 경사면에 평행한 별도의 투상면을 설정하고 이 면에 투상하여 그린 투상도 명칭은?

① 회전 투상도   ② 보조 투상도
③ 전개 투상도   ④ 부분 투상도

해설
보조 투상도
경사면부가 있는 대상물에서 그 경사면의 실형을 표시할 필요가 있는 경우에 보조 투상도로 표시한다.

38 가상 투상도로 나타낼 수 없는 것은?

① 도시된 물체의 앞부분
② 도시된 물체의 밑부분
③ 가공 후의 모양
④ 회전 단면

해설
가상 투상도는 도시된 물체의 바로 앞쪽에 있는 부분이나, 가공 후의 모양 및 이동하는 부분의 운동 범위를 나타내며, 보이지 않는 밑부분은 숨은선으로 나타낸다.

39 부품도를 제도할 때 물체의 일부분만을 도시하여도 충분한 경우 그 필요한 부분만을 나타내는 투상도는?

① 국부 투상도   ② 부분 투상도
③ 보조 투상도   ④ 회전 투상도

해설
투상도의 종류
① 보조 투상도 : 경사면부가 있는 물체의 경사면의 실형을 표시할 필요가 있는 경우
② 국부 투상도 : 대상물의 구멍, 홈 등 한 국부의 모양을 도시하는 것
③ 부분 확대도 : 특정 부분의 도형이 작을 때 그 부분을 확대하여 도시
④ 부분 투상도 : 물체의 필요한 일부분만을 도시

40 보기와 같은 투상도의 명칭은?

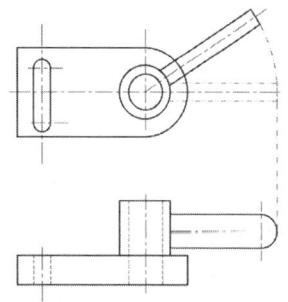

① 부분 투상도   ② 보조 투상도
③ 국부 투상도   ④ 회전 투상도

[정답] 36 ④ 37 ② 38 ④ 39 ② 40 ④

> **해설**
> 회전 투상도
> 투상면이 어느 각도를 가지고 있어 그 실형을 표시하지 못할 때는 그 부분을 회전하여 그 실형을 도시하는 투상도. 이때 투상 내용을 잘못 볼 우려가 있는 경우에는 작도에 사용한 선을 남겨 둔다.

> **해설**
> ① 보조 투상도 : 경사면부에가 있는 공작물에서 그 경사면의 실형을 표시할 때 나타낸다.
> ② 회전 투상도 : 투상면이 어느 각도를 가지고 있기 때문에 그 실형을 표시하지 못할 때 그 부분을 회전해서 나타낸다.

41 보기와 같은 투상도의 명칭은?

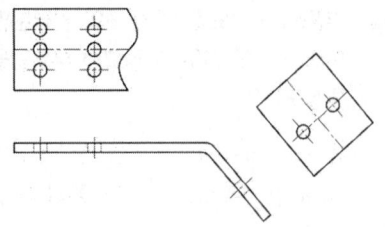

① 부분 투상도   ② 보조 투상도
③ 국부 투상도   ④ 회전 투상도

> **해설**
> 부분 투상도
> 그림의 일부를 도시하는 것으로 충분한 경우에는 그 필요한 부분만을 부분적으로 투상하여 표시하는 투상법이다. 이 경우 생략한 부분과의 경계를 파단선으로 나타낸다. 다만 그 내용이 명확한 경우에는 파단선을 생략할 수 있다.

42 보기와 같은 투상도의 명칭은?

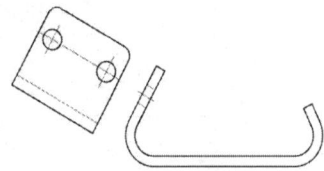

① 부분 투상도   ② 보조 투상도
③ 국부 투상도   ④ 회전 투상도

43 특정 부분의 도형이 작아서 상세한 도시나 치수 기입을 할 수 없을 때 사용하는 것은?

① 보조 투상도   ② 부분 투상도
③ 국부 투상도   ④ 부분 확대도

> **해설**
> 부분 확대도
> 특정 부분의 도형이 작아 그 부분의 상세한 도시나 치수기입 등이 곤란할 경우 그 부분을 가는 실선으로 에워싸고, 영자의 대문자로 표시하고 그 표시 부분을 다른 장소에 확대하여 그리고 표시하고자 하는 글자나 척도를 기입한다. 이때 확대한 그림의 척도를 나타낼 필요가 없는 경우 척도 대신 "확대도"라고 표기 할 수 있다.

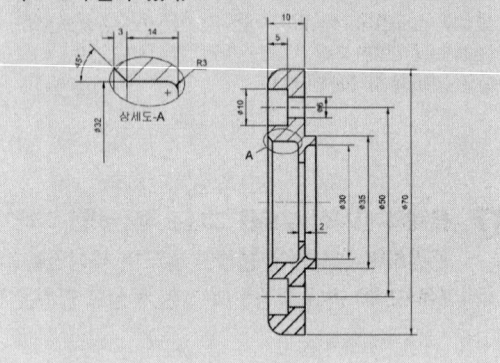

44 작도의 시간과 지면의 공간을 절약한다는 관점에서 중심선의 한쪽 도형만 그리고 중심선의 양 끝에 짧은 2개의 평행한 가는 선의 도시 기호를 그려 넣는 경우는?

① 반복 도형의 생략
② 대칭 도형의 생략
③ 중간 부분 도형의 단축
④ 2개 면의 교차 부분이 둥글 때 도시

[정답] 41 ① 42 ② 43 ④ 44 ②

45 와이어프레임 모델의 특징으로 틀린 것은?

① 모델 작성이 용이하다.
② 3면 투시도의 작성이 용이하다.
③ 단면도 작성이 불가능하다.
④ 숨은선 제거가 가능하다.

해설
와이어프레임 모델의 특징
① data의 구성이 단순하다.
② Model 작성을 쉽게 할 수 있다.
③ 처리 속도가 빠르다.
④ 3면 투시도의 작성이 용이하다.
⑤ 은선 제거(Hidden Line Removal)가 불가능하다.
⑥ 단면도(Section Drawing) 작성이 불가능하다.
⑦ 물리적 성질의 계산이 불가능하다.

46 다음 중 실루엣(silhouette)를 구할 수 없는 모델링 방법은?

① CSG 방식
② B-rep 방식
③ Surface model 방식
④ Wire-frame model 방식

해설
Wire-frame model 방식 : 실루엣을 구할 수 있는 모델링 방법이다.

47 3차원 물체의 형상을 물체상의 점과 특징 선만을 이용하여 표현하는 방법은?

① 와이어프레임 모델링
② 솔리드 모델링
③ 윈도 모델링
④ 서피스 모델링

해설
와이어프레임 모델링(Wire-frame Modeling)
공간상의 선(Wire)으로 표시되는 3차원의 기본적인 표현 방식이다. 모서리를 표현하는 것으로 형상의 점과 점을 연결하므로 정밀도가 떨어지고 형상의 내부의 성질 파악이 힘드나 표현 방법이 간단하다.

48 직육면체를 8개의 정점의 좌표(V1~V8)와 각 정점을 연결하는 모서리들(e1~e12)에 관한 정보로만 표현하는 모델은?

① Solid Model
② Surface Model
③ Wire-Frame Model
④ System Model

해설
Wire-Frame Model : 직육면체를 8개의 정점의 좌표(V1~V8)와 각 정점을 연결하는 모서리들(e1~e12)에 관한 정보로만 표현하는 모델이다.

49 서피스 모델(surface model)의 특징이 아닌 것은?

① 체적 등 물리적 성질의 계산이 쉽다.
② 2개 면의 교선을 구할 수 있다.
③ NC 가공 정보를 얻을 수 있다.
④ 은선 제거가 가능하다.

해설
서피스 모델링의 특징
① 은선 제거가 가능하다.
② Section Drawing(단면)할 수 있다.
③ 2개의 면의 교선을 구할 수 있다.
④ 복잡한 형상을 표현할 수 있다.
⑤ NC data 생성할 수가 있다.
⑥ 물리적 성질(Weight, Center of Gravity, Moment)을 구하기 어렵다.
⑦ 유한요소법(FEM : finite element method)의 적용을 위한 요소 분할이 어렵다.

[정답] 45 ④ 46 ④ 47 ① 48 ③ 49 ①

⑧ surface 표현 시 와이어프레임 엔티티를 요구할 수가 있다.
⑨ Wire-frame보다 데이터 처리 때문에 컴퓨터의 용량이 커야 한다.
⑩ 솔리드와 같이 명암(shade)알고리즘을 제공할 수가 있다.

50 서피스 모델링에서 곡면을 절단하였을 때 나타나는 요소는?

① 곡면(surface) ② 점(point)
③ 곡선(curve)   ④ 평면(plane)

> **해설**
> 서피스 모델링에서 곡면을 절단하였을 때 나타나는 요소는 곡선(curve)이다.

51 솔리드 모델(solid model)의 특징으로 틀린 것은?

① 두 모델 간의 간섭체크가 용이하다.
② 물리적 성질 등의 계산이 가능하다.
③ 이동·회전 등을 통한 정확한 형상 파악이 곤란하다.
④ 형상을 절단하여 단면도 작성이 용이하다.

> **해설**
> 솔리드 모델링의 특징
> ① 은선 제거가 가능하다.
> ② 간섭체크가 가능하다.
> ③ 형상을 절단하여 단면도를 작성하기가 쉽다.
> ④ 불리언(Boolean)연산(합, 차, 적)에 의하여 복잡한 형상도 표현할 수 있다.
> ⑤ 물리적 성질(Weight, Center of Gravity Moment)의 계산이 가능하다.
> ⑥ 명암(shade) 컬러 기능 및 회전, 이동을 이용하여 사용자가 좀 더 명확하게 물체를 파악할 수 있다.
> ⑦ CAD/CAM 이외에 잡지, 축판물, 영화 필름, 애니메이션 시뮬레이터에 이용할 수 있다.
> ⑧ 복잡한 data로 컴퓨터 사용 용량이 증가하여 data처리 시간이 많이 걸린다.

52 솔리드 모델링 시스템에서 모따기, 구멍, 필릿, 슬롯 작업 등을 이용해 형상을 수정하는 것은?

① 불리안 작업
② 기본 입체(primitive) 모델링
③ 스위핑 작업
④ 특징 형상 모델링

> **해설**
> 특징 형상 모델링
> 특징 형상으로는 모따기(chamfer), 구멍(hole), 슬롯(slot), 포켓(pocket) 등이 있다.

53 솔리드 모델링의 오일러 작업에 관한 설명 중 틀린 것은?

① 오일러 관계식을 만족한다.
② 오일러 작업 후에는 항상 합당한 형상으로의 변화를 보장한다.
③ 토폴로지 요소들은 서로 독립적으로 만들고 없앨 수 있다.
④ 토폴로지 요소에는 꼭짓점, 모서리, 면, 루프, 셸이 있다.

> **해설**
> 토폴로지 요소들은 서로 독립적으로 만들지 못한다.

54 유한요소법(FEM)의 적용을 위한 3차원 요소 분할을 위해 가장 적당한 모델링 방법은?

① 곡면 모델링(surface modeling)
② 솔리드 모델링(solid modeling)
③ 시뮬레이션 모델링(simulation modeling)
④ 와이어프레임 모델링(wireframe modeling)

[정답] 50 ③ 51 ③ 52 ④ 53 ③ 54 ②

> **해설**
> 솔리드 모델링
> ① 표면적, 부피, 관성 모멘트 계산
> ② 유한요소해석
> ③ 솔리드 모델들 간의 간섭 현상 검사
> ④ NC 공구경로 생성
> ⑤ 도면 생성

55 다음 중 형상 모델링을 필요로 하는 분야로 가장 거리가 먼 것은?

① 트랙볼 계산
② 투시도 생성
③ 공구경로 생성
④ 중량, 관성 모멘트 계산

> **해설**
> 솔리드 형상 모델링의 용도
> ① 표면적, 부피, 관성 모멘트 계산
> ② 유한 요소 해석
> ③ 솔리드 모델들 간의 간섭 현상 검사
> ④ NC 공구경로 생성
> ⑤ 도면 생성(투시도 생성)

56 3차원 솔리드 모델링 형상 표현 방법이 아닌 것은?

① 기본요소인 구, 육면체, 실린더 생성
② 프리미티브에 의한 집합연산
③ 곡선의 이동에 의한 생성
④ 면의 회전체에 의한 생성

> **해설**
> 3차원 솔리드 모델링 형상 표현 방법
> ① 기본요소인 구, 육면체, 실린더 생성
> ② 프리미티브에 의한 집합연산
> ③ 면의 회전체에 의한 생성
> ※ 곡선의 이동에 의한 생성은 3차원 서피스 모델링 형상 표현 방법이다.

57 다음 중 솔리드 모델 생성에 사용되는 표현방식에 포함되지 않는 것은?

① CSG 방식
② B-rep 방식
③ Building Block 방식
④ Interpolation 방식

> **해설**
> 보간(Interpolation) 방식
> 주어진 점들이 곡면상에 놓이도록 점 데이터로 곡면을 형성하는 방식이다.

58 주어진 조건으로 동일하게 3차원 솔리드 모델링을 수행했을 때, 다음 중 부피가 가장 큰 것은?

① 지름이 10mm인 구
② 한 변의 길이가 10mm인 정육면체
③ 지름이 10mm이고, 높이가 10mm인 원뿔
④ 지름이 10mm이고, 높이가 10mm인 원기둥

> **해설**
> 위 답지에서 한 변의 길이가 10mm인 정육면체의 부피가 가장 크다.

59 공간 분할 표현법(spatial enumeration)이 다른 솔리드 모델링 방법에 비하여 우수한 점은?

① 공간 유일성(spatial uniqueness)을 보장
② 저장 공간(storage space)의 절약
③ 생성에 필요한 계산량 감소
④ 모델의 정확성

> **해설**
> 공간 분할 표현법(spatial enumeration)이 다른 솔리드 모델링 방법에 비하여 우수한 점은 공간 유일성(spatial uniqueness)을 보장하기 때문이다.

[정답] 55 ① 56 ③ 57 ④ 58 ② 59 ①

60 4면체를 와이어프레임 모델(wireframe model)로 표현하였을 때 모서리(edges) 수는 몇 개인가?

① 6   ② 5
③ 4   ④ 3

해설
4면체를 와이어프레임 모델로 표현하면
① 정점(vertice) : 4개
② 모서리(edges) : 6개
③ 면(face) : 4개

61 다음 도형에서 와이어프레임의 윤곽선 수는?

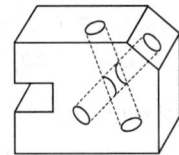

① 31   ② 41
③ 51   ④ 61

해설
도형에서 모서리 수-27개
구멍에서 원-4개, 반원-2개, 모서리 수-8개

62 B-rep(Boundary Representation) 솔리드 데이터는 Geometry 데이터와 Topology 데이터로 구분해서 생각할 수 있다. 다음 용어 중 Topology 용어가 아닌 것은?

① Face   ② Edge
③ Loop   ④ Bridge

해설
토폴로지(Topology ; 위상기하학) 용어
Vertex, Face, Edge, Loop 등

63 프로파일은 경로 곡선을 따라 피처가 생성되는 부품 피처는?

① 돌출(Extrude)
② 회전(Revolve)
③ 스위프(Sweep)
④ 로프트(Loft)

해설
① 돌출(Extrude) : 스케치를 3차원으로 돌출하여 볼록한 형상으로 만든다.
② 회전(Revolve) : 스케치한 도형을 회전시켜 3차원으로 만든다.
③ 구멍(Hole) : 동심, 점을 선택하여 원형 구멍을 만든다.
④ 로프트(Loft) : 2개 이상의 프로파일 사이에서 로프트를 만든다.
⑤ 스위프(Sweep) : 프로파일은 경로 곡선을 따라 피처가 생성된다.

64 형상 모델링에서는 기본적으로 곡면을 많은 사각형 또는 삼각형으로 분할하여 분할된 단위 곡면요소들을 이어서 곡면을 표현하는데 이 사각형 또는 삼각형의 곡면요소를 무엇이라고 하는가?

① 프리미티브(primitive)
② 요소(element)
③ 패치(patch)
④ 놋(knot)

65 3차원 형상 모델을 분해 모델로 저장하는 방법 중 틀린 것은?

① 복셀(Voxel) 모델
② 옥트리(Octree)표현
③ 세포분해(Cell Decomposition) 모델
④ Facet 모델

66 컴퓨터 내부 모델링 방법 중 3차원적인 물체의 표현 방법이 아닌 것은?

① 회전 분할에 의한 표현 방법
② 공간 격자에 의한 표현 방법
③ 메시(mash) 분할에 의한 표현 방법
④ 시브(sheave)에 의한 표현 방법

해설
3차원적인 물체의 형상 표현 방법
① 공간 격자에 의한 방법
② 프리미티브에 의한 방법
③ 메시 분할에 의한 방법
④ 빈 공간에 의한 방법
⑤ 시브에 의한 방법
⑥ 경계 표현에 의한 방법

67 솔리드 모델이 갖고 있는 기하학적 요소 중 서피스 모델이 갖지 못하는 것은?

① 꼭짓점   ② 모서리
③ 표면   ④ 부피

해설
부피는 솔리드 모델링에서만 가능하다.

68 CAD 프로그램에서 자유 곡선을 표현할 때 주로 많이 사용하는 방정식의 형태는?

① 양함수식(explicit equation)
② 음함수식(implicit equation)
③ 하이브리드식(hybrid equation)
④ 매개변수식(parametric equation)

해설
CAD 프로그램에서 자유 곡선을 표현할 때 주로 많이 사용하는 방정식의 형태는 매개변수식(parametric equation)이다.

69 XY 평면상에 하나의 곡선을 표현하는 방법에는 일반적으로 3가지가 있는데 이에 속하지 않는 것은?

① 단어번지 형태   ② 매개변수 형태
③ 양함수 형태   ④ 음함수 형태

해설
XY 평면상에 1개의 곡선을 표현하는 방법에는 음함수, 양함수, 매개변수 형태가 일반적이다.

70 다음 중 곡률(curvature)에 관한 일반적인 설명으로 틀린 것은?

① 곡률(Curvature)의 역수를 곡률 반경(Radius of Curvature)이라 한다.
② 직선의 곡률 반경은 무한대이다.
③ 반지름이 a인 원호의 곡률 반경은 a이다.
④ 평면상에 놓인 곡선에 대한 법선 곡률(normal curvature)은 무한대이다.

71 CSG(Constructive Solid Geometry)에 대한 설명으로 틀린 것은?

① 동일 모델의 경우 데이터의 기억용량이 B-Rep보다 커야 한다.
② 윤곽, 교차선, 능선 등의 경계 정보가 필요하면 이를 계산해 내야 한다.
③ 기본 도형을 직접 입력한다.
④ 데이터의 수정이 용이하다.

해설
① CSG(Constructive Solid Geometry)
복잡한 물체를 단순(primitive)의 조합으로 표현하며 부울 연산자(합, 적, 차)를 사용
㉠ 장점
  • 기본 도형을 직접입력(box, cylinder, cone, …)
  • 간결한 파일로 저장
  • 메모리가 적다.

[정답] 66 ① 67 ④ 68 ④ 69 ① 70 ④ 71 ①

- 데이터 수정이 용이
- 중량계산 가능

ⓒ 단점
- 디스플레이 시 시간이 오래 걸린다.
- 3면도, 투시도, 전개도 작성이 곤란
- 표면적 계산 곤란

② B-rep(Boundary representation, 경계표현) 방식
㉠ 장점
- 화면 재생 시간이 적게 소요
- 3면도, 투시도, 전개도 작성 용이
- 데이터의 상호 교환이 쉬워 많이 사용
- 비행기의 동체나 날개 부분, 자동차의 외형 구성 및 어려운 물체 모델화에 편리
- 표면적 계산 용이

ⓒ 단점
- 모델의 외곽 저장으로 메모리 필요
- 중량 계산 곤란
- 입체 내부까지 유한요소법 적용

72 솔리드 모델링 기법에 의한 물체의 표현 방식 중 CSG(Constructive Solid Geometry) 방식이 B-rep(Boundary representation) 방식에 비해 우수한 점으로 틀린 것은?

① 기억용량이 적다.
② 데이터의 구조가 간단하다.
③ 3면도나 투시도의 작성이 용이하다.
④ 기본 도형을 직접 입력하므로 데이터의 작성 방법이 쉽다.

해설

B-rep & CSG 방식의 비교

구분		CSG	B-rep
데이터 작성		용이	곤란
데이터 구조		단순	복잡
필요 메모리 영역		적음	많음
데이터 수정		약간 곤란	용이
3면도, 투시도 작성		곤란	용이
패턴의 응용		비교적 용이	곤란
전개도 작성		곤란	용이
중량 계산		용이	약간 곤란
유한요소	솔리드	용이	곤란
	표면	곤란	용이

73 3차원 솔리드 모델링 형상 표현 방법 중 CSG(Constructive Solid Geometry)에 해당하는 사항은?

① 경계면에 의한 표현
② 로프트(loft)에 의한 표현
③ 스위프(sweep)에 의한 표현
④ 프리미티브(primitive)에 의한 표현

해설

CSG는 복잡한 형상을 단순한 형상(primitive : 구, 실린더, 직육면체, 원추 등)의 조합으로 생성하는데, 여기서는 불리언 연산자(합, 차, 적)를 사용한다.

74 3차원 솔리드 모델링에서 일반적으로 사용되는 프리미티브(primitive)로 틀린 것은?

① 면(plane)
② 구(sphere)
③ 원뿔(cone)
④ 원기둥(cylinder)

해설

프리미티브(primitive) 형상
① 기본형상 구성 기능(primitive)
　육면체(box), 원기둥(cylinder), 구(sphere), 원추(cone), 회전체(revolution), 프리즘(prism), 스위프(sweep) 등
② 기본형상 조합기능
　두 물체 더하기, 빼내기, 공통부분 찾기 등

75 구멍이 없는 간단한 다면체의 경계를 표현하는 오일러 공식은? (단, V는 꼭짓점의 수, E는 모서리의 수, F는 면의 수를 의미한다.)

① $V-E-F=2$
② $V+E-F=2$
③ $V-E+F=2$
④ $V+E+F=2$

[정답] 72 ③ 73 ④ 74 ① 75 ③

> **해설**
> Boundary representation(B-rep) 방식
> 사용자가 형상을 구성하고 있는 정점(vertex), 면(face), 모서리(edge)가 어떠한 관계를 가지는지에 따라 표현하는 방법이며 그 관계식은 정점+면-모서리=2이다. 즉, "V-E+F-H=2(s-p)" 오일러-포앙카레 공식이 만족해야 한다.
> - 오일러(Euler)식
> n = 꼭짓점의 수+면의 수-모서리의 수 = 5+5-8=2

76 솔리드 표현방식 중 B-rep 방식의 기본 데이터 구조로 틀린 것은?

① 정점 ② 면
③ 모서리 ④ 직육면체

> **해설**
> B-rep 방식 : 사용자가 형상을 구성하고 있는 정점(vertex), 면(face), 모서리(edge)가 어떠한 관계를 가지는지에 따라 표현하는 방법이며, 그 관계식은 정점+면-모서리=2이다. 즉, 'v-e+f-h=2(s-p)' 오일러-포앙카레 공식을 만족해야 한다.

77 형상 모델링에서 아래 그림과 같이 구에서 원통과 직육면체를 빼냄(subtraction)으로써 원하는 형상을 모델링 하는 방법은?

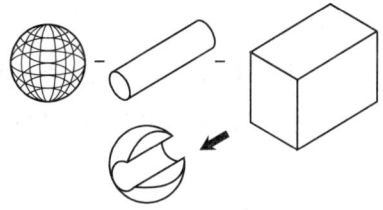

① B-rep 방식 ② Trust 방식
③ CSG 방식 ④ NURBS 방식

> **해설**
> CSG 방식
> 복잡한 형상을 단순한 형상(primitive : 구, 실린더, 직육면체, 원추 등)의 조합으로 생성하는데, 여기서는 불리언 연산자(합, 차, 적)를 사용한다.

78 솔리드 모델링의 B-Rep 표현 중 루프(loop)라는 용어에 관한 설명으로 옳은 것은?

① 하나의 모서리를 두 개의 다른 방향의 모서리로 쪼개어 놓은 것
② 모든 면에 대하여 이들을 내부와 외부로 경계 짓는 모서리들이 연결된 닫혀진 회로(closed circuit)
③ 면과 면이 연결되어 공간상에서 하나의 닫혀진 면의 고리를 이룬 것
④ 면과 면이 연결되어 공간상에서 하나의 닫혀진 입체를 이룬 것

> **해설**
> 루프(loop) : 모든 면에 대하여 이들을 내부와 외부로 경계 짓는 모서리들이 연결된 닫혀진 회로(closed circuit)

79 솔리드 모델링에 관련된 설명으로 틀린 것은?

① CSG(Constructive Solid Geometry)는 프리미티브(primitive)들을 불리안 작업을 하여 원하는 형상을 모델링 한다.
② 솔리드를 구성하는 면(face), 모서리(edge), 꼭짓점(vertex) 등의 이웃 관계 정보를 위상관계(topology)라 한다.
③ B-Rep(Boundary Representation)으로 표현되면 현실 세계에서 반드시 존재하는 모델이다.
④ Half-edge 자료구조는 솔리드를 표현하는 데이터 구조의 일종이다.

> **해설**
> 경계 표현(B-Rep, Boundary Representation)
> 입체를 둘러싸고 있는 면, 모서리, 꼭짓점 등의 경계 요소를 사용하여 표현하므로, 다양한 모델링, 위상관계 정보를 쉽게 얻으며, 데이터 구조 복잡 및 모델 수정이 용이하지 않을 때 발생한다.

[정답] 76 ④ 77 ③ 78 ② 79 ③

80 조립체(assembly) 모델링과 관련이 없는 기능은?

① 부품 간의 만남 조건(mating condition) 부여 기능
② 조립 전개도(exploded view) 생성 기능
③ 부품 간의 구속조건 생성 기능
④ 리프팅(lifting) 기능

> **해설**
> 리프팅(lifting)은 주어진 물체의 특정면의 전부 또는 일부를 원하는 방향으로 움직여서 물체가 그 방향으로 늘어난 효과를 갖도록 하는 것이다.

81 조립체 모델링에서 조립체를 구성하는 인스턴스(instance)에 필요한 정보는?

① 형상 모델링 정보
② 부품 형상 및 조립 정보
③ 형상을 나타내는 기하 정보
④ 형상을 구속하는 치수 정보

> **해설**
> 인스턴스(instance)에 필요한 정보는 부품 형상 및 조립 정보이다.

82 조립체 모델링에서 사용되는 만남 조건(mating condition)이 아닌 것은?

① 공간(space)
② 일치(coincident)
③ 직교(perpendicular)
④ 평행(parallel)

> **해설**
> 조립체 모델링 만남 조건
> ① 일치(coincident)
> ② 직교(perpendicular)
> ③ 평행(parallel)

83 조립체 모델링에서 동일한 부품을 중복(copy)해서 사용할 경우 조립체 모델링의 파일 크기가 크게 증가하게 된다. 중복되는 부품으로 인한 조립체의 파일 크기를 줄이기 위해서, CAD 시스템은 부품에 대한 링크(link), 정보만을 조립체에 포함시킨다. 이와 같은 방법을 무엇이라 하는가?

① 인스턴스(Instance)
② 이력(History)
③ 특징형상(Feature)
④ 만남 조건(Mating condition)

> **해설**
> 인스턴스(Instance) : 조립체 모델링에서 동일한 부품을 중복(copy)해서 사용할 경우 조립체 모델링의 파일 크기가 크게 증가하게 된다. 중복되는 부품으로 인한 조립체의 파일 크기를 줄이기 위해서, CAD 시스템은 부품에 대한 링크(link), 정보만을 조립체에 포함시킨다.

84 NURBS(Non-Uniform Rational B-Spline) 곡선에 대한 설명 중 틀린 것은?

① 조정점을 호모지니어스 좌표(homogeneous coordinate)계로 표현한다.
② 매듭값(knot value) 간의 간격이 일정하다.
③ 곡선의 형상을 국부적으로 수정할 수 있다.
④ 원을 정확하게 표현할 수 있다.

> **해설**
> NURBS 곡선의 특징
> ① 조정점을 호모지니어스 좌표(homogeneous coordinate)계로 표현한다.
> ② 곡선을 원하는 치수까지 연속성 및 불연속성을 유지할 수 있다.
> ③ 곡선의 형상을 국부적으로 수정할 수 있다.
> ④ 원을 정확하게 표현할 수 있다.
> ⑤ 4개의 자유도를 조절하는 곡선이다.

[정답] 80 ④ 81 ② 82 ① 83 ① 84 ②

85 다음 중 NURBS 곡선에 관한 설명으로 틀린 것은?

① 일반적인 B-spline 곡선을 포함한다.
② 모든 조정점을 지나는 부드러운 곡선이다.
③ 원, 타원, 포물선, 쌍곡선 등 원추 곡선을 정확하게 나타낼 수 있다.
④ 3차 NURBS 곡선은 특정 노트 구간에서 4개의 조정점 외에 4개의 가중치(weight value)와 절점(knot) 벡터의 정보가 이용된다.

해설
NURBS 곡선
① NURBS의 곡선으로 B-spline, Bézier, 원추 곡선도 표현할 수 있다.
② 4개의 좌표의 조종점 사용으로 곡선의 변형이 자유롭다.
③ NURBS 곡선은 곡선의 양끝점을 반드시 통과해야 한다.
④ 원, 타원, 포물선, 쌍곡선 등 원 곡선을 정확하게 나타낼 수 있다.
⑤ 특정 노트 구간에서 4개의 조정점 외에 4개의 가중값(Weights Value)과 노트(Knot) 벡터의 정보가 이용된다.

86 다음 곡선(curve)의 특징에 대한 설명으로 틀린 것은?

① NURBS 곡선은 2개의 좌표의 조정점 사용으로 곡선의 변형이 제한적이다.
② NURBS 곡선은 양 끝점을 반드시 통과해야 한다.
③ Bézier 곡선은 반드시 주어진 시작점과 끝점을 통과한다.
④ Bézier 곡선은 다각형의 꼭짓점 순서가 거꾸로 되어도 같은 곡선이 생성되어야 한다.

해설
곡선(curve)의 특징
① 3차 NURBS 곡선은 특정 노트 구간에서 4개의 조정점 외에 가중값(weights value)과 노트(knot) 벡터의 정보가 이용된다.
② B-Spline은 각각의 조정점에서 3개의 자유도를 갖고 NURBS에서는 4개의 자유도를 갖는다.

87 B-spline과 NURB 곡선에 대한 설명으로 잘못된 것은?

① B-spline 곡선식은 NURB(Non-uniform Rational B-spline) 곡선식을 포함하는 보다 일반적인 형태의 곡선이다.
② B-spline 곡선에서는 곡선의 모양을 변화시키기 위해서 각각의 control point의 좌표를 조절하지만, NURB 곡선에서는 동차 좌푯값까지 포함하여 4개의 자유도가 있다.
③ B-spline 곡선은 원, 타원, 포물선 등 원추 곡선을 근사할 수 있다.
④ NURB 곡선은 원, 타원, 포물선 등 원추 곡선을 표현할 수 있어, 프로그램 개발 시 모든 곡선을 NURB 곡선으로 나타냄으로써 작업량을 줄여 준다.

해설
B-spline의 일종으로 ARC, CONIC을 B-spline에서는 완벽한 표현이 불가능하나, NURB로는 표현이 가능하다.

88 CAD 시스템의 형상 모델링에서 B-Spline 방정식으로는 완벽하게 표현이 불가능하였지만 NURBS에서는 완벽한 표현이 가능한 것은?

① 원　　　　　② 직선
③ 삼각형　　　④ 사각형

[정답] 85 ④　86 ①　87 ①　88 ①

> **해설**
> 원 : CAD 시스템의 형상 모델링에서 B-Spline 방정식으로는 완벽하게 표현이 불가능하였지만 NURBS에서는 완벽한 표현이 가능하다.

89 NURBS 곡선의 표현식으로 알맞은 것은? (단, $\vec{b}$는 조정점, h는 동차 좌표, $N_{i,k}$는 블렌딩 함수를 각각 의미한다.)

① $\vec{r}(u) = \sum_{i=0}^{n} \vec{b}_i N_{i,k}(u)$

② $\vec{r}(u) = \dfrac{\sum_{i=0}^{n} h_i \vec{b}_i N_{i,k}(u)}{\sum_{i=0}^{n} h_i N_{i,k}(u)}$

③ $\vec{r}(u) = \dfrac{\sum_{i=0}^{n} \vec{b}_i N_{i,k}(u)}{\sum_{i=0}^{n} h_i N_{i,k}(u)}$

④ $\vec{r}(u) = \dfrac{\sum_{i=0}^{n} h_i \vec{b}_i N_{i,k}(u)}{\sum_{i=0}^{n} N_{i,k}(u)}$

> **해설**
> NURBS 곡선의 표현식
> $$\vec{r}(u) = \dfrac{\sum_{i=0}^{n} h_i \vec{b}_i N_{i,k}(u)}{\sum_{i=0}^{n} h_i N_{i,k}(u)}$$

90 다음 중 곡선의 2차 미분과 관련되는 것은?
① 곡선의 기울기
② 곡선의 곡률
③ 곡선 위의 특정점에서의 접선
④ 곡선의 길이

> **해설**
> 곡선의 곡률은 2차 미분값을 필요로 한다.

91 다음 중 가공 특징 형상(feature)이 아닌 것은?
① 모따기(chamfer)　② 구멍(hole)
③ 슬롯(slot)　　　　④ 보스(boss)

> **해설**
> 대부분의 시스템이 제공하는 전형적인 특징 형상으로는 모따기(chamfer), 구멍(hole), 슬롯(slot), 포켓(pocket) 등이 있다.

92 특징 형상 모델링(feature-based modeling)에 대한 설명이 아닌 것은?
① 특징 형상 모델링은 설계자에게 친숙한 형상 단위로 물체를 모델링 할 수 있게 해준다.
② 전형적인 특징 형상으로는 모따기, 구멍, 필렛, 슬롯, 포켓 등이 있다.
③ 특징 형상은 각 특징 등이 가공 단위가 될 수 있기 때문에 공정계획으로 사용될 수 있다.
④ 특징 형상 모델링의 방법에는 리볼빙, 스위핑 등이 있다.

> **해설**
> 특징 형상 모델링(feature-based modeling)
> ① 구멍(hole), 슬롯(slot), 포켓(pocket) 등의 형상 단위를 라이브러리(library)에 미리 갖추어 놓고 필요시 이들의 치수를 변화시켜 설계에 사용하는 모델링 방식이다.
> ② 피처 기반 모델링은 모서리만 가지고 있는 와이어프레임 모델과는 달리 체적이 있기 때문에 솔리드 모델이라 부르며, 대부분의 CAD/CAM 소프트웨어는 솔리드 모델을 피처 베이스 모델 또는 3D 부품 모델링이라고 한다.
> ③ Design이 완료되면, 모델로부터 제작을 위한 데이터(가공 경로, 가공조건, 가공 tool 등)를 추출해 낼 수 있으므로 CAM과 연결이 가능하다.

[정답] 89 ② 90 ② 91 ④ 92 ④

93 설계자에게 친숙한 형태의 모양을 미리 정의한 후에 이를 이용하여 보다 복잡한 형상을 모델링하는 방법은?

① 조립체 모델링
② 서피스 모델링
③ 특징 형상 모델링
④ 파라메트릭 모델링

> **해설**
> 특징 형상 모델링
> 설계자에게 친숙한 형태의 모양을 미리 정의한 후에 이를 이용하여 보다 복잡한 형상을 모델링하는 방법이다.

94 솔리드 모델링 기법의 일종인 특징 형상 모델링 기법의 성격에 대한 설명으로 틀린 것은?

① 모델링 입력을 설계자 또는 제작자에게 익숙한 형상 단위로 수행하는 것이다.
② 전형적인 특징 형상은 모따기(chamfer), 구멍(hole), 슬롯(slot), 포켓(pocket) 등과 같은 것이다.
③ 모델링 된 입체를 제작하는 단계의 공정 계획에서 매우 유용하게 사용될 수 있다.
④ 사용 분야와 사용자에 관계없이 특징 형상의 종류가 항상 일정하다는 것이 장점이다.

> **해설**
> Parametric Design의 특징
> ① 설계자에 친숙한 형상 단위로 물체를 모델링 할 수 있다.
> ② 대부분의 시스템이 제공하는 전형적인 특징 형상으로는 모따기(chamfer), 구멍(hole), 슬롯(slot), 포켓(pocket) 등이 있다.
> ③ 형상 구속조건과 치수 구속조건을 이용하여 모델링한다.
> ④ 구속조건 식을 푸는 방법으로 순차적 풀기, 동시 풀기 방법에 따라 결과 형상이 달라질 수 있다.

95 자주 설계되는 홀(hole), 키 슬롯(key slot), 포켓(pocket) 등을 라이브러리(library)에 미리 갖추어 놓고, 필요시 이들을 단품 설계에 사용하는 모델링 방식은 무엇인가?

① Parametric modeling
② Feature-based modeling
③ Surface modeling
④ Boolean operation

> **해설**
> Feature-based modeling의 특징은 구멍(hole), 슬롯(slot), 포켓(pocket) 등의 형상 단위를 라이브러리(library)에 미리 갖추어 놓고 필요시 이들의 치수를 변화시켜 설계에 사용하는 모델링 방식이다.

96 구속조건 기반 모델링으로 형상을 정의할 때 매개변수로 정의하고, 설계 의도에 따라 조정하면서 형상을 만드는 모델링은?

① 와이어프레임 모델링
② 파라메트릭 모델링
③ 서피스 모델링
④ 시스템 모델링

> **해설**
> 파라메트릭 모델링 : 구속조건 기반 모델링으로 형상을 정의할 때 매개변수로 정의하고, 설계 의도에 따라 조정하면서 형상을 만드는 모델링이다.

97 CAD 모델의 차수들 간에 관계식을 설정하여 매개변수를 통해 모델의 수정을 용이하게 하는 모델링 방식은?

① Feature-based modeling
② Parametric modeling
③ Assembly modeling
④ Hybrid modeling

[정답] 93 ③ 94 ④ 95 ② 96 ② 97 ②

> **해설**
> Parametric modeling : CAD 모델의 차수들 간에 관계식을 설정하여 매개변수를 통해 모델의 수정을 용이하게 하는 모델링 방식이다.

98 형상 구속조건과 치수 조건을 이용하여 형태를 모델링하고, 형상 구속조건, 치수값, 치수 관계식을 사용하여 효율적으로 형상을 수정하는 모델링 방법은?

① 비 다양체(nonmanifold) 모델링
② 파트(part) 모델링
③ 파라메트릭(parametric) 모델링
④ 오프셋(offset) 모델링

> **해설**
> 파라메트릭(parametric) 모델링
> 형상 구속조건과 치수 조건을 이용하여 형태를 모델링하고, 형상 구속조건, 치수값, 치수 관계식을 사용하여 효율적으로 형상을 수정하는 모델링 방법이다.

99 특정 값이나 변수로 표현된 수식을 입력하여 형상을 생성하는 방식으로 이후 매개변수나 수식을 변경하면 자동으로 형상이 수정되는 형상 모델링 방법은?

① Feature-Based 모델링
② Parametric 모델링
③ 와이어프레임 모델링
④ Surface 모델링

> **해설**
> Parametric 모델링 : 특정 값이나 변수로 표현된 수식을 입력하여 형상을 생성하는 방식으로 이후 매개변수나 수식을 변경하면 자동으로 형상이 수정되는 형상 모델링 방법으로 UG NX, Inventor 등이 대표적인 S/W이다.

100 파라메트릭 모델링에 관한 다음 설명 중 가장 거리가 먼 것은?

① 형상 구속조건과 치수 구속조건을 이용하여 모델링한다.
② 구속 조건식을 푸는 방법으로 순차적 풀기, 동시 풀기 방법에 따라 결과 형상이 달라질 수 있다.
③ 특징 형상의 파라미터에 따라 모델의 크기를 바꾸는 것도 파라메트릭 모델링의 한 형태이다.
④ 파라메트릭 모델링의 형상 요소를 한번 만든 후에는 조건식을 이용하여 수정하는 것보다 직접 형상 요소를 수정하는 것이 효과적이다.

> **해설**
> 파라메트릭 모델링의 형상 요소를 한번 만든 후에는 직접 형상 요소를 수정하는 것보다 조건식을 이용하여 수정하는 것이 효과적이다.

101 다음은 가공 경로 계획에서 parametric 방식과 Cartesian 방식을 비교하여 설명한 것이다. Cartesian 방식에 대한 설명으로 적절한 것은?

① 규칙적인 사각형 곡면을 가공하는 경우에 적합하다.
② 수치적 계산이 더 복잡하다.
③ 곡면이 삼각형 패치로 정의된 경우에는 부적합하다.
④ 피삭체 형상에 따라 적합하지 못한 경우가 있다.

> **해설**
> Cartesian 방식은 수치적 계산이 더 복잡하다.

[정답] 98 ③ 99 ② 100 ④ 101 ②

102 곡면의 iso-parametric 곡선에 대한 설명 중 틀린 것은?

① 구의 경우, iso-parametric 곡선은 위도선과 경도선이다.
② 직선을 곡면에 투영시켜 생성된 곡선은 일반적으로 iso-parametric 곡선이 아니다.
③ iso-parametric 곡선을 그리면 그리지 않은 경우보다 화면에 모델 display 시간이 느려진다.
④ iso-parametric 곡선은 곡면 위의 곡선이므로 그대로 저장하여도 메모리를 차지하지 않는다.

해설
iso-parametric 곡선은 곡면 위의 곡선이므로 그대로 저장하면 메모리를 크게 차지한다.

103 3차원 모델링 표현 방법 중 3차원 공간을 작은 단위 입체로 분할하고, 물체가 이 단위 입체를 점유하는지 여부에 따라 대응하는 memory bit를 0 또는 1로 표현하는 방법은?

① 경계 표현　② 메쉬 표현
③ 복셀 표현　④ CSG 표현

해설
복셀 표현 : 3차원 모델링 표현 방법 중 3차원 공간을 작은 단위 입체로 분할하고, 물체가 이 단위 입체를 점유하는지 여부에 따라 대응하는 memory bit를 0 또는 1로 표현하는 방법이다.

104 3차원 형상 모델을 분해 모델로 저장하는 방법 중 틀린 것은?

① facet 모델
② 복셀(voxel) 모델
③ 옥트리(octree) 표현
④ 세포분해(cell decomposition) 모델

해설
Decomposition(분해) 모델링
임의의 3차원 입체 형상을 그보다 작은 정육면체 등과 같이 기본적인 입체 요소의 집합으로 잘게 분할, 근사한 형상으로 대체하여 표현하는 기법으로 유한요소법(FEM)에서 주로 사용되며 3차원 형상 모델을 분해 모델로 저장하는 방법은 다음과 같다.
① 복셀(Voxel) 모델
② 옥트리(Octree) 모델
③ 세포분해(Cell Decomposition) 모델

105 다음 중 CAD/CAM 소프트웨어의 모델 데이터베이스에 포함되어야 하는 기본요소와 가장 거리가 먼 것은?

① 모델 형상
② 설계자 인적 사항
③ 모델의 재질 특성
④ 모델을 구성하는 그래픽 요소(attributes)

해설
CAD/CAM에서 모델 데이터베이스에 포함되어야 하는 기본 요소는 모델 형상, 모델의 재질 특성, 모델을 구성하는 그래픽 요소 등이다.

106 널리 사용되는 원추 단면 곡선에는 원, 타원, 포물선 및 쌍곡선 등이 있다. 포물선을 음함수 형태로 표시한 식은?

① $x^2 + y^2 - r^2 = 0$
② $y^2 - 4ax = 0$
③ $\dfrac{x^2}{a^2} - \dfrac{y^2}{b^2} - 1 = 0$
④ $\dfrac{x^2}{a^2} + \dfrac{y^2}{b^2} - 1 = 0$

[정답] 102 ④　103 ③　104 ①　105 ②　106 ②

해설
① 원(circle) : $x^2 + r^2 - r^2 = 0$
② 타원(ellipse) : $\dfrac{x^2}{a^2} + \dfrac{r^2}{b^2} = 0$
③ 포물선(parabola) : $r^2 - 4ax = 0$
④ 쌍곡선(hyperbola) : $\dfrac{x^2}{a^2} - \dfrac{y^2}{b^2} - 1 = 0$

107 2차원 상에서 구성되는 원뿔곡선을 다음과 같은 일반식으로 표현할 때 $b = 0$, $a = c$인 경우는 다음 원뿔곡선 중 어느 것을 나타내는가?

$$f(x, y) = ax^2 + bxy + cy^2 + dx + ey + o = 0$$

① 원
② 타원
③ 포물선
④ 쌍곡선

108 다음 중 원뿔에 의한 원추 곡선이 아닌 것은?

① 일차 스플라인 곡선
② 쌍곡선
③ 포물선
④ 타원

해설
원뿔에 의한 원추 곡선 : 원, 타원, 쌍곡선, 포물선 등

109 이차 곡면(quadric surface)의 일반적 표현 방식은 $F(x,y,z) = ax^2 + by^2 + cz^2 + dxy + eyz + fzx + gx + hy + kz + i = 0$로 나타내며 이를 $VCV' = 0$의 행렬식으로 표현할 수 있다.

$$V = [x\ y\ z\ 1]$$
$$C = \begin{bmatrix} a & d/2 & f/2 & g/2 \\ d/2 & b & e/2 & h/2 \\ f/2 & e/2 & c & k/2 \\ g/2 & h/2 & k/2 & q \end{bmatrix}$$

이때 행렬식 C의 특성에 따라 4가지 그룹으로 구분할 수 있는데 해당하지 않는 내용은?

① 일체형 쌍곡면
② 원 타원, 분리형 쌍곡면
③ C가 2행인 원통
④ C가 3행인 원통

해설
이차 곡면의 방정식 행렬식의 표현
일반적으로 원, 구, 타원, 타원체, 쌍곡면, 쌍곡선 등을 나타낼 수 있다. 여기서, C의 특성은 원, 타원, 쌍곡면(일체형, 분리형), C가 3행인 원통을 표현할 수 있다.

110 원뿔곡선(conic curve)과 관계없는 것은?

① 원(circle)
② 타원(ellipse)
③ 원호(arc)
④ 포물선(parabola)

해설
원뿔곡선으로 원, 타원, 포물선, 쌍곡선 등을 표현할 수 있다.

111 원추형 단면(Conic Section)에 의해 얻어질 수 없는 도형은 어느 것인가?

① 타원(Ellipse)
② 쌍곡선(Hyperbola)
③ 원호(Arc)
④ 포물선(Parabola)

[정답] 107 ① 108 ① 109 ③ 110 ③ 111 ③

해설
원추형 단면(Conic Section)에 의해 얻을 수 있는 도형에는 원(Circle), 타원(Ellipse), 쌍곡선(Hyperbola), 포물선(Parabola) 등이 있다.

112 Boundary representation 기법에 의해서 물체 형상을 표현하고자 할 때 구성 요소라고 할 수 없는 것은?

① 정점(vertice) ② 면(face)
③ 모서리(edge) ④ 벡터(vector)

해설
B-rep기법에 의한 물체 표현시 구성 요소 : vertice(정점), edge(모서리), face(면) 등.

113 다음 식은 무엇을 나타낸 방정식인가?

$$x^2 + y^2 + z^2 = 1$$

① 원(circle)
② 포물선(parabola)
③ 타원(ellipse)
④ 구(sphere)

해설
① 원(circle) : $x^2 + r^2 - r^2 = 0$
② 포물선(parabola) : $r^2 - 4ax = 0$
③ 타원(ellipse) : $x^2/a^2 + r^2/b^2 = 0$
④ 구(sphere) : $x^2 + y^2 + z^2 = 1$

114 방정식 $ax + by + c = 0$이라는 식으로 표현 가능한 것은?

① 포물선 ② 타원
③ 직선   ④ 원

해설
① 포물선 : $r^2 - 4ax = 0$
② 타원 : $\dfrac{x^2}{a^2} + \dfrac{y^2}{b^2} = 1 (a > 0, \ b > 0)$
③ 직선 : $ax + by + c = 0$
④ 원 : $x^2 + y^2 + Ax + By + C = 0$

115 중심(-10, 5) 반지름 5인 원의 방정식은?

① $(x-10)^2 + (y+5)^2 = 5$
② $(x+10)^2 + (y-5)^2 = 5$
③ $(x-10)^2 + (y+5)^2 = 25$
④ $(x+10)^2 + (y-5)^2 = 25$

해설
원의 방정식은
$(x-a)^2 + (y-b)^2 + (z-c)^2 = r^2$ 이므로
중심 (-10, 5), 반지름 5인 원의 방정식은
$(x+10)^2 + (y-5)^2 = 5^2$
$(x+10)^2 + (y-5)^2 = 25$

116 2차원상에서 구성되는 원추 곡선을 다음과 같은 일반식으로 표현할 때 $b=0$, $a=c$인 경우는 다음 원추 곡선 중 어느 것을 나타내는가?

$$f(x, y) = ax^2 + bxy + cy^2 + dx + ey + g = 0$$

① 원
② 타원
③ 쌍곡선
④ 포물선

해설
원(circle) : 원추를 일정한 높이 Z에서 절단하여 생기는 곡선이다.

[정답] 112 ④ 113 ④ 114 ③ 115 ④ 116 ①

117 CAD/CAM 시스템에서 타원체면(ellipsoid)의 방정식으로 옳은 것은? (단, $a, b, c > 0$이다.)

① $\dfrac{x}{a} + \dfrac{y}{b} + \dfrac{z}{c} = r$

② $\dfrac{x^2}{a^2} + \dfrac{y^2}{b^2} + \dfrac{z^2}{c^2} = 1$

③ $x^2 + y^2 + z^2 = r^2$

④ $x^2 + y^2 + z^2 = a^2 + b^2 + c^2$

해설
도형의 방정식
① 타원체의 방정식
$\dfrac{x^2}{a^2} + \dfrac{y^2}{b^2} + \dfrac{z^2}{c^2} = 1$
② 타원의 방정식
$\dfrac{x^2}{a^2} + \dfrac{y^2}{b^2} = 1 \, (a > 0, \ b > 0)$
③ 쌍곡선의 방정식
$\dfrac{x^2}{a^2} - \dfrac{y^2}{b^2} = 1 \, (a > 0, \ b > 0, \ k^2 = a^2 + b^2)$
④ 구의 방정식
$x^2 + y^2 + z^2 = r^2$

118 다음 식으로 표현된 도형의 결과를 무엇이라고 하는가? (단, x_c와 y_c는 임의의 좌푯값이고 r은 x_c와 y_c에서 떨어진 직선거리이다.)

$$f_x = x_c + r\cos\theta$$
$$f_y = y_c + r\sin\theta \ (0 \leq \theta \leq 2\pi)$$

① 타원
② 포물선
③ 쌍곡선
④ 원

해설
위의 식에서 표현된 도형의 결과 원의 방정식이다.

119 2차원으로 구성되는 가장 일반적인 원추 곡선의 식이 다음과 같다. $F(x, y) = ax^2 + bxy + cy^2 + dx + ey + g = 0$식에서 계수가 $b^2 - 4ac = 0$인 경우의 표현은?

① 원　　　② 타원
③ 포물선　④ 쌍곡선

해설
위 예문의 원추 곡선의 표현식은 포물선이다.

120 방정식 $ax + by + c = 0$이라는 식으로 표현 가능한 항목은?

① Bézier Curve
② Spline Curve
③ Polygonal Line
④ Circle

해설
① 직선(line)으로 표현되면 1차 방정식
　예) $ax + by + c = 0$: polygonal line(다각형)
② 곡선(curve)으로 표현되면 2차 방정식
　예) $x^2 + y^2 + ax + by + c = 0$: circle(원)

121 다음 식으로 표현된 도형의 결과를 무엇이라고 하는가? (단, x_c와 y_c는 임의의 좌푯값이고, r : x_c와 y_c에서 떨어진 직선거리, $0 \leq \theta \leq 2\pi$)

$$f_x = x_c + r\cos\theta, \ f_y = y_c + r\sin\theta$$

① 타원
② 포물선
③ 쌍곡선
④ 원

[정답] 117 ② 118 ④ 119 ③ 120 ③ 121 ④

> **해설**
> 도형의 방정식
> ① 타원체의 방정식
> $\frac{x^2}{a^2}+\frac{y^2}{b^2}+\frac{z^2}{c^2}=1$
> ② 타원의 방정식
> $\frac{x^2}{a^2}+\frac{y^2}{b^2}=1(a>0, b>0)$
> ③ 쌍곡선의 방정식
> $\frac{x^2}{a^2}-\frac{y^2}{b^2}=1(a>0, b>0, k^2=a^2+b^2)$
> ④ 구의 방정식
> $x^2+y^2+z^2=r^2$

122 $x=r\cos\theta$, $y=r\sin\theta$가 그리는 궤적의 모양은?

① 원
② 타원
③ 쌍곡선
④ 포물선

123 다음 식에 의해서 표현할 수 없는 도형은?

$$f(x, y) = ax^2+bxy+cy^2+dx+ey+g=0$$

① 원(circle)
② 평면(plan)
③ 타원(eilipse)
④ 쌍곡선(hyperbola)

124 타원은 고정된 후 점으로부터 거리의 합이 일정한 점들의 집합이다. X축의 반지름을 A, Y축의 반지름을 B, 타원의 중심을 (H, K)라 한다면 타원에 대한 대수학적인 표현으로 옳은 것은?

① $\frac{(X-H)^2}{B^2}+\frac{(Y-K)^2}{A^2}=1$

② $\frac{(X-H)^2}{A^2}+\frac{(Y-K)^2}{B^2}=1$

③ $\frac{(X-H)^2}{A^2}-\frac{(Y-K)^2}{B^2}=1$

④ $\frac{(X-H)^2}{B^2}-\frac{(Y-K)^2}{A^2}=1$

> **해설**
> • 타원의 방정식
> $\frac{x^2}{a^2}+\frac{y^2}{b^2}=1(a>0, b>0)$ 또는
> $\frac{(X-H)^2}{A^2}+\frac{(Y-K)^2}{B^2}=1$
> • 쌍곡선의 방정식
> $\frac{x^2}{a^2}-\frac{y^2}{b^2}=1(a>0, b>0)$

125 다음 두 개의 직선 식이 있다. 이 두 식의 교차하는 점을 중심으로 하는 원의 방정식은?

$$[y=3x+4,\ y=-(1/3)x+4]$$

① $(x)^2+(y-4)^2-9=0$
② $(x-3)^2+(y-4)^2=25$
③ $(x-3)^2+(y-4)^2-9=0$
④ $(y)^2+(x-4)^2=9$

> **해설**
> x가 0일 때 y는 4이므로 교차점(0, 4) 원의 방정식
> $(x-a)^2+(y-b)^2=r^2$
> $(x)^2+(y-4)^2-9=0$

126 다음 식은 무엇을 나타낸 방정식인가?

$$x^2+y^2+z^2=1$$

① 원(circle)
② 포물선(parabola)
③ 타원(ellipse)
④ 구(sphere)

[정답] 122 ① 123 ② 124 ② 125 ① 126 ④

127 $2X-3Y+7=0$과 평행한 직선이 아닌 것은?

① $3X-5Y+9=0$
② $Y=(2/3)X+1$
③ $4X-6Y+5=0$
④ $9Y-6X+11=0$

해설
$2X-3Y+7=0$는 $Y=2/3X-7/3$이므로 평행하려면 X의 계수가 같아야 한다.
① $3X-5Y+9=0$
 $Y=3/5X+9/5$
② $Y=2/3X+1$
③ $4X-6Y+5=0$
 $6Y=4X+5$
 $Y=2/3X+5/6$
④ $9Y-6X+11=0$
 $9Y-6X+11$
 $Y=2/3X-11/9$

128 다음 그림과 같이 $X^2+Y^2-2=0$인 원이 있다. 점 $P(1, 1)$에서의 접선의 방정식은?

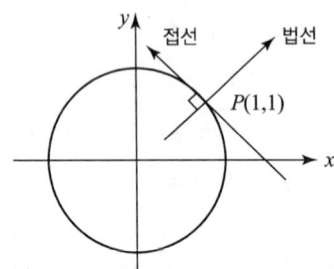

① $2(x-1)+2(y-1)=0$
② $(x-1)-(y-1)=0$
③ $2(x-1)-2(y-1)=0$
④ $(x+1)+(y+1)=0$

해설
$x+y=2, 2x+2y=4, 2x-2+2y-2=0$
$2(x-1)+2(y-1)=0$

129 그림과 같이 $x^2+y^2-4=0$인 원이 있다. 점 $P(2, 2)$에서의 접선 및 법선 방정식은?

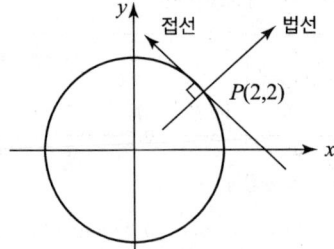

① 접선 방정식 : $4(x-2)+4(y-2)=0$
 법선 방정식 : $4(x-2)-4(y-2)=0$
② 접선 방정식 : $4(x-2)-4(y-2)=0$
 법선 방정식 : $4(x-2)+4(y-2)=0$
③ 접선 방정식 : $2(x-1)+2(y-1)=0$
 법선 방정식 : $2(x-1)-2(y-1)=0$
④ 접선 방정식 : $2(x-1)-2(y-1)=0$
 법선 방정식 : $2(x-1)+2(y-1)=0$

해설
① 접선의 방정식
$x+y=4, 4x+4y=16$
∴ $4(x-2)+4(y-2)=0$
② 법선의 방정식은 원점과 접선에 일치되므로
$x+y=4, 4x-4y=0$
∴ $4(x-2)-4(y-2)=0$

130 다음 중 원추 단면 곡선에 해당하지 않는 것은?

① 쌍곡선
② 스플라인 곡선
③ 타원
④ 포물선

해설
원뿔에 의한 원추 곡선 : 원, 타원, 쌍곡선, 포물선 등

[정답] 127 ① 128 ① 129 ① 130 ②

131 2차원으로 구성되는 가장 일반적인 원추 곡선의 식이 다음과 같을 때, 식에서 계수가 $b^2 - 4ac = 0$인 경우의 표현은?

$$F(x, y) = ax^2 + bxy + cy^2 + dx + ey + g = 0$$

① 원
② 타원
③ 포물선
④ 쌍곡선

해설
① 원(circle) : 원추를 일정한 높이 Z에서 절단하여 생기는 곡선이다.
$x^2 + r^2 - r^2 = 0$
② 타원(ellipse) : 원추를 비스듬하게 절단하여 생기는 곡선이다.
$x^2/a^2 + r^2/b^2 = 0$
③ 포물선(parabola) : 원추를 원추의 경사와 평행하게 절단 시 생기는 곡선이다.
$r^2 - 4ax = 0$
④ 쌍곡선(hyperbola) : 원추를 z축 방향으로 절단 시 생기는 곡선이다.
$x^2/a^2 - y^2/b^2 - 1 = 0$

132 다음 중 방정식 "$ax + by + c = 0$"으로 표현 가능한 항목은?

① circle
② spline curve
③ Bézier curve
④ polygonal line

해설
$ax + by + c = 0$은 직선의 방정식이다.

133 좌표공간에서 점(2, -3, 1)을 중심점으로 하고 원점을 지나는 구의 방정식은?

① $(x + 2)^2 + (y + 3)^2 + (z - 1)^2 = 18$
② $(x + 2)^2 + (y - 3)^2 + (z + 1)^2 = 18$
③ $(x - 2)^2 + (y + 3)^2 + (z + 1)^2 = 14$
④ $(x - 2)^2 + (y + 3)^2 + (z - 1)^2 = 14$

해설
구의 방정식 : $x^2 + y^2 + z^2 = r^2$.

134 CAD 시스템의 형상 모델링에서 원추 단면 곡선을 음함수 형태로 표시할 경우 타원(Ellips)의 방정식을 표현한 함수는?

① $y^2 + 4ax = 0$
② $x^2 + y^2 - r^2 = 0$
③ $\dfrac{x^2}{a^2} + \dfrac{y^2}{b^2} - 1 = 0$
④ $\dfrac{x^2}{a^2} - \dfrac{y^2}{b^2} - 1 = 0$

해설
타원의 방정식 표준형
$\dfrac{x^2}{a^2} + \dfrac{y^2}{b^2} = 1 (a > 0, \ b > 0)$

135 $(x + 7)^2 + (y - 4)^2 = 64$인 원의 중심과 반지름은?

① 중심 (-7, 4), 반지름 8
② 중심 (7, 4), 반지름 8
③ 중심 (-7, 4), 반지름 64
④ 중심 (-7, -4), 반지름 64

[정답] 131 ③ 132 ④ 133 ③ 134 ③ 135 ①

> **해설**
> 점 (a, b)를 중심으로 하고 반지름 r인 원의 방정식
> $(x-a)^2 + (y-b)^2 = r^2$ 이므로
> $(x+7)^2 + (y-4)^2 = 64$
> 중심: $a=-7$, $b=4$, 반지름: 8이 된다.

136 다음 두 점 $(-2, 0)$, $(4, -6)$을 지나는 직선의 방정식은 어느 것인가?

① $y = x - 2$
② $y = -x - 2$
③ $y = x - 4$
④ $y = -x - 3$

> **해설**
> $y - y_1 = \dfrac{y_2 - y_1}{x_2 - x_1}(x - x_1)$ 에서
> $y - 0 = \dfrac{-6-0}{4-(-2)}(x-(-2))$
> $y = -(x+2) = -x - 2$

137 다음 중 $r(\theta) = 5\cos\theta i + 5\sin\theta j + \dfrac{\theta}{\pi}k$에 대하여 $\theta = 0$에서의 접선의 방정식은?

① $t(u) = 5i + 5j + \left(\dfrac{u}{\pi}\right)k$
② $t(u) = 5i + 5uj + \left(\dfrac{u}{\pi}\right)k$
③ $t(u) = 5i + 5j + \left(\dfrac{\theta}{\pi}\right)k$
④ $t(u) = 5i + 5uj + \left(\dfrac{\theta}{\pi}\right)k$

> **해설**
> 접선의 방정식 $r(\theta) = 5\cos\theta_i + 5\sin\theta_j + \dfrac{\theta}{\pi}k$에서 $\theta = 0$이므로 $t(u) = 5i + 5uj + \left(\dfrac{u}{\pi}\right)k$가 된다.

138 원뿔을 임의 평면으로 교차시킨 경우에 구성되는 원추 곡선이 아닌 것은?

① 선(line)
② 원(circle)
③ 타원(ellipse)
④ 쌍곡선(hyperbola)

> **해설**
> 원뿔을 임의 평면으로 교차시킨 경우에 원, 타원, 포물선, 쌍곡선 등 원추 곡선을 정확하게 나타낼 수 있다.

139 원추 곡선(conic curve)을 그리기 위해 필요한 요소가 아닌 것은?

① 곡선의 양 끝점
② 양 끝점의 접선
③ 곡선 위의 한 점
④ 양 끝점의 곡률 반경

> **해설**
> 양 끝점의 곡률 반경은 원추 곡선(conic curve)을 그릴 수가 없다.

140 다음 중 원뿔에 의한 원추 곡선이 아닌 것은?

① 3차 스플라인 곡선
② 쌍곡선
③ 포물선
④ 타원

> **해설**
> NURBS 곡선과 곡면에서 원, 타원, 포물선, 쌍곡선 등 원추 곡선을 정확하게 나타낼 수 있다.

[정답] 136 ② 137 ② 138 ① 139 ④ 140 ①

141 다음 중 평면과 교차하는 방향에 따라 원, 타원, 포물선, 쌍곡선 등이 생성되는 곡선은?

① 원추(Conic section) 곡선
② 퍼거슨(Ferguson) 곡선
③ 베이지(Bézier) 곡선
④ 스플라인(Spline) 곡선

해설
원추 곡선
평면과 교차하는 방향에 따라 원, 타원, 쌍곡선, 포물선 등이 생성되는 곡선

142 $y = 2x + 1$인 직선에 수직이고, 점(2, 4)을 지나는 직선의 방정식에 대한 표준 음함수 식을 구하면?

① $0.5083x + 0.9742y - 5.1862 = 0$
② $0.4472x + 0.8945y - 4.4723 = 0$
③ $-0.5111x + 1.0001y - 5.2145 = 0$
④ $0.4501x - 0.9241y - 4.5217 = 0$

해설
$y = 2x + 1$ 기울기 $a = 2$, 직선에 수직일 경우
$a' = -1/a = -1/2$
∴ $y_1 = \dfrac{-x}{2} + b$ (2, 4)를 통과하므로
$y_1 = \dfrac{-2}{2} + b = 4$
∴ $b = 4 + 1 = 5$
∴ $y_1 = \dfrac{-x}{2} + 5$ 따라서
$0.4472x + 0.8945y - 4.4723 = 0$이다.

143 CAD 소프트웨어에서 3차식을 곡선 방정식으로 가장 많이 사용하는 이유로 적절한 것은?

① 복잡한 형태의 곡선을 만들 때 곡률의 연속을 보장할 수 있다.
② 2차식에 비해 계산시간이 짧게 걸린다.
③ 2차식에 비해 작은 구속조건으로도 곡률을 생성할 수 있다.
④ 경계조건이 모호하여도 곡률을 생성할 수 있다.

해설
두 개 이상의 곡선을 이용하여 복잡한 곡선을 만들 때 양수 곡선이 3차식이면 연결 점에서 2차 미분까지 할 수 있어 연속적인 곡면을 보장할 수 있는 3차식 이상의 곡선 방정식이 쓰인다.

144 4개의 모서리 점과 4개의 경계 곡선을 부드럽게 연결한 곡면은?

① 퍼거슨 곡면
② 쿤스 곡면
③ 베지어 곡면
④ B-spline 곡면

해설
① 퍼거슨 곡면 : 4개 모서리의 위치 벡터와 접선 벡터를 이용하여 곡면을 형성하는 방법
② 쿤스 곡면 : 4개의 모서리 점과 4개의 경계 곡선을 부드럽게 연결한 곡면으로, 곡면의 표현이 간결하여, 예전에는 널리 사용하였으나 곡면 내부의 볼록한 정도를 직접 조절하기가 어려워 정밀한 곡면 표현에는 적합하지 않다.
③ 베지어 곡면 : 주어진 양 끝점만 통과하고 중간의 점은 조정점의 영향에 따라 근사하고 부드럽게 연결되는 곡선
④ B-spline 곡면 : 곡선의 연결성(continuity)과 조작성에 그 특징이 있고 꼭짓점의 위치를 이동하여 곡선의 형태를 수정하여도 연결성이 보장되는 것이 특징

[정답] 141 ① 142 ② 143 ① 144 ②

145 퍼거슨(Ferguson) 곡선과 곡면의 특징으로 틀린 것은?

① 평면상의 곡선뿐만 아니라 3차원 공간에 있는 형상도 간단히 표현할 수 있다.
② 다각형의 꼭짓점의 순서를 거꾸로 하여 곡선을 생성하여도 같은 곡선이 생성된다.
③ 곡선 또는 곡면의 일부를 표현하려고 할 때는 매개변수의 범위를 조절하여 간단히 표현 할 수 있다.
④ 일반 대수식에 비해 곡선 생성이 쉽긴 하지만, 벡터의 변화에 대해 벡터 중간부의 곡선 형태를 예측하여 원하는 특정 형상을 표현하는 데에 어려움이 있다.

해설
퍼거슨(Ferguson) 곡선과 곡면의 특징
① 평면상에 곡선뿐만 아니라 3차원 공간에 있는 형상도 간단히 표현할 수 있다.
② 곡선이나 곡면의 일부를 표현하려고 할 때는 매개변수의 범위를 가지므로 간단히 표현할 수 있다.
③ 곡선이나 곡면의 좌표 변환이 필요할 경우 단순히 주어진 벡터만을 좌표 변환하여 원하는 결과를 얻을 수 있다.
④ 일반 대수식에 비해 곡선 생성이 쉽긴 하지만, 벡터의 변화에 대해 벡터 중간부의 곡선 형태를 예측하여 원하는 특정 형상을 표현하는 데에 어려움이 있다.

146 퍼거슨(Ferguson) 곡선 및 곡면에 관한 설명으로 틀린 것은?

① 곡선이나 곡면의 일부를 간단히 표현할 수 있다.
② 평면상의 곡선뿐만 아니라 3차원 공간에 있는 형상도 간단히 표현할 수 있다.
③ 자동차 외관과 같이 곡률 변화율이 중요한 경우 곡면의 품질을 향상시킨다.
④ 곡선이나 곡면의 좌표 변환이 필요할 경우 주어진 벡터만을 좌표 변환하여 결과를 얻을 수 있다.

해설
퍼거슨(Ferguson) 곡선 : 자동차 외관과 같이 곡률 변화율이 중요한 경우에는 곡면의 품질을 저하시킨다.

147 지정된 모든 점을 통과하면서도 부드럽게 연결된 곡선은?

① B-spline 곡선
② 스플라인 곡선
③ NURB 곡선
④ 베지어 곡선

해설
스플라인(Spline) 곡선 : 지정된 모든 점을 통과하면서도 부드럽게 연결된 곡선이다.

148 다음 중 곡면을 표현할 수 있는 방법이 아닌 것은?

① Coons 곡면
② Bézier 곡면
③ Repular 곡면
④ B-Spline 곡면

해설
① Coons 곡면 : 4개의 경계 곡선을 선형 보간하여 곡면을 표현하며 곡면 내부의 볼록한 정도를 직접 조절하기가 어려우므로, 정밀한 곡면 표현에는 적합하지 않다.
② Bézier 곡면 : 주어진 양 끝점만 통과하고 중간의 점은 조정점의 영향에 따라 근사하고 부드럽게 연결되는 곡선으로 다각형이 모양이 결정되면 곡선의 모양을 상상할 수 있어서 곡면이나 곡선의 형상을 쉽게 바꿀 수 있다.
③ B-Spline 곡면 : 무엇보다도 곡선의 연결성(continuity)과 조작성이 있고 꼭짓점의 위치를 이동하여 곡선의 형태를 수정하여도 연결성이 보장된다.

[정답] 145 ② 146 ③ 147 ② 148 ③

149 곡면을 변형시키지 않고 펼쳐서 평면으로 만들 수 있는 것을 전개가능곡면(developable surface)이라 하는데, 다음 중 전개가능곡면이 아닌 것은?

① 압연(ruled) 곡면
② 원통(cylinder) 곡면
③ 쿤스(Coons) 곡면
④ 선형(bilinear) 곡면

해설
쿤스(Coons) 곡면은 곡면 내부의 볼록한 정도를 직접 조절하기가 어려우므로, 정밀한 곡면 표현에는 적합하지 않다.

150 곡면 형상을 구성하는 가장 작은 단위의 형상 요소를 패치(patch)라고 한다. 이러한 패치의 종류에 해당되지 않는 것은?

① Coon's patc
② scatch patch
③ ruled patch
④ sweep patch

해설
곡면 형상을 구성하는 가장 작은 단위의 형상 요소를 패치(patch)라고 한다. 이러한 패치의 종류는 Coon's patch, ruled patch, sweep patch 등이 있다.

151 3차 곡선식 $P(u) = a_0 + a_1 u + a_2 u^2 + a_3 u^3$로 주어질 때 a_0, a_1, a_2, a_3와 같은 대수 계수를 곡선의 형상과 밀접한 관계를 갖는 P_0, P_1, P_0', P_1'과 같은 기하 계수로 바꾸어서 나타낸 것은?

① Hermite 곡선
② Conic 곡선
③ Hyperbolic 곡선
④ Polynomial 곡선

해설
① Hermite 곡선 : 양 끝점의 위치와 양 끝점에서의 도함수를 이용해 구한 3차원 곡선식이다.
3차 곡선식 $P(u) = a_0 + a_1 u + a_2 u^2 + a_3 u^3$로 주어질 때 a_0, a_1, a_2, a_3와 같은 대수 계수를 곡선의 형상과 밀접한 관계를 갖는 P_0, P_1, P_0', P_1'과 같은 기하 계수로 바꾸어서 나타낸다.
② Conic 곡선 : 직원뿔을 그 꼭짓점을 지나지 않는 평면으로 잘랐을 때 생기는 단면의 평면곡선의 총칭으로 원추 곡선이라고도 한다.
③ Hyperbolic 곡선 : 원뿔곡선의 하나로 x2/a2−y2/b2=1 (단, a > 0)인 것이다.
④ Polynomial 곡선 : 다항식으로 표시할 수 있는 곡선으로 직선, 이차곡선 등이 있다.

152 다음 중 곡면에 관한 일반적인 설명으로 틀린 것은?

① 베지어(Bézier) 곡면의 차수는 조정점의 개수에 의해 좌우된다.
② 곡면식들은 필요해 의해 그 미분 값들을 자주 계산할 필요가 있다.
③ 쿤스 패치(coons patch)는 패치를 구성하는 2개의 구석 점들을 선형 보간하여 전체 곡면식을 얻는다.
④ 최근의 솔리드 모델링 시스템은 사용되는 모든 곡면을 하나의 NURB 곡면식 형태로 저장하기도 한다.

해설
쿤스의 방법에는 4개의 모서리 점과 그 점에서 양방향의 접선 벡터를 주고 3차식을 사용하면 이것은 퍼거슨의 곡면과 동일한 것이다.

[정답] 149 ③ 150 ② 151 ① 152 ③

153 CAD/CAM 시스템의 곡선표현 방식에서 Bézier 곡선에 대한 설명으로 틀린 것은?

① 블렌딩 함수는 정규화 특성을 만족한다.
② 조정점의 순서가 거꾸로 되면, 다른 곡선이 생성된다.
③ 모델링 된 곡선을 첫 번째 조정점과 마지막 조정점을 지난다.
④ 블렌딩 함수로 번스타인 다항식(Bernstein Polynomial) 사용한다.

해설
Bézier 곡선 : 주어진 양 끝점만 통과하고 중간의 점은 조정점의 영향에 따라 근사하고 부드럽게 연결되는 곡선으로 다각형의 꼭짓점의 순서를 거꾸로 하여 곡선을 생성하여도 같은 곡선이어야 한다. (대칭성)

154 Bézier곡선이 갖는 특징으로 틀린 것은?

① 조정점(control point)의 개수와 곡선식의 차수가 직결되어 실제로 모든 조정점이 곡선의 형상에 영향을 준다.
② 복잡한 형상의 곡선 생성을 위해 조정점의 수가 증가하게 되고 곡선 형상의 진동 등의 문제를 야기한다.
③ 두 개의 인접한 Bézier곡선의 연결점에서 접선 연속성과 곡률 연속성을 동시에 만족시키는 것이 불가능하다.
④ 모든 조정점이 곡선의 형상에 영향을 주므로 부분적 형상 변경을 위해 조정점을 옮기면 곡선 전체의 형상이 변경되는 문제가 발생한다.

해설
Bézier곡선 특징
① 조정점(control point)의 개수와 곡선식의 차수가 직결되어 실제로 모든 조정점이 곡선의 형상에 영향을 주며 Bézier곡선을 정의하는 다각형의 첫 번째 선분은 Bézier곡선의 시작점에서의 접선 벡터와 같다.
② 복잡한 형상의 곡선 생성을 위해 조정점의 수가 증가하게 되고 곡선 형상의 진동 등의 문제를 일으킬 수 있으며 두 개의 인접한 Bézier곡선의 연결점에서 접선 연속성과 곡률 연속성을 동시에 만족시키는 것이 가능하다.
③ 모든 조정점이 곡선의 형상에 영향을 주므로 부분적 형상 변경을 위해 조정점을 옮기면 곡선 전체의 형상이 변경되는 문제가 발생한다.
④ 베지어 곡면은 4개의 조정점에 곡면 내부의 볼록한 정도를 나타내며 3차 곡면 패치의 4개의 꼬임 막대와 같은 역할을 한다.

155 다음 Bézier 곡선의 성질에 대한 설명으로 가장 적절하지 않은 것은?

① 곡선의 차수는 (조정점의 개수-1)이다.
② 곡선은 볼록포(convex hull) 안에 위치한다.
③ 한 개의 조정점을 움직이면 곡선 일부의 모양만이 변한다.
④ 다각형의 꼭짓점 순서가 거꾸로 되어도 같은 곡선이 생성되어야 한다.

해설
모든 조정점이 곡선의 형상에 영향을 주므로 부분적 형상 변경을 위해 조정점을 옮기면 곡선 전체의 형상이 변경되는 문제가 발생한다.

[정답] 153 ② 154 ③ 155 ③

156 다음 중 Bézier 곡선의 일반적인 특성으로 옳지 않은 것은?

① Bernstein 다항식을 블렌딩 함수로 사용한다.
② 생성되는 곡선은 시작점과 끝점을 반드시 지난다.
③ 볼록 껍질(convex hull) 내부에서만 곡선이 정의되는 성질을 갖는다.
④ 곡선의 양끝 점과 그 점에서의 접선 벡터만을 이용하여 곡선을 정의한다.

해설
조정 다각형의 첫 번째 선분은 시작점에서의 접선 벡터와 같은 방향이며 곡선의 단에 있어서 접선 벡터는 단의 2점을 연결하는 변의 방향과 일치하며, 조정점(control point)의 개수와 곡선식의 차수가 직결되어 실제로 모든 조정점이 곡선의 형상에 영향을 주며, Bézier 곡선을 정의하는 다각형의 첫 번째 선분은 Bézier 곡선의 시작점에서의 접선 벡터와 같다.

157 베지어(Bézier) 곡선의 특성이 아닌 것은?

① 조정점 다각형의 시작점과 끝점을 지난다.
② 조정점 다각형의 첫번째 직선과 시작점에서의 접선 벡터의 방향이 같다.
③ 조정점 다각형의 꼭짓점 순서가 거꾸로 되어도 같은 곡선이 생성된다.
④ 조정점 하나가 변경되어도 곡선에는 영향을 미치지 않는다.

해설
베지어(Bézier) 곡선은 1개의 정점 변화가 곡선 전체에 영향을 미친다.

158 다음 중 베지어(Bézier) 곡선에 관한 설명이 잘못된 것은?

① 곡선은 양단의 정점을 통과한다.
② 1개의 정점 변화는 곡선 전체에 영향을 미친다.
③ n개의 정점에 의해서 정의된 곡선은 (n+1)차 곡선이다.
④ 곡선은 정점을 연결시킬 수 있는 다각형의 내측에 존재한다.

해설
n개의 정점에 의해서 생성된 곡선은 (n−1)차 곡선이다.

159 Bézier 곡선에 대한 설명으로 틀린 것은?

① 조정 다각형(control polygon)의 시작점과 끝점을 반드시 통과한다.
② 조정 다각형의 첫 번째 선분은 시작점에서의 접선 벡터와 같은 방향이다.
③ 조정점의 개수가 증가하면 곡선의 차수도 증가한다.
④ 곡선의 형상을 국부적으로 수정하는 것이 가능하다.

해설
Bézier 곡선은 곡선의 형상을 국부적으로 수정하는 것이 불가능하다.

[정답] 156 ① 157 ④ 158 ③ 159 ④

160 3차 베지어 곡면(Bézier Surface)에 관한 설명 중 틀린 것은?

① 3차 베지어 곡면은 조정점(control points)의 일반적인 형상을 따른다.
② 3차 베지어 곡면은 조정점들로 만들어지는 볼록포 내부(Convex Hull)에 포함된다.
③ 3차 베지어 곡면의 코너와 코너 조정점은 일치한다.
④ 3차 베지어 곡면의 패치(patch)당 조정점의 개수는 9개이다.

> **해설**
> 베지어 곡면은 4개의 조정점 P1, P2, P3, P4는 베지어 곡면 내부의 볼록한 정도를 나타내며 3차 곡면 패치의 4개의 꼬임 막대와 같은 역할을 한다.

161 다음 중 블렌딩 함수로 베른스타인(Bernstein) 다항식을 사용한 곡선 방정식은?

① NURBS 곡선
② B-spline 곡선
③ 베지어(Bézier) 곡선
④ 퍼거슨(Ferguson) 곡선

> **해설**
> 베지어(Bézier) 곡선 : 베른스타인 다항식은 베지어 곡선을 정의하기 위한 블렌딩 함수로 사용되며 조정점 한 개의 위치를 변화시키면 곡선 세그먼트 전체의 형상이 변화한다.

162 3차 Bézier 곡선의 조정점이 다음과 같은 순서로 놓일 때, 곡선 시작점에서의 단위 접선 벡터는?

조정점 좌푯값 : (0, 0) (0, 2) (2, 2) (2, 0)

① (1, 0)　　　② (0, 1)
③ (0.707, 0.707)　　　④ (-1, 0)

> **해설**
> Bézier 곡선의 볼록 껍질 성질은 Bézier 곡선의 정의에 사용된 블렌딩 함수가 임의의 u값에서 반드시 모두 0과 1 사이에 있어야 한다.

163 정점이 7개인 Bézier 곡선에서 곡선 방정식의 차수는?

① 3차　　　② 4차
③ 5차　　　④ 6차

> **해설**
> n개의 정점에 의해서 생성된 곡선은 $(n-1)$차 곡선이다. 따라서 7개-1=6차 곡선이다.

164 다음 중 자유 곡면의 표현 방법으로 적당하지 않는 것은?

① 회전 곡면
② 베지어(Bézier) 곡면
③ B-스플라인 곡면
④ 비균일 유리 B-스플라인 곡면

> **해설**
> 자유 곡면의 표현 방법 : 베지어(Bézier) 곡면, B-스플라인 곡면, 비균일 유리 B-스플라인(NURBS) 곡면 등이다.

165 B-spline 곡선에 대한 일반적인 설명으로 틀린 것은?

① B-spline 곡선은 국소 변형 성질을 가지고 있다.
② 비균일 유리 B-spline 곡선을 NURBS 곡선이라 한다.
③ B-spline 곡선은 조정점의 개수에 무관하게 곡선의 차수를 결정할 수 있다.

[정답] 160 ① 161 ③ 162 ② 163 ④ 164 ① 165 ④

④ B-spline 곡선의 오더가 k라면 특정 매개변수에 해당하는 곡선의 형상에 영향을 미치는 조정점은 (k+1)개이다.

해설
B-spline의 특징
① B-spline의 곡선식을 포함하는 일반적인 형태이다.
② 꼭짓점을 움직여도 연속성이 보장되며 곡선을 국소적으로 변형할 수 있다.
③ 조정 다각형에 의하여 곡선을 표현하며 스플라인이 갖는 접속성과 곡면이 갖는 제어성이 가장 우수한 곡면이다.
④ 곡선 함수의 차수가 1개의 정점(control point)이 영향을 줄 수 있는 곡선 세그먼트의 개수를 결정한다.
⑤ 조정점의 개수가 많더라도 원하는 차수를 지정할 수 있다.

166 B-spline 곡선의 특징이 아닌 것은?

① 조정점들에 의해 인접한 B-spline 곡선 간의 연속성이 보장된다.
② 국부적인 곡선 조정이 가능하다.
③ 매개변수 방식이므로 매개변수에 해당하는 좌푯값의 계산이 용이하다.
④ 원이나 타원을 정확하게 표현할 수 있다.

해설
B-spline 곡선은 원이나 타원을 정확하게 표현할 수 없다.

167 B-spline 곡선에 관한 설명으로 옳은 것은?

① 조정점 다각형이 정해져도 형상 예측은 불가능하다.
② 곡선의 차수는 조정점의 개수와 무관하다.
③ 하나의 꼭짓점을 이용한 국부적 조정이 불가능하다.
④ 이웃하는 단위 곡선과의 연속성이 보장되지 않는다.

해설
B-spline 곡선
① 꼭짓점을 움직여도 연속성이 보장되며 곡선을 국소적으로 변형할 수 있다.
② 조정 다각형에 의하여 곡선을 표현하며 스플라인이 갖는 접속성과 곡면이 갖는 제어성이 가장 우수한 곡면이다.
③ 곡선 함수의 차수가 1개의 정점(control point)이 영향을 줄 수 있는 곡선 세그먼트의 개수를 결정한다.
④ 조정점의 개수가 많더라도 원하는 차수를 지정할 수 있다.
⑤ 곡선의 차수는 조정점의 개수와 무관하다.
⑥ 첫 번째 조정점과 마지막 조정점은 반드시 통과한다.

168 B-spline 곡선을 정의하기 위해 필요하지 않은 입력 요소는?

① 조정점
② 절점(knot) 벡터
③ 곡선의 오더(order)
④ 끝점에서의 접선(tangent) 벡터

해설
B-spline 곡선을 정의하기 위해 필요한 입력 요소
① 조정점
② 절점(knot) 벡터
③ 곡선의 오더(order)
④ 곡선 세그먼트의 개수

169 B-spline 곡선을 보다 다양하게 표현하고 있는 곡선은?

① Bézier 곡선   ② Spline 곡선
③ NURBS 곡선   ④ Ferguson 곡선

해설
NURBS 곡선
① B-spline은 각각의 조정점에서 3개의 자유도를 갖고 NURBS에서는 4개의 자유도를 갖는다.
② B-spline에 비하여 NURBS 곡선이 보다 자유로운 변형이 가능하다.
③ NURBS 곡선은 자유 곡선뿐만 아니라 원추 곡선까지 한 방정식의 형태로 표현이 가능하다.

[정답] 166 ④ 167 ② 168 ④ 169 ③

170 B-spline 곡선의 특징으로 틀린 것은?

① 연속성 보장
② 국부적 조정 가능
③ 역 변환 용이
④ 다각형에 따른 형상 예측 불가능

> **해설**
> B-spline 곡선의 특징
> ① B-spline의 곡선식을 포함하는 일반적인 형태이다.
> ② 꼭짓점을 움직여도 연속성이 보장되며 곡선을 국부적으로 변형할 수 있다.
> ③ B-spline 곡선의 성질로는 연속성, 다각형에 따른 형상 직관 제공, 지역 유일성, 역변환의 용이성 등이 있다.
> ④ 조정 다각형에 의하여 곡선을 표현하며 스플라인이 갖는 접속성과 곡면이 갖는 제어성이 가장 우수한 곡면이다.
> ⑤ 곡선 함수의 차수가 1개의 정점(control point)이 영향을 줄 수 있는 곡선 세그먼트의 개수를 결정한다.
> ⑥ 조정점의 개수가 많더라도 원하는 차수를 지정할 수 있다.
> ⑦ 곡선의 차수는 조정점의 개수와 무관하다.
> ⑧ 첫 번째 조정점과 마지막 조정점은 반드시 통과한다.

171 다음 중 P_0, P_1, P_2의 조정점을 갖고 오더가 3인 비주기적 균일 B-spline 곡선의 식을 다항식 형태로 유도한 것으로 적절한 것은?

① $P(u) = u^2 P_0 + 2u(1-u)P_1 + (1-u)^2 P_2$
② $P(u) = (1-u)^2 P_0 + 2u(1-u)P_1 + u^2 P_2$
③ $P(u) = u^2 P_0 - 2u(1-u)P_1 + (1-u)^2 P_2$
④ $P(u) = (1-u)^2 P_0 - 2u(1-u)P_1 + u^2 P_2$

> **해설**
> B-spline 곡선의 식
> $P(u) = (1-u)^2 P_0 + 2u(1-u)P_1 + u^2 P_2$

172 곡선을 표현하는 함수에 관한 설명으로 틀린 것은?

① 양 함수식에서는 하나의 곡선에 대하여 하나의 곡선의 식만 존재한다.
② 다항식으로 표현된 양 함수곡선식은 매개변수 방정식으로 변환이 가능하다.
③ 다항식 곡선 함수식에서 변환된 매개변수 방정식은 일반적으로 다항식이 아니다.
④ 곡선식이 다항식인 경우 변환되는 동일한 곡선에 대하여 매개변수방정식은 하나뿐이다.

> **해설**
> XY 평면상에 1개의 곡선을 표현하는 방법에는 음함수, 양함수, 매개변수 형태가 일반적이다.

173 3차원 곡선(curve)을 정의하는 방법에 대한 설명으로 틀린 것은?

① Bézier 곡선은 주어진 시작점과 끝점을 통과한다.
② B-spline은 1점의 변경에 의한 곡선 전체에 주는 영향이 작다.
③ B-spline은 곡선 전체의 연속성도 spline의 성격을 받아 이루어지기 때문에 좋다.
④ Bézier 곡선은 1점의 변경에 의한 곡선 전체에 주는 영향이 없다.

> **해설**
> Bézier 곡선은 1개의 정점 변화가 곡선 전체에 영향을 미친다.

174 퍼거슨 곡선의 3차 Hermite 곡선식의 기하 계수에 해당하는 것은?

① 곡선상의 임의의 4개의 점
② 곡선의 양 끝점과 곡선상의 임의의 2개의 점
③ 곡선의 양 끝점과 양 끝점에서의 접선벡터

[정답] 170 ④ 171 ② 172 ④ 173 ② 174 ③

④ 곡선상의 임의의 4개의 점에서의 접선 벡터

> **해설**
> Hermite 곡선 : 양 끝점의 위치와 양 끝점에서의 도함수를 이용해 구한 3차원 곡선식이다.

175 Boundary representation 기법에 의해서 물체 형상을 표현하고자 할 때 구성 요소라고 할 수 없는 것은?

① 정점(vertice)   ② 면(face)
③ 모서리(edge)   ④ 벡터(vector)

> **해설**
> B-rep 기법에 의한 물체 표현 시 구성 요소 : vertice(정점), edge(모서리), face(면) 등

176 물체가 구성될 때 정점(vertex), 면(face) 그리고 모서리(edge) 등이 서로 상관관계를 나타내는 것은?

① 토폴로지(topology)
② 프리미티브(primitive)
③ 다층구조(layer)
④ 유한요소법(fem)

177 원뿔곡선(conic curve)과 관계없는 것은?

① 원(circle)
② 타원(ellipse)
③ 원호(arc)
④ 포물선(parabola)

> **해설**
> 원뿔곡선으로 원, 타원, 포물선, 쌍곡선 등을 표현할 수 있다.

178 주어진 모든 점을 지나는 곡선을 그리고자 한다. 보기 중에서 알맞은 메뉴를 선택하면?

① Spline
② B-Spline
③ Bézier
④ Arc

> **해설**
> ① 스플라인 곡선(spline curve) : 주어진 모든 점을 반드시 통과하는 곡선이다.
> ② B-spline 곡선 : 기초 스플라인을 이용한 곡선이며, 스플라인이 갖는 접속성과 곡면이 갖는 제어성이 가장 우수한 곡면이다.
> ③ 베지어 곡선(Bézier curve) : 주어진 다각형의 각을 평활화하여 얻어지는 곡선 구간의 정의에 있어서 양 끝점의 위치 벡터와 내부 조정점을 이용하는 곡선이다.

179 B-spline곡선에 대한 설명 중 옳지 않은 것은?

① 곡선 전체의 연속성이 좋다.
② 일부 control point의 이동에 의하여 곡선 전체의 모양을 변경할 수 있다.
③ 곡선 함수의 치수가 1개의 정점(control point)이 영향을 줄 수 있는 곡선 세그먼트의 개수를 결정한다.
④ B-spline 곡선 세그먼트는 그 근방의 정점의 위치 벡터에 의하여 형상이 결정된다.

> **해설**
> B-spline 곡선
> ① 기초 스플라인을 이용한 곡선 및 곡면을 그리고, 곡선 전체의 연속성이 좋다.
> ② 정점의 이동에 의한 형상의 변화는 곡선 전체에는 영향을 주지 않으므로 형상의 조작성이 쉽다.
> ③ 스플라인이 갖는 접속성과 곡면이 갖는 제어성이 가장 우수한 곡면이다.
> ④ 곡선 함수의 차수가 1개의 정점(control point)이 영향을 줄 수 있는 곡선 세그먼트의 개수를 결정한다.

[정답] 175 ④ 176 ① 177 ③ 178 ① 179 ②

180 자유 곡면을 가공관점에서 분류하였을 때 틀린 것은?

① 접합 곡면
② 커브 데이터 곡면
③ 포인트 데이터 곡면
④ 심미적 곡면

해설
가공관점에서 분류한 자유 곡면 : 접합 곡면, 커브 데이터 곡면, 포인트 데이터 곡면이다.
여기서 심미적 곡면은 용도에 따른 곡면의 종류이다.

181 Spline이 갖는 접속성과 곡면이 갖는 제어성의 특징에 있어서 가장 우수한 작업은?

① Coons 곡면
② Bézier 곡면
③ B-Spline 곡면
④ Ferguson 곡면

해설
B-spline 곡선 : 기초 스플라인을 이용한 곡선이며, 스플라인이 갖는 접속성과 곡면이 갖는 제어성이 가장 우수한 곡면이다.

182 다음 중 곡선에 관한 설명으로 잘못된 것은?

① Bézier 곡선은 반드시 양단의 정점을 통과한다.
② B-spline은 곡선 전체의 연속성이 기초 스플라인(spline)을 이용하므로 좋다.
③ Bézier 곡선은 정점을 통과시킬 수 있는 다각형의 내측에 존재한다.
④ B-spline은 1개의 정점 변화에 의해 곡선 전체에 영향을 미친다.

183 임의의 4개의 점이 공간상에 구성되어 있다. 4개의 점으로 베지어(Bézier) 곡선을 구성한다면 베지어 곡선을 구성하기 위한 기본 계산식의 차수는 몇 차식인가?

① 일차식
② 이차식
③ 삼차식
④ 사차식

해설
3차식 : 4개의 조정점 P1, P2, P3, P4는 베지어 곡면 내부의 볼록한 정도를 나타내며 3차 곡면 패치의 4개의 꼬임 막대와 같은 역할을 한다.

184 XY 평면상에 하나의 곡선을 표현하는 방법에는 일반적으로 3가지가 있는데 이에 속하지 않는 것은?

① 음함수 형태
② 양함수 형태
③ 단어번지 형태
④ 매개변수 형태

해설
XY 평면상에 1개의 곡선을 표현하는 방법에는 음함수, 양함수, 매개변수 형태가 일반적이다.

185 곡면식으로 정의되는 해석 곡면에 속하지 않는 것은?

① 회전 곡면
② 구면
③ 원뿔면
④ 원통면

해설
곡면식으로 정의되는 해석 곡면에는 회전 곡면, 구면, 원뿔면 등이 있다.

186 다음 중 2차 Bézier 곡선은?

① 직선
② 원
③ 타원
④ 포물선

[정답] 180 ④ 181 ③ 182 ④ 183 ③ 184 ③ 185 ④ 186 ④

187 Bézier 곡선의 성질에 해당하지 않는 것은?

① 곡선의 차수는(조정점의 개수-1)이다.
② 곡선은 볼록포(convex hull) 안에 위치한다.
③ 한 개의 조정점을 움직이면 곡선 일부의 모양만이 변한다.
④ 곡선 시작점에서 접선은 처음 두 개의 조정점을 직선으로 연결한 것과 방향이 같다.

해설
베지어 곡선(Bézier curve)
주어진 다각형의 각을 평활화하여 얻어지는 곡선 구간의 정의에 있어서 양 끝점의 위치 벡터와 내부 조정점을 이용하는 방법
① 곡선의 양단의 정점을 통과
② 정점을 통과시킬 수 있는 다각형의 내측에 존재
③ 곡선의 단에 있어서 접선 벡터는 단의 2점을 연결하는 변의 방향과 일치
④ 1개의 점점 변화는 곡선 전체에 영향
⑤ n개의 정점에 의해서 정의되는 곡선은 $(n-1)$차 곡선

188 NURBS 곡선에 대한 설명으로 틀린 것은?

① 원, 타원, 포물선, 쌍곡선 등 원추 곡선을 정확하게 나타낼 수 있다.
② 일반적인 B-Spline 곡선을 포함한다.
③ 3차 NURBS 곡선은 특정 노트 구간에서 4개의 조정점 외에 4개의 가중값(Weights Value)과 노트(Knot) 벡터의 정보가 이용된다.
④ 모든 조정점을 지나는 부드러운 곡선이다.

해설
Nurbs(Non Uniform Rational B-Spline) 곡선
자유 곡선이나 자유 곡면을 표현하는 기하학식(관수)의 한 부분으로, 부드럽고 자유도(自由度) 높은 형상을 표현할 수 있다.
① 원, 타원, 포물선, 쌍곡선 등 원추 곡선을 정확하게 나타낼 수 있다.
② 일반적인 B-Spline 곡선을 포함하며 B-Spline 곡선과 곡면을 다양하게 변형할 수 있는 Non-Uniform한 곡선이다.
③ 3차 NURBS 곡선은 특정 노트 구간에서 4개의 조정점 외에 4개의 가중값(Weights Value)과 노트(Knot) 벡터의 정보가 이용된다.

189 B-spline 곡선을 보다 다양하게 표현하고 있는 곡선은?

① Bézier 곡선
② Spline 곡선
③ NURBS 곡선
④ Ferguson 곡선

190 다음 중 Bézier 곡면의 특징이 아닌 것은?

① 곡면을 부분적으로 수정할 수 있다.
② 곡면의 코너와 코너 조정점이 일치한다.
③ 곡면이 조정점들의 블록포(Convex Hull) 내부에 포함된다.
④ 곡면이 일반적인 조정점의 형상에 따른다.

해설
Bézier 곡면의 특징
① 곡면의 코너와 코너 조정점이 일치한다.
② 곡면이 조정점들의 블록포(convex hull) 내부에 포함된다.
③ 곡면이 일반적인 조정점의 형상에 따른다.

191 B-spline 곡선을 정의하기 위해 필요하지 않은 입력 요소는?

① 오더(Order)
② 끝점에서의 접선(Tangent) 벡터
③ 조정점
④ 절점(Knot) 벡터

해설
B-Spline 곡선을 정의하기 위해 필요한 입력 요소는 오더(Order), 조정점, 절점(Knot) 벡터 등이 있다.

[정답] 187 ③ 188 ④ 189 ③ 190 ① 191 ②

192 다음 중 원을 정의할 수 있는 곡선은?

① Bézier
② Spline
③ B-spline
④ NURBS(Non-Uniform Rational B-Spline)

해설
NURBS(Non-Uniform Rational B-Spline) 원을 정의할 수 있다.

193 급커브 길은 운전대를 신속히 많이 꺾어야 하는 길이라고 가정하자. 만일 고속도로를 곡선으로 보았을 때 급커브 길을 수학적으로 가장 잘 설명하고 있는 것은?

① 곡률이 큰 길
② 곡률 반지름이 큰 길
③ 노면의 경사가 심한 길
④ 노면의 요철이 심한 길

해설
고속도로를 곡선으로 보았을 때 급커브 길을 수학적으로 보면 곡률이 큰 길이라고 표현할 수 있다.

194 다음 중 곡선에 관한 설명으로 잘못된 것은?

① Bézier 곡선은 반드시 곡선의 시작과 끝 양단의 정점을 통과한다.
② B-spline은 곡선 전체의 연속성이 기초 스플라인(spline)을 이용한다.
③ Bézier 곡선은 정점으로 구성되는 볼록 다각형의 내측에 존재한다.
④ B-spline은 1개의 정점 변화에 의해 곡선 전체에 영향을 미친다.

해설
B-spline은 1개의 정점 변화에 의해 곡선 전체에 영향을 미치지 않는다.

195 3차원 공간 곡선으로써 알맞지 않은 것은?

① Bézier 곡선
② Archimedes 곡선
③ NURBS 곡선
④ B-spline 곡선

해설
3차원 공간 곡선으로는 Bézier 곡선, NURBS 곡선, B-spline 곡선 등이 있다.

196 유리식(rational)으로 표현하는 곡면 식은?

① Bézier 곡면
② Ferguson 곡면
③ B-spline 곡면
④ NURBS 곡면

해설
Bézier 곡면은 유리식(rational)으로 표현한다.

197 B-spline 곡선과 곡면을 다양하게 변형할 수 있는 Non-Uniform한 곡선을 무엇이라고 하는가?

① Bézier
② Spline
③ NURBS
④ Coons

해설
NURBS 곡선 : B-spline 곡선과 곡면을 다양하게 변형할 수 있는 Non-Uniform한 곡선이다.

[정답] 192 ④ 193 ① 194 ④ 195 ② 196 ① 197 ③

198 NURBS(Non Uniform Rational B-Spline) 곡선을 일반적으로 B-Spline과 비교한 장점을 설명한 것 중 틀린 것은?

① B-Spline은 각각의 조정점에서 3개의 자유도를 갖고 NURBS에서는 4개의 자유도를 갖는다.
② 곡선의 자유도는 변형이 가능하다.
③ 포물선 원추 곡선 등을 더 정확하게 표현할 수 있다.
④ 자유 곡선, 원추 곡선 등의 프로그램 개발 시 작업량이 늘어난다.

해설
NURBS(Non Uniform Rational B-Spline) 곡선을 일반적으로 B-Spline과 비교한 장점
① B-Spline은 각각의 조정점에서 3개의 자유도를 갖고 NURBS에서는 4개의 자유도를 갖는다.
② 곡선의 자유도는 변형이 가능하다.
③ 포물선 원추 곡선 등을 더 정확하게 표현할 수 있다.

199 B-Spline 곡선이 Bézier 곡선에 비해서 갖는 장점을 설명한 것으로 옳은 것은?

① 곡선을 국소적으로 변형할 수 있다.
② 한 조정점을 이동하면 모든 곡선의 형상에 영향을 준다.
③ 자유 곡선을 표현할 수 있다.
④ 복잡한 곡선을 표현하려면 많은 조정점을 사용한다.

해설
B-Spline 곡선이 Bézier 곡선에 비해서 갖는 장점
① 곡선을 국소적으로 변형할 수 있다.
② 스플라인이 갖는 접속성과 곡면이 갖는 제어성이 가장 우수한 곡면이다.
③ 곡선 함수의 차수가 1개의 정점(control point)이 영향을 줄 수 있는 곡선 세그먼트의 개수를 결정한다.

200 스위프(sweep)형 곡면형태 정의 방식에 알맞은 곡면 모델링 방법은?

① 단면 곡선과 plofile에 의한 정의
② point data에 의한 정의
③ 상부 곡면과 외곽 곡면에 의한 정의
④ 방정식에 의한 정의

해설
스위프(sweep)형 곡면 모델링은 단면 곡선과 plofile에 의한 정의 방식이다.

201 조정점(control point)의 개수에 따라 곡선의 차수(order)가 고정되지 않으므로 차수의 변화로 다양한 형상의 곡선을 얻을 수 있는 곡선 표현 방식은?

① 3차 spline 곡선
② 베지어 곡선
③ B-spline 곡선
④ Lagrange 곡선

해설
B-spline 곡선 : 조정점(control point)의 개수에 따라 곡선의 차수(order)가 고정되지 않으므로 차수의 변화로 다양한 형상의 곡선을 얻을 수 있는 곡선 표현 방식

202 3차 Bézier 곡선을 직선 방향으로 거리 L만큼 Sweep 시켜 곡면을 생성하였다. 이때 생성된 곡면의 차수는?

① $3 \times L$차
② 3×1차
③ $3 \times (L-1)$차
④ 3×2차

해설
3차 Bézier 곡선을 직선 방향으로 거리 L만큼 Sweep 시켜 곡면 생성 시 곡면의 차수는 $3 \times (L-1)$차이다.

[정답] 198 ④ 199 ① 200 ① 201 ③ 202 ③

203 임의의 4개의 점이 공간상에 구성되어 있다. 4개의 점으로 한 개의 베지어(Bézier) 곡선을 구성한다면 베지어 곡선을 구성하기 위한 기본 계산식의 차수는 몇 차 식인가?

① 1차식　　② 2차식
③ 3차식　　④ 4차식

해설
3×(L−1)차=3×(4−1)=3×3차

204 베지어 곡선에서 조정점이 5개인 경우 곡선식의 차수는 몇 차인가?

① 3　　② 4
③ 5　　④ 6

해설
베지어 곡선(Bézier curve)은 n개의 정점에 의해서 정의되는 곡선은 $(n-1)$차 곡선이다.
∴ 곡선식의 차수 = $5 - 1 = 4$

205 용도에 따라 곡면을 분류하면 크게 심미적, 유체역학적, 공학적으로 분류할 수 있는데 심미적 곡면 중 2차원 단면이 기준 곡선(base curve)을 따라 이동하여 형성하는 형태의 곡면을 무엇이라고 하는가?

① sweep형 곡면
② 2차 곡면
③ proportional형 곡면
④ round/fillet형 곡면

해설
• 용도에 따른 곡면을 분류 : 심미적 곡면, 유체역학적 곡면, 공학적 곡면 등
• Sweep형 곡면 : 심미적 곡면 중 2차원 단면이 기준 곡선(base curve)을 따라 이동하여 형성하는 형태의 곡면

206 각 꼭짓점의 위치에서 벡터의 크기만으로 곡선 제어를 쉽게 할 수 있는 대화적인 곡면 설계에 적합한 것은 어느 것인가?

① Bézier 곡면
② Coons 곡면
③ 퍼구 곡면
④ Elastic 곡면

207 다음 중 B-spline 곡선은?

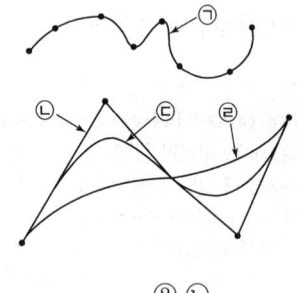

① ㉠　　② ㉡
③ ㉢　　④ ㉣

208 자유 곡면을 정의할 때 분할된 단위 곡면 구간을 무엇이라 하는가?

① 패치(patch)
② 요소(element)
③ 세그먼트(segment)
④ 프리미티브(primitive)

해설
① 패치(patch) : 자유 곡면을 정의할 때 분할된 단위 곡면 구간
② 요소(element) : 점, 선, 원, 원호, 자유 곡면, 문자 등
③ 세그먼트(segment) : 형상의 일부분이란 뜻으로 수정이나 삭제되는 기본단위를 뜻한다.
④ 프리미티브(primitive) : 요소 하나하나를 의미한다.

[정답] 203 ③　204 ②　205 ①　206 ④　207 ⑤　208 ①

209 형상의 정확한 치수보다 미적 표현을 중요시한 곡면으로 일반 가전제품의 외형이나 용기류 등의 플라스틱 제품에서 널리 쓰이는 곡면은?

① 공학적 곡면
② 심미적 곡면
③ 유체역학적 곡면
④ 물리적 곡면

해설
곡면을 용도에 따른 곡면형태는 미적 곡면, 유체역학적 곡면, 공학적인 곡면 등으로 분류된다.
① 심미적 곡면 : 형상의 정확한 치수보다 미적 표현을 중요시한 곡면으로 일반 가전제품의 외형이나 용기류 등의 플라스틱 제품에서 널리 쓰이는 곡면이다.
② 유체역학적 곡면 : 방향성을 가진 곡면으로 곡면에서 유체의 유동성을 고려한 곡면
③ 공학적인 곡면 : 심미적이나 유체역학적 곡면을 제한한 곡면의 형태가 기능이 있는 곡면으로 변화되어서는 안 된다.

210 다음 그림과 같은 면의 작성 기법은?

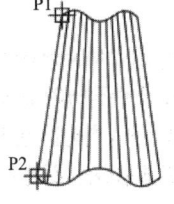 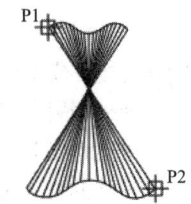

① 방향 벡타 표면(Tabsurf)
② (Rulesurf)
③ 회전 표면(Revsurf)
④ 모서리 표면(Edgesurf)

211 그림과 같은 형상을 표현하는 곡면 모델링 기법은?

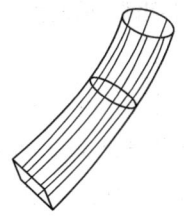

① ruled surface   ② sweep surface
③ numbs surface   ④ coons surface

해설

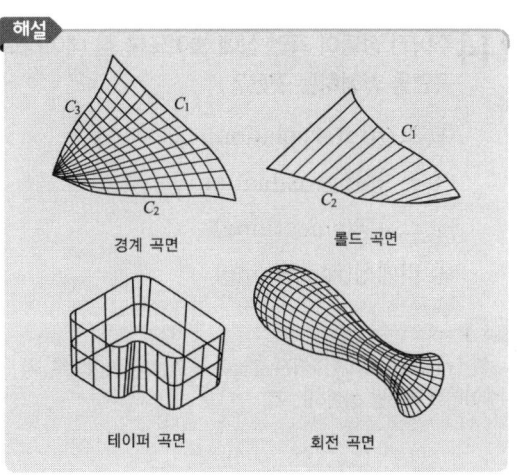

경계 곡면   롤드 곡면

테이퍼 곡면   회전 곡면

212 어떤 선, 곡선, 원 등의 요소에 진행 방향을 지정한 후 길이와 각도로써 곡면을 만들거나, 또는 진행 방향에 그대로 제한 평면(limit plane)이나 제한 곡면(limit surface)을 지정하여 작성하는 곡면은?

① 테이퍼 곡면   ② 회전 곡면
③ 룰드 곡면   ④ 경계 곡면

해설
곡면(surface)의 작성 방법
① 룰드 곡면(ruled surface) : 2개의 곡선 지정
② 회전 곡면(surface of revolution) : 곡선 경로와 회전축 지정
③ 경계 곡선(surface of boundries) : 3개의 곡선 지정
④ 테이퍼 곡면(tapered surface) : 어떤 선, 곡선, 원의 요소에 진행 방향과 길이, 각도 지정
⑤ 변형 스위프 곡면 : 원, 다각형 지정

[정답] 209 ② 210 ② 211 ② 212 ①

213 Cup(컵)이나 유리병과 같이 형상을 가진 대상을 작성하기 위해 사용하는 명령어 중 가장 적절한 것은?

① 단순 평면(plane surface)
② 복합 곡면(ruld surface)
③ 회전 곡면(revolution surface)
④ Bézier 곡면

214 주어진 점들이 곡면 상에 놓이도록 점 데이터로 곡면을 형성하는 것은?

① 보간(interpolation)
② 근사(approximation)
③ 스무딩(smoothing)
④ 리메싱(remeshing)

해설
보간(interpolation) : 주어진 점들이 곡면상에 놓이도록 점 데이터로 곡면을 형성하는 것

215 다음 중 곡면 모델링에서 두 개 이상의 곡선에서 안내 곡선(기준 곡선)을 따라 이동 곡선(단면 곡선)이 이동 규칙에 의해 이동되면서 생성되는 곡면은?

① sweep
② revolve
③ patch
④ blending

해설
sweep : 곡면 모델링에서 두 개 이상의 곡선에서 안내 곡선(기준 곡선)을 따라 이동 곡선(단면 곡선)이 이동 규칙에 의해 이동되면서 생성되는 곡면이다.

216 모델링과 연관된 용어에 관한 설명 중 잘못된 것은?

① 스위핑(Sweeping) : 하나의 2차원 단면 형상을 입력하고 이를 안내 곡선을 따라 이동시켜 입체를 생성
② 스키닝(Sinning) : 여러 개의 단면 형상을 입력하고 이를 덮어 싸는 입체를 생성
③ 리프팅(Lifting) : 주어진 물체의 특정면의 전부 또는 일부를 원하는 방향으로 움직여서 물체가 그 방향으로 늘어난 효과를 갖도록 하는 것
④ 블렌딩(Blending) : 주어진 형상을 국부적으로 변화시키는 방법으로 접하는 곡면을 예리한 모서리로 처리하는 방법

해설
블렌딩(Blending) : 주어진 형상을 국부적으로 변화시키는 방법으로 접하는 곡면을 반경으로 부드럽게 생성하는 방법

217 다음의 솔리드 모델링(solid Modeling) 기능 중에서 하위 구성 요소들을 수정하여 솔리드 모델을 직접 조작, 주어진 입체의 형상을 변화시켜 가면서 원하는 형상을 모델링하는 것은?

① 트위킹(tweaking)
② 스키닝(skinning)
③ 리프팅(lifting)
④ 스위핑(sweeping)

해설
트위킹(tweaking) : 하위 구성 요소들을 수정하여 솔리드 모델을 직접 조작, 주어진 입체의 형상을 변화시켜 가면서 원하는 형상을 모델링한다.

[정답] 213 ③ 214 ① 215 ① 216 ④ 217 ①

218 점 데이터로 곡면을 형성할 때 측정오차 등으로 인한 굴곡이 있는 경우 이를 평활하게 하는 것은?

① 블렌딩(blending)
② 필렛팅(filleting)
③ 페어링(fairing)
④ 피팅(fitting)

해설
페어링(fairing) : 점 데이터로 곡면을 형성할 때 측정오차 등으로 인한 굴곡이 있는 경우 이를 평활하게 하는 것이다.

219 다음 중 미리 정해진 연속된 단면을 덮는 표면 곡면을 생성시켜 닫혀진 부피 영역 혹은 솔리드 모델을 만드는 모델링 방법은?

① 스위핑(sweeping)
② 스키닝(skinning)
③ 트위킹(tweaking)
④ 리프팅(lifting)

해설
① 스위핑(sweeping) : 2차원 도형을 미리 정해진 선의 궤적을 따라 이동시키거나 임의의 회전축을 중심으로 회전시켜 입체를 생성하는 기능
② 스키닝(skinning) : 미리 정해진 연속된 단면을 덮는 표면 곡면을 생성시켜 닫혀진 부피 영역 혹은 솔리드 모델을 만드는 모델링 방법
③ 트위킹(tweaking) : 기존에 주어진 입체의 형상을 수정하여 가면서 원하는 형상을 모델링하는 방법
④ 리프팅(lifting) : 주어진 물체의 특정면 전부 또는 일부를 원하는 방향으로 움직여서 물체가 그 방향으로 늘어난 효과를 갖도록 하는 기능

220 떨어져서 구성된 두 곡면의 접선, 법선 벡터를 일치시켜 곡면을 구성시키는 방법은?

① Smoothing
② Blending
③ Filleting
④ Stretching

해설
① 회전(Revolve) 곡면 : 하나의 곡선을 임의의 축이나 요소를 중심으로 회전시켜 모델링 한 곡면
② Sweep 곡면 : 두 개 이상의 곡선에서 안내 곡선을 따라 이동 곡선이 이동규칙에 따라 이동하면서 생성되는 곡면
③ 연결(Patch) 곡면 : 여러 개의 단면 곡선이 연결규칙에 따라 연결된 곡면
④ Patch : 경계 곡선의 내부를 형성하는 곡면
⑤ Blending 곡면 : 두 곡면이 만나는 부분을 부드럽게 만들 때 생성하는 곡면
⑥ 리메싱(remeshing) : 종 방향의 배열이 맞지 않는 데이터를 오와 열의 배열이 가지런한 형태의 곡면 입력점을 새로이 구해내는 절차
⑦ 스무딩(smoothing) : 표현된 심한 굴곡면을 평활한 곡면으로 재계산하는 것
⑧ 필렛팅(filleting) : 연결부위를 일정한 반지름을 갖도록 하는 것

221 곡면의 입력 데이터 자체가 오차를 갖고 있는 경우에 만들어진 곡면은 심한 굴곡을 갖게 되는데 이때 곡면의 곡률을 조정하여 원활한 곡면을 얻도록 재계산하는 기능은?

① Blending
② Smoothing
③ Filleting
④ Meshing

해설
① Blending : 두 곡면이 만나는 부분을 모서리 부분을 반경으로 부드럽게 만들 때 생성하는 곡면
② Smoothing : 표현된 심한 굴곡면을 평활한 곡면으로 재계산하는 것
③ Filleting : 연결부위를 일정한 반지름을 갖도록 하는 것

222 CAD 시스템에서 곡면을 생성하는 방법이 아닌 것은?

① shell
② lofting
③ sweeping
④ Bézier patch

해설
shell : 내부의 속을 얇게 주는 기능이다.

[정답] 218 ③ 219 ② 220 ② 221 ② 222 ①

223 2차원 단면 형상을 임의의 경로를 따라 이동하면서 3차원 솔리드를 생성하는 솔리드 모델링 기법은?

① 블렌딩(blending)
② 트리밍(trimming)
③ 클리핑(clipping)
④ 스위핑(sweeping)

해설
스위핑(sweeping)
하나의 2차원 단면 형상을 입력하고 폐쇄된 평면 영역이 단면이 되어 직진이동 혹은 회전 이동시켜 솔리드 모델링은 만드는 기법

224 CAD 시스템에서 사용되는 곡면 모델링에 대한 설명으로 틀린 것은?

① 스위프(Sweep) 곡면 : 안내 곡선을 따라 이동곡선이 이동하면서 생성되는 곡면
② 그리드(Grid) 곡면 : 측정기 등에서 얻은 점을 근사적으로 연결하는 곡면
③ 블렌딩(Blending) 곡면 : 두 곡면이 만나는 부분을 부드럽게 만들 때 생성하는 곡면
④ 회전(Revolve) 곡면 : 하나의 곡선을 축을 따라 평행 이동시켜 모델링한 곡면

해설
회전(Revolve) 곡면 : 하나의 곡선을 임의의 축이나 요소를 중심으로 회전시켜 모델링한 곡면으로 컵, 유리병 등을 그리는 것

225 3D 솔리드 모델링 시스템에서 특징 형상 기반 모델링 적용 시 대부분의 시스템에서 지원되는 전형적인 특징 형상으로 볼 수 없는 것은?

① 널링(Knurling)   ② 포켓(Pocket)
③ 필렛(Fillet)   ④ 모따기(Chamfer)

해설
널링(Knurling)은 특징형상 기반 모델링 적용이 되지 않는다.

226 곡면 모델링 방법에 따른 곡면 분류로 틀린 것은?

① 회전(revolve) 곡면
② 토폴로지(topology) 곡면
③ 블렌딩(blending) 곡면
④ 스위프(sweep) 곡면

해설
토폴로지(topology : 형상의 구성방식)
형상을 구성하는 정점(vertex), 면(face), 모서리(edge)의 연결 상태가 어떻게 이루어져 있는가를 기술하는 것이다.

227 형상 모델링에서 스위프(sweep) 곡면의 설명으로 옳은 것은?

① 많은 점 데이터로부터 생성되는 곡면
② 안내 곡선을 따라 단면 곡선이 일정 규칙에 따라 이동되면서 생성되는 곡면
③ 만들어진 곡면을 불러들여 기존 모델의 평면을 변경하여 생성되는 곡면
④ 두 곡면이 만나는 부분을 부드럽게 하기 위하여 생성하는 곡면

해설
sweep 곡면 : 두 개 이상의 곡선에서 안내 곡선을 따라 이동곡선이 이동규칙에 따라 이동하면서 생성되는 곡면

228 CAD/CAM 시스템에서 컵이나 병 등의 형상을 만들 때 회전 곡면(revolution surface)을 이용한다. 다음 중 revolution 작업 시 필요한 자료가 아닌 것은?

① 회전각도   ② 회전중심축
③ 회전단면선   ④ 오프셋(offset) 양

[정답] 223 ④ 224 ④ 225 ① 226 ② 227 ② 228 ④

해설
오프셋(offset) 양은 revolution(회전) 명령어와 관계가 없다.

229 CAD 프로그램에서 자유 곡선을 표현할 때 주로 많이 사용하는 방정식의 형태는?

① 양함수식(explicit equation)
② 음함수식(implicit equation)
③ 하이브리드식(hybrid equation)
④ 매개변수식(parametric equation)

해설
매개변수식(parametric equation)
CAD 프로그램에서 자유 곡선을 표현할 때 주로 많이 사용하는 방정식의 형태이다.

230 형상 모델링과 가장 관계가 깊은 것은?

① 스위핑(sweeping)
② 만남 조건(mating condition)
③ 제품 구조(product structure)
④ 인스턴스 정보(instancing information)

해설
스위핑(sweeping) : 하나의 2차원 단면 형상을 입력하고 이를 안내 곡선을 따라 이동시켜 입체를 생성

231 곡면 모델링에 관련된 기하학적 요소(Geometric entity)와 관련이 없는 것은?

① 점(point)   ② 픽셀(pixel)
③ 곡선(curve)   ④ 곡면(surface)

해설
픽셀(pixel)은 CRT장치에 의해서 화면을 구성하는 경우 화면을 구성하는 가장 최소 단위를 말하며 곡면 모델링에 관련된 기하학적 요소(Geometric entity)와 관련이 없다.

232 다음 중 지정된 모든 조정점을 반드시 통과하도록 고안된 곡선은?

① Bézier
② B-spline
③ spline
④ NURBS

해설
spline은 지정된 모든 조정점을 반드시 통과하도록 고안된 곡선이다.

233 비유리(non-rational) 곡면으로도 정확하게 표현할 수 있는 것은?

① 평면(plane)
② 회전 곡면(revolved surface)
③ 구면(sphere)
④ 실린더 곡면(cylinder surface)

해설
비유리(non-rational) 곡면으로도 정확하게 표현할 수 있는 것은 평면(plane)이다.

234 자유 곡면을 정의할 때 parameter space (domain)를 knots에 의해 분할하여 정의하는 것이 편리하다. 이렇게 분할된 구간의 단위 곡면을 무엇이라 하는가?

① element
② patch
③ primitive
④ segment

해설
patch : 자유 곡면을 정의할 때 parameter space (domain)를 knots에 의해 분할하여 정의하는 것이 편리하며 이렇게 분할된 구간의 단위 곡면을 patch라 한다.

[정답] 229 ④ 230 ① 231 ② 232 ③ 233 ① 234 ②

235 다음 그림과 같이 2차원 단면 곡선을 정해진 궤적을 따라 이동시켜서 3차원 형상을 생성시키는 솔리드 모델링 기법은?

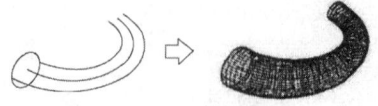

① Blending ② Skinning
③ Shearing ④ Sweeping

> **해설**
> Sweeping : 선택한 경로를 따라 하나 이상의 스케치 프로파일을 스웹하여 피처 또는 새 곡면이나 솔리드를 생성한다.

236 아래 그림처럼 직선 모서리를 곡선 모서리로 바꾸고 그 모서리에서 만나는 면들을 새로운 곡면으로 바꿀 수 있는 작업은?

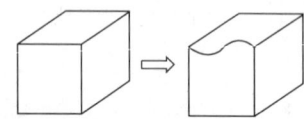

① 스위핑(sweeping)
② 스키닝(skinning)
③ 트위킹(tweaking)
④ 리프팅(lifting)

237 아래 그림처럼 평면을 새로운 곡면으로 바꿔서 해당 면과 그 경계 모서리를 변형시킬 수 있는 작업은?

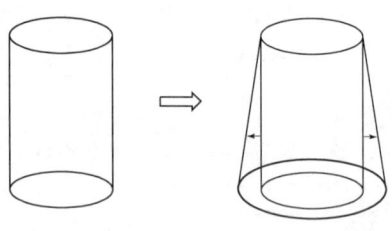

① 스위핑(sweeping)
② 스키닝(skinning)
③ 트위킹(tweaking)
④ 리프팅(lifting)

238 아래 그림처럼 관련된 부분을 변형시키면서 꼭짓점을 새로운 위치로 옮길 수 있는 작업은?

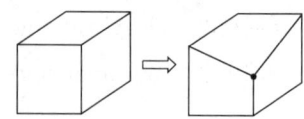

① 스위핑(sweeping)
② 스키닝(skinning)
③ 트위킹(tweaking)
④ 리프팅(lifting)

239 아래 그림처럼 주어진 물체의 특정 면의 전부 또는 일부를 원하는 방향으로 움직여서 물체가 그 방향으로 늘어난 효과를 갖도록 하는 작업은?

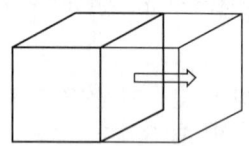 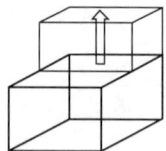

① 스위핑(sweeping)
② 스키닝(skinning)
③ 트위킹(tweaking)
④ 리프팅(lifting)

[정답] 235 ④ 236 ③ 237 ② 238 ③ 239 ④

240 아래 그림처럼 미리 정해진 연속된 단면을 덮는 표면 곡면을 생성시켜 닫혀진 부피 영역 혹은 솔리드 모델을 만드는 방법은?

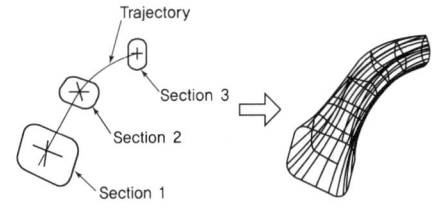

① 스위핑(sweeping)
② 스키닝(skinning)
③ 트위킹(tweaking)
④ 리프팅(lifting)

241 아래 그림과 같은 모델링은?

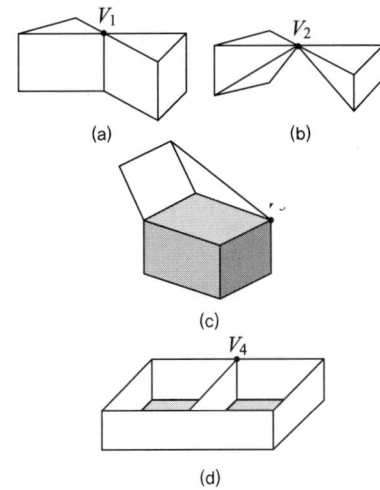

① Decomposition(분해) 모델링
② 비례 전개법 모델링
③ Variational Design
④ 비 다양체(nonmanifold) 모델링

242 모델링 시스템은 비 다양체 상항을 허용하지 않는다는 것으로 비 다양체 상황의 예가 아닌 것은?

① 하나의 점에서 만나는 두 개의 곡면
② 곡선을 따라가면서 만나는 두 개의 곡면
③ 평면
④ 모서리

> **해설**
> 비 다양체 상황의 예로는 다음과 같다.
> ① 하나의 점에서 만나는 두 개의 곡면
> ② 곡선을 따라가면서 만나는 두 개의 곡면
> ③ 공통 경계로 면
> ④ 모서리
> ⑤ 꼭짓점을 공유하는 두 개의 독립된 닫힌 부피 영역
> ⑥ 곡면 위의 한점에서 뻗어 나온 와이어 모서리
> ⑦ 셀 구조를 이루는 면 등

243 다음 타원의 도형 정의가 아닌 것은?

① 축과 편심에 의한 타원
② 중심과 두 축에 의한 타원
③ 아이소매트릭 상태에서 그리는 방법
④ 세 개의 접할 도형 요소

> **해설**
> 타원의 도형 정의
> ① 축(axis)과 편심(eccentricity)에 의한 타원
> ② 중심(center)과 두 축(two axis)에 의한 타원
> ③ 아이소메트릭 상태에서 그리는 방법

244 컴퓨터 그래픽의 기본 요소(PRIMITIVE) 중 3차원 프리미티브에 해당하지 않는 것은 어느 것인가?

① 구(sphere)   ② 관(tube)
③ 원통(cylinder)   ④ 선(line)

[정답] 240 ② 241 ④ 242 ③ 243 ④ 244 ④

> **해설**
> 프리미티브(primitive) 형상
> ① 기본형상 구성 기능(primitive) : 육면체(box), 원기둥(cylinder), 구(sphere), 원추(cone), 회전체(revolution), 프리즘(prism), 스위프(sweep) 등
> ② 기본형상 조합기능 : 두 물체 더하기, 빼내기, 공통부분 찾기 등

245 3차원 솔리드 모델에서 사용되는 프리미티브(primitive)라고 할 수 없는 것은?

① cone
② box
③ sphere
④ point

246 형상은 같으나 치수가 다른 도형 등을 작성할 때 가변되는 기본 도형을 작성하여 놓고 필요에 따라 치수를 입력하여 비례되는 도형을 작성하는 기능을 무엇이라 하는가?

① 매크로화 기능
② 디스플레이 변형 기능
③ 도면화 기능
④ 파라메트릭 도형 기능

247 다음 기능 중 변환 매트릭스를 사용했을 때의 편리함과 무관한 기능은?

① Translation   ② Break
③ Mirror   ④ Scaling

> **해설**
> CAD의 변환 매트릭스
> Rotation(회전), Mirror(대칭), Translation(이동), Scaling(축척), Projection(투영) 등

248 CAD 시스템에서 이용되는 2차 곡선 방정식에 대한 설명으로 올바르지 못한 것은?

① 곡선식에 대한 계산시간이 3차, 4차식보다 적게 걸린다.
② 여러 개의 곡선을 하나의 곡선으로 연결하는 것이 가능하다.
③ 연결된 여러 개의 곡선 사이의 곡률의 연속이 보장된다.
④ 매개변수식으로 표현하는 것이 가능하기도 하다.

> **해설**
> 2차 곡선 방정식
> ① 곡선식에 대한 계산시간이 3차, 4차식보다 적게 걸린다.
> ② 여러 개의 곡선을 하나의 곡선으로 연결하는 것이 가능하다.
> ③ 매개변수식으로 표현하는 것이 가능하기도 하다.

249 바닥 면이 없는 원추형 단면(conic section)에 의해 얻어질 수 없는 도형은?

① 타원(Ellipse)
② 쌍곡선(Hyperbola)
③ 원호(Arc)
④ 포물선(Parabola)

> **해설**
> 바닥 면이 없는 원추형 단면(conic section)에 의해 얻어질 수 있는 도형에는 원(Circle), 타원(Ellipse), 쌍곡선(Hyperbola), 포물선(Parabola) 등이 있다.

250 곡선을 정확하게 도면에 표시하는 방법이 아닌 것은?

① 직선과 원호의 연속으로 표시
② 일련의 점 좌푯값 등을 지정하여 표시

[정답] 245 ④ 246 ④ 247 ② 248 ③ 249 ③ 250 ③

③ 한 점에서 어떤 곡선에 대한 접선 또는 수직선으로 표시
④ 두 곡면의 교선으로 표시

해설
곡선을 정확하게 도면에 표시하는 방법
① 직선과 원호의 연속으로 표시
② 일련의 점 좌푯값 등을 지정하여 표시
③ 두 곡면의 교선으로 표시

251 다음 중 곡선의 2차 미분값을 필요로 하는 것은?
① 곡선의 기울기
② 곡선의 곡률
③ 곡선 위의 특정 점에서 접선
④ 곡선의 길이

해설
곡선의 곡률은 2차 미분값을 필요로 한다.

252 컨트롤 다이얼(control dial)은 주로 다음과 같은 작업에 편리하게 사용되는 데 적당하지 않은 것은?
① 모델의 회전(rotation)
② 모델의 패닝(panning)
③ 모델의 줌밍(zoomming)
④ 모델의 트리밍(trimming)

253 다음 중 원 및 원호에 대한 정의에서 잘못된 것은?
① 중심과 원주상의 한 점으로 표시
② 원주상의 3개의 점으로 표시
③ 두 곡선에 의한 접선으로 표시
④ 3개이 지선에 접하는 접선으로 표시

254 필렛(fillet)을 형성하기 위하여는 필렛의 반지름과 필렛이 일어나는 두 가지 기하학적 요소가 필요하다. 다음 중 일반적으로 PC용 CAD 시스템에서 필렛을 형성하기 어려운 기하학적 요소의 쌍은?
① 직선(line)과 원호(arc)
② 원호와 원호
③ 스플라인(spline)과 원호
④ 직선과 직선

255 CAD용 소프트웨어의 옵션기능 중에서 작성할 때 가변되는 기본 도형을 작성하여 필요에 따라 치수 입력하여 도형을 작성하는 기능은?
① 비도형 정보처리 기능
② 파라메트릭 도형 기능
③ 도형 처리 언어
④ 메뉴 관리 기능

256 Transformation matrix가 필요 없는 작업은?
① Copy ② Trim
③ Rotate ④ Scale

257 원호(arc)를 정의하는 방법 중 틀린 것은?
① 원주상의 세 점을 알 때
② 원호의 중심점과 반지름을 알 때
③ 두 점이 이루는 각과 반지름을 알 때
④ 두 점의 좌표와 두 점이 이루는 각을 알 때

[정답] 251 ② 252 ④ 253 ③ 254 ③ 255 ② 256 ② 257 ②

258 데이터 베이스로 표시된 도형을 화면상에 특정한 부분을 확대해서 볼 수 있는 작업 명령은?

① 세이빙(saving)
② 줌잉(zooming)
③ 로딩(loding)
④ 부팅(booting)

259 컴퓨터그래픽에서 도형을 나타내는 그래픽 기본요소가 아닌 것은?

① 점(dot)
② 선(line)
③ 원(circle)
④ 구(sphere)

해설
CAD에서 도형을 나타내는 그래픽 기본요소 점, 선, 원, 원호, 곡선 등의 요소를 생성한다.

260 그래픽 기본요소 중 하나의 선을 정의하는 방법으로 적당하지 않은 것은?

① 2개의 점으로 표시
② 한 점과 수평선과의 각도를 지정하여 표시
③ 한 점에서 다른 점에 대한 평행선으로 표시
④ 원주상의 3점을 지정하여 표시

해설
하나의 선을 정의하는 방법
① 2개의 점으로 표시
② 한 점과 수평선과의 각도를 지정하여 표시
③ 한 점에서 다른 점에 대한 평행선으로 표시
④ 한 점을 지나는 수직선과 수평선으로 표시
⑤ 모따기한 선으로 표시

261 형상은 같으나 치수가 다른 도형 등을 작성할 때 가변되는 기본 도형을 작성하여 놓고 필요에 따라 치수를 입력하여 비례되는 도형을 작성하는 기능을 무엇이라 하는가?

① 매크로화 기능
② 디스플레이 변형 기능
③ 도면화 기능
④ 파라메트릭 도형 기능

해설
CAD 소프트웨어의 옵션 기능
① 파라메트릭 도형 기능 : 형상은 같으나 치수가 다른 도형 등을 작성할 때 가변되는 기본 도형을 작성하여 놓고 필요에 따라 치수를 입력하여 비례되는 도형을 작성하는 기능
② 그밖에 비도형 정보처리 기능, 도형 처리 언어, 메뉴 관리 기능, 데이터 호환 기능, NC 정보 기능 등이 있다.

262 CAD 명령어에서 이동(Move)기능과 복사(Copy)기능의 차이는?

① 오브젝트의 범위
② 오브젝트의 위치
③ 오브젝트의 수
④ 오브젝트의 변환

해설
CAD 명령어에서 이동(Move)기능과 복사(Copy)기능의 차이는 오브젝트의 수이다.

263 다음 중 도형을 작성(Draw)하는 데 사용되는 명령어는 어느 것인가?

① Circle
② Zoom
③ Trim
④ Erase

해설
점의 작성, 직선의 작성, 원의 작성, 원호의 작성, 스트링 작성, 원추 곡선의 작성, 자유 곡면의 작성 등

[정답] 258 ② 259 ④ 260 ④ 261 ④ 262 ③ 263 ①

264 도형을 구성하는 데이터를 몇 개의 층으로 구별하여 저장하거나 출력하는 기능을 가지고 있는 레이어(Layer)를 설정할 때 해당하지 않는 것은?

① 각도
② 칼라
③ 선의 종류
④ 레이어 이름

해설
레이어 작성 시 사용하는 기능으로는 레이어 이름, 칼라, 선의 종류, 선의 굵기 등을 할 수 있다.

265 평면상의 하나의 원(Circle)을 기하학적으로 정의하는 방법으로 맞지 않는 것은?

① 중심점과 반지름
② 중심점과 원주상의 한 점
③ 원주상의 3점
④ 원주상의 한 점과 원에 접하는 직선 하나

266 다음 중 CAD 명령어 중에서 2차원 형상에서는 선대칭을 3차원 형상에서는 면 대칭을 나타내는 것은?

① Scaling   ② Rotation
③ Mirror   ④ Translation

267 하나의 원을 지정하는 방법으로 적합하지 않은 것은?

① 3개의 점의 위치
② 중심점의 위치와 반지름의 크기
③ 지름이 되는 선분의 양 끝점
④ 한 점과 하나의 직선

268 다음 중 일반적으로 3차원 CAD/CAM 시스템에서 사용되는 자료 구성 요소가 아닌 것은?

① 점(point)
② 선(line)
③ 요소(element)
④ 링크(link)

269 다음은 공간상에서 한 평면을 기술하기 위하여 필요한 요소를 나타낸 것이다. 틀린 것은?

① 한 점과 그 점에서 평면에 수직인 벡터 1개
② 교차하는 두 선
③ 공간상에 놓인 3점
④ 하나의 평면에 평행하고 평면상의 한 점

270 CAD system에서 점의 위치지정 방법 중 정확한 방법이 아닌 것은?

① Cursor를 이용한다.
② 끝점(end point)을 이용한다.
③ 교점(intersection point)을 이용한다.
④ 숫자를 입력(key-in)한다.

[정답] 264 ① 265 ④ 266 ③ 267 ④ 268 ④ 269 ② 270 ①

PART 2. CAM 프로그래밍

CAM 가공

1 CAM 가공 일반

1 CAM 가공 및 CAM 시스템 특성

CAM 시스템에서의 가공과정은 크게 모델링 및 NC DATA 생성과정으로 나눌 수 있으며 이것은 모델링 하는 방법에 따라 일반적으로 3가지로 구분된다.

① 기존의 모델링 소프트웨어에서 작성된 도형 정보 파일(GIF : Geometric Information File)을 보유하고 있는 CAM S/W에서 수정 보완하여 NC DATA를 생성하는 방법 : 차원이 높은 모델링 소프트웨어에서 작업하였거나 보유하고 있는 CAM S/W와 호환이 잘되지 않을 때는 DATA의 손실을 줄 수 있다. 또 CAD에서는 치수선, 중심선 등이 필요하나 CAM에서는 이 DATA는 필요하지 않으며, 단지 윤곽 모델링 DATA만 필요하게 된다. 또한, CAD에서의 모델 좌표치와 상관이 없다.

② CAM S/W 작업자가 직접 도면을 보고 모델링부터 NC DATA 생성까지 진행하는 방법 : CAM에서는 좌표치와 기계의 위치가 같아야 하므로 이 점에 유의해야 한다. 이것이 맞지 않을 때는 이를 수정하여 NC data를 생성해야 한다.

③ 3D 형상을 측정하여 얻어낸 DATA나 3D 카메라 및 3D 스캐너에서 얻은 DATA를 보유하고 있는 CAM S/W에서 수정·보완하여 NC DATA를 생성하는 방법 : 점 DATA를 입력하여 곡면을 생성 수정하는 방법으로 리모델링이라고도 한다.

2 CNC 공작기계의 종류 및 역사

(1) CNC의 개요

① CAM 공작기계는 소성 가공, 금형, 조립, 방전, 절삭가공 등 다양한 분야에 작용하고 있으며 최근 모양의 형상이 다양하고 곡면 형상이 많아지면서 그 수요는 훨씬 많아지고 있다. 특히 전자 및 가전제품이나 자동차 등의 형상은 3차원을 추구하며 그에 대한 금형가공도 모두 3차원 가공으로 이루어지고 있으며 프로그램 때문에 3차원 가공을 할 수 있는 장비가 수치제어 공작기계이다.

일반적인 CNC 공작기계에서 제품가공 흐름도로 가장 적합한 것은?

① 프로그램 작성 → 도면 → 가공계획 → 기계가공 → 제품
② 도면 → 가공계획 → 프로그램 작성 → 기계가공 → 제품
③ 제품 → 도면 → 기계가공 → 가공계획 → 프로그램 작성
④ 도면 → 프로그램 작성 → 가공계획 → 기계가공 → 제품

 ②

② 수치제어(NC, Numerical Control)는 가공물에 대한 공구의 위치를 그것에 대응하는 수치 정보(숫자, 문자 및 기호)의 형태로 코드화된 지령으로 제어하는 방법이다. 그리고 CNC 시스템이란 그림에서와같이 제어기(controller)와 기계 본체가 전장반 및 조작반(operating panel)을 통하여 데이터를 주고받을 수 있도록 결합된 장치를 말한다.

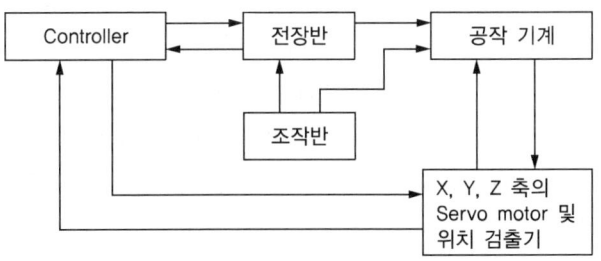

○ 그림 2-57 CAM 장비 블록도

③ 최초의 CNC 기계는 1952년 MIT에서 만들어진 것으로 수직 2축 모방 밀링 머신(copy milling machine)에서 서보 기구를 붙여서 알루미늄 판에 엔드밀로 밀링 작업을 수행하였다. 종이테이프에 천공된 자료는 같은 시기에 MIT에서 개발된 디지털 컴퓨터로 제작되었으며 운전자의 개입 없이 성공적으로 부품을 가공하였다.

④ NC 제어기는 중앙컴퓨터가 기계를 직접 제어하는 직접수치제어(DNC, Direct Numerical Control)를 거쳐 컴퓨터 수치제어(CNC, Computer Numerical Control)의 형태로 발전되었다.

⑤ CNC 기술은 밀링이나 선반뿐만 아니라 산업용 로봇, 레이저 가공기, 프레스, 와이어 EDM, RP(rapid prototyping, 고속 3차원 조형 기계, 3차원 측정기 등 거의 모든 기계에 적용되고 있으며 저 비용, 짧은 납기, 고품질에 대응하는 CNC 기계에 대한 요구가 증대되고 있으며 자동화, 무인화, 고속화, 고정밀화, 고밀도화, 복합화, 시스템화의 방향으로 발전하고 있다.

⑥ 최근에는 5축 머시닝 센터, 선반-밀링 복합기계와 주축회전수 10,000~50,000rpm, 이송 속도 5,000~30,000mm/min에 달하는 고속 CNC 가공기 등이 본격적으로 보급되고 있다.

⑦ CNC 가공을 하기 위해서 형상 모델링 과정 등을 거쳐서 NC 코드를 작성하는 작업을 CNC 프로그래밍 또는 CNC 파트 프로그래밍(part programming)이라고 한다. 이러한 CNC 프로그래밍은 수동이나 자동으로 작업하게 된다.

⑧ 수동 프로그래밍(manual programming)에서는 CNC 가공의 모든 내용을 CNC 코드로 직접 작성하는 것으로 선반 가공에서와같이 비교적 간단한 작업의 경우에는 지금도 현장에서 널리 쓰이고 있다.

⑨ 가공물의 형상이 복잡한 경우에는 NC 프로그래밍에 상당히 많은 시간이 걸리며 치명적인 오류의 가능성이 있으므로 자동 프로그래밍 방식으로 이루어진다. 자동 프로그래밍 또는 컴퓨터 이용 프로그래밍은 1950년대 말 개발된 APT(Automatically Programmed Tool)로부터 시작되었다. 세계에서 폭넓게 이용되고 표준적으로 사용되고 있는 언어로서 ISO나 KS의 CNC 언어 표준화의 기초가 되었다. 그 이외에도 EXAPT(Extend subset of APT), COMPACT-II, FAPT(Funuc APT), SAPT, KAPT 등을 생각할 수 있다.

⑩ 최근의 상업용 NC 프로그래밍 시스템을 통합 CAD/CAM 시스템과 전문 CAM 시스템으로 크게 놀 수 있다. 통합 시스템은 설계 및 가공이 일반화되어 이루어진다는 장점이 있다. 전문 CAM 시스템에는 CAD 데이터 인터페이스(data interface) 기능과 필렛(filleting)과 같은 곡면 모델링 기능이 포함되어 있으며, NC 가공기능의 전문성을 추구하고 있다. 통합 CAD/CAM 시스템이 미국에서 개발된 것이 대부분이지만 전용 CAM 시스템은 유럽이나 아시아 등 미국이 외의 나라에서 개발된 시스템도 많이 있다.

⑪ 국내에 보급되어 사용되고 있는 통합 CAD/CAM 시스템에는 프랑스의 항공업체인 닷소(Dassault)에서 처음 개발된 CATIA, 미국의 PTC에서 개발된 Pro/Engineer, EDS에서 개발된 Unigraphics NX 등이 사용되고 있다. CAM 시스템에는 일본에서 개발된 DIE-II, TOLL-I, GP-3000, 영국에서 개발된 DUCT 등이 있다.

(2) NC의 역사

- 1947 : 미국의 John Parson이 NC의 개념을 선보임
- 1949 : Parson사 미국 공군의 연구용역 수탁
- 1951 : MIT 미국 공군으로부터 수탁
- 1952 : MIT 서보기구연구소 최초의 수직형 밀링 머신 개발
- 1960년대 : 트랜지스터를 이용한 FANUC controller 보급
- 1970년대 : CNC 보급
- 1974 : 한국에 NC 공작기계 도입
- 1977 : KIST와 화천공업(주) 한국 최초의 NC 공작기계 출시

(3) NC의 정의

1) NC(Numerical Control)
수치제어의 정보를 지령하여 공작기계의 운전을 자동으로 제어하는 것이다.

2) CNC(Computer Numerical Control)
Computer를 내장한 NC를 말하며 기억소자인 반도체와 관련 기술의 급격한 발달로 컴퓨터가 기능과 가격 면에서 크게 진보되고, 소형화되자 이를 NC 장치에 내장한 것이다.

(4) NC 공작기계의 정보처리 과정

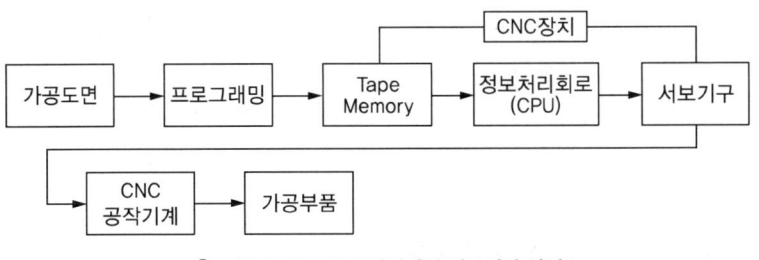

○ 그림 2-58 NC 공작기계의 정보처리 과정

(5) NC의 발전과정 5단계

NC → CNC → DNC → FMS → CIMS

① NC : 공작기계 1대를 NC 1대로 단순 제어하는 단계
② CNC : 1대의 공작기계가 여러 종류의 공구를 자동으로 교환하면서(ATC 장치) 여러 종류의 가공을 하는 복합 기능 수행 단계
③ DNC(Direct Numerical Control) : 1대의 컴퓨터로 여러 대의 공작기계를 자동으로 제어하면서 생산 관리적 요소를 생략한 시스템 단계
④ FMS(Flexible Manufacturing System) : 여러 종류의 다른 공작기계를 제어함과 동시에 창고, 조립 및 생산관리도 컴퓨터로 하여 자동화한 시스템 단계(유연한 생산시스템)
⑤ CIMS(Computer-Integrated Manufacturing System) : FMS에서 생산관리, 경영관리까지 총괄하여 제어하는 단계(컴퓨터 통합가공)

(6) 머시닝 센터의 종류

① 수직형 머시닝 센터(Vertical Machining Center)
주축 공구 방향이 테이블과 수직 방향으로 이동하면서 공작물의 상면을 가공하는 머시닝 센터이다.

기억장치에서 데이터를 꺼내는 데 소요되는 시간으로 대기시간과 전송시간을 합친 시간을 무엇이라 하는가?
① 리드 타임(lead time)
② 엑세스 타임(access time)
③ 오프 타임(off time)
④ 온 타임(on time)

답 ②

제한된 일정 지역 내에 분산 설치된 각종 정보 장비들 사이의 통신을 수행하기 위하여 최적화하고 신뢰성 있는 고속의 통신 채널을 제공하는 것은?
① 부가가치 통신망(VAN)
② 협대역 종합 정보 통신망 (ISDN)
③ 근거리 통신망(LAN)
④ 광대역 종합 정보 통신망 (ATM)

답 ③

② 수평형 머시닝 센터(Horizontal Machining Center)
주축 공구 방향은 테이블과 수평 방향이며 공작물을 최저는 테이블 위에 고정하여 동시 4면을 한 번의 세팅으로 가공할 수 있는 머시닝 센터이다.
③ 문형 타입 머시닝 센터(Double Column Machining Center)
두 개의 컬럼을 가진 머시닝 센터로 주로 대형공작물을 가공에 적합한 머시닝 센터이다.

3 데이터 전송 방법

(1) 데이터 전송 방법

① 병렬전송(Parallel Transfer)
복수의 Bit를 보아서 한 번에 전송하는 방식으로 주로 8 Bit 또는 16 Bit 등의 단위로 통신한다.
② 복수의 Bit를 하나씩 나열하여 전송하는 방식으로, 장거리전송에 주로 사용되며, 전송로의 비용을 저렴하게 구성할 수 있다.

(2) 통신의 종류(Communication type)

통신의 종류에는 단방향 통신, 반이중 통신, 전이중 통신 방식이 있고, 데이터의 전송로는 2선식, 4선식 등이 있다.

① 단방향(Simplex) 통신
접속된 두 장치 간에 한 방향으로만 데이터가 흐르는 통신방식으로 원격측정기(telemeter) 시스템 등에 사용한다.

② 반이중(half duplex) 통신
공사 중인 교통도로의 신호기 때문에 1차선의 상호통행을 하는 것처럼 접속된 두 장치 간에 교대로 데이터를 교환하는 통신방식으로 2선식 회선을 사용한다.

③ 전이중(fill dyplex) 통신
접속된 두 장치 간에 데이터가 양방향으로 동시에 흐르는 통신방식이며, 상호통신이 자유롭게 전송되므로 효율이 가장 높은 방식이다. 4선식 회선이 사용되나 필요하면 주파수 분할로 2선식 회선도 사용할 수 있다.

(3) 통신의 방법

데이터의 원활한 송수신을 위해서는 송신한 Bit 열을 수신 측에서 정확하게 복원할 필요가 있다. 수신 측에서 수신 신호의 Time slot(1 Bit 주기)을 구분하는 방법에 따라 통신방법을 동기 방식과 비동기 방식으로 분류한다.

① 동기 방식

Time slot의 구분을 수신 측에 알려주기 위하여 Data 신호선 외에 동기 체크용 신호선을 별도로 설치하는 방법이 있으나 현재는 많이 사용하지 않는다. 한 번에 긴 Data를 송수신할 수 있으며, 비동기 방식과 비교하면 전송 효율이 높아 문자 전송에 사용했다.

② 비동기 방식

일정한 길이의 데이터(7 또는 9 Bit) 앞뒤에 Start(0), Stop(1), Bit를 붙여서 전송하는 방법으로 NC data를 전송하는 경우에 많이 사용한다.

(4) RS-232C

직렬전송장치의 일종인 RS-232C는 ELA(Electronic Industries Association : 미국 전자공업 협회)가 RS232 B의 개정판으로 1969년에 발표, 1981년에 개정 승인한 규격이다.

RS-232C는 15[m] 이내의 거리나 9.6 [Kbps]보다 낮은 비트율의 거리일 때 사용하며 RS-422은 1[Mbps] 상태에서 100[m] 이상의 거리에 사용한다.

① 규격 정의

직렬로 이어진 2진 데이터를 교환하는 데이터 터미널 장비(DTE)와 데이터 통신 장비(DCE) 사이의 인터페이스에 대한 제반 사항을 규정한 것이다.

㉠ DTE(Data circuit Termination Equipment) : 터미널, 컴퓨터

㉡ DCE(Data Terminal Equipment) : 모뎀

㉢ Modem(MOdulation/DEModulation) : 변조/복조 장치

㉣ RS-232C 표준

㉤ RS : Recommended

㉥ 232 : 표준 식별 번호

㉦ C : 최근에 발표된 버전 번호

② RS-232C와 전송 방식

RS-232C를 사용하는 경우는 반이중방식과 비동기식 방법이 있고, 다음과 같은 사항을 알아두어야 한다.

㉠ Parity Check Bit : 데이터를 전송할 때 데이터가 정확하게 보내졌는지 검사하는 방법이다. 한 개의 문자 데이터 최상위에 1Bit Check 용으로 부기히어 수신 측에서 확인하도록 하고 있으나, 데이터가 8Bit일 때는 Parity Check Bit를 부가할 수 없다.

㉡ Even Parity : D0~D6까지의 데이터 중 1의 개수가 짝수일 때는 D7=0, 홀수일 때는 D7=1로 하여 짝수를 만들어 보낸다.

CNC의 외부 기억장치를 통하여 프로그램을 내부 기억장치와 입·출력 시 1분에 전송 가능한 최대비트(Bit) 수를 무엇이라 하는가?

① 전송속도
② 인터페이스
③ 데이터 비트
④ 파라메타

답 ①

LAN을 구성할 때 전송매체에 따라 구분할 수도 있다. 이때 디지털 신호형식으로 전송하는 베이스밴드(base band)와 400MHz 정도의 주파수를 갖는 브로드밴드(broad band)방식으로 전송하는 전송 매체는?

① 광(optical) 케이블
② 트위스트 페어(twisted pair) 케이블
③ 동축(coaxial) 케이블
④ 와이어(wire) 케이블

답 ③

DNC 운전 시 데이터의 전송속도를 나타내는 것은?
① RTS
② DSR
③ BPS
④ CTS

답 ③

컴퓨터 간의 정보교환을 보다 향상시키기 위해 사용하는 네트워크 기술에서의 통신규약을 무엇이라 하는가?
① PROTOCOL
② PARITY
③ PROGRAM
④ PROCESS

답 ①

ⓒ Odd Parity : D0~D6까지의 데이터 중 1의 개수가 짝수일 때는 D7=0, 짝수일 때는 D7=1로 하여 홀수를 만들어 보낸다.

ⓔ 전송 속도(BPS : Bits Per Second) 또는 보레이트(Baud-rate) : BPS란 데이터 전송 시 1초에 몇 비트를 전송하는지를 나타내는 전송률 단위를 말한다. 통신하려는 양쪽 기기가 같은 속도로 세팅되어야 하며, 통신 소프트웨어에서 300, 600, 1,200, 2,400, 4,800, 9,600, 19,200 BPS 중에서 선택할 수 있다. 다른 기지들은 매뉴얼의 딥스위치로 선택할 수 있으며, 종래의 CNC 공작기계는 파라미터에 숫자로 표기되어 있다. 일반적으로 9면 2,400BPS, 10이면 4800BPS, 11이면 9,600BPS인데 대개 10으로 많이 세팅되어 있다.

CPS(Characters Per Second)는 1초에 전송하는 문자의 수를 말하며, 보통 1문자는 1Byte(8 Bit)이므로 CPS는 초당 전송할 수 있는 바이트 수이다.

ⓜ BCC(Block Cheek Character) : 시리얼 전송은 전송선에 원치 않는 노이즈 등이 영향을 주면 왜곡된 신호가 전송될 가능성이 있으므로, 정상 신호인지 왜곡된 신호인지를 수신 측에서 판단할 수 있고, 송신 측에 부가하는 데이터이다. 수신 측은 BCC 전단까지 들어온 데이터를 계산하여 수신된 BCC와 비교함으로써 신호의 이상 여부를 판단할 수 있다.

ⓟ 프로토콜(Protocol) : 프로토콜은 원래 외교상의 용어로서, 국가 간의 교류를 원활하게 하기 위한 외교에 관한 의례나 약속을 정한 의정서이다. 이것을 통신에 적용한 것이 통신 프로토콜(Com-munication Protocol)이다. 프로토콜이 본격적으로 사용된 시기는 컴퓨터 네트워크가 등장한 1970년대이며, 이는 둘 이상의 컴퓨터와 단말기 사이에 효율적이고 신뢰성 있는 일반적으로 호출 확립, 연결, 메시지 교환 형식의 구조, 오류, 메시지에 대한 재전송, 회전 반전 절차, 단말기 사이의 문자 동기 등에 관해 규정한다.

ⓢ 9핀과 25핀의 기능 및 연결 : RS-232C를 이용하여 데이터를 전송하는 경우에는 9핀, 25핀의 커넥터를 많이 한다.
• TX(데이터송신) : 데이터를 보내는 신호선, 출력은 전압이다.
• RX(데이터수신) : 데이터를 받는 신호선, 입력은 전압이다.
• RTS(송신요구) : 데이터 송신을 요구하기 위한 제어선이다.
• CTS(송신허가) : RTS 대한 응답 신호선이다.
• DSR : 기기의 전원이 ON인지와 같은 기기의 준비상태를 조사한다.
• DTR : 데이터 터미널이 DSR과 마찬가지로 OK인가를 조사한다.

그리고 RS-232C 결선 도는 암수가 맞지 않거나 핀의 수가 맞지 않을 때는 중간에 조립되는 커넥터를 사용하면 된다.

	9핀	25핀			25핀	9핀	
TX	3	2			2	3	TX
RX	2	3			3	2	RX
RTS	7	4			4	7	RTS
CTS	8	5			5	8	CTS
GSR	6	6			6	6	GSR
GND	5	7			7	5	GND
DCD	1	8			8	1	DCD
DTR	4	20			20	4	DTR
RI	9	22			22	9	RI

○ 그림 2-59 9핀, 25핀의 3선 결선도

(5) 네트워크(network)를 통한 인터페이스

네트워크는 각각의 물질, 또는 재료 등을 상호교류가 발생할 수 있도록 연결하는 것을 의미한다. 네트워크에는 교통(transportation), 동력(power), 통신(communication) 등이 있는데 현재의 네트워크는 컴퓨터의 발달과 같이 발전하였고, 특히 CNC 공작기계가 OPEN화 되면서 CAD/CAM 시스템 간에 LAN(Local Area Network), WAN(Wide Area Network), Internet 망을 이용하여 데이터를 상호교환하고 있다. 시스템 간의 연결방법에 따라 별(star)형, 나뭇가지(tree)형, 그물망(mesh)형, 원(ring)형으로 나뉘는데, 그 구성에 대한 특징들을 알아보면 다음과 같다.

1) 별(star)형 네트워크

별 모양의 네트워크는 중앙에 컴퓨터가 있고, 이를 중심으로 터미널들이 연결되는 형태이다. 각 터미널과 컴퓨터를 연결하는 데 쓰이는 모든 통신 선로가 별도로 필요하게 되므로 비교적 통신의 경로가 길어진다. 모든 제어가 중앙의 컴퓨터에 의해 행해지는 중앙집중식이다.

2) 나뭇가지(tree)형 네트워크

나뭇가지 모양의 네트워크는 별 모양의 경우처럼 중앙에 컴퓨터가 위치하나 각 지역적으로 가까운 터미널까지의 하나의 통신선로의 총 경로는 다른 구조의 경우들과 비교했을 때 가장 짧다.

다음은 CNC이 네트워크를 구성하는 예들이다. 이 중에서 나무형 트리구조(tree structure)는 어디에 해당하는가?
① 변형 네트워크
② 계층적 네트워크
③ 버스 네트워크
④ 분산 네트워크

답 ②

3) 그물망(mesh)형 네트워크

보통 공중 데이터 통신 네트워크가 이러한 형태를 가지며 최근에는 사설 네트워크도 이러한 형태로 발전되고 있다. 통신회선의 총 경로는 다른 네트워크 형태들과 비교했을 때 가장 길다. 두 지점 간에 항상 두 개 이상의 경로를 갖게 되어 하나의 경로 장애 시에 다른 경로를 택할 수 있는 장점이 있다.

4) 원(ring)형 네트워크

원형의 네트워크에서 사용되는 총 경로의 길이는 보통 별 모양의 경우보다 짧으며 나뭇가지 모양 네트워크보다는 길다. 양쪽으로 접근할 수 있으며 통신회선 장애에 대해 융통성이 있다. 근거리 네트워크(local area network)에서 많이 채택되는 방식이다.

2 CAM 관련 절삭이론

1 곡면 가공을 위한 절삭이론

(1) 3차원 곡면에서 가공 방법의 종류

곡면 가공 방법은 S/W에 따라 다르게 정의하고 있으나 일반적인 가공 방법으로는 2D 윤곽, 포켓, 황삭, 정삭, 잔삭, 펜슬, 4축, 5축 가공 방법이 있다. 이 공구경로 생성 방법에는 나선형 방향, 직선 방향(X, Y 각도), 등고선 안내 곡선 경로 연결, 3D 피치 가공 등이 있다.

1) 2D 윤곽가공

2D 윤곽가공은 와이어 컷 방전 및 머시닝 센터에서 정의된 2D 곡선의 정보를 가지고 직선인 경우는 G01, CW 원호의 경우는 G02, CCW의 원호는 G03으로 가공하는 것이다. 접근 경로 및 퇴각 경로, 간섭 체크, 또 깊은 윤곽 경로 가공에서는 스텝을 주어 Z축으로 반복가공을 한다. 이때는 칩에 의한 윤곽의 손상에 주의하여야 한다.

2) 포켓가공

① 포켓가공에서는 정의된 곡선이 반드시 폐곡선이어야 하고, 깊이 절삭 시 드릴 가공을 하는 것이 일반적이었지만, 스파이럴 방식, 지그재그 방식으로 깊이를 절삭하면서 경로를 생성하는 CAM S/W도 있다.

② 포켓가공 시 황삭피치는 공구 직경의 75%가 적당하며, 내부에 가공을 제외하는 영역이 있을 때 주의해야 한다.
③ 폐곡선과 내부영역 사이가 공구 직경보다 작은 경우에 경로를 생성할 때는 스텝(Step)과 테이퍼를 주어 깊이로 반복 가공을 하게 되는데, 처음으로 공구 직경보다 폐곡선과 내부영역의 사이가 크지만 깊이 절삭되어 폐곡선과 내부영역 사이가 작아질 때 경로 생성이 어떻게 되는지 주의하여야 한다.

3) 면삭 가공

면삭 가공은 이미 가공된 소재를 고정할 때 윗면이 평면도가 맞지 않았을 경우 그 윗면을 가공하는 것을 말한다.

4) 황삭 가공

일반적으로 공작물의 직육면체로 황삭 가공이 필수적이며, 제거량이 많은 경우에 시간을 절약하기 위하여 작업자가 도면을 보고 적당히 2차원으로 제거하고 도는 체크로 프로그램을 작성하여 가공을 하는 것이 좋다. CAM S/W에서 경로를 생성할 때에는 평 엔드밀로 한다. 경로 연결은 주로 방향 연결(X, Y, 각도) 및 등고선 연결을 많이 사용하고 있다.

5) 정삭 가공

정삭 가공 시에는 제품 형상에 따라 공구경로 연결 방법이 중요하다. 일반적으로 등고선, 나선형, 방사선, 방향(X, Y, 각도), 가이드 곡선 연결 방법을 사용하고 있으며, S/W에 따라 연결방법을 다양하게 개발하여 사용자에 쉽게 접근하도록 하고 있다.
제품 형상에 따라 직경이 큰 엔드밀을 사용하는 것이 좋으나 불가피한 경우에는 잔삭 가공으로 완성하는 것이 유리하다.
최근에는 고속가공기 출현으로 작은 직경의 공구를 사용할 수 있게 되었으므로 후가공(연삭, 방전)이 필요 없게 되었다.

6) 펜슬 가공

모서리가 있는 제품일 때 모서리까지 가공하기 위하여 작은 직경의 엔드밀로 가공을 하면시 시간이 많이 소비되어 비경제적인 절삭이 된다 펜슬 가공이란 큰 직경의 엔드밀로 먼저 가공을 한 후 모서리 부분만을 가공하는 방법이다.

7) 잔삭 가공

가공의 효율성을 좋게 하려고 큰 직경의 엔드밀로 정삭 가공 후 작은 직경의 엔드밀로 정삭 후 남은 영역을 자동으로 찾아 가공하는 방법이다.

8) 4·5축 가공

복잡한 형상의 제품은 부가 축이 있는 5축 머시닝 센터에서 가공하는데 이를 지원하는 CAM S/W에서 공구 간섭 등을 체크하는 것이 중요하다.

9) 나선형 연결 방법

나선형의 연결 방법은 원형 형상의 제품을 가공 시 바깥쪽에서 안쪽으로, 안쪽에서 바깥쪽으로 공구경로를 생성하는 방법으로, 절삭 저항을 일정하게 유지하는 방법이다.

10) 방향(X, Y, 각도) 연결 방법

경로 생성 방향이 X, Y 각도 등인 가공 형태로, 한 방향 또는 지그재그 연결 방법이 있는데 황삭 가공에 많이 사용한다.

11) 등고선 연결 방법

곡면을 따라 Z축이 같게 등고선 형태로 연결하는 방법으로 측면이 있는 제품 형상 가공에 좋다. Z 레벨 연결이라고도 한다.

12) 가이드 곡선 연결 방법

제품의 형상할 때 특별히 중요한 곡선이 있다면 그 곡선을 따라 공구경로를 생성하는 방법이다. 이밖에도 방사선 연결, 곡면에 문자 가공 시에는 경로를 곡면에 투영시켜 가공하는 방법도 있다.

13) 3D 피치 가공

보통 정삭 작업은 2D 피치로 작업 되어 일정한 표면 거칠기를 유지할 수 없다. 3D 피치 가공은 형상을 따라 일정한 절삭 간격(피치)을 유지하여 균일한 표면 거칠기를 만드는 방법이다.

이와 비슷한 Scallop 가공은 공구경로와 경로 사이에 공구에서 의해 발생하는 산 높이로 피치를 제어하는 방법이다.

(2) 대표적인 CAM 절삭 방법

1) Pocket Milling
대상물에 깊은 구멍을 생성하여 단차를 형성하는 방법이다.

2) Ramping
경사면을 생성하며 깎아내는 방법이다.

3) 3D Profile Milling
3차원 입체 조형으로 복잡한 형상을 유기적으로 절삭하는 방법이다.

4) Slot Milling
긴 직선의 단차를 깎아 조형하는 방법이다.

5) Face Milling
대상물의 넓은 표면을 평평하게 깎는 방법이다.

6) Shoulder Milling
대상물의 외벽을 90도의 각도로 깎아내는 방법이다.

2 3축, 5축 곡면 가공

(1) 3축 가공

3축 가공은 일반적으로 곡면을 가공할 때 사용되며 자동차 부품이나 금형, 가전제품 등 우리가 흔히 접할 수 있는 밀링 가공에 의한 제품이 얻어진다.

1) 자유 곡면의 NC 밀링 가공을 위한 경로 산출은 다음과 같다.
① 공구 흔적(cusp)을 줄이기 위해서는 경로 간 간격을 줄이거나 공구반경을 크게 한다.
② 큰 반경의 공구를 사용하면 오목한 부위에서 공구 간섭 영역이 적어진다.
③ 원호 보간을 이용하면 NC 프로그램 길이를 크게 줄일 수 있다.
④ 경로 산출을 위해 곡면 오프셋(offset) 계산은 이용되지 않는다.

2) 자유 곡면의 NC 가공을 계획하는 과정에서 가공 영역을 지정하는 방식은 다음과 같다.
① area 지정 : area로 정의된 폐곡선 내부를 일정 offset을 주어 가공
② island 지정 : 지정된 폐곡선 영역의 외부를 일정 오프셋(offset) 양을 주어 가공
③ trimming 지정 : 매개변수형 곡면의 매개변수 범위를 제한

(2) 5축 가공

5축 가공은 터빈 브레이드(turbine blade)나 선박의 스크루(screw), 타이어 금형 등을 가공할 때 사용하는 방법이다. 5축 가공의 이점은 다음과 같다.
① 단 한번의 공구경로로 가공이 완료되며, 효율적인 공구 자세를 제어한다.
② 평 엔드밀 사용 시 공구의 자세를 잘 조정함으로써 cusp 양을 최소화할 수 있다.
③ 공구 중심 날이 없는 황삭용 평 엔드밀을 이용한 하향절삭이 가능하다.
④ 3축으로 불가능한 곡면을 가공한다.
⑤ 공구를 기울여 가공할 수 있으므로 절삭이 공구의 바깥쪽에서 일어나서 절삭력이 좋다.
⑥ 5축 기계는 5개의 자유도를 가지며, 공구의 위치를 결정하는 데 3개가 사용되고, 공구의 방향 벡터를 결정하는 데 2개가 사용된다.
⑦ 공구 간섭 때문에 가공할 수 없는 영역도 가공할 수 있으며, 평 엔드밀에 의한 가공으로도 표면 가공 정도를 향상시킬 수 있다.

③ 가공경로 계산

🔟 가공 공정계획

(1) 2.3D 모델링 및 NC DATA 생성과정

제품생산과정에서 CAM S/W를 이용하는 분야는 크게 모델링 과정과 NC DATA 과정으로 나눌 수 있다. 2개 부분을 모두 강력히 지원하는 S/W는 드물고, 또 각 S/W마다 독특한 특징이 있어서, 산업체에서는 각자의 회사 사정에 맞는 S/W(모델링 S/W, NC DATA S/W)를 구비하고 있다.

1) 도면 파악

도면 파악에서는 특정한 부품이 메커니즘 속에서 갖는 역할을 정확히 판단하고, 그 부품에 대하여 자동프로그램 즉 CAM S/W에서 NC DATA를 생성한 후 CNC 공작기계에서 가공할 부분을 정확히 선정하고 작업공정과 Tooling을 판단하여 모델링에 들어가야 한다.

2) 단면 좌표계 설정

단면 설정 시 2D 형상에서 가공할 곡선은 사용하는 공작기계에 따라 다르게 정의한다. 즉 수직 머시닝 센터에서는 작업 테이블이 XY 평면, 수평 머시닝 센터에서는 YZ, XZ 평면, 와이어컷 방전가공기에서는 XY 평면, CNC 선반에서는 ZX 평면을 주로 설정한다.

3D 형상에서는 좌표축에서 제품의 중요한 형상이 어떤 축으로 설정되어야 하는가가 중요하다. 주로 정투상도에서 평면도는 XY 평면에 기준 곡선(Base Curve)으로 모델링하고, 정면도는 XZ, 우측면도는 YZ로 이동 곡선으로 모델링한다. 특히 중요한 부분의 제품 형상은 주로 단면도로 표시되어 있으므로 이를 단면 좌표계로 설정하는데 이는 제품 형상에 따라 여러 가지 방법이 있고, S/W에 따라 약간의 차이는 있으나 주로 단면을 H · V(X-Y, Y-Z, Z-X)로 설정된다.

3) 기본 도형 정의

기본 도형을 정의할 때는 형상의 기본요소인 점, 선, 원, 원호, 자유 곡선 등을 S/W에 따라 파트 프로그램 입력 방법, CAD 기반 입력 방법 등을 이용하여 입력한다. 기본 도형을 정의하는 목적은 2D에서는 공구가 가는 경로를 정의하는 것이고, 3D에서는 곡면을 정의하기 위한 곡선을 정의하기 위한 것이다.

이는 제품의 특성에 따라 직접 정의된 단면에 정의하는 직접적인 정의 방식과 이미 정의된 기본 도형을 편집(이동, 대칭, 회전)하는 상대적인 정의 방식 등으로 구분한다.

(2) 가공경로 생성

① 고속 고정밀도 가공을 위한 공구경로의 생성 : 연속적이고 부드러운 가공 경로, 일정한 가공 부하의 유지, 충돌 염려가 없는 공구경로
② 무인 가공을 위한 가공경로의 생성 : 충돌, 과절삭, 미절삭, 과부하가 없는 절삭가공 데이터

③ **자동 공정계획(CAPP, Computer Aided Process Planning)에 의한 CAM 가공 경로의 생성** : CAD/CAM 일관화에 의한 공구의 자동 선정, 가공 특징의 인식, 가공 패턴(pattern)의 선정
④ **가변 절삭조건** : 절삭 부하를 미리 예측하여 절삭조건을 수시로 변화시킴
⑤ **NURBS(NonUniform Rational B-Spline) 보간(interpolator)의 사용** : 가공 데이터의 양을 최소화하여 절삭 시간을 단축할 수 있고 고속 고정밀도 가공할 수 있어 가공면의 조도를 향상하게 시킬 수 있다.

2 밀링 가공경로 계산이론

(1) 곡선 정의

곡선을 정의할 때는 2D 형상에서는 그 제품을 가공하기 위하여 접근 경로와 퇴각 경로 및 상·하향 절삭을 고려하여 정의하고, 3D 형상에서는 곡면 형성 시 기초가 되는 각 곡선의 상관관계의 특성을 파악하여 정의한다.

정의방법에는 이미 정의된 기본 도형을 이용하여 방법과 직접 곡선을 정의하는 방법, 또 정의된 곡선을 편집기능(이동, 복사, 대칭, 회전)을 이용하여 요구하는 곡선으로 정의하는 방법이 있다. 곡선을 S/W에 따라 프로파일(Profile)이라고도 한다.

1) 곡선 만들기
① 폐곡선은 시작 위치와 끝 위치가 동일하므로, 시작점, 끝점을 같은 곳에서 선택한다.
② 시작 요소에서 끝 요소까지 각각의 요소는 정확히 만나야 곡선이 생성된다.

2) 연속 곡선
① 기본 도형 없이 점을 연속적으로 선택하여 곡선을 정의한다.
② 생성된 곡선은 2차원 성질을 가지는 곡선이다.

3) 3차원 연속 곡선
① 공간의 3차원 점을 연속 연결하는 곡선을 생성한다.
② 생성된 곡선은 3차원 성질을 가지는 곡선이다.

4) 테이퍼 곡선
테이퍼형 곡선을 정의한다.

5) UCS와 곡면

① 현재의 UCS평면과 곡면이 교차하는 교선을 구한다.
② UCS는 원하는 평면에 설정되어 있어야 한다.

6) 단면 곡선

곡면을 주어진 곡선으로 수직하게 자를 때, 곡면의 단면을 생성한다.

7) 투영

곡선을 곡면에 임의의 방향으로 투영한다.

(2) 곡면 정의

CC 포인트(Cutter Contact Point)는 곡면상의 공구 접촉점을 의미하며, 곡면을 정의할 때는 다음과 같은 방법을 사용한다.
① 곡면의 기본적인 수학식을 이용하여 곡면을 정의하는 방법
② 이미 정의된 곡선 중의 하나를 기준 곡선으로 하고, 나머지 곡선들은 이동 곡선으로 정한 후, 이 이동 곡선들이 기준 곡선에 대해 어떤 방식으로 이동, 연결되는지에 따라 곡면으로 정의하는 방법
③ 이미 정의된 곡면을 편집(이동, 대칭, 회전, 복사, 블렌딩 등)하여 새로운 곡면을 정의하는 방법

1) 3점 평면

① UCS에 임의의 3점으로 평면을 정의한다.
② 원점은 곡면의 시작 위치, 첫 번째 점은 좌표계의 X축과 같은 역할, 두 번째 점은 Y축과 같은 역할을 한다.

2) 곡선 평면

UCS에 존재하는 곡선을 영역으로 하는 평면을 정의한다.

3) 구면

구의 중심 좌표와 반지름을 입력하여 구면을 정의한다.

4) 원뿔면

두 점을 기준으로 두 반지름을 입력하여 원뿔형 면을 정의한다.

5) 원기둥 면

윗면 및 밑면 중심점, 반지름을 입력하여 원기둥 면을 정의한다.

6) 회전 곡면

회전될 곡선을 선택하여 UCS 축을 중심으로 곡면을 생성한다.

7) 스파인(spine)

하나의 스파인 곡선과 하나의 다면 곡선으로 곡면을 생성한다.

8) 룰드 곡면(ruled surface)

2개의 단면 곡선을 직선으로 연결하여 곡면을 생성한다.

9) 스킨 곡면(skin surface)

2개 이상의 단면 곡선을 부드럽게 연결하여 곡면 생성한다.

10) 스위프 곡면(sweep surface)

윤곽 곡선과 단면 곡선으로 표현되는 곡면으로, 단면 곡선이 윤곽 곡선을 따라감으로써 생성되는 궤적으로 정의된다.

(3) 파트 프로그램(part program)

NC 가공을 위하여 도면을 검토하고 가공 형상을 정의하게 된다. 가공 형상의 정의에서 가공할 부품(part)을 프로그래밍하게 되는데 이를 파트 프로그램이라 하며, 실제로 가공에 필요한 각종 기능을 작업자가 알기 쉬운 언어로 기술한 것이다.

(4) 메인 프로세서(main processor)

가공 순서를 인간의 언어와 가까운 NC 언어를 이용하여 기술한 파트 프로그램을 읽고, 그 내용에 따라 공구 중심의 좌푯값이나 공구 축의 벡터를 계산한다. 모든 CNC공작 기계에 공통인 표준 구성으로 편집한 공구의 위치 정보가 중요한 중간 결과로서 외부 출력 파일을 생성한다. 이러한 공통 처리 부분을 메인 프로세서라 하며, 공구의 위치 정보로부터의 공구 가공 정보를 CL(cutting location) 데이터라고 한다.

[CNC 공작기계의 데이터 흐름]
제품 도면 → 프로그래밍 입력 → 정보처리 회로 → 서보 기구 → CNC 기계 → 가공물

(5) 포스트 프로세서

가공 데이터를 읽어 특정의 CNC 공작기계의 제어기(controller)에 맞게 구성하여 NC 데이터로 출력한다. 최근의 CAM 시스템은 사양이 각각 다른 CNC 공작기계가 가지고 있는 기능을 최대로 발휘하여 최적의 NC 데이터를 생성할 수 있도록 다양한 포스트 프로세서를 갖추고 있다.

(6) 포스트 프로세싱(post-processing)

CL 데이터를 CNC 공장 기계가 이해할 수 있는 NC 코드로 변환하는 작업을 말한다. 이는 도형 정보나 운동 정의문에 기초하여 실제로 공작기계가 알 수 있는 NC 코드를 생성하는 부분과 생성된 NC 코드를 공작기계에 전송하는 부분으로 구성되어 있다. 이처럼 NC 언어로 정보처리 하는 회로를 컨트롤러라 하며, 이것을 포스트 프로세싱이라고 한다.

3 가공경로 계산 조건

(1) 가공경로 계획

1) 파라메트릭(Parametric) 방식

등고선 파라미터 선을 따라 CC를 생성한다. 수치 계산이 간단하고 경로 간격이 불균일하다. 이송 중에 공구의 좌우 움직임이 있다.

2) 데카르트(Cartesian) 방식

① CC-Cartesian 방식 직선 절단선을 따라 CC를 생성하고 수치 계산이 복잡하고 경로 간격이 균일하다. 이송 중에 공구의 좌우 움직임이 있다.
② CL-Cartesian 방식 직선 절단선을 따라 CL를 생성하고 수치 계산이 매우 많고 경로 간격이 균일하다. 이송 중에 공구의 좌우 움직임이 없다. (2.5축 가공할 수 있다.)

3) 가공경로 계획 시 고려 사항

① 머시닝 센터의 자유도
② 사상작업 요구사항
③ 곡면정의 방식

④ 수치적 계산의 난이도
⑤ NC G코드 크기 제한

(2) 가공 조건문 정의

가공 조건문 정의란 CNC 공작기계의 절삭 조건을 정의하는 것으로 절삭 공구, 정삭 여유량(전극 가공 시 방전 Gap), 절삭 속도, 이송 속도, 경로 간격, 절입 깊이, 절입 방법, 간섭 체크, 수축률 등이 고려된다. 3D에서는 공구경로가 곡면의 법선 방향으로만 위치하지만 2D에서는 가공할 곡선의 진행 방향에 따라, 곡선 위, 곡선 좌측, 곡선 우측에 따라 CL DATA가 생성이 되므로 주의하여야 한다. 또한, 포켓 및 3D 형상 가공 시 볼 엔드 밀 사용 시 경로 간격이 표면 조도에 영향을 미치므로 이를 주의하여야 한다.

(3) CL 데이터 생성

2D 윤곽 가공에서 CL-DATA(Cutter location DATA)를 생성하는 방법은 다음과 같다. 앞서 정의된 곡선에 따라 공구경로가 생성되지만, 포켓 및 곡면에서는 각 공구경로 사이를 한 방향 가공, 양방향 가공으로 연결하여 급송이송(G00) 및 절삭이송(G01)의 X, Y, Z 공구경로 점이 생성된다. 이 데이터는 2D 및 3D에서 공구 형상에 따라 다르다. 3D에서는 공구경로가 곡면의 법선 방향으로만 위치하지만 2D에서는 가공할 곡선의 진행 방향에 따라 곡선 위, 곡선 좌측, 곡선 우측에 따라 CL DATA가 생성된다. Cartesian 가공은 곡면을 평면으로 절단한 곡선을 따라 공구경로를 산출하는 방법으로 수치적인 계산이 많이 요구되는 가공 방법이다.

1) 2D

① TLON으로 설정 시는 도형 정보 파일(GIF)의 좌표치와 공구경로 좌표치가 같게 생성된다.
② TLLFT로 설정 시는 도형 정보 파일(GIF)에서 좌표치가 곡선의 진행 방향에서 왼쪽으로 지정한 공구 반경만큼 이동되어 공구경로 점이 생성된다.
③ TLRGT 설정 시는 도형 정보 파일(GIF)에서 좌표치가 곡선의 진행 방향에서 오른쪽으로 지정한 공구반경만큼 이동되어 공구경로 점이 생성된다. 여기서 TLLETM TLRG 설정이 G41, G42를 나타내는 것이 아니다. G41, G42는 CNC 공작기계에서 설정되는 기능으로, 생성

된 NC 데이터에서 지정한 양만큼 공구가 이동되어 공작물이 가공되는 것을 말하며, TLLET, TLRG 설정과 G41, G42의 설정은 절삭상황에 따라 적절하게 설정되어야 한다.

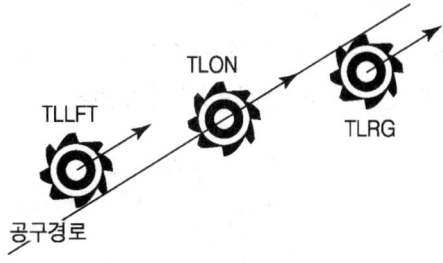

○ 그림 2-60 2D CL-DATA 생성

2) 3D

엔드밀 종류에 따른 공구의 접촉면과 CL 데이터 생성은 다음과 같다.

① 평 엔드밀

$$rL = rC + R\frac{(n-au)}{\sqrt{1-a^2}}$$

② 볼 엔드밀

$$rL = rC + R(n-u)$$

③ 라운드 엔드밀

$$rL = rC + a(n-u) + (R-a)\frac{(n-au)}{\sqrt{1-a^2}}$$

여기서, rL : 공구 위치결정(Location)
n : 단위 곡면 법선 벡터
u : 공구 끝점에서 주축을 향하는 단위 벡터
rC : CL 데이터(접촉점)
R : 공구 반지름
a : 라운드 $a = n \cdot u$

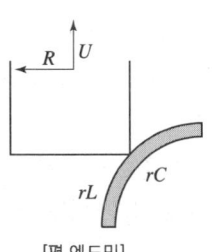
[평 엔드밀]

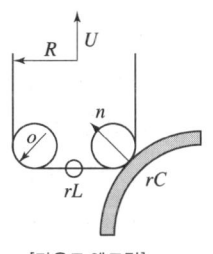
[볼 엔드밀] [라운드 엔드밀]

○ 그림 2-61 3D CL-DATA 생성

3) 볼 엔드밀 커습(Cusp)

커습 높이(Cusp Height)가 크면 사상작업 필요하며 경로 간격(Path Interval)을 절반으로 줄이면 커습 높이(Cusp Height)는 $\frac{1}{4}$로 감소하지만, 절삭 시간은 2배로 증가한다.

① 커습(cusp) : 곡면을 가공할 때 볼 엔드밀이 지나가고 남은 흔적을 말하며, 골간의 간격에 따라서 높이가 달라진다.

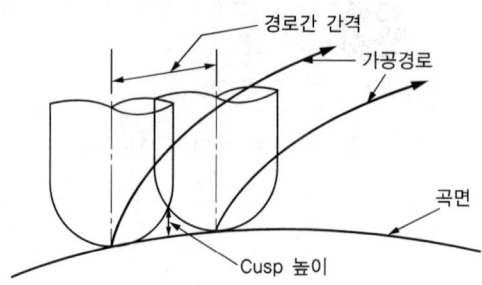

○ 그림 2-62 볼 엔드밀 커습(Cusp)

4) 커습 높이(Cusp Height)와 공구경로 간격

① 볼록 고면 : $p > 0$
② 오목 곡면 : $p < 0$
③ 곡면의 곡률반경이 공구반경보다 매우 큰 경우 : $p = \infty$

$$l = 2\sqrt{h(2R-h)}$$

(4) 공구경로 검증

공구경로 검증에서는 NC-DATA를 생성하기 전에 생성된 CL-DATA를 이용하여 공구의 위치, 과 절삭, 미절삭 등을 확인하는 과정이다.

(5) 후처리

후처리는 CL-DATA를 이용하여 CNC 공작기계의 제어부에 맞게 NC-DATA를 생성하는 과정이다. S/W에 따라 지원하는 제어부가 있으므로 이를 주의하여야 하고, 제어부가 맞더라도 자기 회사에 맞게 후처리 파일을 수정하는 것이 좋다.

그 예로 프로그램 서두에 좌표계 설정 기능에서 공작물(G92), 지역 좌표계(G54~G59) 제1·제2·제3, 4점을 이용하여 좌표계를 설정하는 경우를 들 수 있다.

(6) NC · DATA 전송

생성된 NC-DATA를 CNC 공작기계에 입력하는 방법에는 RS-232C를 이용하는 방법과 플로피 디스크를 이용하는 방법이 있으며, 아주 많은 양의 데이터는 DNC 운전 및 데이터 서버를 이용하여 입력하게 된다.

(7) CNC 기계 가공 및 측정

가공된 제품을 측정하여 오차를 수정하는 것이다. 이 과정을 통하여 위에서 언급한 경로에서 도형 정보, 가공 조건문, 좌표계 설정, 공구 보정 등을 수정하여 완벽하게 제품을 생산하여야 한다. 가공 조건문부터 후처리까지 Data Base화 하여 한 번에 처리하는 S/W도 있다.

4 가공경로 종류 및 특성

(1) 곡면 가공

1) 절삭 패턴

① 파트 따르기 : 모델링을 윤곽에 따라 가공하는 방식으로 아이콘 모양 형태로 가공이 되며 바깥쪽에서 안쪽으로 가공이 된다.

파트 지오메트리(Part geometry)로부터 같은 값으로 오프셋(offset) 하여서 공구경로(tool path)를 생성한다. 블랭크 지오메트리(Bank geometry)로부터 오프셋 할 경우에는 파트 지오메트리에서는 정의할 수 없다.

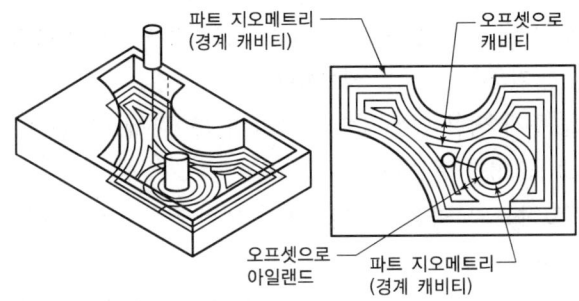

○ 그림 2-63 파트 따르기

② 외곽 따르기 : 모델링을 윤곽에 따라 가공하는 방식으로 아이콘 모양 형태로 가공이 되며 안쪽에서 바깥쪽으로 가공하거나 바깥쪽에서 안쪽으로도 가공할 수 있다.

중심이 같은 공구경로(tool path)를 생성한다. 안쪽(Inward)과 바깥쪽(outward)으로 방향을 정의한다.

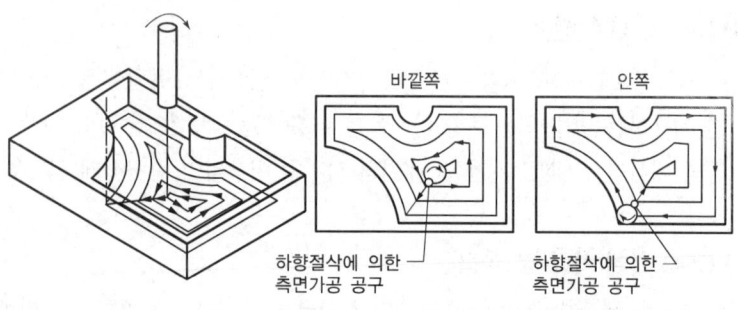

○ 그림 2-64 외곽 따르기

③ **프로파일** : 모델링 형상의 윤곽을 따라 한 번만 가공하는 방법으로 잔삭에 이용된다.

소재의 측벽부와 관련하여 한번 통과(single pass)를 생성하여 가공한다.

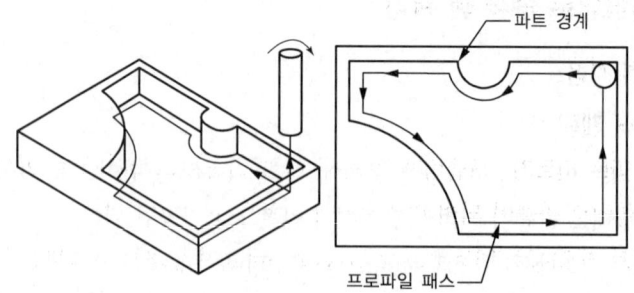

○ 그림 2-65 프로파일(1)

프로파일일 때 추가 패스(Additional Passes) 활성화된다.
- 디폴트(default) 값이 0으로 되어 있을 경우 소재의 측벽부에 하나의 공구경로(tool path)를 생성한다.
- 값을 주게 되면 넣은 값만큼 소재의 측벽부에 offset 하게 공구경로(tool path)를 생성한다.

④ **트로코이드** : 모델링 형상의 윤곽을 따라 가공하는 방법으로 부품 따르기와 비슷한 모양으로 가공이 된다.

공구의 안정성을 최대한으로 살려서 가공할 수 있다. 스텝 오버(Step over), 경로 간격(path width) 값을 정의한다.

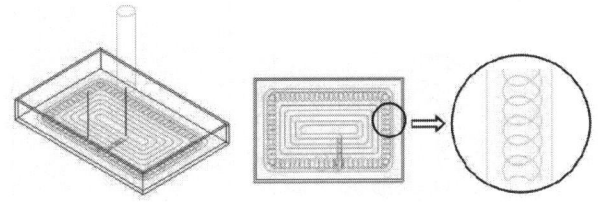

○ 그림 2-66 프로파일(2)

⑤ 지그 : 공구가 갈 때 가공되고 올 때는 사용자가 지정한 안전 높이까지 이동하여 급속 이송하여 다시 가공이 시작된다.

공구경로(Tool path)가 정의한 방향으로 한 방향(one-way)으로 이송하여 가공한다.

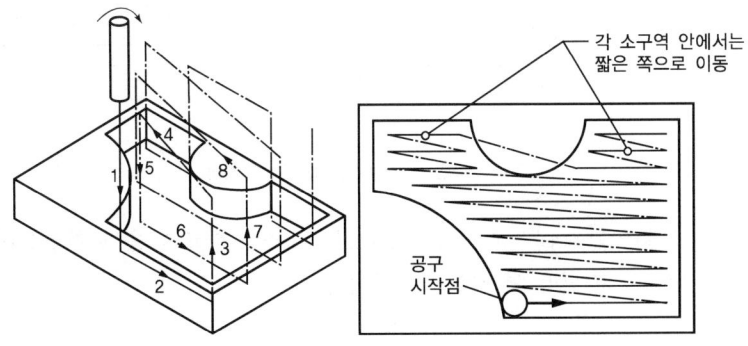

○ 그림 2-67 지그 가공

⑥ 지그재그 : 공구가 왕복으로 이동하면서 가공하는 방법으로 갈 때 한 번, 올 때 한 번, 총 2번 가공된다. 지그재그는 가공 시간이 단축되지만, 절삭 품질에는 여러 이유로 좋지 않으므로 되도록 정삭에서 사용하지 않는다
⑦ 윤곽이 있는 지그 : 일반적으로 많이 사용되는 가공 방법으로 지그 방법으로 가공이 되면서 윤곽의 형태로 가공하여 기계와 공작물 및 공구 사이에 과부하를 줄일 수 있다.

공구경로(Tool path)가 정의한 한 방향으로 평행하게 이송하여 가공할 때, 스텝 오버(step over) 사이를 가공한다.

2) 스텝 오버

공구가 한번 가공하고 난 후 다음 가공에 들어갈 때 측면으로 이동하는 값을 의미한다.

① 일정(Constant) : 고정된 임의의 피치(pitch) 값을 입력한다.

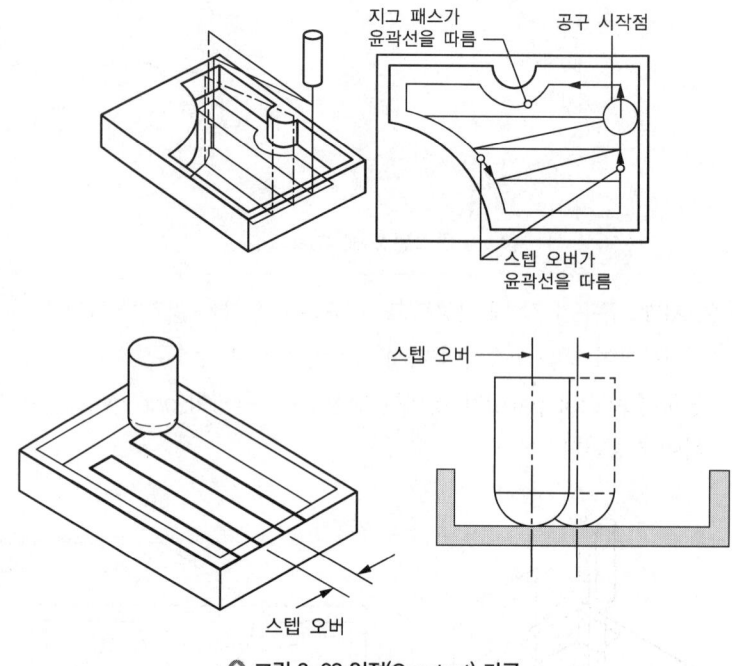

○ 그림 2-68 일정(Constant) 가공

② **스캘럽(Scallop)** : 엔드밀(End mill) 가공을 하고 다음 피치(pitch)로 이동한 후 남은 영역의 높이 값이다.

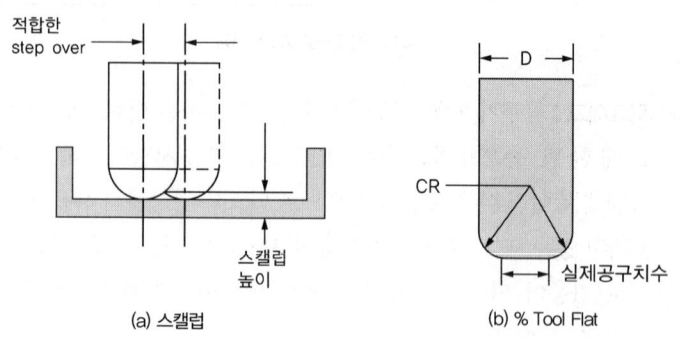

○ 그림 2-69 스캘럽(Scallop) 가공

③ **% Tool Flat** : 공구의 직경에 대한 백분율(percent) 값이며 주로 황삭 가공에 사용한다.

④ **복수(Multiple)** : 절삭 곡선마다 임의의 다른 값을 입력할 수 있다.

3) 절삭당 공동 깊이 : 한 번 가공할 때 공구 축 방향의 절삭 깊이를 의미하며 Z축 방향의 깊이 값을 의미한다.

절삭당 깊이를 설정하며 지정된 값을 초과하지 않는 균일한 절삭 단계를 계산한다. 아래 그림에서는 0.25로 지정된 절삭당 전역 깊이 값을 조정하는 과정을 보여준다.

(2) 등고선 가공

1) **곡선/점 드라이브 방법** : 곡선 또는 점을 지정하여 드라이브 지오메트리를 지정한다.

곡선/점 드라이브 방법을 사용하면 점을 지정하거나 곡선을 선택하여 드라이브 지오메트리를 정의할 수 있다. 점으로 지정하면 지정된 점 사이의 선형 세그먼트로 드라이브 경로가 생성된다. 곡선을 지정하면 선택한 곡선을 따라 드라이브 점이 생성된다. 두 경우 모두 드라이브 지오메트리가 파트 곡면에 투영되고 이 곡면에서 공구경로가 생성된다. 곡선은 열린 상태이거나 닫힌 상태일 수 있고, 연속적이거나 비연속적일 수 있고, 평면형이거나 평면형이 아닐 수 있다. 점을 사용하여 드라이브 지오메트리를 정의하는 경우 커터는 점이 지정된 순서에 따라 한 점에서 다음 점으로 공구경로를 따라 이동한다. 점이 연속 순서로 정의되지 않으면 같은 점을 여러 번 사용할 수도 있다. 예를 들어, 같은 점을 순서의 첫 번째 점과 마지막 점으로 정의하여 닫힌 드라이브 경로를 생성할 수 있다.

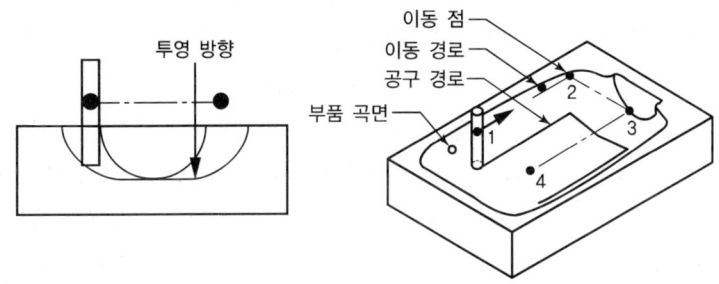

○ 그림 2-70 곡선/점 드라이브 방법

곡선을 사용하여 드라이브 지오메트리를 정의하는 경우 커터는 곡선이 지정된 순서에 따라 한 곡선에서 다음 곡선으로 공구경로를 따라 이동한다. 선택한 곡선은 연속적이거나 연속적이지 않을 수 있다.

① **곡선 선택** : 곡선이나 점을 선택한다.
② **방향 반전** : 곡선의 방향을 반전시킨다.
③ **원점 곡선 지정** : 닫힌 곡선에서 시작되는 원점을 지정한다.
  사용자 정의 절삭이송률 : 곡선에 대한 이송 속도 값을 지정할 수 있다.

④ 드라이브 설정값
- **절삭 단계** : 번호/공차 중에 선택한다. 가공경로 제어점을 지정한다.
- **번호** : 드라이브 곡선에 따라 생성할 점의 최소 수를 지정한다.
- **공차** : 두 개의 연속적인 드라이브 점 사이의 연장하는 선과 드라이브 곡선 사이의 허용 가능한 최대 법선 거리를 지정한다.

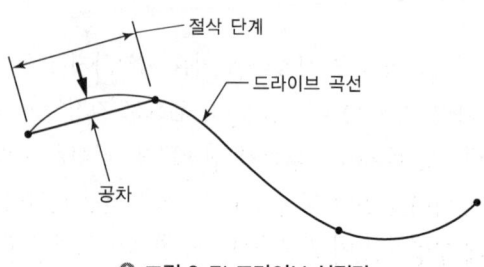

○ 그림 2-71 드라이브 설정값

2) 평면형 나선 드라이브 방법

지정된 파트 지오메트리상의 나선 중심선을 이용하여 나선 형태의 가공 패턴으로 가공 공구경로를 지정한다.

나사선 드라이브 방법을 사용하면 지정된 중심점에서 바깥쪽으로 나선 회전하는 드라이브 점을 정의할 수 있다. 드라이브 점은 중심점을 포함하여 투영 벡터에 법선인 평면 안에 생성된다. 그런 다음 선택된 파트 곡면에 투영 벡터를 따라 드라이브 점이 투영된다.

다음 절삭 패스까지 스텝 오버하기 위해 방향을 급격하게 변경해야 하는 다른 드라이브 방법과는 달리 나사선 드라이브 방법 스텝 오버는 바깥쪽으로 매끄럽고 일정하게 이동한다. 이 드라이브 방법은 일정한 절삭 속도와 매끄러운 동작을 유지하므로 고속 가공 응용프로그램에 유용하게 사용할 수 있다.

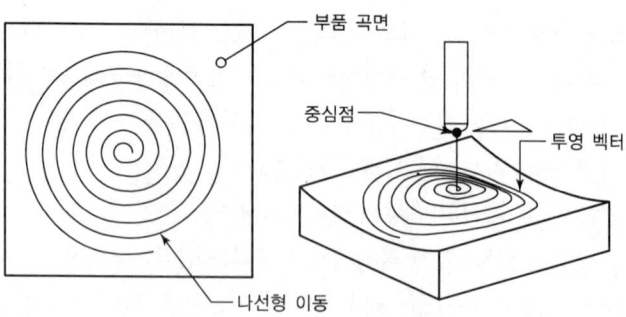

○ 그림 2-72 나선 형태의 가공 패턴

중심점은 나사 선의 중심을 정의하고 공구 절삭을 시작하는 위치로 사용된다. 중심점을 지정하지 않으면 절대 좌표계의 0, 0, 0이 사용된다. 중심점이 파트 곡면에 없으면 파트 곡면에 대해 정의된 투영 벡터를 따른다. 나사선의 방향(시계 방향 및 반시계 방향)은 하향 또는 상향 절삭 방향으로 제어한다.

① 드라이브 설정값
  ㉠ **점 지정** : 나선형의 중심점을 지정한다.
  ㉡ **최대 나선형 반경** : 최대 반경을 지정하여 가공할 영역을 지정한다.
  ㉢ **스텝 오버** : 공구가 한 번 가공하고 난 후 다음 가공에 들어갈 때 측면으로 이동하는 값
   • 일정 : 고정된 거리 값을 지정한다.
   • % Tool Flat : 공구의 직경에 대한 백분율(percent) 값을 지정한다.
  ㉣ **절삭 방향** : 나선의 회전 방향(상향/하향)을 지정한다.

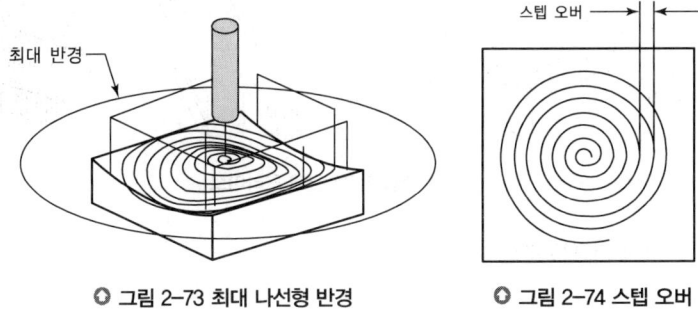

◐ 그림 2-73 최대 나선형 반경   ◐ 그림 2-74 스텝 오버

3) 경계 드라이브 방법

가공할 영역을 지정하여 가공경로를 지정할 수 있으며 파트 곡면의 형상이나 크기에 종속되지 않지만 루프는 외부 파트의 곡면 모서리에 일치하여야 한다.

Boundary 드라이브 방법을 사용하면 경계와 루프를 지정하여 절삭영역을 정의할 수 있다. Boundary는 파트 곡면이 형상이나 크기에 종속되지 않지만 루프는 외부 파트 곡면 모서리에 일치해야 한다. 절삭영역은 경계나 루프 또는 경계와 루프 모두를 사용하여 정의한다. 공구경로는 정의된 절삭영역에서 파트 곡면으로 지정된 투영 벡터의 방향에 따라 드라이브 점을 투영하여 생성된다. Boundary 드라이브 방법은 공구 축과 투영 벡터를 가능한 한 제어하지 않으면서 파트 곡면을 가공하는 데 유용하다.

경계 드라이브 방법은 펴면 밀링과 매우 유사한 방식으로 작동한다. 그러나 펴면 밀링과는 달리 경계 드라이브 방법은 정삭 오퍼레이션을 생성하여 공구가 복잡한 곡면 윤곽선을 따라 이동할 수 있도록 하기 위한 것이다. 곡면 영역 드라이브 방법과 마찬가지로 Boundary 드라이브 방법을 사용하면 영역 내에 포함된 드라이브 점의 배열이 생성된다. 일반적으로 경계 내에서 드라이브 점을 정의하는 것이 드라이브 곡면을 선택하기보다 쉽고 빠르다. 그러나 Boundary 드라이브 방법을 사용할 EO는 드라이브 곡면을 기준으로 투영 벡터나 공구 축을 제어할 수 없다. 예를 들어, 다음 그림에서와 같이 공구 축을 제어하거나 드라이브 점을 균일하게 배치하기 위해 평면 경계로 복잡한 파트 곡면 주위를 둘러쌀 수 없다.

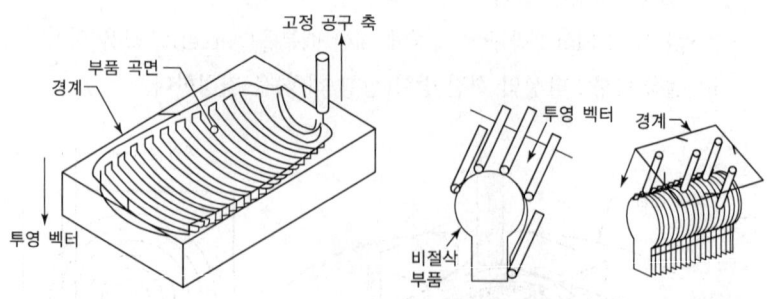

○ 그림 2-75 경계 드라이브

① 경계/면 지오메트리

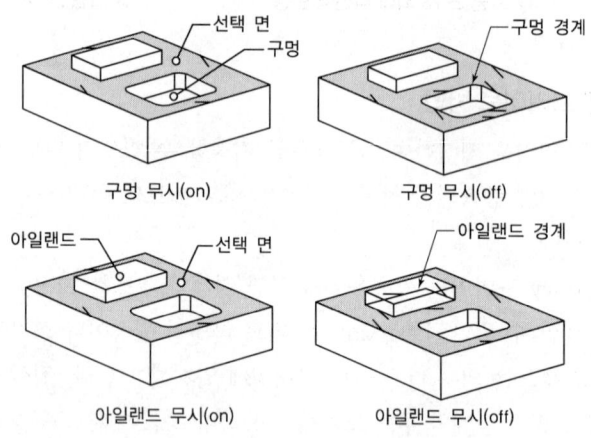

○ 그림 2-76 구멍/아일랜드 on/off

모두에서 면 설정 시: 면을 선택하면 구멍, 아일랜드, 모따기를 무시할 수 있는 옵션이 나타나며 볼록, 오목 부분의 모서리를 가공할 때 Tanto, On으로 설정할 수 있다.

② 절삭 패턴
  ㉠ **표준 드라이브** : 절삭영역의 둘레를 따르는 프로파일 절삭 패턴과 유사하나 공구경로가 자체 교차하는 것을 막거나 부품 표준(Part gauge) 가공을 방지하기 위해 공구경로를 수정하지 않는다.

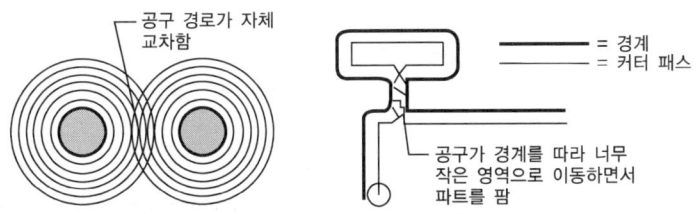

○ 그림 2-77 표준 드라이브(1)

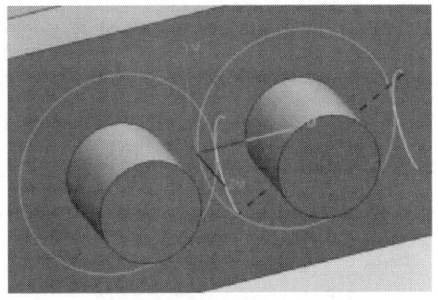

○ 그림 2-78 표준 드라이브(2)

○ 그림 2-79 프로파일

  ㉡ **동심 가공** : 사용자가 지정하거나 자동으로 계산된 최적의 중심점에서 점점 커지거나 점점 작아지는 원형 절삭 패턴을 생성한다. 이 절삭 패턴을 사용하면 절삭 종류와 패턴 중심을 지정할 수 있고 포켓 방법으로 안쪽이나 바깥쪽을 지정할 수 있다. 전체 원형 패턴이 연장될 수 없는 코너 같은 영역에서는 절삭 이동을 다음 코너로 이동하여 계속 절삭하기 전에 지정된 절삭 종류로 동심 원호가 생성 및 연결된다.

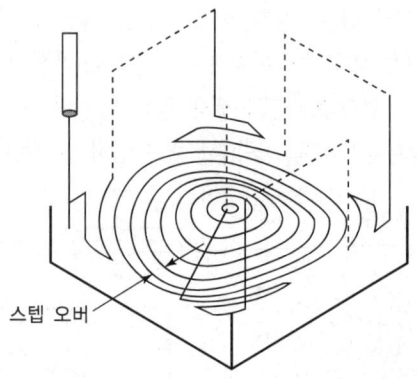

○ 그림 2-80 절삭 종류가 지그재그이고 포켓 방향이 안쪽으로 동심 원호 가공

ⓒ **방사상 가공** : 사용자가 지정하거나 자동으로 계산된 최적의 중심에서 연장되는 선형 절삭 패턴을 생성한다. 이 절삭 패턴을 사용하면 절삭 종류와 패턴 중심을 지정할 수 있고 포켓 방법으로 안쪽이나 바깥쪽을 지정할 수 있다. 이 옵션을 선택하면 이 절삭 패턴에 고유한 각도 스텝 오버를 지정할 수도 있다. 이 절삭 패턴의 스텝 오버 거리는 중심에서 가장 먼 경계점을 기준으로 원호 길이를 따라 측정된다.

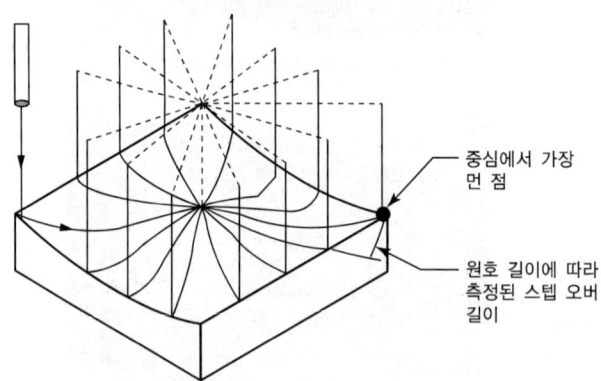

○ 그림 2-81 절삭 유형이 지그이고 포켓 방향이 안쪽인 방사선형

4) 영역 밀링(Area Milling)

드라이브 방법을 사용하면 절삭영역을 지정하고 원하는 경우 급경사 제한과 트리밍 경계 구속조건을 추가하여 고정축 곡면 윤곽선 오퍼레이션을 정의할 수 있다. 이 드라이브 방법은 경계(Boundary) 드라이브 방법과 유사하지만, 드라이브 지오메트리가 필요하지 않으며 충돌을 방지하기 위한 강력하고 자동화된 계산 방식이 사용된다. 이 방법은 고정축 곡면 윤곽선 오퍼레이션에만 사용할 수 있으며 드라이브 지오메트리가 필요하지

않다. 따라서 가능한 한 경계(Boundary) 드라이브 방법 대신 영역 밀링 드라이브 방법을 사용해야 한다.
① **급경사 제한** : 공구경로상의 경사면에 대한 가공을 제한한다.
  ㉠ **없음** : 경사도에 관련된 어떠한 제한 없이 전체 영역을 가공한다.
  ㉡ **비 급경사** : 지정한 각도 값보다 작은 절삭영역에 대하여서만 가공한다.
  ㉢ **방향 급경사** : 지정한 각도 값보다 큰 절삭영역에 대하여서만 가공한다.

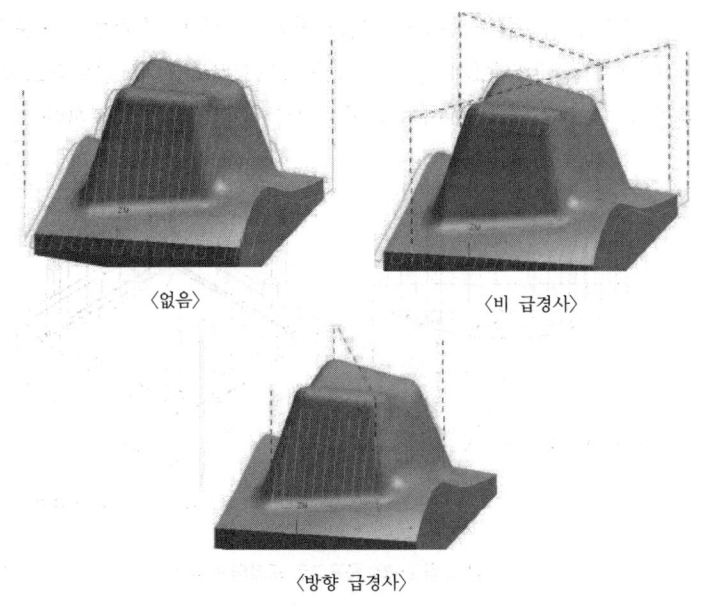

○ 그림 2-82 영역 밀링(Area Milling)

5) 공구경로

공구경로 드라이브 방법을 사용하면 CLSF(커터 위치 원본 파일)의 공구 경로를 따라 드라이브 점을 정의하여 현재 오퍼레이션에서 유사한 곡면 윤곽선 공구경로를 생성할 수 있다. 드라이브 점은 기존의 공구경로를 따라 생성된 다음 선택한 파트 곡면에 투영된다. 그 결과로 곡면 윤곽선을 따르는 새 공구경로가 생성된다. 파트 곡면에 드라이브 점을 투영하는 데 사용되는 방향은 투영 벡터로 결정된다.

다음 그림에서는 평면 밀링에 프로파일 절삭 종류를 사용하여 공구경로를 생성했다. 이 공구경로를 공구경로 드라이브 방법 오퍼레이션에 사용하는 파트 곡면의 윤곽선을 따르는 새 공구경로를 생성할 수 있다.

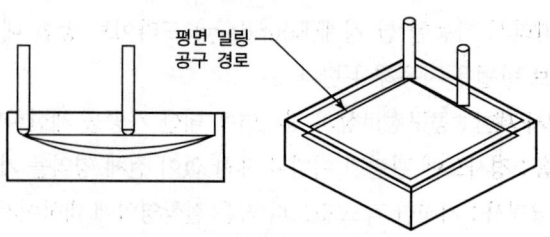

○ 그림 2-83 평면 밀링 공구경로

다음 그림에서는 공구경로 드라이브 방법을 사용한 결과를 보여준다. 평면 밀링 오퍼레이션에서 생성된 공구경로를 윤곽선이 있는 파트 곡면에 투영 벡터 방향으로 투영하여 곡면 윤곽선 공구경로를 생성한다.

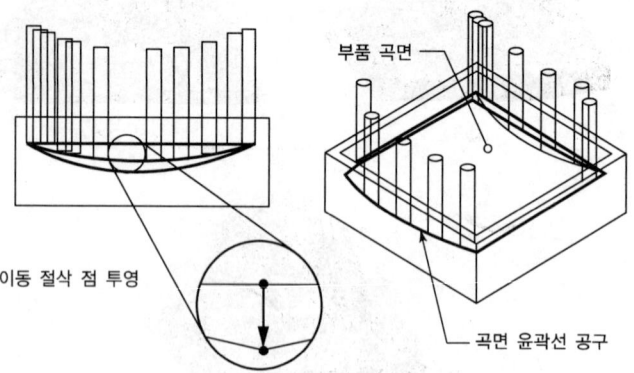

○ 그림 2-84 공구경로 드라이브 방법

드라이브 방법으로 공구경로를 선택하면 현재 디렉터리에 있는 절삭 위치 원본 파일의 리스트가 CLSF 명세 대화상자에 표시된다. 원하는 공구경로가 포함된 CLSF를 선택하고 확인을 눌러 내용을 적용한다. CLSF는 하나만 선택할 수 있다.

6) 방사형 절삭

파트 지오메트리(Part Geometry)상에 선택된 이동 경로(Drive Path)와 수직한 방향의 공구경로(Tool path)를 생성한다. 방사형 절삭(Radial Cut) 방법을 사용하면 지정된 스텝 오버 거리, 대역폭과 절삭 종류를 통해 지정된 경계를 수직으로 따르는 이동 절삭 경로를 생성할 수 있다. 방사형 절삭(Radial Cut)의 경우 잔삭 가공에 유용하게 사용된다.

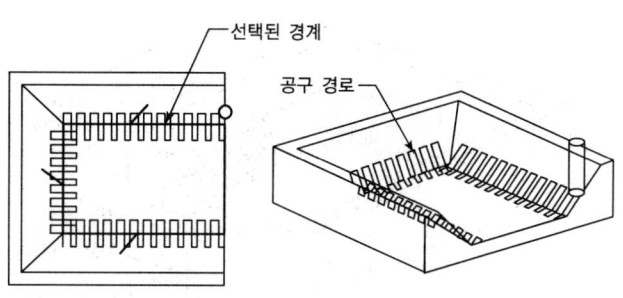

● 그림 2-85 방사형 절삭

① **드라이브 지오메트리** : 법선 방향으로 가공할 중심 곡선(curve)을 지정한다.
② **드라이브 설정값**
  ㉠ **절삭 방향(Cut Direction)**
   스핀들(Spindle) 회전을 기준으로 절삭 방향을 정의한다.

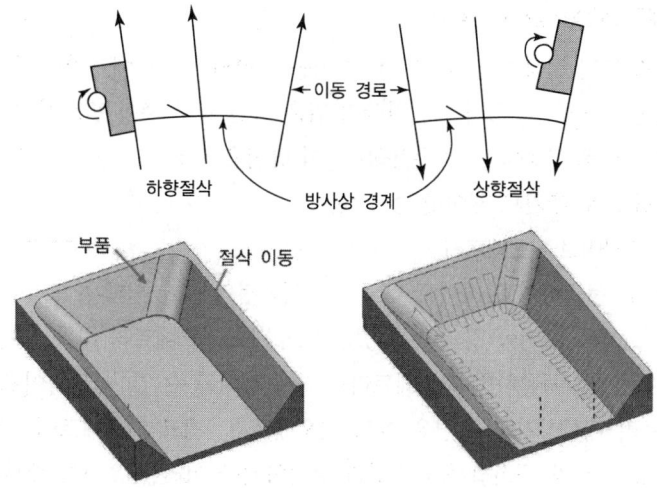

● 그림 2-86 절삭 방향(Cut Direction)

  ㉡ **재료 방향 밴드** : 경계 표시자의 방향을 바라볼 때 경계의 오른쪽 측면이다.
  ㉢ **반대쪽 밴드** : 경계의 왼쪽 측면. 재료 방향(Material Side)과 반대쪽 방향(Opposite Side)의 합계는 0이 될 수 없다.
  ㉣ **경로 방향(Path Direction)** : 공구경로(Tool path)의 진행 방향을 정의한다.

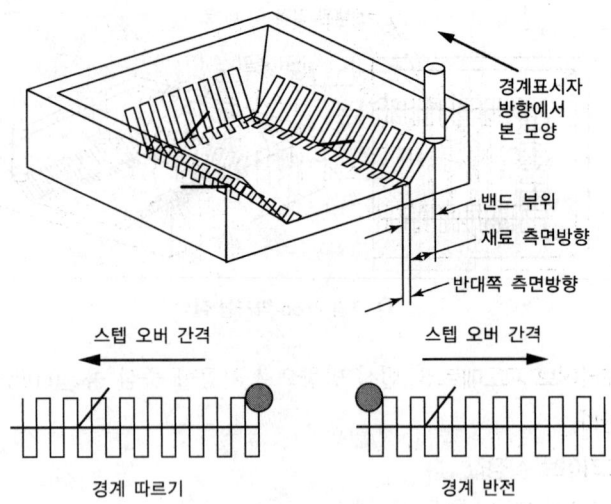

○ 그림 2-87 경로 방향(Path Direction)

7) 표면적(Surface Area)

곡면 영역 절삭 방법을 사용하면 이동 곡면의 그리드에 놓인 이동점의 배열을 생성할 수 있다. 이 절삭 방법은 가변 공구 축이 필요한 매우 복잡한 곡면을 가공하는 데 유용하다. 이 방법을 사용하면 공구 축과 투영 벡터를 모두 추가로 제어할 수 있다.

① 드라이브 지오메트리

면을 선택하여 드라이브 지오메트리를 정의한다. 선택은 드라이브 지오메트리를 초기에 정의할 수 있는 드라이브 지오메트리 대화상자를 연다. 재선택을 사용하면 지오메트리를 다시 정의할 수 있다. 드라이브 지오메트리 대화상자의 옵션은 파트 지오메트리, 체크 지오메트리, 가공재료 지오메트리 대화상자의 옵션과 유사하지만 이러한 옵션의 대부분은 드라이브 지오메트리를 정의할 때 사용할 수 없다.

② 스텝 오버(Step over)

스텝 오버는 연속적인 절삭 패스 사이의 거리를 제어한다. 스텝 오버의 총수나 스캘럽 크기로 스텝 오버를 지정할 수 있다. 스텝 오버 옵션은 사용되는 절삭 종류에 따라 달라질 수 있다.

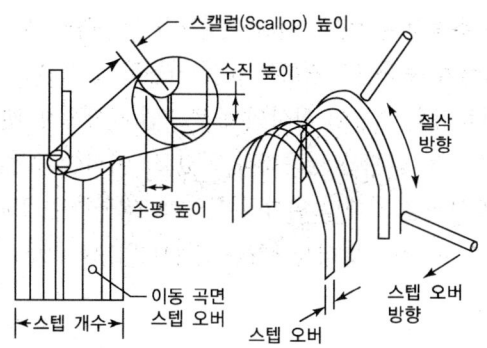

◎ 그림 2-88 스텝 오버(Step over)

8) 흐름 절삭(Flow Cut)

프로세서는 최적의 가공 방법을 기반으로 특정 규칙을 사용하여 흐름 절삭(Flow Cut)의 방향과 순서를 자동 결정한다. 공구경로의 결과는 공구가 가능한 한 파트와 계속 접촉을 유지한 상태로 비절삭 이동을 최소화할 수 있도록 최적화된다. 대부분 상황에서는 프로세서로 자동 결정된 흐름 절삭(Flow Cut) 순서를 무리 없이 사용할 수 있지만, 이 절삭 방법에서는 사용자가 직접 수동 어셈블리 도구를 사용하여 순서를 수정할 수도 있다. 흐름 절삭(Flow Cu) 방법은 고속 가공에 특히 유용하게 사용되며 각 끝에서 원형으로 회전하거나 표준 방식으로 회전하여 여러 흐름 절삭(Flow Cut) 또는 RTO(참조 공구 오프셋) 흐름 절삭(Flow Cut)의 두 측면을 절삭하는 옵션을 제공하고, 급경사 측면에서 비 급경사 측면으로 절삭하는 옵션을 제공한다. 그 결과, 절삭 파트의 절삭 로드가 더 일정하게 지정되고 비절삭 이동 거리를 줄일 수 있다.

4 적층 가공

1 적층 제작 시스템

(1) 역공학(reverse engineering)

완성된 제품을 상세하게 분석하여 제품의 기본적인 설계 개념과 적용 기술들을 파악하고 재현하는 것으로 설계 개념 → 개발 작업 → 제품화의 통상적인 추진 과정을 거꾸로 수행하는 공학 기법이다. 보통 소프트웨어 제품은 판매 때 소스는 제공하지 않으나 각종 도구를 활용하여 컴파일된 실행 파일과 동작 상태를 정밀 분석하면 그 프로그램의 소스와 설계 개념을

CAD 모델을 여러 개의 단층으로 나누어 층 하나하나를 마치 피라미드를 쌓아올리는 방식으로 시제품을 만드는 가공방식을 무엇이라고 부르는가?
① 역공학
② Rapid prototyping
③ NC 가공
④ Digital Mock-Up

답 ②

어느 정도는 추적할 수 있다. 이러한 정보를 이용하면 실행 파일을 수정하거나 프로그램의 동작을 변경하는 것이 가능하고, 또 비슷한 동작의 복제 프로그램이나 더욱 기능이 향상된 프로그램도 개발해 낼 수가 있다. 대부분 제품이 이의 금지를 명문화하고 있고, 이러한 수법으로 개발한 제품은 지적 재산권을 침해할 위험성이 있다. 역공학은 CMM(Coordinate Measuring Machine) 방식과 3차원 스캐너(3D Scanner, 3D Digitizer) 방식이 있다.

(2) CMM 방식의 특징

CMM을 이용한 자동화 측정을 이용하여 실물 형상의 점 데이터를 추출하여 제품을 설계하는 방식으로 특징은 다음과 같다.
① 측정 정확도 및 정밀도가 우수하다.
② 오랜 역사에 따른 정립된 운영 프로세스이다.
③ 제품 안정성이 높다.
④ 측정 속도가 매우 느리다.
⑤ 복잡한 측정은 사전 준비 작업이 요구된다.
⑥ 전문가만이 운영할 수 있다.
⑦ 항온/항습 시설 등 독립화된 측정 공간이 요구된다.
⑧ 한 번 설치하면 이동할 수 없다.
⑨ 측정 대상물의 크기가 제한되어 있다.

(3) 3차원 스캐너의 특징

3차원 스캐너를 이용하여 레이저나 백색광을 대상물에 투사하여 대상물의 형상정보를 취득, 디지털 정보로 전환하는 모든 과정을 통칭하며, 수초 내에 수십만에서 수백만의 점 데이터를 획득하여 신속하게 물체의 전체 형상을 표현한다. 3차원 스캐너의 특징은 다음과 같다.
① 고밀도로 점군이 생성된다. (한 번 촬영에 최대 약 600만 점군 생성)
② 빠른 속도로 측정할 수 있다. (한 번 촬영에 최대 약 0.97초)
③ 이동성 및 휴대성, 사용 편의성이 우수하다.
④ 측정 대상물의 크기에 제한이 없다.
⑤ 활용 분야가 폭넓다.
⑥ CMM과 비교하면 상대적으로 측정 정확도가 낮다.
⑦ 동일 측정 정확도 수준의 CMM 방식과 비교하면 상대적으로 높은 가격이다.

(4) 역공학의 단계

① 1단계 : 점 데이터 추출
② 2단계 : 사전 처리
③ 3단계 : 분할 및 면의 구현
④ 4단계 : CAD 모델링
⑤ 5단계 : 시제품 제작

[역설계가 필요한 이유]
① 성능 좋은 시제품이나 타 경쟁사의 제품을 벤치마킹하는 데 필요
② 유사하거나 향상된 제품, 디자인을 개발하기 위해
③ 기존의 제품을 대량 생산화하거나, Digital 복원 및 치수 측정, 치수에 대한 왜곡된 부분을 점검하기 위해

2 3D 프린팅

RP(Rapid Prototyping)란 쾌속 조형기술, 고속 원형기술, 신속 조형기술이라 하며, 컴퓨터 내에서 작업된 3차원 모델링 데이터를 직접 손으로 만질 수 있는 물리적인 형상으로 빠르게 제작하는 기술이라 정의한다. 완제품과 동일한 재료와 형상을 가진 성형물을 제작해 내는 기술로 여기서 tool이란 다이 캐스팅, 인베스트먼트 캐스팅, 플라스틱 사출 금형 등에 사용되는 최종 단계의 성형기구들을 의미한다. 장점으로 복잡하고 난해한 모든 형상의 시제품 가공이 용이하고, 재료의 한계가 없으며, 시제품 형상에 따른 재료만이 소모된다. 매우 빠른 속도로 제작할 수 있으며 공간의 제약이 없다. 단점으로는 적층에 따른 단차가 발생한다.

RP는 최근 몇 년간 자동차, 가전, 전자, 항공 등 거의 모든 제조 관련 분야에 걸쳐서 제품의 설계에서 생산에 이르는 기간과 노력을 절감하는 필수적인 도구로써 사용되고 있다.

최근에 시제품 및 원형 제작에 급속 조형법(RP)과 신속 시작 기술(RT)이 있으며 특징 형상기반설계(feature-based design)나 특징 형상 인식(feature recognition)이 필요 없다.

(1) 급속조형(RP)의 특징

① 모델링 데이터를 STL 포맷으로 변환하여 재료를 제거하는 것이 아니라 재료를 더해 나가는 공정으로, 한 층씩 적층하여 시작품을 만든다.
② 고정이 난해하거나 제품을 클램프(clamp), 지그(jig), 또는 고정구(fixture)를 고려할 필요가 없이 가공할 수 있다.

③ 물체를 만들기 위해 단면데이터를 요구한다.
④ 완제품으로 사용할 수 있으나 특정 재료에 국한되어 있다.
⑤ RP 공정에서 CAD 모델은 STL 파일 형식에 물체를 삼각형들의 리스트로 표현한다.

(2) 급속조형 및 제조(RP&M, Rapid Prototyping&Manufacturing) 공정의 특징

① 특징 형상(feature) 정보를 필요로 하는 공정계획이 없어도 되기 때문에 특징 형상 기반 설계나 특징 형상 인식이 필요 없다.
② RP&M 공정은 재료를 아래서부터 차례로 쌓아감으로써 CAD 모델을 물리적으로 재현해 내는 것이다.
③ 부품이 한 번의 작업으로 제작되기 때문에 여러 가지 셋업이나 소재를 취급하는 복잡한 과정을 정의할 필요가 없다.
④ RP&M 공정은 어떤 도구가 있어야 하는 공정이 아니므로 금형의 설계와 제조가 필요 없다.

(3) 고속 3차원 원형 제작 방법

최근에 시제품 및 원형 제작에 급속조형법(RP)과 신속 시작기술(RT)이 있다.

① SLA(StereoLithograhhic Apparatus)

광경화수지 조형 방식으로 광경화성 수지에 레이저 광선을 주사하면 주사된 부분이 경화되는 원리를 이용한 장치이다. 레이저 광선을 이용하기 때문에 성형속도가 빠르며 성형정밀도가 높고, 출력물이 정교하고 출력물 표면이 매끄러운 장점이 있으나, 수지의 경화 처리가 필요하고, 고가의 프린터와 유지비용, 조형물의 크기가 작고, 원료의 선택이 제한적이며, 제품이 경화된 상태이기 때문에 충격에 의한 파손이 일어나기 쉬우므로 유의가 필요하다는 단점이 있다.

② FDM(Fused Deposition Modeling)

응용 수지 압출 적층 조형 방식으로 필라멘트 선으로 된 열가소성 물질(ABS, polyamide)을 노즐 안에서 녹이며 얇게 필름 형태로 고형화시키면서 적층시키는 방법이다. 장점은 레이저를 사용하지 않기 때문에 기계장치는 간단하고, 내구성 및 강도가 높고, 프린터값이 저렴하며, 원료 수급이 용이하다는 점이다. 단점은 성형속도는 SLA와 비교하면 떨어지고, 출력물 표면이 거칠며, 원료의 선택이 제한적이라는 점이다.

③ SLS(Selective Laser Sistering)

선택적 레이저 소결 조형 방식으로 SLA에서의 광경화성 수지 대신에 기능성 고분자 또는 금속 분말을 사용하며 레이저 광선을 주사하여 소결시켜 성형하는 원리이다. 어느 정도 강도를 가지고 있으므로 의장 부품이 아닌 기능 부품으로서 시험할 수 있는 시제품을 만들 수 있다. 장점은 성형속도는 가장 빠르고, 재료가 다양하며 금속류 출력이 가능하고 출력물이 열에 강하다. 단점은 장비 가격이 비싸고, 노를 비롯한 고가의 부대장비가 필요하고, 전문적인 교육 필요하며, 부피가 크고 원료 색상이 제한적이다.

④ LOM(Laminated Object Manufacturing)

접착제가 칠해져 있는 종이를 원하는 단면으로 레이저 광선을 이용하여 절단하여 한 층씩 적층하여 성형한다. 성형정밀도가 떨어지므로 가늘고 작은 모양보다는 크고 두꺼운 형태의 부품제작에 적합하다. 종이를 이용한 제작방법이기 때문에 습기나 기타 주위환경으로 인한 변화가 일어나거나 수축이 발생하기도 한다.

⑤ 3DP(3 Dimension Printing)

얇게 분말 재료를 필드에 까는 것은 SLS 방식과 비슷하지만, 레이저가 아닌 접착제를 분사하여 굳히는 방식이다. 3D 프린터 중 상대적으로 빠른 조형이 가능하고, 접착제와 함께 칼라 용액을 분사하므로 색을 입힐 수 있다. 다른 방식으로는 색을 아예 입힐 수가 없거나 제약이 매우 크지만 3DP 방식은 비교적 자유롭다. 그러나 제품의 내구성을 오로지 분사되는 접착제에 의존하게 된다는 단점이 있다.

⑥ LOM(Laminated Object Manufacturing)

종이와 같은 얇은 재료를 레이저, 칼 등으로 조각하고 그것을 층층이 접착하는 방식이다.

⑦ Poly jet

광경화성 수지를 액화하여 노즐에서 빛과 함께 분사하여 굳혀 적층하는 방식이다. DLP와 같이 상당한 정밀도를 자랑하지만, 소재의 제한이 따르며, 소재의 내구성이 좋지 않고, 빛에 민감한 단점이 있다.

⑧ DLP(Digital Light Process)

액화한 광경화성 수지가 담긴 통에 빛을 이용하여 적층하는 방식이다.

(4) 3D 프린터의 방식

여러 가지 방식이 있지만, 대체로 많이 사용되는 방식의 작동 원리는 절삭형과 적층형이 있다.

① 절삭형
커다란 원재료 덩어리를 칼날을 이용해서 조각하는 방식이다. 완성품의 품질은 높은 편이지만, 채색 작업은 별도로 진행해야 하고, 덩어리에서 깎아내는 작동 원리상 재료를 많이 소비하며, 컵이나 파이프처럼 생긴 물체는 제작하기 어렵다는 단점이 있다.

사실 이것은 보통 4축, 혹은 5축 가공기라고 불리며, 3D 프린터라고 부르기보다는 CNC의 범주에 포함되는 장비이다. 5축 가공기는 통념적인 3D 프린터와 가공방식(컴퓨터 수치제어, 즉 CNC)과는 전혀 다르고 가공 방법도 다르기 때문이다. 5축 가공기와 일반 3D 프린터의 공통점은 입체 조형이 자유롭다는 점(다만 5축 가공기는 제한이 좀 있다.)과 가격대가 매우 고가라는 것 정도밖에 없다. 5축 가공기는 이미 상용화되어 산업현장에 널리 쓰이고 있으며 그다지 새로울 것은 없는 기술이다. CNC 항목의 가공 영상도 5축 가공기이다.

② 적층형
매질을 층층이 쌓아 올려 조형하는 방식이다. 보통 3D 프린터라면 이것을 가리킨다. 작동 방식이나 재료에 따라 구분된다.

❸ FMS(flexible manufacturing system)

유연 생산체계라 하며 생산성을 떨어뜨리지 않고 수 종류의 제품을 생산할 수 있는 유연성이 풍부한 자동 생산 설비를 말한다.

(1) FMS의 구성 기능

FMS의 기능은 공작물 가공기능, 공작물 운반기능, 제어기능, 절삭상태 감시기능, 기계 상태 감시기능 등이 있다.

① **공작물 가공기능**: NC 공작기계(M/C), TOOL, Tool Magazine, ATC, Tool pre-Setter, Chip 처리, 절삭유 처리
② **공작물 운반기능**: AGV, 컨베이어, 크레인, Robot, APC, 가공물 판별 장치
③ **제어기능**: Mimi Computer, PC, NC 장치, NC Program, Data File, 기계설비제어시스템, 이상 처리 제어 시스템
④ **절삭상태 감시기능**: 절삭 감시장치, 공구마모, 파손 검출 장치, 치수 정도 검사 장치, 적응 제어장치
⑤ **기계상태 감시기능**: 운전상태 감시기능, 기계 고장 진단기능, 기계 정도 보정장치, 화재감지기

다음 중 FMS에 의한 생산체계는 어느 것이 적당한가?
① 소품종 소량생산
② 소품종 대량생산
③ 다품종 소량생산
④ 다품종 대량생산

답 ③

(2) FMS 소프트웨어의 기능

각각의 생산 유닛에서 일어나는 현상을 수집하고 제어하는 기능을 하고 있어야 한다. 주요 기능은 다음과 같다.

① 각 생산 유닛을 통합제어기능
② 각 생산 유닛과 중앙제어 컴퓨터 간에 원활한 인터페이스 기능
③ 생산관리 및 통제기능
④ 물류 시스템의 관리 및 통제기능
⑤ 생산 유닛의 절삭상태 파악을 위한 모니터링 기능
⑥ 공구관리 및 통제기능
⑦ 시스템의 결과분석 및 보고기능을 갖추어야 한다.
⑧ FMS에 적합한 가공물과 장점

(3) FMS에 적합한 제품의 사양

① GT(Group Technology) 등에 적합할 것(유사 공정, 재질, 형상)
② 중량생산(다량 → 전용 기계, 소량 → 범용기계)
③ 특수 정도가 요구되지 않을 것
④ 가공 기준면이 안정성이 있을 것
⑤ 클램핑, 가공력에 의하여 변형되지 않을 것
⑥ 특수공구를 요구하지 않을 것
⑦ 공구 수를 줄일 수 있도록 설계된 것
⑧ 세트당 가공 시간이 30~60분 이상일 것
⑨ Chip의 파단성이 있을 것(Chip 배출)
⑩ CAD/CAM에 적용이 쉬울 것

(4) 다른 생산시스템에 비교한 FMS 장점

① 기계의 높은 이용률 및 임금 절약
② 생산시간의 단축으로 납기 단축
③ 생산성에 융통성 부여
④ lot의 대량화
⑤ 높은 생산성
⑥ 새로운 공작물 생산준비 기간의 단축
⑦ 재고품의 감소
⑧ 생산기술자의 적극적인 참여(작업환경이 깨끗하고 복잡하지 않기 때문)
⑨ 작업의 안정도 향상

(5) 유연성

제조시스템의 유연성(flexibility) 문제는 제조시스템이 유연하기 위하여 갖추어야 하는 세 가지 능력을 정의하였다.

① 시스템에서 처리되는 여러 부품 또는 부품 유형을 식별하고 구별해 내는 능력
② 공정지시의 신속한 변환
③ 물리적인 셋업의 신속한 변환. 유연성은 수동과 자동 시스템 모두에 적용되는 속성이며, 수동시스템에서는 작업자가 시스템 유연성을 가능하게 하는 인자이다.

예상문제

01 CAM 프로그램의 특징으로 틀린 것은?
① NC DATA의 신뢰도가 향상된다.
② 사람이 해결하기 어려운 복잡한 계산을 할 수 있다.
③ 컴퓨터에서 수행하므로 다른 작업과 병행할 수 없다.
④ 복잡한 형상 제품의 NC DATA 작성 시 시간과 노력이 단축된다.

해설
CAM 프로그램은 컴퓨터에서 수행하므로 다른 작업과 병행할 수 있다.

02 CAD/CAM 시스템의 구축을 통하여 얻는 이점으로 틀린 것은?
① 제품의 품질 향상과 안정화
② 설계 기간의 단축
③ 설계와 생산의 표준화
④ 전문 인력 확보 용이

해설
CAD/CAM 시스템의 구축에서 전문 인력 확보가 어렵다.

03 일반적으로 CAM 시스템 도입을 통해 얻을 수 있는 효과로 보기 어려운 것은?
① 고품질 제품 생산 기능
② NC 프로그램 오류 감소
③ 가공 형상 단순화
④ 가공 시간 단축

해설
복잡한 형상 가공이 용이하다.

04 수치제어 자동화 시스템의 발달 과정을 4단계로 분류할 때 올바른 것은?
① NC → CNC → DNC → FMS
② DNC → NC → CNC → FMS
③ FMS → NC → CNC → DNC
④ NC → DNC → CNC → FMS

해설
NC의 발전과정 5단계
① NC : 공작기계 1대를 NC 1대로 단순 제어하는 단계
② CNC : 1대의 공작기계가 여러 종류의 공구를 자동적으로 교환하면서(ATC 장치) 여러 종류의 가공을 하는 복합 기능 수행 단계
③ DNC(Direct Numerical Control) : 1대의 컴퓨터로 여러 대의 공작기계를 자동적으로 제어하면서 생산 관리적 요소를 생략한 시스템 단계
④ FMS(Flexible Manufacturing System) : 여러 종류의 다른 공작기계를 제어함과 동시에 창고, 조립 및 생산관리도 컴퓨터로 하여 자동화한 시스템 단계(유연한 생산시스템)
⑤ CIMS(Computer-Integrated Manufacturing System) : FMS에서 생산관리, 경영관리까지 총괄하여 제어하는 단계(컴퓨터 통합가공)

[정답] 01 ③ 02 ④ 03 ③ 04 ④

05 다음은 통합 CAD/CAM 시스템을 사용한 파트 프로그래밍 방법의 단계이다. 그 순서를 가장 알맞게 배열한 것은?

> 가. 공구의 형상을 정의한다.
> 나. 정의된 공구와 부품형상을 사용하여 경로상에 필요한 점의 x, y, z 좌푯값을 계산한다.
> 다. 가공을 위해서 중요한 부품형상을 정의, 지정한다.
> 라. 사용자가 요망하는 가공작업의 순서를 지정하고 필요한 공구경로를 적절한 절삭 파라미터와 함께 계획한다.
> 마. 생성된 공구경로를 그래픽 디스플레이상에서 검증한다.
> 바. 공구 위치 데이터(CL 데이터) 파일을 공구경로로부터 생성한다.

① 다→가→라→나→마→바
② 다→가→나→라→마→바
③ 다→마→라→가→나→바
④ 다→라→가→마→바→나

해설
파트 프로그래밍 방법의 단계는 다→가→라→나→마→바 순서다.

06 머시닝 센터로 가공하기 위한 일반적인 CAD/CAM의 순서로 알맞은 것은?

> ㉠ 가공 정의
> ㉡ CL 데이터 생성
> ㉢ DNC
> ㉣ 모델링
> ㉤ 포스트 프로세싱

① ㉠→㉡→㉢→㉣→㉤
② ㉣→㉡→㉢→㉠→㉤
③ ㉠→㉣→㉤→㉡→㉢
④ ㉣→㉠→㉡→㉤→㉢

해설
머시닝 센터로 가공하기 위한 일반적인 CAD/CAM의 순서
모델링 → 가공 정의 → CL 데이터 생성 → 포스트 프로세싱 → DNC

07 CAD/CAM 소프트웨어의 주요 기능이 아닌 것은?

① 데이터의 변환
② 자료출력 기능
③ 자료입력 기능
④ 네트워크 기능

해설
CAD/CAM 소프트웨어의 주요 기능
① 데이터의 변환 및 교환, 관리 기능
② 자료출력 기능
③ 자료입력 기능
④ 도면화 기능
⑤ 디스플레이 제어 기능
⑥ 물리적 특성 해석 기능
⑦ 요소 작성, 편집, 변환 기능

08 CNC 공작기계에 대한 설명 중 틀린 것은?

① CNC 컨트롤러는 기계를 제어하기 위한 특수목적의 컴퓨터로 볼 수 있다.
② 1세대 NC 공작기계는 NC 프로그램을 저장할 메모리가 없다.
③ CNC 공작기계의 두뇌라고 할 수 있는 기계제어장치(MCU)는 데이터처리장치(DPU)와 제어루프장치(CLU)로 구성된다.
④ CNC 공작기계의 데이터처리장치(DPU)는 축의 위치, 속도 등을 제어한다.

[정답] 05 ① 06 ④ 07 ④ 08 ④

> **해설**
> CNC 공작기계의 데이터처리장치(DPU)는 자료나 정보의 요약, 처리 및 입출력을 수행할 수 있는 모든 장치의 표준화 장치

09 CAD/CAM작업의 일반적인 작업순서로 옳은 것은?

① part program → post processor → NC code → CL data
② part program → CL data → post processor → NC code
③ part program → post processor → CL data → NC code
④ part program → NC code → CL data → post processor

> **해설**
> CAD/CAM 작업의 일반적인 작업순서
> part program → CL data → post processor → NC code

10 두 개의 컬럼을 가진 머시닝 센터로 주로 대형공작물을 가공에 적합한 머시닝 센터는?

① 수직형 머시닝 센터
② 수평형 머시닝 센터
③ 문형 타입 머시닝 센터
④ 3+2축 머시닝 센터

> **해설**
> ① 수직형 머시닝 센터(Vertical Machining Center)
> 주축 공구 방향이 테이블과 수직 방향으로 이동하면서 공작물의 상면을 가공하는 머시닝 센터이나.
> ② 수평형 머시닝 센터(Horizontal Machining Center)
> 주축 공구 방향은 테이블과 수평 방향이며 공작물을 최저는 테이블 위에 고정하여 동시 4면을 한 번의 세팅으로 가공할 수 있는 머시닝 센터이다.
> ③ 문형 타입 머시닝 센터(Double Column Machining Center)
> 두 개의 컬럼을 가진 머시닝 센터로 주로 대형공작물을 가공에 적합한 머시닝 센터이다.

11 CNC 공작기계의 군관리 또는 군제어를 뜻하는 말로서 중앙의 컴퓨터로부터 프로그램을 CNC 공작기계에 전송하여 여러 대의 CNC 공작기계를 동시에 제어하는 시스템은?

① CIM   ② DNC
③ FMC   ④ FMS

> **해설**
> DNC : CNC 공작기계의 군관리 또는 군제어를 뜻하는 말로서 중앙의 컴퓨터로부터 프로그램을 CNC 공작기계에 전송하여 여러 대의 CNC 공작기계를 동시에 제어하는 시스템이다.

12 DNC 운전 시 데이터의 전송 속도를 나타내는 것은?

① BPS   ② CPS
③ IPS   ④ MIPS

> **해설**
> ① CPS : 프린터의 인자 속도(출력 속도)
> ② BPS : 데이터의 전송 속도(통신 속도)
> ③ IPS : 플로터가 그림을 그릴 때의 속도
> ④ DPI : 자료의 출력 밀도(해상도)
> ⑤ MIPS : 계산기의 속도(연산 속도)

13 RS-232C를 이용하여 데이터를 전송하는 경우 각 핀의 신호에 대한 연결로 틀린 것은?

① CTS - 송신 가능
② RTS - 송신 요구
③ TX - 수신 데이터
④ GND - 신호용 접지

[정답] 09 ② 10 ③ 11 ② 12 ① 13 ③

해설

① TX(데이터 송신) : 데이터를 보내는 신호선, 출력은 전압이다.
② RX(데이터 수신) : 데이터를 받는 신호선, 입력은 전압이다.
③ RTS(송신 요구) : 데이터 송신을 요구하기 위한 제어선이다.
④ CTS(송신 가능) : RTS에 대한 응답 신호선이다.
⑤ DSR : 기기의 전원이 ON 인지의 여부와 같은 기기의 준비 상태를 조사한다.
⑥ DTR : 데이터 터미널이 DSR과 마찬가지로 OK인가를 조사한다.

14 데이터 전송 방식인 RS-232C에 대한 설명으로 틀린 것은?

① 병렬 전송 방식이다.
② 비교적 단거리, 낮은 데이터 전송률을 가진 전송 방식이다.
③ Parity Check Bit는 데이터의 전송 여부를 체크한다.
④ 전송 속도는 BPS 또는 Baud-rate로 나타낸다.

해설
RS-232C는 직렬 전송 방식이다.

15 다음 중 CAD/CAM 인터페이스에서 RS-232C를 사용하여 데이터를 전송할 때 데이터가 정확히 보내졌는지 검사하는 방법은?

① Odd Parity
② Even Parity
③ Block Cheek
④ Parity Check Bit

해설

① Parity Check Bit : 데이터를 전송할 때 데이터가 정확하게 보내졌는지 검사하는 방법이다. 한 개의 문자 데이터 최상위에 1Bit Check용으로 부가하여 수신 측에서 확인하도록 하고 있으나, 데이터가 8Bit일 때는 Parity Check Bit를 부가할 수 없다.
② Even Parity : D0~D6까지의 데이터 중 1의 개수가 짝수일 때는 D7=0, 홀수일 때는 D7=1로 하여 짝수를 만들어 보낸다.
③ Odd Parity : D0~D6까지의 데이터 중 1의 개수가 짝수일 때는 D7=0, 짝수일 때는 D7=1로 하여 홀수를 만들어 보낸다.
④ 전송 속도(BPS : Bits Per Second) 또는 보레이트(Baud-rate) : BPS란 데이터 전송 시 1초에 몇 비트를 전송하는지를 나타내는 전송률 단위를 말한다.

16 다음 중 데이터를 전송할 때 구성되는 시리얼 데이터의 4가지 구성 요소가 아닌 것은?

① 스타트 비트   ② 데이터 비트
③ 패리티 비트   ④ 디지트 비트

해설
시리얼 데이터 4가지 구성 요소
① 스타트 비트
② 데이터 비트
③ 패리티 비트
④ 스톱 비트

17 DNC(Direct Numerical Control) 운전 시 사용되는 통신 케이블(RS232C) 25핀 중에서 수신을 나타내는 핀 번호는?

① 3   ② 5
③ 6   ④ 7

해설
RS-232C를 이용하여 데이터를 전송하는 경우에는 9핀, 25핀의 커넥터를 많이 한다.
RS-232-C 송수신
2번 : 송신선, 3번 : 수신선, 7번 : 접지선

[정답] 14 ① 15 ④ 16 ④ 17 ①

18 생성된 NC 데이터를 CNC 공작기계에 입력하는 방법이 아닌 것은?

① RS-232C를 이용하는 방법
② 데이터 서버를 이용하는 방법
③ CL 데이터를 이용하는 방법
④ DNC 운전에 의한 방법

해설
NC 데이터를 CNC 공작기계에 입력하는 방법
① RS-232C를 이용하는 방법
② 데이터 서버(랜 포트)를 이용하는 방법
③ DNC 운전에 의한 방법
④ 메모리카드(PCMCIA)

19 NC 기계의 DNC 통신에서 병렬포트가 아니라 직렬포트를 쓰는 이유에 대한 설명 중 가장 거리가 먼 것은?

① 통신속도가 빠르다.
② 데이터 손실이 적다.
③ 데이터를 주고받을 수 있다.
④ 잡음에 대한 성능이 우수하다.

해설
직렬포트는 통신속도가 느리다.

20 다음 중 보기 중 직렬통신과 관계없는 용어는 어느 것인가?

① DTE   ② DCE
③ DSR   ④ DXF

해설
DXF : Data Exchange File의 약자로서, 미국의 Autodesk사에서 개발한 AutoCAD Data와 호환성을 위해 제정한 ASCⅡ Format이다.

21 serial data를 전송할 때 전송 속도를 나타내는 단위는?

① CPS(character per second)
② DPS(dot per second)
③ DPI(dot per inch)
④ BPS(bits per second)

해설
① CPS : 프린터의 인자속도(출력 속도)
② BPS : 데이터의 전송 속도(통신 속도)
③ IPS : 플로터가 그림을 그릴 때의 속도
④ DPI : 자료의 출력 밀도(해상도)
⑤ MIPS : 계산기의 속도(연산 속도)
⑥ BPI : 자기테이프의 기록 밀도

22 다음 중 DNC(Direct Numerical Control) 시스템의 구성 성분이 아닌 것은?

① 컴퓨터(computer)
② 테이프 리더(Tape reader)
③ 통신선(Telecommunication lines)
④ CNC 공작기계

23 다음에서 "COM2 : 9600, N, 8, 2 CS, DS" AS#1일 때 전송 속도는?

① 1,200   ② 2,400
③ 4,800   ④ 9,600

24 RS-232-C에 의해 2, 3, 7 그리고 8번만을 사용하는 더미터미널에서 접지신은 몇 번을 사용하는가?

① 2   ② 3
③ 7   ④ 8

[정답] 18 ③ 19 ① 20 ④ 21 ④ 22 ② 23 ④ 24 ③

> **해설**
> RS-232-C
> 2번: 송신선, 3번: 수신선, 7번: 접지선

25 CNC 공작기계에서 data 호환시 필요 없는 것은?
① RS232C ② DNC S/W
③ 포스트 프로세서 ④ 시리얼 포트

26 다음 중 DNC 시스템에서 필요로 하지 않는 것은?
① 중앙컴퓨터 ② 천공테이프
③ 통신선 ④ CNC 공작기계

> **해설**
> DNC system에는 중앙 컴퓨터, 통신케이블 CNC 공작기계가 필요하다.

27 NC 데이터를 기계로 전송하기 위하여 사용되는 인터페이스(inter face) 중 RS-232C의 특징으로 부적절한 것은?
① 데이터의 흐름은 직렬 전송 방식의 일종이다.
② 접속이 용이하나, 신호 잡음 성능이 떨어진다.
③ 컴퓨터와 기계를 제한 없이 인터페이스가 가능하다.
④ 전송 거리는 15m 이내에서 안정적이다.

> **해설**
> 인터페이스(interface) RS-232C의 특징
> ① 데이터의 흐름은 직렬 전송 방식의 일종이다.
> ② 접속이 용이하나, 신호 잡음 성능이 떨어진다.
> ③ 전송 거리는 15m 이내에서 안정적이다.

28 DNC 운전 시 데이터의 전송 속도를 나타내는 것은?
① RTS ② DSR
③ BPS ④ CTS

> **해설**
> 컴퓨터에 사용되는 단위
> ① BPS : 전송 속도(통신 속도)
> ② BPI : 자기테이프의 기록 밀도
> ③ CPS : 프린터의 출력 속도
> ④ MIPS : CPU의 처리 속도
> ⑤ DPI : 출력 밀도(해상도)
> ⑥ IPS : 플로터가 그림을 그릴 때의 속도

29 다음 중 DNC(Direct Numerical Control)의 설명에 가장 적합한 것은?
① 코드화된 수치 데이터에 의하여 자동 공장기계를 제어하고 작동하는 기술
② 컴퓨터(마이크로프로세서)를 내장한 NC 공작기계
③ 컴퓨터의 핵심 기능을 수행하는 중앙 연산 처리 장치
④ 여러 대의 NC 기계를 한 대의 컴퓨터에 연결시켜 공작기계를 제어

30 다음 중 DNC에 관한 설명으로 틀린 것은?
① NC 테이프를 사용하지 않고 CNC 가공을 행할 수 있다.
② 하드 와이어드(hard wired) CNC라고도 한다.
③ 여러 대의 CNC 공작기계를 한 대의 컴퓨터로 제어할 수 있다.
④ 복잡한 항공기 부품의 가공 등에 사용된다.

[정답] 25 ③ 26 ② 27 ③ 28 ③ 29 ④ 30 ②

> **해설**
> DNC에 관한 설명
> ① NC 테이프를 사용하지 않고 CNC 가공을 행할 수 있다.
> ② 여러 대의 CNC 공작기계를 한 대의 컴퓨터로 제어할 수 있다.
> ③ 복잡한 항공기 부품의 가공 등에 사용된다.

31 CNC의 외부 기억장치를 통하여 프로그램을 내부 기억장치와 입출력할 때 1분에 전송 가능한 최대 비트(Bit) 수를 무엇이라 하는가?

① 전송 속도 ② 인터페이스
③ 데이터 비트 ④ 파라미터

32 다음은 CNC의 네트워크를 구성하는 예들이다. 이 중에서 나무형 트리구조(tree structure)는 어디에 해당하는가?

① 변형 네트워크
② 계층적 네트워크
③ 버스 네트워크
④ 분산 네트워크

33 다음에 열거한 네트워크 구성방식 중에서 전송매체로서 동축 케이블을 사용하는 방식으로만 나열된 것은?

① 링형, 스타형, 루프형
② 버스형, 링형, 스타형
③ 버스형, 링형, 루프형
④ 스타형, 루프형, 버스형

> **해설**
> 네트워크 구성 방식
> ① 동축케이블 방식 : 버스형, 링형, 루프형
> ② 토큰 방식 : 버스형, 링형, 루프형

34 FMS(Flexible Manufacturing System)의 정보 네트워크 시스템은 일반적으로 3가지 형태로 구분된다. 다음 중 그 3가지 형태에 속하지 않는 것은?

① 나사(screw)형 ② 스타(star)형
③ 링(Ring)형 ④ 버스(Bus)형

> **해설**
> FMS(Flexible Manufacturing System)의 정보 네트워크 시스템은 스타(star)형, 링(Ring)형 버스(Bus)형 등 3가지 형태로 구분된다.

35 컴퓨터 간의 정보교환을 보다 향상시키기 위해 사용하는 네트워크 기술에서의 통신규약을 무엇이라 하는가?

① PROTOCOL ② PARITY
③ PROGRAM ④ PROCESS

36 LAN을 구성할 때 전송매체에 따라 구분할 수도 있다. 이때 디지털 신호형식으로 전송하는 베이스밴드(base band)와 400MHz 정도의 주파수를 갖는 브로드 밴드(broad band) 방식으로 전송하는 전송 매체는?

① 광(optical) 케이블
② 트위스트 페어(twisted pair) 케이블
③ 동축(coaxial) 케이블
④ 와이어(wire) 케이블

> **해설**
> LAN의 전송 매체에는 동축 케이블, 페어선, 광섬유 케이블 등이 있다. 동축 케이블은 디지털 신호형식으로 전송하는 베이스밴드(base band)와 400MHz 정도의 주파수를 갖는 브로드 밴드(broad band) 방식으로 전송한다.

[정답] 31 ① 32 ② 33 ③ 34 ① 35 ① 36 ③

37 그물망형 네트워크의 설명으로 맞는 것은?

① 중앙에 컴퓨터가 있고 이를 중심으로 터미널들이 연결되는 형태이다.
② 통신선로는 각 지역적으로 가까운 터미널까지 하나의 통신선로가 구성되고 이웃의 터미널들은 이 터미널로부터 다시 연장된다.
③ 보통 공중 데이터통신 네트워크가 이러한 형태를 가지며, 통신회선의 총 경로는 다른 네트워크 형태와 비교해 가장 길며, 두 지점 간에 항상 두 개 이상의 경로를 갖게 되어 하나의 경로 장애 시에 다른 경로를 택할 수 있는 장점이 있다.
④ 양쪽방향으로 접근이 가능하여 통신회선 장애에 대해 융통성이 있다. 근거리 네트워크에 많이 채택되는 방식이다.

해설
그물망(mesh)형 네트워크
보통 공중 데이터 통신 네트워크가 이러한 형태를 가지며, 통신회선의 총 경로는 다른 네트워크 형태와 비교해 가장 길며, 두 지점 간에 항상 두 개 이상의 경로를 갖게 되어 하나의 경로 장애 시에 다른 경로를 택할 수 있는 장점이 있다.

38 Serial data 전송시 전송되는 data의 구성 내용이 아닌 것은?

① start bit ② parity bit
③ stop bit   ④ check bit

39 제한된 일정 지역 내에 분산 설치된 각종 정보 장비들 사이의 통신을 수행하기 위하여 최적화하고 신뢰성 있는 고속의 통신 채널을 제공하는 것은?

① 부가가치 통신망(VAN)
② 협대역 종합 정보 통신망(ISDN)
③ 근거리 통신망(LAN)
④ 광대역 종합 정보 통신망(ATM)

해설
근거리 통신망(LAN) : 제한된 일정 지역 내에 분산 설치된 각종 정보 장비들 사이의 통신을 수행하기 위하여 최적화하고 신뢰성 있는 고속의 통신 채널을 제공하는 것이다. 또는 한 건물 내에 있는 공장, 대학 캠퍼스 등과 같이 전송거리가 약 1km 이내이며, 전송 속도 0.1~20Mbps이면서 에러 발생률이 극히 적은 정보 통신망이다.

40 기억장치에서 데이터를 꺼내는 데 소요되는 시간으로 대기시간과 전송시간을 합친 시간을 무엇이라 하는가?

① 리드 타임(lead time)
② 엑세스 타임(access time)
③ 오프 타임(off time)
④ 온 타임(on time)

41 와이어 컷 방전 및 머시닝 센터에서 정의된 2D 곡선의 정보를 가지고 직선인 경우는 G01, CW, 원호의 경우는 G02, CCW의 원호는 G03으로 가공하는 것은?

① 윤곽 가공   ② 포켓 가공
③ 면삭 가공   ④ 펜슬 가공

42 CAM에서 일반적으로 지원하는 곡면 가공방식이 아닌 것은?

① 나선형 가공
② 프레스 가공
③ Island/Area 가공
④ 등매개변수(iso-parametric) 가공

[정답] 37 ③ 38 ④ 39 ③ 40 ② 41 ① 42 ②

> **해설**
> 프레스 가공은 소성가공으로 CAM에서 지원하는 곡면 가공 방식이 아니다.

43 3차원 곡면 가공에서 먼저 큰 직경의 엔드밀로 가공한 후 모서리 부분만을 가공하는 방법은?
① 면삭 가공 ② 정삭 가공
③ 펜슬 가공 ④ 포켓 가공

> **해설**
> 펜슬 가공 : 3차원 곡면가공에서 먼저 큰 직경의 엔드밀로 가공한 후 모서리 부분만을 가공하는 방법이다.

44 정의된 곡선이 반드시 폐곡선이어야 하는 가공은?
① 면삭 가공 ② 정삭 가공
③ 펜슬 가공 ④ 포켓 가공

45 이미 가공된 소재를 고정할 때 윗면이 평면도가 맞지 않았을 경우 그 윗면을 가공하는 방법은?
① 윤곽 가공 ② 포켓 가공
③ 면삭 가공 ④ 펜슬 가공

46 머시닝 센터에서 3차원 곡면을 정삭 가공하고자 할 때 다음 중 가장 많이 사용되는 공구는?
① 플랫 엔드밀(flat endmill)
② 페이스 커터(face cutter)
③ 필렛 엔드밀(fillet endmill)
④ 볼 엔드밀(ball endmill)

> **해설**
> 머시닝 센터에서 3차원 곡면을 정삭 가공하고자 할 때 다음 중 가장 많이 사용되는 공구는 볼 엔드밀(ball endmill)이다.

47 NC 기계를 이용한 금형 가공에 있어서 초기 단계에 많은 절삭영역을 빠른 시간내에 가공하는 공정 단계는?
① 잔삭 ② 황삭
③ 정삭 ④ 중삭

> **해설**
> NC 기계를 이용한 금형 가공 단계
> 황삭 → 정삭 → 중삭 → 잔삭

48 평 엔드밀로 작업을 하며 경로 연결은 주로 방향 연결(X, Y, 각도) 및 등고선 연결을 많이 사용하고 있는 가공은?
① 잔삭 ② 황삭
③ 정삭 ④ 중삭

49 일반적으로 등고선, 나선형, 방사선, 방향(X, Y, 각도), 가이드 곡선 연결 방법을 사용하고 있으며, S/W에 따라 연결 방법을 다양하게 개발하여 사용자에 쉽게 접근하도록 하고 있는 가공은?
① 잔삭 ② 황삭
③ 정삭 ④ 중삭

50 큰 직경의 엔드밀로 먼저 가공을 한 후 모서리 부분만을 가공하는 방법은?
① 펜슬 ② 황삭
③ 정삭 ④ 중삭

51 폐곡선 내부를 사이드 스텝 및 다운 스텝을 주어 반복하여 가공하는 것은?
① 윤곽 가공 ② 포켓 가공
③ 펜슬 가공 ④ 잔삭 가공

[정답] 43 ③ 44 ④ 45 ③ 46 ④ 47 ② 48 ② 49 ③ 50 ① 51 ②

해설
① 포켓 가공 : 폐곡선 내부를 사이드 스탭 및 다운 스탭을 주어 반복하여 가공하는 방법이다.
② 펜슬 가공 : 모서리가 있는 제품인 경우에 모서리에 맞는 작은 직경의 엔드밀로 가공을 하면 비경제적이라 직경이 큰 엔드밀로 가공 후 모서리만을 가공하는 방법이다.
③ 잔삭 가공 : 가공의 효율성을 좋게 하기 위하여 큰 직경의 엔드밀로 정삭 가공 후 작은 직경의 엔드밀로 정삭 후 남은 영역을 자동으로 찾아가서 가공을 하는 방법이다.

52 가공의 효율성을 좋게 하기 위하여 큰 직경의 엔드밀로 정삭 가공 후 작은 직경의 엔드밀로 정삭 후 남은 영역을 자동으로 찾아가서 가공하는 방법은?

① 황삭 가공
② 포켓 가공
③ 펜슬 가공
④ 잔삭 가공

53 XY 평면에 사각형 격자를 규칙적으로 형성하고 모든 격자에서 Z값을 저장하여 형상을 표현하는 방법은?

① A-map
② X-map
③ Y-map
④ Z-map

54 Z-map의 특징이 아닌 것은?

① 계산 속도가 느리다.
② 데이터의 사용과 조작이 편리하다.
③ 2D 배열 형태의 매우 간단한 데이터 구조를 가진다.
④ 가공 시뮬레이션에서 널리 사용된다.

55 CAD/CAM 시스템에서 모델을 표현하는 방식 중 2.5차원에 대한 설명으로 틀린 것은?

① 초기 NC기계가 동시 3축이 안 되고 3축 기계이지만 동시에 2축밖에 움직이지 않아서 생긴 말이다.
② 도면을 그리는 아이디어와 흡사하게 곡면을 형성할 수 있기 때문에 곡면의 이해가 쉽다.
③ 모든 형상 정보를 x-y, y-z, z-x 평면에 관한 자료만 가지고 있는 경우로 도면 제작에 많이 사용된다.
④ 가공된 곡면은 면이 좋고 원호 보간을 사용하므로 가공 데이터(NC Code)가 짧다.

해설
CAD/CAM 시스템에서 2.5차원 모델
① 초기 NC기계가 동시 3축이 안 되고 3축 기계이지만 동시에 2축밖에 움직이지 않아서 생긴 말이다.
② 도면을 그리는 아이디어와 흡사하게 곡면을 형성할 수 있기 때문에 곡면의 이해가 쉽다.
③ 가공된 곡면은 면이 좋고 원호 보간을 사용하므로 가공 데이터(NC Code)가 짧다.

56 NC 시스템을 동작 제어 측면에서 보면 3가지로 구분할 수 있다. 여기에 포함되지 않는 것은?

① 2차원 윤곽 제어(2D contouring)
② 3차원 곡면 제어(3D sculpturing)
③ 4차원 볼륨 제어(4D volume control)
④ 2차원 위치 제어(point-to-point control)

[정답] 52 ④ 53 ④ 54 ① 55 ③ 56 ③

57 아래 그림에서 나타난 작업에 해당하는 절삭 공정은?

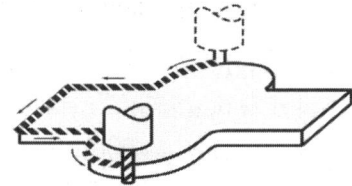

① 2차원 윤곽제어(2D contouring)
② 3차원 곡면제어(3D sculpturing)
③ 4차원 동작제어(4D motion control)
④ 2차원 위치제어(point-to-point control)

해설
그림에서 나타난 작업공정은 2차원 윤곽제어(2D contouring) 공정이다.

58 NC 공구경로 생성 시 곡면상에서 하나의 곡면 매개변수(parameter)가 일정한 값들을 갖는 위치를 따라가는 곡선을 지그재그 형태로 공구를 앞뒤로 이동시켜 가공하는 방법은?

① Area 절삭
② 레이스(Lace) 절삭
③ 등고선 절삭
④ 평행경로 절삭

해설
레이스(Lace) 절삭 : NC 공구경로 생성 시 곡면상에서 하나의 곡면 매개변수(parameter)가 일정한 값들을 갖는 위치를 따라가는 곡선을 지그재그 형태로 공구를 앞뒤로 이동시켜 가공하는 방법이다.

59 곡면을 평면으로 절단한 곡선을 따라 공구경로를 산출하는 방법으로 수치적인 계산이 많이 요구되는 가공 방법은?

① Check 가공
② Cartesian 가공
③ 나선형 가공
④ 등매개변수 가공

해설
Cartesian 가공 : 곡면을 평면으로 절단한 곡선을 따라 공구 경로를 산출하는 방법으로 수치적인 계산이 많이 요구되는 가공 방법이다.

60 자유 곡면 형상의 절삭에 가장 많이 사용되는 절삭 가공은?

① Side milling
② Face milling
③ Ball-end milling
④ Turning

해설
자유 곡면 형상의 절삭에 가장 많이 사용되는 절삭 공구는 Ball-end milling이다.

61 정삭 가공에서 주로 사용하는 가공방식으로 구면 등과 같은 면을 바깥쪽에서 안쪽으로 또는 안쪽에서 바깥쪽으로 이동하며 가공되며 비교적 높은 표면 정도를 얻을 수 있는 가공방식은?

① 영역 가공
② 직선 방향 가공
③ 방사선 가공
④ 나선형 가공

해설
나선형 가공 : 정삭 가공에서 주로 사용하는 가공방식으로 구면 등과 같은 면을 바깥쪽에서 안쪽으로 또는 안쪽에서 바깥쪽으로 이동하면서 절삭 저항을 유지하면서 가공한다.

[정답] 57 ① 58 ② 59 ② 60 ③ 61 ④

62 원형 형상의 제품을 가공 시 바깥쪽에서 안으로, 안쪽에서 바깥쪽으로 공구경로를 생성하는 방법으로, 절삭 저항을 일정하게 유지하는 방법은?

① 나선형 연결 방법
② 방향(X, Y, 각도) 연결 방법
③ 등고선 연결 방법
④ 가이드 곡선 연결 방법

63 한 방향 또는 지그재그 연결 방법이 있는데 황삭 가공에 많이 사용하는 방법은?

① 나선형 연결 방법
② 방향(X, Y, 각도) 연결 방법
③ 등고선 연결 방법
④ 가이드 곡선 연결 방법

64 곡면을 따라 Z축이 같게 등고선 형태로 연결하는 방법으로 측면이 있는 제품 형상 가공에 좋으며 Z 레벨 연결이라고도 하는 연결 방법은?

① 나선형 연결 방법
② 방향(X, Y, 각도) 연결 방법
③ 등고선 연결 방법
④ 가이드 곡선 연결 방법

65 제품의 형상할 때 특별히 중요한 곡선이 있다면 그 곡선을 따라 공구경로를 생성하는 방법은?

① 나선형 연결 방법
② 방향(X, Y, 각도) 연결 방법
③ 등고선 연결 방법
④ 가이드 곡선 연결 방법

66 형상을 따라 일정한 절삭 간격(피치)을 유지하여 균일한 표면 거칠기를 만드는 방법은?

① 나선형 연결 방법
② 3D 피치 가공
③ 등고선 연결 방법
④ 가이드 곡선 연결 방법

67 CAM 절삭 방법에서 대상물에 깊은 구멍을 생성하여 단차를 형성하는 방법은?

① Pocket Milling
② Ramping
③ 3D Profile Milling
④ Shoulder Milling

68 CAM 절삭 방법에서 경사면을 생성하며 깎아내는 방법은?

① Pocket Milling
② Ramping
③ 3D Profile Milling
④ Shoulder Milling

69 CAM 절삭 방법에서 대상물의 외벽을 90도의 각도로 깎아내는 방법은?

① Pocket Milling
② Ramping
③ 3D Profile Milling
④ Shoulder Milling

[정답] 62 ① 63 ② 64 ③ 65 ④ 66 ③ 67 ① 68 ② 69 ④

70 CAM 절삭 방법에서 3차원 입체 조형으로 복잡한 형상을 유기적으로 절삭하는 방법은?

① Pocket Milling
② Ramping
③ 3D Profile Milling
④ Shoulder Milling

71 2축 제어 NC 공작기계에서 가공할 수 없는 보간은?

① 직선 보간   ② 원호 보간
③ 위치결정   ④ 헬리컬 보간

해설
2축 제어 NC 공작기계에서는 직선 보간(G01), 원호 보간(G02, G03), 위치결정(G00) 보간 방식이 있다.

72 머시닝 센터에서 3D 자유 곡면을 가공하기 위해 동시에 제어되어야 하는 최소한의 축의 개수는?

① 2축   ② 3축
③ 4축   ④ 5축

해설
• 3축 : 머시닝 센터에서 3D 자유 곡면을 가공하기 위해 동시에 제어되어야 하는 최소한의 3축이 필요하다.
• $2\frac{1}{2}$축 : 헬리컬 보간, 3축 : 곡면

73 2.5축 가공의 장점에 대한 설명이다. 옳지 않은 것은?

① 곡면에 대한 이해가 쉽다.
② 가공할 수 있는 곡면에 제한을 받지 않는다.
③ 윤곽 가공을 반복하는 것을 이용하여 3차원 형상을 쉽게 가공할 수 있다.
④ 곡면 가공면이 깨끗하고 원호 보간을 사용하기 때문에 NC 데이터가 짧다.

74 다음 중 5축 가공의 이점이 아닌 것은?

① 단 한번의 공구경로로 가공이 완료될 수 있다.
② 효율적인 공구 자세를 제어한다.
③ 3축으로 불가능한 곡면을 가공한다.
④ 모든 형상을 다 가공할 수 있다.

해설
5축 가공의 이점
① 단 한번의 공구경로로 가공이 완료될 수 있다.
② 효율적인 공구 자세를 제어한다.
③ 3축으로 불가능한 곡면을 가공한다.

75 5축 가공을 하지 않아도 되는 부품은?

① 터빈 브레이드   ② 선박의 스크루
③ 타이어 모델   ④ 자동차 부품

해설
5축 가공
5축 가공은 기구학적 자유도가 5인 기계에 적용되며 공구의 위치를 결정하는 데 3개가 사용되고, 2개는 공구의 방향 벡터를 결정하는 데 사용된다. 주로 터빈 브레이드(turbine blade)나 선박의 스크루(screw), 타이어 모델 등을 가공할 때 사용하는 방법이다.

76 5축 가공과 관련이 없는 것은?

① 항공기 부품, 자동차 외판, 프레스 금형 등의 자유 곡면 가공에 적합하다.
② 한 개의 접촉점에 대해 공구가 정확히 한 개의 자세를 취할 수 있다.
③ 3축 가공으로 불가능한 곡면가공도 할 수 있다.
④ 엔드밀 사용 시 절삭성이 좋은 공구 자세를 취할 수 있다.

[정답] 70 ③ 71 ④ 72 ② 73 ② 74 ④ 75 ④ 76 ②

> **해설**
> 5축 가공
> ① 항공기 부품, 자동차 외판, 프레스 금형 등의 자유 곡면 가공에 적합하다.
> ② 3축 가공으로 불가능한 곡면가공도 할 수 있다.
> ③ 엔드밀 사용 시 절삭성이 좋은 공구 자세를 취할 수 있다.
> ④ 공구 중심 날이 없는 황삭용 평 엔드밀을 이용한 하향 절삭이 가능하다.
> ⑤ 3축으로 불가능한 곡면을 가공한다.
> ⑥ 공구를 기울여 가공할 수 있으므로 절삭이 공구의 바깥쪽에서 일어나서 절삭력이 좋다.
> ⑦ 5축 기계는 5개의 자유도를 가지며 공구의 위치를 결정하는 데 3개가 사용되고 공구의 방향 벡터를 결정하는 데 2개가 사용된다.
> ⑧ 공구 간섭 때문에 가공할 수 없는 영역도 가공할 수 있으며, 평 엔드밀에 의한 가공으로도 표면 가공 정도를 향상할 수 있다.

77 머시닝 센터의 부가 축으로 사용되는 로터리 테이블의 설명 중 맞는 것은?

① 주축 각도를 분할하는 보조 장치이다.
② 자동 파렛트 교환 장치의 회전 테이블이다.
③ 각도를 분할할 수 있는 보조 테이블이다.
④ 회전 각도에 이송 속도를 지령하여 테이블이 회전하면서 가공할 수 있는 보조 장치이다.

> **해설**
> ① 주축 각도 분할 장치는 C축이다.
> ② 자동 파렛트 교환 장치는 APC 장치이다.
> ③ 각도 분할 장치는 인덱스 테이블이다.

78 일반적으로 3축 가공과 비교한 5축 가공의 특징으로 틀린 것은?

① 공구 접근성이 뛰어나다.
② 파트 프로그램 작성이 수월하다.
③ 커스프(cusp) 양을 최소화함으로써 가공 품질이 우수하다.
④ 볼 엔드밀 사용 시 절삭성이 좋은 공구 자세를 취할 수 있다.

> **해설**
> 5축 가공의 특징
> ① 단 한 번의 공구경로로 가공이 완료되며, 효율적인 공구 자세를 제어한다.
> ② 평 엔드밀 사용 시 공구의 자세를 잘 조정함으로써 cusp 양을 최소화할 수 있다.

79 NC 가공에서 3축 가공에 비해 5축 가공만의 장점으로 보기 어려운 것은?

① 곡면의 등고선을 따른 밀링 작업이 가능하다.
② 3축으로는 접근이 불가능한 곡면도 가공할 수 있다.
③ 평 엔드밀 사용 시 공구의 자세를 잘 조정함으로써 cusp 양을 최소화할 수 있다.
④ 공구 원통면을 이용한 윤곽가공이 가능하여 단 한 번의 공구경로로 cusp 없이 가공이 완료될 수도 있다.

> **해설**
> 곡면의 등고선은 3축에서 밀링 작업이 가능하다.

80 고속가공의 일반적인 특징으로 틀린 것은?

① 매우 얇은 가공물은 변형이 발생하여 정밀도를 유지하며 가공할 수 없다.
② 가공 시간을 단축시켜 가공능률을 향상시킨다.
③ 절삭 저항이 저하되고 공구수명이 길어진다.
④ 표면 조도를 향상시킨다.

[정답] 77 ④ 78 ② 79 ② 80 ①

> **해설**
> 매우 얇은 가공물은 변형이 발생하지 않으며 정밀도를 유지하며 가공할 수 있다.

81 고속가공의 일반적인 특징으로 틀린 것은?

① Burr 생성이 증가한다.
② 표면 조도를 향상시킨다.
③ 절삭 저항이 저하되고 공구 수명이 길어진다.
④ 황삭부터 정삭까지 One-Setup 가공이 가능하다.

> **해설**
> 고속가공(5축 고속가공)의 장점
> ① 표면 조도 향상 및 최상의 가공품질 구현(공구 옆날 가공)
> ② 다양한 공구의 사용 및 절삭 저항이 저하되고 공구 수명 연장
> ③ 쉬운 언더 컷 가공 및 난삭재의 가공의 용이
> ④ 가공 시간의 단축(많은 치공구가 불필요)
> ⑤ 전극 가공의 최소화(작은 공구로 깊은 곳 가공)
> ⑥ 고속가공은 Burr 생성이 감소한다.

82 터빈 블레이드나 선박의 스크루(screw), 항공기 부품 등을 가공할 때 사용하는 가장 적합한 가공 방식은?

① 2.5축 가공
② 3축 가공
③ 4축 가공
④ 5축 가공

> **해설**
> 5축 가공 : 터빈 블레이드나 선박의 스크루(screw), 항공기 부품 등을 가공할 때 사용한다.

83 CAM을 이용한 금형 제품의 성형부 가공에서, 곡면의 일부분을 NC 가공하고자 할 때 사용되는 방법은?

① field
② island
③ offset
④ rounding

> **해설**
> island 지정 : 지정된 폐곡선 영역의 외부를 일정 오프셋(offset)량을 주어 가공하는 방법으로 CAM을 이용한 금형제품의 성형부 가공에서, 곡면의 일부분을 NC 가공하고자 할 때 사용되는 방법

84 자유 곡면의 NC 가공을 계획하는 과정에서 가공 영역을 지정하는 방식 중 지정된 폐곡선 영역의 외부를 일정 오프셋(offset) 양을 주어 지정하는 것은?

① area 지정
② trimming 지정
③ island 지정
④ blending 지정

> **해설**
> 자유 곡면의 NC 가공을 계획하는 과정에서 가공 영역을 지정하는 방식
> ① area 지정 : area로 정의된 폐곡선 내부를 일정 offset을 주어 가공
> ② island 지정 : 지정된 폐곡선 영역의 외부를 일정 오프셋(offset) 양을 주어 가공
> ③ trimming 지정 : 매개변수형 곡면의 매개변수 범위를 제한

85 금형 제품의 성형부 가공에서 곡면의 일부분을 NC 가공하고자 가공 영역을 지정하는데 다음 중 가공 영역 지정방식이 아닌 것은?

① area
② trimming
③ island
④ field

> **해설**
> NC 가공 영역 지정방식 : area, trimming, island 등

[정답] 81 ① 82 ④ 83 ② 84 ③ 85 ④

86 자유 곡면의 NC 밀링 가공을 위한 경로 산출 방법이 아닌 것은?

① 공구 흔적(cusp)을 줄이기 위해서는 경로 간 간격을 줄이거나 공구반경을 작게 한다.
② 큰 반경의 공구를 사용하면 오목한 부위에서 공구 간섭 영역이 적어진다.
③ 원호 보간을 이용하면 NC 프로그램 길이를 크게 줄일 수 있다.
④ 경로 산출을 위해 곡면 오프셋(offset) 계산은 이용되지 않는다.

해설
공구 흔적(cusp)을 줄이기 위해서는 경로 간 간격을 줄이거나 공구반경을 크게 한다.

87 다음 중 가공경로를 계획할 때 고려해야 할 사항을 가장 거리가 먼 것은?

① 공구의 제작사
② 곡면 정의 방식
③ NC 기계의 자유도
④ 수치적 계산의 난이도

해설
가공경로를 계획할 때 고려해야 할 사항
① 곡면 정의 방식
② NC 기계의 자유도
③ 수치적 계산의 난이도

88 NC 프로그래밍 전에 부품도면을 바탕으로 세우는 가공계획과 거리가 먼 것은?

① 위치검출 방법의 선정
② 가공순서 및 공구의 선정
③ 사용해야 할 NC 공작기계의 선정
④ 가공물의 고정 방법 및 치공구의 선정

89 다음 중 일반적인 NC 데이터의 생성과정으로 옳은 것은?

가) 형상 모델링
나) CL 데이터 생성
다) 공구경로 검증
라) 포스트 프로세싱
마) 가공조건 정의

① 가 → 나 → 다 → 라 → 마
② 가 → 마 → 나 → 다 → 라
③ 가 → 다 → 나 → 라 → 마
④ 가 → 나 → 마 → 다 → 라

90 다음 중 가공경로 계획에 대한 일반적인 설명으로 옳지 않은 것은?

① Parametric 방식과 Cartesian방식으로 크게 나눈다.
② Up-milling과 down-milling의 장단점을 고려해야 한다.
③ 가공경로를 연결하는 방식으로는 one-ay와 zigzag방식이 있다.
④ 황삭의 경우에는 정밀한 가공이 요구되지 않으므로 별로 중요시되지 않는다.

해설
CAM에서는 황삭 가공도 매우 중요시된다.

[정답] 86 ① 87 ① 88 ① 89 ② 90 ④

91 도면을 파악하고 나서 생산성을 높이기 위해 공작기계 및 공구선정, 가공순서, 절삭 조건 등을 계획하는 작업은?

① 공정계획   ② 자재수급 계획
③ NC데이터 생성   ④ 가공경로 계획

해설
공정계획 : 도면을 파악하고 나서 생산성을 높이기 위해 공작기계 및 공구선정, 가공순서, 절삭 조건 등을 계획하는 작업이다.

92 CNC 프로그램을 작성하기 위하여 가공계획이 필요하다. 가공계획과 가장 관련이 적은 것은?

① 가공순서
② 파트 프로그램
③ 공작물 고정 방법
④ 가공범위와 기계선정

93 가공 조건을 설정에서 NC 프로그램을 작성할 때 필요한 조건이 아닌 것은?

① 절삭 조건을 결정한다.
② 가공공정 순서를 정한다.
③ 소재의 고정 방법 및 필요한 지그(JIG)를 선정한다.
④ NC 기계로 가공하는 범위와 사용하는 공작기계의 선정은 필요 없다.

해설
가공 조건 설정
가공할 부품의 도면을 분석할 때 가공 계획을 작성하는 것이 먼저 해야 할 일이고, NC 프로그램을 작성할 때 필요한 조건을 미리 다음과 같이 결정한다.
① NC 기계로 가공하는 범위와 사용하는 공작기계의 선정
② 소재의 고정 방법 및 필요한 지그(JIG)의 선정
③ 가공 공정 순서를 정한다. (공구출발점, 황삭 및 정삭의 절입량과 공구경로 등)

④ 절삭 공구, Tool holder의 선정 및 클리핑 방법의 결정
⑤ 절삭 조건을 결정한다. (주축 회전속도, 이송 속도, 절삭유 사용 유무 등)
⑥ NC 프로그램을 작성한다.

94 NC 가공경로 계획에서 CL-Cartesian 방식에 대한 설명으로 틀린 것은?

① 곡면의 매개변수가 일정한 값들의 위치를 따라가면서 경로를 생성한다.
② CC-Cartesian 방식에 비하여 수치적 계산이 복잡하다.
③ 곡면가공 시 $2\frac{1}{2}$축 NC 기계에서도 사용 가능한 공구경로를 생성할 수 있다.
④ CL점이 이루는 곡면을 평면으로 절단하여 공구경로를 생성한다.

해설
3D에서는 공구경로가 곡면의 법선 방향으로만 위치하지만 2D에서는 가공할 곡선의 진행 방향에 따라, 곡선 위, 곡선 좌측, 곡선 우측에 따라 CL DATA가 생성된다.

95 자유 곡면의 NC 밀링 가공을 위한 경로 산출에 대한 설명으로 틀린 것은?

① 공구 흔적(cusp)을 줄이기 위해서는 경로 간 간격을 줄이거나 공구반경을 크게 한다.
② 공구 간섭은 공구 지름 크기에 무관하다.
③ 원호 보간을 이용하면, NC 프로그램 길이를 크게 줄일 수 있다.
④ 경로 산출을 위해 곡면 오프셋(offset) 계산이 이용되기도 한다.

[정답] 91 ① 92 ② 93 ④ 94 ① 95 ②

해설
공구 간섭
① 오목 간섭 : 오목한 곡면 부위에 곡률반경이 공구반경보다 작을 경우 과절삭이 생기는 것을 말한다.
② 볼록 간섭 : 곡면의 경계에 라운딩 없이 각진 부분이 있을 때 과절삭이 생기는 것을 말한다.

96 자유 곡면의 CNC 가공을 위하여 고려하여야 할 것이 아닌 것은?

① 공구 간섭 방지
② 황삭 계획 및 허용 공차 지정
③ 가공경로 계획
④ 자재 수급 계획

해설
자유 곡면의 CNC 가공 시 고려 사항
① 공구 간섭 방지
② 황삭 계획 및 허용 공차 지정
③ 가공경로 계획

97 자유 곡면을 가공관점에서 분류하였을 때 틀린 것은?

① 접합 곡면
② 커브 데이터 곡면
③ 포인트 데이터 곡면
④ 심미적 곡면

98 공구가 따라가야 할 곡선상에 일련의 공구 접촉점 간의 거리를 직선 보간 길이(step length)라고 한다. 직선 보간 길이를 매우 작게 하여 얻을 수 있는 이득으로 가장 적절한 것은?

① 가공 시간을 빠르게 할 수 있다.
② 곡선 윤곽의 실제 형상에 근사적으로 일치시킬 수 있다.
③ 공구 접촉점의 수가 적어진다.
④ NC 데이터의 양이 적어진다.

해설
직선 보간 길이를 매우 작게 하여 곡선 윤곽의 실제 형상에 근사적으로 일치시킬 수 있다.

99 다음 중 자유 곡면의 CNC 가공을 위하여 고려하여야 할 사항과 가장 거리가 먼 것은?

① 공구 간섭 방지 ② 절삭 조건 지정
③ 자재 수급 계획 ④ 가공경로 계획

해설
자유 곡면의 가공에서 절삭조건, 접근 경로 및 퇴각 경로, 공구 간섭 체크, 또 깊은 윤곽 경로 가공에서는 스텝을 주어 Z축으로 반복 가공을 한다. 이때는 칩에 의한 윤곽의 손상에 주의하여야 한다.

100 파트 프로그래밍에서 일반적으로 지원하는 공구 보정 기능으로 틀린 것은?

① 공구 반경 보정
② 공구 길이 보정
③ 공구 속도 보정
④ 공구 위치 보정

해설
공구 보정 기능은 공구 반경, 공구 길이, 공구 위치 보정이다.

101 다음 중 CNC 공작기계의 가공에 필요한 NC 코드의 생성에 가장 적절한 모델은?

① 커브(curve) 모델
② 곡면(surface) 모델
③ 유한요소(FEM) 모델
④ 와이어프레임(wireframe) 모델

[정답] 96 ④ 97 ④ 98 ② 99 ③ 100 ③ 101 ②

> **해설**
> 곡면(surface) 모델 : CNC 공작기계의 가공에 필요한 NC 코드의 생성에 가장 적절한 모델이다.

102 수치제어에서 사용되는 파트 프로그램에 들어 있지 않은 정보는?

① 공구 교환
② 절삭유 공급/중지
③ 절삭 공구의 동작 정보
④ 파트 프로그램에 사용된 곡선의 종류

> **해설**
> NC 모듈 : 서피스를 이용해서 NC 파트 프로그램에 사용하는 CL 데이터와 가공 공구 등의 특성을 찾아 NC 파트 프로그램을 얻는 것

103 CAM 시스템으로 만들어진 공구의 위치 정보를 바탕으로 CNC 공작기계의 제어 코드를 산출하는 프로그램은?

① 산술 계산기
② 포스트 프로세서
③ 번역기
④ 테이프 판독기

> **해설**
> 포스트 프로세서
> CAM 시스템으로 만들어진 공구의 위치 정보를 바탕으로 CNC 공작기계의 제어 코드를 산출하는 프로그램이다.

104 CAM 시스템을 이용하여 NC 데이터 생성 시 계산된 공구경로를 각 기계 컨트롤러에 맞게 NC 데이터를 만들어 주는 작업은?

① CNC
② DNC
③ post processing
④ part program

> **해설**
> ① 포스트 프로세서 : 가공 데이터를 읽어 특정의 CNC 공작기계의 제어기(controller)에 맞게 구성하여 NC 데이터로 출력한다.
> ② 포스트 프로세싱(post processing) : CL 데이터를 CNC 공작 기계가 이해할 수 있는 NC 코드로 변환하는 작업을 말한다.

105 CAM에서 포스트 프로세서(Post processor)에 대한 설명으로 가장 적당한 것은?

① 여러 대의 컴퓨터와 터미널을 상호 연결하기 위해 접속하는 데이터 통신망용 프로그램
② CAM 시스템으로 만들어진 공구 위치 정보를 바탕으로 CNC 공작기계의 제어코드를 산출하는 프로그램
③ 설계해석용의 각종 정보를 추출하거나 필요한 형식으로 재구성하는 프로그램
④ 주변장치의 제어를 위해 전기적, 논리적으로 중앙처리장치와 연결하는 프로그램

> **해설**
> CAM에서 포스트 프로세서(Post processor)
> CAM 시스템으로 만들어진 공구 위치 정보를 바탕으로 CNC 공작기계의 제어코드를 산출하는 프로그램이다.

106 포스트 프로세서의 작업 내용은?

① 도면 작성 시 도형 정의 프로그램
② 3차원 프로그램
③ 작업의 표준화에 필요한 프로그램
④ CNC 공작기계에 맞추어 NC 데이터를 생성하는 작업

[정답] 102 ④ 103 ② 104 ③ 105 ② 106 ④

해설
포스트 프로세서 : CNC 공작기계에 맞추어 NC 데이터를 생성하는 작업이다.

107 CL DATA를 이용하여 CNC 공작기계의 제어부에 맞게 NC DATA를 생성하는 과정을 무엇이라 하는가?

① 후처리
② 공구경로 검증
③ CL 데이터 생성
④ 데이터베이스

해설
① 후처리 : CL 데이터를 이용하여 CAM S/W에서 사용할 CNC 공작기계의 제어부를 선정하여 NC 데이터를 생성하는 과정이다.
② 공구경로 검증 : NC 데이터를 생성하기 전에 생성된 CL 데이터를 이용하여, 공구의 위치, 과절삭, 미절삭 등을 확인하는 과정이다.
③ CL 데이터 생성 : 앞서 정의된 곡선에 따라 공구경로가 생성되지만, 포켓 및 곡면에서는 각 공구경로 사이를 한 방향 가공, 양방향 가공으로 연결하여 급송이송(G00) 및 절삭이송(G01)의 X, Y, Z 공구경로점이 생성된다.

108 CNC 가공의 곡면상에서 오프셋된 공구의 위치를 의미하는 것은?

① CC 포인트   ② CL 데이터
③ CM 포인트   ④ 공구경로 검증

해설
① CC 포인트 : 곡면상의 공구 접촉점을 의미한다.
② CL 데이터 : 곡면상에서 오프셋된 공구의 위치를 의미한다.
③ 공구경로 검증 : NC 데이터를 생성하기 전에 생성된 CL 데이터를 이용하여, 공구의 위치, 과절삭, 미절삭 등을 확인하는 과정이다.

109 NC 데이터를 생성하기 전에 생성된 CL 데이터를 이용하여 공구의 위치, 과절삭, 미절삭 등을 확인하는 과정을 무엇이라 하는가?

① 모델링
② 공구경로 검증
③ 포스트 프로세싱
④ 가공 조건 정의

해설
공구경로 검증 : NC 데이터를 생성하기 전에 생성된 CL 데이터를 이용하여 공구의 위치, 과절삭, 미절삭 등을 확인하는 과정이다.

110 CAD/CAM 시스템에서 공구 중심의 좌푯값이나 공구 축의 벡터를 계산한 데이터는?

① CL 데이터
② 모델링 데이터
③ 파트 프로그램
④ 포스트 프로세서

해설
CL 데이터 : CAD/CAM 시스템에서 공구 중심의 좌푯값이나 공구 축의 벡터를 계산한 데이터이다.

111 볼 엔드밀을 사용하여 3축 NC 기계를 위한 CL(Cutter Location) 데이터를 구하고자 할 때 필요한 데이터가 아닌 것은?

① 공구(엔드밀)의 반경
② 곡면의 해당 점에서의 위치 벡터
③ 공구의 물성치
④ 곡면의 해당 점에서의 단위 법선 벡터

[정답] 107 ① 108 ② 109 ② 110 ① 111 ③

> **해설**
> 볼 엔드밀 CL(Cutter Location) 데이터
> ① 공구(엔드밀)의 반경
> ② 곡면의 해당 점에서의 위치 벡터
> ③ 곡면의 해당 점에서의 단위 법선 벡터
> ④ 공구 중심의 좌푯값, 공구 축의 벡터

112 [그림]의 볼 엔드밀에서 공구의 중심 C는 $(10, 10, 10)$이고, 공구의 지름은 10, 공구의 회전축 방향의 단위 벡터 u는 $(0, 0, 1)$, 접촉점에서의 곡면의 단위법선 벡터 n은 $(-1/\sqrt{2}, 0, -1/\sqrt{2}, 0, 1/\sqrt{2})$이다. 이때 CL-데이터는?

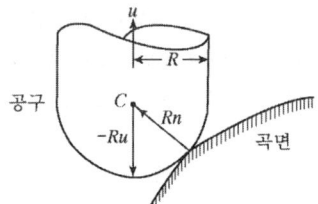

① $(10, 10, 5)$
② $(10, 10, 15)$
③ $(10+5/\sqrt{2}, 10, 10-5/\sqrt{2})$
④ $(10-5/\sqrt{2}, 10, 10+5/\sqrt{2})$

> **해설**
> $rL = rC + R(n-u)$
> $\quad = (10,10,10) + 5\{(\frac{-1}{\sqrt{2}}, 0, \frac{1}{\sqrt{2}}) - (0,0,1)\}$
> $\quad = (10,10,10) + 5(\frac{-1}{\sqrt{2}}, 0, \frac{1}{\sqrt{2}} - 1)$
> $\quad = (10,10,10) + (\frac{-5}{\sqrt{2}}, 0, \frac{5}{\sqrt{2}} - 5)$
> $\quad = (10 - \frac{5}{\sqrt{2}}, 10, 5 + \frac{5}{\sqrt{2}}) \Rightarrow$ 정답없음
> ※ 곡면의 단위법선 벡터 n을 무시할 경우
> $rL = C + Ru$
> $\quad = (10, 10, 10) - 5(0, 0, 1)$
> $\quad = (10, 10, 5)$

113 다음 그림과 같은 Filleted-end mill에서 Cutter Contact 점(r_{CC})으로부터 Cutter Location 점(r_{CL})을 계산하는 수식이다. 빈칸(수식의 □)에 들어갈 내용으로 맞는 것은?

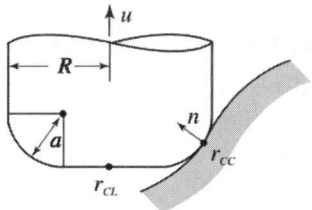

$$r_{CL} = r_{CC} + an + (\boxed{})m - au$$
$$n = (n_x, n_y, n_z) : \text{unit surface normal vector}$$
$$m = (n_x, n_y, 0)/\sqrt{n_x^2 + n_y^2}$$

① R
② $R+a$
③ $2R-a$
④ $R-a$

> **해설**
> 엔드밀 종류에 따른 공구의 접촉면과 CL 데이터 생성은 다음과 같다.
> ① 평 엔드밀
> $rL = rC + R\dfrac{(n-au)}{\sqrt{1-a^2}}$
> ② 볼 엔드밀
> $rL = rC + R(n-u)$
> ③ 라운드 엔드밀
> $rL = rC + a(n-u) + (R-a)\dfrac{(n-au)}{\sqrt{1-a^2}}$

114 볼 엔드밀로 곡면을 가공할 때 가공경로 사이에 남는 공구의 흔적은?

① undercut
② overcut
③ chatter
④ cusp

[정답] 112 ① 113 ④ 114 ④

> **해설**
> cusp : 볼 엔드밀로 곡면을 가공할 때 가공경로 사이에 남는 공구의 흔적이다.

115 곡면모형을 절삭한 후 가공면을 살펴보니 엔드밀이 지나간 흔적(cusp)이 그림과 같이 나타났다. 이의 제거를 위한 방안으로 적합한 것은 어느 것인가?

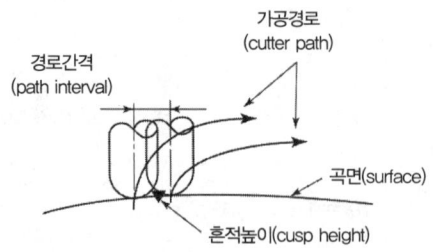

① Tool path의 간격을 절반으로 줄이면 흔적의 높이는 약 1/4로 줄어든다.
② Tool path의 간격을 절반으로 줄이면 흔적의 높이는 약 1/2로 줄어든다.
③ 같은 간격에 대하여 직경이 작은 엔드밀을 사용하면 흔적은 줄어든다.
④ 같은 간격에 대하여 직경 및 볼 엔드밀의 크기를 1/2로 줄인다.

116 지름이 20mm인 볼 엔드밀로 평면을 가공할 때 경로 간격이 12mm인 경우 커습(cusp)의 높이는 몇 mm인가?

① 1.8 ② 2.0
③ 2.2 ④ 2.4

> **해설**
> 커습(cusp) : 곡면을 가공할 때 볼 엔드밀이 지나가고 남은 흔적을 말하며 골간의 간격에 따라서 높이가 달라진다.
> 커습(cusp) = 경로 간격 12mm − pitch(반경) 10
>   = 2.0mm

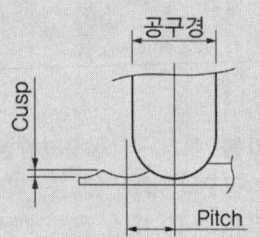

117 반경이 $R = \sqrt{5}$ cm인 볼 엔드밀로 평면을 가공하려고 한다. 경로 간 간격이 2cm일 때 커습(cusp) 높이는 몇 cm인가?

① $\sqrt{5}-1$ ② $\sqrt{5}-2$
③ 1 ④ 2

> **해설**
> 커습(cusp) 높이는 $\sqrt{5}-2$이다.

118 커습(cusp)은 공구경로 간격에 의해 생성되는 것으로 표면 거칠기에 영향을 미친다. 공구경로 간격에 따른 커습 관계식은? (단, L = 경로 간 격, h = cusp의 높이, R = 공구 반경이다.)

① $L = 2\sqrt{h(2R+h)}$
② $L = 2\sqrt{h(2R-h)}$
③ $L = 2\sqrt{R(2h-R)}$
④ $L = 2\sqrt{R(2h+R)}$

> **해설**
> 커습 관계식 : $L = 2\sqrt{h(2R-h)}$

[정답] 115 ① 116 ② 117 ② 118 ②

119 공구경로 시뮬레이션을 통한 검증 내용으로 보기 어려운 것은?

① 공구가 공작물의 필요한 부분까지 제거하진 않는가
② 가공 중 공구 수명에 도달하여 파손의 가능성이 있는가
③ 공구가 클램프나 고정구와 충돌하진 않는가
④ 공구경로 등은 효율적인가

해설
가공 중 공구가 공작물에 과절삭되어 파손의 가능성이 있는가

120 NC 공구경로 시뮬레이션 및 검증방법 가운데 공작물을 사각기둥의 집합으로 표현하고 공구가 사각기둥을 깎아 나갈 때 그 높이를 갱신하여 가공되는 공작물의 디스플레이를 효과적으로 할 수 있도록 한 방법은?

① 3D histogram
② Point-vector
③ Voxel
④ Constructive Solid Geometry(CSG)

해설
3D histogram : NC 공구경로 시뮬레이션 및 검증방법 가운데 공작물을 사각기둥의 집합으로 표현하고 공구가 사각기둥을 깎아 나갈 때 그 높이를 갱신하여 가공되는 공작물의 디스플레이를 효과적으로 할 수 있다.

121 NC 공구경로 생성 시 계산된 공구경로를 따라 공구가 움직일 때 곡면의 곡률 반경이 공구의 반경보다 작은 오목한 부분에서 과절삭(overcut)이 발생하는 현상은?

① Contacting   ② Clamping
③ Collision   ④ Gouging

해설
Gouging : NC 공구경로 생성 시 계산된 공구경로를 따라 공구 움직일 때 곡면의 곡률반경이 공구의 반경보다 작은 오목한 부분에서 과절삭(overcut)이 발생하는 현상을 말한다.

122 곡면 가공 시의 공구 간섭(overcut)에 대한 설명으로 틀린 것은?

① 곡면에 대한 CL데이터가 꼬이게 되면 overcut이 발생한다.
② 오목한 곡면 부위를 길이가 짧은 엔드밀로 가공하면 overcut이 발생한다.
③ overcut을 방지하려면 공구의 반경이 곡면상의 최소 곡률 반경보다 작아야 한다.
④ 예각으로 연결되어 있는 두 곡면의 바깥쪽의 둔각 부분을 가로질러 공구경로가 생성된 경우에 overcut이 발생한다.

해설
볼록한 곡면 부위를 길이가 짧은 엔드밀로 가공하면 공구 간섭(overcut)이 발생한다.

123 다음 중 일반적인 공구경로 시뮬레이션을 통해 파트 프로그래머가 직접 시각적으로 확인하기 어려운 것은?

① 공구가 공작물의 필요한 부분까지 제거하는지의 여부
② 공구가 어떤 클램프(clamp)나 고정구(fixture)와 충돌하는지의 여부
③ 공구가 포켓(pocket)의 바닥이나 측면, 리브(lib)를 관통하여 지나가는지의 여부
④ 공구에 어떤 힘이 가해지며, 공구경로가 공구수명에 효율적인지의 여부

[정답] 119 ② 120 ① 121 ④ 122 ② 123 ②

해설
공구가 어떤 클램프(clamp)나 고정구(fixture)와 충돌하는지의 여부는 공구경로 시뮬레이션을 통해서 확인이 어렵다.

124 CAM 작업 시 NC 가공 변수인 허용 가공 오차와 관련된 설정 항목으로 틀린 것은?

① 공구 진행 속도(feed rate)
② 스텝 길이(step length)
③ 커스프의 높이(cusp height)
④ 계산 오차(calculation tolerance)

해설
공구 진행 속도(feed rate)는 허용 가공 오차와는 관련이 없다.

125 공구가 한번 가공 후 옆으로 이동하는 양을 무엇이라 하는가?

① 경로 간 간격   ② 공구 간 간격
③ 피치 간 간격   ④ 오프셋 양 간격

해설
공구경로 간격(Side step)은 공구가 한번 가공 후 옆으로 이동하는 양으로 사이드 스텝(Side step)이다.

126 공구 간섭 중 곡면의 경계에 라운딩 없이 각진 부분이 있을 때 과 절삭이 생기는 간섭은?

① 곡면 간섭   ② 오목 간섭
③ 볼록 간섭   ④ 경로 간섭

해설
공구 간섭
① 오목 간섭 : 오목한 곡면 부위에 곡률반경이 공구반경보다 작을 경우 과절삭이 생기는 것을 말한다.
② 볼록 간섭 : 곡면의 경계에 라운딩 없이 각진 부분이 있을 때 과절삭이 생기는 것을 말한다.

127 CNC 가공에서 공구경로 이동 연결시 공구 충돌을 방지하기 위하여 일정한 높이를 지정한다. 이 높이는?

① 안전 높이
② 공구 높이
③ 공작물 높이
④ 원점 높이

128 CNC 보간 방법 중 공구를 3차원적으로 제어하는 방법은 어느 것인가?

① 위치 제어   ② 곡면 제어
③ 곡선 제어   ④ 직선 제어

129 모델링을 윤곽에 따라 가공하는 방식으로 아이콘 모양 형태로 가공이 되며 바깥쪽에서 안쪽으로 가공이 되는 절삭 패턴은?

① 파트 따르기   ② 외곽 따르기
③ 프로파일   ④ 지그재그

130 모델링을 윤곽에 따라 가공하는 방식으로 아이콘 모양 형태로 가공이 되며 안쪽에서 바깥쪽으로 가공하거나 바깥쪽에서 안쪽으로도 가공할 수 있는 절삭 패턴은?

① 파트 따르기   ② 외곽 따르기
③ 프로파일   ④ 지그재그

131 모델링 형상의 윤곽을 따라 한 번만 가공하는 방법으로 잔삭에 이용되는 절삭 패턴은?

① 파트 따르기   ② 외곽 따르기
③ 프로파일   ④ 지그재그

[정답] 124 ① 125 ① 126 ③ 127 ① 128 ② 129 ① 130 ② 131 ③

132 공구가 왕복으로 이동하면서 가공하는 방법으로 갈 때 한 번, 올 때 한 번, 총 2번 가공된다. 지그재그는 가공 시간이 단축되지만, 절삭 품질에는 여러 이유로 좋지 않으므로 되도록 정삭에서 사용하지 않는 절삭 패턴은?

① 파트 따르기　② 외곽 따르기
③ 프로파일　　④ 지그재그

133 기존에 이미 존재하고 있는 실제 부품의 표면을 측정한 정보를 기초로 하여 부품 형상의 모델을 만드는 방법은?

① Computer-Aided Design
② Rapid Prototyping
③ Reverse engineering
④ Quality Function

해설
Reverse engineering(역설계)
기존에 이미 존재하고 있는 실제 부품의 표면을 측정한 정보를 기초로 하여 부품형상의 모델을 만드는 방법이다.

134 열가소성수지를 액체 상태로 압출하여 적층해나가는 방식으로 용착 적층 모델링이라고 하는 RP 방식은?

① SLA　　② SLS
③ LOM　　④ FDM

해설
① SLA : 광경화수지 조형 방식으로 광경화성 수지에 레이저 광선을 주사하면 주사된 부분이 경화되는 원리를 이용한 장치이다. 레이저 광선을 이용하기 때문에 성형속도가 빠르며 성형정밀도가 높고, 출력물이 정교하고 출력물 표면이 매끄러운 장점이 있으나, 수지의 경화처리가 필요하고 고가의 프린터와 유지비용, 조형물의 크기가 작으며 원료의 선택이 제한적 그리고 제품이 경화된 상태이기 때문에 충격에 의한 파손이 일어나기 쉬우므로 유의가 필요하나.

② SLS : 선택적 레이저 소결 조형 방식으로 SLA에서의 광경화성 수지 대신에 기능성 고분자 또는 금속 분말을 사용하며 레이저 광선을 주사하여 소결시켜 성형하는 원리이다. 어느 정도 강도를 가지고 있기 때문에 의장 부품이 아닌 기능 부품으로서 시험을 할 수 있는 시제품을 만들 수 있다. 성형속도는 가장 빠르고 재료가 다양하고 금속류 출력이 가능하며 출력물이 열에 강하다. 장비가격이 비싸고 노를 비롯한 고가의 부대장비가 필요하고 전문적인 교육 필요하며 부피가 크고 원료 색상이 제한적이다.

③ LOM : 접착제가 칠해져 있는 종이를 원하는 단면으로 레이저 광선을 이용하여 절단하여 한 층씩 적층하여 성형한다. 성형정밀도가 떨어지므로 가늘고 작은 모양보다는 크고 두꺼운 형태의 부품제작에 적합하다. 종이를 이용한 제작방법이기 때문에 습기나 기타 주위환경으로 인한 변화가 일어나거나 수축이 발생하기도 한다.

④ FDM : 응용수지 압출 적층 조형 방식으로 필라멘트 선으로 된 열가소성 물질(ABS, polyamide)을 노즐 안에서 녹이며 얇게 필름 형태로 고화시키면서 적층시키는 방법이다. 레이저를 사용하지 않기 때문에 기계장치는 간단하고 내구성 및 강도가 높고 강도가 프린터 값이 저렴하다. 원료 수급이 용이하다. 성형속도는 SLA에 비해 떨어지고 출력물 표면이 거칠고 원료의 선택이 제한적이다.

135 가상현실 기술을 이용하여 실제의 모형 대신 컴퓨터로 모형을 제작하는 것은?

① rapid prototyping
② rapid tooling
③ virtual prototyping
④ virtual reality

해설
virtual prototyping : 가상현실 기술을 이용하여 실제의 모형 대신 컴퓨터로 모형을 제작하는 것이다.

136 RP 공정의 응용 분야 중 주요한 영역이 아닌 것은?

① 제조 공정을 위한 모델
② 기능검사를 위한 시작품
③ 설계평가를 위한 시작품
④ 원가절감을 위한 대량생산

[정답] 132 ④　133 ③　134 ④　135 ③　136 ④

> **해설**
> RP 공정의 응용 분야
> ① 제조 공정을 위한 모델
> ② 기능검사를 위한 시작품
> ③ 설계평가를 위한 시작품
> ④ 형상의 치수 및 정밀도가 중요한 품질관리

137 RP(Rapid Prototyping) 방식들 가운데 열가소성수지의 필라멘트를 열을 가하여 녹여서 액체 상태로 압출하여 각 층을 만들어 나가는 방식으로 저가형 RP 기계에 많이 사용되는 것은?

① Fused Deposition modeling(FDM)
② Stereo Lithography(SL)
③ Laminated Object Manufactunring(LOM)
④ Selective Laser Sintering(SLS)

> **해설**
> FDM(Fused Deposition Modeling)
> 응용 수지 압출 적층 조형 방식으로 필라멘트 선으로 된 열가소성 물질(ABS, polyamide)을 노즐 안에서 녹이며, 얇게 필름 형태로 고화시키면서 적층시키는 방법이다.

138 다음 중 박판 성형(LOM)에 대한 설명으로 가장 거리가 먼 것은?

① 재료와 접착제의 층이 교대로 나타나므로 제품의 물리적인 성질이 이방성을 띤다.
② 적층이 완료된 후 불필요한 부분을 재사용할 수 있으므로 재료 낭비가 적다.
③ 얇은 재료를 사용할 수 있으므로 잠재적인 정밀도가 높다.
④ 각층별로 윤곽만 처리하면 되므로 단면 전체를 처리해야 하는 다른 공정보다 효율적이다.

> **해설**
> LOM(Laminated Object Manufacturing)
> 종이와 같은 얇은 재료를 레이저, 칼 등으로 조각하고 그것을 층층이 접착하는 방식으로 적층이 완료된 후 불필요한 부분을 재사용할 수 없다.

139 다음 중 RP(Rapid Prototyping)의 종류가 아닌 것은?

① 3차원 프린팅(3D printing)
② 지표 경화(solid ground curing, SGC)
③ 용착 적층 모델링(fused-deposition modeling, FDM)
④ 레이져 인젝션몰딩(laser injection molding, LIM)

> **해설**
> RP(Rapid Prototyping) : 쾌속조형기술, 고속원형기술, 신속조형기술이라 하며 컴퓨터 내에서 작업된 3차원 모델링 데이터를 직접 손으로 만질 수 있는 물리적인 형상으로 빠르게 제작하는 기술이다.

140 RP(Rapid Prototyping) 소프트웨어 중 부품준비 소프트웨어(part preparation software)의 기능이 아닌 것은?

① CAD 모델 검증
② 지지구조물의 생성
③ 전체 제작공정 결정
④ 모델의 위치와 방향 결정

> **해설**
> RP(Rapid Prototyping) : 전체 제작공정 결정기능은 없으며 단품제작이 가능하다.

[정답] 137 ① 138 ② 139 ④ 140 ③

141 컴퓨터에서 사용되는 그래픽 관련 기술 중 LOD(Level Of Detail)에 관한 설명으로 틀린 것은?

① 렌더링의 품질 및 속도와 관계가 있다.
② 정적인 방법에서는 모델의 크기에 따라 결정된다.
③ 동적인 방법에서는 모델링 형상의 움직임 속도에 따라 결정된다.
④ 3차원 뷰 영역 밖의 물체를 모니터에 디스플레이 해 주는 대상에서 제외하는 기법을 사용한다.

해설
LOD(Level Of Detail)
① 3차원 데이터 압축, 복원 기술은 데이터 용량은 최소화하면서 데이터 손실이 발생하지 않도록 하는 기술이다.
② 데이터 전송과 가시화의 경우, 효율성을 최대화한다.
③ 3차원 데이터의 압축, 복원 기술을 통해 대용량 데이터 관리와 처리의 효율성을 증대시킬 수 있다.
④ 3차원 데이터 전송 기술은 웹기반 3차원 GIS에 있어 사용자가 필요한 영역의 공간정보 데이터를 서버에 요청하고 서버에 저장돼 있는 공간정보 데이터를 클라이언트에서 점진적으로 실시간 수신하는 기술이다.

142 액상의 광경화수지에 레이저를 조사하여 굳힌 후 적층하는 방식의 RP(Rapid Prototyping) 공정은?

① SLS(Selective Laser Sintering)
② FDM(Fused-Deposition Modeling)
③ SLA(Stereo Lithography Apparatus)
④ LOM(Laminated-Object Manufacturing)

해설
① SLS(Selective Laser Sintering) : 선택적 레이저 소결 조형 방식
② FDM(Fused-Deposition Modeling) : 응용 수지 압출 적층 조형 방식
③ SLA(Stereo Lithography Apparatus) : 광경화수지 조형 방식
④ LOM(Laminated-Object Manufacturing) : 접착제가 칠해져 있는 종이를 원하는 단면으로 레이저 광선을 이용하여 절단하여 한 층씩 적층하여 성형

143 다음 중에서 분말 형태의 재료에 레이저를 조사하여 소결하여 적층하는 RP(Rapid Prototyping) 공정은?

① SLA(Stereo Lithographic Apparatus)
② LOM(Laminated-Object Manufacturing)
③ SLS(Selective Laser Sintering)
④ FDM(Fused Deposition Modeling)

해설
SLS(Selective Laser Sintering)
선택적 레이저 소결 조형 방식으로 SLA에서의 광경화성 수지 대신에 기능성 고분자 또는 금속 분말을 사용하며 레이저 광선을 주사하여 소결시켜 성형하는 원리이다.

144 적층 가공 또는 RP(Rapid Prototyping)의 제조 방식에 대한 설명이 아닌 것은?

① 레이저 광선을 이용하여 광경화성 수지를 고화시키는 방식이다.
② CO_2 레이저 광선을 분말 형태의 소재의 표면에 주사하여 융화시키거나 소결시켜 결합시킨다.
③ 한쪽 면에 접착제가 입혀진 종이를 가열된 롤러를 사용하여 접합시킨 후, 부품 단면층의 외곽선을 따라 레이저 광선을 주사한다.
④ cutter와 같은 공구로 절삭가공을 통해 빠른 시간 안에 제작한다.

[정답] 141 ④ 142 ③ 143 ③ 144 ④

> **해설**
> RP는 설계된 3차원 CAD 데이터를 2차원 단면 데이터로 변환한 후 여러 가지 방법(RP 공정)을 적용하여 순차적으로 적층해 감으로써 CAD 데이터와 같은 3차원 입체형상으로 쉽게 제작할 수 있다.

145 Rapid Prototyping 방식 가운데 종이 형태의 재료를 레이저로 잘라 적층시킨 후 불필요한 부분을 제거하여 시작품을 만드는 방식은?

① Stereo Lithography(SL)
② Solid Ground Curing(SGC)
③ Selective Laser Sintering(SLS)
④ Laminated Object Manufacturing (LOM)

> **해설**
> LOM(Laminated Object Manufacturing)
> 접착제가 칠해져 있는 종이를 원하는 단면으로 레이저 광선을 이용하여 절단하여 한 층씩 적층하여 성형한다.

146 쾌속 조형(RP)에 관한 일반적인 설명 중 틀린 것은?

① 특징 형상 기반 설계(feature-based design)나 특징 형상 인식(feature recognition)이 필요하다.
② 재료를 제거하는 것이 아니라 재료를 더해 나가는 공정이다.
③ 클램프(clamp), 지그(jig), 또는 고정구(fixture)를 고려할 필요가 없다.
④ 물체를 만들기 위해 단면데이터를 요구한다.

> **해설**
> 최근에 시제품 및 원형 제작에 급속 조형법(RP)과 신속 시작 기술(RT)이 있으며 특징 형상 기반 설계(feature-based design)나 특징 형상 인식(feature recognition)이 필요 없다.

147 물리적인 모델 또는 제품으로부터 측정 작업을 수행, 3차원 형상 데이터를 얻어내는 방법을 가리키는 용어는?

① 형상 역공학(RE)
② FSM
③ RP
④ PDM

> **해설**
> 형상 역공학(RE) : 물리적인 모델 또는 제품으로부터 측정 작업을 수행, 3차원 형상 데이터를 얻어내는 방법을 가리키는 용어이다.

148 패턴의 반전 횟수를 기준으로 4가지 방식으로 구분되는 신속 툴링(Rapid tooling ; RT)에 대한 설명으로 옳은 것은?

① 1회 반전법 – 신속 시작 패턴들을 다른 재질의 주물로 직접 변환
② 2회 반전법 – 1회 반전 툴링을 사용하여 만든 금형 패턴을 주조 금형으로 변환
③ 3회 반전법 – 코어와 캐비티판들을 실리콘 RTV(room temperature vulcanizing) 고무성형 공정을 통하여 딱딱한 플라스틱 패턴으로 변환
④ 직접 툴링법 – 범용 공작기계에서 절삭 공구를 이용하여 금형 제작

> **해설**
> 신속 툴링(Rapid tooling ; RT)
> 신속 주형/금형 제작이라고 하며 기존의 방법에 비교하여 볼 때 매우 빠른 시간 안에 그리고 효율적으로 완제품과 동일한 재료와 형상을 가진 성형물을 제작해 내는 기술로 여기서 tool이란 다이 캐스팅, 인베스트먼트 캐스팅, 플라스틱 사출 금형 등에 사용되는 최종 단계의 성형기구들을 의미한다.

[정답] 145 ④ 146 ① 147 ① 148 ①

149 Rapid Prototyping(RP) 공정에서 CAD 모델은 STL 파일 형식을 사용하여 표현된다. STL 파일 형식에 대한 설명 중 옳은 것은?

① 물체를 삼각형들의 리스트로 표현한다.
② 솔리드 물체에 대한 위상 정보를 저장하고 있다.
③ 자유 곡면 표현을 위해 Bézier 곡면식을 기본적으로 지원한다.
④ CAD 모델을 STL 파일 형식으로 변환시 같은 종류의 곡선 형식을 사용하므로 오차가 발생하지 않는다.

> **해설**
> STL(Stereo Lithography)
> 이 규격은 쾌속 조형의 표준입력파일 포맷으로 많이 사용되고 있으며, 1987년 미국의 3D system 사가 Albert Consulting Group에 의뢰하여 만들어진 것이다. 3차원 데이터의 서피스 모델을 삼각형 다면체(facet)로 근사시킨 것으로 CAD/CAM S/W 개발자들이 STL 파일을 표준 출력의 옵션으로 선정하였다. IGES, STEP 등 각종 표준규격 파일들을 STL 파일로 변환시키는 소프트웨어들이 개발되고 있다. 쾌속조형 소프트웨어 알고리즘은 모두 STL 기반도 가지고 있다.

150 다음 중 신속 조형 및 제조(RP&M, Rapid Prototyping&Manufacturing) 공정의 특징이 아닌 것은?

① 특징 형상(feature) 정보를 필요로 하는 공정계획이 없어도 되기 때문에 특징 형상 기반 설계나 특징 형상 인식이 필요 없다.
② RP&M 공정은 재료를 더해가는 것이 아니라 재료를 제거해 나가는 공정이기 때문에 소재의 형상을 정의할 필요가 있다.
③ 부품이 한 번의 작업으로 제작되기 때문에 여러 가지 셋업이나 소재를 취급하는 복잡한 과정을 정의할 필요가 없다.
④ RP&M 공정은 어떤 도구를 필요로 하는 공정이 아니기 때문에 금형의 설계와 제조가 필요 없다.

> **해설**
> RP&M 공정은 재료를 아래서부터 차례로 쌓아감으로써 CAD 모델을 물리적으로 재현해 내는 것이다.

151 액상의 광경화 수지에 레이저를 조사하여 굳힌 후 적층하는 방식의 RP(Rapid Prototyping) 공정은?

① SLA(Stereo Lithography Apparatus)
② LOM(Laminated-Object Manufacturing)
③ SLS(Selective Laser Sintering)
④ FDM(Fused-Deposition Modeling)

> **해설**
> SLA : 광경화 수지 조형 방식으로 광경화성 수지에 레이저 광선을 주사하면 주사된 부분이 경화되는 원리를 이용한 장치이다.

152 가상 시작품(virtual prototype)에 대한 설명으로 가장 거리가 먼 것은?

① 설계 시 문제점을 사전에 검증하고 수정하는 데 도움을 준다.
② 가상 시작품을 사용하여 제품의 조립 가능성을 미리 검사해 볼 수 있다.
③ NC 공구경로를 미리 시뮬레이션함으로써, 가공 기계의 문제점을 미리 확인할 수 있다.
④ 각 부품의 형상 모델을 컴퓨터 내에서 가상으로 조립한 시작품 조립체 모델을 말한다.

[정답] 149 ① 150 ② 151 ① 152 ③

> **해설**
> 가상 시작품(virtual prototype)
> 제품을 개발하는 과정에 있어서 컴퓨터상에서 가상적으로 시작하고 성능을 예측하는 것. 근래는 시작차를 만들지 않고 컴퓨터상으로 성능을 예측하는 수법이 등장, 개발비가 삭감되도록 한다. 그러나 가공 기계의 문제점을 미리 확인할 수는 없다.

153 Rapid Prototyping(RP) 방법 가운데 박판 적층(Laminated Object Manufacturing, LOM)법에 대한 설명으로 옳은 것은?

① 재료와 접착제의 층이 있어 부품의 성질이 균일하지 않다.
② 아치와 같은 형상의 부품을 만들 때는 외부지지 구조물을 같이 만들어야 한다.
③ 표면적에 비해 부피의 비율이 높은 부품을 만들어 내고자 할 때 시간이 많이 걸리므로 적절한 방법이 아니다.
④ 지지대 역할을 한 왁스를 녹여내면 되므로 적층이 완료된 후 불필요한 부분의 재료들을 제거하는 것이 매우 쉽다.

> **해설**
> LOM(Laminated Object Manufacturing) 접착제가 칠해져 있는 종이를 원하는 단면으로 레이저 광선을 이용하여 절단하여 한 층씩 적층하여 성형한다. 성형정밀도가 떨어지므로 가늘고 작은 모양보다는 크고 두꺼운 형태의 부품제작에 적합하다. 종이를 이용한 제작방법이기 때문에 습기나 기타 주위 환경으로 인한 변화가 일어나거나 수축이 발생하기도 하며, 재료와 접착제의 층이 있어 부품의 성질이 균일하지 않다.

154 다음 중 박판 성형(LOM)에 대한 설명으로 가장 거리가 먼 것은?

① 재료와 접착제의 층이 교대로 나타나므로 제품의 물리적인 성질이 이방성을 띤다.
② 적층이 완료된 후 불필요한 부분을 재사용할 수 있으므로 재료 낭비가 적다.
③ 얇은 재료를 사용할 수 있으므로 잠재적인 정밀도가 높다.
④ 각층별로 윤곽만 처리하면 되므로 단면 전체를 처리해야 하는 다른 공정보다 효율적이다.

> **해설**
> LOM(Laminated Object Manufacturing)
> 종이와 같은 얇은 재료를 레이저, 칼 등으로 조각하고 그것을 층층이 접착하는 방식으로 적층이 완료된 후 불필요한 부분을 재사용할 수 없다.

155 쾌속 조형(RP)에 관한 일반적인 설명 중 틀린 것은?

① 클램프, 지그, 또는 고정구를 고려할 필요가 없다.
② 특징 형상 기반 설계나 특징 형상 인식이 필요하다.
③ 물체를 만들기 위해 단면데이터를 생성하여 사용한다.
④ 재료를 제거하는 것이 아니라 재료를 더해 나가는 공정이다.

> **해설**
> 최근에 시제품 및 원형 제작에 급속 조형법(RP)과 신속 시작 기술(RT)가 있으며 특징 형상 기반 설계(feature-based design)나 특징 형상 인식(feature recognition)이 필요 없다.

156 다음 중 일반적인 FMS(Flexible Manufacturing System)의 장점으로 가장 적절하지 않은 것은?

① 인건비를 절감할 수 있다.
② 단품종 대량생산에 적합하다.
③ 재고 관리와 제어가 용이하다.
④ 공정변화에 대한 유연한 대처가 용이하다.

[정답] 153 ① 154 ② 155 ② 156 ②

> **해설**
> FMS(Flexible Manufacturing System)
> 유연생산체계라 하며 생산성을 떨어뜨리지 않고 여러 종류의 제품을 생산할 수 있는 유연성이 풍부한 자동생산라인을 말함.

157 FMS에 의한 생산체계는 어느 것이 적당한가?
① 소품종 소량생산
② 소품종 대량생산
③ 다품종 소량생산
④ 다품종 대량생산

158 현재 CAD를 활용하여 CAD/CAM/CAE를 디자인, 제품설계, 금형설계, 생산까지 모든 공정에서 CAD 데이터를 공유하여 업무를 추진하는 방법은?
① 가치공학(Value Engineering)
② 동시공학(Concurrent Engineering)
③ 가치분석(Value Analysis)
④ 총괄적 품질관리(Total Quality Control)

159 다른 생산시스템에 비교한 FMS 장점으로 틀린 것은?
① 기계의 높은 이용률 및 임금 절약
② 생산시간의 단축으로 납기 단축
③ 재고품의 증가
④ lot의 대량화

> **해설**
> FMS 장점
> ① 기계의 높은 이용률 및 임금 절약
> ② 생산시간의 단축으로 납기 단축
> ③ 생산성에 융통성 부여
> ④ lot의 대량화
> ⑤ 높은 생산성
> ⑥ 새로운 공작물 생산준비 기간의 단축
> ⑦ 재고품의 감소
> ⑧ 생산기술자의 적극적인 참여(작업환경이 깨끗하고 복잡하지 않기 때문)
> ⑨ 작업의 안정도 향상

160 FMS에 적합한 제품의 사양으로 볼 수 없는 것은?
① 세트당 가공 시간이 30~60분 이상일 것
② 다량 생산에 적합할 것
③ 특수 정도가 요구되지 않을 것
④ 가공 기준면이 안정성이 있을 것

> **해설**
> FMS에 적합한 제품의 사양
> ① GT(Group Technology) 등에 적합할 것(유사 공정, 재질, 형상)
> ② 중량생산(다량 → 전용 기계, 소량 → 범용기계)
> ③ 특수 정도가 요구되지 않을 것
> ④ 가공 기준면이 안정성이 있을 것
> ⑤ 클램핑, 가공력에 의하여 변형되지 않을 것
> ⑥ 특수공구를 요구하지 않을 것
> ⑦ 공구 수를 줄일 수 있도록 설계된 것
> ⑧ 세트당 가공 시간이 30~60분 이상일 것
> ⑨ Chip의 파단성이 있을 것(Chip 배출)
> ⑩ CAD/CAM에 적용이 쉬울 것

161 다음 중 CNC 공작기계들과 핸들링 로봇, APC, ATC, 무인운반차 등의 자동이송장치 및 자동창고 등을 갖춘 제조 공정을 네트워크화하여, 중앙 컴퓨터로 제어하는 시스템으로 제품과 시장수요의 변화에 빠르고 유연하게 대응할 수 있는 자동화된 제조시스템을 일컫는 용어는?
① DNC(Distributed Numerical Control)
② PLM(Product Lifecycle Management)
③ FMS(Flexible Manufacturing System)
④ VMS(Virtual Manufacturing System)

[정답] 157 ③ 158 ② 159 ③ 160 ② 161 ③

해설

① DNC(Distributed Numerical Control)
1대 이상의 수치제어 기계의 NC 프로그램을 공통의 기억장치에 격납하여 수치제어 기계의 요구에 따라 필요한 프로그램을 그 기계에 분배하는 기능을 가진 수치제어 방식.

② PLM(Product Lifecycle Management)
제품 설계도부터 최종 제품 생산에 이르는 전체과정을 일관적으로 관리해 제품 부가가치를 높이고 원가를 줄이는 생산프로세스. PLM에는 제품수명주기와 관련된 제품정보데이터 및 관리 서버시스템과 다수의 클라이언트 시스템의 네트워크 시스템 등이 제공된다.

③ FMS(Flexible Manufacturing System)
CNC 공작기계들과 핸들링 로봇, APC, ATC, 무인운반차 등의 자동이송장치 및 자동창고 등을 갖춘 제조 공정을 네트워크화하여, 중앙컴퓨터로 제어하는 시스템으로 제품과 시장수요의 변화에 빠르고 유연하게 대응할 수 있는 자동화된 제조시스템을 의미한다.

④ VMS(Virtual Manufacturing System)
컴퓨터로 제조 공정을 다양하게 실험한 뒤 실제 제작을 하는 시스템을 말한다. 제조시스템의 운영 및 관리 능력을 획기적으로 향상시키는 신기술로, 가상제조시스템이라 한다. 컴퓨터그래픽 기술을 이용하여 소재의 특성과 제조방법 등의 데이터를 컴퓨터로 다루어 시뮬레이션(simulation)하는 것으로, 기계나 자동차 등을 생산하는 회사에서는 CAD(Computer Aided Design)가 대부분 일반화되어 있다.

162 다음 용어에 대한 설명 중 틀린 것은?

① CNC : 컴퓨터를 이용한 수치제어
② DNC : 분배 수치제어
③ AGV : 무인 운반차(반송차)
④ CIM : 컴퓨터를 이용한 공정계획

해설

CIM(Computer Integrated Manufacturing)
유연한 생산시스템으로 제품의 사양, 개념 사양의 입력만으로 최종제품이 완성되는 자동화 시스템의 CAD/CAM/CAE에 관리업무를 합한 통합 시스템

163 소재의 공급, 투입으로부터 가공, 조립, 출고까지를 자동으로 관리, 생산하는 시스템으로 생산효율과 유연성을 동시에 만족시키는 생산시스템을 무엇이라 하는가?

① CIM
② FA
③ FMS
④ DNC

해설

FMS : 소재의 공급, 투입으로부터, 조립, 출고까지를 자동으로 관리, 생산하는 시스템으로 생상효율과 유연성을 동시에 만족시키는 생산시스템

164 제조설비 발전단계를 연대별로 알맞게 나열한 것은?

A. IMS의 도입
B. Copy Machine의 개발
C. FMS의 보급
D. CNC의 출현

① D→B→A→C
② D→B→C→A
③ B→D→C→A
④ B→D→A→C

해설

제조설비 발전단계
① Copy Machine(모방 기계)의 개발
② CNC의 출현
③ FMS(유연한 생산시스템)의 보급
④ IMS(지능형 생산시스템)의 도입

165 소량의 여러 종류 제품을 모델 변화에 따른 지연 없이 제조할 수 있는 자동화 시스템을 구축하려고 한다. 이를 위해 가장 적합한 것은?

① FMS
② CIM
③ CAE
④ CAPP

[정답] 162 ④ 163 ③ 164 ③ 165 ①

해설
FMS : 유연생산체계라 하며 생산성을 떨어뜨리지 않고 수 종류의 제품을 생산할 수 있는 유연성이 풍부한 자동생산 라인을 말하며 소량의 여러 종류 제품을 모델 변화에 따른 지연 없이 제조할 수 있는 자동화 시스템이다.

166 일반적인 FMS(Flexible Manufacturing System)의 장점으로 보기 어려운 것은?

① 인건비를 절감할 수 있다.
② 단품종 대량생산에 적합하다.
③ 재고 관리와 제어가 용이하다.
④ 공정변화에 대한 유연한 대처가 용이하다.

해설
FMS : CNC 공작기계와 핸들링 로봇(Robot), APC(Automatic Pallet Changer), ATC(Automatic Tool Changer), 무인운반차(AGV : Automated Guided Vehicle), 제품을 셀과 셀에 자동으로 이송하고 공급하는 장치, 자동화된 창고 등을 갖고 있는 제조공정을 중앙 컴퓨터에서 제어하는 유연생산자동시스템을 말한다.

167 일반적인 유연생산시스템(flexible manufacturing system, FMS)의 장점으로 틀린 것은?

① 높은 기계 가동률로 인하여 필요한 기계 수가 감소한다.
② 서로 다른 부품이 뱃치(batch)로 분리되어 처리되지 않으므로 재공 재고(work-in-process, WIP)가 배치 생산 모드에서 보다 증가한다.
③ 높은 생산율과 직접노동에 대한 낮은 의존도로 FMS에서 노동시간당 생산성이 높다.
④ 높은 수준의 자동화는 무인으로 긴 시간 동안 시스템을 운전할 수 있게 해 준다.

해설
서로 다른 부품이 배치(batch)로 분리되어 처리되지 않으므로 재공재고(work-in-process, WIP)가 배치 생산 모드에서 보다 감소한다.

168 제품개발의 초기개념 설계단계에서 해당 제품의 폐기에 이르기까지 전체 제품 라이프 사이클의 모든 것(품질, 원가, 일정, 고객의 요구사항 등)을 감안하여 협업적으로 개발하도록 하는 시스템 공학적 제품개발 전략은?

① 가치분석(Value Analysis)
② 가치공학(Value Engineering)
③ 동시공학(Concurrent Engineering)
④ 총괄적 품질관리(Total Quality Control)

해설
동시공학 : 제품개발의 초기개념 설계단계에서 해당 제품의 폐기에 이르기까지 전체 제품 라이프 사이클의 모든 것(품질, 원가, 일정, 고객의 요구사항 등)을 감안하여 협업적으로 개발하도록 하는 시스템 공학적 제품개발 전략이다.

[정답] 166 ② 167 ② 168 ③

PART 2. CAM 프로그래밍

CNC 가공

1 CNC의 개요

1 CNC의 정의 경제성

(1) CNC의 정의

1) NC(Numerical Control)
수치제어의 정보를 지령하여 공작기계의 운전을 자동으로 제어하는 것이다.

2) CNC(Computer Numerical Control)
Computer를 내장한 NC를 말하며 기억소자인 반도체와 관련 기술의 급격한 발달로 컴퓨터가 기능과 가격 면에서 크게 진보되고, 소형화되자 이를 NC 장치에 내장한 것이다.

3) 머시닝 센터의 특징
밀링 머신, 보링 머신, 드릴 머신 등을 하나로 한 복합 공작기계인 머시닝 센터에 따라 자동적으로 바꾸어주는 자동공구교환장치(ATC : Automatic Tool Changer)를 갖추고 있으므로 직선 또는 원호를 가공하거나 드릴링, 탭핑, 보링 등의 연속된 작업을 일관되게 할 수 있으므로 복잡한 형상의 기계 부품을 손쉽게 가공할 수 있는 공작기계를 말한다.

CNC 머시닝 센터의 특징은 다음과 같다.
① 소형부품은 테이블에 여러 개 고정하여 연속작업을 할 수 있다.
② 면 가공, 드릴링, 태핑, 보링 작업 등을 수동으로 공구교환 없이 자동 공구교환을 한다. 공구를 자동교환함으로써 공구교환 시간이 단축되어 가공시간을 줄일 수 있다.
③ 원호 가공 등의 기능으로 엔드밀을 사용하여도 치수별 보링 작업을 할 수 있어 특수 치공구의 제작이 불필요하다.
④ 주축회전수의 제어 범위가 크고 무단변속을 할 수 있어서 요구하는 회전수를 빠른 시간 내 정확히 얻을 수 있다.

⑤ 컴퓨터를 내장한 NC로서 메모리 작업을 할 수 있으므로 한사람이 여러 대의 기계를 가동할 수 있기 때문에 인건비를 절약할 수 있다.
⑥ 프로그램 오류 시 직접 키보드를 사용하여 수정 작업을 할 수 있다.

(2) 산업사회에서 CNC 기계의 경제적 효과의 장점과 단점

1) 장점
① 경영관리 유연성
② 치공구 비용의 감소
③ 자동화 및 성역화 실현
④ 가공에 소요되는 시간 단축
⑤ 생산의 유연성 향상
⑥ 사용 기계 대수 절감 및 공장 크기 축소
⑦ 재고의 감소
⑧ 공구 수명 연장
⑨ 안전사고의 예방

2) 단점
① 투자비용이 과다
② 관리비용의 과다
③ 작업자 및 프로그래머의 비용 증대

(3) 경제성 평가방법

1) 페이백(Payback) 방법
CNC 공작기계의 도입에 따른 연간 절약비용의 예측 값을 투자액에 비교하여 투자액을 보상하는 데 필요한 연수를 구하는 방법이다.
① 매우 간단하게 기계의 내용 연수를 구할 수 있다.
② 쉽게 못쓰게 되는 장치 등의 평가에 적합하다.
③ 내용 연수가 긴 기계의 평가방법으로 정확성이 떨어진다.

2) MAPI(Manufacturing and Applied Products Insitute Method) 방법
구입을 계획하고 있는 CNC 공작기계에 의한 최초 연도의 부품생산 비용을 현재가지고 있는 CNC 공작기계에 의한 비용과 비교하여 평가하는 방법이다.
① 가장 많이 사용
② 공작기계의 교체에 좋은 평가 방법
③ 어느 일정 기간이 아니더라도 사용할 수 있는 평가 방법

CNC 공작기계의 경제성 평가 방법 중 가장 많이 사용하고 있는 방법은 어느 것인가?
① 페이백 방법
② 에소드 방법
③ MAPI 방법
④ CAPI 방법

답 ③

CNC 공작기계에서 서보모터의 회전을 받아서 테이블을 움직이는 것은?
① 삼각 나사
② 사각 나사
③ 볼 나사
④ 사다리꼴 나사

답 ③

2 CNC 공작기계의 구조

(1) CNC 공작기계의 주요 구성 요소

① 컨트롤러(Controller) : 천공 테이프에 기록된 언어, 즉 정보를 받아서 펄스(pulse)화시킨다. 이 펄스화된 정보는 서보 기구에 전달되어 여러 가지 제어 역할을 한다.

② 서보 모터(Servo Motor) : 펄스에 의한 각각 지령에 의하여 대응하는 회전운동을 한다.

③ 서보 기구(Servo Unit) : 펄스화된 정보는 서보 기구에 전달되어 정밀도와 아주 관계가 깊은 X, Y, Z 등 각 축을 제어한다.

④ 볼 스크루(Ball Screw) : 서보 모터에 연결되어 있어 서보 모터의 회전운동을 직선운동으로 바꾸어 주는 장치

⑤ 리졸버(Resolver) : 기계의 움직임을 전기적인 신호로 표시하는 장치

⑥ 엔코더(Encoder) : 서보 모터 회전운동의 위치검출 및 이송 속도를 검출하는 장치이고 서보 모터 뒤쪽에 부착되어 있다.

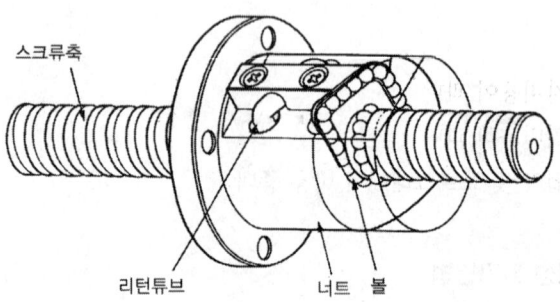

○ 그림 2-89 볼 스크루

1) CNC 선반의 구성

CNC 선반의 구성은 제작회사에 따라 CNC 장치의 종류, 주축대 및 공구대의 배열에 따라 각각의 다른 특징을 가지고 있으며, 구성을 크게 나누면 기계본체 부분과 CNC 장치부분으로 구분할 수 있다.

CNC 선반을 기능별로 표시하면 다음과 같다.

① 본체 : ㉠ 주축대(head stock), ㉡ 공구대(tool post), ㉢ 척(chuck), ㉣ 이송장치 - Boll Screw

② CNC 장치 : ㉠ 서보 모터(servo motor), ㉡ 지령방식, ㉢ 위치 검출기, ㉣ 포지션 코더(position coder)

가) 주축대(head stock)

주축대는 스핀들 서보 모터(spindle servo motor)의 회전을 벨트 및 변환 기어를 통해 스핀들(spindle) 선단에 있는 척(chuck)을 회전시키고, 척에 물린 공작물을 회전시킬 수 있는 시스템이다. 일반적으로 주축의 회전은 무단변속으로 회전수를 프로그램에 의해 지령하고, 변속장치가 없는 소형기계와 변속장치가 있는 중형 이상의 기계가 있다. 그리고 벨트 전동으로 슬립이 발생되는 문제를 해결하는 포지션 코더(position coder)가 설치되어 실제 공작물의 회전수를 검출한다.

나) 공구대(tool post)

공구대는 공구를 장착하는 장치로서 회전 공구대(turret)와 갱(gang) 타입 공구대가 있다.

회전 공구대는 일반적으로 회전 드럼의 4~12개 station에 각종 공구를 장착하여 프로그램에 의해 선택하여 사용한다. 매회 공구선택의 위치 정밀도는 회전 공구대 내부의 커플링(coupling)에 의해 정밀한 위치를 결정을 하게 구성되어 있고, 회전 드럼의 회전력은 유압 또는 전기모터로 회전시킨다.

다) 척(chuck)

공작물을 고정하는 척(chuck)은 유압으로 작동하는 유압척과 공기압력으로 작동하는 공압척 및 특수척이 사용된다.

척 조(chuck jaw)를 작동시키는 실린더는 로터리 실린더를 사용하여 공작물 회전 중에도 공작물 물림압력이 저하되지 않으며, 공작물의 형상이나 재질에 따라 척의 압력을 조절하여 공작물이 변형되지 않고 이탈하는 것을 방지할 수 있어야 한다.

라) 심압대(tail stock)

심압대(tail stock)는 가늘고 긴 공작물을 가공할 때 휨 현상이나 떨림을 방지하기 위하여 공작물 중심을 지지하는 장치이다.

심압대의 스핀들에는 회전센터(live center)를 끼워 공작물을 지지하는 데 이용하고 유압이나 공기압을 사용하여 공작물을 지지하기 때문에 센터 드릴이나 드릴은 심압대에 끼워 사용할 수 없다.

마) 조작판

조작판은 CNC 선반을 조작할 수 있는 스위치가 집결되어 있으며, 같은 콘트롤러(controller)를 사용해도 공작기계 메이커에 따라 스위치(switch) 모양과 종류에 따라 조작방법 차이가 있다.

바) 서보 모터(servo motor)

서보 모터(servo motor)는 정보처리회로(CPU)의 명령에 따라 공작기계 테이블(table) 등을 움직이게 하는 모터(motor)이다.

일반 3상 모터와는 달리 저속에서도 큰 토오크(torque)와 가속성, 응답성이 우수한 모터로서 속도와 위치를 동시에 제어한다.

속도제어와 위치검출은 엔코더(encoder)에 의하며, 일반적으로 모터 뒤쪽에 붙어 있다.

2) CNC 머시닝 센터의 주요 부품

가) 자동 공구 교환장치(ATC)

자동 공구 교환장치는 공구 매거진(tool magazine), 공구 교환기(change arm), 서브 체인저(sub changer)로 구성되며, 모든 기능은 전기모터와 공압 실린더에 의해 작동된다.

공구매거진(TOOL MAGAZINE) 종류 : 드럼(drum)형, 체인(chain)형, 공구 선택방식이 있다.

① 순차(sequential) 방식 : 매거진 내의 배열순으로 공구를 주축에 장착

② 랜덤 방식
  ㉠ 배열순과는 관계없이 매거진 포트 번호 또는 공구 번호를 지령하는 것에 의해 임의로 공구를 주축에 장착
  ㉡ 순차 방식에 비해 구조가 복잡하고 공구의 배치에 주의를 기울여야 함.
  ㉢ 사용 빈도가 높은 공구를 항상 같은 번호로 매거진에 넣어두고 쓰거나 한 개의 공구를 한 작업에서 여러 번 선택하여 사용할 경우에는 공구를 순서대로 배열할 필요가 없기 때문에 프로그램이 간단해지고 사용이 편리

③ 공구 교환기(CHANGE ARM)
  스핀들에 꽂혀 있는 공구와 새로 사용될 공구를 교환해 주는 장치로 대기 포트에 꽂혀 있는 공구와 스핀들에 꽂혀 있는 공구를 동시에 뽑아 180° 회전하여 장착시킨다.

④ 서브 체인저(SUB-CHANGER)

T 지령에 의하여 공구 매거진에 꽂혀 있는 공구를 대기 포트에 M06 지령에 의하여 대기 포트에 꽂혀 있는 공구를 공구 매거진에 장착한다. 수동으로 교환시킬 수도 있다.

나) 자동 팔레트 교환장치(APC)

공작물의 장착 및 탈착 시간을 단축하기 위하여 2개 이상의 팔레트를 이용하여 1개가 기계측에서 작업하는 도중에 다른 팔레트는 공작물을 장착 및 탈착한다. 2개의 팔레트는 모양이 동일하며 작동은 수동 조작 및 자동 프로그램에 의한 교환이 가능하다. 테이블을 대용할 수 있는 APC의 교환장치는 팔레트 유닛, 팔레트 베드, 공압 장치로 구성된다.

3) 인서트(insert), 툴 홀더 표기법(ISO)

절삭 공구 제작사마다 약간의 차이는 있으므로 공구 선정시 상세한 것은 제작사의 Catalog를 참고하여 선정하기 바라며 여기서는 일반적인 사항과 ISO 규격을 토대로 소개하기로 한다.

가) 형상 및 크기

① 형상은 가능한 강도가 크고 경제적인 큰 코너 각의 인서트를 선정한다.
② 인서트 크기는 최소 크기를 선정하며 최대 절삭 깊이는 인선 길이의 1/2 정도가 적당하다.

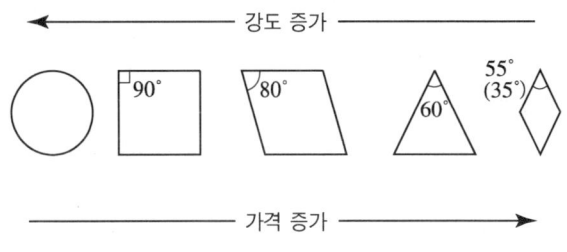

○ 그림 2-90 코너 각에 따른 강도와 가격 증가

나) 인서트 형번 표기법

간단히 요약 설명하였으며 자세한 사항은 ISO 규격표를 참고한다.
① ISO 선삭용 인서트 규격(예시)

T	N	M	G	16	04	08	B25
①	②	③	④	⑤	⑥	⑦	⑧

② ISO 선삭용 인서트 규격 요약 설명

번호	구분	형상 분류	요약 설명
①	인서트 형상	C, D, E, K, L, R, S, T, V, W	• 코너 각이 클수록 강도가 증가하고 작을수록 모방절삭이 가능 • 강도가 크고 경제적인 큰 코너 각을 선정
②	주절인 여유 각	B, C, D, E, F, N, O, P, T	• 여유 각이 클수록 강도는 저하되고 절삭 저항은 감소 • "O"번 Special
③	공차	A, C, H, E, G, J, K, L, M, U	• 인서트 형상 제작 시 공차를 의미하며 정밀작업의 공구보정에 고려한다.
④	단면 형상	A, B, C, F, G, H, J, M, N, Q, R, T, U, W, X	• 공구 수명을 고려하여 단면형상 선택 • "X"번 Special
⑤	인서트 길이 내접원 직경	R, S, T, C, D, V, W의 길이 치수로 약칭 구분	• 인서트 형상에 따라 인선의 길이, 내접원 직경을 의미한다.
⑥	인선 높이	인선높이의 치수로 약칭 구분	• 인선 높이를 의미한다.
⑦	노즈 반지름	노즈 반지름 치수를 기호화 구분	• 노즈 반지름을 너무 크게 하면 절삭 저항이 증가하고 공작물에 떨림이 발생할 수 있다.
⑧	칩브레이크의 형상	B, C, D, E, F, N, P, T	• ISO, 인서트의 규격을 참고한다.

4) 공정의 흐름도

부품도면에서 가공까지 공정의 흐름도는 다음과 같다.

① 부품도면 → ② 가공계획 →
- CNC 가공범위와 사용기계선정
- 가공물 척킹 방법 및 치공구 선정
- 가공순서 결정
- 가공할 공구선정

③ 파트 프로그래밍 → ④ 천공 테이프 → ⑤ CNC 장치 → ⑥ 공작기계 → ⑦ 가공물

3 자동화 설비의 발전 방향

(1) 군관리(DNC) 시스템

CNC 공작기계의 작업성 및 생산성을 향상시키는 동시에 이것을 CNC 공작기계 군으로 시스템하여 그 운용을 제어 및 관리하는 시스템이다. DNC 시스템의 4가지 기본요소는 다음과 같다.

① 중앙 컴퓨터
② NC 프로그램을 저장하는 기억장치

③ 통신선
④ 공작기계

(2) 유연한 생산(FMS : Flexible Manufacturing System) 시스템

FMS의 장점은 다음과 같다.
① 생산성 향상
② 생산 준비시간 단축
③ 재고품 감소
④ 임금 절약
⑤ 생산품 품질향상
⑥ 작업 안전도 향상

(3) 컴퓨터통합가공 시스템(CIMS : Computer Intrgratad Manufacturing System)

CIMS를 채용하면 다음과 같은 이점을 얻을 수 있다.
① 더욱 짧은 제품 수명주기와 시장의 수요에 즉시 대응할 수 있다.
② 더 좋은 공정제어를 통하여 품질의 균일성을 향상시킨다.
③ 재료, 기계, 인원을 잘 활용할 수 있고 재고를 줄임으로써 생산성을 향상시킨다.
④ 전체생산과 경영관리를 더욱 잘 할 수 있으므로 제품의 비용을 낮출 수 있다.

❷ CNC 공작기계의 제어방식

❶ 제어방식

(1) NC 제어방식

① 위치결정제어 : 공구의 최후 위치만 제어하는 것
　예 드릴링, 스폿용접기 등
② 직선절삭제어 : 기계 이동 중에 절삭을 행할 수 있는 제어
　예 선반, 밀링, 보링 머신 등
③ 윤곽제어 : 곡선 등의 복잡한 형상을 연속 제어하는 것
　예 2차원, 3차원 이상의 제어에 사용

servo 기구에 대한 설명 중 맞지 않는 것은?

① servo 종류에는 폐쇄회로 방식과 하이브리드 서보방식 등이 있다.
② 검출기를 기계 테이블에 직접 부착하여 feed back을 행하는 고정밀도 방식이 폐쇄회로 방식이다.
③ 조건이 좋지 않은 기계에서 고정밀도를 필요로 할 경우 하이브리드 서보방식이 사용된다.
④ NC장치에서 위치검출을 하기 때문에 정밀도가 폐쇄회로보다 높게 되는 방식이 반 폐쇄회로 방식이다.

답 ④

2 서보 기구

(1) 서보 기구 종류

① 개방회로 제어방식(Open Loop System)
구동 모터로는 스태핑 모터(Stepping Motor)가 사용되며, 검출기나 피드백 회로를 가지지 않기 때문에 정밀도가 낮아 오늘날 NC 기계에는 거의 사용하지 않는다.

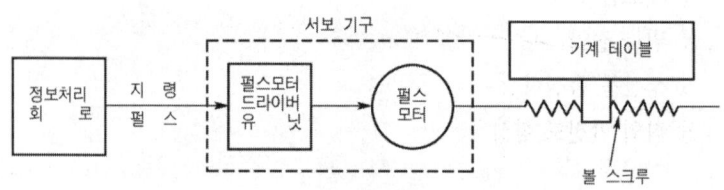

○ 그림 2-91 개방회로 제어방식

② 반 폐쇄회로 방식(Semi-Closed Loop System)
서보 모터의 축 또는 볼 스크루의 회전 각도를 통하여 위치를 검출하는 방식으로 직선 운동을 회전 운동으로 바꾸어 검출한다. CNC 공작기계에 이 방식을 많이 사용한다.

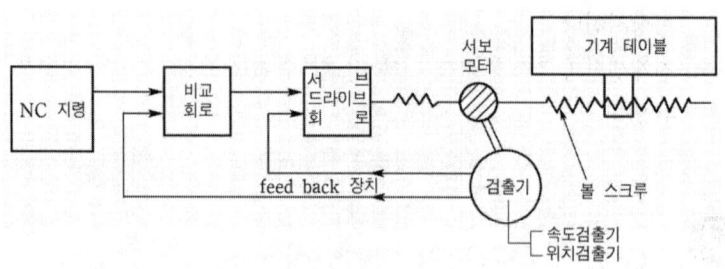

○ 그림 2-92 반 폐쇄회로 방식

③ 폐쇄회로 방식(Closed Loop System)
기계의 테이블에 직접적으로 스케일(Scale)을 부착하여 위치 편차를 피드백시키는 방식으로 반 폐쇄회로 제어방식과 제어방식은 같지만 정밀도가 높아 고정밀도의 공작기계나 대형 공작기계 등에 많이 사용한다.

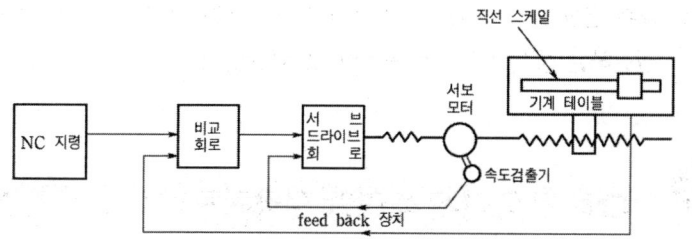

○ 그림 2-93 폐쇄회로 방식

> **NC 공작기계에서 로스트 모션 (lost motion)이란?**
> ① NC 장치의 연산부가 잘못 동작해서 테이프지령과 틀린 동작을 말한다.
> ② 이송핸들의 휨량을 말한다.
> ③ (+)방향과 (-)방향의 위치결정에서 생긴 양 정지 위치의 차이를 말한다.
> ④ NC 공작기계의 볼스크루 (ball scew)와 너트(nut)의 간격을 말한다.
>
> 답 ③

④ 복합회로 제어방식(Hybrid Loop System)

반 폐쇄회로 제어방식과 폐쇄회로 제어방식을 결합한 제어방식으로 반 폐쇄회로의 높은 게인(Gain : 증폭기 등의 입력에 대한 출력의 비율)을 이용하여 제어하며 기계의 오차는 직선형(Linear) 스케일에 의한 폐쇄 회로로써 보정하여 정밀도를 향상시킨다. 대형 공작기계와 같이 강성을 충분히 높일 수 없는 기계에 적합한 방식이다.

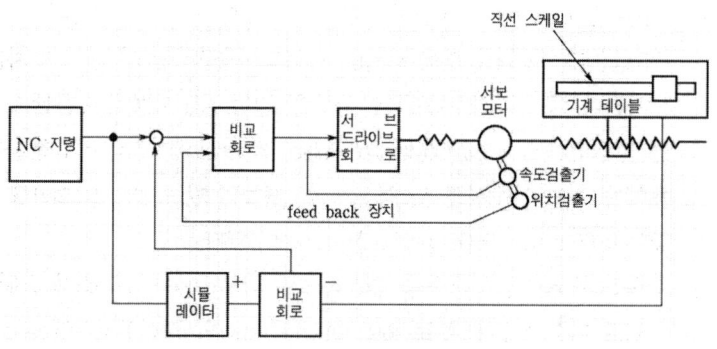

○ 그림 2-94 복합회로 제어방식

3 이송기구

(1) NC의 펄스 분배방식

윤곽제어를 할 때 펄스를 분배하는 방식에는 MIT 방식, DDA 방식, 대수 연산 방식의 3가지가 있다. 초기에는 대수 연산 방식이 사용하였으나, 현재는 DDA 방식이 주류를 이루고 있다.

① MIT 방식 : X축, Y축의 이동을 균등하게 하기 위하여 양쪽으로 적당한 시간 간격으로 펄스를 발생시켜 실선으로 움직이도록 근사시키는 방법으로 2차원 2.5차원의 보간은 가능하시만 3차원의 보간은 불가능하다.

② DDA 방식 : 직선 보간의 경우에 우수한 성능을 가지고 있어 현재 주류를 이루고 있다.

③ 대수 연산 방식 : X축과 Y축의 방향을 한정하고 계단식으로 이동하여 접근하는 방식으로 원호 보간에 유리하다.

③ CNC 공작기계에 의한 절삭가공

1 기계조작반 사용법

(1) 기계 조작판 스위치 설명

1) 모드 스위치(mode switch)
작업(조작)의 종류를 결정한다.
① DNC : DNC 운전을 한다.
② 편집(edit) : 프로그램의 신규 작성 및 메모리에 등록된 프로그램을 수정한다.
③ 자동운전(auto) : 메모리에 등록된 프로그램대로 자동운전한다.
④ 반자동(MDI : Manual Date Input) : 프로그램을 작성하지 않고 기계를 동작시킨다. 공구회전, 주축회전 간단한 절삭이송 지령에 사용한다.
⑤ 핸들(handle) 또는 MPG(Manual Pulse Generator) : 조작판의 핸들을 이용하여 축을 이동시킬 때 사용하며, 핸들의 한 눈금(1 pulse)당 이동량은 0.001mm, 0.01mm, 0.1mm 등이 있다.
⑥ 수동절삭(jog) : 공구이송을 연속적으로 외부 이송 속도 조절 스위치의 속도로 이송시키며, 주로 엔드밀(end mill)의 직선절삭, face mill의 직선절삭 등 간단한 수동 작업에 쓰인다.
⑦ 급송이동(rpd : rapid) : 공구를 급속으로 이동시킨다.
⑧ 원점복귀(zrn : zero return) : 공구를 기계 원점으로 복귀시키며, 조작판의 원점방향 축 버튼을 누르면 자동으로 기계 원점까지 복귀하고 원점복귀 완료램프가 점등한다.

2) 급속 오버라이드(rapid override)
자동, 반자동, 급속이송 mode에서 G00의 급속 위치결정 속도를 외부에서 변화를 주는 기능이다.

3) 이송 속도 오버라이드(feed override)
자동, 반자동 mode에서 지령된 이송 속도(feed)를 외부에서 변화시키는 기능이며, 보통 0~150%까지이고 10%의 간격으로 이동된다.

NC기계 작동 중 오버 트래블(Over Travel)로 인한 경고등이 켜졌을 때의 응급처치 요령은 어느 것인가?
① 해제버튼을 누른다.
② 전원을 차단 후 다시 투입한다.
③ 비상정지 버튼을 누른 후 다시 리셋시켜서 원상태로 복귀한다.
④ 릴리즈(release)버튼을 누른 상태에서 수동모드로 반대방향으로 축을 이동시킨다.

 ④

4) 주축 속도 오버라이드(spindle override)

mode에 관계없이 주축 속도를 외부에서 변화시키는 기능

5) 비상정지 버튼(emergency stop button)

돌발적인 충돌이나 위급한 상황에서 작동시키며, 버튼을 누르면 비상정지(stop)하고 main전원을 차단한다. 비상정지 해제는 화살표 방향으로 돌리면 버튼이 튀어 나오면서 해제된다.

6) 자동개시(cycle start) 및 이송정지(feed hold)

① 자동개시 : 자동, 반자동, DNC mode에서 프로그램을 실행한다.
② 이송정지 : 자동개시의 실행으로 진행 중인 프로그램을 정지시킨다. 이송정지 상태에서는 자동개시 버튼을 누르면 현재 위치에서 재개된다.

7) 핸들(MPG : Manual Pulse Generator)

축(axis)의 이동을 핸들(MPG) mode에서 펄스 단위로 이동시키며, 펄스 단위는 0.001mm, 0.01mm, 0.1mm 등이 있다.

8) 기타 스위치

① 드라이런(dry run) : 이 스위치가 ON되면 프로그램에 지령된 이송 속도를 무시하고 JOG 속도로 이송된다.
② 싱글 블록(sigle block) : 자동개시의 작동으로 프로그램이 연속적으로 실행하지만 싱글 블록 기능이 ON되면 한 블록씩 실행된다.
③ 옵쇼날 블록 스킵(optional block skip) : 선택적으로 프로그램에 지령된 "/"(슬래시)에서 ";"(EOB)까지를 건너뛰게 할 수 있다.
④ 절삭유(coolant on, off) : 절삭유의 사용을 제어한다. 프로그램에서 지령한 M08, M09보다 우선한다.
⑤ 행정오버 해제(emg-limit switch release) : 기계 최대영역의 마지막에 설치되어 있는 limit switch까지 기계가 이동하면 행정오버 알람이 발생된다. 알람을 해제하기 위해서 이 스위치를 누르고 있는 상태에서 행정 오버된 축을 반대로 이동시키면 된다.
⑥ 프로그램 보호 키(program protect key) : 프로그램의 편집(수정, 삽입, 삭제, 변경)이나 파라미터를 key OFF 상태에서 변경할 수 있다.

자동실행 중 기계의 이동을 일시적으로 정지시킬 수 있는 기능은?
① 싱글블록 스위치
② 자동정지(feed hold)
③ 옵셔날 블록 스킵
④ 주축 정지

답 ②

CNC 기계의 시험 절삭 시 오차 수정방법이 아닌 것은?
① 공작물 좌표계 사용
② 기계원점 좌표계 사용
③ 오프셋(offset)량 수정
④ 좌표계 설정 수정

답 ②

2 좌표계 설정 및 가공 조건

(1) CNC 선반 좌표축과 운동 기호

좌표축(제어축)은 CNC 공작기계의 각 축에 대하여 제어대상이 되는 축을 의미하며 좌표축과 운동기호 등이 각각의 장비마다 달라지면 프로그램을 작성할 때 혼동을 일으키기 쉬워 이를 ISO 및 KS규격으로, CNC 공작기계의 좌표축과 운동 기호를 오른손 직교 좌표계를 표준 좌표계로 지정하여 놓았다.

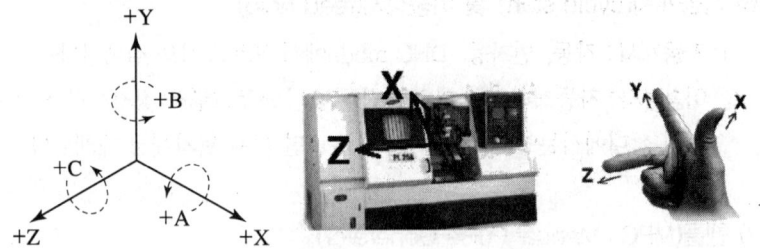

● 그림 2-95 오른손 직교 좌표계와 운동 기호

(2) 좌표계

1) 기계 좌표계

기계 원점, 즉 원점복귀가 되는 위치를 기준으로 기계 좌표계가 설정되며, 사용자가 임의로 변경할 수 없도록 되어 있다.

기계 원점은 기계가 항상 동일한 위치로 되돌아가는 기준점으로 공작물 원점인 프로그램 원점과 기계 원점을 알려줄 때 기준이 되는 점이며, 각종 파라미터의 값이나 설정치의 기준이 되며, 모든 연산의 기준이 되는 점이다.

이 기계 원점을 잘 이해하여 프로그램에 적용할 경우 기계의 워밍업 후 바로 작업을 시작할 수 있어 편리하다.

2) 절대 좌표계

CNC 기계는 수치제어에 의해서 움직이며 수치, 즉 좌푯값은 대부분 절대 좌표계에 의해서 움직이며 절대 좌표계의 원점은 도면을 보고 기준을 쉽게 잡을 수 있는 곳의 한 점을 원점으로 정하는데 이 점을 프로그램 원점이라고 하며, 이 점을 원점으로 한 좌표계를 절대 좌표계 또는 공작물 좌표계라고도 한다.

3) 상대 좌표계

상대 좌표는 현재의 위치에서 이동하고자 하는 거리만큼 쉽게 이동하고자 하거나, 좌표계 설정 또는 공구 보정을 할 때 주로 사용되며, 현 위치가 좌표계의 기준이 되고, 필요에 따라 현 위치를 0점(기준점)으로 지정(setting)할 수 있다.

4) 잔여 좌표계

프로그램을 실행(AUTO)할 때 실행되고 있는 현재의 프로그램 위치가 얼마 남았나를 나타내는 좌표계로, 이 잔여 좌푯값을 확인함으로써 기계의 충돌을 예상하여 미리 안전조치를 취할 수 있다.

(3) CNC 선반 프로그램 원점

CNC 공작기계는 절대 좌표(absolute)에 의하여 주로 제어가 이루어지고 이 절대 좌표의 기준을 원점으로 잡아서 모든 위치의 값을 그 점을 기준으로 프로그램을 작성하는 방식으로 그 점을 프로그램 원점이라고 하며 그 점을 기준으로 부호를 갖는 수치로 좌푯값을 표시하여 프로그램을 입력한다.

프로그램 원점은 바꿀 수 없는 기계좌표와는 달리 프로그램에 의해서 바꿀 수가 있는데 이를 좌표계 설정이라고 하며 CNC 선반은 G50에 의해서 CNC 머시닝 센터는 G92에 의해서 바꿀 수 있다.

마음대로 바꿀 수 있는 프로그램의 원점 좌표계는?
① 공작물 좌표계
② 기계 좌표계
③ 기계 원점 좌표계
④ 변환 좌표계

답 ①

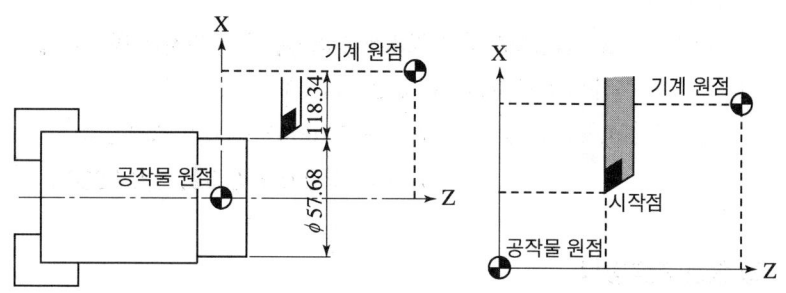

○ 그림 2-96 프로그램 원점 설정 방법

(4) CNC 선반 시작점과 좌표계 설정

기준 공구가 출발하는 위치를 시작점(S/P : Start point)이라고 하고 프로그램의 원점과 시작점의 위치 관계(거리 값)를 CNC 기계에 명령을 주어 실행시키는 것을 좌표계 설정을 하였다고 한다. 이 결과에 의해서 공작물의 원점이 정해지며 이를 공작물 좌표계 설정이라고 한다.

CNC 공작기계의 여러 가지 동작을 하기 위한 각종 모터를 제어하는 주로 ON/OFF기능을 수행하는 기능은?
① 주축기능
② 준비기능
③ 보조기능
④ 공구기능

답 ②

(5) CNC 선반 좌표치와 최소 입력단위

좌푯값 단위의 입력방법에는 인치 입력(G20)과 미터법 입력(G21)방식이 있으며, 파라미터에서 선택할 수 있으나 대부분 미터단위로 설정되어 있다.

	기 능	비 고
D	복합 반복 사이클(G71, G76)에서 1회 절삭값	0T는 G71에서 U, G76은 Q를 사용
I J K	고정 사이클(G90)에서 구배값 자동 면취에서 면취량 원호 가공에서 원호 중심에서 끝점까지의 증분값	
K	나사 가공 사이클(G76)에서 나사산의 높이	0T는 P
R	원호 가공에서 반지름값	

(6) CNC 선반 좌표치의 지령 방법

축을 좌표축에 대하여 움직이는 방식에는 절대 지령방식과 증분 지령방식이 있다. 절대(absolute) 지령방식은 프로그램 원점을 기준으로 좌표축과 방향(-, +)을 입력하는 방식이고, 증분(incremental) 지령방식은 현재의 위치를 기준으로 좌표축과 방향(-, +)을 입력하는 방식이다. 장비에 따라서 한 블록에 두 가지를 혼합하여 지령할 수도 있다.

1) 절대 지령방식

공작물 원점을 기준으로 직교 좌표계의 좌푯값을 입력하는 방식이다.
예 ▷ CNC 선반의 경우 : G00 X60.0 Z80.0 ;
　　▷ 머시닝 센터의 경우 : G00 G90 X100.0 Y100.0 Z50.0 ;
　　　　　　　　　　　　　 G01 G90 X50.0 Y30.0 Z50.0 F200 ;

2) 증분 지령방식

현재 공구위치를 기준으로 다음 위치까지의 거리를 입력하는 방식이다.
예 ▷ CNC 선반의 경우 : G00 U35.0 W42.0 ;
　　▷ 머시닝 센터의 경우 : G00 G91 X23.0 Y43.0 Z17.0 ;

3) 혼합 지령방식

한 블록(줄)에 [절대 지령방식&증분 지령방식]을 사용하여 지령하는 방식으로 주로 CNC 선반에서 많이 사용한다.
예 ▷ CNC 선반의 경우 : G00 X27.0 W23.0 ;

CNC 공작기계는 작동이 대부분 자동적이고 그 작동 지령은 NC 프로그램에 의하여 주어진다. 따라서 NC 프로그램 없이는 NC 기계를 원활하게 사용할 수 없다. 그러므로 NC 공작기계를 사용하기 위해서는 부품 도면으로부터 NC 프로그램을 작성하는 새로운 작업이 필요하게 된다. 이 작업을 프로그래밍(Programming)이라 한다.

(7) 머시닝 센터 좌표어와 제어축

1) 좌표어
① 공구의 이동을 지령
② 이동축을 표시하는 어드레스와 이동방향과 이동량을 지령하는 수치로 구성
③ 기본축(X, Y, Z) : 서로 직교하는 3축에 대응하는 어드레스로 좌표의 위치나 거리를 지정
④ 부가축(A, B, C, U, V, W) : 부가축의 어드레스로 회전축의 각도와 축의 길이 및 위치를 지정
⑤ 원호 보간(I, J, K) : X, Y, Z를 따라가는 원호의 시작점부터 원호 중심까지의 거리를 지정
⑥ 원호 보간(R) : 원호 반지름을 지정

2) 제어축
머시닝 센터에서 제어축은 좌표어의 X, Y, Z를 사용하여 제어축을 지령하며, 각 축에 대한 회전축에 A, B, C를 사용하기도 하며 이를 부가축이라 한다.

3) 좌표축
① 좌표계 : 프로그램을 작성할 때 혼란을 방지하기 위해서 오른손 좌표계를 사용한다.
② 기준 : 가공 시 테이블과 주축이 움직이지만 공작물은 고정되어 있고 공구가 이동하면서 가공하는 것처럼 프로그램한다.

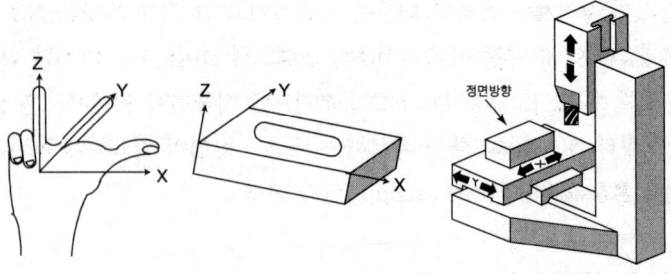

○ 그림 2-97 오른손 직교 좌표계

(8) 머시닝 센터 좌표계의 종류

1) 공작물 좌표계

도면을 보고 가공에 편리한 프로그램을 작성하기 위하여 도면상의 임의의 점을 프로그램 원점으로 지정하며 이 좌표계를 공작물 좌표계라 한다.

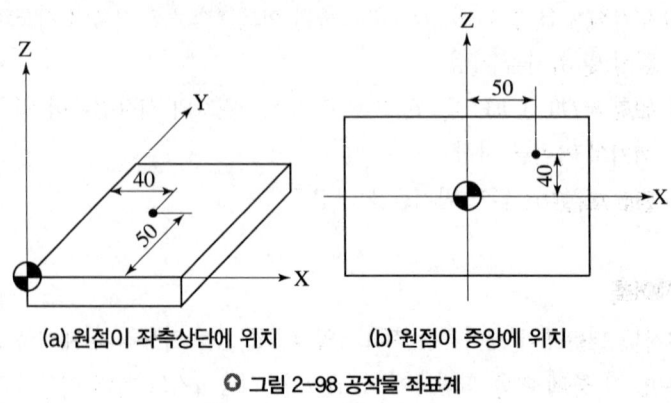

(a) 원점이 좌측상단에 위치   (b) 원점이 중앙에 위치

○ 그림 2-98 공작물 좌표계

2) 좌표계 지령 방법

① G92 : 머시닝 센터 좌표계 설정
② G54-G59 : 공작물 좌표계 설정(공구의 시작점 지정)

[형식] G92 X150. Y100. Z150. ;
G54 X100. Y100. Z150. ; 1번 공작물 좌표계
G55 X150. Y100. Z150. ; 2번 공작물 좌표계

3) 기타 기능

가) 주축기능

주축의 회전속도(rpm)를 지정하는 기능으로 "S" 다음에 4자리 숫자 이내로 지정한다.

예 S1000 – 1000rpm
① 방법 : RPM 일정 제어 – 머시닝 센터에서 사용
 [형식] G97 S1500 M03 ; (1500 RPM으로 정회전)
② 방법 : 주속 일정제어 – 선반에서 사용
 [형식] G96 S150 M03 ; (절삭 속도가 150m/min로 정회전)

나) 공구 기능

공구의 선택기능으로 "T" 다음에 2자리 숫자로 지령하여 일반적으로 공구 매거진에 공구 포트 수만큼 지령할 수 있다.
[형식] T12 M06 ; (12번 공구 교환)

다) 보조기능

기계의 ON/OFF 제어에 사용하는 보조기능은 "M" 다음에 2자리 숫자로 지령한다.
① P/G에 관련된 M-코드 : M00, M01, M02, M30, M98, M99
② 기계적인 M-코드 : 나머지 M-code
③ M-코드는 한 블록에서 1개의 코드만 유효하며 2개 이상 지령 시 뒤에 지령한 M-코드만 유효
④ 조작판상의 기능이 프로그램상의 지령된 M-코드보다 우선
[형식] M02

3 절삭조건 및 가공 방법

(1) CNC 선반 프로그래밍

1) 프로그램의 용어

① 어드레스(Address) : 영문 대문자(A~Z) 중 1개로 표시한다.
② 워드(Word) : 블록을 구성하는 가장 작은 단위가 워드이며 워드는 어드레스와 데이터의 조합으로 구성된다.
예 G 50 X 150.0 Z 200.0 ;
    └── 데이터
    └── 어드레스

③ 블록(Block) : 한 개의 지령단위를 블록이라 하며 각각의 블록은 기계가 한 번의 동작을 한다.

N	G	X Y Z	F	S	T	M	;
전개번호	준비기능	좌표치	이송기능	주축기능	공구기능	보조기능	EOB

2) 어드레스의 기능

기능	어드레스			의미
프로그램번호	O			프로그램 번호
전개번호	N			전개번호
준비기능	G			이동형태(직선, 원호 보간 등)
좌푯값	X	Y	Z	각 축의 이동 위치(절대 방식)
	U	V	W	각 축의 이동거리와 방향(증분 방식)
	I	J	K	원호 중심의 각 축 성분, 모떼기량 등
	R			원호반지름, 코너 R
이송기능	F, E			이송 속도, 나사리드
보조기능	M			기계 작동부위 지령
주축기능	S			주축 속도
공구기능	T			공구번호 및 공구보정번호
휴지	P, U, X			휴지시간(dwell)
프로그램번호 지정	P			보조프로그램 호출번호
전개번호 지정	P, Q			복합반복주기에서 호출, 종료번호
반복 횟수	L			보조프로그램 반복 횟수
매개변수	D, I, K			주기에서의 파라미터

(2) CNC 선반 프로그래밍 구성

1) 주축기능(S)

CNC 선반에서 절삭속도가 공작물의 가공에 미치는 영향은 매우 크다. 절삭속도란 공구와 공작물 사이의 상대속도이므로 일정한 절삭속도는 주축의 회전수를 조절함으로써 가능하다.

$$N = \frac{1,000\,V}{\pi D}[\text{rpm}]$$

여기서, N: 주축회전수(rpm)
V: 절삭속도(m/min)

$$V = \frac{\pi D N}{1,000}[\text{m/min}]$$

여기서, D: 지름(mm)

① 절삭속도 일정제어(G96)

단면이나 테이퍼(taper) 절삭에서는 지름이 절삭과정에 따라 변화하여 절삭속도도 이에 따라 달라지므로 가공면의 표면 거칠기도 나빠진다. 이러한 문제를 해결하기 위하여 지름 값의 차이에 따라 달라지는 절삭속도를 일정하게 유지시켜 주는 기능이 절삭속도 일정제어이며 단이 많은 계단축 가공 및 단면가공에 주로 사용한다.

예 G96 S180 M03 ;

절삭속도가 180[m/min]가 되도록 공작물의 지름에 따라 주축회전수가 변한다. 그리고 G96에서 단면절삭과 같이 공작물의 지름이 작아질 경우 주축의 회전수가 무리하게 높아지는 것을 방지하기 위하여 G50에서 최고회전수를 지령하게 된다.

② 절삭속도 일정제어 취소(G97)

절삭속도 일정제어 취소 기능은 회전수만을 일정하게 제어하는 기능으로 드릴작업, 나사작업, 공작물 지름의 변화가 심하지 않는 공작물을 가공할 때 사용한다.

예 G97 S500 M03 ;

주축은 500[rpm]으로 회전한다.

③ 주축 최고회전수 설정(G50)

G50에서 S로 지정한 수치는 최고회전수를 나타내며 좌표계 설정에서 최고회전수를 지정하게 되면 전체 프로그램을 통하여 주축의 회전수는 최고회전수를 넘지 않게 된다. 또한 G96에서 최고회전수보다 높은 회전수를 요구하더라도 주축에서는 최고회전수로 대체하게 된다.

예 G50 S1800 ;

주축의 최고회전수는 1,800[rpm]이다.

2) 공구 기능(T)

공구의 선택과 공구 보정을 하는 기능으로 어드레스 T로 나타내며 T 기능이라고도 한다. 공구 기능은 T에 연속되는 4자리 숫자로 지령하는데 그 의미는 다음과 같다.

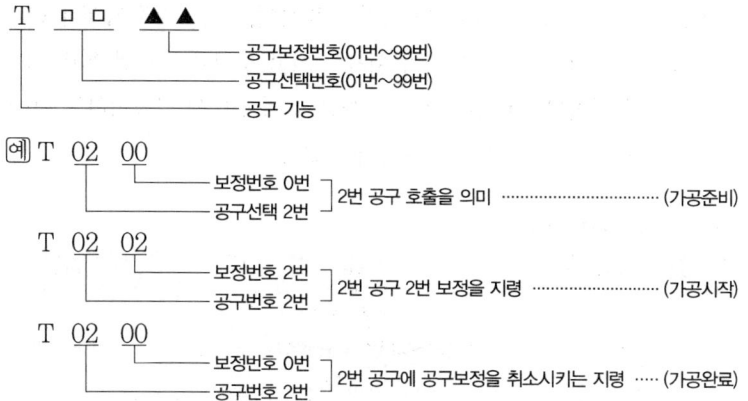

3) 이송 기능(F)

① 공작물에 대하여 공구를 이송시켜주는 기능을 말하며 G98 코드의 분당 이송(mm/min)과 G99 코드의 회전당 이송(mm/rev)으로 지령할 수 있는데 CNC 선반에서는 G99 코드를 사용한 회전당 이송으로 프로그램한다.

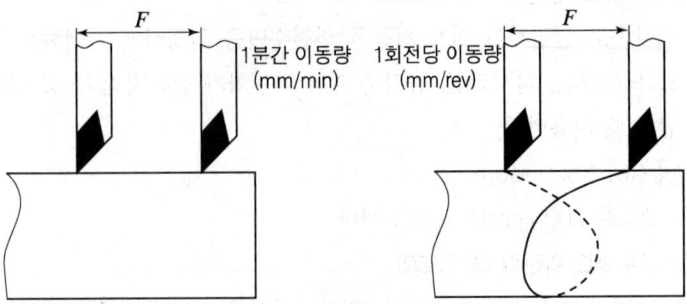

○ 그림 2-99 절삭이송

② NC 공작기계에서 가공물과 공구와의 상대속도를 지정하는 것
③ NC 선반에서는 mm/rev 단위로 쓰며 공구를 주축 1회전당 얼마만큼 이동하는가 하는 것으로 F를 사용한다.

예 G01 X50. F0.1 ;
  ◎ 주축 1회전당 0.1mm씩 이동한다.
  ◎ 지령 범위 : F0.001~F500.

4) 보조 기능(M 기능)

보조 기능은 어드레스(M : miscellaneous function)는 로마자 M 다음에 2자리 숫자(M00~M99)를 붙여 지령하며, CNC 공작기계가 여러 가지 동작을 행할 수 있도록 하기 위하여 서보 모터를 비롯한 여러 가지 보조 장치를 제어하는 ON/OFF의 기능을 수행하며 M 기능이라고 한다. 보조 기능에 대하여는 KS로 규정되어 있다.

○ 표 2-3 M 기능 일람표

M — CODE	기능	비고
M00	Program Stop	프로그램
M01	Optional Program Stop	
M02	Program End	
M03	주축 정회전(CW)	주축회전
M04	주축 역회전(CCW)	
M05	주축 정지	

◎ 표 2-3 M 기능 일람표 (계속)

M — CODE	기능	비고
M08	절삭유 토출	절삭유
M09	절삭유 정지	
M12	Chuck Clamp	척킹 상태
M13	Chuck Unclamp	
M98	보조 프로그램 호출	보조프로그램
M99	보조 프로그램 종료	

① 프로그램 정지(M00) : program stop

프로그램 정지 기능은 자동적으로 기계의 사이클을 정지시킨다. 따라서 가공물을 측정하고 칩을 제거하는 등의 작업을 할 때 사용한다.

② 선택적 프로그램 정지(M01) : optional program stop

프로그램 수행 중 M01에서 정지하는 것은 M00과 동일하지만 M01은 기계조작반의 M01기능을 유효(ON)로 할 것인지 무효(OFF)로 할 것인지는 스위치에 의해서 결정할 수 있다. 즉, 조작반의 스위치를 ON 해야만 M00과 동일한 기능을 가진다. 선택적 프로그램 정지 기능은 공구를 점검하고자 할 때, 또는 절삭량이 많아서 칩을 제거해야 할 때, 공작물을 측정하고자 할 때 사용하지만 보통 공정과 공정 사이에 넣어서 제품의 상태를 점검하기 위하여 많이 사용한다.

③ 프로그램 끝(M02) : end of program

프로그램의 끝을 나타내는 기능으로서 요즈음 생산되는 CNC 선반에서는 M02가 프로그램의 끝을 나타냄과 동시에 프로그램의 첫머리로 커서(cursor)를 되돌리는 기능도 있다.

5) 준비 기능(G 기능)

준비 기능(G : preparation function)은 로마자 G 다음에 2자리 숫자(G00~G99)를 붙여 지령하며, 제어장치의 기능을 동작하기 위한 준비를 하기 때문에 준비기능(G코드)이라 하며 다음의 2가지로 구분한다.

구분	의미	구별
1회 유효 G 코드 (one shot G-code)	지령된 블록에 한해서 유효한 기능	"00" 그룹
연속 유효 G 코드 (modal G-code)	동일 그룹의 다른 G-code가 나올 때까지 유효한 기능	"00" 이외의 그룹

○ 표 2-4 G기능 일람표

G – CODE	기능	비고
G00	급속 위치결정(급속 이송)	위치 결정
G01	직선 보간(직선절삭)	절삭 기능
G02	원호 보간 CW(시계 방향)	
G03	원호 보간 CCW(반시계 방향)	
G04	휴지 · 드웰(DWELL)	잠시 정지
G28	자동 원점복귀(제1 원점)	원점 복귀
G30	제2 원점복귀	
G40	인선 R보정 취소	인선 보정
G41	인선 R보정 좌측	
G42	인선 R보정 우측	
G50	좌표계 설정, 주축최고 회전수 설정	좌표계 설정
G70	정삭 가공 사이클	복합형 고정 사이클
G71	내 · 외경 황삭 가공 사이클	
G72	단면가공 사이클	
G73	유형 반복가공 사이클	
G74	단면 홈가공 사이클(드릴 가공 사이클)	
G75	내 · 외경 홈가공 사이클	
G76	자동 나사가공 사이클	
G90	내 · 외경 절삭 사이클	단일형 고정 사이클
G92	나사 절삭 사이클	
G94	단면 절삭 사이클	
G96	주속 일정제어 ON(m/min)	주축 속도
G97	주속 일정제어 OFF(rpm)	
G98	분당 이송(mm/min)	이송 속도
G99	회전당 이송(mm/rev)	

[One Shot G 코드 & Modal G 코드 사용법의 예]

G01 X50. F0.1 ;   N01
Z50. ;   N02
X100. Z100. ;   N03
G00 X150. ;   N04

※ N01~N03 ⇒ 이 블록은 G01 유효
　 N04 ⇒ G00만 유효

6) G00(급속 이송) G01(직선 절삭)을 이용한 계단가공

① G00(급속 이송)

공작물에 지령된 수치만큼 공구위치만 결정되는 지령(절대, 증분, 혼용 지령 가능)이다.

[사용되는 예]
㉠ 공구가 공작물을 가공하기 위해 공작물에 접근 시
㉡ 일차가공 후 다음 점으로 이동할 때
㉢ 가공이 끝나고 공구를 교환하기 위해 시작점으로 되돌아 갈 때
㉣ 가공이 완료되었을 때

G00 X (U)　Z (W) ;

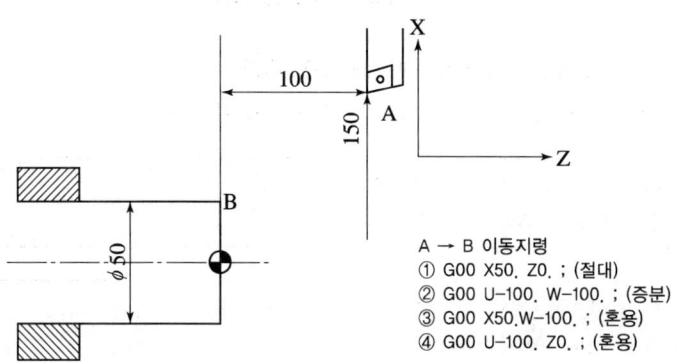

● 그림 2-100 급속 이송

> 참고　용어설명
> • 절대 지령 : 공작물 원점에서 이동하고자 하는 위치
> • 증분 지령 : 현재 위치에서 이동하고자 하는 지령까지의 X축 방향 Z축 방향의 거리

② G01(직선 보간)
공구를 지령한 이송 속도로 현재의 위치에서 지령한 위치로 직선 이동시키는 것으로 실제 가공을 하는 기능이다.

G01 X (U)　Z (W)　F ;

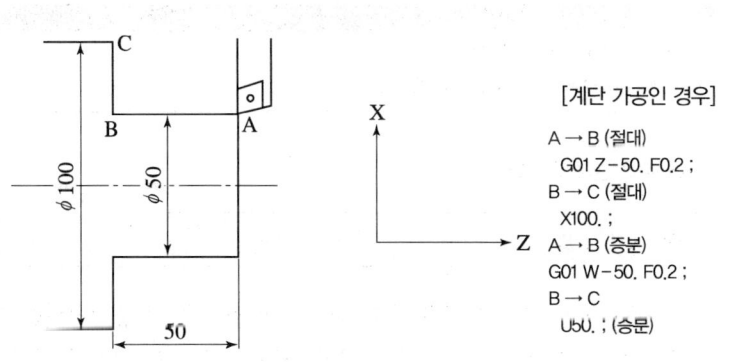

● 그림 2-101 직선 보간

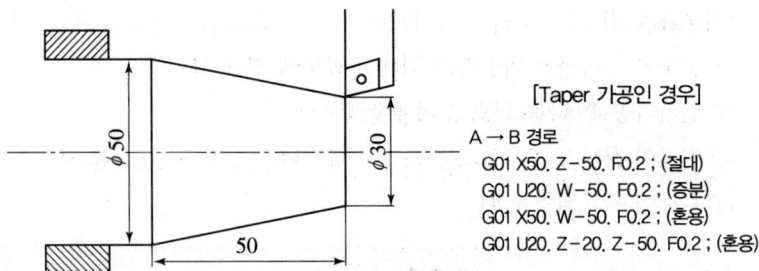

○ 그림 2-102 테이퍼 가공

③ 원호 보간(circular interpolation : G02 G03)

다음의 지령에 의해 공구가 원호 가공을 할 수 있다.

```
G02 X(U)   Z(W)   I   K   F   ;
G02 X(U)   Z(W)   R   F   ;
```

```
G03 X(U)   Z(W)   I   K   F   ;
G03 X(U)   Z(W)   R   F   ;
```

○ 표 2-5 원호 보간 좌표어 일람표

조건		지령	의미	
			오른손좌표계	왼손좌표계
1	회전 방향	G02	시계 방향(CW)	반시계 방향(CCW)
		G03	반시계 방향(CCW)	시계 방향(CW)
2	끝점의 위치	X, Z	좌표계에서 끝점의 위치 X, Z	
	끝점까지의 거리	U, W	시작점에서 끝점까지의 거리	
3	시작점에서 중심까지의 거리	I, K	시작점에서 중심까지의 거리(I는 항상 반경지정)	
	원호 반경(선택 기능)	R	원호의 반경(180° 이하의 원호)	

참고 용어설명
- CW : Clock wise(시계 방향)
- CCW : Counter clock wise(반시계 방향)

④ G04 기능(휴지 : Dwell)

```
G04  X (U, P) ;
```

㉠ 프로그램에 지정된 시간 동안 공구의 이송을 잠시 중지시키는 기능 (적용 : 드릴 가공, 홈가공, 모서리 다듬질 가공 시 양호한 가공면을 얻기 위해 사용)

ⓒ 단위는 X, U, P,를 사용하는데 X, U는 소수점을 P는 0.001 단위를 사용

예 G04 X1.5 G04 U1.5   G04 P1500)

$$정지시간(SEC) = \frac{60}{스핀들(주축) 주축 회전수(rpm)} \times 일시정지 회전수$$

7) 사이클 가공

CNC 선반 가공에서 거친 절삭(황삭 가공) 또는 나사 절삭 등은 1회의 절삭으로 불가능하므로 여러 번 반복 동작을 해야 한다. 사이클 가공은 이러한 반복되는 동작의 프로그램을 한 블록 또는 두 블록으로 프로그램을 간단히 할 수 있도록 만든 G-코드를 말한다. 사이클에는 변경된 수치만 반복하여 지령하는 단일형 고정 사이클(canne dcycle)과 한 개의 블록으로 지령하는 복합형 반복 사이클(multiple repeative cycle)이 있다.

① 안, 바깥지름 절삭 사이클 (G90) : 단일 고정 사이클

```
G90 X(U)____ Z(W)____ F____ ; (직선절삭)
G90 X(U)____ Z(W)____ I(R)____ F____ ; (테이퍼절삭)
```

여기서, X(U)___ Z(W)___ : 절삭의 끝점 좌표
I(R)___ : 테이퍼의 경우 절삭의 끝점과 절삭의 시작점의 상대 좌푯값, 반지름 지령(I=11T에 적용, R=0T에 적용)
F : 이송 속도

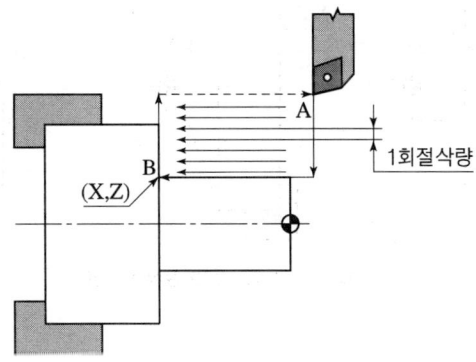

○ 그림 2-103 직선 절삭 사이클

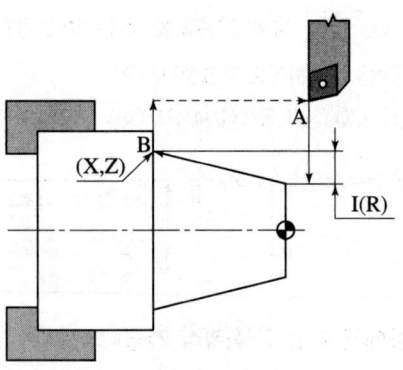

○ 그림 2-104 테이퍼절삭 사이클

② 단면 절삭 사이클(G94) : 단일 고정 사이클
주로 직경이 길고 길이가 짧은 공작물 가공에 적합한 가공 방법

```
G94 X(U)____ Z(W)____ : (평행 절삭)
G94 X(U)____ Z(W)____ : (테이퍼 절삭)
```

여기서, X(U)____ Z(W)____ : 절삭의 끝점 좌표
K(R)____ : 테이퍼의 경우 절삭의 끝점과 절삭의 시작점의 상대 좌푯값(K=11T에 적용, R=0T에 적용)

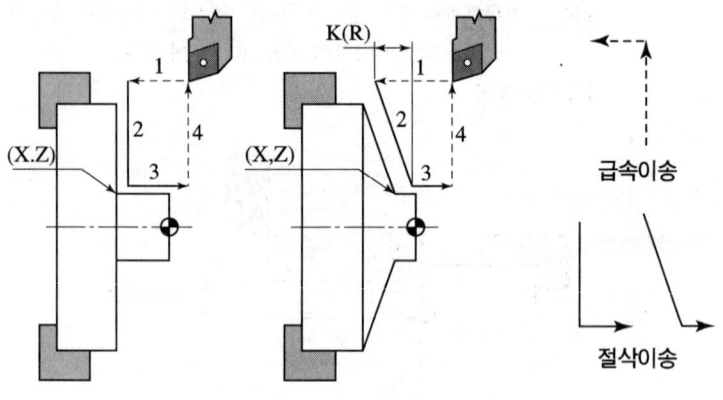

○ 그림 2-105 단면 절삭 사이클

(예제)
G94 고정 사이클을 이용하여 프로그램하시오.

G50 X150.0 Z100.0 S1800 T0100 ;
G96 S150 M03 ;
G00 X83.0 Z2.0 T0101 ;
G94 X20.0 Z-3.0 F0.2 ;
   Z-6.0 ;
   Z-9.0 ;
   Z-12.0 ;
   Z-15.0 ;
   Z-18.0 ;
   Z-20.0 ;
G00 X150.0 Z100.0 T0100 ;
M05 ;
M02 ;
M30 ;

③ 안, 바깥지름 거친 절삭 사이클(G71) : 복합 반복 사이클
  ㉠ 적용 기계 : FANUC 0T

> G71 U(Δd') R(e) ;
> G71 P(ns) Q(nf) U(Δu) W(Δw) F(f) S(s) T(t) ;

여기서, U(Δd') : 1회 가공 깊이(절삭 깊이)-(반지름 지령, 소수점 지령 가능)
     R(e) : 도피량(절삭 후 간섭없이 공구가 빠지기 위한 양)
     P(ns) : 다듬 절삭 가공 지령절의 첫 번째 전개번호
     Q(nf') : 다듬 절삭 가공 지령절의 마지막 전개번호
     U(ΔU) : X축 방향 다듬 절삭 여유(지름 지령)
     W(ΔW) : Z축 방향 다듬 절삭 여유
     F, S, T : 거친 절삭 가공 시 이송 속도, 주축 속도, 공구 선택. 즉, P와 Q
             사이의 데이터는 무시되고 G71 블록에서 지령된 데이터가 유효

ⓛ 적용 기계 : FANUC 11T

> G71 P(ns) Q(nf) U(Δu) W(Δw) D(Δd) F(f) S(s) T(t) ;

여기서, P(ns) : 다듬 절삭 가공 지령절의 첫 번째 전개번호
Q(nf) : 다듬 절삭 가공 지령적의 마지막 전개번호
U(Δu) : X축 방향 다듬 절삭 여유-(지름 지령)
W(Δw) : Z축 방향 다듬 절삭 여유
D(Δd) : 1회 가공 깊이(절삭 깊이)-(반지름 지령, 소수점 지령 불가)
F, S, T : 거친 절삭 가공 시 이송 속도, 주축 속도, 공구 선택 즉, P와 Q 사이의 데이터는 무시되고 G71 블록에서 지령된 데이터가 유효

안, 바깥지름 거친 절삭 사이클(G71) 가공은 아래의 그림과 같은 형식의 제품가공에 적합하며 G71 이전에 미리 G00(급속 이송)으로 그림의 A 위치에 갖다놓은 후 G71 사이클을 사용하고 이때 전개번호의 첫 번째 번호 P와 전개번호 마지막 번호 Q를 사용하는데, 이때 P는 G71 사이클을 이용한 절삭가공 시작 위치이고, Q는 G71 사이클을 이용한 절삭가공 마지막 위치가 된다.

이는 "[G00 A] → [G71 사이클] → [시작 위치 P] → [끝 위치 Q]"의 형식으로 프로그램에 적용하면 되는데 그림에서 빗금친 부분과 같은 형식을 띠고 있어야 한다. (거친 절삭=황삭작업이라고도 하며 마무리작업(정삭 작업)이 필요하다.)

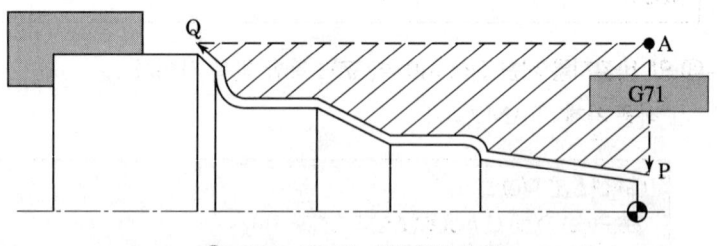

○ 그림 2-106 내·외경 황삭 사이클

```
G00 A ;    G71 사이클 시작 위치
G71 U4.0 R0.5 ;
G71 P10 Q100 U0.4 W0.2 F0.2 ; N10에서 N100까지를 사이클 가공함
N10 G00 P ;      P는 G71사이클을 이용한 절삭가공 시작 위치
    :            (이때 Z값이 있으면 알람이 발생함)
    :
    :
N100 Q ;    Q는 G71 사이클을 이용한 절삭가공 마지막 위치
```

④ 다듬 절삭 사이클(G70) : 복합 반복 사이클

```
G70 P(ns) Q(nf) ;
```

여기서, P(ns) : 다듬 절삭 가공 지령절의 첫 번째 전개번호
Q(nf) : 다듬 절삭 가공 지령절의 마지막 전개번호

G71, G72, G73 사이클로 황삭 작업 후 정삭 작업을 하기 위해서 정삭 여유를 주는데, 이때 G70 사이클로 다듬 절삭(정삭 작업)을 한다.
G70에서의 F, S, T는 G71, G72, G73에서 지령된 것은 무시되고 전개번호 ns와 Nf 사이에서 지령된 값이 유효하다. G70의 사이클이 완료되면 공구는 급속이동으로 시작점으로 오고 G70의 다음 블록을 받아들인다.
이러한 G70, G71, G73의 복합 반복 사이클에서는 ns와 nf사이에 보조 프로그램의 호출이 불가능하며, 거친 절삭에 의해 기억된 어드레스는 G70을 실행한 후 소멸된다.

⑤ 단면 거친 절삭 사이클(G72) : 복합 반복 사이클

```
G72 P(ns) Q(nf) U(Δu) W(Δw) D(Δd) F(f) S(s) T(t) ;
```

여기서, P(ns) : 다듬 절삭 가공 지령절의 첫 번째 전개번호
Q(nf) : 다듬 절삭 가공 지령적의 마지막 전개번호
U(Δu) : X축 방향 다듬 절삭 여유-(지름 지령)
W(Δw) : Z축 방향 다듬 절삭 여유
D(Δd) : 1회 가공 깊이(절삭 깊이)
(반지름 지령, 소숫점 지령 불가)

8) 나사 가공

① 나사 절삭 코드(G32)

```
G32 X(U)___ Z(W)___ (Q___) F___ ;
```

여기서, X(U)___ Z(W)___ : 나사 절삭의 끝지점 좌표
Q : 다줄 나사 가공 시 절입 각도(1줄 나사의 경우 Q0이므로 생략)
F : 나사의 리드(lead)
(F 대신 E를 사용할 때 인치계 나사의 경우, 인치로 되어 있는 피치를 밀리미터(mm)로 바꾸어 입력해야 한다.)

G32 지령으로 가공할 수 있는 나사는 평행 나사, 테이퍼 나사, 다줄 나사, 정면(Scroll) 나사 등이다.

나사의 피치 불량을 방지하기 위하여 주축 위치 검출기(Position coder)에서 1회전 신호를 검출하여 나사 절삭이 진행되므로 공구가 반복되어도 동일한 점에서 시작된다. 나사가공을 할 때에는 주축의 회전수가 변하면 올바른 나사를 가공할 수 없으므로 주축 회전수 일정제어(G97)로 지령하고, 이송 속도 조절 오버라이드는 100%로 고정(변경하지 않는다)하여야 한다. 또한, 나사가공 중에는 나사의 불량방지를 위하여 이송정지 기능이 무효화된다. 그러므로 나사가공 중에 이송정지 버튼을 누르면 그 블록의 나사가공이 완료된 후에 정지한다.

② 단일고정형 나사 절삭 사이클(G92)

㉠ 평행 나사

```
G92 X(U)___ Z(W)___ F___
```

㉡ 테이퍼 나사

```
G92 X(U)___ Z(W)___ I___ F___ ; (FANUC 11T의 경우)
G92 X(U)___ Z(W)___ R___ F___ ; (FANUC 0T의 경우)
```

여기서, X(U) : 절삭 시 나사 끝지점 X좌표(지름 지령)
      Z(W) : 절삭 시 나사 끝지점의 Z좌표
      F : 나사의 리드(lead)
      I or R : 테이퍼 나사 절삭 시 나사 끝지점(X좌표)과 나사 시작(X좌표)의 거리(반지름 지령)와 방향(I-__ , R-__ 는 외경나사, I__ , R__ 는 내경나사)

③ 복합고정형 나사 절삭 사이클(G76)

㉠ 적용 기계 : FANUC 0T

```
G76 P(m)___ (r)___ (a)___ Q(Δd min)___ R(d)___ ;
G76 X(U)___ Z(W)___ P(k)___ Q(Δd)___ R(i)___ F___ ;
```

여기서, p(m) : 다듬질 횟수(01~99까지 입력 가능)
      (r) : 면취량(0o~99까지 입력 가능)
      (a) : 나사의 각도
      C(Δdmm) : 최소 절입 깊이
      R(d) : 다듬절차 여유
      X(U), Z(W) : 나사 끝지점 좌표
      P(k) : 나사산 높이(반지름 지령)
      Q(Δd) : 첫 번째 절입 깊이(반지름 지령) – 소수점 사용 불가
      R(i) : 테이퍼 나사에서 나사 끝지점 X값과 나사 시작점 X값의 거리(반지름 지령) – I=0이면 평행 나사이며, 생략할 수 있다.
      F : 나사의 리드

ⓛ 적용 기계 : FANUC 11T

```
G76 X(U)__ Z(W)__ I__ K__ D__ (R__)F__ A__ P__ ;
```

여기서, X(U) Z(W) : 나사 끝지점 좌표
　　　　I : 나사 절삭 시 나사 끝지점 X값과 나사 시작점 X값의 거리(반지름 지령) − I=0이면 평행나사이며 생략할 수 있다.
　　　　K : 나사산 높이(반지름 지령)
　　　　D : 첫 번째 절입 깊이(반지름 지령) − 소수점 사용 불가
　　　　F : 나사의 리드
　　　　A : 나사의 각도
　　　　P : 절삭방법(생략하면 절삭량 일정, 한쪽 날 가공을 수행)
　　　　R : 면취량

④ 유형 반복 사이클(G73) : 복합 반복 사이클
　㉠ 적용 기계 : FANUC 0T

```
G73 U(Δd') W(Δw') R(e) ;
G73 P(ns) Q(nf) U(Δu) W(Δw) F(f) S(s) T(t) ;
```

여기서, U(Δd') : X축 거친 절삭 가공량(도피량)
　　　　W(Δw') : Z축 거친 절삭 가공량(도피량)
　　　　R(e) : 분할 횟수(거친 절삭 횟수)
　　　　P(ns) : 다듬 절삭 가공 지령절의 첫 번째 전개번호
　　　　Q(nf) : 다듬 절삭 가공 지령절의 마지막 전개번호
　　　　U(Δu) : X축 방향 다듬 절삭 여유(지름 지령)
　　　　W(ΔW) : Z축 방향 다듬 절삭 여유
　　　　F, S, T : 거친 절삭 가공 시 이송 속도, 주축 속도, 공구 선택

　ⓛ 적용 기계 : FANUC 11T

```
G73 P(ns) Q(nf) I(i) K(k) U(Δu) W(Δw) D(Δd) F(f) S(s) T(t) ;
```

여기서, P(ns) : 다듬 절삭 가공 지령절의 첫 번째 전개번호
　　　　Q(nf) : 다듬 절삭 가공 지령절의 마지막 전개번호
　　　　I(i) : X축 거친 절삭 가공량(도피량) : 반지름 지령
　　　　K(k) : Z축 거친 절삭 가공량(도피량)
　　　　U(Δu) : X축 방향 다듬 절삭 여유(지름 지령)
　　　　W(Δw) : Z축 방향 다듬 절삭 여유
　　　　D(Δd) : 분할 횟수(거친 절삭 횟수)
　　　　F, S, T : 거친 절삭 가공 시 이송 속도, 주축 속도, 공구 선택

G73은 단조나 주조 제품처럼 가공 여유가 포함되어 있으며 일정한 형태를 가지고 있는 부품의 가공에 효과적이다. G73에서 I, K는 단조나 주조에서 가공 여유로 남겨 놓은 치수에서 절삭가공의 다듬 절삭 여유를 제외한 치수를 의미한다.
참고로 환봉 형태의 소재 가공에는 불필요한 시간이 많이 소요되므로 적당하지 않다.

9) 가상인선

실제로 존재하지 않는 점이나 공구상의 기준점을 정해 프로그램 통로를 통과하는 가상점으로 CNC 선반에서 가공할 경우 프로그램 경로를 따라가는 공구의 기준점을 설정해야 한다. 이 기준점을 공구인선의 중심에 일치시키는 것은 매우 어려우므로 그림과 같이 인선 반지름이 없는 것으로 가상하여 가상인선을 정해 놓고 이 점을 기준점으로 나타낸 것을 가상인선이라 한다.

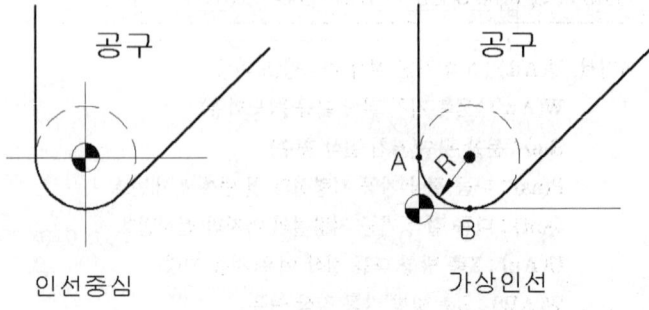

○ 그림 2-107 공구의 가상인선과 인선중심

10) 공구인선 반지름 보정

[인선 반지름 보정 명령 방법]

```
G41 (G00, G01) X(U) Z(W) ; 좌보정
G42 (G00, G01) X(U) Z(W) ; 우보정
G40 (G00, G01) X(U) Z(W) I K ; 취소
```

프로그램을 작성할 때 공구인선이 프로그램경로의 어느 쪽에 접하여 이동하는가를 지정하여 주어야 하는데, 준비기능 G41, G42(그림 참조)로 지령하며 터이퍼 절삭이나 원호 절삭 시 반드시 지령하여야 한다.

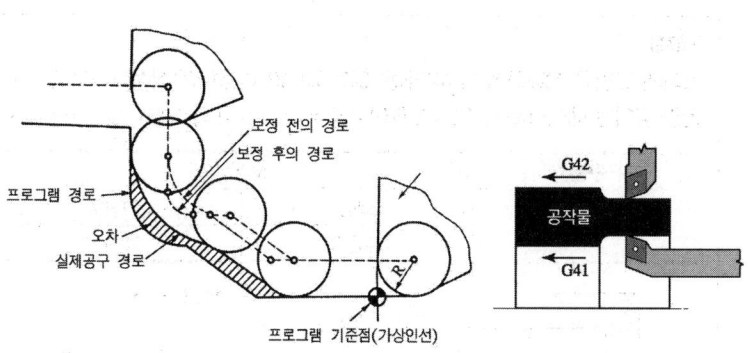

● 그림 2-108 공구인선 반지름 보정

(예제)
아래와 같은 도면을 공구보정과 취소하는 기능을 포함한 프로그램을 작성하시오.

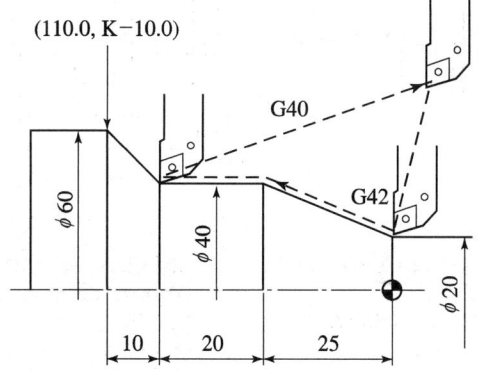

G50 X150.0 Z100.0 S2000 ;
G96 S150 M03 T0300 ;
G00 G42 X20.0 Z0.0 T0303 ;
G01 X40.0 Z-25.0 F0.2 ;
W-20.0 ;
G00 G40 X150.0 Z100.0 I10.0 K-10.0 ;
T0300 M05 ;
M02 ;

(예제)
아래의 도면을 참조하여 나사가공용 G76 코드를 이용하여 작성하시오. 단, 매회 절입 깊이는 데이터를 참조한다. (T01=황삭, T03=정삭, T05=홈, T07=나사)

구분	M28×2.5	
수나사	외경	27.968
	유효경	25.994

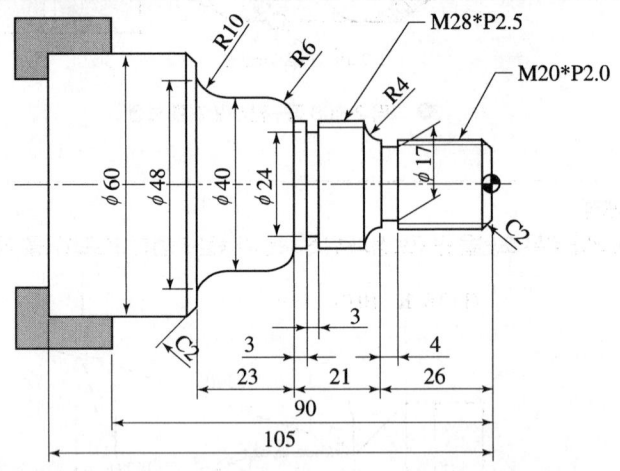

```
O2012
G50 X150.0 Z100.0 S1800 T0100 ;
G96 S160 M03 ;
G00 X64.0 Z0.0 T0101 M08 ;
G01 X-1.0 F0.15 ;
G00 X64.0 Z1.0 ;
G71 U2.0 R0.5 ;
G71 P100 Q200 U0.4 W0.2 F0.2 ;
N100 G00 X16.0 ;
G01 Z0.0 ;
X20.0 Z-2.0 ;
 Z-26.0 ;
G02 X28.0 Z-30.0 R4.0 F0.07 ;
G01 Z-47.0 ;
 X28.0 ;
G03 X40.0 Z-53.0 R6.0 ;
G01 Z-60.0 ;
G02 X48.0 Z-70.0 R10.0 ;
G01 X56.0 ;
N200 X60.0 Z-72.0 ;
G00 X150.0 Z100.0 T0100 M09 ;
G50 X150.0 Z100.0S1800 T0300 ;
G96 S180 M03 ;
G00 X64.0 Z1.0 T0303 M08 ;
G70 P100 Q200 ;
G00 X150.0 Z100.0 T0300 M09 ;
T0500 ;
G97 S850 M03 ;
G00 X32.0 Z-44.0 T0505 M08 ;
G01 X24.0 F0.15 ;
G04 P140 ;
G00 X32.0 ;
 Z-26.0 ;
 X24.0 ;
G01 X17.0 ;
G04 P140 ;
G01 X24.0 ;
G00 Z-25.0 ;
G01 X17.0 ;
G04 P140 ;
G00 X30.0 ;
X150.0 Z100.0 T0500 M09 ;
G50 X150.0 Z100.0 T0700 ;
G97 S700 M03 ;
G00 X30.0 Z-28.0 T0707 M08 ;
G76 P010060 Q50 R30 ;
G76 X25.02 Z-42.0 P1490 Q400 F2.5 ;
G00 X22.0 Z2.0 ;
G76 P010060 Q50 R30 ;
G76 X27.62 Z-24.0 P1190 Q350 F2.0 ;
G00 X150.0 Z100.0 T0700 M09 ;
M05 ;
M02 ;
M30 ;
```

(3) 머시닝 센터 프로그램 작성

1) 보간 기능

① 급속 이송 위치 기능(G00)

공구를 현재의 위치에서 지령된 위치(종점)까지 급속 이송 속도로 이동시킨다. 급송 이송 속도는 파라미터에 설정되어 있으며 센트롤 시스템에서는 RT0, RT1, RT2 3개 중에서 하나를 선택한다. (파라미터 1500~1502)

$$G00 \begin{cases} G90 \\ X\_Y\_Z\_; \\ G91 \end{cases}$$

② 직선 가공(G01)

지령된 종점으로 F의 이송 속도에 따라 직선으로 가공한다.

$$G01 \begin{cases} G90 \\ X\_Y\_Z\_F\_; \\ G91 \end{cases}$$

여기서, X, Y, Z : X, Y, Z 축 가공 종점의 좌표
F : 이송 속도(mm/min)

2) 절대, 증분 지령

① 절대 지령(G90)

절대 지령방식은 미리 설정된 좌표계 내에서 종점의 좌표 위치를 지령한다. 사용하는 워드(Word)는 G90이며, 종점의 좌표 위치가 좌표계 원점을 기준으로 해서 양(+)의 방향이면 '+'를, 음(-)의 방향이면 '-'를 붙여 지령한다.

② 증분 지령(G91)

증분 지령방식은 이동 시작점(공구의 현위치)에서 종점(지령 위치)까지의 이동량과 이동 방향을 지령한다. 지령 워드는 G91이고, 공구의 이동 방향이 X축상에서 오른쪽으로 이동하였을 경우는 X값은 '+', Y축 상에서 위로 이동하였을 경우 Y값은 '+'가 되고, 반대로 이동하였을 경우는 X, Y값 모두 '-'가 된다.

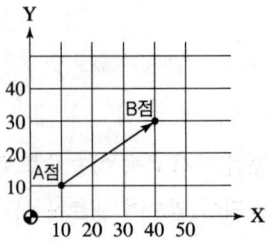

○ 그림 2-109 절대 지령과 증분 지령

3) G01을 이용한 면취 가공 및 코너 R 가공

교차하는 두 직선 사이에 면취(Chamfering)나 코너(Corner) R 가공을 한 블록으로 간단히 지령할 수 있는 기능이다.

직선 가공 지령 형식의 끝에 C___를 지령하면 면취 가공 명령이 되고, R___을 지령하면 코너 R 가공 명령이 된다.

```
            G90       C____
지령형식:   G01       X____ Y____      F___ ;
            G91       R____
```

① 지령 워드의 의미

  ㉠ X, Y : 면취나 코너 R 가공이 X, Y, Z의 3축에 걸리는 경우는 차원 높은 어려운 가공에 속한다. 따라서 평면 선택 기능에 따른 기본 2축을 선택하며, 보통의 경우는 G17 평면에서 X, Y 좌표이다. 여기서 좌푯값(수치)은 면취나 라운드 가공이 없을 때 두 직선의 가상 교점의 좌표이다.

  ㉡ C, R : 면취 C 다음에 이어지는 숫자는 가상 교점에서 면취 개시점 및 종료점까지의 거리이고, 라운드 R 다음의 숫자는 반경 값을 지령한다.

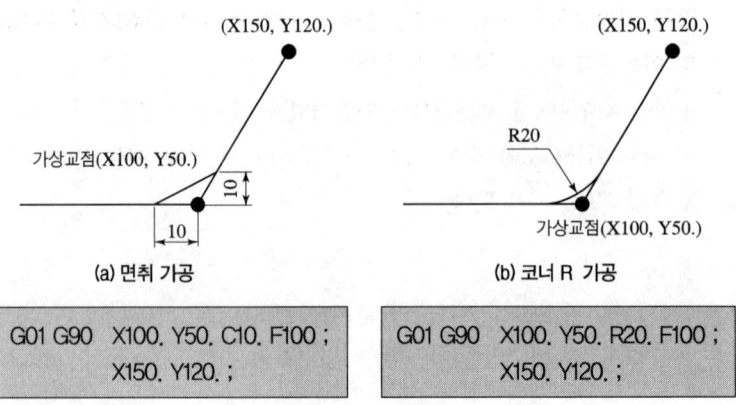

○ 그림 2-110 면취나 코너R 가공 지령 예

4) 원호 가공하기

지령된 시점에서 종점까지 반경 R 크기로 시계 방향(G02), 반시계 방향(G03)으로 원호 가공을 한다.

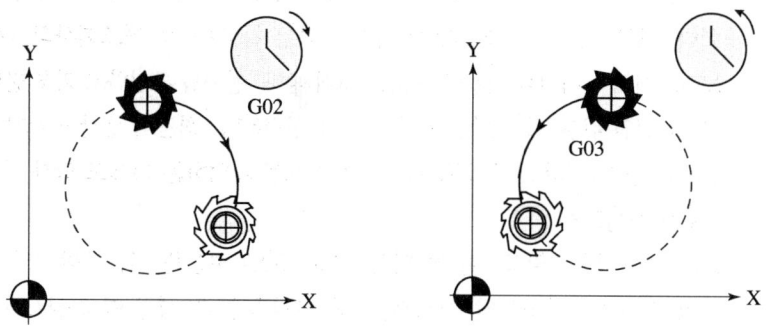

○ 그림 2-111 원호 가공

① 지령 방법

G17	G02	G90	X_ Y_ I_ J_
G18	G03	G91	Z_ X_ I_ K_ F_ ;
G19			Y_ Z_ J_ K_

② 원호 보간

원호 보간에서 I, J, K의 어드레스는 X축 방향의 값을 I로, Y축 방향을 J로, Z축 방향을 K로 지령한다. 또한 I, J, K의 부호는 시점에서 원호의 중심이 (+)방향인가 (-)방향인가에 따라 결정하며, 값은 원호 시점에서 원호 중심까지의 거리 값이다.

[A점에서 B점으로 가공하는 프로그램 예(그림 2-112 참조)]

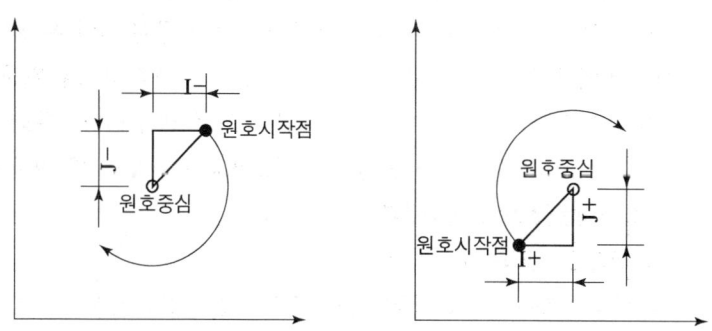

○ 그림 2-112 원호 보간 지령

5) 원점복귀

① 기계 원점(Reference Point)복귀

기계 원점이란 기계상에 고정된 임의의 지점이고, 간단한 조작으로 쉽게 이 지점에 복귀시킬 수 있으며 기계제작시 기계 제조회사에서 위치를 설정한다. 프로그램 및 기계조작 시 기준이 되는 위치이므로 제조회사의 A/S Man, 이외는 위치를 변경하지 않는 것이 좋다. 전원을 투입하고 최초 한번은 기계 원점복귀를 해야만 기계 좌표가 성립된다. 최근에 생산되는 기계는 전원을 차단해도 기계 좌표와 절대 좌표를 기억하는 기계도 있다.

② 수동 원점복귀

모드 스위치를 "원점복귀"에 위치시키고 JOG 버튼을 이용하여 각축을 기계 원점으로 복귀시킬 수 있다. 보통 전원 투입 후 제일 먼저 실시하며 비상정지 스위치(Emergency Stop Switch)를 눌렀을 때도(ON, OFF) 후에도 마찬가지로 기계 원점복귀를 해야 한다.

③ 자동 원점복귀(G28)

모드 스위치를 "자동" 혹은 "반자동"에 위치시키고 G28을 이용하여 각 축을 기계 원점까지 복귀시킬 수 있다 급속 이송으로 중간점을 경유 기계 원점까지 자동 복귀한다. 단, Machine Lock 스위치 ON 상태에서는 기계 원점복귀를 할 수 없다.

㉠ 지령 방법

```
G28 { G90
      G91   X_ Y_ Z_ ;
```

㉡ 지령 워드의 의미

X, Y, Z : 기계 원점복귀를 하고자 하는 축을 지령하며, 어드레스 뒤에 지령된 Data는 중간점의 좌표가 된다. G91지령(증분 지령)은 현재 위치에서 이동거리이고 G90 지령(절대 지령)은 공작물 좌표계 원점으로부터의 위치이므로 절대 지령의 방식은 주의를 해야 한다. (G28 G90 X0. Y0. Z0. ; 를 지정하면 공작물 좌표계의 X0. Y0. Z0.까지 이동하고 기계 원점으로 복귀한다.)

④ 원점복귀 Check(G27)

기계 원점에 복귀하도록 작성된 프로그램이 정확하게 기계 원점에 복귀했는지를 Check하는 기능이다. 지령된 위치가 원점이 되면 원점복귀 Lamp가 점등하고 지령된 위치가 원점 위치에 있지 않으면 알람이 발생된다.

㉠ 지령 방법

$$G27 \begin{cases} G90 \\ G91 \end{cases} X\_ Y\_ Z\_ ;$$

㉡ 지령 워드의 의미

X, Y, Z : 원점복귀를 하고자 하는 축을 지령하면 어드레스 뒤에 지령된 Data는 중간점의 좌표가 된다. G91 지령(증분 지령)은 현재 위치에서 이동거리이고 G90 지령(절대 지령)은 공작물 좌표계 원점에서의 위치이므로 절대 지령의 방식은 주의를 해야 한다.

⑤ 원점으로부터 자동복귀(G29)

일반적으로 G28 또는 G30 다음에 사용한다.

㉠ 지령 방법

$$G29 \begin{cases} G90 \\ G91 \end{cases} X\_ Y\_ Z\_ ;$$

㉡ 지령 워드의 의미

X, Y, Z : G28 또는 G30에서 지령했던 중간점을 기억했다가 그 중간점을 경유한 후 지령된 X, Y, Z좌표 점으로 이송

⑥ 제2, 제3, 제4 원점복귀(G30)

중간점을 경유하여 파라미터에 설정된 제2 원점의 위치로 급속 속도로 복귀한다.

㉠ 지령 방법

$$G30 \begin{cases} G90 \\ G91 \end{cases} X\_ Y\_ Z\_ ;$$

㉡ 지령 워드의 의미

- P2, P3, P4 : 제2, 3, 4원점을 선택하고 P를 생략하면 제2원점이 선택된다.
- X, Y, Z : 원점복귀를 하고자 하는 축을 지령하며, 어드레스 뒤에 지령된 Data는 중간점의 좌표가 된다. G91 지령(증분 지령)은 현재 위치에서 이동거리이고 G90 지령(절대 지령)은 공작물 좌표계 원점에서의 위치이므로 절대 지령의 방식은 주의해야 한다.

6) 좌표계 설정

① 공작물 좌표계 설정(G92)

프로그램 작성 시 도면이나 제품의 기준점을 설정하여 그 기준점으로부터 가공 위치를 지령함으로써 간단하게 프로그램을 작성할 뿐 아니라 실수를 줄일 수 있다. 그러나 공작물의 기준점이 어느 위치에 있는지 NC 기계는 모르고 있으므로 이 기준점을 NC 기계에 알려주는 기능이 G92이며 이 작업을 공작물 좌표계 설정이라 한다.

㉠ 지령 방법

```
G92 G90 X_ Y_ Z_ ;
```

㉡ 지령 워드의 의미

X, Y, Z : 설정하고자 하는 절대 좌표계(공작물 좌표계)의 현재 위치

② 공작물 좌표계 선택(G54~G59)

이미 설정된 공작물 좌표계(워크보정 화면에 입력한다.)를 선택할 수 있다. 워크 보정 화면에 입력하는 값은 기계 원점에서 공작물 좌표계 원점까지의 거리를 입력한다.

㉠ 지령 방법

㉡ 지령 워드의 의미

X, Y, Z : 절대 좌표계(공작물 좌표계)의 위치

㉢ 공작물 좌표계 설정 기능과 공작물 좌표계 선택 기능의 프로그램 비교, 생산성을 향상하기 위하여 테이블 위에 같은 공작물(다른 종류의 공작물도 가능)을 여러 개 동시에 고정하여 가공할 경우 아래 셋업 값으로 G92 기능과 G54~G59 기능을 이용한 프로그램을 비교한다.

㉣ 수평형 머시닝 센터의 공작물 좌표계 선택 : 수평형 머시닝 센터(Horizontal Machining Center)에서 회전테이블 위에 설치된 공작물을 회전시키면서 공작물을 가공한다. 이때 공구 전면의 공작물 가공면을 G54~G59 기능을 사용하여 프로그램을 작성하고, 각각의 가공면에 대하여 공작물 좌표계를 설정한다.

③ 로컬(Local) 좌표계 설정(G52)

프로그램을 쉽게 작성하기 위하여 이미 설정된 공작물 좌표계에서 임의의 지점에 로컬 좌표계를 설정할 수 있다.

임의의 지점에 원점을 설정하여 원래의 원점에서 좌푯값을 계산하는 번거로움 없이 쉽게 프로그램을 작성할 수 있다.

㉠ 지령 방법

```
G52 G90 X_ Y_ Z_ ;
G52 X0. Y0. Z0. ; – 로컬 좌표계 무시
```

㉡ 지령 워드의 의미

X, Y, Z : 현재의 공작물 좌표계에서 설정하고자 하는 로컬(구역좌표) 좌표계의 원점 위치

㉢ 프로그램

```
↓ ;
G52 G90 X105.657 Y80.657 ;  ············· 로컬 좌표계 원점 지정
G00 X30.27 Y18. ;  ······················· ⓐ점으로 급속 위치 결정
  ↓
G52 X0. Y0.  ···························· 로컬 좌표계 무시
```

④ 기계 좌표계 선택(G53)

공작물 좌표계와 관계없이 기계 원점에서 임의 지점으로 급속 이동(G00 기능 포함)시킨다. 자동공구 측정 장치가 설치된 위치까지 이동시킬 때나 기계 원점에서 항상 일정한 지점까지 위치 결정하는 방법으로 많이 사용한다.

㉠ 지령 방법

```
G53 G90 X_ Y_ Z_ ;
```

㉡ 지령 워드의 의미

X, Y, Z : 기계 원점에서 이동지점까지의 기계좌표를 지령한다. 절대 지령(G90)에서만 실행되고 증분 지령(G91)에서는 무시된다.
(기계 좌표계 선택 지령의 예제 1)

㉢ 프로그램

```
ⓐ점에 공구 중심을 이동시킨다. (X, Y축)
  G53 G90 X-180.123 Y-155.236 ;
 (G92 G90 X0. Y0. ;) ; 기계 원점에서 공작물 좌표계 원점까지 이동시키고
        공작물 좌표계 설정을 하는 방법이다.
ⓑ점에 공구 중심을 이동시킨다. (X, Y축)
  G53 G90 X-225.837 Y-100.653 ;
```

7) 보정 기능

프로그램을 작성할 때 공구의 길이와 형상을 고려하지 않고 프로그램을 작성하게 된다. 그러나 실제 가공할 때는 각각의 공구가 길이와 직경의 크기에 차이가 있으므로 이 차이의 양을 보정 화면에 등록하고 공작물을 가공할 때 호출하여 자동으로 위치 보상을 받을 수 있게 하는 기능을 보정 기능이라 한다. 이 각각의 공구길이의 차이와 직경의 크기 등을 측정하여 미리 보정화면에 등록하여 둔다. 이 양을 측정하는 것을 공구세팅(Tool Setting)이라 한다.

① 공구경 보정(G40, G41, G42)

공구의 측면 날을 이용하여 가공하는 경우 공구의 직경 때문에 공구중심(주축중심)이 프로그램과 일치하지 않는다. 이와 같이 공구반경만큼 발생하는 (엔드밀, 페이스 커터)에 많이 사용된다.

㉠ 지령 방법

```
G17 G40 ·································································· 공구경 보정 취소
G18(G00, G01)   G41 α_ β_ D_ ; ················· 공구경 좌측 보정
G19 G42 α_ β_ D_ ; ································· 공구경 우측 보정
```

㉡ 지령 워드의 의미
- α, β : 평면선택 기능에 따라 X, Y, Z 중 기준 두 축이 좌표를 지령한다. (G17 평면 선택인 경우 X, Y축 방향에 공구경 보정이 적용되고, G18 평면에서는 Z, X축, G19 평면선택은 Y, Z축 방향에 공구경 보정이 적용된다.)
- D : 공구경 보정 번호(보정 번호)

㉢ Start Up 블록

공구경 보정 무시(G40) 상태에서 공구경 보정(G41, G42)을 지령한 블록을 Start Up 블록이라 한다.

```
N01 G41 G01 X0. D01 F100 ; ····················· Start Up Block
N02 Y50. ;
N03 X55. ;
```

② 공구길이보정

공작물을 도면대로 가공하기 위해서는 [그림 2-113]과 같이 여러 개의 공구를 교환하면서 가공하게 된다. 이때 그림에서와 같이 공구의 길이가 각각 다르므로 공구의 기준길이에 대하여 각각의 공구가 얼마만큼 길이의 차이가 있는지를 오프셋 양으로 CNC 장치에 설정하여 놓고 그 길이만큼 보정하여 주면 공구길이 보정을 할 수 있다.

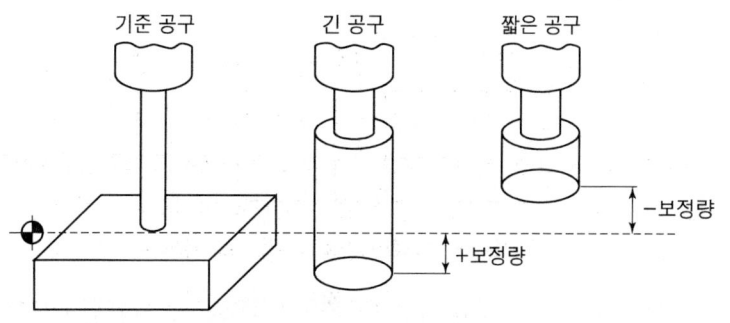

○ 그림 2-113 머시닝 센터 공구 길이 보정

G43 : +방향 공구길이 보정(+방향으로 이동)
G44 : -방향 공구길이 보정(-방향으로 이동)

공구길이 보정은 G43, G44 지령으로 Z축 이동지령의 종점위치를 보정 메모리에 설정한 값만큼 +, -로 보정할 수 있다. 또한 공구길이 보정은 Z축에 한하여 가능하며 공구길이 보정을 취소할 때는 G49로 지령하여 G49를 생략하고 단지 보정 번호를 00 즉, H00으로 지정할 수 있다.

㉠ 지령 방법

지령 형식 : G00 G43 Z__ H__ ;

취소 형식 : G00 G49 Z__ ;

여기서, H : 해당 공구의 보정량을 입력한 공구 번호

8) 고정 사이클

프로그램을 간단하게 하는 기능으로 구멍 가공하는 몇 개의 블록을 하나의 블록으로 프로그램을 작성할 수 있다. 고정 사이클에는 드릴, 탭, 보링 기능 등이 있고, 응용하여 다른 기능으로도 사용할 수 있다.
예를 들면 보링 사이클로 드릴 작업도 가능하다.
고정 사이클의 종류는 G73~G89까지 12종류가 있고 G80 기능으로 고정 사이클을 말소시킨다.
고정사이클 기능을 쉽게 이해하기 위해서는 각 고정 사이클의 공구경로를 관찰하여 이해하면 된다.
다음의 예에서 일반 프로그램과 고정 사이클 프로그램의 차이를 알 수 있다.

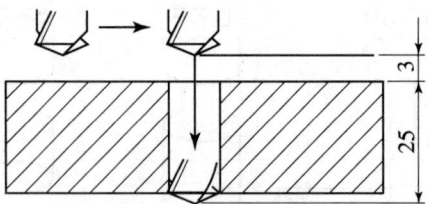

○ 그림 2-114 고정 사이클 및 일반 프로그램의 예

고정 사이클 프로그램(1블록)	일반 프로그램(4블록)
↓ G81 G90 G99 X20. Y30. Z-25. R3. F50. ; ↓	↓ G00 G90 X20. Y30. ; Z3. ; G01 Z-25. F50. ; G00 Z3. ; ↓

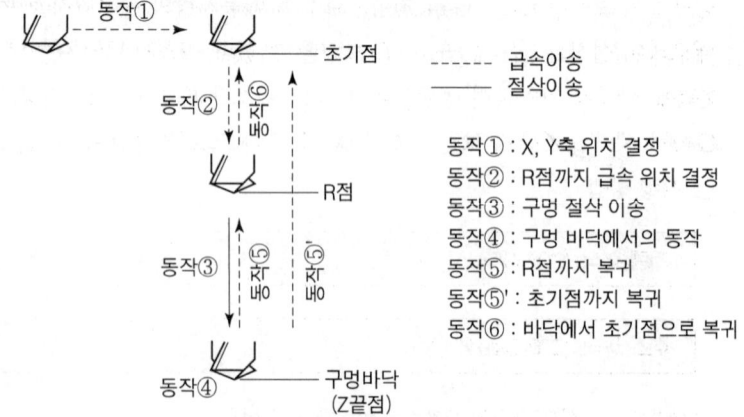

○ 그림 2-115 고정 사이클의 기본 동작 구성

① 고정 사이클 기본 지령 형식

고정 사이클의 종류에 따라 다소 차이는 있으나, 기본적인 지령 형식은 다음과 같다. (각 어드레스에 대한 설명은 표 참조)

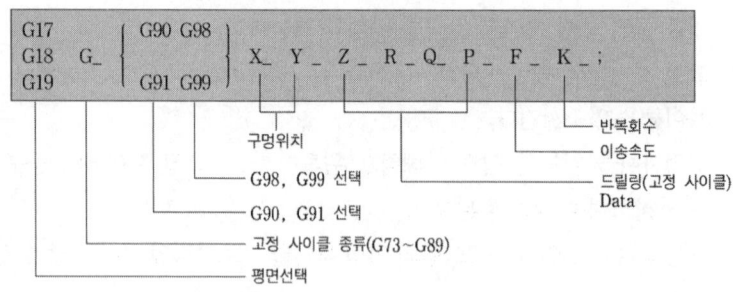

● 표 2-6 고정 사이클의 어드레스 설명

지령 내용	어드레스	어드레스 내용설명
G17, G18, G19	G	평면선택 기능(G17, G18, G19) 중 하나를 선택
고정 사이클 종류	G	고정 사이클 일람표 참고
G90, G91 선택	G	절대, 상대 지령을 선택한다. 이미 지령된 경우는 생략할 수 있다.
G98, G99 선택	G	초기점 복귀와 R점 복귀를 선택한다.
구멍위치	X,Y	구멍가공 위치를 절대, 증분 지령으로 지령한다. 공구 이동은 급속이송(G00)으로 이동한다.
드릴링 Data	Z	구멍가공 최종 깊이를 지령한다. R점에서 Z위치까지 절삭이송(G01) 한다. 절대 지령은 공작물 좌표계 Z축 원점에서 절삭깊이가 되고, 증분 지령인 경우 R점에서 절삭 깊이를 지령한다.
	R	구멍가공 후 R점(구멍가공 시작점)을 지령한다. 최종 구멍가공을 종료하고 공구를 R점까지 복귀한다. 또 초기점에서 R점(가공시작점)까지 급속이송(G00)으로 이동하는 지령이다. 절대 지령은 공작물 좌표계 Z축 원점에서의 위치가 되고 증분 지령인 경우 초기점에서 이동거리를 지령한다.
	Q	G73, G83 기능에서 매회 절입량 또는 G76, G87기능에서 Shift량을 지령한다. (항상 증분 지령으로 한다.)
	P	구멍바닥에서 드웰(정지) 시간을 지령한다.
	F	구멍가공 이송 속도를 지령한다.
반복횟수 (0 Serise 이외의 시스템은 L 어드레스로 반복횟수를 지령한다.)	K	K 지령을 생략하면 K1로 지령한 것으로 간주하고, K0을 지령하면 현재 블록에서 고정 사이클 Data만 기억하고, 구멍작업은 다음에 구멍위치 지령이 되면 사이클 기능을 실행한다.

● 표 2-7 고정 사이클 일람표

G코드	용 도	동작3번 (절삭방향절입동작)	동작4번 (구멍밑에서동작)	동작5번 (도피동작)
G73	고속 심공드릴 사이클	간헐 절삭이송		급속이송
G74	역탭핑사이클(왼나사)	절삭이송	주축 정회전	절삭이송
G76	정밀보링 사이클	절삭이송	주출 정위치 정지	급속이송
G81	드릴 사이클	절삭이송		급속이송
G82	카운트보링 사이클	절삭이송	드웰(Dwell)	급속이송
G83	심공드릴 사이클	간헐 절삭이송		급속이송
G84	탭핑 사이클	절삭이송	주축 역회전	절삭이송
G85	보링 사이클(리이머)	절삭이송		절삭이송
G86	보링 사이클	절삭이송	주축 정지	급속이송
G87	백보링 사이클	절삭이송	주축 정위치 정지	급속이송
G88	보링 사이클	절삭이송	① 드웰(Dwell) ② 주축정지	급속이송, 절삭이송
G89	보링 사이클	절삭이송	드웰(Dwell)	절삭이송

9) 보조 프로그램

보조 프로그램은 주 주 프로그램 또는 다른 보조 프로그램에서 호출하여 실행한다.

```
M 98 P 1004  L2 ;
```

여기서, M 98 : 주 프로그램에서 보조 프로그램의 호출
P : 보조 프로그램 번호
L : 반복 호출 횟수(1004를 2회 호출하라는 지령)

(4) CNC 작업 안전

CNC 공작기계에서의 작업안전은 범용 공작기계의 작업 안전과 같으나 제어부에 의해서 자동적으로 기계가 작동되므로 이에 조심하여야 한다.

1) CNC 작업 안전 사항

① 작동 중에 아무 스위치나 누르지 않는다.
② 공구 마멸에 의한 교환을 할 경우에는 운전을 정지한 후에 한다.
③ 청소할 때 제어부에 습기가 들어가면 오작동을 일으키기 쉬우므로 주의해야 한다.
④ 제어부의 파라미터는 전문가가 취급하도록 한다.
⑤ 강전반 및 CNC 장치는 어떠한 충격도 가하지 말아야 한다.
⑥ 이상한 공구경로나 위험한 상황이 발생하면 자동정지(Feed Hold) 버튼을 누른다.
⑦ 기계 주위는 항상 밝게하여 작업하고 건조하게 유지한다.
⑧ 작업 중에는 보안경과 안전화를 착용한다.
⑨ 작업 시 불편하여도 Door를 닫고 작업한다.
⑩ 작업 중에 자리를 비울 때에는 프로그램을 수정하지 못하도록 옵션을 걸어 준다.
⑪ 칩(chip) 제거 시에는 운전을 정지하고, 손의 보호를 위하여 장갑을 착용하도록 한다.

(5) CNC 장비 보수 및 유지

1) 일상 점검

구분	점검내용	점검세부내용
매일 점검	1. 외관 점검	• 장비 외관 점검 • 베드면에 습동유가 나오는지 손으로 확인한다.
	2. 유량 점검	• 습동면 및 볼스트류 급유탱크 유량 확인 • Air Lubricator Oil 확인(Air에 Oil을 혼합하여 실린더를 보호하는 장치) • 절삭유의 유량은 충분한가? • 유압탱크의 유량은 충분한가?
	3. 압력 점검	• 각부의 압력이 명판에 지시된 압력을 가리키는가?
	4. 각부의 작동 검사	• 각축은 원활하게 급속 이동되는가? • ATC 장치는 원활하게 작동되는가? • 주축의 회전은 정상적인가?
매월 점검	1. 각부의 Filter 점검	• NC 장치 Filter 점검(교환 및 먼지를 제거한다.) • 전기 제어판 Filter 점검(교환 및 먼지를 제거한다.)
	2. 각부의 Fan 모터 점검	• 각부의 Fan 모터 회전 점검 • Fan 모터 부의 먼지 및 이물질 제거
	3. Grease Oil 주입	• 지정된 Gear 및 작동부에 Grease를 주입한다.
	4. 백래시 보정	• 각축 백래시 점검 및 보정
매년 점검	1. 레벨(수평) 점검	• 기계본체 레벨 점검 및 조정
	2. 기계정도 검사	• 기계 제작회사에서 작성된 각부 기능 검사 List 확인 및 조정
	3. 절연 상태 점검	• 각부 전선의 절연 상태를 점검 및 보수한다.

2) CNC에서 일반적으로 발생하는 알람

순	알람내용	원인	해제방법
1	EMERGENCY STOP SWITCH ON	비상정지 스위치 ON	비상정지 스위치를 화살표 방향으로 돌린다.
2	LUBR TANK LEVEL LOW ALARM	습동유 부족	습동유를 보충한다. (기계 제작회사에서 지정하는 규격품을 사용)
3	THERMAL OVERLOAD TRIP ALARM	과부하로 인한 Over Load Trip	원인 조치 후 마그네트와 연결된 Overload를 누른다. (2번 이상 계속 발생 시 A/S 연락)
4	P/S __ ALARM	프로그램 알람	알람 일람표를 보고 원인을 찾는다.
5	OT ALARM	금지영역 침범	이송축을 안전한 위치로 이동한다.
6	EMERGENCY L/S ON	비상정지 리미트 스위치 작동	행정오버해제 스위치를 누른 상태에서 이송축을 안전한 위치로 이동시킨다.

순	알람내용	원인	해제방법
7	SPINDLE ALARM	• 주축모터의 과열 • 주축모터의 과부하 • 과전류	다음 순서대로 실행한다. ① 해체버튼을 누른다. ② 전원을 차단하고 다시 투입한다. ③ A/S 연락
8	TORQUE LIMIT ALARM	충돌로 인한 안전핀 파손	A/S 연락
9	AIR PRESSURE ALARM	공기압 부족	공기압을 높인다(5kg/cm^2)
10	축 이동이 안됨	① 머신록스위치 ON ② Intlock 상태	① 머신록스위치를 OFF 시킨다. ② A/S 문의

* 기계에 따라 알람 내용이 다를 수도 있음.

예상문제

01 다음 NC/CNC/DNC에 대한 설명 중 옳지 않은 것은?

① NC(Numerical Control, 수치제어)란 기계의 자세를 자동 제어함에 있어서 부호화된 수치 정보를 사용하는 것을 가리킨다.
② NC 공작기계의 컨트롤러 안에 컴퓨터를 결합시켜 넣음으로써 CNC(Computer Numerical Control) 공작기계가 탄생하였다.
③ 직접수치제어(Direct Numerical Control, DNC)는 여러 개의 기계를 동시에 제어하기 위해 여러 대의 컴퓨터를 사용하는 생산시스템을 말한다.
④ 분산수치제어(Distributed Numerical Control, DNC)는 중앙 컴퓨터가 완전한 프로그램을 CNC에 다운로드하는 방식을 말한다.

해설
직접수치제어(Direct Numerical Control, DNC)는 1대 이상의 수치제어 기계의 NC 프로그램을 공통의 기억장치에 격납하여 수치제어 기계의 요구에 따라 필요한 프로그램을 그 기계에 분배하는 기능을 가진 수치제어 방식이다.

02 CNC 공작기계의 일반적인 특징으로 틀린 것은?

① 품질이 균일한 생산품을 얻을 수 있으나 고장 발생 시 자기진단이 어렵다.
② 공작기계가 공작물을 가공 중에도 파트 프로그램 수정이 가능하나.
③ 인치 단위의 프로그램을 쉽게 미터 단위로 자동 변환할 수 있다.
④ 파트 프로그램을 매크로 형태로 저장시켜 필요시 불러 사용할 수 있다.

해설
CNC 공작기계의 일반적인 특징은 품질이 균일한 생산품을 얻을 수 있고 고장 발생 시 파라미터에서 자기진단이 가능하다.

03 CNC 공작기계의 특징에 대한 설명으로 옳지 않은 것은?

① 생산능률 증대
② 균일한 품질 관리가 용이
③ 작업 시간 단축, 생산성 향상
④ 특수공구가 많이 사용되어 관리비 상승

해설
특수공구가 적게 사용되어 관리비가 감소한다.

04 CNC 공작기계의 일반적인 특징이라고 볼 수 없는 것은?

① 복잡한 형상의 제품을 가공하려면 특수공구가 필요하여 공구 관리비가 많이 든다.
② 제품의 균일성을 유지할 수 있다.
③ 작업자의 피로를 감소할 수 있다.
④ 제품의 일부가 일정한 사이클을 가지고 변화하는 제품가공에 적응성이 좋다.

해설
CNC 공작기계는 복잡한 형상의 제품을 가공할 때 특수공구가 불필요하므로 공구 관리비가 적게 든다.

[정답] 01 ③ 02 ① 03 ④ 04 ①

05 NC가 생산 업무에 잘 이용되면 경제적 효과를 거둘 수 있다. 수작업 생산방법과 비교하여 NC의 장점이 아닌 것은?

① 기계의 정지시간 감소
② 가공 준비시간과 작업 단축
③ 품질관리 효과 감소
④ 생산시간 단축

해설
품질관리 효과 증대한다.

06 NC 공작기계에서 일이 수행되기 위해서는 공구와 가공물이 서로 움직여야 하는데 NC시스템에서는 다음 3가지 기본운동이 있다. 관계가 없는 것은?

① 점과 점 운동   ② 직선 절삭 운동
③ 윤곽 운동   ④ 왕복 운동

07 CNC 공작기계의 경제성 평가방법 중 가장 많이 사용하고 있는 방법은 어느 것인가?

① 페이백 방법
② 에소드 방법
③ MAPI 방법
④ CAPI 방법

해설
CNC 공작기계의 경제성 평가방법
① 페이백 방법 : NC 공작기계의 도입에 따른 연간 절약 비용의 예측값을 투자액에 비교하여 투자액을 보상하는데 필요한 연수를 구하는 방법이다.
② MAPI 방법 : 구입을 계획하고 있는 NC 공작기계에 의한 최초 년도의 부품생산비용을 현재 가지고 있는 NC 공작기계에 의한 비용과 비교하여 평가하는 방법으로 가장 많이 사용하고 있는 방법이다.

08 CNC 공작기계 이송 장치의 이송 나사로 주로 사용되는 것은?

① 볼 나사
② 사각 나사
③ 사다리꼴 나사
④ 유니파이 나사

해설
볼 스크루(ball screw) : 볼 스크루는 회전운동을 직선운동으로 바꿀 때 사용되며 주로 NC 공작기계에 적용하고 있으며 높은 정밀도를 얻을 수 있다.

09 서보 모터의 회전운동을 전달받아 NC 공작기계 테이블을 직선운동 시키는 것은?

① 서보 기구   ② 볼 스크루
③ 컨트롤러   ④ 리볼버

해설
볼 스크루(Ball Screw)
회전운동을 직선운동으로 바꿀 때 사용되며 주로 NC 공작기계에 적용하고 있으며 높은 정밀도를 얻을 수 있다. 보통의 리드 스크루와 너트의 면과 면 접촉으로 이루어지기 때문에 마찰이 커지고 회전하기 위해 큰 힘이 필요하다. 따라서 부하와 마찰열에 의해 열팽창이 크게 되므로 정밀도가 떨어진다. 이러한 단점을 보완하기 위하여 개발된 볼 스크루는 마찰이 적고 또 너트를 조정함으로써 백래시(Backlash)를 "0"에 가깝도록 할 수 있다.

10 CNC 공작기계에서 백래시(back lash)에 직접적인 영향을 미치는 기구는?

① 모터   ② 베어링
③ 커플링   ④ 볼 스크루

[정답] 05 ③ 06 ④ 07 ③ 08 ① 09 ② 10 ④

> **해설**
> 볼 스크루 : 마찰이 적고 또 너트를 조정함으로써 백래시(back lash)를 "0"에 가깝도록 할 수 있다.

11 CNC 공작기계에서 백래시를 줄이고, 운동 저항을 작게 하기 위하여 사용되는 요소는?

① 리졸버
② 볼 스크루
③ 서보 모터
④ 컨트롤러

> **해설**
> ① 리졸버 : 기계의 움직임을 전기적인 신호로 표시하는 장치
> ② 볼 스크루 : 회전운동을 직선운동으로 바꿀 때 사용되며, 주로 NC 공작기계에 적용하고 있으며, 높은 정밀도를 얻을 수 있으며, 백래시(Backlash)를 "0"에 가깝도록 할 수 있다.
> ③ 서보 모터 : 펄스에 의한 각각 지령에 의하여 대응하는 회전 운동을 한다.
> ④ 컨트롤러 : 천공 테이프에 기록된 언어, 즉 정보를 받아서 펄스(pulse)화시킨다.

12 CNC 공작기계에 사용되는 볼 스크루에 대한 설명 중 틀린 것은?

① 마찰이 적다.
② 동력손실이 적다.
③ 백래시가 거의 없다.
④ 부하에 따른 마찰열에 의하여 열팽창이 크다.

> **해설**
> 볼 스크루는 마찰이 적고 열팽창이 작다.

13 CNC 선반의 구성은 본체와 CNC장치로 구분되는데 기능별로 보아 CNC 장치에 해당하는 것은?

① 공구대
② 척
③ 위치 검출기
④ 헤드 스톡

> **해설**
> CNC 선반을 기능별로 표시하면 다음과 같다.
> • 본 체
> ① 주축대(head stock)
> ② 공구대(tool post)
> ③ 척(chuck)
> ④ 이송장치– Boll Screw
> • CNC 장치
> ① 서보 모터(servo motor)
> ② 지령방식
> ③ 위치검출기
> ④ 포지션 코더(position coder)

14 CNC 기계 가공에서 가공계획에 해당하지 않는 것은?

① 도면 파악
② 좌표계 설정
③ 공작기계선정
④ 가공순서 결정

> **해설**
> 가공계획 : 도면 파악, 공작기계선정, 가공순서 결정

15 다음 중 CNC 장치가 부착된 밀링기계에 해당 장치를 설치함으로써 머시닝 센터가 되며, 비절삭 시간을 단축하기 위해 부착되는 장치는?

① 암(arm)
② 베이스와 컬럼
③ 자동공구교환장치
④ 컨트롤 장치

> **해설**
> 자동공구교환장치 : CNC 장치가 부착된 밀링기계에 해당 장치를 설치함으로써 머시닝 센터가 되며, 비절삭 시간을 단축하기 위해 부착되는 장치이다.

[정답] 11 ② 12 ④ 13 ③ 14 ② 15 ③

16 다음 CNC 공작기계 구성 중 범용 공작기계에서 사람이 직접 수동조작으로 하던 일을 대신하는 구성 요소는?

① 서보 기구   ② 볼 스크루
③ 정보처리 회로   ④ 테이블 및 컬럼

> **해설**
> 서보 기구(Servo Unit) : 펄스화된 정보는 서보 기구에 전달되어 정밀도와 아주 관계가 깊은 X, Y, Z 등 각 축을 제어한다.

17 CNC 공작기계의 구성에서 사람의 두뇌 부분에 해당하는 것은?

① 서보 기구   ② 볼나사
③ 제어부   ④ 위치 검출기

> **해설**
> CNC 공작기계가 하는 일
> ① 사람의 두뇌 : 정보처리 회로(제어부)
> ② 사람의 손, 발 : 서보 기구

18 서보 모터에서 검출된 위치를 피드백하여 보정해 주는 회로는?

① 가산회로   ② 연산회로
③ 비교회로   ④ 정보처리 회로

> **해설**
> 비교회로 : 서보 모터에서 검출된 위치를 피드백 하여 보정해 주는 회로로 복합회로 제어방식이라 한다.

19 다음 중 CNC 시스템의 구성에 있어 사람의 손과 발의 역할을 하는 기구는?

① 서보 기구   ② 주축기구
③ 프로그램 기구   ④ 가공기구

> **해설**
> 서보 기구(Servo Unit) : 펄스화된 정보는 서보 기구에 전달되어 정밀도와 아주 관계가 깊은 X, Y, Z 등 각 축을 제어한다.

20 CNC 공작기계에서 백래시를 줄이고, 운동 저항을 작게 하기 위하여 사용되는 요소는?

① 리졸버   ② 볼 스크루
③ 서보 모터   ④ 컨트롤러

> **해설**
> ① 리졸버 : 기계의 움직임을 전기적인 신호로 표시하는 장치
> ② 볼 스크루 : 백래시를 줄이고, 운동 저항을 작게 하기 위하여 사용되는 요소이다.
> ③ 서보 모터 : 펄스에 의한 각각 지령에 의하여 대응하는 회전운동을 한다.
> ④ 컨트롤러 : 천공테이프에 기록된 언어, 즉 정보를 받아서 펄스(pulse)화시킨다.

21 CNC 공작기계에서 기계의 움직임을 전기적 신호로 표시하는 피드백 장치는?

① 리졸버
② 엔코더
③ 타코 제너레이터
④ 서보 모터

22 CNC 공작기계에서 제어부가 서보부에 보내는 신호의 체계는?

① 저항   ② 전압
③ 주파수   ④ 펄스

> **해설**
> CNC 서보 기구에 지령은 정보처리 회로에서 전기 펄스 신호를 발생시켜 지령한다. 이를 지령 펄스라 한다.

[정답] 16 ① 17 ③ 18 ③ 19 ① 20 ② 21 ① 22 ④

23 CNC 공작기계의 검출장치 중에서 광원, 감광판, 유리판 등을 사용하고 있는 것은?

① 인덕토신(inductosyn)
② 엔코더(encoder)
③ 리졸버(resolver)
④ 타코미터(tachometer)

해설
- 엔코더(encoder) : CNC 공작기계의 검출장치 중에서 광원, 감광판, 유리판 등을 사용
- 리졸버(resolver) : CNC 공작기계의 움직임을 전기적 신호로 표시하는 일종의 피드백(feed back) 장치

24 피치 에러(pitch error) 보정이란?

① 볼 스크루 피치의 정밀도를 검사하는 기능
② 축의 이동이 한 방향에서 반대 방향으로 이동할 때 발생하는 편차값을 보정하는 기능
③ 나사 가공의 피치를 정밀하게 보정하는 기능
④ 볼 스크루의 부분적인 마모 현상으로 발생된 피치 간의 편차값을 보정하는 기능

해설
피치 에러(pitch error) : 볼 스크루 피치의 정밀도를 검사하는 기능

25 NC 공작기계에서 머신 로크(machine lock)를 사용하는 이유는?

① 실험 절삭 시 프로그램 오차에 의한 충돌 방지
② 다른 사용자들이 쓰지 못하도록 함.
③ 기계의 알람이 걸리면 기계가 정지하는 기능
④ 프로그램의 스케일을 조절할 수 있는 기능

해설
CNC 공작기계에서 실험 절삭 시 program 오차에 의한 충돌을 방지하기 위하여 machine lock을 사용한다.

26 수치제어 공작기계에서 공구대의 속도가 0 또는 최댓값의 어느 값을 가짐으로써 단속 운동을 반복하는 서보 기구의 추종 운동 방식은?

① On – Off 방식
② 비례제어
③ System 제어
④ 모방제어

27 머시닝 센터에서 팔렛을 자동으로 교환하는 장치는?

① APC
② ATC
③ MCU
④ PLC

해설
- APC : 팔렛 자동으로 교환
- ATC : 공구 자동으로 교환

28 다음 중 비절삭 시간을 단축하기 위하여 머시닝 센터에 부착되는 장치는?

① 아암(arm)
② 베이스와 컬럼
③ 컨트롤 장치
④ 자동공구교환장치(ATC)

해설
자동공구교환장치(ATC) : 자동공구교환장치는 공구 매거진(tool magazine), 공구 교환기(change arm), 서브 체인저(sub changer)로 구성되며 모든 기능은 전기모터와 공압 실린더에 의해 작동된다.

[정답] 23 ② 24 ① 25 ① 26 ① 27 ① 28 ④

29 머시닝 센터에서 자동으로 공구를 교환해 주는 장치는?

① APC ② APT
③ ATC ④ TURRET

해설
자동공구 교환 장치(ATC), 자동 팔레트 교환 장치(APC)

30 머시닝 센터의 자동 공구 교환 장치에서 매거진 포트 번호를 지령함으로써 임의로 공구 매거진에 장착하는 방법은?

① 랜덤(random) 방식
② 팰릿(pallet) 방식
③ 시퀀스(sequence) 방식
④ 터릿(turret) 방식

해설
① 랜덤 방식 : 공구 매거진에 의한 방법(머시닝 센터)
② 터릿 방식 : 순차적 교환 방식(CNC 선반)

31 다음 선삭용 ISO 인서트 규격 표시법에서 04는 무엇을 의미하는가?

[T N M M 22 04 08-73]

① 인선 길이 ② 날끝 반지름
③ 공차   ④ 인선 높이

해설
T(인서트 형상)
N(주절입 여유각)
M(공차)
M(단면 형상)
22(인서트 길이 내접원 직경)
04(인선 높이)
08(노즈 반지름)
73(칩브레이크의 형상)

32 선반 외경용 ISO 툴 홀더의 규격 표시에서 ①, ②를 바르게 나타낸 것은?

C S K P R 25 25 M 12
ㄱ ㄴ

① ㄱ. 홀더 유형, ㄴ. 생크 폭
② ㄱ. 인서트 형상, ㄴ. 승수
③ ㄱ. 클램핑 방법, ㄴ. 인서트 형상
④ ㄱ. 스타일, ㄴ. 클램핑 방법

해설

C	S	K	P	R
클램핑 방식	인서트 형상	절입각	여유각	승수
25	25	M		12
생크 높이	생크 폭	생크 전체 길이		절삭 날 길이

33 선반 외경용 툴 홀더 규격에서 밑줄 친 25가 나타내는 의미는 무엇인가?

C S K P R <u>25</u> 25 M 12

① 홀더의 높이
② 절삭 날 길이
③ 홀더의 길이
④ 홀더의 폭

해설
ISO를 홀더의 규격 표시
① C : 클램프
② S : 인서트 형상
③ K : 홀더 유형
④ P : 인서트 여유각
⑤ R : 공구 방향
⑥ 25 : 홀더의 높이
⑦ 25 : 홀더의 폭
⑧ M : 공구 길이
⑨ 12 : 절삭 날 길이

34 다음과 같은 ISO 선삭용 인서트의 형번 표기법(ISO)에서 노즈(nose) "R"의 크기는 얼마인가?

> TNMG120408B

① 1R ② 2R
③ 0.4R ④ 0.8R

> **해설**
> • T : 인서트 형상
> • N : 여유각
> • M : 공차
> • G : 인서트 단면 및 칩 브레이커 형상
> • 12 : 절삭 날 길이
> • 04 : 두께
> • 08 : 노즈 반지름
> • B : 절삭날 조건

35 다음은 ISO 선삭용 인서트(insert) 규격이다. 여기서 T의 의미는?

> TNMG160408B025

① 인서트 형상 ② 인선 높이
③ 여유각 ④ 공차

> **해설**
>
> | T | 인서트 형상 | 16 | 절삭 날 길이 |
> |---|---|---|---|
> | N | 여유각 | 04 | 인서트 두께 |
> | M | 공차 | 08 | 날끝 R |
> | G | 단면 형상 | | |

36 다음은 ISO 선삭용 인서트(insert) 규격이다. 여기서 T의 의미는?

> TNMG

① 여유각 ② 공차
③ 인선 높이 ④ 인서트 형상

> **해설**
> • T(인서트 형상)
> • N(주절입 여유각)
> • M(공차)
> • G(단면형상)

37 다음 선반 외경용 툴 홀더 규격 표기법(ISO)에서 기호 P의 의미로 옳은 것은?

> P C L N R – 25 25 – M 12

① 인서트 형상 ② 절삭 날 길이
③ 클램핑 방법 ④ 인서트 여유각

> **해설**
> ISO를 홀더의 규격 표시
> ① P : 클램프 ② C : 인서트 형상
> ③ L : 홀더 유형 ④ N : 인서트 여유각
> ⑤ R : 공구 방향 ⑥ 25 : 섕크 높이
> ⑦ 25 : 섕크 폭 ⑧ M : 공구 길이
> ⑨ 12 : 절삭 날 길이

38 다음 중 CNC 가공계획 단계에서 결정하는 것이 아닌 것은?

① 소재 고정 방법
② CNC 공작기계선정
③ 공정 순서
④ 부품도면 선정

> **해설**
> CNC 가공계획 단계
> ① NC 기계로 가공하는 범위와 사용하는 공작기계의 선정
> ② 소재의 고정 방법 및 필요한 지그(JIG)의 선정
> ③ 가공공정 순서를 정한다. (공구 출발점, 황삭 및 정삭의 절입량과 공구경로 등)
> ④ 절삭 공구, Tool holder의 선정 및 클리핑 방법의 결정
> ⑤ 절삭 조건을 결정한다. (주축 회전속도, 이송 속도, 절삭유 사용 유무 등)
> ⑥ NC 프로그램을 작성한다.

[정답] 34 ④ 35 ① 36 ④ 37 ③ 38 ④

39 CNC 공작기계의 군관리 또는 군제어를 뜻하는 말로서 중앙의 컴퓨터로부터 프로그램을 CNC 공작기계에 전송하여 여러 대의 CNC 공작기계를 동시에 제어하는 시스템을 무엇이라 하는가?

① CIM ② FMS
③ FMC ④ DNC

해설
DNC : CNC 공작기계의 군관리 또는 군제어를 뜻하는 말로서 중앙의 컴퓨터로부터 프로그램을 CNC 공작기계에 전송하여 여러 대의 CNC 공작기계를 동시에 제어하는 시스템을 의미한다.

40 CNC 공작기계에서 작업을 수행하기 위한 제어방식 중 틀린 것은?

① 위치결정 제어
② 직선절삭 제어
③ 평면절삭 제어
④ 윤곽절삭(연속절삭) 제어

해설
NC 제어방식
① 위치결정 제어 : 공구의 최후 위치만 제어하는 것
　예 드릴링, 스폿 용접기 등
② 직선절삭 제어 : 기계 이동 중에 절삭을 행할 수 있는 제어
　예 선반, 밀링, 보링 머신 등
③ 윤곽 제어 : 곡선 등의 복잡한 형상을 연속 제어하는 것
　예 2차원, 3차원 이상의 제어에 사용

41 2축 제어방식인 CNC 공작기계로 할 수 없는 제어는?

① 헬리컬 보간
② 위치 결정
③ 원호 보간
④ 직선 보간

해설
2축 NC 제어방식
① 위치 결정제어 : 공구의 최후 위치만 제어하는 것
　예 드릴링, 스폿용접기 등
② 직선 절삭제어 : 기계 이동 중에 절삭을 행할 수 있는 제어
　예 선반, 밀링, 보링 머신 등
③ 윤곽 제어 : 곡선 등의 복잡한 형상을 연속 제어하는 것
　예 2차원, 3차원 이상의 제어에 사용

42 다음 CNC의 제어방식 중 여러 축의 움직임을 동시에 제어할 수 있기 때문에 대각선 경로, 원형 경로 등 어떠한 경로라도 자유자재로 연속 절삭할 수 있는 방식이며, 2차원 또는 3차원 이상의 제어에 사용되는 것은?

① 윤곽절삭 제어방식
② 직선절삭 제어방식
③ 위치결정 제어방식
④ 절대 좌표 제어방식

해설
절대 좌표 제어방식
여러 축의 움직임을 동시에 제어할 수 있기 때문에 대각선 경로, 원형 경로 등 어떠한 경로라도 자유자재로 연속 절삭할 수 있는 방식이며, 2차원 또는 3차원 이상의 제어에 사용된다.

43 공구의 이동 중에는 가공을 행하지 않으며 드릴링 머신이나 스폿 용접기 등에 사용되는 PTP(Point To Point) 제어방식은?

① 윤곽제어 ② 직선절삭제어
③ 위치결정제어 ④ 연속경로제어

해설
NC 제어방식
① 위치결정제어 : 공구의 최후 위치만 제어하는 것
　예 드릴링, 스폿 용접기 등
② 직선절삭제어 : 기계 이동 중에 절삭을 행할 수 있는 제어
　예 선반, 밀링, 보링 머신 등
③ 윤곽제어 : 곡선 등의 복잡한 형상을 연속 제어하는 것
　예 2차원, 3차원 이상의 제어에 사용

[정답] 39 ④ 40 ③ 41 ① 42 ④ 43 ③

44 2축 제어방식 CNC 공작기계로 할 수 없는 제어는?

① 위치 결정 ② 원호 보간
③ 직선 보간 ④ 헬리컬 보간

해설
헬리컬 보간은 3축 이상에서 가능하다.

45 반 폐쇄회로에서 가장 많이 사용되고 있는 위치 검출기는?

① 엔코더 ② 타코제네레이터
③ 회전자 ④ 센서

해설
① 엔코더는 위치 검출기이다.
② 타코제네레이터는 속도 검출기이다.

46 기계의 테이블에 직접 검출기를 설치, 위치를 검출하여 피드백시키는 서보 기구 방식은?

① 폐쇄회로 방식
② 개방회로 방식
③ 반 개방회로 방식
④ 반 폐쇄회로 방식

해설
폐쇄회로 방식 : 기계의 테이블에 직접 검출기를 설치, 위치를 검출하여 피드백시키는 서보 기구 방식이다.

47 서보 모터에서 위치 및 속도를 검출하여 피드백(feed back)하지 않는 제어방식은?

① 개방회로 방식
② 폐쇄회로 방식
③ 반 폐쇄회로 방식
④ 복합회로 서보방식

해설
서보 기구 종류
① 개방회로 제어방식(Open Loop System)
구동 모터로는 스태핑 모터(Stepping Motor)가 사용되며, 검출기나 피드백 회로를 가지지 않기 때문에 정밀도가 낮아 오늘날 NC 기계에는 거의 사용하지 않는다.
② 반 폐쇄회로 방식(Semi-Closed Loop System)
서보 모터의 축 또는 볼 스크루의 회전 각도를 통하여 위치를 검출하는 방식으로 직선운동을 회전운동으로 바꾸어 검출한다. CNC 공작기계에 이 방식을 많이 사용한다.
③ 폐쇄회로 방식(Closed Loop System)
기계의 테이블에 직접적으로 스케일(Scale)을 부착하여 위치편차를 피드백시키는 방식으로 반 폐쇄회로 제어방식과 제어방식은 같지만, 정밀도가 높아 고정밀도의 공작기계나 대형 공작기계 등에 많이 사용한다.
④ 복합회로 제어방식(Hybrid Loop System)
반 폐쇄회로 제어방식과 폐쇄회로 제어방식을 결합한 제어방식으로 반 폐쇄회로의 높은 게인(증폭기 등의 입력에 대한 출력의 비율)을 이용하여 제어하며 기계의 오차는 리니어 스케일에 의한 폐쇄회로로써 보정하여 정밀도를 향상시킨다. 대형 공작기계와 같이 강성을 충분히 높일 수 없는 기계에 적합한 방식이다.

48 서보 기구에서 사용되는 회로 방식 중 보정 조건이 좋지 않은 기계에서 고정밀도를 요구할 때 사용되는 것은?

① 개방회로 방식
② 반 개방회로 방식
③ 반 폐쇄회로 방식
④ 하이브리드서보 방식

해설
복합회로 제어방식(Hybrid Loop System)
반 폐쇄회로 제어방식과 폐쇄회로 제어방식을 결합한 제어방식으로 반 폐쇄회로의 높은 게인(Gain : 증폭기 등의 입력에 대한 출력의 비율)을 이용하여 제어하며 기계의 오차는 직선형(Linear) 스케일에 의한 폐쇄회로로써 보정하여 정밀도를 향상시킨다. 대형 공작기계와 같이 강성을 충분히 높일 수 없는 기계에 적합한 방식이다.

[정답] 44 ④ 45 ① 46 ① 47 ① 48 ④

49 피드백 장치 없이 스태핑 모터를 사용해서 위치를 제어하는 NC 서보 기구 방식은?

① 개방회로 방식
② 복합회로 방식
③ 폐쇄회로 방식
④ 반 폐쇄회로 방식

해설
개방회로 방식 : 피드백 장치 없이 스태핑 모터를 사용해서 위치를 제어하는 NC 서보 기구 방식이다.

50 그림과 같이 모터 축으로부터 위치검출을 행하여 볼 스크루의 회전 각도를 검출하는 방법을 사용하는 CNC 서보 기구는?

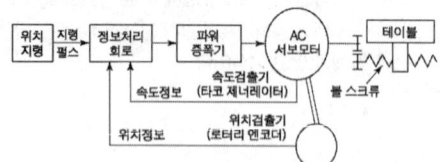

① 개방회로 방식
② 반 폐쇄회로 방식
③ 폐쇄회로 방식
④ 반 개방회로 방식

해설
반 폐쇄회로 방식(Semi-Closed Loop System)
서보 모터의 축 또는 볼 스크루의 회전 각도를 통하여 위치를 검출하는 방식으로 직선운동을 회전운동으로 바꾸어 검출한다. CNC 공작기계에서 이 방식을 많이 사용한다.

51 고정밀도로 제어하는 방식으로 가격이 고가이며 그림과 같은 서보 기구는?

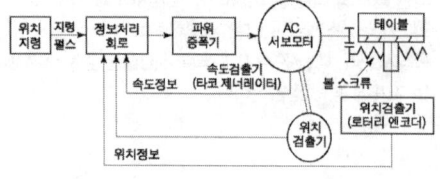

① 하이브리드 서보 방식
② 반 폐쇄회로 방식
③ 개방회로 방식
④ 폐쇄회로 방식

해설
복합회로 서보 방식(Hybrid Servo System)
반 폐쇄회로와 폐쇄회로 방식을 결합하여 고정밀도로 제어하는 방식이다. 가격이 고가이고 고정밀도를 요구하는 기계에 사용한다.

52 NC 공작기계의 기계제어 장치 중 공작기계의 작동을 제어하는 제어 루프 장치의 구성 요소로 볼 수 없는 것은?

① 보간 회로
② 보조기능 제어장치
③ 감속과 역회전 처리회로
④ 데이터 프로세싱 장치

해설
제어 루프 장치의 구성 요소
① 보간 회로
② 보조기능 제어장치
③ 감속과 역회전 처리회로

53 커플링으로 연결된 CNC 공작기계의 볼 스크루 피치가 12mm이고, 서보 모터의 회전 각도가 240°일 때 테이블의 이동량은 얼마인가?

① 2mm   ② 4mm
③ 8mm   ④ 12mm

해설
비례식을 적용하면
볼 스크루 피치 : 테이블 이동량=360° : 240°
(12mm : x =360° : 240°)
$\therefore x = \dfrac{12mm \times 240°}{360°} = 8mm$

[정답] 49 ① 50 ② 51 ① 52 ④ 53 ③

54 위치제어 테이블에 미치는 부하로 인하여 피치가 30mm인 이송나사가 2° 뒤틀릴 때, 테이블의 이동량은?

① 0.055mm
② 0.167mm
③ 0.254mm
④ 0.345mm

해설
테이블 이동량
$x = p\left(\dfrac{\theta}{360°}\right) \times 회전비$
$= 30 \times \left(\dfrac{2°}{360°}\right) = 0.167\text{mm}$

55 NC 공작기계에서 전기적인 신호 1펄스당 움직이는 테이블 또는 공구의 최소이송 단위는?

① MCU
② NCU
③ BLU
④ TLU

해설
BLU : NC 공작기계에서 전기적인 신호 1펄스당 움직이는 테이블 또는 공구의 최소이송 단위이다.

56 최소 설정 단위가 0.001mm인 CNC 공작기계에서 X축(+) 방향으로 50mm 이동시키기 위한 정수 입력은?

① X50
② X500
③ X5000
④ X50000

해설
BLU는 1펄스당 기계를 움직일 수 있는 최소의 지령이므로 최소 입력단위 0.001인 CNC 공작기계에서 50mm를 이동하려면 이송 지령 $= 50\text{mm} \times \dfrac{1}{0.001} = 50,000$이다.

57 현재 공구 위치 (0, 0)에서 다음 위치 (40, 30)mm까지 공구를 10mm/s의 속도로 이송하기 위해 X축 모터에 보내야 할 펄스의 속도는? (단, BLU=0.001mm이다.)

① 3,000개/sec
② 4,000개/sec
③ 6,000개/sec
④ 8,000개/sec

해설
펄수의 개수 $= \dfrac{\text{테이블 이동거리}}{\text{BLU}}$
$= \dfrac{40}{0.001} = 40,000 \div 10초 = 4,000개(반경) \times 2$
$= 8,000개(직경)$

58 어떤 NC 공작기계의 MCU가 Z축을 이동시키기 위하여 5초에 10,000펄스의 전기신호를 발생시켰다. 이 공작기계의 BLU가 0.005mm/Pulse이면 이때 이동한 거리의 몇 mm인가?

① 20
② 50
③ 100
④ 250

해설
$0.005 \div 10,000 = 50$

59 BLU가 0.001mm인 공작기계에서 현재점 (1, 2)에서 다음 점 (4, 6)까지 공구를 1cm/s의 속도로 이송하기 위한 출력은?

① x축 모터는 1초당 3,000펄스, y축 모터는 1초당 4,000펄스
② x축 모터는 1초당 4,000펄스, y축 모터는 1초당 6,000펄스
③ x축 모터는 1초당 6,000펄스, y축 모터는 1초당 8,000펄스
④ x축 모터는 1초당 30,000펄스, y축 모터는 1초당 40,000펄스

[정답] 54 ② 55 ③ 56 ④ 57 ④ 58 ② 59 ②

> **해설**
> BLU가 0.001mm인 공작기계에서 현재점 (1, 2)에서 다음 점 (4, 6)이면 x축 4,000펄스, y축 6,000펄스로 모터가 1초당 움직인다.

60 보간 연산 방식 중 X방향, Y방향으로의 움직임을 한정하여 단계적으로 곡선의 좌우를 차례차례 움직여 접근하는 방식은?

① MIT 방식 ② 대수연산 방식
③ DDA 방식 ④ 최소편차 방식

> **해설**
> 절삭제어 방법
> ① MIT 방식: X, Y축의 이동을 균일하게 하기 위해 적당한 시간 간격으로 펄스를 발생
> ② DDA 방식: 직선절삭제어에 사용
> ③ 대수연산 방식: X, Y 방향을 한정하고 계단식으로 이동하여 접근하는 방법(원호절삭에 사용)

61 CNC 기계에서 윤곽 제어를 할 때 펄스를 분배하는 방식이 아닌 것은?

① MIT 방식 ② DDA 방식
③ 대수 연산 방식 ④ 산술 연산 방식

62 NC 공작기계 하드웨어의 구성 요소로 볼 수 없는 것은?

① 파트 프로그램(part program)
② 제어 루프 장치(Control Loop Unit ; CLU)
③ 기계 제어 장치(Machine-Control Unit ; MCU)
④ 데이터 처리 장치(Data Processing Unit ; DPU)

> **해설**
> NC 공작기계 하드웨어의 구성 요소
> ① 데이터 처리 장치(Data Processing Unit ; DPU)
> ② 제어 루프 장치(Control Loop Unit ; CLU)
> ③ 기계 제어 장치(Machine-Control Unit ; MCU)

63 CNC 공작기계에서 전원 투입 후 기계 운전의 안전을 위하여 첫 번째로 해야 하는 조작은?

① 기계 원점복귀
② 공구 보정값과 파라미터의 설정
③ 작업 및 공구의 교환
④ 공작물 좌표계의 설정

> **해설**
> 전원 투입 후 기계 운전은 기계 원점복귀가 우선이다.

64 공구 지름 보정 무시 상태에서 공구 지름 보정을 지령한 블록을 의미하는 것은?

① cancel block ② single block
③ start up block ④ slash block

> **해설**
> start up block : 공구 지름 보정 무시 상태에서 공구 지름 보정을 지령한 블록을 의미한다.

65 CNC 공작기계의 컨트롤러에서 최소 설정 단위가 0.001mm일 때 X축으로 543,210펄스만큼 이동하고자 할 때 지령으로 옳은 것은?

① G01 X543210.
② G01 X54321.0
③ G01 X5432.10
④ G01 X543.210

[정답] 60 ② 61 ④ 62 ① 63 ① 64 ③ 65 ④

해설
최소 설정 단위 0.001mm, X축 543,210 펄스만큼 이동할 때 지령 방법
G01 X543.210(543,210÷1,000)

66 드라이 런(dry run) 기능에 대한 설명으로 옳은 것은?
① 드라이 런 스위치가 ON 되면 주축회전수가 빨라진다.
② 드라이 런 스위치가 ON 되면 급속속도가 최고속도로 바뀐다.
③ 드라이 런 스위치가 ON 되면 이송 속도의 단위가 회전당 이송 속도로 변한다.
④ 드라이 런 스위치가 ON 되면 프로그램의 이송 속도를 무시하고 조작판의 이송 속도 값으로 바뀐다.

해설
드라이 런(dry run) : 이 스위치가 ON 되면 프로그램에 지령된 이송 속도를 무시하고 JOG속도로 이송된다.

67 CNC 공작기계로 자동운전 중 이송만 멈추게 하려면 어느 버튼을 누르는가?
① FEED HOLD
② SINGLE BLOCK
③ DRY RUN
④ Z AXIS LOCK

해설
① FEED HOLD : 자동운전 중 이송만 멈추게 하는 버튼
② SINGLE BLOCK : 블록씩 가공 버튼
③ DRY RUN : 자동운전 중 이 버튼을 ON하면 프로그램으로 지정된 이송 속도를 무시하고 수동 절삭이송 속도로 설정된 이송 속도로 된다. 급송 이송에도 유효하다.
④ Z AXIS LOCK : 수동으로 Z축을 클램프할 때 사용

68 CNC 조작판의 기능 스위치 중 절삭 속도에 영향을 미치는 스위치는?
① 급속 오버라이드
② 싱글 블록
③ 스핀들 오버라이드
④ 옵셔널 블록 스킵

해설
스핀들 오버라이드는 절삭 속도를 조절할 수 있다.

69 머시닝 센터에서 스핀들 알람(Spindle Alarm)의 일반적인 원인과 가장 관련이 적은 것은?
① 공기압 부족
② 주축 모터의 과열
③ 주축 모터의 과부하
④ 주축 모터의 과전류 공급

해설
공기압 부족은 AIR PRESSURE ALARM이 발생한다.

70 다음 중 CNC 선반에서의 조작 방법으로 가장 적절하지 않은 것은?
① 급속 이송시 충돌에 유의한다.
② 전원은 순서대로 공급하고 차단한다.
③ 운전 및 조작은 순서에 의해서 작동시킨다.
④ 프로그램 수정시에는 반드시 등록된 프로그램을 삭제한다.

해설
편집(edit) : 프로그램의 신규 작성 및 메모리에 등록된 프로그램을 수정하며 등록된 프로그램을 삭제할 필요는 없다.

[정답] 66 ④ 67 ① 68 ③ 69 ① 70 ④

71 다음 CNC 공작기계의 모드에 대한 설명으로 틀린 것은?

① 편집(EDIT) 모드는 프로그램을 수정, 삽입 및 삭제를 할 수 있다.
② 반자동(MDI) 모드는 수동 데이터 입력으로 기능을 실행시킬 수 있다.
③ 자동(AUTO) 모드는 메모리에 등록된 프로그램을 실행한다.
④ 핸들(MPG) 모드는 각축을 급속으로 이동시킬 수 있다.

72 CNC 선반에서 조작 KEY 기능이다. 설명이 잘못된 것은?

① ALTER는 메모리 내에 있는 내용을 다른 내용으로 변경할 때 사용
② INSERT는 메모리 내에 있는 내용을 삽입할 때 사용
③ DELETE는 메모리 내에 있는 내용을 추가할 때 사용
④ RESET는 편집 모드에서 프로그램을 첫머리에 돌려놓을 때 사용

73 다음 중 CNC 공작기계를 운전하는 중에 충돌 등 위급한 상태가 우려될 때 가장 우선적으로 취해야 할 조치법은?

① 조작반의 비상정지(emergency stop) 버튼을 누른다.
② Mode 선택 스위치를 수동 상태로 변환한다.
③ 배전반의 회로도를 점검한다.
④ 공압을 차단한다.

해설
운전하는 중에 충돌 등 위급한 상태가 우려될 때는 조작반의 비상정지(emergency stop) 버튼을 누른다.

74 CNC 공작기계 작업 중 이상 발생 시 작업자가 해야 할 응급조치에 해당하지 않는 것은?

① 비상정지 스위치를 누르고 작업을 중단한다.
② 강전반 내의 회로도를 조작하여 검사한다.
③ 경고등의 점등 여부를 확인한다.
④ 작업을 멈추고 원인을 제거한다.

해설
강전반의 회로도는 전문가가 검사한다.

75 CNC 선반에서 가공 중 각 충돌로 인한 안전핀이 파손되었을 때 발생하는 경보(alarm) 내용은?

① TORQUE LIMIT ALARM
② ENERGENCY L/S ON
③ P/S ALARM
④ OT ALARM

해설
① TORQUE LIMIT ALARM : 충돌로 인한 안전핀이 파손되었을 때 발생하는 경보
② ENERGENCY L/S ON : 비상정지 리미트 스위치 작동
③ P/S ALARM : 프로그램 알람
④ OT ALARM : 금지영역 알람

76 CNC 공작기계에서 발생하는 경보 중 torque limit alarm의 원인으로 옳은 것은?

① 금지영역 침범
② 주축 모터의 과부하
③ 충돌로 인한 안전핀 파손
④ 과부하로 인한 over load trip

[정답] 71 ④ 72 ③ 73 ① 74 ② 75 ① 76 ③

해설
torque limit alarm : 충돌로 인한 안전핀 파손

77 CNC 가공 중 금지영역을 침범했을 때 발생하는 경보(alarm) 내용은?

① P/S ALARM
② EMERGENCY L/S ON
③ OT ALARM
④ TORQUE LIMIT ALARM

해설
금지영역을 침범했을 때 발생하는 경보(alarm)는 OT ALARM 이다.

78 공작기계의 좌표계에 대한 일반적인 설명으로 틀린 것은?

① Z축의 방향은 통상 주축과 평행하다.
② 밀링, 드릴링 머신과 같이 공구가 회전하는 공작기계에서 Z축은 공구의 축과 평행하다.
③ 선반과 같이 공작물이 회전하고 있는 공작기계에서 X축은 공작물의 회전축과 직각으로 공구가 움직이는 방향이다.
④ Y축은 x, y, z 좌표계가 왼손 좌표계를 형성하도록 X축과 Z축으로부터 정해진다.

해설
머시닝 센터에서 제어축은 좌표이의 X, Y, Z를 사용하며 프로그램을 작성할 때 혼란을 방지하기 위해서 오른손 좌표계를 사용한다.

79 다음 CNC 기계에 사용되는 좌표계로 가장 거리가 먼 것은?

① 구역 좌표계 ② 기계 좌표계
③ 보정 좌표계 ④ 공작물 좌표계

해설
① 기계 좌표계
CNC 공작기계의 좌표 원점은 기계의 기준점으로 기계제작사에 파라미터에 의하여 정하여진다. 기계 원점은 사용자가 원점 위치를 변경할 수 없으며, 기계 원점을 좌표 원점(X0. Z0.)으로 해서 설정되는 좌표계를 기계 좌표계라 한다.
② 절대 좌표계(공작물 좌표계, 프로그램 좌표계)
공작물을 가공하기 위하여 프로그램 작성에 필요한 기준 좌표계로 공작물 좌표계라고도 한다.
③ 상대 좌표계
각 축의 임의의 위치를 좌표 원점으로 설정할 수 있는 좌표계로써, 공구 보정이나 공작물 좌표계를 설정할 때, 또는 수동으로 가공할 때 유용하게 사용한다. 즉 현재 서 있는 위치가 원점이 되는 좌표계를 말한다.
④ 지역(구역) 좌표계(로컬 좌표계)
공작물 좌표계를 설정하고 난 후에 프로그램을 쉽게 하려고 공작물 좌표계 내에 지역좌표계를 추가로 설정하는 기능이다.

80 제품을 가공하기 위하여 프로그램 원점과 공작물의 한 점을 일치시킨 좌표계는?

① 기계 좌표계 ② 공작물 좌표계
③ 구역 좌표계 ④ 증분 좌표계

해설
공작물 좌표계
제품을 가공하기 위하여 프로그램 원점과 공작물의 한 점을 일치시킨 좌표계이다.

81 CNC 선반에서 상대 좌표계에 대한 내용으로 틀린 것은?

① 공구의 Setting 시 사용한다.
② 좌표에는 X, Z로 표시한다.
③ 간단한 핸들의 이동에 사용한다.
④ 일시적으로 상대 좌표를 0(Zero)으로 선정할 수 있다.

[정답] 77 ③ 78 ④ 79 ③ 80 ② 81 ②

> **해설**
> CNC 선반에서 상대 좌표계 좌표에는 U, W로 표시한다.

82 CNC 프로그램에서 좌표치를 지령하는 방식이 아닌 것은?

① 절대 지령방식   ② 기계 원점지령방식
③ 증분 지령방식   ④ 혼합 지령방식

> **해설**
> 좌표치 지령방식
> ① 절대 지령 : 공작물 원점에서 이동하고자 하는 위치
> ② 증분 지령 : 현재 위치에서 이동하고자 하는 지령까지의 X축 방향, Z축 방향의 거리
> ③ 혼합 지령 : 절대 방식과 증분 방식의 혼합지령

83 머시닝 센터에서 증분 좌표치를 나타내는 G 코드는?

① G49   ② G90
③ G91   ④ G92

> **해설**
> ① 절대 지령(G90)
> 절대 지령방식은 미리 설정된 좌표계 내에서 종점의 좌표 위치를 지령한다.
> ② 증분 지령(G91)
> 증분 지령방식은 이동 시작점(공구의 현 위치)에서 종점(지령 위치)까지의 이동량과 이동 방향을 지령한다.

84 CNC 프로그램의 구성에 관한 설명으로 틀린 것은?

① 일련의 블록(block)으로 구성된다.
② 한 블록은 몇 개의 워드(word)로 구성된다.
③ 워드는 주소(address)와 수치로 구성된다.
④ 블록과 블록은 EOB로 구분되며, 기호는 " : " 또는 " / "로 표시한다.

> **해설**
> 블록은 프로그램을 구성하는 기본 지령 단위이며, 여러 개의 워드가 모여진 그룹을 말하며 모든 블록은 다른 블록과 구분하기 위해 블록의 끝에 반드시 EOB(End Of Block)이라 하여 " ; ", " # " 기호를 붙여 사용한다.

85 머시닝 센터 프로그램에서 공작물 좌표계를 설정하는 준비기능 코드는?

① G90   ② G91
③ G92   ④ G50

> **해설**
> ① G90 : 절대 지령(머시닝 센터)
> ② G91 : 증분 지령(머시닝 센터)
> ③ G92 : 공작물 좌표계 설정(머시닝 센터)
> ④ G50 : 좌표계 설정, 주축 최고회전수 지정(CNC 선반)

86 CNC 프로그램에서 사용되는 주요 주소(Address)와 그 기능이 잘못 연결된 것은?

① O : 프로그램번호   ② G : 준비 기능
③ S : 주축 기능   ④ L : 공구 기능

> **해설**
> 어드레스의 기능
>
> | 기능 | 어드레스 |
> | --- | --- |
> | 프로그램번호 | O |
> | 전개번호 | N |
> | 준비기능 | G |
> | 이송기능 | F, E |
> | 보조기능 | M |
> | 주축기능 | S |
> | 공구기능 | T |
> | 휴지 | P, U, X |
> | 프로그램번호 지정 | P |
> | 전개번호 지정 | P, Q |
> | 반복 횟수 | L |
> | 매개변수 | D, I, K |

[정답] 82 ② 83 ③ 84 ④ 85 ③ 86 ④

87 머시닝 센터 프로그램에서 각 주소(address)와 그 기능이 틀린 것은?

① G : 보조기능
② L : 반복 횟수
③ X, Y, Z : 좌표어
④ N : 전개(sequence)번호

[해설]
- G : 준비기능
- M : 보조기능

88 CNC 공작기계에서 지령절의 구성에 대한 설명이 옳지 않은 것은?

① S : 주축기능
② F : 이송기능
③ N : 준비기능
④ M : 보조기능

[해설]
N : 전개번호

89 CNC 프로그램 중 전개번호에 대한 설명으로 틀린 것은?

① 특정 블록을 탐색할 때 편리하다.
② 특별히 중요한 지령절에만 부여해도 상관없다.
③ 프로그램들을 서로 구별시키기 위해서 붙인다.
④ 지령절의 첫머리에 어드레스 N과 숫자를 부여한다.

[해설]
프로그램번호 : 프로그램들을 서로 구별시키기 위해서 붙인다.

90 CNC 프로그램(program) 작성에서 데이터(data)에 소수점의 사용이 가능한 주소로 바르게 구성된 것은?

① X, Y, Z, A, B, C, I, J, K, R
② X, Y, Z, U, V, W, F, S, T, M
③ U, V, W, I, J, K, N, G, P, Q
④ I, J, K, P, Q, U, X, Y, Z

[해설]
NC에서 어드레스 사용
① 소수점 사용 : X, Z, U, W, I, K, R, E, F
② 소수점 사용 못함 : P, G, S, T, M, D

기능	어드레스			의미
좌푯값	X	Y	Z	각 축의 이동위치(절대방식)
	U	V	W	각 축의 이동거리와 방향(증분방식)
	A	B	C	부가축의 이동명령
	I	J	K	원호 중심의 각 축 성분, 모떼기량 등
	R			원호반지름, 코너 R

91 다음 준비 기능 중 지령한 블록 내에서만 유효한 G 코드는?

① G00
② G01
③ G03
④ G04

[해설]
Model G-code(연속 유효 G 코드)
한 번 지령된 G 코드는 동일 그룹의 다른 G 코드가 나올 때까지 유효한 기능으로 "00" 이외의 그룹으로 구성되어 있다. 00 그룹은 지령한 블록 내에서만 유효한 코드이다.

G코드	그룹	기능
G00	01	위치결정(급속이송)
G01		직선 보간(절삭이송)
G02		원호 보간(시계 방향)
G03		원호 보간(반시계 방향)
G04	00	일시정지(Dwell time)

[정답] 87 ① 88 ③ 89 ③ 90 ① 91 ④

92 모달 G-코드에 대한 설명으로 틀린 것은?

① 같은 그룹의 모달 G-코드를 한 블록에 여러 개 지령을 하면 동시에 제어된다.
② 같은 기능의 모달 G-코드는 생략할 수 있다.
③ 모달 G-코드는 같은 그룹의 다른 G-코드가 나올 때까지 다음 블록에 영향을 준다.
④ 모달 G-코드는 그룹별로 나누어져 있다.

해설
모달 G-코드
① 같은 그룹의 모달 G-코드를 한 블록에 여러 개 지령을 하면 동시에 제어되지 않는다.
② 같은 기능의 모달 G-코드는 생략할 수 있다.
③ 모달 G-코드는 같은 그룹의 다른 G-코드가 나올 때까지 다음 블록에 영향을 준다.
④ 모달 G-코드는 그룹별로 나누어져 있다.
⑤ 전원 공급시 유효 초기 상태의 모달지령 : G00, G22, G25, G40, G69, G97, G99

해설
좌표치의 지령 방법
① 절대 지령방식
공작물 원점을 기준으로 직교 좌표계의 좌푯값을 입력하는 방식
예 ▷ CNC 선반의 경우
G00 X60.0 Z80.0 ;
▷ 머시닝 센터의 경우
G00 G90 X100.0 Y100.0 Z50.0 ;
G01 G90 X50.0 Y30.0 Z50.0 F200 ;
② 증분 지령방식
현재 공구 위치를 기준으로 다음 위치까지의 거리를 입력하는 방식
예 ▷ CNC 선반의 경우
G00 U35.0 W42.0 ;
▷ 머시닝 센터의 경우
G00 G91 X23.0 Y43.0 Z17.0 ;
③ 혼합 지령방식
한 블록(줄)에 [절대 지령방식&증분 지령방식]을 사용하여 지령하는 방식으로 주로 CNC 선반에서 많이 사용
예 ▷ CNC 선반의 경우
G00 X27.0 W23.0 ;

93 준비 기능 중에서 공구 지름 보정과 관련된 기능만을 묶어 놓은 것은?

① G41, G42, G43
② G40, G41, G42
③ G43, G44, G49
④ G40, G43, G49

해설
① G40 : 공구인선 반경 보정 취소
② G41 : 공구경 보정 좌측
③ G42 : 공구경 보정 우측

94 CNC 공작기계에서 공구의 이동 위치를 지령하는 방식이 아닌 것은?

① 중심 지령방식   ② 증분 지령방식
③ 절대 지령방식   ④ 혼합 지령방식

95 CNC 선반의 준비기능 중 자동 원점복귀 기능은?

① G27   ② G28
③ G29   ④ G30

해설
① G27 : 원점복귀 점검
② G28 : 자동 원점복귀
③ G29 : 원점으로부터 자동복귀
④ G30 : 제2의 원점복귀

96 CNC 선반의 절삭 사이클 중 복합 자동 사이클에 해당하는 것은?

① 직선 절삭 사이클
② 테이퍼절삭 사이클
③ 닫힘 로트 절삭 사이클
④ 원호 절삭 사이클

[정답] 92 ① 93 ② 94 ① 95 ② 96 ④

97 CNC 선반에서 공구 기능을 설명한 것 중 옳은 것은?

① T0101 : 1번 공구를 한 번만 선택
② T0200 : 2번 공구와 0번 공구를 교환
③ T1212 : 12번 공구를 위치보정의 12번 보정량으로 보정
④ T0102 : 2번 공구를 위치보정의 1번 보정량으로 보정

해설
T1212
① T : 공구 기능
② 12 : 공구 번호
③ 12 : 공구 보정 번호

98 CNC 선반에서 공구보정(offset) 번호 6번을 선택하여, 1번 공구를 사용하려고 할 때 공구지령으로 옳은 것은?

① T0601   ② T0106
③ T1060   ④ T6010

해설
T01(공구번호), 06(공구보정번호)

99 CNC 선반에서 2번 공구를 공구보정(Offset) 4번의 보정량으로 보정하여 사용하려고 할 때 공구지령으로 옳은 것은?

① T0402   ② T2040
③ T0204   ④ T4020

해설
T0204
① T : 공구 기능
② 02 : 공구 번호
③ 04 : 공구 보정 번호

100 공구 기능(T code) T0101의 설명으로 옳은 것은?

① 1번 공구의 1번 반복 수행
② 1번 공구의 1번 보정번호 수행
③ 1번 공구의 1번 보정번호 취소
④ 공구 보정 없이 1번 보정번호 선택

해설
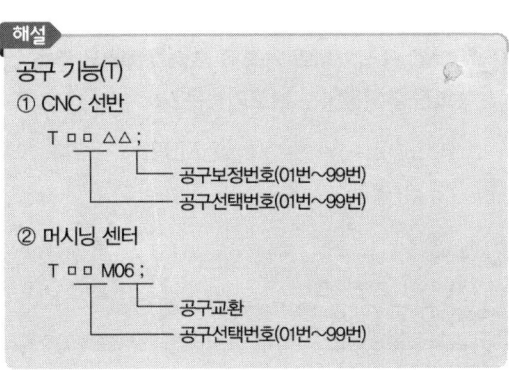

101 CNC 공작기계의 좌표치 입력 방법에서 메트릭 입력 명령어는?

① G17   ② G20
③ G21   ④ G28

해설

G17	XY 평면 지정
G18	ZX 평면 지정
G19	YZ 평면 지정
G20	인치데이터 입력
G21	mm 데이터 입력
G28	제1 원점복귀 기능(기계 원점)
G30	제2, 3, 4 원점복귀 기능

102 CNC 프로그램의 보조기능에 해당되지 않는 것은?

① 절삭유 공급 여부
② 프로그램 시작 지령
③ 주축회전 방향 결정
④ 보조프로그램 호출

[정답] 97 ③ 98 ② 99 ③ 100 ② 101 ③ 102 ②

해설
① 절삭유 공급 여부 : M08, M09
② 프로그램 시작 지령 : G00, G01 등
③ 주축회전 방향 결정 : M03, M04, M05
④ 보조프로그램 호출 : M98

103 CNC 공작기계의 가공용 프로그램에서 주축 정회전을 지령하는 보조기능은?

① M02 ② M03
③ M04 ④ M05

해설
① M02 : 프로그램 종료
② M03 : 주축 정회전
③ M04 : 주축 역회전
④ M05 : 주축정지

104 보조 프로그램을 호출할 수 있는 기능은?

① G30 ② G98
③ M98 ④ M99

해설
① G30 : 제2 원점복귀
② G98 : 고정 사이클 초기점 복귀(CNC 선반에서 분당 이송 (mm/min))
③ M98 : 보조 프로그램 호출
④ M99 : 주프로그램 복귀(CNC 선반에서 서브프로그램 종료)

105 CNC 선반의 어드레스 중 일반적으로 지름 지정으로 지령하는 것은?

① R10.0 ② U10.0
③ I5.0   ④ K5.0

해설
U, X는 지름으로 지정한다.

106 아래 그림에서 절대 지령방식에 의한 이동을 지령하고자 할 때, 옳은 것은?

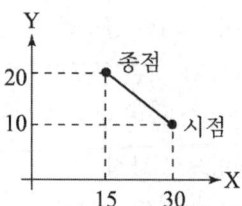

① G90 G01 X15.0 Y20.0 F100 ;
② G90 G01 X-15.0 Y10.0 F100 ;
③ G91 G01 X15.0 Y20.0 F100 ;
④ G91 G01 X-15.0 Y10.0 F100 ;

해설
① 그림에서 절대 지령방식
 G90 G01 X15.0 Y20.0 F100 ;
② 그림에서 증분 지령방식
 G91 G01 X-15. Y10. F100 ;

107 CNC 선반 작업에서 A점에서 B점으로 이동할 때 지령 방법으로 틀린 것은?

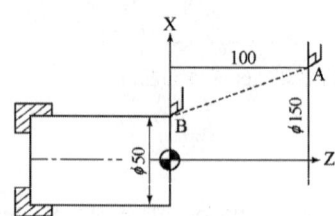

① G00 U-100.0 W-100.0 ;
② G00 U-50.0 Z0.0 ;
③ G00 X50.0 W-100.0 ;
④ G00 X50.0 Z0.0 ;

해설
G00 U-50.0 Z0.0 ;

[정답] 103 ② 104 ③ 105 ② 106 ① 107 ②

108 CNC 선반으로 다음 그림의 A에서 B로 가공하려고 할 때 지령으로 옳은 것은?

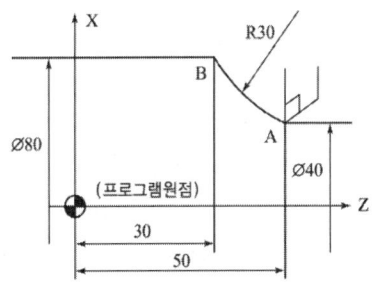

① G02 X40. Z50. R30. F0.25 ;
② G02 X80. W30. R30. F0.25 ;
③ G02 U80. W-20. R30. F0.25 ;
④ G02 U40. W-20. R30. F0.25 ;

해설
도면에서 A에서 B는 시계 방향이므로
G02 U40. W-20. R30. F0.25 ;
또는 G02 X80. X30. R30. F0.25 ;

109 CNC 선반에서 절삭 공구를 A에서 B로 원호 보간하는 프로그램으로 틀린 것은?

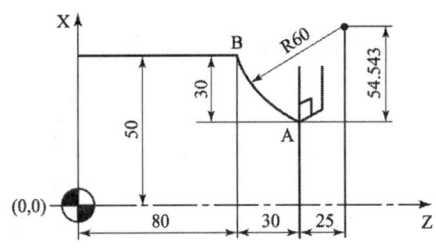

① G02 U60.0 W30.0 R60.0 F0.3 ;
② G02 X100.0 Z80.0 R60.0 F0.3 ;
③ G02 X100.0 Z80.0 I54.543 K25.0 F0.3 ;
④ G02 U60.0 W-30.0 I54.543 K25.0 F0.3 ;

해설
G02 U30.0 W30.0 R60.0 F0.3 ;

110 다음 그림의 점 P1에서 P2원호 경로를 가공하기 위하여 증분 방식으로 프로그램을 할 때 옳은 것은?

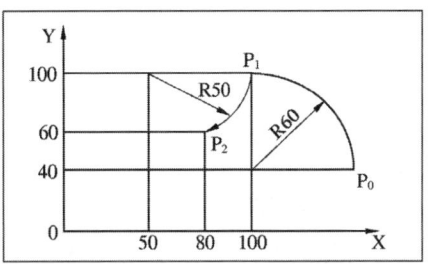

① G90 G02 X-20.0 Y-40.0 I50.0 F100 ;
② G91 G02 X-20.0 Y-20.0 J-50.0 F100 ;
③ G90 G02 X20.0 Y-40.0 I-50.0 F100 ;
④ G91 G02 X-20.0 Y-40.0 I-50.0 F100 ;

해설
① P1 → P2로 이동 시 증분 지령
G91 G02 X-20.0 Y-40.0 I-50.0 F100 ;
② P1 → P2로 이동 시 절대 지령
G90 G02 X-80.0 Y-60.0 I-50.0 F100 ;
③ P0 → P1 : G90 G17 G03 X100. Y100.
I-60. J0 F100 ;

[정답] 108 ④ 109 ① 110 ④

111 그림에서 현재의 공구 위치가 점 P1이며 P2를 거쳐 P3까지 원호 가공을 하려고 한다. 가장 적당한 NC 프로그램은?

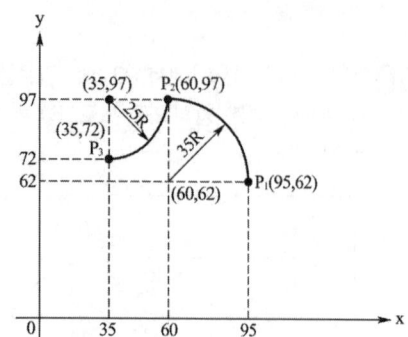

① N100 G90 G17 G02 X60. Y97. I-35. J0 F300 ;
   N101 G03 X35. Y97. I-25. J0 ;
② N100 G90 G17 G03 X35. Y37.5 I-35. J0 F300 ;
   N101 G02 X35. Y97. I-25. J0 ;
③ N100 G90 G17 G02 X60. Y97. I-35. J0 F300 ;
   N101 G03 X35. Y72. I-25. J0 ;
④ N100 G90 G17 G03 X60. Y97. I-35. J0 F300 ;
   N101 G02 X35. Y72. I-25. J0 ;

해설
P1→P2 : G90 G17 G03 X60. Y97. I-35. J0 F300 ;
P2→P3 : G02 X35. Y72. I-25. J0 ;

112 그림과 같이 P1 → P2로 절삭하고자 할 때 옳은 것은?

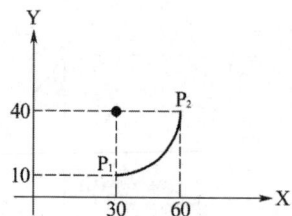

① G90 G02 X60. Y40. I10. J40 ;
② G90 G02 X30. Y40. I10. J40 ;
③ G90 G03 X60. Y40. I10. J40 ;
④ G90 G03 X60. Y40. I0. J30 ;

해설
원호 보간시 I, J, K는 시점에서 원점까지의 X, Y, Z 방향의 거리이며, I는 X축 보간, J는 Y축 보간 K는 Z축 보간이다.
G90 G03 X60. Y40. I0. J30. ;

113 머시닝 센터의 원호 보간의 프로그램으로 옳은 것은?

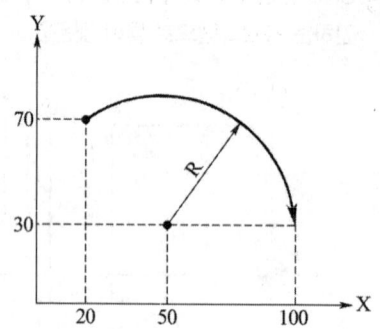

① G90 G02 X100. Y30. I-30. J-40. ;
② G90 G02 X100. Y30. I30. J40 ;
③ G91 G02 X80. Y-40. I30. J-40. ;
④ G91 G02 X80. Y-40. I-30. J40 ;

[정답] 111 ④ 112 ④ 113 ③

해설
G90 : 절대 지령 G91 : 상대 지령
G90 G02 X100. Y30. I30. J-40.;
G91 G02 X80. Y-40. I30. J-40.;
원호 가공 시 I, J, K의 양·음의 값은 가공 시점에서 원호 중심까지의 거리를 +, -로 판단하여 결정한다.

114 그림과 같이 R15인 반원을 A점에서 B점까지 가공하는 증분 지령으로 작성된 CNC 프로그램으로 올바른 것은?

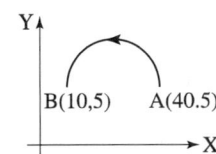

① G91 G03 X-30. I-15. ;
② G91 G03 X10. Y5. I-15. ;
③ G91 G03 X-30. I7.5 ;
④ G91 G03 X10. Y5. J-7.5 ;

해설
A점에서 B점 : G91 G03 X-30. Y0. I-15. J0. ; 이다.

115 CNC 선반용 NC 데이터를 생성 시 노즈 반경이 0.8mm인 바이트를 선정하고 도면에는 최대높이 거칠기가 0.02mm로 표시되었을 때 바이트의 이송 속도는 약 몇 mm/rev로 지정해야 하는가?

① 0.357   ② 0.457
③ 0.505   ④ 0.557

해설
이론적 표면 거칠기
$H(R_{max}) = \dfrac{f}{8R}$ 에서 R_{max}
이송$(f) = \sqrt{R_{max} \times 8R} = \sqrt{0.02 \times 8 \times 0.8}$
$= 0.357 (mm/rev)$

116 절삭 속도와 공구 수명의 관계식이 다음과 같이 주어지는 경우 $n = 0.25$일 때 절삭 속도를 2배로 높이면 공구 수명은 몇 배가 되는가?

$$VT^n = C$$

(단, V : 절삭 속도(m/min), T : 공구 수명(min), n, C : 상수)

① 4
② 1/4
③ 16
④ 1/16

해설
$VT^{\frac{1}{n}} = C$
$\dfrac{1}{0.25} = 4$
$\dfrac{0.25}{4} = \dfrac{1}{16}$

117 절삭동력이 2kW이고, 주축회전수가 500rpm일 때 선반에서 ϕ80mm의 환봉을 절삭하는 절삭 주분력은 약 몇 N인가?

① 95.5
② 955
③ 90.7
④ 907

해설
$KW = \dfrac{P \times V}{102 \times 60 \times 9.81}$
$V = \dfrac{\pi \times D \times N}{1,000} = \dfrac{\pi \times 80 \times 500}{1,000} = 125.7$
$P = \dfrac{102 \times 60 \times 9.81 \times KW}{V}$
$= \dfrac{102 \times 60 \times 9.81 \times 2}{125.7} = 955$

[정답] 114 ① 115 ① 116 ④ 117 ②

118 공작기계의 좌표계에 대한 EIA(Electronic Industries Association) 표준에 대한 설명으로 옳지 않은 것은?

① x, y, z는 주된 미끄럼 운동에 대한 축을 나타낸다.
② u, v, w는 부수적인 미끄럼 운동에 대한 축을 나타낸다.
③ a, b, c는 x, y, z 방향 축에 대한 회전운동을 나타낸다.
④ l, m, n은 u, v, w 방향 축에 대한 회전운동을 나타낸다.

> **해설**
> l, m, n은 u, v, w 방향 축에 대한 거리를 나타낸다.

119 CNC 준비 기능 중 급속 이송(rapid override)과 관련이 없는 것은?

① G00   ② G01
③ G28   ④ G30

> **해설**
> G01 : 직선절삭

120 CNC 프로그램상에서 다음 블록으로 작업을 수행하기 전에 일정 시간을 지연시키는 코드는?

① G01   ② G02
③ G03   ④ G04

> **해설**
> ① G01 : 직선 보간(절삭이송)
> ② G02 : 원호 보간(시계 방향)
> ③ G03 : 원호 보간(반시계 방향)
> ④ G04 : 일시정지(Dwell time) 휴지 기능

121 CNC 선반에서 G98 기능과 관련된 단위는?

① mm/min   ② mm/rev
③ deg/min   ④ rpm

> **해설**
> ① G98 : 분당 이송(mm/min)
> ② G99 : 회전당 이송(mm/rev)

122 CNC 선반 프로그램에서 정지시간을 2.5초로 하려고 할 때 옳은 것은?

① G04 P2.5;
② G04 X2.5;
③ G04 Z2.5;
④ G04 W2.5;

> **해설**
> G04 기능(휴지 : Dwell)
>
> G04 X (U, P) ;
>
> 프로그램에 지정된 시간 동안 공구의 이송을 잠시 중지시키는 기능(적용 : 드릴 가공, 홈가공, 모서리 다듬질 가공 시 양호한 가공면을 얻기 위해 사용)
> 단위는 X, U, P를 사용하는데 X, U는 소수점을 P는 0.001 단위를 사용
> (예) G04 X2.5 G04 U2.5 G04 P2500)
> 정지시간(SEC) = (스핀들 : 주축)
> $\dfrac{60}{\text{주축 회전수(rpm)}} \times$ 일시 정지 회전수

123 CNC 선반에서 300rpm으로 주축 스핀들이 회전하고 있다. 공작물 Ø40 위치에서 홈 바이트가 주축이 5회전하는 동안 휴지(dwell)하도록 지령하는 프로그램으로 옳은 것은?

① G04 X0.1 ;
② G04 U10.0 ;
③ G04 P1000 ;
④ G04 P100 ;

[정답] 118 ④ 119 ② 120 ④ 121 ① 122 ② 123 ③

해설

정지시간(sec) = $\dfrac{60}{\text{드릴회전수(rpm)}} \times$ 드웰회전수

$= \dfrac{60}{300} \times 5 = 1(\text{sec})$

- CNC 선반에서 1초 휴지(dwell)하는 프로그래밍 : G04 X1, G04 U1, G04 P1000

124 1,500rpm으로 회전하는 스핀들에서 3회전 휴지를 주려고 한다면 정지시간은 얼마인가?

① 0.012초 ② 0.12초
③ 1.2초   ④ 12초

해설

정지시간(SEC) = (스핀들 : 주축)

$\dfrac{60}{\text{주축 회전수(rpm)}} \times$ 일시 정지 회전수

$\dfrac{60}{1,500} \times 3 = 0.12$초

125 CNC 선반에서 N[rpm]으로 회전하는 스핀들에서 n[회전] 휴지(dwell)를 주려고 한다. 정지시간(초)을 계산하는 식을 맞게 표현한 것은?

① 정지시간(초) = $\dfrac{N(\text{rpm}) \times 60}{n(\text{회전})}$

② 정지시간(초) = $\dfrac{n(\text{회전}) \times 60}{N(\text{rpm})}$

③ 정지시간(초) = $\dfrac{N(\text{rpm})}{n(\text{회전}) \times 60}$

④ 정지시간(초) = $\dfrac{n(\text{회전})}{N(\text{rpm}) \times 60}$

해설

휴지(dwell) 시간

정지시간(초) = $\dfrac{n(\text{회전}) \times 60}{N(\text{rpm})}$

126 다음 CNC 프로그램의 회전수는 약 얼마인가?

```
G96 S120 M03 ;
G91 X80. F0.2 ;
```

① 450rpm   ② 477rpm
③ 487rpm   ④ 500rpm

해설

$n = \dfrac{1,000v}{\pi d} = \dfrac{1,000 \times 120}{\pi \times 80} = 477\text{rpm}$

127 CNC 선반에서 직경이 ∅50mm 부위를 −Z방향으로 절삭하려고 한다. 이때 적합한 주축 회전수 지령은? (단, 재료의 절삭 속도 V=120m/min, 이송 속도 F0.2mm/rev이다.)

① G96 S764 ;   ② G96 S1200 ;
③ G97 S764 ;   ④ G97 S1200 ;

해설

$n = \dfrac{1,000v}{\pi d} = \dfrac{1,000 \times 120}{\pi \times 50} = 764\text{rpm}$

① G97 : 주속 일정제어 OFF
② G96 : 주속 일정제어 ON

128 G97 S400 M03 ; 에서 가공물의 지름이 90mm인 주축의 회전수는 몇 rpm인가?

① 400   ② 500
③ 600   ④ 700

해설

G97 S400 ; 주축의 회전수는 400rpm이다.
① G96 : 주축 속도 일정제어(절삭 속도 : v=m/min) : 단이 많은 계단축 가공 및 단면 가공에 주로 사용한다.
② G97 : 주축 속도 일정제어 취소(주축회전수 : n=rpm) : 드릴작업, 나사작업, 공작물 지름의 변화가 심하지 않는 공작물을 가공할 때 사용한다.

[정답] 124 ② 125 ② 126 ② 127 ③ 128 ①

129 다음 CNC 선반 가공 프로그램에서 일감의 지름이 20mm일 때 주축의 회전수는 약 얼마인가?

> G50 X150.0 Z200.0 S2000 T0100 M42 ;
> G96 S120 M03 ;

① 955rpm
② 1,005rpm
③ 1,910rpm
④ 2,000rpm

해설
G50 S2000 : 주축 최고회전수 : 2,000rpm
G96 S120 M03 ; 주속일정제어 v=120m/min, 정회전
위치결정 지름 20mm
$$n = \frac{1,000v}{\pi d} = \frac{1,000 \times 120}{\pi \times 20} = 1,910 \text{rpm}$$

130 다음 CNC 선반 프로그램에서 시퀀스 번호 N40에서의 주축 회전수는 약 몇 rpm인가?

> N10 G50 X200.0 Z200.0 S1200 M41 ;
> N20 G96 S120 M03 ;
> N30 G00 X85.0 Z3.0 ;
> N40 G01 Z-15.0 F0.2 ;

① 350
② 420
③ 450
④ 1,200

해설
N10 G50 S1200; 주축 최고회전수 : 1,200rpm
N20 G96 S120 M03; 주속일정제어
V=120m/min, 정회전
N30 G00 X85.0 Z3.0; 위치결정 지름 85mm
$$n = \frac{1,000V}{\pi d} = \frac{1,000 \times 120}{\pi \times 85} = 450 \text{rpm}$$

131 다음 CNC 선반 프로그램에서 N30 블록의 주축 회전수는 얼마인가?

> N10 G50 S1000 ;
> N20 G96 S200 M03 ;
> N30 G00 X50 ;
> N40 G01 Z10.0 F0.2 ;

① 200
② 754
③ 1,000
④ 1,274

해설
$$n = \frac{1,000v}{\pi d} = \frac{1,000 \times 200}{\pi \times 50} = 1,273 \text{rpm}$$
CNC 선반 프로그램에서 G96(주축 최고회전수)은 1,000rpm이므로 정답은 1,000rpm이다.

132 CNC 선반 가공에서 Ø70mm의 소재를 Ø68mm가 되도록 가공한 후 측정한 결과 Ø67.8mm이었다. 기존의 X축 보정값이 0.01이라면 보정값을 얼마로 수정하여야 하는가? (단, 직경지령을 사용한다.)

① 0.19
② 0.21
③ 0.22
④ 0.23

해설
가공에 따른 X축 보정값=68-67.8=0.2
기존의 보정값=0.01
공구의 보정값=0.2+0.01=0.21

133 CNC 선반에서 Ø60mm로 가공하기 위해 지령값 X=60.0으로 입력한 후 소재를 측정하였더니 Ø59.6mm가 되었다. 파라미터에서 입력된 기존 보정값이 0.25였다면 수정해야 할 공구 보정치는 얼마인가? (단, 직경지령을 사용한다.)

① 0.25
② 0.4
③ -0.15
④ 0.65

[정답] 129 ③ 130 ③ 131 ③ 132 ② 133 ④

> **해설**
> 가공에 따른 X축 보정값=60−59.6=0.4
> 기존의 보정값=0.25
> 공구의 보정값=0.4+0.25=0.65

134 CNC 선반 가공에서 지령치 X=80.0으로 소재를 가공한 후 측정한 결과 X=80.15이었다. 기존의 X축 보정치를 0.005라 하면 공구 보정 값을 얼마로 수정해야 하는가? (단, 직경지령을 사용한다.)

① 0.155　　② 0.145
③ −0.155　④ −0.145

> **해설**
> 가공 시 X축 보정 값=80−80.15=−0.15mm
> 기존 X축 보정 값 : 0.005mm
> ∴ 공구 보정 값=0.005−0.15=−0.145mm

135 CNC 선반에서 지령값 X25.0으로 프로그램하여 내경을 가공 후 측정하였더니 ⌀24.4이었다. 해당 공구의 공구 보정값은? (단, 현재의 공구 보정값은 X=4.2, Z=6.0이고, 직경 지정임)

① X=4.8, Z=6.0
② X=4.8, Z=6.6
③ X=3.6, Z=6.0
④ X=3.6, Z=6.6

> **해설**
> 내경 완성치수는 ⌀25이고 가공된 치수는 ⌀24.4이다. 25−24.4=0.6이므로, X=4.8
> Z축은 변동이 없으므로 그대로 Z=6.0으로 한다.

136 CNC 선반 가공 중 내경 완성치수 ⌀30.0부위를 측정시 공구마멸의 원인으로, ⌀29.4로 나타났을 때 해당 공구의 공구 보정값은? (단, 현재의 공구 보정값은 X=3.2, Z=6.0이다.)

① X=3.5, Z=6.0
② X=3.5, Z=6.6
③ X=3.8, Z=6.0
④ X=3.8, Z=6.6

> **해설**
> 내경 완성치수는 ⌀30이고 가공된 치수는 ⌀29.4이다. 30−29.4=0.6 따라서, 0.6을 그전 보정값에 더하여 X=3.8, Z축은 변동이 없으므로 그대로 Z=6.0으로 한다.

137 CNC 선반에서 지령값 X60.0으로 소재를 가공한 후 측정한 결과 직경이 59.94mm이었다. 기존의 X축 보정값이 0.005mm라 하면 보정값을 얼마로 수정해야 하는가?

① 0.065　② 0.055
③ 0.06　　④ 0.01

> **해설**
> 가공에 따른 X축 보정값=60−59.94=0.06
> 기존의 보정값=0.005
> 공구의 보정값=0.06+0.005=0.065

138 다음 중 CNC 선반에서 "G96 S400 M03 ; "의 프로그램 설명으로 적합하지 않은 것은?

① 절삭 속도 일정제어이다.
② 시계(정) 방향 회전을 나타낸다.
③ 주속의 단위는 rpm이다.
④ 주속의 단위는 m/min이다.

> **해설**
> 절삭속도 일정제어(G96) : 단이 많은 계단 축 가공 및 단면 가공에 주로 사용한다.
> 예 G96 S400 M03 ; 절삭속도가 400 [m/min]가 되도록 공작물의 지름에 따라 주축회전수가 변한다. 그리고 G96에서 단면절삭과 같이 공작물의 지름이 작아질 경우 주축의 회전수가 무리하게 높아지는 것을 방지하기 위하여 G50에서 최고회전수를 지령하게 된다.

[정답] 134 ④　135 ①　136 ③　137 ①　138 ③

139 CNC 선반 프로그램에서 원형 공작물의 직경이 60mm일 때 주축의 회전수는 약 몇 rpm인가?

```
G50 S1200 ;
G96 S150 ;
```

① 1,200 ② 796
③ 634   ④ 150

해설

$$n = \frac{1,000v}{\pi d} = \frac{1,000 \times 150}{\pi \times 60} = 796\,\mathrm{rpm}$$

140 다음 CNC 선반 프로그램에서 공구가 P_1점, P_2점에 있을 때 주축의 회전수는 각각 약 몇 rpm인가?

```
G50 S1200;
G96 S130;
```

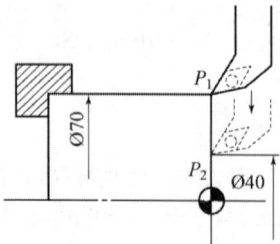

① $P_1 = 451$, $P_2 = 1,035$
② $P_1 = 591$, $P_2 = 1,095$
③ $P_1 = 451$, $P_2 = 1,095$
④ $P_1 = 591$, $P_2 = 1,035$

해설

G50 S1200; 주축 최고회전수 : 1,200rpm
G96 S130 M03; 주속일정제어 $v = 130\mathrm{m/min}$

$$n = \frac{1,000v}{\pi d} = \frac{1,000 \times 130}{\pi \times 70} = 591\,\mathrm{rpm}$$

$$n = \frac{1,000v}{\pi d} = \frac{1,000 \times 130}{\pi \times 40} = 1,035\,\mathrm{rpm}$$

141 다음은 CNC 선반의 프로그램이다. N02 블록 수행 시 주축의 회전수(rpm)는 얼마인가? (단, 직경 지령이며, 소수점 이하에서 반올림한다.)

```
N01 G50 X100. Z200. S1000 T0100 M42 ;
N02 G96 S400 M03 ;
N03 G00 X50. Z0. T0101 M08 ;
```

① 127   ② 1,000
③ 1,273 ④ 12,732

해설

- N1 G50 X100. S1000 ;
  ⇒ 주축 최고회전수 : 1,000rpm, 위치결정 지름 100mm
- N2 G96 S400 M03 ;
  ⇒ 주속일정제어, $v = 400\mathrm{m/min}$,
  정회전 $n = \dfrac{1,000v}{\pi d} = \dfrac{1,000 \times 400}{\pi \times 100}$
  $= 1,273\mathrm{rpm}$
∴ 주축 최고회전수를 넘을 수 없으므로 주축은 1,000rpm으로 회전한다.

142 다음은 CNC 선반 프로그램의 일부분이다. N3 블록에서 주축 회전수는 몇 rpm인가?

```
N1 G50 X200. Z100. S3000 T0100 ;
N2 G96 S200 M03 ;
N3 G00 X12. Z2. T0101 M08 ;
N4 G01 Z-25. F0.25 ;
N5 M09 ;
```

① 200   ② 3,000
③ 5,305 ④ 6,000

해설

N1 G50 S3000 ; 주축 최고회전수 : 3,000rpm
N2 G96 S200 M03 ; 주속일정제어
$v = 200\mathrm{m/min}$, 정회전
N3 G00 X12. Z2. T0101 M08 ; 위치결정 지름 12mm
$$n = \frac{1,000v}{\pi d} = \frac{1,000 \times 200}{\pi \times 12} = 5,305\,\mathrm{rpm}$$
∴ 주축 최고회전수를 넘을 수 없으므로 주축은 3,000rpm으로 회전한다.

[정답] 139 ② 140 ④ 141 ② 142 ②

143 다음 CNC 선반 프로그램에서 N7 블록의 절삭속도는 약 몇 m/min인가?

```
N1 G50 X200. Z200. T0100 S800 M41 ;
N2 G96 S100 M03 ;
N3 G00 X50. Z5. T0101 M08 ;
N4 G01 Z-50. F0.1 ;
N5 G00 X55. Z5. ;
N6 X10. ;
N7 G01 Z-10. ;
```

① 25
② 50
③ 100
④ 800

해설
CNC 공작기계에서 백래시(back lash)의 오차를 줄이기 위해 사용하는 것은 볼 스크루(ball screw)이다.
N1 G50 S800 ; 주축 최고회전수 : 800rpm
N2 G96 S100 M03 ; 주속일정제어
v =100m/min, 정회전
N3 G00 X50. Z5. T0101 M08 ; 위치결정 지름 50mm
N6 X10. ; 위치결정 지름 10mm
$v = \dfrac{\pi d n}{1,000} = \dfrac{\pi \times 10 \times 800}{1,000} = 25$

144 선삭 가공에서 가공 길이 200mm, 회전수 1400 rpm, 이송 속도 0.3mm/rev의 조건에서 가공시간은 약 얼마가 소요되는가?

① 28.6초
② 38.6초
③ 25.3초
④ 35.3초

해설
$t = \dfrac{l}{nf} = \dfrac{200}{1,400 \times 0.3} = 0.476(\min) \times 60$
$= 28.57(\sec)$

145 지름 50mm, 가공 길이가 800mm인 환봉을 절삭 속도는 50m/min, 이송은 0.2mm/rev일 때 선반에서 1회 절삭가공 하는 데 소요되는 시간은 약 얼마인가?

① 6.6분
② 8.6분
③ 10.6분
④ 12.6분

해설
$N = \dfrac{1,000 V}{\pi D} = \dfrac{1,000 \times 50}{\pi \times 50} = 318$
$T = \dfrac{l}{Nf} = \dfrac{800}{318 \times 0.2} = 12.6 \min$

146 다음 중 CNC 선반에서 [그림]과 같은 가상인선(날 끝) 번호와 가공의 내용이 바르게 짝지어진 것은?

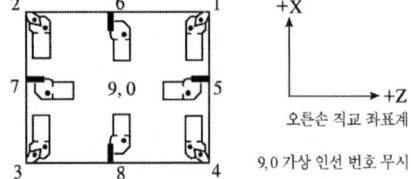

① 1번 : 센터 드릴 및 드릴링 작업
② 2번 : 외경 홈 및 외경 나사 작업
③ 3번 : 외경 막깎기 및 다듬질 작업
④ 4번 : 내경 홈 및 내경 나사 작업

해설
1번, 2번, 3번, 4번은 외경 막깎기 및 다듬질 작업
6번, 7번, 8번, 5번은 외경 홈 작업

[정답] 143 ① 144 ① 145 ④ 146 ③

147 다음 그림은 CNC 선반 가공에서 공구 진행 방향을 나타내고 있다. 공구경로 B의 공구 보정 기능으로 맞는 것은?

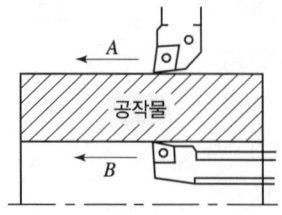

① G40
② G41
③ G42
④ G43

해설

코드	의미	공구경로
G40	공구인선 R 보정 취소	프로그램 경로 위에서 공구 이동
G41	공구인선 R 좌측 보정	프로그램 경로의 왼쪽으로 공구 이동
G42	공구인선 R 우측보정	프로그램 경로의 오른쪽으로 공구 이동

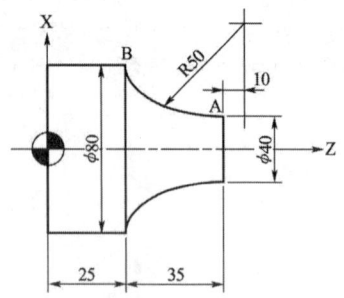

148 CNC 선반에서 그림과 같은 원호 절삭을 하려고 한다. A에서 B로 작업하는 다음 프로그램 중 맞는 것은?

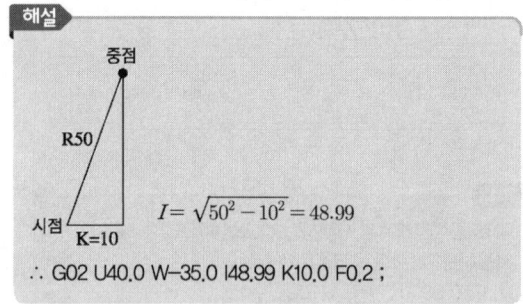

① G02 X80.0 Z25.0 I10.0 K50.0 F0.2 ;
② G02 U40.0 W-35.0 I48.99 K10.0 F0.2 ;
③ G02 X80.0 W35.0 I48.99 K10.0 F0.2 ;
④ G02 X40.0 Z-35.0 I10.0 K50.0 F0.2 ;

해설

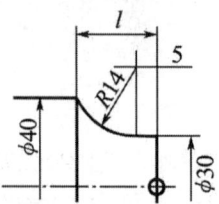

$I = \sqrt{50^2 - 10^2} = 48.99$

∴ G02 U40.0 W-35.0 I48.99 K10.0 F0.2 ;

149 CNC 선반에서 그림과 같은 원호 절삭을 하려고 한다. l 의 길이로 옳은 것은?

① 10 mm
② 14.72 mm
③ 15.72 mm
④ 19 mm

해설

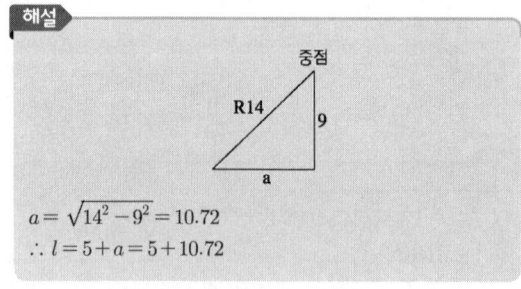

$a = \sqrt{14^2 - 9^2} = 10.72$
∴ $l = 5 + a = 5 + 10.72$

[정답] 147 ② 148 ② 149 ③

150 다음 중 그림에서와 같이 P1 → P2로 절삭하고자 할 때 옳은 것은?

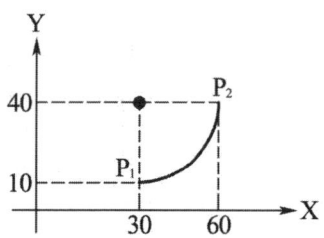

① G90 G02 X60. Y40. I10. J40 ;
② G90 G02 X30. Y10. I10. J40 ;
③ G90 G03 X60. Y40. I10. J40 ;
④ G90 G03 X60. Y40. I0. J30 ;

해설
CNC 공작기계 작업 중 이상이 발생했을 때 파라미터를 삭제하면 안 된다.
원호 보간 시 I, J, K는 시점에서 원점까지의 X, Y, Z방향의 거리이며, I는 X축 보간, J는 Y축 보간, K는 Z축 보간이다.
그림에서 P1 → P2로 절삭할 때
G90 G03 X60. Y40. I0. J30. ;

151 다음 그림은 CNC 선반의 R가공 프로그램이다. N025의 [ ]에 맞는 프로그램은?

```
N021 G01 Z40. ;
N022 X10. ;
N023 G02 X20. Z35. I5. ;
N024 G03 X40. Z25. K-10. ;
N025 [    ]
```

① G03 X40. Z25. I18. J-18. ;
② G03 Z10. I-15. J16.363 ;
③ G02 X40. Z25. I16.363 K-18. ;
④ G02 Z10. I16.363 K-7.5 ;

해설

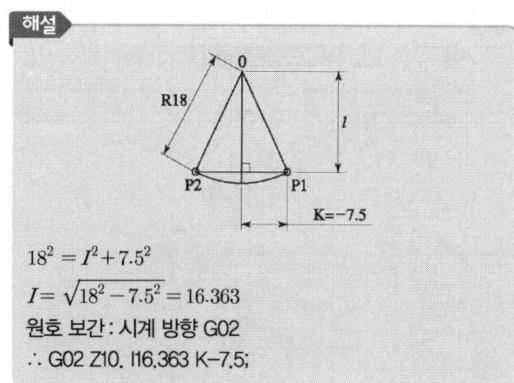

$18^2 = l^2 + 7.5^2$
$l = \sqrt{18^2 - 7.5^2} = 16.363$
원호 보간 : 시계 방향 G02
∴ G02 Z10. I16.363 K-7.5 ;

152 CNC 선반에서 다음 도면의 구석 R6의 가공 프로그램으로 N002에 가장 적당한 것은?

```
N001 G01 X40. Z80. F0.2 ;
N002 (    ) ;
N003 X100. K-3. ;
N004 W-30. ;
```

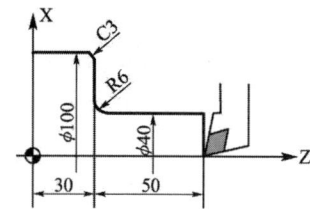

① G01 X40. F0.2 ;
② G02 Z30. R6. F0.18 ;
③ G01 X100. C-3. F0.2 ;
④ G01 Z0. R6. F0.18 ;

해설
G02 Z30. R6. F0.18 ;

[정답] 150 ④ 151 ④ 152 ②

153 다음은 ①에서 ②로 가공한 CNC 선반 프로그램이다. [ ]에 적당한 블록은?

```
G00 X11. Z1. T0101 M08;
G01 X15. Z-2. F01;
Z-15;
X16.;
G01 [     ]
```

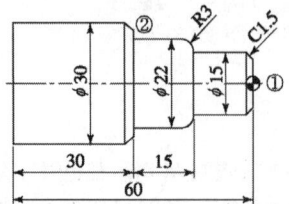

① X22. R-3.
② X22. R3.
③ X22. K-3.
④ X22. K3.

154 다음은 주어진 도면을 가공하기 위한 프로그램이다. ( ) 안에 알맞은 지령은?

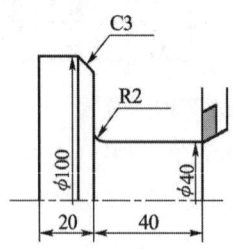

```
( ) Z-40. R2;
X100. ();
W-17;
```

① G01, K-3
② G02, K-3
③ G03, K3.
④ G01, I-3.

155 아래의 도면을 CNC 선반에서 가공하려고 프로그램을 작성하였다. [ ] 안에 알맞은 것은?

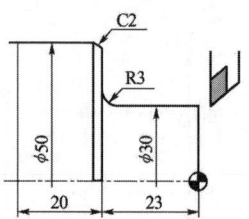

```
G[ ] Z-23. R3.;
X50. [ ]2.;
Z-43.;
```

① 02, K-
② 01, I-
③ 01, K-
④ 02, I

해설
G01 Z-23. R3.;
X50. K-2.;

156 그림은 P1에서 P2까지의 CNC 선반 프로그램이다. 빈칸에 알맞은 것은?

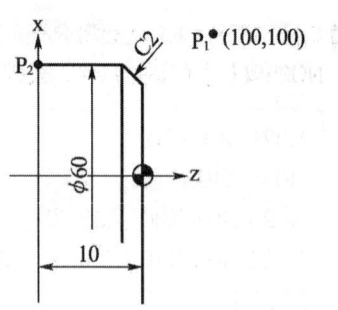

```
G00 X( ) Z2.0;
G01 X60. Z-2.0 F0.1;
G01 Z-10.0;
```

① 52.0
② 56.0
③ 58.0
④ 59.0

[정답] 153 ① 154 ① 155 ③ 156 ①

> **해설**
> P1에서 P2까지의 CNC 선반 프로그램
> G00 X52.0 Z2.0 ;
> G01 X60. Z-2.0 F0.1 ;
> G01 Z-10.0 ;
> 여기서, Z0.일 때는 G00 X56.0 Z0.0 ; 이 된다.

157 그림에서 CNC 선반 프로그램의 좌표계 설정 프로그램으로 옳은 것은? (단, 직경지령 사용)

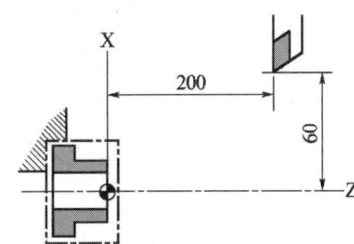

① G50 X60.0 Z200.0 ;
② G50 X120.0 Z200.0 ;
③ G00 X60.0 Z200.0 ;
④ G00 X120.0 Z200.0 ;

> **해설**
> G50 X120.0 Z200.0 ;

158 CNC 선반에서 나사 절삭 가공 기능만으로 짝지어진 것은?

① G32, G72, G75
② G32, G76, G92
③ G75, G76, G90
④ G75, G76, G92

> **해설**
> 나사 절삭 가공 기능
> • G32 : 나사 절삭
> • G76 : 자동 나사 가공 Cycle
> • G92 : 나사 절삭 Cycle

159 CNC 선반에서 M50×2.0에 두 줄 나사를 가공하려고 할 때 이송기능 F값은 얼마로 하여야 하는가?

① F1.0
② F2.0
③ F3.0
④ F4.0

> **해설**
> M50×2.0 두줄 나사 가공 시
> 이송 기능 F값은 나사의 리드 값과 같다.
> 리드=나사의 줄수×피치=2×2=4
> ∴ 이송 기능 F4.0이 된다.

160 CNC 선반에서 G92로 나사를 가공하려 할 때 나사의 리드(lead)를 나타내는 데 필요한 것은?

① M   ② C
③ P   ④ F

> **해설**
> 단일고정형 나사 절삭 사이클(G92)
>
> G92 X(U)___ Z(W)___ F
>
> • X(U) : 절삭 시 나사 끝지점 X좌표(지름 지령)
> • Z(W) : 절삭 시 나사 끝지점의 Z좌표
> • F : 나사의 리드(lead)

161 다음 CNC 선반 프로그램에서 'F1.5'의 의미로 옳은 것은?

G92 X15. Z-360. F1.5 ;

① 나사의 유효지름 1.5mm
② 나사산의 높이 1.5mm
③ 나사의 리드 1.5mm
④ 1.5등급 나사

[정답] 157 ② 158 ② 159 ④ 160 ④ 161 ③

해설

F1.5 : 나사의 리드 1.5mm
여기서, X : 절삭 시 나사 끝지점
　　　　　X좌표(지름 지령)
　　　　Z : 절삭 시 나사 끝지점의 Z좌표
　　　　F : 나사의 리드(lead)

162 다음 CNC 선반 프로그램에서 (A)의 R, (B)의 D가 의미하는 것은 무엇인가?

```
(A) G73 U_ W_ R_ ;
    G73 P_ Q_ U_ W_ F_ ;
(B) G73 P_ Q_ I_ K_ U_ W_ D_
    F_ ;
```

① 분할 횟수
② 구멍 바닥에서 정지시간 지정
③ X축 방향 다듬질 절삭 여유
④ 1회 절입량 지정

해설

유형 반복 사이클(G73) : 복합 반복 사이클

G73 U(Δd') W(Δw) R(e) ;
G73 P(ns) Q(nf) U(Δu) W(Δw) F(f) S(s) T(t) ;

여기서, U(Δd') : X축 거친 절삭 가공량(도피량)
　　　　W(Δw) : Z축 거친 절삭 가공량(도피량)
　　　　R(e) : 분할 횟수(거친 절삭 횟수)
　　　　P(ns) : 다듬 절삭 가공 지령절의 첫 번째 전개번호
　　　　Q(nf) : 다듬 절삭 가공 지령절의 마지막 전개번호
　　　　U(Δu) : X축 방향 다듬 절삭 여유(지름 지령)
　　　　W(ΔW) : Z축 방향 다듬 절삭 여유
　　　　F, S, T : 거친 절삭 가공 시 이송 속도, 주축 속도, 공구 선택

G73 P(ns) Q(nf) I(i) K(k) U(Δu) W(Δw) D(Δd) F(f) S(s) T(t) ;

여기서, P(ns) : 다듬 절삭 가공 지령절의 첫 번째 전개번호
　　　　Q(nf) : 다듬 절삭 가공 지령절의 마지막 전개번호
　　　　I(i) : X축 거친 절삭 가공량(도피량) : 반지름 지령
　　　　K(k) : Z축 거친 절삭 가공량(도피량)
　　　　U(Δu) : X축 방향 다듬 절삭 여유 – (지름 지령)

W(Δw) : Z축 방향 다듬 절삭 여유
D(Δd) : 분할 횟수(거친 절삭 횟수)
F, S, T : 거친 절삭 가공 시 이송 속도, 주축 속도, 공구 선택

163 다음 CNC 선반 프로그램에서 A의 Q_ , B의 D_의 의미는?

```
A : G76 P_ _ _ Q_ R_ ;
    G76 X_ Z_ P_ Q_ R_ F_ ;
B : G76 X_ Z_ I_ K_ D_ A_ F_ P_ ;
```

① 최초 절입량　　② 나사산의 각도
③ 나사산의 높이　④ 다듬질 여유

해설

복합고정형 나사 절삭 사이클(G76)
• R(d) : 다듬질 여유
• X(U), Z(W) : 나사 끝지점 좌표
• P(k) : 나사산 높이(반지름 지령)
• Q(Δd) : 첫 번째 절입 깊이(반지름 지령) – 소수점 사용 불가
• R(i) : 테이퍼 나사에서 나사 끝지점 X값과 나사 시작점 X값의 거리(반지름 지령)
• F : 나사의 리드

164 다음 나사 사이클에서 F 지령의 의미로 옳은 것은?

```
G76 P____ Q_ R_ ;
G76 X__ Z__ P__ Q__ F__;
```

① 이송 속도　　② 나사산의 각도
③ 나사의 리드　④ 최초 절입량

해설

• X, Z : 나사의 끝점의 좌푯값
• P : 나사산의 높이(반경 지령)
• Q : 최초 절입량(반경 지령)
• F : 나사의 리드

[정답] 162 ① 163 ① 164 ③

165 다음의 CNC 선반 프로그램과 같은 복합고정형 나사 절삭 사이클에 대한 설명으로 틀린 것은?

> G76 P010060 Q50 R30 ;
> G76 X27.62 Z-25.0 P1190 Q350 F2.0 ;

① Q50은 정삭 여유값이다.
② Q350은 첫 번째 절입량이다.
③ P1190은 나사산의 높이값이다.
④ P010060의 01은 다듬질 횟수다.

> 해설
> 자동 나사 절삭 Cycle(G76)
> G32, G92의 나사 가공 기능과는 차이가 있으나 나사의 최종 골경과 절입 조건 등 2개의 블록으로 지령함으로써 자동적으로 나사를 완성할 수 있는 기능이다.
>
> 지령 방법 G76 P(m)(r)(a) Q(dmin) R(d) ;
>   G76 X(U) Z(W) P Q R F ;

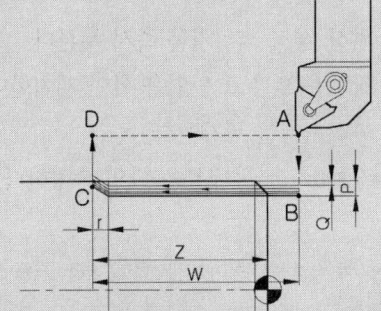

> m : 최종 정삭 가공의 반복 횟수(1~99지령)
> r : 면취(Chamfer)량(0~99 지령)
> a : 공구 Tip의 각도(나사산의 각도 : 80°, 60°, 55°, 30°, 29°, 0°)
> dmin : 최소 절입량
> d : 정삭 여유량
> X, Z : 나사의 끝점의 좌푯값
> P : 나사산의 높이(반경지령)
> Q : 최초 절입량(반경지령)
> i : 테이퍼 나사부의 크기(반경지령)
> F : 나사의 리드

166 다음 CNC 선반 프로그램에서 [A]의 Ud, [B]의 Dd는 무엇을 의미하는가?

> [A] G71 Ud R_ ;
>   G71 P_ Q_ U_ W_ F_ ;
> [B] G71 P_ Q_ U_ W_ Dd F_ S_ T_ ;

① 1회 가공의 절삭 깊이량
② Z축 방향 다듬 절삭 여유
③ 고정사이클 지령절의 마지막 전개번호
④ 고정사이클 지령절의 첫 번째 전개번호

> 해설
> • Ud : 1회 가공 깊이(절삭 깊이) – (반지름 지령, 소수점 지령 가능)
> • Dd : 1회 가공 깊이(절삭 깊이) – (반지름 지령, 소수점 지령 불가)

167 다음과 같은 CNC 선반 프로그램에 대한 설명으로 틀린 것은?

> N08 G71 U1.5 R0.5 ;
> N09 G71 P10 Q100 U0.4 W0.2 D1500 F0.2 ;

① P10은 지령절의 첫 번째 전개번호이다.
② Q100은 지령절의 마지막 전개번호이다.
③ W0.2는 Z축 방향의 정삭여유이다.
④ U1.5는 X축 방향의 정삭여유이다.

> 해설
> • U1.5 : 절입량(반경지정)
> • R0.5 : 도피량(반경지정)

[정답] 165 ① 166 ① 167 ④

168 다음과 같은 CNC 선반 프로그램에 대한 설명으로 틀린 것은?

> N08 G71 U1.5 R0.5;
> N09 G71 P10 Q100 U0.4 W0.2 D1500 F0.2;

① P10은 지령절의 첫 번째 전개번호이다.
② Q100은 지령절의 마지막 전개번호이다.
③ W0.2는 Z축 방향의 정삭여유이다.
④ U1.5는 X축 방향의 정삭여유이다.

해설
- U1.5 : 1회 가공 깊이(절삭 깊이) – (반지름 지령, 소수점 지령 가능)
- R0.5 : 도피량(절삭 후 간섭 없이 공구가 빠지기 위한 양)
- P10 : 다듬질 절삭 가공 지령절의 첫 번째 전개번호
- Q100 : 다듬질 절삭 가공 지령절의 마지막 전개번호
- U0.4 : X축 방향 다듬질 절삭 여유(지름 지령)
- W0.2 : Z축 방향 다듬질 절삭 여유
- F, S, T : 거친 절삭 가공 시 이송 속도, 주축 속도, 공구 선택. 즉, P와 Q 사이의 데이터는 무시되고 G71 블록에서 지령된 데이터가 유효

169 CNC 공작기계에서 작업 시 안전 사항에 위배되는 사항은?

① 작업 중 위급 시는 비상정지 스위치를 누른다.
② CNC 선반 작업 시 절삭 시간을 줄이기 위하여 작업문을 열어 놓고 가공한다.
③ 가공된 칩 제거 시는 기계를 반드시 정지하고 제거한다.
④ CNC 방전 가공 시에는 감전에 유의한다.

해설
CNC 선반 작업 시 반드시 작업문을 닫고 가공한다.

170 CNC 선반 조작 시 주의사항에 해당하지 않는 것은?

① 기계조작은 조작순서에 의하여 행한다.
② 급속 이송 시 공구와 공작물의 충돌에 주의한다.
③ 프로그램을 작성할 때는 다른 프로그램을 모두 삭제한다.
④ 공구 교환 시 공구와 공작물의 충돌에 주의한다.

해설
프로그램을 작성할 때는 다른 프로그램을 삭제할 필요가 없다.

171 CNC 공작기계 작업 중 이상이 발생했을 때 조치 내용으로 알맞지 않는 것은?

① 비상 정지 스위치를 즉시 누른다.
② 작업을 멈추고 원인을 확인 제거한다.
③ 파라미터를 삭제한다.
④ 경보(alarm) 내용을 확인 수정한다.

해설
CNC 공작기계 작업 중 이상이 발생했을 때 파라미터를 삭제하면 안 된다.

172 다음 중 안전에 대한 설명으로 틀린 것은?

① CNC 선반 공작물은 무게중심을 맞춰야 안전하다.
② CNC 선반에서 나사 가공 시 Feed Override는 100%로 해야 한다.
③ 바이트의 자루는 가능한 한 굵고 짧은 것을 사용한다.
④ 드릴은 Chip의 배출이 어려우므로, 가능한 절삭 속도를 크게 해야 한다.

[정답] 168 ④ 169 ② 170 ③ 171 ③ 172 ④

해설
드릴은 Chip의 배출이 어려우므로, 가능한 절삭 속도를 작게 해야 한다.

173 CNC 선반 가공 시 주의사항으로 틀린 것은?
① 공작물을 견고하게 고정한다.
② 옷소매나 머리카락이 주축에 휘감기지 않도록 주의한다.
③ 나사, 홈 가공 시는 주축회전수가 일정하게 되지 않도록 유의한다.
④ 공구선정 및 가공 절삭 조건에 주의하며, 단면 및 외경 가공 시 충돌에 유의한다.

해설
CNC 선반 가공 시 나사, 홈 가공 시는 주축회전수가 일정해야 한다.

174 머시닝 센터에서 XY 평면을 설정하는 코드는?
① G17   ② G18
③ G19   ④ G20

해설
G17(XY), G18(ZX), G19(YZ) 평면

175 머시닝 센터에서 G21 지령 시 축의 이동 단위로 옳은 것은?
① deg   ② inch
③ mm   ④ del

해설
① G20 : 인치식 입력 지령
② G21 : 미터식 입력 지령

176 머시닝 센터 자동 공구교환장치(ATC)에서 공구 교환 명령어는?
① M98
② M30
③ M08
④ M06

해설
① M98 : 보조 프로그램 호출
② M30 : 프로그램 끝 및 재개
③ M08 : 절삭유 토출
④ M06 : 공구 교환

177 다음 중 머시닝 센터에서 급속 위치결정 기능과 관계없는 것은?
① G00
② G01
③ G53
④ G60

해설
• G01 : 직선 보간(절삭이송)
• 급속 위치결정 : G00, G53, G60

178 머시닝 센터 프로그램 시 공구 지름 보정과 관계 없는 것은?
① G40   ② G41
③ G42   ④ G43

해설
① G40 : 공구 지름 보정 취소
② G41 : 공구 지름 보정 좌측
③ G42 : 공구 지름 보정 우측
④ G43 : 공구 길이 보정 "+"

[정답] 173 ③ 174 ① 175 ③ 176 ④ 177 ② 178 ④

179 머시닝 센터에서 보정번호 03번에 15.0의 보정값을 프로그램에 의해 입력하는 방법으로 옳은 것은?

① G10 P03 X15.0 ;
② G10 P03 R15.0 ;
③ G10 D03 X15.0 ;
④ G10 D03 R15.0 ;

해설
보정번호 03번에 15.0의 보정값을 프로그램
G10 P03 R15.0 ;

180 머시닝 센터 프로그램에서 보조 프로그램의 끝을 나타내며 주프로그램으로 되돌아가는 보조 기능은?

① M30 ② M02
③ M98 ④ M99

해설
① M30 : 프로그램 종료, rewind
② M02 : 프로그램 종료
③ M98 : 보조 프로그램 호출
④ M99 : 보조 프로그램의 종료, 주프로그램으로 변환

181 머시닝 센터의 보조기능 중 공구를 교환하는 지령은?

① M05 ② M06
③ M09 ④ M30

해설
① M05 : 주축 정지
② M06 : 공구 교환
③ M09 : 절삭유 Off
④ M30 : 프로그램 종료 및 재개

182 다음 머시닝 센터 프로그램에서 고정 사이클의 기능 중 G98의 의미는?

G81 G90 G98 X50. Y50. Z100. R5. ;

① R점 복귀 ② 초기점 복귀
③ 절대 지령 ④ 증분 지령

해설
G98 : 고정 사이클 초기점 복귀

183 머시닝 센터 가공 프로그램에 사용되는 준비기능 가운데 카운터 보링 기능에 해당하는 G코드는?

① G81 ② G82
③ G83 ④ G84

해설
① G81 : 드릴링 사이클
② G82 : 카운터 보링 사이클
③ G83 : 심공 드릴 사이클
④ G84 : 태핑 사이클

184 머시닝 센터에서 250rpm으로 회전하는 스핀들에 피치 2mm 나사를 가공할 때 주축 이송 속도를 몇 mm/min로 하는 것이 좋은가?

① 400 ② 450
③ 500 ④ 550

해설
이송 속도 $S = n \times p = 250 \times 2 = 500$mm/min

185 머시닝 센터에서 M10×1.5의 나사 가공 시 필요한 드릴의 지름은?

① 7.0mm ② 8.5mm
③ 10.0mm ④ 11.5mm

[정답] 179 ② 180 ④ 181 ② 182 ② 183 ② 184 ③ 185 ②

$M10 - 1.5 = 8.5$

186 날당 이송량이 0.05mm/tooth인 2날 엔드밀의 이송 속도는 몇 mm/min인가? (단, 회전수 800 rpm, 절삭 속도 34m/min이다.)

① 34　　② 40
③ 68　　④ 80

$f = f_z \times Z \times N = 0.05 \times 2 \times 800 = 80 \text{mm/min}$

187 머시닝 센터에서 ∅12, 4날 황삭용 초경 평엔드밀로 SM45C의 공작물을 가공하고자 할 때, 공구의 이송 속도 F는 약 몇 mm/min인가? (단, 절삭조건표에 의해 절삭속도는 35m/min이고, 공구 날당 이송 fz =0.06mm/tooth이다.)

① 183　　② 223
③ 253　　④ 283

$F = fz \times z \times n$
$= 0.06 \times 4 \times \dfrac{1{,}000 \times 35}{\pi \times 12} = 223 \text{mm/min}$

188 머시닝 센터에서 2날 엔드밀을 사용하여 이송 속도(G94) F100으로 가공할 때 엔드밀의 날 하나당 이송 거리는 몇 mm인가? (단, 주축의 회전수는 500rpm이다.)

① 0.05　　② 0.1
③ 0.2　　④ 0.25

$f = f_Z \cdot Z \cdot n$ 에서
$f_Z = \dfrac{f}{Z \cdot n} = \dfrac{100}{2 \times 500} = 0.1 \text{mm/날}$

189 다음 머시닝 센터 프로그램에서 N05 블록의 가공 시간(min)은 약 얼마인가?

```
N01 G80 G40 G49 G17 ;
N02 T01 M06 ;
N03 G00 G90 X100. Y100. ;
N04 G01 X200. F150 ;
N05 X300. Y200. ;
```

① 0.94
② 1.49
③ 2.35
④ 3.72

N05 블록의 가공시간 : T
X200. → X300. : X방향 100mm 이동
Y100. → Y200. : Y방향 100mm 이동
F150 : 1분간 테이블 이동량 f = 150mm/min
XY방향 이동량 : $l = \sqrt{30^2 + 30^2} = 141.42 \text{mm}$
∴ $T = \dfrac{l}{f} = \dfrac{42.426}{150} = 0.94 \text{min}$

190 머시닝 센터에서 M8×1.25인 암나사를 태핑 사이클로 가공하고자 할 때, 주축의 이송 속도는 몇 mm/min인가? (단, 주축 스핀들은 600rpm으로 지령되어 있다.)

① 125
② 750
③ 1,000
④ 1,250

[정답] 186 ④　187 ②　188 ②　189 ①　190 ②

해설
나사 이송 속도=피치×회전수=1.25×600=750

191 머시닝 센터 프로그램에서 원호 가공 시 I, J의 의미는?

① 원호의 시작점에서 원호의 끝점까지의 벡터량
② 원호의 중심에서 원호의 시작점까지의 벡터량
③ 원호의 끝점에서 원호의 시작점까지의 벡터량
④ 원호의 시작점에서 원호의 중심점까지의 벡터량

해설
머시닝 센터 프로그램에서 원호 보간
원호 보간에서 I, J, K의 어드레스는 X축 방향의 값을 I로, Y축 방향을 J로, Z축 방향을 K로 지령한다. 또한 I, J, K의 부호는 시점에서 원호의 중심이 (+)방향인가 (-)방향인가에 따라 결정하며, 값은 원호 시작점에서 원호 중심까지의 거리 값이다.

192 X-Y 평면으로 설정된 상태에서 원호 보간 지령 시, X 방향의 속도와 Y 방향의 속도 변화에 대한 설명으로 옳은 것은?

① X 방향의 속도가 항상 크다.
② Y 방향의 속도가 항상 크다.
③ 어느 지점에서나 동일한 비율로 구성된다.
④ 가공 지점에 따라 속도의 비율이 달라진다.

193 다음 그림의 A점에서 B점까지 가공하는 프로그램으로 옳은 것은?

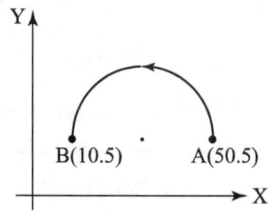

① G91 G03 X-30. I10. ;
② G91 G03 X-40. I-20. ;
③ G91 G03 X10. Y5. J-20. ;
④ G91 G03 X10. Y5. J-10. ;

해설
그림의 A점에서 B점 : G91 G03 X-40. I-20. ;

194 머시닝 센터 프로그램에서 A점에서 출발하여 시계 방향으로 360° 원호 가공할 경우 지령은?

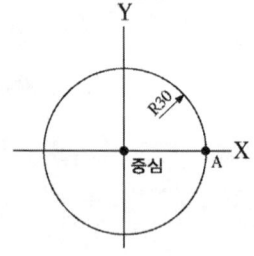

① G02 I30.0 F100 ;
② G02 I-30.0 F100 ;
③ G02 J30.0 F100 ;
④ G02 J-30.0 F100 ;

해설
원호 보간에서 I, J, K의 어드레스는 X축 방향의 값을 I로, Y축 방향을 J로, Z축 방향을 K로 지령한다. 또한 I, J, K의 부호는 시점에서 원호의 중심이 (+)방향인가 (-)방향인가에 따라 결정하며, 값은 원호 시작점에서 원호 중심까지의 거리 값이다. 그러므로 지령은 G02 I-30.0 F100 ; 이다.

[정답] 191 ④ 192 ④ 193 ② 194 ②

195 머시닝 센터로 그림의 각 점을 시작점으로 하여 시계 방향으로 360° 원을 가공하고자 할 때 틀린 지령은?

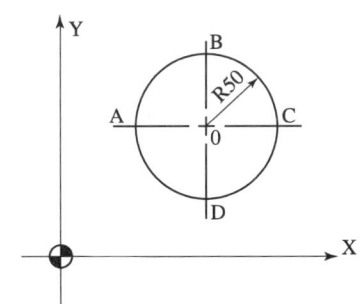

① A점 : G02 I50. F80 ;
② B점 : G02 J50. F80 ;
③ C점 : G02 I-50. F80 ;
④ D점 : G02 J50. F80 ;

해설
① A점 : G02 I50. F80 ;
② B점 : G02 J-50. F80 ;
③ C점 : G02 I-50. F80 ;
④ D점 : G02 J50. F80 ;

196 다음 그림의 P_1에서 P_2로 절대명령으로 원호 가공하는 머시닝 센터 프로그램으로 올바른 것은?

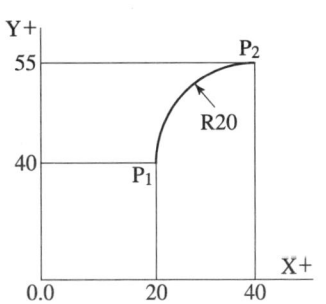

① G90 G02 X40.0 Y55.0 R20. ;
② G90 G02 X20.0 Y15.0 R20. ;
③ G91 G03 X20.0 Y15.0 R20. ;
④ G91 G03 X40.0 Y55.0 R20. ;

해설
위의 그림에서
G90 G02 X40.0 Y55.0 R20. ; 또는
G90 G02 X40.0 Y55.0 I20. J0. ;

197 아래 그림과 같이 머시닝 센터의 제어 기준점을 A점에서 B점으로 원호 운동시키기 위한 프로그램으로 맞는 것은?

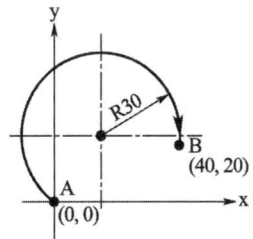

① G17 G90 G02 X40.0 Y20.0 R-30.0 ;
② G17 G90 G02 X40.0 Y20.0 R30.0 ;
③ G17 G91 G03 X40.0 Y20.0 R30.0 ;
④ G17 G91 G03 X40.0 Y20.0 R-30.0 ;

해설
G17 G90 G02 X40.0 Y20.0 R-30.0;

198 엔드밀로 그림과 같은 위치에서 360도 원을 가공할 때 맞는 프로그램은?

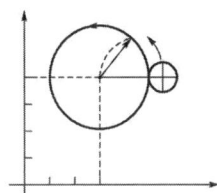

① G17 G03 I-2. F100 ;
② G17 G03 J-2. F100 ;
③ G18 G02 J2. F100 ;
④ G18 G03 I2. F100 ;

[정답] 195 ② 196 ① 197 ① 198 ①

> 해설
> G17 G03 I-2. F100 ;

199 다음 머시닝 센터 프로그램에서 N10 블록의 G80에 대한 설명 중 옳은 것은?

```
N10 G40 G49 G80 ;
N20 G90 G92 X0. Y0. Z0. ;
N30 G43 G00 Z10. H01 S1000 M03 ;
```

① 공구경 우측보정
② 고정 사이클 취소
③ 공구경 보정 해제
④ 공구길이 보정 해제

> 해설
> ① G40 : 공구경 보정 취소
> ② G49 : 공구길이 보정 취소
> ③ G80 : 고정 사이클 취소

200 머시닝 센터 프로그램에서 N10블록 G49의 의미는?

```
N10 G40 G49 G80 ;
N20 G90 G92 X0.0 Y0.0 Z200 ;
N30 G43 G00 Z10.0 H01 S1000 M03 ;
```

① 공구경 보정
② 공구경 보정 취소
③ 공구길이 보정
④ 공구길이 보정 취소

> 해설
> ① 공구경 보정 : G41(좌측), G42(우측)
> ② 공구경 보정 취소 : G40
> ③ 공구길이 보정 : G43(+), G44(-)
> ④ 공구길이 보정 취소 : G49

201 다음 CNC 밀링 프로그램에서 오류가 발생되는 블록은?

```
N005 S1000 M03 ;
N006 G91 G01 Z-5. F80 M08 ;
N007 X20. ;
N008 G02 X10. I5. ;
N009 G03 X15. R5. ;
N010 G01 Y20. ;
```

① N006
② N007
③ N008
④ N009

> 해설
> 원호 가공은 NC에서 G17(XY), G18(ZX), G19(YZ) 평면이 사용되는 데 수직 밀링에서는 전원 공급 시 G17 기능이 유효하므로 라운딩 가공에서 I, J를 사용한다.
> G91 증분 지령으로 I, J로 지정할 경우
> G02 X10.0 I5.0 ;
> G03 X15.0 I5.0 ;

202 다음 그림에서 엔드밀이 기준공구일 때 드릴의 공구길이 보정을 G43으로 했을 때 보정값은?

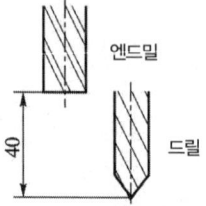

① 40
② -40
③ 80
④ -80

> 해설
> G44로 지령 시는 -40이다.

203 다음 그림과 같이 공작물 윗면 중앙을 원점으로 하고 T02로 가공 후 공작물 표면으로부터 50mm 떨어지고자 할 때 ( ) 안의 내용으로 적당한 것은? (단, 기준공구는 T01을 사용한다.)

```
G91 G30 Z0 T02 M06 ;
G90 G00 X0 Y0 ;
G43 Z10. H02 ;
G83 G99 Z-30 R3. Q5. F100 S900 ;
G49 G80 G00 (    ) ;
M05 ;
M02 ;
```

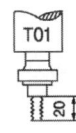 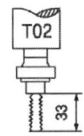 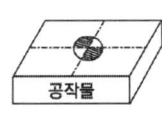

① Z50.   ② Z37.
③ Z40.   ④ Z63.

해설
(50-20)=30+33=63

204 머시닝 센터에서 G43을 사용하여 공구 길이 보정을 할 때 올바른 보정 값은 몇 mm인가?

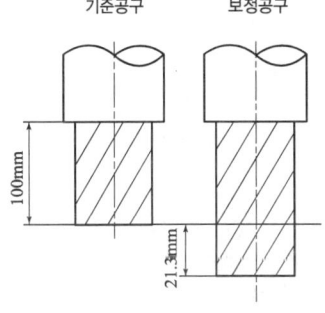

① 21.3   ② -21.3
③ 121.3 ④ -121.3

해설
G43 : +방향 공구길이 보정(+방향으로 이동)

205 머시닝 센터에서 직경이 60mm인 원형 펀치가 되도록 직경이 16mm인 엔드밀로 가공하였다. 가공 후 측정하였더니 직경이 61mm가 되었다. 기존의 공구반경 보정번호에는 8mm로 입력되었다면 이 값을 얼마로 수정해야 하는가?

① 7   ② 7.5
③ 8.5   ④ 9

해설
60-61=-1÷2=-0.5+8=7.5mm

206 다음 머시닝 센터 프로그램에서 고정 사이클의 기능 중 G98의 의미는?

```
G81 G90 G98 X50. Y50. Z100. R5 ;
```

① R점 복귀
② 초기점 복귀
③ 절대 지령
④ 충분 지령

해설
초기점 복귀(G98)와 R점 복귀(G99)
초기점 복귀와 R점 복귀는 고정 사이클 기능과 같이 선택하여 명령하고 현재의 구멍가공이 끝난 후 Z축이 복귀하는 위치를 결정하는 기능이다.

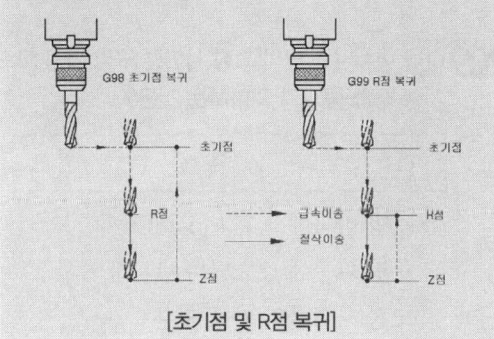

[초기점 및 R점 복귀]

[정답] 203 ④ 204 ① 205 ② 206 ②

207 G_X_Y_Z_R_Q_P_F_L_; 은 머시닝 센터의 고정사이클 지령 방법이다. 이 블록에서 어드레스 P가 나타내는 것은?

① 1회 절입량
② 구멍 바닥에서 잠시 정지 시간
③ 절삭 이송 속도
④ 고정사이클 반복 횟수

해설
어드레스에서 P의 의미 : 구멍 바닥에서 잠시 정지 시간(휴지 시간)

208 다음 보기의 사이클 가공에 대한 설명으로 틀린 것은?

G99 G83 Z-23. R3. Q3. F100 M08;

① 심공 드릴 사이클이다.
② 1회 절입량은 3mm이다.
③ 초기점 복귀 사이클이다.
④ 가공 시 절삭유를 사용한다.

해설
• G99 : R점 복귀
• G98 : 초기점 복귀

209 다음 머시닝 센터의 고정 사이클 구멍 가공 모드 지령 방법 중 P가 의미하는 것은?

G□□ X_Y_Z_R_Q_P_F_L_;

① 구멍 바닥에서 휴지(dwell) 시간
② 구멍 가공에 소요되는 총시간
③ 고정 사이클의 가공 횟수
④ 초기점에서부터 거리

해설
고정 사이클
• G73~G89 : 고정 사이클의 종류
• G90, G91 : 절대 지령, 증분 지령
• G98 : 초기점 복귀
• G99 : R점 복귀
• X, Y : 구멍 위치 좌푯값
• Z : 구멍 가공 최종깊이를 지령
• R : 구멍 가공 후 R점(구멍가공 시작점)을 지령
• Q : 1회 절입량 또는 Shift량을 지령
• P : 구멍 바닥에서의 드웰(Dwell, 정지) 시간
• F : 이송 속도(구멍가공 이송 속도)
• L : 고정 사이클의 반복 횟수를 지령

210 일반적으로 고정 사이클은 6개의 동작으로 구성된다. 동작 ②의 R점에 관한 설명으로 옳은 것은?

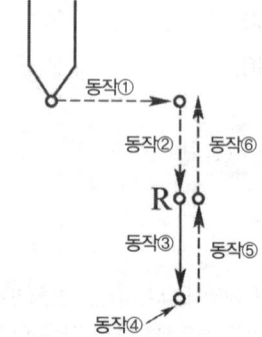

① 초기점으로 급속이동
② R점까지 급속이동
③ R점까지 절삭이동
④ R점까지 후퇴이동

해설
구멍 가공용 고정 사이클의 6개 동작
① 초기점으로 급속이송
② R점까지 급속이송
③ R점에서 밑바닥까지 절삭이송
④ 가공이 끝나는 지점
⑤ R점까지 후퇴이송
⑥ 초기점으로 후퇴이송

[정답] 207 ② 208 ③ 209 ① 210 ②

211 다음과 같은 머시닝 센터 프로그램에서 지령 워드 "F"의 의미로 옳은 것은?

> G82 G90 G98 X Y Z R P F K ;

① 반복 횟수　② 이송 속도
③ 드웰 지령　④ 구멍 가공의 깊이

해설
- G73~G89 : 고정 사이클의 종류
- G90, G91 : 절대 지령, 증분 지령
- G98 : 초기점 복귀
- G99 : R점 복귀
- X, Y : 구멍위치 좌푯값
- Z : 구멍가공 최종깊이를 지령한다.
- R : 구멍가공 후 R점(구멍가공 시작점)을 지령
- Q : 1회 절입량 또는 Shift량을 지령
- P : 구멍 바닥에서의 드웰(Dwell, 정지) 시간
- F : 이송 속도(구멍가공 이송 속도)
- K : 고정 사이클의 반복 횟수를 지령

212 다음 머시닝 센터 프로그램에서 Q_는 무엇을 의미하는가?

> G83 G91 G99 X_ Y_ Z_ R_ Q_ F_ K_ ;

① 반복 횟수
② 복귀점의 위치
③ 이송 속도
④ 매회 절입량

해설
- G83 : 심공드릴 사이클
- G91 : 증분 지령
- G99 : R점 복귀
- Z : 구멍가공 최종 깊이를 지령한다. 절대 지령은 공작물 좌표계 Z축 원점에서 절삭깊이가 되고, 증분 지령인 경우 R점에서 절삭 깊이를 지령한다.
- R : 구멍가공 후 R점(구멍가공 시작점)을 지령한다. 최종 구멍가공을 종료하고 공구를 R점까지 복귀한다. 또 초기점에서 R점(가공시작점)까지 급속이송(G00)으로 이동하는 지령이다.

- Q : G73, G83기능에서 매회 절입량 또는 G76, G87 기능에서 Shift량을 지령한다. (항상 증분 지령으로 한다.)
- F : 구멍가공 이송 속도를 지령한다.
- K : 반복 횟수

213 절삭 중 공구의 떨림 발생 시 조치사항이 아닌 것은?

① 절삭 깊이를 작게 한다.
② 공구의 돌출량을 길게 한다.
③ 척킹(Chucking) 등 부착 강성을 확인한다.
④ 절삭이송 속도를 조정한다.

해설
공구의 돌출량을 짧게 한다.

214 일반적인 머시닝 센터의 일상 점검 사항으로 거리가 먼 것은?

① 각부 작동 점검
② 각부 압력 점검
③ 각부 유량 점검
④ 기계 정도 검사

해설

매일 점검	1. 외관 점검
	2. 유량 점검
	3. 압력 점검
	4. 각부의 작동 검사
매월 점검	1. 각부의 Filter 점검
	2. 각부의 Fan 모터 점검
	3. Grease Oil 주입
	4. 백래시 보정
매년 점검	1. 레벨(수평) 점검
	2. 기계 정도 검사
	3. 절연 상태 점검

[정답] 211 ② 212 ④ 213 ② 214 ④

215 머시닝 센터의 작업 전 육안검사 사항이 아닌 것은?

① 공기압은 충분히 유지하고 있는가 확인
② 윤활유 탱크에 윤활유 양은 적당한가 확인
③ 전기적 회로는 정상 상태인가 확인
④ 공작물은 정확히 물려져 있는가 확인

해설
전기적 회로는 정상 상태인지 여부 확인은 육안검사가 불가능하다.

216 머시닝 센터 작업할 때 안전 사항으로 틀린 것은?

① 절삭가공 중 기계 정면에 위치한다.
② 기계 작동 중에는 항상 장갑을 끼고 작업한다.
③ 이상 시 기계를 정지시키고 점검을 한다.
④ 일상 점검 후 작업을 한다.

해설
기계 작동 중에는 항상 장갑을 끼지 않고 작업한다.

217 머시닝 센터 작업 시 주의사항이 아닌 것은?

① 공작물 고정 시 손을 조심해야 한다.
② 작업 중에 작업상태를 확인하기 위해 칩을 제거한다.
③ 작업 시 불편하여도 문을 닫고 작업한다.
④ ATC를 작동시켜 공구 교환을 점검한다.

해설
작업 중에 칩을 제거하지 않는다.

[정답] 215 ③ 216 ② 217 ②

memo

PART 3

컴퓨터수치제어 (CNC) 절삭가공

01_기계가공
02_안전 규정 준수

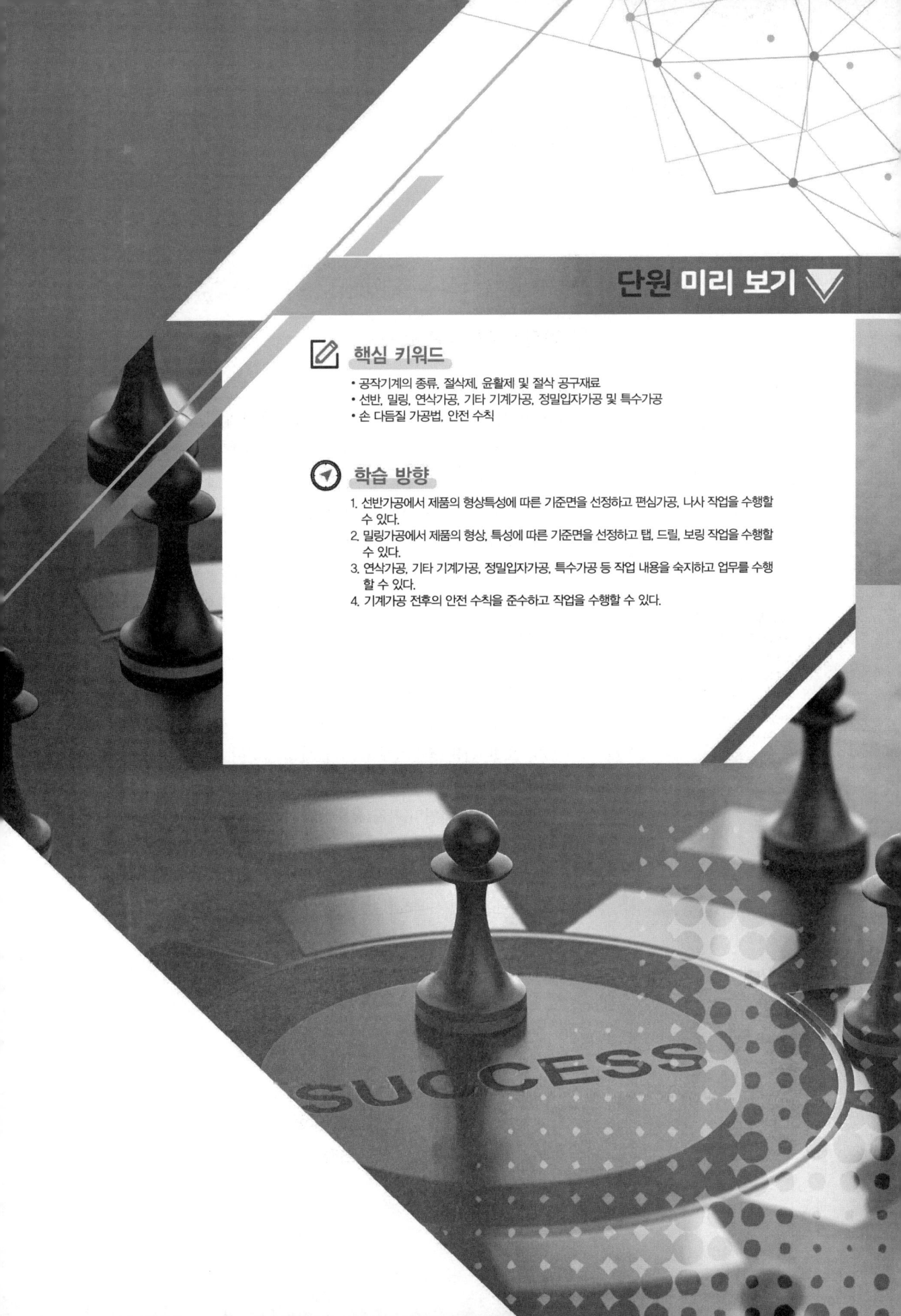

단원 미리 보기

핵심 키워드
- 공작기계의 종류, 절삭제, 윤활제 및 절삭 공구재료
- 선반, 밀링, 연삭가공, 기타 기계가공, 정밀입자가공 및 특수가공
- 손 다듬질 가공법, 안전 수칙

학습 방향
1. 선반가공에서 제품의 형상특성에 따른 기준면을 선정하고 편심가공, 나사 작업을 수행할 수 있다.
2. 밀링가공에서 제품의 형상, 특성에 따른 기준면을 선정하고 탭, 드릴, 보링 작업을 수행할 수 있다.
3. 연삭가공, 기타 기계가공, 정밀입자가공, 특수가공 등 작업 내용을 숙지하고 업무를 수행할 수 있다.
4. 기계가공 전후의 안전 수칙을 준수하고 작업을 수행할 수 있다.

PART 3. 컴퓨터수치제어(CNC) 절삭가공

기계가공

1 공작기계 및 절삭제

1 공작기계의 종류 및 용도

(1) 공작기계의 분류

① **범용 공작기계** : 절삭 속도 및 이송의 범위가 넓고, 부속장치를 사용하여 다양한 종류의 가공을 할 수 있는 공작기계이며, 여러 가지 소량 생산에 적합하지만, 부품을 다량으로 양산하는 데에는 적당하지 않다. 이는 선반, 드릴링 머신, 밀링 머신, 연삭기 등의 공작기계가 있다.

② **단능 공작기계** : 간단한 공정이나 1종의 공정밖에 할 수 없는 공작기계이며, 다량 생산에 적합하나 다른 공정의 가공에 융통성이 없다. 이는 바이트 연삭기, 센터리스 연삭기, 타이어 보링 머신 등의 공작기계가 있다.

③ **전용 공작기계** : 특정한 모양, 치수의 제품을 대량 생산할 때 적합하게 만든 공작기계이며, 사용 범위는 좁고, 소량 생산에는 적합하지 않은 공작기계이다. 전용 공작기계에는 모방 선반, 자동 선반, 생산 밀링 머신 등이 있으며, 또한 전용 공작기계를 여러 개 조합하여 자동화한 트랜스퍼머신(Transfer Machine) 등이 있어서 기계공작에 큰 역할을 한다.

④ **만능 공작기계** : 여러 가지 종류의 공작기계에서 할 수 있는 가공을 1대의 공작기계에서 가능하도록 제작한 공작기계이다. 공작기계를 설치할 공간이 좁거나, 여러 가지 기능은 필요하나 가공이 많지 않은 선박의 정비실에서 사용하면 매우 편리하다.

(2) 공작기계의 구비조건

① 제품의 공작 정밀도가 좋을 것
② 절삭가공 능률이 우수할 것
③ 내구력이 크고, 융통성이 풍부할 것
④ 조작이 용이하고, 안전성이 높을 것
⑤ 동력 손실이 적고, 기계 강성이 높을 것
⑥ 가격이 싸고 운전 비용이 저렴할 것

일반적으로 널리 사용되고 있는 보통 선반, 드릴링 머신, 밀링 머신, 연삭기 등이 속하는 공작기계는?

① 단능 공작기계
② 범용 공작기계
③ 전용 공작기계
④ 특수 가공기계

답 ②

공작기계를 가공 능률에 따라 분류할 때, 바이트 연삭용 그라인더에 해당되는 것은?

① 단능 공작기계
② 전용 공작기계
③ 범용 공작기계
④ 만능 공작기계

답 ①

공작기계의 구비조건으로 맞지 않는 것은?

① 절삭가공의 능률이 좋을 것
② 동력 손실이 크고 치수 정밀도가 좋을 것
③ 기계의 강성이 높을 것
④ 조작이 용이하고 안전성이 높을 것

답 ②

(3) 공작기계의 특성

① 가공된 제품의 정밀도가 높아야 한다.
② 가공 능률이 높아야 한다.
③ 융통성이 있어야 한다.
④ 안전성이 있어야 한다.
⑤ 강성이 있어야 한다.

(4) 공작기계의 기본 운동과 절삭 조건

1) 공작기계의 기본 운동

① 절삭 운동 : 절삭할 때 칩과 절삭 공구가 길이 방향으로 움직이는 운동
② 이송 운동 : 공작물과 절삭 공구가 절삭 방향으로 이송하는 운동
③ 위치 조정운동 : 공구와 공작물 간의 절삭 조건에 따른 절삭 깊이 조정 및 일감, 공구의 설치 또는 제거

2) 절삭 조건

공구의 각도 모양, 절삭 속도, 이송 속도, 절삭 깊이, 절삭제의 영향을 받는다.

① 절삭 속도

$$V = \frac{\pi DN}{1,000} [\text{m/min}]$$

여기서, D : 가공물의 지름(mm)
N : 회전수(rpm)
V : 절삭 속도

② 이송 속도

이송 운동의 속도를 말하며 선반, 드릴 가공에서는 주축 1회전마다 이송을 (mm/rev)로 표시하며, 평삭에서는 (mm/stroke)로, 밀링에서는 (mm/min), (mm/rev)로 표시한다.

③ 절삭 깊이

't'(mm)로 표시

④ 절삭동력

㉠ 선반의 절삭동력(PS, KW)

$$PS = \frac{P_1 \times V}{75 \times 9.81 \times 60 \times \eta}, \quad \text{KW} = \frac{P_1 \times V}{102 \times 9.81 \times 60 \times \eta}$$

여기서, V : 절삭 속도
η : 효율
P_1 : 주분력($f \times t \times$비절삭 저항(KS))

다음 중 공작기계의 3대 특성이 아닌 것은?
① 제품의 공작 정밀도가 높아야 한다.
② 절삭 속도가 높아야 한다.
③ 가공 능률이 우수해야 한다.
④ 유동성이 풍부해야 한다.

답 ④

공작기계의 기본 3운동에 속하지 않는 것은?
① 절삭 운동
② 이송 운동
③ 위치 조정운동
④ 직선 운동

답 ④

선반작업에서 절삭 조건과 절삭 속도의 관계가 옳은 것은?
① 일감이 굳을 때는 절삭 속도를 느리게 한다.
② 이송이 클 때는 절삭 속도를 빠르게 한다.
③ 절삭유를 사용할 때는 절삭 속도를 낮춘다.
④ 절삭 깊이를 크게 하면 절삭 속도는 빠르게 한다.

답 ①

절삭동력(H)이 2kW이고, 주축 회전수가 800rpm일 때 선반에서 ϕ60mm의 환봉을 절삭하는 절삭 주분력은 몇 N인가?

① 71.2
② 78.5
③ 796.3
④ 88.5

해설

$$kW = \frac{P_1 \cdot V}{102 \times 9.81}$$

$$P_1 = \frac{102 \times 9.81 \times kW}{V}$$

$$= \frac{102 \times 9.81 \times 2}{\frac{\pi \times 60 \times 800}{1,000 \times 60}}$$

$$= 796.3$$

답 ③

공구는 2날 $-\phi$20엔드밀을 사용하고 절삭 폭과 절삭 깊이를 5mm씩 선정하였다. 이때 칩 배출량은 얼마인가? (단, 절삭 속도 120m/min, 한 날당 이송 0.08mm/tooh, 주축회전수는 1,000rpm)

① 2cm³/min
② 4cm³/min
③ 6cm³/min
④ 8cm³/min

해설

$f = f_Z \times Z \times n$
$= 0.08 \times 2 \times 1,000$
$= 160$

절삭량 $= \dfrac{btf}{1,000}$

$= \dfrac{5 \times 5 \times 160}{1,000}$

$= 4 \text{cm}^3/\text{min}$

답 ②

선반의 전 소비동력(N)은 손실동력(NL), 정미 절삭동력(NP), 이송 동력(NF)

ⓒ **밀링의 절삭동력**

$$Q = \frac{btf}{1000} [\text{cm}^3/\text{min}]$$

$$N = Q \times k$$

여기서, Q : 매분 절삭량(cm³/min)
b : 절삭 폭(mm)
t : 절삭 깊이(mm)
f : 이송(mm/min)
k : 단위 절삭량 소요 동력(HP/cm²/min)
N : 밀링 작업의 유효마력(HP)

ⓒ **드릴의 절삭동력**

$$PS = \frac{2\pi MN}{75 \times 9.81 \times 60 \times 100} + \frac{Pt\,N\,f}{75 \times 9.81 \times 60 \times 1,000}$$

여기서, M : 회전 moment
N : 회전수(rpm)
Pt : 추력
f : 이송

(5) 기계의 효율

① **절삭효율** : 단위 시간당 단위 동력(PS, kW)당의 절삭량(칩의 제거량)

$$Q = \frac{tfv}{N}$$

여기서, Q : 절삭량
t : 절삭 깊이
f : 이송
N : 전 소비동력

각 절삭 기계의 효율 정도 : ⓐ 선반 : 20~35%
ⓑ 밀링 : 20%
ⓒ 드릴 : 10%

② **기계의 효율** : 실제 절삭동력(N_m)과 전 소비동력(N)과의 비

$$\eta_m = \frac{N_m}{N} = \frac{(\text{실제동력})}{(\text{실제} + \text{이송동력})} (\text{드릴} : 45~80\%)$$

③ **시간효율** : 정미 절삭에 이용된 일량과 전체 일량과의 비

$$\eta = \frac{\text{절삭일량(유효절삭)}}{\text{전체 일량}}$$

(6) 절삭 면적

절삭 면적은 절삭 깊이와 이동의 곱으로 표시

$F = s \times t \, (\text{mm}^2)$

여기서, F : 절삭 면적(mm²)
 s : 이동(mm/rev)
 t : 절삭 깊이(mm)

> 선반가공에서 절삭 면적에 대한 설명 중 맞는 것은?
> ① 가공물 1회전에 대한 이송 ×절삭 깊이
> ② 절삭 속도×가공물 1회전에 대한 이송
> ③ 회전수×가공물 1회전에 대한 이송
> ④ 회전수×절삭 속도
>
> **답** ①

(7) 절삭량

분당 절삭량(cm³/min)

① 선반 : 절삭량=절삭 깊이(t)×이송 속도(f)×절삭 속도(V)

> **(예제)**
> 절삭 속도 140m/mm, 절삭 깊이 6mm, 이송량 0.25mm/rev, 공작물 지름 75mm, 절삭률(cm³/mm)은?
> 절삭률 $= 6 \times 0.25 \times 140{,}000 = 210{,}000 \, \text{mm}^3/\text{mm} = 210 \, \text{cm}^3/\text{mm}$

② 밀링 : 절삭량=절삭 깊이(t)×공작물 폭(b)×이송 속도(f)

③ 드릴 : 절삭량= $\dfrac{\pi d^2}{4} \times \dfrac{1{,}000\,V}{\pi D} \times f$

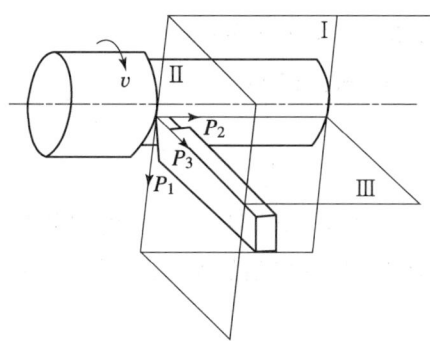

○ 그림 3-1 절삭 저항의 3분력

> 절삭율은 다음의 어느 것으로 나타내는 것이 가장 좋은가?
> ① 절삭 속도×절삭면적
> ② 절삭 깊이×이송
> ③ 절삭 속도×절삭 깊이×칩 단면적
> ④ 절삭 속도×이송×매분 회전수
>
> **답** ①

(8) 절삭 저항

공작물을 절삭할 때 공구는 가공물로부터 큰 저항을 받는데 이것은 절삭 저항이라 한다. 절삭 저항의 크기는 절삭에 필요한 동력, 피삭성 재료의 여부, 절삭 조건의 적부, 공구 수명, 표면정밀도 등을 판단하는 기준이된다.

> 선반작업에서 가장 큰 분력으로 절삭방향으로 평행한 분력은 무엇인가?
> ① 주분력
> ② 배분력
> ③ 이송분력
> ④ 절삭분력
>
> 답 ①

> 절삭 저항에 변화를 주는 요소로서 가장 영향을 적게 미치는 것은?
> ① 회전수
> ② 절삭면적
> ③ 날끝의 형상
> ④ 일감의 재질
>
> 답 ①

1) 절삭 저항의 분력

절삭 저항 = 주분력(P1) 10 > 배분력(P3) (2-4) > 이송 분력(P2) (1-2)

① 주분력(P1 : Principal Cutting Force) : 절삭 방향으로 작용하는 분력
② 이송 분력(P2 : Feed Force) : 이송 방향(평행)으로 작용하는 분력(횡 분력)
③ 배분력(P3 : Radial Force) : 공구의 축 방향으로 작용하는 분력

2) 절삭 저항이 변화되는 요인(요소)

① 공작물의 재질 : 단단할수록 절삭 저항이 커진다.
② 공구 각(날 끝의 모양)
  ㉠ 윗면 경사각이 클수록 저항이 작아지며($\alpha < 30°$일 때) 윗면 경사각이 감소하면 절삭 저항은 증가한다. 90° 이내의 각도에서는 클수록 저항력이 감소한다.
  ㉡ 절삭 속도가 빨라지면 공구 경사각과 칩 사이의 마찰계수가 감소하여 절삭 저항은 감소한다.
  ㉢ 주분력과 배분력은 감소하지만, 이송 분력은 다소 증가한다.
  ㉣ 인선의 곡선 반지름이 크면 절삭 저항은 커진다.
③ 절삭 면적(절삭량) : 절삭 깊이와 폭이 클수록 절삭 저항이 커진다.
④ 절삭 속도(회전수) : 고속절삭(200m/min)을 하면 온도상승에 의한 재료의 연화로 절삭 저항이 작아진다.
⑤ 절삭제 : 냉각 및 윤활 등이다.

(9) 절삭열

절삭열은 [그림 3-2]와 같이 열이 발생하면 가공물이나 공구에 가열되어 온도가 상승한다. 절삭열의 발생 부분은 다음과 같다.

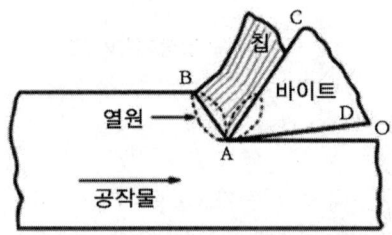

○ 그림 3-2 절삭열의 발열 분포

① 전단면 AB에서 전단면에서 전단 소성변형이 일어날 때 생기는 열 (60%)

② 공구 경사면 AC에서 칩과 공구 경사면이 마찰할 때 생기는 열(30%)
③ 공구 여유면과 공작물 표면 AO에서 마찰할 때 생기는 열(10%)

(10) 칩의 생성과 구성인선(built-up edge)

피작재(공작물)가 공구에 의해 절삭될 때는 날 끝 부위의 재료가 소성변형을 일으키고 공구의 압력에 의해 미끄럼이 일어나 모재로부터 분리되어 칩(Chip)이 형성된다. 칩은 절삭 공구의 형상, 공작물의 재질, 절삭 속도, 절삭 깊이, 이송 등에 따라 달라지며 유동형, 전단형, 열단형, 균열형의 4가지 기본형으로 분류된다.

1) 칩의 생성

가) 유동형 칩(flow type chip)

칩이 공구의 경사면 위를 유동하는 것과 같이 원활하게 연속적으로 흘러 나가는 형태로서 칩 발생 시 연속적인 미끄럼 파괴에 의하여 절삭되어 길게 연속적 코일 모양으로 되고, 절삭면의 변동이 없고 진동이 적으며, 가공면이 깨끗하고 절삭 작용이 원활하다. 신축성이 크고 소성변형이 쉬운 재료에 적합하다.

① 공작물의 재질이 연하고 인성이 큰 재질일 때
② 윗면 경사각이 클 때
③ 절삭 깊이가 작을 때
④ 고속 절삭할 때(절삭 속도가 높을 때), 절삭제를 사용할 때

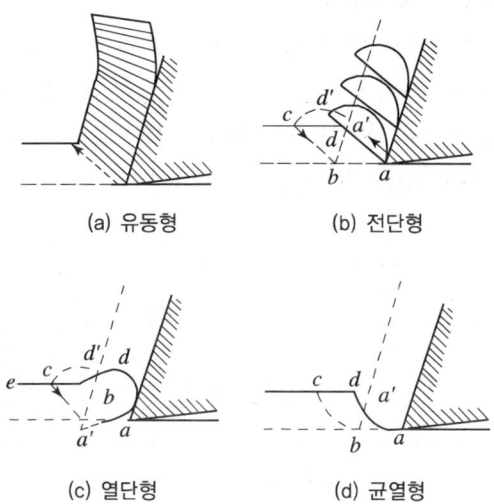

(a) 유동형 (b) 전단형
(c) 열단형 (d) 균열형

○ 그림 3-3 칩의 생성 모양

절삭 공구에서 구성인선(built up edge)이 생기는 이유는?
① 공구 선단의 재질 불량으로 인하여 생긴다.
② 공구 선단의 마모열에 의해 생긴다.
③ 공구 선단에 절삭 재료가 부착되어 생긴다.
④ 공구 선단에 날끝이 마모되어 생긴다.

답 ③

일감의 재질이 유연하고 인성이 많을 때, 윗면 경사각이 클 때 등의 경우에 형성되는 칩의 형태는?
① 균열형 칩
② 유동형 칩
③ 전단형 칩
④ 열단형 칩

답 ②

나) 전단형 칩(shear type chip)

칩이 원활히 흐르지 못하고, 칩을 밀어내는 압축력이 축적되어야 분자 사이에 전단이 일어나기 때문에 미끄럼 간격이 커진다. 불연속적인 미끄럼에 의하여 나타나므로 유동형과 균열형의 중간에 속하는 형태이며, 절삭저항은 한 개의 칩이 발생할 때마다 변동하여 가공면이 매끄럽지 못하다. 연한 재질의 공작물을 작은 경사각으로 저속 가공할 때 생긴다.

다) 열단형 칩(tear type chip)

공구의 날 끝보다 날의 아래쪽에 균열이 발생하면서 절삭되는 형태로서 재료가 공구 전면에 접착하여 공구의 상면을 미끄러져 나가지 못하여, 아래 방향에 균열이 발생하면서 가공면이 나쁘다.
① 공작물의 재질이 공구에 접착하기 쉬울 때
② 점성이 큰 재질을 작은 경사각의 공구로 절삭할 때
③ 절삭 깊이가 클 때

라) 균열형 칩(Crack type chip)

균열의 발생은 열단형과 같으나, 순간적으로 공구의 날 끝 앞에서 일감의 표면을 향해 균열이 생기고 이것이 칩이 된다. 칩 발생 시의 진동으로 절삭력의 변동이 크며 가공면이 매우 불량하다. 주철과 같은 메진(취성) 재료를 저속 가공할 때 주로 발생한다.

2) 구성인선(built-up edge)

연강, 동, 알루미늄, 스테인리스강 등과 같이 연한 재료를 저속 절삭할 때, 칩과 공구면 사이의 높은 압력과 고온의 마찰열에 의해 날 끝에 단단하게 경화된 물질이 용착 또는 압착되어 절삭면에 군데군데 흔적이 나타나는 것을 구성인선(built-up edge)이라 한다.

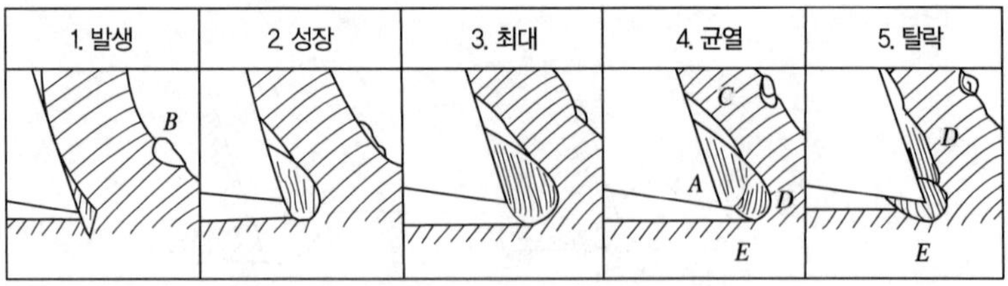

○ 그림 3-4 구성인선의 발생 과정

다음 중 구성인선이 나타나는 칩의 형태는?
① 유동형 칩
② 균열형 칩
③ 열단형 칩
④ 전단형 칩

답 ③

가) 가공면에 미치는 영향

① 구성인선은 매우 짧은 시간($\frac{1}{10} \sim \frac{1}{200}$ sec)을 주기로 발생 → 성장 → 최대 → 균열 → 탈락을 반복하여 탈락할 때마다 가공면에 흠집을 만들고 진동을 일으켜 공구의 떨림 현상을 일으키며 가공면을 나쁘게 한다.
② 구성인선의 끝은 날 끝보다 아래에 있고, 둥글어서 가공면의 치수 및 표면정밀도가 나쁘다.
③ 탈락 시마다 마찰 때문에 인선의 마모가 크고 공구 각을 변화시킨다.
④ 구성인선은 다듬질면을 나쁘게 하고 치수 정밀도를 저하하는 반면 경사각을 크게 하므로 절삭 저항을 감소시키고, 바이트의 인선을 구성인선으로 보호하는 측면도 있어서 공구의 수명이 연장되는 이점이 있다. 이러한 이점을 이용한 절삭법이 은백색 절삭법(Silver White Cutting Method : SWC)이다.

나) 구성인선의 방지(억제)법

① 공구의 윗면 경사각을 크게 한다.
② 절삭 깊이를 작게 한다.
③ 절삭 속도 크게(구성인선의 임계속도 : 120m/min) 한다.
④ 이송을 작게 한다. (저속 회전일 때 이송을 크게 한다.)
⑤ 칩의 절삭 저항을 작게 한다.
　㉠ 마찰계수가 적은 초경합금 이상의 공구 사용
　㉡ 윤활성이 좋은 절삭유 사용
　㉢ 공구의 경사면(상면)을 매끄럽게 잘 연마함.

3) 칩 브레이커(chip Breaker)

절삭 속도의 증가에 따라 장시간 연속 절삭을 할 때 발생한 칩은 공구, 공작물, 척과 함께 엉켜지게 되어 작업자가 위험할 뿐만 아니라, 적절히 처리되지 않으면 공작물에 흠집을 주고 공구 날 끝에도 기계적 치핑이 발생하여 절삭유제의 유동을 방해한다. 위와 같은 문제 때문에 제어하고 적당한 크기로 잘게 부서지게 하려면 공구 경사면을 변형시키는 칩 브레이커가 필요하다.

선반바이트에서 안전장치 역할을 하는 것은?
① 칩 브레이커
② 여유각
③ 경사각
④ 공구각

답 ①

가) 칩 브레이커의 목적

① 공구, 공작물, 공작기계(척)가 서로 엉키는 것을 방지한다. 칩이 짧게 끊어지도록 바이트에 만든다.
  ㉠ 가공 표면의 흠집 발생 방지
  ㉡ 공구 날 끝의 치핑 방지
  ㉢ 칩의 비산 등에 의한 작업자의 위험 요인을 줄임.
② 절삭유제의 유동을 좋게 한다.
③ 칩의 제거 및 처리를 효율적으로 할 수 있다.

나) 칩 브레이커의 종류

① **평행 형과 각도형** : 강인한 재료의 작은 이송에 주로 사용된다. 최초에 발생하는 칩은 리브번(Ribbon) 칩이 발생한다.
② **홈 달림형** : 경사면 자체에 홈을 만드는 방식으로 절삭 깊이가 여러 가지로 변화할 때 주로 사용된다. 초기에는 칩이 잘게 부서지는 아크(Arc)형 칩이 된다.
③ **역삼각형** : 절삭 깊이가 크게 변화할 때 주로 사용된다. 제일 문제는 칩 브레이커의 폭으로서 넓으면 칩의 감기가 나빠지고 좁으면 칩이 작게 감기어 접혀 막혀 버린다.
④ **장애물형** : 공구의 경사면에 별도의 부착물을 붙이거나 돌기를 만드는 방식으로 공구의 마모를 감소시킨다.

다) 칩 브레이커의 결점

① 칩 브레이커 홈의 연삭 때문에 초경합금 일부를 손실한다.
② 연삭의 시간과 숫돌의 소모가 많다.
③ 이송에 대하여 칩 브레이커의 유효한 치수가 정해져 있으므로 절삭 작용에 사용되는 이송범위가 한정된다. 이러한 결점 때문에 인서트 바이트가 많이 사용된다.

(11) 공구의 수명

절삭 공구를 계속 사용하여 절삭 날이 마모되면 절삭성이 저하될 뿐만 아니라 가공 치수의 정밀도가 떨어지고, 표면의 거칠기가 나빠지며, 소요 동력이 증가하게 된다. 마멸이 가장 주요 원인이며 열도 그 원인이 된다. 총 절삭 시간은 분(min)으로 나타내며, 드릴 작업에서는 절삭한 구멍 깊이의 총계로 나타낸다.

일반적으로 사용되는 칩 브레이커 종류가 아닌 것은?
① 고정형
② 평행형
③ 각도형
④ 홈 달린형

답 ①

다음 절삭 조건 중 공구 수명에 가장 큰 영향을 끼치는 순서로 나열된 것은?
① 이송 > 절삭 깊이 > 절삭 속도
② 절삭 깊이 > 이송 > 절삭 속도
③ 절삭 속도 > 이송 > 절삭 깊이
④ 이송 > 절삭 속도 > 절삭 깊이

답 ③

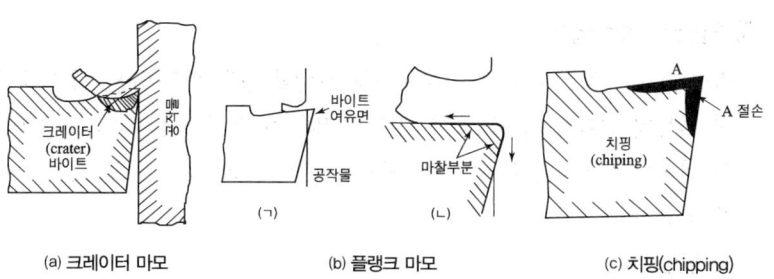

▲ 그림 3-5 공구인선 파손

(12) 공구인선의 파손

1) 크레이터링(경사면 마모 : Cratering)

칩에 의하여 공구의 경사면이 움푹 패이는 마모로서 초경합금과 고속도강에서 나타나고 전연성 재료의 유동형 칩을 만들 때 공구상 면에 주로 발생한다.

① 원인
  ㉠ 기계적 마모 : 소성변형에 의해 가공경화 된 칩이 공구 표면을 마찰하여 경사면이 깎인다.
  ㉡ 용융 마모 : 칩과 바이트의 접촉 부분이 고온 고압이므로 공구가 용착되어 그 표층이 칩과 함께 떨어져 나간다.

② 방지법
  ㉠ 공구 날 위의 압력 감소 : 경사각을 크게 하고 이송을 빠르게 한다.
  ㉡ 공구 상면의 칩의 흐름에 대한 저항 감소 : 공구 상면을 연삭하고 윤활성이 좋은 윤활제를 사용한다.

2) 플랭크 마모(여유면 마모 : Flank wear)

공구의 플랭크가 절삭면에 평행하게 마모, 주철같이 균열형 칩이 생길 때 발생하는 경우 크레이터 마멸은 생기지 않으나, 여유면의 인선이 마찰 때문에 마모된다.

① 원인
  ㉠ 치핑 : 치핑이 발생하면 전방 여유각이 없어져서 더욱 마멸된다.
  ㉡ 절삭 저항 및 노즈 반경 : 공구의 인선이 절삭 저항으로 미세하게 변형되고 여유각이 변화되어 발생하며, 인선 끝의 작은 노즈 반경으로 인해 고온, 고압 하에서 마찰이 되어 발생한다.

바이트 위 경사면에 오목하게 패이며, 강과 같이 연속된 칩이 발생할 때의 고속절삭에서 생기기 쉬운 손상은?
① 채터링(chattering)
② 채핑(chipping)
③ 플랭크 마멸(flank)
④ 크레이터(crater)

답 ④

충격이나 진동에 절삭공구인선의 일부가 미세하게 탈락하는 현상은 무엇인가?
① 크레이터 마모
② 치핑
③ 플랭크 마모
④ 온도파손

답 ②

3) 치핑(chipping)

점성 강도가 적은 바이트를 사용하여 절삭할 경우 충격이나 진동으로 절삭 저항의 변화가 커 공구인선 선단의 일부가 미세하게 파괴되어 탈락하는 현상으로 초경합금, 세라믹 공구와 같이 취성이 있는 공구 사용 시 발생한다.

① 원인
  ㉠ 충격 및 진동에 약한 공구 사용
  ㉡ 공구의 재질적 결함
  ㉢ 공구 연삭 시 과열에 의한 미세 균열

4) 온도파손

절삭 공구와 경도와 강도는 절삭 온도에 따라 변화한다. 절삭 속도가 증가하며 절삭 온도가 상승하고 마모가 증가한다. 마모가 증가하면 절삭 공구가 약해져 파손된다.

이러한 현상은 마모가 발생한 절삭 공구로 절삭을 계속하면 불꽃(spark)이 발생한다.

5) 미소 파괴(minute chipping)

공구 날을 연삭할 때 숫돌 입자에 의하여 절삭 날이 고르지 못하면 절삭 저항으로 공구가 쉽게 마모되거나 떨어져 나간다. 이러한 현상을 미소 파괴라 하며, 연삭한 공구 날은 가공물 절삭하기 전에 기름숫돌로 연마하여 사용하면 효과가 있다.

6) 확산 마모

공구 재료의 용융온도 1/2 이상인 상태에서 절삭하면 칩과 경사면과의 마찰 사이에 금속 성분이 상호 침투 작용으로 중간 화합물이 생기면서 경도가 낮아져서 발생하는 마모이다.

7) 기계적 마모

절삭 속도가 빨라지면 절삭 온도가 높아져서 공구 날의 경도가 연화 현상으로 급격히 감소함으로써 발생하는 마모를 기계적 마모라 한다. 이를 방지하기 위해서는 내열성이 좋은 절삭 공구를 선택하여 사용하여야 한다.

(13) 공구 마멸의 측정법

① 마멸부의 대표적인 측정
② 체적 계산에 의한 방법
③ 무게 손실 측정에 의한 방법
④ 다이아몬드 자국 측정법

(14) 공구의 수명 식과 판정

1) 공구의 수명 식

① Taylor의 식

$$VT^m = C, \quad V = \frac{C}{T^n}, \quad T^n = \frac{C}{V}$$

여기서, V : 절삭 속도(m/min)

T : 공구 수명(min)

C : 공구 수명 상수(공구, 공작물, 절삭 조건에 따른 값),

n : 공구에 따라 변화는 지수, 보통 $n=1/10 \sim 1/5$

(고속도강(0.05~0.2), 초경합금(0.4~0.55), 세라믹(0.4~0.55))

T : 1분(min)일 때의 절삭 속도

상수 n은 수명선도의 기울기로서 $n = \tan\theta = \dfrac{\log V_1 - \log V_2}{\log T_2 - \log T_1}$이다.

2) 공구의 수명 판정

① 가공 후 표면에 광택이 있는 색조, 무늬, 반점이 있을 때
② 공구인선의 마모가 일정량에 달했을 때
③ 완성 가공된 치수의 변화가 일정량에 달했을 때
④ 주분력에는 변화가 없더라도 이송 분력, 배분력이 급격히 증가할 때

3) 공구 수명에 영향을 주는 바이트(Bite) 각도

① 공구 수명과 경사각

㉠ 경사각이 크면 절삭은 좋지만, 인선의 강도 부족으로 치핑이 일어나 공구 수명이 짧게 하므로 경사각의 크기가 제한된다. ($\alpha = 30°$가 한계 30°를 넘으면 인선의 강도 부족으로 치핑 발생, 고속도강 : 40도 이내, 초경합금 : 15도 이내)

㉡ 고속도강과 같이 열에 민감한 절삭 공구에서는 경사각이 커질 때 절삭 온도 감소(저항이 작아진다.)하므로 공구 수명은 경사각의 영향을 많이 받는다.

흔히 사용되는 절삭공구의 수명을 판정하는 방법 중 틀린 것은?

① 절삭저항의 이송분력 및 배분력의 변화가 나타나지 않더라도 주분력이 급격히 증가하였을 때
② 공구인선의 마모가 일정량에 달하였을 때
③ 완성 가공된 치수의 변화가 일정량에 달하였을 때
④ 완성 가공면 또는 절삭가공 한 직후에 가공 표면에 광택이 생길 때

답 ①

② 공구 수명과 여유가
  ㉠ 연한 금속을 절삭할 때 여유각을 크게 한다. (경한 금속은 크게 한다.)
    - 플레이너, 세이퍼 : 4°
    - 선삭 : 약 6°
  ㉡ 여유면에 가공재가 붙어서 다듬질면이 불량하게 될 때(Al, Cu, Ni 등)는 여유각을 크게 한다.
  ㉢ 칩이 여유면에 끼워져 절삭 날의 파손을 초래할 때는 여유각을 크게 한다.
③ 노즈 반경과 여유각
  ㉠ **노즈 반경이 클 때** : 바이트 노즈 반경은 공구수명에 대한 영향이 크며, 또한 다듬질면의 거칠기에도 많은 영향을 준다. 약 1.5mm까지의 노즈 반경은 다듬질면을 좋게 하나 그 이상에서는 공구의 진동을 유발하여 가공면과 공구 수명을 나쁘게 한다.
  ㉡ **노즈 반경이 작을 때** : 노즈 반경이 작으면 인선에 열 및 응력의 집중으로 인하여 공구 선단의 마모가 크게 되어 공구 수명이 짧아진다. 또한, 초경합금과 같은 취성의 재료에서는 치핑으로 인하여 수명이 짧아진다.

(15) 절삭 조건과 공구 수명과의 관계

1) 절삭 조건의 3요소

   절삭 속도, 이송, 절삭 깊이

2) 공구 수명은 절삭 속도, 이송, 절삭 깊이 순으로 영향을 받는다.

   ⇒ 경제적 절삭을 위해 절삭 깊이를 크게 하는 것이 유리하다.

② 절삭제, 윤활제 및 절삭 공구 재료

(1) 절삭 온도

절삭 시의 에너지는 대부분 열로 소비되며, 이때 발생한 열은 칩, 공작물, 공구로 전달되며, 열의 일부는 대기 중으로 발산되거나 절삭유에 의해 제거된다. 이때 일감 내부에 잔류되어 있는 일정한 양의 열이 절삭 부의 어떠한 온도로 남게 되는데 이 온도를 절삭 온도라 한다.

[열의 분포 크기]는 칩(75%) 〉 공구(18%) 〉 공작물(7%) 순이다.

1) 절삭 온도 측정법
① 칩의 색깔에 의한 방법
② 열량측정기(열량계)에 의한 방법
③ 공구에 열전대를 삽입하는 방법
④ 시온도료를 사용하는 방법
⑤ 공구와 일감을 열전대로 사용하는 방법
⑥ 복사 고온계에 의한 방법
⑦ 칼로리메터에 의한 방법
⑧ pbs 셀(cell) 광전지를 이용하는 방법

2) 절삭 온도의 영향
① 절삭 저항의 감소 : 공작물이 연화되어 전단 응력이 작아지기 때문
② 공구 수명의 단축 : 절삭효율은 상승하나 공구의 날끝 온도가 상승하기 때문
③ 치수 정밀도 불량 : 온도상승에 의한 열팽창 때문

(2) 절삭유제

절삭 조건을 개선하기 위해 칩이 발생되는 부분에 공급해 주는 액체가 절삭유이다. 절삭 속도가 작을 때 절삭제는 공구의 경사면에 마찰을 감소시키고 또한 구성인선을 방지하여 주로 윤활 작용의 목적으로 사용되며, 절삭 속도가 크고 공구 온도가 높아지면 주로 냉각 작용으로 사용된다.

1) 공구 윗면 경사각에서의 마찰의 영향
① 전단 각이 작아지고 칩이 변형이 커서 절삭 소요 동력이 커진다.
② 칩은 전단형, 열단형, 균열형이 생기기 쉽다.
③ 공구에 작용하는 압력이 높으므로, 구성인선이 발생이 쉽고 가공면이 거칠어진다.
④ 절삭 온도가 높아지고 공구 수명이 단축된다.

2) 절삭제의 역할(사용 목적)
① 냉각 작용
  ㉠ 공구의 경도 저하 방지 및 공구 수명 연장
  ㉡ 공작물의 냉각으로 가공정밀도 저하 방지

절삭 속도 증가와 더불어 절삭 온도는 증가한다. 절삭 온도 측정 방법이 아닌 것은?
① 칩의 색깔에 의한 방법
② 공구 동력계에 의한 방법
③ 서보모터에 의한 방법
④ 복사 온도계에 의한 방법

답 ③

절삭제의 작용이 아닌 것은?
① 냉각
② 윤활
③ 세척
④ 밀폐

답 ④

수용성 절삭유제는 몇 배 정도를 물로 희석하여 사용하는가?
① 2~5배
② 5~10배
③ 10~20배
④ 20~30배

답 ③

광유에 비눗물을 첨가한 것으로 가격이 저렴하여 일반적으로 널리 사용되는 절삭유는 무엇인가?
① 광유
② 유화유
③ 지방질유
④ 석유

답 ②

불수용성 절삭유로서 점성이 낮고 윤활작용이 좋은 반면에 냉각작용은 좋지 않은 절삭제유는?
① 광물성유
② 동식물성유
③ 혼합유
④ 극압유

답 ①

광물성유 또는 혼합유의 극압 첨가제에 해당되지 않는 것은?
① 질소(N)
② 황(S)
③ 염소(Cl)
④ 인(P)

답 ①

② **윤활 작용**: 칩과 공구 경사면의 마찰을 감소시켜 전단 각이 증대되며, 유동형 칩이 생성
③ **세척 작용**: 칩 제거 작용
④ **방청 작용**: 공작물과 공작기계가 녹에 의해 부식되는 것을 방지한다.

3) 절삭유제의 구비조건
① 마찰계수가 낮을 것
② 유막의 내 압력이 높아 유막이 파손되지 않을 것
③ 절삭유제의 표면장력이 작고 칩이 형성까지 잘 침투될 것
④ 화학적으로 안정하여 장시간 사용 시 변질하지 않을 것
⑤ 방청성이 우수하고 인체에 해가 없을 것
⑥ 인화점이 높을 것

4) 절삭유제의 종류
① **수용성 절삭유**: 점성이 낮고 비열이 높으며 냉각 작용이 우수하다.
  ㉠ **에멀션형(유화유)**: 광물유에 비눗물을 첨가하여 사용한 것으로 냉각 작용이 비교적 크고 윤활성이 좋으며, 원액에 10~20배의 물을 희석해서 사용한다. 일반 절삭제로 널리 사용, 값이 싸다.
  ㉡ **솔류블형**: 침투성, 냉각 성이 우수하고 약 50배의 물에 희석하며, 투명 또는 반투명 상태이다.
  ㉢ **솔류션형**: 방청력과 냉각성이 우수하고 연삭 작업에 주로 사용되며, 50~100배 물에 희석한 투명한 액체이다.
② **불 수용성 절삭유**: 물에 희석하지 않고 사용하며 냉각 작용보다는 윤활 작용을 목적으로 한다.
  ㉠ **광유**: 경유, 머신유, 스핀들유, 석유 및 기타 광유 또는 혼합유로서 윤활 작용은 좋으나 냉각 작용은 비교적 약하다. 주로 경(經) 절삭에 사용한다.
  ㉡ **동식물유**: 돈유(lard oil), 올리브유(oliy oil), 종자유(seed oil), 피마자유, 콩기름, 기타 고래기름 등으로 윤활 작용이 강력하나 냉각 작용은 그다지 좋은 편은 아니다. 주로 다듬질 가공에 사용한다.
  ㉢ **광물유와 동식물유의 혼합유**: 혼합 비율을 바꿈으로써 각종 성능을 가진 절삭유를 만들 수 있다. 강력절삭, 밀링절삭, 나사절삭 등에 사용하며, 가공물이 강인한 재료에는 동식물유의 양을 많이 사용한다.
  ㉣ **석유**: 5~20배의 석유와 황유를 혼합 사용한다. 고속절삭, 니켈, 스테인리스강, 단조강 절삭 시 사용된다.

ⓗ **극압유** : 공구가 고온, 고압 상태에서 마찰을 받을 때 사용하며 윤활 작용이 주목적이다. 황, 염소, 납, 인 등의 화합물로 절삭 공구의 고온, 고압 상태에서 마찰을 받을 때 윤활 목적으로 첨가한다.

> **참고** 용어설명
> • 주철 절삭 시에는 절삭유를 사용하지 않고 황동, 청동 등엔 유화유를 사용한다.
> • 윤활제의 목적 : 윤활, 냉각, 밀폐 작용, 청정 작용(부식 방지)

③ **첨가제**
칩과 공구 사이의 마찰 면에 강한 유막을 만들어 윤활 작용을 양호하기 위해 첨가한다. 첨가제로 동식물성계는 유황, 흑연, 아연분 등을 첨가하고, 수용성 절삭은 인산염, 규산염 등을 첨가한다. 일반적으로 저속 절삭할 때에는 극압 첨가제 사용하지 않는다.

윤활제를 사용하는 극압 첨가물은?
① Fe, C
② Si, Cu
③ V
④ S, Cl

답 ④

(3) 윤활제
기계의 접촉 부분에 적당량의 윤활제를 공급하여 마찰저항을 줄이고 슬라이딩을 원활하게 하여 기계적인 마모를 감소시키는 것을 윤활이라 한다. 윤활제는 윤활 작용, 냉각 작용, 밀폐 작용, 청정 작용을 목적으로 사용하며, 갖추어야 할 조건은 다음과 같다.
① 사용 상태에서 충분한 점도가 있어야 한다.
② 한계 윤활 상태에서 견딜 수 있는 유성이 있어야 한다.
③ 산화나 열에 대하여 안정성이 높아야 한다.
④ 화학적으로 불활성이며, 균질하여야 한다.

윤활제의 구비 조건으로 적당하지 않은 것은?
① 사용상태에서 충분한 점도를 유지할 것
② 산화나 열에 대하여 안정성이 높을 것
③ 화학적으로 불활성이며 깨끗하고 균질할 것
④ 인화점이 낮고, 마모성이 클 것

답 ④

1) 윤활 방법
① **적하 급유법(Drop feed oiling)** : 비교적 고속 회전에 많이 사용하며, 기름통으로 저장되어 일정한 양만큼씩 떨어지도록 한 방식이다.
② **오일링(Oil ring) 급유법** : 고속 주축의 급유를 균등히 할 목적에 사용된다.
③ **분무 급유법(Oil mist)** : 미세한 안개처럼 된 기름을 공기로 베어링에 보내는 것으로 집중 급유법의 하나로 고속 회전과 이물질 흡입을 방지할 수 있고 수명이 길다. 고속 내면 연삭기, 고속드릴 초고속 베어링에 사용된다.
④ **튀김(비산) 급유법(Splash oil)** : 베어링 등을 직접 기름 속에 담그지 않고 옆에 있는 기어나 회전링(커넥팅로드 끝에 달려 있는 국자)에 의해 기름을 튀겨 날려서 윤활하는 방식(보통 선반)이다.

고속내면 연삭기, 고속드릴 및 베어링의 윤활에 가장 적합한 방식은?
① 오일미스트(oil mist) 급유법
② 오일링(oiling) 급유법
③ 담금질 급유법(oil bath oiling)
④ 적하 급유법(drop oiling)

답 ①

일반적으로 식물성 윤활유를 기어펌프나 플런지 펌프 등을 사용해서 사용압력 2~3kgf/cm² 로 급유하는 기름 윤활법은?
① 적하 급유법
② 오일링 급유법
③ 강제 급유법
④ 분무 급유법

답 ③

⑤ 유욕법(Oil bath method) : 저속 및 중속 축의 급유방식(오일게이지로 확인)이다.
⑥ 강제 급유법 : 순환펌프를 이용하여 급유하는 방법으로 고속 회전 시 베어링의 냉각 효과에 효과적이다.
⑦ 담금 급유법 : 윤활유 속에서 마찰부 전체가 잠기도록 하는 방법
⑧ 패드(pad oiling) : 무명이나 털 등을 섞어 만든 패드 일부를 오일통에 담가 저널의 아랫면에 모세관 현상으로 급유하는 방법
⑨ 그리스(grease) 윤활 : 수동 급유법, 충진 급유법, 컵 급유법, 스핀들 급유법이 많이 사용되며 그리스는 비산이나 유출되지 않으므로 급유 횟수가 적고, 사용 온도 범위가 넓으며, 장시간 사용에 적합하지만, 급유, 세정, 교환 등 취급이 까다롭고 이물질이 혼합되면 제거가 곤란한 결점이 있으며, 고속 회전에는 사용되지 않는다.

(4) 절삭 공구 재료

공구는 절삭 시 국부적인 높은 압력과 온도가 발생하며 이로 인한 마멸에 대응할 수 있는 여러 조건을 갖추어야 하며, 그 특성에 맞는 적절한 재료의 공구를 선택해야 한다.

절삭 공구 재료가 구비할 조건이 아닌 것은?
① 피절삭재보다는 굳고 인성이 있을 것
② 절삭가공 중에 온도가 높아져도 경도가 쉽게 저하되지 않을 것
③ 바라는 형태로 쉽게 만들 수 있을 것
④ 취성이 클 것

답 ④

1) 공구 재료의 구비조건
① 가공 재료보다 경도가 클 것
② 고온에서 경도가 감소하지 않아야 한다.
③ 인성, 강도와 내마모성이 클 것
④ 마찰계수가 적을 것
⑤ 쉽게 원하는 모양으로 만들 수 있어야 한다.
⑥ 취급이 편리하고 가격이 싸고 경제적이어야 한다.
⑦ 내용착성, 내산화성, 내확산성 등 화학적으로 안전성이 커야 한다.

○ 표 3-1 공구 재료 종류

구분		공구 재료 종류
금속계	철 금속계	• 탄소 공구강(High Carbon Steel : STC, KS D3751) • 합금 공구강(Alloy Steel : STS, KS D3753) • 고속도 공구강(High Speed Steel : SKH, KS D3522)
	비철 금속계	• 주조 합금(Cast Alloy Steel) • 초경합금(Cemented Carbide) • 서멧(CERMET)
비 금속계		• 세라믹(CERIC) • CBN(Cubic Boron Nitride : 입방정 질화붕소) • 다이아몬드공구

2) 공구 재료의 종류

가) 탄소 공구강(STC)
① 탄소강 : 탄소량 0.6~1.5, 탄소 공구강 : 탄소 함유량 0.9~1.3
② 200°C 이상의 온도에서 뜨임 효과 → 경도 저하 → 고속절삭에 불리
   저온 뜨임(100~200°C), 고온 뜨임(400~650°C)
③ 줄, 펀치, 정 등을 제작

나) 합금 공구강(STS)
① 재료 : 탄소(0.8~1.5%)공구강에 W-Cr-V-Ni 등 합금원소를 첨가하여 경화능을 개선한 것
② 저속 절삭 및 총형 공구용(450°C까지 사용할 수 있다.)

다) 고속도 공구강 (SKH)
합금 공구강보다 높은 온도에서 절삭 성능이 있으며, 600°C까지 경도를 유지하고 내열성과 내마모성이 커서 고속절삭이 가능하다. 고속도강의 담금질온도는 1,200~1,350°C, 뜨임 온도는 550~580°C로 하여 드릴, 밀링 커터, 바이트 등으로 사용한다.
① 재료 : W-Cr-V-Mo-Co
② 대표적인 것으로 W(18%)-Cr(4%)-V(1%)이 있다.
③ 탄소 공구강보다 높은 온도에서 절삭 능력이 뛰어나다.
④ 내마모성이 크며 공구 수명이 탄소 공구강의 2배 이상이다.

라) 주조 경질합금
① 대표적인 것으로 스텔라이트가 있으며, 주조로 성형한 것을 연삭으로 다듬질하여 사용하며, 금속절삭에 널리 사용되지는 않는다.
② 재료 : W-Cr-Co-C
③ 초경합금과 고속도강의 중간 성능을 갖는다.
④ 단조나 열처리가 되지 않으므로 매우 단단하다.
⑤ 850°C까지 경도가 유지되나 취성이 있고 값이 비싸다.
⑥ 절삭 날을 연강 자루에 전기용접이나 경납땜을 하여 사용한다.

마) 초경합금
① W-Ti-Ta 등의 탄화물 분말을 Co 또는 Ni를 결합하여 1,400°C 이상에서 소결시킨 것(주성분 : W, Ti, Co, C 등이다.)

절삭공구 재료 중 소결 탄화물 합금에 대한 설명 중 맞는 것은?
① W, Ti, Ta 등의 탄화물 분말을 Co 결합제로 소결한 것이다.
② Co, W, Cr 등을 주조하여 만든 합금이다.
③ 적합한 온도에서 열처리하지 않으면 충분한 경도를 얻을 수 없다.
④ 진동과 충격에 강하며 내마모성이 크다.

답 ①

탄소공구강에 Cr, W, Mo, V를 함유한 강은?
① 합금 공구강
② 고속도강
③ 주조경질합금
④ 초경합금

답 ②

다음 공구 중 주조경질합금인 것은?
① 초경합금
② 세라믹
③ 당가로이
④ 스텔라이트

답 ④

초경합금의 사용 선택 기준을 표시하는 내용 중 ISO 규격에 해당되지 않는 공구는?
① M계열
② N계열
③ K계열
④ P계열

답 ②

다음 세라믹 바이트의 고정법 중 가장 적합하지 않은 것은?
① 가스용접을 한다.
② 납땜을 한다.
③ 클램프로 고정한다.
④ 인서트 팁으로 사용한다.

답 ①

비금속인 세라믹 공구의 특징이 아닌 것은?
① 고온경도가 크다.
② 내마모성이 우수하다.
③ 충격에 강하므로 저속 절삭에 유리하다.
④ 내연성이 우수하여 절삭 중에 피삭제와 공구가 융착되는 일이 적다.

답 ③

Al_2O_3 분말 70%에 TiC 또는 TiN 분말을 30% 정도 혼합하여 수소 분위기에서 소결한 절삭공구는?
① 주조합금
② 세라믹
③ 서멧
④ 초경합금

답 ③

② 경도 및 고온 경도가 높다.
③ 내마모성과 메짐성이 크다.
④ 피복 초경합금은 내열성, 내마모성, 내용착성이 우수하며 일반 초경합금에 비해 2~5배의 공구 수명이 증대되며, 고온, 고속절삭에서 우수한 성능을 갖는다.

[초경 팁(carbide tip)의 표시]
P(푸른색) : 일반강, 절삭 시
M (노란색) : 스테인리스강, 주강 절삭 시
K(붉은색) : 비철금속, 주철 절삭 시
예 'P10-01-3'
P : 팁 재종, 10 : 인성, 01 : 형태, 3 : 크기
(P01-고속절삭, P10-나사절삭, P20, P30-황삭)

바) 세라믹 합금
① 산화알루미늄 가루(Al_2O_3) 분말에 규소 및 마그네슘 등의 산화물이나 다른 산화물의 첨가물을 넣고 소결한 것
② 고속절삭, 고온에서 경도가 높고, 내마멸성이 좋다.
③ 경질합금보다 인성이 작고 취성이 있어 충격 및 진동에 약하다.
④ 고속절삭 시 구성인선이 생기지 않아 가공면이 좋다.
⑤ 땜이 곤란하여 고정용 홀더나 접착제를 사용한다.
⑥ 절삭열에 의해 냉각제를 사용하지 않는다.
⑦ 칩 브레이커 제작이 곤란하다.

사) 서멧 공구(cermet tool)
① Al_2O_3 분말 70%에 탄질화 티탄 TiCN 분말을 30% 정도 혼합하여 수소 분위기에 소결하여 제작
② 초경합금에 비해 고속절삭이 가능하고 마모가 적으며 공구 수명이 길다.
③ 고속, 저속 등 절삭의 속도범위가 적다.
④ TiN은 내 충격성이 우수하다.
⑤ TiC은 고온에서 강도 및 마찰저항이 우수하고, 열의 변화에 내성이 있어 강의 절삭에 매우 우수한 성능을 나타낸다.
⑥ 중절삭 시 인선의 소성변형과 치핑의 우려가 있다.

아) 다이아몬드
① 가장 경도가 높고 1,500m/min의 고속절삭이 가능하다.
② 비철금속의 정밀 완성가공 및 경절삭의 초정밀 연속 절삭에 적합하다.
③ 취성이 크고 가격이 너무 고가이다.
④ 열팽창이 적고 열전도율이 크다. (강의 2배)
⑤ 마찰계수가 대단히 적다.
⑥ 공구 사용 시 인선의 강도 유지를 위해 경사각을 작게 한다.

자) CBN 공구(Cubic Boron Nitride Tool)
① CBN(육방정 질화붕소)의 미소 분말을 초고온, 고압(약 2,000℃, 7만 기압)으로 소결한 공구이다.
② 초경합금보다 1.5~2배의 경도를 갖으며 열전도율이 높고 열팽창이 작다.
③ 담금질강, 고속도강, 내열강 등의 난삭제의 절삭, 연삭에 우수한 성능을 갖는다.
④ 철과의 반응성이 작다.

차) 피복 초경합금(coated carbide steel)
피복 초경합금은 초경합금의 모재 위에 내마모성이 우수한 물질(TiC, TiN, TiCN, Al_2O_3)을 5~10μm 얇게 피복한 것으로 가스의 플라스마 상태에서 생기는 이온을 이용하여 피복하는 물리적 증착 방법(PVD)과 화학 증착법(CVD)으로 행하여, 이는 고온에서 증착되기 때문에 접착력이 아주 강하여 강, 주강, 주철, 비철 금속절삭에 많이 사용된다.

절삭 공구에서 절삭 속도의 사용 범위가 가장 큰 것은?
① 피복 초경
② 서멧
③ CBN
④ 다이아몬드

답 ④

예상문제

PART 3 컴퓨터수치제어(CNC) 절삭가공

01 가공능률에 따라 공작기계를 분류할 때 가공할 수 있는 기능이 다양하고, 절삭 및 이송 속도의 범위도 크기 때문에 제품에 맞추어 절삭 조건을 선정하여 가공할 수 있는 공작기계는?

① 단능 공작기계 ② 만능 공작기계
③ 범용 공작기계 ④ 전용 공작기계

해설
① 단능 공작기계
　간단한 공정이나 1종의 공정밖에 할 수 없는 공작기계이며, 다량 생산에 적합하나 다른 공정의 가공에 융통성이 없다. 이는 바이트 연삭기, 센터리스 연삭기, 타이어 보링 머신 등의 공작기계가 있다.
② 만능 공작기계
　선반, 드릴링 머신, 밀링 머신, 형삭기 등의 공작기계의 구조를 적당히 조합하여 한 대의 기계로 만든 것. 이 기계 한 대로 선삭, 구멍 뚫기, 밀링 절삭, 형삭 등의 작업을 할 수 있는 매우 편리한 기계이나 생산성은 좋지 않다.
③ 범용 공작기계
　절삭 속도 및 이송의 범위가 크고, 부속장치를 사용하여 다양한 종류의 가공을 할 수 있는 공작기계이며, 여러 가지 소량 생산에 적합하지만, 부품을 다량으로 양산하는 데는 적당하지 않다. 이는 선반, 드릴링 머신, 밀링 머신, 연삭기 등의 공작기계가 있다.
④ 전용 공작기계
　특정한 모양, 치수의 제품을 양산하기에 적합하도록 만든 공작기계이며, 사용 범위에는 좁고, 소량 생산에는 적합하지 않은 공작기계이다. 전용 공작기계에는 모방 선반, 자동 선반, 생산 밀링 머신 등이 있으며 또한, 전용공작기계를 여러 개 조합하여 자동화한 트랜스퍼 머신(Transfer Machine) 등이 있어서 기계공작에 큰 역할을 한다.

02 특정한 제품을 대량 생산할 때 적합하지만, 사용 범위가 한정되며 구조가 간단한 공작기계는?

① 범용 공작기계 ② 전용 공작기계
③ 단능 공작기계 ④ 만능 공작기계

해설
① 범용 공작기계 : 가공할 수 있는 기능이 다양하고 절삭 및 이송 속도의 범위가 크다.
② 전용 공작기계 : 특정한 모양이나 치수의 제품을 대량 생산하는 데 적합하도록 만든 공작기계이다.
③ 단능 공작기계 : 한 가지의 가공만을 할 수 있는 기계를 말한다.
④ 만능 공작기계 : 다양한 가공을 할 수 있도록 제작된 공작기계이다.

03 일반적으로 널리 사용되고 있는 보통 선반, 드릴링 머신, 밀링 머신, 연삭기 등이 속하는 공작기계는?

① 단능 공작기계 ② 범용 공작기계
③ 전용 공작기계 ④ 특수 가공기계

04 공작기계를 가공 능률에 따라 분류할 때, 바이트 연삭용 그라인더에 해당하는 것은?

① 단능 공작기계 ② 범용 공작기계
③ 전용 공작기계 ④ 특수 가공기계

05 절삭 공작기계가 아닌 것은?

① 선반   ② 연삭기
③ 플레이너 ④ 굽힘 프레스

해설
굽힘 프레스는 소성가공이다.

06 절삭가공이 비절삭가공에 비해 가지는 장점은?

① 대량생산 ② 정밀도
③ 절삭량   ④ 이송량

[정답] 01 ③ 02 ② 03 ② 04 ① 05 ④ 06 ②

07 공작기계에서 절삭을 위한 세 가지 기본 운동에 속하지 않는 것은?
① 절삭 운동   ② 이송 운동
③ 회전 운동   ④ 위치조정 운동

해설
공작기계의 기본 운동
① 절삭 운동 : 절삭할 때 칩이 길이 방향으로 절삭 공구가 길이 방향으로 움직이는 운동
② 이송 운동 : 공작물과 절삭 공구가 절삭 방향으로 이송하는 운동
③ 위치조정 운동 : 공구와 공작물 간의 절삭 조건에 따른 절삭 깊이 조정 및 일감, 공구의 설치 및 제거

08 공작기계의 기본운동 중 공구의 고정, 일감의 설치 및 제거, 절삭 깊이 등의 조정과 관계가 깊은 것은?
① 절삭 운동   ② 이송 운동
③ 준비운동   ④ 위치조정 운동

09 선반을 설계할 때 고려할 사항으로 틀린 것은?
① 고장이 적고 기계효율이 좋을 것
② 취급이 간단하고 수리가 용이할 것
③ 강력 절삭이 되고 절삭 능률이 클 것
④ 기계적 마모가 높고, 가격이 저렴할 것

해설
기계적 마모가 작고, 가격이 저렴할 것

10 공작기계의 구비조건으로 맞지 않는 것은?
① 절삭가공의 능률이 좋을 것
② 동력손실이 크고 치수 정밀도가 좋을 것
③ 기계의 강성이 높을 것
④ 조작이 용이하고 안전성이 높을 것

해설
동력손실이 적고 치수 정밀도가 좋을 것

11 다음 중 공작기계의 3대 특성이 아닌 것은?
① 제품의 공작 정밀도가 높아야 한다.
② 절삭 속도가 높아야 한다.
③ 가공능률이 우수해야 한다.
④ 유동성이 풍부해야 한다.

해설
융통성이 있어야 한다.

12 가공물을 절삭할 때 발생되는 칩의 형태에 미치는 영향이 가장 적은 것은?
① 공작물의 재질
② 절삭 속도
③ 윤활유
④ 공구의 모양

해설
칩은 절삭 공구의 모양, 공작물의 재질, 절삭 속도, 절삭 깊이, 이송 등에 따라 달라진다.

13 선반 작업 시 절삭 속도 결정의 조건 중 거리가 가장 먼 것은?
① 가공물의 재질
② 바이트의 재질
③ 절삭유제의 사용 유무
④ 컬럼의 강도

해설
선반 작업 시 절삭 속도 결정의 조건 : 가공물의 재질, 바이트의 재질, 절삭유제의 사용 유무

[정답] 07 ③ 08 ④ 09 ④ 10 ② 11 ④ 12 ③ 13 ④

14 선반가공에 영향을 주는 조건에 대한 설명으로 틀린 것은?

① 이송이 증가하면 가공 변질층은 증가한다.
② 절삭 각이 커지면 가공 변질층은 증가한다.
③ 절삭 속도가 증가하면 가공 변질층은 감소한다.
④ 절삭 온도가 상승하면 가공 변질층은 증가한다.

해설
절삭 온도가 상승하면 가공 변질층은 감소한다.

15 공작물의 표면 거칠기와 치수 정밀도에 영향을 미치는 요소로 거리가 먼 것은?

① 절삭유　② 절삭 깊이
③ 절삭 속도　④ 칩 브레이커

해설
① 절삭 조건 : 공구의 각도 모양, 절삭 속도, 이송 속도, 절삭 깊이, 절삭제의 영향을 받는다.
② 칩 브레이커(chip breaker) : 공구, 공작물, 공작기계(척)가 서로 엉키는 것을 방지한다. 칩이 짧게 끊어지도록 바이트의 날 끝부분에 만드는 것이다.

16 절삭 저항에 변화를 주는 요소로서 가장 영향을 적게 미치는 것은?

① 회전수
② 절삭 면적
③ 날끝의 형상
④ 일감의 재질

해설
절삭 저항에 변화되는 요소는 공작물의 재질, 공구각(날끝의 형상), 절삭 면적, 절삭 속도(회전수) 등이다. 여기서, 절삭 저항에 가장 영향을 적게 미치는 것은 회전수이다.

17 절삭 속도 150m/min, 절삭 깊이 8mm, 이송 0.25mm/rev로 75mm 지름의 원형 단면봉을 선삭 때의 주축 회전수(rpm)는?

① 160　② 320
③ 640　④ 1,280

해설
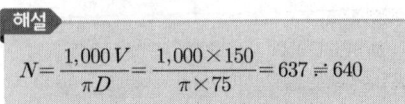

18 선반에서 원형 단면을 가진 일감의 지름 100mm인 탄소강을 매분 회전수 314r/min(=rpm)으로 가공할 때, 절삭저항력이 736N이었다. 이때 선반의 절삭효율을 80%라 하면 필요한 절삭동력은 약 몇 PS인가?

① 1.1　② 2.1
③ 4.4　④ 6.2

해설
$Ps = \dfrac{P_1 V}{75 \times 60 \times 9.81 \times \eta} = \dfrac{736 \times 98.6}{75 \times 60 \times 9.81 \times 0.8} = 2.055$

$V = \dfrac{\pi DN}{1,000} = \dfrac{\pi \times 100 \times 314}{1,000} = 98.6$

19 평면 연삭기에서 숫돌의 원주 속도 $V=2,400$ m/min이고, 연삭력 $P=147.15$N이다. 이때 연삭기에 공급된 동력이 10PS라면 이 연삭기의 효율은 몇 %인가?

① 70%　② 75%
③ 80%　④ 125%

해설
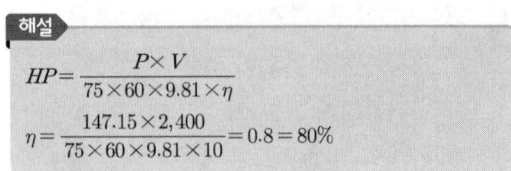

[정답] 14 ④　15 ④　16 ①　17 ③　18 ②　19 ③

20 평면 연삭기에서 연삭숫돌의 원주 속도 v = 2,500m/min이고, 연삭 저항 F=150N이며 연삭기에 공급된 연삭 동력이 10kW일 때 이 연삭기의 효율은 약 얼마인가?

① 53% ② 63%
③ 73% ④ 83%

해설

$$kW = \frac{F \times v}{102 \times 60 \times 9.81 \times \eta}$$
$$\eta = \frac{150 \times 2,500}{102 \times 60 \times 9.81 \times 10kW} = 0.625 = 62.5\%$$

21 지름 50mm인 연삭숫돌을 7,000rpm으로 회전시키는 연삭 작업에서, 지름 100mm인 가공물을 연삭숫돌과 반대 방향으로 100rpm으로 원통 연삭할 때 접촉점에서 연삭의 상대속도는 약 몇 m/min인가?

① 931 ② 1,099
③ 1,131 ④ 1,161

해설

$$V = \frac{\pi DN}{1,000} + \text{원주속도}$$
$$V = \frac{\pi \times 50 \times 7,000}{1,000} + \frac{\pi \times 100 \times 100}{1,000} = 1,131$$

22 절삭동력(H)이 2kW이고, 주축 회전수가 800rpm일 때 선반에서 ϕ60mm의 환봉을 절삭하는 절삭 주분력은 몇 N인가?

① 71.2 ② 78.5
③ 796.3 ④ 88.5

해설

$$kW = \frac{P_1 \cdot V}{102 \times 9.81}$$
$$P_1 = \frac{102 \times 9.81 \cdot kW}{V} = \frac{102 \times 9.81 \times 2}{\frac{\pi \times 60 \times 800}{1,000 \times 60}} = 796.3$$

23 공구는 2날 $-\phi$ 20엔드밀을 사용하고 절삭 폭과 절삭 깊이를 5mm씩 선정하였다. 이때 칩 배출량은 얼마인가? (단, 절삭 속도 120m/min, 한 날당 이송 0.08mm/tooh, 주축 회전수는 1,000rpm)

① $2cm^3/min$
② $4cm^3/min$
③ $6cm^3/min$
④ $8cm^3/min$

해설

$$f = f_Z \times Z \times n = 0.08 \times 2 \times 1,000 = 160$$
$$\text{절삭량} = \frac{btf}{1,000} = \frac{5 \times 5 \times 160}{1,000} = 4cm^3/min$$

24 구멍의 지름 38mm 강재를 구멍을 뚫을 때 절삭률은 얼마인가? (단, 절삭 속도 36.6mm, 이송 0.5mm/rev)

① 약 $174cm^3/min$
② 약 $139cm^3/min$
③ 약 $128cm^3/min$
④ 약 $115cm^3/min$

해설

$$\frac{\pi \times d^2}{4} \times \frac{1,000 V}{\pi \cdot D} \times f = \frac{\pi \times 38^2}{4} \times \frac{1,000 \times 36.6}{\pi \times 38} \times 0.5$$
$$= 173,850 mm^3 = 173.850 cm^3$$

25 공작물의 직경이 43mm, 절삭 깊이 7mm, 이송 0.2mm/rev, 절삭 속도 57m/min 일 때 절삭량은 몇 cm^3/min인가?

① 79.8 ② 89.8
③ 99.8 ④ 109.8

해설

절삭량= $tvf = 7 \times 57 \times 0.2 = 79.8 cm^3/min$

[정답] 20 ② 21 ③ 22 ③ 23 ② 24 ① 25 ①

26 절삭 온도와 절삭 조건에 관한 내용으로 틀린 것은?

① 절삭 속도를 증대하면 절삭 온도는 상승한다.
② 칩의 두께를 크게 하면 절삭 온도가 상승한다.
③ 절삭 온도는 열팽창 때문에 공작물 가공치수에 영향을 준다.
④ 열전도율 및 비열 값이 작은 재료가 일반적으로 절삭이 용이하다.

> **해설**
> 절삭 온도가 높아지면 날끝 온도가 상승하여 공구는 빨리 마멸되고 공구 수명이 짧아질 뿐만 아니라, 공작물도 온도 상승에 의한 열팽창으로 가공 치수가 달라지는 나쁜 영향을 받게 된다.

27 선반에 의한 절삭가공에서 이송(feed)과 가장 관계가 없는 것은?

① 단위는 회전당 이송(mm/rev)으로 나타낸다.
② 일감의 매 회전마다 바이트가 이동되는 거리를 의미한다.
③ 이론적으로는 이송이 작을수록 표면 거칠기가 좋아진다.
④ 바이트로 일감 표면으로부터 절삭해 들어가는 깊이를 말한다.

> **해설**
> 바이트로 일감 표면으로부터 절삭해 들어가는 깊이는 절삭 깊이이다.

28 선반가공에서 절삭 속도를 빠르게 하는 고속절삭의 가공 특성에 대한 내용으로 틀린 것은?

① 절삭 능률 증대
② 구성인선 증대
③ 표면 거칠기 향상
④ 가공 변질층 감소

> **해설**
> 고속 절삭하면 구성인선이 감소한다.

29 선반 작업에서 절삭 저항이 가장 적은 분력은?

① 내분력   ② 이송 분력
③ 주분력   ④ 배분력

> **해설**
> 절삭 저항의 분력
> 절삭 저항
> =주분력(P1) 10 〉 배분력(P3)(2-4) 〉 이송 분력(P2)(1-2)
> ① 주분력(P1, Principal Cutting Force) : 절삭 방향으로 작용하는 분력
> ② 이송 분력(P2, Feed Force) : 이송 방향(평행)으로 작용하는 분력
> ③ 배분력(P3, Radial Force) : 공구의 축 방향으로 작용하는 분력

30 선반 작업 시 공구에 발생하는 절삭 저항 중 가장 큰 것은?

① 배분력   ② 주분력
③ 마찰 분력   ④ 이송 분력

> **해설**
> 절삭 저항의 분력
> 절삭 저항
> =주분력(P1) 10 〉 배분력(P3)(2-4) 〉 이송 분력(P2)(1-2)
> ① 주분력(P1 : principal cutling force) : 절삭 방향으로 작용하는 분력
> ② 이송 분력(P2 : feed force) : 이송 방향(평행)으로 작용하는 분력
> ③ 배분력(P3 : radial force) : 공구의 축 방향으로 작용하는 분력

[정답] 26 ④ 27 ④ 28 ② 29 ② 30 ②

31 구성인선에 대한 설명으로 틀린 것은?

① 치핑 현상을 막는다.
② 가공 정밀도를 나쁘게 한다.
③ 가공면의 표면 거칠기를 나쁘게 한다.
④ 절삭 공구의 마모를 크게 한다.

해설
구성인선 : 보통 연강, 스테인리스강 및 알루미늄과 같은 연한 재료를 절삭할 때 절삭 공구의 날 끝에 공작물의 미분이 압착 또는 용착되어 날 끝을 싸버려 날 끝의 일부와 같은 상태로 절삭을 하는 수가 있다. 날 끝에 쌓인 것을 구성인선이라 한다. 이 구성인선 때문에 절삭된 가공면이 군데군데 흔적이 나타나고 진동을 일으켜 가공면의 정밀도 및 표면 거칠기가 나쁘며, 절삭 공구의 마모를 크게 한다.

32 구성인선(built-up edge)의 발생을 방지하는 대책으로 옳은 것은?

① 바이트의 윗면 경사각을 작게 한다.
② 절삭 깊이, 이송 속도를 크게 한다.
③ 피가공물과 친화력이 많은 공구 재료를 선택한다.
④ 절삭 속도를 높이고, 절삭유를 사용한다.

해설
구성인선의 방지(억제)법
① 공구의 윗면 경사각을 크게 한다.
② 절삭 깊이를 작게 한다.
③ 절삭 속도 크게 한다.
④ 이송을 작게 한다. (저속 회전일 때 이송을 크게 한다.)
⑤ 칩의 절삭 저항을 작게 한다.
  ㉠ 마찰계수가 적은 초경합금 이상의 공구 사용
  ㉡ 윤활성이 좋은 절삭유 사용
  ㉢ 공구의 경사면(상면)을 매끄럽게 잘 연마함.

33 선반 작업에서 구성인선(built-up edge)의 발생 원인에 해당하는 것은?

① 절삭 깊이를 작게 할 때
② 절삭 속도를 느리게 할 때
③ 바이트의 윗면 경사각이 클 때
④ 윤활성이 좋은 절삭유제를 사용할 때

해설
구성인선의 발생원인
① 공구의 윗면 경사각을 작게 할 때
② 절삭 깊이를 크게 할 때
③ 절삭 속도를 느리게 할 때

34 고속도강 절삭 공구를 사용하여 저탄소강재를 절삭할 때 가장 일반적인 구성인선(built-up edge)의 임계속도(m/min)는?

① 50   ② 120
③ 150   ④ 170

해설
구성인선의 임계속도는 120m/min로 한다.

35 다음 중 가공물을 절삭할 때 발생되는 칩의 형태에 미치는 영향이 가장 적은 것은?

① 절삭 깊이   ② 공작물의 재질
③ 절삭 공구의 형상 ④ 윤활유

해설
피작재(공작물)가 공구에 의해 절삭될 때는 날끝 부위의 재료가 소성변형을 일으키고 공구의 압력에 의해 미끄럼이 일어나 모재로부터 분리되어 칩(Chip)이 형성된다. 칩은 절삭 공구의 형상, 공작물의 재질, 절삭 속도, 절삭 깊이, 이송 등에 따라 달라진다.

36 연성 재료를 고속 절삭할 때 생기는 칩의 형태는?

① 유동형(flow type)
② 균열형(crack type)
③ 열단형(tear type)
④ 전단형(shear type)

[정답] 31 ① 32 ④ 33 ② 34 ② 35 ④ 36 ①

해설
① 유동형(flow type) : 연성 재료를 고속 절삭할 때 생기는 칩의 형태
② 균열형(crack type) : 주철과 같이 취성이 있는 재료를 저속 절삭할 때 생기는 칩의 형태
③ 열단형(tear type) : 점성이 있는 재료를 저속 절삭할 때 생기는 칩의 형태
④ 전단형(shear type) : 연성 재료를 저속 절삭할 때 생기는 칩의 형태

37 칩을 밀어내는 압축력의 축적으로 이런 형태의 칩이 생기고, 유동형 칩이 생기는 것과 같이 연한 재료를, 작은 윗면 경사각으로 깎을 때 자주 생기며, 다듬질면은 그다지 좋지 않은 칩의 형태는?

① 균열형 칩　② 전단형 칩
③ 열단형 칩　④ 연속형 칩

해설
전단형 칩(shear type chip)
칩이 원활히 흐르지 못하고, 칩을 밀어내는 압축력이 축적되어야 분자사이에 전 단이 일어나기 때문에 미끄럼 간격이 커진다. 불연속적인 미끄럼에 의하여 나타나므로 유동형과 균열형의 중간에 속하는 형태이며 절삭저항은 한 개의 칩이 발생할 때마다 변동하여, 가공면이 매끄럽지 못하다. 연한 재질의 공작물을 작은 경사각으로 저속 가공할 때 생긴다.

38 주철을 저속으로 절삭할 때 나타내는 칩의 형태는?

① 전단형　② 경작형
③ 균열형　④ 유동형

해설
균열형 칩(Crack type chip) : 균열의 발생은 열단형과 같으나, 순간적으로 공구의 날 끝 앞에서 일감의 표면을 향해 균열이 생기고 이것이 칩이 된다. 칩 발생 시의 진동으로 절삭력의 변동이 크며 가공면이 매우 불량하다. 주철과 같은 메진(취성) 재료를 저속 가공할 때

39 일감의 재질이 유연하고 인성이 많을 때, 윗면 경사각이 클 때 등의 경우에 형성되는 칩의 형태는?

① 균열형 칩　② 유동형 칩
③ 전단형 칩　④ 열단형 칩

해설
유동형 칩(flow type chip) : 칩이 공구의 경사면 위를 유동하는 것과 같이 원활하게 연속적으로 흘러 나가는 형태로서 칩 발생시 연속적인 미끄럼 파괴에 의하여 절삭되어, 길게 연속적 코일 모양으로 되며, 절삭면의 변동이 없고 진동이 적으며, 가공면이 깨끗하고 절삭작용이 원활하고, 신축성이 크고 소성변형이 쉬운 재료에 적합하다.
① 공작물의 재질이 연하고 인성이 큰 재질일 때
② 윗면 경사각이 클 때
③ 절삭 깊이가 작을 때
④ 고속 절삭할 때(절삭 속도가 높을 때) 절삭제를 사용할 때

40 다음 사항 중 어느 경우에 열단형 칩이 생기는가?

① 일감의 재질이 유연하고 인성이 많을 때
② 절삭 깊이가 작고 절삭 속도가 클 때
③ 공구의 윗면 경사각이 작을 때
④ 주철과 같은 메진 재료를 저속으로 절삭할 때

해설
열단형 칩(tear type chip)
공구의 날 끝보다 날의 아래쪽에 균열이 발생되면서 절삭이 되는 형태로서 재료가 공구 전면에 접착하여 공구의 상면을 미끄러져 나가지 못하여, 아래 방향에 균열이 발생하여 가공면이 나쁘다.
① 공작물의 재질이 공구에 접착하기 쉬울 때
② 점성이 큰 재질을 작은 경사각의 공구로 절삭할 때
③ 절삭 깊이가 클 때

41 다음 중 구성인선(built-up edge)이 나타나는 칩의 형태는?

① 유동형 칩　② 균열형 칩
③ 열단형 칩　④ 전단형 칩

[정답] 37 ② 38 ③ 39 ② 40 ③ 41 ③

42 전단형 칩의 발생 원인은?

① 연성 재료를 고속 절삭할 때
② 경성 재료를 고속 절삭할 때
③ 연성 재료를 저속 절삭할 때
④ 경성 재료를 저속 절삭할 때

43 점성이 큰 공작물을 경사각이 적은 절삭 공구로 가공할 때, 절삭 깊이가 클 때 발생하기 쉬운 칩의 형태는 무엇인가?

① 유동형
② 전단형
③ 열단형
④ 균열형

> **해설**
> 경작형이라고도 한다.

44 절삭 공구를 사용하여 칩(chip)을 발생시키며 요구하는 제품의 기하학적인 형상으로 가공하는 방법은?

① 버핑 가공
② 소성 가공
③ 절삭가공
④ 버니싱 가공

> **해설**
> ① 버핑 가공 : 직물(면), 털(모) 등으로 원반을 만들고(나사못 및 아교로 붙이거나 재봉으로 누빔) 공작물 표면의 녹 제거 및 광택을 내는 작업
> ② 소성 가공 : 소성적인 성질을 가진 재료에 변형을 주어 목적하는 제품을 만드는 작업
> ③ 절삭가공 : 공작물보다 경도가 높은 공구(tool)를 사용하여 칩(chip)을 깎아내어 소정의 모양과 치수로 맞추어 제품을 만드는 작업
> ④ 버니싱 가공 : 원통의 내면 및 외면을 매끈히 다듬질된 강구(steel ball) 또는 롤러로 공작물에 압입하여 표면을 매끈하게 다듬는 가공법

45 절삭 공구에서 칩 브레이커(chip breaker)의 설명으로 옳은 것은?

① 전단형이다.
② 칩의 한 종류이다.
③ 바이트 섕크의 종류이다.
④ 칩이 인위적으로 끊어지도록 바이트에 만든 것이다.

> **해설**
> 칩 브레이커의 목적
> ① 공구, 공작물, 공작기계(척)가 서로 엉키는 것을 방지하고, 칩이 짧게 끊어지도록 바이트에 만든다.
>   ㉠ 가공표면의 흠집 발생 방지
>   ㉡ 공구 날 끝의 치핑 방지
>   ㉢ 칩의 비산 등에 의한 작업자의 위험 요인을 줄임.
> ② 절삭유제의 유동을 좋게 한다.
> ③ 칩의 제거 및 처리를 효율적으로 할 수 있다.
> ④ 유동형 칩이다.

46 바이트에서 칩 브레이크의 주된 역할은?

① 칩이 잘 흘러가지 않도록 하기 위한 장치
② 칩을 생성하는 장치
③ 칩을 칩통으로 유도하는 장치
④ 칩을 짧게 끊어내기 위한 장치

> **해설**
> 칩 브레이커의 목적은 공구, 공작물, 공작기계(척)가 서로 엉키는 것을 방지하기 위해 칩이 짧게 끊어지도록 바이트에 만든다.

47 일반적으로 사용되는 칩 브레이커 종류가 아닌 것은?

① 고정형
② 평행형
③ 각도형
④ 홈 달린형

[정답] 42 ③ 43 ③ 44 ③ 45 ④ 46 ④ 47 ①

해설
칩 브레이커의 종류
① 평행형과 각도형 : 강인한 재료의 작은 이송에 주로 사용된다. 최초에 발생되는 칩은 리본(Ribbon) 칩이 발생된다.
② 홈 달림형 : 경사면 자체에 홈을 만드는 방식으로 절삭 깊이가 여러 가지로 변화할 때 주로 사용된다. 초기에는 칩이 잘게 부서지는 아크(Arc)형 칩이 된다.
③ 역삼각형 : 절삭 깊이가 크게 변화할 때 주로 사용된다. 제일 문제는 칩 브레이커의 폭으로서 넓으면 칩의 감기가 나빠지고 좁으면 칩이 작게 감기어 접혀져 막혀 버린다.
④ 장애물형 : 공구의 경사면에 별도의 부착물을 붙이거나 돌기를 만드는 방식으로 공구의 마모를 감소시킨다.

48 선반 바이트에서 안전장치 역할을 하는 것은?

① 칩 브레이커
② 여유각
③ 경사각
④ 공구각

49 크레이터 마모에 관한 설명 중 틀린 것은?

① 유동형 칩에서 가장 뚜렷이 나타난다.
② 절삭 공구의 상면 경사각이 오목하게 파여지는 현상이다.
③ 크레이터 마모를 줄이려면 경사면 위의 마찰계수를 감소시킨다.
④ 처음에 빠른 속도로 성장하다가 어느 정도 크기에 도달하면 느려진다.

해설
크레이터 마모
절삭 공구의 경사면에 칩이 슬라이드(side)할 때 마찰력에 의하여 오목하게 파여진 모양의 형태이다. crater의 깊이가 0.05~0.1mm에 달하였을 때 공구 수명이 다 되었다고 판단하며, 초경합금과 고속도강에서 나타나고 전연성 재료의 유동형 칩을 만드는 경우에 발생한다.

50 절삭 공구에서 크레이터 마모(crater wer)의 크기가 증가할 때 나타나는 현상이 아닌 것은?

① 구성인선(built up edge)이 증가한다.
② 공구의 윗면 경사각이 증가한다.
③ 칩의 곡률반지름이 감소한다.
④ 날끝이 파괴되기 쉽다.

해설
크레이터 마모(crater wer)의 크기가 증가할 때 나타나는 현상
① 가공 경화된 칩이 공구 표면을 마찰하여 경사면이 깎인다.
② 공구의 윗면 경사각이 증가한다.
③ 칩의 곡률반지름이 감소한다.
④ 날끝이 파괴되기 쉽다.

51 절삭 공구의 절삭면에 평행하게 마모되는 현상은?

① 치핑(chiping)
② 플랭크 마모(flank wear)
③ 크레이터 마모(creat wear)
④ 온도 파손(temperature failure)

해설
① 치핑(chiping) : 점성 강도가 적은 바이트를 사용하여 절삭할 경우 충격이나 진동에 의해 절삭 저항의 변화가 커 공구 인선 선단의 일부가 미세하게 파괴되어 탈락하는 현상
② 플랭크 마모(flank wear) : 공구의 플랭크가 절삭면에 평행하게 마모, 주철같이 균열형 칩이 생길 때 발생하는 경우 크레이터 마멸은 생기지 않으나, 여유면의 인선이 마찰에 의해 마모
③ 크레이터 마모(creat wear) : 칩에 의하여 공구의 경사면이 움푹 패이는 마모로서 초경합금과 고속도강에서 나타나고 전연성 재료의 유동형 칩을 만드는 경우에 공구 상면에 주로 발생
④ 온도 파손(temperature failure) : 절삭 공구와 경도 강도는 절삭 온도에 따라 변화한다. 절삭 속도가 증가하며 절삭 온도가 상승하고 마모가 증가한다. 마모가 증가하면 절삭 공구가 약해져 파손

[정답] 48 ① 49 ④ 50 ① 51 ②

52 공구마멸 중에서 공구날의 윗면이 칩의 마찰로 오목하게 파여지는 현상을 무엇이라 하는가?

① 구성인선
② 크레이터 마모
③ 프랭크 마모
④ 칩 브레이커

해설
크레이터링(경사면 마모 : Cratering)
칩에 의하여 공구의 경사면이 움푹 패이는 마모로서 초경합금과 고속도강에서 나타나고 전연성 재료의 유동형 칩을 만드는 경우에 공구상면에 주로 발생한다.

53 절삭 공구인선의 파손 원인 중 절삭 공구의 측면과 피삭재의 가공면과의 마찰에 의하여 발생하는 것은?

① 크레이터 마모   ② 플랭크 마모
③ 치핑   ④ 백래시

해설
플랭크 마모(flank wear) : 절삭 공구의 여유면과 절삭면과의 마찰에 의해서 절삭면에 평행하게 마모되는 형태이며, 주철 같이 분말상 칩이 생길 때 주로 발생한다. flank wear의 폭이 0.7mm 정도 되었을 때 공구의 수명이 다 되었다고 한다.

54 바이트의 크레이터 발생을 저지하고 지연시키는 방법으로서 옳은 것은?

① 칩의 흐름에 대한 저항을 증가시킨다.
② 절삭유 공급을 중단하고 바이트의 이송속도를 낮춘다.
③ 공구 윗면의 칩의 흐름에 대한 저항을 감소시킨다.
④ 공구 윗면 경사각을 작게 하고, 절삭입력을 증가시킨다.

해설
크레이터 발생 방지법
① 공구날 위의 압력 감소 : 경사각을 크게 하고 이송을 빠르게 한다.
② 공구 상면의 칩의 흐름에 대한 저항 감소 : 공구 상면을 연삭하고 윤활성이 좋은 윤활제를 사용한다.

55 절삭 공구 수명을 판정하는 방법으로 틀린 것은?

① 공구인선의 마모가 일정량에 달했을 경우
② 완성가공된 치수의 변화가 일정량에 달했을 경우
③ 절삭 저항의 주분력이 절삭을 시작했을 때와 비교하여 동일할 경우
④ 완성 가공면 또는 절삭가공한 직후에 가공표면에 광택이 있는 색조 또는 반점이 생길 경우

해설
공구의 수명 판정
① 가공 후 표면에 광택이 있는 색조, 무늬, 반점이 있을 때
② 공구인선의 마모가 일정량에 달했을 때
③ 완성 가공된 치수의 변화가 일정량에 달했을 때
④ 주분력에는 변화가 없더라도 이송분력, 배분력이 급격히 증가할 때

56 절삭 속도가 증가와 더불어 절삭 온도는 증가한다. 절삭 온도 측정 방법이 아닌 것은?

① 칩의 색깔에 의한 방법
② 공구 동력계에 의한 방법
③ 시보모디에 의힌 방법
④ 복사 온도계에 의한 방법

해설
절삭 온도 측정 방법은 위 외에 칼로리미터에 의한 방법, 공구 열전대 삽입 방법, 시온 도료를 사용하는 방법 등이 있다.

[정답] 52 ② 53 ② 54 ③ 55 ③ 56 ③

57 절삭제의 사용 목적과 거리가 먼 것은?
① 공구의 온도 상승 저하
② 가공물의 정밀도 저하 방지
③ 공구 수명 연장
④ 절삭 저항의 증가

해설
절삭유를 사용하면 절삭 저항이 감소한다.

58 공작기계 작업에서 절삭제의 역할에 대한 설명으로 옳지 않은 것은?
① 절삭 공구와 칩 사이의 마찰을 감소시킨다.
② 절삭 시 열을 감소시켜 공구 수명을 연장시킨다.
③ 구성인선의 발생을 촉진시킨다.
④ 가공면의 표면 거칠기를 향상시킨다.

해설
절삭유는 구성인선의 발생을 감소시킨다.

59 절삭유제에 관한 설명으로 틀린 것은?
① 극압유는 절삭 공구가 고온, 고압 상태에서 마찰을 받을 때 사용한다.
② 수용성 절삭유제는 점성이 낮으며, 윤활 작용은 좋으나 냉각 작용이 좋지 못하다.
③ 절삭유제는 수용성과 불수용성, 그리고 고체윤활제로 분류한다.
④ 불수용성 절삭유제는 광물성인 등유, 경유, 스핀들유, 기계유 등이 있으며 그대로 또는 혼합하여 사용한다.

해설
수용성 절삭유 : 점성이 낮고 비열이 높으며 냉각 작용이 우수하다.

60 광물성유를 화학적으로 처리하여 원액에 80% 정도의 물을 혼합하여 사용하며, 점성이 낮고 비열과 냉각 효과가 큰 절삭유는?
① 지방질 유
② 광유
③ 유화유
④ 수용성 절삭유

해설
① 수용성 절삭유 : 광물성유를 화학적으로 처리하여 원액에 80% 정도의 물을 혼합하여 사용하며, 점성이 낮고 비열과 냉각 효과가 크다.
② 광물유 : 경유, 머신유, 스핀들유, 석유 및 기타 광유 또는 혼합유로서, 윤활 작용은 좋으나 냉각작용은 비교적 약하다. 주로 경(輕) 절삭에 사용한다.
③ 에멀션형(유화유) : 광유에 비눗물을 첨가하여 사용하는 것으로, 냉각 작용이 비교적 크고 윤활성이 좋으며 원액에 10~20배의 물을 희석해서 사용한다.

61 다음 수용성 절삭유형에 해당하지 않는 것은?
① 극압유형
② 솔류블형
③ 에멀션형
④ 솔류션형

62 절삭유의 사용 목적이 아닌 것은?
① 공작물 냉각
② 구성인선 발생 방지
③ 절삭열에 의한 정밀도 저하
④ 절삭 공구의 날 끝의 온도 상승 방지

[정답] 57 ④ 58 ③ 59 ② 60 ④ 61 ① 62 ③

해설
절삭유의 사용 목적
① 공작물 및 공구냉각
② 구성인선 발생 방지
③ 윤활 작용, 세척 작용, 방청 작용
④ 절삭 공구의 날 끝의 온도 상승 방지

63 불수용성 절삭유로서 점성이 낮고 윤활 작용이 좋은 반면에 냉각 작용은 좋지 않은 절삭제유는?

① 광물성유
② 동식물성유
③ 혼합유
④ 극압유

해설
① 유화유 : 광유+비눗물 ⇒ 일반 절삭제로 널리 사용, 값이 싸다.
② 광유 : 윤활은 좋으나 냉각은 나쁘며 경절삭에 사용. 경유, 기계유, 스핀들 오일, 석유등이 있으며 석유는 절삭 속도가 높을 때 사용되고(황동, 경합금) 기계유는 저속 절삭(탭가공, 브로치) 등에 이용된다.
③ 동식물유 : 일반적으로 유성이 높으나 냉각 작용이 나쁘고 변질되기 쉬우며 강력한 윤활작용, 완성가공, 저속 중절삭에 사용된다. 돈유, 올리브유, 종자유, 파자마유, 콩기름 등이 있다.
④ 광물유+동식물의 혼합유 : 강력 절삭에 사용
⑤ 석유 : 5~20배의 석유와 황유를 혼합사용. 고속절삭, 니켈, 스텐레스강, 단조강 절삭 사용된다.
⑥ 극압유 : 공구가 고온, 고압 상태에서 마찰을 받을 때 사용하며 윤활작용이 주목적이다. 황, 염소, 납, 인 등의 화합물로 절삭 공구의 고온, 고압 상태에서 마찰을 받을 때 윤활 목적으로 첨가.
※ 주철 절삭 시엔 절삭유를 사용하지 않고 황동, 청동 등엔 유화유를 사용한다.

64 다음 절삭제 중 윤활성은 좋으나 냉각성이 적어 주로 경절삭에 사용되는 혼합유제는?

① 광유
② 석유
③ 유화유
④ 지방질유

해설
광유 : 윤활성은 좋으나 냉각성이 적어 주로 경절삭에 사용되는 혼합유제이다.

65 다음 중 수용성 절삭유에 속하는 것은?

① 유화유
② 혼성유
③ 광유
④ 동식물유

해설
수용성 절삭유 : 점성이 낮고 비열이 높으며 냉각 작용이 우수하다.
• 에멀션형(유화유) : 광유에 비눗물을 첨가하여 사용한 것으로 냉각 작용이 비교적 크고 윤활성이 좋으며, 원액에 10~20배의 물을 희석해서 사용한다. 일반 절삭제로 널리 사용, 값이 싸다.

66 윤활유의 사용 목적이 아닌 것은?

① 냉각
② 마찰
③ 방청
④ 윤활

해설
윤활유의 사용 목적
① 냉각 작용
  ㉠ 공구의 경도 저하 방지 및 공구 수명 연장
  ㉡ 공작물의 냉각으로 가공 정밀도 저하 방지
② 윤활 작용 : 칩과 공구 경사면의 마찰을 감소시켜 전단각이 증대되며, 유동형 칩이 생성
③ 세척 작용 : 칩 제거 작용
④ 방청 작용 : 공작물과 공작기계가 녹에 의해 부식되는 것을 방지한다.

67 윤활제를 사용하는 극압 첨가물은?

① Fe, C
② Si, Cu
③ V
④ S, Cl

해설
특수 윤활제는 P, S, Cl 등이다.

[정답] 63 ① 64 ① 65 ① 66 ② 67 ④

68 윤활제의 구비조건으로 틀린 것은?

① 사용 상태에 따라 점도가 변할 것
② 산화나 열에 대하여 안정성이 높을 것
③ 화학적으로 불활성이며 깨끗하고 균질할 것
④ 한계 윤활 상태에서 견딜 수 있는 유성이 있을 것

해설
윤활제는 점도의 변화가 없어야 한다.

69 윤활제의 윤활 방법 중 슬라이딩 면이 유막에 의해 완전히 분리되어 균형을 이루게 되는 윤활 상태는?

① 고체윤활 ② 경계윤활
③ 극압윤활 ④ 유체윤활

해설
유체윤활 : 슬라이딩 면이 유막에 의해 완전히 분리되어 균형을 이루게 되는 윤활이다.

70 마찰면이 넓은 부분 또는 시동 횟수가 많을 때 사용하고 저속 및 중속 축의 급유에 사용되는 급유 방법은?

① 담금 급유법 ② 패드 급유법
③ 적하 급유법 ④ 강제 급유법

해설
① 담금 급유법 : 마찰 부분 전체가 윤활유 속에 잠기도록 하여 급유하는 방법이다.
② 패드 급유법 : 무명이나 털 등을 섞어 만든 패드 일부를 오일 통에 담가 저널의 아랫 면에 모세관 현상으로 급유하는 방법이다.
③ 적하 급유법 : 유리에 눈금이 새겨진 적하 급유법을 많이 이용하고, 저속 및 중속 축의 급유와 마찰면이 넓고 시동 횟수가 많은 곳에 주로 사용한다.
④ 강제 급유법 : 순환 펌프를 이용하여 급유하는 방법으로, 고속 회전할 때 베어링 냉각 효과에 경제적인 방법이다.

71 기계 작업에서 고속 주축의 급유를 균등히 할 목적에 이용하는 급유법은?

① 핸드 오일링법(hand oiling)
② 오일링 급유법(oiling)
③ 오일 배스 오일링법(oil bath oiling)
④ 적하 급유법(drop oiling)

72 고속 내면연삭기, 고속 드릴 및 베어링의 윤활에 가장 적합한 방식은?

① 오일 미스트(oil mist) 급유법
② 오일링(oiling) 급유법
③ 담금질 급유법(oil bath oiling)
④ 적하 급유법(drop oiling)

73 윤활 방법 중 무명이나 털 등을 섞어 만든 패드의 일부를 기름통에 담가 저널의 아랫면에 모세관 현상을 이용하여 급유하는 것은?

① 적하 급유(drop feed oiling)
② 비말 급유(splash oiling)
③ 패드 급유(pad oiling)
④ 강제 급유(oil bath oiling)

해설
① 적하 급유(drop feed oiling) : 비교적 고속회전에 많이 사용. 기름통으로 저장되어 일정한 양만큼씩 떨어지도록 한 방식이다.
② 비말(튀김) 급유(splash oiling) : 베어링 등을 직접 기름 속에 담그지 않고 옆에 있는 기어나, 회전 링에 의해 기름을 튀겨 날려서 윤활하는 방식(보통 선반)이다.
③ 패드 급유(pad oiling) : 윤활 방법 중 무명이나 털 등을 섞어 만든 패드의 일부를 기름통에 담가 저널의 아랫면에 모세관 현상을 이용하여 급유하는 방식이다.
④ 강제 급유(oil bath oiling) : 순환 펌프를 이용하여 급유하는 방법으로 고속회전 시 베어링의 냉각 효과에 효과적이다.

[정답] 68 ① 69 ④ 70 ③ 71 ② 72 ① 73 ③

74 밀링 머신의 주축 베어링 윤활 방법으로 가장 적합하지 않은 것은?

① 그리스 윤활
② 오일 미스트 윤활
③ 강제식 윤활
④ 패드 윤활

해설
① 그리스 윤활 : 수동, 충전, 컵, 스핀들 급유법 등이 주로 사용한다. 그리스는 비산이나 유출되지 않으므로 급유 횟수가 적고, 사용 온도 범위가 넓으며, 장시간 사용에 적합하다.
② 오일 미스트 윤활 : 고속 내면연삭기, 고속 드릴 및 초고속 베어링의 윤활에 사용한다.
③ 강제식 윤활 : 순환 펌프를 이용하여 강제로 급유하는 방법이며, 고속 베어링의 급유에 많이 이용한다.
④ 패드 윤활 : 패드의 모세관 작용을 이용하여 기름통의 기름을 축에 도포하는 윤활법으로 베어링 면을 끊임없이 청정하게 유지하는 이점이 있고, 차량축의 베어링 등에 이용되며 밀링 머신의 주축 베어링 윤활 방법에 적합하지 않다.

75 절삭 공구 재료가 구비할 조건이 아닌 것은?

① 피절삭재보다는 굳고 인성이 있을 것
② 절삭가공 중에 온도가 높아져도 경도가 쉽게 저하되지 않을 것
③ 바라는 형태로 쉽게 만들 수 있을 것
④ 취성이 클 것

해설
공구 재료의 구비조건
① 가공 재료보다 경도가 클 것
② 고온에서 경도가 감소되지 않아야 한다.
③ 인성, 강도와 내마모성이 클 것
④ 마찰계수가 적을 것
⑤ 쉽게 원하는 모양으로 만들 수 있어야 한다.
⑥ 취급이 편리하고 가격이 싸고 경제적이어야 한다.
⑦ 내용착성, 내산화성, 내확산성 등 화학적으로 안전성이 커야 한다.

76 일반적으로 요구되는 절삭 공구의 조건으로 적합하지 않은 것은?

① 고마찰성   ② 고온 경도
③ 내마모성   ④ 강인성

해설
절삭 공구의 조건으로 저마찰성이 필요하다.

77 합금 공구강에 대한 설명으로 틀린 것은?

① 탄소 공구강에 비해 절삭성이 우수하다.
② 저속 절삭용, 총형 절삭용으로 사용된다.
③ 합금 공구강에는 Ag, Hg의 원소가 포함되어 있다.
④ 경화능을 개선하기 위해 탄소 공구강에 소량의 합금 원소를 첨가한 강이다.

해설
합금 공구강(STS)
탄소(0.8~1.5%) 공구강에 W—Cr—V—Ni 등 합금 원소를 첨가하여 경화능을 개선한 것

78 탄소 공구강에 Cr, W, Mo, V를 함유한 강은?

① 합금 공구강
② 고속도강
③ 주조경질 합금
④ 초경합금

79 W, Cr, V, Co 들의 원소를 함유하는 합금강으로 600°C까지 고온 경도를 유지하는 공구 재료는?

① 고속도강   ② 초경합금
③ 탄소 공구강   ④ 합금 공구강

[정답] 74 ④ 75 ④ 76 ① 77 ③ 78 ② 79 ①

> **해설**
> 고속도 공구강(SKH)
> ① 재료: W-Cr-V-Mo-Co 원소를 함유하는 합금강으로 600℃까지 고온 경도를 유지
> ② 대표적인 것으로 W(18%)-Cr(4%)-V(1%)이 있다.
> ③ 탄소 공구강보다 높은 온도에서 절삭 능력이 뛰어나다.
> ④ 내마모성이 크며 공구 수명이 탄소 공구강의 2배 이상이다.

80 바이트의 재질 중 표준형 고속도강의 합금 성분은?

① Cr(4), W(1), V(18)
② V(4), Cr(1), W(18)
③ W(18), Cr(4), V(1)
④ Cr(18), V(1), W(4)

81 절삭 공구 재료로 사용하는 스텔라이트의 주성분은 무엇인가?

① W-C-Co-Cr   ② W-C-Cu
③ Co-C-Mo-Ri   ④ Co-Mo-C

82 다음 중 산화알루미늄(Al_2O_3) 분말을 주성분으로 소결한 절삭 공구 재료는?

① 세라믹   ② 고속도강
③ 다이아몬드   ④ 주조 경질합금

> **해설**
> 세라믹 합금
> ① 산화알루미늄(Al_2O_3) 분말에 규소 및 마그네슘 등의 산화물이나 다른 산화물의 첨가물을 넣고 소결한 것
> ② 고속절삭, 고온에서 경도가 높고, 내마멸성이 좋다.
> ③ 경질합금보다 인성이 적고 취성이 있어 충격 및 진동에 약하다.
> ④ 고속절삭 시 구성인선이 생기지 않아 가공면이 좋다.
> ⑤ 땜이 곤란하여 고정용 홀더나 접착제를 사용한다.

83 초경합금 공구에 내마모성과 내열성을 향상시키기 위하여 피복하는 재질이 아닌 것은?

① TiC   ② TiAl
③ TiN   ④ TiCN

> **해설**
> 초경합금 : TiC, TiN, TiCN
> W-Ti-Ta 등의 탄화물 분말을 Co 또는 Ni을 결합하여 1400℃ 이상에서 소결시킨 것이다. (주성분 : W, Ti, Co, C 등)

84 초경합금의 사용 선택기준을 표시하는 내용 중 ISO 규격에 해당하지 않는 공구는?

① M계열   ② N계열
③ K계열   ④ P계열

> **해설**
> 초경 팁의 표시
> P(푸른색) : 일반강, 절삭 시
> M(노란색) : 스테인리스강, 주강 절삭 시
> K(붉은색) : 비철금속, 주철 절삭 시
>   예) P10 - 01 - 3
> P : 팁 재종, 10 : 인성, 01 : 형태, 3 : 크기
>   (P01-고속절삭, P10-나사절삭, P20, P30-황삭)

85 초경합금을 제작할 때 사용되는 결합제는?

① F   ② Cl
③ Co   ④ CH_4

86 주조 경질합금 중에서 스텔라이트(stellite)의 주성분은?

① W, Cr, V
② W, C, Ti, Co
③ Co, W, Cr, Fe
④ W, Ti, Ta, Mo

[정답] 80 ③ 81 ① 82 ① 83 ② 84 ② 85 ③ 86 ③

해설

주조 경질합금
① 대표적인 것으로 스텔라이트가 있으며 주조로 성형한 것을 연삭으로 다듬질하여 사용하며, 금속절삭에 널리 사용되지 않는다.
② 재료 : W-Cr-Co-C-Fe
③ 850℃까지 경도가 유지되나 취성이 있고 값이 비싸다.
④ 단조나 열처리가 되지 않으므로 매우 단단하다.

해설

피복 초경합금은 초경합금의 모재 위에 내마모성이 우수한 물질(TiC, TiN, TiCN, Al_2O_3)을 5~10μm 얇게 피복한 것으로 가스의 플라스마 상태에서 생기는 이온을 이용하여 피복하는 물리적 증착 방법(PVD ; Physical Vapor Deposition)과 화학 증착법(CVD ; Chemical Vapor Deposition)으로 행하여, 이는 고온에서 증착되기 때문에 접착력이 아주 강하여 강, 주강, 주철, 비철 금속 절삭에 많이 사용된다.

87 절삭 공구 재료 중 소결 초경합금에 대한 설명으로 옳은 것은?

① 진동과 충격에 강하며 내마모성이 크다.
② Co, W, Cr 등을 주조하여 만든 합금이다.
③ 충분한 경도를 얻기 위해 질화법을 사용한다.
④ W, Ti, Ta 등의 탄화물 분말을 Co 결합제로 소결한 것이다.

89 비금속인 세라믹 공구의 특징이 아닌 것은?

① 고온 경도가 크다.
② 내마모성이 우수하다.
③ 충격에 강하므로 저속 절삭에 유리하다.
④ 내연성이 우수하여 절삭 중에 피삭제와 공구가 융착되는 일이 적다.

해설

세라믹은 절삭 깊이를 작게 하면서 고속 다듬질 절삭한다.

해설

초경합금
① W-Ti-Ta 등의 탄화물 분말을 Co 또는 Ni을 결합하여 1,400℃ 이상에서 소결시킨 것(주성분 : W, Ti, Co, C 등이다.)
② 경도 및 고온 경도가 높다.
③ 내마모성과 취성이 크다.
④ 피복 초경합금은 내열성, 내마모성, 내용착성이 우수하고, 일반 초경합금에 비해 2~5배의 공구 수명이 증대되며, 고온, 고속절삭에서 우수한 성능을 갖는다.

90 서멧(Cermet) 공구를 제작하는 가장 적합한 방법은?

① WC(텅스텐 탄화물)을 Co로 소결
② Fe에 Co를 가한 소결 초경합금
③ 주성분이 W, Cr, Co, Fe로 된 주조 합금
④ Al_2O_3 분말에 TiC 분말을 혼합 소결

해설

서멧(Cermet) : Al_2O_3 분말 70%에 TiC 또는 TiN 분말을 30% 정도 혼합하여 수소 분위기에서 소결하여 제작한다. 서멧은 고속절삭부터 저속 절삭까지 속도 범위가 넓고 크레이터 마모, 플랭크 마모가 적어 공구수명이 길다. 또한, 구성인선이 거의 없고 높은 가공정도를 유지하며 내충격성이 우수하다(TiN). 그러나 중절삭으로 인선의 소성변형이 쉬워 마찰에 의한 마모가 심하며, 치핑 결손이 생기기 쉬운 단점이 있다.

88 피복 초경합금으로 만들어진 절삭 공구의 피복 처리 방법은?

① 탈탄법
② 경남 땜법
③ 점용접법
④ 화학 증착법

[정답] 87 ④ 88 ④ 89 ③ 90 ④

91 특수공구 재료인 다이아몬드의 일반적인 성질 중 가장 거리가 먼 것은?

① 강에 비해서 열팽창이 크다.
② 장시간 고속절삭이 가능하다.
③ 금속에 대한 마찰계수 및 마모율이 적다.
④ 알려져 있는 물질 중에서 가장 경도가 크다.

해설
다이아몬드
① 가장 경도가 높고 1,500m/min의 고속절삭이 가능하다.
② 비철금속의 정밀 완성가공 및 경절삭의 초정밀 연속 절삭에 적합하다.
③ 취성이 크고 가격이 너무 고가이다.
④ 열팽창이 적고 열전도율이 크다. (강의 2배)
⑤ 마찰계수가 대단히 적다.
⑥ 공구 사용 시 인선의 강도 유지를 위해 경사각을 작게 한다.

해설
① 세라믹 : 산화알루미늄(Al_2O_3) 분말에 규소(Si) 및 마그네슘(Mg) 등의 산화물이나 그밖에 다른 산화물의 첨가물을 넣고 소결한 것으로 고온에서 경도가 높고 내마멸성이 좋으며, 초경합금보다 더욱 높은 속도로 절삭할 수 있으나 경질합금보다 인성이 적고 취성이 있어 충격 및 진동에 약하다.
② 다이아몬드 : 경도가 높고 내마멸성이 크며, 절삭 속도가 높아 능률적이나 고경도에는 항상 취성이 수반되므로 다이아몬드 공구의 끝이 파손되지 않도록 주의하여 사용하여야 한다.
③ 피복 초경합금 : 초경합금의 모재 위에 내마모성이 우수한 물질(TiC, TiN, TiCN, Al2O3)을 5~10μm로 얇게 피복한 것으로 가스의 플라스마 상태에서 생기는 이온을 이용하여 피복하여 사용된다.
④ 입방정 질화붕소 : CBN은 인조 합성 공구 재료로서 다이아몬드의 2/3 정도 적은 경도를 지닌 재료이다. CBN의 미소 분말을 초고온, 고압(2,000℃, 7만 기압)으로 소결한 것이며, 최근에 많이 사용되고 있는 소재이다.

92 초경합금 공구에 내마모성과 내열성을 향상시키기 위하여 피복하는 재질이 아닌 것은?

① TiC
② TiAl
③ TiN
④ TiCN

해설
피복 초경합금은 초경합금의 모재 위에 내마모성이 우수한 물질(TiC, TiN, TiCN, Al$_2$O$_3$)을 5~10μm 얇게 피복한다.

93 절삭 공구 재료 중 CBN의 미소 분말을 고온, 고압으로 소결한 것으로 난삭재, 고속도강, 내열강의 절삭이 가능한 것은?

① 세라믹
② 다이아몬드
③ 피복 초경합금
④ 입방정 질화붕소

94 절삭 공구 재질이 W, Cr, V, Co 등을 주성분으로 하는 바이트는?

① 합금 공구강 바이트
② 고속도강 바이트
③ 초경합금 바이트
④ 세라믹 바이트

해설
고속도강 : W, Cr, Mo, V, Co 등을 함유하는 고탄소 합금강으로 공구 형상 성형이나 날 부위 재연삭이 용이하고, 가격이 비교적 싸며, 수명도 안정적이고 다루기 쉬운 장점이 있다. 또한, 경화 깊이를 깊게 할 수 있어 여러 차례 재연마 사용이 가능하다. 다른 공구 재료에 비해 인성이 강하지만, 주로 저속 절삭, 단속 절삭, 불안정 절삭에 사용된다.

[정답] 91 ① 92 ② 93 ④ 94 ②

95 텅스텐, 티탄, 탄탈 등의 탄화물의 분말을 코발트 또는 니켈 분말과 혼합하여 프레스로 성형한 뒤, 약 1,400℃ 이상의 고온에서 소결한 절삭 공구 재료는?

① 초경합금　　② 고속도강
③ 합금 공구강　④ 스텔라이트

96 절삭 공구에서 절삭 속도의 사용 범위가 가장 큰 것은?

① 피복 초경　　② 서멧
③ CBN　　　　④ 다이아몬드

97 Al_2O_3 분말 70%에 TiC 또는 TiN 분말을 30% 정도 혼합하여 수소 분위기에서 소결한 절삭 공구는?

① 주조 합금　　② 세라믹
③ 서멧　　　　④ 초경합금

[정답] 95 ①　96 ④　97 ③

절삭 속도 140m/min, 이송 0.25mm/rev의 절삭 조건을 사용하여 ϕ80인 환봉을 절삭하고자 한다. ϕ75로 가공하고자 할 때 소요되는 가공시간은 몇 분인가? (단, 1회 절입량은 직경 5mm, 절삭길이는 300mm)

① 약 2분
② 약 4분
③ 약 6분
④ 약 8분

해설

$N = \dfrac{1,000V}{\pi D} = \dfrac{1,000 \times 140}{\pi \times 75}$
$= 594.4$
$T = \dfrac{l}{Nf} = \dfrac{300}{594.4 \times 0.25}$
$\fallingdotseq 2\min$

답 ①

② 선반가공

1 선반의 개요 및 구조

(1) 선반의 작업시간

1) 외경 가공

$$T = \dfrac{L}{Nf}i$$

여기서, T : 정미 시간

N : 회전수 $\left(\dfrac{1,000V}{\pi D}\right)$

f : 이송 속도

L : 공작물 길이+도입부 여유량+종료부 여유량

i : 회수 $= \dfrac{\text{소재지름} - \text{가공 후 지름}}{2 \times \text{절삭 깊이}}$

2) 단면(내경) 작업시간

① 중공형 단면

$$T = \dfrac{(D-d)/2}{Nf}i = \dfrac{dm}{Nf}i$$

여기서, D : 공작물 외경

d : 공작물 내경

N : 회전수

dm : 평균지름 $= \dfrac{\text{외경} + \text{내경}}{2}$

② 원형 단면 절삭

$$T = \dfrac{D/2}{Nf}i$$

(2) 선반의 가공 분야

선반은 공작물에 회전 운동을 주고 바이트에 절입과 이송을 주면서 다음과 같은 공작물을 가공할 수 있다.

선반에서 할 수 있는 주요한 작업은 다음과 같고, [그림 3-6]과 같다.

① 외경 절삭(turning)   ② 내경 절삭(boring)
③ 테이퍼 절삭(taper turning)   ④ 단면 절삭(facing)
⑤ 총형 절삭(formed cutting)   ⑥ 구멍뚫기(drilling)
⑦ 모방 절삭(copying)   ⑧ 절단(cutting)

⑨ 나사 절삭(threading) ⑩ 리밍(reaming)
⑪ 널링(knurling) ⑫ 편심 작업
⑬ 센터 작업

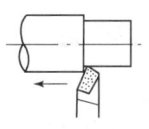
(a) 외경 절삭

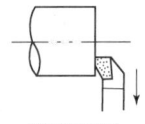
(b) 단면 절삭

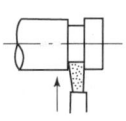
(c) 절단(홈) 절삭

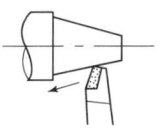
(d) 테이퍼 절삭

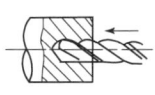
(e) 드릴링

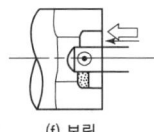
(f) 보링

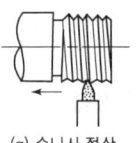
(g) 수나사 절삭

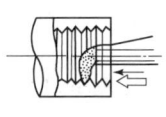
(h) 암나사 절삭

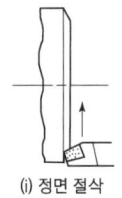
(i) 정면 절삭

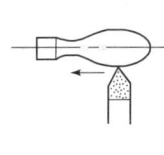
(j) 곡면 절삭

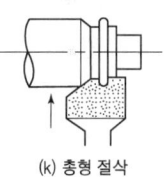
(k) 총형 절삭

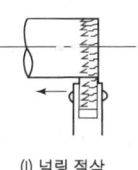
(l) 널링 절삭

◎ 그림 3-6 선반 작업의 종류

(3) 선반의 분류와 크기 표시 방법

1) 선반의 종류

① 탁상 선반 : 정밀 소형기계 및 시계부품 가공
② 보통 선반 : 가장 많이 사용
③ 정면 선반 : 직경이 크고 길이가 짧은 공작물 가공(대형 풀리, 플라이휠)
④ 수직 선반 : 중량이 큰 대형 공작물, 직경이 크고, 폭이 좁으며 불균형한 공작물을 가공하며 공작물 고정이 쉽고 안정된 중절삭이 가능하고 비교적 정밀하다.
⑤ 터릿 선반 : 터릿으로 불리는 선회 공구대를 가진 것으로 너트, 와셔, 나사, 핀 등 모양이 간단한 제품의 대량 생산용이며 램형, 새들형, 드럼형 등이 있다.
⑥ 공구 선반 : 릴리빙 장치(=Back off 장치)를 가진 것으로 절삭 공구(호브, 커터, 탭 등)의 여유각을 가공한다.
⑦ 자동 선반 : 캠이나 유압기구를 사용하여 자동화한 것으로 피, 볼트, 시계, 자동차 생산에 사용된다.
⑧ 모방 선반 : 형상이 복잡하거나 곡선형 외경만을 가진 일감을 많이 가공할 때 편리하며 트레이서를 접촉시켜 형판모양으로 공작물을 가공

베드상의 스윙을 크게 하기 위하여 주축대로부터 베드의 일부가 분해될 수 있도록 만들어진 선반은?
① 릴리빙 선반
② 터릿 선반
③ 갭 선반
④ 로울 선반

답 ③

툴 포스트(Tool post)가 공작물의 회전에 따라서, 캠 장치에 의해 공작물의 반경간에 움직이며 절삭이 이루어지는 선반은 다음 중 어느 것인가?
① 카핑(Copying)선반
② 터릿(Turret)선반
③ 엔진(engine)선반
④ 릴리빙(relieving)선반

답 ①

한다. 자동모방 장치를 이용해 테이퍼 및 곡면 등을 모방 절삭한다. 유압식, 전기식, 전기 유압식이 있다.
⑨ **차축 선반** : 철도 차량용 차축 가공한다.
⑩ **크랭크축 선반** : 크랭크축의 베어링 저널과 크랭크 핀을 가공한다.
⑪ **갭 선반** : 베드 상의 스윙을 크게 하기 위해서 주축대로부터 베드의 일부가 분해될 수 있는 선반이다.
⑫ **차륜 선반** : 철도차량의 차륜을 깎는 선반으로 정면 선반 2개가 서로 마주본다.

2) 선반의 크기 표시 방법
① 베드 위에 스윙 : 베드에 닿지 않을 공작물의 최대지름
② 양 센터 사이의 최대거리 : 공작물의 최대길이
③ 왕복대 위의 스윙 : 왕복대에 걸리지 않을 공작물의 최대지름

보통 선반의 규격으로 표시되지 않는 것은?
① 베드상의 스윙
② 양 센터 사이의 최대거리
③ 왕복대상의 스윙
④ 척의 외경

답 ④

(4) 선반의 구조
1) 선반의 주요 부분

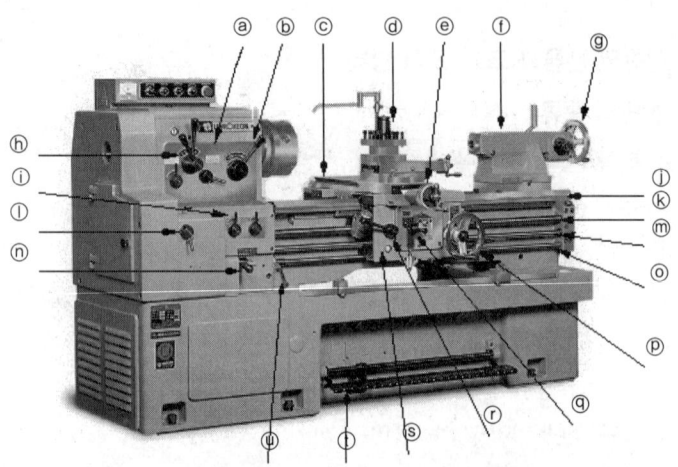

ⓐ 주축대
ⓑ 백기어 레버
ⓒ 새들
ⓓ 공구대
ⓔ 가로이송 핸들
ⓕ 심압대
ⓖ 심압대 핸들
ⓗ 주축속도 변환 레버
ⓘ 이송나사 변환 레버
ⓙ 베드
ⓚ 리드 스크루
ⓛ 이송 속도 변환 레버
ⓜ 자동이송 축
ⓝ 노튼 기어
ⓞ 시동 축
ⓟ 왕복대 이송핸들
ⓠ 자동이송 레버
ⓡ 하프너트 레버
ⓢ 왕복대
ⓣ 브레이크
ⓤ 시동 레버

◎ 그림 3-7 보통 선반의 각부 명칭

2) 베드

① 베드의 구비조건
  ㉠ 안전성, 칩의 자동 제거, 제작의 용이성, 합리적인 가격
  ㉡ 마멸에 대한 조절 가능, 윤활이 원활할 것, 정확한 운동이 될 것

② 베드의 형상
  ㉠ 수평형(영국형)
    • 강력 절삭 및 대형절삭에 사용(단차식 선반용)
      – 안내면 면적이 높고 마멸이 적으나 불안정, 슬라이딩이 나쁘고 정밀도가 떨어진다.
      – 공작이나 조립이 용이하다.
      – 안내를 하는 각각의 2면에 대해 절삭저항의 분력이 각기 동시에 작용하는 경우 안정된 안내를 할 수 있다.
  ㉡ 산형(미국형)
    • 베드면에 상처가 작고 정밀도가 양호함(소형 선반용)
      – 안내면 면적이 적고, 마멸이 많으며 진동이 적음.
      – 미끄럼 마모가 생겼을 경우 틈새가 생기지 않도록 미끄럼대의 중량으로 자동으로 조정이 되어 안내의 중심이 변하지 않는다.
      – 칩이 잘 쌓이지 않는 구조이다.

③ 베드 리브의 형상
  ㉠ 강성을 증가시킴.
  ㉡ 평행형, 지그재그형, 십자형, X형(비틀림 및 굽힘에 가장 적합하다.)

④ 베드의 열처리(표면처리)
  ㉠ 마모 방지 및 주조 응력이 제거되어야 한다.
  ㉡ 화염 경화법
  ㉢ 고주파 열처리
  ㉣ 프레임 하드닝(Flame hardening)

⑤ 베드의 재질
  ㉠ 미하나이트 주철
  ㉡ 합금주철
  ㉢ 구상화 흑연 주철

3) 주축대(Ni-Cr강, 질화강)

① 주축(spindle) 지지 방식 : 2점 지지, 또는 3점 지지 방식이다.
② 주축 윤활법 : 튀김 급유법을 사용한다.

선반에서 산형 베드가 평형 베드에 비해 좋은 점을 나열하였다. 틀린 것은?
① 정밀 절삭에 적합하다.
② 왕복대의 앞뒤 흔들림이 적다.
③ 베드의 마멸이 비교적 적다.
④ 칩에 의한 베드면 손상이 적다.

답 ③

선반 베드의 재질은 어느 것이 가장 적합한가?
① 고급주철
② 탄소 공구강
③ 연강
④ 초경합금

답 ①

선반의 주축 재료 중 강도가 크고 마모 저항이 가장 큰 재료는?
① 텅스텐-크롬강
② 니켈-크롬강
③ 고탄소니켈강
④ 고속도강

답 ②

선반 장치 중 스핀들 베어링 속도변환 장치가 구성되어 있는 것은 다음 중 어느 것인가?
① 심압대
② 주축대
③ 왕복대
④ 베드

답 ②

선반 주축(main spindle)의 강성을 크게 하고 진동을 방지하기 위하여 이용되는 지점방식은?
① 3점 지지 주축대
② 4점 지지 주축대
③ 5점 지지 주축대
④ 6점 지지 주축대

답 ①

③ 기어식 주축대
  ㉠ 레버에 의한 변속이다.
  ㉡ 고속 회전이 가능(2,000rpm 정도)하다.
  ㉢ 고장 시 수리가 힘들다.
  ㉣ 등비급수 속도열이 사용된다.

④ 단차식 주축대
  ㉠ 벨트걸이로 위험하다.
  ㉡ 종합 운전이 가능하다.
  ㉢ 고속을 얻기 어렵다.
  ㉣ 저속 강력 절삭을 위한 백기어가 설치되어 있다.

일반적으로 주축(spindle)은 중공축을 쓴다. 그 이유는
① 긴 공작물 가공
② 베어링에 걸리는 하중감소
③ 척, 면판 등을 끼고 빼는 데 편리하도록
④ 주축의 무게를 감소
⑤ 실축보다 굽힘과 비틀림 응력에 강하다.

※ 백기어(back gear)는 단차와 백기어를 사용하여 그 구조에 따라 2배, 3배 등의 변속이 된다. 백기어의 다수에 따라 1단, 2단, 3단 백기어로 나눈다.

백기어비는 보통 $\left(\dfrac{a}{b} \times \dfrac{c}{d}\right) = \dfrac{1}{5} \sim \dfrac{1}{10}$ 의 범위가 많이 사용된다.

선반 주축을 중공축으로 만든 가장 큰 이유는?
① 중량감소와 긴 공작물 고정에 편리하게 하기 위해서
② 연동척의 사용을 편리하게 하기 위해서
③ 면판 부착을 쉽게 하기 위해서
④ 각종 기어의 설치를 쉽게 하기 위해서

답 ①

4) 주축회전 속도열

① 등차급수

최대 · 최소 회전수와의 사이를 등차 수열적으로 구분한 속도열이다. 지름이 작은 곳에서는 강하율이 낮으며 회전수를 조절하고 지름이 큰 곳에서는 회전수의 단이 거칠어지고 정해진 경제속도로 작업을 하는 것이 곤란하다.

$$a = \dfrac{n_z - n_1}{Z^{-1}}$$

여기서, Z : 단수
n_z : 단에서의 회전수
a : 공차

최소 회전수(n_1) 45, 최대 회전수(n_z) 120, 단수(Z) 6일 때

$$a = \frac{120-45}{6-1} = \frac{75}{6-1} = 450 \text{rpm}$$

② 등비급수

최대·최소 회전수와의 사이를 등비 수열적으로 구분한 속도열이다. 공구의 크기변화로 절삭 속도가 저해하는 것을 일정하게 유지할 수 있으므로 가장 널리 사용되는 속도열이다. 속도 강하율이 일정하며 직경이 작은 경우는 회전수의 간격이 좁게 되며, 직경이 큰 경우에는 간격이 넓게 되나 배열된 계단비는 일정하다.

$$\phi = \sqrt[Z-1]{\frac{n_{max}}{n_{min}}}$$

여기서, ϕ : 공비

$Z-1$: 단의 회전수

$\frac{n_{max}}{n_{min}}$: 속도역비

최대 회전수(n_{max}) 250, 최소 회전수(n_{min}) 45, 단수(n) 6

$$\phi = \sqrt[6-1]{\frac{250}{45}} = 1.4$$

③ 대수 급수적 속도열

등차 수열적 속도열이나 등비 수열적 속도열의 경우, 지름이 작은 범위에서는 톱니가 좁게 되고 지름이 큰 범위에서는 톱니선도가 넓게 된다. 이러한 경향을 줄이고 톱니의 이 폭을 균일하게 한 속도열로서 작업의 종류에 따라 결정하도록 된 속도열이다. 여러 가지 다른 공비를 갖게 되므로 속도열이 각기 다르며 제조상, 사용상 복잡해지므로 일정한 속도 규격을 필요로 한다.

5) 심압대

① 심압대의 구비조건

㉠ 베드의 어떠한 위치에도 적당히 고정할 수 있어야 한다.

㉡ 축에 정지 센터를 끼워 긴 공작물을 고정하거나 센터 대신 드릴·리머 등을 고정할 수 있어야 한다.

㉢ 심압대의 상부는 조정나사에 의하여 축선과 편위시켜 테이퍼 절삭을 할 수 있어야 한다.

㉣ 센터를 고정하는 심압대의 스핀들은 축 방향으로 이동하여 적당한 위치에 고정할 수 있어야 한다.

다음 중 공작기계 주축의 속도열 방식에서 공작물을 가공하는 데 널리 이용되는 속도열은?

① 등차 급수 속도열
② 등비 급수 속도열
③ 대수 급수 속도열
④ 대차 급수 속도열

답 ②

선반의 기어식 속도 변환에서 최대회전수 2,220rpm, 최소 회전수 50rpm, 단차수 18단일 때 등비급수의 공비 값은?

① 1.2 ② 1.25
③ 1.4 ④ 2.0

해설

등비급수의 공비

$$\phi = \sqrt[n-1]{\frac{n_{max}}{n_{min}}}$$

$$= \sqrt[18-1]{\frac{2,220}{50}} = 1.249$$

답 ②

선반에서 백기어를 사용하는 이유 중 가장 큰 이유는?

① 가공시간 단축
② 저속강력절삭
③ 주축의 회전수 상승
④ 주축의 회전방향 전환

답 ②

선반 심압대에 관한 설명으로 틀린 것은?

① 심압대는 베드 위에서 일감의 길이에 따라 임의의 위치에서 고정할 수 있다.
② 주축과 심압대 사이에 일감을 고정할 때 이용한다.
③ 심압대 중심축의 편위를 조정할 수 있으나 테이퍼 절삭은 할 수 없다.
④ 심압대 축의 끝은 센터, 드릴척 등을 끼워 사용할 수 있다.

답 ④

> 선반에서 세로 이송, 가로 이송 및 나사깎기 이송 기구가 설치되어 있는 부분은 다음 중 어느 것인가?
> ① 심압대
> ② 새들
> ③ 에이프런
> ④ 주축대
>
> **답** ③

　　　⑩ 심압축은 모스 테이퍼(morse taper)로 되어 있다.

(5) 왕복대

베드 안내면상에 놓여져 있으며 공구를 부착시켜서 이송 운동에 의해 공작물을 절삭하는 부분이다.

① 구성 : 에이프런(Apren)(내부 : 자동이송장치 및 나사 절삭 장치), 새들(saddle), 공구대(Tool post)

② 몸체 : I 자형

③ 피드 역전 장치 : 리드 스크루와 이송축의 회전 방향을 변환 Tembling Gear Train(정·역회전 사용된다.)

④ 나사 절삭 시 이송용 너트 : half nut(split nut)

2 선반용 절삭 공구, 부속품 및 부속장치

(1) 선반용 절삭 공구

1) 바이트의 형상과 주요 각도

바이트(bite)는 자루(shank)와 절삭 날 부분으로 구분된다. 절삭 날 부분은 경사면과 여유면이 있고 바이트 끝부분은 둥근 노즈(nose)를 두어 공작물을 절삭한다. 일반적으로 바이트의 크기는 폭×높이×길이로 나타낸다. 바이트의 날끝 각은 [그림 3-8] 또는 〈표 3-2〉와 같으며, 바이트 용도, 표면 거칠기, 공구수명, 마멸 상태, 공작물의 기계적 성질과 공구 재료 등을 고려하여 결정한다. 바이트의 상부 경사각은 직접 절삭력에 영향을 끼치며, 이 각이 크면 절삭 성능이 좋고 공작물 표면은 아름답게 다듬어지지만 날 끝이 약해진다. 여유각은 공구의 끝과 공작물의 마찰을 방지하기 위한 것이며, 필요 이상으로 크게 할 필요는 없다.

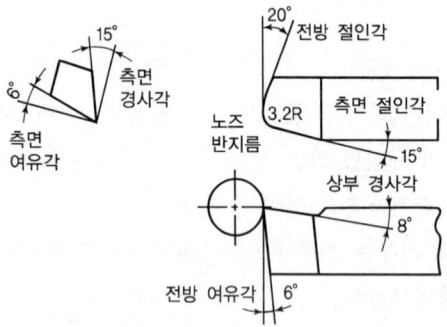

○ 그림 3-8 초경바이트의 주요 각도

표 3-2 바이트의 표준각도

공작물 재질		전방 여유각	측면 여유각	상부 경사각	측면 경사각	초경합금 바이트			
						전방 여유각	측면 여유각	상부 경사각	측면 경사각
주철	경	8	10	5	12	4~6	4~6	0~6	0~10
	연	8	10	5	12	4~10	4~10	0~6	0~12
탄소강	경	8	10	8~12	12~14	5~10	5~10	0~10	4~12
	연	8	12	12~16	14~22	6~12	6~12	0~15	8~15
쾌석강		8	12	12~16	18~22	6~12	6~12	0~15	8~15
합금강	경	8	10	8~10	12~14	5~10	5~10	0~10	4~12
	연	8	10	10~12	12~14	6~12	6~12	0~15	8~15
청동 황동	경	8	10	0	-2~0	4~6	4~6	0~5	4~8
	연	8	10	0	-4~0	6~8	6~8	0~10	4~16
알루미늄		8	12	35	15	6~10	6~10	5~15	8~15
플라스틱		8~10	12~15	-5~16	0~10	6~10	6~10	0~10	8~15

표 3-3 바이트 각도의 의미 및 작용

각도명	의미	작용
측면 경사각	자루의 중심선과 수직인 면상에 나타나는 경사면과 밑면에 평행인 평면이 이루는 각	• 절삭저항의 증감을 결정한다. • 칩의 유동방향을 결정한다. • 크레이터 마모의 가감을 결정한다. • 날의 강도를 결정한다.
전방 경사각	자루의 중심선과 평행이며, 수직인 단면상에 나타나는 경사면과 밑변에 평행인 평면과 이루는 각	• 칩의 유효 방향을 결정한다. • 떨림의 방지등 절삭 안정성과 관계된다. • 다듬질면의 거칠기를 결정한다. • 날의 강도를 결정한다.
전방각	부 절인과 바이트 중심선에 직각된 각	• 떨림의 방지 등의 절삭 안정성과 관계된다. • 다듬질면의 거칠기를 결정한다. • 날의 강도를 결정한다. • 칩의 배출성을 결정한다.
전방 여유각	바이트의 선단에서 긋는 수직선과 여유면 사이 각도	• 날의 강도를 결정한다. • 다듬질면의 거칠기를 결정한다.
측면 여유각	측면 여유면과 밑면에 직각된 직선에 형성하는 각	• 공구의 수명을 좌우한다.
측면각	주 절인과 바이트 중심선에 직각된 각	• 날의 강도를 결정한다. • 날 끝의 온도 상승을 완화한다. • 절삭 저항의 증감을 결정한다.
노즈반경	주 절인과 부 절인이 만나는 곳의 곡률 반경	• 다듬질면의 거칠기를 결정한다. • 날 끝의 강도를 좌우한다.

2) 바이트의 구조에 따른 종류

① 단체 바이트 : 날 부분과 자루 부분이 같은 재질이다.

② 팁 바이트 : 날 부분만 초경합금 등의 공구 재료로 용접한다.

초경합금의 바이트로 쾌삭강을 절삭 시 앞면 여유각은 얼마로 하는 것이 가장 효과적인가?

① 6~12°
② 16~22°
③ 24~28°
④ 32~36°

답 ①

고속도강 바이트로 Al합금을 절삭하려 할 때 바이트의 윗면 경사각은 얼마 정도로 하는 것이 적당한가?

① 10°
② 25°
③ 20°
④ 35°

답 ④

고속도강 선반 바이트인 경우 재료가 주철일 때 앞면 여유각은 몇 도로 하면 가장 적당한가?

① 8°
② 12°
③ 16°
④ 22°

답 ①

선반 작업에서 바이트의 설치에 대한 설명 중 틀린 것은?

① 심(shim)은 될 수 있는 대로 바이트 자루면 전체에 닿게 한다.
② 바이트의 돌출 거리는 작업에 지장이 없는 한 될 수 있는 대로 길게 한다.
③ 바이트의 자루는 수평으로 고정하며 바이트 위에도 심을 넣어 사용한다.
④ 바이트 끝의 높이는 일감의 중심높이와 같게 한다.

답 ②

선반에서 ϕ40mm의 탄소강을 노즈 반지름이 1.5mm인 초경합금 바이트로 절삭 속도 180 m/min로 가공할 때 이론적인 표면거칠기는 얼마인가? (단, 이송은 0.08mm/rev)

① 0.53μm
② 0.43μm
③ 0.33μm
④ 0.23μm

해설
$H = \dfrac{S^2}{8r} = \dfrac{0.08^2}{8 \times 1.5} = 0.53\mu m$

답 ①

다음 센터 중 끝면 깎기 가공에 가장 적합한 것은?

① 베어링센터
② 하프센터
③ 보통센터
④ 초경합금끝센터

답 ②

③ 클램프 바이트(인서트 바이트, 스로어웨이 바이트) : 팁을 나사로 이용하며 기계적으로 고정한다.

3) 바이트의 설치

① 바이트의 날 끝은 센터와 일치 ⇒ 받침쇠로 조절
② 바이트를 될 수 있으면 길게 나오지 않도록 설치
  ㉠ 고속도강 바이트 ⇒ 자루 높이의 2배 이내
  ㉡ 초경 바이트 ⇒ 자루 높이의 1.5배 이내
③ 받침쇠는 될 수 있는 대로 적게 사용하는 것이 좋다.
④ 고정 볼트는 2개 이상 평균 되게 조인다.

4) 가공면의 거칠기

$$H = \dfrac{S^2}{8r}$$

가공면의 거칠기를 양호하게 하려면 노즈의 반지름을 크게, 이송을 적게 한다. 또 노즈의 반경은 보통 이송의 2 내지 3배가 양호하다.

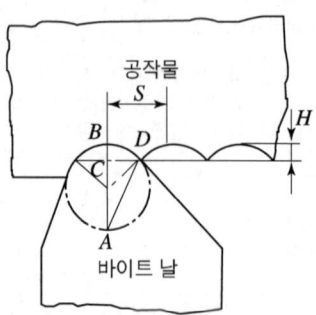

◎ 그림 3-9 노즈 반경에 의한 면의 거칠기

(2) 선반용 부속장치

1) 센터

공작물을 지지하는 부속장치로 회전센터는 주축에서 사용(모스 테이퍼 사용의 약 1/20)하고 정지센터는 심압대에서 사용한다.

① 미국식 : 60°→ 정밀가공중 소형 공작물 가공에 사용된다.
② 영국식 : 75°or 90°→ 중량이 큰 대형 공작물 가공에 사용된다.
③ 센터의 종류
  ㉠ 베어링센터 : 고속 회전 시 사용된다.

ⓒ 하프센터 : 단(끝)면 가공 시 사용된다.
ⓒ 베벨센터(파이프센터) : 관류나 중량이 큰 공작물에 사용된다.

2) 면판(face plate)
① 주축의 나사에 고정, 돌리개를 사용하여 공작물 가공에 사용된다.
② 대형 공작물이나 복잡한 형상의 공작물 가공에 사용된다.
- 앵글 플레이트, 클램프 등의 고정구와 웨이트 밸런스를 위한 추를 사용한다.

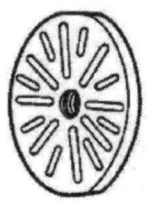 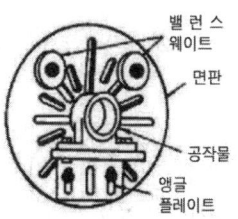 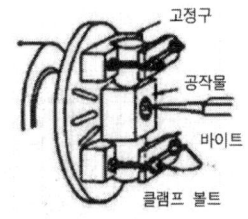

○ 그림 3-10 면판 및 면판 작업

3) 돌림판과 돌리개
양 센터 작업 시 사용된다.
① 돌림판 : 주축 끝 나사부에 고정된다.
② 돌리개 : 돌림판과 공작물에 회전 전달에 쓰인다.

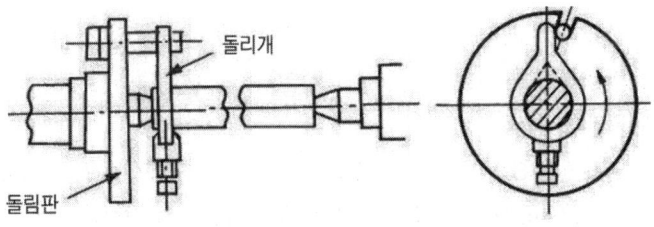

○ 그림 3-11 돌림판과 돌리개 작업

4) 방진구
양 센터 가공 시 사용된다.
① 가늘고 긴 공작물 가공 시 자중과 절삭력으로 휨이 생겨 균일한 직경을 가진 진원 단면의 절삭가공이 곤란하기 때문에 방진구를 사용한다.
② 보통 직경의 12배 이상의 길이는 불안전한 절삭 조건일 때 사용하고 직경의 20배 이상의 길이일 때 방진구를 사용한다.

선반가공 중 공작물이 불규칙하고 척 작업 및 양 센터작업을 할 수 없을 때 사용하는 공작물 고정 장치는?
① 맨드릴
② 센터
③ 면판
④ 돌리개

답 ③

선반 작업 시 앵글플레이트(angle plate)를 많이 사용하며 일감을 고정하는 부속품은 어느 것이 가장 알맞은가?
① 돌리개
② 면판
③ 방진구
④ 척

답 ②

선반에서 불규칙한 공작물을 면판에 고정할 때 필요 없는 것은?
① 앵글 플레이트
② 볼트
③ 돌리개
④ 밸런스 웨이트

답 ③

방진구는 일감의 길이가 지름의 몇 배 이상일 경우 일반적으로 사용하는가?
① 7배 ② 10배
③ 15배 ④ 20배

답 ④

③ 고정식 방진구 : 베드에 설치, 3개의 조로 구성되어 있다.
④ 이동식 방진구 : 왕복대의 새들에 설치, 2개의 조로 구성되어 있다.

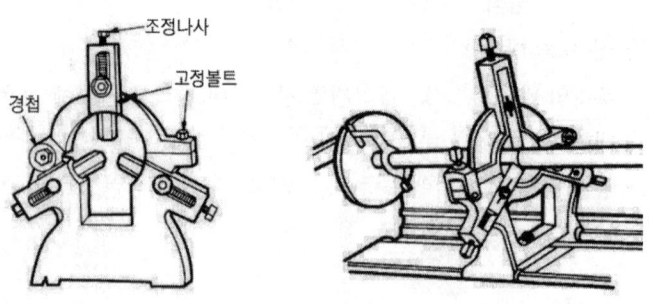

○ 그림 3-12 고정식 방진구와 작업

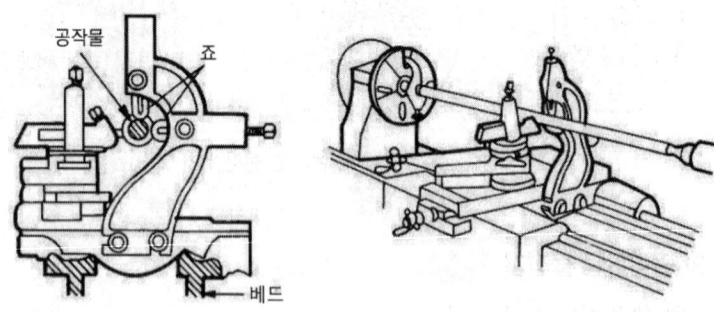

○ 그림 3-13 이동식 방진구와 작업

5) 심봉(mandrel)

구멍이 있는 공작물을 고정, 가공 시 심봉 자체는 양 센터로 지지하거나 주축의 테이퍼 구멍에 끼워 사용하고, 구멍과 외경을 동심으로 가공 시에 사용된다.

① 단체 심봉(Solid) : 정밀한 중심내기용 (가장 보통형)1/100, 1/,1000의 테이퍼로 비교적 간단하고 확실하게 공작물을 고정한다.
② 팽창식 맨드릴(Expanding) : 공작물 구멍이 심봉보다 클 때, 슬리브(Sleeve)를 끼워 이것을 축 방향으로 이동시켜 지름을 조정한다.
③ 테이퍼 맨드릴(Taper) : 테이퍼 가공용으로 사용된다.
④ 너트(갱)맨드릴(Gang) : 두께가 얇은 여러 개의 원판형 공작물을 심봉에 끼우고 너트로 고정하여 사용된다.
⑤ 조립(원추) 맨드릴(Cone) : 비교적 큰 지름(pipe)의 원통형을 가공 시 사용된다.
⑥ 나사 맨드릴(Thread) : 공작물에 나사 구멍이 있을 때 사용된다.

다음 중 맨드릴의 사용목적에 부합하는 것은?
① 척으로 고정할 수 없는 큰 가공물에 사용
② 작업의 용이성을 도모하기 위하여
③ 나사로 가공물을 고정하기 위하여 사용
④ 구멍 때문에 선반에 고정할 수 없을 때

답 ④

6) 척

바깥지름으로 크기를 나타낸다.

① 연동척(만능척, 스크롤 척) : 규칙적인 외경을 가진 재료를 가공. 단동척보다 고정력이 약하다. 3개의 조를 크라운 기어를 사용, 동시에 이동시킨다.
② 단동척 : 다소 불규칙한 외경의 공작물 가공과 중심을 편심시켜 가공할 수 있다. 4개의 조가 있다.
③ 마그네틱척 : 전자석 설치, 얇은 공작물을 변형시키지 않고 가공된다.
④ 콜릿척 : 가는 지름의 환봉 재료 고정. 탁상, 터릿 선반용으로 사용된다.
⑤ 벨척 : 4, 6, 8개의 볼트로 불규칙한 환봉 재료의 고정
⑥ 공기척 : 공작물의 장탈을 신속 확실하게 하기 위해 압축공기나 유압으로 조를 동작, 다수 가공 시 사용되고, 자동화에 능률적이다.
⑦ 복동척(양용척) : 조 4개, 단동척+연동척의 기능으로 먼저 단동척으로 중심을 맞추고 다음부터는 연동식으로 작업한다. 불규칙한 공작물의 다량 고정 시 유용하다. 렌치 장치에 의해 단동과 연동이 양용된다.

3 선반가공

(1) 널링 작업

저속 회전으로 절삭유를 충분히 공급하면서 1~3회로 완성, 외경이 약간 커지게(널링 피치의 1/2~1/4) 된다.

(2) 테이퍼 절삭작업

① 복식 공구대를 경사시키는 방법
길이가 짧고 테이퍼 값이 클 때 사용된다.

$$\theta = \tan^{-1}\frac{D-d}{2l}$$

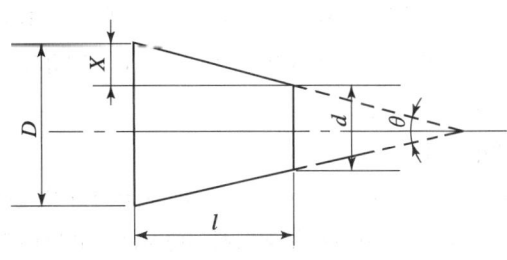

○ 그림 3-14 공구대 회전시키는 방법

다음 중 안지름테이퍼 절삭가공 방법이 아닌 것은?
① 복식공구대의 회전에 의한 방법
② 심압대를 편위 시켜 가공하는 방법
③ 테이퍼 절삭장치를 이송하는 방법
④ 테이퍼 리머에 의한 방법

답 ②

보통 선반에서 테이퍼를 깎기 위해서 심압대의 센터를 스핀들의 중심으로부터 변화시키는 방법은 무엇인가?
① 오프세트
② 세트 오프
③ 세트오우버
④ 센터오우버

답 ③

선반작업의 테이퍼 절삭장치에서 안내판의 각도 눈금은 깎아야 할 테이퍼의 ( )로 하여야 한다. ( ) 안에 적당한 숫자는?
① 1
② 1/3
③ 1/2
④ 1/4

답 ①

② 심압대를 편위 시키는 방법(Set over)

비교적 길이가 길고 테이퍼값이 작을 때 사용된다.

$$x = \frac{(D-d)L}{2\,l}[\text{mm}]$$

여기서, D : 공작물의 큰 지름
d : 공작물의 작은 지름
L : 공작물의 길이
l : 테이퍼의 길이
x : 심압대의 편위량

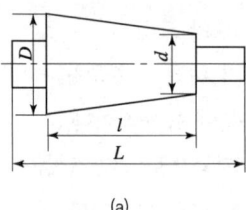
(a)

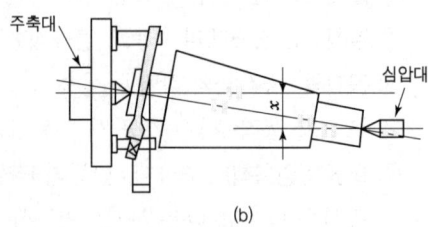
(b)

○ 그림 3-15 심압대 편위 시의 테이퍼 절삭

③ 테이퍼 절삭 장치를 사용하는 방법
④ 가로, 세로 이송핸들 사용하는 방법
⑤ 총형 공구를 사용하는 방법

(3) 편심 작업

단동척에서 사용하며 중심에서 어긋난 것으로 지정된 편심량만큼 어느 쪽이든 중심을 벗어나게 해서 작업한다.

(4) 나사 절삭 작업

① 나사 절삭 원리

공작물을 1회전 할 때 나사의 1pitch만큼 바이트를 이송시키는 것으로 주축회전은 중간축을 거쳐 리드 스크루에 전해지며 리드 스크루 회전은 에이프런의 하프너트에 의하여 왕복대를 세로 방향으로 이송시키면서 나사를 가공하게 된다.

② 변환 기어 계산

변환 기어는 〈표 3-4〉와 같이 영국식과 미국식이 있으며, 미터식 선반에서 인치 나사를 절삭하거나 인치식 선반에서 미터식 나사를 절삭할 때는 127개의 기어가 필요하며, 웜나사를 절삭하기 위해서 157개의 기어가 있어야 한다.

● 표 3-4 변환 기어 잇수표

형식	변환 기어 잇수	참고
영국식	20, 25, 30, 35, 40, 45, 50, 55, 60, 65, 65, 70, 75, 80, 85, 90, 95, 100, 105, 110, 115, 120, 127	• 잇수 20~120 사이를 5기어 • 127기어 1개 • 157기어 1개
미국식	20, 24, 28, 32, 36, 40, 44, 48, 52, 56, 60, 64, 72, 80, 127	• 잇수 20~64 사이를 4매씩 기어 • 72, 80, 127기어 1개

㉠ 리드 스크루 피치(mm), 나사 피치(mm)로 절삭할 때

(예제)
$L(p)$ =6mm, 나사가공 p =2mm 절삭 시
$$\frac{2}{6}=\frac{20\,(주축)}{60\,(리드 스크루)}$$

㉡ 리드 스크루 피치(inch), 나사 피치(inch)로 절삭할 때

(예제)
$L(p)$ =1"당 4산, 나사 (p) =1"당 13산으로 가공
$$\frac{4\times5}{13\times5}=\frac{20\,(주축기어 잇수)}{65\,(리드 스크루 기어 잇수)}$$

㉢ 리드 스크루 피치(inch), 나사 피치(mm)로 절삭할 때

(예제)
$L(p)$ =1"당 4산, 나사 (p) =2mm로 가공
$$\frac{5\times4\times2}{127}=\frac{40}{127}$$

㉣ 리드 스크루 피치(mm), 나사 피치(inch)로 절삭할 때

(예제)
$L(p)$ =8mm, 나사 (p) =1"당 6산으로 가공
$$\frac{127}{5\times8\times6}=\frac{127}{240}=\frac{127\times1}{60\times4}=\frac{127\times20}{60\times80}$$

리드 스크루 피치(p)	mm	inch	inch	mm
가공 나사 피치(x)	mm	inch	mm	inch
공식	$\dfrac{x}{p}$	$\dfrac{p}{x}$	$\dfrac{5xp}{127}$	$\dfrac{127}{5xp}$

선반으로 환봉을 절삭하여 측정하니 중앙부분이 양 단면보다 약간 치수가 크게 나왔다. 다음 중 주된 원인은?
① 깎는 길이에 비해 이송을 너무 크게 했다.
② 깎는 길이에 비해 이송을 너무 작게 했다.
③ 공작물의 길이가 지름에 비하여 너무 길었다.
④ 척이 물려 있는 것이 약간 풀어졌다.

답 ③

절삭 작업에서 바이트가 공작물 중심선보다 아래에 오는 경우에 대한 설명 중 옳은 것은?
① 공구의 상면경사각이 증대한 것과 같은 결과가 된다.
② 공구의 상면경사각이 감소된 것과 같은 결과가 된다.
③ 공구의 작용각에는 변동이 없다.
④ 공구의 절삭 능률이 향상된다.

답 ②

선반의 에이프런이 갖고 있는 장치에 해당되지 않는 것은?
① 나사깎기 이송장치
② 테이퍼깎기 이송장치
③ 길이방향 이송장치
④ 전후방향 이송장치

답 ②

③ 나사절삭 요령
㉠ 바이트의 날 끝 중심선은 공작물 중심선에 정확히 직각 ⇒ 센터 게이지용
㉡ 최후의 마무리 깎기에는 수직 방향으로 미소한 절삭 깊이로 3, 4회 반복 절삭
  나사용 바이트는 나사산의 각도가 변하기 때문에 보통 윗면 경사각을 주지 않는다.
④ 하프 너트와 체이싱 다이얼
나사 가공 시 하프 너트를 동일한 위치에서 맞물리게 하는 시기를 체이싱 다이얼에서 확인한다.

> **(예제)**
> 1"당 4산의 선반에서 16눈금의 체이싱 다이얼을 사용하여 1"당 10산의 나사를 절삭할 때 하프너트를 넣는 시기(눈금)는?
> $\frac{4}{10} = \frac{2}{5}$ ⇒ 2눈금마다 하프 너트를 넣는다.

> **(예제)**
> 1"당 6산의 선반에서 24눈금의 체이싱 다이얼을 사용하여 1"당 12산의 나사를 절삭할 때 하프너트를 넣는 시기(눈금)는?
> $\frac{6}{12} = \frac{1}{2}$ ⇒ 분자가 1이므로 하프 너트는 눈금에 관계없이 어디에서나 넣어도 상관없다.

예상문제

PART 3 컴퓨터수치제어(CNC) 절삭가공

01 선반 작업을 할 때 절삭 속도를 v(m/min), 원주율을 π, 회전수를 n(rpm)이라고 할 때 일감의 지름 d(mm)를 구하는 식은?

① $d = \dfrac{\pi \cdot n \cdot v}{1,000}$

② $d = \dfrac{\pi \cdot n}{1,000 v}$

③ $d = \dfrac{1,000}{\pi \cdot n \cdot v}$

④ $d = \dfrac{1,000 v}{\pi \cdot n}$

해설
절삭 속도 $V = \dfrac{\pi d n}{1,000}$ [m/min], $d = \dfrac{1,000 v}{\pi \cdot n}$

02 공작물이 매분 100회전하고 0.2mm/rev의 조건으로 공구가 이송하여 선반가공을 할 때 공작물의 가공 길이가 100mm일 경우 가공 시간은 몇 초인가? (단, 1회 가공이다.)

① 200   ② 300
③ 400   ④ 500

해설
$T = \dfrac{L}{Nf} i = \dfrac{100}{100 \times 0.2} \times 1 = 5\min \times 60 = 300\sec$

03 길이 400mm, 지름 50mm의 둥근 일감을 절삭 속도 100m/min로 1회 선삭하려면 절삭시간은 약 몇 분 걸리겠는가? (단, 이송은 0.1mm/rev이다.)

① 2.7   ② 4.4
③ 6.3   ④ 9.2

해설
$T = \dfrac{L}{Nf} i = \dfrac{400}{637 \times 0.1} \times 1 = 6.3$
$N = \dfrac{1,000 V}{\pi D} = \dfrac{1,000 \times 100}{\pi \times 50} = 637$

04 선반에서 ∅100mm의 저탄소 강재를 이송 0.25 mm/rev, 길이 50mm를 2회 가공했을 때 소요된 시간이 80초라면, 회전수는 약 몇 rpm인가?

① 150   ② 300
③ 450   ④ 600

해설
$T = \dfrac{L}{Nf} i = (80초 \div 60 = 1.33분) = \dfrac{50 \times 2}{N \times 0.25}$
$N = \dfrac{50 \times 2}{0.25 \times 1.33} = 300$

05 선반에서 할 수 없는 작업은?

① 나사 가공   ② 널링 가공
③ 테이퍼 가공 ④ 스플라인 홈

해설
스플라인 홈 가공은 일반적으로 브로칭 머신에서 작업한다.

06 미끄러짐을 방지하기 위한 손잡이나 외관을 좋게 하기 위하여 사용되는 다음 그림과 같은 선반 가공법은?

① 나사 가공
② 널링 가공
③ 총형 가공
④ 다듬질 가공

[정답] 01 ④ 02 ② 03 ③ 04 ② 05 ④ 06 ②

CHAPTER 01 기계가공

> **해설**
> 널링 가공 : 미끄러짐을 방지하기 위한 손잡이나 외관을 좋게 하기 위하여 사용한다.

07 일반적으로 보통 선반에서 할 수 있는 가공이 아닌 것은?

① 기어 가공   ② 널링 가공
③ 편심 가공   ④ 테이퍼 가공

> **해설**
> 기어 가공은 만능 밀링 머신에서 작업이 가능하며, 일반적으로 호빙 머신에서 작업한다.

08 다음 중 가공물이 회전 운동하고 공구가 직선 이송 운동을 하는 공작기계는?

① 선반   ② 보링 머신
③ 플레이너   ④ 핵 쏘잉 머신

> **해설**
> 가공물이 회전 운동하고 공구가 직선 이송 운동을 하는 공작 기계는 선반이다.

09 터릿 선반의 설명으로 틀린 것은?

① 공구를 교환하는 시간을 단축할 수 있다.
② 가공 실물이나 모형을 따라 윤곽을 깎아 낼 수 있다.
③ 숙련되지 않은 사람이라도 좋은 제품을 만들 수 있다.
④ 보통 선반의 심압대 대신 터릿대(turret carriage)를 놓는다.

> **해설**
> 모방 선반 : 가공 실물이나 모형을 따라 윤곽을 깎아낼 수 있다.

10 터릿 선반에 대한 설명으로 옳은 것은?

① 다수의 공구를 조합하여 동시에 순차적으로 작업이 가능한 선반이다.
② 지름이 큰 공작물을 정면가공하기 위하여 스윙을 크게 만든 선반이다.
③ 작업대 위에 설치하고 시계 부속 등 작고 정밀한 가공물을 가공하기 위한 선반이다.
④ 가공하고자 하는 공작물과 같은 실물이나 모형을 따라 공구대가 자동으로 모형과 같은 윤곽을 깎아내는 선반이다.

> **해설**
> 터릿 선반 : 터릿으로 불리는 선회 공구대를 가진 것으로 너트, 와셔, 나사, 핀 등 모양이 간단한 제품의 대량 생산용. 램형, 새들형, 드럼형 등이 있다.

11 보통 선반의 심압대 대신 여러 개의 공구를 방사상으로 설치하여 공정 순서대로 공구를 차례로 사용하여 간단한 부품을 대량 생산할 때 사용되는 선반은?

① 공구 선반
② 모방 선반
③ 차륜 선반
④ 터릿 선반

> **해설**
> ① 공구 선반 : 릴리빙 장치(=Back off 장치)를 가진 것으로 절삭 공구(호브, 커터, 탭 등)의 여유각을 가공한다.
> ② 모방 선반 : 형상이 복잡하거나 곡선형 외경만을 가진 일감을 많이 가공할 때 편리하며 트레이서를 접촉시켜 형판 모양으로 공작물을 가공한다.
> ③ 차륜 선반 : 철도차량의 차륜을 깎는 선반으로 정면 선반 2개를 서로 마주본다.
> ④ 터릿 선반 : 터릿으로 불리는 선회 공구대를 가진 것으로 너트, 와셔, 나사, 핀 등 모양이 간단한 제품의 대량생산용. 램형, 새들형, 드럼형 등이 있다.

[정답] 07 ① 08 ① 09 ② 10 ① 11 ④

12 터릿 선반의 종류 중 크고 무거운 큰 가공물의 선삭, 보링, 래핑 등의 가공을 하는 데 가장 편리한 것은?
① 원통형 ② 램형
③ 드럼형 ④ 새들형

해설
램형은 소형 공작물 가공에 사용되고 새들형은 대형 공작물 가공에 편리하다.

13 길이가 짧고 지름이 큰 공작물을 절삭하는 데 사용하는 선반으로 면판을 구비하고 있는 것은?
① 수직 선반 ② 정면 선반
③ 탁상 선반 ④ 터릿 선반

해설
① 수직 선반 : 중량이 큰 대형 공작물, 직경이 크고, 폭이 좁으며 불균형한 공작물을 가공하며 공작물 고정이 쉽고 안정된 중절삭이 가능하고 비교적 정밀하다.
② 정면 선반 : 길이가 짧고 지름이 큰 공작물을 절삭하는 데 사용되는 선반으로 면판(척)을 구비하고 있다.
③ 탁상 선반 : 정밀 소형기계 및 시계부품 가공

14 테이블이 수평면 내에서 회전하는 것으로, 공구의 길이 방향 이송이 수직으로 되어 있고 대형 중량물을 깎는 데 쓰이는 선반은?
① 수직 선반 ② 크랭크축 선반
③ 공구 선반 ④ 모방 선반

15 베드상의 스윙을 크게 하기 위하여 주축대로부터 베드의 일부가 분해될 수 있도록 만들어진 선반?
① 릴리빙 선반 ② 터릿 선반
③ 갭 선반 ④ 로울 선반

16 툴 포스트(Tool post)가 공작물의 회전에 따라서, 캠 장치에 의해 공작물의 반경간에 움직이며 절삭이 이루어지는 선반은 다음 중 어느 것인가?
① 카핑(Copying) 선반
② 터릿(Turret) 선반
③ 엔진(engine) 선반
④ 릴리빙(relieving) 선반

해설
모방 선반(카핑 선반) : 형상이 복잡하거나 곡선형 외경만을 가진 일감을 많이 가공할 때 편리하며 트레이서를 접촉시켜 형판 모양으로 공작물을 가공한다. 자동모방 장치 이용, 테이퍼 및 곡면 등을 모방 절삭. 유압식, 전기식, 전기 유압식이 있다.

17 가공 정밀도가 높은 선반으로 테이퍼 깎기 장치, 릴리빙 장치가 부속되어 있는 것은?
① 공구 선반 ② 다인 선반
③ 모방 선반 ④ 터릿 선반

18 면판 붙이 주축대 2대를 마주 세운 구조형으로 된 선반은?
① 차축 선반 ② 차륜 선반
③ 공구 선반 ④ 직립 선반

해설
차륜 선반 : 철도 차량용 차륜의 바깥둘레를 절삭하는 선반으로 면판 붙이 주축대를 2개를 마주세운 구조이다.

19 선반의 크기를 표시하는 방법으로 옳은 것은?
① 기계의 중량
② 모터의 마력
③ 바이트의 크기
④ 배드 위의 스윙

[정답] 12 ④ 13 ② 14 ① 15 ③ 16 ① 17 ① 18 ② 19 ④

> **해설**
> 선반의 크기 표시 방법
> ① 베드 위에 스윙 : 베드에 닿지 않을 공작물의 최대지름
> ② 양 센터 사이의 최대거리 : 공작물의 최대길이
> ③ 왕복대 위의 스윙 : 왕복대에 걸리지 않을 공작물의 최대 지름

20 다음 중 선반의 규격을 가장 잘 나타낸 것은?
① 선반의 총중량과 원동기의 마력
② 깎을 수 있는 일감의 최대지름
③ 선반의 높이와 베드의 길이
④ 주축대의 구조와 베드의 길이

> **해설**
> 선반의 크기는 베드 위에서 스윙(swing), 왕복대 상의 스윙, 양 센터 사이의 거리로 나타낸다. 여기에서 스윙(swing)이란, 베드 및 왕복대 상에서 접촉하지 않고 가공할 수 있는 공작물의 최대지름을 의미한다.

21 선반의 주요 구조부가 아닌 것은?
① 베드   ② 심압대
③ 주축대 ④ 회전 테이블

> **해설**
> 회전 테이블은 밀링 부속장치이다.

22 선반의 베드를 주조 후, 수행하는 시즈닝의 목적으로 가장 적합한 것은?
① 내부응력 제거
② 내열성 부여
③ 내식성 향상
④ 표면경도 향상

> **해설**
> 선반의 베드의 시즈닝의 목적은 내부응력 제거이다.

23 선반의 베드(bed)에 관한 설명으로 틀린 것은?
① 미끄럼 면의 단면 모양은 원형과 구형이 있다.
② 주로 합금주철이나 구상흑연주철 등의 고급 주철로 제작한다.
③ 미끄럼면은 기계가공 또는 스크레이핑(scraping)을 한다.
④ 내마모성을 높이기 위하여 표면경화처리를 하고 연삭가공을 한다.

> **해설**
> 베드 리브의 형상 ⇒ 강성을 증가시킴.
> 평행형, 지그재그형, 십자형, X형(비틀림 및 굽힘에 가장 적합하다.)

24 선반에서 산형 베드가 평형 베드에 비해 좋은 점을 나열하였다. 틀린 것은?
① 정밀 절삭에 적합하다.
② 왕복대의 앞뒤 흔들림이 적다.
③ 베드의 마멸이 비교적 적다.
④ 칩에 의한 베드면 손상이 적다.

> **해설**
> 베드의 형상
> ① 수평형(영국형)
>   ㉠ 강력 절삭 및 대형절삭에 사용(단차식 선반용)
>   ㉡ 안내면 면적이 높고 마멸이 적으나 불안정, 슬라이딩이 나쁘고 정밀도가 떨어진다.
>   ㉢ 공작이나 조립이 용이하다.
>   ㉣ 안내를 하는 각각의 2면에 대해 절삭저항의 분력이 각기 동시에 작용하는 경우 안정된 안내를 할 수 있다.
> ② 산형(미국형)
>   ㉠ 베드면에 상처가 작고 정밀도가 양호함(소형 선반용)
>   ㉡ 안내면 면적이 적고, 마멸이 많으며 진동이 적음
>   ㉢ 미끄럼 마모가 생겼을 경우 틈새가 생기지 않도록 미끄럼대의 중량으로 자동으로 조정이 되어 안내의 중심이 변하지 않는다.
>   ㉣ 칩이 잘 쌓이지 않는 구조이다.

[정답] 20 ② 21 ④ 22 ① 23 ① 24 ③

25 선반의 심압대가 갖추어야 할 조건으로 틀린 것은?
① 베드의 안내면을 따라 이동할 수 있어야 한다.
② 센터는 편위시킬 수 있어야 한다.
③ 베드의 임의의 위치에서 고정할 수 있어야 한다.
④ 심압축은 중공으로 되어 있으면 끝부분은 내셔널 테이퍼로 되어 있어야 한다.

해설
심압축은 모스 테이퍼(morse taper)로 되어 있다.

26 선반 주축(main spindle)의 강성을 크게 하고 진동을 방지하기 위하여 이용되는 지점방식은?
① 3점 지지 주축대   ② 4점 지지 주축대
③ 5점 지지 주축대   ④ 6점 지지 주축대

해설
선반 주축대는 2점 및 3점 지지이다.

27 선반에서 백기어가 있는 주축대는?
① 단차식 주축대
② 전 치차식 주축대
③ 유압 전동식 주축대
④ 변속 전동기식 주축대

28 멀티칭 기이열은 선반의 어느 부분에 있는가?
① 주축 속도 변환 장치
② 이송 속도 변환 장치
③ 왕복대 몸체
④ 심압대 내부

해설
멀티칭 기어열은 선반의 주축 속도 변환 장치 부분에 있다. 텀블링 기어는 나사 작업의 정·역회전에 사용된다.

29 덤블링 기어열은 선반의 어느 부분에 있는가?
① 주축 속도 변환 장치
② 이송 속도 변환 장치
③ 왕복대의 몸체
④ 심압대의 내부

30 선반에서 나사 가공을 위한 분할 너트(half nut)는 어느 부분에 부착되어 사용하는가?
① 주축대   ② 심압대
③ 왕복대   ④ 베드

해설
왕복대 : 베드 안내면 상에 놓여져 있으며, 공구를 부착시켜서 이송 운동에 의해 공작물을 절삭하는 부분이다.
※ 나사 절삭 시 이송용 너트 : half nut(split nut)

31 선반의 주축을 중공축으로 한 이유로 틀린 것은?
① 굽힘과 비틀림 응력의 강화를 위하여
② 긴 가공물 고정이 편리하게 하기 위하여
③ 지름이 큰 재료의 테이퍼를 깎기 위하여
④ 무게를 감소하여 베어링에 작용하는 하중을 줄이기 위하여

해설
주축은 중공축으로 되어있는데, 그 이유는 다음과 같다.
① 무게를 감소하여 주축 베어링에 작용하는 하중을 줄여준다.
② 중공은 실축보다 굽힘과 비틀림 응력에 강하여 강성을 유지한다.
③ 긴 공작물을 고정에 편리하다.
④ 고정된 센터를 쉽게 분리할 수 있으며, 콜릿 척을 사용할 수 있다.

[정답] 25 ④ 26 ① 27 ① 28 ① 29 ② 30 ③ 31 ③

32 다음 중 공작기계 주축의 속도열 방식에서 공작물을 가공하는 데 널리 이용되는 속도열은?

① 등차급수 속도열
② 등비급수 속도열
③ 대수급수 속도열
④ 대비급수 속도열

> **해설**
> 주축 회전속도열
> ① 등차급수
> ② 등비급수
> ③ 대수 급수적 속도열을 사용하고 있다.

33 선반의 기어식 속도 변환에서 최대회전수 2220 rpm, 최소회전수 50rpm, 단차수 18단일 때 등비급수의 공비 값은?

① 1.2   ② 1.25
③ 1.4   ④ 2.0

> **해설**
> 등비급수의 공비
> $$\phi = \sqrt[n-1]{\frac{n_{max}}{n_{min}}} = \sqrt[18-1]{\frac{2,220}{50}} = 1.249$$

34 선반가공에서 길이가 지름의 20배가 넘는 환봉을 절삭할 때 진동을 방지하기 위해 사용하는 부속장치는?

① 맨드릴   ② 돌리개
③ 방진구   ④ 돌림판

> **해설**
> 방진구 : 선반가공에서 보통 직경의 12배 이상의 길이는 불안전한 절삭 조건일 때 사용하고 직경의 20배 이상의 길이일 때 방진구를 사용하며 공작물이 지름에 비하여 길이가 긴 경우에 떨림을 방지하고 정밀도가 높은 제품을 가공하고자 할 때 사용되는 장치이다.

35 선반에서 긴 가공물을 절삭할 경우 사용하는 방진구 중 이동식 방진구는 어느 부분에 설치하는가?

① 베드
② 새들
③ 심압대
④ 주축대

> **해설**
> ① 고정식 방진구 : 베드에 설치, 3개의 조로 구성되어 있다.
> ② 이동식 방진구 : 왕복대의 새들에 설치, 2개의 조로 구성되어 있다.

36 선반에서 이동용 방진구를 설치하는 곳은?

① 새들
② 주축대
③ 심압대
④ 베드

> **해설**
> 선반에서 이동용 방진구는 새들에, 고정용 방진구는 베드에 설치한다.

37 일반적으로 센터드릴에서 사용되는 각도가 아닌 것은?

① 45°
② 60°
③ 75°
④ 90°

> **해설**
> 센터의 선단 각도
> ① 미국식 : 60° → 정밀 가공 중 소형 공작물 가공에 사용된다.
> ② 영국식 : 75° or 90° → 중량이 큰 대형 공작물 가공에 사용된다.

[정답] 32 ② 33 ② 34 ③ 35 ② 36 ① 37 ①

38 다음 센터구멍의 종류로 옳은 것은?

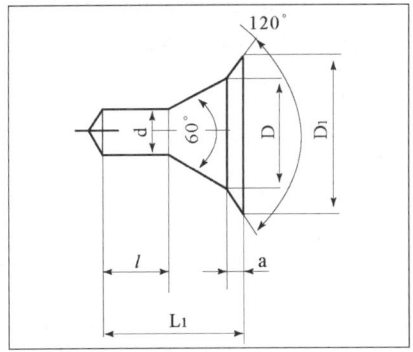

① A형　② B형
③ C형　④ D형

해설

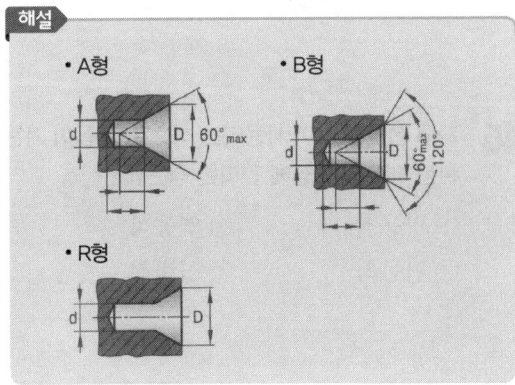

39 선반 센터의 각도는 일반적으로 몇 도인가?

① 30°　② 40°
③ 50°　④ 60°

40 척에 고정할 수 없으며 불규칙하거나 대형 또는 복잡한 가공물을 고정할 때 사용하는 선반 부속품은?

① 면판(face plate)
② 맨드릴(mandrel)
③ 방진구(work rest)
④ 돌리개(dog)

해설
면판(face plate)
① 주축의 나사에 고정, 돌리개(dog)를 사용하여 공작물 가공에 사용된다.
② 대형 공작물이나 복잡한 형상의 공작물 가공에 사용된다.
→ 앵글 플레이트, 클램프 등의 고정구와 웨이트 밸런스를 위한 추를 사용한다.

41 표준 맨드릴(mandrel)의 테이퍼 값으로 적합한 것은?

① $\dfrac{1}{50} \sim \dfrac{1}{100}$ 정도

② $\dfrac{1}{100} \sim \dfrac{1}{1,000}$ 정도

③ $\dfrac{1}{200} \sim \dfrac{1}{400}$ 정도

④ $\dfrac{1}{10} \sim \dfrac{1}{20}$ 정도

해설
표준 심봉은 1/100, 1/1,000 정도 테이퍼로 되어 있고, 작은 쪽 지름을 호칭 치수로 사용한다.

42 선반에서 맨드릴(mandrel)의 종류가 아닌 것은?

① 갱 맨드릴
② 나사 맨드릴
③ 이동식 맨드릴
④ 테이퍼 맨드릴

해설
① 단체 심봉(solid) : 정밀한 중심내기용(가장 보통형) 1/100, 1/1,000의 테이퍼로 비교적 간단하고 확실하게 공작물을 고정한다.

[정답] 38 ① 39 ④ 40 ① 41 ② 42 ③

② 팽창식 맨드릴(expanding) : 공작물 구멍이 심봉보다 클 때, 슬리브(sleeve)를 끼워 이것을 축 방향으로 이동시켜 지름을 조정한다.
③ 테이퍼 맨드릴(taper) : 테이퍼 가공용으로 사용된다.
④ 너트(갱) 맨드릴(gang) : 두께가 얇은 여러 개의 얇은 원판형 공작물을 심봉에 끼우고 너트로 고정하여 사용된다.
⑤ 조립(원추) 맨드릴(cone) : 비교적 큰 지름(pipe)의 원통형을 가공 시 사용된다.
⑥ 나사 맨드릴(thread) : 공작물에 나사 구멍이 있을 때 사용된다.

43 두께가 얇은 가공물 여러 개를 한번에 너트로 고정하여 가공할 때, 사용하기에 편리한 맨드릴은?

① 팽창 맨드릴
② 갱 맨드릴
③ 테이퍼 맨드릴
④ 조립식 맨드릴

44 선반의 척(chuck)에 해당하지 않는 것은?

① 헬리컬 척
② 콜릿 척
③ 마그네틱 척
④ 연동 척

해설
선반의 척(chuck)
① 연동척(만능척, 스크롤 척) : 규칙적인 외경을 가진 재료를 가공. 단동척보다 고정력이 약하다. 일반적으로 3개(4개도 있음)의 조를 크라운 기어를 사용, 동시에 이동시킨다.
② 단동척 : 다소 불규칙한 외경의 공작물 가공과 중심을 편심시켜 가공할 수 있다. 4개의 조가 있다.
③ 마그네틱척 : 전자석 설치, 얇은 공작물을 변형시키지 않고 가공된다.
④ 콜릿척 : 가는 지름의 환봉 재료 고정. 탁상, 터릿 선반용으로 사용된다.
⑤ 벨척 : 4, 6, 8개의 볼트로 불규칙한 환봉 재료의 고정
⑥ 공기척 : 공작물의 장탈을 신속 확실하게 하기 위해 압축공기나 유압으로 조를 동작, 다수 가공 시 사용되고, 자동화에 능률적이다.
⑦ 복동척 : 조 4개, 단동척+연동척의 기능으로 먼저 단동척으로 중심을 맞추고 다음부터는 연동식으로 작업한다. 불규칙한 공작물의 다량 고정 시 유용하다. 렌치 장치에 의해 단동과 연동이 양용된다.

45 선반의 운전 중에도 작업이 가능한 척(chuck)으로 지름 10mm 정도의 균일한 가공물을 대량 생산하기에 가장 적합한 것은?

① 벨(bell) 척
② 콜릿(collet) 척
③ 드릴(drill) 척
④ 공기(air) 척

해설
공기 척(air chuck) : 공기 압축을 이용하여 조를 자동으로 움직이게 하여 균일한 힘으로 공작물을 고정하는 데 편리한 척이며, 운전 중에도 작업이 가능하고 조의 개폐가 신속하다. 공기 척은 작동이 간편하여 작업능률이 우수하고 10mm 정도의 불균일한 공작물을 대량 생산할 때와 공작물을 흠집내지 않고 고정할 때 많이 이용한다.

46 자동 선반에 많이 사용되는 척으로, 지름이 가는 환봉 재료의 고정에 편리한 척은?

① 양용척
② 연동척
③ 단동척
④ 콜릿척

47 4개의 조가 90° 간격으로 구성·배치되어 있으며, 보통 선반에서 편심가공을 할 때 사용되는 척은?

① 단동척
② 연동척
③ 유압척
④ 콜릿척

48 3개 조(jaw)가 120° 간격으로 배치되어 있고, 조가 동일한 방향, 동일한 크기로 동시에 움직이며 원형, 삼각, 육각 제품을 가공하는 데 사용하는 척은?

① 단동척
② 유압척
③ 복동척
④ 연동척

[정답] 43 ② 44 ① 45 ④ 46 ④ 47 ① 48 ④

49 터릿 선반 등 널리 사용되며 보통 선반에서는 주축의 테이퍼 구멍에 슬리브를 꽂고 여기에 척을 사용하는 것은?

① 연동식척　② 마그네티척
③ 콜릿척　④ 단동식척

50 선반 작업 시 앵글플레이트(angle plate)를 많이 사용하며 일감을 고정하는 부속품은 어느 것이 가장 알맞은가?

① 돌리개(dog)
② 면판(face plate)
③ 방진구(work rest)
④ 척(chuck)

51 선반에서 불규칙한 공작물을 면판에 고정할 때 필요 없는 것은?

① 앵글 플레이트(angle plate)
② 볼트(bolt)
③ 돌리개(dog)
④ 밸런스 웨이트(balance weight)

52 선반가공에서 양 센터 작업에 사용되는 부속품이 아닌 것은?

① 돌림판　② 돌리개
③ 맨드릴　④ 브로치

> **해설**
> 돌림판과 돌리개, 맨드릴 → 양 센터 작업 시 사용된다.
> ① 돌림판 : 주축 끝 나사부에 고정된다.
> ② 돌리개 : 돌림판과 공작물의 회전 전달에 쓰인다.
> ③ 심봉(mandrel) : 구멍이 있는 공작물을 고정, 가공 시 심봉 자체는 양 센터로 지지한다.

53 선반의 부속품 중에서 돌리개(dog)의 종류로 틀린 것은?

① 곧은 돌리개
② 브로치 돌리개
③ 굽은(곡형) 돌리개
④ 평행(클램프) 돌리개

> **해설**
> 돌리개는 곧은 돌리개, 굽은 돌리개, 평행 돌리개 등이 있다.

54 선반용 부속품 및 부속장치에 대한 설명이 틀린 것은?

① 단동척은 편심, 불규칙한 가공물을 고정할 때 사용한다.
② 방진구는 주축의 회전력을 가공물에 전달하기 위하여 사용한다.
③ 면판은 척에 고정할 수 없는 불규칙하거나 대형의 가공물 또는 복잡한 가공물을 고정할 때 사용한다.
④ 콜릿척은 지름이 작은 가공물이나, 각봉재를 가공할 때 사용되며 터릿 선반이나 자동 선반에 주로 사용한다.

> **해설**
> 방진구 : 가늘고 긴 공작물 가공 시 자중과 절삭력으로 휨이 생겨 균일한 직경을 가진 진원 단면의 절삭가공이 곤란하기 때문에 방진구가 사용된다.

55 편심량이 2.2mm로 가공된 선반가공물을 다이얼 게이지로 측정할 때, 다이얼 게이지 눈금의 변위량은 몇 mm인가?

① 1.1　② 2.2
③ 4.4　④ 6.6

[정답] 49 ③　50 ②　51 ③　52 ④　53 ②　54 ②　55 ③

해설
편위량 = 2.2mm × 2 = 4.4mm

56 원형의 측정물을 V 블록 위에 올려놓은 뒤 회전하였더니 다이얼 게이지의 눈금에 0.5mm의 차이가 있었다면 그 진원도는 얼마인가?

① 0.125mm ② 0.25mm
③ 0.5mm   ④ 1.0mm

해설
$\dfrac{0.5}{2} = 0.25$

57 선반 작업에서 공구 절인의 선단에서 바이트 밑면에 평행한 수평면과 경사면이 형성하는 각도는?

① 여유각
② 측면 절인각
③ 측면 여유각
④ 경사각

해설
① 경사각 : 선반 작업에서 공구 절인의 선단에서 바이트 밑면에 평행한 수평면과 경사면이 형성하는 각도이다.
② 여유각 : 공구의 끝과 공작물의 마찰을 방지하기 위한 각도이다.

58 바이트 중 날과 자루(shank)가 같은 재질로 만들어진 것은?

① 스로어웨이 바이트
② 클램프 바이트
③ 팁 바이트
④ 단체 바이트

해설
바이트의 구조에 따른 종류
① 단체 바이트 : 날 부분과 자루 부분이 같은 재질이다.
② 팁 바이트 : 날 부분만 초경합금 등의 공구 재료로 용접한다.
③ 클램프 바이트(인서트 바이트, 스로어웨이 바이트) : 팁을 나사로 이용하며 기계적으로 고정한다.

59 바이트의 여유각을 주는 가장 큰 이유는?

① 바이트의 날끝과 공작물 사이의 마찰을 줄이기 위하여
② 공작물을 깎을 때 깊이를 적게 하고 바이트의 날 끝이 부러지지 않도록 보호하기 위하여
③ 바이트가 공작물을 깎는 쇳가루의 흐름을 잘되게 하기 위하여
④ 바이트의 재질이 강한 것이기 때문에

해설
바이트의 여유각을 주는 가장 큰 이유는 바이트의 날끝과 공작물 사이의 마찰을 줄이기 위함이다.

60 선반 바이트의 설치 요령이다. 적합하지 않은 것은?

① 바이트 자루는 수평으로 고정한다.
② 바이트의 돌출 거리는 작업에 지장이 없는 한 길게 고정한다.
③ 받침(shim)은 바이트 자루의 전체 면이 닿도록 한다.
④ 높이를 정확히 맞추기 위해서는 받침(shim) 1개 또는 두께가 다른 여러 개를 준비한다.

[정답] 56 ② 57 ④ 58 ① 59 ① 60 ②

해설

바이트를 될 수 있으면 길게 나오지 않도록 설치
- 고속도강 바이트 ⇒ 자루 높이의 2배 이내
- 초경 바이트 ⇒ 자루 높이의 1.5배 이내

61 일반적인 보통 선반가공에 관한 설명으로 틀린 것은?

① 바이트 절입량의 2배로 공작물의 지름이 작아진다.
② 이송 속도가 빠를수록 표면 거칠기는 좋아진다.
③ 절삭 속도가 증가하면 바이트의 수명은 짧아진다.
④ 이송 속도는 공작물의 1회전당 공구의 이동 거리이다.

해설

이송 속도가 빠를수록 표면 거칠기는 나빠진다.

62 바이트의 끝 모양과 이송이 표면 거칠기에 미치는 영향 중 이론적인 표면 거칠기 값($H_{\max}$)을 구하는 식으로 옳은 것은? (단, r =바이트 끝 반지름, S =이송 거리이다.)

① $H_{\max} = \dfrac{8r}{S}$ ② $H_{\max} = \dfrac{S^2}{8r}$

③ $H_{\max} = \dfrac{S}{8r}$ ④ $H_{\max} = \dfrac{8r}{S^2}$

해설

가공면의 거칠기 $H = \dfrac{S^2}{8r}$

가공면의 거칠기를 양호하게 하려면 노즈의 반지름을 크게, 이송을 적게 한다. 또 노즈의 반경은 보통 이송의 2배 내지 3배가 양호하다.

63 범용 선반 작업에서 내경 테이퍼 절삭가공 방법이 아닌 것은?

① 테이퍼 리머에 의한 방법
② 복식 공구대의 회전에 의한 방법
③ 테이퍼 절삭 장치를 이용하는 방법
④ 심압대를 편위시켜 가공하는 방법

해설

테이퍼 절삭작업
① 복식 공구대를 경사시키는 방법 : 길이가 짧고 테이퍼 값이 클 때 사용된다.

$\theta = \tan^{-1} \dfrac{D-d}{2\, l}$

② 심압대를 편위시키는 방법(Set over) : 비교적 길이가 길고 테이퍼 값이 작을 때 사용되며 외경 테이퍼 작업에만 적용할 수 있다.

$x = \dfrac{(D-d)L}{2\, l}[\text{mm}]$

여기서, D =공작물의 큰 지름
d =공작물의 작은 지름
L =공작물의 길이
l =테이퍼의 길이
x =심압대의 편위량

③ 테이퍼 절삭 장치를 사용하는 방법
④ 가로, 세로 이송핸들을 사용하는 방법
⑤ 총형 공구를 사용하는 방법

64 선반에서 테이퍼의 각이 크고 길이가 짧은 테이퍼를 가공하기에 가장 적합한 방법은?

① 백기어 사용 방법
② 심압대의 편위 방법
③ 복식 공구대를 경사시키는 방법
④ 테이퍼 절삭장치를 이용하는 방법

해설

테이퍼 절삭작업
① 복식 공구대를 경사시키는 방법 : 길이가 짧고 테이퍼 값이 클 때 사용된다.
② 심압대를 편위시키는 방법(Set over) : 비교적 길이가 길고 테이퍼 값이 작을 때 사용된다.

[정답] 61 ② 62 ② 63 ① 64 ③

③ 테이퍼 절삭 장치를 사용하는 방법
④ 가로, 세로 이송핸들을 사용하는 방법
⑤ 총형 공구를 사용하는 방법

65 보통 선반에서 테이퍼 나사를 가공하고자 할 때 절삭 방법으로 틀린 것은?

① 바이트의 높이는 공작물의 중심선보다 높게 설치하는 것이 편리하다.
② 심압대를 편위시켜 절삭하면 편리하다.
③ 테이퍼 절삭장치를 사용하면 편리하다.
④ 바이트는 테이퍼부에 직각이 되도록 고정한다.

해설
바이트의 높이는 공작물의 중심선과 같은 높이로 설치한다.

66 다음 그림과 같은 공작물의 테이퍼를 선반의 공구대를 회전시켜 가공하려고 한다. 이때 복식 공구대의 회전각은?

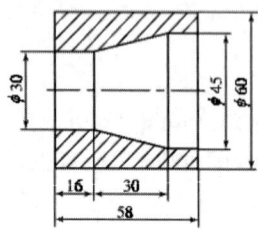

① 약 10°
② 약 12°
③ 약 14°
④ 약 18°

해설
$\tan^{-1}a = \dfrac{D-d}{2l} = \dfrac{45-30}{2\times30} = 14°$

67 다음과 같이 테이퍼 가공을 하고자 할 때, 복식 공구대의 회전 각도는?

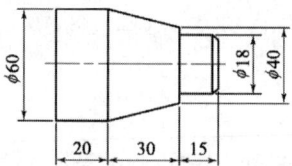

① 12.86°   ② 16.67°
③ 18.43°   ④ 21.80°

해설
$\theta = \tan^{-1}\dfrac{D-d}{2\,l} = \dfrac{60-40}{2\times30} = 18.43°$

68 심압대의 편위량을 구하는 식으로 옳은 것은? (단, X : 심압대 편위량이다.)

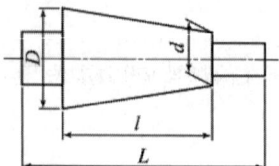

① $X = \dfrac{D-dL}{2l}$

② $X = \dfrac{L(D-d)}{2l}$

③ $X = \dfrac{l(D-d)}{2L}$

④ $X = \dfrac{2L}{(D-d)l}$

해설
• 심압대의 편위량
$X = \dfrac{L(D-d)}{2l}$
• 복식 공구대를 경사시키는 방법
$\theta = \tan^{-1}\dfrac{D-d}{2\,l}$

[정답] 65 ① 66 ③ 67 ③ 68 ②

69 리드 스크루가 1인치당 6산의 선반으로 1인치에 대하여 $5\frac{1}{2}$산의 나사를 깎으려고 할 때, 변환 기어 값은? (단, 주동 측 기어 : A, 종동 측 기어 : C이다.)

① A : 127, C : 110
② A : 130, C : 110
③ A : 110, C : 127
④ A : 120, C : 110

해설
리드 스크루 피치(inch), 나사 피치(inch)로 절삭할 때
$L(p) = 1"$당 6산, 나사$(p) = 1"$당 $5\frac{1}{2}$산으로 가공
$\dfrac{6 \times 20}{5.5 \times 20} = \dfrac{120(\text{주축 기어 잇수})}{110(\text{리드 스크루 기어 잇수})}$

70 1인치에 4산의 리드 스크루를 가진 선반으로 피치 4mm의 나사를 깎고자 할 때, 변환 기어 잇수를 구하면? (단, A는 주축 기어의 잇수, B는 리드 스크루의 잇수이다.)

① A : 80, B : 137
② A : 120, B : 127
③ A : 40, B : 127
④ A : 80, B : 127

해설
리드 스크루 피치(inch), 나사 피치(mm)로 절삭할 때
$L(p) = 1"$당 4산, 나사$(p) = 4$mm로 가공
$\dfrac{A}{B} = \dfrac{5 \times 4 \times 4}{127} = \dfrac{80}{127}$

71 피치가 6mm인 리드 스크루의 미국식 선반으로 8산/in의 나사를 절삭한 경우, 변환 기어 잇수는?

① 127, 80, 20, 60
② 127, 60, 40, 84
③ 127, 80, 30, 30
④ 127, 60, 50, 88

해설
$\dfrac{127}{5px} = \dfrac{127}{5 \times 8 \times 6} = \dfrac{127}{240} = \dfrac{127}{80} \times \dfrac{1}{3}$
$= \dfrac{127}{80} \times \dfrac{1 \times 20}{3 \times 20} = \dfrac{127}{80} \times \dfrac{20}{60}$

72 보통 선반의 이송 스크루의 리드가 4mm이고 200등분된 눈금의 칼라가 달려 있을 때, 20눈금을 돌리면 테이블은 얼마만큼 이동하는가?

① 0.2mm ② 0.4mm
③ 20mm   ④ 40mm

해설
1눈금 = $\dfrac{4}{200} = 0.02$mm
테이블 이동 거리 = $20 \times 0.02 = 0.4$mm

[정답] 69 ④ 70 ① 71 ① 72 ②

커터의 지름이 100mm이고, 커터의 날수 10개인 정면밀링 커터로 길이 200mm인 공작물을 절삭할 때 가공시간은 얼마인가? (단, 절삭 속도는 100m/min, 1날당 이송량은 0.1mm이다.)

① 56초
② 46초
③ 36초
④ 26초

해설
- 회전수
$$N = \frac{1,000V}{\pi D}$$
$$= \frac{1,000 \times 100}{\pi \times 100}$$
$$= 318 \text{rpm}$$
- 테이블의 이송
$$f = 0.1 \times 10 \times 318$$
$$= 318 \text{mm/min}$$
- 테이블 이송거리
$$L = 200 + 100 = 300 \text{mm}$$
∴ 가공시간
$$T = \frac{L}{f} = \frac{300}{318} \text{초}$$
$$= 0.94\text{분}$$
$$= 56\text{초}$$

답 ①

밀링 머신으로 가공할 수 없는 작업은?

① 기어 절삭
② 절단 작업
③ 총형 절삭
④ 널링 작업

답 ④

③ 밀링가공

1 밀링의 종류 및 부속품

(1) 밀링 머신의 개요

1) 밀링 작업시간 및 가공 분야

① 수평(plane) 밀링

$$T = \frac{L}{f}i = \frac{L + \sqrt{t(D-t)}}{f}i$$

여기서, T : 작업시간
L : 공작물 길이
D : 커터지름
t : 절삭 깊이
i : 절입 횟수

$$f = fz \times Z \times n$$

여기서, fz : 한 날당 이송
Z : 커터날 수
n : 회전수 $= \frac{1,000V}{\pi D}$

② 정면(수직, face) 밀링

$$T = \frac{l + D}{f}i$$

2) 밀링 머신의 가공 분야

밀링 머신은 많은 날을 가진 커터를 회전시켜 테이블 위에 고정된 공작물을 절삭가공하는 공작기계이다. 이 기계에서 가공할 수 있는 작업은 다음과 같다.

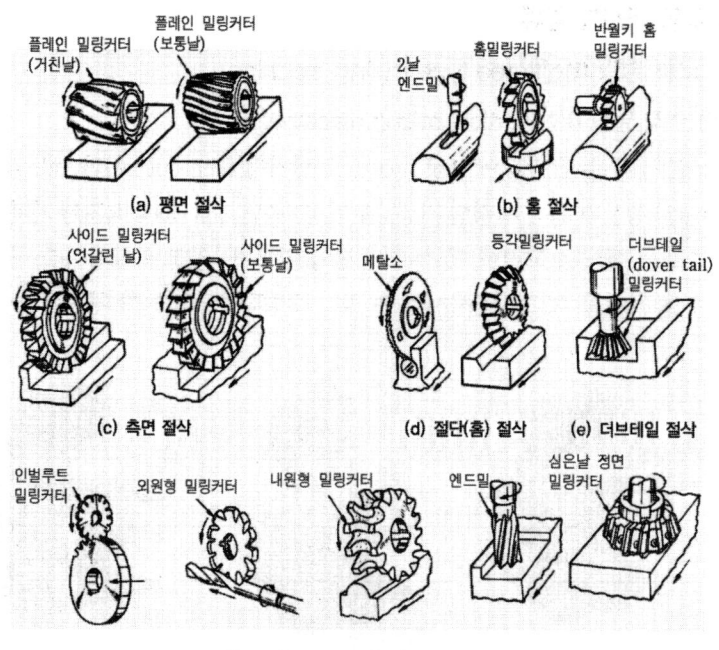

○ 그림 3-16 밀링 작업의 종류

3) 밀링 머신의 크기 표시

① 일반적으로 가공할 수 있는 최대치수 및 번호(0~5번)
② 표준형 : 테이블의 좌우 이송 거리
- 새들(saddle)의 전후 이송 거리
- 니(knee)의 상하 이송 거리

③ 보통의 크기 표시 : 테이블의 이동량(좌우×전후×상하)
테이블의 작업 면의 크기(길이×폭)
  ㉠ **만능 및 수평 밀링 머신** : 주축 중심선으로부터 테이블 면까지의 최대거리
  ㉡ **수직 밀링 머신** : 주축 끝으로부터 테이블 면까지의 최대거리 및 주축 헤드의 최대 이동거리

④ 보통 호칭 번호의 크기로 표시(0~5번)
→ 새들의 전후 이송거리(50mm) 간격

번호	No.0	No.1	No.2	No.3	No.4	No.5
이동거리	150	200	250	300	350	400

밀링 머신의 크기를 표시하는데 관계없는 것은?
① 밀링 머신의 전체 높이
② 밀링 머신의 작업면 크기 (길이×폭)
③ 테이블 좌우 이동량
④ 호칭 번호로 크기를 나타내기도 한다.

답 ①

니형 밀링 머신에 속하지 않는 것은?
① 수평 밀링 머신
② 수직 밀링 머신
③ 모방 밀링 머신
④ 만능 밀링 머신

답 ③

(2) 밀링 머신의 종류

1) 니형 밀링 머신(knee type milling machine)

가) 수직 밀링 머신(vertical milling machine)

스핀들이 수직 방향으로 장치되며, 정면커터(face cutter)와 엔드밀(end mill) 등을 이용하여 평면 가공, 홈 가공, 측면 가공 등에 적합한 기계이다. 스핀들 헤드는 고정형, 상하 이동형이 있으며, 일명 복합형이라 하여 좌우로 적당한 각도로 경사시킬 수 있고 수평작업도 가능한 형식이 있다.

(a) 수평 밀링 머신　　(b) 수직 밀링 머신　　(c) 만능 밀링 머신

○ 그림 3-17 니형 밀링 머신 종류

나) 수평 밀링 머신

스핀들을 컬럼(column) 상부에 수평 방향으로 장치하고 회전하며, 니는 상하로 이동하고, 새들은 전후 방향, 테이블은 새들 위에서 좌우로 이송하므로 테이블은 컬럼의 앞면을 전후, 좌우, 상하 세 방향으로 이동하게 된다.

아버(arbor)는 스핀들 구멍에 고정하고 여기에 밀링 커터를 고정하여 공작물을 가공한다. 아버의 끝 부분은 아버 지지부로 지지되며, 끝 부분의 커터를 죄는 나사는 회전함에 따라 너트가 잠기도록 왼나사로 되어 있다.

밀링 머신에서 오버암의 한끝을 컬럼 위에 고정하는 이유 중 가장 적당한 것은?
① 강력절삭을 하기 위하여
② 회전속도를 높이기 위하여
③ 작업을 편리하게 하기 위하여
④ 아버가 휘는 것을 방지하기 위하여

답 ④

다) 만능 밀링 머신

수평 밀링 머신과 거의 같으나 다른 점은 새들 위에 선회대가 있고, 그 위에서 테이블이 수평 선회하는 점이 다르다. 이는 분할대를 이용하여 나선 홈을 가공할 수 있으며, 헬리컬 기어(helical gear), 트위스트 드릴(twist drill)의 홈 등을 절삭할 수 있다.

① 보통 밀링 머신과 중요한 차이점
　㉠ 테이블의 각도 선회
　㉡ 테이블의 상하경사

ⓒ 주축헤드의 임의의 각도 경사
　　ⓓ 분할대와 비틀림 홈 절삭용의 기어 장치를 가지고 있다.
② 가공범위
　　㉠ 평면 가공
　　㉡ 비틀림 홈
　　㉢ 헬리컬 기어
　　㉣ 스플라인 축
　수평 밀링으로는 곤란한 작업을 각도분할 및 일정한 회전 운동으로 가능케 한다.

2) 생산형 밀링 머신

밀링 머신의 기능을 대량생산에 적합하도록 단순화 및 자동화된 밀링 머신이며, 스핀들 헤드가 1개 있는 단두형, 2개 있는 쌍두형, 2개 이상 있는 다두형이 있다. 테이블은 상하 이송하지 않고 좌우로만 이송하기 때문에 베드형 밀링 머신이라고도 한다. 또한, 공작물을 고정한 원형 테이블을 연속 회전시키며 가공하는 회전밀러(rotary miller)인 회전 테이블형 밀링 머신이 있고, 2개의 스핀들 헤드를 써서 두 종류의 가공을 동시에 할 수 있는 고성능 밀링 머신이다.

3) 플레이너형 밀링 머신

플레노 밀러(plano-miller)라고도 하며, 플레이너의 공구대 대신 밀링 헤드가 장치된 형식이다. 대형 공작물과 중량물의 공작물을 강력 절삭에 적합하며, 쌍두형과 단두형이 있다.

4) 특수 밀링 머신

특수 밀링 머신에는 지그(jig), 게이지(gauge), 다이(die) 등의 공구류를 가공하는 공구 밀링 머신, 나사를 전용으로 가공하는 나사 밀링 머신, 모방 장치를 이용하여 단조, 프레스, 주조용 금형 등의 복잡한 형상의 공작물을 가공하는 모방 밀링 머신과 그 외 탁상 밀링 머신, 키 홈 밀링 머신, 조각 밀링 머신 등이 있다.

수동(手動) 밀링 머신, 플레인 밀링 머신, 램형 만능 밀링 머신, 직립 밀링 머신은 어느 형 밀링 머신에 속하는가? (단, 모양에 의해 분류한다.)
① 니형 밀링 머신
② 고정베드형 밀링 머신
③ 특수형 밀링 머신
④ 보링 밀링 머신

답 ①

밀링 머신의 컬럼에서 수평으로 뻗어 나온 부분이며, 컬럼의 안내면에 따라 상하로 이동하는 것은?
① 테이블
② 바이스
③ 니
④ 새들

답 ③

(3) 밀링 머신의 구조

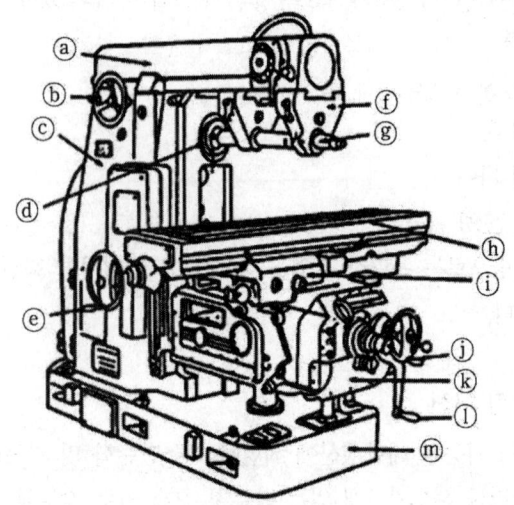

ⓐ 오버 암   ⓑ 오버 암 이송핸들   ⓒ 컬럼
ⓓ 주축(스핀들)   ⓔ 테이블 이송핸들   ⓕ 아버 지지대
ⓖ 아버   ⓗ 테이블   ⓘ 새들
ⓙ 새들 이송핸들 ⓚ 에이프런   ⓛ 상하 이송핸들
ⓜ 베이스

◎ 그림 3-18 수평 밀링 머신의 각부 명칭

1) 컬럼(column)

밀링 머신의 본체로서 앞면은 미끄럼면으로 되어 있으며, 아래는 베이스를 포함하고 있다. 미끄럼면은 니를 상하로 이동할 수 있도록 되어 있으며, 베이스와 니 사이에 잭 스크루를 지지하고 있어 니의 상하 이송이 가능하도록 되어 있다.

2) 오버암(over arm)

컬럼의 상부에 설치되어 있는 것으로 플레인 밀링 커터용 아버를 아버 브레이스가 지지하고 있다. 아버 브레이스는 임의의 위치에 체결하도록 되어 있다.

3) 니(knee)

니는 컬럼에 연결되어 있으며, 위에는 테이블을 지지하고 있다. 또한 니는 테이블을 좌우, 전후, 상하로 조정하는 복잡한 기구가 포함되어 있다.

4) 새들(saddle)

새들은 테이블을 지지하며, 니의 상부 미끄럼면 위에 얹혀 있어 그 위를 앞뒤 방향으로 미끄럼 이동하는 것으로서 윤활장치와 테이블의 어미나사 구동기구로 이루어져 있다.

5) 테이블(table)

공작물을 직접 고정하는 부분이며, 새들 상부의 안내면에 장치되어 수평면을 좌우로 이동한다.

(4) 밀링 머신의 부속장치

1) 아버(Arbor)

커터를 설치하는 장치로서 주축 테이퍼 구멍(7/24)에 삽입하여 사용
① 자루 없는 커터 고정
② 칼라에 의해 커터의 위치 조정
  자루가 없는 커터 고정 : 어댑터, 콜릿

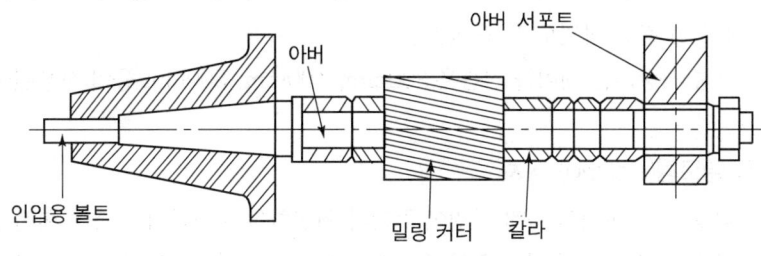

○ 그림 3-19 밀링 아버

> 다음 중 밀링 머신에 사용되는 부속 장치가 아닌 것은?
> ① 틸팅(Tilting) 바이스
> ② 분할대
> ③ 면판
> ④ 아버
>
> 답 ③

2) 바이스(vise)

공작물을 테이블에 설치하기 위한 장치. 테이블의 T홈에 설치(공작물 높이의 1/2 이상 물림)
① 바이스의 크기 : 조의 폭으로 표시
② 바이스의 종류 : 수평, 회전, 만능, 유압

3) 분할대(Indexing head)

주축대와 심압대 한 쌍으로 테이블 위에 설치하고 공작물을 분할대의 스핀들과 심압대 센터 사이에 지지하거나 스핀들에 장치한 척에 공작물을 고정하고, 필요한 각도나 등분으로 분할할 때 사용한다. 또한, 변환 기어로 테이블과 연결하여 비틀림 홈, 스파이럴 기어 등을 가공할 수 있다.

> 밀링 머신에서 분할대는 어디에 설치하는가?
> ① 심압대
> ② 스핀들
> ③ 새들 위
> ④ 테이블 위
>
> 답 ④

밀링 머신인 분할대의 규격을 일반적으로 무엇으로 나타내는가?
① 양 센터 사이의 거리
② 분할할 수 있는 수
③ 테이블상의 스윙
④ 공작물을 회전시킬 수 있는 각도

답 ③

① 분할대의 크기 표시 : 테이블상의 스윙
② 분할대의 종류 : 단능식(분할 수 : 24), 만능식(각도, 원호, 캠 절삭)
③ 분할대의 형태 : 브라운샤프형, 신시내티형, 밀워키형, 라이네켈형

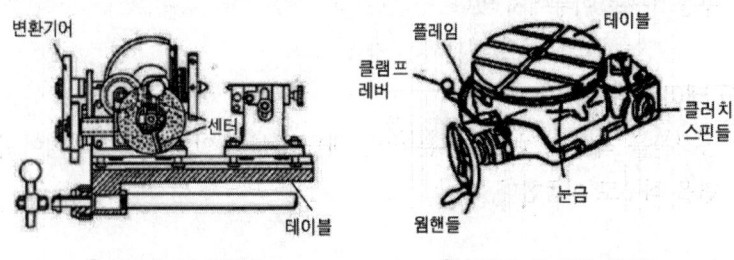

○ 그림 3-20 분할대   ○ 그림 3-21 회전 테이블

4) 회전 테이블 장치(circular table)
가공물에 회전 운동이 필요할 때 사용 밀링 머신의 테이블에 올려놓고 주로 원형 공작물을 가공할 때 이용한다. 공작물은 회전 테이블 위의 바이스에 고정하고, 수동 또는 테이블 자동 이송으로 가공한다. 원판도 가공할 수 있고, 또한 테이블의 좌우 및 전후 이송을 사용하면 윤곽가공도 할 수 있고, 회전 테이블 핸들을 사용하면 간단한 분할 작업도 할 수 있다.
보통 사용되는 테이블 지름은 300mm, 400mm, 500mm 등이 사용된다.

밀링 머신에서 테이블의 뒤틈 제거장치는 다음 중 어디에 설치하는가?
① 변속기어
② 테이블 이송나사
③ 테이블 이송핸들
④ 자동이송레버

답 ②

5) 슬로팅(slotting) 장치
니형 밀링 머신의 컬럼 앞면에 주축과 연결하여 사용하며 주축의 회전 운동을 공구대 램의 직선 왕복 운동으로 변화시켜 바이트로써 직선 절삭 가능(키, 스플라인, 세레이션, 기어가공 등)하며, 슬로팅 장치는 주축을 중심으로 좌우 90°씩 선회할 수 있다.

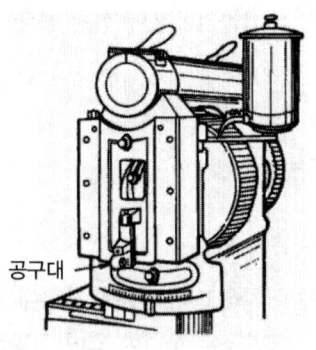 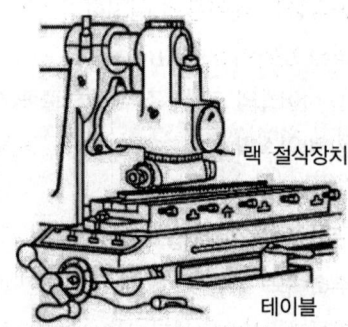

○ 그림 3-22 슬로팅 장치   ○ 그림 3-23 랙 절삭장치

6) 랙(Rack) 절삭 장치

만능 밀링 머신의 컬럼에 고정되고, 밀링 머신의 주축에 의하여 회전이 전달되어 랙 기어(rack gear)를 절삭할 때 사용한다. 공작물 고정용의 특수바이스(vice) 및 테이블 단부에 고정된 랙 장치에는 각종 피치(pitch)의 랙 절삭이 가능하도록 기어 변환 장치가 있다.

7) 수직축장치(vertical milling attachment)

수직축장치는 수평 밀링 머신의 컬럼(columm) 상부 주축에 고정하고 주축에서 기어로 회전이 전달되며, 수직축의 회전수는 밀링 머신 주축의 회전수와 같다. 수직축은 컬럼과 평행된 면 내에서 임의의 각도로 경사시킬 수 있다.

8) 로터리 밀링 헤드장치(rotary milling head attachment)

수평 밀링 머신이나 만능 밀링 머신의 주축에 브래킷(bracket)으로 컬럼에 고정하고 주축의 오프셋(offset)을 가능케 한 장치이다. 주축은 단독으로 엘래스틱 커프링(elastic coupling)으로 구동된다. 사용하는 공구는 직경이 적으며 주축은 15° 정도 경사할 수 있다.

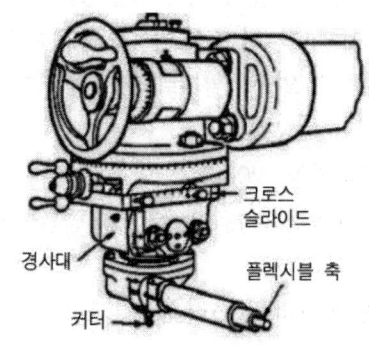

○ 그림 3-24 로터리 밀링 헤드 장치

2 밀링 절삭 공구와 절삭 이론

(1) 밀링 커터의 종류와 용도

1) 평면(Plain) 밀링 커터

① 주축과 평행한 평면을 절삭할 때
② 비틀림 날의 나선각(보통 15~30°)

　15°: 경 절삭용, 25~35°: 중 절삭용, 45~70°: 헬리컬 밀링 커터(진동이 적고 가공면이 양호하나 추력(Thrust)이 작용한다.)

　비틀림 날 여유각 3~6°

밀링 커터의 종류에서 비틀림의 나선각이 45~70°로 구성된 커터는?

① 더브테일 커터
② 측면 커터
③ 플라이 커터
④ 헬리컬 커터

답 ④

밀링에서 총형 커터에 의한 방법으로 치형을 절삭할 때 사용하는 커터는?
① 피니온 커터
② 랙 커터
③ 인벌류트 커터
④ 베벨 커터

답 ③

2) 측면 밀링 커터(side milling cutter)
① 측면 밀링 커터 : 비교적 날 폭이 좁으며 날은 원주와 양측에 있다. 홈 파기, 정면 밀링에 사용한다.
② 엇갈린날 밀링 커터 : 좁은 원통형 커터 서로 15°정도 어긋나 반대 방향으로 나선날이 있다.
③ 슬로팅 밀링 커터 : 직경에 비해서 길이가 긴 커터

3) 메탈 슬리팅 소
절단과 홈파기용

4) 각 밀링 커터
내부의 홈 가공용으로 편각 커터는 45°, 50°, 60°, 70°, 80°, 양각 커터는 V형 날 45°, 60°, 90°

5) 엔드밀
일반적으로 가공물의 외측 홈 부 좁은 평면 등의 가공
① 테이퍼 자루와 일체가 되어 주축 테이퍼 중공부에 압입
② 특히 대형은 자루와 절인이 별개로 되어 셸 엔드밀(대형 공작물 가공)이라 함.
 20mm 이상 테이퍼 자루, 20mm 이하 곧은 자루
 드릴 13mm 이상 테이퍼 자루, 13mm 이하 곧은 자루

6) 정면 밀링 커터(face milling cutter)
밀링 커터 축에 수직인 평면 가공(스로우어웨이 밀링 커터를 널리 사용)

7) 총형 밀링 커터
윤곽을 갖는 커터이며 기어, 커터, 리머, 탭 등 윤곽을 가공 시

8) 슬래브 밀링 커터
절삭량을 크게 하여 평면절삭, 비틀림날에 홈을 내어 절삭 칩이 끊어지게 함.

9) 플라이 커터

단인공구로 요구하는 모양으로 연삭하여 사용. 수량이 적은 공작물의 특수한 형상을 가진 부분을 가공할 경우 총형 밀링 커터로 만들어 경제적, 시간적 여유가 없을 때 사용된다.

10) 홈 밀링 커터

T홈, 반달 키홈 등을 가공

● 그림 3-25 T 커터

● 그림 3-26 더브테일 커터

11) 더브테일 커터(dovetail cutter)

60°의 각을 가진 원추 형상의 커터로서 더브테일 홈가공이나 바닥면과 양쪽 측면을 가공하는 것으로 재질은 고속도강이다.

(2) 밀링 커터의 각부 명칭과 경사각

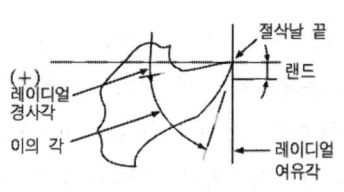

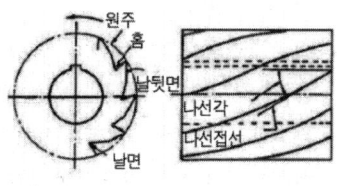

● 그림 3-27 평면 밀링 커터

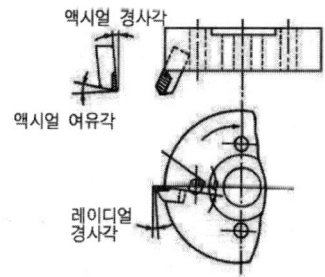

● 그림 3-28 정면 밀링 커터

1) 랜드
여유각에 의해서 만드는 절인날의 여유면의 일부이며, 인선의 강도를 증가시키기 위해 사용된다.

2) 절인각
경사면과 여유면이 이루는 각으로서 절인각이 크면 절삭 저항은 감소하며, 작으면 절인이 약해진다.

3) 경사각
밀링 커터의 중심선과 경사면이 이루는 각 경사각이 크면 절삭저항 감소, 초경 커터에서는 치핑을 감소하기 위하여 0도 혹은 부각(−)으로 연삭한다.

4) 여유각
인선의 뒷면과 공작물이 마찰하지 않도록 만든 각이다.
- 연한 재료 : 다소 크게 함.
- 경한 재료 : 다소 작게 함.

5) 비틀림각
곧은날 밀링 커터의 경우 날에 비틀림각을 주면 절삭이 순조롭고 좋은 가공면을 얻을 수 있다. 비틀림각의 경절삭용은 15°, 중절삭용은 25°로 날의 수가 적다.

최근에는 초경합금 공구로 강력 절삭할 때 −5~−10°의 네거티브(negative : 음각) 경사각이 사용되고 있는데, 이는 종래 사용한 90° 이내의 날 끝각으로는 지지력이 작아서 강력 절삭이 곤란한 점을 보완하기 위한 것이다. 단, 네거티브 경사각을 사용하면 상당히 많은 열이 발생하고 절삭동력도 증가되므로 공작기계의 용량이 충분히 크지 않으면 효과를 완전히 발휘하기 어렵다. 페이스 커터에 네거티브 경사각을 갖는 강력 절삭용 커터를 풀백 커터(full back cutter)라고 한다.

(3) 밀링 절삭 이론

1) 절삭 속도
밀링 커터의 매분 원주 속도로서 공작물 및 공구의 재질에 따라 따르다.

$$V = \frac{\pi DN}{1,000} \text{m/min}$$

커터에서 중 절삭용 거친날의 비틀림각은 얼마 이상인가?
① 3°
② 25°
③ 10°
④ 15°

답 ②

여기서, D : 커터 지름(mm)
N : 회전수(rpm)
V : 속도(m/min)

절삭 속도를 결정할 때는 다음과 같은 원칙을 고려한다.
① 공구의 수명을 연장하기 위해서는 약간 절삭 속도를 낮게 한다.
② 공작물의 강도, 경도 등의 기계적 성질을 고려한다.
③ 황삭 가공할 때에는 저속으로 이송을 크게 하고, 다듬질 가공할 때에는 고속으로 이송을 느리게 한다.
④ 밀링 커터의 마멸과 손상이 클 경우는 절삭 속도를 느리게 한다.

2) 이송

① **이송 속도** : 밀링가공 시 이송 속도는 밀링 커터의 날 1개마다의 이송을 기준으로 한다.

$f = f_z \times Z \times N$, 날 1개당 이송(mm/toolth)

여기서, f : 테이블 이송(mm/min)
N : 커터 회전수(rpm)
Z : 커터날 수(개)

㉠ 밀링 커터의 1회전에 대한 이송(mm/rev)
㉡ 1분간의 이송(mm/min)

② **절삭 속도 및 이송의 고려사항**
㉠ **커터의 형상** : 커터의 지름과 폭이 작은 경우에는 고속으로 절삭하고, 거친 절삭에서는 이송을 크게 하고 회전수를 작게 한다. 각 커터를 이용한 절삭은 절삭 속도와 이송을 작게 한다.
㉡ **일감의 재질** : 경도가 높은 재료는 절삭 속도를 낮춘다.
㉢ **가공 정도** : 매끈한 가공면을 얻기 위해서는 절삭 속도를 크게 하고, 이송을 작게 한다.
㉣ **커터의 수명** : 커터의 수명을 길게 하기 위해서는 절삭 속도를 작게 한다.

3) 절삭 깊이

절삭 깊이는 기계의 강성과 동력의 크기, 커터의 종류, 공작물의 재질 등에 따라 다르고 거친절삭과 다듬질 절삭에 따라 다르지만, 일반적으로 5mm 이하로 하고, 그 이상일 때는 깊이를 나누어 절삭한다. 다듬 절삭일 때에는 절삭 깊이를 너무 작게 하면 날끝의 마멸이 커지므로 0.3~0.5mm 정도로 하는 것이 좋다.

절삭 깊이가 커지면 절삭 속도를 낮게 하고, 절삭 깊이를 작게 하면 절삭 속도를 높여 가공하는 것이 일반적이다.

4) 밀링가공면의 조도

① 날 무늬의 높이

㉠ 플레인 커터

$$h = f_z 2 / 4D$$

여기서, h : 날 무늬의 높이
f_z : 날 1개당 이송
D : 커터지름

㉡ 정면 밀링 커터

$$h = f_z \frac{\tan\alpha \times \tan\beta}{\tan\alpha + \tan\beta}$$

여기서, α, β : 날이 가공면과 이루는 각도

② 가공면 불량원인

㉠ 날 무늬(Tooth Mark)
- 밀링 커터의 날 높이가 일정하지 않을 때
- 밀링 커터의 흔들림
- 절삭 저항으로 인한 아버의 스프링 작용

㉡ 회전 무늬(Revolution Mark)
- 주축 아버의 편심
- 아버의 휨
- 커터 내경의 편심
- 밀링 커터의 흔들림
- 주축과 베어링의 틈새 과다

5) 밀링 칩 체적(Q) 및 평균 칩 두께

① 칩 체적 : 단위 시간에 절삭되는 칩(매분 절삭량)[cm^3/min]

$$Q = b \cdot t \cdot f (\text{mm}^3/\text{min}) = \frac{btf}{1,000}(\text{cm}^3/\text{min})$$

여기서, b : 커터 폭
t : 절삭 깊이
f : 이송량

유효동력 $= KQ = K\dfrac{btf}{1,000}$, 절삭 유효동력 $(q) = \dfrac{btf}{1,000} \times K = KQ$

밀링가공에서 떨림이 발생하면 다음과 같은 문제가 생긴다. 관계가 없는 것은?

① 가공면을 거칠게 한다.
② 커터의 수명을 단축시킨다.
③ 생산능률이 저하된다.
④ 상향 절삭 시에만 생긴다.

답 ④

다음 중 채터링(chattering)이 생기는 이유가 아닌 것은?

① 공작물의 길이가 짧을 때
② 바이트의 끝날이 불량할 때
③ 절삭 속도가 부적당할 때
④ 공작물의 고정이 불량할 때

답 ①

(예제)
커터지름 75mm, 폭 100mm, 절삭 깊이 2mm, 이송 속도 120mm/min일 때 절삭률(cm^3/min)은?
절삭률 $= 2 \times 100 \times 120 mm = 24,000 = 24 cm^3/min$

② 칩 길이(l)$= \sqrt{DT}$

③ 평균 칩 두께(tm)

$$tm = \frac{f}{NZ}\sqrt{\frac{t}{D}}$$

여기서, D : 커터 지름
t : 절삭 깊이, 평면 밀링 커터 작업
N : 커터 회전수
Z : 커터날 수

④ 최대 칩 두께

$$t_{max} = \frac{Zf}{NZ}\sqrt{\frac{t}{D}}$$

여기서, f : 전체 이송(mm/rev)

(예제)
plain milling cutter의 ϕ100mm, 날 수 8개, 절삭 속도는 30m/min, 전체 이송은 240mm/rev, 절삭 깊이는 4mm일 때, t_m은?

$$\frac{240}{\frac{1,000 \times 30}{\pi 100} \times 8}\sqrt{\frac{4}{100}} = \frac{\pi \times 240 \times 100}{1,000 \times 30 \times 8}\sqrt{\frac{4}{100}} \fallingdotseq 0.0628$$

❸ 밀링 절삭가공

(1) 상향 절삭과 하향 절삭

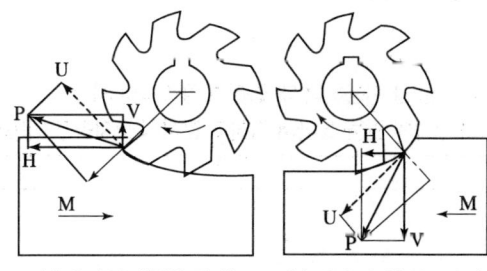

(a) 올려 깎기(상향 절삭) (b) 내려 깎기(하향 절삭)
P : 합력 U : 접선력 M : 반지름 분력 H : 수평분력 V : 수직분력

○ 그림 3-29 상향 절삭과 하향 절삭

밀링 작업에서 하향 절삭의 장점이 아닌 것은?
① 백래시 제거장치가 필요 없다.
② 날의 마멸이 적고, 수명이 길다.
③ 날 하나마다의 절삭궤적의 피치가 짧다.
④ 가공할 면의 시야가 좋다.

답 ①

○ 표 3-5 상향 절삭과 하향 절삭의 비교

구분	상향 절삭	하향 절삭
칩에 영향	절삭에 방해 없다.	절삭에 방해 있다.
백래시 제거	백래시 제거장치가 필요 없다.	백래시 제거장치가 필요하다.
공작물 고정	불안함으로 확실히 고정해야 한다.	안정된 고정이 된다.
공구 수명	• 수명이 짧다. • 날 파손은 적으나 마멸이 심하다.	• 수명이 길다. • 날 파손은 생길 수 있으나 마모가 적다.
소비 동력	소비가 크다.	소비가 적다.
가공면	거칠다.	깨끗하다.

(2) 분할 작업(법)

1) 직접 분할법(=면판 분할법)

분할대의 면판에 24개의 구멍이 등 간격으로 뚫어져 있음(면판 위의 24개 구멍을 이용하여 분할)

24의 약수 : 2, 3, 4, 6, 8, 12, 24 ⇒ 7종 분할 가능, $\dfrac{24}{N}$

단식분할법에서 분할크랭크의 40회전은 스핀들(spindle)을 몇 회전시킬 수 있는가?
① $\dfrac{1}{2}$ 회전
② 1회전
③ $1\dfrac{1}{2}$ 회전
④ 2회전

답 ②

2) 단식 분할법

웜과 웜(기어) 휠의 기어 비는 1 : 40(분할 크랭크 1회전은 웜 휠을 1/40 회전시킴)

$$\dfrac{h}{H} = \dfrac{R}{N} = \dfrac{40}{N}$$

여기서, H : 분할대 구멍 수
h : 1회 분할에 필요한 구멍 수
R : 웜과 웜휠의 회전비(브라운샤프형, 신시네티형)
N : 분할 등분 수

(예제)
단식 분할로 원주 72등분
$$\dfrac{h}{H} = \dfrac{40}{N} = \dfrac{40}{72} = \dfrac{10}{18}$$
⇒ 분할판 18공(열)을 사용하여 매 회전 10공씩 이동시킨다.
1~3판에서 18구멍의 판을 찾아서 정하고 분자의 숫자만큼 이동시킨다.

(예제)
원주 7등분
$$\dfrac{h}{H} = \dfrac{40}{N} = \dfrac{40}{7} = 5\dfrac{5 \times 3}{7 \times 3} = 5\dfrac{15}{21}$$
⇒ 분할판 21공(열)을 사용하고 5회전과 15공씩 이동시킨다.

(예제)
원주 15등분
$$\frac{h}{H} = \frac{40}{15} = 2\frac{10 \times 2}{15 \times 2} = 2\frac{20}{30}$$

3) 차동 분할법

① 단식 차동 분할법

$$\frac{a}{b} = \frac{(N_1 - N)}{N_1} \times 40 = \frac{(\pm x)}{N_1} \times 40$$

여기서, N_1 : 단식분할이 가능한 N에 가까운 수

a : 주축 스핀들 기어

b : 웜(마이터) 기어

N : 요구하는 분할 수(가상 분할 수)

$N_1 - N = \pm x$: 브라운 샤프형

(+) : 중간 기어 1개

(−) : 중간 기어 2개

(예제)
원주 233등분

$$\frac{40}{N_1} = \frac{40}{240} = \frac{1}{6} = \frac{3}{18}$$

$$\frac{a}{b} = \frac{N_1 - N}{N_1} = \frac{(240 - 233)}{240} \times 40 = \frac{+7 \times 40}{240} = \frac{+280}{240} = \frac{+7 \times 8}{6 \times 8}$$

$$= \frac{+56}{48}$$

주축 기어 : 56, 웜 기어 : 48, (+)이므로 중간 기어 1개 필요

(예제)
원주 247등분

$$\frac{40}{N_1} = \frac{40}{240} = \frac{1}{6} = \frac{3}{18}$$

$$\frac{a}{b} = \frac{N_1 - N}{N_1} = \frac{(240 - 247)}{240} \times 40 = \frac{-7 \times 40}{240} = \frac{-280}{240} = \frac{-56}{48}$$

주축 기어 : 56, 웜 기어 : 48, (−)이므로 중간 기어 2개 필요

② 복식 차동 분할 $= \dfrac{b}{a} \times \dfrac{c}{b} = \dfrac{N_1 - N}{N_1} \times 40$

> **(예제)**
> 원주 257등분
> $\dfrac{a \times c}{b \times d} = \dfrac{N_1 - N}{N_1} \times 40 = \dfrac{(245-257)}{245} \times 40 = \dfrac{-12}{245} \times 40 = \dfrac{-480}{245}$
> $= \dfrac{-96}{49} = \dfrac{-16 \times 4}{7 \times 4} \times \dfrac{6 \times 8}{7 \times 8} = \dfrac{-64}{28} \times \dfrac{48}{58}$

4) 각도 분할법

분할대의 주축이 1회전하면 360°가 되며, 크랭크 핸들의 회전과 분할대 주축과의 비는 40 : 1이므로 주축의 회전 각도는 다음과 같다.

$\dfrac{360°}{40} = 9°$ $\dfrac{h}{H} = \dfrac{\theta°}{9°} = \dfrac{\theta \times 60'}{540'}$

> **(예제)**
> 원주에 $7\dfrac{1}{2}$로 분할
> $\dfrac{7\dfrac{1}{2}}{9} = \dfrac{\dfrac{15}{2}}{9} = \dfrac{15}{18}$

(3) 기어 절삭가공

1) 커터 번호와 치수

기어의 치형 크기를 나타내는 방법 : 지름 피치(DP), 모듈(M), 원주 피치(P)가 사용된다.

① $DP = \dfrac{Z}{D} = \dfrac{25.4}{N}$, $D = M \times Z$

여기서, DP : 지름 피치
  M : 모듈
  Z : 잇수
  D : 피치원 지름

② 기어의 외경 : $D = M \times (Z+2)$, $M = \dfrac{D}{Z+2}$

③ 기어의 중심거리 : 외접$(C) = \dfrac{(Z_1 + Z_2)}{2} \times M$,

  내접$(C) = \dfrac{(Z_2 - Z_1)}{2} \times M$

2) 스파이럴 기어 절삭

① 커터 번호 지정(등가 잇수 계산)

$$Z_0 = \frac{Z}{\cos^3\theta}$$

여기서, Z_0 : 등가잇수
Z : 실제 치수
θ : 비틀림 각

② 테이블 회전각

$$\tan\theta = \frac{\pi\,D}{L}$$

여기서, L : 리드
D : 공작물 직경
θ : 헬리컬 각

③ 변환 기어

$$\frac{B \times D}{A \times C} = \frac{L}{P \times 40}$$

여기서, L : 리드
P : 테이블 이송 나사축의 pitch

잇수 20, 비틀림각 18의 헬리컬 기어를 밀링 머신에서 가공할 때 등가 치수는 얼마인가?

① 15
② 21
③ 28
④ 32

해설

$Z_0 = \dfrac{20}{\cos^3\beta} = \dfrac{20}{\cos^3 18} = 20.9$

답 ②

밀링 머신에서 테이블의 선회각 $\theta = 30$로 리드 200mm의 오른나사 헬리컬 홈을 깎으려고 할 때, 일감의 지름은 몇 mm인가? (단, 테이블 이송 나사의 피치는 6mm이다.)

① 14.98
② 25.7
③ 36.76
④ 47.65

해설

$L = \dfrac{\pi \cdot D}{\tan\theta}$

$D = \dfrac{L \times \tan\theta}{\pi}$

$\quad = \dfrac{200 \times \tan 30}{\pi}$

$\quad = 36.76$

답 ④

예상문제

01 밀링가공에서 테이블의 이송 속도를 구하는 식으로 옳은 것은? (단, F는 테이블 이송 속도(mm/min), f_z는 커터 1개의 날당 이송(mm/tooth), Z는 커터의 날수, n은 커터의 회전수(rpm), f_τ은 커터 1회전당 이송(mm/rev)이다.)

① $F=f_z \times Z$
② $F=f_\tau \times f_z$
③ $F=f_z \times f_\tau \times n$
④ $F=f_z \times Z \times n$

해설
이송 속도 : 밀링가공 시 이송 속도는 밀링 커터의 날 1개마다의 이송을 기준으로 한다.
$$F=f_z \times Z \times n$$
여기서, f_z=커터 1개의 날당 이송(mm/toolth)
F=테이블 이송 속도(mm/min)
n=커터의 회전수(rpm)
Z=커터의 날 수(개)

02 밀링 머신에서 커터 지름이 120mm, 한 날당 이송이 0.1mm, 커터날 수가 4날, 회전수가 900 rpm일 때, 절삭 속도는 약 몇 m/min인가?

① 33.9
② 113
③ 214
④ 339

해설
$$V=\frac{\pi DN}{1,000}=\frac{\pi \times 120 \times 900}{1,000}=339\,\text{m/min}$$

03 밀링 머신에서 절삭 속도 20m/min, 페이스 커터의 날 수 8개, 직경 120mm, 1날당 이송 0.2mm일 때 테이블 이송 속도는?

① 약 65mm/min
② 약 75mm/min
③ 약 85mm/min
④ 약 95mm/min

해설
$$f=fz \times Z \times n=0.2 \times 8 \times \frac{1,000 \times 20}{\pi \times 120}=84.9\,\text{mm/min}$$

04 지름 50mm, 날수 10개인 페이스 커터로 밀링가공할 때 주축의 회전수가 300rpm, 이송 속도가 매분당 1,500mm였다. 이때의 커터날 하나당 이송량(mm)은?

① 0.5
② 1
③ 1.5
④ 2

해설
$$f=f_z \times z \times N=f_z=\frac{f}{z \times N}=\frac{1,500}{10 \times 300}=0.5\,\text{mm}$$

05 커터의 지름이 100mm이고, 커터의 날수 10개인 정면 밀링 커터로 길이 200mm인 공작물을 절삭할 때 가공 시간은 얼마인가? (단, 절삭 속도는 100m/min, 1날당 이송량은 0.1mm이다)

① 56초
② 46초
③ 36초
④ 26초

[정답] 01 ④ 02 ④ 03 ③ 04 ① 05 ①

해설

회전수 $N = \dfrac{1,000V}{\pi D} = \dfrac{1,000 \times 100}{\pi \times 100} = 318$rpm

테이블의 이송 $f = 0.1 \times 10 \times 318 = 318$mm/min

테이블 이송 거리 $L = 200 + 100 = 300$mm

$\therefore$ 가공 시간 $T = \dfrac{L}{f} = \dfrac{300}{318} = 0.94$분 $= 56$초

06 공구가 회전하고 공작물은 고정되어 절삭하는 공작기계는?

① 선반(Lathe)
② 밀링 머신(Milling)
③ 브로칭 머신(Broaching)
④ 형삭기(Shaping)

해설

① 선반(Lathe) : 공작물의 회전 운동과 바이트의 직선 운동으로 원통형의 제품을 주로 가공하는 일이며, 이 공작기계를 선반(lathe)이라 한다.
② 밀링 머신(Milling) : 원주에 절삭 날이 있는 밀링 커터(milling cutter)를 회전하여, 고정된 공작물이 수평 운동하여 평면이나 홈, 기어, 캠, 헬리컬 등을 가공하는 것으로, 밀링에 쓰이는 공작기계를 밀링 머신(milling machine)이라 한다.
③ 브로칭 머신(Broaching) : 공구와 공작물은 고정하고 브로우치 공구를 사용하여 한 번 통과시켜 구멍의 내면을 깎는 가공을 브로칭(broaching)이라 하며, 각형 구멍, 키 홈, 스플라인의 구멍 등을 다듬질하는 데 사용한다.
④ 형삭기(Shaping) : 공작물은 고정하고 공구(바이트)를 이용하여 직선 왕복 운동하여 작은 제품의 평면을 주로 가공하는 세이퍼(shaper)와 슬로터(slotter)가 있다.

07 밀링 머신에서 할 수 없는 가공은?

① 총형 가공
② 기어 가공
③ 널링 가공
④ 나선홈 가공

해설

널링 가공은 선반에서 가능한 작업이다.

08 범용 밀링 머신으로 할 수 없는 가공은?

① T홈 가공
② 평면 가공
③ 수나사 가공
④ 더브테일 가공

해설

수나사 가공은 선반이나 다이스에서 가공한다.

09 수직 밀링 머신에서 가능한 작업이 아닌 것은?

① 홈 가공
② 전조 가공
③ 평면 가공
④ 더브테일 가공

해설

전조 가공 : 담금질하여 단단하게 만든 다이스나 롤러를 재료에 강하게 누르면서 굴려, 재료의 표면을 변형시키는 비절삭 가공법이다.

10 니형 밀링 머신의 크기는 무엇의 최대 이송 거리로 표시하는가?

① 니
② 새들
③ 테이블
④ 바이스 조

해설

니형 밀링 머신
① 니 : 새들과 테이블을 지지하고 컬럼의 미끄럼면에서 상하 이동한다.
② 새들 : 테이블의 좌우 이동용 방향 전환 장치 및 백래시 제거 장치 등이 있다.
③ 테이블 : 새들 위에서 좌우 방향 이송하며 공작물 고정 및 부속 장치 등을 지지 및 설치한다.

11 일반적으로 밀링 머신의 크기는 호칭 번호로 표시하는 데 그 기준은 무엇인가?

① 기계의 중량
② 기계의 설치 면적
③ 테이블의 이송 거리
④ 주축모터의 크기

[정답] 06 ② 07 ③ 08 ③ 09 ② 10 ③ 11 ③

해설
밀링 머신의 크기는 일반적으로 테이블의 크기(가로×세로)와 테이블의 이동 거리(좌우×전후×상하)를 호칭 번호로 표시하고 또한, 수평 밀링 머신은 스핀들 중심부터 테이블 면까지의 최대 거리, 수직 밀링 머신은 스핀들 끝부터 테이블 윗면까지의 최대 거리와 스핀들 헤드의 이동 거리로 표시할 때도 있다.

12 일반적으로 니형 밀링 머신의 크기 또는 호칭을 표시하는 방법으로 틀린 것은?

① 콜릿 척의 크기
② 테이블 작업 면의 크기(길이×폭)
③ 테이블의 이동 거리(좌우×전후×상하)
④ 테이블의 전·후 이송을 기준으로 한 호칭 번호

해설
니형 밀링 머신의 크기는 일반적으로 테이블의 크기(가로×세로)와 테이블의 이동 거리(좌우×전후×상하)를 호칭 번호로 표시하고 또한, 수평 밀링 머신은 스핀들 중심부터 테이블 면까지의 최대 거리, 수직 밀링 머신은 스핀들 끝부터 테이블 윗면까지의 최대 거리와 스핀들 헤드의 이동 거리로 표시할 때도 있다.

13 니 컬럼형 밀링 머신에서 테이블의 상하 이동 거리가 400mm이고, 새들의 전후 이동 거리는 200mm라면 호칭 번호는 몇 번에 해당하는가? (단, 테이블의 좌우 이동 거리는 550mm이다.)

① 1번
② 2번
③ 3번
④ 4번

해설
밀링 머신의 크기

호칭번호		No.0	No.1	No.2	No.3	No.4	No.5
테이블의 이동거리 (mm)	좌우 (테이블)	450	550	700	850	1,050	1,250
	전후 (새들)	150	200	250	300	350	400
	상하 (니)	300	400	450	540	450	500

14 테이블의 이동 거리가 전후 300mm, 좌우 850mm, 상하 450mm인 니형 밀링 머신의 호칭 번호로 옳은 것은?

① 1호
② 2호
③ 3호
④ 4호

해설
보통 호칭 번호의 크기로 표시(0~5번) : 새들의 전후 이송 거리(50mm) 간격

번호	No.0	No.1	No.2	No.3	No.4	No.5
이동 거리	150	200	250	300	350	400

15 다음 중 수평 밀링 머신의 크기를 나타내는 설명이 아닌 것은?

① 테이블의 크기
② 테이블의 이동 거리(좌우×전후×상하)
③ 스핀들 헤드의 이동 거리
④ 스핀들 중심선부터 테이블 면까지의 최대 거리

16 밀링 머신의 컬럼에서 수평으로 뻗어 나온 부분이며, 컬럼의 안내면에 따라 상하로 이동하는 것은?

① 테이블
② 바이스
③ 니
④ 새들

17 밀링 머신에서 오버암의 한끝을 컬럼 위에 고정하는 이유 중 가장 적당한 것은?

① 강력절삭을 하기 위하여
② 회전속도를 높이기 위하여
③ 작업을 편리하게 하기 위하여
④ 아버의 휘는 것을 방지하기 위하여

[정답] 12 ① 13 ① 14 ③ 15 ③ 16 ③ 17 ④

18 밀링 머신에 포함되는 기계장치가 아닌 것은?

① 니
② 주축
③ 컬럼
④ 심압대

해설
심압대는 선반의 부품 장치이다.

19 수동(手動) 밀링 머신, 플레인 밀링 머신, 램형 만능 밀링 머신, 직립 밀링 머신은 어느 형 밀링 머신에 속하는가? (단, 모양에 의해 분류한다.)

① 니형 밀링 머신
② 고정 베드형 밀링 머신
③ 특수형 밀링 머신
④ 보링 밀링 머신

20 주축이 수평이며, 컬럼, 니, 테이블 및 오버 암 등으로 되어 있고 새들 위에 선회대가 있어 테이블을 수평면 내에서 임의의 각도로 회전할 수 있는 밀링 머신은?

① 모방 밀링 머신
② 만능 밀링 머신
③ 나사 밀링 머신
④ 수직 밀링 머신

해설
만능 밀링 머신(universal milling machine)
수평 밀링 머신과 거의 같으나 다른 점은 새들 위에 선회대가 있고, 그 위에서 테이블이 수평 선회하는 점이 다르다. 이는 분할대를 이용하여 나선 홈을 가공할 수 있으며, 헬리컬 기어(helical gear), 트위스트 드릴(twist drill)의 홈 등을 절삭할 수 있다.

21 밀링 머신의 종류에서 드릴의 비틀림 홈 가공에 가장 적합한 것은?

① 만능 밀링 머신
② 수직형 밀링 머신
③ 수평형 밀링 머신
④ 플레이너형 밀링 머신

해설
만능 밀링 머신 : 드릴의 비틀림 홈 가공에 가장 적합하다.

22 다음 중 대형이며 중량의 공작물을 가공하기 위한 밀링 머신으로 중 절삭이 가능한 것은?

① 나사 밀링 머신(thread milling machine)
② 만능 밀링 머신(universal milling machine)
③ 생산형 밀링 머신(production milling machine)
④ 플레이너형 밀링 머신(planer type milling machine)

해설
① 나사 밀링 머신
　나사 절삭용 특수 밀링 머신으로 선반에 비하여 나사 절삭 가공이 빠르다.
② 만능 밀링 머신
　수평 밀링 머신과 거의 같으나 다른 점은 새들 위에 선회대가 있고, 그 위에서 테이블이 수평 선회하는 점이 다르다. 이는 분할대를 이용하여 나선 홈을 가공할 수 있으며, 헬리컬 기어(helical gear), 트위스트 드릴(twist drill)의 홈 등을 절삭할 수 있다.
③ 생산형 밀링 머신
　밀링 머신의 기능을 대량생산에 적합하도록 단순화 및 자동화된 밀링 머신이다.
④ 플레이너형 밀링 머신
　플라노 밀러(plano-miller)라고도 하며, 플레이너의 공구대 대신 밀링 헤드가 장치된 형식이다. 대형 공작물과 중량물의 공작물을 강력절삭에 적합하며, 쌍두형과 단두형이 있다.

[정답] 18 ④ 19 ① 20 ② 21 ① 22 ④

23 수평 밀링과 유사하나 복잡한 형상의 지그, 게이지, 다이 등을 가공하는 소형 밀링 머신은?

① 공구 밀링 머신
② 나사 밀링 머신
③ 플레이너형 밀링 머신
④ 모방 밀링 머신

해설
공구 밀링 머신 : 수평 밀링과 유사하나 복잡한 형상의 지그, 게이지, 다이 등을 가공하는 소형 밀링 머신이다.

24 중량 가공물을 가공하기 위한 대형 밀링 머신으로 플레이너와 유사한 구조로 되어 있는 것은?

① 수직 밀링 머신
② 수평 밀링 머신
③ 플래노 밀러
④ 회전 밀러

해설
플레이너형 밀링 머신 : 플래노 밀러라고도 하며, 중량물 및 대형 가공물의 중절삭에 사용된다.

25 밀링 머신에서 테이블 백래시(back lash) 제거 장치의 설치 위치는?

① 변속기어
② 자동 이송 레버
③ 테이블 이송나사
④ 테이블 이송핸들

해설
테이블 이송나사 : 밀링 머신에서 테이블 백래시(back lash) 제거를 위해서 볼 스크루를 설치한다.

26 밀링 머신에 관한 설명으로 옳지 않은 것은?

① 테이블의 이송 속도는 밀링 커터 날 1개당 이송 거리×커터의 날 수×커터의 회전수로 산출한다.
② 플레노형 밀링 머신은 대형의 공작물 또는 중량물의 평면이나 홈 가공에 사용한다.
③ 하향 절삭은 커터의 날이 일감의 이송 방향과 같으므로 일감의 고정이 간편하고 뒤틈 제거 장치가 필요 없다.
④ 수직 밀링 머신은 스핀들이 수직 방향으로 장치되며 엔드밀로 홈 깎기, 옆면 깎기 등을 가공하는 기계이다.

해설
하향 절삭은 떨림이 나타나 공작물과 커터를 손상시키며 백래시 제거 장치가 없으면 작업을 할 수 없다.

27 수평 밀링 머신에서 사용하는 커터 중 절단과 홈파기 가공을 할 수 있는 것은?

① 평면 밀링 커터(plane milling cutter)
② 측면 밀링 커터(side milling cutter)
③ 메탈 슬리팅 쏘(metal slitting saw)
④ 엔드밀(end mill)

해설
① 측면 밀링 커터 : 비교적 날 폭이 좁으며 날은 원주와 양측에 있다. 홈파기, 수평(정면) 밀링에 사용.
② 엇갈린날 밀링 커터 : 좁은 원통형 커터 서로 15° 정도 어긋나 반대 방향으로 나선날이 있다.
③ 슬로팅 밀링 커터 : 직경에 비해서 길이가 긴 커터

[정답] 23 ① 24 ③ 25 ③ 26 ③ 27 ③

28 각도 가공, 드릴의 홈 가공, 기어의 치형 가공, 나선 가공을 할 수 있는 공작기계는 어느 것인가?

① 선반(Lathe)
② 보링 머신(Boring Machine)
③ 브로칭 머신(Broaching Machine)
④ 밀링 머신(Milling Machine)

해설
분할대를 이용하여 각도 가공, 드릴의 홈 가공, 기어의 치형 가공, 나선 가공을 할 수 있는 공작기계는 밀링 머신(Milling Machine)이다.

29 총형공구에 의한 기어절삭에 만능 밀링 머신의 분할대와 같이 사용되는 밀링 커터는?

① 베벨 밀링 커터
② 헬리컬 밀링 커터
③ 인벌류트 밀링 커터
④ 하이포이드 밀링 커터

해설
인벌류트 밀링 커터 : 총형 공구에 의한 기어절삭에 만능 밀링 머신의 분할대와 같이 사용되는 밀링 커터이다.

30 밀링 머신에서 절삭 공구를 고정하는 데 사용되는 부속 장치가 아닌 것은?

① 아버(arbor)
② 콜릿(collet)
③ 새들(saddle)
④ 어댑터(adapter)

해설
새들(saddle) : 테이블의 좌우 이동용 방향 전환 장치 및 백래시 제거장치 등이 있다.

31 밀링 머신에서 사용하는 바이스 중 회전과 상하로 경사시킬 수 있는 기능이 있는 것은?

① 만능 바이스
② 수평 바이스
③ 유압 바이스
④ 회전 바이스

해설
만능 바이스 : 밀링 머신에서 사용하는 바이스 중 회전과 상하로 경사시킬 수 있는 기능이 있다.

32 밀링 머신에서 주축의 회전 운동을 왕복 운동으로 변환시켜 가공물의 안지름에 키 홈 등을 가공할 때 사용하는 부속 장치는?

① 분할대
② 회전 테이블
③ 슬로팅 장치
④ 랙 절삭 장치

해설
슬로팅 장치 : 니형 밀링 머신의 컬럼 앞면에 주축과 연결하여 사용하며 주축의 회전 운동을 공구대 램의 직선 왕복 운동으로 변화시켜 바이트로써 직선 절삭 가능(키이, 스플라인, 세레이션, 기어 가공 등)

33 주축의 회전 운동을 직선 왕복 운동으로 변화시킬 때 사용하는 밀링 부속 장치는?

① 바이스
② 분할대
③ 슬로팅 장치
④ 랙 절삭 장치

해설
슬로팅 장치 : 주축의 회전 운동을 직선 왕복 운동으로 변화시킬 때 사용하는 밀링 부속 장치이다.

[정답] 28 ④ 29 ③ 30 ③ 31 ① 32 ③ 33 ③

34 밀링 머신인 분할대의 규격을 일반적으로 무엇으로 나타내는가?

① 양 센터 사이의 거리
② 분할할 수 있는 수
③ 테이블 상의 스윙
④ 공작물을 회전시킬 수 있는 각도

> **해설**
> 새들(saddle) : 밀링 테이블의 좌우 이동용 방향 전환 장치 및 백래시 제거 장치 등이 있다.

35 수평 밀링에서 커터를 필요한 위치에 위치 결정하기 위하여 사용되는 것은?

① 와셔　　② 칼라
③ 베어링　④ 부시

> **해설**
> 수평 밀링에서 커터를 필요한 위치에 고정하기 위하여 칼라를 사용한다.

36 기어(gear)의 이(tooth) 수를 등분하고자 할 때 사용하는 밀링 부속품은?

① 분할대　　② 바이스
③ 정면커터　④ 측면커터

> **해설**
> 분할대(Indexing head) : 밀링 머신의 테이블에 설치하고 공작물을 분할대의 스핀들과 심압대 센터 사이에 지지하거나 스핀들에 장치한 척에 공작물을 고정하고, 필요한 각도나 등분으로 분할할 때 사용한다. 또한, 변환 기어로 테이블과 연결하여 비틀림 홈, 스파이럴 기어 등을 가공할 수 있다. 종류에는 만능식과 단능식의 2종이 있다.

37 밀링 머신에서 절삭 공구를 고정하는 데 사용되는 부속 장치가 아닌 것은?

① 아버(arbor)　　② 콜릿(collet)
③ 새들(saddle)　 ④ 어댑터(adapter)

38 다음 중 넓은 평면을 가공하기 위한 밀링 공구로 적합한 것은?

① T홈 커터
② 볼 엔드밀
③ 정면 밀링 커터
④ 더브테일 밀링 커터

> **해설**
> 정면 밀링 커터(face milling cutter)
> 외주와 정면에 절삭 날이 있으며 밀링 커터 축에 수직인 평면 가공에 쓰인다. 본체는 탄소강으로 팁을 납땜식, 심은날식, 스로어웨이(throw away)식으로 고정하여 사용하고 있다.
>
>
>
> [정면 밀링 커터]

39 다음 중 밀링 작업에서 판캠을 절삭하기에 가장 적합한 밀링 커터는?

① 엔드밀　　　　② 더브테일 커터
③ 메탈 슬리팅 소　④ 사이드 밀링 커터

> **해설**
> 엔드밀 : 밀링 작업에서 판캠을 절삭하기에 가장 적합하다.

40 밀링 머신에서 기어의 치형에 맞춘 기어 커터를 사용하여, 기어 소재 원판을 같은 간격으로 분할 가공하는 방법은?

① 랙법　　② 창성법
③ 총형법　④ 형판법

[정답] 34 ③　35 ②　36 ①　37 ③　38 ③　39 ①　40 ③

해설
총형 공구에 의한 절삭법
기어 이 홈의 모양과 같은 커터를 사용하여 기어 소재 1피치만큼씩 회전시켜서 차례로 기어를 절삭한다.

41 밀링 머신에서 육면체 소재를 이용하여 아래와 같이 원형 기둥을 가공하기 위해 필요한 장치는?

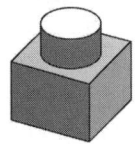

① 다이스   ② 각도 바이스
③ 회전 테이블   ④ 슬로팅 장치

해설
회전 테이블 장치(circular table)
가공물에 회전 운동이 필요할 때 사용하며, 테이블 위의 바이스에 고정하고, 원형의 홈 가공, 바깥둘레의 원형 가공, 원판의 분할 가공 등을 할 수 있는 장치이다.

42 밀링 커터의 종류 중 자유 곡면 가공에 가장 적합한 것은?

① 각 밀링 커터(Angle milling cutter)
② 정면 밀링 커터(Face milling cutter)
③ 볼 엔드밀(Ball end mill)
④ T 홈 밀링 커터(T-slot milling cutter)

해설
볼 엔드밀(Ball end mill) : 5축 등 자유 곡 면가공에 가장 적합하다.

43 절삭 날 부분을 특정한 형상으로 만들어 복잡한 면을 갖는 공작물의 표면을 한 번에 가공하는 데 적합한 밀링 커터는?

① 총형 커터   ② 엔드 밀
③ 앵귤러 커터   ④ 플레인 커터

해설
① 총형 커터 : 윤곽을 갖는 커터이며 기어, 커터, 리머, 탭 등 윤곽을 가공 시 사용
② 엔드 밀 : 일반적으로 가공물의 외측 홈 부 좁은 평면 등의 가공에 사용
③ 앵귤러 커터 : 원추의 일부에 절인이 있는 형태의 공구로서, 공작물의 각 절삭 및 커터, 리머 홈 등의 가공에 사용
④ 플레인 커터 : 원통의 외주면에만 절인을 가지며, 평면 가공에 사용

44 넓은 평면을 빨리 깎기에 적합한 밀링 커터는?

① 엔드 밀
② T형 밀링 커터
③ 정면 밀링 커터
④ 더 테일 밀링 커터

해설
① 엔드 밀 : 일반적으로 가공물의 옆면, 외측 홈 부의 좁은 평면 등의 가공
② T홈 밀링 커터 : T홈, 반달 키홈 등을 가공
③ 정면 밀링 커터 : 밀링 커터 축에 수직인 넓은 평면 가공
④ 더브테일 커터 : 60°의 각을 가진 원추 형상의 커터로서 더브테일 홈 가공이나 바닥면과 양쪽 측면을 가공

45 밀링 커터의 종류에서 비틀림의 나선각이 45~70°로 구성된 커터는?

① 더브테일 커터   ② 측면 커터
③ 플라이 커터   ④ 헬리컬 커터

해설
플레인 커터는 경절삭용 나선각 15~25° 정도, 중절삭용 나선각 25~45° 정도, 나선각이 45~60° 또는 그 이상의 것으로 헬리컬 커터 또는 헬리컬 밀(helical mill)이라 한다. 곧은 날 평면 밀링 커터는 주로 홈 절삭을 하는 데 쓰인다. 홈절삭 밀링 커터(slotting milling cutter)라고도 한다.

[정답] 41 ③ 42 ③ 43 ① 44 ③ 45 ④

46 그림과 같은 정면 밀링 커터에서 엑시얼 경사각은?

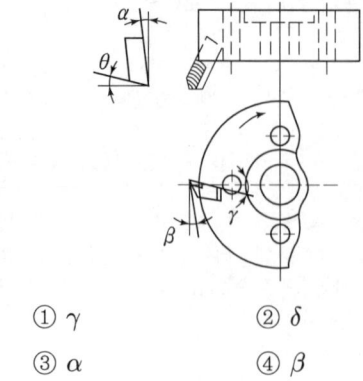

① γ ② δ
③ α ④ β

해설

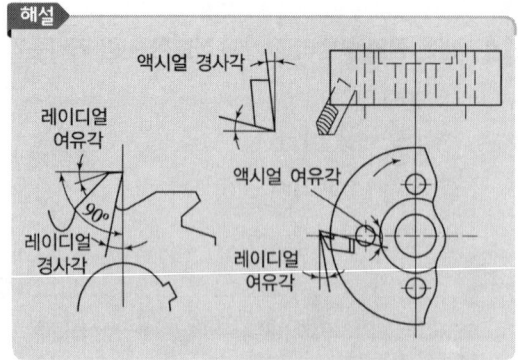

47 다음 중 수평 밀링 머신의 긴 아버(long arber)를 사용하는 절삭 공구가 아닌 것은?

① 플레인 커터 ② T홈 커터
③ 앵귤러 커터 ④ 사이드 밀링 커터

해설
T홈 커터는 수평 밀링에서 콜릿에 끼워 사용한다.

48 밀링 작업에서 T홈 절삭을 하기 위해서, 선행해야 할 작업은?

① 엔드밀 홈 작업
② 더브테일 홈 작업
③ 나사 밀링 커터 작업
④ 총형 밀링 커터 작업

해설
T홈 절삭은 엔드밀 홈 작업이 선행되어야 한다.

49 밀링가공에서 일반적인 절삭 속도 선정에 관한 내용으로 틀린 것은?

① 거친 절삭에서는 절삭 속도를 빠르게 한다.
② 다듬질 절삭에서는 이송 속도를 느리게 한다.
③ 커터의 날이 빠르게 마모되면, 절삭 속도를 낮춘다.
④ 적정 절삭 속도보다 약간 낮게 설정하는 것이 커터의 수명연장에 좋다.

해설
거친 절삭에서는 절삭 속도를 느리게 하고 이송 속도를 빠르게 한다.

50 일반적인 밀링 작업에서 절삭 속도와 이송에 관한 설명으로 틀린 것은?

① 밀링 커터의 수명을 연장하기 위해서는 절삭 속도는 느리게 이송을 작게 한다.
② 날 끝이 비교적 약한 밀링 커터에 대해서는 절삭 속도는 느리게 이송을 작게 한다.
③ 거친 절삭에서는 절삭 깊이를 얕게, 이송은 작게, 절삭 속도를 빠르게 한다.
④ 일반적으로 나비와 지름이 작은 밀링 커터에 대해서는 절삭 속도를 빠르게 한다.

해설
거친 절삭에서는 절삭 깊이를 크게, 이송은 빠르게, 절삭 속도를 느리게 한다.

[정답] 46 ③ 47 ② 48 ① 49 ① 50 ③

51 밀링 작업에서 일감의 가공면에 떨림(chattering)이 나타날 경우 그 방지책으로 적합하지 않는 것은?

① 밀링 커터의 정밀도를 좋게 한다.
② 일감의 고정을 확실히 한다.
③ 절삭 조건을 개선한다.
④ 회전속도를 빠르게 한다.

해설
떨림(chattering) 방지책
① 일감의 고정 방법 개선하여 확실하게 고정한다.
② 절삭 조건(회전수 및 이송을 저속으로 변화)을 개선한다.
③ 커터의 날 수, 비틀림 각을 적절히 선정한다.
④ 커터의 고정 방법 개선하여 확실하게 고정한다.
⑤ 기계 각 부분의 미끄럼면 사이의 틈새의 최소화한다.
⑥ 일감과 커터를 컬럼에 가깝게 설치한다.

52 상향 절삭과 하향 절삭에 대한 설명으로 틀린 것은?

① 하향 절삭은 상향 절삭보다 표면 거칠기가 우수하다.
② 상향 절삭은 하향 절삭에 비해 공구의 수명이 짧다.
③ 상향 절삭은 하향 절삭과는 달리 백래시 제거 장치가 필요하다.
④ 상향 절삭은 하향 절삭할 때보다 가공물을 견고하게 고정하여야 한다.

해설
하향 절삭은 떨림이 나타나 공작물과 커터를 손상시키며 백래시 제거 장치가 없으면 작업을 할 수 없다.

53 밀링에서 상향 절삭과 하향 절삭의 비교 설명으로 맞는 것은?

① 상향 절삭은 절삭력이 상향으로 작용하여 가공물 고정이 유리하다.
② 상향 절삭은 기계의 강성이 낮아도 무방하다.
③ 하향 절삭은 상향 절삭에 비하여 공구 마모가 빠르다.
④ 하향 절삭은 백래시(back lash)를 제거할 필요가 없다.

해설
상향 절삭과 하향 절삭의 비교

구분	상향 절삭
칩에 영향	절삭에 방해 없다.
백래시 제거	백래시 제거장치가 필요 없다.
공작물 고정	불안함으로 확실히 고정해야 한다.
공구 수명	수명이 짧다. 날 파손은 적으나 마멸이 심하다.
소비 동력	소비가 크다.
가공면	거칠다.
기계 강성	기계의 강성이 낮아도 된다.

구분	하향 절삭
칩에 영향	절삭에 방해 있다.
백래시 제거	백래시 제거장치가 필요하다.
공작물 고정	안정된 고정이 된다.
공구 수명	수명이 길다. 날 파손은 생길 수 있으나 마모가 적다.
소비 동력	소비가 적다.
가공면	깨끗하다.
기계 강성	기계의 강성이 높아야 한다.

54 밀링 작업에서 상향 절삭에 비교한 하향 절삭의 특징으로 틀린 것은?

① 공구 수명이 짧다.
② 표면 거칠기가 좋다.
③ 공작물 고정이 유리하다.
④ 기계의 높은 강성이 필요하다.

[정답] 51 ④ 52 ③ 53 ② 54 ①

55 밀링 머신에서 하향 절삭에 비교한 상향 절삭의 장점은 어느 것인가?
① 절삭 시 백래시 영향이 적다.
② 일감의 고정이 유리하다.
③ 표면 거칠기가 좋다.
④ 공구날의 마모가 느리다.

56 밀링 작업에서 상향 절삭과 하향 절삭의 특징을 비교했을 때 상향 절삭에 해당하는 것은?
① 동력의 소비가 적다.
② 마찰열의 작용으로 가공면이 거칠다.
③ 가공할 때 충격이 있어 높은 강성이 필요하다.
④ 뒤틈(backlash) 제거 장치가 없으면 가공이 곤란하다.

57 밀링 절삭 방법 중 상향 절삭과 하향 절삭에 대한 설명이 틀린 것은?
① 하향 절삭은 상향 절삭에 비하여 공구 수명이 길다.
② 상향 절삭은 가공면의 표면 거칠기가 하향 절삭보다 나쁘다.
③ 상향 절삭은 절삭력이 상향으로 작용하여 가공물의 고정이 유리하다.
④ 커터의 회전 방향과 가공물의 이송이 같은 방향의 가공 방법을 하향 절삭이라 한다.

> 해설
> 상향 절삭의 단점 : 커터가 공작물을 올리는 작용을 하므로 공작물을 견고히 고정해야 한다.

58 밀링가공에서 하향 절삭작업에 관한 설명으로 틀린 것은?
① 절삭력이 하향으로 작용하여 가공물 고정이 유리하다.
② 상향 절삭보다 공구 수명이 길다.
③ 백래시 제거 장치가 필요하다.
④ 기계 강성이 낮아도 무방하다.

> 해설
> 하향 절삭 작업에서는 기계 강성은 높아야 한다.

59 밀링 작업에서 스핀들의 앞면에 있는 24 구멍의 직접 분할판을 사용하여 분할하며 이때 웜을 아래로 내려 스핀들 웜 휠과 물림을 끊는 분할법은?
① 간접 분할법   ② 직접 분할법
③ 차등 분할법   ④ 단식 분할법

> 해설
> ① 직접 분할법 : 분할대 주축의 앞면에 있는 24 구멍의 직접 분할 구멍을 이용하여 2, 3, 4, 6, 8, 12, 24의 등분을 간단히 할 수 있는 방법이다.
> ② 단식 분할법 : 직접 분할 방법으로 분할할 수 없는 수 또는 분할이 정확해야 할 때 이용하며, 분할 크랭크와 분할판을 사용하여 분할하는 방법으로 웜과 웜(기어) 휠의 기어 비는 1 : 40이다.
> ③ 차동 분할법 : 직접 분할법이나 단식 분할법으로 분할할 수 없는 67, 97, 121 등의 소수나 특수한 수의 분할을 하는 방법이다.
> ④ 각도 분할법 : 분할에 의해서 공작물의 원둘레를 어느 각도로 분할할 때에는 단식 분할법과 마찬가지로 분할판과 크랭크 핸들에 의해서 분할한다.

60 다음 중 분할법의 종류에 해당하지 않는 것은?
① 단식 분할법   ② 직접 분할법
③ 차동 분할법   ④ 간접 분할법

[정답] 55 ① 56 ② 57 ③ 58 ④ 59 ② 60 ④

61 밀링 작업에서 분할대를 사용하여 직접 분할할 수 없는 것은?

① 3등분　② 4등분
③ 6등분　④ 9등분

해설
직접 분할법(=면판 분할법) : 분할대의 면판에 24개의 구멍이 등 간격으로 뚫어져 있음. (면판 위의 24개 구멍을 이용하여 분할)
※ 24의 약수 : 2, 3, 4, 6, 8, 12, 24
⇒ 7종 분할 가능, $\dfrac{24}{N}$

62 밀링 분할대로 3°의 각도를 분할할 때 분할 핸들을 어떻게 조작하면 되는가? (단, 브라운 샤프형 No.1의 18열을 사용한다.)

① 5구멍씩 이동　② 6구멍씩 이동
③ 7구멍씩 이동　④ 8구멍씩 이동

해설
각도 분할법 : $\dfrac{h}{H} = \dfrac{\theta°}{9°} = \dfrac{\theta \times 60'}{540'}$
원주에 3°로 분할 $\dfrac{3}{9} = \dfrac{3 \times 2}{9 \times 2} = \dfrac{6}{18}$

63 분할대에서 분할 크랭크 핸들을 1회전하면 스핀들은 몇 도(°) 회전하는가?

① 36°　② 27°
③ 18°　④ 9°

해설
각도 분할법 : 분할대의 주축이 1회전하면 360°가 되며, 크랭크 핸들이 회전과 분할대 주축과의 비는 40 : 1이므로 주축의 회전 각도는 다음과 같다.
$\dfrac{360°}{40} = 9°$

64 범용 밀링에서 원주를 10° 30' 분할할 때 맞는 것은?

① 분할판 15구멍열에서 1회전과 3구멍씩 이동
② 분할판 18구멍열에서 1회전과 3구멍씩 이동
③ 분할판 21구멍열에서 1회전과 4구멍씩 이동
④ 분할판 33구멍열에서 1회전과 4구멍씩 이동

해설
각도 분할법 : $\dfrac{h}{H} = \dfrac{\theta°}{9°} = \dfrac{10.30}{9} = 1\dfrac{3}{18}$
⇒ 분할판 18공(열)을 사용하여 1회전과 3구멍씩 이동시킨다.
※ 1~3판에서 18구멍의 판을 찾아서 정하고 분자의 숫자만큼 이동시킨다.

65 밀링 머신에서 단식 분할법을 사용하여 원주를 5등분 하려면 분할 크랭크를 몇 회전씩 돌려가면서 가공하면 되는가?

① 4　② 8
③ 9　④ 16

해설
단식 분할법 : 웜과 웜(기어) 휠의 기어비는 1 : 40(분할 크랭크 1회전은 웜 휠을 1/40 회전시킴.) $\dfrac{h}{H} = \dfrac{R}{N} = \dfrac{40}{N}$
여기서, H = 분할대 구멍 수
　　　　h = 1회 분할에 필요한 구멍 수
원주 5등분 $\dfrac{h}{H} = \dfrac{40}{N} = \dfrac{40}{5} = \dfrac{1}{8}$ ⇒ 8회전과 1구멍씩 이동시킨다.

[정답] 61 ④　62 ②　63 ④　64 ②　65 ②

66 밀링가공에서 분할대를 사용하여 원주를 6° 30'씩 분할하고자 할 때, 옳은 방법은?

① 분할 크랭크를 18공열에서 13구멍씩 회전시킨다.
② 분할 크랭크를 26공열에서 18구멍씩 회전시킨다.
③ 분할 크랭크를 36공열에서 13구멍씩 회전시킨다.
④ 분할 크랭크를 13공열에서 1회전하고 5구멍씩 회전시킨다.

해설
$\dfrac{6.5}{9} = \dfrac{13}{18}$
⇒ 분할 크랭크를 18공열에서 13구멍씩 회전시킨다.

67 밀링 작업의 단식 분할법에서 원주를 15등분 하려고 한다. 이때 분할대 크랭크의 회전수를 구하고, 15구멍열 분할판을 몇 구멍씩 보내면 되는가?

① 1회전에 10구멍씩
② 2회전에 10구멍씩
③ 3회전에 10구멍씩
④ 4회전에 10구멍씩

해설
원주 15등분 $\dfrac{h}{H} = \dfrac{40}{15} = 2\dfrac{10}{15}$

68 분할대를 이용하여 원주를 18등분 하고자 한다. 신시내티형(Cincinnati type) 54구멍 분할판을 사용하여 단식분할하려면 어떻게 하는가?

① 2회전하고, 2구멍씩 회전시킨다.
② 2회전하고, 4구멍씩 회전시킨다.
③ 2회전하고, 8구멍씩 회전시킨다.
④ 2회전하고, 12구멍씩 회전시킨다.

해설
원주 7등분 $\dfrac{h}{H} = \dfrac{40}{N} = \dfrac{40}{18} = 2\dfrac{12}{54}$
⇒ 분할판 54공(열)을 사용하고 2회전과 12공씩 이동시킨다.

69 원주를 단식 분할법으로 32등분 하고자 할 때, 다음 준비된 〈분할판〉을 사용하여 작업하는 방법으로 옳은 것은?

No. 1 : 20, 19, 18, 17, 16, 15
No. 2 : 33, 31, 29, 27, 23, 21
No. 3 : 49, 47, 43, 41, 39, 37

① 16구멍 열에서 1회전과 4구멍씩
② 20구멍 열에서 1회전과 10구멍씩
③ 27구멍 열에서 1회전과 18구멍씩
④ 33구멍 열에서 1회전과 18구멍씩

해설
$\dfrac{h}{H} = \dfrac{R}{N} = \dfrac{40}{N}$
여기서, H : 분할대 구멍 수
h : 1회 분할에 필요한 구멍 수
R : 웜과 웜 휠의 회전비
 (브라운샤프형, 신시네티형)
N : 분할 등분 수
$\dfrac{h}{H} = \dfrac{40}{N} = \dfrac{40}{32} = 1\dfrac{4}{16}$
⇒ 분할판 16구멍 열에서 1회전과 4구멍씩 이동시킨다.

70 밀링 머신에서 원주를 단식 분할법으로 13등분 하는 경우의 설명으로 옳은 것은?

① 13구멍 열에서 1회전에 3구멍씩 이동한다.
② 39구멍 열에서 3회전에 3구멍씩 이동한다.
③ 40구멍 열에서 1회전에 13구멍씩 이동한다.
④ 40구멍 열에서 3회전에 13구멍씩 이동한다.

[정답] 66 ① 67 ② 68 ④ 69 ① 70 ②

> **해설**
>
> 원주 15등분 $\dfrac{h}{H} = \dfrac{40}{13} = 3\dfrac{1\times 3}{13\times 3} = 3\dfrac{3}{39}$
>
> 분할판 39구멍 열에서 3회전에 3구멍씩 이동한다.
> ※ 분할판 3매(No. 1, 2, 3)를 사용한다.
> • No. 1매: 15, 16, 17, 18, 19, 20
> • No. 2매: 21, 23 ,27, 29, 31, 33
> • No. 3매: 37, 39, 41, 43, 47, 49

71 밀링 분할판의 브라운 샤프형 구멍열을 나열한 것으로 틀린 것은?

① No.1 − 15, 16, 17, 18, 19, 20
② No.2 − 21, 23, 27, 29, 31, 33
③ No.3 − 37, 39, 41, 43, 47, 49
④ No.4 − 12, 13, 15, 16, 17, 18

> **해설**
>
> 브라운 샤프형(Brown&sharp) 분할대(비율 수 : 40/1)
> ① 분할판 3매(No.1, 2, 3)를 사용한다.
>   • No.1매: 15, 16, 17, 18, 19, 20
>   • No.2매: 21, 23 ,27, 29, 31, 33
>   • No.3매: 37, 39, 41, 43, 47, 49
> ② 주축 끝을 수평 이하 5°에서 수직을 넘어 100°까지 임의각도로 선회한다.
> ③ 주축의 직접 분할에 쓰이는 24등분된 핀 구멍이 있다.
> ④ 단순 분할, 차동 분할 730까지 분할이 가능하다.

72 브라운 샤프형 분할판의 구멍 수가 아닌 것은?

① 15   ② 19
③ 23   ④ 30

> **해설**
>
> 브라운 샤프형(Brown & sharp) 분할대(비율수 : 40/1) : 분할판 3매(No1, 2, 3)를 사용한다.
> • No1매: 15, 16, 17, 18, 19, 20
> • No2매: 21, 23 ,27, 29, 31, 33
> • No3매: 37, 39, 41, 43, 47, 49

73 밀링 절삭에 있어서의 커터 수명을 계산하는 방정식은? (단, V : 절삭 속도(m/min), T : 공구 수명(min), n, C : 정수이다.)

① $VT^m = C$ ② $\dfrac{T^n}{V} = C$
③ $V \cdot T \cdot n = C$ ④ $\dfrac{V}{T^m} = C$

> **해설**
>
> 공구의 수명식(Taylor의 식)
> $VT^n = C$, $V = \dfrac{C}{T^n}$, $T^n = \dfrac{C}{V}$

74 밀링 머신에서 절삭할 때 칩(chip)의 체적을 구하는 식으로 옳은 것은? (단, 절삭폭 : b(mm), 절삭 깊이 : t(mm), 피드 : f(mm)이다.)

① 절삭량 $= \dfrac{b\times t}{100f}\,\text{cm}^3/\text{min}$

② 절삭량 $= \dfrac{b\times t}{1{,}000f}\,\text{cm}^3/\text{min}$

③ 절삭량 $= \dfrac{b\times t\times f}{100}\,\text{cm}^3/\text{min}$

④ 절삭량 $= \dfrac{b\times t\times f}{1{,}000}\,\text{cm}^3/\text{min}$

> **해설**
>
> 밀링의 절삭동력
> 절삭량 $= \dfrac{b\times t\times f}{1{,}000}\,\text{cm}^3/\text{min}$
> (b = 절삭폭, t = 절삭 깊이, f = 이송)

75 밀링 머신에서 분당 절삭량 7.5cm³/min이고 1kW 당 매분 절삭량이 1.5cm³/min일 때 이때의 소요동력은?

① 3kW   ② 4kW
③ 5kW   ④ 6kW

[정답] 71 ④   72 ④   73 ①   74 ④   75 ③

해설

$\frac{btf}{1,000} \times k = 1$ 일 때, $\frac{btf}{1,000} = 1.5$

따라서 $k = 0.66, 7.5 \times 0.66 = 5\text{kW}$

76 지름이 100mm인 가공물에 리드 600mm의 오른나사 헬리컬 홈을 깎고자 한다. 테이블 이송나사의 피치가 10mm인 밀링 머신에서, 테이블 선회각을 $\tan\alpha$로 나타낼 때 옳은 값은?

① 31.41   ② 1.90
③ 0.03   ④ 0.52

해설

$\theta = \frac{\pi D}{L} = \frac{\pi \times 100}{600} = 0.52$

77 이송나사의 피치가 6mm인 밀링 머신에서 지름 20mm의 공작물에 리드 75mm 비틀림 홈을 깎을 경우 테이블의 선회각도와 변환 기어의 잇수는 얼마인가?

① 각도 40°, 잇수 25, 60, 30, 40
② 각도 35°, 잇수 40, 60, 32, 56
③ 각도 40°, 잇수 35, 80, 45, 60
④ 각도 35°, 잇수 40, 64, 28, 56

해설

$\frac{L}{P \times 40} = \frac{a}{b} \times \frac{c}{d}$

$\frac{75}{6 \times 40} = \frac{75}{240} = \frac{25}{60} \times \frac{30}{40}$

$\theta = \tan^{-1} \frac{\pi D}{L} = \tan^{-1} \frac{\pi \times 20}{75} = 39°57'$

[정답] 76 ④ 77 ①

④ 연삭가공

1 연삭기의 개요 및 구조

(1) 연삭기의 개요

1) 연삭 작업시간

① 외경 연삭

$$T = \frac{L}{Nf}i$$

여기서, T : 정미 가공 시간
L : 공작물의 길이+숫돌 폭
f : 숫돌이송량(mm/rev)
N : 회전수 = $\dfrac{1000V}{\pi D}$
i : 연삭 횟수 = $\dfrac{\text{연삭여유량}}{\text{숫돌절입량}}$ (회)

② 센터리스 연삭

$$T = \frac{L}{F}ix$$

여기서, T : 정미 가공 시간
L : 공작물 길이
x : 수량

[센터리스 연삭에서의 이송]

$$F = \frac{\pi DN \sin\alpha}{1000}$$

여기서, D : 조정 숫돌 외경
N : 조정 숫돌 회전수
α : 조정 숫돌 경사각도(일반적으로 3~4°로 계산한다.)

(2) 연삭기의 가공 분야

연삭기는 숫돌바퀴를 고속 회전시켜 원통의 외면, 내면, 평면 등을 정밀 다듬질하는 공작기계이다.

연삭숫돌의 회전방향과 공작물의 회전방향이 반대로 돌고 있다. 연삭숫돌의 지름이 250mm, 회전수 2,700rpm, 가공물의 원주 속도 15m/min일 때, 연삭숫돌의 절삭 속도는?

① 2,000
② 2,105
③ 2,135
④ 2,010

해설

$V = \dfrac{\pi DN}{1,000}$ + 원주속도

$V = \dfrac{\pi \times 250 \times 2,700}{1,000} + 15$
$= 2,135.58$

답 ③

진원과 직각도와 평면도의 수정이 가능한 것은 어느 것인가?
① 브로치 절삭
② 버핑
③ 연삭
④ 숏 피니싱

🔑 ③

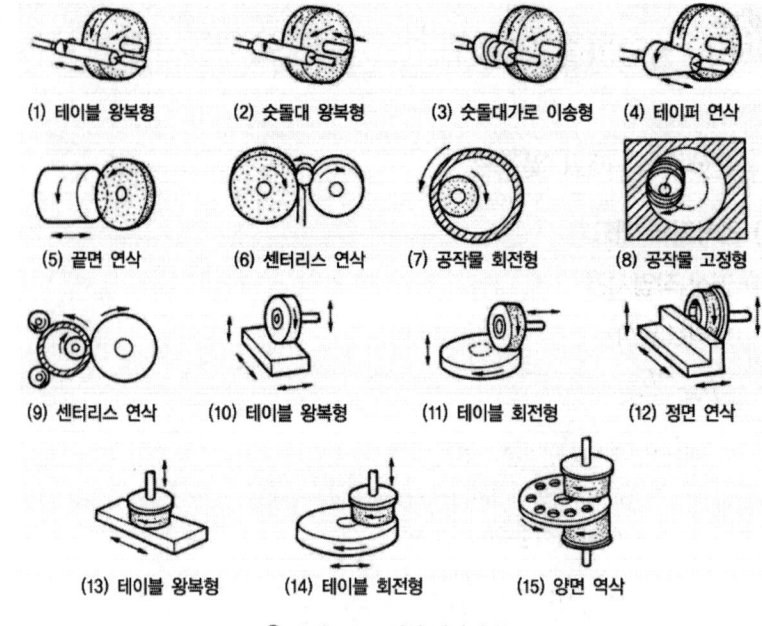

○ 그림 3-30 연삭 작업의 종류

(3) 연삭기 특징

연삭숫돌 바퀴를 고속 회전시켜 이것을 공구로 사용한다. 숫돌 입자의 예리한 모서리로 공작물 표면으로부터 미소한 칩을 깎아 내는 고속 절삭작업이다.

① 경화된 강과 같은 굳은 재료를 절삭할 수 있다.
② 칩이 작으므로 가공 표면이 매우 매끈하다.
③ 연삭 압력 및 저항은 작게 작용하고, 마그네틱척을 사용 공작물을 고정한다.
④ 단시간에 정확한 치수를 가공할 수 있다.
⑤ 절삭 날은 자생 작용(마모 → 파쇄 → 탈락 → 생성)을 반복한다.

2 연삭기의 종류

(1) 외경 연삭기

연삭가공은 공구 대신에 연삭숫돌(grinding wheel)을 고속으로 회전시켜 공작물의 원통이나 평면을 극히 소량씩 절삭하는 정밀 공작기계를 연삭기(grinding machine)라 하며, 이 연삭기를 이용하여 작업하는 것을 연삭가공이라 한다.

1) 원통연삭기

공작물을 양 센터로 지지, 테이블 좌우 이송, 숫돌 대 전후 이송 가공이 있으며 원통 연삭 방식은 다음과 같다.

① 트래버스 컷(Traverse cut) 방식

　공작물 회전과 숫돌이송을 동시에 좌우로 운동하여 연삭한다.
- ㉠ **테이블 왕복형** : 공작물을 고정한 테이블을 왕복시키는 형식으로 소형 공작물의 연삭에 적합하다.
- ㉡ **숫돌대 왕복형** : 숫돌대를 왕복 운동시키는 형식으로 대형 중량 공작물의 연삭에 적합하다.

② 플런지 컷(Plunged cut) 방식

　숫돌 절입 방식으로 공작물과 숫돌에 이송을 주지 않고 전후(가로) 이송으로 연삭하나, 공작물은 회전만 하고 숫돌대의 연삭숫돌을 테이블과 직각으로 전후 이송을 주어 연삭하는 형식이다.

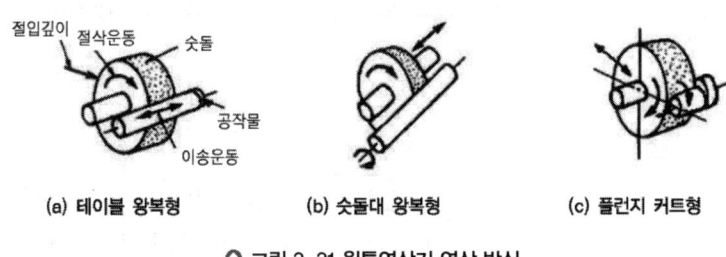

(a) 테이블 왕복형　　(b) 숫돌대 왕복형　　(c) 플런지 커트형

○ 그림 3-31 원통연삭기 연삭 방식

2) 만능 연삭기

구조는 원통연삭기와 같으나 테이블, 숫돌대, 주축대를 각각 선회시킬 수 있으며, 주축대에는 척을 고정할 수 있고, 내면 연삭 장치가 부착되어 있어 내면 연삭도 할 수 있고, 작업할 수 있는 범위가 넓다.

(2) 내경 연삭기

1) 공작물 회진형

공작물에 회전 운동을 주어 연삭하는 방식으로 일반적으로 공작물이 작고 균형이 잡혀 있는 공작물 연삭에 적합하다.

연삭 작업 시 다듬질 방법으로 사용되는 것은?
① 트래버스 연삭법
② 플런지 연삭법
③ 만능 연삭법
④ 플레너터리 연삭법

답 ①

중량물의 공작물을 연삭할 때 공작물이 고정되고 숫돌이 자전과 공전을 함께하는 연삭기는?
① 숫돌형 전후 이송대
② 숫돌형 왕복형
③ 테이블 왕복대
④ 플래너터리형

답 ④

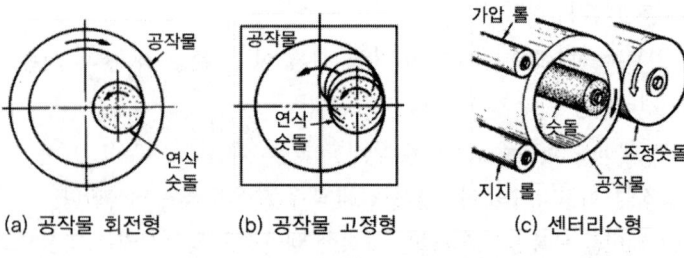

(a) 공작물 회전형　　(b) 공작물 고정형　　(c) 센터리스형

○ 그림 3-32 내면 연삭 방식

2) 공작물 고정형

공작물은 정지시키고 숫돌축이 회전 운동과 동시에 공전 운동을 하는 방식으로 플래너터리(planetary)형 또는 유성형이라고 한다.

내연기관의 실린더와 같이 대형이고 균형이 잡히지 않은 것에 적합하며, 원통 연삭도 가능하다. 플래너터리(Planetary : 유성형) 방식은 공작물은 정지 숫돌축이 회전 연삭 운동과 동시에 공전 운동을 하는 방식이다.

3) 센터리스 연삭기

가공물은 센터로 지지하지 않는다.

① 가공범위 : 외경 연삭, 단면 연삭, 나사 연삭, 내면 연삭 등, 특히 피스톤핀, 롤러 베어링의 외경 연삭 및 단 있는 가공물의 대량생산

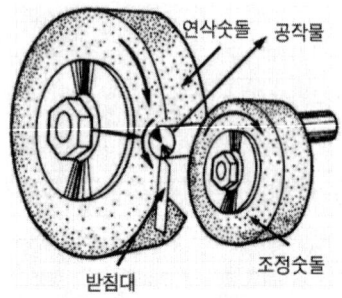

○ 그림 3-33 센터리스 연삭 방법

② 장점
　㉠ 연삭에 숙련을 필요로 하지 않는다.
　㉡ 중공물의 원통 연삭에 편리하다.
　㉢ 가늘고 긴 가공물의 연삭에 알맞다.
　㉣ 연삭숫돌의 나비가 크므로 지름의 마멸이 적고 수명이 길다.
　㉤ 센터 구멍이 필요 없다.

센터리스 연삭의 특징이 아닌 것은?
① 가늘고 긴 핀 연삭에 적합하다.
② 대량 생산에 적합하다.
③ 대형 중량물 연삭에 적합하다.
④ 연삭 여유가 작아도 된다.

답 ③

ⓑ 공작물의 착탈 시간 절약

ⓢ 연속작업 및 대량생산에 적합

③ 단점

   ㉠ 축 방향에 키홈, 기름 홈 등이 있는 일감은 연삭하기 어렵다.

   ㉡ 지름이 크고 길이가 긴 대형 일감은 연삭하기 어렵다.

④ **공작물 이송 방법** : 통과 이송(Through-feed) 방법, 전후(In-feed) 이송법, 접선 이송법, 끝 이송법, 가로세로 이송법이 있다.

   ㉠ **통과 이송법** : 공작물을 연삭숫돌과 조정 숫돌 사이로 통과시켜 숫돌 한쪽에서 반대쪽으로 빠져나가는 동안에 연삭한다. 가장 많이 사용되고, 조정 숫돌은 연삭숫돌 축에 대해 2~8°(보통 3~4°를 많이 쓴다.) 경사시킨다.

   $f = \pi d N \sin\alpha [mm/rev]$

   여기서, d : 조정 숫돌 지름
   N : 조정 숫돌 회전수
   α : 경사각

> 원통 연삭기 중에서 공작물이 이동하도록 되어 있는 것은?
> ① 테이블 이동형
> ② 숫돌대 이동형
> ③ 숫돌대 전후이송법
> ④ 총형 연삭기
>
> **답** ①

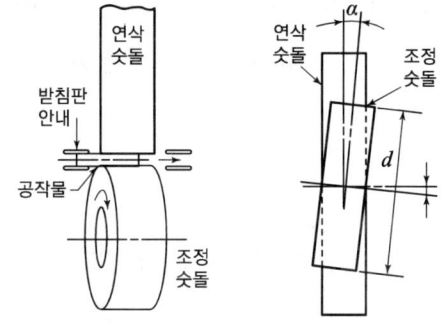

○ 그림 3-34 통과 이송법의 원리

   ㉡ **전후 이송법(수직 통과)** : 연삭숫돌 바퀴의 나비보다 짧은 공작물, 턱붙이, 끝면 플런지 붙이 테이퍼가 있는 것, 곡선 윤곽들이 있는 것 등을 받침판 위에 올려놓고 조정 숫돌바퀴를 접근시키거나 수평으로 이송하여 연삭하는 방법 ⇒ 일감을 한쪽으로 가볍게 눌러대기 위해 0.5~1.5° 경사시킨다.

(3) 평면 연삭기

1) 수평축 평면 연삭기

평면 숫돌의 원통 면으로 연삭

2) 직립 축 평면 연삭기
테이퍼 컵형 숫돌의 끝면으로 연삭

(4) 공구 연삭기 – 절삭 공구를 정확히 연삭하여 사용할 목적

1) 공구 연삭기
공작기계용 바이트의 연삭에 사용한다.

2) 커터 연삭기
밀링 커터 연삭에 사용한다.

3) 만능 공구 연삭기
① 미 절삭 공구의 정확한 공구각을 연삭
② 초경합금 공구, 드릴, 리머, 밀링 커터, 호브 등을 연삭
평형 숫돌에 의한 연삭 : $C = 0.0088D\alpha°$

테이퍼 컵형 숫돌에 의한 연삭 : $C = \dfrac{d}{2}sin\alpha = 0.0088d\alpha$

[C : 편심거리(mm), $\alpha°$: 여유각, d : 커터의 지름(mm)]

(5) 특수 연삭기

1) 나사 연삭기
나사 게이지, 탭 검사기, 공구 등 고도의 정밀도를 요구하는 기계 부분품을 정밀가공
텐덤식 나사 연삭기 : 긴 축 나사 연삭용

2) 성형 연삭기
기하 곡선, 각도 등을 연삭

3) 캠 연삭기
내연기관 캠축의 캠 연삭, 마스터캠으로 자동적 모방 절삭

4) 기어 연삭기
① 총형 숫돌 연삭법 : 숫돌바퀴를 기어의 홈과 같은 모양으로 성형 후 연삭
② 랙형 창성 연삭법
㉠ 랙형 창성 연삭법

ⓒ 2개의 숫돌로 가상적인 랙 치형을 만들어 연삭, 대표적으로 마그(maag) 연삭기가 있으며 2개의 숫돌 축은 0~20° 사이에서 필요한 각도로 조절

[연삭 작업 방식]
① 트래버스 컷(Traverse cut) 방식 : 공작물 회전과 숫돌이송을 동시에 좌우로 운동하여 연삭한다.
② 플런지 컷(Plunged cut) 방식 : 숫돌 절입 방식으로 공작물과 숫돌에 이송을 주지 않고 전후(가로)이송으로 연삭한다.
③ 플래니터리(Planetary : 유성형) 방식 : 공작물은 정지 숫돌축이 회전 연삭 운동과 동시에 공전 운동을 하는 방식이다.

3 연삭숫돌의 구성 요소

(1) 연삭숫돌의 개요

숫돌은 연삭 입자를 결합제를 결합하여 여러 모양으로 만든다. 그 구성은 입지, 결합제, 기공의 3요소로 되어 있다. 입자는 바이트나 밀링 커터의 절삭 날과 같은 공작물을 깎아 내는 경도가 높은 광물질의 결정체이며 결합제는 입자를 고정한다. 입자와 결합제 사이의 기공은 절삭 칩이 빠져나가는 길이 되며 연삭 열을 억제하는 효과가 있다.

연삭숫돌의 3요소	연삭숫돌의 5인자
입자(절삭 날) 결합제(절삭 날 지지) 기공(칩의 저장, 배출)	입자의 종류 : 절삭 날의 종류 조직 : 숫돌 입자율 입도 : 절삭 날의 크기 결합제의 종류 : 결합제의 특성 결합도 : 절삭 날 발생속도의 조정

(2) 연삭숫돌의 입자

연삭제의 입자로서 연삭숫돌의 날을 구성하는 부분이므로 공작물보다 굳고 적당한 인성을 갖추어야 한다. 이처럼 갖춘 것으로는 인조산과 천연산이 있다.

천연산 입자는 다음과 같다.
① 다이아몬드(diamond)
② 금강석(에머리 : emery) : 주성분은 알루미나이고 연마제로 이용
③ 커런덤(corundum) : 수성분은 알투미나이고 색상은 여러 가지이니 앙길은 보석(루비, 사파이어)을 이용하고 공업용으로는 유리칼, 연마제로 활용한다.

천연적으로 존재하지 않고 초고압, 고온장치를 사용하여 인공 합성한 신소재로서 다이아몬드에 버금가는 높은 강도를 가진 연삭제는?
① SiC
② MA
③ Al_2O_3
④ CBN

탑 ④

초경합금 등을 연삭하는 데 적합하며 녹색 탄화규소 질인 연삭숫돌은?
① WA숫돌
② A숫돌
③ C숫돌
④ GC숫돌

탑 ④

④ 사암이나 석영 등이 있다.

인조 숫돌 입자는 알루미나(alumina, Al_2O_3), 탄화규소(SiC), 탄화붕소(B_4C), 지르코늄 옥시드(ZrO_2) 등이 있다.

1) 숫돌 입자의 용도(대책)

기호	KS	종 류	상품명	용 도	비고
A	1A 2A	갈색 용융알루미나질 95%	• Alundum • Alexide	일반강재 보통탄소강	
WA	3A 4A	백색 용융알루미나질 99.5%	• 38Alundum • AA Aloxide	담금질강 내열강 고속도강 합금강	
C	1C 2C	암자색(회색) 탄화규소질 97%	• 37 Crystlon • Carborundum	주철, 석재, 유리, 비철, 비금속	
GC	3C 4C	흑색(녹색) 탄화규소질 98%	• 39 crystlon • Carborundum	초경합금, 다이스 강, 특수강, 세라믹	
D			• D(ND) : 천연산 • SD(MD) : 합성다이아몬드 • SDC : 금속 합성다이아몬드	보석절단 석재 및 콘크리트	

[기타] SDC : 금속 합성다이아몬드
  CBN : 입방 정형 질화붕소(6방형 질화붕소) 상품명-borazon
[인조 입자] 탄화규소(SiC)-인장강도가 낮은 재료, 단단한 재료에 적합
  산화알루미늄(Al_2O_3) : 주로 인장강도가 큰 재료에 적합
  탄화 붕소

(3) 입도

숫돌 입자는 체 눈의 번호를 메시(mesh : 체인 길이 1평 방 inch 안의 체 눈의 수)로써 선별하며 입자의 크기를 입도라 한다.

1) 숫돌 입자의 입도

거친 눈	보통 눈	보통 가는 눈	가는 눈	아주 가는 눈
8~24	30~60	70~120	150~240	280~600

2) 거친 입도

① 거친 연삭, 절삭 깊이와 이송을 많이 줄 때
② 접촉 면적이 넓을(클) 때
③ 공작물이 연하고 연성, 점성, 질긴 성질일 때

3) 가는 입도

① 다듬 연삭, 공구 연삭
② 접촉 면적이 작을 때
③ 공작물이 단단(경도가 높고)하고 취성(메진)인 재료

연삭숫돌과 가공물의 접촉면이 적을 때에는 미세한 입자를, 접촉면이 클 땐 거친 입자를 사용

(4) 숫돌의 결합도(경도)

경도란 접착제의 세기, 즉 연삭 입자를 고착시키는 접착력이다. 따라서 경도가 크다는 것은 접착력이 세다는 걸 말한다.

[연삭숫돌의 결합도]

결합도 번호	E, F, G	H, I, J, K	L, M, N, O	P, Q, R, S	T, U, V, W, X, Y, Z
호칭	매우 연한 것	연한 것	중간 것	단단한 것	매우 단단한 것

[결합도에 따른 숫돌의 선택기준]

결합도가 높은 숫돌(굳은 숫돌)	결합도가 낮은 숫돌(연한 숫돌)
연한 재료의 연삭	단단한(경한) 재료의 연삭
숫돌 차의 원주 속도가 느릴 때	숫돌 차의 원주 속도가 빠를 때
연삭 깊이가 얕을 때	연삭 깊이가 깊을 때
접촉면이 작을 때	접촉면이 클 때
재로 표면이 거칠 때	재료표면이 치밀할 때

(5) 연삭숫돌의 조직(structure)

숫돌의 단위 용적당 입자의 양, 즉 숫돌 입자의 조밀 상태인 밀도 변화를 조직이라 한다.

숫돌 입자의 밀도가 큰 것을 치밀한 조작이라 하고, 연삭숫돌의 전체 부피에 대한 숫돌 입자의 전체 부피의 비율을 입자율이라 한다.

분류	조직번호	입자율	비고
치밀 C	0~3	50~40%	0~12 (13종)
보통 M	4~6	42~50%	
거친 W	7~12	42% 이하	

1) 거친 숫돌 조직

① 연질, 점성이 높은 재료
② 거친 연삭 및 접촉 면적이 크다.

연삭숫돌 결합도의 기호 중 그 호칭이 중간 것에 해당되는 것은?
① E   ② H
③ L   ④ P

답 ③

연삭 숫돌의 결합 조직이 가장 굳은(경질) 것은?
① HIJK
② LMNO
③ PQRS
④ TUVW

답 ④

연삭숫돌의 입도선택의 일반적인 기준 중 제일 적합한 것은?
① 다듬질연삭 또는 공구를 연삭할 때는 굵은 입도를 선택
② 숫돌일감의 접촉면적이 적을 때에는 굵은 입도를 선택
③ 연하고 연성이 있는 재료에는 작은 입도를 선택
④ 절삭 깊이와 이송량을 많이 주고 거칠게 연삭할 때에는 굵은 입도를 선택

답 ④

2) 치밀 조직 숫돌
① 경질(굳고)이고 메짐(취성)이 있는 재료
② 다듬질, 총형 연삭 및 접촉면이 적다.
일반적으로 조직이 조밀해지면 기공이 적고, 거칠면 기공이 많다.

(6) 결합제

1) 무기질 결합제

① 비트리파이드(Vitrified, V)
점토, 장석 등을 주성분으로 하여 약 1,300~1,350℃에서 2~3일간 가열하여 도자기 만드는 것 같이 자기 질화한 것이다. 이는 결합력을 광범위하게 조절하고 균일한 기공을 가질 수 있고 물, 산, 기름, 온도 등에 영향을 받지 않으며, 다공성이어서 연삭력이 강한 숫돌을 제작할 수 있지만 충격에 파괴되기 쉽고, 탄성이 적어 얇은 절단 숫돌의 생산에는 부적합하다.

② 실리케이트(Silicate, S)
규산나트륨(Na_2SiO_3, 물유리)을 주성분으로 하여 입자와 혼합하여 성형한 후 260℃ 정도의 저온에서 1~3일간 가열하여 만든다. 이는 비트리파이드보다는 결합도가 약하고 마멸이 많다. 비트리파이드로 제조하기 곤란한 대형 연삭숫돌 제작이 용이하고, 경도가 크고 얇은 판상 가공물 고속도강과 같은 발열로 인하여 균열이 생기기 쉬운 가공물의 작업에 좋다.

2) 유기질 결합제

① 셀락 결합제(shellac, E)
천연수지인 셀락이 주성분으로 비교적 저온에서 제작한다. 셀락 결합제는 강하고 탄성이 크며, 내열성이 적어 얇은 숫돌 제작에 적합하고 큰 톱, 절단용 숫돌, 리머 인선 가공에 사용된다.

② 고무 결합제(rubber, R)
생고무를 주성분으로 하여 유황과 기타재료를 첨가하여 연삭 입자와 혼합한 것으로 탄성이 크므로 판상, 절단용 숫돌, 센터리스 연삭기의 조정숫돌에 사용한다.

③ 레지노이드 결합제(resinoid, B)
열경화성 합성수지인 베이크라이트(bakelite)를 주성분으로 결합이 강하고 탄성이 풍부하여 건식 절단에 이용하고, 각종 용제, 기름등에 안정된 숫돌이다. 절단용 숫돌 및 정밀 연삭용에 많이 이용한다.

연삭숫돌에서 규산소오다를 주성분으로 하여 발열을 적게 하여야 할 공구의 연삭에 가장 적합한 결합제는?
① 비트리파이드(vitrified)
② 실리케이트(silicate)
③ 셀락(shellac)
④ 레지노이드(resinoid)

답 ②

④ 비닐 결합제(vinyle, PVA)

폴리비닐 알콜 용액에 연삭 입자와 포르말린을 첨가하여 만들며, 결합도가 낮아 비철금속과 스테인리스강의 연마에 적합하다.

3) 금속 결합제(metal, M)

구리, 황동, 은 및 철 등의 금속을 원료로 한 결합제이며, 대표적인 것은 다이아몬드 숫돌이다. 다이아몬드 숫돌에서 다이아몬드 분말을 강하게 결합시키면 기공이 적어 입자가 탈락되지 않아 연삭하기 어렵고, 드레싱 하는 데 어려움이 있다.

4 연삭숫돌의 모양과 표시

(1) 숫돌의 모양

연삭숫돌은 연삭 목적에 따라 [그림 3-35]와 같이 숫돌의 표준모양이 있으며, [그림 3-36]과 같이 숫돌의 모서리 모양이 규격화되어 있다.

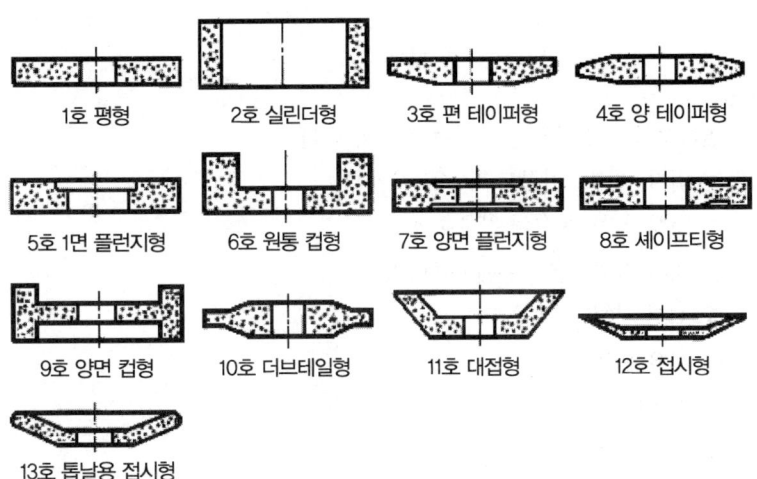

○ 그림 3-35 연삭숫돌의 모양

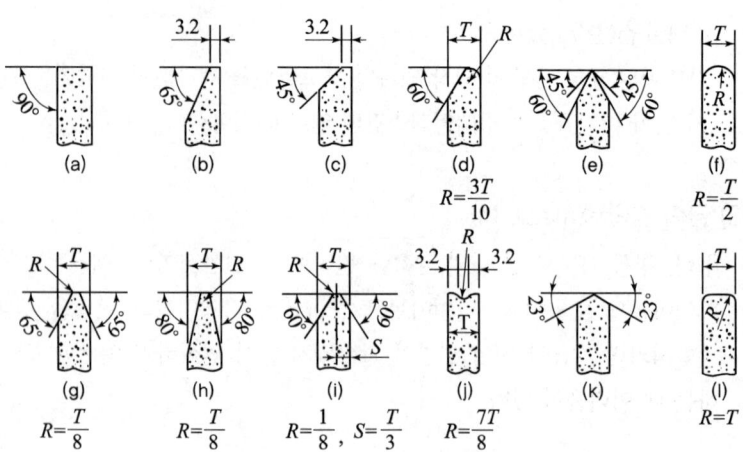

○ 그림 3-36 연삭숫돌의 모서리

(2) 연삭숫돌의 표시

WA − 60 − K − 7 − V − 1 − A − 225 × 20 × 51 × rpm
입자 입도 결합도 조직 결합제 형상 모서리 (외경 × 폭 × 내경)
　　　　　　　　　　　　　모양
　　　　　　　　　　　(1~3호) (A~L)

연삭숫돌에 명기되는 순서는 다음과 같다.
① 입자, 입도, 결합도, 조직, 결합제
② 형상 및 인형 ("예시" 1호 A형)
③ 치수(바깥지름×두께×구멍지름)
④ 회전 시험 원주 속도
⑤ 사용 원주 속도
⑥ 제조번호
⑦ 제조 연월일

5 연삭 조건 및 연삭가공

(1) 숫돌의 원주 속도

　　숫돌의 원주 속도가 너무 빠르면 원심력으로 인하여 파손의 위험이 있는 반면, 너무 느리면 숫돌 마모가 심하고 연삭 표면이 거칠어진다.
　　연삭숫돌의 회전수는 다음과 같이 계산한다.

$$n = \frac{1{,}000v}{\pi d}(\text{rpm})$$

여기서, n : 숫돌의 회전수(rpm)
v : 원주 속도(m/min)
d : 숫돌의 지름(mm)

일반적으로 연삭숫돌의 원주 속도는 비트리파이드 숫돌을 기준으로 한다.
① 외경 연삭 1,700~2,000m/min(28~33m/sec)
② 내경 연삭 600~1,800m/min(10~30m/sec)
③ 평면 연삭 1,200~1,800m/min(20~30m/sec)
④ 공구 연삭 1,400~1,800m/min(23~30m/sec)

(2) 공작물의 원주 속도

대체로 6~48m/min이며, 거친 연삭 12~15m/min, 다듬질 8~12m/min이다.
① 숫돌의 원주 속도가 클수록 공작물 원주 속도 크게
② 숫돌의 지름이 클수록 공작물 원주 속도 크게
③ 숫돌의 결합도가 클수록 공작물 원주 속도 크게
④ 경(硬)한 공작물은 공작물의 원주 속도를 크게

(3) 연삭 깊이

① 거친 연삭 : 0.01~0.08mm
② 다듬질 연삭 : 0.002~0.005mm
③ 외경 연삭 강 : 0.02~0.05mm
　주철 : 0.08~0.15mm
④ 내경 연삭 거친 : 0.02~0.04mm
　다듬질 : 0.0025~0.005mm
⑤ 평면 연삭 : 0.01~0.07mm
⑥ 공구연삭 : 0.02~0.04mm

(4) 이송량

원통 연삭에서 공작물 1회전마다의 이송은 숫돌의 접촉 폭 b보다 작아야 한다. 이송을 f(mm/min)이라 하면,

① 거친 연삭인 경우, 강 연삭 : $f = \left(\dfrac{1}{3} \sim \dfrac{3}{4}\right)b$
　주철 연삭 : $f = \left(\dfrac{3}{4} \sim \dfrac{4}{5}\right)b$

다이아몬드로 비철금속을 절삭할 때의 절삭 속도로 가장 적당한 것은?
① 450~600m/min
② 100~300m/min
③ 600~750m/min
④ 50~80m/min

답 ②

바깥지름 연삭시 숫돌차의 원주속도는?
① 1,700~2,000m/min
② 800~1,000m/min
③ 2,000~4,000m/min
④ 200~800m/min

답 ①

② 다듬 연삭인 경우, $f = \left(\dfrac{1}{3} \sim \dfrac{1}{4}\right)b$가 적당하다.

(5) 피 연삭성

숫돌의 소모에 대한 피 연삭재의 연삭의 용이성을 말한다. 즉 숫돌바퀴의 단위 부피가 소모될 때 피연삭재가 연삭된 부피의 비이며, 이를 연삭비라 한다.

$$연삭비 = \frac{피연삭재의\ 연삭된\ 부피}{숫돌의\ 소모된\ 부피}$$

연삭비가 클수록 연삭 능률이 좋음을 알 수 있다.

(6) 연삭가공

1) 연삭숫돌의 설치와 균형

가) 연삭숫돌 설치
① 평행한 숫돌 측면을 플런지로 고정
② 플런지의 지름은 숫돌지름의 1/2~1/3
③ 숫돌 측면과 플런지 사이에는 두께 0.5mm 이하의 고무나 종이 같은 연한 와셔를 충격흡수를 위해 끼운다.

나) 연삭숫돌의 균형
① 균형이 잡히지 않을 시 : 진동, 가공면에 떨림 자리가 나타난다.
② 밸런싱 머신을 사용한다. (밸런싱 웨이트로 조정)

2) 원통 연삭 작업

① 숫돌의 안전성 및 베어링 온도가 일정온도가 되도록 약 5분간 공회전 시킨다.
② 절삭 깊이는 왕복 행정 양끝에서 주며 숫돌 폭의 1/3 정도를 외측으로 나오도록 한다.

[태리 모션(Tarry motion)]
① 테이블 행정의 말단에서 역전으로 작용하기까지의 여유 시간
② 트래버스 연삭에서 잠시 테이블을 양끝의 반환점에서 정지시키는 것

6 연삭숫돌의 수정과 검사

(1) 무딤(glazing)
자생 작용이 잘되지 않으므로 입자가 탈락되지 않아 연삭으로 인한 열이 생기므로 입자가 무디어지는 현상을 말하며, 이로 인하여 연삭열과 균열이 생긴다.

1) 무딤 원인
① 숫돌의 결합도가 클 경우
② 원주 속도가 너무 클 경우
③ 공작물과 숫돌의 재질이 맞지 않을 경우

2) 무딤으로 인한 결과
① 연삭성이 불량하고 가공면이 발열한다.
② 연삭 소실(燒失)이 생긴다.

(2) 눈메움(Loading)
숫돌 입자의 표면이나 기공에 칩이 끼어지고 용착되어 절삭 성능이 떨어지고 연삭성이 나빠지는 현상으로 다듬질면에 떨림자리가 나타난다.

1) 눈메움 원인
① 숫돌 입자가 너무 고운 경우
② 조직이 너무 치밀할 경우
③ 연삭 깊이가 깊을 경우
④ 원주 속도가 너무 느린 경우
⑤ 결합도가 단단하여 자생 작용이 어려운 경우
⑥ 알루미늄과 구리와 같이 연성이 풍부한 재료인 경우

2) 눈 메움으로 인한 결과
① 연삭성이 불량하고 다듬면이 거칠다.
② 다듬면이 상처가 생긴다.
③ 숫돌 입자가 마모되기 쉽다.

(3) 드레싱(재생 작업)

숫돌 입자를 무딤이나 눈 메움으로 절삭성이 나빠진 숫돌 면에 날카로운 입자를 발생시켜 주는 작업이다.

(4) 트루잉(성형, 모양 고치기)

연삭숫돌의 외형을 수정하여 규격에 맞는 제품을 만드는 과정이다.

(5) 입자 탈락(spilling)

결합제의 힘이 약해서 작은 절삭력이나 충격에 쉽게 입자가 탈락하는 것이다.

(6) 연삭 작업의 결함과 그 대책

1) 연삭 균열

연삭 열에 의해 열팽창, 재질의 변화 등으로 일어난다.
① 원인
  ㉠ 숫돌 원주 속도가 빠르고 결합도가 높을 때
  ㉡ 잔류 응력이 커지기 때문
  ㉢ 대책 : 절입 깊이를 줄이고 충분한 연삭유를 공급할 것

2) 연삭 과열(연삭 번)

순간적인 연삭 고온에 의해 표면이 산화, 변색되는 현상이다.
① 원인
  ㉠ 숫돌 원주 속도 및 절삭 깊이가 클 때
  ㉡ 입자가 가늘고 결합도가 높을 때
  ㉢ 공작물의 발열성이 클 때
  ㉣ 냉각이 불안전할 때
  ㉤ 로딩 및 글래이징 현상일 때

3) 떨림(chattering)의 원인

① 숫돌과 숫돌축의 불균형
② 숫돌차의 결합도가 단단함.
③ 눈 메움(Loading)
④ 센터, 방진구의 사용법 불량

연삭기에 연삭숫돌을 끼울 때 다음 중 어떤 숫돌을 택하는 것이 가장 좋은가?
① 두들겨서 탁한 소리가 나야 한다.
② 금이 가 있어도 무방하다.
③ 두들겨서 맑은 소리가 나야 한다.
④ 지름이 작은 것이 좋다.

답 ③

예상문제

PART 3 컴퓨터수치제어(CNC) 절삭가공

01 GC 60Km V 1호이며 외경이 300mm인 연삭숫돌을 사용한 연삭기의 회전수가 1,700rpm이라면 숫돌의 원주 속도는 약 몇 m/min인가?

① 102
② 135
③ 1,602
④ 1,725

해설
숫돌의 원주 속도
$$V = \frac{\pi DN}{1,000} = \frac{\pi \times 300 \times 1,700}{1,000} = 1,602 \text{m/min}$$

02 연삭에서 원주 속도를 V(m/min), 숫돌바퀴의 지름을 d(mm)이라면, 숫돌바퀴의 회전수(N)를 구하는 식은?

① $N = \dfrac{1,000d}{\pi V}$ (rpm)
② $N = \dfrac{1,000V}{\pi d}$ (rpm)
③ $N = \dfrac{\pi V}{1,000d}$ (rpm)
④ $N = \dfrac{\pi d}{1,000V}$ (rpm)

03 연삭기의 이송 방법이 아닌 것은?

① 테이블 왕복식
② 플런지 컷 방식
③ 연삭숫돌대 방식
④ 마그네틱 척 이동 방식

해설
연삭가공의 종류와 형식

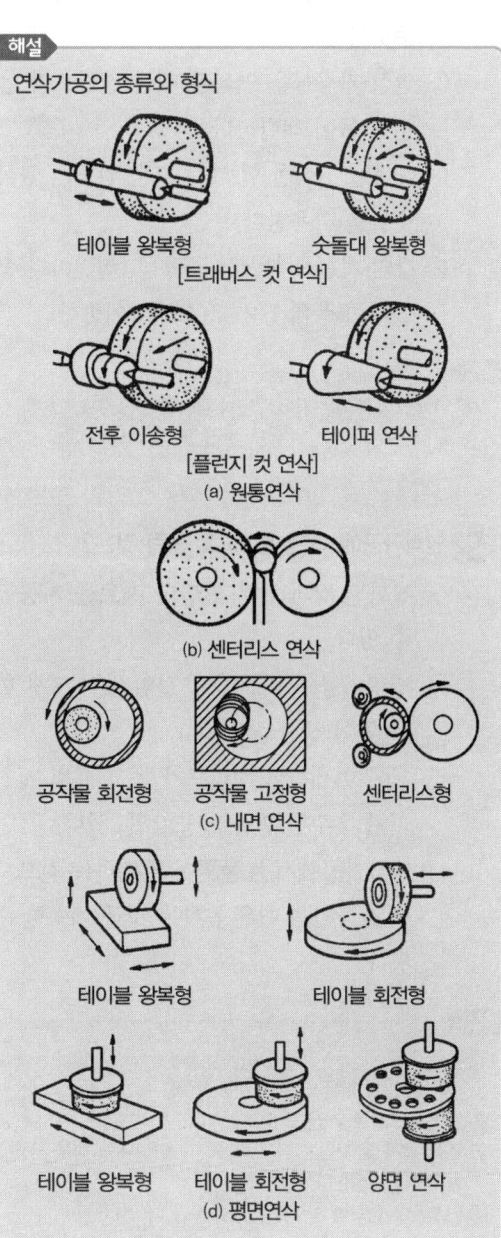

[정답] 01 ③ 02 ② 03 ④

04 연삭 작업에 대한 설명으로 적절하지 않은 것은?

① 거친 연삭을 할 때에는 연삭 깊이를 얕게 주도록 한다.
② 연질 가공물을 연삭할 때는 결합도가 높은 숫돌이 적합하다.
③ 다듬질 연삭을 할 때는 고운 입도의 연삭 숫돌을 사용한다.
④ 강의 거친 연삭에서 공작물 1회전마다 숫돌바퀴 폭의 1/2~3/4으로 이송한다.

> **해설**
> 거친 연삭을 할 때에는 가급적 연삭 깊이를 깊게 주도록 한다.

05 연삭가공에 대한 설명으로 틀린 것은?

① 경화된 강과 같은 단단한 재료를 가공할 수 있다.
② 밀링가공에 비교하여 절입량을 크게 할 수 있어 생산성이 높다.
③ 칩이 미세하여 정밀도가 높고 표면 거칠기가 우수한 면을 가공할 수 있다.
④ 연삭가공에서는 불꽃이 발생하는 것으로도 절삭열이 매우 높다는 것을 예측할 수 있다.

> **해설**
> 연삭기의 특징
> ① 경화된 강과 같은 굳은 재료를 절삭할 수 있다.
> ② 칩이 작으므로 가공표면이 매우 매끈하다.
> ③ 연삭 압력 및 저항은 작게 작용하고, 마그네틱 척을 사용 공작물을 고정한다.
> ④ 단시간에 정확한 치수를 가공할 수 있다.
> ⑤ 절삭 날은 자생 작용(마모→파쇄→탈락→생성)을 반복한다.

06 외경 연삭기에서 외경 연삭의 이송 방법이 아닌 것은?

① 테이블 왕복 방식
② 연삭숫돌대 방식
③ 플런지 컷 방식
④ 회전 테이블 방식

> **해설**
> 외경 연삭의 이송 방법
> ① 테이블 왕복형
> ② 숫돌대 왕복형
> ③ 플런지 컷(plunge cut) 연삭

07 절삭 공구를 연삭하는 공구연삭기의 종류가 아닌 것은?

① 센터리스 연삭기
② 초경공구 연삭기
③ 드릴 연삭기
④ 만능 공구 연삭기

> **해설**
> 센터리스 연삭기는 원통 연삭기의 일종이며, 공작물을 연속적으로 밀어 넣을 수 있고, 한번 조정하면 작업이 자동으로 이루어지므로 피스톤 핀, 베어링 레이스, 롤러와 같은 부품이나 테이퍼 핀 및 드릴 자루와 같이 테이퍼진 부품 등의 대량생산에 적합하다.

08 나사 연삭기의 연삭 방법이 아닌 것은?

① 다인 나사연삭 방법
② 단신 나사연삭 방법
③ 역식 나사연삭 방법
④ 센터리스 나사연삭 방법

> **해설**
> 나사 연삭기의 연삭 방법 : 다인, 단신, 센터리스 등 연삭 방법이 있다.

[정답] 04 ① 05 ② 06 ④ 07 ① 08 ③

09 센터리스 연삭 작업의 특징이 아닌 것은?

① 센터 구멍이 필요 없는 원통 연삭에 편리하다.
② 연속작업을 할 수 있어 대량생산에 적합하다.
③ 대형 중량물도 연삭이 용이하다.
④ 가늘고 긴 가공물의 연삭에 적합하다.

해설
센터리스 연삭기
① 장점
  ㉠ 연삭에 숙련을 요하지 않는다.
  ㉡ 중공물의 원통 연삭에 편리하다.
  ㉢ 가늘고 긴 가공물의 연삭에 알맞다.
  ㉣ 연삭숫돌의 나비가 크므로 지름의 마멸이 적고 수명이 길다.
  ㉤ 센터 구멍이 필요 없다.
  ㉥ 공작물의 착탈 시간 절약
  ㉦ 연속작업 및 대량생산에 적합
② 단점
  ㉠ 축 방향에 키홈, 기름홈 등이 있는 일감은 연삭하기 어렵다.
  ㉡ 지름이 크고 길이가 긴 대형 일감은 연삭하기 어렵다.

10 센터리스 연삭에 대한 설명으로 틀린 것은?

① 가늘고 긴 가공물의 연삭에 적합하다.
② 긴 홈이 있는 가공물의 연삭에 적합하다.
③ 다른 연삭기에 비해 연삭 여유가 작아도 된다.
④ 센터가 필요치 않아 센터 구멍을 가공할 필요가 없다.

11 센터리스 연삭의 특징으로 틀린 것은?

① 연삭 여유가 작아도 된다.
② 가늘고 긴 가공물의 연삭에 부적합하다.
③ 긴 홈이 있는 가공물의 연삭은 불가능하다.
④ 연삭숫돌의 폭이 크므로 연삭숫돌 지름의 마멸이 적다.

해설
센터리스 연삭은 가늘고 긴 가공물의 연삭에 알맞다.

12 센터리스 연삭기에 없는 부품은?

① 연삭숫돌
② 조정 숫돌
③ 양 센터
④ 일감 지지판

해설
센터리스 연삭기(centerless grinding machine)
원통 연삭기의 일종이며, 양 센터(센터나 척)을 사용하지 않고 연삭숫돌과 조정 숫돌 사이를 지지판으로 지지하면서 연삭하는 것으로, 가늘고 긴 공작물을 고정 없이 연삭하는 것이 큰 특징이다.

13 센터리스 연삭기에서 통과 이송법으로 연삭하려고 한다. 조정 숫돌바퀴의 바깥지름 400mm, 회전수가 30rpm, 경사각이 4°일 때 1분 동안의 이송 속도는?

① 540.44m/min
② 37.70m/min
③ 17.61m/min
④ 2.63m/min

해설
$f = \pi DN \sin \alpha (\text{mm/min})$
$= 3.14 \times 400 \times 30 \times \sin 4° = 2629.76 \text{mm/min}$
$= 2.63 \text{m/min}$

[정답] 09 ③ 10 ② 11 ② 12 ③ 13 ④

14 내면 연삭에 대한 특징이 아닌 것은?
① 외경 연삭에 비하여 숫돌의 마멸이 심하다.
② 가공 도중 안지름을 측정하기 곤란하므로 자동 치수 측정장치가 필요하다.
③ 숫돌의 바깥지름이 작으므로 소정의 연삭 속도를 얻으려면 숫돌 축의 회전수를 높여야 한다.
④ 일반적으로 구멍 내면 연삭의 정도를 높게 하는 것이 외면 연삭보다 쉬운 편이다.

해설
일반적으로 구멍 내면 연삭의 정도를 높게 하는 것이 외면 연삭보다 어렵다.

15 중량물의 내면 연삭에 주로 사용되는 연삭 방법은?
① 트래버스 연삭
② 플런지 연삭
③ 만능 연삭
④ 플래니터리 연삭

해설
유성형(플래니터리, planetary type)
공작물은 정지, 숫돌 축이 회전 연삭 운동과 동시에 공전운동을 하는 방식 ⇒ 공작물의 형상이 복잡하거나, 대형이어서 회전시킬 수 없을 때 사용한다.

16 일반 연삭은 연삭 깊이가 매우 적은 데 비해 한 번에 연삭 깊이를 크게 하여 가공하는 연삭은?
① 성형 연삭
② 고속 연삭
③ 그립피드 연삭
④ 자기 연삭

해설
그립피드 연삭 : 일반 연삭은 연삭 깊이가 매우 적은 데 비해 한 번에 연삭 깊이를 크게 하여 가공하는 연삭 작업이다.

17 성형 연삭에서 도형을 확대, 축소하는 장치를 이용하여 다이어몬드 드레서가 움직여 숫돌을 성형하는 방식은?
① 수동식
② 광학식
③ 팬터그래프식
④ 자석식

해설
팬터그래프식 : 성형 연삭에서 도형을 확대, 축소하는 장치를 이용하여 다이어몬드 드레서가 움직여 숫돌을 성형하는 방식이다.

18 텐덤식 숫돌이 있는 연삭기는?
① 원통 연삭기
② 기어 연삭기
③ 나사 연삭기
④ 스플라인 연삭기

19 외경 연삭에서 플런지 컷(plunge cut) 방식이란?
① 연삭숫돌을 절입하고 공작물을 가로로 이송만 하는 경우
② 연삭숫돌은 세로와 가로 이송을 하고 공작물은 회전만 하는 방식
③ 연삭숫돌을 테이블과 같은 방향으로 이동시켜 연삭하는 방식
④ 연삭숫돌은 공작물 직경 쪽으로만 이송하는 법

20 센터리스 연삭기에서 조정 숫돌의 기능을 가장 바르게 나타낸 것은?
① 일감의 회전과 이송
② 일감의 지지와 이송
③ 일감의 회전과 지지
④ 일감의 절삭량 조정

[정답] 14 ④ 15 ② 16 ③ 17 ③ 18 ③ 19 ④ 20 ①

21 연삭숫돌의 자생 작용에 가장 크게 영향을 미치는 것은?
① 입자   ② 조직
③ 기공   ④ 결합도

22 연삭숫돌 바퀴의 구성 3요소에 속하지 않는 것은?
① 숫돌 입자   ② 결합제
③ 조직   ④ 기공

해설
- 연삭숫돌의 3요소
  ① 입자(절삭 날)
  ② 결합제(절삭 날 지지)
  ③ 기공(칩의 저장, 배출)
- 연삭숫돌의 5인자
  ① 입자의 종류 – 절삭 날의 종류
  ② 조직 – 숫돌 입자율
  ③ 입도 – 절삭 날의 크기
  ④ 결합제의 종류 – 결합제의 특성
  ⑤ 결합도 – 절삭 날 발생 속도의 조정

23 숫돌 입자의 크기를 표시하는 단위는?
① mm   ② cm
③ mesh   ④ inch

해설
숫돌 입자는 메시(mesh : 체인길이 1평방 inch 안의 체눈의 수)로써 선별하며 입자의 크기를 입도라 한다.

24 연삭숫돌 입자의 종류가 아닌 것은?
① 에머리   ② 코런덤
③ 산화규소   ④ 탄화규소

해설
① 천연산 : 다이아몬드(diamond), 금강석(emery), 코런덤(corundum)
② 인조산 : 알루미나(alumina, Al_2O_3)계와 탄화규소(SiC)계

25 연삭숫돌의 입자 중 천연입자가 아닌 것은?
① 석영   ② 코런덤
③ 다이아몬드   ④ 알루미나

해설
천연산 입자
① 다이아몬드(diamond)
② 금강석(석영 : emery) : 주성분은 알루미나이고 연마제로 이용
③ 코런덤(corundum) : 주성분은 알루미나이고 색상은 여러 가지이나 양질은 보석(루비, 사파이어)을 이용하고 공업용으로는 유리칼, 연마제로 활용한다.

26 연삭숫돌에 사용되는 숫돌 입자 중 천연산인 것은?
① 코런덤   ② 알록사이트
③ 카아버런덤   ④ 탄화붕소

27 녹색 탄화규소 연삭숫돌을 표시하는 것은?
① A 숫돌
② GC 숫돌
③ WA 숫돌
④ F 숫돌

해설
숫돌 입자의 용도(대책)

기호	KS	종류	용도
A	1A 2A	갈색 용융알루미나질 95%	일반강재 보통탄소강
WA	3A 4A	백색 용융알루미나질 99.5%	담금질강, 내열강 고속도강, 합금강
C	1C 2C	암자색(회색) 탄화규소질 97%	주철, 석재, 유리, 비철, 비금속
GC	3C 4C	흑색(녹색) 탄화규소질 98%	초경합금, 다이스강, 특수강, 세라믹
D			보석절단 석재 및 콘크리트

[정답] 21 ④ 22 ③ 23 ③ 24 ③ 25 ④ 26 ① 27 ②

28 연한 갈색으로 일반 강의 연삭에 사용하는 연삭 숫돌의 재질은?

① A 숫돌
② WA 숫돌
③ C 숫돌
④ GC 숫돌

29 다음 연삭숫돌의 입자 중 주철이나 칠드주물과 같이 경하고 취성이 많은 재료의 연삭에 적합한 것은?

① A 입자
② B 입자
③ WA 입자
④ C 입자

해설

연삭숫돌의 입자

기호	용도
A	일반강재, 보통탄소강
WA	담금질강, 내열강, 고속도강, 합금강
C	주철, 석재, 유리, 비철, 비금속
GC	초경합금, 다이스강, 특수강, 세라믹

30 연삭숫돌에 대한 설명으로 틀린 것은?

① 부드럽고 전연성이 큰 연삭에는 고운 입자를 사용한다.
② 연삭숫돌에 사용되는 숫돌 입자에는 천연산과 인조산이 있다.
③ 단단하고 치밀한 공작물의 연삭에는 고운 입자를 사용한다.
④ 숫돌과 공작물의 접촉 면적이 작은 경우에는 고운 입자를 사용한다.

해설

거친 입도 : 공작물이 연하고 연성, 점성, 질긴 성질일 때

31 연삭숫돌의 입도(grain size) 선택의 일반적인 기준으로 가장 적합한 것은?

① 절삭 깊이와 이송량이 많고 거친 연삭은 거친 입도를 선택
② 다듬질 연삭 또는 공구를 연삭할 때는 거친 입도를 선택
③ 숫돌과 일감의 접촉 면적이 작을 때는 거친 입도를 선택
④ 연성이 있는 재료는 고운 입도를 선택

해설

연삭숫돌과 가공물의 접촉면이 적을 때에는 미세한 입자를, 접촉면이 클 땐 거친 입자를 사용
(1) 거친 입도
　① 거친 연삭, 절삭 깊이와 이송을 많이 줄 때
　② 접촉 면적이 넓을(클) 때
　③ 공작물이 연하고 연성, 점성, 질긴 성질일 때
(2) 가는 입도
　① 다듬 연삭, 공구 연삭
　② 접촉 면적이 적을 때
　③ 공작물이 단단(경도가 높고)하고 취성(메진)인 재료

32 연삭숫돌의 연삭 조건과 입도(grain size)의 관계를 옳게 표시한 것은?

① 연하고 연성이 있는 재료의 연삭 : 고운 입도
② 다듬질 연삭 또는 공구의 연삭 : 고운 입도
③ 경도가 높고 메진 일감의 연삭 : 거친 입도
④ 숫돌과 일감의 접촉면이 작을 때 : 거친 입도

해설

입도에 따른 숫돌의 선택

거친 입도의 숫돌	고운 입도의 숫돌
① 거친 연삭, 절삭 깊이와 이송을 크게 할 때	① 다듬 연삭, 공구 연삭
② 숫돌과 공작물의 접촉 면적이 클 때	② 숫돌과 공작물의 접촉 면적이 작을 때
③ 연하고 연성이 있는 재료 연삭할 때	③ 경도가 높고, 메짐 재료의 연삭을 할 때

[정답] 28 ① 29 ④ 30 ① 31 ① 32 ②

33 연삭숫돌의 표시에 대한 설명이 옳은 것은?

① 연삭 입자 C는 갈색 알루미나를 의미한다.
② 결합제 R은 레지노이드 결합제를 의미한다.
③ 연삭숫돌의 입도 #100이 #300보다 입자의 크기가 크다.
④ 결합도 K 이하는 경한 숫돌, L~O는 중간 정도 숫돌, P 이상은 연한 숫돌이다.

> 해설
> ① 연삭 입자 C는 흑자색(회색) 탄화규소를 의미한다.
> ② 결합제 R은 레버 결합제를 의미한다.
> ④ 결합도 K 이하는 연한 숫돌, L~O는 중간 정도 숫돌, P 이상은 경한 숫돌이다.

34 다음 연삭숫돌 기호에 대한 설명에 틀린 것은?

WA 60 K m V

① WA : 연삭숫돌 입자의 종류
② 60 : 입도
③ m : 결합도
④ V : 결합제

> 해설
> • K : 결합도
> • m : 조직

35 다음 연삭숫돌의 규격표시에서 'L'이 의미하는 것은?

WA 60 L m V

① 입도   ② 조직
③ 결합제 ④ 결합도

> 해설
> • WA : 입자
> • 60 : 입도
> • L : 결합도
> • m : 조직
> • V : 결합제

36 다음과 같이 표시된 연삭숫돌에 대한 설명으로 옳은 것은?

"WA 100 K 5 V"

① 녹색 탄화규소 입자이다.
② 고운 눈 입도에 해당된다.
③ 결합도가 극히 경하다.
④ 메탈 결합제를 사용했다.

> 해설
> • WA : 백색으로 산화알루미늄 입자
> • 100 : 고운 눈 입도
> • K : 연한 결합도
> • 5 : 중간 조직
> • V : 비트리파이드 결합제

37 연삭숫돌의 표시에서 WA 60 K m V 1호 205×19×15.88로 명기되어 있다. K는 무엇을 나타내는 부호인가?

① 입자
② 결합제
③ 결합도
④ 입도

> 해설
> WA(입자) 60(입도) K(결합도) m(조직) V(결합제) 1호(숫돌 형상)
> 205(외경)×19(두께)×15.88(내경)

[정답] 33 ③ 34 ③ 35 ④ 36 ② 37 ③

38 일반적인 연삭숫돌의 표시 방법 순서로 옳은 것은?

① 입자 – 입도 – 결합도 – 조직 – 결합제
② 입자 – 조직 – 입도 – 결합도 – 결합제
③ 입자 – 결합도 – 조직 – 입도 – 결합제
④ 입자 – 입도 – 조직 – 결합도 – 결합제

해설
연삭숫돌의 표시

```
WA – 60 – K – 7 – V – 1 – A – 225 × 20 × 51 × rpm
 ↓    ↓   ↓   ↓  ↓  ↓   ↓     ↓    ↓    ↓
입자  입도 결합도 조직 결합제 형상 모서리 외경  폭   내경
                                모양
                        (1~3호) (A~L)
```

39 연삭 작업에서 숫돌 결합제의 구비조건으로 틀린 것은?

① 성형성이 우수해야 한다.
② 열이나 연삭액에 대하여 안전성이 있어야 한다.
③ 필요에 따라 결합 능력을 조절할 수 있어야 한다.
④ 충격에 견뎌야 하므로 기공 없이 치밀해야 한다.

해설
결합제가 구비하여야 할 조건
① 결합력의 조절 범위가 넓을 것
② 열이나 연삭액에 대해 안정할 것
③ 원심력, 충격에 대한 기계적 강도가 있을 것
④ 성형이 좋을 것

40 열경화성 합성수지인 베이크라이트(bakelite)를 주성분으로 하며 각종 용제, 기름 등에 안정된 숫돌로서 절단용 숫돌 및 정밀 연삭용으로 적합한 결합제는?

① 고무 결합제
② 비닐 결합제
③ 셀락 결합제
④ 레지노이드 결합제

해설
레지노이드 결합제 : 열경화성 합성수지인 베이크라이트(bakelite)를 주성분으로 하며 각종 용제, 기름 등에 안정된 숫돌로서 절단용 숫돌 및 정밀 연삭용으로 적합하다.

41 주성분이 점토와 장석이고 균일한 기공을 나타내며 많이 사용하는 숫돌의 결합제는?

① 고무 결합제(R)
② 셀락 결합제(E)
③ 실리케이트 결합제(S)
④ 비트리파이드 결합제(V)

해설
① 고무 결합제(R)
생고무를 주성분으로 하여 유황과 기타재료를 첨가하여 연삭 입자와 혼합한 것으로 탄성이 크므로 판상, 절단용 숫돌, 센터리스 연삭기의 조정 숫돌에 사용한다.
② 셀락 결합제(E)
천연수지인 셀락이 주성분으로 비교적 저온에서 제작한다. 셀락 결합제는 강하고 탄성이 크며, 내열성이 적어 얇은 숫돌 제작에 적합하고 큰 톱, 절단용 숫돌, 리머 인선 가공에 사용된다.
③ 실리케이트 결합제(S)
규산나트륨(Na_2SiO_3, 물유리)을 주성분으로 하여 입자와 혼합하여 성형한 후 260°C 정도의 저온에서 1~3일간 가열하여 만든다. 이는 비트리파이드 보다는 결합도가 약하고 마멸이 많다. 비트리파이드로 제조하기 곤란한 대형 연삭숫돌 제작이 용이하고, 경도가 크고 얇은 판상 가공물 고속도강과 같은 발열로 인하여 균열이 생기기 쉬운 가공물의 작업에 좋다.
④ 비트리파이드 결합제(V)
점토, 장석 등을 주성분으로 하여 약 1300~1350°C에서 2~3일간 가열하여 도자기 만드는 것 같이 자기질화한 것이다. 이는 결합력을 광범위하게 조절하고 균일한 기공을 가질 수 있고 물, 산, 기름, 온도 등에 영향을 받지 않으며, 다공성이어서 연삭력이 강한 숫돌을 제작할 수 있지만 충격에 파괴되기 쉽고, 탄성이 적어 얇은 절단 숫돌의 생산에는 부적합하다.

[정답] 38 ① 39 ④ 40 ④ 41 ④

42 연삭숫돌의 결합제(bond)와 표시기호의 연결이 바른 것은?

① 셀락 : E ② 레지노이드 : R
③ 고무 : B ④ 비트리파이드 : F

해설
① 셀락 : E
  결합력 제일 약함, 거울면 연삭 절단용 및 다듬질면의 정밀도가 높은 것에 사용
② 레지노이드 : B
  고속도강이나 강화유리 등을 절단용으로 사용
③ 고무 : R
  매우 얇은 숫돌 사용, 센터리스 조정 숫돌용
④ 비트리파이드 : V
  일반 연삭용(90% 사용)

43 연삭숫돌의 결합제와 기호를 짝지은 것이 잘못된 것은?

① 고무 – R ② 셀락 – E
③ 비닐 – PVA ④ 레지노이드 – L

해설

기호	원호	용도
V	Vitrified 비트리파이드	일반 연삭용(90% 사용) 지름이 크거나 얇은 숫돌에 부적합 (충격에 약함)
S	Silicate 실리케이트	대형 숫돌에 사용(중연삭에 부적합) (고속도강), 균열 발생 쉬운 재료
E	Shellac 셀락	결합력 제일 약함, 거울면 연삭 절단용 및 다듬질면의 정밀도가 높은 것에 사용
R	Rubber 고무	매우 얇은 숫돌 사용 센터리스 조정 숫돌용
B	Resinoid 레지노이드	고속도강이나 광화유리등을 절단용으로 사용 주물 덧쇠자르기에 사용
PVA	Polyvingl 비닐	비철금속 연삭용
M	Metal 금속	초경합금 연삭용, 세라믹, 보석, 유리

44 연삭가공 중 가공표면의 표면 거칠기가 나빠지고 정밀도가 저하되는 떨림 현상이 나타나는 원인이 아닌 것은?

① 숫돌의 평형 상태가 불량할 경우
② 숫돌 축이 편심되어 있을 경우
③ 숫돌의 결합도가 너무 작을 경우
④ 연삭기 자체에 진동이 있을 경우

해설
연삭가공 중 떨림(chattering)의 원인
① 숫돌과 숫돌 축의 불균형
② 숫돌차의 결합도가 단단하다.
③ 눈 메움(Loading)
④ 센터, 방진구의 사용법 불량

45 연삭 균열에 관한 설명으로 틀린 것은?

① 열팽창에 의해 발생된다.
② 공석강에 가까운 탄소강에서 자주 발생된다.
③ 연삭 균열을 방지하기 위해서는 결합도가 연한 숫돌을 사용한다.
④ 이송을 느리게 하고 연삭액을 충분히 사용하여 방치할 수 있다.

해설
연삭 균열 : 연삭 열에 의해 열팽창, 공석강에 가까운 탄소강의 재질의 변화 등으로 연삭 균열이 일어난다.
① 원인은 숫돌 원주 속도가 빠르고 결합도가 높을 때, 잔류 응력이 커지기 때문
② 대책은 절입 깊이를 줄이고 충분한 연삭유를 공급할 것

[정답] 42 ② 43 ④ 44 ③ 45 ③

46 연삭숫돌의 원통도 불량에 대한 주된 원인과 대책이 옳게 짝지어진 것은?

① 연삭숫돌의 눈 메움 : 연삭숫돌의 교체
② 연삭숫돌의 흔들림 : 센터 구멍의 홈 조정
③ 연삭숫돌의 입도가 거침 : 굵은 입도의 연삭숫돌 사용
④ 테이블 운동의 정도 불량 : 정도검사, 수리, 미끄럼 면의 윤활을 양호하게 할 것

해설
① 연삭숫돌의 눈 메움 : 숫돌 입자가 거칠고 조직이 거칠게, 연삭 깊이가 작게 원주 속도가 빠르게 한다.
② 연삭숫돌의 흔들림 : 숫돌과 숫돌 축의 균형
③ 연삭숫돌의 입도가 거침 : 가는 입도의 연삭숫돌 사용
④ 연삭숫돌의 원통도 불량에 대한 주된 원인과 대책 : 테이블 운동의 정도 불량으로 정도검사, 수리, 미끄럼 면의 윤활을 양호하게 할 것

47 원통 연삭 작업에서 공작물 1회전마다의 숫돌 이송이 틀린 것은? (단, f = 이송, B = 숫돌바퀴의 접촉너비이다.)

① 다듬질 연삭 : $f = (\frac{1}{4} \sim \frac{1}{3})B$
② 거친 연삭 : $f = (\frac{1}{3} \sim \frac{3}{4})B$
③ 주철 연삭 : $f = (\frac{3}{4} \sim \frac{4}{5})B$
④ 연강 연삭 : $f = (\frac{4}{5} \sim \frac{7}{6})B$

해설
① 거친 연삭인 경우
 • 강 연삭 : $f = \left(\frac{1}{3} \sim \frac{3}{4}\right)b$
 • 주철 연삭 : $f = \left(\frac{3}{4} \sim \frac{4}{5}\right)b$
② 다듬질 연삭인 경우
 $f = \left(\frac{1}{4} \sim \frac{1}{3}\right)b$

48 연삭숫돌의 자생 작용이 잘되지 않아 입자가 납작해져서 날이 분화되는 무딤 현상은?

① 글레이징(glazing)
② 로딩(loading)
③ 드레싱(dressing)
④ 트루잉(truing)

해설
① 무딤(glazing) : 숫돌의 입자가 탈락되지 않고 마모에 의해서 납작하게 둔화된 상태
② 눈메움(Loading) : 숫돌 입자의 표면이나 기공에 칩이 차 있는 상태
③ 드레싱(재생 작업) : 숫돌 입자를 무딤이나 눈 메움으로 절삭성이 나빠진 숫돌 면에 날카로운 입자를 발생시켜 주는 작업
④ 트루잉(성형, 모양 고치기) : 연삭숫돌의 외형을 수정하여 규격에 맞는 제품을 만드는 과정

49 연삭숫돌에서 눈메움 현상의 발생 원인이 아닌 것은?

① 숫돌의 원주 속도가 느린 경우
② 숫돌의 입자가 너무 큰 경우
③ 연삭 깊이가 큰 경우
④ 조직이 너무 치밀한 경우

해설
눈메움 원인
① 숫돌 입자가 너무 고운 경우
② 조직이 너무 치밀할 경우
③ 연삭 깊이가 깊을 경우
④ 원주 속도가 너무 느린 경우
⑤ 결합도가 단단하여 자생 작용이 어려운 경우
⑥ 알루미늄과 구리와 같이 연성이 풍부한 재료인 경우

[정답] 46 ④ 47 ④ 48 ③ 49 ②

50 결합도가 높은 숫돌에서 구리와 같이 연한 금속을 연삭할 경우, 숫돌 기능이 저하되는 현상은?

① 채터링 ② 트루잉
③ 눈 메움 ④ 입자 탈락

> **해설**
> 눈 메움 : 결합도가 높은 숫돌에서 구리와 같이 연한 금속을 연삭할 경우, 숫돌 기능이 저하되는 현상이다.

51 연삭액의 구비조건으로 틀린 것은?

① 거품 발생이 많을 것
② 냉각성이 우수할 것
③ 인체에 해가 없을 것
④ 화학적으로 안정될 것

> **해설**
> 연삭액은 거품 발생이 없어야 한다.

52 다음 중 연삭비를 나타낸 것 중 맞는 것은?

① $\dfrac{\text{공작물의 원주 속도}}{\text{숫돌차의 원주 속도}}$

② $\dfrac{\text{공작물의 연삭된 체적}}{\text{숫돌차의 마모된 체적}}$

③ $\dfrac{\text{공작물의 이송량}}{\text{숫돌차의 원주 속도}}$

④ $\dfrac{\text{숫돌차의 마모된 체적}}{\text{공작물의 연삭 체적}}$

53 GC 60 K m V 1호 12″×3/4″×1″인 연삭숫돌을 사용한 연삭기의 회전수가 1,700rpm이라면 숫돌의 원주 속도는 몇 m/min인가?

① 약 135m/min ② 약 1,628m/min
③ 약 102m/min ④ 약 1,725m/min

> **해설**
> 숫돌의 원주 속도
> $$V = \frac{\pi DN}{1,000} = \frac{\pi \times (12 \times 25.4) \times 1,700}{1,000} = 1,627.8 \text{m/min}$$

54 연삭에서 떨림(chatter) 중 숫돌의 불균형이 그 원인일 때 그 대책으로 틀린 것은?

① 숫돌의 균형을 다시 잡는다.
② 공작액을 주가(注加)하지 않고 숫돌을 돌리고 숫돌에 함유한 수분을 제거한다.
③ 트루잉을 한 후에 다시 균형을 잡는다.
④ 숫돌을 연삭기에서 분해한 후, 세워 놓아 공작액이 한쪽에 모이게 한다.

55 대형 숫돌에서 숫돌에 화살 표시가 된 경우가 있는데 이 화살 표시는 어떤 의미인가?

① 평형 검사를 하여 가벼운 방향 표시이다.
② 가장 무거운 곳으로 항상 지면에 가깝게 해야 되는 점 표시이다.
③ 드레싱 할 때 시작하는 점의 표시이다.
④ 균일 검사시 타격 위치를 표시한다.

56 연삭숫돌의 조직이란?

① 단위 면적당 입자의 양
② 단위 용적당 입자의 양
③ 단위 면적당 결합제의 양
④ 단위 용적당 결합제의 양

[정답] 50 ③ 51 ① 52 ② 53 ② 54 ④ 55 ① 56 ①

57 연삭 작업에서 떨림의 원인이 아닌 것은?
① 숫돌의 평형 상태가 불량할 때
② 습식 연삭을 할 때
③ 숫돌의 결합도가 너무 클 때
④ 숫돌 축이 편심져 있을 경우

58 연삭 작업 시 태리 모션(Tarry Motion)이란?
① 공작물의 이송을 양끝에서 잠시 정지시킨 후 반대 방향으로 이송시키는 것
② 거친 공작물의 연삭 시 주 속도를 크게 하는 것
③ 최종 다듬 연삭 시 불꽃이 없어질 때까지 하는 것
④ 숫돌 표면의 정형이나 칩을 제거하는 것

[정답] 57 ② 58 ①

5 기타 기계가공

1 드릴 가공 및 보링 가공

(1) 드릴링 머신

1) 드릴링 가공 시간

$$T = \frac{L}{Nf}i = \frac{t+h}{Nf}i$$

여기서, T : 정미 가공시간

N : 회전수 $= \dfrac{1000\,V}{\pi D}$

f : 이송(mm/rev)

t : 구멍 깊이(가공 깊이)

i : 절입 횟수

h : 드릴 원추 높이

$$h = \frac{D}{3},\ h = \frac{D/2}{\tan\dfrac{\alpha}{2}}$$

(예제)
드릴 $\phi 18$, 날 끝각 118°, 구멍 깊이 80mm로 가공 시 소요시간? (단, $v=15$m/min, $f=0.15$mm/rev)

$T = \dfrac{L}{Nf}i$, $N = \dfrac{1{,}000 \times 15}{\pi \times 18} = 265.26$, $h = \dfrac{18/2}{\tan\dfrac{118}{2}} = 5.4077$

$T = \dfrac{t+h}{Nf}i = \dfrac{80 + 5.4077}{265.26 \times 0.15} = 2.14653$(분)

2) 드릴의 절삭동력

$$Ps = \frac{2\pi\,TN}{75 \times 9.81 \times 60 \times 100} + \frac{Pt\,N\,f}{75 \times 9.81 \times 60 \times 1{,}000}$$

여기서, T : 회전 moment

N : 회전수(rpm)

Pt : 추력

f : 이송

지름 10mm, 원추 높이 3mm인 고속도강 드릴로 두께가 30mm인 연강판을 가공할 때 소요시간은 약 몇 분인가? (단, 이송은 0.3mm/rev, 드릴의 회전수는 667rpm이다.)

① 6
② 2
③ 1.2
④ 0.16

해설

$T = \dfrac{t+h}{Nf}i = \dfrac{30+3}{667 \times 0.3}$
$= 0.16$분

답 ④

(예제)
드릴 지름(D) 50mm, 이송량(f) 0.4mm/rev, 회전수(N) 115rpm, 절삭 속도(V) 18m/min, 회전 모멘트(T) 3,500N/cm, 추력(Thrast) P_t =1,980N일 때 절삭 동력은?

(예제)
$$HP = \frac{2\pi TN}{75 \times 9.81 \times 60 \times 100} + \frac{P_t f N}{75 \times 9.81 \times 60 \times 1,000}$$
$$= \frac{3,500 \times 115 \times 2\pi}{75 \times 9.81 \times 60 \times 100} + \frac{1,980 \times 0.4 \times 115}{75 \times 9.81 \times 60 \times 1,000} ≒ 0.57 HP$$

3) 드릴의 절삭량(cm³/min)

$$절삭량 = \frac{\pi d^2}{4} \times \frac{1,000 V}{\pi D} \times f$$

(예제)
구멍지름 38mm, 절삭 깊이 50mm, 절삭 속도 37m/min, 이송량 0.5mm/rev일 때 절삭률(cm³/min)은?
$$절삭률 = \frac{\pi D^2}{4} \times \frac{1,000 V}{\pi D} \times f$$
$$= \frac{1,000 \times 38 \times 37}{4} \times 0.5 = 174.8 \text{cm}^3/\text{min}$$

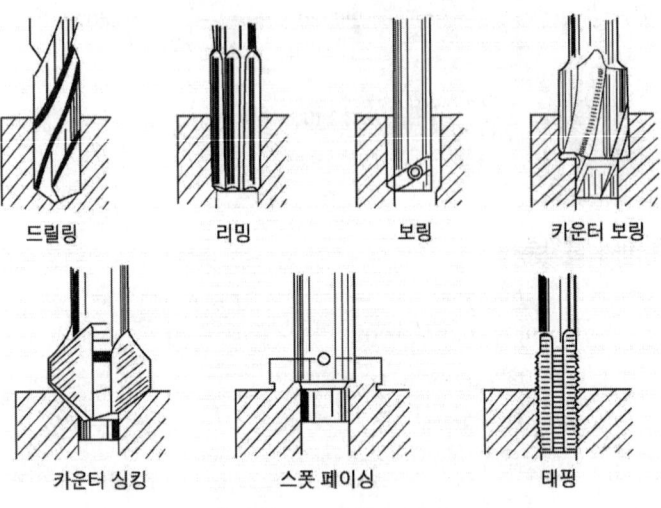

드릴링　　리밍　　보링　　카운터 보링

카운터 싱킹　　스폿 페이싱　　태핑

○ 그림 3-37 드릴링의 종류

4) 드릴링의 개요

① 드릴링(Drilling)

공작물 고정, 공구 회전과 주축 방향 이송, 리밍, 보링, 카운터 보링, 스폿페이싱, 카운터 싱킹, 태핑 등을 공구에 따라 할 수 있다.

② 리머(Reaming)

구멍의 정밀도를 높이기 위한 작업. 리머의 여유는 직경 10mm일 때 0.2mm 정도이며, 드릴작업 rpm의 2/3~3/4, 이송은 같거나 빠르게 한다.

③ 태핑(Tapping)

공작물 내부에 암나사 가공, 태핑을 위한 드릴 가공은 나사의 외경−피치로 한다.

예 M12의 탭 작업 시 드릴 구멍은 12−1.75=10.25mm로 한다.

④ 보링(Boring)

뚫린 구멍을 다시 절삭, 구멍을 넓히고 다듬질하는 것. 보링 바에 바이트를 사용한다.

⑤ 스폿 페이싱(Spot Facing)

볼트 또는 너트 등의 구멍과 직각이 되게 머리부가 접촉되는 부분을 깎아서 만드는 작업

⑥ 카운터 싱킹(Counter Sinking)

접시머리 나사의 머리가 묻히게 하기 위해 원뿔자리를 만드는 작업이다.

⑦ 카운터 보링(Counter Boring)

작은 나사, 볼트의 머리부가 돌출되지 않도록 머리부가 들어갈 자리부분을 단이 있게 구멍 뚫는 작업이다.

5) 드릴링 머신의 종류와 구조

가) 탁상 드릴링 머신

① 작은 구멍(13mm) 이하 작업용
② 크기는 뚫을 수 있는 구멍지름, 스윙 및 테이블의 크기

나) 직립 드릴링 머신

① $\phi13$ 이상 $\phi50$ 이하 가공
② **구조** : spindle, head, colum, table, base
③ 크기
  ㉠ 스윙(주축 중심부터 컬럼 표면까지의 거리의 2배
  ㉡ 테이블의 크기

너트나 볼트 머리에 접하는 면을 둥글게 깎아 평평하게 하는 작업은?
① 카운터 싱킹
② 카운터 보링
③ 스폿 페이싱
④ 스폿 싱킹

답 ③

직립 드릴링 머신의 크기에서 스윙을 나타내는 것은?
① 컬럼의 중심부터 주축 표면까지 거리의 3배
② 주축의 중심부터 컬럼 표면까지 거리의 3배
③ 컬럼의 중심부터 주축 표면까지 거리의 2배
④ 주축의 중심부터 컬럼 표면까지 거리의 2배

답 ④

ⓒ 드릴 가공을 할 수 있는 최대 지름
ⓓ 주축 구멍의 모스 테이퍼 번호
ⓔ 주축 끝과 테이블 윗면과의 최대거리

일감에 여러 개의 구멍을 뚫고자 할 때 일감을 움직이지 않고 스핀들을 움직여서 구멍을 뚫는 기계는?
① 밴치 드릴링 머신
② 레이디얼 드릴링 머신
③ 수평식 드릴링 머신
④ 직접 드릴링 머신

답 ②

다) 레이디얼 드릴링 머신
① 가장 많이 쓰이며 공작물을 고정시켜 놓고 주축의 위치를 이동시켜서 구멍의 중심에 맞추어 작업
② 비교적 대형이며 무거운 공작물의 구멍 뚫기, 주축이동
③ 암에는 새들이 있고 이동은 피니언과 랙으로 작동
④ 크기
  ⓐ 뚫을 수 있는 구멍지름
  ⓑ 주축 끝과 테이블 윗면과의 최대거리
  ⓒ Base의 작업 면적
  ⓓ 주축 테이퍼 번호

라) 다축 드릴링 머신
1대의 기계에 많은 수의 스핀들이 있으며 1회에 많은 구멍을 뚫을 때 능률적이고, 한 번에 여러 개의 구멍을 작업한다.

마) 다두 드릴링 머신
직립 드릴링 머신의 상부 기구를 같은 베드 위에 여러 개 나란히 장치한 것으로 각각의 스핀들에 드릴, 그 밖에 여러 가지 공구를 꽂아 드릴, 리머, 탭 등 여러 공구를 작업 순서대로 고정 후 연속 사용한다. 황삭 및 완성 가공을 연속적으로 한다.

바) 심공 드릴링
각종 내연기관의 크랭크축에 있는 오일 구멍과 같이 머신 지름에 비해 비교적 깊은 구멍 가공에 사용한다. (오일 주입구가 있음.)

13mm 이하의 드릴 자루는 보통 어떻게 되어 있는가?
① 모스 테이퍼 자루
② 내셔널 테이퍼 자루
③ 곧은 자루
④ 쟈노 테이퍼 자루

답 ③

6) 절삭 공구와 절삭 조건
가) 절삭 공구
① 트위스트 드릴 : 가장 널리 사용되고 비틀림 홈을 통해 절삭칩을 배출한다. 보통 직경 13mm 이하는 곧은 자루로, 그 이상은 테이퍼 자루로 되어 있다.

② 평 드릴 : 얇은 판, 황동박판 등을 뚫을 때. 선단각 0°이므로 정밀도가 떨어지고 칩 제거가 곤란하다.
③ 유공 드릴 : 지름이 비교적 작고 깊은 구멍 작업 시 드릴 중심의 구멍을 통해 절삭유가 나온다.
④ 반월드릴 : 드릴 끝이 편심되어 있다.
⑤ 건(gun) 드릴 : 비교적 지름이 작은 것(ø3~20mm)의 지름보다 200~250배의 깊은 구멍을 뚫을 때
⑥ BTA 드릴(Boring Trepanning Association) : 지름이 큰 것(ø20~65mm) 깊은 구멍의 드릴 가공에 쓰이며, 건 드릴과 같이 절삭유를 통과시키는 것으로 심공 드릴이라고 한다. (총신, 중공주축, 사출기의 실린더 가공)
⑦ 센터 드릴 : 센터 구멍 작업용

나) 드릴의 각도

① 드릴의 각도

트위스트 드릴의 인선각은 연강용에 대해 118°로 일반적으로 가공 재료가 단단할수록 인선각이 커진다. (여유각 : 10~15°, 웨브각 : 135°, 나선각 : 20~32°)

② 디이닝(Thinning)

무디어진 웨브를 연삭하는 것으로 드릴의 생크 쪽으로 갈수록 웨브의 두께가 증가하여 절삭성이 나빠진다. 이 웨브는 드릴 가공이 이송을 줄 때 추력이 일어나는 원인이 되며, 드릴 연삭 시 웨브의 두께를 처음 두께 상태로 얇게 연삭하는 것이다.

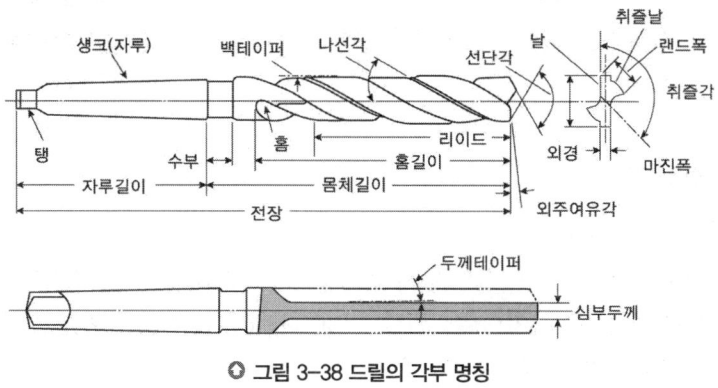

◎ 그림 3-38 드릴의 각부 명칭

③ 웨브

드릴 끝의 홈과 홈 사이의 두께로 자루 쪽으로 갈수록 커진다.

드릴에서 예비적인 날과 날의 보강 역할을 하는 부분을 무엇이라 하는가?
① 랜드
② 마진
③ 디이닝
④ 웨이브

답 ②

④ 마진

드릴의 홈을 따라서 나타나는 좁은 면으로 드릴의 크기를 정하며 예비적 날의 역할과 날의 강도 보강하며 드릴의 위치를 잡아 준다.

⑤ 몸 여유

드릴과 구멍 내면이 마찰하는 것을 방지. (백 테이퍼로 만듦)

몸체 여유(body clearance)는 드릴 지름 5[mm] 이상으로 날 길이 100[mm]에 대하여 보통 0.025~0.15[mm]로 한다.

⑥ 절삭 조건

$$v = \frac{\pi dn}{1,000}[\text{m/min}], \quad n = \frac{1,000v}{\pi d}[\text{mm}]$$

7) 드릴링 머신 작업

가) 드릴의 직경이 클수록 회전수는 작게 한다.

드릴 rpm은 모터 쪽으로 벨트 풀리가 크고 주축 쪽의 벨트 풀리가 작으면 높아지고, 모터 쪽으로 벨트 풀리가 작고 주축 쪽의 벨트 풀리가 크면 작아진다.

나) 특수 심공 작업

크랭크축 또는 깊은 구멍을 뚫을 경우에 심공 드릴 머신을 사용한다.

다) 드릴의 고정법

① 드릴을 직접 주축에 고정 : 테이퍼 자루일 때
② 소켓 또는 슬리브를 사용 : 드릴의 자루부가 주축에 맞지 않을 때
③ 드릴 척을 사용 : 지름이 작은 곧은 자루여서 주축에 끼지 않을 때(쟈곱스 척사용)

보링 머신에서 할 수 없는 작업은?
① 구멍 뚫기(Dilling)
② 탭가공(Tapping)
③ 리이머 가공
④ 기어 가공

답 ④

(2) 보링 머신

1) 개요 및 정의

내부에 먼저 만들어져 있는 구멍의 크기, 진원도, 원통도, 진직도, 위치 등을 조정하는 작업으로 드릴링, 리밍, 나사(탭핑) 등도 할 수 있다.

보링 머신의 크기는 다음과 같다.

① 주축지름 및 주축 이동거리
② 테이블의 크기
③ 주축거리의 상하 이동거리 및 테이블의 이동거리

2) 보링 머신의 종류

가) 수평식 보링 머신 – 대표적인 보링 머신
① 테이블형 : 보링 및 기계 가공 병행 중형 이하 가공물
② 플레이너형 : 중량이 큰 일감의 정밀가공
③ 플로어형 : 테이블형에서 곤란한 대형 일감
④ 이동형 : 이동작업, 기계수리형

나) 지그 보링 머신
구멍을 대단히 정확한 좌표 위치(구멍 간의 거리공차 ±0.02~0.005 사이)에 정밀 가공하기 위한 것으로 (보통 항온실 온도 20°C±1°C, 습도 55% 유지) 나사식 보정장치, 현미경을 이용한 광학적 장치 등을 가지고 있다.

다) 정밀 보링 머신
① 다이아몬드 공구, 초경질 공구를 사용, 고속 경절삭과 미세한 이동으로 정밀한 구멍 가공이 가능하다.
② 실린더, 피스톤 핀, 베어링 부시, 라이너의 가공에 사용된다.

라) 코어(심공) 보링 머신
① 구멍의 깊이가 10~20배 이상의 것을 뚫을 때 사용된다.
② 특수 드릴을 사용하여 자동적으로 축 중심을 유지하면서 구멍 절삭이 된다.
③ 판재에 큰 구멍을 가공하거나 포신 등의 가공에 적합하다.

3) 보링 공구와 부속 장치

보링의 3대 부속 장치 : 보링 바이트, 보링 바, 보링 공구대

가) 보링 바이트
① 다이아몬드 바이트 : 비철 또는 비금속 재료절사
② 초경합금 공구 : 모든 재료절삭
③ 날 끝을 공작물 센터보다 약간 높게 하는 것이 양호하다.

나) 보링 비
① 구멍확대 넓힘 및 정밀도를 양호하게 하는 바이트
② 보링 바의 길이 : 보링 바 지름에 대해 절삭 깊이는 3~5배

> 직교좌표 X, Y 두 축 방향으로 각각 2~10μm의 정밀도로 구멍을 뚫는 보링 머신은?
> ① 수평식 보링 머신
> ② 정밀 보링 머신
> ③ 지그 보링 머신
> ④ 수직식 보링 머신
>
> 답 ③

다) 보링 공구대(=보링 헤드)
절삭할 구멍의 지름이 커서 직접 보링 바에 바이트를 고정할 수 없을 때 사용된다.

라) 보링 머신 작업 시 떨림 방지책
① 공구 바가 필요 이상 길지 않도록 할 것
② 내경을 고려하여 생크의 크기를 크게 할 것
③ 공구의 날 끝을 중심보다 약간 낮게 할 것
④ 경사각을 크게, 여유각은 작게

2 브로칭, 슬로터 가공 및 기어 가공

(1) 브로칭 머신

1) 개요

다수의 절삭 날을 일직선상에 가진 브로치(Broach)라는 공구를 사용해서 공작물의 구멍 내면 및 표면을 필요한 형상으로 가공을 위해 인발 또는 압입하여 절삭한다. 단, 브로치 제작이 어렵고 고가이므로 사용상 주의가 요구된다.

(a) 내면 브로칭   (b) 외면 브로칭

◎ 그림 3-39 브로칭 제품 보기

2) 브로칭 머신의 가공은 다음과 같은 특징
① 호환성을 필요로 하는 부품의 대량생산에 효과적이다.
② 자동차, 전기부품의 소형기재의 정밀가공에 적합하다.
③ 급속 귀환 장치가 있다.
④ 브로치 형상에 따라 다양한 가공을 한다.
⑤ 브로치 1회 통과로 가공품이 완성하므로 가공시간이 짧다.
⑥ 매끈한 가공면과 균일한 가공품을 얻을 수 있다.
⑦ 스파이럴 홈과 같은 복잡한 가공도 할 수 있다.
⑧ 브로치 제작이 어렵고, 고가이므로 다량생산에만 이용한다.

각형 구멍, 키 홈, 스플라인의 구멍 등을 다듬는 데 사용되고 제품모양과 꼭 맞는 단면모양을 한 공구를 한 번 통과시켜 가공을 완성하는 기계는?
① 호빙머신
② 기어세이퍼
③ 브로칭 머신
④ 보링 머신

답 ③

3) 브로칭 머신의 크기

최대 인장 응력과 행정

4) 종류

① 브로치의 운동 방향에 따라 : 수직형, 수평형
② 브로치의 가공 방식에 따라 : 인발식, 압입식, 연속식
③ 가공 부분면의 위치에 따라 : 내면 브로칭, 표면 브로칭
④ 고정대의 수에 따라 : 단두식, 쌍두식
⑤ 가공 방법 : 내면, 외면
⑥ 브로치 구동방식 : 나사식, 기어식, 유압식

5) 절삭 공구 및 절삭 조건

가) 브로치 구조

자루부, 절삭날 부, 후단부, 평행부로 수많은 날 끝이 일직선상에 연속적으로 배열되어 있는 공구로 자루부는 고정부와 안내부가 있다.

나) 브로치 피치

① 치수가 적고 절삭 깊이가 짧을수록 날 끝수를 적게 하고 치수가 크고 절삭 깊이가 길 때는 날 끝수를 많이 한다.
② 막깎기 날부 서 필요한 치수와 형상으로 가깝게 만들어지며, 다듬질 날부을 향할수록 절삭량은 적고 다듬질 날부에서 완전한 치수와 형상으로 다듬질 된다.
③ 1회 통과로 완성 제품 생산되며 가공 시간이 짧고 호환성이 있다.
④ 브로치의 테이퍼 좁은 쪽이 가공면에 먼저 닿는다.
⑤ 공작물 모양에 따라 브로치를 만들어야 하고 브로치 설계 제작에 시간이 걸린다. 공구값이 비싸므로 일정량 이상의 대량생산에 이용된다.

(2) 작업조건

① **절삭 속도(m/min)** : 대체로 5~10m/min, 중탄소강(18), 공구강(6~14), 황동(34), 주철(16~18)
  ㉠ 구멍의 모양이 복잡할수록 느린 속도
  ㉡ 절삭 깊이가 너무 얇으면 누르는 삭용만 하게 됨 ⇒ 인선의 마모 승가
② **절삭 깊이(mm)** : 키홈(0.09), 4각(0.08), 스플라인(0.06)
③ **브로치 경사각** : 탄소강(15~7°), 주철(4~10°), 연강(2~4°)

브로칭(broaching) 머신의 크기를 나타내는 것으로 옳은 것은?

① 최대인장력과 브로칭의 최대폭
② 최대인장력과 브로칭의 최대행정길이
③ 최소인장력과 브로칭의 최대폭
④ 최소인장력과 브로칭의 최대행정길이

답 ②

브로칭 머신의 절삭원리가 바른 것은?

① 공구변경운동
② 공구회전운동
③ 공구직선운동
④ 공구왕복운동

해설
수직으로 공구가 왕복(상하) 운동한다.

답 ④

④ 브로치 여유각 : 탄소강(1~7°), 주철(3~4°)
브로치의 랜드가 커지면 마찰력이 증가하고 여유각이 작아지면 마찰력이 감소한다.
일반적으로 절삭부를 결정할 때 중요시되는 것은 피드(feed)

$$P = C\sqrt{L}$$

여기서, P : 피치
L : 절삭부 길이
C : 1.5~2(피삭재 재질에 따른 값)

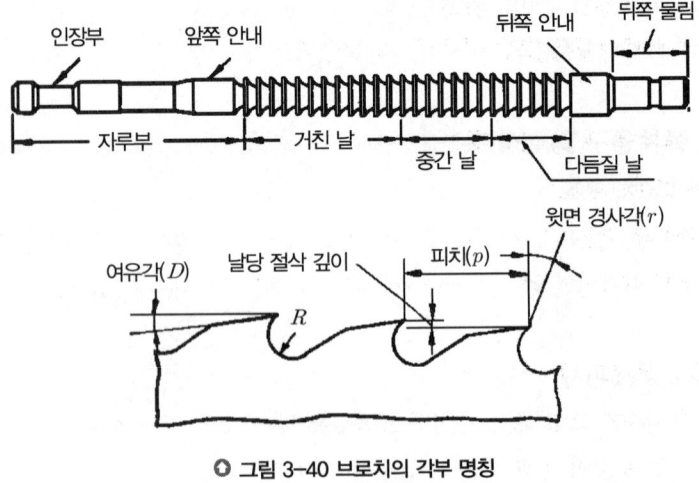

○ 그림 3-40 브로치의 각부 명칭

(3) 슬로터(Slotter) 가공

1) 슬로터에 의한 가공

슬로터는 셰이퍼를 수직으로 놓은 것 같은 기계로 바이트를 설치한 램이 수직으로 왕복 운동한다. 키홈, 평면, 구멍의 내면, 내접 기어, 스플라인 구멍, 기타 특수한 형상, 곡면의 절삭가공에 적합하며, 슬로터 크기는 램의 최대 행정, 테이블의 크기, 테이블의 이동거리, 회전 테이블의 직경으로 표시한다.

○ 그림 3-41 슬로터

2) 슬로터의 구조

슬로터는 프레임, 램, 테이블 및 전동기구로 구성되어 있으며, 공작물은 테이블 위에 붙이고 가로, 세로 및 회전 이송을 한다. 램의 아래쪽에 바이트의 지지부가 있어 램과 동시에 상하운동을 하여 절삭을 하며, 위쪽으로 급속귀환을 한다.

3) 바이트

[그림 3-43]과 같이 끝면이 공구의 윗면이 되는 바이트를 사용한다. [그림 3-44]와 같이 대형에서는 홀더에 바이트를 고정하여 사용한다.

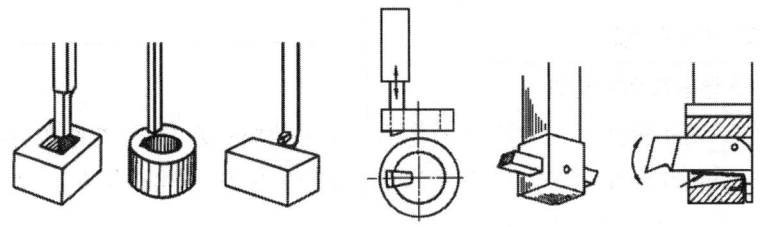

◎ 그림 3-42 슬로터 가공   ◎ 그림 3-43 바이트   ◎ 그림 3-44 바이트 홀더

(4) 기어 가공

1) 사이클로이드 곡선

주어진 피치원의 안과 밖에서 구름 원(Rolling circle)이 미끄럼 없이 구를 때 구름 원 위의 한 점이 그리는 곡선을 사이클로이드 곡선이라 하며, 이 곡선에 의한 이의 윤곽을 사이클로이드 치형이라 한다. 용도는 시계나 기계류의 동력 전달용에 쓰이며 특징은 다음과 같다.

① 미끄럼이 작아 회전 원활, 전동 효율이 좋다.
② 가공이 어렵고 호환성이 좋지 않다.
③ 이 뿌리가 약해서 동력 전달용으로는 좋지 않다.

2) 인벌류트 곡선

원기둥에 감긴 실(기초원, Base circle)을 팽팽히 잡아당기면서 풀 때 실의 끝점이 그리는 궤적을 인벌류트 곡선이라 한다. 용도는 동력 전달용에 쓰이며 특징은 다음과 같다.

① 제작이 쉽고 가격이 싸고 호환성이 좋다.
② 이뿌리가 튼튼하고 오차에 민감하지 않다.
③ 미끄러짐이 커서 마멸되기 쉽다.

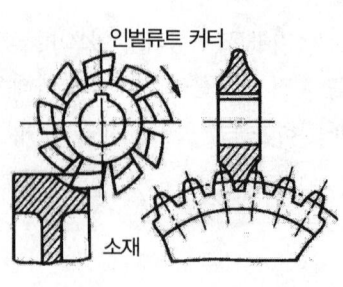 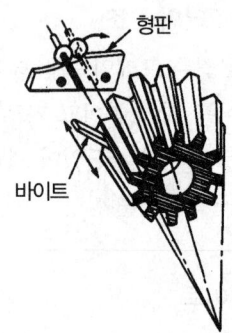

(a) 인벌류트 밀링 커터 의한 기어절삭   (b) 형판에 의한 기어 절삭

○ 그림 3-45 기어 가공법

3) 기어절삭법

가) 형판에 의한 방법

① **가공 방법** : 기어 치형과 같은 형판을 사용하여 공구대를 형판에 따라 미끄럼 안내하여 가공하는 모방 절삭이며 특징은 다음과 같다.
  ㉠ 기어 가공면이 거칠다.
  ㉡ 생산 능률이 낮다.
  ㉢ 특수 용도의 기어 제작에 한정 이용(저속형 대형 스퍼 기어, 직선 베벨 기어)

나) 총형 공구에 의한 절삭법

① **가공 방법** : 기어 이홈의 모양과 같은 커터를 사용하여 기어 소재 1피치만큼씩 회전시켜서 차례로 기어를 절삭이며 특징은 다음과 같다.
  ㉠ 치형 곡선과 피치의 정밀도가 나쁘다.
  ㉡ 생산 능률이 낮아 소량 생산에 사용
  ㉢ **사용 기계** : 밀링, 세이퍼, 슬로터

다) 창성에 의한 절삭

인벌류트 곡선의 성질을 응용한 정확한 기어절삭 공구를 기어의 소재와 함께 회전 운동을 주며, 축 방향으로 왕복 운동을 시켜 절삭한다. 가공 방법은 다음과 같다.
① 랙 커터에 의한 방법
② 피니언 커터에 의한 방법
③ 호브에 의한 절삭

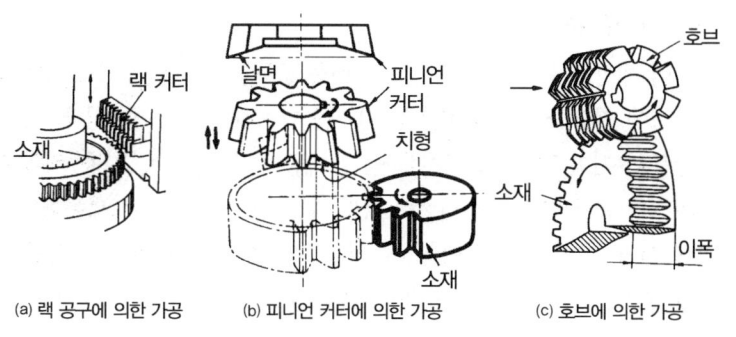

(a) 랙 공구에 의한 가공　(b) 피니언 커터에 의한 가공　(c) 호브에 의한 가공

○ 그림 3-46 창성에 의한 절삭

4) 기어절삭 기계의 종류

가) 호빙 머신

호브(Hob)라는 기어 절삭 공구와 기어 소재에 서로 상대적인 운동을 주어 창성법으로 기어를 가공하는 공작기계이며, 호브의 회전과 소재의 상대운동에 의해 기어를 절삭하므로 다음과 같이 4가지의 운동이 요구된다.

① 호브의 회전 운동
② 호브의 이송 운동
③ 테이블의 회전 운동
④ 차동장치

나) 호빙 머신의 종류

① 수직형(직립) : 대형기어 가공
② 수평형 : 소형기어 가공
③ 기어 표시
　㉠ 가공할 수 있는 기어의 최대지름
　㉡ 기어의 폭 및 피치
　　• 지름 피치 $P = \dfrac{\pi D}{Z}$
　　• 피치원 지름 $D = M \cdot Z$
④ 구동 기구(4대 기구)
　㉠ 호브의 회전기구
　㉡ 호브의 이송기구
　㉢ 테이블 회전기구
　㉣ 차동 기어 장치(헬리컬 기어 절삭)

보링 머신, 연삭기 등으로 가공된 구멍의 내면을 더욱더 정밀하게 곱게 다듬질하는 데 사용되는 기계는?
① 래핑
② 쇼트피닝
③ 호닝
④ 전해연마

답 ③

호빙 머신의 이송에 대한 설명 중 맞는 것은?
① 테이블이 1회전 할 동안의 호브의 회전수
② 호빙 머시인의 효율
③ 기어 소재의 1회전에 대하여 호브의 피드
④ 호브 1회전에 대하여 기어의 전진 잇수

답 ③

다음 중 차동 기구를 갖고 있는 공작기계는?
① 브로칭 머신
② 레이디얼 드릴링 머신
③ 자동 선반
④ 기어 호빙 머신

답 ④

다) 기어 세이퍼

기어 세이퍼는 피니언 공구 또는 랙형 공구를 왕복 운동시켜 기어 소재와 공구에 적당한 이송을 주면서 기어를 가공하는 공작기계이다. 이 기계는 단붙이 기어 및 내접 기어를 쉽게 가공할 수 있으며, 사용 커터에 따라 피니언 커터형과 랙 커터형이 있다. 피니언 커터형 기어 세이퍼는 창성법에 의한 스퍼 기어, 턱이 있는 기어, 내접기어, 헬리컬 기어 등을 절삭할 수 있고, 대표적인 기어 절삭기는 펠로스 기어 세이퍼(Fellows gear shaper)가 있다.

라) 기어 연삭기

① Maag 기어 치형 연삭기
② Pratt and whitney 기어 연삭기
③ Niles 기어 연삭기

마) 베벨 기어 절삭기

직선 베벨 기어 절삭기의 대표적인 절삭기는 글리슨식 직선 베벨기어절삭기(Gleason straight becel gear generator)이며, 이는 2개의 공구대에 각각 1개씩의 커터를 가지고 있고 양 커터가 형성하는 모양은 랙형이 된다. 이 기어절삭기는 2개의 랙형 직선날커터를 정점을 향해 교대로 왕복 운동시킴으로써 크라운 기어(Crown gear) 1개의 잇면을 형성하게 할 수 있는 기계이다.

바) 기어 셰이빙(gear shaving)

기어 절삭기로 절삭된 기어를 정밀하게 다듬질하기 위하여 홈붙이 날(홈의 폭 0.7~1mm)을 가진 커터로 기어 잇면을 다듬질하는 가공을 기어 셰이빙이라 한다.

커터는 랙형과 피니언형이 있으며, 커터의 원주 속도는 100~130m/min, 이송은 0.2~0.4mm/rev, 절삭 깊이는 반지름 방향으로 1회 왕복 0.02~0.04mm로 하는 것을 표준으로 한다.

셰이빙의 여유는 이 두께로 0.05~0.10mm로 하고, 커터와 기어의 축 교차각은 8~12° 정도이다. 셰이빙을 한 기어는 치형과 편심 등이 수정되고 피치가 고르고 정확한 물림이 되어 고속 회전할 경우 소음이 작고, 내마멸성을 향상시킨다.

3 세이퍼 및 플레이너

(1) 세이퍼

1) 세이퍼에 의한 가공

세이퍼는 직선 왕복 운동하는 램(ram)의 공구대에 바이트를 고정하여 공작물을 직각 방향으로 이송하면서 평면, 측면, 경사면, 홈 등을 가공하는 데 많이 사용하는 공작기계이다.

세이퍼는 구조가 간단하고 취급은 용이하지만 정밀도 있는 가공은 어렵고 바이트가 전진할 때에만 절삭하고 귀환 행정으로 후진할 때에는 시간이 손실되므로 작업 능률이 좋지는 않다.

세이퍼의 크기는 주로 램의 최대 행정으로 표시하고, 400, 500, 600, 700mm 등이 있다. 그 외에 테이블의 크기와 이송 거리로 표시하기도 한다.

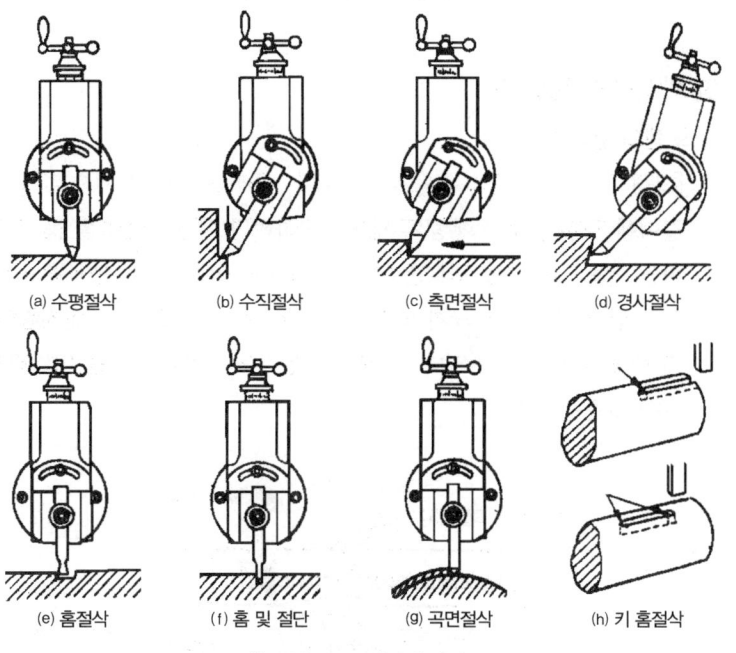

(a) 수평절삭 (b) 수직절삭 (c) 측면절삭 (d) 경사절삭
(e) 홈절삭 (f) 홈 및 절단 (g) 곡면절삭 (h) 키 홈절삭

○ 그림 3-47 세이퍼 작업

2) 세이퍼의 종류

수평식 보통형 세이퍼(plain horizontal shaper)와 수평식 횡행형 세이퍼(traverse shaper)가 있다. 수평식 보통형 세이퍼는 램이 일정한 안내면을 따라 앞뒤로 왕복하고 테이블을 좌우로 이송하며 평면을 절삭하는 세이퍼이며, 수평식 횡행형 세이퍼는 대형 중량물을 절삭하는 데 적합한 세이퍼이다. 따라서, 테이블은 공작물을 고정하고 상하로 높이만을 조절

할 뿐이고, 램은 왕복 운동을 하는 동시에 프레임 위를 좌우로 이동하면서 공작물을 절삭하는 세이퍼이다.

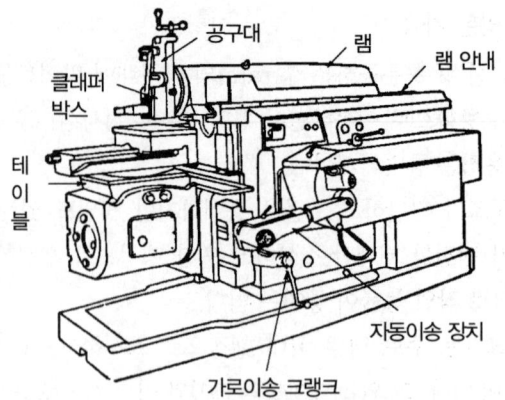

그림 3-48 수평식 보통형 세이퍼

3) 세이퍼의 운동기구

① 램의 운동기구

[그림 3-49]는 램의 운동기구의 내부 구조를 나타낸 것으로 공작물의 길이에 맞추어 램의 행정 길이를 조절하려면 행정 조절축을 돌려 크랭크 핀을 이동시켜 크랭크의 반지름 r를 변화시킨다. 이때, 반지름 r가 크면 로커 암의 흔들림이 크게 되어 행정 길이는 커지게 되고, 반지름이 작으면 행정 길이는 작게 된다. 크랭크 핀은 로커 암의 홈 안을 미끄러지면서 회전 운동을 한다.

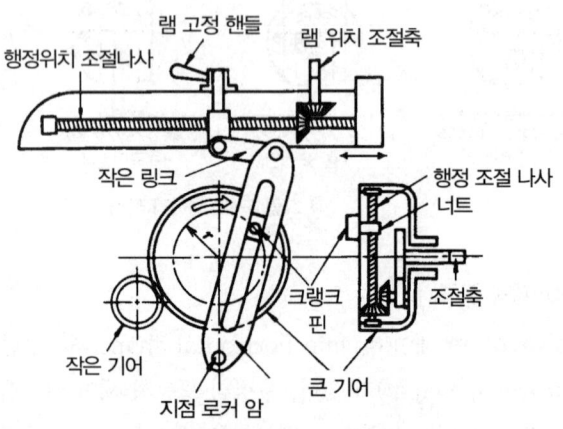

그림 3-49 램의 내부 구조

② 급속 귀환기구

급속 귀환기구는 [그림 3-50]과 같이 크랭크 기어와 로커 암에 의하여 절삭행정에 비해 귀환행정의 속도를 빠르게 하여 절삭하지 않은 귀환 시간을 단축하는 데 있다. 이 기구는 크랭크핀이 일정한 속도로 회전하고 있을 때, 절삭행정에서는 핀이 중심각 α만큼 돌고, 귀환 행정에서는 β만큼 돌게 된다. 따라서, 항상 $\alpha > \beta$이므로 귀환 행정에 요하는 시간이 절삭행정에 요하는 시간보다 짧아진다.

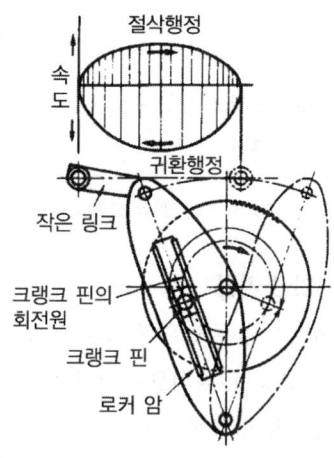

○ 그림 3-50 급속 귀환기구

4) 세이퍼 작업

① 바이트

곧은 바이트는 날 끝이 자루의 윗면과 일치해 절삭 중에서 바이트가 휘어 뒤로 밀리면 날 끝이 공작물에 파고 들어가 절삭 깊이가 그만큼 커지게 되고 굽은 바이트는 날 끝이 자루의 아랫면과 일치하도록 자루를 구부린 것으로 절삭 중에 바이트가 굽어도 날 끝이 공작물에 파고들지 않으므로 가공면이 깨끗하다.

② 절삭 속도

세이퍼의 절삭 속도는 램의 절삭행정에서 그 평균속도로 나타낸다. 세이퍼 가공을 하려면 우선 공작물과 바이트의 재질에 따라 여기에 적절한 절삭 속도의 범위를 정하고, 이것에 따라 램의 매분 왕복 횟수를 계산한다. 절삭 속도 $v(\mathrm{m/min})$의 관계식은 다음과 같다.

$$V = \frac{nL}{1,000k} \text{(m/min)}, \quad n = \frac{1,000kV}{L} \text{(회/min)}$$

여기서, n : 바이트의 1분간 왕복 횟수(stroke/min)
L : 행정의 길이(mm)
k : 절삭행정의 시간과 바이트 1왕복 시간과의 비$\left(\text{보통 } k = \frac{3}{5} < \frac{2}{3}\right)$

③ 가공 시간

공작물의 폭을 W(mm)라 할 때 세이퍼의 가공 시간 T(min)은 다음과 같다.

$$T = \frac{W}{nf} \text{(min)}$$

여기서, n : 1분간의 바이트 왕복 횟수(회/min)
f : 이송(mm/stroke)

(2) 플레이너

1) 플레이너(planer)에 의한 가공

공작물을 테이블에 설치하여 수평 왕복 운동을 하며, 바이트는 공작물의 운동 방향과 직각 방향으로 단속적으로 이송하여 공작물의 수평, 수직, 경사, 홈 곡면 등을 절삭하는 기계이다.

플레이너 가공의 종류와 절삭 방법은 세이퍼와 거의 같으나 세이퍼는 작은 공작물을 가공하는 반면, 플레이너는 큰 공작물을 대상으로 가공한다. 플레이너의 크기는 테이블의 크기(길이×나비), 공구대의 수평 및 상하 이동거리, 테이블 윗면부터 공구대까지의 최대높이로 표시한다.

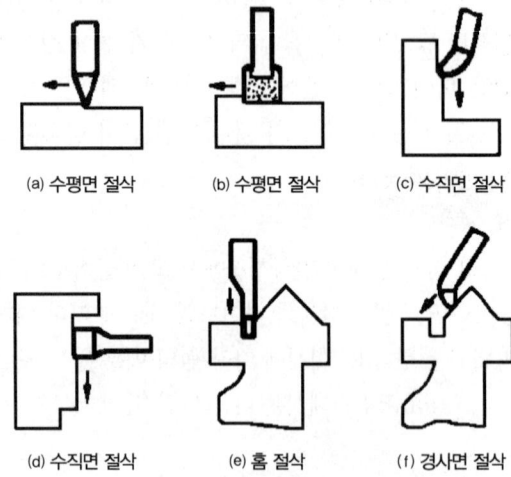

○ 그림 3-51 플레이너 작업

2) 플레이너의 구조와 종류

플레이너는 컬럼의 수에 따라 쌍주식 플레이너와 단주식 플레이너가 있다. 쌍주식 플레이너는 베드의 양쪽에 컬럼이 있어 공작물 크기에 제한을 받지만 강력절삭이 가능하고, 단주식 플레이너는 컬럼이 한 개가 설치되어 있어 테이블보다 폭이 넓은 공작물을 절삭할 수 있으나 정밀 작업에 주의를 해야 한다. 크로스레일(cross rail)은 컬럼 앞면에 수평으로 설치하고, 컬럼의 미끄럼을 따라 상하로 이동한다. 테이블은 긴 베드의 미끄럼 V 홈 위에 놓고, 그 위에 공작물을 고정하여 직선 운동을 한다. 미끄럼 홈에는 큰 압력이 작용하여 테이블이 고속운동을 하므로 윤활에 세심한 주의해야 한다.

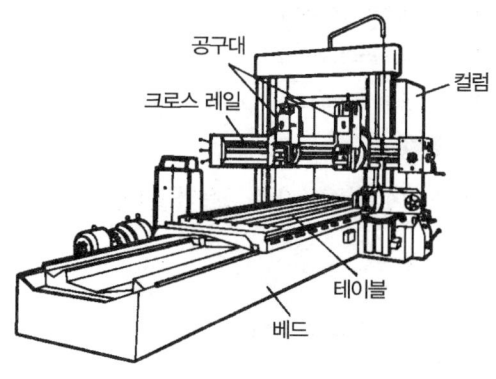

● 그림 3-52 쌍주식 플레이너

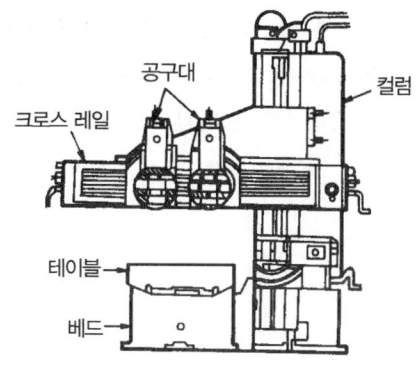

● 그림 3-53 단주식 플레이너

3) 절삭 속도

테이블이 왕복 운동 중에서 테이블의 후진이 절삭행정이며, 전진이 귀환 행정이다. 귀환 행정은 절삭행정보다 빠른 속도로 급속 귀환하므로 공작물을 가공하는 시간의 손실을 방지하도록 되어 있다.

플레이너에서 절삭행정과 귀환 행정의 속도를 각각 일정하다고 가정하면, 테이블 1회 왕복에 소요되는 시간으로 평균속도를 계산한다.

1회 왕복시간 $t(\min)$는 $\dfrac{L}{V_S} + \dfrac{L}{V_r}$, 속도비 $n = \dfrac{V_r}{V_S}$ (보통 3~4)이므로

$$V_m = \frac{2L}{t} = \frac{2V_S}{1 + \dfrac{1}{n}} \text{ (m/min)}$$

여기서, V_m : 평균속도(m/min)
V_S : 절삭 속도(m/min)
V_r : 귀환 속도(m/min)
L : 행정(m)

평균속도를 이용하여 가공 시간은 다음과 같다.

$$T = \frac{2bL}{\mathcal{L} f v_m} \text{(min)}$$

여기서, T : 가공 시간(min)
b : 공작물의 폭(m)
f : 이송(m/stroke)
$\mathcal{L}$: 절삭효율

같은 절삭 속도에서는 속도비 n을 크게 하면 평균속도는 커지므로, 1회 왕복 시간이 짧아진다. 그러나 위의 식에서 속도비의 영향은 그다지 크지 않으므로 가공 시간을 짧게 하려면 절삭 속도를 크게 하는 것이 효과적이다.

PART 3 컴퓨터수치제어(CNC) 절삭가공

예상문제

01 드릴의 속도가 V(m/min), 지름이 d(mm)일 때, 드릴의 회전수 n(rpm)을 구하는 식은?

① $n = \dfrac{1,000}{\pi d V}$ ② $n = \dfrac{1,000 V}{\pi d}$

③ $n = \dfrac{\pi d V}{1,000}$ ④ $n = \dfrac{\pi d}{1,000 V}$

해설
$N(\text{회전수}) = \dfrac{1,000 V}{\pi D}$

02 드릴링 머신에서 회전수 160rpm, 절삭 속도 15m/min일 때, 드릴 지름(mm)은 약 얼마인가?

① 29.8
② 35.1
③ 39.5
④ 15.4

해설
$v = \dfrac{\pi DN}{1,000}$, $D = \dfrac{1,000 \times 15}{\pi \times 160} = 29.84$

03 드릴의 회전수 600rpm, 이송 속도 0.1mm/rev, 드릴의 원추 높이 3mm, 구멍의 깊이가 17mm일 경우 구멍을 가공하는 데 소요되는 시간은 약 몇 초인가?

① 50   ② 40
③ 30   ④ 20

해설
$T = \dfrac{t+h}{Nf} i$ $T = \dfrac{17+3}{600 \times 0.1} = 0.33\min = 20\sec$

04 공작물의 구멍 깊이 $t = 90$mm, 지름(드릴) $d = 30$mm, 이송량 $s = 0.15$mm회전, 회전수 $n = 270$회전/min이라면 드릴의 절삭 소요 시간은? (단, 날 끝각은 118°이다. 단위 mim)

① 약 1.5
② 약 2
③ 약 2.5
④ 3

해설
$T = \dfrac{t+h}{Nf} i$

$h = \dfrac{\dfrac{D}{2}}{\tan\dfrac{\alpha}{2}} = \dfrac{\dfrac{30}{2}}{\tan\dfrac{118}{2}} = 9.01$

$T = \dfrac{90+9.01}{270 \times 0.15} = 2.46 ≒ 2.5$

05 ϕ10mm의 드릴에 대한 절삭 속도를 $V = 35$m/min, 매회전당 이송 거리를 $f = 0.15$mm/rev으로 선택하면 주축회전수 N과 이송 속도 F는 각각 얼마인가?

① 1,010rpm, 16mm/min
② 1,110rpm, 60mm/min
③ 1,114rpm, 167mm/min
④ 1,110rpm, 16mm/min

해설
$n = \dfrac{1,000 \times 35}{\pi \times 10} = 1,114$
$F = 1,114 \times 0.15 = 167\text{mm/min}$

[정답] 01 ② 02 ① 03 ④ 04 ③ 05 ③

06 직경이 25.4mm인 구멍을 이송이 0.254mm/rev, 절삭 속도가 18m/min의 조건으로 드릴 가공할 때 소요 동력은 약 몇 ps인가? (단, 추력은 669N, 회전 모멘트는 33N/cm이다.)

① 0.011　　② 0.1234
③ 0.3258　　④ 0.4675

해설

$$Ps = \frac{2\pi MN}{75 \times 9.81 \times 60 \times 100} + \frac{PtNf}{75 \times 9.81 \times 60 \times 1,000}$$

$$N = \frac{1,000V}{\pi D} = \frac{1,000 \times 18}{\pi \times 25.4} = 225.6$$

$$Ps = \frac{2 \times \pi \times 33 \times 225.6}{75 \times 9.81 \times 60 \times 100} + \frac{669 \times 225.6 \times 0.254}{75 \times 9.81 \times 60 \times 1,000}$$

$$= 0.011$$

07 구멍 ϕ38mm, 깊이 50mm의 강재에 절삭 속도 36.6m/min의 이송 0.5mm/rev으로 뚫을 때의 절삭률은?

① 약 147cm³/min
② 약 174cm³/min
③ 약 168cm³/min
④ 약 186cm³/min

해설

$$\frac{\pi d^2}{4} \times \frac{1,000V}{\pi \cdot D} \times f = \frac{\pi \times 38^2}{4} \times \frac{1,000 \times 36.6}{\pi \times 38} \times 0.5$$

$$= 173,850mm^3/min$$

$$≒ 174cm^3/min$$

08 주요 공작기계의 일반적인 일감 운동에 대한 설명으로 틀린 것은?

① 밀링 머신 : 일감을 고정하고 이송한다.
② 선반 : 일감을 고정하고 회전시킨다.
③ 보링 머신 : 일감을 고정하고 이송한다.
④ 드릴링 머신 : 일감을 고정하고 회전시킨다.

해설
드릴링 머신 : 일감을 고정하고 공구를 회전시킨다.

09 드릴 작업에 대한 설명으로 적절하지 않은 것은?

① 드릴 작업은 항상 시작할 때보다 끝날 때 이송을 빠르게 한다.
② 지름이 큰 드릴을 사용할 때는 바이스를 테이블에 고정한다.
③ 드릴은 사용 전에 점검하고 마모나 균열이 있는 것은 사용하지 않는다.
④ 드릴이나 드릴 소켓을 뽑을 때는 전용 공구를 사용하고 해머 등으로 두드리지 않는다.

해설
드릴 작업은 항상 시작할 때보다 끝날 때 이송을 느리게 하며, 드릴의 직경이 클수록 회전수는 작게 한다.

10 드릴로 구멍을 뚫은 이후에 사용되는 공구가 아닌 것은?

① 리머
② 센터펀치
③ 카운터 보어
④ 카운터 싱크

해설
① 리머 : 구멍의 정밀도를 높이기 위한 작업. 리머의 여유는 직경 10mm일 때 0.2mm 정도이며, 드릴 작업 rpm의 2/3~3/4, 이송은 같거나 빠르게 한다.
② 보링(boring) : 뚫린 구멍을 다시 절삭, 구멍을 넓히고 다듬질하는 것. 보링 바에 바이트를 사용한다.
③ 카운터 보어 : 작은 나사, 볼트의 머리부가 돌출되지 않도록 머리부가 들어갈 자리 부분을 단이 있게 구멍 뚫는 작업
④ 카운터 싱크 : 접시 머리 나사의 머리가 묻히게 하기 위해 원뿔 자리를 만드는 작업

[정답] 06 ① 07 ② 08 ④ 09 ① 10 ②

11 기계 가공 방법의 설명이 틀린 것은?

① 리밍 작업은 뚫려 있는 구멍을 높은 정밀도로, 가공 표면의 표면 거칠기를 우수하게 하기 위한 가공이다.
② 보링 작업은 이미 뚫어져 있는 구멍을 필요한 크기로 넓히거나 정밀도를 높이기 위한 가공이다.
③ 카운터 보링 작업은 나사 머리의 모양이 접시 모양일 때 테이퍼 원통형으로 절삭하는 가공이다.
④ 스폿 페이싱 작업은 단조나 주조품 등의 볼트나 너트를 체결하기 곤란한 경우에 구멍 주위에 체결이 잘 되도록 부분만을 평탄하게 하는 가공이다.

해설
카운터 보링 작업은 나사 머리의 모양이 둥근 모양일 때 볼트의 머리부가 돌출되지 않도록 머리부가 들어갈 자리 부분을 단이 있게 구멍 뚫는 작업이다.

12 6각 구멍 붙이 머리 볼트를 공작물에 안으로 묻히게 하기 위한 단이 있는 구멍 가공법은?

① 리밍(reaming)
② 카운터 싱킹(counter sinking)
③ 카운터 보링(counter boring)
④ 보링(boring)

해설
① 리밍(reaming) : 구멍의 정밀도를 높이기 위한 작업. 리머의 여유는 직경 10mm일 때 0.2mm정도이며, 드릴작업 rpm의 2/3~3/4, 이송은 같거나 빠르게 한다.
② 카운터 싱킹(counter sinking) : 접시머리 나사의 머리가 묻히게 하기 위해 원뿔자리를 만드는 작업이다.
③ 카운터 보링(counter boring) : 작은 나사, 볼트의 머리부기 돌출되지 않도록 머리부가 들어갈 자리 부분을 단이 있게 구멍 뚫는 작업을 한다.

④ 보링(boring) : 뚫린 구멍을 다시 절삭, 구멍을 넓히고 다듬질하는 것. 보링 바에 바이트를 사용한다.

13 드릴 작업에서 너트나 볼트 머리에 접하는 면을 편평하게 하여, 그 자리를 만드는 작업은?

① 카운터 싱킹   ② 스폿 페이싱
③ 태핑   ④ 리밍

해설
① 스폿 페이싱(Spot Facing) : 볼트 또는 너트 등의 구멍과 직각이 되게 머리부가 접촉하는 부분을 깎아서 만드는 작업
② 태핑(Tapping) : 공작물 내부에 암나사 가공, 태핑을 위한 드릴 가공은 나사의 외경-피치로 한다.

14 다음 그림과 같은 원형 관통 구멍을 가공할 때 사용되는 절삭 공구가 아닌 것은?

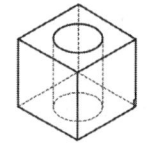

① 드릴   ② 엔드밀
③ 페이스 밀   ④ 카운터 보어

해설
• 카운터 보어 : 작은 나사, 볼트의 머리부가 돌출되지 않도록 머리부가 들어갈 자리 부분을 단이 있게 구멍 뚫는 작업이다.
• 페이스 밀 : 넓은 평면을 가공하는 공구

15 드릴로 구멍 가공을 한 다음에 사용하는 공구가 아닌 것은?

① 리머   ② 센터펀치
③ 카운터 보어 ④ 카운터 싱크

해설
센터펀치는 금긋기 작업 후에 사용한다.

[정답] 11 ③ 12 ③ 13 ① 14 ③ 15 ②

16 다음 중 금속의 구멍 작업 시 칩의 배출이 용이하고 가공 정밀도가 가장 높은 드릴 날은?

① 평 드릴
② 센터 드릴
③ 직선 홈 드릴
④ 트위스트 드릴

해설
트위스트 드릴 : 정밀도가 가장 높고 가장 널리 사용되며 비틀림 홈을 통해 절삭 칩을 배출한다. 보통 직경 13mm 이하는 곧은 자루로, 그 이상은 테이퍼 자루로 되어 있다.

17 드릴 머신으로서 할 수 없는 작업은?

① 널링
② 스폿 페이싱
③ 카운터 보링
④ 카운터 싱킹

해설
널링은 선반에서 작업할 수 있다.

18 기계 가공법에서 리밍 작업 시 가장 옳은 방법은?

① 드릴 작업과 같은 속도와 이송으로 한다.
② 드릴 작업보다 고속에서 작업하고, 이송을 작게 한다.
③ 드릴 작업보다 저속에서 작업하고, 이송을 크게 한다.
④ 드릴 작업보다 이송만 작게 하고, 같은 속도로 작업한다.

해설
리밍 작업은 드릴 작업보다 저속에서 작업하고, 이송을 크게 한다.

19 Ø13 이하의 작은 구멍 뚫기에 사용하며 작업대 위에 설치하여 사용하고, 드릴 이송은 수동으로 하는 소형의 드릴링 머신은?

① 다두 드릴링 머신
② 직립 드릴링 머신
③ 탁상 드릴링 머신
④ 레이디얼 드릴링 머신

해설
① 다두 드릴링 머신
직립 드릴링 머신의 상부 기구를 같은 베드 위에 여러 개 나열한 기계이므로 각각의 스핀들에 여러 가지 공구를 꽂아 드릴링, 리밍, 태핑 등을 순서에 따라 연속적으로 능률 있게 가공할 수 있다.
② 직립 드릴링 머신
 • $\phi 13$ 이상 $\phi 50$ 이하 가공
 • 구조 : spindle, head, colum, table, base
③ 탁상 드릴링 머신
 • 작은 구멍(13mm) 이하 작업용
 • 크기는 뚫을 수 있는 구멍지름, 스윙 및 테이블의 크기
④ 레이디얼 드릴링 머신
 • 가장 주로 쓰이며 공작물을 고정시켜 놓고 주축의 위치를 이동시켜서 구멍의 중심 맞추어 작업
 • 비교적 대형이며 무거운 공작물의 구멍 뚫기, 주축이동
 • 암에는 새들이 있고 이동은 피니언과 랙으로 작동

20 직립 드릴링 머신의 크기에서 스윙을 나타내는 것은?

① 컬럼의 중심부터 주축 표면까지 거리의 3배
② 주축의 중심부터 컬럼 표면까지 거리의 3배
③ 컬럼의 중심부터 주축 표면까지 거리의 2배
④ 주축의 중심부터 컬럼 표면까지 거리의 2배

해설
직립 드릴링 머신의 크기
① 스윙(주축 중심으로부터 컬럼 표면까지의 거리의 2배)
② 테이블의 크기
③ 주축 구멍의 모스 테이퍼 번호
④ 드릴 가공을 할 수 있는 최대지름
⑤ 주축 끝과 테이블 윗면과의 최대 거리로 나타낸다.

[정답] 16 ④ 17 ① 18 ③ 19 ③ 20 ④

21 다음 중 직립 드릴링 머신에서 경사면이나 뾰족한 부분에 드릴링을 할 경우 적절한 방법은?

① 드릴의 이송을 빠르게 하여 드릴링 한다.
② 공작물 아래에 나무판을 대고 드릴링 한다.
③ 엔드밀, 센터 드릴을 이용하여 드릴링 위치에 자리 파기를 하고 드릴링 한다.
④ 드릴의 선단각이 180° 이상인 플랫 드릴(flat drill)을 이용하여 드릴링 한다.

해설
경사면이나 뾰족한 부분은 엔드밀, 센터 드릴을 이용하여 드릴링 위치에 자리 파기를 하고 드릴링한다.

22 가공물이 대형이거나 무거운 제품을 드릴 가공할 때에, 가공물을 고정시키고 드릴이 가공 위치로 이동할 수 있도록 제작된 드릴링 머신은?

① 직립 드릴링 머신
② 터릿 드릴링 머신
③ 레이디얼 드릴링 머신
④ 만능 포터블 드릴링 머신

해설
레이디얼 드릴링 머신
① 가장 주로 쓰이며 공작물을 고정시켜 놓고 주축의 위치를 이동시켜서 구멍의 중심 맞추어 작업
② 비교적 대형이며 무거운 공작물의 구멍 뚫기, 주축 이동

23 같은 평면 안에 있는 다수의 구멍을 동시에 드릴 가공할 수 있는 드릴링 머신은?

① 다두 드릴링 머신
② 레이디얼 드릴링 머신
③ 다축 드릴링 머신
④ 직립 드릴링 머신

24 드릴 선단부에 마멸이 생긴 경우 선단부의 끝날을 연삭하여 사용하는 방법은?

① 시닝(thinning)
② 트루잉(truing)
③ 드레싱(dressing)
④ 글레이징(glazing)

해설
① 시닝(thinning) : 무디어진 웨브를 연삭하는 것으로 드릴의 생크 쪽으로 갈수록 웨브의 두께가 증가하여 절삭성이 나빠진다. 이 웨브는 드릴 가공이 이송을 줄 때 추력이 일어나는 원인이 되며, 드릴 연삭 시 웨브의 두께를 처음 두께 상태로 얇게 연삭하는 것
② 트루잉(truing) : 연삭숫돌의 외형을 수정하여 규격에 맞는 제품을 만드는 과정
③ 드레싱(dressing) : 숫돌입자를 무딤이나 눈 메움으로 절삭성이 나빠진 숫돌 면에 날카로운 입자를 발생시켜 주는 작업
④ 글레이징(glazing) : 숫돌의 입자가 탈락되지 않고 마모에 의해서 납작하게 둔화된 상태

25 드릴을 연삭하면 웨브의 두께가 두꺼워져 절삭성이 나빠진다. 이 점을 개선하기 위해서 하는 작업을 무엇이라 하는가?

① 시닝
② 드레싱
③ 트루잉
④ 그라인딩

해설
시닝 : 무디어진 웨브를 연삭, 드릴 연삭 시 웨브의 두께를 처음 두께 상태로 얇게 연삭하는 것

26 드릴 작업 시 일감의 고정 방법 중에서 어느 것이 가장 안전에 나쁜가?

① 손으로 고정한다.
② 지그로 고정한다.
③ 볼트로 고정한다.
④ 바이스로 고정한다.

[정답] 21 ③ 22 ③ 23 ① 24 ① 25 ① 26 ①

27 드릴에서 예비적인 날과 날의 보강 역할을 하는 부분을 무엇이라 하는가?

① 랜드   ② 마진
③ 디닝   ④ 웨이브

해설
① 웨브 : 드릴 끝의 홈과 홈 사이의 두께로 자루 쪽으로 갈수록 커진다.
② 마진 : 드릴의 홈을 따라서 나타나는 좁은 면으로 드릴의 크기를 정하며 예비적 날의 역할과 날강도를 보강하며 드릴의 위치를 잡아 준다.
③ 몸 여유 : 드릴과 구멍 내면이 마찰하는 것을 방지

28 트위스트 드릴은 절삭 날의 각도가 중심에 가까울수록 절삭 작용이 나빠지는데, 이를 개선하기 위해 드릴의 웨브 부분을 연삭하는 것은?

① 디닝(thinning)
② 트루잉(truing)
③ 드레싱(dressing)
④ 글레이징(glazing)

해설
디닝(thinning) : 무디어진 웨브를 연삭하는 것으로 드릴의 생크 쪽으로 갈수록 웨브의 두께가 증가하여 절삭성이 나빠진다. 이 웨브는 드릴 가공이 이송을 줄 때 추력이 일어나는 원인이 되며, 드릴 연삭 시 웨브의 두께를 처음 두께 상태로 얇게 연삭하는 것이다.

29 드릴에서 마진보다 지름을 적게 제작한 몸체 부분으로 절삭 시 공작물에 접촉하지 않도록 여유를 둔 부분은 무엇인가?

① 웨브(web)
② 마진(margin)
③ 몸 여유(body clearance)
④ 날 여유각(lip clearance)

해설
① 웨브 : 드릴 끝의 홈과 홈 사이의 두께로 자루 쪽으로 갈수록 커진다.
② 마진 : 드릴의 홈을 따라서 나타나는 좁은 면으로 드릴의 크기를 정하며 예비적 날의 역할과 날의 강도 보강하며 드릴의 위치를 잡아 준다.
③ 몸 여유 : 드릴과 구멍 내면이 마찰하는 것을 방지(백 테이퍼로 만듦.)

30 드릴의 웨브(web)에 관한 설명 중 옳은 것은?

① 절삭을 하는 실제 부분이다.
② 두께가 두꺼우면 절삭 저항이 크다.
③ 드릴의 굵기를 나타내는 기준이 된다.
④ 절삭 구멍과 드릴 크기와의 차이이다.

해설
웨브 : 드릴 끝의 홈과 홈 사이의 두께로 자루 쪽으로 갈수록 두껍고 절삭 저항이 크다.

31 드릴의 날 끝각이 118°로 되어 있으면서도 날끝의 좌우 길이가 다르다면 날끝의 좌우 길이가 같을 때보다 가공 후의 구멍 치수 변화는?

① 더 커진다.   ② 변함없다.
③ 타원형이 된다.   ④ 더 작아진다.

해설
드릴의 날 끝각이 118°로 되어 있으면서도 날끝의 좌우 길이가 다르다면 날끝의 좌우 길이가 같을 때보다 가공 후의 구멍 치수는 더 커진다.

32 드릴 가공에서 깊은 구멍을 가공하고자 할 때 다음 중 가장 좋은 드릴 가공 조건은?

① 회전수와 이송을 느리게 한다.
② 회전수는 빠르게 이송을 느리게 한다.
③ 회전수는 느리게 이송은 빠르게 한다.
④ 회전수와 이송은 정밀도와는 관계없다.

[정답] 27 ② 28 ① 29 ③ 30 ② 31 ① 32 ①

해설
드릴 가공에서 깊은 구멍을 가공하고자 할 때는 회전수와 이송을 느리게 한다.

33 고속도강 드릴을 이용하여 황동을 드릴링 할 때, 적합한 드릴의 선단각은?
① 60° ② 90°
③ 110° ④ 125°

해설

공작물의 재료와 드릴 날 끝각과 여유각

공작물 재질	선단각	여유각
일반재료	118°	12~15°
연강	90~120°	12°
경강	120~140°	10°
주철	90~118°	12~15°
구리	100°	12°
황동	110~118°	12~15°
고무	60°	12°

34 주철을 드릴로 가공할 때 드릴 날끝의 여유각은 몇 도(°)가 적합한가?
① 10° 이하 ② 12°~15°
③ 20°~32° ④ 32° 이상

35 일반 연강을 가공하는 트위스트 드릴의 표준각(인선각 또는 날 끝각)은 몇 °인가?
① 110° ② 114°
③ 118° ④ 122°

해설
드릴의 각도 : 트위스트 드릴의 인선각은 연강용에 대해 118°로 일반적으로 가공 재료가 단단할수록 인선각이 커진다. (여유각 : 10~15°, 웨브각 : 135°, 나선각 : 20~32°)

36 다음 중 드릴의 파손 원인으로 가장 거리가 먼 것은?
① 이송이 너무 커서 절삭 저항이 증가할 때
② 디닝(thinning)이 너무 커서 드릴이 약해졌을 때
③ 얇은 판의 구멍 가공 시 보조판 나무를 사용할 때
④ 절삭 칩의 원활한 배출되지 못하고 가득 차 있을 때

해설
드릴 절삭 날 중심이 맞지 않을 때 파손의 원인이 되며 얇은 판의 구멍 가공 시 보조판 나무를 사용하면 드릴의 파손을 방지할 수 있다.

37 드릴의 연삭 방법에 관한 설명 중 틀린 것은?
① 절삭 날의 좌우 길이를 같게 한다.
② 절삭 날이 중심선과 이루는 날 끝 반각을 같게 한다.
③ 표준 드릴의 경우 날 끝각은 90° 이하로 연삭한다.
④ 절삭 날의 여유각은 일감의 재질에 맞게 하고 좌우를 같게 한다.

해설
표준 드릴의 경우 날 끝각은 120°, 여유각은 12°로 연삭한다.

38 박스 지그(box jig)의 사용처로 옳은 것은?
① 드릴로 대량생산을 할 때
② 선반으로 크랭크 절삭을 할 때
③ 연삭기로 테이퍼 작업을 할 때
④ 밀링으로 평면 절삭 작업을 할 때

[정답] 33 ③ 34 ② 35 ③ 36 ③ 37 ③ 38 ①

해설
박스 지그(box jig) : 드릴로 대량 생산을 할 때 사용하며 지그의 형태가 상자형으로 구성되었으며, 공작물이 한 번 장착되면 지그를 회전시켜 가며 여러 면에서 가공할 수 있고, 공작물의 위치 결정이 정밀하고, 견고하게 클램핑할 수 있는 장점이 있다. 그러나 지그를 제작하는 데 많은 시간과 제작비가 필요하며, 칩의 배출이 곤란하다.

39 수평 보링 머신의 크기를 표시하는 기준이 아닌 것은?
① 주축의 지름
② 테이블의 크기
③ 주축의 이동 거리
④ 테이블의 회전수

해설
보링 머신의 크기
① 주축지름 및 주축 이동 거리
② 테이블의 크기
③ 주축거리의 상하 이동 거리 및 테이블의 이동 거리

40 다음 중 보링 머신의 작업 방법에 따른 분류가 아닌 것은?
① 다축 보링 머신
② 수직 보링 머신
③ 코어 보링 머신
④ 지그 보링 머신

해설
보링 머신의 작업 방법에 따른 분류
① 보통 보링 머신(테이블형, 플레이너형, 플로우형)
② 수직 보링 머신
③ 정밀 보링 머신
④ 지그 보링 머신
⑤ 코어 보링 머신

41 수평식 보링 머신의 분류가 아닌 것은?
① 베드형
② 플로우형
③ 테이블형
④ 플레이너형

해설
수평식 보링 머신 – 대표적인 보링 머신
① 테이블형 : 보링 및 기계 가공 병행 중형 이하 가공물
② 플레이너형 : 중량이 큰 일감의 정밀가공
③ 플로우형 : 테이블형에서 곤란한 대형 일감
④ 이동형 : 이동작업, 기계수리형

42 보링 머신에서 사용되는 공구는?
① 엔드밀
② 정면 커터
③ 아버
④ 바이트

해설
보링의 3대 부속 장치 : 보링 바이트, 보링 바, 보링 공구대

43 수평식 보링 머신 중 새들이 없고, 길이 방향의 이송은 베드를 따라 컬럼이 이송되며, 중량이 큰 가공물을 가공하기에 가장 적합한 구조를 가지고 있는 형은?
① 테이블형
② 플레이너형
③ 플로우형
④ 코어형

해설
수평 보링 머신(horizontal boring machine)
주축이 수평으로 설치된 보링 머신이며, 구조에 따라 테이블형(table type), 플로어형(floor type), 플레이너형(planner type)이 있다.
• 테이블형 : 테이블이 상하 및 전후 이동하는 고정식 주축대와 주축이 상하 이동하고, 테이블이 전후 및 좌우 이동하는 이동식 주축대가 있다.
• 플로어형 : 가공물을 대형 floor인 베드에 직접 고정하고 주축대가 베드 상을 이동한다.
• 플레이너형 : 중량이 큰 일감의 정밀가공으로 긴 베드와 테이블이 있어 테이블이 좌우로 이동한다.

[정답] 39 ④ 40 ① 41 ① 42 ④ 43 ②

44 고속 회전 및 정밀한 이송기구를 갖추고 있으며, 정밀도가 높고 표면 거칠기가 우수한 실린더, 커넥팅 로드, 베어링 면 등의 가공에 가장 적합한 보링 머신은?

① 수직 보링 머신
② 정밀 보링 머신
③ 보통 보링 머신
④ 코어 보링 머신

해설
정밀 보링 머신(fine boring machine) : 다이아몬드공구 또는 초경합금공구를 사용하여 고속 경절삭과 미세한 이송으로 내연기관의 실린더, 피스톤 공부, 베어링 부 등을 정밀 작업하는 기계이다. 정밀 보링 머신은 직립식과 수평식이 있고, 가공한 구멍의 진원도와 진직도가 매우 높게 작업할 수 있다.

45 판재 또는 포신 등의 큰 구멍 가공에 적합한 보링 머신은?

① 코어 보링 머신
② 수직 보링 머신
③ 보통 보링 머신
④ 지그 보링 머신

해설
코어 보링 머신 : 판재 또는 포신 등의 큰 구멍 가공에 적합하다.

46 가공 기계 중에서 높은 정밀도를 요구하는 가공물의 정밀가공에 사용되며 항온항습실에 설치하는 것은?

① 지그 보링 머신
② 코어 보링 머신
③ 심공 드릴링 머신
④ 레이디얼 드릴링 머신

해설
① 지그 보링 머신
구멍을 대단히 정확한 좌표 위치에 정밀 가공하기 위한 것으로 나사식 보정장치, 현미경을 이용한 광학적 장치 등이 있다.
② 코어 및 심공 보링 머신
구멍의 깊이가 10~20배 이상의 것을 뚫을 때 사용되며 판재에 큰 구멍을 가공하거나 포신 등의 가공에 적합
③ 레이디얼 드릴링 머신
비교적 대형이며 무거운 공작물의 구멍 뚫기, 주축이동이 가능하고 공작물을 고정시켜 놓고 주축의 위치를 이동시켜서 구멍의 중심을 맞추어 작업

47 스핀들이 수직이며, 스핀들은 안내면을 따라 이송되며, 공구위치는 크로스 레일 공구대에 의해 조절되는 보링 머신은?

① 수직 보링 머신   ② 정밀 보링 머신
③ 지그 보링 머신   ④ 코어 보링 머신

해설
수직 보링 머신 : 스핀들이 수직이며, 스핀들은 안내면을 따라 이송되며, 공구 위치는 크로스 레일 공구대에 의해 조절되는 보링 머신이다.

48 주축대의 위치를 정밀하게 하기 위하여 나사식 측정장치, 다이얼게이지, 광학적 측정장치를 갖추고 있는 보링 머신은?

① 수직 보링 머신   ② 보통 보링 머신
③ 지그 보링 머신   ④ 코어 보링 머신

해설
지그 보링 머신 : 구멍을 대단히 정확한 좌표 위치(구멍 간의 거리 공차 ±0.02~0.005 사이)에 정밀 가공하기 위한 것으로(보통 항온실 온도 20℃±1℃, 습도 55% 유지), 나사식 보정장치, 현미경을 이용한 광학적 장치 등을 가지고 있다.

[정답] 44 ② 45 ① 46 ① 47 ① 48 ③

49 보링 작업에는 여러 가지 절삭 공구가 사용된다. 그중 가장 많이 사용하는 공구는?

① 바이트 ② 드릴
③ 리머   ④ 밀링 커터

해설
보링의 3대 부속 장치에는 보링 바이트, 보링 바, 보링 공구대가 있다.

50 브로칭 가공의 특징에 관한 설명으로 틀린 것은?

① 브로치 공구의 제작이 쉽다.
② 주로 대량 생산에만 이용된다.
③ 균일한 다듬질면을 얻을 수 있다.
④ 다양한 단면 형상의 공작물을 가공할 수 있다.

해설
브로칭 가공: 다수의 절삭 날을 일직선상에 가진 브로치(Broach)라는 공구를 사용해서 공작물의 구멍 내면 및 표면을 필요한 형상으로 가공을 위해 인발 또는 압입하여 절삭한다. 단, 브로치 제작이 어렵고 고가이므로 사용상 주의가 요구된다.

51 브로칭(broaching)에 관한 설명 중 틀린 것은?

① 제작과 설계에 시간이 소요되며 공구의 값이 고가이다.
② 각 제품에 따라 브로치의 제작이 불편하다.
③ 키 홈, 스플라인 홈 등을 가공하는 데 사용한다.
④ 브로치 압입 방법에는 나사식, 기어식, 공압식이 있다.

해설
브로치 구동 방식: 나사식, 기어식, 유압식이 있다.

52 브로치 가공에 대한 설명 중 옳지 않은 것은?

① 가공 홈의 모양이 복잡할수록 느린 속도로 가공한다.
② 절삭 깊이가 너무 작으면 인선의 마모가 증가한다.
③ 브로치는 떨림을 방지하기 위하여 피치의 간격을 같게 한다.
④ 절삭량이 많고 길이가 길 때에는 절삭 날 수를 많게 한다.

해설
브로치는 떨림을 방지하기 위하여 피치의 간격을 다르게 한다.

53 브로칭 머신을 이용한 가공 방법으로 틀린 것은?

① 키 홈   ② 평면 가공
③ 다각형 구멍 ④ 스플라인 홈

해설
평면 가공은 밀링, 플레이너, 세이퍼 등에서 작업이 가능하다.

54 가늘고 긴 일정한 단면모양을 가진 공구를 사용하여 가공물의 내면에 키 홈, 스플라인 홈, 원형이나 다각형의 구멍 형상과 외면에 세그먼트 기어, 홈, 특수한 외면의 형상을 가공하는 공작기계는?

① 기어 세이퍼(gear shaper)
② 호닝 머신(honing machine)
③ 호빙 머신(hobbing machine)
④ 브로칭 머신(broaching machine)

해설
브로칭 머신: 다수의 절삭 날을 일직선상에 가진 브로치(broach)라는 공구를 사용해서 공작물의 구멍 내면 및 표면을 필요한 형상으로 가공을 위해 인발 또는 압입하여 절삭한다. 단, 브로치 제작이 어렵고 고가이므로 사용상 주의가 요구된다.

[정답] 49 ① 50 ① 51 ④ 52 ③ 53 ② 54 ④

55 브로칭 머신에 사용하는 절삭 공구 브로치의 피치 간격을 일정하게 하지 않는 이유로 옳은 것은?

① 난삭재 가공　② 칩 처리 용이
③ 가공 시간 단축　④ 떨림 발생 방지

해설
브로치의 피치 간격을 일정하게 하지 않는 이유는 떨림 발생 방지이다.

56 1회로 완성 가공이 되는 것은?

① 세이퍼　② 밀링
③ 브로칭　④ 지그 보링

57 일반적으로 브로칭 머신의 절삭 속도로 알맞은 것은?

① 7~34m/min
② 55~80m/min
③ 85~100m/min
④ 105~120m/min

해설
브로칭 머신의 작업조건
① 절삭 속도 : 7~34m/min
② 절삭 깊이 키홈 : 0.09
　4각 : 0.08
　스플라인 : 0.06
③ 브로치 여유각 탄소강 : 1~7°
　주철 : 3~4°
④ 브로치 경사각 탄소강 : 7~15°
　주철 : 4~10°
　연강 : 2~4°

58 브로칭 머신에서 사용하는 일반적인 브로치의 종류가 아닌 것은?

① 날을 박은 브로치
② 일체로 된 브로치
③ 전자식 브로치
④ 조립식 브로치

59 슬로터(slotter)에 관한 설명으로 틀린 것은?

① 규격은 램의 최대행정과 테이블의 지름으로 표시된다.
② 주로 보스(boss)에 키 홈을 가공하기 위해 발달된 기계이다.
③ 구조가 세이퍼(shaper)를 수직으로 세워 놓은 것과 비슷하여 수직 세이퍼(shaper)라고도 한다.
④ 테이블의 수평길이 방향 왕복 운동과 공구의 테이블 가로 방향 이송에 의해 비교적 넓은 평면을 가공하므로 평삭기라고도 한다.

해설
슬로터는 세이퍼를 수직으로 놓은 것 같은 기계로 바이트를 설치한 램이 수직으로 왕복 운동한다. 키 홈, 평면, 구멍의 내면, 내접 기어, 스플라인 구멍, 기타 특수한 형상, 곡면의 절삭 가공에 적합하며, 슬로터 크기는 램의 최대 행정, 테이블의 크기, 테이블의 이동 거리, 회전 테이블의 직경으로 표시한다.

60 램이 상하로 직선 운동을 하며 급속귀환 장치가 있는 공작기계는?

① 세이퍼　② 슬로터
③ 플레이너　④ 브로칭

해설
슬로터는 구조가 세이퍼를 수직으로 한 것과 유사하여 수직식 세이퍼라고도 하며 공작물 고정, 공구 상하 이동으로 구멍, 키홈, 스플라인, 내접 기어 등을 가공한다.

[정답] 55 ④ 56 ③ 57 ① 58 ③ 59 ④ 60 ②

61 바이트가 램에 고정되어 수직 왕복 운동을 하고 일감은 수평 방향으로 단속적으로 이송하며 주로 내면을 가공하는 공작기계는?
① 슬로터 ② 브로칭
③ 세이퍼 ④ 선반

62 다음 가공 중 슬로터로 주로 가공하지 않는 것은?
① 넓은 평면
② 스플라인 구멍
③ 내접 기어
④ 좁은 곡면

63 구멍이 내면이나 곡면 이외에 내접 기어, 스플라인 구멍 등을 가공하는 공작기계로서 바이트는 램에 고정되어 수직 왕복 운동을 하며 일감은 수평 방향으로 단속적으로 이송되는 것은?
① 호빙 머신 ② 슬로터
③ 보링 머신 ④ 플레이너

64 급속 귀환 운동을 하는 기구에 사용되는 것은?
① 피스톤 크랭크 기구
② 이중 레버 기구
③ 레버 크랭크 기구
④ 이중 크랭크 기구

65 슬로터의 크기를 표시하는 사항이 아닌 것은?
① 테이블의 이동 거리
② 램의 최대 행정
③ 원형 테이블의 지름
④ 램의 무게

> **해설**
> 슬로터의 규격은 램의 최대 행정, 데이블의 크기 및 이동 거리, 회전 테이블의 지름으로 나누어진다.

66 슬로팅 절삭 장치를 설치하는 곳으로 가장 적당한 것은?
① 니(knee)형 밀링 머신의 테이블
② 니(knee)형 밀링 머신의 새들
③ 니(knee)형 밀링 머신의 주축
④ 니(knee)형 밀링 머신의 컬럼면

67 다음 중 기어를 절삭하는 공작기계는?
① 호빙 머신
② CNC 선반
③ 지그 그라인딩 머신
④ 래핑 머신

> **해설**
> 기어를 절삭하는 공작기계는 호빙 머신, 만능 밀링 등이다.

68 호브(hob)를 사용하여 기어를 절삭하는 기계로써, 차동 기구를 갖고 있는 공작기계는?
① 레이디얼 드릴링 머신
② 호닝 머신
③ 자동 선반
④ 호빙 머신

> **해설**
> 호빙 머신(hobbing machine)
> 호빙 머신은 랙 커터의 변형으로 호브를 이용하여 잇수에 대응하는 회전 이송을 기어 소재에 주어 창성법으로 기어 이를 절삭하는 기어 전용 공작기계이다.

[정답] 61 ① 62 ① 63 ② 64 ③ 65 ④ 66 ③ 67 ① 68 ②

69 기어절삭에 사용되는 공구가 아닌 것은?

① 호브
② 랙 커터
③ 피니언 커터
④ 더브테일 커터

해설
창성에 의한 절삭
① 랙 커터에 의한 방법
② 피니언 커터에 의한 방법
③ 호브에 의한 절삭

70 다음 중 기어 가공의 절삭법이 아닌 것은?

① 형판을 이용하는 절삭법
② 다인 공구를 이용하는 절삭법
③ 총형 공구를 이용하는 절삭법
④ 창성을 이용하는 절삭법

해설
(1) 형판에 의한 방법 : 기어 치형과 같은 형판을 사용하여 공구대를 형판에 따라 미끄럼 안내하여 가공하는 모방 절삭이며 특징은 다음과 같다.
 ① 기어 가공면이 거칠다.
 ② 생산 능률이 낮다.
 ③ 특수 용도의 기어 제작에 한정 이용(저속형 대형 스퍼 기어, 직선 베벨 기어)
(2) 총형 공구에 의한 절삭법 : 기어 이 홈의 모양과 같은 커터를 사용하여 기어 소재 1피치만큼씩 회전시켜서 차례로 기어를 절삭하며 특징은 다음과 같다.
 ① 치형 곡선과 피치의 정밀도가 나쁘다.
 ② 생산 능률이 낮아 소량 생산에 사용
 ③ 사용 기계 : 밀링, 셰이퍼, 슬로터
(3) 창성에 의한 절삭 : 인벌류트 곡선의 성질을 응용한 정확한 기어절삭 공구를 기어의 소재와 함께 회전 운동을 주며, 축 방향으로 왕복 운동을 시켜 절삭한다. 가공 방법은 다음과 같다.
 ① 랙 커터에 의한 방법
 ② 피니언 커터에 의한 방법
 ③ 호브에 의한 절삭

71 인벌류트 치형을 정확히 가공할 수 있는 기어 절삭법은?

① 총형 커터에 의한 절삭법
② 창성에 의한 절삭법
③ 형판에 의한 절삭법
④ 압출에 의한 절삭법

해설
창성에 의한 절삭 : 인벌류트 곡선의 성질을 응용한 정확한 기어절삭 공구를 기어의 소재와 함께 회전 운동을 주며 축 방향으로 왕복 운동을 시켜 절삭한다. 가공 방법은 다음과 같다.
① 랙 커터에 의한 방법
② 피니언 커터에 의한 방법
③ 호브에 의한 절삭

72 기어 가공에서 창성에 의한 절삭법이 아닌 것은?

① 형판에 의한 방법
② 랙 커터에 의한 방법
③ 호브에 의한 방법
④ 피니언 커터에 의한 방법

73 기어가 회전 운동을 할 때 접촉하는 것과 같은 상대 운동으로 기어를 절삭하는 방법은?

① 창성식 기어 절삭법
② 모형식 기어 절삭법
③ 원판식 기어 절삭법
④ 성형공구 기어 절삭법

해설
창성에 의한 절삭 : 인벌류트 치형 곡선의 성질을 응용하여 절삭할 기어와 정확히 물리도록 이론적으로 정확한 모양으로 다듬어진 기어 커터와 기어 소재를 적당한 상대운동을 시켜서 치형을 절삭하는 방법으로 호빙 머신, 기어 셰이퍼 등이 있다.

[정답] 69 ④ 70 ② 71 ② 72 ① 73 ①

74 기어 가공용 가공 기계 중 피니언 공구 또는 랙형 공구를 왕복 운동시켜, 기억 소재와 공구에 적당한 이송을 주면서 기어를 가공하는 것은?

① 기어 셰이퍼(gear shaper)
② 브로칭 머신(broaching machine)
③ 기어 셰이빙 머신(gear shaving machine)
④ 핵소 머신(hacksaw machine)

해설
① 기어 셰이퍼 : 기어 셰이퍼는 피니언 공구 또는 랙형 공구를 왕복 운동 시켜 창성법으로 기어 절삭하는 공작기계로써 단붙이 기어 및 내접 기어를 쉽게 가공
② 브로칭 머신 : 다수의 절삭 날을 일직선상에 가진 브로치(Broach)라는 공구를 사용해서 공작물의 구멍 내면 및 표면을 필요한 형상으로 가공을 위해 인발 또는 압입하여 절삭
③ 기어 셰이빙 머신 : 셰이빙 공구를 가공면에 가볍게 접촉시켜 적은 절삭면적에서 고속도로 경 절삭하여 기어를 다듬질하는 가공법

75 기어(gear)의 형상 오차 측정 항목이 아닌 것은?

① 치형 오차   ② 피치 오차
③ 편심 오차   ④ 치폭의 오차

해설
기어 측정에서는 치형의 정확도, 이 두께(치폭), 피치, 편심 오차 등을 측정하고 검사하며, 상대 기어와 물려 운전할 때의 마멸 및 소음 등을 시험한다.

76 기어절삭용 공구가 아닌 것은?

① 호브(Hob)
② 호운(Hone)
③ 랙 커터
④ 피니언 커터

해설
호운은 호닝머신에서 사용하는 공구이다.

77 일반적으로 호빙 머신에서 절삭할 수 없는 기어는?

① 헬리컬 기어   ② 하이포이드 기어
③ 웜 기어   ④ 스퍼 기어

해설
호빙 머신에서 가공할 수 없는 기어는 하이포이드 기어이다.

78 호빙 머신에서 기어절삭 운동기구가 아닌 것은?

① 테이블의 이송 운동
② 호브의 회전 운동
③ 호브의 이송 운동
④ 차동장치

해설
호빙 머신의 4가지 운동기구는 호브의 회전 운동, 테이블의 회전 운동, 호브의 이송 운동, 차동장치

79 호빙 머신에서 원통의 내면을 가공할 때 혼은 어떤 운동을 하는가?

① 회전 운동과 왕복 운동
② 직선 운동과 왕복 운동
③ 회전 운동
④ 직선 운동과 회전 운동

80 성형 공구 대신에 피니언 커터를 사용하여 상하 왕복 운동과 회전 운동을 하여 기어 절삭하는 것은?

① 펠로스 기어 셰이퍼
② 마아그식 기어 셰이퍼
③ 글리이슨식 기어 절삭기
④ 기어 셰이빙

해설
성형 공구 대신에 피니언 커터를 사용하여 상하 왕복 운동과 회전 운동을 하여 기어 절삭하는 것은 펠로스 기어 셰이퍼이다.

[정답] 74 ① 75 ④ 76 ② 77 ② 78 ① 79 ① 80 ①

81 기어 세이퍼에서 주로 기어를 절삭하는 방법은?
① 성형법   ② 형판법
③ 모형법   ④ 창성법

82 기어 세이퍼에서 특수 장치를 사용하여 깎을 수 있는 기어는?
① 스파이럴 기어
② 헬리컬 기어
③ 스파이럴 베벨 기어
④ 웜 기어

83 기어 피치원의 지름이 150mm, 모듈(module)이 5인 표준형 기어의 잇수는? (단, 비틀림각은 30°이다.)
① 15개   ② 30개
③ 45개   ④ 50개

해설
$D = M \cdot Z$
$Z = \dfrac{D}{M} = \dfrac{150}{5} = 30$

84 모듈 2, 잇수 27, 비틀림각 15°의 치직각 방식의 헬리컬 기어를 제작하고자 한다. 기어의 바깥지름은 약 몇 mm로 가공해야 되는가?
① 50   ② 55
③ 60   ④ 65

해설
$Z = \dfrac{27}{\cos^3 \beta} = \dfrac{27}{\cos^3 15} = 29.96$
$D = M \times Z = 29.96 \times 2 = 60$

85 공작기계의 종류 중 테이블의 수평 길이 방향 왕복 운동과 공구는 테이블의 가로 방향으로 이송하며, 대형 공작물의 평면 작업에 주로 사용하는 것은?
① 코어 보링 머신   ② 플레이너
③ 드릴링 머신   ④ 브로칭 머신

해설
플레이너 : 공작기계의 종류 중 테이블의 수평 길이 방향 왕복 운동과 공구는 테이블의 가로 방향으로 이송하며, 대형 공작물의 평면 작업에 주로 사용한다.

86 급속귀환 운동을 하는 공작기계가 아닌 것은?
① 선반   ② 슬로터
③ 플레이너   ④ 세이퍼

87 플레이너 가공에 관한 설명으로 틀린 것은?
① 플레이너 가공에서의 바이트는 일감의 운동 방향과 같은 방향으로 연속적으로 이송된다.
② 플레이너 가공의 종류와 절삭 방법은 세이퍼의 경우와 거의 같다.
③ 플레이너 가공에서 일감은 테이블 위에 고정시키고, 수평 왕복 운동을 시킨다.
④ 세이퍼에 비하여 큰 일감을 가용하는 데 쓰인다.

해설
플레이너(평삭기)
공구(bite)는 고정되고 공작물이 직선(수평)운동을 하고 공구는 직각 방향으로 이송 운동을 한다. 테이블 직선 운동과 바이트의 횡 이송으로 평면을 절삭하는 것이 주목적이며 직선 평면을 갖고 있는 대형 가공물(보통 공작물 길이 1,000mm 이상의 대형물)을 절삭한다.

[정답] 81 ④ 82 ② 83 ② 84 ② 85 ② 86 ① 87 ①

88 플레이너에 의한 가공 방법이 아닌 것은?
① 수평 깎기
② 수직 깎기
③ 각도 깎기
④ 나선형 깎기

89 일감의 운동은 왕복 운동을 하며 평면 절삭(대형 공작물)에 적합한 공작기계는?
① 밀링 머시인 ② 플레이너
③ 호닝 머시인 ④ 세이퍼

> **해설**
> 플레이너는 공구는 고정되어 공작물이 직선(수평) 운동을 하고 공구는 직각 방향으로 이송 운동을 한다.

90 넓은 평면을 절삭하며 공작물에 직선 운동을 주는 공작기계는?
① 세이퍼 ② 슬로터
③ 플레이너 ④ 밴드 소

91 플레이너의 크기를 표시하는 사항이 아닌 것은?
① 테이블의 크기(길이×나비)
② 공구대의 수평 및 아래 이동 거리
③ 테이블의 높이
④ 테이블 윗면부터 공구대까지의 최대높이

92 대형 형판의 끝을 절삭하는 데 쓰이며 주로 용접하기 위하여 끝부분을 가공하는 데 사용되는 플레이너는?
① 단주식 ② 핏식
③ 쌍주식 ④ 에지식

> **해설**
> 플레이너는 쌍주식 플레이너와 단주식 플레이너, 특수 플레이너가 있다.

93 플레이너 테이블의 왕복 운동 기구는?
① 랙과 피니언 ② 웜과 랙
③ 유압 구동 방식 ④ 크랭크 기구

94 플레이너에서 일감의 운동 내용이 옳은 것은?
① 회전 운동
② 회전 및 왕복 운동
③ 왕복 운동
④ 고정

95 플레이너에서 공작물을 지지하는 부분은?
① 베드 ② 테이블
③ 바이트 ④ 크로스레일

96 세이퍼에서 램의 왕복 속도는 어떠한가?
① 일정하다.
② 귀환 행정일 때가 늦다.
③ 절삭행정일 때가 빠르다.
④ 귀환 행정일 때가 빠르다.

97 세이퍼에서 길이 200mm인 일감을 20m/min의 절삭 속도로 절삭하고자 한다. 램의 매분 왕복 횟수는? (단, 절삭행정 시간과 바이트 1 왕복시간과의 비 K=3/5이다.)
① 매분 40회 ② 매분 60회
③ 매분 80회 ④ 매분 100회

[정답] 88 ④ 89 ② 90 ③ 91 ③ 92 ④ 93 ① 94 ① 95 ② 96 ④ 97 ②

해설

$$V = \frac{nl}{1,000a}, \quad n = \frac{1,000aV}{l} = \frac{1,000 \times 0.6 \times 20}{1,200} = 60$$

98 세이퍼 가공에서 행정 길이가 400mm, 절삭 속도가 20m/min, 행정 시간비 k0.6으로 했을 때 바이트의 매분 왕복 횟수를 구하면 얼마인가?

① 30　　② 40
③ 50　　④ 60

해설

$$N = \frac{1,000 \cdot K \cdot V}{L} = \frac{1,000 \times 0.6 \times 20}{400} = 30회$$

99 다음과 같은 조건으로 세이퍼에서 가공할 때 가공 시간을 계산하면? (단, 절삭 속도는 15m/min, 이송은 1.6mm, 절삭행정에 요하는 시간 : 귀환 행정에서 요하는 시간=3 : 2, 바이트의 행정은 420mm, 공작물의 폭은 40mm이다.)

① 약 1.2분　　② 약 2.1분
③ 약 3.5분　　④ 약 4.7분

해설

$$n = \frac{V \times 1000 \times k}{l} = \frac{15 \times 1000 \times 0.6}{420} = 21.4$$

$$T = \frac{w}{nf} = \frac{40}{21.4 \times 1.6} = 1.2분$$

100 세이퍼의 절삭 속도 V(m/min), 바이트의 매분 왕복 횟수 n, 행정을 L(mm)라고 할 때 다음 중 절삭 속도를 나타내는 것은? (단, k의 값은 절삭 행정에 요하는 시간을 t1, 귀환 행정에 요하는 시간을 t2, $m_1 = \frac{t_1}{l_2}$ 라고 할 때, $k = \frac{m_1}{(m_1 + 1)}$ 이다.)

① $V = \frac{Ln}{1,000k}$ (m/min)

② $V = \frac{1,000kn}{L}$ (m/min)

③ $V = \frac{Ln}{1,000n}$ (m/min)

④ $V = \frac{1,000Lk}{n}$ (m/min)

101 램의 행정 길이 830mm, 행정 수 20회/min, 급속귀환비 2/3일 때 세이퍼의 절삭 속도는?

① 약 8.2m/min
② 약 11.1m/min
③ 약 15.6m/min
④ 약 27.7m/min

해설

$$V = \frac{830 \times 20}{1,000 \times 0.6} = 27.7 m/min$$

102 세이퍼에서 끝에 공구 헤드가 붙어있고 금속 귀환 운동 시 왕복 운동하는 부분을 말하는 것은?

① 크로스레일　　② 램
③ 하우징　　　　④ 테이블 폭

103 다음 공작기계 중 기계효율이 가장 낮은 기계는?

① 선반　　② 밀링
③ 세이퍼　④ 연삭기

해설

세이퍼는 공작물은 고정되어 있고 바이트가 왕복 운동하며 공작물을 이송시키면서 평면, 수직면, 혹은 다소 복잡한 형상의 키홈, 더브테일, 곡면, 측면의 경사 면적을 절삭하는 기계로 중량이 가볍고, 마찰력 및 소비동력이 적다.

[정답] 98 ① 99 ① 100 ① 101 ④ 102 ② 103 ③

6 정밀입자가공 및 특수가공

1 래핑

(1) 개요

마모(마멸) 현상을 가공에 응용한 것으로 래핑은 랩이라는 공구와 공작물 사이에 랩제를 넣고, 공작물을 누르면서 상대운동으로 공작물을 매끈하고 정밀하게 다듬질하는 가공 방법으로 게이지류(블록, 스냅, 리미트, 프러그 등), 볼, 롤러, 내면 기관용 연료 분사펌프 등, 정밀 기계부품 및 렌즈 프리즘, 광학 기계용 유리 기구를 다듬질에 사용된다.

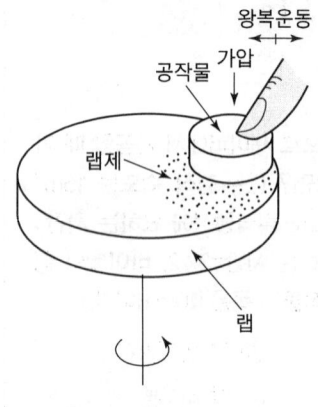

○ 그림 3-54 래핑 작업

① 래핑의 장점
  ㉠ 가공면이 매끈한 거울면
  ㉡ 높은 정밀도(평면도, 진원도, 진직도 등)
  ㉢ 가공된 면의 내식성, 내마모성 상승
  ㉣ 작업 방법이 간단하고 대량생산 가능
② 래핑의 단점
  ㉠ 가공면에 랩제 잔유가 쉽고 제품의 마멸 촉진
  ㉡ 아주 높은 정밀도를 위해선 숙련 필요
  ㉢ 작업이 깨끗하지 못하고 작업자의 손과 옷을 더럽힌다.

(2) 랩제 사용 방식에 따른 분류

1) 습식 래핑법

건식에 비해 가공면이 거칠다. (거친 래핑)

래핑작업은 어떤 현상을 기계가공에 응용한 것인가?
① 마멸현상
② 충격현상
③ 압축현상
④ 부식현상

답 ①

래핑에 대한 설명 중 틀린 것은?
① 랩은 공작물보다 연해야 한다.
② 래핑에는 손 래핑과 기계 래핑이 있다.
③ 손 래핑에서는 셰이퍼나 밀링 머신 등을 이용한다.
④ 기계 래핑은 래핑 머신을 이용하는 것이다.

답 ③

정밀입자 가공 중 게이지 블록을 가공하는 방법은 무엇인가?
① 래핑
② 호닝
③ 슈퍼피니싱
④ 버핑

답 ①

① 랩제와 기름 혼합
② 억센 랩으로 비교적 고압력, 고속도 가공
③ 작은 구멍, 유리, 보석 등의 다듬질 가공
④ 압력 $4.9N/cm^2$, 속도는 건식법의 5~6배

2) 건식 래핑법 : 다듬 래핑
① 건조상태에서 작업. 주로 습식 래핑 후 더욱 매끈한 표면 가공
② 게이지 블록 제작에 사용
③ 압력 $9.8~14.7N/cm^2$, 속도 30~50m/min

(3) 랩, 랩제 및 랩유

1) 랩
① 원칙적으로 가공물보다 연한 재질(강철은 주철제) : 동합금, 납, 연강 등
② 조직이 치밀할 것
③ 형상을 오래 유지할 수 있도록 내마모성이 좋을 것

2) 랩제
① 강철 : Al_2O_3(산화 알루미늄)
② 연한 금속 : SiC(탄화규소)
③ 다듬질용 : Cr_2O_3(산화크롬), C입자(Cr_2O_3(산화크롬), 산화철(Fe_2O_3)-연한 금속(유리, 수정), 산화크롬(Cr_2O_3), 입도는 보통 240~1000번 정도로 한다.
④ A, WA입자 : 강철
⑤ 석류석 : 목제, 반도체 재료
⑥ 습식 래핑 시
습식의 래핑유는 랩제와 섞어서 사용하는 것으로 가공면에 윤활을 주어 긁히는 것을 방지하기 위해 사용하며, 경유나 석유 등의 광유나 물, 그 밖에 올리브유나 중유 등의 점성이 작은 식물성 기름 등을 사용한다.
- **거친 다듬질** : 200~400번
- **중간 다듬질** : 400~800번
- **정밀 다듬질** : 1000번 이상

3) 래핑유
① 랩제와 래핑유의 혼합비는 보통 1:1

랩(Lap)으로 사용할 주철로서 적당한 것은?
① 강도가 크고 조직이 미세하여 기공이 많은 것
② 강도가 크고 조직이 미세하여 기공이 없는 것
③ 강도가 적고 조직이 미세하여 기공이 없는 것
④ 강도가 작고 거친 조직인 것

답 ③

② 입자 지지, 동시에 분리, 공작물에 상처방지, 점도가 낮아야 함.
③ 보통은 석유+기계유, 그 외에 올리브, 경유, 물(유리, 수정)

(4) 래핑 머신과 래핑 작업

1) 핸드 래핑
① 평면 래핑 : 공작물을 손으로 잡아 8자형으로 운동
② 원통 래핑 : 선반에 설치, 작업
③ 내면 래핑 : 손으로 잡고 축 방향 왕복 운동

2) 기계 래핑
수직형 래핑 머신이 가장 많이 쓰인다.

(5) 래핑 조건

1) 래핑 속도
래핑 입자가 비산되지 않을 정도로 하며 너무 빠르면 열발생, 열처리 표면층이 변질될 우려가 있다. 래핑 속도는 래핑 입자가 비산하지 않을 정도로 한다. 건식에서는 50~80m/min 정도인데, 너무 빠르면 열이 발생하여 열처리한 표면층이 변질될 염려가 있다.

2) 래핑 압력
① 습식 : $4.9N/cm^2$
② 건식 : $9.8~14.7N/cm^2$

3) 래핑 다듬질 여유
① 0.01~0.02mm 정도
② 가공 표면 거칠기는 0.025~0.0125μm 정도 나타낸다.

2 호닝(마찰작업)

보링, 리밍, 연삭가공 등에서 가공이 끝난 원통의 내면에 정밀도를 더욱 높이기 위하여 직사각형 단면의 가는 숫돌을 방사 방향으로 배치한 혼(hone)으로 구멍에 놓고 회전 운동과 축방향의 운동을 동시에 시켜 정밀 다듬질하는 방법을 호닝이라 한다.

호닝은 실린더, 고속 베어링면 등의 내면에 대한 진원도, 진직도, 표면 거칠기 등을 개선하고, 다듬질하는 데 널리 이용한다.

원통내면의 정밀도를 높이기 위하여 막대 모양의 가는 입자의 숫돌을 방사상으로 배치한 공구로 다듬질하는 방법을 무엇이라 하는가?
① 슈퍼 피니싱
② 호닝
③ 래핑
④ 입자벨트 가공

답 ②

(1) 호닝의 특징
① 발열이 적고 경제적인 정밀가공이 가능하다.
② 전(前) 가공에서 발생한 진직도, 진원도, 테이퍼 등에 발생한 오차를 수정할 수 있다.
③ 표면 거칠기를 좋게 할 수 있다.
④ 정밀한 치수로 가공할 수 있다.

(2) 혼의 구성
손잡이부, 숫돌 유지부, 가압 장치(유압 or 스프링), 자재 연결장치 등

(3) 혼의 크기
지름($\phi 6 \sim \phi 106$), 길이(1600mm)

(4) 혼의 재질
① Al_2O_3(A, WA 입자) : 다듬질용
② SiC(G, GC 입자) : 거친 작업용

○ 표 3-6 호닝 다듬질 정도와 입도

거친 호닝	보통 호닝	다듬질 호닝
80~120번	220~280번	400~400번

(5) 원주 속도(연삭의 1/4)
40~70m/min, 연강 30~50m/min, 주철 60~70m/min(왕복 속도는 원주 속도의 1/2~1/4)

(6) 가공압력
① 보통(거친)가공 : $98.1N/cm^2$
② 정밀가공 : $39.2 \sim 58.7N/cm^2$

(7) 가공정밀도
3~10μm 정도, 표면 거칠기 : 1~4μm 정도

호닝 작업 시 절삭유로서 적합하지 않은 것은?
① 석유
② 황화유
③ 유화유
④ 라드유

답 ③

다듬질 호닝의 경우라면 입도의 범위는?
① 100~220번
② 220~280번
③ 280~400번
④ 400~500번

답 ④

호닝에서 혼의 길이는 공작물 길이의 얼마 이하가 적당한가?
① 1/2
② 1/4
③ 1/6
④ 1/10

답 ①

No.100~5,000의 각종 입도를 가진 SiC를 함유한 랩(iap)제를 화학적 용액에 혼합시켜 가공물의 면에 압축공기를 이용하여 강압으로 충돌시켜 표면을 가공하는 가공법은 어느 것인가?
① 액체 호닝
② 호닝
③ 래핑
④ 슈퍼 피니싱

답 ①

액체 호닝에서 표면을 두드려 압축함으로써 재료의 피로한도를 높이는 것은?
① 저응력 완화법
② 피닝효과
③ 기계적응력 완화법
④ 치수효과

답 ②

액체호닝이란 어떤 가공법인가?
① 연삭제를 용액에 혼합하여 큰 속도로 가공면에 분사 방법
② 기아를 전문으로 다듬질하는 방법
③ 혼에 기름을 주어 호닝하는 방법
④ 연삭제에 기름을 넣어 만든 호온으로 가공하는 방법

답 ①

짧은 시간에 매끈해지나 광택이 적은 다듬질 면을 얻게 되며, 피닝(Peening) 효과가 있는 가공법은?
① 초음파 가공
② 슈퍼피니싱
③ 방전 가공
④ 액체 호닝

답 ④

(8) 혼의 운동

회전 운동과 동시에 왕복 운동 방향의 각도 40~60°(무늬 교차각)
(표준 : 10~30°, 정밀 : 10~40°, 거침 : 40~60°)

(9) 연삭액

등유+돼지기름+황, 주철(등유), 강(등유+황화유), 청동(라아드유)

(10) 숫돌의 길이는 공작물 길이(구멍 깊이)의 1/2 이하, 왕복 운동은 양 끝에서 숫돌 길이의 1/4정도 구멍에서 나올 때 정지

3 액체 호닝(분사 가공)

액체 호닝은 가공액과 혼합된 연마제를 압축공기와 함께 노즐로 공작물인 경금속, 플라스틱, 고무, 유리 등의 표면에 분출시켜 다듬면을 얻는 가공 방법이다.

액체 호닝은 광택이 적지만 피닝 효과(peening effect)가 크고, 복잡한 모양의 공작물도 다듬질이 가능하며 공작물 표면에 액체(물)와 미세 연삭 입자와의 보통 혼합비 1 : 2로 혼합액을 압축, 공기로 분사하며 습식 다듬질 가공(샌드 블라스팅과 비슷)이다.

액체 호닝의 분사 각도는 40~50°(45°)이며 노즐(12.5mm)과 표면 사이의 거리 60~80mm, 분사량 5~7[N]이다. 액체 호닝의 용도는 주조품, 스케일 및 산화막 제거 피로강도 및 인장강도(5~10%)를 증가시킨다. 유리, 플라스틱, 고무 금형, 다이케스팅 제품, 주형, 다이의 귀따기 및 표면 가공에 응용된다. 연마제는 Al2O3, SiC 규사가 사용되며 액체 호닝의 특징은 다음과 같다.

① 가공면에 방향성이 존재하지 않으며 가공시간이 짧다.
② 공작물 표면의 산화막이나 도료, 거스러미 등을 제거할 수 있어, 도장이나 도금의 바탕을 깨끗이 다듬는 데 좋다.
③ 가공물의 피로강도를 10% 정도 향상시킨다.
④ 형상이 복잡한 것도 쉽게 가공한다.
⑤ 다듬질면의 진원도, 직진도, 내마모성이 좋지 않다.

❹ 슈퍼 피니싱

연삭숫돌을 공작물 표면에 가압(스프링, 유압)하면서 공작물 이송과 진동을 주고 공작물을 회전시켜 균일한 표면을 얻는 법으로 저압, 저속도의 가공이므로 발열이 적고 가공 변질층을 제거 할 수 있으며 내마모성, 내식성이 우수하고 다듬질 시간이 짧다. (방향성이 없는 다듬질면을 얻는다. 연삭 여유는 0.002~0.01mm이다.)

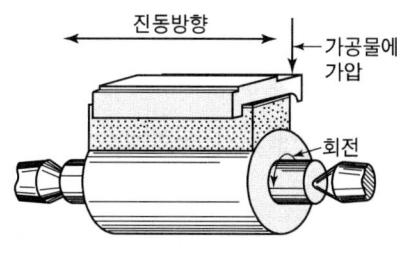

◯ 그림 3-55 슈퍼 피니싱

① 용도 : 평면, 원통(외, 내면), 곡면, 베어링 접촉부, 각종 롤러, 게이지, 엔진 등
② 원주(상대)속도 : 15~18m/min ⇒ 초기(거친) 5~10m/min
　　　　　　　　　　　　　　　후기(다듬) 15~30m/min
③ 숫돌 압력 : 0.98~29.4N/cm^2
④ 숫돌의 진동폭 : 보통 2~3mm ⇒ 초기(거친) 1~3, 후기(다듬) 3~5
⑤ 진동수 대형 : 500~600cycle/min
　　　　소형 : 1,000~1,200cycle/min
　　　　보통 : 진폭 1.5mm일 때 500cycle/min
　　　　　　　진폭 5mm일 때 100cycle/min
⑥ 숫돌의 크기 숫돌의 폭은 보통 공작물 지름의 60~70%
　　숫돌의 길이는 공작물 길이와 동일
⑦ 절삭액 석유+기계유(보통 경유사용)
　　공급량 약 0.5l/min(면적 1cm^2 기준)
　　표면 거칠기 : 약 0.1~0.3μ

> 입도가 작고 연한 숫돌에 적은 압력으로 가압하고, 공작물에 이송을 주면서 동시에 숫돌에 진동을 주어 방향성이 없는 다듬질 면을 얻는 가공방법은?
> ① 호닝
> ② 래핑
> ③ 액체 호닝
> ④ 슈퍼 피니싱
>
> 답 ④

방전가공의 전극 재료로 적합하지 않은 것은?
① 알루미늄
② 흑연
③ 구리
④ 은

답 ①

5 방전 가공(E.D.M)

　방전 현상을 인공적으로 설정하여 그 에너지를 이용하는 가공 방법이다. (전기 접점에 의한 직류 콘덴서법) 공작물과 공구가 직접 접촉함이 없이 상호 간에 어느 간격을 유지하면서 그 사이에선 물리적으로 가공하는 방법(공작물 (+)극 가공 전극 (−)이며, 극과의 간격은 5~10mm이며, 종류로는 콘덴서형, 크리스털형, 다이오드형이 있으며, 기본적인 회로 형식은 RC 회로이다.

(1) 용도
　담금질강, 고속도강, 내열강, 다이아몬드, 수정 등을 가공한다.

(2) 장점
　① 공작물 경도와 관계없이 전기도체이면 쉽게 가공된다.
　② 숙련된 작업이 필요하지 않다. (무인가공 가능)
　③ 전극 형상 그대로 정밀도가 높은 가공이 된다.
　④ 가공조건의 선택과 변경이 쉽다
　⑤ 비 접촉성으로 기계적인 힘이 가해지지 않는다.
　⑥ 다듬질면은 방향성이 없고 균일하다.
　⑦ 복잡한 표면형상이나 미세한 가공이 가능하다.
　⑧ 가공표면의 열 변질층 두께가 균일하여 마무리 가공이 쉽다.
　⑨ 가공변형이 적어 박판 가공이 용이하다.

(3) 단점
　① 공구 전극이 필요하며 전극 가공의 어려움과 공구의 소모가 크다.
　② 가공 부분에 변질층이 남으며 다소 가공속도가 느리다.
　③ 비전도체인 경우 가공이 어렵고 가전도(저부형, 금형)에 제한을 받는다.

(4) 전극 재료
　구리, 은, 텅스텐 합금, 황동, 인청동, 텅스텐, 흑연(가장 좋으나 소모가 빠르다.)

(5) 전극 재료의 조건
　① 아크방전이 안정되고 가공속도가 커야 한다.

② 전기저항이 작고, 전기 전도도가 높아야 한다.
③ 가공 정밀도, 가공속도, 가공면 거칠기 등이 우수해야 한다.
④ 비중이 작으면서 내열성이 높고 전극소모가 적어야 한다.
⑤ 기계적 강도가 높고, 성형가공이 용이해야 한다.
⑥ 구하기 쉽고 가격이 저렴해야 한다.

(6) 가공액

절연도가 높은 유전체액 사용(높은 점도액은 부적절), 일반적으로 경유 사용(와이어컷은 물(탈이온수) 사용)하며, 방전 가공에서 가공액의 역할은 다음과 같다.
① 가공 시 생기는 용융금속을 비산시킨다.
② 용해된 칩을 공작물과 전극 사이의 밖으로 내보낸다.
③ 방전 시 발생된 열을 냉각시킨다.
④ 극간의 절연을 회복시킨다.

6 레이저 가공

(1) 레이저 가공 원리

레이저(laser)는 light amplification by stimulated emission of radiation의 머리글자로 광 레이저라고하며, 가시광선이나 적외선의 영역에 파장을 가진 전자파에 공명하여 빛을 발하는 물질의 총칭이다.

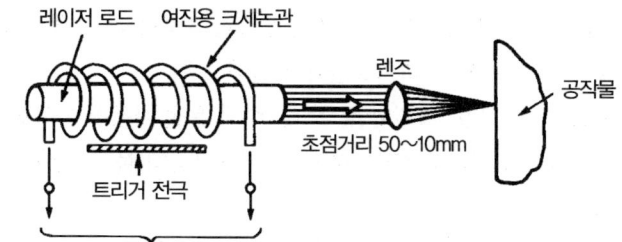

○ 그림 3-56 레이저 가공

레이저 광원의 빛은 대단히 밀도 높은 단색성과 평행도가 높은 지향성을 이용하여 [그림 3-56]과 같이 렌즈나 반사경을 통해 파장을 집중시켜 공작물에 빛을 쏘면 전자 빔 가공과 같이 순간적으로 국부에 가열하여 용해 또는 증발시킴으로써 가공이 된다. 이와 같이 대기중에서 비접촉으로 가공하는 것을 레이저 가공이라 하며 특징은 다음과 같다.

① 비접촉 가공으로 공구마모가 거의 없다.
② 임의의 위치 가공이 가능(원격조정이 가능하고 진공이 불필요)하다.
③ 열에 의한 변형이 적으므로 열, 충격을 받기 쉬운 재료가공에 적합하다.
④ 비금속(세라믹, 가죽)의 가공이 가능하다.
⑤ 미세 가공과 난삭제 가공이 용이하다.
⑥ 투명체를 통해 가공할 수 있다.

(2) 레이저 가공의 응용

레이저 가공은 다이아몬드, 시계용 보석 베어링, 사파이어, 세라믹 등의 비금속 재료와 초경합금, 스테인리스강 등의 금속재료를 ∅0.01~1.0mm 정도로 금긋기 및 미세한 구멍을 가공할 수 있고, 목재나 종이, 반도체 기판, 세라믹 판, 유리 섬유가 섞인 기판, 양복지 등의 재단과 열에 의한 변형 및 거스러미 없이 좁은 폭으로 절단하는 데 많이 이용되고 있다.

또한, 이산화탄소 레이저가 개발됨에 따라 두꺼운 재료의 금속 용접에도 이용하지만, 밀봉된 투명체 속에 있는 반도체 부품이나 실험기기 등을 분해하지 않고도 레이저 빔으로 가공이 가능하다.

7 초음파 가공

충돌 가공으로 전기적 에너지를 기계적 에너지로 변화시키며 초음파(16kc/sec 이상), 주파수의 진동(20~30kc/sec)을 주고 공작물과 공구 사이에 연삭입자와 연삭액을 넣고 펌프로 순환시켜 입자와 공작물에 대한 충돌로 인한 다듬질(진동자의 자기변형으로 초경합금, 보석류를 다듬질)하며, 공구 재료는 연강, 피아노선이 쓰인다.

① **용도** : 담금질강, 초경합금, 보석, 수정 등을 다듬질 가공한다.
② **연삭 입자** : Al_2O_3, SiC, 다이아몬드+공작액(물+석유)
③ **특징**
  ㉠ 초경질이며, 메짐성(취성)이 큰 재료에 사용된다.
  ㉡ 구멍 가공, 절단, 평면, 표면 가공 등을 할 수 있다.
  ㉢ 연삭가공에 비하여 가공면의 변질 및 스트레인(변형)이 적다.
  ㉣ 전기적으로 불량도체일지라도 보통 금속과 동일하게 가공이 된다.

8 화학 가공

(1) 화학 연마

금속재료를 화학 용액에 침적한 열에너지를 이용하여 공작물의 전체 면을 균일하게 용해시켜 두께를 얇게 하거나 평활하게 하는 방법으로 표면의 작은 요철부에서 볼록부를 신속히 용융하고 오목부를 녹이지 않으므로 균일한 면을 얻을 수 있으며, 가공액의 온도를 일정하게 하고 단시간에 처리하는 것이 다듬질면의 향상에 유리하다. 화학 연마가 가능한 금속은 구리, 황동, 니켈, 모넬 메탈, 알루미늄, 아연 등이다. 가공액은 황산, 질산, 인산, 염화제이철 등을 단독 또는 혼합하여 사용한다.

(2) 화학 연삭

공작물 표면에 작은 요철부의 볼록부를 용삭할 때, 기계적 마찰로 더욱 능률적인 가공을 하는 방법이다. 공작물과 공구 사이에 고운 연삭 입자를 넣으면 효과적이다.

(3) 화학 밀링

가공하지 않을 공작물 부분에 내식성 피막으로 피복해 부식하는 방법으로 화학 절삭이라고도 한다. 가공형상은 기계적 밀링과 거의 같으나 가공원리는 전혀 다르다. 특징은 다량생산, 넓은 면 가공, 복잡한 형상 및 얇은 단면 가공이 가능하며, 공구비가 절감되고 가공면의 변질층이 적은 장점이 있지만, 가공 속도와 가공 깊이에 제한을 받고 부식성 및 다듬질면의 거칠기가 떨어지는 단점이 있다.

마스킹(masking)이란 공작물의 가공하지 않을 부분을 감광성 내식피막(photo resist) 등으로 피복하는 조작을 의미하는데, 화학 밀링의 마스킹 방법은 금긋기 박리법(scride and peel)이 많이 사용된다.

(4) 용삭 가공

용삭 가공은 에칭(etching)의 일종이며, 가공 방식에는 침지식과 분무식이 있다. 침지식에는 공작물 전체 면을 가공액에 넣어 한번에 용삭하는 전면 용삭법과, 공작물의 일부분을 용삭하는 부분 용삭법이 있다. 부분 용삭은 녹이면 안 되는 부분을 방식 피막으로 씌워야 한다.

가공액은 부식액으로 금속에는 염화제이철, 인산, 황산, 질산, 염산 등의 산을 사용하고, 유리류는 플루오르화수소를 사용한다.

용삭을 방지하는 피막에는 네오프렌(neoprene), 경질 염화 비닐, 에폭시 수지가 들어 있는 래커 등을 사용한다.

⑨ 기타가공

(1) 폴리싱과 버핑

1) 폴리싱

바퀴표면에 부착시킨 탄성 있는 재료(목재, 피혁, 직물 등)에 미세한 연삭입자로 공작물 표면을 버핑하기 전에 다듬는 작업이다. 속도는 1,500m/min이다.

2) 버핑

직물(면), 털(모) 등으로 원반을 만들고(나사못 및 아교로 붙이거나 재봉으로 누빔), 공작물 표면의 녹 제거 및 광택을 내는 작업이다.

① 버프재료 : 보통 포목이나 가죽
② 바퀴지름 : 보통 25~600mm
③ 버핑의 평균속도 : 1,500m/min
④ 버핑의 압력 : 330g/cm^2
⑤ 버프의 3요소 : 연삭입자+유지+직물

(2) 배럴 다듬질 : 충돌 가공(주물귀, 돌기 부분, 스케일 제거)

회전하는 상자 속에 공작물과 미디어, 콤파운드(유지+직물), 공작액 등을 넣고 회전과 진동을 주어 표면을 다듬질(회전형, 진동형)한다.

1) 회전 상자의 형상 : 보통 6각~8각(10~12각)

2) 배럴 속도(3~30rev/min), 진동폭(3~9mm), 진동수(20~90cycle)

3) 미디어 : 숫돌입자, 모래, 석영, 알루미늄(거친 작업) 나무 및 가죽(광택내기)

4) 공작물에 대한 미디어의 용적혼합비 : 1 : 2~1 : 6

5) 배럴 가공의 특징

① 금속재료의 비금속재료에 관계없이 가공할 수 있다.
② 형상이 복잡한 제품이라도 각부를 동시에 가공할 수 있다.
③ 다량의 제품이라도 한 번에 품질을 일정하게 공작할 수 있다.
④ 작업이 간단하고 기계설비가 저렴하다.

(3) 쇼트 피이닝 : 표면을 타격하는 일종의 냉간가공

철강의 작은 볼(shot)을 공작물 표면에 분사하여 강재의 화학조성을 변화시키지 않고 표면을 매끈하게 하여 피로강도 기계적 성질 향상이 된다.

① 피닝 효과 : 공작물의 표면경화 및 피로한도 증가
② Shot 재질 : 칠드주철, 망간주철, 컷 와이어쇼트
③ Shot의 크기 : 0.7~0.9mm
④ 작업속도 : 40~50m/sec
⑤ 용도 : 볼 베어링의 끝가공, 판스프링, 레일, 기어 등 반복하중을 받는 곳
⑥ 공기압(분사속도) : $39.24N/cm^2$, 분사각 90°
⑦ 용도
  ㉠ 열처리 후 변형이 생기는 복잡한 공작물
  ㉡ 압연이나 인발 가공한 공작물
  ㉢ 열간 압연에 의한 탈탄층 및 침탄 부분
  ㉣ 모서리 부분의 응력 하중을 받는 곳
⑧ 효과
  ㉠ 피로 강도의 향상
  ㉡ 시효 균열의 방지
  ㉢ 주물의 기포 제거
  ㉣ 내마모성 증대
  ㉤ 탈탄에 대한 보안 효과

(4) 전해 가공 : E.C.M

공작물과 전극 사이 0.1~0.4mm 정도 띄우고 그 사이로 전해액을 강제 유동. 공작물이 전극 모양을 따라 가공(용해작용)되며 전기의 용해작용을 이용(전기 분해법칙 이용)한다. 보통 전기 도금장치와 반대 작용이고 공작물을 (+)극으로 하고 모형이나 공구 (−)극과 함께 알카리성을 전해액 속에 넣어 통전 가공된다.

주로 구멍, 홈, 형조각 등을 가공하는 데 사용한다.

1) 특징(효과)

① 전력은 소모되지 않고 단위 시간당 가공량이 많다.
② 높은 열이 발생하지 않고 기계적인 힘이 작용하지 않는다.
③ 내열강, 고장력강 등을 가공

(5) 전해 연마

전기도금과 반대적인 작업이며 전해 가공의 일종으로 전기 화학적 방법으로 전해현상을 이용. 표면을 다듬질. 공작물을 (+)극으로 하고 구리, 아연, 납 등을 (−)로 하여 전해액 혹에 넣고 직류전류를 짧은 시간 동안에 강하게 흐르게 하여 전기적으로 그 표면을 매끈하게 다듬질하며, 금속표면의 미소돌기부분을 용해하여 거울면 상태로 가공된다.

① 용도 : 드릴의 홈이나 바늘 및 주사침 구멍을 깨끗하게 다듬질
② 특징
　㉠ 가공변질층이 나타나지 않으므로 평활한 면을 얻을 수 있다.
　㉡ 가공면에 방향성이 없다.
　㉢ 내마멸성 및 내부식성이 좋아진다.
　㉣ 복잡한 형상의 공작물 연마도 가능하다.
　㉤ 면이 깨끗하고 도금이 잘 된다.
　㉥ 연마량이 적어 깊은 홈은 제거가 되지 않으며, 모서리가 라운드 된다.
　㉦ 연질의 금속도 용이하게 연마할 수 있다.

(6) 전해 연삭

전해 연마에서 나타난 양극(+)의 생성물을 전해 작용으로 제거하는 작업으로 전해 연삭은 작업속도가 빠르고 숫돌의 소모가 적으며, 가공면이 연삭다듬질보다 우수하다. 가공조건으로 접촉압력은 2~3kgf/cm^{3}가 쓰이며 가공속도는 증가하나 전극 소모가 크다.

전해 연삭의 특징으로는
① 경도가 높은 재료일수록 연삭 능률이 기계 연삭보다 높다.
② 박판이나 형상이 복잡한 공작물을 변형 없이 연삭할 수 있다.
③ 연삭 저항이 적으므로 연삭열 발생이 적고, 숫돌 수명이 길다.
⑤ 설비비와 숫돌 가격이 비싸다.
⑥ 필요로 하는 다양한 전류를 얻기가 힘들다.
⑦ 다듬질면은 광택이 나지 않는다.
⑧ 정밀도는 기계 연삭보다 낮다.

예상문제

PART 3 컴퓨터수치제어(CNC) 절삭가공

01 입자를 이용한 가공법이 아닌 것은?
① 래핑 ② 브로칭
③ 배럴가공 ④ 액체 호닝

해설

공구에 의한 절삭	• 고정공구 : 선삭, 평삭, 형삭, 슬로터, 브로칭 • 회전공구 : 밀링, 드릴링, 보링, 태핑, 호빙
입자에 의한 절삭	• 고정입자 : 연삭, 호닝, 슈퍼 피니싱, 버핑 • 분말입자 : 래핑, 액체 호닝, 배럴

02 다음 중 일반적으로 표면정밀도가 낮은 것부터 높은 순서로 바른 것은?
① 래핑 → 연삭 → 호닝
② 연삭 → 호닝 → 래핑
③ 호닝 → 연삭 → 래핑
④ 래핑 → 호닝 → 연삭

해설
표면정밀도가 낮은 것부터 높은 순서
연삭 → 호닝 → 래핑

03 래핑 작업의 장점이 아닌 것은?
① 정밀도가 높은 제품을 가공한다.
② 가공면이 매끈하다.
③ 가공면의 내마모성이 좋다.
④ 랩제의 산류가 쉽다.

해설
• 래핑의 장점
① 가공면이 매끈한 거울면
② 높은 정밀도(평면도, 치원도, 진직도 등)
③ 가공된 면의 내식성, 내마모성 상승
④ 작업 방법이 간단하고 대량생산 가능

• 래핑의 단점
① 가공면에 랩제 잔유가 쉽고 제품의 마멸을 촉진한다.
② 아주 높은 정밀도를 위해선 숙련이 필요하다.
③ 가공면에 랩제가 잔류하기 쉽고, 제품 사용 시 마멸을 촉진한다.
④ 작업이 깨끗하지 못하고 작업자의 손과 옷을 더럽힌다.

04 래핑(lapping) 작업에 관한 사항 중 틀린 것은?
① 경질 합금을 래핑할 때는 다이아몬드로 해서는 안 된다.
② 래핑유(lap-oil)로는 석유를 사용해서는 안 된다.
③ 강철을 래핑할 때는 주철이 널리 사용된다.
④ 랩 재료는 반드시 공작물보다 연질의 것을 사용한다.

해설
래핑유(lap-oil)로는 경유나 석유 등의 광유나 물, 그 밖에 올리브유나 종유 등의 점성이 작은 식물성 기름 등을 사용한다.

05 래핑 가공 중 치수 정밀도가 나쁠 때의 대책으로 적절하지 않은 것은?
① 속도를 낮춘다.
② 랩 정반을 점검한다.
③ 랩제의 양을 줄인다.
④ 입도가 더 큰 랩제를 사용한다.

해설
입도가 작은 랩제를 사용한다.

[정답] 01 ② 02 ② 03 ④ 04 ② 05 ④

06 래핑에 대한 설명으로 틀린 것은?

① 습식래핑은 주로 거친 래핑에 사용한다.
② 습식래핑은 연마 입자를 혼합한 랩액을 공작물에 주입하면서 가공한다.
③ 건식래핑의 사용 용도는 초경질 합금, 보석 및 유리 등 특수재료에 널리 쓰인다.
④ 건식래핑은 랩제를 랩에 고르게 누른 다음 이를 충분히 닦아내고 주로 건조상태에서 래핑을 한다.

> **해설**
> 습식래핑의 사용 용도는 초경질 합금, 보석 및 유리 등 특수재료에 널리 쓰인다.

07 래핑 작업에 사용하는 랩제의 종류가 아닌 것은?

① 흑연
② 산화크롬
③ 탄화규소
④ 산화 알루미나

> **해설**
> 랩제의 종류
> ① 강철–Al_2O_3(산화알루미늄), 연한 금속–SiC(탄화규소), 다듬질용–Cr_2O_3(산화크롬)
> ② C 입자(Cr_2O_3(산화크롬), 산화철(Fe_2O_3)–연한 금속(유리, 수정)
> ③ A, WA 입자–강철, 석류석–목재, 반도체 재료

08 래핑(lapping) 작업에 사용하는 랩제에 관한 사항 중 틀린 것은?

① 경질 합금을 래핑 할 때는 다이아몬드로 해서는 안 된다.
② 연질 금속을 래핑 할 때는 황동으로 한다.
③ 비금속재료를 래핑할 때는 목판으로 하는 것이 좋다.
④ 랩 재료는 반드시 공작물보다 연질의 것을 사용한다.

> **해설**
> ① 원칙적으로 가공물보다 연한 재질(강철은 주철제) – 동합금, 납, 연강 등 사용
> ② 조직이 치밀할 것
> ③ 형상을 오래 유지할 수 있도록 내마모성이 좋을 것

09 랩제 중 천연산인 것은?

① 다이아몬드 가루
② 루비 가루
③ 탄화텅스텐 가루
④ 알록사이드

10 래핑재로 가장 많이 쓰이는 것은?

① 산화철
② 산화크롬
③ 탄화규소(SiC)
④ 탄산나트륨(Na_2CO_3)

11 랩액의 구비 조건이 아닌 것은?

① 열의 방산성이 좋을 것
② 랩제와는 혼합되지 않을 것
③ 점성이 되도록 낮을 것
④ 인체에 유독성이 없을 것

> **해설**
> 래핑유
> ① 랩제와 래핑유의 혼합비는 보통 1:1
> ② 입자 지지, 동시에 분리, 공작물에 상처방지, 점도가 낮아야 함
> ③ 보통은 석유+기계유, 그 외에 올리브, 경유, 물(유리, 수정)

[정답] 06 ③ 07 ① 08 ② 09 ① 10 ③ 11 ②

12 주철을 래핑(lapping) 작업을 할 경우 절삭유로서 가장 적합하지 않은 것은?

① 사이드 오일   ② 올리브유
③ 석유   ④ 그리스

> 해설
> 절삭유 : 석유, 올리브, 경유, 물 등이다.

13 건식래핑에 의해 담금질강을 래핑할 경우 그때의 작업조건에 따라 다듬질면이 다갈색 또는 담황색으로 되는 수가 있는데 이를 랩 버닝(lap burning)이라 부른다. 다음 중 그 원인으로 틀린 것은?

① 공작물이 아주 강할 때
② 래핑유가 적합하지 못할 때
③ 압력을 너무 가해 주었을 때
④ 랩제가 쉽게 분쇄되어 버릴 때

> 해설
> ① 습식 래핑법 : 건식에 비해 가공면이 거칠다 (거친 래핑)
>   ㉠ 랩제와 기름혼합
>   ㉡ 억센 랩으로 비교적 고압력, 고속도 가공.
>   ㉢ 작은 구멍, 유리, 보석 등의 다듬질 가공
>   ㉣ 압력 $0.5N/cm^2$, 속도는 건식법의 5~6배
> ② 건식 래핑법 : 다듬 래핑
>   ㉠ 건조상태에서 작업. 주로 습식 래핑 후 더욱 매끈한 표면 가공
>   ㉡ 게이지 블록 제작에 사용
>   ㉢ 압력 $1~1.5N/cm^2$, 속도 30~50m/min

14 평면의 랩 다듬질에 가장 널리 쓰이는 래핑 머신은?

① 센터리스 래핑 머신
② 기어 래핑 머신
③ 강구 래핑 머신
④ 수직형 래핑 머신

15 호닝가공의 특징이 아닌 것은?

① 발열이 크고 경제적인 정밀가공이 가능하다.
② 전 가공에서 발생한 진직도, 진원도, 테이퍼 등을 수정할 수 있다.
③ 표면 거칠기를 좋게 할 수 있다.
④ 정밀한 치수로 가공할 수 있다.

> 해설
> 호닝(마찰작업) 가공의 목적
> 진직도, 진원도, 테이퍼 등을 바로 잡고 발열이 적은 경제적인 작업(실린더 내면 가공용)

16 호닝(honing)에 관한 설명으로 틀린 것은?

① 호닝 속도는 일감의 표면을 통과하는 입자의 속도를 나타낸다.
② 호운(hone)에 일감의 축 방향으로 진동을 주어 작업한다.
③ 호운(hone)이라는 회전공구로 정밀 다듬질하는 방법이다.
④ 호닝 숫돌은 연삭 입자를 결합제로 성형한 것이다.

> 해설
> ① 직사각형 단면의 긴 숫돌을 여러 개 붙여 회전 공구로 사용
> ② 목적 : 진직도, 진원도, 테이퍼 등을 바로 잡고 발열이 적은 경제적인 작업(실린더 내면 가공용)
> ③ 혼의 구성 : 손잡이부, 숫돌 유지부, 가압 장치(유압 or 스프링), 자재 연결장치 등
> ④ 혼의 크기 : 지름($\phi 6~\phi 106$), 길이(1600mm)
> ⑤ 혼의 재질 : Al_2O_3(A, WA입자) – 다듬질용
>   Sic(G, GC입자) – 거친 작업용

[정답] 12 ④ 13 ① 14 ④ 15 ① 16 ②

17 내연기관의 실린더 내면에 진원도, 진직도, 표면 거칠기 등을 더욱 향상시키기 위한 가공 방법은?

① 래핑　　　② 호닝
③ 슈퍼 피니싱　　④ 버핑

해설
① 래핑 : 공작물과 랩 공구 사이에 미분말 상태의 랩제와 윤활제를 넣고 상대운동으로 표면을 매끈하게 가공하는 방법
② 호닝 : 내연기관의 실린더 내면에 진원도, 진직도, 표면 거칠기 등을 더욱 향상시키기 위한 가공 방법
③ 슈퍼 피니싱 : 연삭숫돌을 공작물 표면에 가압(스프링, 유압)하면서 공작물 이송과 진동을 주고 공작물을 회전시켜 균일한 표면을 얻는 법으로 저압, 저속도의 가공이므로 발열이 적고 가공 변질층을 제거할 수 있으며 내마모성, 내식성이 우수하고 다듬질 시간이 짧다. (방향성이 없는 다듬질면을 얻는다.)
④ 버핑 : 직물(면), 털(모) 등으로 원반을 만들고(나사못 및 아교로 붙이거나 재봉으로 누빔) 공작물 표면의 녹 제거 및 광택을 내는 작업

18 호닝의 다듬질 절삭 시 접촉압력은?

① $15 \sim 40 \text{N/cm}^2$
② $39.2 \sim 58.7 \text{N/cm}^2$
③ $50 \sim 70 \text{N/cm}^2$
④ $74 \sim 100 \text{N/cm}^2$

해설
가공압력 : 보통(거친)가공 98.1N/cm^2
정밀가공 $39.2 \sim 58.7 \text{N/cm}^2$

19 액체 호닝에 대한 설명 중 틀린 것은?

① 피닝 효과가 있고 공작물의 피로한도를 높인다.
② 짧은 시간에 광택이 나지 않는 매끈한 면을 얻을 수 있다.
③ 공작물 표면의 산화막과 도료 등을 간단히 제거할 수 있다.
④ 복잡한 모양의 공작물은 다듬질이 곤란하다.

해설
액체 호닝(분사가공)
공작물 표면에 액체(물)와 미세 연삭 입자와의 보통 혼합비 1 : 2로 혼합액을 압축, 공기로 분사하며 습식 다듬질 가공(샌드 블라스팅과 비슷)
[용도] 주조품, 스케일 및 산화막 제거 피로강도 및 인장강도(5~10%) 증가, 가공면에 방향성이 존재하지 않으며, 가공시간이 짧고, 복잡한 형상도 쉽게 가공이 유리하다. 플라스틱, 고무 금형, 다이케스팅 제품, 주형, 다이의 귀따기 및 표면 가공과 도장이나 도금의 바탕을 깨끗이 다듬는 데 유리하다.

20 액체 호닝 가공면을 결정하는 인자가 아닌 것은?

① 공기압력　　② 가공온도
③ 분출 각도　　④ 랩제의 농도

해설
액체 호닝 가공면을 결정하는 인자는 공기압력, 분출 각도, 랩제의 농도, 시간, 노즐에서 가공면까지의 거리 등이다.

21 슈퍼 피니싱(super finishing)의 특징과 거리가 먼 것은?

① 진폭이 수 mm이고 진동수가 매분 수백에서 수천의 값을 가진다.
② 가공열의 발생이 적고 가공 변질층도 작으므로 가공면 특성이 양호하다.
③ 다듬질 표면은 마찰계수가 작고, 내마멸성, 내식성이 우수하다.
④ 입도가 비교적 크고, 경한 숫돌에 고압으로 가압하여 연마하는 방법이다.

해설
슈퍼 피니싱은 입도가 비교적 작고, 연한 숫돌에 미세하게 가압하여 연마하는 방법이다.

[정답] 17 ② 18 ② 19 ④ 20 ② 21 ④

22 일감에 회전 운동과 이송을 주며, 숫돌을 일감 표면에 약한 압력으로 눌러 대고 다듬질할 면에 따라 매우 작고 빠른 진동을 주어 가공하는 방법은?

① 래핑
② 드레싱
③ 드릴링
④ 슈퍼 피니싱

해설
슈퍼 피니싱 : 일감에 회전 운동과 이송을 주며, 숫돌을 일감 표면에 약한 압력으로 눌러 대고 다듬질할 면에 따라 매우 작고 빠른 진동을 주어 가공하는 방법이다.

23 슈퍼 피니싱(Super finishing) 연삭액 중 일반적으로 사용되지 않는 것은?

① 경유   ② 종유
③ 스핀들유   ④ 기계유

해설
슈퍼 피니싱의 절삭액 : 석유+기계유(보통 경유사용)

24 슈퍼 피니싱의 숫돌 압력의 범위로 적당한 것은?

① $0.98 \sim 29.4 \text{N/cm}^2$
② $30 \sim 50 \text{N/cm}^2$
③ $50 \sim 70 \text{N/cm}^2$
④ $70 \sim 90 \text{N/cm}^2$

해설
슈퍼 피니싱의 압력은 호닝보다 낮은 $0.98 \sim 29.4 \text{N/cm}^2$의 범위로 사용한다.

25 방전 가공에서 전극 재료의 조건으로 맞지 않는 것은?

① 방전이 안전하고 가공 속도가 클 것
② 가공에 따른 가공 전극의 소모가 적을 것
③ 공작물보다 경도가 높을 것
④ 기계가공이 쉽고 가공정밀도가 높을 것

해설
방전 가공용 전극의 조건
① 방전이 안전하고 가공 속도가 커야 한다.
② 가공정밀도가 높아야 한다.
③ 기계가공이 쉬워야 한다.
④ 가공 전극의 소모가 적어야 한다.
⑤ 구하기 쉽고 가격이 저렴하여야 한다.

26 일반적으로 방전 가공 작업 시 사용되는 가공액의 종류 중 가장 거리가 먼 것은?

① 변압기유
② 경유
③ 등유
④ 휘발유

해설
방전 가공에서 가공액은 석유, 기름, 물 또는 탈 이온수가 사용되며, 절연유계와 에멀젼(물+절연유)계로 나누어 절연유는 석유, 스핀들유, 머신유, 실리콘오일, 변압기유 등으로 사용된다.

27 방전 가공에서 가장 기본적인 회로는?

① RC 회로
② 임펄스 발전기 회로
③ 트랜지스터 회로
④ 고전압법 회로

해설
방전 가공기의 전원장치 회로방식
① RC 회로(콘덴서 방전회로) : 가장 기본적인 회로(축전기법)
② TR 회로(트랜지스터 방전회로) : 일반 방전기에서 많이 사용
③ TR을 부착한 RC 회로 : 현재 가장 많이 사용

[정답] 22 ④ 23 ② 24 ① 25 ③ 26 ④ 27 ①

28 방전 가공의 특징이 아닌 것은?

① 기계적인 힘이 작용되어 전극은 단단한 재질을 사용한다.
② 수치제어 가공으로 복잡한 형상의 가공을 수행 할 수 있다.
③ 적은 가공력으로 정도 높은 가공이 가능하다.
④ 공작물의 경도와 관계없이 도체이면 가공이 가능하다.

> **해설**
> 방전 가공의 특징
> (1) 장점
> ① 공작물 경도와 관계없이 전기도체이면 쉽게 가공된다.
> ② 숙련된 작업이 필요하지 않는다. (무인가공 가능)
> ③ 전극 현상 그대로 정밀도가 높은 가공이 된다.
> ④ 가공조건의 선택과 변경이 쉽다.
> ⑤ 비 접촉성으로 기계적인 힘이 가해지지 않는다.
> ⑥ 다듬질면은 방향성이 없고 균일하다.
> ⑦ 복잡한 표면 형상이나 미세한 가공이 가능하다.
> ⑧ 가공 표면의 열 변질층 두께가 균일하여 마무리 가공이 쉽다.
> ⑨ 가공 변형이 적어 박판 가공이 용이하다.
> (2) 단점
> ① 공구 전극이 필요하며 전극 가공의 어려움과 공구의 소모가 크다.
> ② 가공 부분에 변질층이 남으며 다소 가공속도가 느리다.
> ③ 비전도체인 경우 가공이 어렵고 가전도(저부형, 금형)에 제한받음.

29 방전 가공 시 전극 중량 소모비를 나타낸 공식 중 맞는 것은?

① 중량 소모비 $= \dfrac{\text{전극소모량}}{\text{피가공체의 제거량}} \times 100\%$

② 중량 소모비 $= \dfrac{\text{전극소모량}}{\text{피가공체의 길이}} \times 100\%$

③ 중량 소모비 $= \dfrac{\text{전극소모량}}{\text{피가공체의 체적}} \times 100\%$

④ 중량 소모비 $= \dfrac{\text{전극소모량}}{\text{피가공체의 두께}} \times 100\%$

30 방전 가공기의 형식이 아닌 것은?

① 콘덴서형   ② 실리콘형
③ 크리스탈형 ④ 다이오드형

> **해설**
> 방전 가공기 종류로는 콘덴서형, 크리스탈형, 다이오드형이 있으며, 기본적인 회로 형식은 RC 회로이다.

31 방전 가공시간을 짧게 하려고 한다. 틀린 것은?

① 방전시간(ON time)을 크게 한다.
② 방전 휴지시간(OFF time)을 작게 한다.
③ 방전에너지를 크게 한다.
④ 방전전류를 작게 한다.

> **해설**
> 방전전류를 크게 하면 가공 속도가 빨라지고, 표면 거칠기는 나빠지고, 전극 소모는 증가한다.

32 다음 중 직류 콘덴서 법과 관계가 깊은 것은?

① 방전 가공
② 초음파 가공
③ 전해 연마
④ 액체 호우닝

> **해설**
> 직류 콘덴서 법과 관계가 깊은 것은 방전 가공이다.

[정답] 28 ① 29 ① 30 ② 31 ④ 32 ①

33 방전 가공에서 콘덴서의 용량이 클 때 일어나는 형상 중 옳지 못한 것은?

① 가공능률이 높아진다.
② 가공면과 치수 정밀도가 좋아진다.
③ 가공시간이 적게 걸린다.
④ 치수와 가공면이 좋지 못하다.

34 다음 레이저(LASER) 가공의 특징 설명 중 틀린 것은?

① 비접촉 가공으로 공구마모가 없다.
② 자동 가공이 가능하다.
③ 높은 에너지를 집중시킴으로써 열에 의한 변형이 많다.
④ 금속 및 비금속 어느 재료라도 가공이 가능하다.

> **해설**
> 레이저 가공이라 하며 특징
> ① 비접촉 가공으로 공구마모가 거의 없다.
> ② 임의의 위치 가공이 가능(원격조정이 가능하고 진공이 불필요)하다.
> ③ 열에 의한 변형이 적으므로 열, 충격을 받기 쉬운 재료가공에 적합하다.
> ④ 비금속(세라믹, 가죽)의 가공이 가능하다.
> ⑤ 미세 가공과 난삭제 가공이 용이하다.
> ⑥ 투명체를 통해 가공할 수 있다.

35 특수가공에서 에너지의 종류에 따라 전기가공, 광 가공, 음향가공, 화학 가공 등으로 분류하는데 광 가공에 해당되는 것은?

① 전자빔 가공
② 이온 가공
③ 플라스마 가공
④ 레이저 가공

> **해설**
> ① 전기 가공 : 방전, 전자빔, 이온, 플라스마 가공
> ② 광 가공 : 레이저 가공
> ③ 음향 가공 : 초음파 가공
> ④ 화학 가공 : 화학 연마, 화학 도금, 전해 연마, 전해 연삭

36 초음파 가공에 주로 사용하는 연삭 입자의 재질이 아닌 것은?

① 산화 알루미나계
② 다이아몬드 분말
③ 탄화규소계
④ 고무 분말계

> **해설**
> 연삭 입자의 재질은 산화 알루미나, 탄화규소, 다이아몬드 분말, 탄화 붕소가 사용된다.

37 다음 중 초음파 가공으로 가공하기 어려운 것은?

① 구리
② 유리
③ 보석
④ 세라믹

> **해설**
> 초음파 가공
> 충돌 가공으로 전기적 에너지를 기계적 에너지로 변환시키며 초음파(16kc/sec 이상), 주파수의 진동(20~30kc/sec)을 주고 공작물과 공구 사이에 연삭 입자와 연삭액을 넣고 펌프로 순환시켜 입자와 공작물에 대한 충돌로 인한 다듬질(진동자의 자기변형으로 초경합금, 보석류를 다듬질하며, 공구 재료는 연강, 피아노선이 쓰인다. 용도는 담금질강, 초경합금, 보석, 수정, 세라믹 등을 다듬질 가공한다.

[정답] 33 ② 34 ③ 35 ④ 36 ④ 37 ①

38 초음파 가공에 관한 설명으로 옳지 않은 것은?
① 다이아몬드, 초경합금, 담금질한 강(鋼) 등의 구멍 뚫기 가공에 이용된다.
② 공구 재료는 연강, 피아노선 등이 쓰인다.
③ 공구는 회전시켜야 되므로 비등경(非等徑) 단면 형상의 가공이 곤란하다.
④ 진동자(振動子)의 원리는 자기변형(磁氣變形) 현상을 이용한 것이다.

해설
초음파 가공: 물이나 경유 등에 연삭 입자를 혼합한 가공액을 공구의 진동면과 일감 사이에 주입시켜 가면서 16~30kHz/sec 의 초음파에 의한 상하 진동으로 표면을 다듬는 가공 방법
① 굳고 취약한 재료에 사용(초경합금, 세라믹, 유리)되며 구멍뚫기, 절단, 평면가공, 표면 가공 등을 한다.
② 공구(혼)넬 메탈, 피아노 선재 등
③ 연삭 입자의 재질: 알루미나, 탄화규소, 탄화 붕소 등

39 다음 중 초음파 가공 장치에 관한 설명으로 맞는 것은?
① 고주파 발생 장치에 의한 진동수는 대개 20~30MHz/sec이다.
② 래핑제는 Al_2O_3, SiC 등이 사용된다.
③ 다이아몬드 가공에는 탄화붕소를 사용한다.
④ 정압력의 크기는 200~300kg/mm² 정도이다.

해설
래핑 가공에서 래핑제의 재질: 알루미나(Al_2O_3), 탄화규소 (SiC), 탄화붕소 등

40 입자를 사용하는 가공법은?
① 방전 가공   ② 초음파 가공
③ 전해 가공   ④ 전자빔 가공

해설
초음파 가공은 입자에 의한 가공법이다.

41 특수가공 종류에 대한 설명으로 틀린 것은?
① 화학 가공은 미세한 가공에는 적합하나 넓은 면적을 가공하기에는 비효율적이다.
② 방전 가공은 복잡한 형상의 금형의 캐비티(cavity)를 제작하는 데 편리하다.
③ 와이어 컷 방전 가공은 2차원 형상인 프레스 금형의 펀치를 제작하는 데 유용하다.
④ 전해 가공은 전기적으로 도체인 재료를 대상으로 하며 부도체인 경우에는 가공이 불가능하다.

해설
화학적 가공법은 재료의 경도나 강도에 관계없이 가공할 수 있으며, 곡면, 평면, 복잡한 모양 등에 관계없이 표면 전체를 동시에 가공할 수 있고, 넓은 면적이나 여러 개를 동시에 가공할 수도 있으므로 매우 편리하게 가공할 수 있다.

42 산(酸)으로 씻는 것과 유사한 조작으로 적당한 약물 중에 침지(沈漬)시키고 열에너지를 주어 화학반응을 촉진시켜 매끄럽고 광택이 있는 표면을 만드는 작업은?
① 액체 호닝
② 버핑 가공
③ 숏피닝
④ 화학 연마

해설
화학 연마: 산(酸)으로 씻는 것과 유사한 조작으로 적당한 약물 중에 침지(沈漬)시키고 열 에너지를 주어 화학반응을 촉진시켜 매끄럽고 광택이 있는 표면을 만드는 작업

[정답] 38 ③ 39 ② 40 ② 41 ① 42 ④

43 표면의 작은 요철부에서 볼록부를 신속히 용융하고 오목부를 녹이지 않으므로 균일한 면을 얻을 수 있으며, 가공액의 온도를 일정하게 하고 단시간에 처리하는 것이 다듬질면의 향상에 유리한 화학 가공은?

① 화학 연마　　② 화학 연삭
③ 화학 밀링　　④ 용삭 가공

44 공작물 표면에 작은 요철부의 볼록부를 용삭할 때, 기계적 마찰로 더욱 능률적인 가공을 하는 방법이다. 공작물과 공구 사이에 고운 연삭 입자를 넣으면 효과적인 화학 가공은?

① 화학 연마　　② 화학 연삭
③ 화학 밀링　　④ 용삭 가공

45 가공하지 않을 공작물 부분에 내식성 피막으로 피복해 부식하는 방법으로 화학 절삭이라고도 하는 화학 가공은?

① 화학 연마　　② 화학 연삭
③ 화학 밀링　　④ 용삭 가공

> **해설**
> 화학 밀링 특징
> 다량생산, 넓은 면 가공, 복잡한 형상 및 얇은 단면 가공이 가능하며, 공구비가 절감되고 가공면의 변질층이 적은 장점이 있지만, 가공 속도와 가공 깊이에 제한을 받고 부식성 및 다듬질면의 거칠기가 떨어지는 단점이 있다.

46 마스킹 방법은 금긋기 박리법(scride and peel)이 많이 사용되는 화학 가공은?

① 화학 연마　　② 화학 연삭
③ 학학 밀링　　④ 용삭 가공

> **해설**
> 마스킹(masking)이란 공작물의 가공하지 않을 부분을 감광성 내식피막(photo resist) 등으로 피복하는 조작을 의미한다.

47 에칭(etching)의 일종이며, 가공 방식에는 침지식과 분무식이 있는 화학 가공은?

① 화학 연마　　② 화학 연삭
③ 화학 밀링　　④ 용삭 가공

48 도금을 응용한 방법으로 모델을 음극에 전착시킨 금속을 양극에 설치하고, 전해액 속에서 전기를 통전하여 적당한 두께로 금속을 입히는 가공 방법은?

① 전주 가공
② 전해 연삭
③ 레이 가공
④ 초음파 가공

> **해설**
> 전주 가공: 도금을 응용한 방법으로 모델을 음극에 전착시킨 금속을 양극에 설치하고, 전해액 속에서 전기를 통전하여 적당한 두께로 금속을 입히는 가공 방법이다.

49 배럴 가공 중 가공물의 치수 정밀도를 높이고, 녹이나 스케일 제거의 역할을 하기 위해 혼합되는 것은?

① 강구　　　　② 맨드릴
③ 방진구　　　④ 미디어

> **해설**
> 미디어: 배럴 가공 중 가공물의 치수 정밀도를 높이고, 녹이나 스케일 제거의 역할을 하기 위해 혼합되는 것이다.

[정답] 43 ① 44 ② 45 ③ 46 ③ 47 ④ 48 ① 49 ④

50 목재, 피혁, 직물 등 탄성이 있는 재료로 된 바퀴 표면에 부착시킨 미세한 연삭 입자로서 연삭 작업을 하여 가공 표면을 버핑 전에 다듬질하는 방법은?

① 폴리싱　　② 전해 가공
③ 전해 연마　④ 버니싱

해설
① 폴리싱 : 바퀴 표면에 부착시킨 탄성 있는 재료(목재, 피혁, 직물 등)에 미세한 연삭입자로 공작물 표면을 버핑하기 전에 다듬질하는 방법
② 전해 가공 : 공작물과 전극 사이 0.1~0.4mm 정도 띄우고 그 사이로 전해액을 강제 유동, 공작물이 전극 모양을 따라 가공(용해작용)되며 전기의 용해작용을 이용(전기 분해법칙 이용)한다. 보통 전기 도금장치와 반대 작용이고 공작물을 (+)극으로 하고 모형이나 공구 (−)극과 함께 알카리성을 전해액 속에 넣어 통전 가공된다.
③ 전해 연마 : 전기 화학적 방법으로 전해현상을 이용. 표면을 다듬질. 공작물을 (+)극으로 하고 구리, 아연, 납 등을 (−)로 하여 전해액 혹에 넣고 직류전류를 짧은 시간 동안에 강하게 흐르게 하여 전기적으로 그 표면을 매끈하게 다듬질하며, 금속 표면의 미소돌기부분을 용해하여 거울면 상태로 가공된다.
④ 버니싱 : 원통 내면에 소성변형을 주어 정밀한 다듬질하며 내경보다 약간 지름이 큰 버니싱을 사용하여 작업하며 주로 구멍 내면 다듬질(전성, 연성이 큰재로 가공)을 하며 간단한 장치로 단시간에 정밀도 높은 가공을 할 수 있다.

51 회전하는 통속에 가공물과 숫돌입자, 가공액, 컴파운드 등을 함께 넣어 가공물이 입자와 충돌하는 동안에 그 표면의 요철(凹凸)을 제거하여 매끈한 가공면을 얻는 가공법은?

① 숏 피닝　　② 롤러 가공
③ 배럴 가공　④ 슈퍼 피니싱

해설
① 숏 피닝 : 철강의 작은 볼(shot)을 공작물 표면에 분사하여 강재의 화학조성을 변화시키지 않고 표면을 매끈하게 하여 피로강도 기계적 성질 향상
② 롤러 다듬질 : 선반가공 후 다듬질하는 방법으로, 롤러 공구를 사용하여 공작물에 압착하고 공작물 표면에 소성변형을 일으켜 다듬질

③ 배럴 다듬질 : 충돌 가공으로 회전하는 상자 속에 공작물과 미디어, 콤파운드(유지+직물), 공작액 등을 넣고 회전과 진동을 주어 표면을 다듬질
④ 슈퍼 피니싱 : 연삭숫돌을 공작물 표면에 가압(스프링, 유압)하면서 공작물 이송과 진동을 주고 공작물을 회전시켜 균일한 표면을 얻는 방법

52 다음은 정밀입자 가공을 나타낸 것이다. 이에 속하지 않는 것은?

① 슈퍼 피니싱　② 배럴 가공
③ 호닝　　　　④ 래핑

해설
배럴 가공은 충돌 연마가공(주물귀, 돌기 부분, 스케일 제거)으로 회전 또는 진동하는 상자에 가공품과 숫돌 입자, 공작액, 메디아(media), 콤파운드 등을 함께 넣고 서로 부딪히게 하거나 마찰로 가공물 표면의 요철을 제거하고 평활한 다듬질면을 얻는 가공법이다.

53 기어, 회전축, 코일 스프링, 판 스프링 등의 표면가공에 적합한 숏 피닝(shot peening)은 어떤 하중에 가장 효과적인가?

① 굽힘 하중　② 반복 하중
③ 압축 하중　④ 인장 하중

해설
숏 피닝(shot peening) : 철강의 작은 볼(shot)을 공작물 표면에 분사하여 강재의 화학조성을 변화시키지 않고 표면을 매끈하게 하여 피로강도 기계적 성질 향상이 된다. 반복 하중에 가장 효과적이다.

54 가공물 표면에 작은 알갱이를 투사하여 피로강도를 증가시키는 가공법은?

① 숏 피닝　　② 방전 가공
③ 초음파 가공　④ 플라즈마 가공

[정답] 50 ① 51 ③ 52 ② 53 ② 54 ①

> **해설**
> 숏 피닝 : 가공물 표면에 작은 알갱이를 투사하여 피로강도를 증가시키는 가공법이다.

55 숏 피닝(shot peening)과 관계 없는 것은?
① 금속 표면 경도를 증가시킨다.
② 피로 한도를 높여 준다.
③ 표면 광택을 증가시킨다.
④ 기계적 성질을 증가시킨다.

> **해설**
> 숏 피닝 : 표면을 타격하는 일종의 냉간 가공이다. 철강의 작은 볼(shot)을 공작물 표면에 분사하여 강재의 화학조성을 변화시키지 않고 표면을 매끈하게 하여 피로강도 등 기계적 성질이 향상된다. 피닝 효과로 공작물의 표면경화 및 피로한도를 증가시킨다.

56 다음 중 차량용 스프링의 수명을 연장하기 위한 방법으로 사용하는 가공법은?
① 액체 호닝 ② 숏 피닝
③ 호닝 ④ 래핑

> **해설**
> 차량용 스프링의 수명을 연장하기 위한 방법으로 사용하는 가공법은 숏피닝이다.

57 숏 피닝(shot peening)의 분사 각도는 얼마인가?
① 45도 ② 60도
③ 90도 ④ 120도

58 볼 베어링의 완성가공법은?
① 버니싱 ② 래핑
③ 숏 피닝 ④ 호닝

59 전해 연삭의 특징이 아닌 것은?
① 가공면은 광택이 나지 않는다.
② 기계적인 연삭보다 정밀도가 높다.
③ 가공물의 종류나 경도에 관계없이 능률이 좋다.
④ 복잡한 형상의 가공물을 변형 없이 가공할 수 있다.

> **해설**
> 전해 연삭의 특징
> ① 경도가 높은 재료일수록 연삭 능률이 기계 연삭보다 높다.
> ② 박판이나 형상이 복잡한 공작물을 변형 없이 연삭할 수 있다.
> ③ 연삭 저항이 적으므로 연삭열 발생이 적고, 숫돌 수명이 길다.
> ⑤ 설비비와 숫돌 가격이 비싸다.
> ⑥ 필요로 하는 다양한 전류를 얻기가 힘들다.
> ⑦ 다듬질면은 광택이 나지 않는다.
> ⑧ 정밀도는 기계 연삭보다 낮다.

60 전해 연삭가공의 특징이 아닌 것은?
① 경도가 낮은 재료일수록 연삭 능률이 기계 연삭보다 높다.
② 박판이나 형상이 복잡한 공작물을 변형 없이 연삭할 수 있다.
③ 연삭저항이 적으므로 연삭열 발생이 적고, 숫돌 수명이 길다.
④ 정밀도는 기계 연삭보다 낮다.

61 공작물을 양극으로 하고 불용해성 Cu, Zn을 음극으로 하여 전해액 속에 넣으면 공작물 표면이 전기분해 되어 매끈한 면을 얻을 수 있는 가공 방법은?
① 버니싱 ② 전해 연마
③ 정밀 연삭 ④ 레이저 가공

[정답] 55 ③ 56 ② 57 ③ 58 ③ 59 ② 60 ① 61 ②

> **해설**
> 전해 연마 : 공작물을 양극으로 하고 불용해성 Cu, Zn을 음극으로 하여 전해액 속에 넣으면 공작물 표면이 전기분해 되어 매끈한 면을 얻을 수 있는 가공 방법이다.

62 전해 연마의 특징에 대한 설명으로 틀린 것은?
① 가공 변질층이 없다.
② 내마모성, 내부식성이 좋아진다.
③ 알루미늄, 구리 등도 용이하게 연마할 수 있다.
④ 가공면에는 방향성이 있다.

> **해설**
> 전해 연마에서 표면에 요철이 있으면 볼록 부분이 오목 부분보다 더욱 심하게 용출하므로 표면은 매끈하고 광택이 있는 다듬질면이 되며 가공면에는 방향성이 없다.

63 전해 연마 가공의 특징이 아닌 것은?
① 연마량이 적어 깊은 홈은 제거가 되지 않으며 모서리가 라운드된다.
② 가공면에 방향성이 없다.
③ 면은 깨끗하나 도금이 잘 되지 않는다.
④ 복잡한 형상의 공작물 연마도 가능하다.

> **해설**
> 전해 연마 가공의 특징
> ① 가공 변질층이 나타나지 않으므로 평활한 면을 얻을 수 있다.
> ② 가공면에 방향성이 없다.
> ③ 내부멸성 및 내부식성이 좋아진다.
> ④ 복잡한 형상의 공작물 연마도 가능하다.
> ⑤ 면이 깨끗하고 도금이 잘 된다.
> ⑥ 연마량이 적어 깊은 홈 제거가 되지 않으며, 모서리가 라운드 된다.
> ⑦ 연질의 금속도 용이하게 연마할 수 있다.

64 전기도금과 반대 현상을 이용한 가공으로 알루미늄 소재 등 거울과 같이 광택 있는 가공면을 비교적 쉽게 가공할 수 있는 것은?
① 방전 가공
② 전해 연마
③ 액체 호닝
④ 레이저 가공

> **해설**
> ① 방전 가공 : 방전 현상을 인공적으로 설정하여 그 에너지를 이용하는 가공 방법으로 공작물과 공구가 직접 접촉함이 없이 상호 간에 어느 간격을 유지하면서 그사이에선 물리적으로 가공하는 방법이다.
> ② 전해 연마 : 전기도금과 반대 현상을 이용한 가공으로 알루미늄 소재 등 거울과 같이 광택 있는 가공면을 비교적 쉽게 가공할 수 있다.
> ③ 액체 호닝 : 공작물 표면에 액체(물)와 미세 연삭 입자와의 보통 혼합비 1 : 2로 혼합액을 압축, 공기로 분사하며 습식 다듬질 가공이다.
> ④ 레이저 가공 : 렌즈, 반사경 등으로 한곳에 모아 빛의 흡수로 인해 국부적, 순간적으로 가열하여 증발, 용해되어 가공하는 방법이다.

65 1차로 가공된 가공물의 안지름보다 다소 큰 강구(steel ball)를 압입 통과시켜서 가공물의 표면을 소성변형으로 가공하는 방법은?
① 래핑(lapping)
② 호닝(honing)
③ 버니싱(burnishing)
④ 그라인딩(grinding)

> **해설**
> 버니싱(burnishing) : 1차로 가공된 가공물의 안지름보다 다소 큰 강구(steel ball)를 압입 통과시켜서 가공물의 표면을 소성변형으로 가공한다.

[정답] 62 ④ 63 ③ 64 ② 65 ③

66 버니싱(burnishing) 작업의 특징으로 틀린 것은?
① 표면 거칠기가 우수하다.
② 피로한도를 높일 수 있다.
③ 정밀도가 높아 스프링 백을 고려하지 않아도 된다.
④ 1차 가공에서 발생한 자국, 긁힘 등을 제거할 수 있다.

해설
버니싱은 드릴, 리머 등 기계가공에서 생긴 스크래치(scratch), 공구 자국 등을 제거하고, 연삭가공을 할 수 없는 곳에 많이 쓰이는 가압 가공법으로 버니싱한 면은 매끈하게 되는 동시에 가공 경화되어 피로강도, 부식 저항, 내마모성, 치수 정밀도, 표면 거칠기 등을 향상한다. 정밀도가 높아 스프링 백을 고려하여야 한다.

67 특수가공에서 에너지의 종류에 따라 전기 가공, 광 가공, 음향 가공, 화학 가공 등으로 분류하는데 광 가공에 해당하는 것은?
① 전자빔 가공
② 이온 가공
③ 플라스마 가공
④ 레이저 가공

해설
• 전기 가공 : 방전, 전자빔, 이온, 플라스마 가공
• 광 가공 : 레이저 가공
• 음향 가공 : 초음파 가공
• 화학 가공 : 화학 연마, 화학 도금, 전해 연마, 전해 연삭

[정답] 66 ③ 67 ④

7 손 다듬질 가공법

1 줄작업

(1) 줄작업 개요

줄은 표면에 많은 절삭 날이 있으며 탄소 공구강(STC 3~5종)이나 합금 공구강(STS)으로 만들며, 줄의 크기 표시는 자루 부분을 제외한 몸 전체의 길이로 표시한다. 줄작업 시 고려사항은 다음과 같다.

① 줄다듬질은 줄눈 전체를 사용하고 자주 와이어 브러시로 털어 준다.
② 새 줄은 처음에는 연질재료, 차차로 경질재료에 사용한다.
③ 주물 등의 다듬질 때는 표면의 흑피를 벗기고 다듬질한다.
④ 눈메꿈의 방지를 위하여 줄에 먼저 백묵을 칠한다.
⑤ 줄다듬질한 면에는 손을 대서는 안 된다.

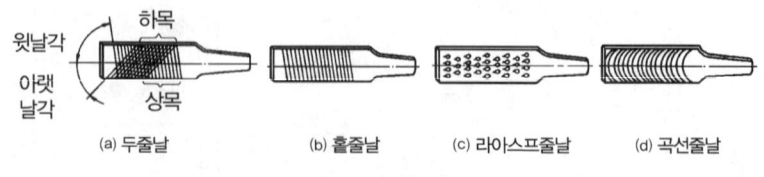

○ 그림 3-57 줄날의 모양

(2) 줄의 종류

1) 단면 모양에 따른 종류

삼각줄, 평줄, 반원줄, 사각줄, 둥근줄 등 5종류가 있다.

2) 줄눈의 형상에 따른 종류

① 단목(홑눈줄 : single cut) : 한쪽 방향(70~80°)으로만 눈을 만든 것으로, Pb, Sn, Al과 같이 연질재료 및 얇은 판금의 가장자리 절삭에 사용한다.
② 복목(겹눈줄 : double cut) : 일반적으로 다듬질용이며 두 개의 상하 날이 교차하도록 만든 것으로 상날(절삭)은 70~80°로 하부날(칩배출)은 40~45°로 되어 있으며 강과 주철과 같은 다듬 절삭에 사용하며 연한 금속, 일반 철공용으로 쓰인다.
③ 귀목(라스프줄 : rasp cut) : 줄날이 돌기 형식이며 목재, 가죽, 베크라이트 등 비금속재료의 거친 절삭에 사용한다.

④ 파목(곡선줄 : curved cut) : 줄날이 곡선으로 칩 배출이 용이하고 절삭 능력이 강력해서 납, Al, 플라스틱, 목재 등과 같은 재질 절삭에 사용한다.

3) 줄눈의 크기에 따른 분류

대황목(아주 거친 눈)줄, 황목, 중목(중간 눈)줄, 세목(가는 눈)줄, 유목줄 등이 있으며 같은 가는눈 줄이라도 줄의 크기가 작은 쪽이 줄눈이 곱다.

4) 조줄(set file)

단면 모양이나 다른 줄 5~12개를 1개 조로 조합한 줄로서 금형이나 정밀가공에 사용된다. 줄자루가 없는 것이 특징이다.

(3) 줄작업의 종류

1) 직진법

줄을 길이 방향으로 직진시켜 절삭하는 방법으로 황삭 및 최종 다듬질 작업에 사용한다.

2) 사진법

넓은 면 절삭에 적합하며, 절삭량이 많아 황삭 및 모따기에 적합하다.

3) 횡진법(병진법)

줄을 길이 방향과 직각 방향으로 움직여 절삭하는 방법으로 폭이 좁고 길이가 긴 공작물의 줄작업에 좋다.

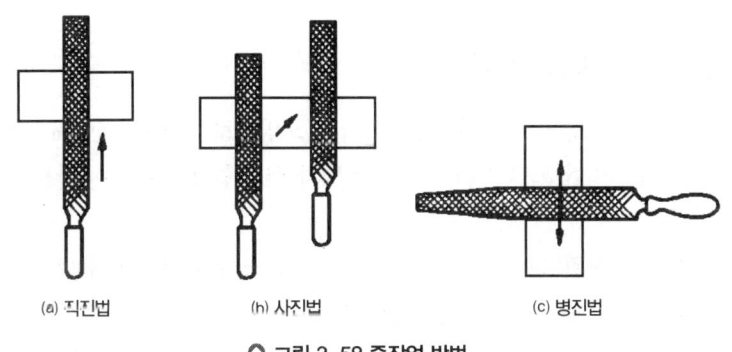

(a) 직진법   (b) 사진법   (c) 병진법

◎ 그림 3-58 줄작업 방법

2 리머 가공(reaming)

(1) 리머 가공 개요

드릴로 뚫은 구멍은 보통 진원도 및 내면이 다듬질 정도가 양호하지 못하므로 리머를 사용하여 구멍의 내면을 매끈하고 정확하게 가공하는 작업을 리머작업 또는 리밍(reaming)이라고 한다. 리머의 여유는 0.2~0.3mm 정도가 주로 사용된다.

리머재질은 고속도강으로 만든다.

(2) 리머의 종류

① 핸드 리머
② 기계 리머 : 채킹 리머, 조버스 리머, 브리지 리머
③ 테이퍼 리머 : 모스테이퍼 리머, 테이퍼핀 리머, 파이프 리머
④ 조정 리머 : 조정 리머, 팽창 리머
⑤ 셀 리머 : 자루와 날부가 별개로 되어 있는 리머
⑥ 솔리드 리머 : 자루와 날부가 같은 소재로 된 리머

(3) 리머 작업 시 유의사항

① 다듬 여유를 작게 하고 낮은 절삭 속도로써 이송을 크게 하면 좋은 가공면이 된다.
② 리머를 뺄 때 역회전시켜서는 안 된다.
③ 기름을 충분히 주어 칩이 잘 배출되도록 해야 한다.
④ 채터링(떨림)을 방지하기 위해 절삭 날의 수는 홀수 날이고 부등 간격으로 배치한다.

3 탭 및 다이스 가공

나사는 원통의 외면과 내면에 나선 모양으로 절삭한 것이며, 탭 작업(tapping)이란 드릴로 뚫은 구멍에 탭과 탭 핸들에 의해 암나사를 내는 작업이다.

다이스 작업(dies working)이란 둥근봉 또는 관 바깥지름 다이스(dies)를 사용하여 수나사를 내는 작업이다.

(1) 탭 작업(tapping)

탭(tap)은 나사부와 자루 부분으로 되어 있으며 암나사를 만드는 공구이다.

① **핸드 탭**: 1번, 2번, 3번 탭의 3개가 1개 조로 되어 있고, 탭의 가공률은 1번 : 55%, 2번 탭 : 25%, 3번 탭 : 20%로 한다. 현장에서는 보통 2번, 3번 탭만으로 태핑을 한다.
② **기계 탭**: 작업능률을 향상시키기 위해 기계에 장치하여 나사를 내는 탭
  ㉠ **테이퍼 탭(taper tap)**: 자루 부분의 지름을 너트의 구멍 지름보다도 가늘고 길게 만들고 챔퍼 부분의 테이퍼도 완만하게 한 것으로 대량 생산에 사용한다.
  ㉡ **마스터 탭(master tap)**: 다이스나 체이서 등을 만드는 탭이다.
  ㉢ **건 탭(gun tap)**: 탭에 비틀림 홈이 있는 것으로(15°) 고속 절삭용이다.
  ㉣ **파이프 탭(pipe tap)**: 가스 탭이라고도 하며, 가스관 또는 조인트에 암나사를 깎는 탭이다.
  ㉤ **스파이럴 탭(spiral tap)**: 인성이 강한 강재에 대하여 절삭성이 좋고 절삭면이 매끈하게 다듬질된다. 나사부가 나선형으로 되어 있다.
③ **탭 작업할 때 고려사항**
  ㉠ 공작물을 수평으로 고정한다.
  ㉡ 탭 구멍은 나사의 골 지름보다 다소 크게 뚫는 것이 좋다.
  ㉢ 탭 핸들은 양손으로 잡고 수평을 유지하며 작업한다.
  ㉣ 2/3 회전할 때마다 조금씩 되돌려 칩을 배출시킨다.
  ㉤ 절삭유를 충분히 사용한다.
④ **탭 작업 시 탭이 부러지는 이유**
  ㉠ 구멍이 너무 작거나 구부러진 경우
  ㉡ 탭이 경사지게 들어간 경우
  ㉢ 탭의 지름에 적합한 핸들을 사용하지 않는 경우
  ㉣ 너무 무리하게 힘을 가하거나 빨리 절삭할 경우
  ㉤ 막힌 구멍의 밑바닥에 탭의 선단이 닿았을 경우
⑤ **탭 구멍**: 탭 구멍의 지름은 다음과 같은 식으로 구할 수 있다.

미터나사 : $d = D - p$

인치 나사 : $d = 25.4 \times D - \dfrac{25.4}{N}$

여기서, d : 탭 구멍의 지름(mm)
D : 나사의 바깥지름(mm)
p : 나사의 피치(mm)
N : 1인치(25.4mm) 사이의 산 수

(2) 다이스 가공

다이스는 수나사를 만드는 공구로서 내면은 나사로 되어 있고 칩이 빠져 나올 수 있는 홈이 있다. 앞면에 2~2.5산, 뒷면에 1~1.5산 정도가 모따기로 되어 있고 앞면을 공작물에 접촉시켜서 작업을 한다. 나사 지름을 조절할 수 있는 분할 다이스와 나사 지름을 조절할 수 없는 단체 다이스로 나눈다.

(a) 분할 다이스   (b) 단체 다이스   (c) 날 붙이 다이스

● 그림 3-59 다이스의 형상과 종류

4 기타 작업

(1) 스크레이퍼 작업

줄작업이나 기계가공으로 다듬질한 면을 스크레이퍼(scraper)로 더욱 정밀도가 높게 국부적으로 깎아 다듬질하는 작업을 스크레이핑(scraping)이라 하며, 부품끼리 접촉하는 부분의 평면이나 곡면의 다듬질에 사용된다.

1) 스크레이퍼 종류

스크레이퍼는 탄소강 공구강이나 고속도강을 단조와 열처리하여 만들며, 스크레이퍼의 날 끝각은 연강이나 주철 등의 거친 다듬질에는 약 80°, 고운 다듬질에는 90~120°의 것을 쓰고 연질의 재료일수록 각을 작게 한다. 스크레이퍼의 종류는 형상에 따라 흔히 많이 이용되는 평면 스크레이퍼와 오목한 곡면 등에 사용되는 곡면 스크레이퍼, 삼각 스크레이퍼, 조립형 스크레이퍼 등이 있다.

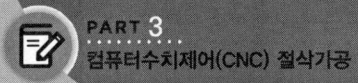

예상문제

01 평면에 줄다듬질(filing)하는 방법을 분류할 때, 그 종류에 해당하지 않는 것은?

① 직진(直進)법 ② 후진(後進)법
③ 사진(斜進)법 ④ 병진(竝進)법

해설
줄작업의 종류
① 직진법 : 줄을 길이 방향으로 직진시켜 절삭하는 방법으로 황삭 및 최종 다듬질 작업에 사용한다.
② 사진법 : 넓은 면 절삭에 적합하며, 절삭량이 많아 황삭 및 모따기에 적합하다.
③ 횡진법(병진법) : 줄을 길이 방향과 직각 방향으로 움직여 절삭하는 방법으로 폭이 좁고 길이가 긴 공작물의 줄작업에 좋다.

02 납, 주석, 알루미늄 등의 연한 금속이나 얇은 판금의 가장자리를 다듬질 작업할 때 사용하는 줄눈의 모양은?

① 단목 ② 복목
③ 귀목 ④ 파목

해설
① 줄눈의 형상에 따른 종류
  ㉠ 단목(홑눈줄 : single cut) : 한쪽 방향(70~80°)으로만 눈을 만든 것으로, Pb, Sn, Al과 같이 연질재료 및 얇은 판금의 가장자리 절삭에 사용한다.
  ㉡ 복목(겹눈줄 : double cut) : 일반적으로 다듬질용이며 두 개의 상하 날이 교차하도록 만든 것으로 상날(절삭)은 70~80°로 하부날(칩배출)은 40~45°로 되어 있으며, 강과 주철과 같은 다듬 절삭에 사용하며 연한 금속, 일반 철공용으로 쓰인다.
  ㉢ 귀목(라스프줄 : rasp cut) : 줄날이 돌기 형식이며 목재, 가죽, 베크라이트 등 비금속재료의 거친 절삭에 사용한다.
  ㉣ 파목(곡선줄 : curved cut) : 줄날이 곡선으로 칩 배출이 용이하고 절삭 능력이 강력해서 납, Al, 플라스틱, 목재 등과 같은 재질 절삭에 사용된다.

② 줄눈의 크기에 따른 분류
대황목(아주 거친 눈)줄, 황목, 중목(중간 눈)줄, 세목(가는 눈)줄, 유목줄 등이 있으며 같은 가는 눈줄이라도 줄의 크기가 작은 쪽이 줄눈이 곱다.
③ 조줄(set file)
단면 모양이나 다른 줄 5~12개를 1개조로 조합한 줄로서 금형이나 정밀가공에 사용된다. 줄자루가 없는 것이 특징이다.

03 펀치 또는 정으로 날의 눈을 파서 일으킨 모양으로 나무 가죽 베크라이트 등의 거친 절삭에 적합한 줄눈의 모양은 어느 것인가?

① 단목 ② 파목
③ 귀목 ④ 복목

04 줄의 크기 표시는?

① 탱(자루)을 포함한 전체 길이
② 탱(자루)을 제외한 전체 길이
③ 테이퍼 부의 길이
④ 테이퍼 부를 제외한 전체 길이

05 연한 금속이나 얇은 판이 가장자리 다듬질에 사용되는 것은?

① 홑줄날 ② 라이프줄
③ 형삭줄 ④ 겹눈줄

해설
① 홑눈줄 : 한쪽 방향으로만 눈을 만든 것으로 연한 재질 사용
② 겹눈줄 : 보통 절삭에 사용
③ 라이프줄 : 비금속 절삭에 사용
④ 곡선줄 : 납과 같은 재질에 사용

[정답] 01 ② 02 ① 03 ③ 04 ② 05 ①

06 조줄에 관한 설명으로 틀린 것은?
① 조줄은 작은 제품의 절삭이나 정밀을 필요로 하는 가공에 쓰인다.
② 종류로는 5본조, 7본조, 10본조, 12본조가 있다.
③ 조줄 눈의 크기는 중목, 세목, 유목으로 구분한다.
④ 조줄은 본수(조수)가 많을수록 줄눈은 거칠다.

07 줄(file)의 재질로는 보통 어떤 것이 사용되는?
① 고속도강
② 탄소 공구강
③ 초경합금
④ 특수합금강

> **해설**
> 줄은 탄소 공구강을 담금질하여 뜨임 처리한 후 사용한다.

08 줄눈이 막히는 것을 방지하기 위한 것 중 옳은 것은?
① 미리 손질을 함.
② 유연한 재료 사용
③ 기름을 칠해서 사용
④ 분필로 문지른다.

09 두 줄 날줄에서 상목은 주로 절삭 작용을 하며 하목은 절삭 칩 배출 작용을 한다. 하목의 줄 수는 상목 줄 수의 몇 % 정도인가?
① 100%
② 80~90%
③ 70~80%
④ 90~100%

10 3줄 날의 줄로 가공할 때 다음 용도에 알맞은 것은?
① 톱날 세우기 작업
② 일반 금속
③ 아연, 알루미늄 등의 연질 금속
④ 목재, 피혁 등의 비금속

11 복목(두 줄 날)줄에서 절삭 작용을 하는 것은?
① 하목
② 상목
③ 중목
④ 단목

12 두 줄 날줄에서 상목과 하목은 줄의 중심선에 대하여 몇 도 정도로 경사져 있는가?
① 50°, 15°
② 60°, 30°
③ 70°, 45°
④ 80°, 60°

13 펀치형 정으로 줄눈을 하나하나 찍은 것으로 나무, 가죽, 베이크라이트 등의 비금속이나 연금속의 절삭에 쓰이는 줄은?
① 단목줄
② 복목줄
③ 파목줄
④ 라스프줄

14 평행 스크레이퍼의 날끝 각도는 주철을 거친 가공할 때 몇 도가 가장 적당한가?
① 40~50°
② 50~60°
③ 60~70°
④ 70~90°

[정답] 06 ④ 07 ② 08 ④ 09 ② 10 ① 11 ② 12 ③ 13 ④ 14 ④

15 리머의 진동을 방지하기 위한 방법은?

① 날의 길이를 다르게
② 여유각을 크게
③ 날의 간격을 다르게
④ 윗면 경사각을 크게

해설
리머 작업은 절삭 날의 수는 많이 것이 좋으나, 절삭 저항이 커지고, 짝수 날로 등간격 일 때에는 힘을 동시에 받기 때문에 채터링(chattering : 떨림과 뜯김)이 생기므로 홀수 날로 부등 간격으로 배치한다.

16 리밍(reaming) 작업 시 가장 옳은 방법은?

① 드릴 작업과 같은 속도로 한다.
② 드릴 작업보다 고속에서 작업하고 이송(feed)을 작게 한다.
③ 드릴 작업보다 저속에서 작업하고 이송을 크게 한다.
④ 드릴 작업보다 이송만 작게하고 같은 속도로 작업한다.

17 다음 리머 작업의 가공 여유 중 가장 알맞은 것은?

① 0.1~0.5mm
② 0.5~1.0mm
③ 1.0~1.5mm
④ 0.01~0.08mm

해설
리머는 구멍의 정밀도를 높이기 위한 작업으로 여유는 직경 10mm일 때 0.2mm 정도이며, 드릴 작업 회전은 2/3~2/4, 이송은 같거나 빠르게 한다.

18 날의 부분은 수동형 리머와 같으며 날의 길이가 긴 기계용 리머로서 정확한 구멍 다듬기에 사용되는 리머는?

① 척킹 리머   ② 테이퍼 리머
③ 쉘 리머   ④ 조버스 리머

19 탭의 파손 원인이 아닌 것은?

① 소재보다 경도가 높은 경우
② 구멍이 너무 작아서 구부러진 경우
③ 탭이 경사지게 들어간 경우
④ 탭의 지름에 적합한 핸들을 사용하지 않은 경우

해설
상기 외에 너무 무리하게 힘을 가하거나 빠르게 절삭할 경우, 막힌 구멍의 밑바닥에 탭의 선단이 닿았을 경우이다.

20 핸드 탭에서 가공률이 가장 좋은 것은?

① 1번 탭   ② 2번 탭
③ 3번 탭   ④ 4번 탭

해설
1번 탭 55%, 2번 탭 25%, 3번 탭은 20% 가공된다.

21 미터나사에서 지름 12mm 피치 1.5mm의 나사를 태핑하기 위한 드릴구멍의 지름으로 가장 적당한 것은?

① 9.5mm   ② 10.5mm
③ 11.5mm   ④ 13.5mm

해설
$12 - 1.5 = 10.5$

[정답] 15 ③ 16 ③ 17 ① 18 ④ 19 ① 20 ① 21 ②

22 리머의 모양에 대한 설명 중 틀린 것은?

① 조정 리머 : 절삭 날을 조정할 수 있는 것
② 솔리드 리머 : 자루와 절삭 날이 다른 소재로 된 것
③ 셸 리머 : 자루와 절삭 날 부위가 별개로 되어 있는 것
④ 팽창 리머 : 가공물의 치수에 따라 조금 팽창할 수 있는 것

> **해설**
> 솔리드 리머 : 자루와 날부가 같은 소재로 된 리머이다.

23 드릴 작업 후 구멍의 내면을 다듬질하는 목적으로 사용하는 공구는?

① 탭
② 리머
③ 센터드릴
④ 카운터 보어

> **해설**
> ① 탭 : 암나사 작업
> ② 리머 : 드릴 작업 후 구멍의 내면을 다듬질
> ③ 센터드릴 : 양 센터 작업 시 필요
> ④ 카운터 보어 : 작은 나사, 볼트의 머리부가 돌출되지 않도록 머리부가 들어갈 자리부분

24 탭(tab) 작업에서 탭의 파손 원인이 아닌 것은?

① 소재보다 탭의 경도가 클 때
② 너무 무리하게 힘을 가했을 때
③ 구멍이 너무 작거나 구부러졌을 때
④ 막힌 구멍의 밑바닥에 탭의 선단이 닿았을 때

> **해설**
> 탭 작업 시 탭이 부러지는 이유
> ① 구멍이 너무 작거나 구부러진 경우
> ② 탭이 경사지게 들어간 경우
> ③ 탭의 지름에 적합한 핸들을 사용하지 않는 경우
> ④ 너무 무리하게 힘을 가하거나 빨리 절삭할 경우
> ⑤ 막힌 구멍의 밑바닥에 탭의 선단이 닿았을 경우

25 다음 중 M10×1.5의 탭 가공을 위하여 드릴링할 때 적당한 드릴의 지름은 몇 mm인가?

① 6.5   ② 7.5
③ 8.5   ④ 9.5

> **해설**
> M10−1.5=8.5

26 막힌 구멍이나 인성이 강한 재료의 탭핑에 적합한 탭은?

① 관용 탭   ② 핸드 탭
③ 포인트 탭   ④ 스파이럴 탭

> **해설**
> 스파이럴 탭 : 막힌 구멍이나 인성이 강한 재료의 탭핑에 적합하다.

27 다이스 및 체이서를 만들 때 쓰는 탭은?

① 핸드탭   ② 머시인 탭
③ 파이프 탭   ④ 마스터 탭

28 탭에서 챔퍼(chamfer)란 무엇인가?

① 불완전 나사 부분
② 탭 부분
③ 완전한 나사 부분
④ 손잡이 부분

[정답] 22 ② 23 ② 24 ① 25 ③ 26 ④ 27 ④ 28 ①

29 수나사를 만들 때 사용되는 공구는?

① 탭
② 다이스
③ 스크라이버
④ 리머

30 강판으로 된 재료에 암나사 가공을 하는 데 사용되는 것은?

① 스패너
② 스크레이퍼
③ 다이스
④ 탭

> 해설
> 탭은 암나사 가공을 하는 데 사용한다.

31 다음 탭 종류 중 절삭칩이 자루가 있는 쪽으로 배출되기 때문에 막힌 구멍이 나사내기에 편리하며 회전수를 빠르게 하였을 때에 좋은 결과가 나오는 탭은?

① 건 탭(gun tap)
② 스파이럴 탭(spiral tap)
③ 마스터 탭(master)
④ 스테이 볼트 탭(stay bolt tap)

32 피치 2mm의 3줄 나사가 2회전하면 얼마를 전진 하겠는가?

① 12mm   ② 6mm
③ 3mm   ④ 2mm

> 해설
> $L = n \times p \times 회전 = 2 \times 3 \times 2 = 12$

33 다이스 작업 요령 중 틀린 것은?

① 절삭유를 잘 선택한다.
② 탭 작업과는 다르므로 전진만을 하면서 작업한다.
③ 조절식 다이스를 사용할 때는 2~3회를 나누어 다이스에 무리하지 않도록 한다.
④ 흑피나 녹이 슬어 있는 면은 날이 상할 우려가 있으므로 가공면은 깨끗이 한다.

34 수기 가공에 대한 설명 중 틀린 것은?

① 탭은 나사부와 자루 부분으로 되어 있다.
② 다이스는 수나사를 가공하기 위한 공구이다.
③ 다이스는 1번, 2번, 3번 순으로 나사 가공을 수행한다.
④ 줄의 작업순서는 황목 → 종목 → 세목 순으로 한다.

> 해설
> 수동으로 탭 가공 시 1번, 2번, 3번 순으로 나사 가공을 수행한다.

35 수기 가공에 대한 설명으로 틀린 것은?

① 서피스 게이지는 공작물에 평행선을 긋거나 평행면의 검사용으로 사용된다.
② 스크레이퍼는 줄 가공 후 면을 정밀하게 다듬질 작업하기 위해 사용된다.
③ 카운터 보어는 드릴로 가공된 구멍에 대하여 정밀하게 다듬질하기 위해 사용된다.
④ 센터펀치는 펀치의 끝이 각도가 60~90도 원뿔로 되어 있고 위치를 표시하기 위해 사용된다.

[정답] 29 ② 30 ④ 31 ① 32 ① 33 ② 34 ③ 35 ③

해설
① 카운터 보어는 작은 나사, 볼트의 머리부가 돌출되지 않도록 머리부가 들어갈 자리 부분을 단이 있게 구멍 뚫는 작업이다.
② 보링은 드릴로 가공된 구멍에 대하여 정밀하게 다듬질하기 위해 사용된다.

36 다음 수기 가공 시 작업 안전 수칙에 맞는 것은?
① 라이버의 날 끝은 뾰족한 것이어야 하며, 이가 빠지거나 둥그랗게 된 것은 사용 않는다.
② 정을 잡은 손은 힘을 주고 처음에는 가볍게 때리고 점차 힘을 가하도록 한다.
③ 스패너는 가급적 손잡이가 짧은 것을 사용하는 것이 좋으며, 스패너의 자루에 파이프 등을 연결하여 사용하는 것이 좋다.
④ 톱날은 틀에 끼워 두세 번 사용한 후 다시 조정을 하고 절단한다.

해설
수기 가공 시 작업 안전 수칙
① 드라이버의 날 끝은 평평한 것이어야 하며, 이가 빠지거나 둥글게 된 것은 사용하지 않는다.
② 정을 잡은 손의 힘은 빼고, 처음에는 가볍게 때리고 점차 힘을 가하도록 한다.
③ 스패너는 가급적으로 손잡이가 긴 것을 사용하는 것이 좋으며 스패너의 자루에 파이프 등을 연결하거나 해머로 두들겨서 사용하는 일이 없도록 한다.
④ 톱날은 틀에 끼워 두세 번 사용한 후 다시 한 번 조정하고 본 작업에 들어간다.

37 평면이나 원통면을 더욱 정밀하고 다듬질 가공을 하는 것으로 소량의 금속표면을 국부적으로 깎아내는 작업을 무엇이라고 하는가?
① 밀링(milling)
② 연삭(grinding)
③ 줄작업(file work)
④ 스크레이핑(scraping)

해설
스크레이핑(scraping) : 평면이나 원통면을 더욱 정밀하고 다듬질 가공을 하는 것으로 소량의 금속표면을 국부적으로 깎아내는 작업이다.

38 다듬질면 상태의 평면 검사에 사용되는 수공구는?
① 트러멜
② 나이프 에지
③ 실린더 게이지
④ 앵글 플레이트

해설
나이프 에지 : 다듬질면 상태의 평면 검사에 사용되는 수공구이다.

39 일반적인 손다듬질 작업 공정 순서로 옳은 것은?
① 정 → 줄 → 스크레이퍼 → 쇠톱
② 줄 → 스크레이퍼 → 쇠톱 → 정
③ 쇠톱 → 정 → 줄 → 스크레이퍼
④ 스크레이퍼 → 정 → 쇠톱 → 줄

해설
손다듬질 작업 공정 순서 : 쇠톱 → 정 → 줄 → 스크레이퍼이다.

40 다음 중 금긋기 작업에 사용되지 않는 것은?
① 서피스 게이지
② 드릴
③ 하이트 게이지
④ V 블록

[정답] 36 ④ 37 ④ 38 ② 39 ③ 40 ②

41 선반이나 원통 연삭 작업에서 봉재의 중심을 구하기 위한 금긋기 작업에 사용되는 공구가 아닌 것은?

① V 블록
② 마이크로미터
③ 서피스 게이지
④ 버니어 캘리퍼스

해설
금긋기 작업에 사용되는 공구
① V 블록
② 버니어 캘리퍼스
③ 서피스 게이지

42 다음 스크레이핑의 목적을 가장 잘 설명한 것은?

① 기계 가공이 어려운 부분을 손으로 가공할 때
② 표면의 정밀 다듬질과 기름 홈을 만들어 줄 때
③ 가공 부분이 적어 손으로 가공할 때
④ 기계가 없이 손으로 가공물을 조작할 때

43 스크레이퍼 작업에서 정밀하게 다듬어질 면의 가공 정도를 말한다. 1inch 사이 면적당 가공 수는 얼마인가?

① 6~19   ② 1~5
③ 20~30   ④ 30~50

44 손다듬질 작업에서 스크레이퍼의 날 끝각은 연강이나 주철 등의 고운 다듬질에는 몇 도 정도의 범위가 가장 적당한가?

① 120~130°   ② 50~70°
③ 70~90°   ④ 90~120°

45 평행 스크레이퍼의 날끝 각도는 주철을 거친 가공할 때 몇 도가 가장 적당한가?

① 40~50°   ② 50~60°
③ 60~70°   ④ 70~90°

[정답] 41 ② 42 ② 43 ① 44 ④ 45 ④

CHAPTER 02

PART 3. 컴퓨터수치제어(CNC) 절삭가공

안전 규정 준수

① 안전 수칙 확인

1 안전 수칙 확인

(1) 기계 작업의 안전

1) 일반 공구류 작업의 안전 수칙
① 공구는 작업 종류에 적합한 것을 사용하고, 용도 이외에 사용해서는 안 되며, 사용 전에 점검하여 불안전한 것은 절대로 사용해서는 안 된다.
② 불량 공구는 되도록 반납하고, 함부로 수리해서는 안 된다.
③ 공구나 손에 기름이 묻어 있을 때는 깨끗이 닦아낸 다음 사용하여야 한다.
④ 공구는 항상 일정한 장소에 비치하여 두고 질서 있게 보관되어야 한다.
⑤ 공구는 절대로 던지면 안 되며, 무리하게 조작해서는 안 된다.
⑥ 공구는 기계, 재료, 발판, 난간 등 떨어지기 쉬운 곳에 놓지 않도록 한다.
⑦ 작업이 완료되었을 때는 수량, 훼손, 여부 및 이상 유무를 확인하여야 한다.

2) 해머 작업의 안전
① 손잡이가 금이 갔거나, 머리가 손상된 것, 쐐기가 없는 것, 모양이 찌그러진 것은 사용하지 않는다.
② 공동 작업을 할 때는 호흡을 잘 맞추고 신호에 유의하고 주위를 잘 살펴야 한다.
③ 기름이 묻은 손이나 장갑을 끼고 작업하지 않으며, 처음부터 큰 힘을 주어 작업하지 않는다.
④ 녹이 슨 재료를 작업할 때는 보호안경을 착용하여야 하며, 열처리된 재료는 해머로 때리지 않도록 주의한다.
⑤ 좁은 곳이나 발판이 불안한 곳에서는 해머 작업을 하지 않는다.

3) 정 작업의 안전
① 항상 날 끝에 주의하고, 따내기 작업 및 칩이 튀는 작업에는 보호안경을 착용하도록 한다.

② 정을 잡은 손의 힘은 빼고, 처음에는 가볍게 때리고 점차 힘을 가하도록 한다.
③ 철재의 절단된 끝이 튕길 경우가 있으므로 특히 주의하도록 한다.

4) 스패너 작업의 안전

① 스패너의 입은 너트에 꼭 맞는 것을 사용하며, 너트에 스패너를 깊이 물려서 약간씩 앞으로 당기는 식으로 풀고 조이는 작업을 한다.
② 작업 자세는 양발을 적당하게 벌리고 몸의 균형을 잡은 다음 작업을 하여야 하며, 높은 곳이나 균형을 잡기 힘든 장소에서는 각별히 주의하여야 한다.
③ 스패너는 될 수 있으면 손잡이가 긴 것을 사용하는 것이 좋으며 스패너의 자루에 파이프 등을 연결하거나 해머로 두들겨서 사용하는 일이 없도록 한다.
④ 스패너를 사용 용도 이외에 사용하면 안 되며 스패너를 해머 대용으로 사용해서도 안 된다.
⑤ 스패너와 너트 사이에 쐐기를 절대 넣어서는 안 된다.

5) 줄작업의 안전

① 줄은 작업 전에 자루 부분을 점검하고, 줄은 두들기지 않는다.
② 줄작업은 되도록 마주 보고 작업을 하지 않으며, 절삭 가루를 입으로 불지 않는다.
③ 줄의 균열 여부를 확인하며 용접작업을 하여 사용해서는 안 된다.
④ 줄은 다른 용도에 사용치 않도록 하며, 사용 중에 바이스가 풀어지는 경우가 있으므로 자주 확인하고 죄어 가면서 작업을 한다.

6) 쇠톱 작업의 안전

① 톱날은 틀에 끼워 두세 번 사용한 후 다시 한번 조정하고서 본 작업에 들어간다.
② 쇠톱의 손잡이와 틀의 선단을 손으로 확실하게 잡고 좌우로 흔들리지 않게 침착하게 작업을 하도록 한다.
③ 모가 난 쇠붙이를 자를 때는 톱날을 기울이고 모서리부터 자르기 시작하며, 둥근 강이나 파이프는 삼각 줄로 안내 홈을 판 다음 그 위를 자르기 시작하도록 한다.
④ 절단이 끝날 무렵에는 알맞게 힘을 줄여야 한다.

7) 다듬질용 바이스의 취급
① 수평 바이스에 물리는 조(Jaw)의 완전 상태를 확인하고, 조에 기름이 묻었으면 닦아내고 작업을 한다.
② 둥근 봉이나 얇은 판 등을 물릴 때는 알루미늄판, 구리판 등으로 싸서 확실하게 고정하고 작업을 한다.
③ 공작물을 바이스로부터 제거할 때 몸은 반드시 바이스 중앙 위치에 자세를 잡고, 손으로 공작물을 잡으며 오른손으로 핸들을 돌린다.

8) 드라이버의 작업 안전
① 드라이버의 날 끝이 홈의 나비와 길이에 맞는 것을 사용토록 한다.
② 드라이버의 날 끝은 평편한 것이어야 하며, 이가 빠지거나 둥글게 된 것은 사용하지 않는다.
③ 나사를 조일 때 날 끝이 미끄러지지 않게 나사 탭 구멍에 수직으로 대고 한 손으로 가볍게 잡고서 작업을 한다.
④ 용도 이외의 다른 목적으로 사용하지 않는다.

(2) 공작기계의 안전

일반 공작기계의 기계 점검은 작업 전에 기계의 주요 부분, 안전장치 또는 방호 장치를 확인 점검하며, 기계의 기능을 충분히 발휘할 수 있는지 확인하는 마음의 자세가 더욱 중요하다. 기계의 점검은 일반적으로 정지 상태와 운전상태로 분류하여 점검하도록 한다.

[기계 정지 상태의 점검]
① 급유 상태
② 주행 기타의 섭동 부분
③ 전도기와 개폐기
④ 나사, 볼트 너트의 풀림 상태
⑤ 안전장치와 동력전달장치
⑥ 힘이 작용하는 부분의 손상 여부 및 기타

[운전상태로 점검하는 부분]
① 시동 정지 장치의 기능
② 기어의 결합 상태
③ 클러치의 상태
④ 베어링의 온도 상승 상태
⑤ 섭동부의 상태

⑥ 이상 음향의 유무 및 기타

1) 선반 작업의 안전
① 회전 중인 공작물의 가공면에 손을 대지 말아야 하며, 치수를 측정할 때는 기계를 정지시키고 측정을 한다.
② 선반의 베드 위나 공구대 위에 직접 측정기나 공구를 올려놓지 말아야 하고, 심압대 스핀들이 지나치게 앞으로 나와서는 안 된다.
③ 작업복의 소매 자락이 회전 공작물에 말려들지 않도록 복장을 단정하게 한다.
④ 기어를 변속할 때, 바이트 및 기타 공구 장치를 교환, 제거할 때는 기계를 정지시킨 후 작업을 하여야 한다.
⑤ 칩(Chip)이 발산될 때는 보안경을 쓰고, 맨손으로 칩을 제거하지 않고, 갈고리를 사용하도록 한다.
⑥ 내경 작업 중에 구멍 속에 손가락을 넣어 청소하거나 점검하려고 하면 안 된다.
⑦ 양 센터 작업에는 공작물의 크기에 알맞은 돌리개를 사용하고, 가늘고 긴 공작물을 가공할 때는 방진구를 사용한다.
⑧ 선반의 운전 중 이송 작동을 시켜놓고 자리를 이탈하지 않도록 한다.
⑨ 선반 가동 전에 척 핸들을 빼었는지 확인하고 기계의 윤활 부분을 점검한다.
⑩ 긴 공작물이 기계 밖으로 돌출되었을 때는 빨간 천을 부착하여 위험 표시를 한다.
⑪ 작업 중 진동으로 인하여 공작물의 고정 나사 및 조가 풀어질 우려가 있으므로 수시로 점검·확인한다.
⑫ 센터 작업 중에는 심압대 센터에 자루 윤활유를 주어 센터가 타지 않도록 하며, 센터가 일감에서 빠져나오지 않도록 조심한다.
⑬ 사고가 있거나 부상을 입었을 때는 즉시 남의 도움을 청하고 관계 직원에게 보고한다.

2) 드릴 머신의 작업 안전
① 회전하고 있는 주축이나 드릴에 옷자락이나 머리카락이 말려들지 않도록 주의한다.
② 드릴을 회전시킨 후 머신 테이블은 조정하지 않으며, 공작물은 완전하게 고정한다.

③ 드릴을 고정하거나 풀 때는 주축이 완전히 정지된 후에 확인하여야 한다.
④ 시동 전 드릴이 바른 위치에 안전하게 고정되었는가를 확인하여야 한다.
⑤ 드릴이나 드릴 소켓 등을 뽑을 때는 드릴 뽑기를 사용하며 해머 등으로 두들겨 뽑지 않는다.
⑥ 얇은 판의 구멍 뚫기에는 보조판 나무를 사용하는 것이 좋다.
⑦ 구멍 뚫기가 끝날 무렵은 이송을 천천히 하며 장갑을 끼고 작업을 하지 않는다.

3) 밀링 작업의 안전

① 공작물과 공구는 정확히 장착하고, 공작물 및 공구 제거할 때 시동 레버를 주의를 요한다.
② 정면 커터 작업할 때는 칩이 튀어나오므로 칩 커버를 설치하고 커터 날 끝과 같은 높이에서 절삭 상태를 관찰하여서는 안 된다.
③ 가공 중에 기계에 얼굴을 가까이 대지 말고, 주축 회전 중 밀링 커터 주위에 손을 대거나 브러시를 사용하여 칩을 제거해서는 안 된다.
④ 테이블 위에 측정기나 공구류를 올려놓지 않으며, 절삭 공구나 공작물을 설치할 때 시동 레버가 접촉되기 쉬우므로 전원을 끄고 작업한다.

4) 연삭 작업의 안전

① 작업 시작 전 숫돌은 3분 이상 공회전하며, 연삭기의 외부를 점검하고 안전장치가 제자리에 있으며, 이상 유무 관계를 확인한다.
② 숫돌은 각 연삭기 종류에 규정된 것을 사용하여야 하며, 갈아 끼울 때는 나무망치 등으로 가볍게 두드려서 소리(청음 양호)를 들어보고 균열이 없는가를 확인하고, 숫돌의 균형을 맞춘 다음 사용토록 한다.
③ 플런지의 지름은 숫돌 지름의 1/3~1/2의 것을 사용한다.
④ 숫돌의 설치가 안전한가를 확인하고 패킹이 없는 숫돌은 미리 플런지와 숫돌 사이에 플런지와 같은 지름의 패킹을 끼운다.
⑤ 숫돌의 설치가 끝나면 최소한 3분 이상은 공회전시켜야 하며, 작업자는 숫돌의 회전 방향에서 몸을 비키도록 한다.
⑥ 플런지의 조임 볼트는 정확하게 대각선 방향으로 렌치를 사용하여 조이고, 해머 등으로 볼트를 두들겨서 조이지 않는다.
⑦ 공작물의 받침대가 설치된 연삭기는 공작물 받침대와 연삭숫돌 사이의 틈새가 3mm(1~5가 적당) 이내가 되도록 조정 작업을 한다.
⑧ 연삭 작업은 반드시 시동 전에 보안경을 착용하도록 하고, 흡진 장치가 되지 않은 연삭 작업은 방진 마스크를 쓰고 작업한다.

⑨ 평형 숫돌은 측면에 작용하는 힘에 약하므로 될 수 있으면 측면은 사용하지 않도록 한다.
⑩ 연삭숫돌은 항상 드레싱 하여 사용하고 작업할 때 진동이 심하면 작업을 곧 중지시킨다.
⑪ 공작물과 숫돌의 접촉은 조심성 있게 가볍게 하고 적당한 압력으로 연삭한다. 갑자기 힘을 주어서 밀어붙이지 않도록 한다.
⑫ 숫돌 커버가 규정에 맞고, 안전하게 설치되어 있는지 확인 점검하고, 작업할 때 덮개를 벗겨놓지 않는다.
⑬ 정지하고 있는 숫돌에 연삭액을 주지 않도록 한다.

5) 세이퍼, 플레이너 작업의 안전
① 테이블 행정 내에 장애물이 없는가를 확인하고, 바이스의 조는 정밀도와 관계되므로 상처가 나지 않도록 보호판을 사용하도록 한다.
② 시동하기 전에 기계의 미끄럼 면을 깨끗이 하고 윤활유를 치며, 램의 운동 범위 내에 충돌할 것이 없는지를 확인한 후에 운전한다.
③ 바이트는 될 수 있는 대로 짧게 고정하고 공작물을 받치는 평행대의 직각도와 평행도가 양호하여야 한다.
④ 공작물을 바이스에 물릴 때는 공작물의 평행대, 조(Jaw) 등에 거스러미나 칩을 제거하고 물리며, 바이스를 세게 쳐서는 안 되고 평행대가 움직이지 않을 정도로 친다.
⑤ 운전 중에는 손으로 다듬질면의 점검이나 치수 측정도 하지 않는다.
⑥ 절삭 중에는 바이스의 핸들, 이송용 핸들 등은 반드시 떼어놓도록 한다.

(3) 기계의 안전 점검 검사

기계의 안전사고가 발생하기 전에 적절한 예방책을 강구하기 위해서 모든 생산 작업장에서는 불안전한 작업 방법 및 행동과 불안전한 물체 및 기계의 상태를 조사하여 위험성을 없애는 수단을 일반적으로 안전 점검 검사라 한다.

1) 일상 안전 점검 검사

일상 점검은 주로 과거의 실적 데이터와 기술적 검토를 기초로 하여 작성된 일상 점검 기준서에 의해서 일상 운전 중에 실시한다. 이 점검 기준서는 기계 장치의 종류에 따라서 점검 개소, 점검 기간, 점검 방법 및 내용 등이 다르다.

2) 정기 안전 점검 검사

정기 점검은 점검표(Check list)를 만들어서 이에 실행하는 것이 일반적이고 편리하다. 이 점검표는 생산 공정 및 작업 형태에 따라 알맞도록 작성하며 보통 정기 점검을 할 때는 설비의 노후화 속도가 크고 위험성이 현저한 것부터 중심적으로 다루어야 한다.

3) 예방 보전

산업 재해의 가능성을 조기에 발견하기 위해서는 작업 현장의 기계, 장치의 효율적인 관리를 위해서도 손상되기 쉬운 곳에 대해서는 지난날의 실적으로 미루어 보아 그 부품에 대한 수명을 미리 예상하여서, 수명이 다 되었다고 생각되면 미리 교체하여야 한다.

이와 같이 고장을 일으키기 전에 합리적인 기계 설비 관리에 의해서 항상 정상적으로 유지할 수 있도록 정비하는 것을 예방 보전이라 하며 매우 중요한 일이다. 기계나 장치는 예방 보전에 의해서 고장 발생의 기회가 줄어들므로 안전성이 더욱 유지될 수 있게 된다.

2 안전 수칙 준수

1 안전 보호구 착용

(1) 보호구의 정의

보호구란 근로자의 신체 일부 또는 전체에 착용해 외부의 유해·위험요인을 차단하거나 그 영향을 감소시켜 산업 재해를 예방하거나 피해의 정도와 크기를 줄여주는 기구다. 보호구의 필요성은 다음과 같다.

① 유해·위험요인으로부터 근로자 보호가 불가능하거나 불충분한 경우가 존재한다.
② 근로자 보호가 부족한 경우에 대비해 보호구를 지급하고 착용한다.
③ 보호구의 특성, 성능, 착용법을 잘 알고 착용해야 생명과 재산을 보호한다.

1) 보호구의 구비 요건

① 착용하여 작업하기 쉬울 것
② 유해·위험물로부터 보호 성능이 충분할 것
③ 사용되는 재료는 작업자에게 해로운 영향을 주지 않을 것

④ 마무리가 양호할 것
⑤ 외관이나 디자인이 양호할 것

2) 보호구 관리
① 목적 및 적용 범위를 명시한다.
② 관리부서를 지정하되 통상적으로 안전·보건관리자가 소속되어 있는 부서로 한다.
③ 지급 대상을 정한다. 이때 작업환경 측정 결과는 위생 보호구 지급 대상의 참고 자료가 될 수 있다.
④ 지급 수량과 지급 주기를 정하되 지급 수량은 해당 근로자 수에 맞게 지급하여 전용으로 사용하게 하며, 지급 주기는 작업 특성과 실태, 작업환경의 정도, 보호구별 특성에 따라 사업장 실정에 적합하게 정한다.
⑤ 관리부서는 보호구의 지급 및 교체에 관한 관리대장을 작성하여야 하고 관리 대장에는 작업 공정과 사용 유해·위험 요소도 병기하면 좋다.
⑥ 사용자가 지켜야 할 준수사항을 명시하도록 한다.
⑦ 취급 책임자를 지정하도록 한다.

(2) 안전모

종류(기호)	사용 구분	모체의 재질
낙하 방지용(A)	물체의 낙하 및 비래에 의한 위험을 방지 또는 경감시키기 위한 것	합성수지 금속
낙하. 추락 방지용 (AB)	물체의 낙하 또는 비래 및 추락에 의한 위험을 방지 또는 경감시키기 위한 것	합성수지
낙하. 감전 방지용(AE)	물체의 낙하 및 비래에 의한 위험을 방지 또는 경감하고, 머리부위 감전에 의한 위험을 방지하기 위한 것	합성수지
다목적용(ABE)	물체의 낙하 또는 비래 및 추락에 의한 위험을 방지 또는 경감하고, 머리 부위 감전에 의한 위험을 방지하기 위한 것	합성수지

※ 추락이란 높이 2미터 이상의 고소작업, 굴착작업 및 하역작업 등에 있어서의 추락을 의미한다.

1) 안전모 사용 및 관리 방법
① 작업내용에 적합한 안전모 종류 지급 및 착용한다.
② 옥외 작업자에게는 흰색의 FRP 또는 PC 수지로 된 것을 지급한다.
③ 디자인과 색상이 미려한 것을 지급한다.
④ 중량이 가벼운 것을 지급한다.

⑤ 안전모 착용 시 반드시 턱끈을 바르게 하고 위반자에 대한 지도 감독을 철저히 한다.
⑥ 자신의 머리 크기에 맞도록 착장체의 머리 고정대를 조절한다.
⑦ 충격을 받은 안전모나 변형된 것은 폐기한다.
⑧ 모체에 구멍을 내지 않도록 한다.
⑨ 착장제는 최소한 1개월에 한 번 60℃의 물에 비누나 세척제를 사용하여 세탁하여야 하며, 합성수지의 안전모는 스팀과 뜨거운 물을 사용해서는 안 된다.
⑩ 모체가 페인트, 기름 등으로 오염된 경우는 유기용제를 사용해야 하지만 강도에 영향이 없어야 한다.
⑪ 플라스틱 등 합성수지는 자외선 등에 의해 균열 및 강도저하 등 노화가 진행되므로 안전모의 탄성감소, 색상변화, 균열 발생 시 교체해 주어야 한다. 또한, 노화를 방지하기 위하여 자동차 뒷 창문 등에 보관을 피하여야 한다.

2) 안전모 착용 방법
① 모체, 착장제, 충격흡수제 및 턱끈의 이상 유무를 확인한다.
② 자신의 머리 크기에 맞도록 착장제의 머리 고정대를 조절한다.
③ 귀의 양쪽에 턱끈이 위치하도록 착용한다.
④ 안전모가 벗겨지지 않도록 턱끈을 견고히 조여서 고정한다.

(3) 안전화의 종류

1) 안전화의 종류

종류	기능	등급
가죽제 안전화	물체의 낙하·충격에 의한 위험방지 및 날카로운 것에 대한 찔림 방지	중작업용, 보통작업용, 경작업용
고무체 안전화	기본기능 및 방수, 내화학성	
정전화	기본기능 및 정전기의 인체 대전방지	
절연화 및 절연장화	기본기능 및 감전방지	

① **경작업용** : 금속선별, 전기제품조립, 화학품선별, 반응장치 운전, 식품가공업 등 비교적 경량의 물체를 취급하는 작업장에서 사용한다.
② **보통작업용** : 일반적으로 기계공업, 금속가공업, 운반, 건축업 등 공구 가공품을 손으로 취급하는 작업 및 차량사업장, 기계 등을 운전 조작하는 일반작업장에서 사용한다.

③ 중작업용 : 광산에서 채광, 철강업에서 원료취급, 가공, 강재취급 및 강재운반, 건설업 등에서 중량물 운반작업, 가공 대상물의 중량이 큰 물체를 취급하는 작업장에서 사용한다.

2) 안전화의 사용 및 관리 방법
① 작업내용이나 목적에 적합한 것 선정 지급
② 가벼운 것
③ 땀 발산 효과가 있는 것
④ 디자인이나 색상이 좋은 것
⑤ 목이 긴 안전화는 신고 벗는 데 편한 구조로 된 것 (예 지퍼 등)
⑥ 바닥이 미끄러운 곳에는 창의 마찰력이 큰 것
⑦ 우레탄 소재(Pu) 안전화는 고무에 비해 열과 기름에 약하므로 기름을 취급하거나 고열 등 화기 취급 작업자에서는 사용을 피할 것
⑧ 정전화를 신고 충전부에 접촉 금지
⑨ 끈을 단단히 매고 꺾어 신지 말 것
⑩ 발에 맞는 것을 착용

(4) 눈 및 안면보호구(보안경, 보안면)

1) 차광보안경
눈에 해로운 자외선, 가시광선, 적외선이 발생하는 장소에서 유해광선으로부터 눈을 보호하기 위한 수단으로 사용되어지는 차광보안경은 아크용접, 가스용접, 열절단, 용광로, 주변 작업 및 기타 유해광선이 발생하는 작업에 사용하는 것으로 사용 목적에 따라 다음 세 가지 예를 들 수 있다.
① 유해한 자외선(Ultraviolet)을 차단하여야 한다.
② 강렬한 가시광선(Visible)을 약하게 하여 광원의 상태를 관측 가능하게 하여야 한다.
③ 열 작업에서 발생하는 적외선(Infrared)을 차단하여야 한다.

2) 용접보안면
용접보안면은 일반적으로 안면보호구로 분류하고 있으나, 구조상 눈을 보호하는 기능도 갖는다. 사용 구분은 아크 및 가스용접, 절단 작업 시에 발생하는 유해 광선으로 부터 눈을 보호하고 용접 시 발생하는 열에 의한 얼굴 및 목 부분의 열상이나 가열된 용재 등의 파편에 의한 화상의 위험으로부터 근로자를 보호하기 위해 사용한다.

3) 일반보안면

일반보안면은 용접보안면과 달리 면체 전체가 전부 투시 가능한 것으로 주로 일반작업 및 점용접 작업 시에 발생하는 각종 비산물과 유해한 액체로부터 안면, 목 부위를 보호하기 위한 것이다. 또한, 유해한 광선으로부터 눈을 보호하기 위해 단독으로 착용하거나 보안경 위에 겹쳐 착용한다.

4) 눈 및 안면보호구(보안경, 보안면) 구비조건

① 보안경은 그 모양에 따라 특정한 위험에 대해서 적절한 보호를 할 수 있어야 한다.
② 가볍고 시야가 넓어 착용했을 때 편안해야 한다.
③ 보안경은 안경테의 각도와 길이를 조절할 수 있는 것이면 더욱 좋다.
④ 견고하게 고정되어 착용자가 움직이더라도 쉽게 벗겨지거나 움직이지 않아야 한다.
⑤ 내구성이 있어야 한다.
⑥ 차광보안경과 보안면은 용접작업의 차광번호에 적합해야 한다.
⑦ 착용자가 시력이 나쁠 경우 시력에 맞는 도수 렌즈를 지급한다.
⑧ 필요시 복합 기능을 갖춘 보안경을 지급한다. (일반 안경 위에 고글 착용, 안전모와 보안면을 병행 착용하는 것이 그 일례임.)

5) 눈 및 안면보호구(보안경, 보안면) 사용 및 관리 방법

① 차광보안경은 용접, 용단작업 등에 적합한 차광번호를 선정 지급해야 한다.
② 가볍고 시야가 넓은 것이어야 한다.
③ 착용이 편안하고 내구성이 있는 것이어야 한다.
④ 측사광 등이 있는 경우 측판이 부착되었거나 고글형 사용해야 한다.
⑤ 시력이 정상이 아닌 경우 도수 렌즈를 지급해야 한다.
⑥ 사용 중 렌즈에 흠, 더러움, 깨짐이 있는지 점검하여 교체해야 한다.
⑦ 기존 안경이나 안전모에 착용하여 사용할 수 있는 것도 있다.

(5) 방음보호구(귀마개, 귀덮개)

1) 방음보호구(귀마개, 귀덮개) 사용 방법 및 관리

① 사용설명서에 안전 인증과 차음 성능을 확인한다.
② 귀마개가 자신의 귀에 맞는지 확인한다.
③ 귀마개는 반대쪽 손으로 귀를 잡고 위로 당기며 압축해 밀어넣는다.

④ 귀마개는 귀 내부로 충분히 들어가게 착용한다.
⑤ 귀덮개가 귀보다 커서 귀를 짓누르지 않는지 살핀다.
⑥ 귀마개는 오염되거나 더러워지면 교체한다.

2) 귀마개의 종류

종류	구분	기호	성능
귀마개	1종	EP-1	저음부터 고음까지 차음
	2종	EP-2	주로 고음을 차음하고, 저음은 차음하지 않음
귀덮개		EM	

① 폼 타입 귀마개의 종류

② 재사용 귀마개의 종류

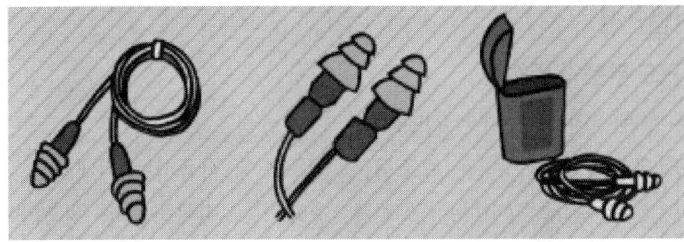

③ 귀덮개의 종류

3) 귀마개 착용 방법
① 폼 타입 귀마개 깨끗한 손으로, 엄지와 검지를 이용하여 귀마개를 굴려 가능한 한 가늘게 만든다.

② 반대쪽 손으로 귓바퀴를 잡아당기면서 귀마개를 귓속 끝까지 완전히 밀어 넣는다.
③ 귀마개가 충분히 부풀어 오르는 동안 손가락을 약 15초 정도 떼지 말고 유지시킨다.
④ 최상의 착용은, 적어도 귀마개의 1/2에서 3/4 정도가 귓구멍 안으로 삽입되어야 한다.
⑤ 재사용 귀마개 귀마개의 손잡이 부분을 잡는다.
⑥ 반대쪽 손으로 귓바퀴를 잡아당긴 후 귀마개를 약간 비틀면서 부드럽게 귓속 끝까지 넣는다.
⑦ 가능한 한 깊이 삽입할수록 소음 감소치가 증가한다.

4) 귀덮개 착용 방법
① 귀덮개 파손 이상 유무를 확인한다.
② 머리 크기에 맞도록 귀덮개의 좌우측 조절대를 조절한다.
③ 귀 전체를 완전히 덮도록 착용한다.

2 안전 수칙 준수

(1) 산업안전

1) 구조 부분의 안전화
① 설계의 안전화(충분한 강도)
기계 설비를 구성하는 요소들은 그 요소에 작용하는 최대하중, 응력집중, 하중의 종류(정하중, 동하중, 충격하중, 반복하중)를 예측하여 안전율을 고려한 강도계산에 의하여 구조 및 치수를 결정해야 한다.
안전율의 계산은 다음 식에 의한다.

$$\text{안전율} = \frac{\text{극한강도}}{\text{최대응력}} = \frac{\text{파단하중}}{\text{허용하중}}$$

② 적합한 재질
③ 가공 시의 안전성

2) 산업 재해율
① 천인율
재해발생 빈도를 나타내는 것으로 다음 식에 의한다.

$$\text{천인율} = \frac{\text{근로재해건수}}{\text{평균근로자수}} \times 1,000$$

② 도수율

재해발생 빈도를 나타내는 것으로 다음 식에 의한다.

$$도수율 = \frac{근로재해건수}{근로연시간수} \times 1,000,000$$

③ 강도율

재해 발생에 의한 손실 정도를 나타내는 것으로 다음 식에 의한다.

$$강도율 = \frac{근로총손실일수}{근로연시간수} \times 1,000$$

④ 사고발생이 많이 일어나는 것에서 점차로 적게 일어나는 것에 대한 순서

불안전한 행위 → 불안전한 조건 → 불가항력

3) 안전표지와 색채 사용도

① 빨강(적색) : 고도의 위험, 방화금지, 방향 표시, 규제 등에 사용
② 주황색(오렌지색) : 항공의 보안시설, 위험 표지
③ 황색 : 피난, 주의 표시
④ 자주색 : 방사능 위험 표시
⑤ 녹색 : 안전지도 표시
⑥ 청색 : 지시, 주의, 수리 중, 송전 중 표시
⑦ 백색 : 주의 표시, 정리 정돈, 통로
⑧ 흑색 : 방향 표시
⑨ 파랑 : 출입 금지

4) 작업별 조명도

① 초정밀 작업 : 750 Lux
② 정밀 작업 : 300 Lux
③ 보통 작업 : 150 Lux
④ 기타 작업 : 75 Lux

5) 소음

① 안락 한계 : 45~65dB
② 불쾌 한계 : 65~120dB
③ 허용 한계 : 85~95dB

6) 화상

① 1도 화상 : 홍반성으로 피부가 붉게 되고 따끔따끔 아프다. 냉찜질 또는 습포질을 한다.
② 2도 화상 : 수포성으로 피부가 붉게 되고 물집이 생긴다. 냉찜질을 하고 물집은 터트리지 않는다.
③ 3도 화상 : 괴사성으로 피하조직이 죽어서 회백색, 흑갈색으로 변한다. 전문 의사에게 치료를 받아야 한다.

7) 감전

일반적으로 1.2mA 전후의 전기가 인체에 흐르면 무감각하고 정도를 넘으면 근육에 경련을 일으켜 심신이 자유를 잃어 호흡곤란, 호흡정지, 인사불성, 심장 장애를 일으킨다.

[응급조치]
① 전원을 끊는다.
② 환자를 안정시킨다.
③ 전신 마사지를 한다.
④ 체온을 보호시킨다.

8) 소화기의 용도

① 보통 화재(A급) : 포말 소화기(가장 적합), 분말 소화기, CO_2 소화기
② 기름 화재(B급) : 포말 소화기(적합), 분말 소화기(적합), CO_2 소화기
③ 전기 화재(C급) : CO_2 소화기(가장 적합), 분말 소화기

예상문제

PART 3 컴퓨터수치제어(CNC) 절삭가공

01 수기 가공할 때 작업 안전 수칙으로 옳은 것은?
① 바이스를 사용할 때는 조에 기름을 충분히 묻히고 사용한다.
② 드릴 가공을 할 때에는 장갑을 착용하여 단단하고 위험한 칩으로부터 손을 보호한다.
③ 금긋기 작업을 하는 이유는 주로 절단을 할 때에 절삭성이 좋아지기 위함이다.
④ 탭 작업 시에는 칩이 원활하게 배출이 될 수 있도록 후퇴와 전진을 번갈아 가면서 점진적으로 수행한다.

해설
수기 가공할 때 작업 안전 수칙
① 바이스를 사용할 때는 조에 기름이 없는 상태에서 사용한다.
② 드릴 가공을 할 때에는 구멍 뚫기가 끝날 무렵은 이송을 천천히 하며 장갑을 끼고 작업을 하지 않는다.
③ 금긋기 작업을 하는 이유는 공작물에 절삭가공의 기준선을 긋거나 중심의 위치를 표시하기 위함이다.

02 기계 가공을 할 때, 안전 사항으로 가장 적합하지 않은 것은?
① 공구는 항상 일정한 장소에 비치한다.
② 기계 가공 중에는 장갑을 착용하지 않는다.
③ 공구의 보관을 위한 작업복의 주머니는 많을수록 좋다.
④ 비산되는 칩에 의해 화상을 입을 수 있으므로 작업복을 착용한다.

해설
공구는 작업복의 주머니에 넣지 않는다.

03 기계 작업 시 안전 사항으로 가장 거리가 먼 것은?
① 기계 위에 공구나 재료를 올려놓는다.
② 선반 작업 시 보호안경을 착용한다.
③ 사용 전 기계·기구를 점검한다.
④ 절삭 공구는 기계를 정지시키고 교환한다.

해설
기계 위에 공구나 재료를 올려놓지 않는다.

04 스패너 작업 시 안전 사항으로 옳은 것은?
① 너트의 머리 치수보다 약간 큰 스패너를 사용한다.
② 꼭 조일 때는 스패너 자루에 파이프를 끼워 사용한다.
③ 고정 조(jaw)에 힘이 많이 걸리는 방향에서 사용한다.
④ 너트를 조일 때는 스패너를 깊게 물려서 약간씩 미는 식으로 조인다.

해설
스패너 작업의 안전
① 스패너의 입은 너트에 꼭 맞는 것을 사용하며, 너트에 스패너를 깊게 물려서 약간씩 앞으로 당기는 식으로 풀고 조이는 작업을 한다.
② 작업 자세는 양발을 적당하게 벌리고 몸의 균형을 잡은 다음 작업을 하여야 하며, 높은 곳이나 균형을 잡기 힘든 장소에서는 각별히 주의하여야 한다.
③ 스패너는 가급적으로 손잡이가 긴 것을 사용하는 것이 좋으며 스패너의 자루에 파이프 등을 연결하거나 해머로 두들겨서 사용하는 일이 없도록 한다.

[정답] 01 ④ 02 ③ 03 ① 04 ③

05 수공구에 의한 재해의 원인 중 옳지 않은 것은?
① 사용법이 올바르지 못했다.
② 사용하는 공구를 잘못 선정했다.
③ 사용 전의 점검, 손질이 충분했다.
④ 공구의 성능을 충분히 알고 있지 못했다.

해설 사용 전의 점검, 손질이 충분하면 수공구에 의한 재해가 일어나지 않는다.

06 수공구를 사용할 때 안전 수칙 중 거리가 먼 것은?
① 스패너를 너트에 완전히 끼워서 뒤쪽으로 민다.
② 멍키렌치는 아래턱(이동 jaw) 방향으로 돌린다.
③ 스패너를 연결하거나 파이프를 끼워서 사용하면 안 된다.
④ 멍키렌치는 웜과 랙의 마모에 유의하고 물림 상태 확인 후 사용한다.

해설 스패너의 입은 너트에 꼭 맞는 것을 사용하며, 너트에 스패너를 깊이 물려서 약간씩 앞으로 당기는 식으로 풀고 조이는 작업을 한다.

07 해머 작업의 안전 수칙에 대한 설명으로 틀린 것은?
① 해머의 타격면이 넓어진 것을 골라서 사용한다.
② 장갑이나 기름이 묻은 손으로 자루를 잡지 않는다.
③ 담금질된 재료는 함부로 두드리지 않는다.
④ 쐐기를 박아서 해머의 머리가 빠지지 않는 것을 사용한다.

해설 손잡이가 금이 갔거나, 머리가 손상된 것, 쐐기가 없는 것, 타격면이 넓어진 것, 모양이 찌그러진 것은 사용하지 않는다.

08 해머 작업 시 유의사항으로 틀린 것은?
① 녹이 있는 재료를 가공할 때는 보호안경을 착용한다.
② 처음에는 큰 힘을 주면서 가공한다.
③ 장갑이나 기름이 묻은 손으로 가공을 하지 않는다.
④ 자루가 불안정한 해머는 사용하지 않는다.

해설 처음에는 작은 힘을 주면서 가공한다.

09 선반 작업에서의 안전 사항으로 틀린 것은?
① 칩(chip)은 손으로 제거하지 않는다.
② 공구는 항상 정리ㆍ정돈하며 사용한다.
③ 절삭 중 측정기로 바깥지름을 측정한다.
④ 측정, 속도 변환 등은 반드시 기계를 정지한 후에 한다.

해설 절삭 중에는 측정기로 바깥지름을 측정하지 않는다.

10 보통 선반 작업 시의 안전 사항으로 올바른 것은?
① 칩에 의한 상처를 방지하기 위해 소매가 긴 작업복과 장갑을 끼도록 한다.
② 칩이 공작물에 걸려 회전할 때는 즉시 기계를 정지시키고 칩을 제거한다.
③ 거친 절삭일 경우는 회전 중에 측정한다.
④ 측정 공구는 주축대 위나 베드 위에 놓고 사용한다.

[정답] 05 ③ 06 ① 07 ① 08 ② 09 ③ 10 ②

> **해설**
> 보통 선반 작업 시의 안전 사항
> ① 작업복의 소매자락이 회전 공작물에 말려들지 않도록 복장을 단정하게 한다.
> ② 회전 중인 공작물의 가공면에 손을 대지 말아야 하며, 치수를 측정할 때는 기계를 정지시키고 측정을 한다.
> ③ 선반의 베드 위나 공구대 위에 직접 측정기나 공구를 올려놓지 말아야 하고, 심압대 스핀들이 지나치게 앞으로 나와서는 안 된다.

11 선반 작업에서 발생하는 재해가 아닌 것은?
① 칩에 의한 것
② 정밀측정기에 의한 것
③ 가공물의 회전부에 휘감겨 들어가는 것
④ 가공물과 절삭 공구와의 사이에 휘감기는 것

> **해설**
> 정밀측정기에 의해서 재해가 발생되지 않는다.

12 회전 중에 연삭숫돌이 파괴될 것을 대비하여 설치하는 안전 요소는?
① 덮개
② 드레서
③ 소화 장치
④ 절삭유 공급 장치

> **해설**
> 덮개는 회전 중에 연삭숫돌이 파괴될 것을 대비하여 반드시 설치하는 안전 요소이다.

13 드릴링 머신 작업 시 주의해야 할 사항 중 틀린 것은?
① 가공 시 면장갑을 착용하고 작업한다.
② 가공물이 회전하지 않도록 단단하게 고정한다.
③ 가공물을 손으로 지지하여 드릴링하지 않는다.
④ 얇은 가공물을 드릴링할 때에는 목편을 받친다.

> **해설**
> 드릴링 머신 가공 시 면장갑을 착용하지 않고 작업한다.

14 드릴링 머신의 안전 사항으로 틀린 것은?
① 장갑을 끼고 작업을 하지 않는다.
② 가공물을 손으로 잡고 드릴링한다.
③ 구멍 뚫기가 끝날 무렵은 이송을 천천히 한다.
④ 얇은 판의 구멍 가공에는 보조판 나무를 사용하는 것이 좋다.

> **해설**
> 가공물을 손으로 잡고 드릴링하면 위험하므로 고정 장치를 사용하여 작업한다.

15 드릴링 머신으로 구멍 뚫기 작업을 할 때 주의해야 할 사항이다. 틀린 것은?
① 드릴은 흔들리지 않게 정확하게 고정해야 한다.
② 장갑을 끼고 작업을 하지 않는다.
③ 구멍 뚫기가 끝날 무렵은 이송을 천천히 한다.
④ 드릴이나 드릴 소켓 등을 뽑을 때는 해머 등으로 두들겨 뽑는다.

> **해설**
> 드릴이나 드릴 소켓 등을 뽑을 때에는 드릴 뽑기(쐐기 모양)를 사용하며 해머 등으로 두들겨 뽑지 않는다

[정답] 11 ② 12 ① 13 ① 14 ② 15 ④

16 밀링 머신에 관한 안전 사항으로 틀린 것은?
① 장갑을 끼지 않도록 한다.
② 가공 중에 손으로 가공면을 점검하지 않는다.
③ 칩 받이가 있기 때문에 보호안경은 필요 없다.
④ 강력 절삭을 할 때에는 공작물을 바이스에 깊게 물린다.

해설
밀링 머신에서 보호안경은 필수적으로 착용한다.

17 밀링가공 시 안전 사항으로 틀린 것은?
① 날 끝이 예리한 공구는 주의하여 취급한다.
② 테이블 위에 공구나 측정기를 올려놓지 않는다.
③ 주축 속도를 변속할 때는 주축의 정지를 확인 후 변환한다.
④ 회전하는 동안에는 칩의 비산으로 다칠 수 있으므로 자리를 피한다.

해설
회전하는 동안에는 칩의 비산으로 다칠 수 있으므로 보호안경을 착용한다.

18 밀링 작업 시의 안전 수칙으로 틀린 것은?
① 칩을 제거할 때 기계를 정지시킨 후 브러시로 털어낸다.
② 주축 회전 속도를 변환할 때에는 회전을 정지시키고 변환한다.
③ 칩가루가 날리기 쉬운 가공물의 공작 시에는 방진 안경을 착용한다.
④ 절삭유를 공급할 때 커터에 감겨들지 않도록 주의하고, 공작 중 다듬질면은 손을 대어 거칠기를 점검한다.

해설
공작 중 다듬질면에 손을 대지 않는다.

19 밀링 작업에 대한 안전 사항으로 틀린 것은?
① 가동 전에 각종 레버, 자동 이송, 급속 이송 장치 등을 반드시 점검한다.
② 정면 커터로 절삭 작업을 할 때 칩 커버를 벗겨 놓는다.
③ 주축 속도를 변속시킬 때는 반드시 주축이 정지한 후 변환한다.
④ 밀링으로 절삭한 칩은 날카로우므로 주의하여 청소한다.

20 연삭 작업 안전 사항으로 틀린 것은?
① 연삭숫돌의 측면부위로 연삭 작업을 수행하지 않는다.
② 숫돌은 나무 해머나 고무 해머 등으로 음향 검사를 실시한다.
③ 연삭 가공할 때, 안전을 위하여 원주 정면에서 작업을 한다.
④ 연삭 작업할 때, 분진의 비산을 방지하기 위해 집진기를 가동한다.

해설
연삭 가공할 때, 안전을 위하여 원주 측면에서 작업을 한다.

[정답] 16 ③ 17 ④ 18 ④ 19 ② 20 ③

21 연삭에 관한 안전 사항 중 틀린 것은?

① 받침대와 숫돌은 5mm 이하로 유지해야 한다.
② 숫돌바퀴는 제조 후 사용할 원주 속도의 1.5~2배 정도의 안전 검사를 한다.
③ 연삭숫돌 측면에 연삭하지 않는다.
④ 연삭숫돌을 고정 후 3분 이상 공회전시킨 후 작업을 한다.

해설
공작물의 받침대가 설치된 연삭기는 공작물 받침대와 연삭숫돌 사이의 틈새가 3mm(1~5가 적당) 이내가 되도록 조정 작업을 한다.

22 연삭 작업에 관련된 안전 사항 중 틀린 것은?

① 연삭숫돌을 정확하게 고정한다.
② 연삭숫돌 측면에 연삭을 하지 않는다.
③ 연삭가공 시 원주 정면에 서 있지 않는다.
④ 연삭숫돌 덮개 설치보다는 작업자의 보안경 착용을 권장한다.

해설
연삭 작업에서 연삭숫돌 덮개 설치는 필수이다.

23 연삭 작업 시 주의할 점에 대한 설명으로 틀린 것은?

① 숫돌 커버를 반드시 설치하여 사용한다.
② 양 숫돌차의 입도는 항상 같게 하여야 한다.
③ 연삭 작업 시에는 보안경을 꼭 착용하여야 한다.
④ 숫돌을 나무 해머로 가볍게 두들겨 음향 검사를 한다.

해설
입도(grain size) : 입자의 크기를 번호(#)로 나타낸 것으로, 입도는 10~220번까지는 체(1in 사이)로 분류하여 번호로 그 이상의 미분 입도는 평균 지름을 미크론(μ)으로 나타내며, 번호가 커지면 입도는 고와진다. 일반적으로 거친 것과 보통의 것이 많이 사용되는데, 고운 입자일수록 가공면이 깨끗하게 된다.

24 연삭 작업의 안전 사항에 관한 내용으로 틀린 것은?

① 사용 전 3분 이상 공회전
② 숫돌의 정확한 고정
③ 숫돌 덮개의 설치
④ 원주 정면에 서서 연삭

해설
평형 숫돌은 측면에 작용하는 힘에 약하므로 가급적 원주 정면에 서서 연삭하지 않도록 한다.

25 연삭숫돌을 고무 해머로 때려 검사한 결과 울림이 없거나 둔탁한 소리가 나는 것은?

① 완전한 숫돌
② 균열이 생긴 숫돌
③ 두께가 두꺼운 숫돌
④ 두께가 얇은 숫돌

해설
숫돌은 각 연삭기 종류에 규정된 것을 사용하여야 하며, 갈아 끼울 때에는 나무망치 등으로 가볍게 두드려서 소리(청음 양호)를 들어보고 균열이 없는가를 확인한다. 둔탁한 소리가 나는 것은 균열이 생긴 숫돌이므로 사용하지 않는다.

26 연삭숫돌을 교환한 후 시운전 시간은 어느 정도로 하는가?

① 30초
② 1분
③ 2분
④ 3분 이상

[정답] 21 ① 22 ④ 23 ② 24 ④ 25 ② 26 ④

> **해설**
> 연삭숫돌을 교환한 후 시운전 시간은 3분 이상 공회전한다.

27 탁상 연삭기 덮개의 노 출각도에서 숫돌 주축 수평면 위로 이루는 원주의 최대 각은?

① 45° ② 65°
③ 90° ④ 120°

> **해설**
> 탁상 연삭기 덮개의 노출 각도에서 숫돌 주축 수평면 위로 이루는 원주의 최대 각은 65°이다.

28 작업장에서 무거운 짐을 들고 운반 작업을 할 때의 설명으로 부적합한 것은?

① 짐은 가급적 몸 가까이 가져온다.
② 가능한 상체를 곧게 세우고 등을 반듯이 하여 들어 올린다.
③ 짐을 들어 올릴 때 충격이 없어야 한다.
④ 짐은 무릎을 굽힌 자세에서 들고 편 자세에서 내려놓는다.

> **해설**
> 물건을 들어 올리려면 다음 무릎형의 자세를 취해서 한다.
> ① 무릎을 거의 직각으로 굽힌 상태에서 신체를 짐에 접근한다.
> ② 등줄기를 곧바로 뻗은 상태에서 짐을 잡는다.
> ③ 등줄기를 곧바로 뻗은 체 발만을 뻗어서 들어 올리고 무릎을 굽힌 자세에서 내려놓는다.

29 금긋기 작업을 할 때 유의 사항으로 틀린 것은?

① 선은 가늘고 선명하게 한 번에 그어야 한다.
② 금긋기 선은 여러 번 그어 혼동이 일어나지 않도록 한다.
③ 기준면과 기준선을 설정하고 금긋기 순서를 결정하여야 한다.
④ 같은 치수의 금긋기 선은 전후, 좌우를 구분하지 말고 한 번에 긋는다.

> **해설**
> 금긋기 선은 한 번만 그어 혼동이 일어나지 않도록 한다.

30 벨트를 풀리에 걸 때는 어떤 상태에서 해야 안전한가?

① 저속 회전 상태
② 중속 회전 상태
③ 회전 중지 상태
④ 고속 회전 상태

> **해설**
> 벨트를 풀리에 걸 때는 반드시 회전을 중지 상태에서 해야 한다.

31 일반적으로 안전을 위하여 보호 장갑을 끼고 작업을 해야 하는 것은?

① 밀링 작업 ② 선반 작업
③ 용접 작업 ④ 드릴링 작업

> **해설**
> 용접 작업은 안전을 위하여 보호 가죽장갑을 끼고 작업한다.

32 기계의 안전장치에 속하지 않는 것은?

① 리미트 스위치(limit switch)
② 방책(防柵)
③ 초음파 센서
④ 헬멧(helmet)

> **해설**
> 헬멧(helmet)은 안전 보호구이다.

[정답] 27 ② 28 ② 29 ② 30 ③ 31 ③ 32 ④

33 전기 스위치를 취급할 때 틀린 것은?

① 정전시에는 반드시 끈다.
② 스위치가 습한 곳에 설비되지 않도록 한다.
③ 기계 운전시 작업자에게 연락 후 시동한다.
④ 스위치를 뺄 때는 부하를 크게 한다.

해설
스위치를 뺄 때는 부하를 걸리지 않도록 한다.

34 퓨즈가 끊어져서 다시 끼웠을 때 또다시 끊어졌을 경우의 조치사항으로 가장 적합한 것은?

① 다시 한 번 끼워본다.
② 조금 더 용량이 큰 퓨즈를 끼운다.
③ 합선 여부를 검사한다.
④ 굵은 동선으로 바꾸어 끼운다.

해설
퓨즈가 끊어져서 다시 끼웠을 때 또다시 끊어졌을 경우는 합선 여부를 검사한다.

35 산업안전에서 불안전한 상태를 a, 불안전한 행동을 b, 불가항력을 c라고 할 때 사고 발생률이 높은 것에서 낮은 것의 순서로 알맞은 것은?

① a > b > c
② b > a > c
③ a > c > b
④ b > c > a

해설
높은 것에서 낮은 것의 순서
불안전한 행동 > 불안전한 상태 > 불가항력

36 안전·보건 표지의 색채와 사용 예의 연결이 틀린 것은?

① 노란색 : 비상구 및 피난소
② 흰색 : 파란색 또는 녹색에 대한 보조색
③ 빨간색 : 정지신호, 소화설비 및 그 장소
④ 파란색 : 특정 행위의 지시 및 사실의 고지

해설
① 황색 : 피난, 주의 표시
② 백색 : 주의 표시, 정리 정돈, 통로
③ 빨강(적색) : 고도의 위험, 방화금지, 방향 표시, 규제 등에 사용
④ 파랑 : 출입 금지

37 재해 원인별 분류에서 인적 원인(불안전한 행동)에 의한 것으로 옳은 것은?

① 불충분한 지지 또는 방호
② 작업장소의 밀집
③ 가동 중인 장치를 정비
④ 결함이 있는 공구 및 장치

해설
정비는 가동을 중지하고 한다. 가동 중인 장치를 정비하는 것은 인적 원인이다.

38 화재를 A급, B급, C급, D급으로 구분했을 때, 전기화재에 해당하는 것은?

① A급
② B급
③ C급
④ D급

해설
소화기의 용도
① 보통 화재(A급) : 포말 소화기(가장 적합), 분말 소화기, CO_2 소화기
② 기름 화재(B급) : 포말 소화기(적합), 분말 소화기(적합), CO_2 소화기
③ 전기 화재(C급) : CO_2 소화기(가장 적합), 분말 소화기

[정답] 33 ④ 34 ③ 35 ② 36 ① 37 ③ 38 ③

39 낙하, 추락 방지용 안전모 기호는?

① A
② AB
③ AE
④ ABE

해설
① 낙하 방지용(A)
② 낙하, 추락 방지용 (AB)
③ 낙하, 감전 방지용(AE)
④ 다목적용(ABE)

40 안전모 사용 및 관리 방법으로 틀린 것은?

① 작업내용에 적합한 안전모 종류 지급 및 착용
② 옥외 작업자에게는 흰색의 FRP 또는 PC 수지로 된 것 지급
③ 디자인과 색상이 미려한 것 지급
④ 중량이 무거운 것 지급

해설
중량이 가벼운 것 지급

41 안전모 착용 방법으로 틀린 것은?

① 모체, 착장제, 충격흡수제 및 턱끈의 이상 유무를 확인한다.
② 자신의 머리 크기에 맞도록 착장제의 머리 고정대를 조절한다.
③ 목 쪽 아래에 턱끈이 위치하도록 착용한다.
④ 안전모가 벗겨지지 않도록 턱끈을 견고히 조여서 고정한다.

해설
귀의 양쪽에 턱끈이 위치하도록 착용한다.

42 물체의 낙하·충격에 의한 위험방지 및 날카로운 것에 대한 찔림 방지용 안전화는?

① 가죽제 안전화
② 고무체 안전화
③ 정전화
④ 절연화 및 절연장화

해설
안전화의 종류

종류	기능
가죽제 안전화	물체의 낙하·충격에 의한 위험방지 및 날카로운 것에 대한 찔림 방지
고무체 안전화	기본기능 및 방수, 내화학성
정전화	기본기능 및 정전기의 인체 대전 방지
절연화 및 절연장화	기본기능 및 감전방지

43 일반적으로 기계공업, 금속가공업, 운반, 건축업 등 공구가공품을 손으로 취급하는 작업 및 차량사업장, 기계 등을 운전 조작하는 일반작업장에서 사용하는 안전화는?

① 경작업용
② 보통작업용
③ 중작업용
④ 절연작업용

해설
① 경작업용 : 금속선별, 전기제품조립, 화학품선별, 반응장치 운전, 식품가공업 등 비교적 경량의 물체를 취급하는 작업장에서 사용
② 보통작업용 : 일반적으로 기계공업, 금속가공업, 운반, 건축업 등 공구가공품을 손으로 취급하는 작업 및 차량사업장, 기계 등을 운전 조작하는 일반작업장에서 사용
③ 중작업용 : 광산에서 채광, 철강업에서 원료취급, 가공, 강재취급 및 강재운반, 건설업 등에서 중량물 운반작업, 가공 대상물의 중량이 큰 물체를 취급하는 작업장

[정답] 39 ② 40 ④ 41 ③ 42 ① 43 ②

44 안전화의 사용 및 관리 방법으로 틀린 것은?

① 작업내용이나 목적에 적합한 것 선정 지급
② 무거운 것
③ 땀 발산 효과가 있는 것
④ 디자인이나 색상이 좋은 것

> **해설**
> 가벼운 것

45 눈 및 안면보호구(보안경, 보안면) 구비조건으로 틀린 것은?

① 보안경은 그 모양에 따라 특정한 위험에 대해서 적절한 보호를 할 수 있어야 한다.
② 착용자가 시력이 나쁠 경우 평소 쓰는 안경으로 착용한다.
③ 보안경은 안경테의 각도와 길이를 조절할 수 있는 것이면 더욱 좋다.
④ 견고하게 고정되어 착용자가 움직이더라도 쉽게 벗겨지거나 움직이지 않아야 한다.

> **해설**
> 착용자가 시력이 나쁠 경우 시력에 맞는 도수 렌즈를 지급한다.

46 방음보호구(귀마개, 귀덮개) 사용 방법 및 관리로 틀린 것은?

① 사용설명서에 안전 인증과 차음 성능을 확인한다.
② 귀마개가 자신의 귀보다 약간 큰 것으로 착용한다.
③ 귀마개는 반대쪽 손으로 귀를 잡고 위로 당기며 압축해 밀어 넣는다.
④ 귀마개는 귀 내부로 충분히 들어가게 착용한다.

> **해설**
> 귀마개가 자신의 귀에 맞는지 확인한다.

47 저음부터 고음까지 차음하는 귀마개 기호는?

① EP-1
② EP-2
③ EM
④ EE

> **해설**
> ① EP-1 : 저음부터 고음까지 차음하는 귀마개
> ② EP-2 : 주로 고음을 차음하고, 저음은 차음하지 않는 귀마개
> ③ EM : 귀덮개

48 귀마개 착용 방법으로 틀린 것은?

① 폼 타입 귀마개 깨끗한 손으로, 엄지와 검지를 이용하여 귀마개를 굴려 가능한 한 가늘게 만든다.
② 반대쪽 손으로 귓바퀴를 잡아당기면서 귀마개를 귓속 끝까지 완전히 밀어 넣는다.
③ 귀마개가 충분히 부풀어 오르는 동안 손가락을 약 15초 정도 떼지 말고 유지시킨다.
④ 최상의 착용은, 적어도 귀마개의 1/4에서 2/4 정도가 귓구멍 안으로 삽입되어야 한다.

> **해설**
> 최상의 착용은, 적어도 귀마개의 1/2에서 3/4 정도가 귓구멍 안으로 삽입되어야 한다.

[정답] 44 ② 45 ② 46 ② 47 ① 48 ④

memo

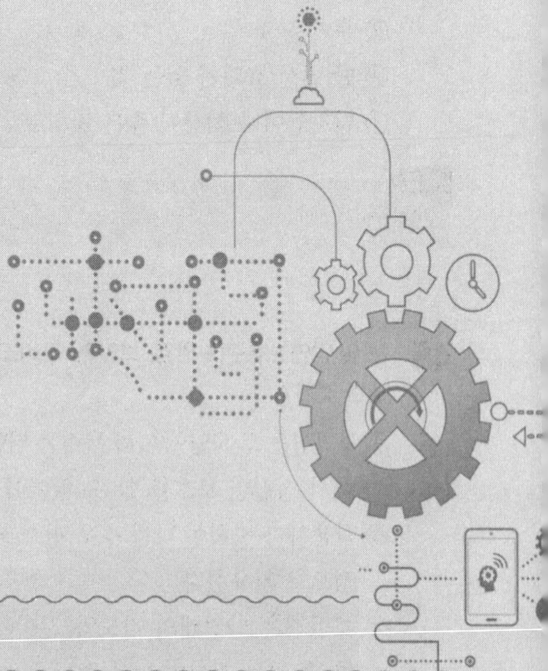

부록
CBT 최종모의고사

▶ CBT 최종모의고사 1회
▶ CBT 최종모의고사 2회
▶ CBT 최종모의고사 3회

CBT 최종모의고사 1회

제1과목　　도면 해독 및 측정

01 그림은 어느 기어를 도시한 것인가?

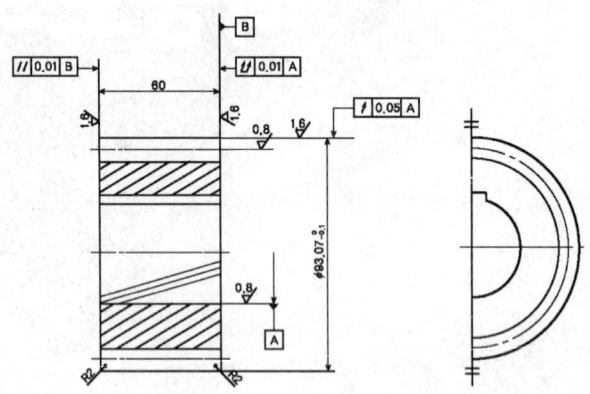

① 스퍼 기어　　　　　　　　② 헬리컬 기어
③ 직선베벨 기어　　　　　　④ 웜 기어

해설 위 그림은 헬리컬 기어이며 간략도는 다음과 같다.

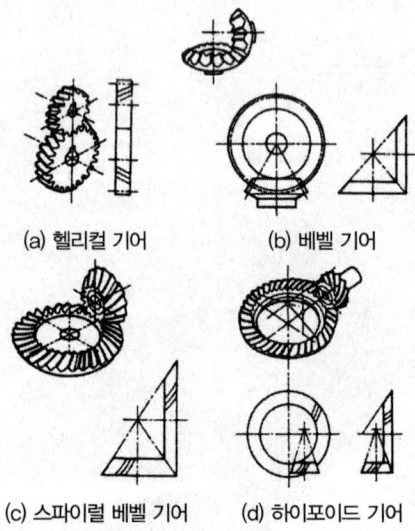

(a) 헬리컬 기어　　(b) 베벨 기어
(c) 스파이럴 베벨 기어　　(d) 하이포이드 기어

[정답] 01 ②

02 다음 중 열간압연 연강판 및 강대에서 드로잉용에 해당하는 것은?
① SNCD
② SPCD
③ SPHD
④ SHPD

 열간압연 연강판 및 강대
① SPHC(일반용)
② SPHD(드로잉용)
③ SPHE(딥드로잉용)

03 그림과 같은 기하 공차의 해석으로 가장 적합한 것은?

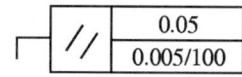

① 지정 길이 100mm에 대하여 0.05mm, 전체 길이에 대해 0.005mm의 대칭도
② 지정 길이 100mm에 대하여 0.05mm, 전체 길이에 대해 0.005mm의 평행도
③ 지정 길이 100mm에 대하여 0.005mm, 전체 길이에 대해 0.05mm의 대칭도
④ 지정 길이 100mm에 대하여 0.005mm, 전체 길이에 대해 0.05mm의 평행도

 위 그림에서 해석은 지정 길이 100mm에 대하여 0.005mm, 전체 길이에 대해 0.05mm의 평행도이다.

04 다음 중 가공에 의한 줄무늬 방향 기호와 그 의미가 맞지 않는 것은?
① M : 가공에 의한 컷의 줄무늬가 여러 방향으로 교차 또는 무방향
② X : 가공에 의한 컷의 줄무늬가 기호를 기입한 면의 중심에 대하여 거의 방사 모양
③ C : 가공에 의한 컷의 줄무늬가 기호를 기입한 면의 중심에 대하여 거의 동심원 모양
④ P : 줄무늬 방향이 특별하며 방향이 없거나 돌출(돌기가 있는)할 때

• X : 가공으로 생긴 선이 두 방향으로 교차
• R : 가공으로 생긴 선이 거의 방사상(레이디얼형)

05 도면의 재질란에 SM25C의 재료기호가 기입되어 있다. 여기서 "25"가 나타내는 뜻은?
① 탄소 함유량 22~28%
② 탄소 함유량 0.22~0.28%
③ 최저 인장 강도 25kPa
④ 최저 인장 강도 25MPa

[정답] 02 ③ 03 ④ 04 ② 05 ②

> **해설** 도면의 재질 예시
> - S M 25 C (기계구조용 탄소강 강재)
>   S M 25C
>   │   │   └ 탄소 함유량 0.22~0.28%의 중간값
>   │   └ 기계 구조용(machine structural use)
>   └ 강(steel)
>
> - SS 330 (일반구조용 압연강재)
>   S S 330
>   │   │   └ 최저 인장 강도(330N/mm², 34kgf/mm²)
>   │   └ 일반구조용 압연재(general structural rolling plate)
>   └ 강(steel)

06 스플릿 테이퍼 핀의 호칭 방법으로 옳게 나타낸 것은?

① 규격 명칭, 호칭 지름×호칭 길이, 재료, 지정사항
② 규격 명칭, 등급, 호칭 지름×호칭 길이, 재료
③ 규격 명칭, 재료, 호칭 지름×호칭 길이, 등급
④ 규격 명칭, 재료, 호칭 지름×호칭 길이, 지정사항

> **해설** 스플릿 테이퍼 핀의 호칭 방법
>
> | 핀의 종류 | 그림 | 호칭 지름 | 호칭 방법 |
> |---|---|---|---|
> | 분할 핀
(스플릿 핀) | | 핀 구멍의 치수 | 규격 번호
또는 명칭,
호칭 지름×호칭 길이,
재료 |

07 어떤 치수가 $\phi 50^{+0.035}_{-0.012}$일 때 치수 공차는 얼마인가?

① 0.013 ② 0.023
③ 0.047 ④ 0.012

> **해설** 0.035+0.012=0.047

[정답] 06 ① 07 ③

964 부록 CBT 최종모의고사

08 대칭인 물체의 중심선을 기준으로 내부모양과 외부모양을 동시에 표시하여 나타내는 단면도는?

① 부분 단면도
② 한쪽 단면도
③ 조합에 의한 단면도
④ 회전도시 단면도

① 부분 단면도 : 외형도에서 필요로 하는 일부분만을 부분 단면도로 도시할 수 있다. 파단선(가는실선)으로 단면의 경계를 표시하고 프리핸드로 외형선의 1/2 굵기로 그린다.
② 한쪽 단면도 : 상하 또는 좌우 대칭형의 물체는 기본 중심선을 경계로 1/2은 외형도로, 나머지 1/2은 단면도로 동시에 나타낸다. 대칭 중심선의 우측 또는 위쪽을 단면으로 한다.
③ 조합에 의한 단면도 : 2개 이상의 절단면에 의한 단면도를 조합하여 행하는 단면 도시는 다음에 따른다. 또한, 이와 같은 경우 필요에 따라서 단면을 보는 방향을 나타내는 화살표와 글자 기호를 붙인다.
④ 회전도시 단면도 : 핸들이나 바퀴 등의 암이나 리브, 훅, 축, 구조물의 부재 등의 절단면은 90° 회전하여 도시하거나 절단할 곳의 전후를 끊어서 그사이에 그린다.

09 다음과 같이 표면의 결 도시기호가 나타났을 때, 이에 대한 해석으로 틀린 것은?

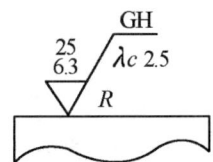

① 가공 방법은 연삭가공
② 컷오프 값은 2.5mm
③ 거칠기 하한은 $6.3\mu m$
④ 가공에 의한 컷의 줄무늬가 기호를 기입한 면의 중심에 대하여 거의 방사 모양

가공 방법은 호닝가공(GH)

10 현의 길이를 올바르게 표시한 것은?

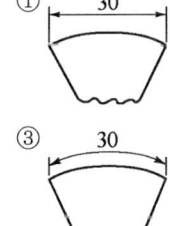

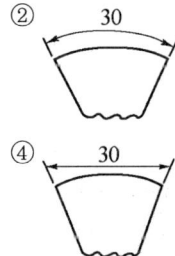

[정답] 08 ② 09 ① 10 ①

해설 호의 치수기입

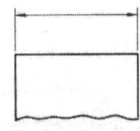 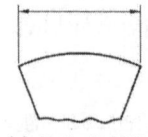 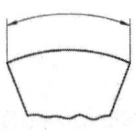 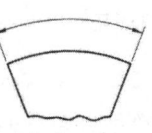

(a) 변의 길이치수　(b) 현의 길이치수　(c) 호의 길이치수　(d) 각도 치수

11 다음 중 가상선의 사용을 사용하는 경우가 아닌 것은?
① 물품의 일부를 파단한 곳을 표시하는 선
② 인접 부분을 참고로 표시하는 선
③ 도시된 물체의 앞면을 표시하는 선
④ 이동하는 부분의 이동 위치를 표시하는 선

해설 가상선의 용도
① 인접 부분을 참고로 표시하는 데 사용한다.
② 공구, 지그 등의 위치를 참고로 나타내는 데 사용한다.
③ 가동 부분을 이동 중의 특정한 위치 또는 이동한계의 위치로 표시하는 데 사용한다.
④ 가동 전 또는 가공 후의 모양을 표시하는 데 사용한다.
⑤ 되풀이하는 것을 나타내는 데 사용한다.
⑥ 도시된 단면의 앞쪽에 있는 부분을 표시하는 데 사용한다.

12 아래 원뿔을 전개하면 오른쪽의 전개도와 같을 때 θ는 약 몇 도(°)인가? (단, $r=20mm$, $h=100mm$이다.)

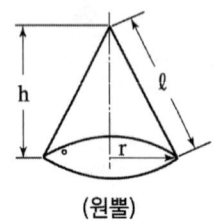 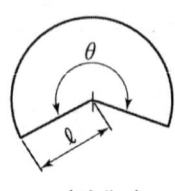

(원뿔)　　　　　(전개도)

① 약 130°　　　　② 약 110°
③ 약 90°　　　　④ 약 70°

해설 원뿔 전개도에서 θ각을 구하는 방법
$l = \sqrt{h^2 + r^2} = \sqrt{100^2 + 20^2} = 101.98$
$\theta = \dfrac{r \times 360}{l} = \dfrac{20 \times 360}{101.98} = $ 약 70°

[정답] 11 ① 12 ④

13 3각법에 의한 보기 투상도에 가장 적합한 입체도 형상은?

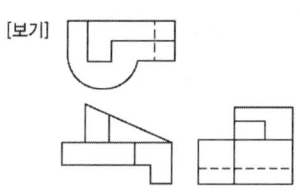

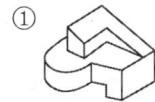   

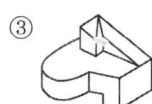   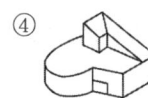

14 마이크로미터의 스핀들 나사의 피치가 0.5mm이고 딤블의 원주 눈금이 50등분 되어 있다면 최소 측정값은?

① $2\mu m$ ② $5\mu m$
③ $10\mu m$ ④ $15\mu m$

> **해설**
> $M = 0.5 \times \dfrac{1}{50} = \dfrac{1}{100}$ mm, 즉 딤블의 1눈금은 0.01mm($\times 1,000 = 10\mu m$)를 나타내게 된다.

15 어미자의 1눈금이 0.5mm이며 아들자의 눈금이 12mm를 25등분 한 버니어 캘리퍼스의 최소 측정값은?

① 0.01mm   ② 0.05mm
③ 0.02mm   ④ 0.1mm

> **해설**
> 최소 측정값 $= \dfrac{\text{어미자의 최소 눈금}}{\text{등분수}(n)} = \dfrac{0.5}{25} = 0.02$

16 다이얼 게이지의 사용상 주의사항이 아닌 것은?

① 스핀들이 원활히 움직이는가를 확인한다.
② 스탠드를 앞뒤로 움직여 지시값의 차를 확인한다.
③ 스핀들을 갑자기 작동시켜 반복 정밀도를 본다.
④ 다이얼 게이지의 편차가 클 때는 교환 또는 수리가 불가능하므로 무조건 폐기시킨다.

> **해설**
> 다이얼 게이지의 편차가 클 때는 교환하거나 수리를 하도록 한다.

[정답] 13 ①   14 ③   15 ③   16 ④

17 나사의 유효지름 측정방법 중 정밀도가 가장 높은 것은?
① 나사 마이크로미터
② 삼침법
③ 나사 한계 게이지
④ 센터 게이지

 유효지름의 측정방법
① 삼침법 : 지름이 같은 3개의 핀 게이지를 나사산의 골에 끼운 상태에서 바깥지름을 마이크로미터 등으로 측정하여 계산하며, 유효지름을 측정하는 가장 정밀한 방법이다.
② 나사 마이크로미터에 의한 방법 : 엔빌 측에 V 홈 측정자를 스핀들 측에 원뿔형 측정자를 사용하여 유효지름 값을 직접 읽을 수 있다.
③ 광학적인 방법 : 투영기, 공구현미경 등의 광학적 측정기에서 나사축 선과 직각으로 움직이는 전후이동 마이크로미터 헤드의 읽음 값으로 구할 수 있다.

18 공기 마이크로미터를 그 원리에 따라 분류할 때 이에 속하지 않는 것은?
① 유량식
② 배압식
③ 광학식
④ 유속식

 공기 마이크로미터의 종류
① 배압식 : 배압식은 공기의 압력을 이용한 구조로서 변화압을 수치로 확대 변환하여 치수를 읽게 된다.
② 유량식 : 단위시간에 노즐 내를 흐르는 공기량의 변화를 이용한 구조로 플로트가 정지한 위치한 눈금을 읽어 측정치를 구한다. 노즐의 지름은 2mm이며 게이지 블록이 필요하다.
③ 유속식 : 공기의 속도에 따라 발생하는 압력의 차를 이용한 방법으로 수치로 변환하여 측정치를 이용한다.
④ 진공식 : 감압상태를 이용한 구조로 압력의 차를 이용한 방법이다.

19 게이지 블록의 부속 부품이 아닌 것은?
① 홀더
② 스크레이퍼
③ 스크라이버 포인트
④ 베이스 블록

 스크레이퍼
기계가공한 면을 다시 정밀하게 가공하는 작업을 스크레이핑이라고 하며, 이때 사용하는 공구를 스크레이퍼라고 한다. 공작기계의 베드, 미끄럼면, 측정용 정밀정반 등의 최종마무리 가공에 사용된다.

20 표면 거칠기 측정기가 아닌 것은?
① 촉침식 측정기
② 광절단식 측정기
③ 기초 원판식 측정기
④ 광파 간섭식 측정기

[정답] 17 ② 18 ③ 19 ② 20 ③

해설

표면 거칠기의 측정법
① 비교용 표준편과의 비교 측정 : 사람의 손가락 감각으로 표준편과 가공된 제품과의 표면 거칠기를 비교 측정한다.
② 광절단식 표면 거칠기 측정법 : 현미경이나 투영기에 의해서 확대하여 관측 또는 사진을 찍어서 요철 상태를 알 수 있다.
③ 광파 간섭식 표면 거칠기 측정법 : 빛의 간섭을 이용하여 가공면의 거칠기를 측정하는 방법으로 래핑 면과 같이 초점 밀면에 적합하며 $1\mu m$ 이하의 비교적 미세한 표면의 측정에 사용한다.
④ 촉침식 표면 거칠기 측정법 : 표면 거칠기 측정법의 대표적인 방법으로 측정원리는 피측정면에 수직으로 움직이는 촉침으로 피측정면의 표면을 긁어서 상하의 움직임 양을 전기적인 신호로 변환하고, 증폭시켜 그래프에 그리거나 meter에 값을 지시한다.

제2과목 CAM 프로그래밍

21 다음 중 베지어(Bézier) 곡선에 관한 설명이 잘못된 것은?

① 곡선은 양단의 정점을 통과한다.
② 1개의 정점 변화는 곡선 전체에 영향을 미친다.
③ n개의 정점에 의해서 정의된 곡선은 (n+1)차 곡선이다.
④ 곡선은 정점을 연결시킬 수 있는 다각형의 내측에 존재한다.

해설

n개의 정점에 의해서 생성된 곡선은 (n-1)차 곡선이다.

22 서피스 모델링(surface modeling)의 일반적인 특징으로 거리가 먼 것은?

① NC 가공 정보를 얻을 수 있다.
② 은선 제거가 불가능하다.
③ 물리적 성질 계산이 곤란하다.
④ 복잡한 형상표현이 가능하다.

해설

서피스 모델링은 은선 제거가 가능하다.

23 다음의 솔리드 모델링(solid Modeling) 기능 중에서 하위 구성 요소들을 수정하여 솔리드 모델을 직접 조작, 주어진 입체의 형상을 변화시켜 가면서 원하는 형상을 모델링하는 것은?

① 트위킹(tweaking)
② 스키닝(skinning)
③ 리프팅(lifting)
④ 스위핑(sweeping)

[정답] 21 ③　22 ②　23 ①

트위킹(tweaking)
하위 구성 요소들을 수정하여 솔리드 모델을 직접 조작. 주어진 입체의 형상을 변화시켜 가면서 원하는 형상을 모델링한다.

24 다음 모델링 중 부피, 무게중심, 관성모멘트 등의 물리적 성질을 제공할 수 있는 것은?

① 서피스 모델링
② 솔리드 모델링
③ 와이어프레임 모델링
④ 2차원 모델링

 솔리드 모델링은 부피, 무게중심, 관성모멘트 등의 물리적 성질을 제공한다.

25 자유곡면을 정의할 때 parameter space (domain)를 knots에 의해 분할하여 정의하는 것이 편리하다. 이렇게 분할된 구간의 단위 곡면을 무엇이라 하는가?

① element
② patch
③ primitive
④ segment

 patch
자유곡면을 정의할 때 parameter space (domain)를 knots에 의해 분할하여 정의하는 것이 편리하며, 이렇게 분할된 구간의 단위 곡면을 patch라 한다.

26 3차원 솔리드 모델의 생성을 위해 사용되는 기본입체(Primitive)라고 할 수 없는 것은?

① cone
② wedge
③ sphere
④ patch

기본형상 구성기능(Primitive)
육면체(box), 원기둥(cylinder), 구(sphere), 원추(cone), 회전체(revolution), 프리즘(prism), 스위프(sweep), 구배(wedge) 등이다.

27 상용 CAD/CAM 시스템에서 일반적으로 사용하는 좌표계가 아닌 것은?

① 직교 좌표계
② 원통 좌표계
③ 원추 좌표계
④ 구면 좌표계

[정답] 24 ② 25 ② 26 ④ 27 ③

해설
CAD/CAM 좌표계의 종류
① 직교 좌표계(cartesian coordinate system)
② 극좌표계(polar coordinate system)
③ 원통 좌표계(cylindrical coordinate system)
④ 구면 좌표계(spherical coordinate system)

28 원추곡선(conic curve)을 그리기 위해 필요한 요소가 아닌 것은?
① 곡선의 양 끝점
② 양 끝점의 접선
③ 양 끝점의 곡률 반경
④ 곡선 위의 한 점

 해설
원추곡선(conic curve)을 그리기 위해 필요한 요소 : 곡선의 양 끝점, 양 끝점의 접선, 곡선 위의 한 점 등이다.

29 다음 중 CAD 데이터 교환형식인 IGES(Initial Graphics Exchange Specification)에 관한 설명으로 틀린 것은?
① 서로 다른 CAD/CAM/CAE 시스템 사이에 제품정의 데이터를 교환하기 위하여 개발한 표준교환 형식이다.
② ISO(International Organization for Standardization)에서 1985년 IGES를 국제표준으로 채택했다.
③ 데이터 변환과정을 거치므로 유효숫자 및 라운드 오프 에러가 발생할 수 있다.
④ IGES에서 지원하지 않는 요소로 모델링한 경우 비슷한 요소로 변환하므로 정보전달과정에 오류가 발생할 수 있다.

 해설
IGES는 1993년 ANSI에 의해서 승인을 받아 미국규격으로 시작된 세계적인 표준이며, ISO 국제규격은 STEP이다.
IGES 파일의 구조는 Start, Global, Directory, Parameter, Terminate 5개의 Section으로 구성되어 있다.

30 다음 중 NURBS 곡선에 관한 설명으로 틀린 것은?
① Conic 곡선을 표현할 수 있다.
② Blending 함수는 Bernstein 다항식이다.
③ Blending 함수는 B-spline과 같은 함수를 사용한다.
④ 조정점의 가중치(weight)를 변경하여 곡선 형상을 변화시킬 수 있다.

 해설
NURBS 곡선의 Blending 함수는 두 개의 다항식의 대수적 비례에 의해 정의된다.

[정답] 28 ③ 29 ② 30 ②

31 선반 외경용 ISO 툴 홀더의 규격 표시에서 ㄱ, ㄴ을 바르게 나타낸 것은?

$$\underline{\text{C}}_{\text{ㄱ}} \;\; \underline{\text{S}}_{\text{ㄴ}} \;\; \text{K} \;\; \text{P} \;\; \text{R} \;\; 25 \;\; 25 \;\; \text{M} \;\; 12$$

① ㄱ. 홀더 유형 ㄴ. 섕크 폭
② ㄱ. 인서트 형상 ㄴ. 승수
③ ㄱ. 클램핑 방법 ㄴ. 인서트 형상
④ ㄱ. 스타일 ㄴ. 클램핑 방법

 해설

C	S	K	P	R	25	25	M	12
클램핑 방식	인서트 형상	절입각	여유각	승수	섕크 높이	섕크 폭	섕크 전체 길이	절삭 날 길이

32 쾌속조형(RP)에 관한 일반적인 설명 중 틀린 것은?

① 특징형상 기반 설계(feature-based design)나 특징형상 인식(feature recognition)이 필요하다.
② 재료를 제거하는 것이 아니라 재료를 더해 나가는 공정이다.
③ 클램프(clamp), 지그(jig), 또는 고정구(fixture)를 고려할 필요가 없다.
④ 물체를 만들기 위해 단면 데이터를 요구한다.

 해설

최근에 시제품 및 원형제작에 급속조형법(RP)과 신속시작기술(RT)이 있으며 특징형상 기반 설계(feature-based design)나 특징형상 인식(feature recognition)이 필요 없다.

33 위치 검출을 서보모터 축에서 하기도 하고 볼 스크루의 회전 각도로 검출하기도 하는 방법을 채택한 그림과 같은 서보 기구는?

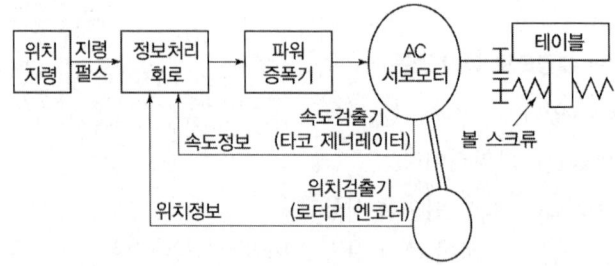

① 반폐쇄회로 방식
② 폐쇄회로 방식
③ 하이브리드 서보 방식
④ 개방회로 방식

[정답] 31 ③ 32 ① 33 ①

> **해설**
> 반폐쇄회로 방식(Semi-Closed Loop System)
> 서보 모터의 축 또는 볼 스크루의 회전 각도를 통하여 위치를 검출하는 방식으로 직선 운동을 회전 운동으로 바꾸어 검출한다. CNC 공작기계에 이 방식을 많이 사용한다.

34 다음 그림과 같은 Filleted-endmill에서 Cutter Contact 점(r_{CC})으로부터 Cutter Location 점(r_{CL})을 계산하는 수식이다. 빈칸(수식의 □)에 들어갈 내용으로 맞는 것은?

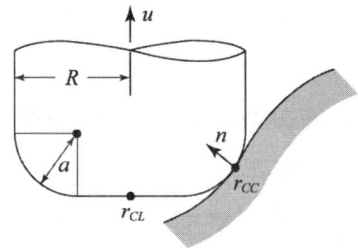

$$r_{CL} = r_{CC} + an + (\boxed{})m - au$$
$$n = (n_x,\ n_y,\ n_z) : \text{unit surface normal vector}$$
$$m = (n_x,\ n_y,\ 0)/\sqrt{n_x^2 + n_y^2}$$

① R
② $R + a$
③ $2R - a$
④ $R - a$

35 다음 CNC 선반 프로그램에서 A의 Q_ , B의 D_의 의미는?

```
A : G76 P_ _ _ Q_ R_ ;
    G76 X_ Z_ P_ Q_ R_ F_ ;
B : G76 X_ Z_ I_ K_ D_ A_ F_ P_ ;
```

① 최초 절입량
② 나사산의 각도
③ 나사산의 높이
④ 다듬질 여유

> **해설**
> 복합고정형 나사절삭 사이클(G76)
> R(d) : 다듬질 여유
> X(U), Z(W) : 나사 끝 지점 좌표
> P(k) : 나사산 높이(반지름 지령)
> Q(Δd) : 첫 번째 칩입 깊이(반지름 지령) - 소수점 사용 불가
> R(i) : 테이퍼 나사에서 나사 끝 지점 X값과 나사 시작점 X값의 거리(반지름 지령)
> F : 나사의 리드

[정답] 34 ④ 35 ①

36 5축 가공을 하지 않아도 되는 부품은?

① 터빈 브레이드 ② 선박의 스크루
③ 타이어 모델 ④ 자동차 부품

 5축 가공
5축 가공은 기구학적 자유도가 5인 기계에 적용되며 공구의 위치를 결정하는 데 3개가 사용되고 2개는 공구의 방향 벡터를 결정하는 데 사용된다. 주로 터빈 브레이드(turbine blade)나 선박의 스크루(screw), 타이어 모델 등을 가공할 때 사용하는 방법이다.

37 NC 가공 경로 계획에서 CL-Cartesian 방식에 대한 설명으로 틀린 것은?

① 곡면의 매개변수가 일정한 값들의 위치를 따라가면서 경로를 생성한다.
② CC-Cartesian 방식에 비하여 수치적 계산이 복잡하다.
③ 곡면 가공 시 $2\frac{1}{2}$축 NC 기계에서도 사용 가능한 공구 경로를 생성할 수 있다.
④ CL 점이 이루는 곡면을 평면으로 절단하여 공구 경로를 생성한다.

 3D에서는 공구 경로가 곡면의 법선 방향으로만 위치하지만 2D에서는 가공할 곡선의 진행 방향에 따라, 곡선 위, 곡선 좌측, 곡선 우측에 따라 CL DATA가 생성된다.

38 CNC 선반 작업에서 A점에서 B점으로 이동할 때 지령 방법으로 틀린 것은?

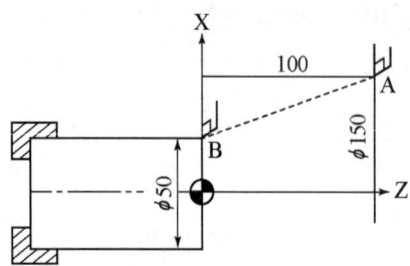

① G00 U-100.0 W-100.0;
② G00 U-50.0 Z0.0;
③ G00 X50.0 W-100.0;
④ G00 X50.0 Z0.0;

 G00 U-100.0 Z0.0;

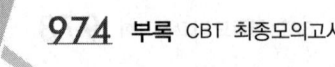

39 다음은 머시닝 센터의 고정 사이클 구멍가공 모드 지령 방법 중 P가 의미하는 것은?

G□□ X_ Y_ Z_ R_ Q_ P_ F_ L_ ;

① 구멍바닥에서 휴지(dwell) 시간
② 구멍가공에 소요되는 총 시간
③ 고정 사이클의 가공 횟수
④ 초기점에서부터 거리

해설 고정 사이클
- G73~G89 : 고정 사이클의 종류
- G90, G91 : 절대 지령, 증분 지령
- G98 : 초기점 복귀
- G99 : R점 복귀
- X, Y : 구멍 위치 좌푯값
- Z : 구멍가공 최종깊이를 지령
- R : 구멍가공 후 R점(구멍가공 시작점)을 지령
- Q : 1회 절입량 또는 Shift량을 지령
- P : 구멍바닥에서의 드웰(dwell, 정지) 시간
- F : 이송 속도(구멍가공 이송 속도)
- L : 고정 사이클의 반복 횟수를 지령

40 CNC 방전가공 시 공작물의 예비가공에 의한 효과가 아닌 것은?

① 방전가공 시간을 단축시킨다.
② 가공 칩 배출을 용이하게 한다.
③ 전극의 소모량을 줄일 수 있다.
④ 가공 칩의 양이 증가하여 정밀도를 향상시킨다.

해설 공작물의 예비가공
방전가공 전 다른 공작기계를 이용하여 기계가공을 하는 것을 예비가공이라 하며, 예비가공의 효과는 다음과 같다.
① 빙진가공 여유가 작아짐에 따라 방전가공 시간은 대폭 단축된다.
② 가공 칩의 배제가 용이하기 때문에 가공 정도가 향상되고 휴지 시간도 적게 설정할 수 있으므로 방전기공 시간도 단축된다.
③ 극간을 흐르는 가공 칩의 양이 감소하므로 2차 방전에 의한 가공 정도에 따라 악영향이 완화된다.
④ 예비가공에 의해서 직접 방전가공에 관계하는 가공 깊이가 감소하기 때문에 전극소모 길이는 감소한다.

[정답] 39 ① 40 ②

제3과목 컴퓨터수치제어(CNC) 절삭가공

41 CNC 선반 작업 시 공구가 받는 절삭저항이 가장 큰 것은?
① 주분력　　② 배분력
③ 이송분력　　④ 회전분력

절삭저항의 분력
절삭저항＝주분력(P1) 10 〉 배분력(P3) (2~4) 〉 이송분력(P2)(1~2)
① 주분력(P1 : Principal Cutting Force) : 절삭 방향으로 작용하는 분력
② 이송분력(P2 : Feed Force) : 이송 방향(평행)으로 작용하는 분력
③ 배분력(P3 : Radial Force) : 공구의 축 방향으로 작용하는 분력

42 칩을 밀어내는 압축력의 축적으로 이런 형태의 칩이 생기고, 유동형 칩이 생기는 것과 같이 연한 재료를, 작은 윗면 경사각으로 깎을 때 자주 생기며, 다듬질면은 그다지 좋지 않은 칩의 형태는?
① 균열형 칩　　② 전단형 칩
③ 열단형 칩　　④ 연속형 칩

전단형 칩(shear type chip)
칩이 원활히 흐르지 못하고, 칩을 밀어내는 압축력이 축적되어야 분자 사이에 전 단이 일어나기 때문에 미끄럼 간격이 커진다. 불연속인 미끄럼에 의하여 나타나므로 유동형과 균열형의 중간에 속하는 형태이며, 절삭 저항은 한 개의 칩이 발생할 때마다 변동하여 가공면이 매끄럽지 못하다. 연한 재질의 공작물을 작은 경사각으로 저속 가공할 때 생긴다.

43 센터리스 연삭기에서 통과 이송법으로 연삭하려고 한다. 조정 숫돌 바퀴의 바깥지름 400mm, 회전수가 30rpm, 경사각이 4°일 때 1분 동안의 이송 속도는?
① 540.44m/min　　② 37.70m/min
③ 17.61m/min　　④ 2.63m/min

$f = \pi DN \sin\alpha (\text{mm/min})$
　$= 3.14 \times 400 \times 30 \times \sin 4° = 2629.76 \text{mm/min}$
　$= 2.63 \text{m/min}$

[정답] 41 ④　42 ②　43 ④

44 연삭숫돌에 대한 설명으로 틀린 것은?

① 부드럽고 전연성이 큰 연삭에는 고운 입자를 사용한다.

② 연삭숫돌에 사용되는 숫돌 입자에는 천연산과 인조산이 있다.

③ 단단하고 치밀한 공작물의 연삭에는 고운 입자를 사용한다.

④ 숫돌과 공작물의 접촉 면적이 작은 경우에는 고운 입자를 사용한다.

거친 입도 : 공작물이 연하고 연성, 점성, 질긴 성질일 때

45 구성인선(built-up edge)의 발생을 방지하는 대책으로 옳은 것은?

① 바이트의 윗면 경사각을 작게 한다.

② 절삭 깊이, 이송 속도를 크게 한다.

③ 피가공물과 친화력이 많은 공구 재료를 선택한다.

④ 절삭 속도를 높이고, 절삭유를 사용한다.

구성인선의 방지(억제)법
① 공구의 윗면 경사각을 크게 한다.
② 절삭 깊이를 작게 한다.
③ 절삭 속도 크게 한다.
④ 이송을 작게 한다. (저속 회전일 때 이송을 크게 한다.)
⑤ 칩의 절삭 저항을 작게 한다.
  ㉠ 마찰계수가 적은 초경합금 이상의 공구 사용
  ㉡ 윤활성이 좋은 절삭유 사용
  ㉢ 공구의 경사면(상면)을 매끄럽게 잘 연마함.

46 기계가공 방법의 설명이 틀린 것은?

① 리밍 작업은 뚫려 있는 구멍을 높은 정밀도로, 가공 표면의 표면 거칠기를 우수하게 하기 위한 가공이다.

② 보링 작업은 이미 뚫어져 있는 구멍을 필요한 크기로 넓히거나 정밀도를 높이기 위한 가공이다.

③ 카운터 보링 작업은 나사 머리의 모양이 접시 모양일 때 테이퍼 원동형으로 절삭하는 가공이다.

④ 스폿 페이싱 작업은 단조나 주조품 등의 볼트나 너트를 체결하기 곤란한 경우에 구멍 주위에 체결이 잘 되도록 부분만을 평탄하게 하는 가공이다.

카운터 보링 작업은 나사 머리의 모양이 둥근 모양일 때 볼트의 머리부가 돌출되지 않도록 머리부가 들어갈 자리 부분을 단이 있게 구멍 뚫는 작업이다.

[정답] 44 ① 45 ④ 46 ③

47 선반의 크기를 표시하는 방법으로 옳은 것은?

① 기계의 중량
② 모터의 마력
③ 바이트의 크기
④ 베드 위의 스윙

 선반의 크기 표시 방법
① 베드 위에 스윙 : 베드에 닿지 않을 공작물의 최대지름
② 양 센터 사이의 최대거리 : 공작물의 최대길이
③ 왕복대 위의 스윙 : 왕복대에 걸리지 않을 공작물의 최대지름

48 가공물이 대형이거나 무거운 제품을 드릴 가공할 때에, 가공물을 고정시키고 드릴이 가공 위치로 이동할 수 있도록 제작된 드릴링 머신은?

① 직립 드릴링 머신
② 터릿 드릴링 머신
③ 레이디얼 드릴링 머신
④ 만능 포터블 드릴링 머신

 레이디얼 드릴링 머신
① 가장 주로 쓰이며 공작물을 고정시켜 놓고 주축의 위치를 이동시켜서 구멍의 중심 맞추어 작업
② 비교적 대형이며 무거운 공작물의 구멍 뚫기, 주축이동

49 회전하는 통속에 가공물과 숫돌 입자, 가공액, 컴파운드 등을 함께 넣어 가공물이 입자와 충돌하는 동안에 그 표면의 요철(凹凸)을 제거하여 매끈한 가공 면을 얻는 가공법은?

① 숏 피닝
② 롤러 가공
③ 배럴 가공
④ 슈퍼 피니싱

 ① 숏 피닝 : 철강의 작은 볼(shot)을 공작물 표면에 분사하여 강재의 화학조성을 변화시키지 않고 표면을 매끈하게 하여 피로 강도 기계적 성질 향상
② 롤러 다듬질 : 선반 가공 후 다듬질하는 방법으로, 롤러 공구를 사용하여 공작물에 압착하고 공작물 표면에 소성변형을 일으켜 다듬질
③ 배럴 다듬질 : 충돌가공으로 회전하는 상자 속에 공작물과 미디어, 콤파운드(유지+직물), 공작액 등을 넣고 회전과 진동을 주어 표면을 다듬질
④ 슈퍼 피니싱 : 연삭숫돌을 공작물 표면에 가압(스프링, 유압)하면서 공작물 이송과 진동을 주고 공작물을 회전시켜 균일한 표면을 얻는 방법

50 일반적인 연삭숫돌의 표시 방법 순서로 옳은 것은?

① 입자 – 입도 – 결합도 – 조직 – 결합제
② 입자 – 조직 – 입도 – 결합도 – 결합제
③ 입자 – 결합도 – 조직 – 입도 – 결합제
④ 입자 – 입도 – 조직 – 결합도 – 결합제

[정답] 47 ④ 48 ③ 49 ③ 50 ①

해설 연삭숫돌의 표시
WA － 60 － K － 7 － V － 1 － A － 225 × 20 × 51 × rpm
↓　　↓　　↓　↓　↓　↓　↓　　↓　　↓　↓
입자　입도　결합도　조직　결합제　형상　모서리　외경　폭　내경
　　　　　　　　　　　　　　　　모양
　　　　　　　　　　　(1~3호) (A~L)

51 밀링작업에서 T홈 절삭을 하기 위해서, 선행해야 할 작업은?
① 엔드밀 홈 작업
② 더브테일 홈 작업
③ 나사 밀링 커터 작업
④ 총형 밀링 커터 작업

해설 T홈 절삭은 엔드밀 홈 작업이 선행되어야 한다.

52 밀링작업에서 분할대를 사용하여 직접 분할할 수 없는 것은?
① 3등분
② 4등분
③ 6등분
④ 9등분

해설 직접 분할법(=면판 분할법) : 분할대의 면판에 24개의 구멍이 등 간격으로 뚫어져 있음. (면판 위의 24개 구멍을 이용하여 분할)
※ 24의 약수 : 2, 3, 4, 6, 8, 12, 24 ⇒ 7종 분할 가능, $\dfrac{24}{N}$

53 브로칭 머신을 이용한 가공 방법으로 틀린 것은?
① 키 홈
② 평면 가공
③ 다각형 구멍
④ 스플라인 홈

해설 평면 가공은 밀링, 플레이너, 세이퍼 등에서 작업이 가능하다.

54 절삭동력이 2kW이고, 주축 회전수가 500rpm일 때 선반에서 ⌀80mm의 환봉을 절삭하는 절삭 주분력은 약 몇 N인가?
① 95.5
② 955
③ 90.7
④ 907

[정답] 51 ① 52 ④ 53 ② 54 ②

$$KW = \frac{P \times V}{102 \times 60 \times 9.81}$$

$$V = \frac{\pi \times D \times N}{1,000} = \frac{\pi \times 80 \times 500}{1,000} = 125.7$$

$$P = \frac{102 \times 60 \times 9.81 \times KW}{V} = \frac{102 \times 60 \times 9.81 \times 2}{125.7} = 955$$

55 척에 고정할 수 없으며 불규칙하거나 대형 또는 복잡한 가공물을 고정할 때 사용하는 선반 부속품은?

① 면판(face plate)
② 맨드릴(mandrel)
③ 방진구(work rest)
④ 돌리개(dog)

해설

면판(face plate)
① 주축의 나사에 고정, 돌리개(dog)를 사용하여 공작물 가공에 사용된다.
② 대형 공작물이나 복잡한 형상의 공작물 가공에 사용된다. → 앵글 플레이트, 클램프 등의 고정구와 웨이트 밸런스를 위한 추를 사용한다.

56 절삭 온도와 절삭조건에 관한 내용으로 틀린 것은?

① 절삭속도를 증대하면 절삭 온도는 상승한다.
② 칩의 두께를 크게 하면 절삭 온도가 상승한다.
③ 절삭 온도는 열팽창 때문에 공작물 가공치수에 영향을 준다.
④ 열전도율 및 비열 값이 작은 재료가 일반적으로 절삭이 용이하다.

해설

절삭 온도가 높아지면 날끝 온도가 상승하여 공구는 빨리 마멸되고 공구 수명이 짧아질 뿐만 아니라, 공작물도 온도 상승에 의한 열팽창으로 가공치수가 달라지는 나쁜 영향을 받게 된다.

57 지름 50mm인 연삭숫돌을 7,000rpm으로 회전시키는 연삭 작업에서, 지름 100mm인 가공물을 연삭숫돌과 반대 방향으로 100rpm으로 원통 연삭할 때 접촉점에서 연삭의 상대속도는 약 몇 m/min인가?

① 931
② 1,099
③ 1,131
④ 1,161

$$V = \frac{\pi DN}{1,000} + 원주속도$$

$$V = \frac{\pi \times 50 \times 7,000}{1,000} + \frac{\pi \times 100 \times 100}{1,000} = 1,131$$

[정답] 55 ① 56 ④ 57 ③

58 연삭숫돌 바퀴의 구성 3요소에 속하지 않는 것은?

① 숫돌 입자 ② 결합제
③ 조직 ④ 기공

- 연삭숫돌의 3요소
  ① 입자(절삭 날)
  ② 결합제(절삭 날 지지)
  ③ 기공(칩의 저장, 배출)

- 연삭숫돌의 5인자
  ① 입자의 종류 – 절삭 날의 종류
  ② 조직 – 숫돌 입자율
  ③ 입도 – 절삭 날의 크기
  ④ 결합제의 종류 – 결합제의 특성
  ⑤ 결합도 – 절삭 날 발생 속도의 조정

59 지름이 100mm인 가공물에 리드 600mm의 오른나사 헬리컬 홈을 깎고자 한다. 테이블 이송나사의 피치가 10mm인 밀링 머신에서, 테이블 선회각을 $\tan\alpha$로 나타낼 때 옳은 값은?

① 31.41 ② 1.90
③ 0.03 ④ 0.52

$$\theta = \frac{\pi D}{L} = \frac{\pi \times 100}{600} = 0.52$$

60 특정한 제품을 대량 생산할 때 적합하지만, 사용 범위가 한정되며 구조가 간단한 공작기계는?

① 범용 공작기계 ② 전용 공작기계
③ 단능 공작기계 ④ 만능 공작기계

① 범용 공작기계 : 가공할 수 있는 기능이 다양하고 절삭 및 이송 속도의 범위가 크다.
② 전용 공작기계 : 특정한 모양이나 치수의 제품을 대량 생산하는 데 적합하도록 만든 공작기계이다.
③ 단능 공작기계 : 한 가지의 가공만을 할 수 있는 기계를 말한다.
④ 만능 공작기계 : 다양한 가공을 할 수 있도록 제작된 공작기계이다.

[정답] 58 ③ 59 ④ 60 ②

CBT 최종모의고사 2회

제1과목 도면 해독 및 측정

01 다음 센터 구멍의 종류로 옳은 것은?

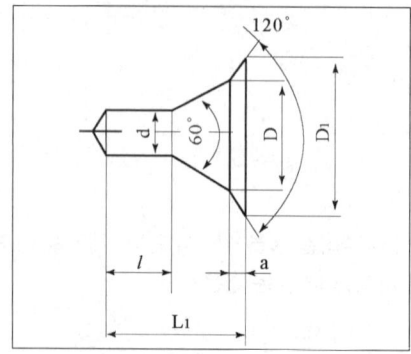

① A형 ② B형
③ C형 ④ D형

해설

· A형 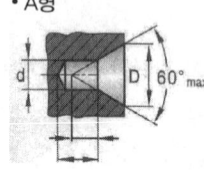 · B형 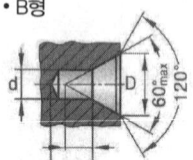 · R형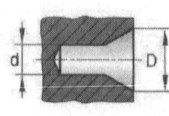

02 가공 방법에 따른 KS 가공 방법 기호가 바르게 연결된 것은?

① 방전 가공 : SPED ② 전해 가공 : SPU
③ 전해 연삭 : SPEC ④ 초음파 가공 : SPLB

해설

방전 가공 : SPED

[정답] 01 ② 02 ①

03 도면에서 다음 종류의 선이 같은 장소에 겹치게 될 경우 가장 우선순위가 높은 것은?

① 중심선 ② 무게 중심선
③ 절단선 ④ 치수 보조선

> **해설** 겹치는 선의 우선순위
> 도면에서 2종류 이상의 선이 같은 장소에 중복 될 경우에는 다음에 순위에 따라 우선되는 종류의 선부터 그린다.
> ① 외형선
> ② 숨은선
> ③ 절단선
> ④ 중심선
> ⑤ 무게 중심선
> ⑥ 치수 보조선

04 가공 전 또는 후의 모양의 도시에서 가공 전의 모양을 표시하는 경우 도시하는 선은?

① 가는 2점 쇄선 ② 가는 실선
③ 가는 파선 ④ 가는 1점 쇄선

> **해설** 대상물의 가공 전 또는 후의 모양의 도시는 다음에 따른다.
> ① 가공 전의 모양을 표시하는 경우에는 가는 2점 쇄선으로 도시한다.
> ② 가공 후의 모양, 보기를 들면 조립 후의 모양을 표시하는 경우에는 실선으로 도시한다.

05 나사 표시 "M15×1.5-6H/6g"에서 6H/6g는 무엇을 나타내는가?

① 나사의 호칭 치수 ② 나사부의 길이
③ 나사의 등급 ④ 나사의 피치

> **해설**
> • M15×1.5 : 미터 가는 나사×피치
> • 6H/6g : 나사의 등급

06 표면의 결 도시 방법에서 가공에 의한 커터 줄무늬 방향이 기입한 면의 중심에 대하여 대략 동심원 모양일 때 기호는?

① X ② M
③ C ④ R

> **해설**

기호	의미
=	가공으로 생긴 앞줄의 방향이 기호를 기입한 그림의 투영면에 평행
⊥	가공으로 생긴 앞줄의 방향이 기호를 기입한 그림의 투영면에 수직
X	가공으로 생긴 선이 두 방향으로 교차
M	가공으로 생긴 선이 다방면으로 교차 또는 무 방향
C	가공으로 생긴 선이 거의 동심원
R	가공으로 생긴 선이 거의 방사상(레이디얼형)

07 기하 공차 기호 중 위치 공차가 아닌 것은?

① 위치도 ② 동심도
③ 대칭도 ④ 원주 흔들림

> **해설**

관련 형체 (데이텀 적용)	자세 공차	∥	평행도 공차
		⊥	직각도 공차
		∠	경사도 공차
	위치 공차	⊕	위치도 공차
		◎	동축(심)도
		=	대칭도 공차
	흔들림 공차	↗	원주 흔들림 공차
		↗↗	온 흔들림 공차

08 그림과 같이 나사 표시가 있을 때, 옳은 것은?

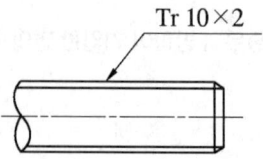

① 볼나사 호칭 지름 10인치
② 둥근나사 호칭 지름 10mm
③ 미터 사다리꼴 나사 호칭 지름 10mm
④ 관용 테이퍼 수나사 호칭 지름 10mm

[정답] 07 ④ 08 ③

> **해설** 미터 사다리꼴 나사 : Tr10×2
>
> | 미터 사다리꼴 나사 | | Tr |
> |---|---|---|
> | 관용 테이퍼 나사 | 테이퍼 수나사 | R |
> | | 테이퍼 암나사 | Rc |
> | | 평행 암나사 | Rp |

09 표면의 결 도시 방법의 기호 설명이 옳은 것은?

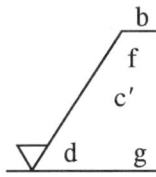

① d : 가공 방법
② g : 기준 길이
③ b : 줄무늬 방향 기호
④ f : Ra 이외의 표면 거칠기 값

> **해설**
>
>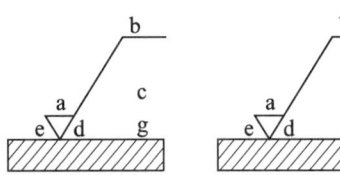
>
> - a : 산술평균 거칠기 값
> - b : 가공 방법
> - c : 컷오프 값
> - c' : 기준 길이
> - d : 줄무늬 방향 기호
> - e : 다듬질 여유 기입
> - f : 산술평균 거칠기 이외의 표면 거칠기 값
> - g : 표면 파상도

10 구멍의 치수 $\varnothing 50^{+0.03}_{-0.01}$, 축의 치수는 $\varnothing 50^{+0.01}_{0}$일 때, 최대 틈새는 얼마인가?

① 0.04 ② 0.03
③ 0.02 ④ 0.01

[정답] 09 ④ 10 ②

① 최대 틈새
=구멍의 최대 허용 치수-축의 최소 허용 치수
=50.03-50=0.03
② 최소 틈새
=구멍의 최소 허용 치수-축의 최대 허용 치수
=49.99-50.01=-0.02

11 구름 베어링 기호 중 안지름이 10mm인 것은?
① 7000
② 7001
③ 7002
④ 7010

안지름 번호(세 번째, 네 번째 숫자)
안지름 번호 1~9까지는 안지름 번호와 안지름이 같고, 안지름 번호의 안지름 20mm 이상 480mm 미만에서는 안지름을 5로 나눈 수가 안지름 번호이다.
• 00 : 안지름 10mm, 01 : 안지름 12mm
• 02 : 안지름 15mm, 03 : 안지름 17mm

12 그림과 같은 제3각 정투상도의 입체도로 적합한 것은?

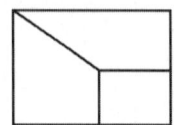
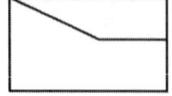

① 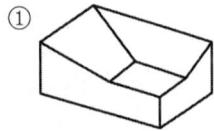 ②
③ 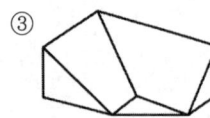 ④

위 그림에서 입체도는 ①이다.

[정답] 11 ① 12 ①

13 KSB에 규정된 표면 거칠기 표시 방법이 아닌 것은?

① 산술평균 거칠기(Ra)　　② 최대높이(Ry)
③ 10점 평균 거칠기(Rz)　　④ 제곱 평균 거칠기(Ra)

> **해설**
> KSB에 규정된 표면 거칠기 표시 방법
> 산술평균 거칠기(Ra), 최대높이(Ry), 10점 평균 거칠기(Rz)이다.

14 비교 측정에 사용되는 측정기가 아닌 것은?

① 다이얼 게이지　　② 버니어 캘리퍼스
③ 공기 마이크로미터　　④ 전기 마이크로미터

> **해설**
> 버니어 캘리퍼스는 직접 측정으로 외경, 내경, 깊이, 단차 및 길이를 측정하는 것으로 미터식에서는 1/20mm, 1/50mm까지 읽을 수 있다. 종류로는 미동 장치가 없는 M1형(0.05mm) 및 미동 장치가 있는 M2형(1/20mm까지 측정)과 CB형 및 CM형(1/20mm까지 측정) 4가지가 있다.

15 게이지 블록을 사용하거나 취급할 때의 주의사항이 아닌 것은?

① 천이나 가죽 위에서 취급할 것
② 먼지가 적고 건조한 실내에서 사용할 것
③ 측정 면에 먼지가 묻어 있으면 솔로 털어낼 것
④ 측정 면의 방청유는 휘발유로 깨끗이 닦아 보관할 것

> **해설**
> 게이지 블록의 취급법
> ① 먼지 적고 건조한 실내 사용
> ② 목재, 천, 가죽 위에서 취급
> ③ 천이나 가죽으로 세척
> ④ 상자 보관을 원칙으로 한다.
> ⑤ 사용 후 방청유로 세척 보관

16 다음 중 치수 공차가 가장 작은 것은?

① 50 ± 0.01　　② $50^{+0.01}_{-0.02}$
③ $50^{+0.02}_{+0.01}$　　④ $50^{+0.03}_{+0.02}$

[정답] 13 ④　14 ②　15 ④　16 ④

① $50 \pm 0.01 = 0.02$
② $50^{+0.01}_{-0.02} = 0.03$
③ $50^{+0.02}_{-0.01} = 0.03$
④ $50^{+0.03}_{+0.02} = 0.01$

17 표면 거칠기를 표시할 때 KSB0161에서 지정한 방법이 아닌 것은?
① 최대 높이(Ry)
② 기준면 평균 거칠기(Ra)
③ 10점 평균 거칠기(Rz)
④ 산술평균 거칠기(Ra)

18 오차에 관한 설명으로 틀린 것은?
① 계통 오차는 측정값에 일정한 영향을 주는 원인에 의해 생기는 오차이다.
② 우연 오차는 측정자와 관계없이 발생하고, 반복적이고 정확한 측정으로 오차 보정이 가능하다.
③ 개인 오차는 측정자의 부주의로 생기는 오차이며, 주의해서 측정하고 결과를 보정하면 줄일 수 있다.
④ 계기 오차는 측정 압력, 측정온도, 측정기 마모 등으로 생기는 오차이다.

우연 오차는 측정하는 과정에서 우발적으로 발생하는 오차를 말하며, 발생 원인으로는 측정자의 심리적 변화, 측정기의 성능, 필연적이나 우발적으로 발생하는 사항 등이 있으며, 오차를 최소화하기 위하여 반복측정에 의한 산술평균으로 측정치를 결정한다.

19 길이가 긴 게이지 블록의 양 단면이 항상 평행하게 하기 위한 지지점은? (단, L은 게이지 블록의 길이이다.)
① 0.2113L
② 0.2203L
③ 0.2232L
④ 0.2386L

① 0.2113L: 에어리점(airy point)
눈금이 중립면에 없는 경우 및 게이지 블록과 단도기를 수평으로 지지할 때 사용되는 방법으로서, 처음 평행한 2개의 단면이 지지에 의하여 굽힘이 발생한 후에도 양단 면이 평행을 유지할 수 있는 지지 방법으로서 길이의 오차도 최소화할 수 있다.
② 0.2203L: 베셀점(bessel point)
중립면에 눈금을 만든 표준자를 지지할 때 사용되는 방법이며, 눈금 면의 직선거리와의 차이를 최소화하는 데 사용되는 방법으로 중립축 또는 중립면의 변위를 최소화할 수 있다.
③ 0.2232L: 전장에 걸쳐 변형이 가장 작으며, 양단과 중앙의 처짐이 동일하게 된다.
④ 0.2386L: 지지점 사이, 즉 중앙부의 처짐을 최소화(0점)할 수 있으므로 중앙부의 직선의 유지가 필요한 경우에 사용된다.

[정답] 17 ② 18 ② 19 ①

20 다이얼 게이지로 진원도 측정 방법이 아닌 것은?
① 지름법
② 반지름법
③ 3점법
④ 삼침법

제2과목 CAM 프로그래밍

21 다음 중 지정된 모든 조정점을 반드시 통과하도록 고안된 곡선은?
① Bezier
② B-Spline
③ Spline
④ NURBS

spline은 지정된 모든 조정점을 반드시 통과하도록 고안된 곡선이다.

22 B-Spline 곡선의 특징이 아닌 것은?
① 조정점들에 의해 인접한 B-Spline 곡선 간의 연속성이 보장된다.
② 국부적인 곡선 조정이 가능하다.
③ 매개변수 방식이므로 매개변수에 해당하는 좌푯값의 계산이 용이하다.
④ 원이나 타원을 정확하게 표현할 수 있다.

B-Spline 곡선은 원이나 타원을 정확하게 표현할 수 없다.

23 모델링과 연관된 용어에 관한 설명 중 잘못된 것은?
① 스위핑(Sweeping) : 하나의 2차원 단면형상을 입력하고 이를 안내 곡선을 따라 이동시켜 입체를 생성
② 스키닝(Sinning) : 여러 개의 단면형상을 입력하고 이를 덮어 싸는 입체를 생성
③ 리프팅(Lifting) : 주어진 물체의 특정 면의 전부 또는 일부를 원하는 방향으로 움직여서 물체가 그 방향으로 늘어난 효과를 갖도록 하는 것
④ 블렌딩(Blending) : 주어진 형상을 국부적으로 변화시키는 방법으로 접하는 곡면을 예리한 모서리로 처리하는 방법

[정답] 20 ④ 21 ③ 22 ④ 23 ④

블렌딩(Blending) : 주어진 형상을 국부적으로 변화시키는 방법으로 접하는 곡면을 반경으로 부드럽게 생성하는 방법

24 네 개의 경계 곡선을 선형 보간하여 곡면을 표현하는 것은?
① Coons 곡면
② Ruled 곡면
③ B-Spline 곡면
④ Bezier 곡면

① Coons 곡면 : 네 개의 경계 곡선을 선형 보간하여 곡면을 표현
② Ruled 곡면 : 가장 간단한 곡면을 2개의 선이나 곡선 지정하는 패치로 마주 보는 2개의 단면형상일 때 곡면을 표현
③ B-Spline 곡면 : B-Spline 곡선을 확장한 것으로 조정점의 직사각형 집합으로서 이 집합은 곡면의 형상을 조정
④ Bezier 곡면 : 주어진 양 끝점만 통과하고 중간의 점은 조정점의 영향에 따라 근사하고 부드럽게 연결되는 선

25 다음 중 좌표계에 관한 설명으로 잘못된 것은?
① 실세계에서 모든 점들은 3차원 좌표계로 표현된다.
② x, y, z축의 방향에 따라 오른손좌표계와 왼손좌표계가 있다.
③ 모델링에서는 직교 좌표계가 사용되지만, 원통 좌표계나 구면 좌표계가 사용되기도 한다.
④ 좌표계의 변환에는 행렬 계산의 편리성으로 동차 좌표계(Homogeneous Coordinate) 대신 직교 좌표계가 주로 사용된다.

 좌표계의 변환에는 행렬 계산의 편리성으로 직교 좌표계 대신 동차 좌표계가 주로 사용된다.

26 특징 형상 모델링(feature-based modeling)에 대한 설명이 아닌 것은?
① 특징 형상 모델링은 설계자에게 친숙한 형상단위로 물체를 모델링 할 수 있게 해 준다.
② 전형적인 특징 형상으로는 모따기, 구멍, 필렛, 슬롯, 포켓 등이 있다.
③ 특징 형상은 각 특징이 가공단위가 될 수 있기 때문에 공정계획으로 사용될 수 있다.
④ 특징 형상 모델링의 방법에는 리볼빙, 스위핑 등이 있다.

특징 형상 모델링(feature-based modeling)
① 구멍(hole), 슬롯(slot), 포켓(pocket) 등의 형상단위를 라이브러리(library)에 미리 갖추어 놓고 필요시 이들의 치수를 변화시켜 설계에 사용하는 모델링 방식이다.
② 피처 기반 모델링은 모서리만 가지고 있는 와이어프레임 모델과는 달리 체적이 있기 때문에 솔리드 모델이라 부르며, 대부분의 CAD/CAM 소프트웨어는 솔리드 모델을 피처 베이스모델 또는 3D 부품 모델링이라고 한다.
③ Design이 완료되면, 모델로부터 제작을 위한 데이터(가공경로, 가공조건, 가공 tool 등)를 추출해 낼 수 있으므로 CAM과 연결이 가능하다.

[정답] 24 ① 25 ④ 26 ④

27 두 점(1, 1), (3, 4)를 잇는 선분을 원점 기준으로 X 방향으로 2배, Y 방향으로 0.5배 확대(축소)하였을 때 선분 양 끝 점의 좌표를 구한 것은?

① (1, 1), (1, 5, 2)
② (1, 1), (6, 2)
③ (2, 0.5), (6, 2)
④ (2, 2), (1, 5, 2)

$$[x'\ y'] = \begin{bmatrix} 1 & 1 \\ 3 & 4 \end{bmatrix} = \begin{bmatrix} 2 & 0 \\ 0 & 0.5 \end{bmatrix} = \begin{bmatrix} 2 & 0.5 \\ 6 & 2 \end{bmatrix}$$
$$= (2, 0.5), (6, 2)$$

28 Bézier 곡선에 대한 설명으로 틀린 것은?

① 곡선의 차수가 조정점의 개수로부터 계산된다.
② 곡선의 형상을 국부적으로 수정하기 어렵다.
③ 3차 Bézier 곡선은 모든 조정점을 지난다.
④ Blending 함수는 Bernstein 다항식을 채택한다.

 베지어 곡선은 주어진 양 끝점만 통과하고 중간의 점은 조정점의 영향에 따라 근사하고 부드럽게 연결되는 곡선이다.

29 다음 중 방정식 "$ax + by + c = 0$"으로 표현 가능한 항목은?

① circle
② spline curve
③ Bézier curve
④ polygonal line

 $ax + by + c = 0$은 직선의 방정식이다.

30 다음 두 벡터의 내적(dot product)은 얼마인가? (단, $\vec{a} = [2, 3, 4]$, $\vec{b} = [5, 6, 7]$)

① 33
② 56
③ 63
④ 78

 $\vec{a} \cdot \vec{b} = (2, 3, 4) \cdot (5, 6, 7) = 10 + 18 + 28 = 56$

[정답] 27 ③ 28 ③ 29 ④ 30 ②

31 다음과 같은 ISO 선삭용 인서트의 형번 표기법(ISO)에서 노즈(nose) "R"의 크기는 얼마인가?

$$\text{T N M G 1 2 0 4 0 8 B}$$

① R ② 2R
③ 0.4R ④ 0.8R

 인서트 팁의 규격

T	N	M	G	12	04	08	B
①	②	③	④	⑤	⑥	⑦	⑧

① 인서트의 형상
② 팁의 여유각
③ 공차
④ 단면 형상
⑤ 절삭 날 길이, 내접원 지름
⑥ 날 두께
⑦ 노즈 반지름
⑧ 절삭 날 조건

32 액상의 광경화 수지에 레이저를 조사하여 굳힌 후 적층하는 방식의 RP(Rapid Prototyping) 공정은?

① SLA(Stereo Lithography Apparatus)
② LOM(Laminated-Object Manufacturing)
③ SLS(Selective Laser Sintering)
④ FDM(Fused-Deposition Modeling)

① SLA : 광경화수지 조형 방식으로 광경화성 수지에 레이저 광선을 주사하면 주사된 부분이 경화되는 원리를 이용한 장치이다.
② LOM : 접착제가 칠해져 있는 종이를 원하는 단면으로 레이저 광선을 이용하여 절단하여 한 층씩 적층하여 성형한다.
③ SLS : 선택적 레이저 소결 조형 방식으로 SLA에서의 광경화성 수지 대신에 기능성 고분자 또는 금속 분말을 사용하며 레이저 광선을 주사하여 소결시켜 성형하는 원리이다.
④ FDM : 응용 수지 압출 적층 조형 방식으로 필라멘트 선으로 된 열가소성 물질(ABS, polyamide)을 노즐 안에서 녹이며 얇게 필름 형태로 고화시키면서 적층시키는 방법이다.

33 다음 중 CNC 가공계획 단계에서 결정하는 것이 아닌 것은?

① 소재 고정방법 ② CNC 공작기계 선정
③ 공정순서 ④ 부품도면 선정

[정답] 31 ④ 32 ① 33 ④

해설

CNC 가공계획 단계
① NC 기계로 가공하는 범위와 사용하는 공작기계의 선정
② 소재의 고정방법 및 필요한 지그(JIG)의 선정
③ 가공 공정순서를 정한다. (공구출발점, 황삭 및 정삭의 절입량과 공구 경로 등)
④ 절삭 공구, Tool holder의 선정 및 클리핑 방법의 결정
⑤ 절삭 조건을 결정한다. (주축 회전속도, 이송 속도, 절삭유 사용 유무 등)
⑥ NC 프로그램을 작성한다.

34 NC 가공영역을 지정하는 방식 중 폐곡선 영역 외부를 일정 옵셋량을 주어 가공하는 방식은?

① Area 지정
② Island 지정
③ Trimming 지정
④ Blending 지정

해설

자유 곡면의 NC 가공을 계획하는 과정에서 가공 영역을 지정하는 방식
① Area 지정 : area로 정의된 폐곡선 내부를 일정 offset을 주어 가공
② Island 지정 : 지정된 폐곡선 영역의 외부를 일정 옵셋(offset)량을 주어 가공
③ Trimming 지정 : 매개변수형 곡면의 매개변수 범위를 제한

35 머시닝 센터 프로그램에서 원호 가공시 I, J의 의미는?

① 원호의 시작점에서 원호의 끝점까지의 벡터량
② 원호의 중심에서 원호의 시작점까지의 벡터량
③ 원호의 끝점에서 원호의 시작점까지의 벡터량
④ 원호의 시작점에서 원호의 중심점까지의 벡터량

해설

머시닝 센터 프로그램에서 원호 보간
원호 보간에서 I, J, K의 어드레스는 X축 방향의 값을 I로, Y축 방향을 J로, Z축 방향을 K로 지령한다. 또한 I, J, K의 부호는 시점에서 원호의 중심이 (+)방향인가 (−)방향인가에 따라 결정하며, 값은 원호 시작점에서 원호 중심까지의 거리값이다.

36 CNC 선반에서 공구 기능을 설명한 것 중 옳은 것은?

① T0101 : 1번 공구를 1번 공구만 선택
② T0200 : 2번 공구와 0번 공구를 교환
③ T1212 : 12번 공구를 위치보정의 12번 보정량으로 보정
④ T0102 : 2번 공구를 위치보정의 1번 보정량으로 보정

[정답] 34 ② 35 ④ 36 ③

① CNC 선반

```
T □□ △△ ;
      └── 공구 보정번호(01번~99번)
   └───── 공구 선택번호(01번~99번)
```

② 머시닝 센터

```
T □□ M 06 ;
      └── 공구 교환
   └───── 공구 선택번호(01번~99번)
```

37 CAM 시스템을 이용하여 NC 데이터 생성 시 계산된 공구 경로를 각 기계 컨트롤러에 맞게 NC 데이터를 만들어 주는 작업은?

① CNC
② DNC
③ post processing
④ part program

① 포스트 프로세서 : 가공 데이터를 읽어 특정의 CNC 공작기계의 제어기(controller)에 맞게 구성하여 NC 데이터로 출력한다.
② 포스트 프로세싱(post processing) : CL 데이터를 CNC 공장 기계가 이해할 수 있는 NC 코드로 변환하는 작업을 말한다.

38 자유 곡면 형상의 절삭에 가장 많이 사용되는 절삭가공은?

① Side milling
② Face milling
③ Ball-end milling
④ Turning

자유 곡면 형상의 절삭에 가장 많이 사용되는 절삭 공구는 Ball-end milling이다.

39 CNC 선반 가공 중 내경 완성치수 ⌀30.0 부위를 측정 시 공구마멸의 원인으로, ⌀29.4로 나타났을 때 해당 공구의 공구 보정값은? (단, 현재의 공구 보정 값은 X=3.2, Z=6.0이다.)

① X=3.5, Z=6.0
② X=3.5, Z=6.6
③ X=3.8, Z=6.0
④ X=3.8, Z=6.6

내경 완성치수는 ⌀30이고 가공된 치수는 ⌀29.4이다. 30-29.4=0.6 따라서, 0.6을 그전 보정 값에 더하여 X=3.8, Z축은 변동이 없으므로 그대로 Z=6.0으로 한다.

[정답] 37 ③ 38 ③ 39 ③

40 CNC 와이어 컷 방전 가공에서 가공액의 기능이 아닌 것은?

① 극간의 절연회복
② 방전 가공 부분의 냉각
③ 방전 폭발 압력의 발생 억제
④ 가공 칩의 제거

> **해설**
> 가공액의 작용
> ① 극간의 절연을 회복시킨다.
> ② 방전 가공 부위를 냉각시킨다.
> ③ 방전 폭압을 발생시킨다.
> ④ 가공 chip을 배출시킨다.
> ⑤ 가공액을 이온교환수지를 이용하여 수중의 이온을 제거한다.

제3과목 컴퓨터수치제어(CNC) 절삭가공

41 선반의 심압대가 갖추어야 할 조건으로 틀린 것은?

① 베드의 안내면을 따라 이동할 수 있어야 한다.
② 센터는 편위시킬 수 있어야 한다.
③ 베드의 임의의 위치에서 고정할 수 있어야 한다.
④ 심압축은 중공으로 되어 있으면 끝부분은 내셔널 테이퍼로 되어 있어야 한다.

> **해설**
> 심압축은 모스 테이퍼(morse taper)로 되어 있다.

42 연삭숫돌의 입자 중 천연입자가 아닌 것은?

① 석영
② 코런덤
③ 다이아몬드
④ 알루미나

> **해설**
> 천연산 입자
> ① 다이아몬드(diamond)
> ② 금강석(석영 : emery) : 주성분은 알루미나이고 연마제로 이용
> ③ 커런덤(corundum) : 주성분은 알루미나이고 색상은 여러 가지이나 양질은 보석(루비어, 사파이어)을 이용하고 공업용으로는 유리칼, 연마제로 활용한다.

[정답] 40 ③ 41 ④ 42 ④

43 공작물이 매분 100회전하고 0.2mm/rev의 조건으로 공구가 이송하여 선반 가공할 때 공작물의 가공 길이가 100mm일 경우 가공 시간은 몇 초인가? (단, 1회 가공이다.)

① 200
② 300
③ 400
④ 500

 해설
$$T = \frac{L}{Nf}i = \frac{100}{100 \times 0.2} \times 1 = 5\min \times 60 = 300\sec$$

44 연삭에서 원주속도를 V(m/min), 숫돌 바퀴의 지름을 d(mm)이라면, 숫돌 바퀴의 회전수(N)를 구하는 식은?

① $N = \dfrac{1,000d}{\pi V}(\text{rpm})$

② $N = \dfrac{1,000V}{\pi d}(\text{rpm})$

③ $N = \dfrac{\pi V}{1,000d}(\text{rpm})$

④ $N = \dfrac{\pi d}{1,000V}(\text{rpm})$

45 모듈 2, 잇수 27, 비틀림각 15°의 치직각방식의 헬리컬 기어를 제작하고자 한다. 기어의 바깥지름은 약 몇 mm로 가공해야 되는가?

① 50
② 55
③ 60
④ 65

 해설
$$Z = \frac{27}{\cos^3 \beta} = \frac{27}{\cos^3 15} = 29.96$$
$$D = M \times Z = 29.96 \times 2 = 60$$

46 탭(tab) 작업에서 탭의 파손 원인이 아닌 것은?

① 소재보다 탭의 경도가 클 때
② 너무 무리하게 힘을 가했을 때
③ 구멍이 너무 작거나 구부러졌을 때
④ 막힌 구멍의 밑바닥에 탭의 선단이 닿았을 때

[정답] 43 ② 44 ② 45 ③ 46 ①

해설 탭 작업 시 탭이 부러지는 이유
① 구멍이 너무 작거나 구부러진 경우
② 탭이 경사지게 들어간 경우
③ 탭의 지름에 적합한 핸들을 사용하지 않는 경우
④ 너무 무리하게 힘을 가하거나 빨리 절삭할 경우
⑤ 막힌 구멍의 밑바닥에 탭의 선단이 닿았을 경우

47 연삭숫돌의 결합제와 기호를 짝지은 것이 잘못된 것은?

① 고무 – R ② 셸락 – E
③ 비닐 – PVA ④ 레지노이드 – L

해설

기호	원호	용도
V	Vitrified 비트리파이드	일반 연삭용(90% 사용) 지름이 크거나 얇은 숫돌에 부적합(충격에 약함)
S	Silicate 실리케이트	대형 숫돌에 사용(중연삭에 부적합) (고속도강), 균열 발생 쉬운 재료
E	Shellac 셸락	결합력 제일 약함, 거울면 연삭절단용 및 다듬질면의 정밀도가 높은 것에 사용
R	Rubber 고무	매우 얇은 숫돌 사용 센터리스 조정 숫돌용
B	Resinoid 레지노이드	고속도강이나 광화유리 등을 절단용으로 사용 주물 덧쇠자르기에 사용
PVA	Polyvingl 비닐	비철금속 연삭용
M	Metal 금속	초경합금 연삭용, 세라믹, 보석, 유리

48 절삭 공구를 연삭하는 공구연삭기의 종류가 아닌 것은?

① 센터리스 연삭기 ② 초경 공구 연삭기
③ 드릴 연삭기 ④ 만능 공구 연삭기

  해설 센터리스 연삭기는 원통연삭기의 일종이며, 공작물을 연속적으로 밀어 넣을 수 있고, 한 번 조정하면 작업이 자동으로 이루어지므로 피스톤 핀, 베어링 레이스, 롤러와 같은 부품이나 테이퍼 핀 및 드릴 자루와 같이 테이퍼진 부품 등의 대량 생산에 적합하다.

[정답] 47 ④ 48 ①

49 연삭숫돌의 원통도 불량에 대한 주된 원인과 대책으로 옳게 짝지어진 것은?

① 연삭숫돌의 눈 메움 : 연삭숫돌의 교체
② 연삭숫돌의 흔들림 : 센터 구멍의 홈 조정
③ 연삭숫돌의 입도가 거침 : 굵은 입도의 연삭숫돌 사용
④ 테이블 운동의 정도 불량 : 정도검사, 수리, 미끄럼 면의 윤활을 양호하게 할 것

> **해설** 연삭숫돌의 원통도 불량에 대한 주된 원인과 대책
> 테이블 운동의 정도 불량으로 정도검사, 수리, 미끄럼 면의 윤활을 양호하게 할 것

50 선반에서 각도가 크고 길이가 짧은 테이퍼를 가공하기에 가장 적합한 방법은?

① 백기어를 사용하는 방법
② 심압대를 편위시키는 방법
③ 테이퍼 절삭 장치를 이용하는 방법
④ 복식 공구대를 경사시키는 방법

> **해설** ① 복식 공구대를 경사시키는 방법
>   길이가 짧고 테이퍼 값이 클 때 사용된다.
> ② 심압대를 편위시키는 방법(Set over)
>   비교적 길이가 길고 테이퍼 값이 작을 때 사용된다.

51 자동선반에 많이 사용되는 척으로, 지름이 가는 환봉 재료의 고정에 편리한 척은?

① 양용척   ② 연동척
③ 단동척   ④ 콜릿척

> **해설** ① 양용척 : 조 4개, 단동척+연동척의 기능으로 먼저 단동척으로 중심을 맞추고 다음부터는 연동식으로 작업한다. 불규칙한 공작물의 다량 고정시 유용하다.
> ② 연동척 : 규칙적인 외경을 가진 재료를 가공. 단동척보다 고정력이 약하다. 3개 또는 4개의 조를 크라운 기어를 사용, 동시에 이동시킨다.
> ③ 단동척 : 다소 불규칙한 외경의 공작물 가공과 중심을 편심시켜 가공할 수 있다. 4개의 조가 있다.
> ④ 콜릿척 : 가는 지름의 환봉 재료 고정. 탁상, 터릿 선반용으로 사용된다.

[정답] 49 ④ 50 ④ 51 ④

52 범용 밀링에서 원주를 10° 30′ 분할할 때 맞는 것은?

① 분할판 15구멍열에서 1회전과 3구멍씩 이동
② 분할판 18구멍열에서 1회전과 3구멍씩 이동
③ 분할판 21구멍열에서 1회전과 4구멍씩 이동
④ 분할판 33구멍열에서 1회전과 4구멍씩 이동

해설

각도 분할법 : $\dfrac{h}{H} = \dfrac{\theta°}{9°} = \dfrac{10.30}{9} = 1\dfrac{3}{18}$

⇒ 분할판 18공(열)을 사용하여 1회전과 3구멍씩 이동시킨다.
※ 1~3판에서 18구멍의 판을 찾아서 정하고 분자의 숫자만큼 이동시킨다.

53 초음파 가공에 주로 사용하는 연삭 입자의 재질이 아닌 것은?

① 산화 알루미나계
② 다이아몬드 분말
③ 탄화규소계
④ 고무분말계

해설

연삭 입자의 재질은 산화알루미나, 탄화규소, 다이아몬드 분말, 탄화 붕소가 사용된다.

54 밀링 머신에서 단식 분할법을 사용하여 원주를 5등분 하려면 분할 크랭크를 몇 회전씩 돌려가면서 가공하면 되는가?

① 4
② 8
③ 9
④ 16

해설

단식 분할법 : 웜과 웜(기어) 휠의 기어 비는 1 : 40(분할 크랭크 1회전은 웜 휠을 1/40 회전시킴.)

$\dfrac{h}{H} = \dfrac{R}{N} = \dfrac{40}{N}$

여기서, H = 분할대 구멍 수
h = 1회 분할에 필요한 구멍 수

원주 5등분 $\dfrac{h}{H} = \dfrac{40}{N} = \dfrac{40}{5} = \dfrac{1}{8}$ ⇒ 8회전과 1구멍씩 이동시킨다.

55 기어가 회전 운동을 할 때 접촉하는 것과 같은 상대운동으로 기어를 절삭하는 방법은?

① 창성식 기어 절삭법
② 모형식 기어 절삭법
③ 원판식 기어 절삭법
④ 성형 공구 기어 절삭법

[정답] 52 ② 53 ④ 54 ② 55 ①

> **해설** 창성에 의한 절삭
> 인벌류트 치형 곡선의 성질을 응용하여 절삭할 기어와 정확히 물리도록 이론적으로 정확한 모양으로 다듬어진 기어 커터와 기어 소재를 적당한 상대운동을 시켜서 치형을 절삭하는 방법으로 호빙 머신, 기어 셰이퍼 등이 있다.

56 선반의 베드를 주조 후, 수행하는 시즈닝의 목적으로 가장 적합한 것은?
① 내부응력 제거
② 내열성 부여
③ 내식성 향상
④ 표면경도 향상

> **해설** 선반의 베드의 시즈닝의 목적은 내부응력 제거이다.

57 밀링작업에서 상향 절삭과 하향 절삭의 특징을 비교했을 때 상향 절삭에 해당하는 것은?
① 동력의 소비가 적다.
② 마찰열의 작용으로 가공면이 거칠다.
③ 가공할 때 충격이 있어 높은 강성이 필요하다.
④ 뒤틈(backlash) 제거장치가 없으면 가공이 곤란하다.

> **해설** 상향 절삭과 하향 절삭의 비교
>
> | 구분 | 상향 절삭 | 하향 절삭 |
> | --- | --- | --- |
> | 칩에 영향 | 절삭에 방해 없다. | 절삭에 방해 없다. |
> | 백래시 제거 | 백래시 제거장치가 필요 없다. | 백래시 제거장치가 필요하다. |
> | 공작물 고정 | 불안하므로 확실히 고정해야 한다. | 안정된 고정이 된다. |
> | 공구 수명 | 수명이 짧다. 날 파손은 적으나 마멸이 심하다. | 수명이 길다. 날 파손은 생길 수 있으나 마모가 적다. |
> | 소비동력 | 소비가 크다. | 소비가 적다. |
> | 가공 면 | 거칠다. | 깨끗하다. |

58 다음 중 일반적으로 표면정밀도가 낮은 것부터 높은 순서로 바른 것은?
① 래핑 → 연삭 → 호닝
② 연삭 → 호닝 → 래핑
③ 호닝 → 연삭 → 래핑
④ 래핑 → 호닝 → 연삭

해설 표면정밀도가 낮은 것부터 높은 순서
연삭 → 호닝 → 래핑

59 선반에서 이동용 방진구를 설치하는 곳은?
① 새들
② 주축대
③ 심압대
④ 베드

해설 선반에서 이동용 방진구는 새들에 고정용 방진구는 베드에 설치한다.

60 래핑작업에서 사용하는 랩제의 종류가 아닌 것은?
① 탄화규소
② 산화알루미나
③ 산화크롬
④ 흑연분말

해설 랩제
강철 – Al_2O_3(산화알루미늄), 연한 금속 – SiC(탄화규소), 다듬질용 – Cr_2O_3(산화크롬), C입자(Cr_2O_3(산화크롬), 산화철(Fe_2O_3) – 연한 금속(유리, 수정), 산화크롬(Cr_2O_3), A, WA 입자 – 강철, 석류석 – 목재, 반도체 재료

[정답] 59 ① 60 ④

CBT 최종모의고사 3회

제1과목 　도면 해독 및 측정

01 아래 그림의 평면도 우측면도에 가장 적합한 정면도는?

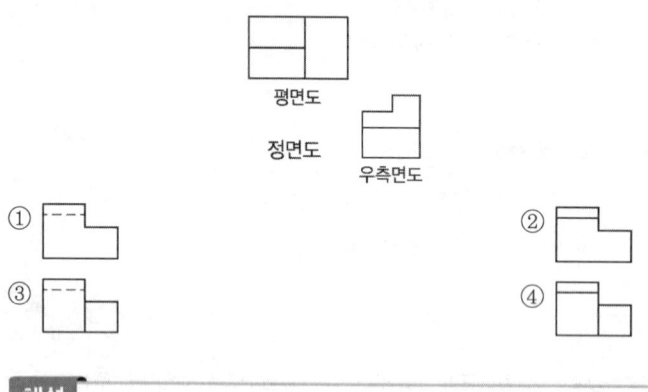

> **해설**
> 위 그림에서 정면도는 ②이다.

02 다음 그림에서 지시선에 기입된 12-7 드릴과 2-3 드릴은 무엇을 뜻하는가?

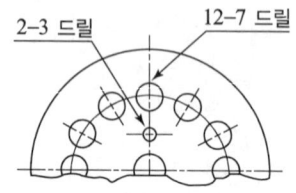

① 지름 7mm의 구멍 12개와 지름 3mm의 구멍 2개를 각각 드릴로 뚫는다.
② 지름 12mm의 구멍 7개와 지름 2mm의 구멍 3개를 각각 드릴로 뚫는다.
③ 지름 12mm 깊이 7mm의 구멍과 지름 2mm 깊이 3mm의 구멍을 1개씩 각각 뚫는다.
④ 지름 12mm의 구멍을 7mm 간격으로, 지름 2mm의 구멍을 수평중심선을 대칭으로 하여 3mm 간격으로 뚫는다.

> **해설**
> 12-7 드릴과 2-3 드릴 : 지름 7mm의 구멍 12개와 지름 3mm의 구멍 2개를 각각 드릴로 뚫는다.

[정답] 01 ② 02 ①

03 다음 중 가상선을 사용하는 경우에 해당하지 않는 것은?

① 도시된 단면의 앞쪽에 있는 부분을 나타내는 경우
② 되풀이하는 것을 나타내는 경우
③ 가공 전 또는 가공 후의 모양을 나타내는 경우
④ 위치 결정의 근거가 된다는 것을 명시하는 기준선을 나타내는 경우

가상선
① 인접부분을 참고로 표시
② 공구, 지그의 위치를 참고로 표시
③ 가동부분을 이동 중의 특정한 위치 또는 이동 한계의 위치를 표시
④ 가공 전 또는 가공 후의 형상을 표시
⑤ 되풀이하는 것을 표시
⑥ 도시된 단면의 앞쪽에 있는 부분을 표시

04 최대 허용 치수 50.007mm, 최소 허용 치수 49.982mm, 기준치수 50.000mm일 때 위 치수 허용차, 아래 치수 허용차는?

　　(위 치수 허용차)　　(아래 치수 허용차)
① +0.007mm　　　　－0.018mm
② －0.007mm　　　　＋0.018mm
③ －0.025mm　　　　＋0.007mm
④ ＋0.025mm　　　　－0.018mm

• 위 치수 허용차(+0.007)=최대 허용 치수－기준치수
• 아래 치수 허용차(－0.018)=최소 허용 치수－기준치수

05 나사가 "M50×2-6H"로 표시되었을 때 이 나사에 대한 설명 중 틀린 것은?

① 미터 가는 나사이다.
② 왼 나사이다.
③ 피치 2mm이다.
④ 암나사 등급 6이다.

M50×2-6H와 같이 "좌" 표기가 없으면 오른 나사이다.

[정답] 03 ④　04 ①　05 ②

06 KS 재료기호 "SM 10C"에서 10C는 무엇을 의미하는가?

① 최저 인장강도　　② 탄소 함유량
③ 제작 방법　　　　④ 종별 번호

 재료기호 SM10C : 기계구조용 탄소강재
- S : 재질 표시 기호(탄소강)
- M : 형상별 종류나 용도(기계구조용)
- 10C : 탄소 함유량(0.1%의 정도 탄소함유량)

07 나사의 도시법을 설명한 것으로 틀린 것은?

① 수나사의 바깥지름과 암나사의 골지름은 굵은 실선으로 표시한다.
② 완전 나사부 및 불완전 나사부의 경계선은 굵은 실선으로 표시한다.
③ 보이지 않는 나사부분은 가는 파선으로 표시한다.
④ 수나사 및 암나사의 조립 부분은 수나사 기준으로 표시한다.

- 수나사의 바깥지름과 암나사의 안지름을 표시하는 선은 굵은 실선으로 그린다.
- 수나사와 암나사의 골을 표시하는 선은 가는 실선으로 그린다.

08 기어의 부품도는 그림과 병용하여 항목표를 작성하는데 표준 스퍼 기어와 헬리컬 기어 항목표에 모두 기입하는 것은?

① 리드　　　　　　② 비틀림 방향
③ 비틀림 각　　　　④ 기준 래크 압력각

해설 기준 래크 압력각 : 표준 스퍼 기어와 헬리컬 기어 항목표에 모두 기입한다.

09 그림과 같은 부등변 형강의 치수 표시 기호로 옳은 것은?

① L 1,800−50×100×9×12
② L 1,800−50×100×12×9
③ L 50×100×9×12−1,800
④ L 50×100×12×9−1,800

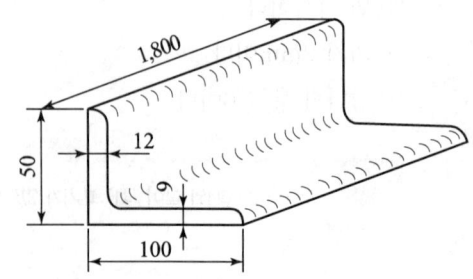

[정답] 06 ② 07 ① 08 ④ 09 ④

해설

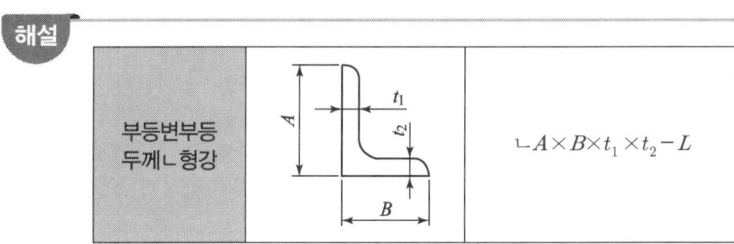

10 그림과 같은 KS 용접 도시기호에 가장 적합한 용접부의 실제 모양은?

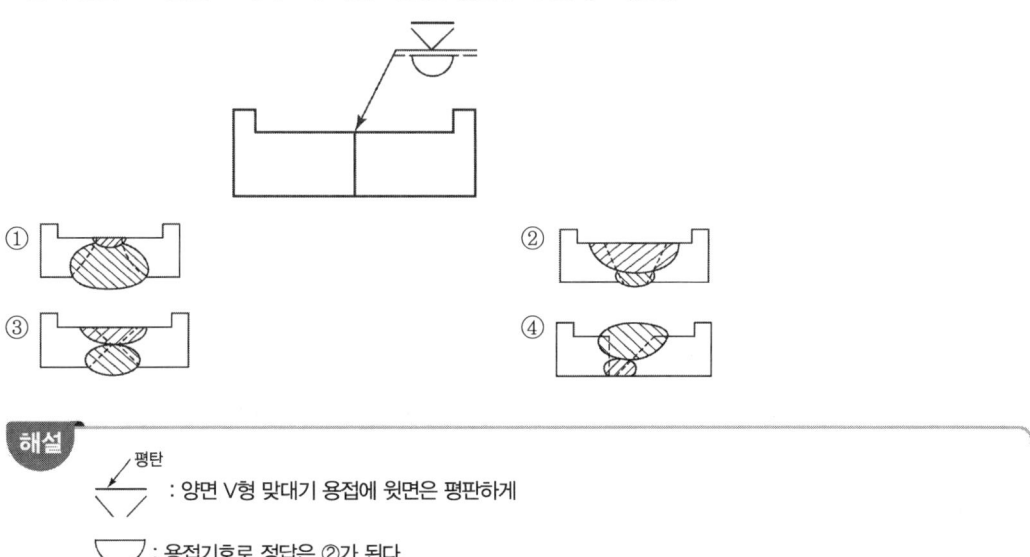

해설

 : 양면 V형 맞대기 용접에 윗면은 평판하게

⌣ : 용접기호로 정답은 ②가 된다.

11 텔레 스코핑 게이지로 측정할 수 있는 것은?

① 진원도 측정　　　　　② 안지름 측정
③ 높이 측정　　　　　　④ 깊이 측정

해설

텔레 스코핑 게이지
직접 측정이 불가능하므로 측정자를 피측정물의 내경에 삽입한 후 수직인 상태에서 고정 너트로 고정을 시킨 다음 꺼내어 마이크로미터 등의 외측 측정기에 의하여 양측정자를 직접 측정하여 내측용 마이크로미터로 측정할 수 없는 작은 내경이나 홈 등의 치수를 구할 수 있다.

[정답] 10 ② 11 ②

12 시준기와 망원경을 조합한 것으로 미소 각도를 측정할 수 있는 광학적 각도 측정기는?

① 베벨 각도기 ② 오토 콜리메이터
③ 광학식 각도기 ④ 광학식 클리노미터

 오토 콜리메이터 : 시준기와 망원경을 조합한 것으로 미소 각도를 측정할 수 있는 광학적 각도 측정기다.

13 다음 나사산의 각도측정 방법으로 틀린 것은?

① 공구 현미경에 의한 방법
② 나사 마이크로미터에 의한 방법
③ 투영기에 의한 방법
④ 만능 측정현미경에 의한 방법

 ① 나사산의 각도측정 방법은 공구 현미경, 투영기, 만능 측정현미경 등이 있다.
② 나사 마이크로미터에 의한 방법은 앤빌 측에 V홈 측정자를 스핀들 측에 원뿔형 측정자를 사용하여 수나사 유효지름 값을 직접 읽을 수 있다.

14 선반의 나사절삭 작업 시 나사의 각도를 정확히 맞추기 위하여 사용되는 것은?

① 플러그 게이지 ② 나사 피치 게이지
③ 한계 게이지 ④ 센터 게이지

해설 센터 게이지 : 선반에서 나사절삭 작업 시 나사의 각도를 정확히 맞추기 위하여 사용된다.

15 마이크로미터의 사용 시 일반적인 주의사항이 아닌 것은?

① 측정 시 래칫 스톱은 1회전 반 또는 2회전 돌려 측정력을 가한다.
② 눈금을 읽을 때는 기선의 수직위치에서 읽는다.
③ 사용 후에는 각 부분을 깨끗이 닦아 진동이 없고 직사광선을 잘 받는 곳에 보관하여야 한다.
④ 대형 외측 마이크로미터는 실제로 측정하는 자세로 0점 조정을 한다.

해설 사용 후에는 각 부분을 깨끗이 닦아 진동이 없고 직사광선을 받지 않는 곳에 보관하여야 한다.

[정답] 12 ② 13 ② 14 ④ 15 ③

16 구름 베어링의 안지름 번호와 안지름 치수가 잘못 연결된 것은?

① 안지름 번호 : 00 → 안지름 : 10mm
② 안지름 번호 : 03 → 안지름 : 17mm
③ 안지름 번호 : 07 → 안지름 : 35mm
④ 안지름 번호 : /22 → 안지름 : 110mm

> **해설**
> 안지름 번호(세 번째, 네 번째 숫자)
> 안지름 번호 1~9까지는 안지름 번호와 안지름이 같고 안지름 번호의 안지름 20mm 이상 480mm 미만에서는 안지름을 5로 나눈 수가 안지름 번호이다.
> 00 : 안지름 10mm, 01 : 안지름 12mm, 02 : 안지름 15mm, 03 : 안지름 17mm

17 가공 모양의 기호에 대한 설명으로 잘못된 것은?

① = : 가공에 의한 컷의 줄무늬 방향이 기호를 기입한 그림의 투영한 면에 평행
② X : 가공에 의한 컷의 줄무늬 방향이 기호를 기입한 그림의 투영면에 비스듬하게 2방향으로 교차
③ M : 가공에 의한 컷의 줄무늬가 여러 방향으로 교차 또는 무방향
④ R : 가공에 의한 컷의 줄무늬가 기호를 기입한 면의 중심에 대하여 거의 동심원 모양

> **해설**
> R : 가공에 의한 컷의 줄무늬가 기호를 기입한 면의 중심에 대하여 거의 방사상(레이디얼형) 모양

18 그림과 같은 용접기호의 명칭으로 맞는 것은?

① 개선 각이 급격한 V형 맞대기 용접
② 개선 각이 급격한 일면 개선형 맞대기 용접
③ 가장자리(edge) 용접
④ 표면 육성

> **해설**
> ||| : 가장자리(edge) 용접이다.

[정답] 16 ④ 17 ④ 18 ③

19 축을 가공하기 위한 센터구멍의 도시 방법 중 그림과 같은 도시 기호의 의미는?

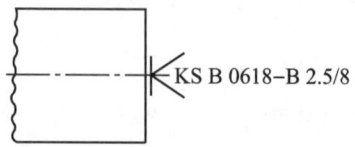

① 다듬질 부분에서 반드시 센터구멍을 남겨둔다.
② 다듬질 부분에서 센터구멍이 남아 있어도 좋다.
③ 다듬질 부분에서 센터구멍이 남아 있어서는 안 된다.
④ 센터의 규격에 따라 다르다.

해설

 KS B 0618-B 2.5/8

다듬질 부분에서 센터구멍이 남아 있어서는 안 된다.

20 그림의 입체도를 화살표 방향에서 보았을 때 적합한 투상도는?

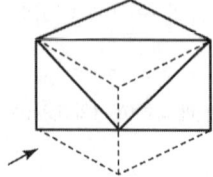

해설

위 그림에서 화살표 방향의 정면도는 ①이다.

[정답] 19 ③ 20 ①

제2과목 CAM 프로그래밍

21 공학적 해석(부피, 무게중심, 관성모멘트 등의 계산)을 적용할 때 사용하는 가장 적합한 모델은?

① 솔리드 모델　　② 서피스 모델
③ 와이어프레임 모델　　④ 데이퍼 모델

솔리드 모델링의 용도
① 표면적, 부피, 관성 모멘트 계산 등 공학적 해석이 가능
② 유한요소 해석
③ 솔리드 모델들 간의 간섭현상 검사
④ NC공구 경로 생성
⑤ 도면 생성

22 주어진 데이터 값을 이용하는 보간(interpolation) 방법이 아닌 것은?

① Lagrange 다항식　　② 3차 스플라인
③ 절점 삽입(knot insertion)　　④ 매개변수 3차식

보간(interpolation)
주어진 점들이 곡면 상에 놓이도록 점 데이터로 곡면을 형성하는 것으로 보간(interpolation) 방법은 Lagrange 다항식, 3차 스플라인, 매개변수 3차식 등이 있다.

23 NC 가공 경로 계획에서 CL-Cartesian 방식에 대한 설명으로 틀린 것은?

① 곡면의 매개변수가 일정한 값들의 위치를 따라가면서 경로를 생성한다.
② CC-Cartesian 방식에 비하여 수치적 계산이 복잡하다.
③ 곡면 가공시 $2\frac{1}{2}$축 NC 기계에서도 사용 가능한 공구경로를 생성할 수 있다.
④ CL점이 이루는 곡면을 평면으로 절단하여 공구 경로를 생성한다.

3D에서는 공구경로가 곡면의 법선방향으로만 위치하지만 2D에서는 가공할 곡선의 진행방향에 따라 곡선위, 곡선좌측, 곡선우측에 따라 CL DATA가 생성된다.

[정답] 21 ① 22 ③ 23 ①

24 다음 중 지정된 모든 조정점을 반드시 통과하도록 고안된 곡선은?
① Bezier
② B-spline
③ spline
④ NURBS

 spline은 지정된 모든 조정점을 반드시 통과하도록 고안된 곡선이다.

25 3차원 솔리드 모델링 형상 표현방법이 아닌 것은?
① 기본요소인 구, 육면체, 실린더 생성
② 프리미티브에 의한 집합연산
③ 곡선의 이동에 의한 생성
④ 면의 회전체에 의한 생성

 3차원 솔리드 모델링 형상 표현방법
① 기본요소인 구, 육면체, 실린더 생성
② 프리미티브에 의한 집합연산
③ 면의 회전체에 의한 생성
※ 곡선의 이동에 의한 생성은 3차원 서피스 모델링 형상 표현방법이다.

26 서피스 모델(surface model)에 대한 설명으로 가장 관계가 먼 것은?
① 은선 제거가 가능하다.
② 시각 모델을 통한 심미적 평가가 가능하다.
③ NC data를 생성할 수가 있다.
④ 응력 해석용 모델로 사용할 수 있다.

 솔리드 모델에서 응력 해석용 모델로 사용할 수 있다.

27 CAD/CAM시스템의 구축을 통하여 얻는 이점으로 틀린 것은?
① 제품의 품질 향상과 안정화
② 설계기간의 단축
③ 설계와 생산의 표준화
④ 전문 인력 확보 용이

 CAD/CAM시스템의 구축에서 전문 인력 확보가 어렵다.

[정답] 24 ③ 25 ③ 26 ④ 27 ④

28 머시닝센터로 가공하기 위한 일반적인 CAD/CAM의 순서로 알맞은 것은?

| ㉠ 가공 정의 | ㉡ C/L데이터 생성 | ㉢ DNC |
| ㉣ 모델링 | ㉤ 포스트 프로세싱 | |

① ㉠ → ㉡ → ㉢ → ㉣ → ㉤
② ㉣ → ㉡ → ㉢ → ㉠ → ㉤
③ ㉠ → ㉣ → ㉤ → ㉡ → ㉢
④ ㉣ → ㉠ → ㉡ → ㉤ → ㉢

머시닝센터로 가공하기 위한 일반적인 CAD/CAM의 순서
모델링 → 가공 정의 → C/L데이터 생성 → 포스트 프로세싱 → DNC

29 x방향으로 2배 축소, y방향으로 2배 확대를 나타내는 변환 행렬 T_H는?

$$[x^* \; y^* \; 1] = [x \; y \; 1] \; T_H$$

① $T_H = \begin{bmatrix} 0.5 & 0 & 0 \\ 0 & 2 & 0 \\ 0 & 0 & 1 \end{bmatrix}$
② $T_H = \begin{bmatrix} 0.5 & 0 & 0 \\ 0 & 0.5 & 0 \\ 0 & 0 & 1 \end{bmatrix}$

③ $T_H = \begin{bmatrix} 2 & 0 & 0 \\ 0 & 0.5 & 0 \\ 0 & 0 & 1 \end{bmatrix}$
④ $T_H = \begin{bmatrix} 2 & 0 & 0 \\ 0 & 2 & 0 \\ 0 & 0 & 1 \end{bmatrix}$

스케일링(scaling) 변환
$[x' \; y' \; 1] = [x \; y \; 1] \begin{bmatrix} Sx & 0 & 0 \\ 0 & Sy & 0 \\ 0 & 0 & 1 \end{bmatrix}$ 이며, 따라서 x방향으로 2배 축소, y방향으로 2배 확대를 나타내는 변환 행렬 T_H는
$[x^* \; y^* \; 1] = [x \; y \; 1] \; T_H = \begin{bmatrix} 0.5 & 0 & 0 \\ 0 & 2 & 0 \\ 0 & 0 & 1 \end{bmatrix}$ 이다.

30 베지어(Bézier) 곡선의 특징을 기술한 것 중 틀린 것은?

① 첫 조정점과 마지막 조정점(control point)을 지나도록 한다.
② 중간에 있는 조정점들은 곡선의 진행경로를 결정한다.
③ 1개의 조정점 변화는 곡선 전체에 영향을 미친다.
④ n개의 조정점에 의해서 정의되는 곡선은 (n+1)차이다.

n개의 조정점에 의해서 정의되는 곡선은 (n−1)차이다.

[정답] 28 ④ 29 ① 30 ④

31 다음 중 은면 제거(hidden surface removal)가 가능하지 않은 모델은?

① Wireframe model
② Surfaec model
③ B-rep model
④ CSG model

 Wireframe model 기법의 주목적은 도면제작이며 은면 제거(hidden surface removal)가 불가능하다.

32 CAD/CAM 시스템을 개발하여 공급하는 회사들은 세계적으로 여러 군데가 있다. 이러한 여러 가지 CAD/CAM 시스템을 사용하다 보면 자료를 각각의 회사별로 공유하여 활용하는 데 많은 문제점을 표출하게 된다. 이러한 문제점들을 해결하기 위해서 서로 다른 그래픽 자료를 인터페이스(interface) 할 수 있는 규격의 종류가 아닌 것은?

① IGES
② DIN
③ DXF
④ STEP

 CAD/CAM 시스템의 그래픽스 표준규격에는 DXF, IGES, STEP, STL, GKS, CGI, CGM, NAPLPS, GKS-3D, PHIGS 등이 있다.

33 비유리(non-rational) 곡면으로도 정확하게 표현할 수 있는 것은?

① 평면(plane)
② 회전 곡면(revolved surface)
③ 구면(sphere)
④ 실린더 곡면(cylinder surface)

 비유리(non-rational) 곡면으로도 정확하게 표현할 수 있는 것은 평면(plane)이다.

34 조립체 모델링에서 동일한 부품을 중복(copy)해서 사용할 경우 조립체 모델링의 파일 크기가 크게 증가하게 된다. 중복되는 부품으로 인한 조립체의 파일 크기를 줄이기 위해서, CAD시스템은 부품에 대한 링크(link), 정보만을 조립체에 포함시킨다. 이와 같은 방법을 무엇이라 하는가?

① 인스턴스(Instance)
② 이력(History)
③ 특징형상(Feature)
④ 만남조건(Mating condition)

 인스턴스(Instance)
조립체 모델링에서 동일한 부품을 중복(copy)해서 사용할 경우 조립체 모델링의 파일 크기가 크게 증가하게 된다. 중복되는 부품으로 인한 조립체의 파일 크기를 줄이기 위해서, CAD시스템은 부품에 대한 링크(link), 정보만을 조립체에 포함시킨다.

[정답] 31 ① 32 ② 33 ① 34 ①

35 은선 제거법에서 면 위의 점에서 법선벡터를 N, 면 위의 점으로부터 관찰자 눈으로 향하는 벡터를 M이라고 할 때, 관찰자의 눈에 보이지 않는 면에 대한 표현으로 알맞은 것은?

① $M \cdot N > 0$
② $M \cdot N < 0$
③ $M \cdot N = 0$
④ $M = N$

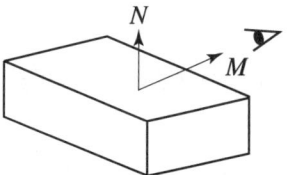

해설 그림에서 관찰자의 눈에 보이지 않는 면은 $M \cdot N < 0$이다.

36 다음 중에서 분말형태의 재료에 레이저를 조사하여 소결하여 적층하는 RP(Rapid Prototyping) 공정은?

① SLA(Stereo Lithographic Apparatus)
② LOM(Laminated-Object Manufacturing)
③ SLS(Selective Laser Sintering)
④ FDM(Fused Deposition Modeling)

해설 고속 3차원 원형제작 : 최근에 시제품 및 원형제작에 급속조형법(RP)과 신속시작기술(RT)가 있다.
① STL : 광경화성 수지에 레이저 광선을 주사하면 주사된 부분이 경화되는 원리이용한 장치로 성형속도가 빠르고 정밀도가 높다.
② FDM : 0.44인치의 필라멘트 선으로 열가소성 물질을 노즐 안에서 녹여 얇은 필름형태로 적층시키는 방법이다.
③ SLS : SLA의 광경화성 수지 대신에 기능성 고분자 또는 금속분말을 사용하여 레이저 광선을 주사하여 소결시켜 성형하는 원리로 성형 속도가 가장 빠르고 재료가 다양하나 부대장비가 고가이다.
④ LOM : 접착제가 칠해진 종이를 단면으로 레이저 광선을 이용하여 절단하여 한 층씩 적층하여 성형하는 방식으로 수축이 일어나기 쉽다.

37 자유 곡면 형상의 절삭에 가장 많이 사용되는 절삭가공은?

① Side milling
② Face milling
③ Ball-end milling
④ Turning

해설 자유 곡면 형상의 절삭에 가장 많이 사용되는 절삭 공구는 Ball-end milling이다.

38 머시닝센터에서 직경이 60mm인 원형 펀치가 되도록 직경이 16mm인 엔드밀로 가공하였다. 가공 후 측정하였더니 직경이 61mm가 되었다. 기존의 공구반경 보정번호에는 8mm로 입력되었다면 이 값을 얼마로 수정해야 하는가?

① 7
② 7.5
③ 8.5
④ 9

[정답] 35 ② 36 ③ 37 ③ 38 ②

60 − 61 = −1 ÷ 2 = −0.5 + 8 = 7.5mm

39 머시닝센터의 작업 전 육안검사 사항이 아닌 것은?
① 공기압은 충분히 유지하고 있는가 확인
② 윤활유 탱크에 윤활유 양은 적당한가 확인
③ 전기적 회로는 정상 상태인가 확인
④ 공작물은 정확히 물려져 있는가 확인

해설 전기적 회로 상태 확인은 육안검사가 불가능하다.

40 다음 중 공구의 이송을 일시 정지시키는 프로그램으로 틀린 것은?
① G04 X2.5
② G04 U2.5
③ G04 P2.5
④ G04 P2500

해설
G04기능(휴지 : Dwell)
• 프로그램에 지정된 시간동안 공구의 이송을 잠시 중지시키는 기능
 (적용 : 드릴가공, 홈가공, 모서리 다듬질 가공 시 양호한 가공면을 얻기 위해 사용)
• 단위는 X, U, P를 사용하는데 X, U는 소수점 P는 0.001 단위를 사용
 (예 : G04 X2.5   G04 U2.5   G04 P2500)
• 정지시간(SEC) = (스핀들 : 주축)
 $\dfrac{60}{\text{주축회전수(rpm)}} \times \text{일시정지회전수}$

제3과목 컴퓨터수치제어(CNC) 절삭가공

41 드릴의 날끝각이 118°로 되어 있으면서도 날끝의 좌우길이가 다르다면 날끝의 좌우길이가 같을 때보다 가공 후의 구멍치수 변화는?
① 더 커진다.
② 변함없다.
③ 타원형이 된다.
④ 더 작아진다.

드릴의 날끝각이 118°로 되어 있으면서도 날끝의 좌우길이가 다르다면 날끝의 좌우길이가 같을 때보다 가공 후의 구멍치수는 더 커진다.

[정답] 39 ③ 40 ③ 41 ①

42 연삭숫돌에서 눈메움 현상의 발생 원인이 아닌 것은?
① 숫돌의 원주 속도가 느린 경우
② 숫돌의 입자가 너무 큰 경우
③ 연삭 깊이가 큰 경우
④ 조직이 너무 치밀한 경우

 눈메움 원인
① 숫돌입자가 너무 고운 경우
② 조직이 너무 치밀 할 경우
③ 연삭 깊이가 깊을 경우
④ 원주 속도가 너무 느린 경우
⑤ 결합도가 단단하여 자생작용이 어려운 경우
⑥ 알루미늄과 구리와 같이 연성이 풍부한 재료인 경우

43 기어 가공에서 창성에 의한 절삭법이 아닌 것은?
① 형판에 의한 방법
② 랙 커터에 의한 방법
③ 호브에 의한 방법
④ 피니언 커터에 의한 방법

 창성에 의한 절삭 : 인벌류트 곡선의 성질을 응용한 정확한 기어절삭 공구를 기어의 소재와 함께 회전운동을 주며 축 방향으로 왕복 운동을 시켜 절삭한다. 가공방법은 다음과 같다.
① 랙 커터에 의한 방법
② 피니언 커터에 의한 방법
③ 호브에 의한 절삭

44 초경합금의 사용 선택 기준을 표시하는 내용 중 ISO 규격에 해당되지 않는 공구는?
① M계열
② N계열
③ K계열
④ P계열

 초경합금 팁의 표시
① P(푸른색) : 일반강, 절삭 시
② M(노란색) : 스테인리스강, 주강 절삭 시
③ K(붉은색) : 비철금속, 주철 절삭 시

P10 - 01 - 3

여기서, P : 팁 재종, 10 : 인성, 01 : 형태, 3 : 크기
※ P01 : 고속절삭, P10 : 나사절삭, P20, P30 : 황삭)

[정답] 42 ② 43 ① 44 ②

45 다음 연삭숫돌의 입자 중 주철이나 칠드주물과 같이 경하고 취성이 많은 재료의 연삭에 적합한 것은?

① A 입자　　　　　　　　　② B 입자
③ WA 입자　　　　　　　　④ C 입자

> **해설**
> 연삭숫돌의 입자
>
> | 기호 | 용도 |
> |---|---|
> | A | 일반강재, 보통탄소강 |
> | WA | 담금질강, 내열강 고속도강, 합금강 |
> | C | 주철, 석재, 유리, 비철, 비금속 |
> | GC | 초경합금, 다스강, 특수강, 세라믹 |

46 테이블의 이동 거리가 전후 300mm, 좌우 850 mm, 상하 450mm인 니형 밀링 머신의 호칭번호로 옳은 것은?

① 1호　　　　　　　　　　② 2호
③ 3호　　　　　　　　　　④ 4호

> **해설**
> 보통 호칭 번호의 크기로 표시(0~5번) : 새들의 전후 이동 거리(50mm) 간격
>
> | 번호 | No.0 | No.1 | No.2 | No.3 | No.4 | No.5 |
> |---|---|---|---|---|---|---|
> | 이동 거리 | 150 | 200 | 250 | 300 | 350 | 400 |

47 밀링분할대로 3°의 각도를 분할하는데, 분할 핸들을 어떻게 조작하면 되는가? (단, 브라운 샤프형 No.1의 18열을 사용한다.)

① 5구멍씩 이동　　　　　　② 6구멍씩 이동
③ 7구멍씩 이동　　　　　　④ 8구멍씩 이동

> **해설**
> - 각도 분할법 : $\dfrac{h}{H} = \dfrac{\theta°}{9°} = \dfrac{\theta \times 60'}{540'}$
> - 원주에 3°로 분할 : $\dfrac{3}{9} = \dfrac{3 \times 2}{9 \times 2} = \dfrac{6}{18}$

48 CNC 공작기계 서보기구의 제어방식에서 틀린 것은?

① 단일회로　　　　　　　　② 개방회로
③ 폐쇄회로　　　　　　　　④ 반 폐쇄회로

[정답] 45 ④　46 ③　47 ②　48 ①

해설 서보기구 종류
① 개방회로 제어방식(Open Loop System)
구동모터로는 스태핑 모터(Stepping Motor)가 사용되며, 검출기나 피드백 회로를 가지지 않기 때문에 정밀도가 낮아 오늘날 NC 기계에는 거의 사용하지 않는다.
② 반 폐쇄회로 방식(Semi-Closed Loop System)
서보 모터의 축 또는 볼 스크루의 회전 각도를 통하여 위치를 검출하는 방식으로 직선 운동을 회전 운동으로 바꾸어 검출한다. CNC 공작기계에 이 방식을 많이 사용한다.
③ 폐쇄회로 방식(Closed Loop System)
기계의 테이블에 직접적으로 스케일(Scale)을 부착하여 위치편차를 피드백 시키는 방식으로 반 폐쇄회로 제어방식과 제어방식은 같지만 정밀도가 높아 고정밀도의 공작기계나 대형 공작기계 등에 많이 사용한다.
④ 복합회로 제어방식(Hybrid Loop System)
반 폐쇄회로 제어방식과 폐쇄회로 제어방식을 결합한 제어 방식으로 대형 공작기계와 같이 강성을 충분히 높일 수 없는 기계에 적합한 방식이다.

49 절삭공구인선의 파손원인 중 절삭공구의 측면과 피삭재의 가공면과의 마찰에 의하여 발생하는 것은?
① 크레이터 마모
② 플랭크 마모
③ 치핑
④ 백래시

해설 플랭크 마모(flank wear)
절삭공구의 여유면과 절삭면과의 마찰에 의해서 절삭면에 평행하게 마모되는 형태이며, 주철과 같이 분말상 칩이 생길 때 주로 발생한다. flank wear의 폭이 0.7mm 정도 되었을 때 공구의 수명이 다 되었다고 한다.

50 연삭숫돌의 표시에서 WA 60 K m V 1호 205×19×15.88로 명기되어 있다. K는 무엇을 나타내는 부호인가?
① 입자
② 결합제
③ 결합도
④ 입도

해설 WA(입자), 60(입도), K(결합도), m(조직), V(결합제), 1호(숫돌형상), 205(외경)×19(두께)×15.88(내경)

51 선반에서 지름 50mm의 재료를 절삭속도 60m/min, 이송 0.2mm/rev, 길이 30mm로 1회 가공할 때 필요한 시간은?
① 약 10초
② 약 18초
③ 약 23초
④ 약 39초

[정답] 49 ② 50 ③ 51 ③

> **해설**
> 가공 $T = \dfrac{L}{Nf}i = \dfrac{30}{382 \times 0.2} \times 1 = 0.39분 = 23초$
> $N = 회전수\left(\dfrac{1,000V}{\pi D}\right) = \dfrac{1,000 \times 60}{\pi \times 50} = 382$

52 분할대를 이용하여 원주를 18등분 하고자 한다. 신시내티형(Cincinnati type) 54구멍 분할판을 사용하여 단식 분할하려면 어떻게 하는가?

① 2회전하고, 2구멍씩 회전시킨다.　　② 2회전하고, 4구멍씩 회전시킨다.
③ 2회전하고, 8구멍씩 회전시킨다.　　④ 2회전하고, 12구멍씩 회전시킨다.

> **해설**
> 원주 7등분 $= \dfrac{40}{N} = \dfrac{40}{18} = 2\dfrac{12}{54}$ ⇒ 분할판 54공(열)을 사용하고 2회전과 12공씩 이동시킨다.

53 NC 기계의 움직임을 전기적인 신호로 표시하는 회전 피드백 장치는 무엇인가?

① 리졸버(resolver)　　② 서보 모터(servo moter)
③ 컨트롤러(controller)　　④ 지령 테이프(NC tape)

> **해설**
> 리졸버(resolver) : NC 기계의 움직임을 전기적인 신호로 표시하는 회전 피드백 장치이다.

54 표준 맨드릴(mandrel)의 테이퍼 값으로 적합한 것은?

① $\dfrac{1}{50} \sim \dfrac{1}{100}$ 정도　　② $\dfrac{1}{100} \sim \dfrac{1}{1,000}$ 정도
③ $\dfrac{1}{200} \sim \dfrac{1}{400}$ 정도　　④ $\dfrac{1}{10} \sim \dfrac{1}{20}$ 정도

> **해설**
> 표준 심봉은 1/100, 1/1,000 정도 테이퍼로 되어 있고, 작은 쪽 지름을 호칭치수로 사용한다.

55 일반적으로 밀링 머신의 크기는 호칭번호로 표시하는데, 그 기준은 무엇인가?

① 기계의 중량　　② 기계의 설치 면적
③ 테이블의 이동 거리　　④ 주축모터의 크기

[정답] 52 ④ 53 ① 54 ② 55 ③

> **해설** 밀링 머신의 크기
> 일반적으로 테이블의 크기(가로×세로)와 테이블의 이동 거리(좌우×전후×상하)를 호칭 번호로 표시하고, 또한, 수평 밀링 머신은 스핀들 중심부터 테이블 면까지의 최대 거리, 수직 밀링 머신은 스핀들 끝부터 테이블 윗면까지의 최대 거리와 스핀들 헤드의 이동 거리로 표시할 때도 있다.

56 다음 그림과 같은 공작물의 테이퍼를 선반의 공구대를 회전시켜 가공하려고 한다. 이때 복식 공구대의 회전각은?

① 약 10°
② 약 12°
③ 약 14°
④ 약 18°

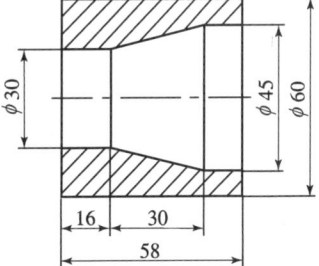

> **해설** $\tan^{-1} a = \dfrac{D-d}{2l} = \dfrac{45-30}{2 \times 30} = 14°$

57 연한 갈색으로 일반 강의 연삭에 사용하는 연삭숫돌의 재질은?

① A 숫돌
② WA 숫돌
③ C 숫돌
④ GC 숫돌

> **해설**
>
> | | | | |
> |---|---|---|---|
> | Al₂O₃ | A | 흑갈색 | 중연삭, 일반강재, 가단주철, 사포 등 |
> | | WA | 백색 | 경연삭, 담금질강, 고속도강, 특수강연삭 등 |
> | SiC | GC | 녹색 | 경연삭, 특수주철, 초경합금, 특수강 등 |
> | | C | 흑자색 | 비철금속, 도자기, 유리, 주철, 석재 등 |

58 밀링에서 상향 절삭과 하향 절삭의 비교 설명으로 맞는 것은?

① 상향 절삭은 절삭력이 상향으로 작용하여 가공물 고정이 유리하다.
② 상향 절삭은 기계의 강성이 낮아도 무방하다.
③ 하향 절삭은 상향 절삭에 비하여 공구 마모가 빠르다.
④ 하향 절삭은 백래시(back lash)를 제거할 필요가 없다.

[정답] 56 ③ 57 ① 58 ②

상향 절삭과 하향 절삭의 비교

구분	상향 절삭	하향 절삭
칩에 영향	절삭에 방해가 없다.	절삭에 방해가 있다.
백래시 제거	백래시 제거장치가 필요 없다.	백래시 제거장치가 필요하다.
공작물 고정	불안함으로 확실히 고정해야 한다.	안정된 고정이 된다.
공구 수명	수명이 짧다.	수명이 길다.
	날 파손은 적으나 마멸이 심하다.	날 파손은 생길 수 있으나 마모가 적다.
소비 동력	소비가 크다.	소비가 적다.
가공면	거칠다.	깨끗하다.
기계 강성	기계의 강성이 낮아도 된다.	기계의 강성이 높아야 한다.

59 연삭숫돌의 입자 중 천연입자가 아닌 것은?

① 석영
② 커런덤
③ 다이아몬드
④ 알루미나

천연입자
① 다이아몬드(diamond) : 값이 비싸므로 특수한 경우에 사용
② 금강석(석영 ; emery) : 주성분은 알루미나이고 연마제로 이용
③ 커런덤(corundum) : 주성분은 알루미나이고 색상은 여러 가지이나 양질은 보석(루비어, 사파이어)으로 이용하고 공업용으로는 유리로 이용

60 연성 재료를 고속 절삭할 때 생기는 칩의 형태는?

① 유동형(flow type)
② 균열형(crack type)
③ 열단형(tear type)
④ 전단형(shear type)

해설
① 유동형(flow type) : 연성 재료를 고속 절삭할 때 생기는 칩의 형태
② 균열형(crack type) : 주철과 같이 취성이 있는 재료를 저속 절삭할 때 생기는 칩의 형태
③ 열단형(tear type) : 점성이 있는 재료를 저속 절삭할 때 생기는 칩의 형태
④ 전단형(shear type) : 연성 재료를 저속 절삭할 때 생기는 칩의 형태

[정답] 59 ④ 60 ①

합격Easy
컴퓨터응용가공산업기사 필기

정가 **35,000원**

지은이 | **정 연 택**
펴낸이 | **차 승 녀**
펴낸곳 | 도서출판 건기원

2022년 5월 20일 제1판 제1쇄 인쇄발행
2022년 5월 25일 제1판 제1쇄 인쇄발행
2023년 2월 15일 제1판 제2쇄 인쇄발행
2024년 12월 20일 제2판 제1쇄 인쇄발행

주소 | 경기도 파주시 연다산길 244(연다산동 186-16)
전화 | (02)2662-1874~5
팩스 | (02)2665-8281
등록 | 제11-162호, 1998. 11. 24
홈페이지 | www.kkwbooks.com

• 건기원은 여러분을 책의 주인공으로 만들어 드리며 출판 윤리 강령을 준수합니다.
• 본 수험서를 복제 · 변형하여 판매 · 배포 · 전송하는 일체의 행위를 금하며, 이를 위반할 경우 저작권법 등에 따라 처벌받을 수 있습니다.

ISBN 979-11-5767-861-7 13550

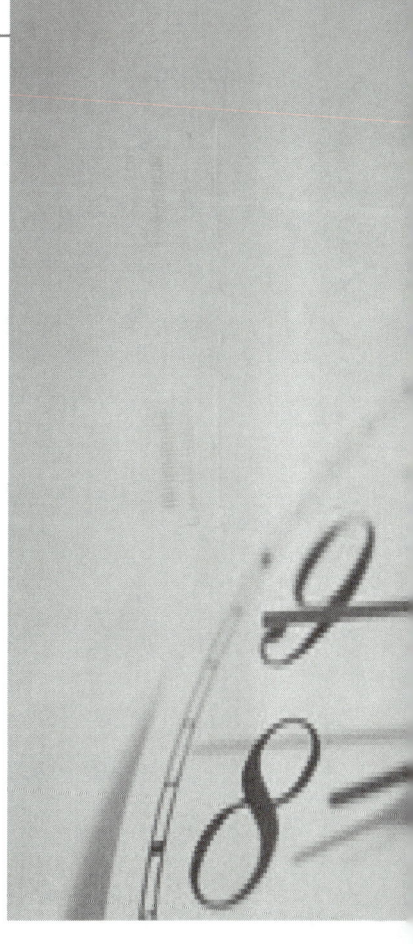